U0187604

Excel 数据透视表

应用大全

for Excel 365 & Excel 2019

Excel Home 编著

内 容 提 要

本书全面系统地介绍了Excel 365 和Excel 2019 数据透视表的技术特点和应用方法，深入揭示数据透视表的原理，并配合大量典型实用的应用实例，帮助读者全面掌握Excel 365 和Excel 2019 数据透视表技术。

本书共分 19 章及 2 则附录，分别介绍创建数据透视表，整理好Excel数据源，改变数据透视表的布局，刷新数据透视表，数据透视表的格式设置，在数据透视表中排序和筛选，数据透视表的切片器，数据透视表的日程表，数据透视表的项目组合，在数据透视表中执行计算，利用多样的数据源创建数据透视表，利用Power Query进行数据清洗，用Power Pivot建立数据模型，利用Power Map创建 3D地图可视化数据，Power BI Desktop入门，数据透视表与VBA，智能数据分析可视化看板，数据透视表常见问题答疑解惑，数据透视表打印技术，Excel常用SQL语句解释，Excel易用宝等内容。

本书适用于各个层次的Excel用户，既可以作为初学者的入门指南，又可作为中、高级用户的参考手册。书中大量的实例还适合读者直接在工作中借鉴。

图书在版编目(CIP)数据

Excel数据透视表应用大全 for Excel 365 & Excel 2019 / Excel Home编著. — 北京：北京大学出版社，2022.8

ISBN 978-7-301-33178-1

Ⅰ. ①E… Ⅱ. ①E… Ⅲ. ①表处理软件 Ⅳ. ①TP391.13

中国版本图书馆CIP数据核字（2022）第132638号

书　　名　Excel数据透视表应用大全 for Excel 365 & Excel 2019

EXCEL SHUJU TOUSHIBIAO YINGYONG DAQUAN FOR EXCEL 365 & EXCEL 2019

著作责任者　Excel Home　编著

责任编辑　王继伟　吴秀川

标准书号　ISBN 978-7-301-33178-1

出版发行　北京大学出版社

地　　址　北京市海淀区成府路205 号　100871

网　　址　http://www.pup.cn　　新浪微博：@ 北京大学出版社

电子信箱　pup7@pup.cn

电　　话　邮购部 010-62752015　发行部 010-62750672　编辑部 010-62570390

印 刷 者　北京宏伟双华印刷有限公司

经 销 者　新华书店

787毫米×1092毫米　16开本　33.75印张　859千字

2022年8月第1版　2022年8月第1次印刷

印　　数　1-8000册

定　　价　109.00 元

前　言

非常感谢您选择《Excel数据透视表应用大全 for Excel 365 & Excel 2019》。

在高度信息化的今天，大量数据的处理与分析成为个人或企业迫切需要解决的问题。Excel数据透视表作为一种交互式的表，具有强大的功能，在数据分析工作中显示出越来越重要的作用。

相较于Excel 2016，Excel 2019 的数据透视表增加了“编辑默认布局”功能，用户可以根据自己的实际需要进行默认布局的设置，一劳永逸。

Office 365 是微软公司新定义的一个产品套装（2017 年更名为Microsoft 365），它是包含了最新版本的Office桌面版本、在线或移动版的Office和多个用于协作办公的本地应用程序或云应用的超级结合体。该套装的产品内容已经历了多次迭代和更新。假如用户从 2011 年开始一直订阅Office 365，那么可以自动享受从Office 2010 到Office 2019 甚至更新版的升级。

单机版的Office 2019 与包含在Office 365 中的Office 2019 的最大区别在于，前者可能需要很长时间才会得到微软公司发布的更新服务，而后者几乎可以每个月都得到微软公司发布的更新，永远使用最新的功能。

从产品角度看，Excel 2019 相当于Excel 365 在 2018 年秋季的一个镜像版本。

为了让大家深入了解和掌握Excel 2019 中的数据透视表，我们组织了来自Excel Home的多位资深Excel专家和《Excel 2016 数据透视表应用大全》[①] 的原班人马，充分吸取上一版本的经验，改进不足，增加更多实用知识点，精心编写了这本《Excel数据透视表应用大全 for Excel 365 & Excel 2019》。

本书秉承上一版本的路线和风格，内容翔实全面，基于原理和基础性知识讲解，全方位涉猎Excel数据透视表及其应用的方方面面，还新增了Power BI Desktop的相关内容；叙述深入浅出，每个知识点辅以实例来讲解分析，让您知其然也知其所以然；要点简明清晰，帮助用户快速查找并解决学习与工作中遇到的问题。

《Excel数据透视表应用大全 for Excel 365 & Excel 2019》面向应用，深入实践，大量典型的示例更可直接借鉴。我们相信，通过精心挑选的示例，有助于原理的消化学习，并使技能应用成为本能。

秉持“授人以渔”的传授风格，本书尽可能让技术应用走上第一线，实现知识内容自我的“言传身教”。此外，本书的操作步骤示意图多采用动画式的图解，有效减轻了读者的阅读压力，让学

---

① 《Excel 2016 数据透视表应用大全》，北京大学出版社于 2018 年 11 月出版。

习过程更为轻松愉快。

读者对象

本书面向的读者群是所有需要使用Excel的用户。无论是初学者，中、高级用户还是IT人员，都可以从本书找到值得学习的内容。当然，希望读者在阅读本书以前至少对Windows 10 操作系统有一定的了解，并且知道如何使用键盘与鼠标。

本书约定

在正式开始阅读本书之前，建议读者花上几分钟时间来了解一下本书在编写和组织上使用的一些惯例，这会对您的阅读有很大的帮助。

软件版本

本书的写作基础是安装于Windows 10 专业版操作系统上的简体中文版Excel 2019。本书中的许多内容也适用于Excel的其他版本，如Excel 2007、Excel 2010、Excel 2013、Excel 2016、Excel 365，或者其他语言版本的Excel，如英文版、繁体中文版。

菜单命令

我们会这样来描述在Excel或Windows以及其他Windows程序中的操作，比如在介绍用Excel打印一份文件时，会描述为：单击【文件】→【打印】。

鼠标指令

本书中表示鼠标操作的时候都使用标准方法："指向""单击""右击""拖动"和"双击"等，您可以很清楚地知道它们表示的意思。

键盘指令

当读者见到类似<Ctrl+F3>这样的键盘指令时，表示同时按下Ctrl键和F3键。

Win表示Windows键，就是键盘上标有类似⊞的键。本书还会出现一些特殊的键盘指令，表示方法相同，但操作方法会有稍许不一样，有关内容会在相应的知识点中详细说明。

Excel 函数与单元格地址

本书中涉及的Excel函数与单元格地址将全部使用大写，如SUM()、A1:B5。但在讲到函数的参数时，为了和Excel中显示一致，函数参数全部使用小写，如SUM(number1,number2, ...)。

Excel VBA 代码的排版

为便于代码分析和说明，本书第 16 章中的程序代码的前面添加了行号。读者在VBE中输入代码时，不必输入行号。

图标

图标	说明
注意	表示此部分内容非常重要或者需要引起重视
提示	表示此部分内容属于经验之谈，或者是某方面的技巧
参考	表示此部分内容在本书其他章节也有相关介绍
深入了解	为需要深入掌握某项技术细节的用户所准备的内容

本书结构

本书内容共计 19 章以及 2 个附录。

第 1 章　创建数据透视表：介绍什么是数据透视表及数据透视表的用途，手把手教用户创建数据透视表。

第 2 章　整理好Excel数据源：介绍对原始数据的管理规范及工作中对不规范数据表格的整理技巧。

第 3 章　改变数据透视表的布局：介绍通过对数据透视表布局和字段的重新安排得到新的报表。

第 4 章　刷新数据透视表：介绍在数据源发生改变时，如何获得数据源变化后最新的数据信息。

第 5 章　数据透视表的格式设置：介绍数据透视表格式设置的各种变化和美化。

第 6 章　在数据透视表中排序和筛选：介绍将数据透视表中某个字段的数据项按一定顺序进行排序和筛选的技巧。

第 7 章　数据透视表的切片器：介绍数据透视表的“切片器”功能，以及“切片器”的排序、格式设置和美化等。

第 8 章　数据透视表的日程表：日程表是自Excel 2016 版本起新增的功能，介绍如何使用日程表控件对数据透视表进行交互式筛选。

第 9 章　数据透视表的项目组合：介绍数据透视表对数字、日期和文本等不同数据类型的数据项采取的多种组合方式。

第 10 章　在数据透视表中执行计算：介绍在不改变数据源的前提下，在数据透视表的数据区域中设置不同的数据显示方式，以及数据透视表函数GETPIVOTDATA的使用方法和运用技巧。

第 11 章　利用多样的数据源创建数据透视表：讲述如何导入和连接外部数据源，以及如何使用外部数据源创建数据透视表、使用“Microsoft Query”数据查询创建数据透视表、运用SQL语言查询技术创建数据透视表。

第 12 章　利用Power Query进行数据清洗：运用Power Query工具进行数据清洗后则可以不借助一句代码轻松解决大量的数据汇总与分析。

第 13 章　用Power Pivot建立数据模型：介绍Power Pivot中的DAX语言的典型应用。

第 14 章　利用Power Map创建 3D地图可视化数据：介绍Power Map在中国区域各种场景的应用。

第 15 章　Power BI Desktop入门：通过介绍Power BI Desktop的入门使用来了解微软的Power BI的设计，并和第 13 章的Power Pivot建模数据模型相互配合来展现新式商业数据分析的思路和技巧。

第 16 章　数据透视表与VBA：介绍如何利用VBA程序操作和优化数据透视表。

第 17 章　智能数据分析可视化看板：本章综合了数据透视表的技巧，引领读者制作智能数据分析可视化看板，数据与图表集中展现，直观对比分析，助力企业管理者通过精准的数据分析做出科学决策，完成从数据到故事的进化。

第 18 章　数据透视表常见问题答疑解惑：针对用户在创建数据透视表过程中最容易出现的问题，列举应用案例进行分析和解答。

第 19 章　数据透视表打印技术：介绍数据透视表的打印技术，主要包括数据透视表标题的打印技术、数据透视表按类分页打印技术和数据透视表报表筛选字段快速打印技术。

附录　包括Excel常用SQL语句解释、Excel易用宝简介。

阅读技巧

不同水平的读者可以使用不同的方式来阅读本书，以求在相同的时间和精力之下能获得最大的回报。

Excel初级用户或者任何一位希望全面熟悉Excel各项功能的读者，可以从头开始阅读，因为本书是按照各项功能的使用频度以及难易程度来组织章节顺序的。

Excel中高级用户可以挑选自己感兴趣的主题来有侧重地学习，虽然各知识点之间有千丝万缕的联系，但通过我们在本书中提示的交叉参考，可以轻松地顺藤摸瓜。

遇到困惑的知识点不必烦躁，可以暂时跳过，先留个印象即可，今后遇到具体问题时再来研究。当然，更好的方式是与其他Excel爱好者进行探讨。如果读者身边没有这样的人选，可以登录Excel Home技术论坛（https://club.excelhome.net），这里有数百万Excel爱好者正在积极交流。

另外，本书中为读者准备了大量的示例，它们都有相当的典型性和实用性，并能解决特定的问题。因此，读者也可以直接从目录中挑选自己需要的示例开始学习，就像查辞典那么简单，然后快速应用到自己的工作中去。

致谢

本书由周庆麟策划并组织，第 1 章、第 3 章和第 10 章由王鑫编写，第 2 章、第 5 章、第 6 章和第 12 章由法立明编写，第 4 章、第 7 章、第 9 章、第 19 章和附录由范开荣编写，第 8 章和第 16 章由郗金甲编写，第 11 章由郗金甲和范开荣共同编写，第 13 章和第 18 章由杨彬编写，第 14 章和第 15 章由刘钰编写，第 17 章由杨彬、王鑫、法立明、范开荣和郗金甲共同编写，最后由杨彬完成统稿。

感谢Excel Home全体专家作者团队成员对本书的支持和帮助，尤其是本书较早版本的原作者——朱明、吴满堂、韦法祥、李锐等，他们为本系列图书的出版贡献了重要的力量。

Excel Home论坛管理团队和培训团队长期以来都是Excel Home图书的坚实后盾，他们是Excel Home中最可爱的人，在此向这些最可爱的人表示由衷的感谢。

衷心感谢Excel Home论坛的五百万会员，是他们多年来不断地支持与分享，才营造出热火朝天的学习氛围，并成就了今天的Excel Home系列图书。

衷心感谢Excel Home微博的所有粉丝、Excel Home微信公众号的所有关注者，以及抖音、小红书、知乎、B站、今日头条等平台的Excel Home粉丝，你们的“赞”和“转”是我们不断前进的动力。

后续服务

在本书的编写过程中，尽管我们的每一位团队成员都未敢稍有疏虞，但纰缪和不足之处仍在所难免。敬请读者提出宝贵的意见和建议，您的反馈将是我们继续努力的动力，本书的后继版本也将会更臻完善。

您可以访问https://club.excelhome.net，我们开设了专门的版块用于本书的讨论与交流。

您也可以发送电子邮件到book@excelhome.net，我们将尽力为您服务。

同时，欢迎您关注我们的官方微博（@Excelhome）和微信公众号（iexcelhome），我们每日都会更新很多优秀的学习资源和实用的Office技巧，并与大家进行交流。

Excel Home

《Excel数据透视表应用大全for Excel 365&Excel 2019》配套学习资源获取说明

第一步 微信扫描下面的二维码，关注 Excel Home 官方微信公众号或“博雅读书社”微信公众号。

第二步 进入公众号以后，输入关键词“365019”,单击“发送”按钮。

第三步 根据公众号返回的提示，即可获得本书配套视频、示例文件以及其他赠送资源。

目　录

示例目录

第 1 章　创建数据透视表

本章主要针对初次接触数据透视表的用户，简要介绍什么是数据透视表及数据透视表的用途，并且手把手指导用户创建自己的第一个数据透视表，然后逐步了解数据透视表的结构、相关术语、功能区和选项卡。

本章学习要点

（1）创建数据透视表。
（2）数据透视表的结构。
（3）数据透视表中的术语。
（4）创建动态数据透视表。
（5）创建复合范围的数据透视表。
（6）模型数据透视表。

1.1　什么是数据透视表

数据透视表是Excel中的一个强大的数据处理分析工具，通过数据透视表可以快速分类汇总、比较大量的数据，并且可以根据用户的业务需求，快速变换统计分析维度来查看统计结果，这些操作往往只需要拖曳几下鼠标就可以实现。

随着互联网的飞速发展，大数据时代的来临，用户需要处理的数据体量也越来越大，要想高效地完成统计分析，数据透视表无疑将成为一把利器。数据透视表不仅综合了数据排序、筛选、组合及分类汇总等数据分析方法的优点，而且汇总的方式也灵活多变，能以不同方式显现数据。一张“数据透视表”仅靠鼠标指针移动字段所处的位置，即可变换出各种报表，以满足广大“表哥”“表妹”的工作需求。同时数据透视表也是解决Excel函数与公式速度瓶颈的重要手段之一。

1.2　数据透视表的数据源

用户可以从 4 种类型的数据源中创建数据透视表。

- Excel数据列表清单。
- 外部数据源。外部数据源可以来自文本、SQL Server、Microsoft Access数据库、Analysis Services、Windows Azure Marketplace、Microsoft OLAP多维数据集等。
- 多个独立的Excel数据列表。多个独立的Excel数据工作表，可以通过数据透视表将这些独立的表格汇总在一起。
- 其他的数据透视表。已经创建完成的数据透视表也可以作为数据源来创建另外一个数据透视表。

1.3　自己动手创建第一个数据透视表

图 1-1 所示的数据列表清单为某公司 2021 年 8 月份的销售流水明细账。

	A	B	C	D	E	F	G	H	I
1	销售日期	销售区域	货号	品牌	货季	性别	吊牌价	销售数量	销售吊牌额
510	2021/8/14	厦门	G68199	AD	21Q2	MEN	469	1	469
511	2021/8/14	厦门	G70073	AD	21Q2	MEN	599	1	599
512	2021/8/14	厦门	Z00774	AD	21Q2	WOMEN	399	1	399
513	2021/8/15	福州	182721-021	EN	20FW	MEN	99	1	99
514	2021/8/15	福州	182802-021	EN	20FW	MEN	199	1	199
515	2021/8/15	福州	204396-900/021	PRO	20FW	MEN	199	1	199
516	2021/8/15	福州	211468-901/519	EN	21SS	MEN	139	1	139
517	2021/8/15	福州	449792-647	NI	21Q1	MEN	199	2	398
518	2021/8/15	福州	449794-091	NI	21Q1	MEN	249	1	249
519	2021/8/15	福州	588705-652	NI	21Q1	MEN	649	1	649
520	2021/8/15	福州	614695-681	NI	21Q1	WOMEN	499	1	499
521	2021/8/15	福州	621720-063	NI	21Q1	WOMEN	449	1	449
522	2021/8/15	福州	AKLJ013-2	LI	21Q1	MEN	219	1	219
523	2021/8/15	福州	G68199	AD	21Q2	MEN	469	1	469
524	2021/8/15	泉州	182721-021	EN	20FW	MEN	99	1	99
525	2021/8/15	泉州	182894-258	EN	20FW	WOMEN	99	1	99
526	2021/8/15	泉州	465787-010	NI	21Q2	MEN	449	1	449

图 1-1 销售流水明细账

面对成百上千行的流水账数据，需要按品牌、销售区域来汇总销售数量，如果用户会使用数据透视表来完成这项工作，只需单击几次鼠标，即可“秒杀”这张报表。下面就来领略一下数据透视表的神奇功能吧。

根据本书前言的提示，可观看“自己动手创建第一个数据透视表”的视频讲解。

示例1-1 自己动手创建第一个数据透视表

步骤1 在图 1-1 所示的销售流水明细账中单击任意一个单元格（如 B6），在【插入】选项卡中单击【数据透视表】按钮，弹出【创建数据透视表】对话框，如图 1-2 所示。

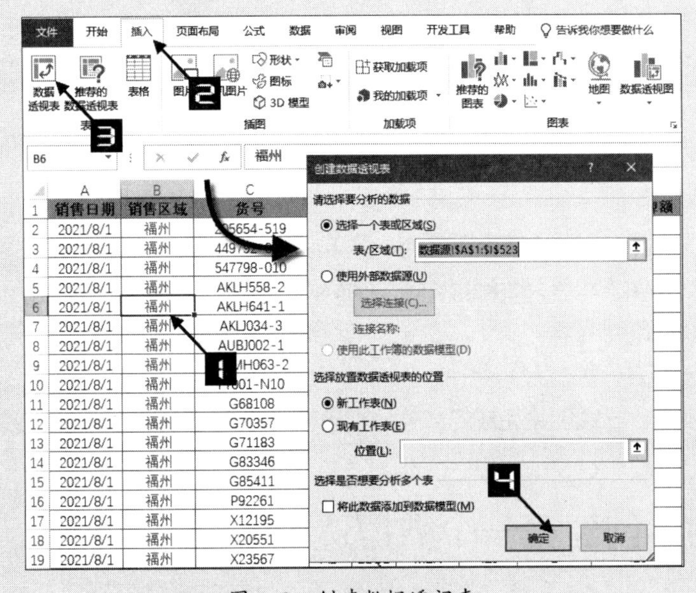

图 1-2 创建数据透视表

步骤 ② 保持【创建数据透视表】对话框内默认的设置不变，单击【确定】按钮后即可在新工作表中创建一张空白数据透视表，如图 1-3 所示。

图 1-3　创建好的空数据透视表

步骤 ③ 在【数据透视表字段】列表框中依次选中“品牌”和“销售数量”字段前的复选框，被添加的字段自动出现在【数据透视表字段】的【行】区域和【值】区域，同时，相应的字段也被添加到了数据透视表中，如图 1-4 所示。

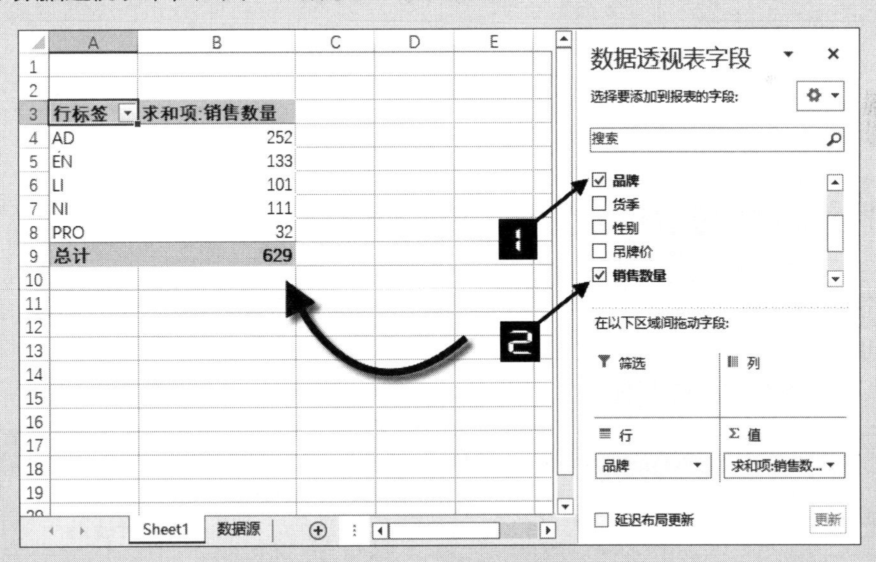

图 1-4　向数据透视表中添加字段

步骤 ④ 在【数据透视表字段】列表框中单击“销售区域”字段并且按住鼠标左键不放，将其拖曳至【列】区域，“销售区域”字段将作为列出现在数据透视表中，最终完成的数据透视表如图 1-5 所示。

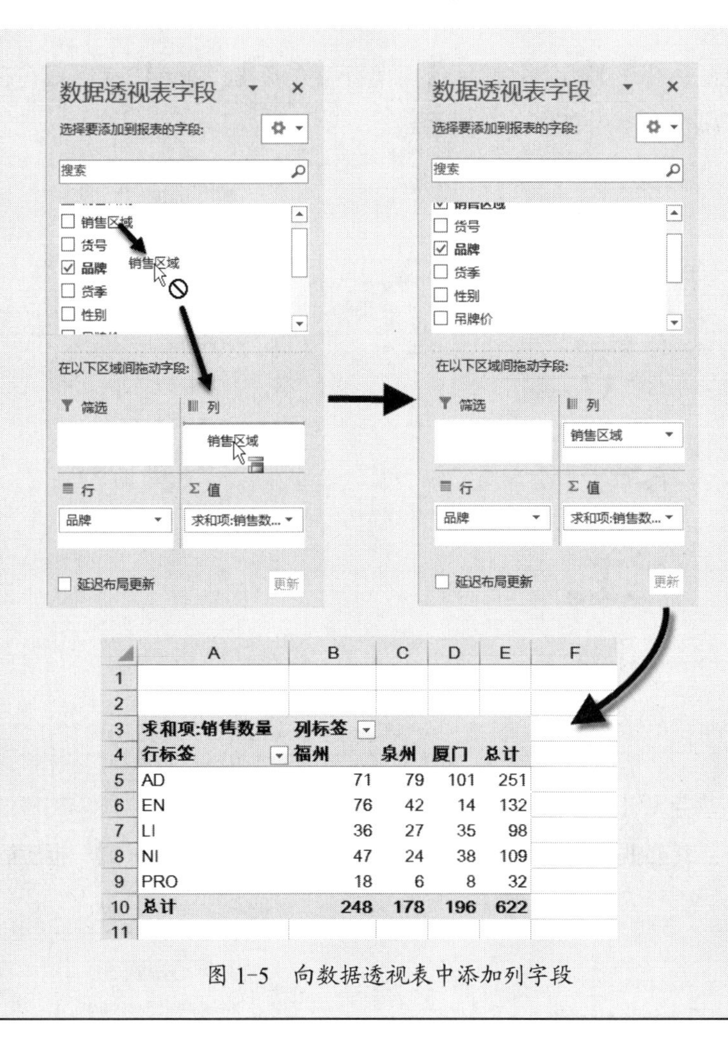

	A	B	C	D	E	F
1						
2						
3	**求和项:销售数量**	**列标签**				
4	**行标签**	**福州**	**泉州**	**厦门**	**总计**	
5	AD	71	79	101	251	
6	EN	76	42	14	132	
7	LI	36	27	35	98	
8	NI	47	24	38	109	
9	PRO	18	6	8	32	
10	**总计**	**248**	**178**	**196**	**622**	
11						

图 1-5　向数据透视表中添加列字段

1.4　使用推荐的数据透视表

单击【推荐的数据透视表】按钮即可获取系统为用户量身定制的数据透视表，使从没接触过数据透视表的用户也可轻松创建数据透视表。

示例1-2　使用推荐模式创建傻瓜数据透视表

步骤① 仍以图 1-1 所示的销售流水明细账为例，单击销售流水明细账中的任意一个单元格（如 B6），在【插入】选项卡中单击【推荐的数据透视表】按钮，弹出【推荐的数据透视表】对话框，如图 1-6 所示。

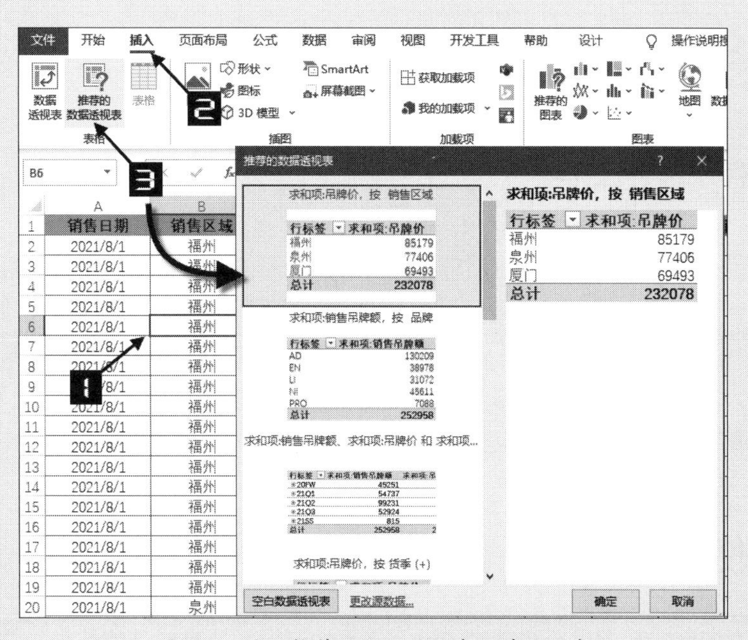

图 1-6 使用推荐的数据透视表创建透视表

提示

【推荐的数据透视表】对话框中列示出了按销售区域对品牌、销售数量求和等 10 种不同统计视角的推荐，根据数据源的复杂程度不同，推荐的数据透视表的数目也不尽相同。

步骤② 在弹出的【推荐的数据透视表】对话框中，选择一种所需要的数据汇总维度，本例中选择“求和项：销售吊牌额，按 品牌”的推荐汇总方式，单击【确定】按钮，即可成功创建数据透视表，如图 1-7 所示。

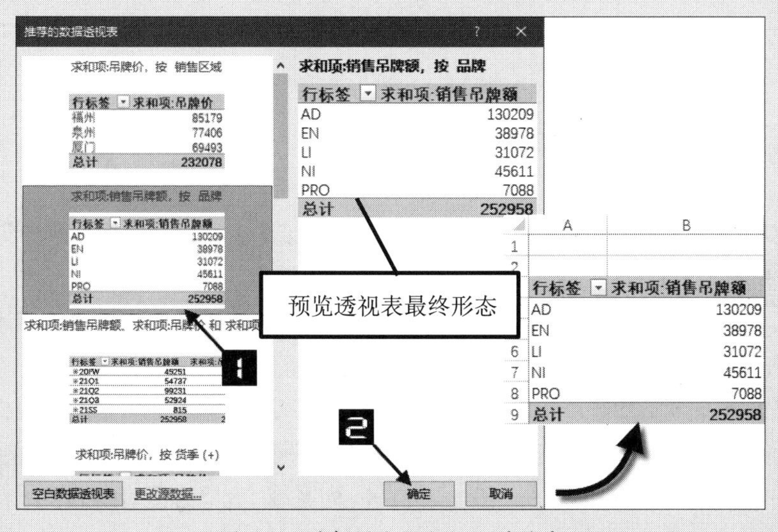

图 1-7 选择适合的数据汇总维度

重复以上操作，用户即可创建各种不同统计视角的数据透视表。

提示 【推荐的数据透视表】是自 Excel 2013 版本开始新增的功能。

1.5 数据透视表用途

数据透视表是一种对大量数据快速汇总和建立交叉关系的交互式动态表格，能帮助用户分析和组织数据，例如，计算平均值与标准差、计算百分比、建立新的数据子集等。建好数据透视表后，可以对数据透视表重新布局，以便从不同的角度查看数据。数据透视表的名字来源于它具有“透视”表格的能力，从大量看似无关的数据中寻找背后的关系，从而将纷繁的数据转化为有价值的信息，透过数据看到本质，为研究和决策提供支持。

1.6 何时使用数据透视表分析数据

如果用户要对海量的数据进行多维度统计，从而快速提取最有价值的信息，并且还需要随时改变分析角度或计算方法，那么使用数据透视表将是最佳选择之一。

一般情况下，如下的数据分析要求都非常适合使用数据透视表来解决。

- ❖ 对庞大的数据库进行多条件统计，而使用函数公式统计出结果的速度非常慢。
- ❖ 需要对得到的统计数据进行行列变化，随时切换数据的统计维度，迅速得到新的数据，满足不同的要求。
- ❖ 需要在得到的统计数据中找出某一字段的一系列相关数据。
- ❖ 需要将得到的统计数据与原始数据源保持实时更新。
- ❖ 需要在得到的统计数据中找出数据内部的各种关系并满足分组的要求。
- ❖ 需要将得到的统计数据用图形的方式表现出来，并且可以筛选控制哪些值用图表来表示。

1.7 数据透视表的结构

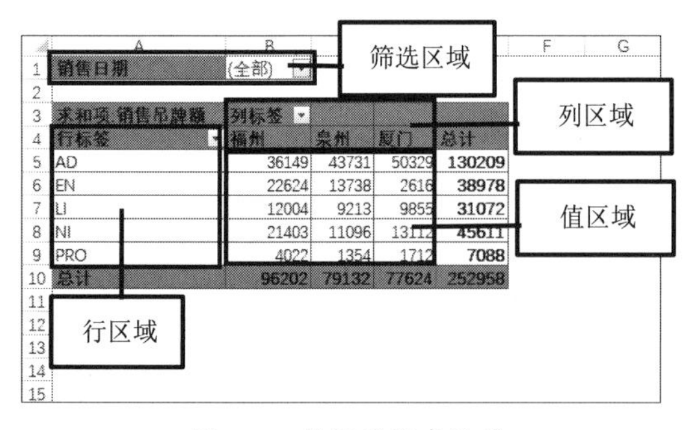

图 1-8 数据透视表结构

从结构上看，数据透视表分为 4 个部分，如图 1-8 所示。

- ❖ 筛选区域：此标志区域中的字段将作为数据透视表的报表筛选字段。
- ❖ 行区域：此标志区域中的字段将作为数据透视表的行标签显示。
- ❖ 列区域：此标志区域中的字段将作为数据透视表的列标签显示。
- ❖ 值区域：此标志区域中的字段将作为数据透视表显示汇总的数据。

1.8　数据透视表字段列表

【数据透视表字段】列表框中清晰地反映了数据透视表的结构，利用它，用户可以轻而易举地向数据透视表内添加、删除和移动字段，甚至不借助数据透视表的【分析】选项卡和数据透视表本身便能对数据透视表中的字段进行排序和筛选。

在【数据透视表字段】列表框中也能清晰地反映出数据透视表的结构，如图 1-9 所示。

创建数据透视表时，在图 1-9 中所标明的区域中添加相应的字段即可。

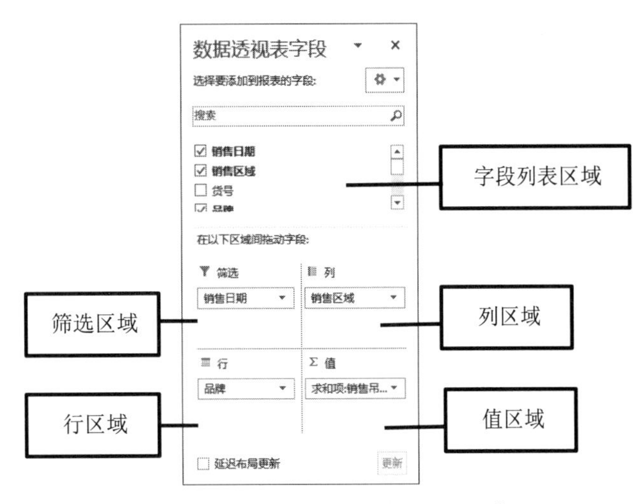

图 1-9　从数据透视表字段中看数据透视表的结构

1.8.1　隐藏和显示【数据透视表字段】列表

选中数据透视表中的任意一个单元格（如 B5），右击，在弹出的快捷菜单中选择【隐藏字段列表】命令即可将【数据透视表字段】列表隐藏，如图 1-10 所示。

还可以通过单击【数据透视表字段】的关闭按钮将其隐藏，如图 1-11 所示。

图 1-10　隐藏【数据透视表字段】列表

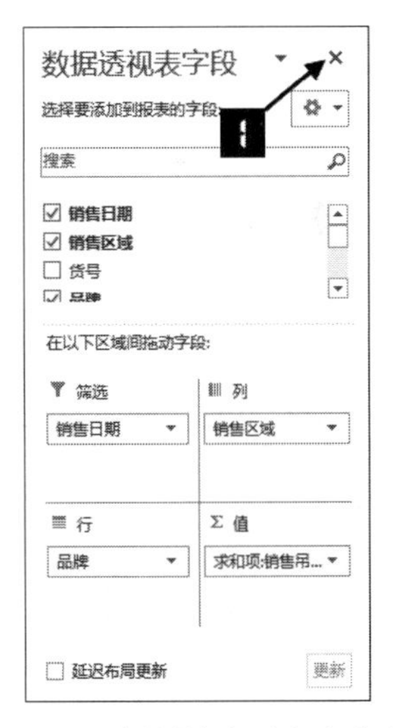

图 1-11　关闭【数据透视表字段】

如需将【数据透视表字段】列表显示出来，可通过在数据透视表中选中任意单元格并右击，在弹出的快捷菜单中单击【显示字段列表】命令即可。

除此之外，还可以在【数据透视表分析】选项卡中单击【字段列表】按钮，也可调出【数据透视表字段】列表，如图 1-12 所示。

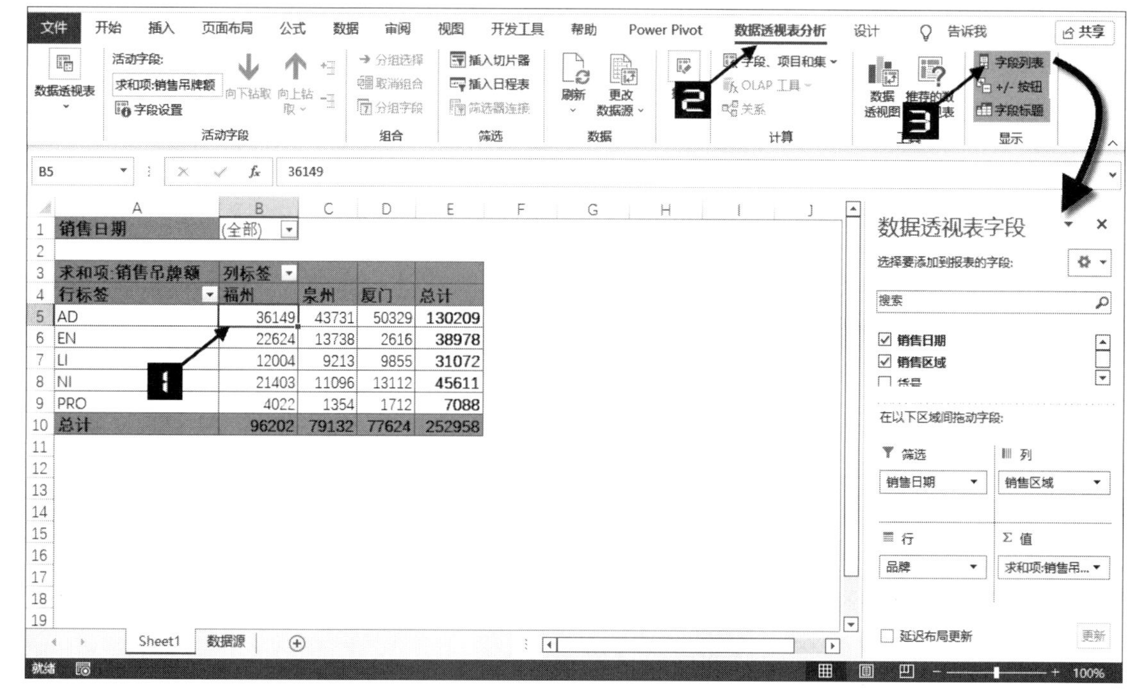

图 1-12　显示【数据透视表字段】列表

单击【数据透视表字段】标题栏上的下拉按钮将出现【移动】【调整大小】和【关闭】菜单的下拉列表，选择【移动】时，可将【数据透视表字段】变成一个悬浮的对话框，位置可移动，用户可根据操作习惯将其放在最顺手的位置，如图 1-13 所示。

图 1-13　悬浮的【数据透视表字段】

单击【调整大小】按钮，在【数据透视表字段】列表边缘拖曳鼠标，可调整【数据透视表字段】的大小，如图 1-14 所示。

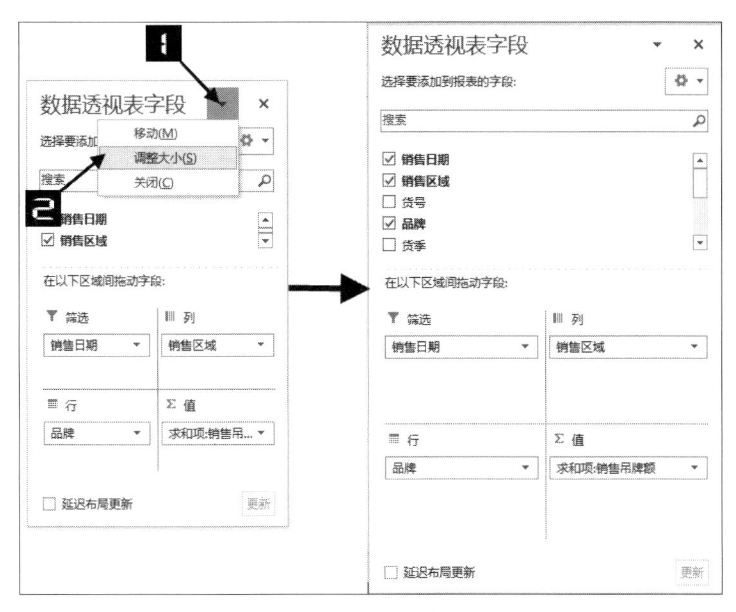

图 1-14 调整【数据透视表字段】大小

单击【关闭】按钮也可达到隐藏【数据透视表字段】列表的效果。

1.8.2 在【数据透视表字段】列表框中显示更多的字段

如果用户采用超大的表格作为数据源创建数据透视表，那么数据透视表创建完成后很多字段在【选择要添加到报表的字段】列表框内无法全部显示，只能靠拖动滚动条滑块来选择要添加的字段，影响了用户创建报表的速度，如图 1-15 所示。

单击【选择要添加到报表的字段】列表框右侧的下拉按钮，单击【字段节和区域节并排】命令，即可展开【选择要添加到报表的字段】列表框内的更多字段，如图 1-16 所示。

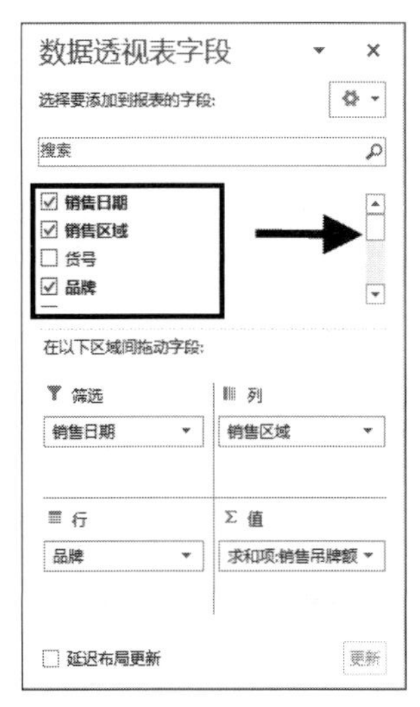

图 1-15 在【选择要添加到报表的字段】中未完全显示的字段

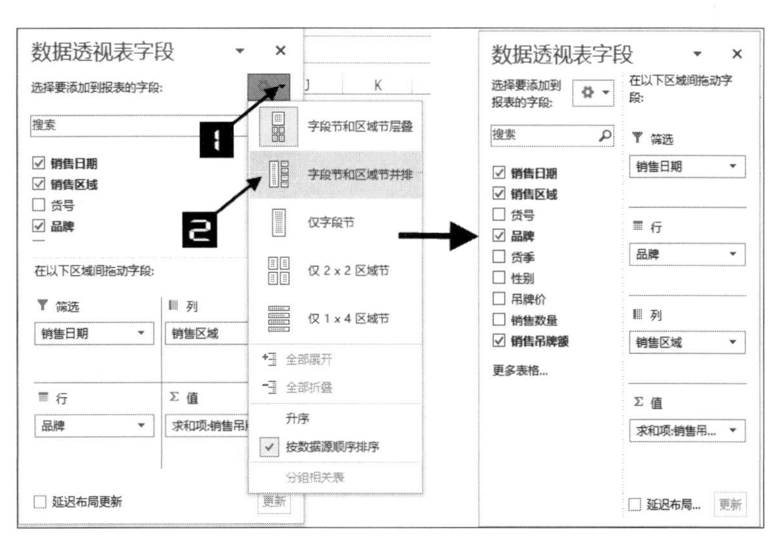

图 1-16 展开【选择要添加到报表的字段】列表框内的更多字段

1.8.3 【数据透视表字段】列表框中的排序与筛选

数据透视表排序和筛选的操作既可以通过数据透视表的专用工具来完成，也可以在数据透视表中通过单击各个字段的下拉按钮来完成，同样，这些操作在【数据透视表字段】列表中也可以完成。

将鼠标悬停在【数据透视表字段】列表中的“字段节”区域中的任意字段上时，字段的右侧就会显示出一个下拉按钮，单击这个按钮就会出现与透视表中单击字段下拉按钮一样的菜单，可以方便灵活地对这个字段进行排序和筛选，如图 1-17 所示。

图 1-17　在【数据透视表字段】列表框中进行排序与筛选

1.8.4 更改【选择要添加到报表的字段】中字段的显示顺序

数据透视表创建完成后，【数据透视表字段】列表中的【选择要添加到报表的字段】内的字段显示顺序默认为“按数据源顺序排序”，如图 1-18 所示。

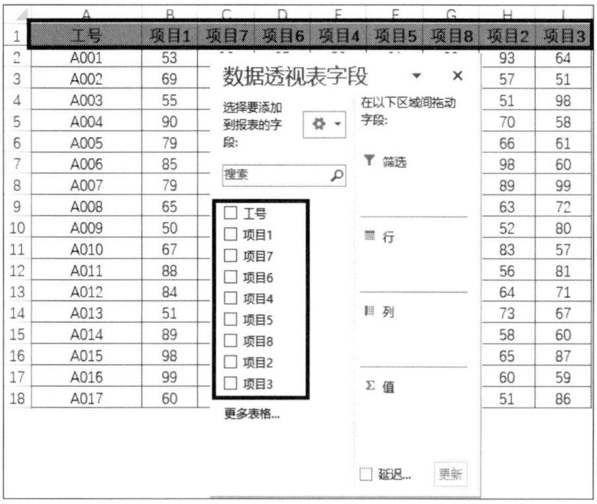

图 1-18　默认的“按数据源顺序排序”字段

如果用户希望将【选择要添加到报表的字段】列表框内字段的显示顺序改变为“升序”排序，可

以参照以下步骤。

步骤① 选中数据透视表中的任意单元格（如 B4）并右击，在弹出的快捷菜单中单击【数据透视表选项】命令，弹出【数据透视表选项】对话框。

步骤② 单击【显示】选项卡，在【字段列表】下选择【升序】单选按钮，单击【确定】按钮完成设置，如图 1-19 所示。

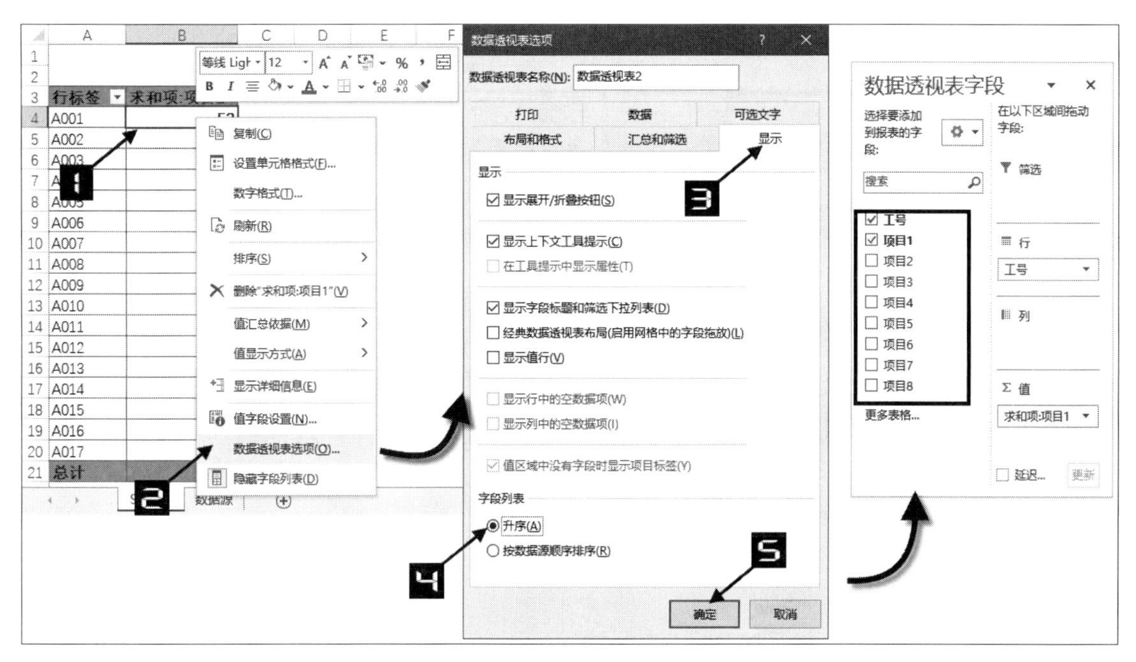

图 1-19　按"升序"排序字段

单击【选择要添加到报表的字段】列表框右侧的下拉按钮，在弹出的下拉列表中单击【升序】命令，可以快速完成将数据透视表中的字段按"升序"排序，如图 1-20 所示。

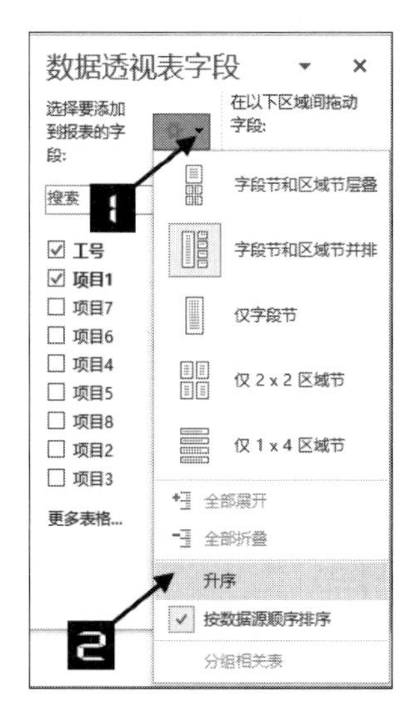

图 1-20　利用【数据透视表字段】完成按"升序"排序字段

1.8.5 在【数据透视表字段】列表中快速搜索

图 1-21 【数据透视表字段】中的"搜索"框

当数据源中的字段数目非常多时，在【数据透视表字段】列表框中需要来回拖动滚动条滑块查找需要的目标字段，这样的操作不是很方便，利用【数据透视表字段】中的"搜索"框可以快速搜索出目标字段，如图 1-21 所示。

如果用户希望快速找到数量相关的字段进行汇总统计，可以参照以下步骤。

步骤① 在【数据透视表字段】列表中的"搜索"框中输入"数"，此时透视表字段列表中显示出所有包含"数"字的字段。

步骤② 勾选"销售数量"和"进货数量"字段前的复选框即可完成设置，如图 1-22 所示。

单击"搜索"框右侧的【清除搜索】按钮，返回全部字段列表，如图 1-23 所示。

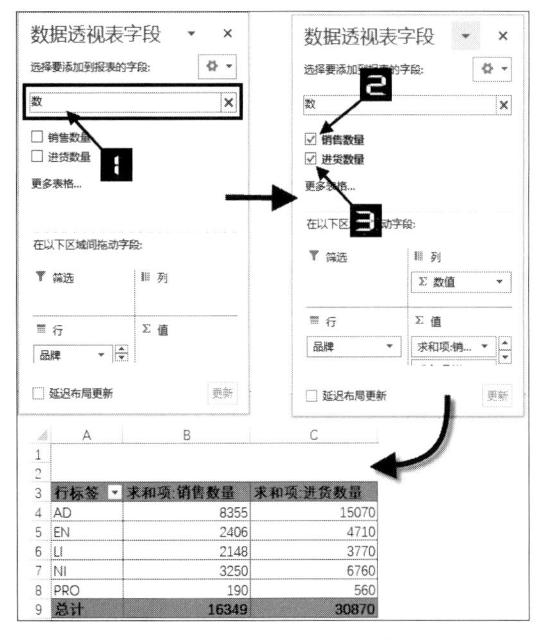

行标签	求和项:销售数量	求和项:进货数量
AD	8355	15070
EN	2406	4710
LI	2148	3770
NI	3250	6760
PRO	190	560
总计	16349	30870

图 1-22 快速筛选出目标字段

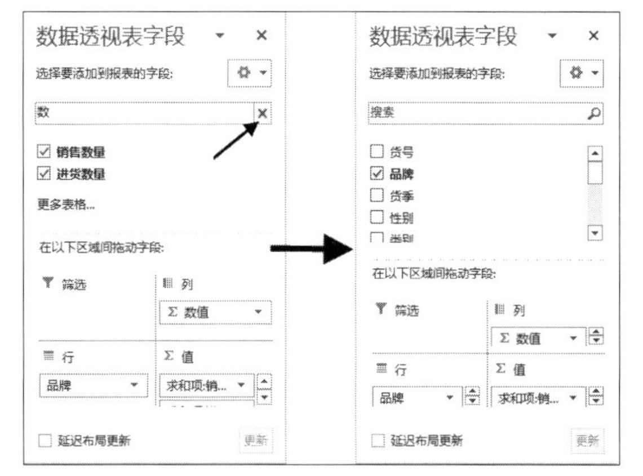

图 1-23 返回全部字段列表

1.9 数据透视表中的术语

数据透视表中的相关术语如表 1-1 所示。

表1-1 术语说明

术语	说明
数据源	创建数据透视表所使用的数据列表清单或多维数据集
轴	数据透视表中的一维，如行、列和页
行	在数据透视表中具有行方向的字段
列	信息的种类，等同于数据列表中的列
筛选	基于数据透视表中进行分页的字段，可对整个透视表进行筛选
字段	描述字段内容的标志，一般为数据源中的标题行内容。可以通过拖动字段对数据透视表进行透视
项	组成字段的成员，即字段中的内容
组合/分组选择	一组项目的集合，可以自动或手动进行组合
透视	通过改变一个或多个字段的位置来重新安排数据透视表
汇总方式	Excel计算表格中数据的值的统计方式。数值型字段的默认汇总方式为求和，文本型字段的默认汇总方式为计数
分类汇总	数据透视表中对一行或一列单元格的分类汇总
刷新	重新计算数据透视表，反映最新数据源的状态

1.10 【数据透视表工具】

数据透视表创建完成后，单击数据透视表，功能区就会显示【数据透视表分析】和【设计】两个子选项卡，通过对这两个选项卡中各个功能命令按钮的相应操作，就可以对数据透视表进行各种功能设置。

1.10.1 【数据透视表分析】选项卡的主要功能

【数据透视表分析】选项卡中各个功能组菜单如图1-24所示。

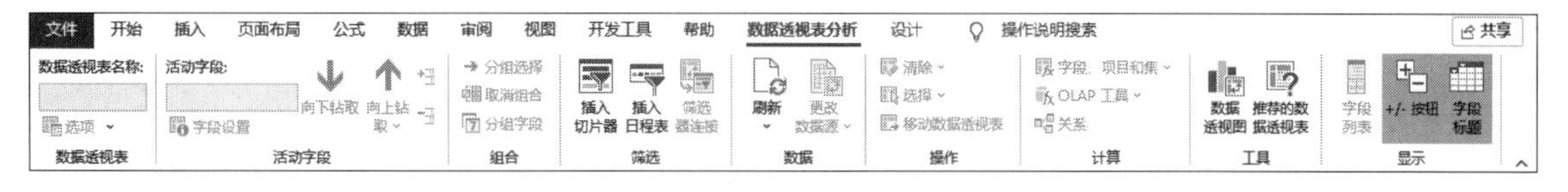

图1-24 【数据透视表分析】选项卡

【数据透视表分析】选项卡的功能按钮分为9组，分别是【数据透视表】组、【活动字段】组、【组合】组、【筛选】组、【数据】组、【操作】组、【计算】组、【工具】组和【显示】组。通过以上组就可以对数据透视表进行各种功能设置，例如组合、排序、筛选、插入计算字段与计算项、插入切片器或日程表等。【数据透视表分析】选项卡中按钮的功能见表1-2。

表 1-2 【数据透视表分析】选项卡按钮功能

组名称	按钮名称	按钮功能
数据透视表	数据透视表名称	在其窗格下可对数据透视表重新命名
	选项	调出【数据透视表选项】对话框
	显示报表筛选页	报表按筛选页中的项分页显示，并且每一个新生成的工作表以报表筛选页中的项命名
	生成 GetPivotData	调用数据透视表函数 GetPivotData，从数据透视表中获取数据
活动字段	活动字段	在其窗格下可对当前活动字段重新命名
	字段设置	调出【字段设置】对话框
	向下钻取	显示某一项目的子集
	向上钻取	显示某一项目的上一级
	展开字段	展开活动字段的所有项
	折叠字段	折叠活动字段的所有项
组合	分组选择	对数据透视表进行手动组合
	取消组合	取消数据透视表中存在的组合项
	分组字段	对日期或数字字段进行自动组合
筛选	插入切片器	调出【插入切片器】对话框，使用切片器功能
	插入日程表	调出【插入日程表】对话框，使用日程表功能
	筛选器连接	实现切片器或日程表的联动
数据	刷新	刷新数据透视表
	更改数据源	更改数据透视表的原始数据区域及外部数据的链接属性
操作	清除	删除字段、格式和筛选器
	选择	选择一个数据透视表元素
	移动数据透视表	将数据透视表移到工作簿中的其他位置
计算	字段、项目和集	在数据透视表中插入计算字段、计算项及集管理
	OLAP 工具	基于 OLAP 多维数据集创建的数据透视表的管理工具
	关系	在相同报表上显示来自不同表格的相关数据，必须在表格之间创建或编辑关系
工具	数据透视图	创建数据透视图
	推荐的数据透视表	利用推荐的数据透视表快速更改透视表布局
显示	字段列表	开启或关闭【数据透视表字段】列表框
	显示/隐藏按钮	展开或折叠数据透视表中的项目
	字段标题	显示或隐藏数据透视表的行、列字段标题

1.10.2 【设计】选项卡的主要功能

【设计】选项卡中的各个功能菜单如图 1-25 所示。

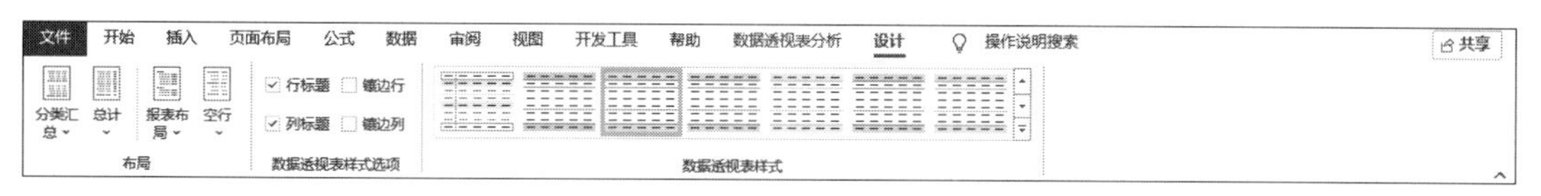

图 1-25 【设计】选项卡

【设计】选项卡的功能按钮分为 3 个组，分别是【布局】组、【数据透视表样式选项】组和【数据透视表样式】组。通过【设计】选项卡可以对数据透视表进行布局、格式相关的美化设置。【设计】选项卡中按钮的功能见表 1-3。

表 1-3 【设计】选项卡按钮功能

组名	按钮名称	按钮功能
布局	分类汇总	将分类汇总移动到组的顶部或底部及关闭分类汇总
	总计	开启或关闭行和列的总计
	报表布局	使用压缩、大纲或表格形式显示数据透视表；是否重复显示项目标签
	空行	在每个项目后插入或删除空行
数据透视表样式选项	行标题	将数据透视表行字段标题显示为特殊样式
	列标题	将数据透视表列字段标题显示为特殊样式
	镶边行	对数据透视表中的奇、偶行应用不同颜色相间的样式
	镶边列	对数据透视表中的奇、偶列应用不同颜色相间的样式
数据透视表样式	浅色	提供 29 种浅色数据透视表样式
	中等色	提供 28 种中等深浅色数据透视表样式
	深色	提供 28 种深色数据透视表样式
	新建数据透视表样式	用户可以自定义数据透视表样式
	清除	清除已经应用的数据透视表样式

1.11 创建动态数据透视表

用户创建数据透视表后，如果数据源中增加了新的数据记录，即使刷新数据透视表，新增的数据也无法显示在已经创建好的数据透视表中，用户往往需要更改数据范围来实现数据源更新。当用户需要频繁地往数据源中增加新的数据记录时，每次都更改数据源范围就变得很麻烦，面对这种情况时，用户可以创建动态数据透视表。

在Excel 2019中可以利用“Power Query”生成动态数据透视表，实现数据源动态扩展。此方式还可将不同工作表，甚至不同工作簿的多个Excel数据列表进行合并汇总，堪称数据透视表的又一利器，详情参见第12章。

本节简要介绍创建动态数据透视表的两种方法：定义名称法和创建表格法。通过本节的学习，用户可以掌握创建动态数据透视表的方法，从而有效地解决增、删、改数据记录在数据透视表中更新的问题。

1.11.1 定义名称法创建动态数据透视表

通常，创建数据透视表是通过选择一个已知的区域来进行，这样数据透视表选定的数据源区域就会被固定。而定义名称法创建数据透视表，则是使用公式定义数据透视表的数据源，实现了数据源的动态扩展，从而创建动态的数据透视表。

示例1-3 定义名称法创建动态数据透视表

利用OFFSET函数定义一个名称，单击【公式】→【定义名称】命令，如图1-26所示输入公式。

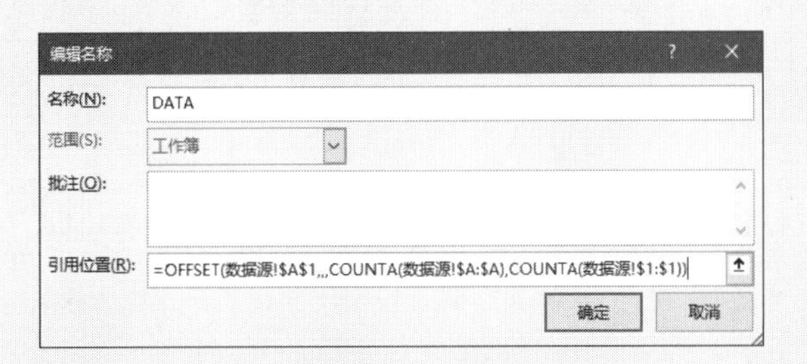

图1-26 定义一个名称“DATA”

通用公式如下

```
=OFFSET($A$1,0,0,COUNTA($A:$A),COUNTA($1:$1))
```

公式解析：OFFSET是一个引用函数，第2和第3参数表示行、列偏移，这里是0意味着不发生偏移，0在函数公式中可以省略不写，所以用户时常会看到如下写法。

```
=OFFSET($A$1,,,COUNTA($A:$A),COUNTA($1:$1))
```

第4个参数和第5个参数表示引用的行数和列数，即要得到这个新区域的范围。公式中分别统计A列和第1行的非空单元格的数量作为数据源的行数和列数。当“销售记录”工作表中新增了数据记录时，这个行数和列数的值会自动发生变化，从而实现对数据源区域的动态引用。

此方法要求数据源区域中用于公式判断的行和列的数据中间（如本例中的首行和首列）不能包含空单元格，否则将无法用定义名称取得正确的数据区域。

创建数据透视表时，在弹出的【创建数据透视表】对话框的【表/区域】文本框中输入定义好的名称，单击【确定】按钮即可，如图1-27所示。

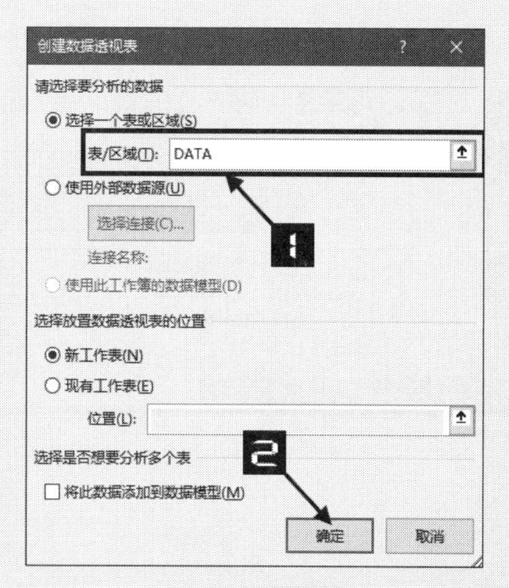

图 1-27 用定义的名称创建数据透视表

1.11.2 使用"表格"功能创建动态数据透视表

示例1-4 使用"表格"功能创建动态数据透视表

在Excel中，利用"表格"的自动扩展功能也可以创建动态数据透视表。

步骤① 在"销售记录"工作表中单击任意一个单元格（如A4），单击【插入】→【表格】按钮，弹出【创建表】对话框，保持【表包含标题】前面的复选框为勾选状态，单击【确定】按钮即可将当前的数据列表转换为Excel"表格"，如图1-28所示。

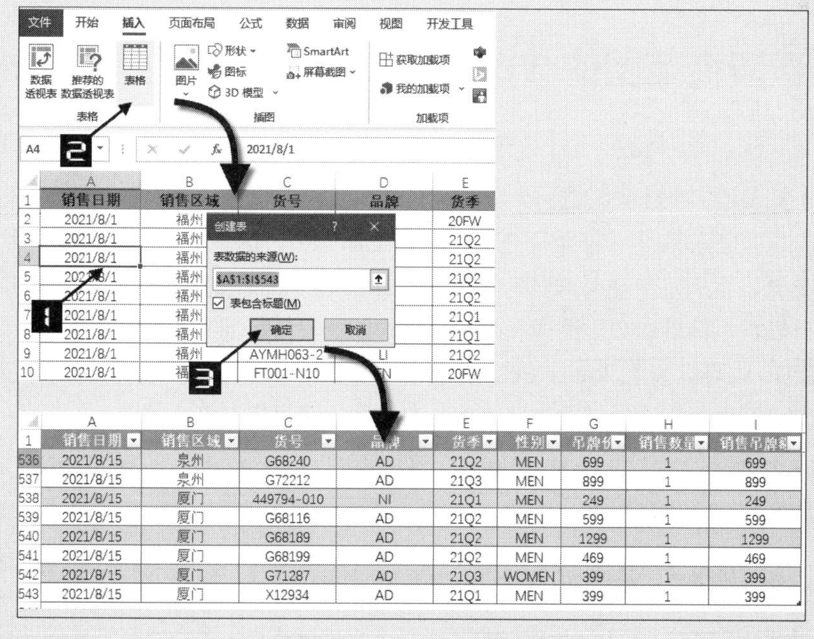

图 1-28 创建【表】

步骤② 单击“表格”中的任意一个单元格（如A4），在【插入】选项卡中单击【数据透视表】按钮，弹出【创建数据透视表】对话框，再单击【确定】按钮创建一张空白数据透视表，并向空白数据透视表添加字段，设置数据透视表布局，如图 1-29 所示。

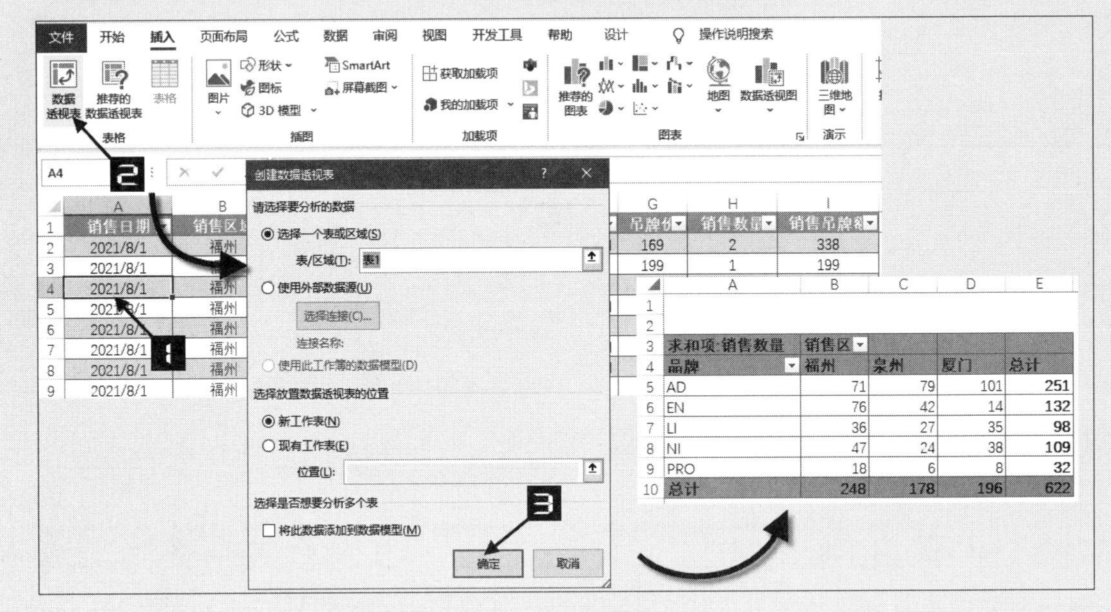

图 1-29　创建数据透视表

用户可以在“表格”中添加一些新记录来检验。添加数据后，刷新刚刚创建的数据透视表，即可见新增的数据，此步骤不再赘述。

1.12　创建复合范围的数据透视表

当数据源是单张数据列表时，用户可以轻松地使用数据透视表进行统计汇总。但日常工作中用户时常会遇到数据源是多个数据区域的情况，这些数据区域可能在同一个工作表的不同单元格区域，也可能存在于不同的工作表中，甚至存在于不同的工作簿中，这些数据区域之间又存在某种联系，需要进行合并处理，用户如果使用常规的数据透视表创建方法就会遇到困难。此时，用户可以通过创建多重合并计算数据区域的数据透视表来实现，即创建复合范围的数据透视表。

在Excel 2019 中可以利用Power Pivot、Power Query等进行多表分析，本节仅对利用多重合并计算数据区域创建复合范围的数据透视表的一个典型应用进行详细介绍。

1.12.1　利用多重合并计算数据区域将二维数据列表转换为一维数据列表

示例1-5　利用多重合并计算数据区域将二维数据列表转换为一维数据列表

众所周知，用于创建数据透视表的数据源最好为一维的数据列表，当用户遇到需要将二维的数

据列表转换为一维数据列表时，可以利用多重合并计算数据区域进行转换，如果希望进行如图 1-30 所示的维度转换，步骤如下。

	A	B	C	D	E	F	G
1	货号	颜色	吊牌价	S	M	L	XL
2	1178-J02	黑色	150	6	12	12	6
3	251-J01	黑色	298	6	13	13	5
4	251-J01	红色	298	6	13	11	5
5	3BA1-1	蓝色	468	6	11	10	8
6	3J81-2	蓝色	498	7	14	15	7
7	3J81-2	绿色	498	8	10	12	6
8	3J81-3	黑色	498	6	12	13	8
9	3J81-3	红色	498	7	11	14	9
10	5Y621-4	白色	798	8	15	10	5
11	7H002-1	红色	338	7	10	14	5
12	7H002-1	蓝色	338	7	11	10	5
13	7H002-1	白色	338	7	10	15	5
14	7H002-21	黑色	338	6	11	14	6
15	3J72-3	黑色	498	6	12	13	8
16	3J72-4	红色	498	7	11	14	9
17	3J72-5	蓝色	498	8	12	13	7
18	A47-J01	黑色	298	6	13	13	5
19	A47-J01	红色	298	6	13	11	5

	A	B	C	D	E
1	货号	颜色	吊牌价	尺码	数量
2	1178-J02	黑色	150	S	6
3	1178-J02	黑色	150	M	12
4	1178-J02	黑色	150	L	12
5	1178-J02	黑色	150	XL	6
6	251-J01	黑色	298	S	6
7	251-J01	黑色	298	M	13
8	251-J01	黑色	298	L	13
9	251-J01	黑色	298	XL	5
10	251-J01	红色	298	S	6
11	251-J01	红色	298	M	13
12	251-J01	红色	298	L	11
13	251-J01	红色	298	XL	5
14	3BA1-1	蓝色	468	S	6
15	3BA1-1	蓝色	468	M	11
16	3BA1-1	蓝色	468	L	10
17	3BA1-1	蓝色	468	XL	8
18	3J72-3	黑色	498	S	6
19	3J72-3	黑色	498	M	12

图 1-30　二维数据列表转换为一维数据列表

步骤① 在“二维数据”工作表中的 C 列后添加一个空列，在该列中输入公式并向下填充，如图 1-31 所示。

```
=A1&"|"&B1&"|"&C1
```

D1　=A1&"|"&B1&"|"&C1

	A	B	C	D	E	F	G	H
1	货号	颜色	吊牌价	货号|颜色|吊牌价	S	M	L	XL
2	1178-J02	黑色	150	1178-J02|黑色|150	6	12	12	6
3	251-J01	黑色	298	251-J01|黑色|298	6	13	13	5
4	251-J01	红色	298	251-J01|红色|298	6	13	11	5
5	3BA1-1	蓝色	468	3BA1-1|蓝色|468	6	11	10	8
6	3J81-2	蓝色	498	3J81-2|蓝色|498	7	14	15	7
7	3J81-2	绿色	498	3J81-2|绿色|498	8	10	12	6
8	3J81-3	黑色	498	3J81-3|黑色|498	6	12	13	8
9	3J81-3	红色	498	3J81-3|红色|498	7	11	14	9
10	5Y621-4	白色	798	5Y621-4|白色|798	8	15	10	5
11	7H002-1	红色	338	7H002-1|红色|338	7	10	14	5
12	7H002-1	蓝色	338	7H002-1|蓝色|338	7	11	10	5
13	7H002-1	白色	338	7H002-1|白色|338	7	10	15	5
14	7H002-21	黑色	338	7H002-21|黑色|338	6	11	14	6
15	3J72-3	黑色	498	3J72-3|黑色|498	6	12	13	8
16	3J72-4	红色	498	3J72-4|红色|498	7	11	14	9
17	3J72-5	蓝色	498	3J72-5|蓝色|498	8	12	13	7
18	A47-J01	黑色	298	A47-J01|黑色|298	6	13	13	5
19	A47-J01	红色	298	A47-J01|红色|298	6	13	11	5

图 1-31　添加辅助列

步骤② 依次按下 <Alt><D><P> 键，在弹出的【数据透视表和数据透视图向导--步骤 1（共 3 步）】中单击【多重合并计算数据区域】单选按钮，单击【下一步】按钮，选择【自定义页字段】的多重合并计算数据区域的数据透视表，向【所有区域】列表框中添加“二维数据!$D$1:$H$19”数据区域，单击【完成】按钮，直至创建完成数据透视表，如图 1-32 所示。

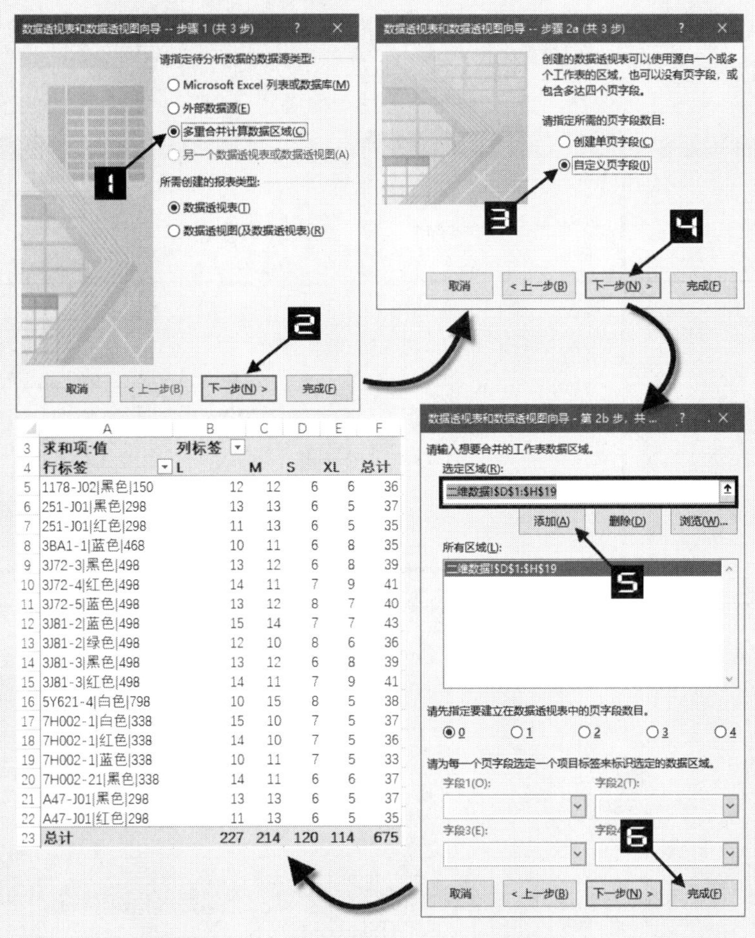

	A	B	C	D	E	F
3	求和项:值	列标签				
4	行标签	L	M	S	XL	总计
5	1178-J02|黑色|150	12	12	6	6	36
6	251-J01|黑色|298	13	13	6	5	37
7	251-J01|红色|298	11	13	6	5	35
8	3BA1-1|蓝色|468	10	11	6	8	35
9	3J72-3|黑色|498	13	12	6	8	39
10	3J72-4|红色|498	14	11	7	9	41
11	3J72-5|蓝色|498	13	12	8	7	40
12	3J81-2|蓝色|498	15	14	7	7	43
13	3J81-2|绿色|498	12	10	8	6	36
14	3J81-3|黑色|498	13	12	6	8	39
15	3J81-3|红色|498	14	11	7	9	41
16	5Y621-4|白色|798	10	15	8	5	38
17	7H002-1|白色|338	15	10	7	5	37
18	7H002-1|红色|338	14	10	7	5	36
19	7H002-1|蓝色|338	10	11	7	5	33
20	7H002-21|黑色|338	14	11	6	6	37
21	A47-J01|黑色|298	13	13	6	5	37
22	A47-J01|红色|298	11	13	6	5	35
23	总计	227	214	120	114	675

图 1-32　创建数据透视表

步骤③ 调整“列标签”中“S”“M”和“L”的顺序，双击数据透视表的最后一个单元格，本例中为 F23 单元格，此时 Excel 自动创建一个“Sheet”工作表用来显示数据明细，如图 1-33 所示。

	A	B	C	D	E	F
3	求和项:值	列标签				
4	行标签	S	M	L	XL	总计
5	1178-J02|黑色|150	6	12	12	6	36
6	251-J01|黑色|298	6	13	13	5	37
7	251-J01|红色|298	6	13	11	5	35
8	3BA1-1|蓝色|468	6	11	10	8	35
9	3J72-3|黑色|498	6	12	13	8	39
10	3J72-4|红色|498	7	11	14	9	41
11	3J72-5|蓝色|498	8	12	13	7	40
12	3J81-2|蓝色|498	7	14	15	7	43
13	3J81-2|绿色|498	8	10	12	6	36
14	3J81-3|黑色|498	6	12	13	8	39
15	3J81-3|红色|498	7	11	14	9	41
16	5Y621-4|白色|798	8	15	10	5	38
17	7H002-1|白色|338	7	10	15	5	37
18	7H002-1|红色|338	7	10	14	5	36
19	7H002-1|蓝色|338	7	11	10	5	33
20	7H002-21|黑色|338	6	11	[illegible]	6	37
21	A47-J01|黑色|298	6	13	13	5	37
22	A47-J01|红色|298	6	13	11	5	35
23	总计	120	214	227	114	675

	A	B	C
1	行	列	值
2	1178-J02|黑色|150	S	6
3	1178-J02|黑色|150	M	12
4	1178-J02|黑色|150	L	12
5	1178-J02|黑色|150	XL	6
6	251-J01|黑色|298	S	6
7	251-J01|黑色|298	M	13
8	251-J01|黑色|298	L	13
9	251-J01|黑色|298	XL	5
10	251-J01|红色|298	S	6
11	251-J01|红色|298	M	13
12	251-J01|红色|298	L	11
13	251-J01|红色|298	XL	5
14	3BA1-1|蓝色|468	S	6
15	3BA1-1|蓝色|468	M	11
16	3BA1-1|蓝色|468	L	10

图 1-33　生成新的数据表

步骤④ 在新生成的“Sheet”工作表中的A列后插入两列空列，选中A列，单击【数据】选项卡中的【分列】命令，弹出【文本分列向导－第1步，共3步】对话框，保持默认设置不变，单击【下一步】按钮，如图 1-34 所示。

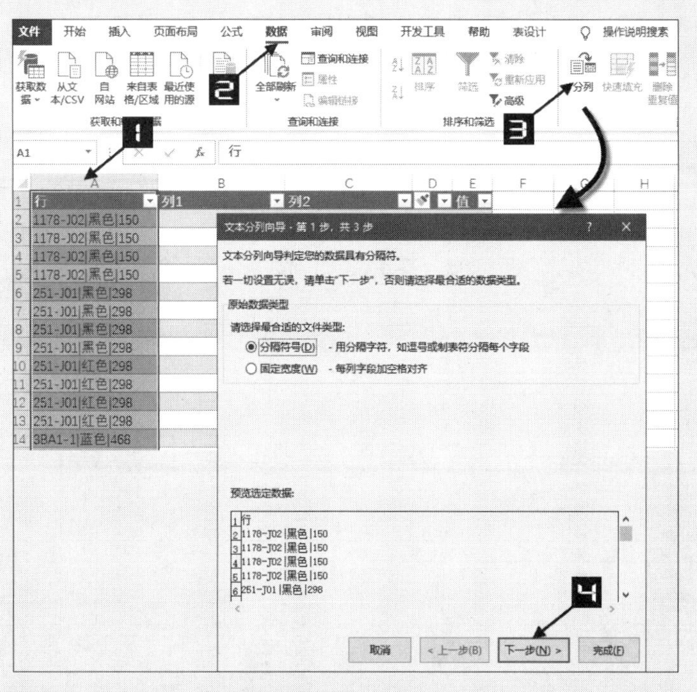

图 1-34　加工明细数据

步骤⑤ 在弹出的【文本分列向导－第 2 步，共 3 步】对话框中，勾选【分隔符号】列表中的【其他】复选框，在【其他】文本框中输入“|”，单击【完成】按钮，弹出【Microsoft Excel】对话框询问“此处已有数据。是否替换它?”，单击【确定】按钮，如图 1-35 所示。

步骤⑥ 修改标题名称，完成二维数据列表到一维数据列表的转化，如图 1-36 所示。

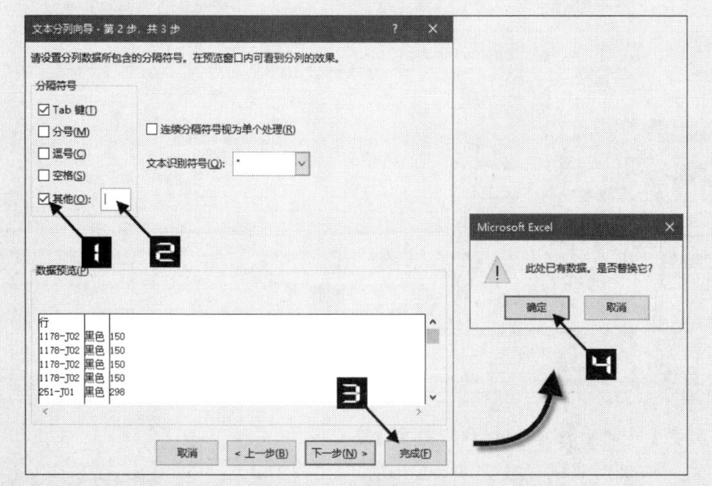

图 1-35　加工明细数据

	A	B	C	D	E
1	货号	颜色	吊牌价	尺码	数量
2	1178-J02	黑色	150	S	6
3	1178-J02	黑色	150	M	12
4	1178-J02	黑色	150	L	12
5	1178-J02	黑色	150	XL	6
6	251-J01	黑色	298	S	6
7	251-J01	黑色	298	M	13
8	251-J01	黑色	298	L	13
9	251-J01	黑色	298	XL	5
10	251-J01	红色	298	S	6
11	251-J01	红色	298	M	13
12	251-J01	红色	298	L	11
13	251-J01	红色	298	XL	5
14	3BA1-1	蓝色	468	S	6
15	3BA1-1	蓝色	468	M	11
16	3BA1-1	蓝色	468	L	10

图 1-36　完成二维数据转换为一维数据

1.13 模型数据透视表

数据透视表支持多表分析，在创建数据透视表时，用户可以根据需求来选择是否要进行多表分析，如需要进行多表分析，勾选【将此数据添加到数据模型】复选框即可。

1.13.1 将数据添加到数据模型创建数据透视表

示例1-6 将数据添加到数据模型创建数据透视表

图 1-37 所示为某公司的销售明细表，下面将利用数据模型创建数据透视表，具体步骤如下。

	A	B	C	D	E	F	G	H	I
1	销售日期	销售区域	货号	品牌	货季	性别	吊牌价	销售数量	销售吊牌额
2	2021/8/1	福州	205654-519	EN	20FW	WOMEN	169	2	338
3	2021/8/1	福州	449792-010	NI	21Q2	MEN	199	1	199
4	2021/8/1	福州	547798-010	NI	21Q2	MEN	469	2	938
5	2021/8/1	福州	AKLH558-2	LI	21Q2	WOMEN	239	1	239
6	2021/8/1	福州	AKLH641-1	LI	21Q2	MEN	239	2	478
7	2021/8/1	福州	AKLJ034-3	LI	21Q1	WOMEN	239	1	239
8	2021/8/1	福州	AUBJ002-1	LI	21Q1	WOMEN	159	1	159
9	2021/8/1	福州	AYMH063-2	LI	21Q2	MEN	699	1	699
10	2021/8/1	福州	FT001-N10	EN	20FW	MEN	699	1	699
11	2021/8/1	福州	G68108	AD	21Q2	MEN	699	1	699
12	2021/8/1	福州	G70357	AD	21Q1	MEN	429	1	429
13	2021/8/1	福州	G71183	AD	21Q3	WOMEN	369	1	369
14	2021/8/1	福州	G83346	AD	21Q1	MEN	399	1	399

图 1-37 销售明细表

步骤1 选中数据源中的任意单元格（如B5），单击【插入】选项卡中的【数据透视表】命令，打开【创建数据透视表】对话框，勾选【将此数据添加到数据模型】复选框，单击【确定】，如图 1-38 所示。

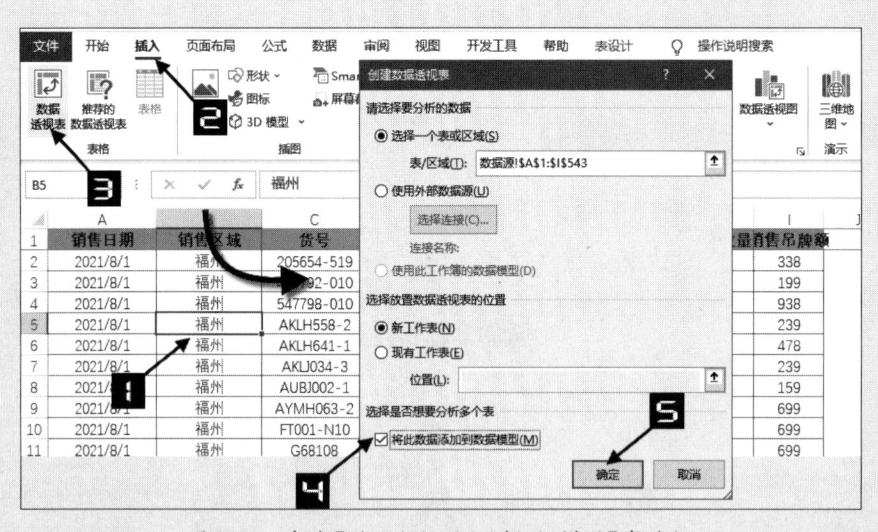

图 1-38 勾选【将此数据添加到数据模型】复选框

步骤2 将【销售区域】拖曳到【列】区域，勾选【品牌】和【销售吊牌额】复选框，创建如图 1-39 所示的模型数据透视表。

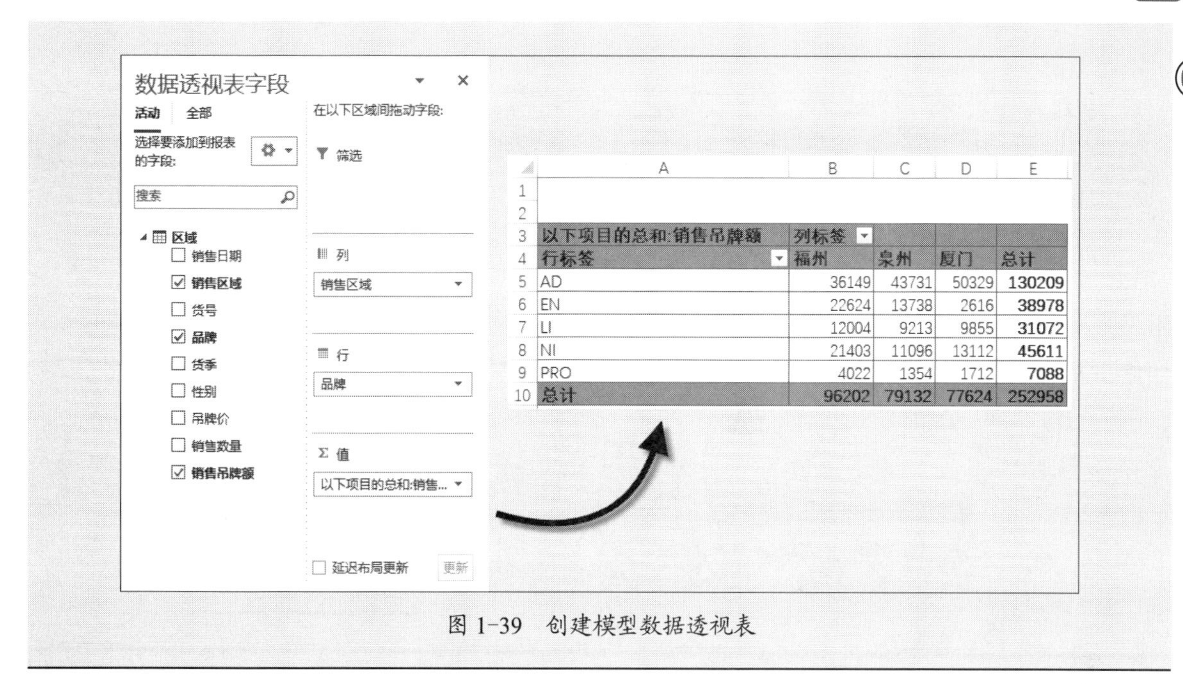

	A	B	C	D	E
1					
2					
3	以下项目的总和:销售吊牌额	列标签			
4	行标签	福州	泉州	厦门	总计
5	AD	36149	43731	50329	130209
6	EN	22624	13738	2616	38978
7	LI	12004	9213	9855	31072
8	NI	21403	11096	13112	45611
9	PRO	4022	1354	1712	7088
10	总计	96202	79132	77624	252958

图 1-39　创建模型数据透视表

根据本书前言的提示，可观看“将数据添加到数据模型创建数据透视表”的视频讲解。

1.14　普通数据透视表与利用数据模型创建的数据透视表的区别

普通数据透视表与模型数据透视表的不同之处如下。

❖ 模型数据透视表值汇总字段的名称为“以下项目的总和：销售吊牌额”，普通数据透视表值汇总字段的名称为“求和项：销售吊牌额”，如图 1-40 所示。

❖ 在模型数据透视表中，单击【快速浏览】命令可以使用数据透视表中的其他字段实现钻取，如图 1-41 所示。

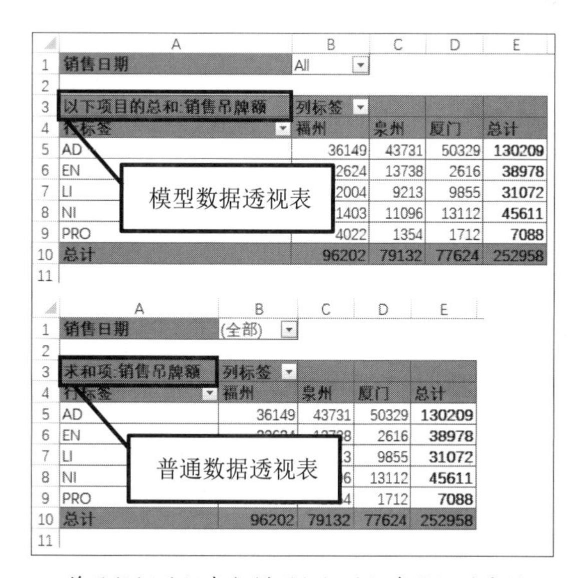

图 1-40　普通数据透视表与模型数据透视表值汇总字段显示不同

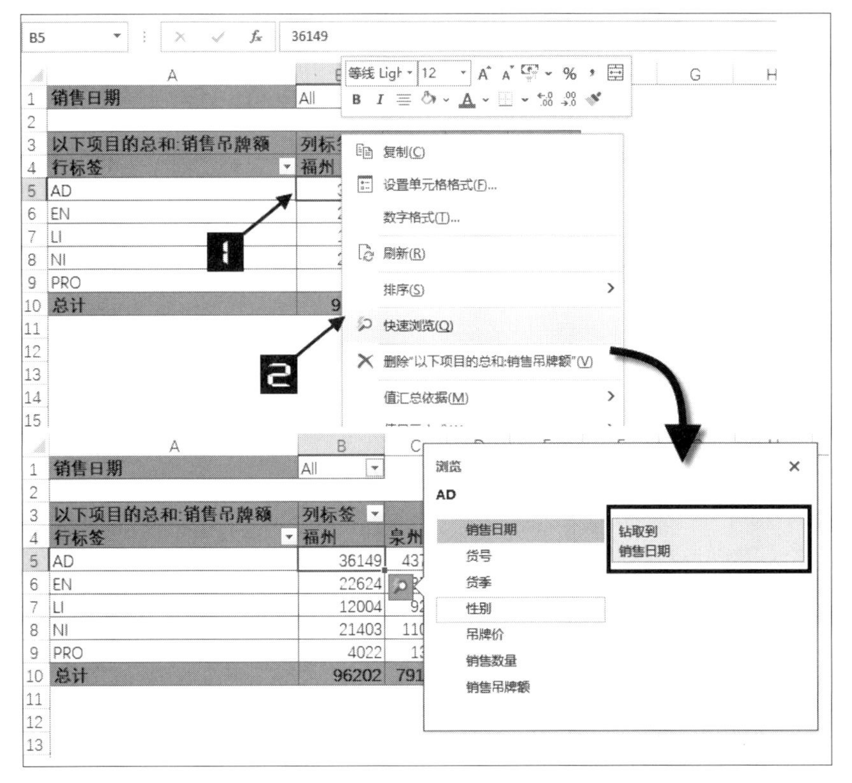

图 1-41　单击【快速浏览】命令可钻取其他字段

❖ 模型数据透视表中的行列标签及筛选器的下拉列表字段复选框前面出现“+”号，如图 1-42 所示。

图 1-42　行列标签及筛选器的下拉列表

❖ 模型数据透视表的【数据透视表字段】窗格中多出了【活动】和【全部】选项卡，【活动】选项卡是指正在使用的数据模型，【全部】选项卡是指本工作簿中所有的数据模型，如图 1-43 所示。

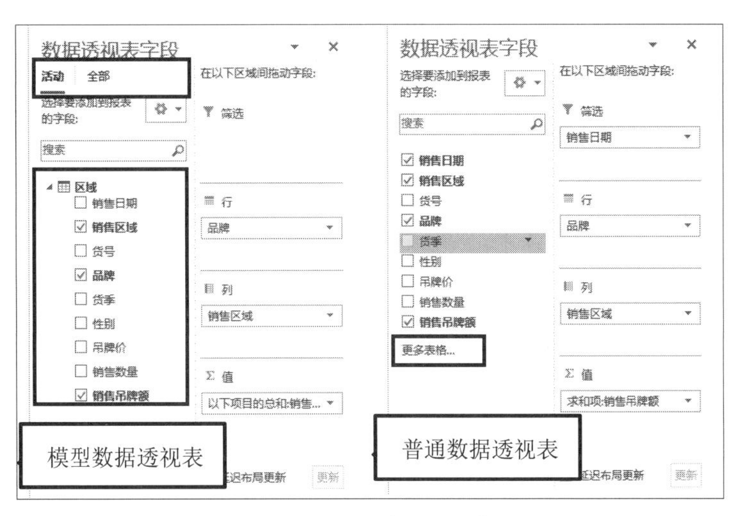

图 1-43 【数据透视表字段】窗格区别

❖ 模型数据透视表的【数据透视表字段】窗格的【选择要添加到报表的字段】选项中多出了“区域”来代表不同的数据模型，普通数据透视表则可以通过【更多表格】按钮创建模型数据透视表。普通数据透视表与模型数据透视表功能区选项卡中各功能的区别如下。

❖ 模型数据透视表【设计】选项卡的【分类汇总】下拉列表中的【汇总中包含筛选项】功能可用，普通数据透视表中该命令为灰色不可用状态，如图 1-44 所示。

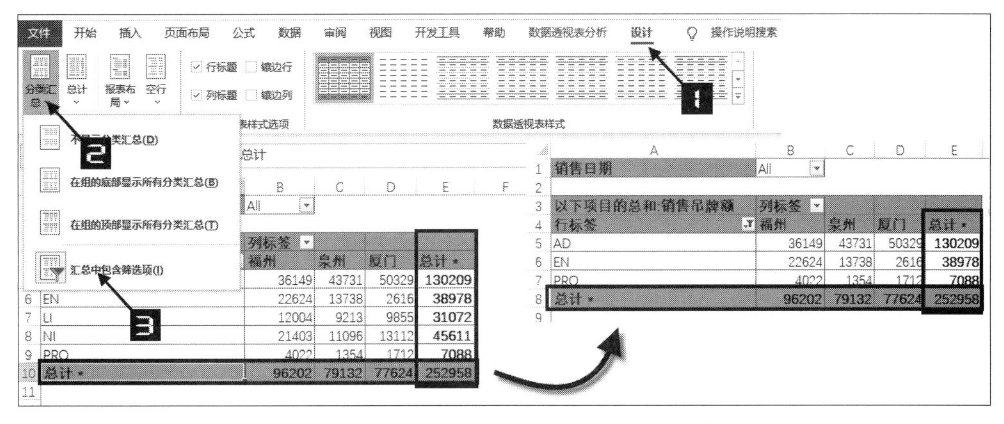

图 1-44 模型数据透视表可设置【汇总中包含筛选项】

❖ 模型数据透视表【分析】选项卡的【字段、项目和集】的下拉列表中的【基于行项创建集】【基于列项创建集】和【管理集】功能可用，普通数据透视表中的这些命令为灰色不可用状态；模型数据透视表的【计算字段】【计算项】功能不可用，需要在 Power Pivot 界面中进行度量值的添加，如图 1-45 所示。

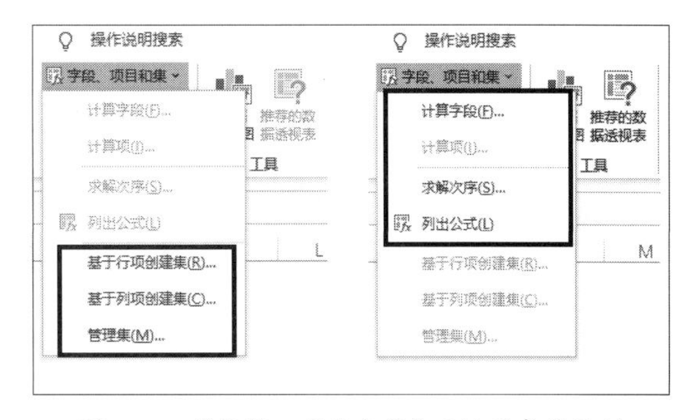

图 1-45 【字段、项目和集】下拉列表的区别

❖ 模型数据透视表【数据透视表分析】选项卡的【OLAP工具】下拉列表中的【转换为公式】功能可用，普通数据透视表的【OLAP工具】按钮为灰色不可用状态。

1.15 模型数据透视表的局限性

数据透视表为我们提了强大的计算功能，用户可以通过【计算字段】和【计算项】功能，对字段进行加工计算，但是在模型数据透视表中，【计算字段】和【计算项】功能不可用。

在模型数据透视表中进行计算时，必须进入Power Pivot界面中进行度量值的添加，利用DAX语言进行计算，虽然计算功能更强大，但对于普通用户来说，完全掌握该语言难度很大。普通数据透视表点击几下鼠标即可完成计算，操作更容易上手。

1.16 将普通数据透视表转化为模型数据透视表

图 1-46 展示了一张普通数据透视表，如果想将普通数据透视表转化为模型数据透视表，只需在【数据透视表字段】窗格中单击【更多表格】按钮，在弹出的【创建新的数据透视表】对话框中单击【是】按钮，即可快速转换为模型数据透视表，如图 1-47 所示。

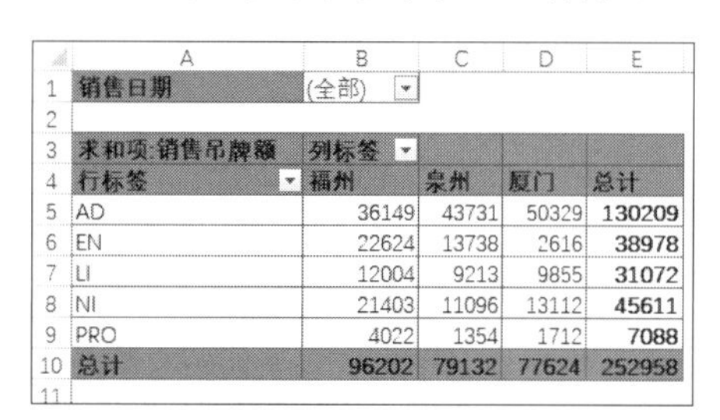

销售日期	(全部)			
求和项:销售吊牌额	列标签			
行标签	福州	泉州	厦门	总计
AD	36149	43731	50329	130209
EN	22624	13738	2616	38978
LI	12004	9213	9855	31072
NI	21403	11096	13112	45611
PRO	4022	1354	1712	7088
总计	96202	79132	77624	252958

图 1-46 普通数据透视表

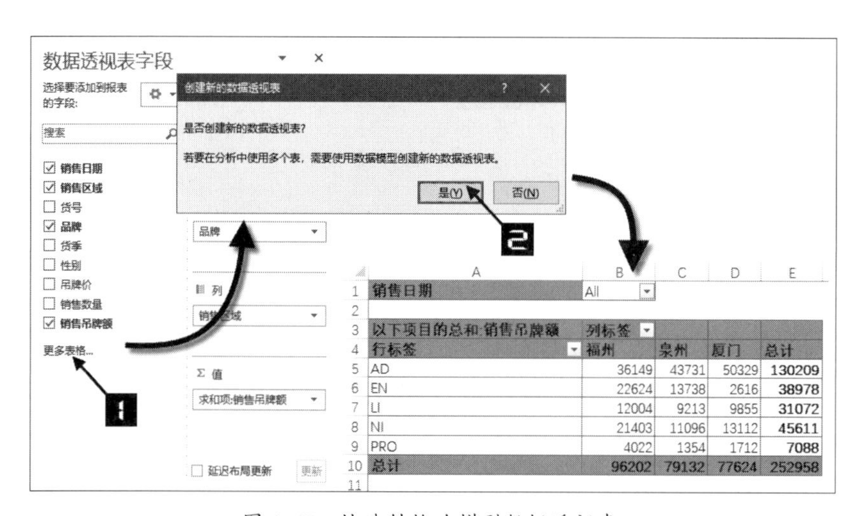

图 1-47 快速转换为模型数据透视表

第 2 章　整理好 Excel 数据源

规范的数据源是数据透视表进行多角度汇总、分析和呈现数据的前提条件。数据源不规范会导致数据透视表创建失败、汇总统计出错、无法自动组合等问题。本章将重点介绍原始数据的管理规范及在日常工作中对不规范数据源的整理技巧。

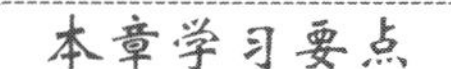

（1）数据管理规范。　　（2）对不规范数据的整理技巧。

2.1　数据管理规范

工作中的数据来源纷繁芜杂，没有规范的原始数据，会对后期创建和使用数据透视表带来重重障碍。磨刀不误砍柴工，要得到规范的数据源，需要先了解以下数据管理规范。

（1）Excel 工作簿名称中不能包含非法字符。

（2）数据源不能包含空白的数据行或数据列。

（3）数据源的列字段名称不能重复。

（4）数据源不能包含合并单元格。

（5）数据源不能包含多层表头，有且仅有一行标题行。

（6）数据源不能包含对数据分类汇总的小计行或总计行。

（7）数据源的数据格式要统一和规范。

（8）能在一个工作表中放置的数据源不要拆分到多个工作表中。

（9）能在一个工作簿中放置的数据源不要拆分到多个工作簿中。

2.1.1　Excel工作簿名称中不能包含非法字符

工作簿名称中不能包含非法字符，如“\/:*?"<>|”等，并未禁止使用字符“[”或“]”，但是创建数据透视表的工作簿名称中如果包含字符“[”或“]”，会导致无法创建数据透视表。提示“数据源引用无效”，如图 2-1 所示。

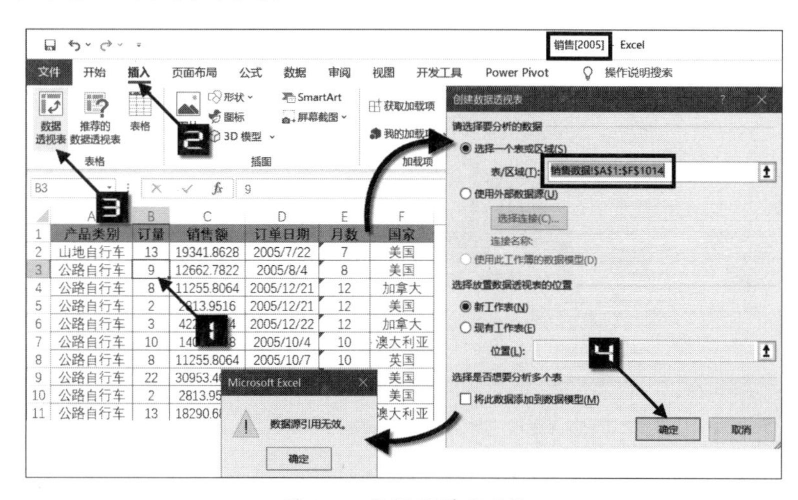

图 2-1　数据源引用无效

2.1.2 数据源不能包含空白数据行或数据列

数据透视表默认将连续非空列（行）的数据作为数据源，所以创建数据透视表时只需选择数据源的任意一个单元格。如果数据源包含空列或空行，会导致创建数据透视表时默认选择的数据区域不能包含全部数据，如图 2-2 所示。

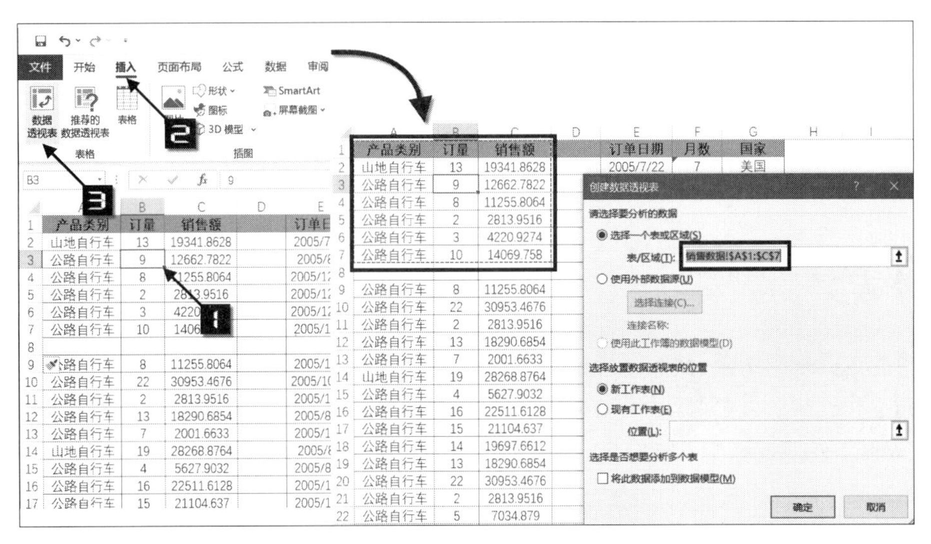

图 2-2 空行（列）导致数据透视表默认数据源不完整

数据透视表不允许字段名为空，所以引用带有空列的数据源创建数据透视表时会提示字段名无效，导致创建失败，如图 2-3 所示。

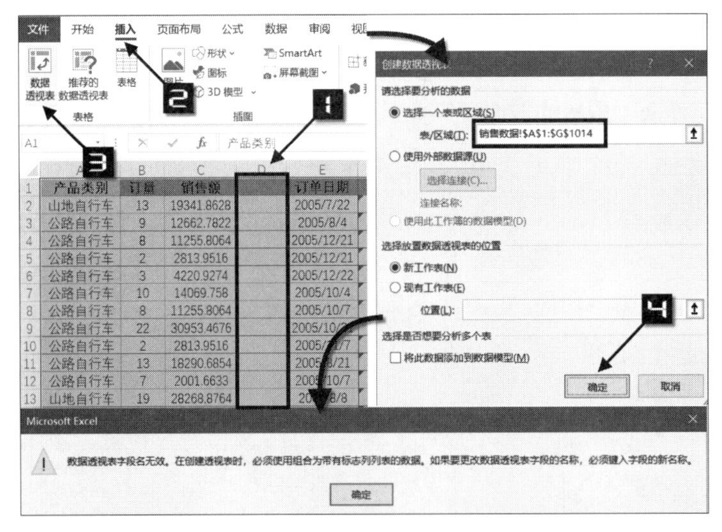

图 2-3 提示字段名无效

2.1.3 数据源字段名称不能重复

当数据源的列字段名称重复时，创建的数据透视表会自动在字段名称后加上数字以区分多个字段，这样的数据透视表字段列表可读性较差，在进行统计汇总时容易造成字段拖放混乱，所以列字

段名称应使其不重复且能直观反映该列数据代表的含义。

2.1.4　数据源不能包含合并单元格

合并单元格只有左上角的单元格含有数据信息，当数据源含有合并单元格时，可能导致数据透视表无法返回预期统计结果。

2.1.5　数据源不能包含多层表头

无论数据源有多少行表头，只有一行能够作为数据透视表的字段。多行表头也可能会因为合并单元格，导致字段名为空或字段名重复，如图 2-4 所示。

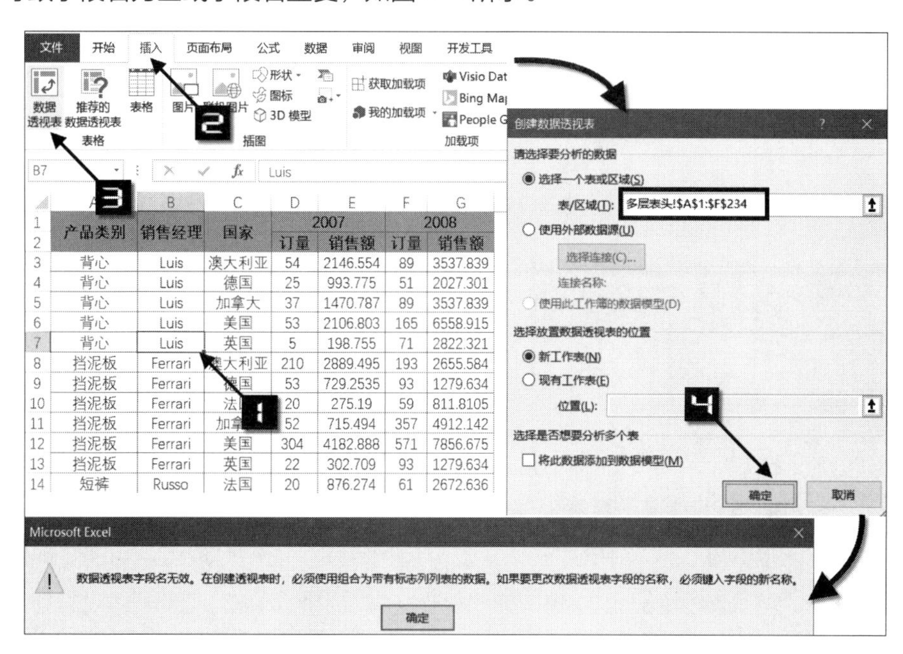

图 2-4　合并单元格导致创建数据透视表时字段名无效

2.1.6　数据源不能包含小计行或总计行

有些 ERP 系统导出的数据源含有分类汇总的小计行或总计行。当数据源包含小计行或总计行时，会导致数据透视表在统计时重复计算，从而返回错误结果。

2.1.7　数据源的数据格式要统一和规范

当数据源中的数据格式不规范时，会导致数据透视表在统计与汇总时出错。如文本数字不能正常参与计算导致汇总时出错，不规范日期进行组合时不能自动分组，从而大大降低工作效率。

2.1.8　数据源不要拆分到多个工作表中

数据源分处于多个工作表时，需要使用多重合并计算区域、SQL 语句或 VBA 代码创建多个工作表的数据透视表，且可能给后期数据的添加、更新和文件的传递带来诸多不便。

2.1.9　数据源不要拆分到多个工作簿中

当数据源分处于多个工作簿时，不利于数据透视表的更新和传递。

2.2 对不规范数据的整理技巧

2.2.1 对合并单元格的处理

示例2-1 拆分合并单元格

图 2-5 所示为某公司销售清单。其中“产品类别”字段包含合并单元格，需要将合并单元格取消合并，并批量填充相对应的类别信息，具体操作步骤如下。

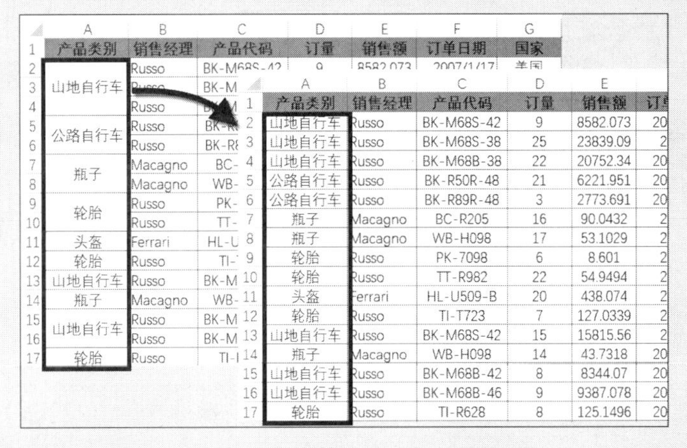

	产品类别	销售经理	产品代码	订量	销售额
2	山地自行车	Russo	BK-M68S-42	9	8582.073
3	山地自行车	Russo	BK-M68S-38	25	23839.09
4	山地自行车	Russo	BK-M68B-38	22	20752.34
5	公路自行车	Russo	BK-R50R-48	21	6221.951
6	公路自行车	Russo	BK-R89R-48	3	2773.691
7	瓶子	Macagno	BC-R205	16	90.0432
8	瓶子	Macagno	WB-H098	17	53.1029
9	轮胎	Russo	PK-7098	6	8.601
10	轮胎	Russo	TT-R982	22	54.9494
11	头盔	Ferrari	HL-U509-B	20	438.074
12	轮胎	Russo	TI-T723	7	127.0339
13	山地自行车	Russo	BK-M68S-42	15	15815.56
14	瓶子	Macagno	WB-H098	14	43.7318
15	山地自行车	Russo	BK-M68B-42	8	8344.07
16	山地自行车	Russo	BK-M68B-46	9	9387.078
17	轮胎	Russo	TI-R628	8	125.1496

图 2-5 合并单元格拆分并填充

步骤① 选中 A 列单元格区域，依次单击【开始】选项卡→【合并后居中】按钮，如图 2-6 所示。

步骤② 按<Ctrl+G>组合键或<F5>功能键，弹出【定位】对话框，单击【定位条件】按钮。在弹出的【定位条件】对话框中选择【空值】，单击【确定】按钮，如图 2-7 所示。

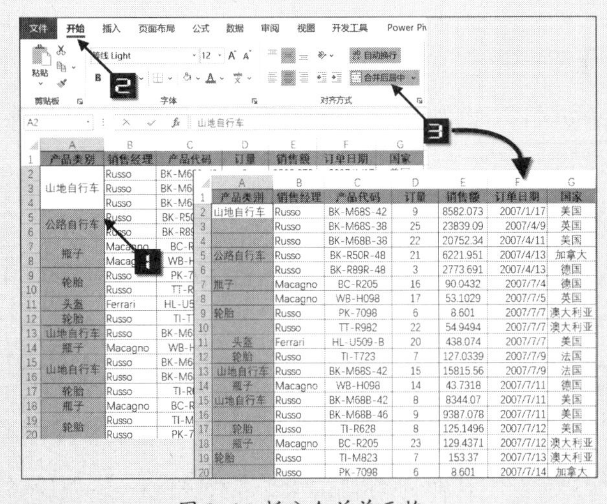

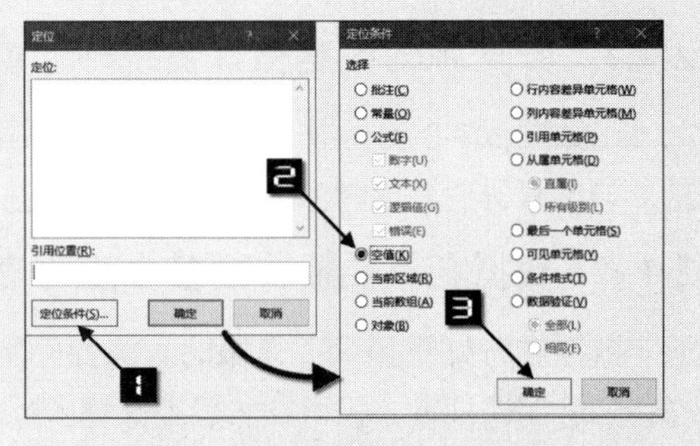

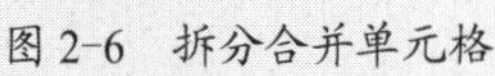

图 2-6 拆分合并单元格　　图 2-7 定位空值

步骤③ 在编辑框中输入公式“=A2”，按<Ctrl+Enter>组合键，如图 2-8 所示。

步骤④ 选中 A 列数据区域，按<Ctrl+C>组合键复制该列，在 A 列数据区域上右击，在弹出的快捷菜单中单击【粘贴选项】下的【值】按钮，如图 2-9 所示。

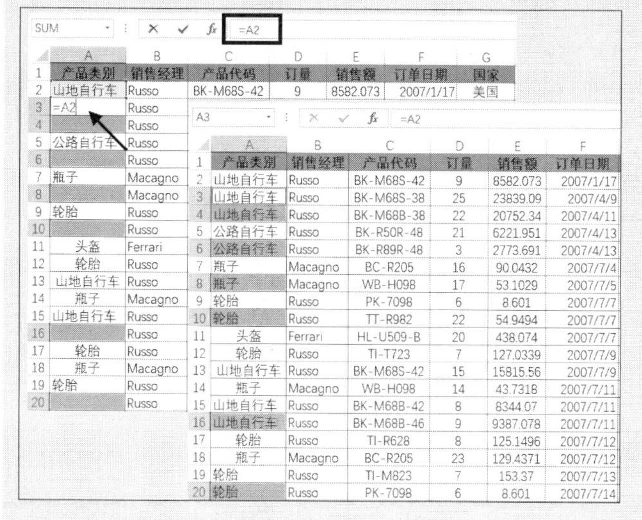

图 2-8　批量填充单元格

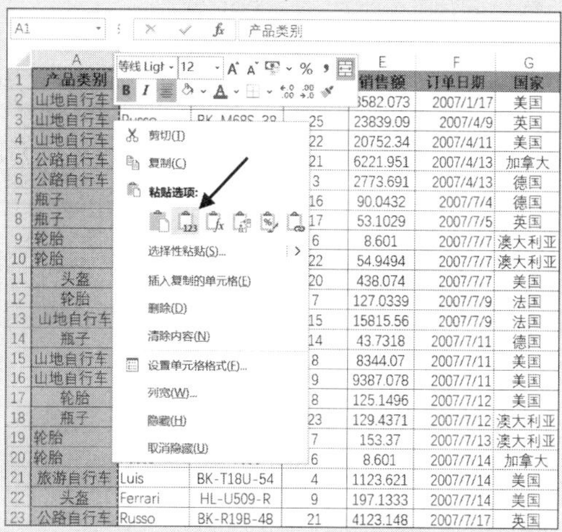

图 2-9　选择性粘贴为值

此外，用户也可以通过 Power Query 数据清洗来实现，具体步骤请参见示例 12.1。

2.2.2　对文本型数字的处理

示例2-2　文本型数字转换为数值型

图 2-10 所示为从某软件导出的数据，所有数据均为文本。文本型数据在数据透视表里只能得到计数结果，需要将其批量转换为数值型数据，具体操作步骤如下。

图 2-10　文本型数字转换为数值型

步骤① 选中 D2:E1075 文本型数字的数据区域，单击出现的错误智能标识，选择【转换为数字】命令，如图 2-11 所示。

步骤② 选择B:C两列，按<Ctrl+H>组合键，弹出【查找和替换】对话框，在【查找内容】和【替换为】文本框中都输入字符“/”，单击【全部替换】按钮，弹出“全部完成”提示，单击【确定】按钮，如图2-12所示。

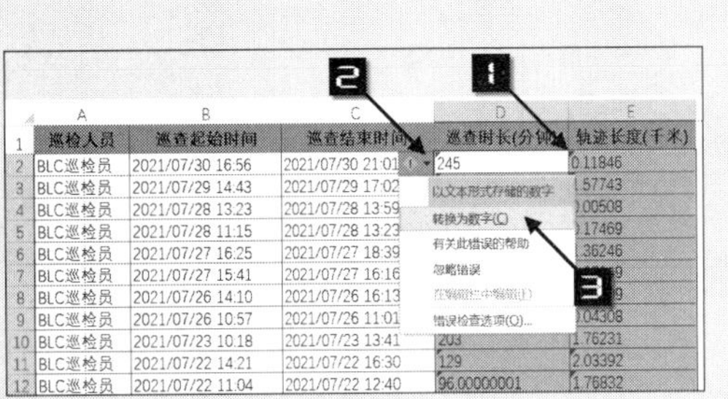

图 2-11 利用错误智能标识转换数字

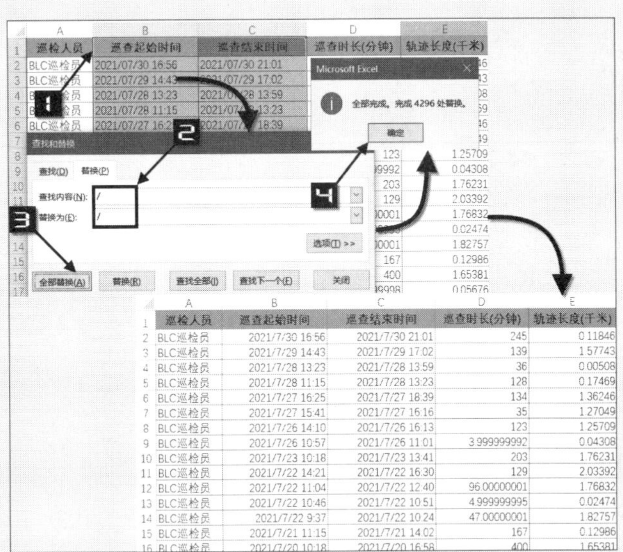

图 2-12 利用【查找和替换】转换文本型日期

根据本书前言的提示，可观看“文本型数字转换为数值型”的视频讲解。

2.2.3 快速删除重复记录

示例2-3 快速删除重复数据

	A	B	C	D	E
1	产品名称	颜色	订量	销售额	订单日期
2	Mountain-200 Silver, 42	银	9	8582.0733	2007/1/17
3	Mountain-200 Silver, 38	银	25	23839.0925	2007/4/9
4	Mountain-200 Black, 38	黑	22	20752.3404	2007/4/11
5	Road-250 Red, 48	红	3	2773.6908	2007/4/13
6	Road-650 Red, 48	红	21	6221.9514	2007/4/13
7	Road Bottle Cage	无	16	90.0432	2007/7/4
8	Water Bottle - 30 oz.	无	17	53.1029	2007/7/5
9	Road Tire Tube	无	22	54.9494	2007/7/7
10	Road Tire Tube	无	22	54.9494	2007/7/7
11	Sport-100 Helmet, Blue	蓝	20	438.074	2007/7/7
12	Patch Kit/8 Patches	无	6	8.601	2007/7/7
13	Mountain-200 Silver, 42	银	15	15815.5575	2007/7/9
14	Touring Tire	无	7	127.0339	2007/7/9
15	Touring Tire	无	7	127.0339	2007/7/9
16	Mountain-200 Black, 46	黑	9	9387.0783	2007/7/11
17	Water Bottle - 30 oz.	无	14	43.7318	2007/7/11
18	Water Bottle - 30 oz.	无	14	43.7318	2007/7/11
19	Mountain-200 Black, 42	黑	8	8344.0696	2007/7/11

图 2-13 存在大量重复的数据源

图2-13所示的数据区域存在一些重复记录，现在需要删除多余的重复记录，具体操作步骤如下。

选中数据区域中任意一个单元格(如A5)，依次单击【数据】选项卡→【删除重复值】按钮，在弹出的【删除重复值】对话框单击【确定】按钮，删除重复值后，单击【确定】按钮，如图2-14所示。

此外，用户也可以通过Power Query数据清洗来实现，具体步骤请参见12.2节。

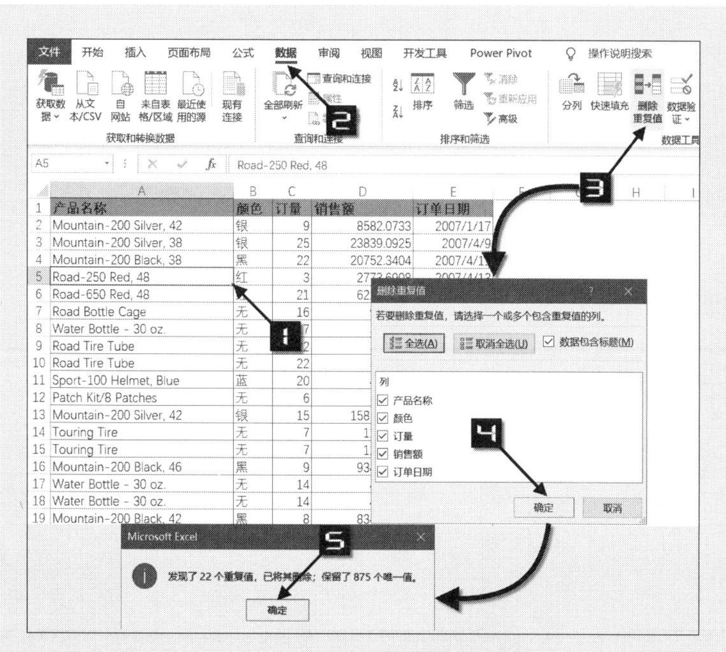

图 2-14　删除重复数据

2.2.4　对不规范日期的处理

示例2-4　不规范日期的转换

图 2-15 展示的数据源，订单日期列存在大量不规范的日期数据，现在需要将其整理为规范的日期格式，具体操作步骤如下。

步骤① 选中订单日期列数据区域，按<Ctrl+C>组合键复制数据，新建一个【文本文档】，按<Ctrl+V>组合键将数据粘贴，如图 2-16 所示。

客户姓名	订量	销售额	订单日期
Jan Green	9	8582.073	2018.10
Philip Diaz	25	23839.09	2018.1
Dalton Cooper	22	20752.34	2018.04
Monique Suarez	3	2773.691	2018.04
Richard Sanchez	21	6221.951	2018.4
Krystal Cai	16	90.0432	2018年7月4日
Joanna Hernandez	17	53.1029	2018年7月5日
Ethan Coleman	22	54.9494	20180707
Elizabeth Jones	20	438.074	20180707
Rob Verhoff	6	8.601	20180709
Kelvin Luo	7	127.0339	20180709
Shaun Raji	15	15815.56	20180709
Robert Lee	9	9387.078	2018_7_11
Levi Suri	14	43.7318	2018_7_11
Jasmine Barnes	8	8344.07	2018_7_11
Evan Reed	8	125.1496	2018/7/12
Arthur Smith	23	129.4371	2018/7/12
Willie Raji	7	153.37	2018/7/13

图 2-15　不统一不规范的日期数据

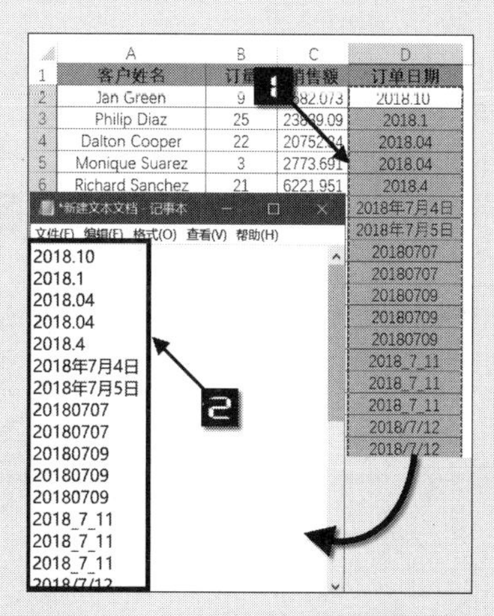

图 2-16　日期数据粘贴到文本文档

步骤② 在【文本文档】中按<Ctrl+H>组合键弹出【替换】对话框，在【查找内容】文本框中输入“.”，在【替换为】文本框中输入“-”，单击【全部替换】按钮，如图 2-17 所示。

步骤③ 按<Ctrl+A>组合键全选日期数据，按<Ctrl+C>组合键复制数据，回到Excel工作表，按<Ctrl+V>组合键粘贴数据，如图 2-18 所示。

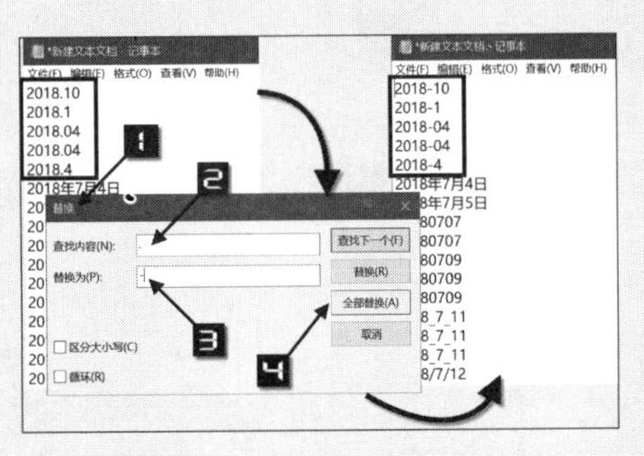

图 2-17 在文本文档中替换小数点

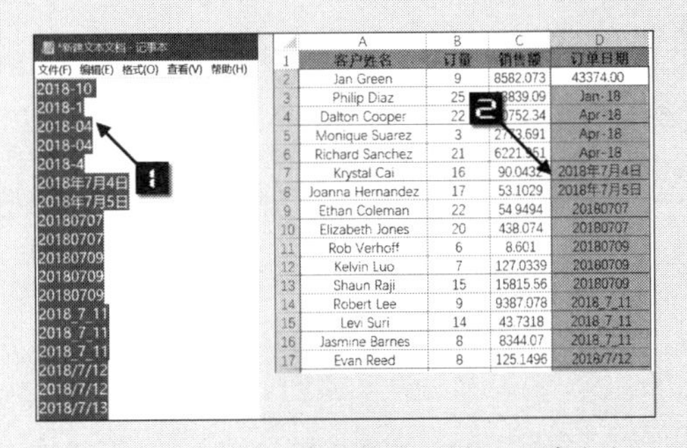

图 2-18 复制文本文档处理过的日期数据

步骤④ 依次单击【数据】选项卡→【分列】按钮，在弹出的【文本分列向导-第 1 步，共 3 步】对话框中单击【下一步】按钮，在弹出的【文本分列向导-第 2 步，共 3 步】对话框中单击【下一步】按钮，在弹出的【文本分列向导-第 3 步，共 3 步】对话框中选择【日期】单选按钮，单击【完成】按钮，如图 2-19 所示。

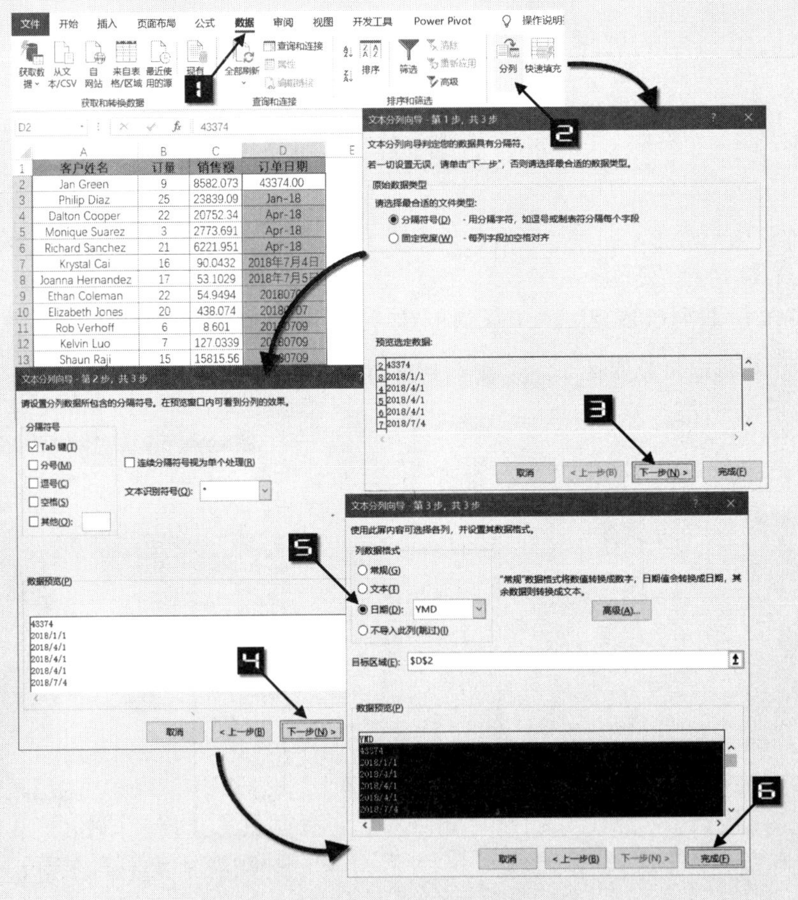

图 2-19 分列转换不规范日期数据

步骤⑤ 选择订单日期列数据，依次单击【开始】选项卡→【数字格式】→选择【短日期】命令，如图 2-20 所示。

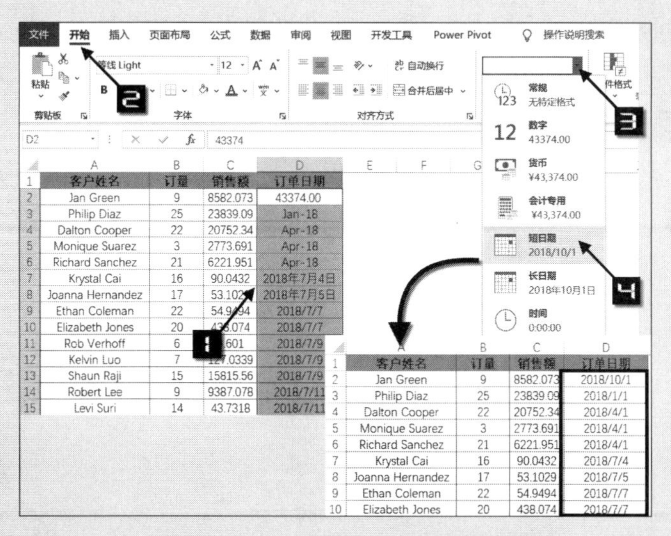

图 2-20　为日期数据统一设置短日期格式

提示 将数据粘贴到文本文档，可以保证数据“所见即所得”。如“2018.10”是设置【数值】格式显示的数据，其实际与“2018.1”没有区别。如果直接【分列】处理，会将“2018.10”数据处理成“2018-1-1”日期格式。

2.2.5　二维表转换为一维表的技巧

示例2-5　多重合并区域将二维表转换为一维表

将如图 2-21 所示的二维表转换为一维表，具体操作步骤如下。

步骤① 依次按下 <Alt><D><P> 键，在弹出的【数据透视表和数据透视图向导—步骤 1(共 3 步)】对话框中，选择【多重合并计算数据区域】单选按钮，单击【下一步】按钮，如图 2-22 所示。

销量	销售地区					
产品类别	A区	B区	C区	D区	E区	F区
背心	38	15	17	15	13	22
跑步机	23	15	154	157	89	83
运动饮料	4	8	138	32	81	25
挡泥板	43	118	18	16	154	44
踏步机	22	8	10	6	59	73
短裤	29	70	55	24	68	122
运动手表	186	9	15	23	158	37
公路自行车	208	87	82	18	249	53
帐篷	198	152	213	152	592	209
轮胎	415	206	244	221	766	301
折椅	10	37	27	65	37	53
旅游自行车	210	10	25	66	44	73
登山包	14	25	11	18	112	29
帽子	24	22	17	66	100	38
睡袋	103	96	52	54	156	93

产品类别	销售地区	销量
棒球帽	A区	70
棒球帽	B区	39
棒球帽	C区	7
棒球帽	D区	49
棒球帽	E区	8
棒球帽	F区	15
背心	A区	38
背心	B区	15
背心	C区	17
背心	D区	15
背心	E区	13
背心	F区	22
挡泥板	A区	43
挡泥板	B区	118
挡泥板	C区	18
挡泥板	D区	16

图 2-21　二维表转换为一维表

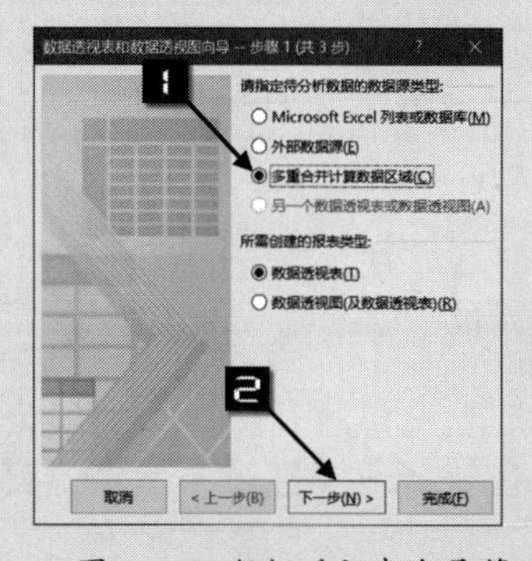

图 2-22　数据透视表向导第 1 步

步骤② 在弹出的【数据透视表和数据透视图向导--步骤 2a(共 3 步)】对话框中直接单击【下一步】按钮，随后弹出【数据透视表和数据透视图向导--步骤 2b(共 3 步)】对话框，在【选定区域】编辑框中选中单元格区域为“二维表!$A$2:$G$36”，依次单击【添加】→【下一步】按钮，如图 2-23 所示。

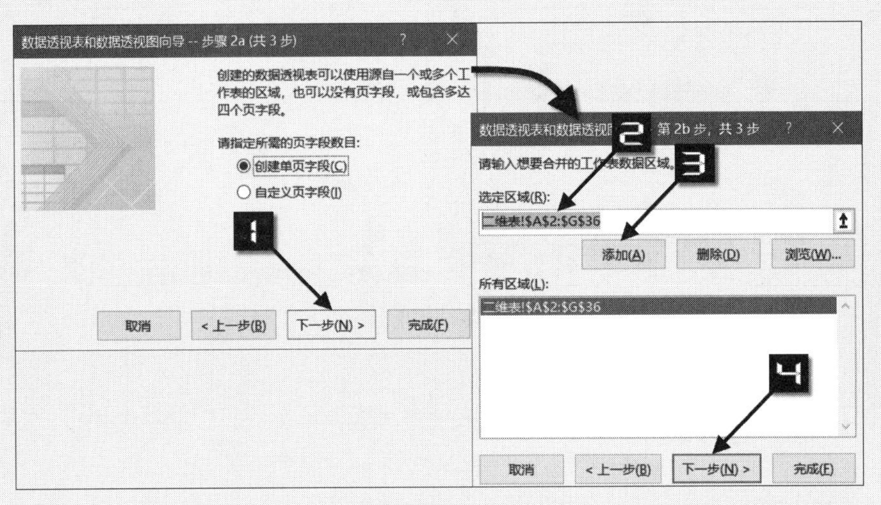

图 2-23　数据透视表向导第 2 步

步骤③ 在弹出的【数据透视表和数据透视图向导　步骤 3(共 3 步)】对话框中，选择【新工作表】单选按钮，单击【完成】按钮创建数据透视表，如图 2-24 所示。

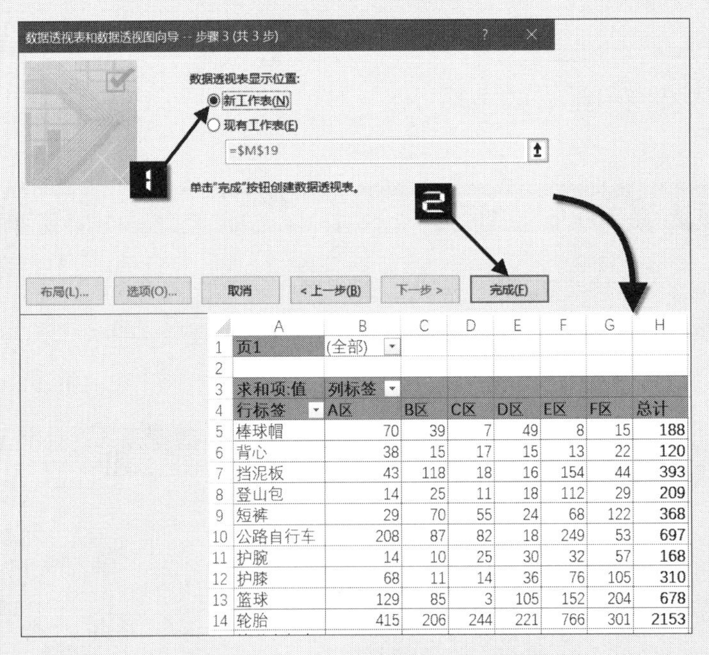

	A	B	C	D	E	F	G	H
1	页1	(全部)						
2								
3	求和项:值	列标签						
4	行标签	A区	B区	C区	D区	E区	F区	总计
5	棒球帽	70	39	7	49	8	15	188
6	背心	38	15	17	15	13	22	120
7	挡泥板	43	118	18	16	154	44	393
8	登山包	14	25	11	18	112	29	209
9	短裤	29	70	55	24	68	122	368
10	公路自行车	208	87	82	18	249	53	697
11	护腕	14	10	25	30	32	57	168
12	护膝	68	11	14	36	76	105	310
13	篮球	129	85	3	105	152	204	678
14	轮胎	415	206	244	221	766	301	2153

图 2-24　数据透视表向导第 3 步

步骤④ 在创建好的数据透视表中，双击【行总计】和【列总计】相交的单元格(本例为H39)，Excel

会在新工作表中生成明细数据，呈一维数据表显示，如图 2-25 所示。

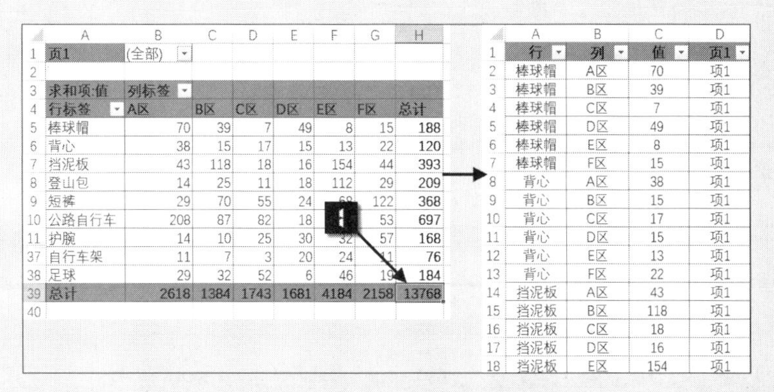

图 2-25 数据透视表显示明细数据

步骤⑤ 删除D列。在A列、B列和C列输入相应的字段名称即可。

2.2.6 将数据源按分隔符分列为多字段数据区域

大多数文本文档是按一定分隔符分隔数据的，这类数据如果复制粘贴到Excel工作表中，不会自动分列，很多时候用户需要按分隔符将其分隔成若干列才能进行数据分析。

示例2-6 将数据源按分隔符分列为多字段数据区域

图 2-26 所示的数据是以逗号分隔的数据，需要将其分隔成若干列，具体操作步骤如下。

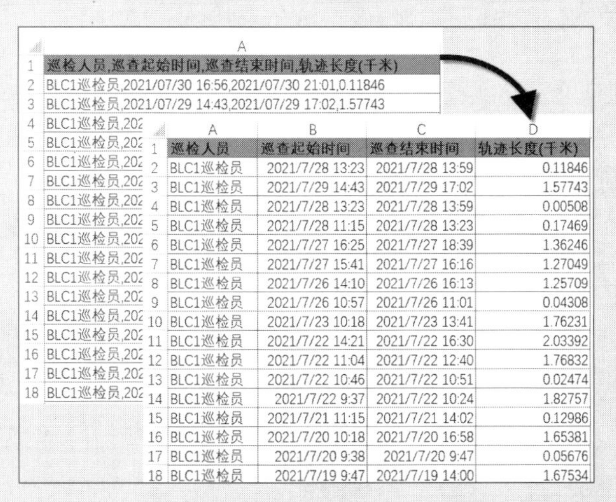

图 2-26 将一列数据按分隔符分列为多字段数据区域

步骤① 选中A列，依次单击【数据】选项卡→【分列】按钮，在弹出的【文本分列向导-第 1 步，共 3 步】对话框中选中【分隔符号】单选按钮，单击【下一步】按钮，如图 2-27 所示。

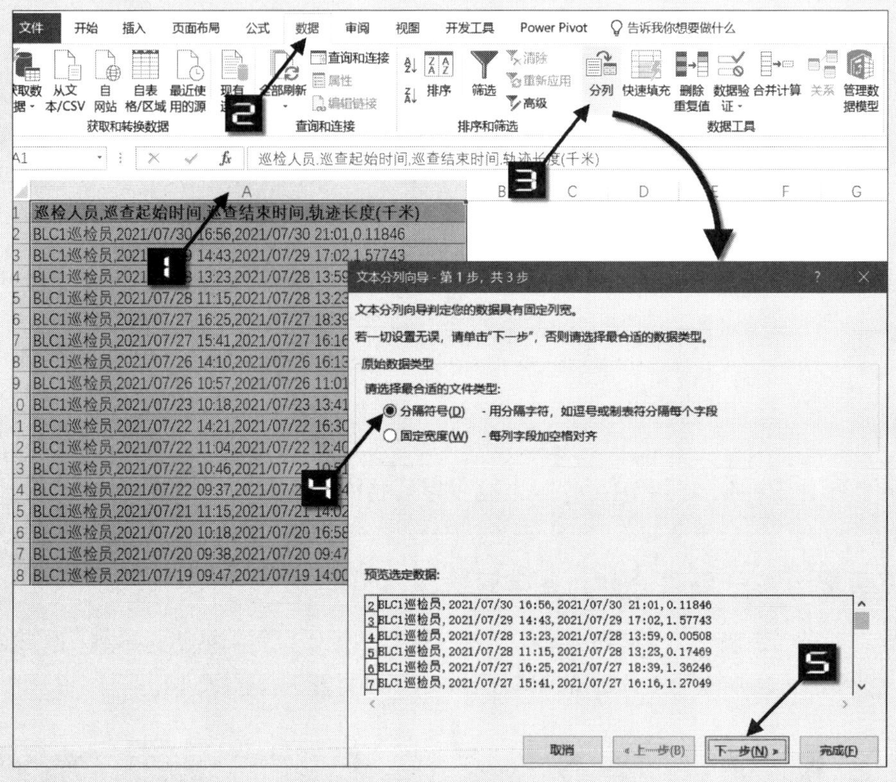

图 2-27 文本分列向导选择按分隔符号分列数据

步骤② 在弹出的【文本分列向导-第 2 步，共 3 步】对话框中选中【逗号】复选框，单击【下一步】按钮。在弹出的【文本分列向导-第 3 步，共 3 步】对话框中单击【完成】按钮，如图 2-28 所示。

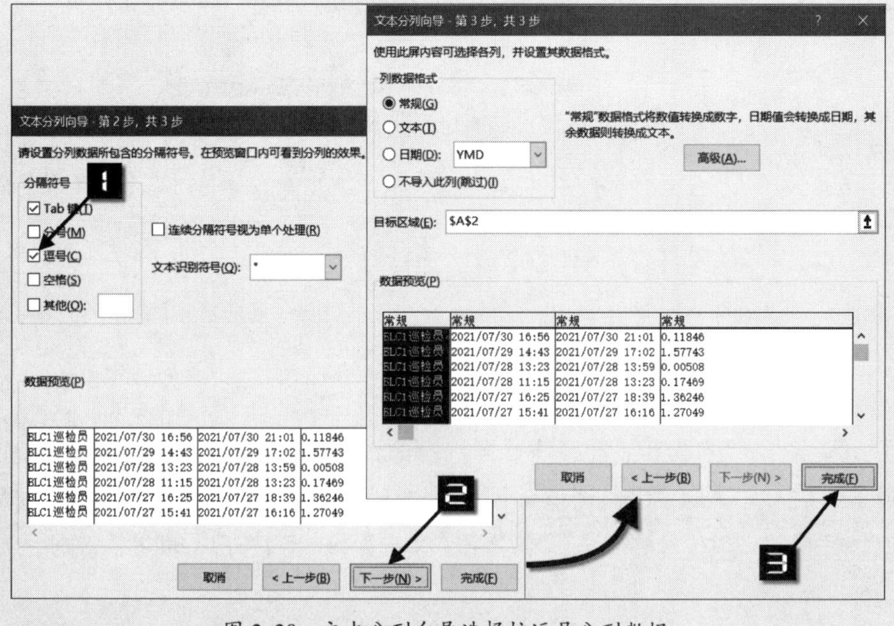

图 2-28 文本分列向导选择按逗号分列数据

2.2.7　网页复制数据的整理

直接复制网页数据到Excel往往较为杂乱，但是数据结构也存在一定的规律，这类数据需要多种技术手段进行整理。

示例2-7　网页复制数据的整理

图 2-29 所示为“ExcelHome”论坛“数据透视表”版块的网页数据，复制后，在Excel选择性粘贴为“Unicode文本”，数据需要进一步整理，具体操作步骤如下。

序号	版块主题	作者	发表日期	回复数	阅读量	最后发表人	最后发表时间
1	两个工作表合并	hai9328	2022/3/24 11:16	2	21	hai9328	2022/3/24 11:23
2	两个工作表合并	hai9328	2022/3/24 10:47	0	18	hai9328	2022/3/24 10:47
3	透视表源文件不	kathyml	2017/4/26 14:54	17	5722	刀羊	2022/3/23 15:41
4	数据透视图的柱	最爱吃辣	2021/1/19 9:17	6	804	wendy898	2022/3/23 15:13
5	跪求大神指教！	小何圈圈	2022/2/23 22:19	4	100	小何圈圈	2022/3/23 15:00
6	数据透析范围选	登高临远	2022/3/23 11:48	2	29	jians0529	2022/3/23 14:00
7	数据透视表日期	wf1278	2022/3/23 8:48	0	32	wf1278	2022/3/23 8:48
8	如何实现多列数	pati	2018/6/21 12:26	6	10001	测量同仁	2022/3/22 19:10
9	如何用excel计算	kendymm	2022/3/21 15:37	6	69	人声失控	2022/3/22 16:38
10	SQL平均分组练	wuxiang_1	2014/3/26 14:54	12	5457	jathyhuang	2022/3/22 15:45
11	【SQL练习】-绩	wuxiang_1	2012/12/15 11:56	887	62150	永康123	2022/3/22 6:14
12	切片器 还可以这	张文洲	2015/6/5 17:07	61	60948	Strive_TL	2022/3/21 23:43

图 2-29　从网页复制并整理数据

步骤① 在A1 单元格和C1:H1 区域依次录入列标题“序号”“作者”“发表日期”“回复数”“阅读量”“最后发表人”“最后发表时间”。在数据区域任意一个单元格（如A1 单元格），依次单击【开始】选项卡→【套用表格格式】，选择自定义的“DIY样式”，在弹出的【创建表】对话框中，选择【表包含标题】复选框，单击【确定】按钮，如图 2-30 所示。

图 2-30　为数据套用自定义表格格式

步骤② 选择A列，按<Ctrl+G>组合键或F5 功能键，弹出【定位】对话框，单击【定位条件】按钮，弹出【定位条件】对话框，选择【空值】单选按钮，单击【确定】按钮，选定所有空单元格。

直接录入数字 1，按<Ctrl+Enter>组合键，完成空单元格的批量录入，如 图 2-31 所示。

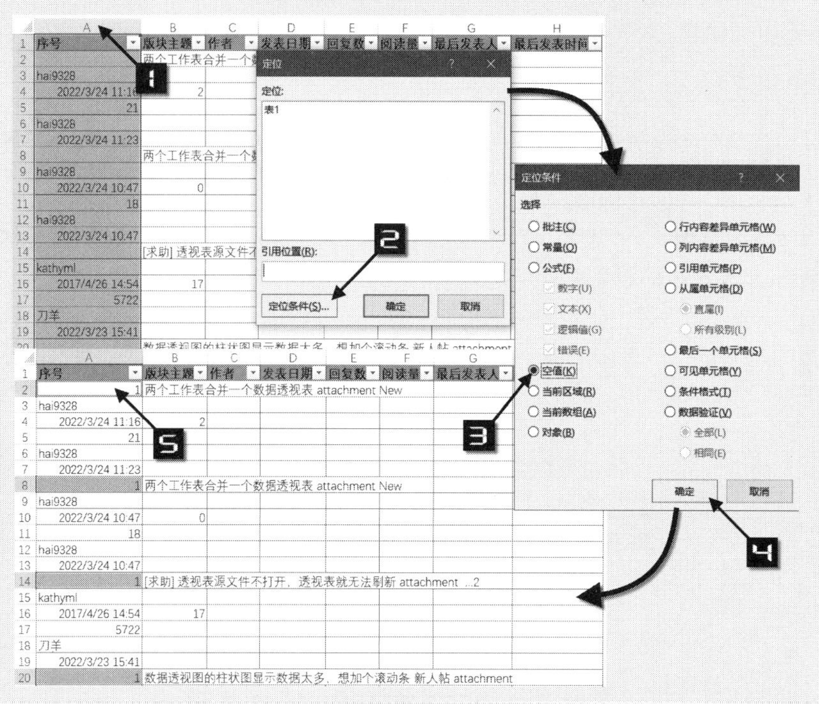

图 2-31　为空单元格批量录入数字

步骤③ 依次单击【开始】选项卡→【填充】→【序列】，在弹出的【序列】对话框，选择【序列产生在】→【列】单选按钮，单击【确定】按钮隔行生成序列，如图 2-32 所示。

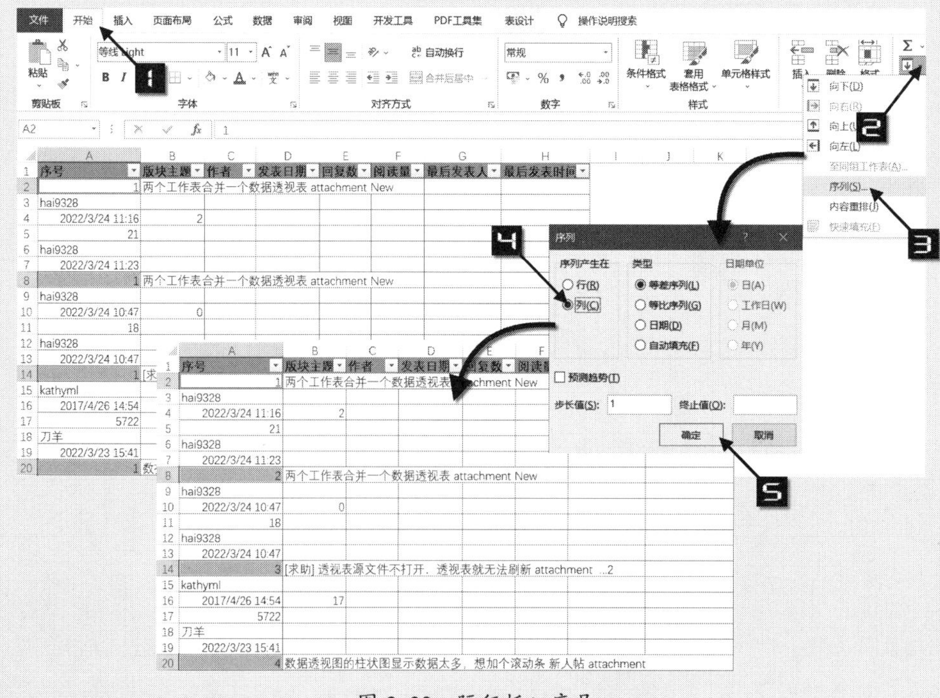

图 2-32　隔行插入序号

步骤④ 分别在C2:H2 单元格内输入以下公式，如图 2-33 所示。

```
=A3&""
=A4
=B4
=A5
=A6&""
=A7
```

C3　=A4&""

	A	B	C	D	E	F	G	H
1	序号	版块主题	作者	发表日期	回复数	阅读量	最后发表人	最后发表时间
2	1	两个工作表	hai9328	2022/3/24 11:16	2	21	hai9328	2022/3/24 11:23
3	hai9328		44644.469	1900/1/21 0:00	0	hai9328	44644.4743055	1900/1/1 0:00
4	2022/3/24 11:16	2	21	hai9328	0	44644.47	1	hai9328
5	21		hai9328	2022/3/24 11:23	0	1	hai9328	2022/3/24 10:47
6	hai9328		44644.474	1900/1/1 0:00	两个工作	hai9328	44644.4493055	1900/1/18 0:00
7	2022/3/24 11:23		1	hai9328	0	44644.45	18	hai9328
8	1	两个工作表	hai9328	2022/3/24 10:47	0	18	hai9328	2022/3/24 10:47
9	hai9328		44644.449	1900/1/18 0:00	0	hai9328	44644.4493055	1900/1/1 0:00
10	2022/3/24 10:47	0	18	hai9328	0	44644.45	1	kathyml
11	18		hai9328	2022/3/24 10:47	0	1	kathyml	2017/4/26 14:54
12	hai9328		44644.449	1900/1/1 0:00	[求助] 透视	kathyml	42851.6208333	1915/8/31 0:00

图 2-33　使用公式转换表格结构

提示

原始数据部分作者网名为数字，为保证网名数据为正确的数据类型，公式中增加了“&""”部分。如果发现有网名超过 11 位数字的情况，则在原始网页数据粘贴进入 Excel之前，先将A列设置为单元格文本格式。如此，公式则不需要增加“&""”部分。

步骤⑤ 直接按<Ctrl+A>组合键全选表格，按<Ctrl+C>组合键复制，在所选区域上右击，在弹出的快捷菜单中单击【粘贴选项】下的【值】按钮，如图 2-34 所示。

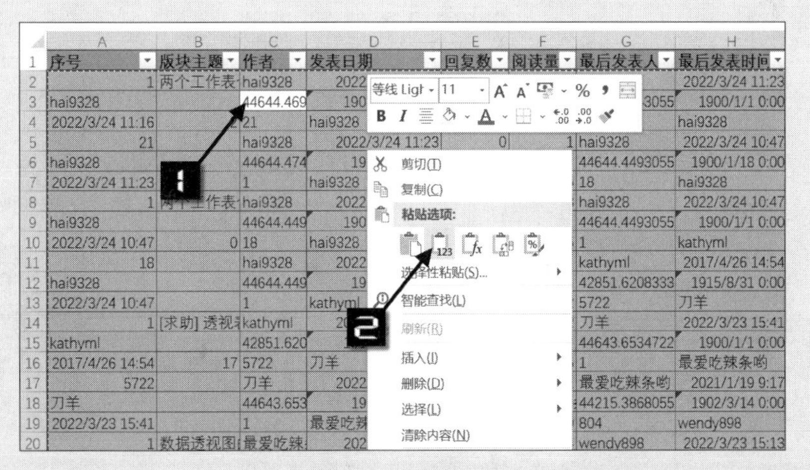

图 2-34　复制公式结果为值

步骤⑥ 单击B1 单元格的筛选按钮，在弹出的下拉列表中依次选择【文本筛选】→【不包含】，在弹出的【自定义自动筛选方式】对话框的文本框中输入“*”，单击【确定】按钮筛选出B列所有非文本数据，如图 2-35 所示。

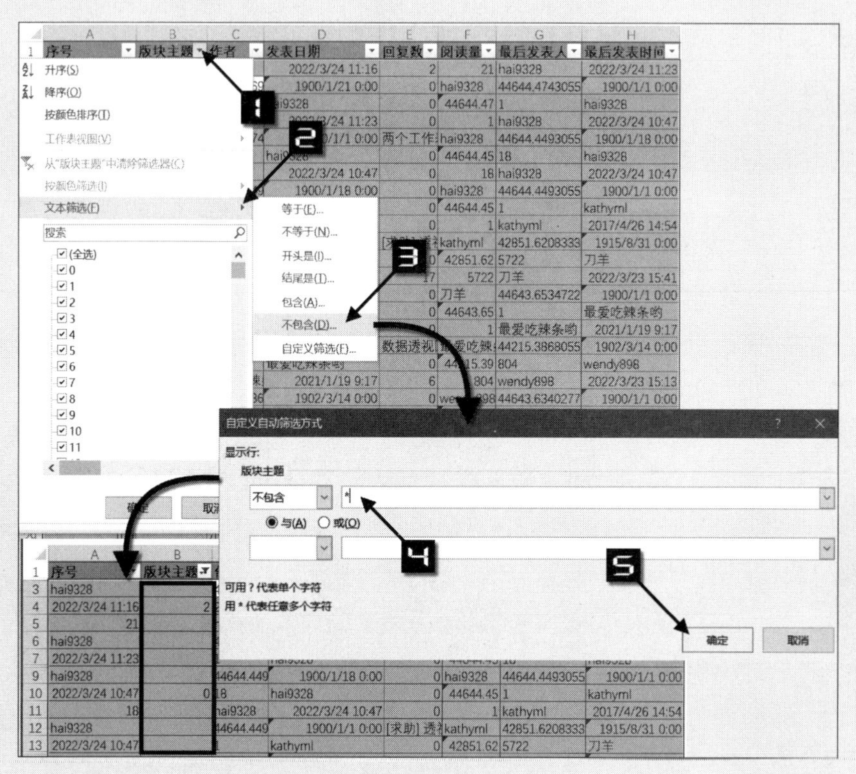

图 2-35　筛选出非文本数据

步骤⑦ 直接在表格区域右击，在弹出的快捷菜单中选择【删除】→【工作表整行】命令，如图 2-36 所示。

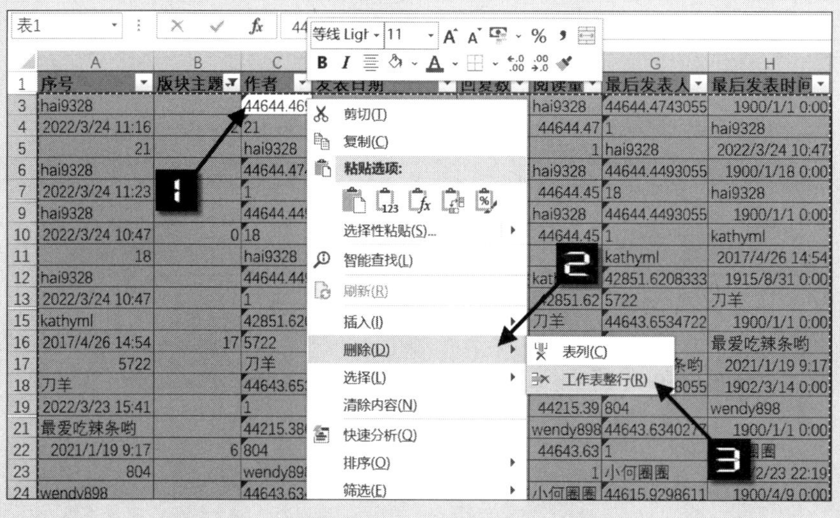

图 2-36　删除冗余行

步骤⑧ 在 A1 单元格右击，在弹出的快捷菜单中选择【表格】→【转换为区域】，在弹出的【是否将表转换为普通区域?】对话框单击【是】按钮，如图 2-37 所示。

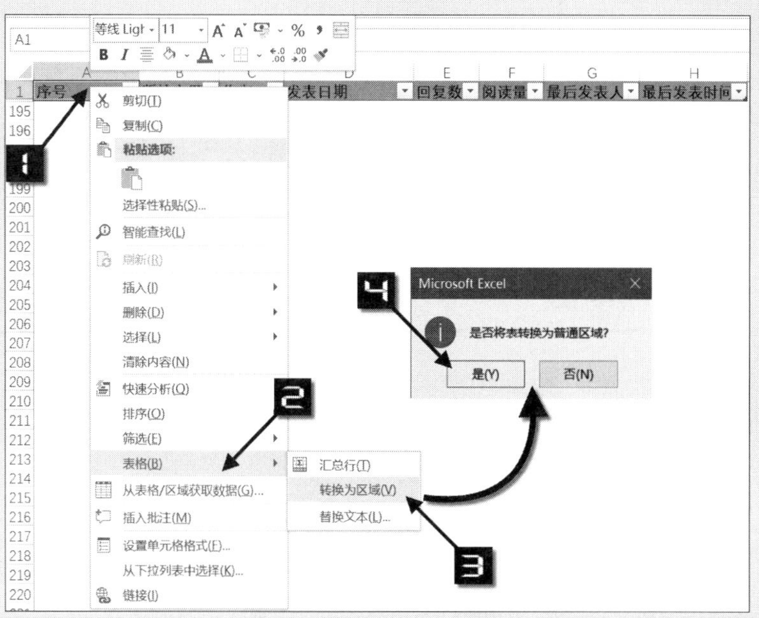

图 2-37　表格转换为区域

步骤⑨ 按<Ctrl+H>组合键弹出【查找和替换】对话框，选择B列数据中需要批量删除的字符，如B1单元格“attach”部分，按<Ctrl+C>组合键进行复制，在【查找内容】文本框按<Ctrl+V>组合键粘贴并修改为“attach*”，选择B列，依次单击【全部替换】→【确定】按钮删除。用同样的方法删除“New*”和“[*]”，如图 2-38 所示。

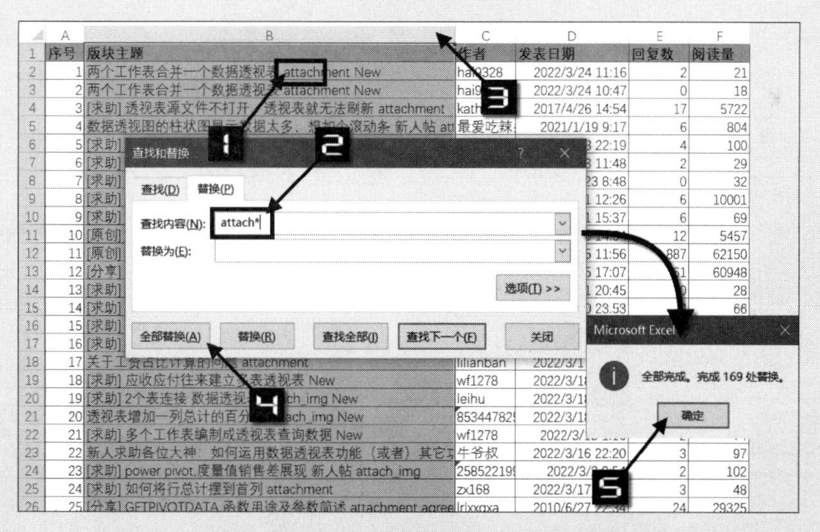

图 2-38　替换需要批量删除的部分字符

提示

网页复制数据往往带有大量超链接、不可见字符、不可见对象等，需要综合采用【查找和替换】【定位】【筛选】等技术清除。

复制到Excel的不可见对象在删除单元格、整行、整列时不会被删除，但在复制单元格时会被复制，如不提前删除，可能造成工作簿越来越臃肿。

根据本书前言的提示，可观看“网页复制数据的整理”的视频讲解。

第 3 章　改变数据透视表的布局

本章详细介绍数据透视表创建完成后，通过改变数据透视表的布局、整理数据透视表的字段得到新的报表的多种方法，用于满足用户变换报表结构和从不同角度进行数据分析的需求，还将结合示例向用户展示数据透视表的多种报告格式、数据透视表的复制和移动方法、能随源数据透视表同步更新的影子数据透视表及如何获取数据透视表的数据源信息等实用技巧。

本章学习要点

（1）改变数据透视表的整体布局。

（2）改变数据透视表的报告格式。

（3）数据透视表的复制和移动。

（4）影子数据透视表。

3.1　改变数据透视表的整体布局

对于已经创建完成的数据透视表，用户在任何时候都只需在【数据透视表字段】列表中拖动字段按钮就可以重新安排数据透视表的布局，满足新的数据分析需求。

示例3-1　按货季和销售区域统计各品牌的销售额

以图 3-1 所示的数据透视表为例，如果用户希望得到按货季、按销售区域反映各品牌销售吊牌额的报表，可参照以下步骤。

	A	B	C	D	E	F
1	求和项:销售吊牌额		销售区域			
2	品牌	货季	福州	泉州	厦门	总计
3	⊟AD	20Q4	53586	80273	84891	218750
4		21Q1	84719	90290	83975	258984
5		20Q3	51533	48662	43890	144085
6	AD 汇总		189838	219225	212756	621819
7	⊟LI	20Q4	29395	26838	12266	68499
8		21Q1	32726	17649	19103	69478
9		20Q3	995	707	3336	5038
10	LI 汇总		63116	45194	34705	143015
11	⊟NI	21Q2	2009	537	1253	3799
12		20Q4	61111	35487	14636	111234
13		21Q1	39543	35876	30256	105675
14		20Q3	11830	10171	16422	38423
15	NI 汇总		114493	82071	62567	259131
16	总计		367447	346490	310028	1023965

图 3-1　改变布局前的数据透视表

步骤① 单击数据透视表区域的任意单元格，在【数据透视表分析】选项卡中单击【字段列表】按钮，调出【数据透视表字段】列表框。调出【数据透视表字段】列表框的多种方法请参阅 1.8.1 节。

步骤② 在【数据透视表字段】列表框中的【行】区域内单击“货季”字段，在弹出的扩展菜单中选择【上移】命令即可改变数据透视表的布局，如图 3-2 所示。

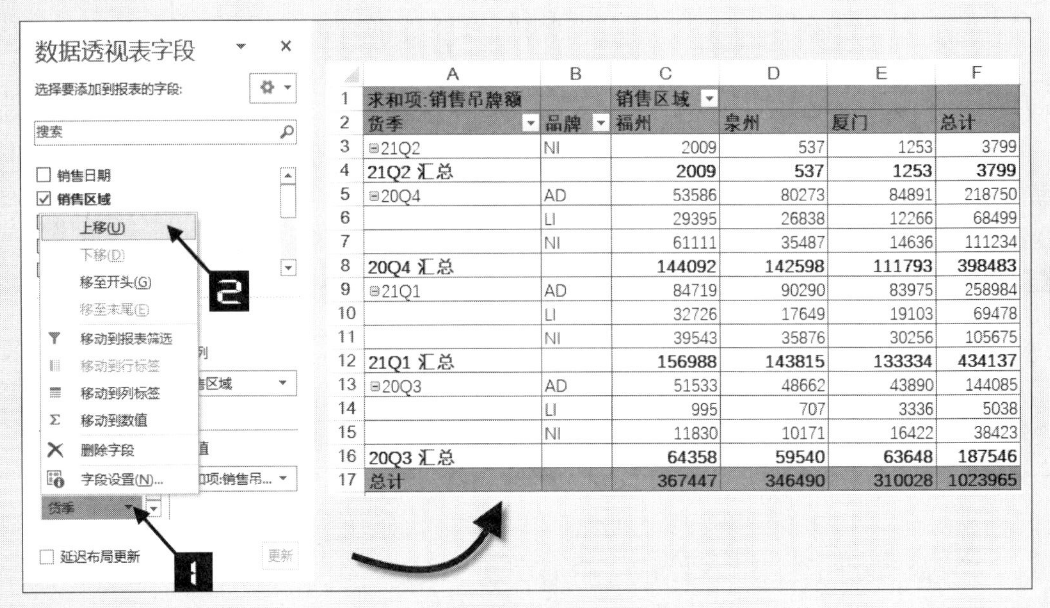

	A	B	C	D	E	F
1	求和项:销售吊牌额		销售区域			
2	货季	品牌	福州	泉州	厦门	总计
3	⊟21Q2	NI	2009	537	1253	3799
4	21Q2 汇总		2009	537	1253	3799
5	⊟20Q4	AD	53586	80273	84891	218750
6		LI	29395	26838	12266	68499
7		NI	61111	35487	14636	111234
8	20Q4 汇总		144092	142598	111793	398483
9	⊟21Q1	AD	84719	90290	83975	258984
10		LI	32726	17649	19103	69478
11		NI	39543	35876	30256	105675
12	21Q1 汇总		156988	143815	133334	434137
13	⊟20Q3	AD	51533	48662	43890	144085
14		LI	995	707	3336	5038
15		NI	11830	10171	16422	38423
16	20Q3 汇总		64358	59540	63648	187546
17	总计		367447	346490	310028	1023965

图 3-2　改变数据透视表的布局

此外，在【数据透视表字段】列表框中的区域之间拖动字段也可以对数据透视表进行重新布局。以图 3-1 所示的数据透视表为例，如果用户想得到按销售区域、品牌、货季查看吊牌销售额的报表，可参照以下步骤。

步骤① 在【数据透视表字段】列表框中的【列】区域内单击“销售区域”字段，并且按住鼠标左键不放，将其拖曳至【行】区域中“货季”字段的上方，此时，数据透视表的布局会发生改变，如图 3-3 所示。

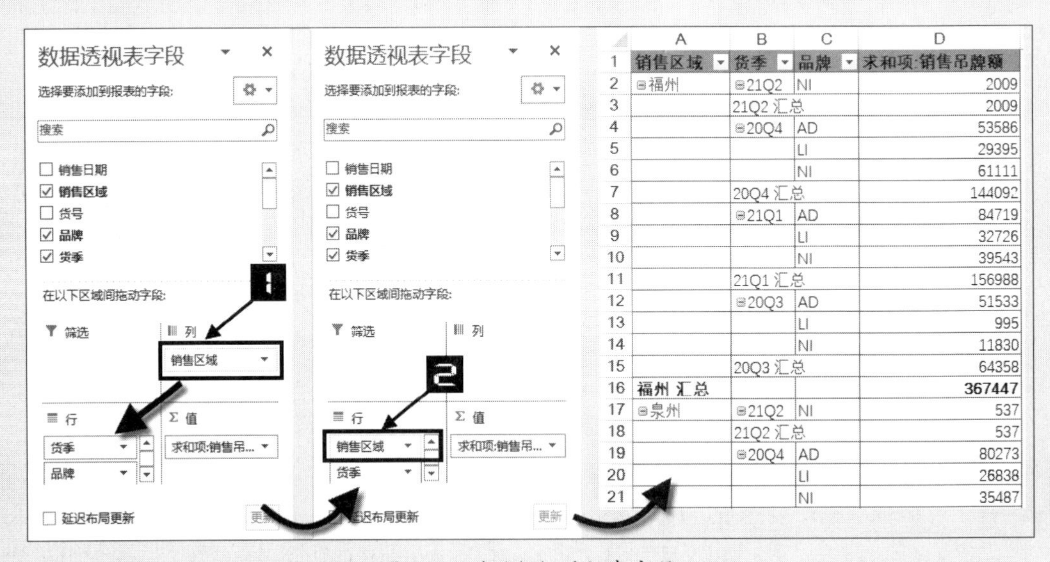

	A	B	C	D
1	销售区域	货季	品牌	求和项:销售吊牌额
2	⊟福州	⊟21Q2	NI	2009
3		21Q2 汇总		2009
4		⊟20Q4	AD	53586
5			LI	29395
6			NI	61111
7		20Q4 汇总		144092
8		⊟21Q1	AD	84719
9			LI	32726
10			NI	39543
11		21Q1 汇总		156988
12		⊟20Q3	AD	51533
13			LI	995
14			NI	11830
15		20Q3 汇总		64358
16	福州 汇总			367447
17	⊟泉州	⊟21Q2	NI	537
18		21Q2 汇总		537
19		⊟20Q4	AD	80273
20			LI	26838
21			NI	35487

图 3-3　移动数据透视表字段

步骤② 将【行】区域内的“货季”字段拖曳至【列】区域内，如图 3-4 所示。

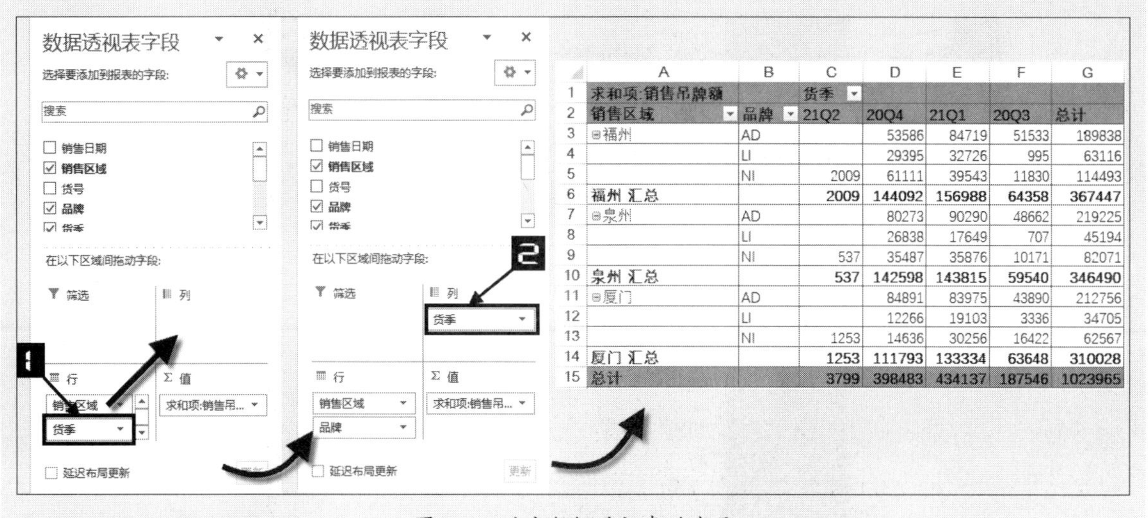

	A	B	C	D	E	F	G
1	求和项:销售吊牌额		货季				
2	销售区域	品牌	21Q2	20Q4	21Q1	20Q3	总计
3	⊟福州	AD		53586	84719	51533	189838
4		LI		29395	32726	995	63116
5		NI	2009	61111	39543	11830	114493
6	福州 汇总		2009	144092	156988	64358	367447
7	⊟泉州	AD		80273	90290	48662	219225
8		LI		26838	17649	707	45194
9		NI	537	35487	35876	10171	82071
10	泉州 汇总		537	142598	143815	59540	346490
11	⊟厦门	AD		84891	83975	43890	212756
12		LI		12266	19103	3336	34705
13		NI	1253	14636	30256	16422	62567
14	厦门 汇总		1253	111793	133334	63648	310028
15	总计		3799	398483	434137	187546	1023965

图 3-4　改变数据透视表的布局

3.2　设置数据透视表的默认布局

一般数据透视表创建完成后，处在默认的布局样式下，如图 3-5 所示。该数据透视表的布局是【以压缩形式显示】,【分类汇总】在上方显示，按照一般用户的阅读习惯，希望“品牌”和“货季”字段可以并排显示，此时每次创建完成数据透视表后，都需要将布局设置为【以表格形式显示】,用户每次创建一个数据透视表都需要重新设置一次。

	A	B	C	D	E
1	求和项:销售吊牌额	列标签			
2	行标签	福州	泉州	厦门	总计
3	⊟AD	189838	219225	212756	621819
4	20Q3	51533	48662	43890	144085
5	20Q4	53586	80273	84891	218750
6	21Q1	84719	90290	83975	258984
7	⊟LI	63116	45194	34705	143015
8	20Q3	995	707	3336	5038
9	20Q4	29395	26838	12266	68499
10	21Q1	32726	17649	19103	69478
11	⊟NI	114493	82071	62567	259131
12	20Q3	11830	10171	16422	38423
13	20Q4	61111	35487	14636	111234
14	21Q1	39543	35876	30256	105675
15	21Q2	2009	537	1253	3799
16	总计	367447	346490	310028	1023965

图 3-5　数据透视表默认布局样式

Excel 365 和 Excel 2019 可以完美解决这个问题，即可以对数据透视表的默认布局进行设置，用户可以根据自己的实际需要进行默认布局的设置，一劳永逸。具体操作方法如下。

步骤① 依次单击【文件】→【更多】→【选项】，在弹出的【Excel选项】对话框中选择【数据】选项卡，单击【编辑默认布局】命令，如图 3-6 所示。

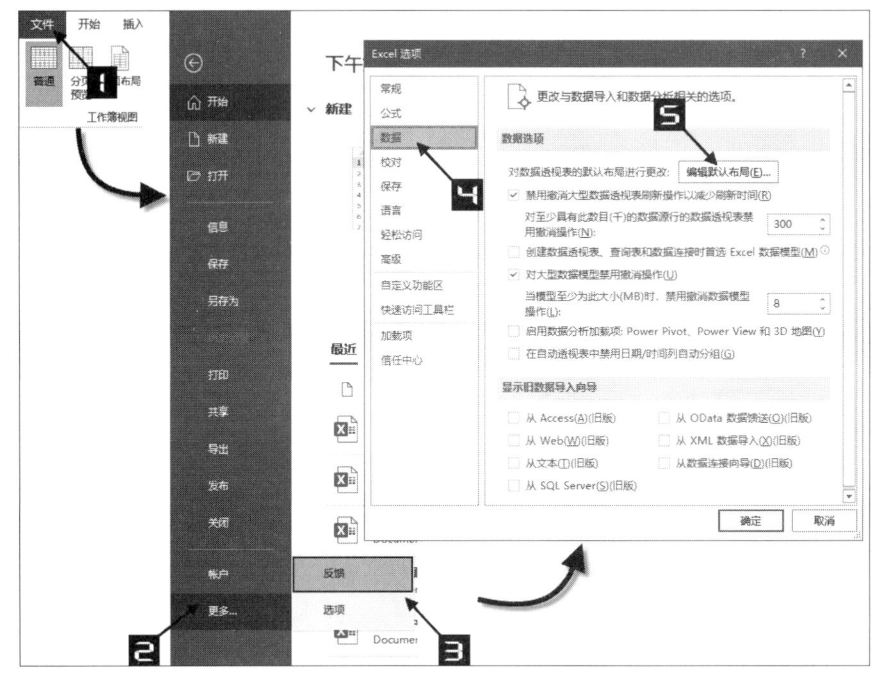

图 3-6 调出【编辑默认布局】对话框

步骤② 在【编辑默认布局】对话框中单击【报表布局】下拉表列，选择【以表格形式显示】。用户还可以单击【数据透视表选项】按钮，对透视表选项进行更多设置，如在【布局和格式】选项卡中勾选【合并且居中排列带标签的单元格】，单击【确定】按钮，直到【Excel选项】对话框关闭，如图 3-7 所示。

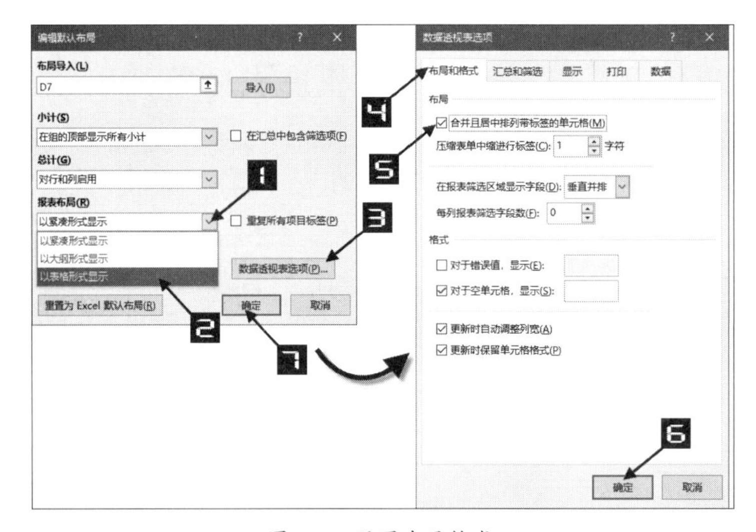

图 3-7 设置布局格式

步骤③ 重新创建一个数据透视表，完成如图 3-5 所示的字段设置，数据透视表将按用户设定的新布局显示，如图 3-8 所示。

	A	B	C	D	E	F
1	项:销售吊		销售区域			
2	品牌	货季	福州	泉州	厦门	总计
3		20Q3	51533	48662	43890	144085
4	AD	20Q4	53586	80273	84891	218750
5		21Q1	84719	90290	83975	258984
6	AD 汇总		189838	219225	212756	621819
7		20Q3	995	707	3336	5038
8	LI	20Q4	29395	26838	12266	68499
9		21Q1	32726	17649	19103	69478
10	LI 汇总		63116	45194	34705	143015
11		20Q3	11830	10171	16422	38423
12		20Q4	61111	35487	14636	111234
13	NI	21Q1	39543	35876	30256	105675
14		21Q2	2009	537	1253	3799
15	NI 汇总		114493	82071	62567	259131
16	总计		367447	346490	310028	1023965

图 3-8 新的默认布局

注意

修改默认布局是Excel 2019的新增功能，低版本中无此应用。

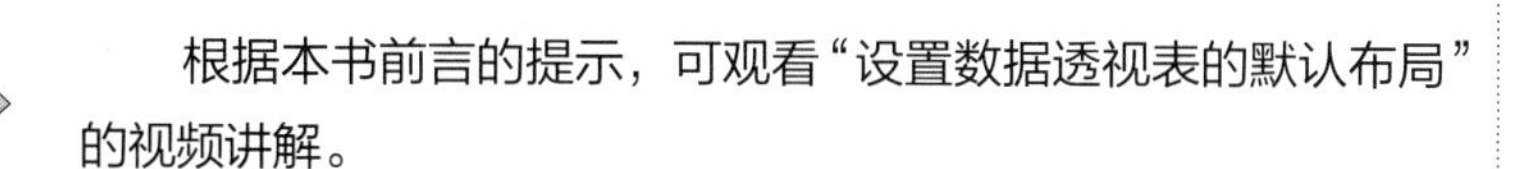

根据本书前言的提示，可观看“设置数据透视表的默认布局”的视频讲解。

3.3 数据透视表筛选区域的使用

当数据透视表的字段位于列区域或行区域中时，滚动数据透视表就可以看到字段中的所有项。当字段位于报表筛选区域中时，虽然也可以看到字段中的所有项，但多出了一个【选择多项】的复选框，如图 3-9 所示。

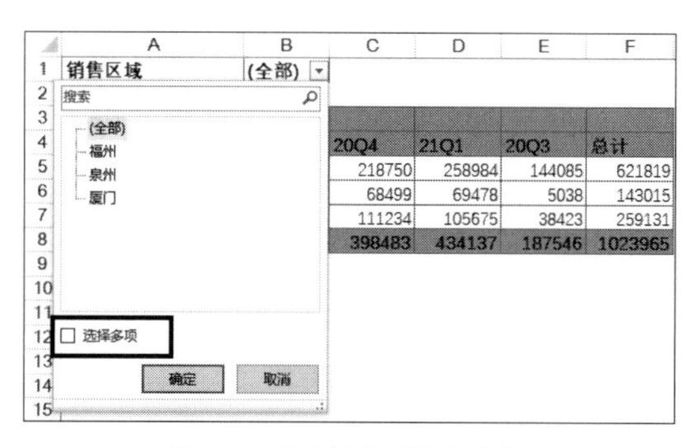

图 3-9 【选择多项】复选框

3.3.1 显示报表筛选字段的多个数据项

示例3-2 显示报表筛选字段的多个数据项

默认情况下，报表筛选字段下拉列表框中【选择多项】的复选框处于未勾选状态，用户不能对多个数据项进行选择，当勾选了【选择多项】的复选框后才可以对多个数据项进行选择，从而显示多个特定数据的信息。

单击报表筛选字段“销售区域”的下拉按钮，在弹出的下拉列表框中勾选【选择多项】的复选框，然后取消勾选不需要显示的“泉州”数据项的复选框，最后单击【确定】按钮完成设置，报表筛选字段“销售区域”的显示也由“(全部)”变为“(多项)”，如图 3-10 所示。

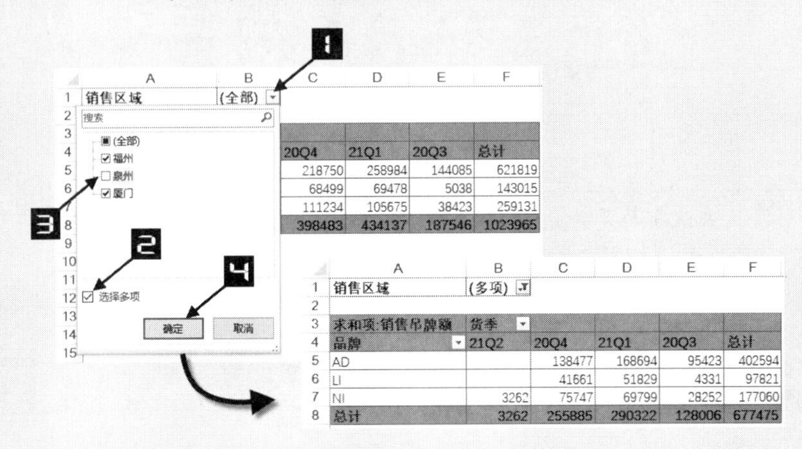

图 3-10　对报表筛选字段进行多项选择

3.3.2　水平并排显示报表筛选字段

示例3-3　以水平并排的方式显示报表筛选字段

数据透视表创建完成后，报表筛选器区域如果有多个筛选字段，系统会默认筛选字段的显示方式为垂直并排显示，如图 3-11 所示。

	A	B	C	D	E
1	订单号	(全部)			
2	产品货号	(全部)			
3	销售类型	(全部)			
4	销售部门	(全部)			
5					
6		值			
7	客户名称	求和项:数量	求和项:主营业务收入	求和项:主营业务利润	求和项:毛利
8	财富金融	7560	142,289.80	128,427.40	13,862.40
9	城市快车	2010	145,275.20	132,173.49	13,101.71
10	大地集团	9675	217,085.98	197,991.92	19,094.06
11	高峰运输	29128	223,165.59	202,345.05	20,820.54
12	固安海运	1870	2,319.61	3,282.63	-963.02
13	好运服饰	7546	66,947.34	61,932.69	5,014.65
14	红梅集团	2008	8,983.72	8,523.69	460.03
15	利发金融	20708	143,220.42	130,899.88	12,320.54

图 3-11　报表筛选字段垂直并排显示

为了使数据透视表更具可读性和易于操作，可以采用水平并排显示报表筛选区域中的多个筛选字段，操作步骤如下。

步骤① 在数据透视表中的任意单元格上（如B18）单击鼠标右键，在弹出的快捷菜单中选择【数据透视表选项】命令，如图 3-12 所示。

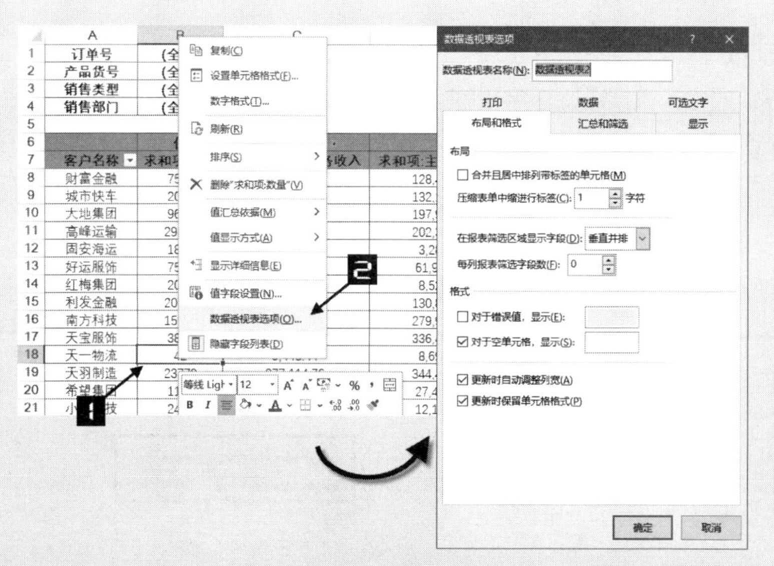

图 3-12 调出【数据透视表选项】对话框

步骤② 在【数据透视表选项】对话框中的【布局和格式】选项卡中，单击【在报表筛选区域显示字段】的下拉按钮，选择“水平并排”；再将【每行报表筛选字段数】设置为 2，如图 3-13 所示。

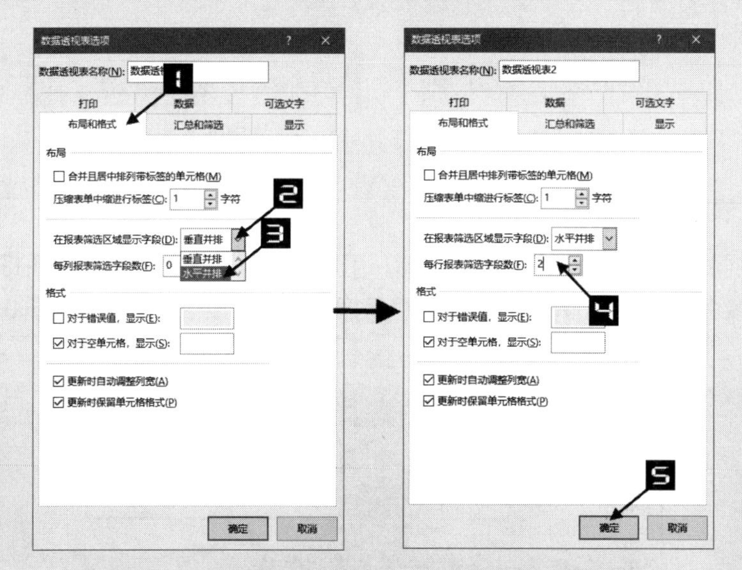

图 3-13 设置报表筛选字段的显示方式为“水平并排”

步骤③ 单击【确定】按钮完成设置，如图 3-14 所示。

	A	B	C	D	E
1					
2					
3	订单号	(全部)		产品货号	(全部)
4	销售类型	(全部)		销售部门	(全部)
5					
6		值			
7	客户名称	求和项:数量	求和项:主营业务收入	求和项:主营业务利润	求和项:毛利
8	财富金融	7560	142,289.80	128,427.40	13,862.40
9	城市快车	2010	145,275.20	132,173.49	13,101.71
10	大地集团	9675	217,085.98	197,991.92	19,094.06
11	高峰运输	29128	223,165.59	202,345.05	20,820.54

图 3-14 报表筛选字段水平并排显示的数据透视表

3.3.3　垂直并排显示报表筛选字段

如果要恢复数据透视表报表筛选字段的“垂直并排”显示，只需在【数据透视表选项】对话框的【布局和格式】选项卡中，将【在报表筛选区域显示字段】设置为“垂直并排”、【每列报表筛选字段数】选择为 0 即可，或者设置为“水平并排”、【每行报表筛选字段数】选择为 1，如图 3-15 所示。

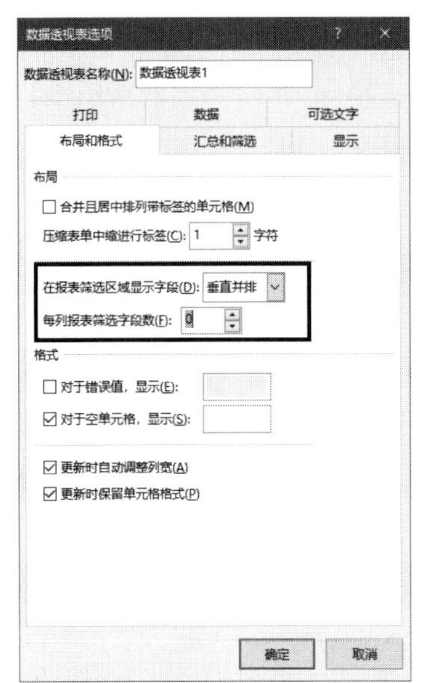

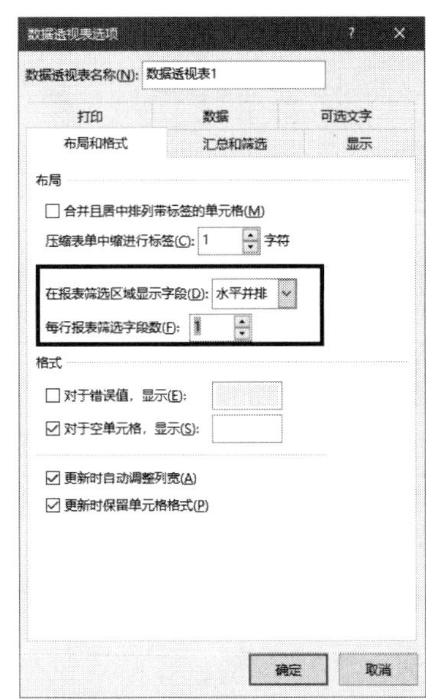

图 3-15　设置报表筛选字段的显示方式为“垂直并排”

3.3.4　显示报表筛选页

利用数据透视表的【显示报表筛选页】功能，用户可以按某一字段的数据项将透视表拆分到以该数据项命名的多个工作表中，每一张工作表显示报表筛选字段中的一项，如图 3-16 所示。

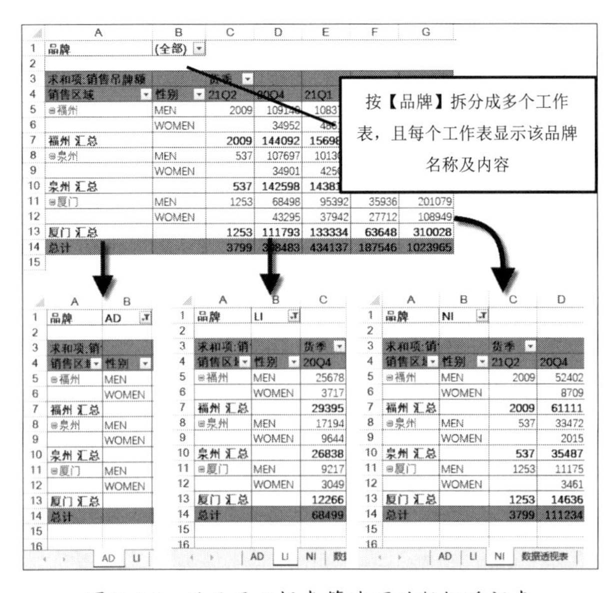

图 3-16　用于显示报表筛选页的数据透视表

示例3-4　快速显示报表筛选页中各个品牌的数据透视表

对图 3-17 所示的数据透视表显示报表筛选页的方法，请参考以下步骤。

步骤① 选中数据透视表中的任意单元格(如A5)，在【数据透视表分析】选项卡中单击【数据透视表】组中【选项】的下拉按钮，选择【显示报表筛选页】命令，调出【显示报表筛选页】对话框，如图 3-17 所示。

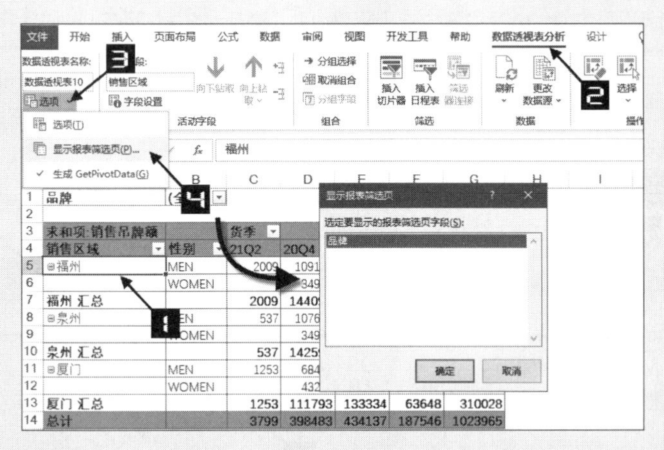

图 3-17　调出【显示报表筛选页】对话框

步骤② 单击【确定】按钮即可将“品牌”字段中的每个品牌的数据分别显示在不同的工作表中，并且按照“品牌”字段中的各项名称对工作表命名，如图 3-18 所示。

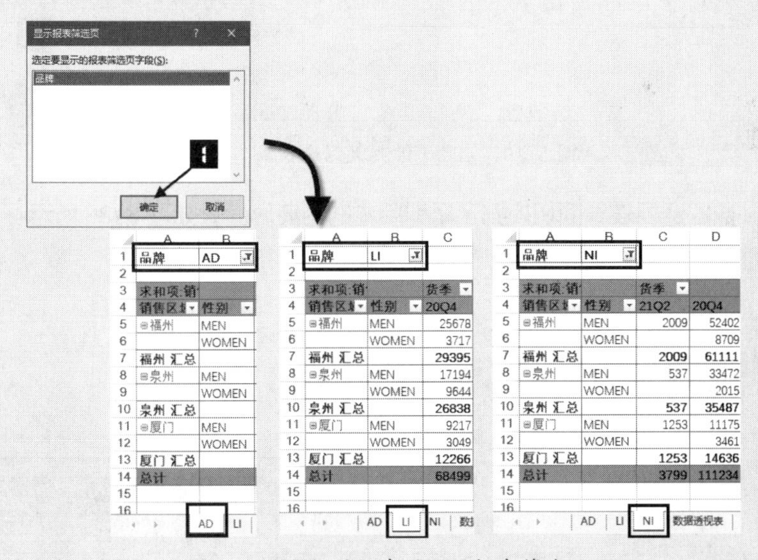

图 3-18　数据透视表的显示报表筛选页

提示

当数据透视表的“报表筛选页”存在多个字段时，需要用户在【显示报表筛选页】对话框中选择相应的字段后再单击【确定】按钮才能完成设置。

3.4 启用经典数据透视表布局

自Excel 2007开始，数据透视表的默认布局发生了较大变化，如果用户希望运用早期版本的拖曳方式操作数据透视表，可参照以下步骤。

在已经创建完成的数据透视表的任意单元格（如B3）上单击鼠标右键，在弹出的扩展菜单中选择【数据透视表选项】命令调出【数据透视表选项】对话框，单击【显示】选项卡，勾选【经典数据透视表布局（启用网格中的字段拖放）】复选框，最后单击【确定】按钮完成设置，如图3-19所示。

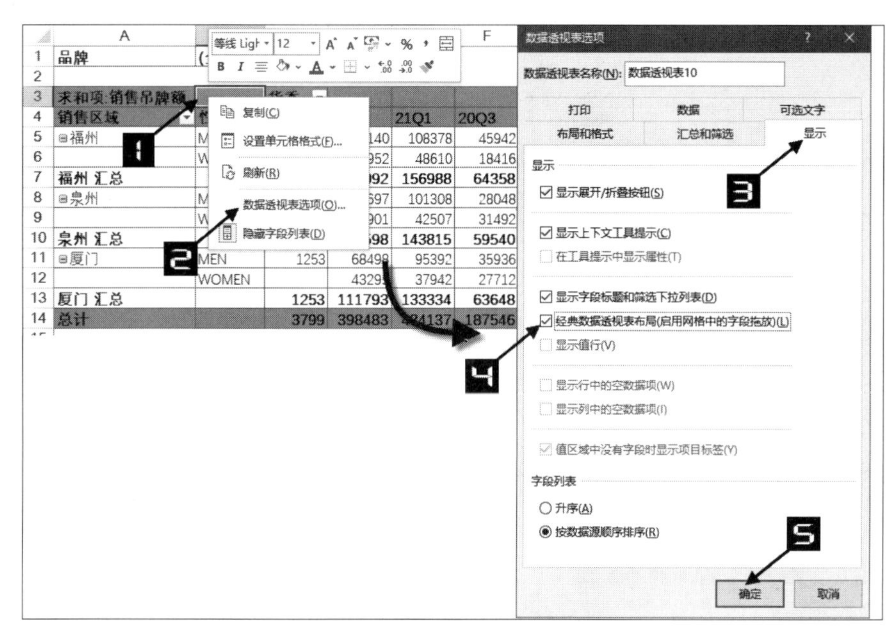

图3-19 启用【经典数据透视表布局】

设置完成后，数据透视表界面切换到了早期版本的经典界面，如图3-20所示，用户可以将【数据透视表字段】列表中的字段直接拖曳到数据透视表中进行布局。

品牌	(全部)					
求和项:销售吊牌额		货季				
销售区域	性别	21Q2	20Q4	21Q1	20Q3	总计
福州	MEN	2009	109140	108378	45942	265469
	WOMEN		34952	48610	18416	101978
福州 汇总		2009	144092	156988	64358	367447
泉州	MEN	537	107697	101308	28048	237590
	WOMEN		34901	42507	31492	108900
泉州 汇总		537	142598	143815	59540	346490
厦门	MEN	1253	68498	95392	35936	201079
	WOMEN		43295	37942	27712	108949
厦门 汇总		1253	111793	133334	63648	310028
总计		3799	398483	434137	187546	1023965

图3-20 经典数据透视表界面

3.5　整理数据透视表字段

整理数据透视表的报表筛选区域字段可以从一定角度来反映数据的内容，而对数据透视表其他字段的整理，则可以满足用户对数据透视表格式上的需求。

3.5.1　重命名字段

当用户向值区域添加字段后，字段会被重命名以显示出其汇总依据，例如“访客数”变成了“求和项：访客数”或“计数项：访客数”，这样就会加大字段所在列的列宽，影响表格的美观，如图 3-21 所示。

行标签	求和项:访客数	求和项:销售额	求和项:订单数	求和项:新增购物车宝贝件数
1月	885,298	825,561	2,706	10,154
2月	793,561	687,910	2,336	8,858
3月	878,820	766,426	2,331	9,742
4月	819,085	743,798	2,409	9,846
5月	823,579	709,280	2,353	11,463
6月	838,405	677,826	2,212	9,781
7月	797,093	869,757	2,506	10,178
8月	831,706	753,809	2,639	9,834
9月	816,169	679,454	2,428	9,398
10月	848,819	746,750	2,391	9,916
11月	1,152,707	3,508,086	18,496	20,072
12月	1,007,780	2,116,456	9,716	15,207
总计	10,493,022	13,085,113	52,523	134,449

图 3-21　数据透视表自动生成的数据字段名

示例3-5　更改数据透视表默认的字段名称

下面介绍两种对字段重命名的方法，可以让数据透视表列的字段标题更加简洁。

方法 1：直接修改数据透视表的列字段名称。

这种方法是最简便易行的，可参照以下步骤。

步骤① 单击数据透视表中列字段的标题单元格(如B3)“求和项：访客数”。

步骤② 输入新标题“访客”，按下回车键，如图 3-22 所示。

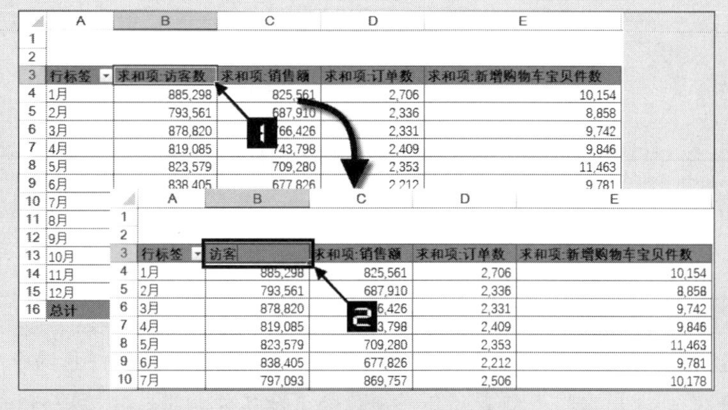

行标签	访客	求和项:销售额	求和项:订单数	求和项:新增购物车宝贝件数
1月	885,298	825,561	2,706	10,154
2月	793,561	687,910	2,336	8,858
3月	878,820	766,426	2,331	9,742
4月	819,085	743,798	2,409	9,846
5月	823,579	709,280	2,353	11,463
6月	838,405	677,826	2,212	9,781
7月	797,093	869,757	2,506	10,178

图 3-22　直接修改字段名称

步骤③ 依次修改其他字段，“求和项：销售额”修改为“ 销售额”，“求和项：订单数”修改为“ 订单数”，完成后如图 3-23 所示。

> 更改后的“销售额”与“订单数”不能与原有字段标题相同，通常可以在前面输入一个空格。

方法 2：替换数据透视表默认的字段名称。

如果用户要保持原有字段名称不变，可以采用替换的方法，以图 3-21 所示的数据透视表为例，可参照以下步骤。

步骤① 按下<Ctrl+H>组合键，调出【查找和替换】对话框，如图 3-24 所示。

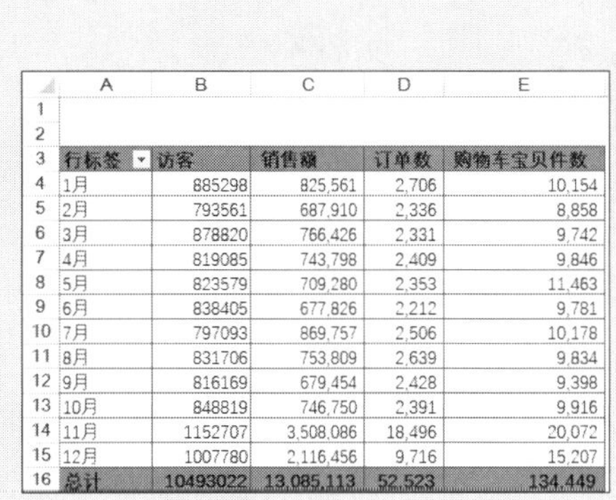

行标签	访客	销售额	订单数	购物车宝贝件数
1月	885298	825,561	2,706	10,154
2月	793561	687,910	2,336	8,858
3月	878820	766,426	2,331	9,742
4月	819085	743,798	2,409	9,846
5月	823579	709,280	2,353	11,463
6月	838405	677,826	2,212	9,781
7月	797093	869,757	2,506	10,178
8月	831706	753,809	2,639	9,834
9月	816169	679,454	2,428	9,398
10月	848819	746,750	2,391	9,916
11月	1152707	3,508,086	18,496	20,072
12月	1007780	2,116,456	9,716	15,207
总计	10493022	13,085,113	52,523	134,449

图 3-23　对数据透视表数据字段重命名

图 3-24　调出【查找和替换】对话框

步骤② 在【查找内容】文本框中输入“求和项:”，在【替换为】文本框中输入一个空格，单击【全部替换】按钮，单击【Microsoft Excel】对话框中的【确定】按钮关闭对话框，最后单击【查找和替换】对话框中的【关闭】按钮完成设置，如图 3-25 所示。

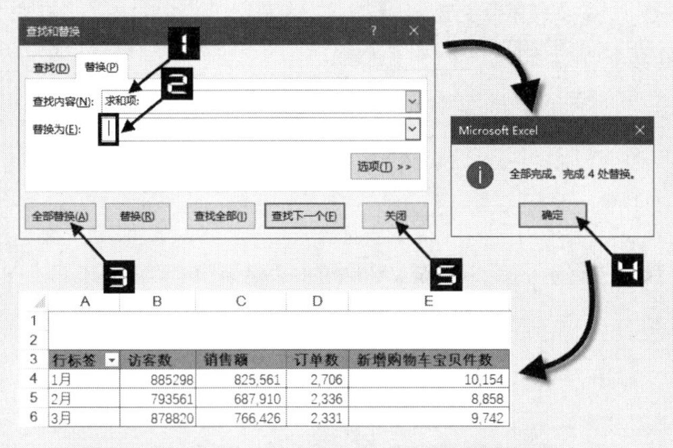

图 3-25　用替换法对数据透视表的数据字段重命名

> 数据透视表中每个字段的名称必须唯一，Excel 不接受任意两个字段具有相同的名称，即创建的数据透视表的各个字段的名称不能相同，修改后的数据透视表字段名称与数据源表头标题行的名称也不能相同，否则将会出现错误提示，如图 3-26 所示。

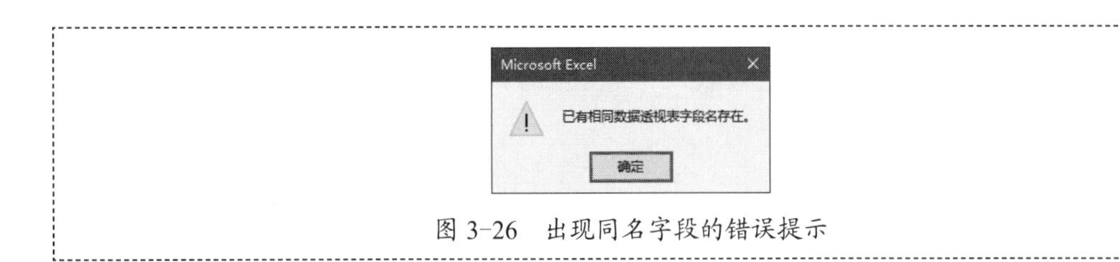

图 3-26　出现同名字段的错误提示

3.5.2　整理复合字段

数据透视表的值区域中的字段默认以水平方式显示，如图 3-27 所示，用户可以重新安排数据透视表的字段显示位置，以方便某些特殊的阅读要求或报表填写需要。

	A	B	C	D	E
1	品牌	进货数量	进货吊牌额	销售数量	销售吊牌额
2	AD	15070	8213730	8355	4546415
3	EN	4710	1198590	2406	550194
4	LI	3770	1240430	2148	731132
5	NI	6760	2523040	3250	1303300
6	PRO	560	129040	190	42490
7	总计	30870	13304830	16349	7173531

图 3-27　值区域水平显示的字段

示例3-6　垂直显示数据透视表的值区域字段

在【数据透视表字段】列表框中的【列】区域内单击【∑数值】字段，按住鼠标左键不放，拖曳到【行】区域“品牌”字段的下方，可垂直显示数据透视表的多个【值】区域字段，如图 3-28 所示。

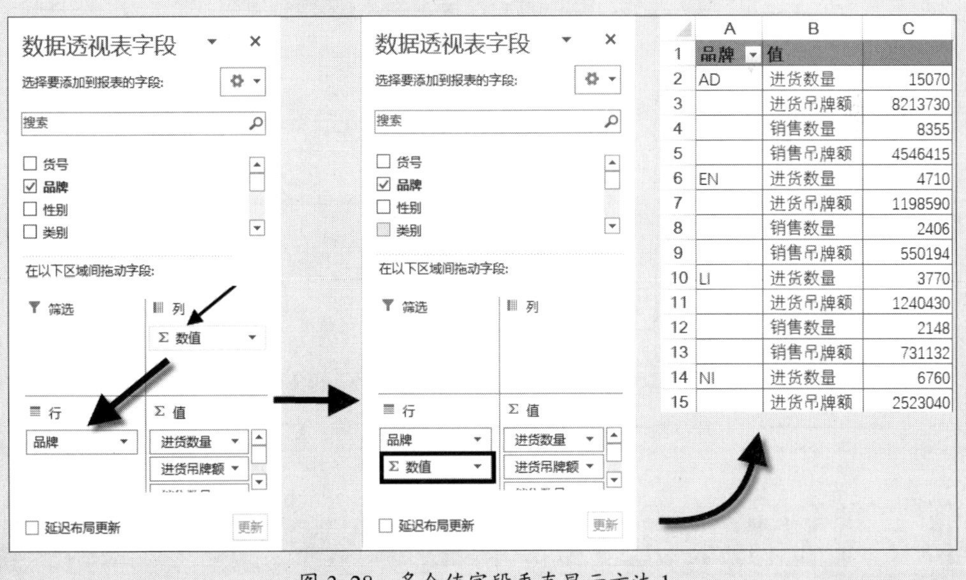

图 3-28　多个值字段垂直显示方法 1

此外，在【数据透视表字段】列表框中的【列】区域内单击【∑数值】字段，在弹出的扩展菜单中选择【移动到行标签】命令，也可垂直显示数据透视表的字段，如图 3-29 所示。

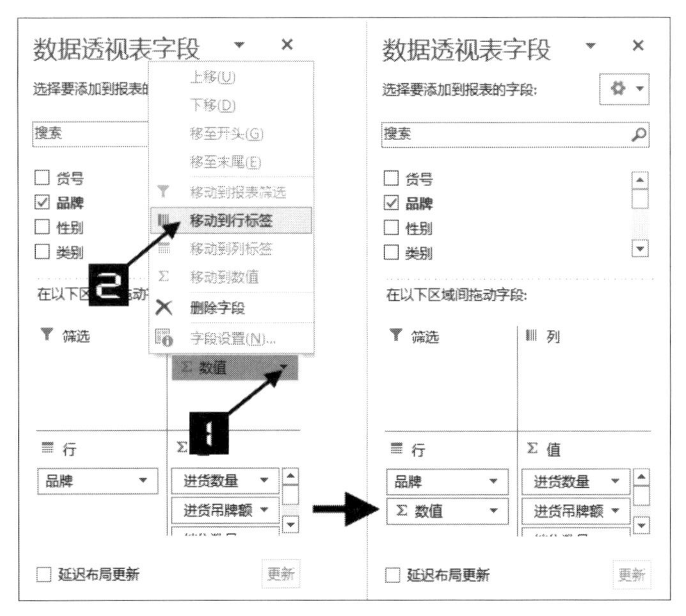

图 3-29　多个值字段垂直显示方法 2

3.5.3　删除字段

用户在进行数据分析时，对于数据透视表中不再需要显示的字段可以通过【数据透视表字段】列表框来删除，如图 3-30 所示。

	A	B	C	D	E	F
1	品牌	类别	进货数量	进货吊牌额	销售数量	销售吊牌额
2	⊟AD	短装	240	239760	200	199800
3		棉羽绒	1870	1120930	1194	709096
4		长装	12960	6853040	6961	3637519
5	AD 汇总		15070	8213730	8355	4546415
6	⊟EN	棉羽绒	710	244090	340	104580
7		长装	4000	954500	2066	445614
8	EN 汇总		4710	1198590	2406	550194
9	⊟LI	短装	210	62790	137	40963
10		棉羽绒	1050	363150	513	172437
11		长装	2510	814490	1498	517732
12	LI 汇总		3770	1240430	2148	731132
13	⊟NI	短装	260	64740	228	56772
14		棉羽绒	1080	501620	482	258848
15		长装	5420	1956680	2540	987680
16	NI 汇总		6760	2523040	3250	1303300
17	⊟PRO	长装	560	129040	190	42490
18	PRO 汇总		560	129040	190	42490
19	总计		30870	13304830	16349	7173531

图 3-30　需要删除字段的数据透视表

示例3-7　删除数据透视表字段

以图 3-30 所示的数据透视表为例，如果要将行字段“类别”删除，可参照以下步骤。

调出【数据透视表字段】列表框，在【行】区域内单击“类别”字段，在弹出的快捷菜单中选择【删除字段】命令即可将所选字段删除，如图 3-31 所示。

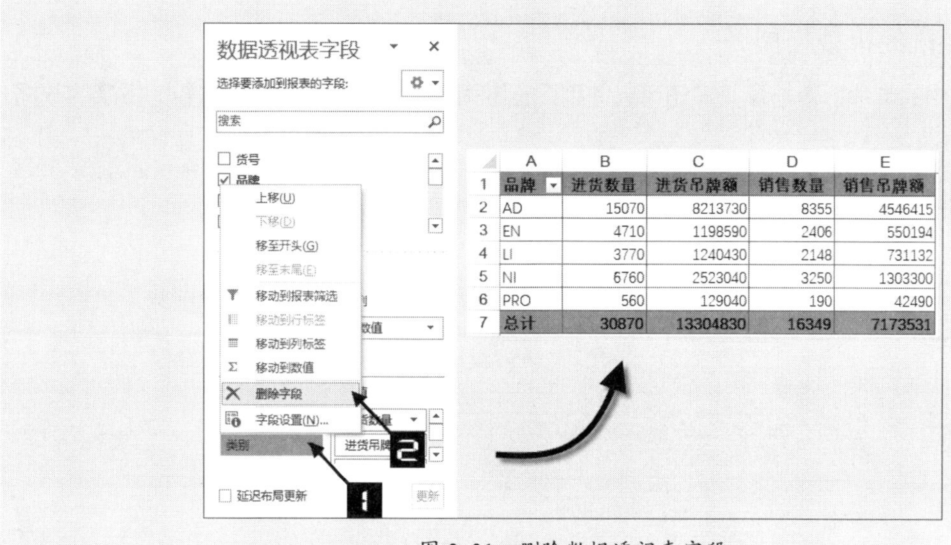

图 3-31　删除数据透视表字段

3.5.4　隐藏字段标题

如果用户不希望在数据透视表中显示行字段或列字段的标题，可以通过以下步骤实现对字段标题的隐藏。以图 3-32 所示的数据透视表为例，单击数据透视表中的任意单元格（如 A2），在【数据透视表分析】选项卡中单击【字段标题】按钮，数据透视表中原有的行字段标题“品牌”和列字段标题“类别”将被隐藏。

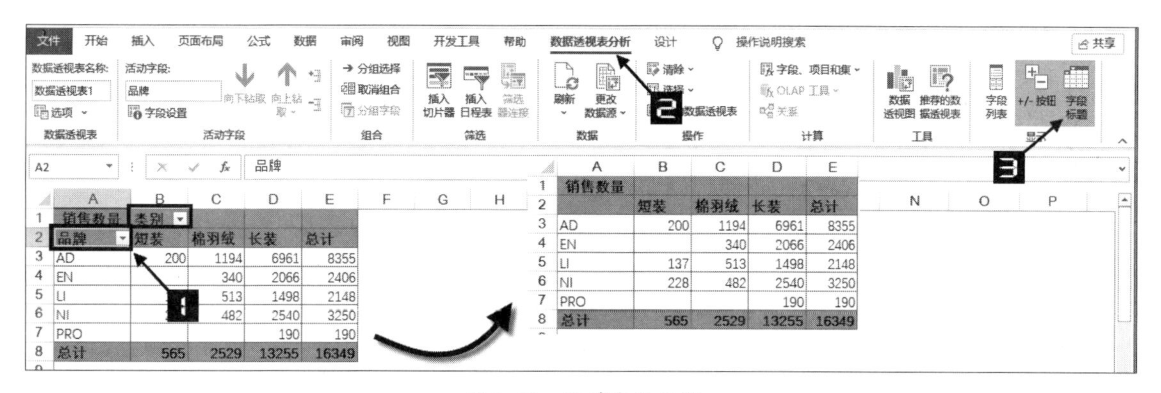

图 3-32　隐藏字段标题

如果再次单击【字段标题】按钮，可以显示被隐藏的“品牌”和“类别”行列字段标题。

数据透表默认的报表布局以压缩形式显示，行字段与列字段默认显示为“行标签”与“列标签”。本案例中，数据透视表的报表布局已经设置为以表格形式显示，因此可以在行字段与列字段处看到“品牌”与“类别”字段名称的显示。关于数据透视表的报表布局详细参见 3.5.1 节。

3.5.5 活动字段的折叠与展开

数据透视表中的字段折叠与展开按钮可以使用户在不同的场合显示和隐藏一些较为敏感的数据信息。

	A	B	C	D
1	销售类型	销售部门	客户名称	求和项:销售额
2	⊟出口	⊟二部	固安海运	1823.5
3		二部 汇总		1823.5
4		⊟三部	利发金融	96006.38
5			南方科技	117878.57
6			天宝服饰	235665.73
7			天一物流	9445.44
8			希望集团	15265.19
9		三部 汇总		474261.31
10		⊟四部	城市快车	57248.84
11			大地集团	123214.6
12			红梅集团	6884.85
13			鑫鑫建材	1308.16
14			一诺国际	34139.15
15		四部 汇总		222795.6

图 3-33 字段折叠前的数据透视表

示例3-8 显示和隐藏敏感的数据信息

如果用户希望在图 3-33 所示的数据透视表中将“客户名称”字段隐藏起来，在需要显示的时候再分别展开，可以参照以下步骤。

步骤① 在数据透视表中的“客户名称”或“销售部门”字段中除分类汇总外的任意单元格(如B4)上单击鼠标右键，在弹出的快捷菜单中选择【展开/折叠】→【折叠整个字段】命令，将“客户名称”字段折叠隐藏，如图 3-34 所示。

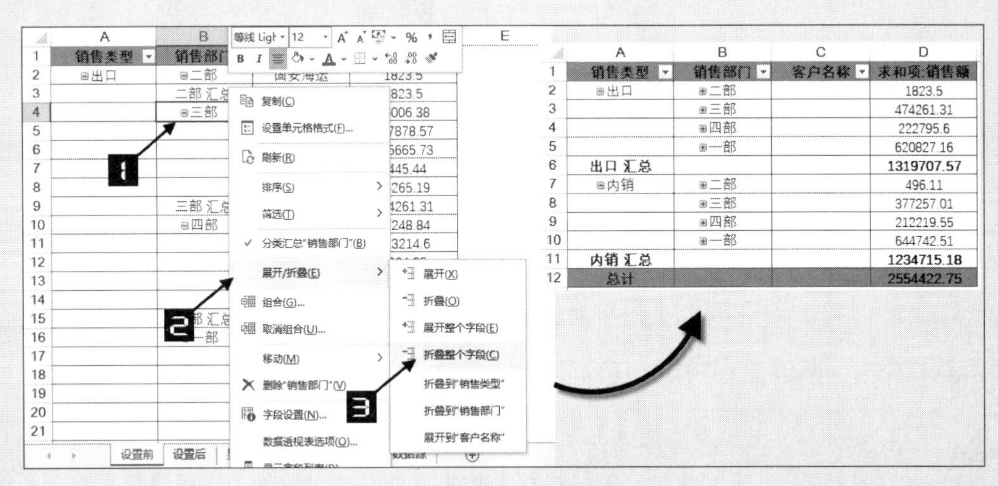

图 3-34 折叠“客户名称”字段

步骤② 分别单击数据透视表“销售部门”字段中的“三部”和“一部”项的“+”按钮，可以将“销售部门”字段中项下的各“客户名称”分别展开用以显示指定项的明细数据，如图 3-35 所示。

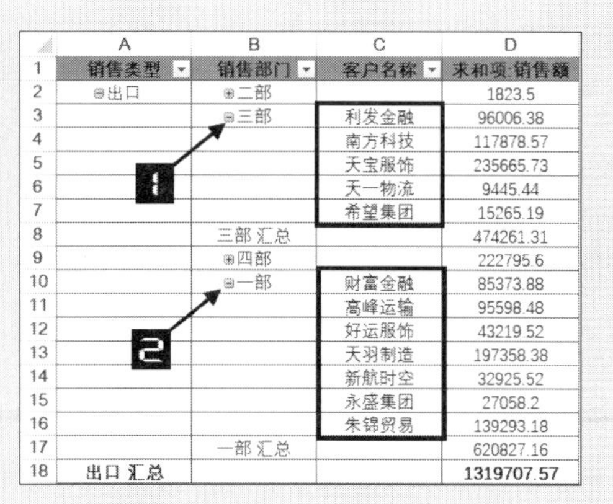

图 3-35　显示指定项的明细数据

提示 在数据透视表中各项所在的单元格上双击鼠标也可以显示或隐藏该项的明细数据。

数据透视表中的字段被折叠后，在被折叠字段内的任意单元格上单击鼠标右键，在弹出的扩展菜单中选择【展开/折叠】→【展开整个字段】命令，即可展开所有字段。

如果用户希望去掉数据透视表中各字段项的“+/-”按钮，在【数据透视表分析】选项卡中单击【+/-按钮】按钮即可，如图 3-36 所示。

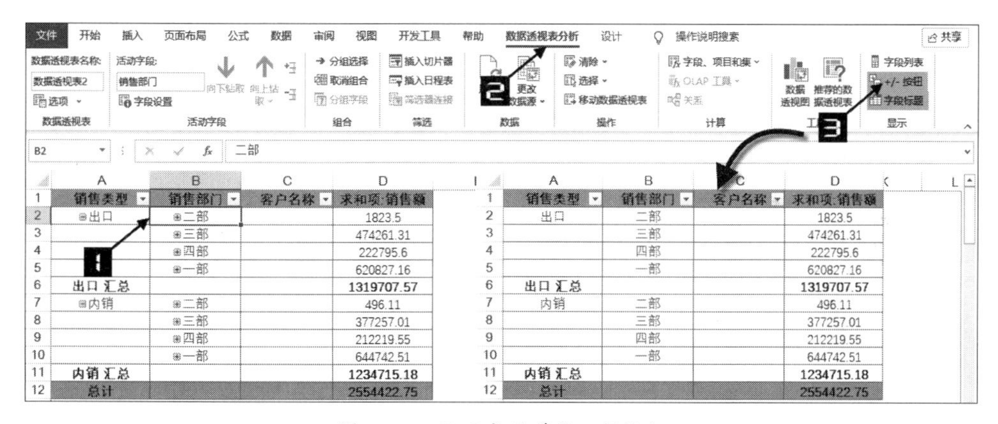

图 3-36　显示或隐藏【+/-】按钮

3.6　改变数据透视表的报告格式

数据透视表创建完成后，用户可以通过数据透视表的【设计】选项卡下【布局】组中的按钮来改变数据透视表的报告格式。

3.6.1　改变数据透视表的报表布局

数据透视表为用户提供了“以压缩形式显示”“以大纲形式显示”和“以表格形式显示”三种报表布局的显示形式，“重复所有项目标签”和“不重复项目标签”两种项目标签的显示方式。

示例3-9 改变数据透视表的报表布局

新创建的数据透视表显示形式都是系统默认的“以压缩形式显示”，如图 3-37 所示。

“以压缩形式显示”的数据透视表所有的行字段都堆积在一列中，此种显示形式的数据透视表不便于后期的数据提取、转换和分析，数值化后的数据透视表也无法显示行字段标题，没有分析价值，如图 3-38 所示。

	A	B
1	行标签	求和项:销售数量
2	⊟AD	8355
3	⊟20Q4	4463
4	棉羽绒	826
5	长装	3637
6	⊟21Q1	1780
7	棉羽绒	177
8	长装	1603
9	⊟20Q3	2112
10	短装	200
11	棉羽绒	191
12	长装	1721
13	⊟EN	2406
14	⊟20FW	2081
15	棉羽绒	340
16	长装	1741
17	⊟21SS	325
18	长装	325

图 3-37 数据透视表以压缩形式显示

	A	B
1	行标签	求和项:销售数量
2	AD	8355
3	20Q4	4463
4	棉羽绒	826
5	长装	3637
6	21Q1	1780
7	棉羽绒	177
8	长装	1603
9	20Q3	2112
10	短装	200
11	棉羽绒	191
12	长装	1721
13	EN	2406
14	20FW	2081
15	棉羽绒	340
16	长装	1741
17	21SS	325
18	长装	325

图 3-38 以压缩形式显示的数据透视表复制结果

用户可以将系统默认的“以压缩形式显示”报表布局改变为“以大纲形式显示”或“以表格形式显示”，来满足不同的数据分析需求，可参照以下步骤。

以图 3-37 所示的数据透视表为例，单击数据透视表中的任意单元格（如A3），在【设计】选项卡中依次单击【报表布局】下拉按钮→【以表格形式显示】命令，如图 3-39 所示。

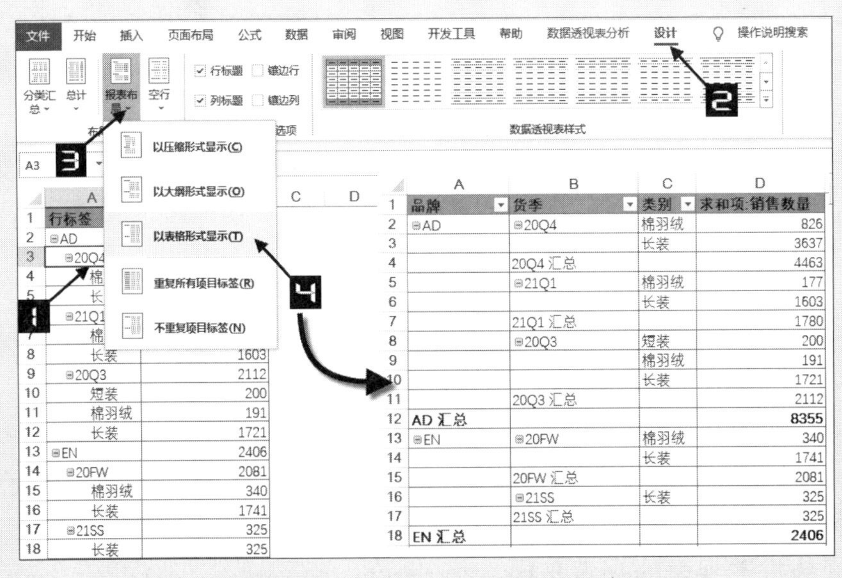

	A	B	C	D
1	品牌	货季	类别	求和项:销售数量
2	⊟AD	⊟20Q4	棉羽绒	826
3			长装	3637
4		20Q4 汇总		4463
5		⊟21Q1	棉羽绒	177
6			长装	1603
7		21Q1 汇总		1780
8		⊟20Q3	短装	200
9			棉羽绒	191
10			长装	1721
11		20Q3 汇总		2112
12	AD 汇总			8355
13	⊟EN	⊟20FW	棉羽绒	340
14			长装	1741
15		20FW 汇总		2081
16		⊟21SS	长装	325
17		21SS 汇总		325
18	EN 汇总			2406

图 3-39 以表格形式显示的数据透视表

以表格形式显示的数据透视表数据显示直观、便于阅读，是用户首选的数据透视表布局方式。

以上操作过程中，如果在【报表布局】的下拉菜单中选择【以大纲形式显示】命令，将使数据透视表以大纲的形式显示，如图 3-40 所示。

	A	B	C	D
1	品牌	货季	类别	求和项:销售数量
2	⊟AD			8355
3		⊟20Q4		4463
4			棉羽绒	826
5			长装	3637
6		⊟21Q1		1780
7			棉羽绒	177
8			长装	1603
9		⊟20Q3		2112
10			短装	200
11			棉羽绒	191
12			长装	1721
13	⊟EN			2406
14		⊟20FW		2081
15			棉羽绒	340
16			长装	1741
17		⊟21SS		325
18			长装	325

图 3-40　以大纲形式显示的数据透视表

如果希望向数据透视表中的空白字段填充相应的数据，使复制后的数据透视表数据完整或满足特定的报表显示要求，可以使用【重复所有项目标签】命令。

以图 3-39 所示的数据透视表为例，单击数据透视表中的任意单元格（如 A7），在数据透视表的【设计】选项卡中依次单击【报表布局】下拉按钮→【重复所有项目标签】命令，如图 3-41 所示。

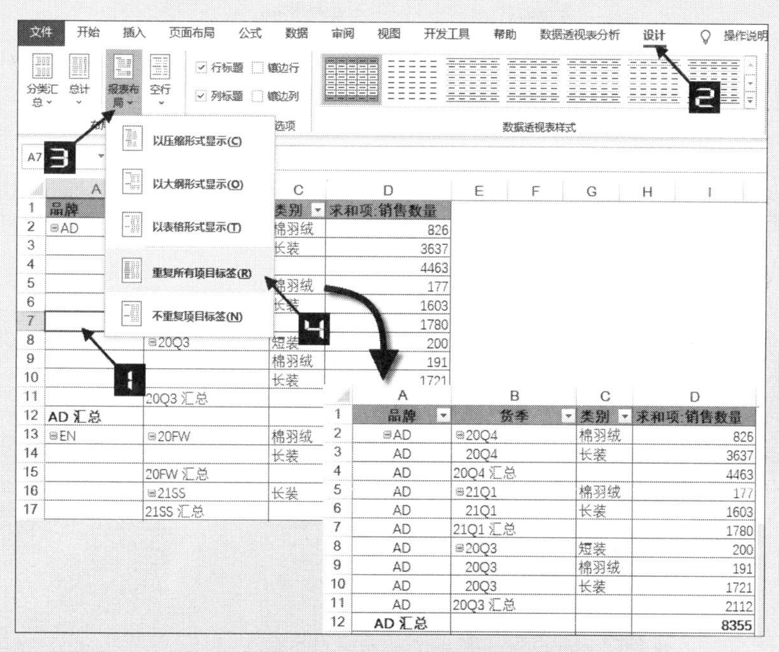

图 3-41　重复所有项目标签的数据透视表

注意

如果用户在【数据透视表选项】的【布局和格式】中勾选了【合并且居中排列带标签的单元格】复选框，则无法使用【重复所有项目标签】功能。

选择【不重复所有项目标签】命令，可以撤消数据透视表中所有重复项目的标签。

3.6.2　分类汇总的显示方式

示例3-10　分类汇总的显示方式

如图 3-42 所示的数据透视表中，“品牌”字段应用了分类汇总，用户可以通过多种方法将分类汇总删除。

	A	B	C	D
1	品牌	类别	求和项:销售数量	求和项:销售吊牌额
2	⊟AD	短装	200	199800
3		棉羽绒	1194	709096
4		长装	6961	3637519
5	AD 汇总		8355	4546415
6	⊟EN	棉羽绒	340	104580
7		长装	2066	445614
8	EN 汇总		2406	550194
9	⊟LI	短装	137	40963
10		棉羽绒	513	172437
11		长装	1498	517732
12	LI 汇总		2148	731132
13	⊟NI	短装	228	56772
14		棉羽绒	482	258848
15		长装	2540	987680
16	NI 汇总		3250	1303300
17	⊟PRO	长装	190	42490
18	PRO 汇总		190	42490
19	总计		16349	7173531

图 3-42　显示分类汇总的数据透视表

首先，可以利用工具栏按钮删除，单击数据透视表中的任意单元格(如A8)，在数据透视表的【设计】选项卡中单击【分类汇总】下拉按钮→【不显示分类汇总】命令，如图 3-43 所示。

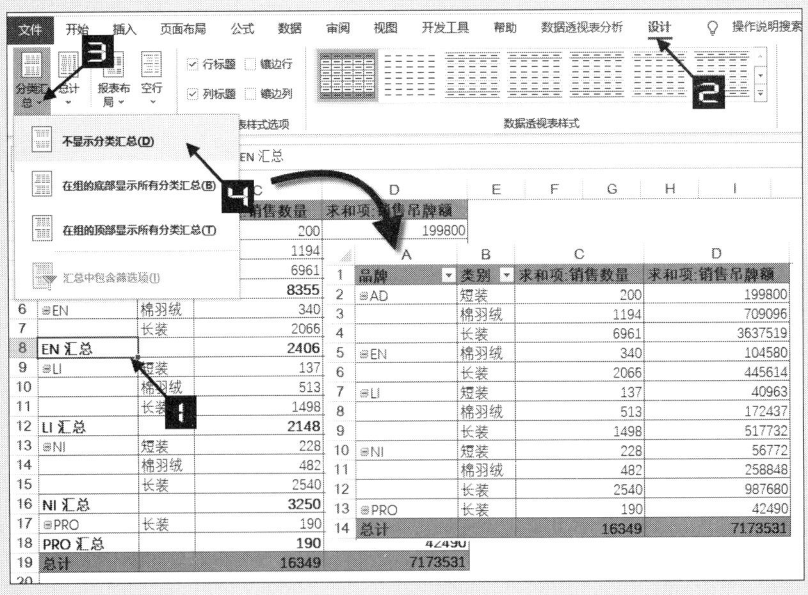

图 3-43　不显示分类汇总

再者，利用右键的快捷菜单也可以删除分类汇总，在数据透视表中的“品牌”字段标题或其项下的任意单元格上(如A3)右击，在弹出的快捷菜单中选择【分类汇总“品牌”】命令，如图 3-44 所示。

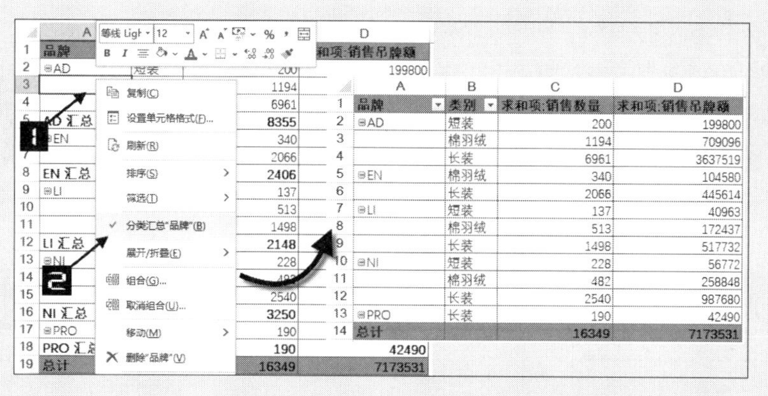

图 3-44　不显示分类汇总

此外，通过字段设置也可以删除分类汇总，单击数据透视表中“品牌”字段标题或其项下的任意单元格(如A3)，在【数据透视表分析】选项卡中单击【字段设置】按钮，在弹出的【字段设置】对话框中单击【分类汇总和筛选】选项卡，在【分类汇总】中选择【无】单选按钮，单击【确定】按钮关闭【字段设置】对话框，如图 3-45 所示。

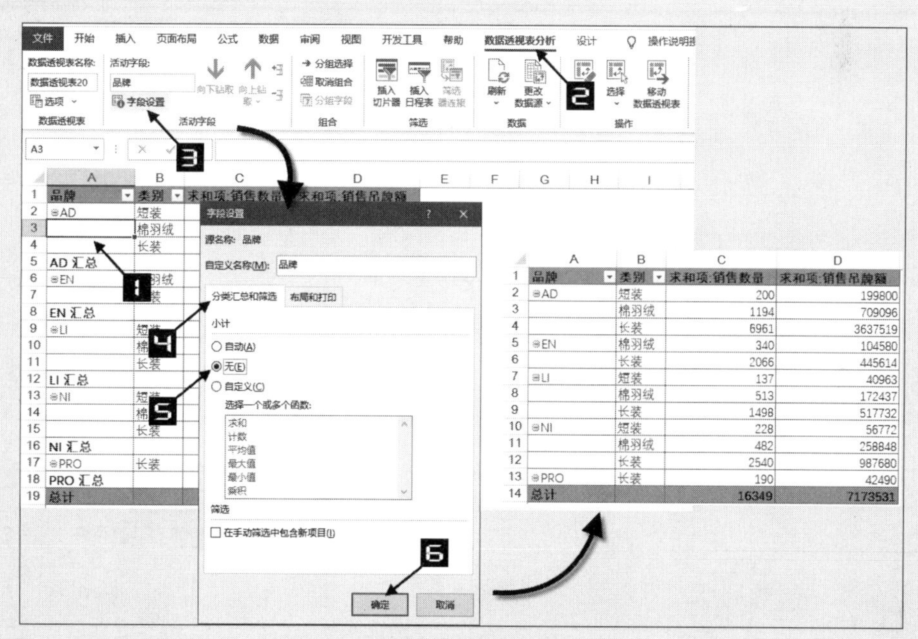

图 3-45　不显示分类汇总

提示

鼠标悬停在“品牌”字段边框上，鼠标指针呈现向下的黑箭头时(如图 3-46 所示)，直接双击“品牌”字段也可以调出【字段设置】对话框来删除分类汇总。

	A	B	C	D
1	品牌	类别	求和项:销售数量	求和项:销售吊牌额
2	⊟AD	短装	200	199800
3		棉羽绒	1194	709096
4		长装	6961	3637519
5	AD 汇总		8355	4546415
6	⊟EN	棉羽绒	340	104580
7		长装	2066	445614
8	EN 汇总		2406	550194

图 3-46　鼠标指针显示样式

对于以“以大纲形式显示”和“以压缩形式显示”的数据透视表，用户还可以将分类汇总显示在每组数据的顶部，单击数据透视表中的任意单元格，在数据透视表的【设计】选项卡中单击【分类汇总】按钮，在弹出的扩展菜单中选择【在组的顶部显示所有分类汇总】，如图 3-47 所示。

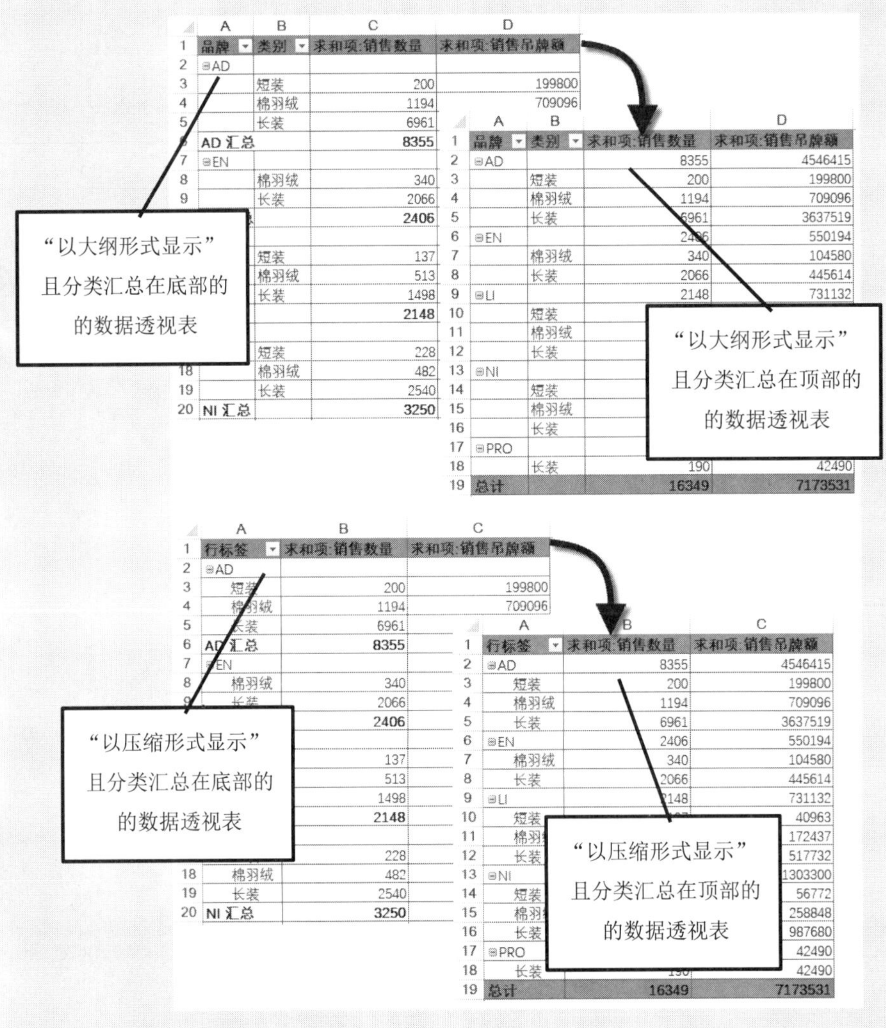

图 3-47 在组的顶部显示所有分类汇总

3.6.3 在每项后插入空行

示例3-11 在每项后插入空行

在以任何形式显示的数据透视表中，用户都可以在各项之间插入一行空白行来更明显地区分不同的数据块。

单击数据透视表中的任意单元格（如A3），在【设计】选项卡中单击【空行】按钮→【在每个项目后插入空行】命令，如图 3-48 所示。

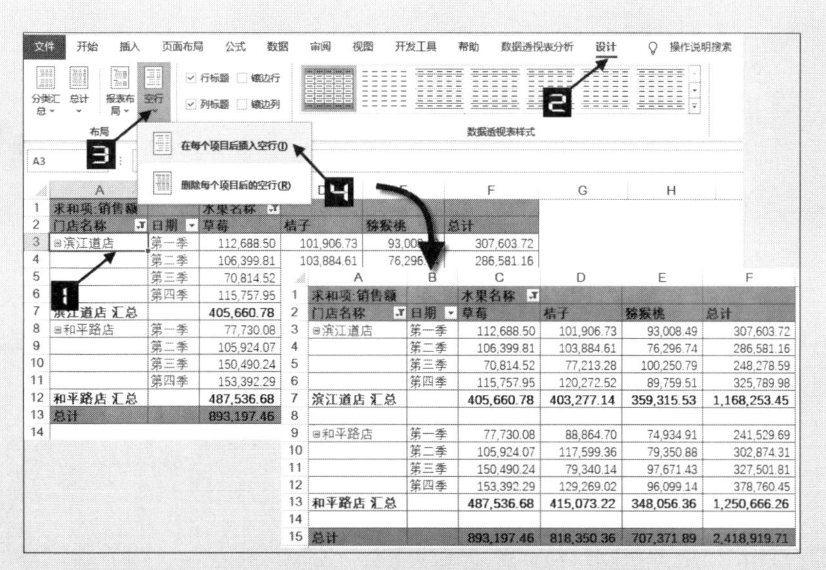

	A	B	C	D	E	F
1	求和项:销售额		水果名称			
2	门店名称	日期	草莓	桔子	猕猴桃	总计
3	⊟滨江道店	第一季	112,688.50	101,906.73	93,008.49	307,603.72
4		第二季	106,399.81	103,884.61	76,296.74	286,581.16
5		第三季	70,814.52	77,213.28	100,250.79	248,278.59
6		第四季	115,757.95	120,272.52	89,759.51	325,789.98
7	滨江道店 汇总		405,660.78	403,277.14	359,315.53	1,168,253.45
8						
9	⊟和平路店	第一季	77,730.08	88,864.70	74,934.91	241,529.69
10		第二季	105,924.07	117,599.36	79,350.88	302,874.31
11		第三季	150,490.24	79,340.14	97,671.43	327,501.81
12		第四季	153,392.29	129,269.02	96,099.14	378,760.45
13	和平路店 汇总		487,536.68	415,073.22	348,056.36	1,250,666.26
14						
15	总计		893,197.46	818,350.36	707,371.89	2,418,919.71

图 3-48　在每个项目后插入空行

选择【删除每个项目后的空行】命令可以将插入的空行删除。

3.6.4　总计的禁用与启用

示例3-12　总计的禁用与启用

单击数据透视表中的任意单元格，在数据透视表的【设计】选项卡中单击【总计】按钮，在弹出的下拉菜单中选择【对行和列启用】命令可以使数据透视表的行和列都被加上总计，如图 3-49 所示。

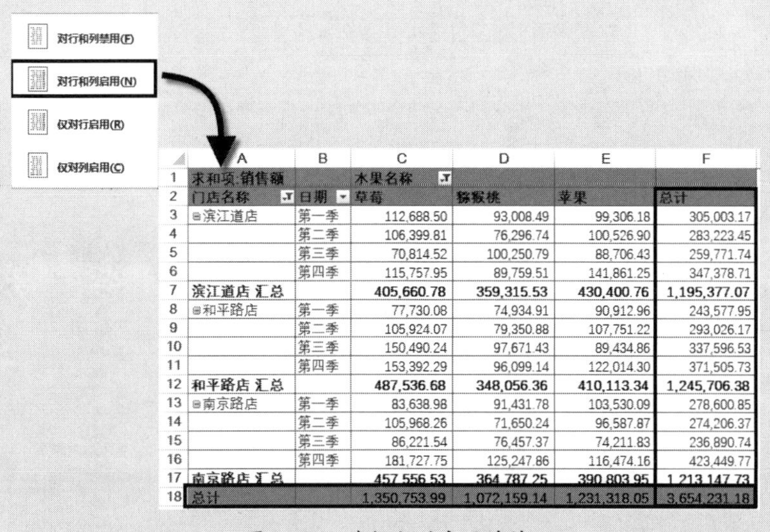

	A	B	C	D	E	F
1	求和项:销售额		水果名称			
2	门店名称	日期	草莓	猕猴桃	苹果	总计
3	⊟滨江道店	第一季	112,688.50	93,008.49	99,306.18	305,003.17
4		第二季	106,399.81	76,296.74	100,526.90	283,223.45
5		第三季	70,814.52	100,250.79	88,706.43	259,771.74
6		第四季	115,757.95	89,759.51	141,861.25	347,378.71
7	滨江道店 汇总		405,660.78	359,315.53	430,400.76	1,195,377.07
8	⊟和平路店	第一季	77,730.08	74,934.91	90,912.96	243,577.95
9		第二季	105,924.07	79,350.88	107,751.22	293,026.17
10		第三季	150,490.24	97,671.43	89,434.86	337,596.53
11		第四季	153,392.29	96,099.14	122,014.30	371,505.73
12	和平路店 汇总		487,536.68	348,056.36	410,113.34	1,245,706.38
13	⊟南京路店	第一季	83,638.98	91,431.78	103,530.09	278,600.85
14		第二季	105,968.26	71,650.24	96,587.87	274,206.37
15		第三季	86,221.54	76,457.37	74,211.83	236,890.74
16		第四季	181,727.75	125,247.86	116,474.16	423,449.77
17	南京路店 汇总		457,556.53	364,787.25	390,803.95	1,213,147.73
18	总计		1,350,753.99	1,072,159.14	1,231,318.05	3,654,231.18

图 3-49　对行和列启用总计

数据透视表默认情况下对行和列是启用总计的。

选择【对行和列禁用】命令可以同时删除数据透视表的行和列上的总计行，如图 3-50 所示。

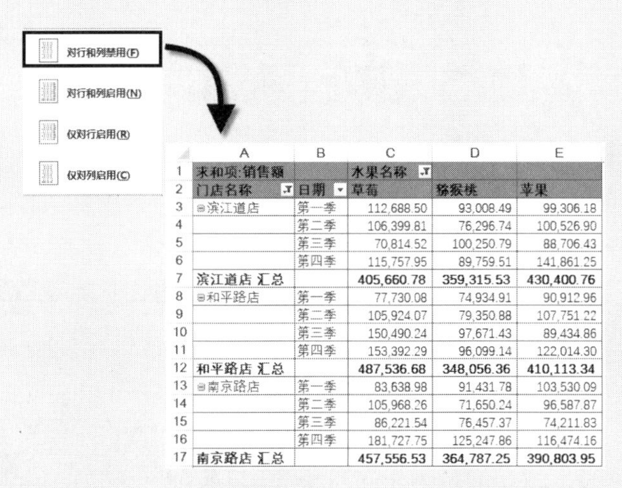

	A	B	C	D	E
1	求和项:销售额		水果名称		
2	门店名称	日期	草莓	猕猴桃	苹果
3	⊟滨江道店	第一季	112,688.50	93,008.49	99,306.18
4		第二季	106,399.81	76,296.74	100,526.90
5		第三季	70,814.52	100,250.79	88,706.43
6		第四季	115,757.95	89,759.51	141,861.25
7	滨江道店 汇总		405,660.78	359,315.53	430,400.76
8	⊟和平路店	第一季	77,730.08	74,934.91	90,912.96
9		第二季	105,924.07	79,350.88	107,751.22
10		第三季	150,490.24	97,671.43	89,434.86
11		第四季	153,392.29	96,099.14	122,014.30
12	和平路店 汇总		487,536.68	348,056.36	410,113.34
13	⊟南京路店	第一季	83,638.98	91,431.78	103,530.09
14		第二季	105,968.26	71,650.24	96,587.87
15		第三季	86,221.54	76,457.37	74,211.83
16		第四季	181,727.75	125,247.86	116,474.16
17	南京路店 汇总		457,556.53	364,787.25	390,803.95

图 3-50　同时删除行和列总计

选择【仅对行启用】命令可以只对数据透视表中的行字段进行总计，如图 3-51 所示。

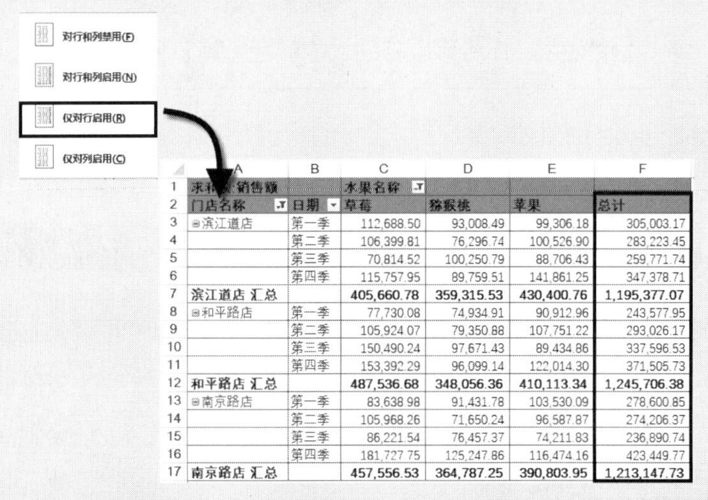

	A	B	C	D	E	F
1	求和项:销售额		水果名称			
2	门店名称	日期	草莓	猕猴桃	苹果	总计
3	⊟滨江道店	第一季	112,688.50	93,008.49	99,306.18	305,003.17
4		第二季	106,399.81	76,296.74	100,526.90	283,223.45
5		第三季	70,814.52	100,250.79	88,706.43	259,771.74
6		第四季	115,757.95	89,759.51	141,861.25	347,378.71
7	滨江道店 汇总		405,660.78	359,315.53	430,400.76	1,195,377.07
8	⊟和平路店	第一季	77,730.08	74,934.91	90,912.96	243,577.95
9		第二季	105,924.07	79,350.88	107,751.22	293,026.17
10		第三季	150,490.24	97,671.43	89,434.86	337,596.53
11		第四季	153,392.29	96,099.14	122,014.30	371,505.73
12	和平路店 汇总		487,536.68	348,056.36	410,113.34	1,245,706.38
13	⊟南京路店	第一季	83,638.98	91,431.78	103,530.09	278,600.85
14		第二季	105,968.26	71,650.24	96,587.87	274,206.37
15		第三季	86,221.54	76,457.37	74,211.83	236,890.74
16		第四季	181,727.75	125,247.86	116,474.16	423,449.77
17	南京路店 汇总		457,556.53	364,787.25	390,803.95	1,213,147.73

图 3-51　仅对行字段进行总计

选择【仅对列启用】命令可以只对数据透视表中的列字段进行总计，如图 3-52 所示。

对行和列禁用(F)
对行和列启用(N)
仅对行启用(R)
仅对列启用(C)

	A	B	C	D	E
1	求和项:销售额		水果名称		
2	门店名称	日期	草莓	猕猴桃	苹果
3	⊟滨江道店	第一季	112,688.50	93,008.49	99,306.18
4		第二季	106,399.81	76,296.74	100,526.90
5		第三季	70,814.52	100,250.79	88,706.43
6		第四季	115,757.95	89,759.51	141,861.25
7	滨江道店 汇总		405,660.78	359,315.53	430,400.76
8	⊟和平路店	第一季	77,730.08	74,934.91	90,912.96
9		第二季	105,924.07	79,350.88	107,751.22
10		第三季	150,490.24	97,671.43	89,434.86
11		第四季	153,392.29	96,099.14	122,014.30
12	和平路店 汇总		487,536.68	348,056.36	410,113.34
13	⊟南京路店	第一季	83,638.98	91,431.78	103,530.09
14		第二季	105,968.26	71,650.24	96,587.87
15		第三季	86,221.54	76,457.37	74,211.83
16		第四季	181,727.75	125,247.86	116,474.16
17	南京路店 汇总		457,556.53	364,787.25	390,803.95
18	总计		1,350,753.99	1,072,159.14	1,231,318.05

图 3-52　仅对列字段进行总计

3.6.5 合并且居中排列带标签的单元格

示例3-13 合并且居中排列带标签的单元格

数据透视表“合并居中”的布局方式简单明了，也符合读者的阅读方式。

在数据透视表中的任意单元格上（如C3）右击，在弹出的快捷菜单中选择【数据透视表选项】命令，在出现的【数据透视表选项】对话框中单击【布局和格式】选项卡，在【布局】中勾选【合并且居中排列带标签的单元格】复选框，最后单击【确定】按钮完成设置，如图 3-53 所示。

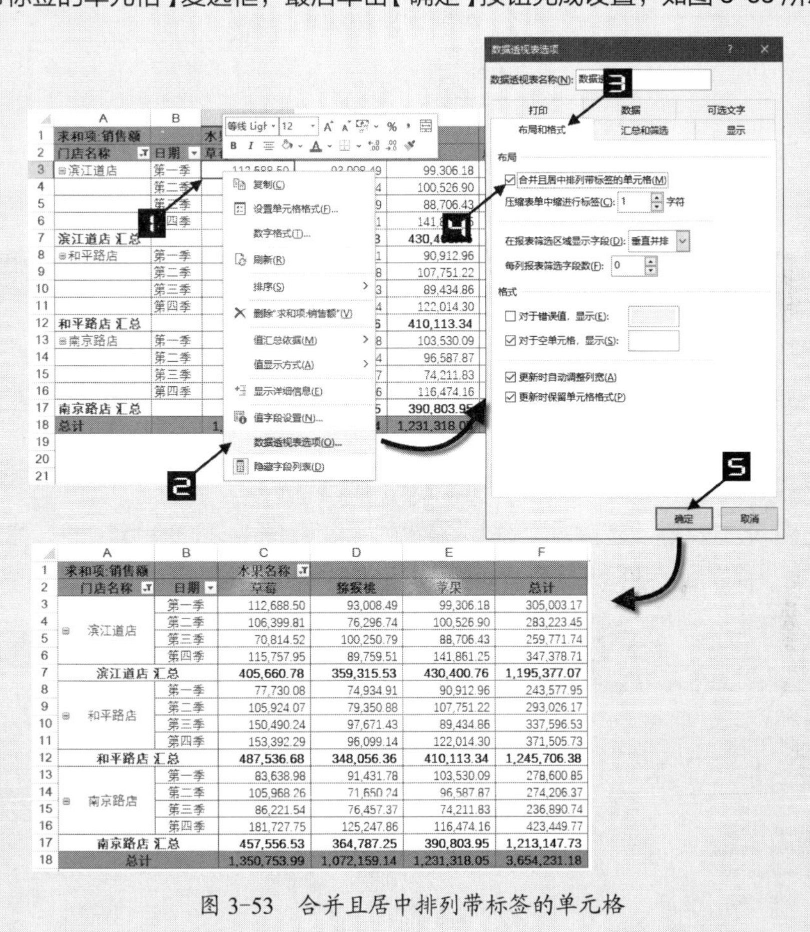

求和项:销售额		水果名称			
门店名称	日期	草莓	猕猴桃	苹果	总计
滨江道店	第一季	112,688.50	93,008.49	99,306.18	305,003.17
	第二季	106,399.81	76,296.74	100,526.90	283,223.45
	第三季	70,814.52	100,250.79	88,706.43	259,771.74
	第四季	115,757.95	89,759.51	141,861.25	347,378.71
滨江道店 汇总		405,660.78	359,315.53	430,400.76	1,195,377.07
和平路店	第一季	77,730.08	74,934.91	90,912.96	243,577.95
	第二季	105,924.07	79,350.88	107,751.22	293,026.17
	第三季	150,490.24	97,671.43	89,434.86	337,596.53
	第四季	153,392.29	96,099.14	122,014.30	371,505.73
和平路店 汇总		487,536.68	348,056.36	410,113.34	1,245,706.38
南京路店	第一季	83,638.98	91,431.78	103,530.09	278,600.85
	第二季	105,968.26	71,650.24	96,587.87	274,206.37
	第三季	86,221.54	76,457.37	74,211.83	236,890.74
	第四季	181,727.75	125,247.86	116,474.16	423,449.77
南京路店 汇总		457,556.53	364,787.25	390,803.95	1,213,147.73
总计		1,350,753.99	1,072,159.14	1,231,318.05	3,654,231.18

图 3-53 合并且居中排列带标签的单元格

3.7 清除已删除数据的标题项

当数据透视表创建完成后，如果删除了数据源中一些不再需要的数据，如图 3-54 所示，数据源中已经删除了“四部”，数据透视表刷新后，删除的数据也从数据透视表中清除了，但是数据透视表字段下拉列表中仍然存在着被删除的“四部”字段项。

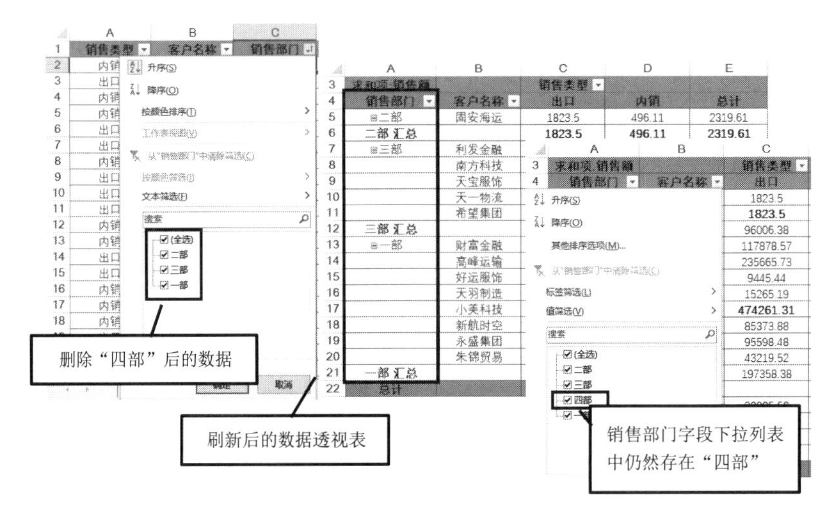

图 3-54　数据透视表字段下拉列表中的标题项

示例3-14　清除数据透视表中已删除数据的标题项

当数据源频繁地进行添加和删除数据的操作时，数据透视表刷新后，字段的下拉列表项会越来越多，其中已删除数据的标题项不仅造成了资源的浪费，也会影响表格数据的可读性。清除数据源中已经删除数据的标题项的方法如下。

步骤① 调出【数据透视表选项】对话框，单击【数据】选项卡，在【每个字段保留的项数】的下拉列表中选择【无】选项，最后单击【确定】按钮关闭【数据透视表选项】对话框，如图3-55所示。

步骤② 刷新数据透视表后，数据透视表字段的下拉列表中已经清除了不存在的数据的字段项，结果如图3-56所示。

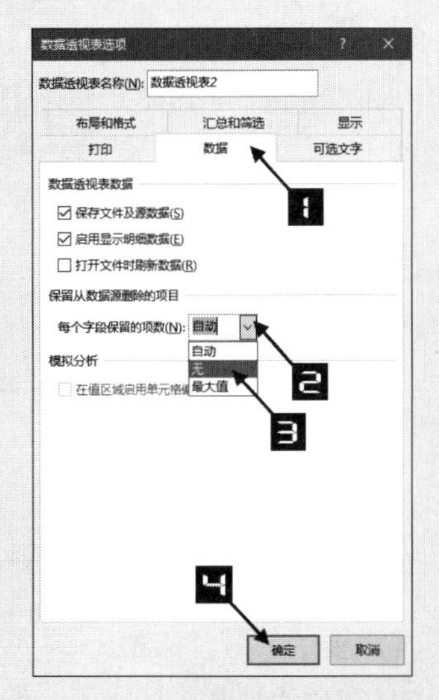

图 3-55　设置每个字段的保留项数

出口	内销	总计
1823.5	496.11	2319.61
1823.5	**496.11**	**2319.61**
96006.38	47214.04	143220.42
117878.57	182088.7	299967.27
235665.73	133165.09	368830.82
9445.44		9445.44
15265.19	14789.18	30054.37
474261.31	**377257.01**	**851518.32**
85373.88	56915.92	142289.8
95598.48	127567.11	223165.59
43219.52	23727.82	66947.34
197358.38	179756.38	377114.76
	13291.76	13291.76
32925.52	46566.28	79491.8
27058.2	39351	66409.2
139293.18	157566.24	296859.42
620827.16	**644742.51**	**1265569.67**
1096911.97	1022495.63	2119407.6

图 3-56　数据源中已经删除数据的字段项“四部”被清除

3.8 数据透视表的复制和移动

3.8.1 复制数据透视表

数据透视表创建完成后，如果需要对同一个数据源再创建另外一个数据透视表用于特定的数据分析，那么只需对原有的数据透视表进行复制即可，免去了重新创建数据透视表的一系列操作，提高了工作效率。复制前的透视表如图 3-57 所示。

	A	B	C	D	E	F
1	求和项:销售数量		类别			
2	品牌	性别	短装	棉羽绒	长装	总计
3	⊟AD	MEN	200	1071	3626	4897
4		WOMEN		123	3335	3458
5	AD 汇总		200	1194	6961	8355
6	⊟EN	MEN		113	825	938
7		WOMEN		227	1241	1468
8	EN 汇总			340	2066	2406
9	⊟LI	MEN	137	413	926	1476
10		WOMEN		100	572	672
11	LI 汇总		137	513	1498	2148
12	⊟NI	MEN	228	366	2127	2721
13		WOMEN		116	413	529
14	NI 汇总		228	482	2540	3250
15	⊟PRO	MEN			190	190
16	PRO 汇总				190	190
17	总计		565	2529	13255	16349

图 3-57 复制前的数据透视表

示例3-15 复制数据透视表

如果要将如图 3-57 所示的数据透视表进行复制，可参照以下步骤。

步骤① 选中数据透视表所在的A1:F17 单元格区域，单击鼠标右键，在弹出的快捷菜单中选择【复制】命令，如图 3-58 所示。

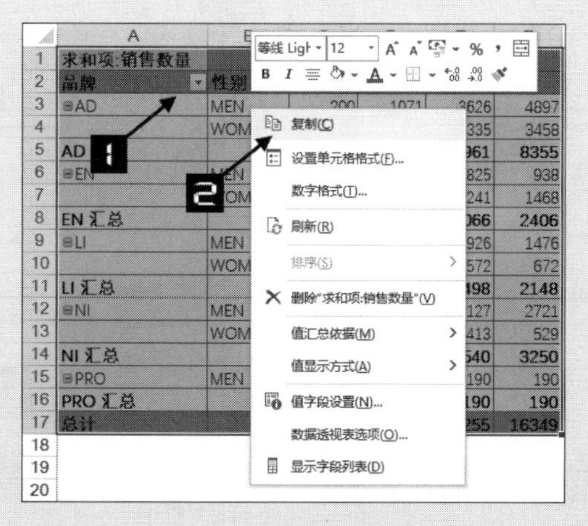

图 3-58 复制数据透视表

步骤② 在数据透视表区域以外的任意单元格上（如H1）单击鼠标右键，在弹出的快捷菜单中选择【粘贴】命令即可快速复制一张数据透视表，如图 3-59 所示。

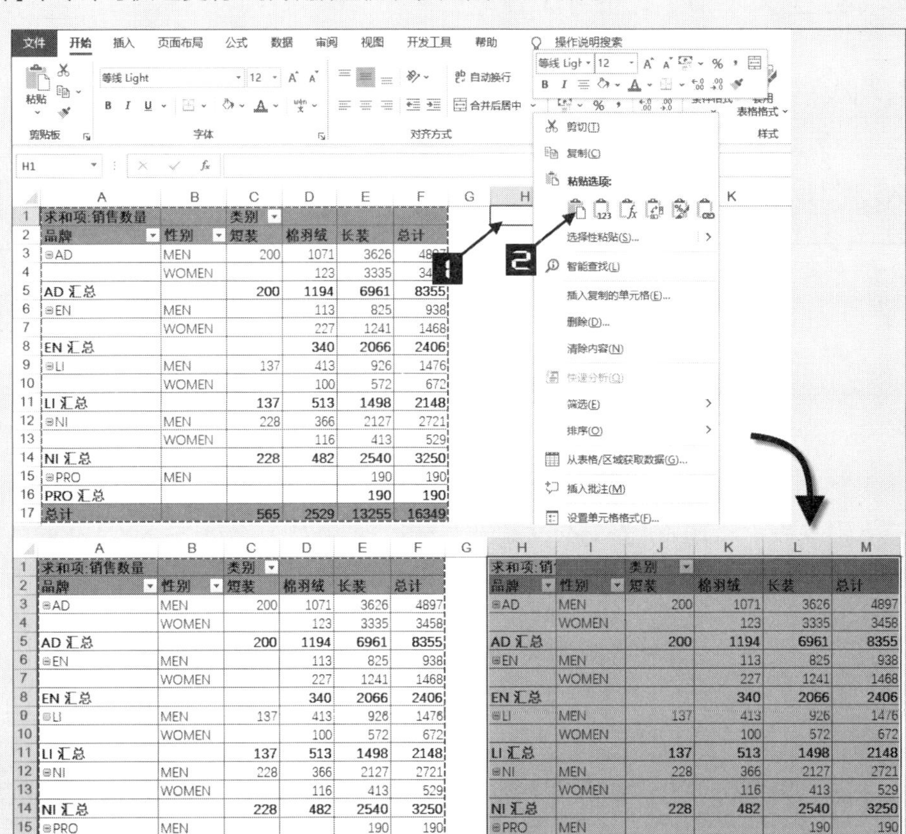

图 3-59 粘贴数据透视表

提示

单击【据透视表分析】选项卡中的【选择】按钮，在弹出的下拉菜单中单击【整个数据透视表】命令，可以快速选中需要复制的数据透视表。

3.8.2 移动数据透视表

用户可以将已经创建好的数据透视表在同一个工作簿内的不同工作表中任意移动，还可以在打开的不同工作簿内的工作表中任意移动，以满足数据分析的需要。

示例3-16 移动数据透视表

如果要将如图 3-58 所示的数据透视表进行移动，可参照以下步骤。

步骤① 单击数据透视表中的任意单元格（如A3），单击【数据透视表分析】选项卡中的【移动数据透视表】按钮，调出【移动数据透视表】对话框，如图 3-60 所示。

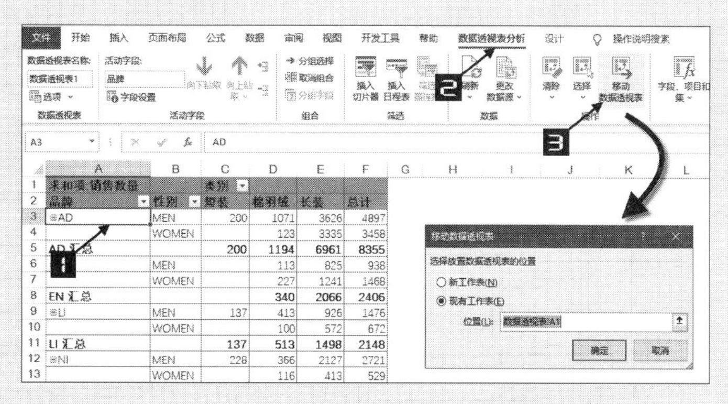

图 3-60　调出【移动数据透视表】对话框

步骤② 在【移动数据透视表】对话框中单击【现有工作表】选项下的【位置】折叠按钮，然后单击“移动后的数据透视表”工作表的标签，选中“移动后的数据透视表”工作表中的目标单元格（如 A1），如图 3-61 所示。

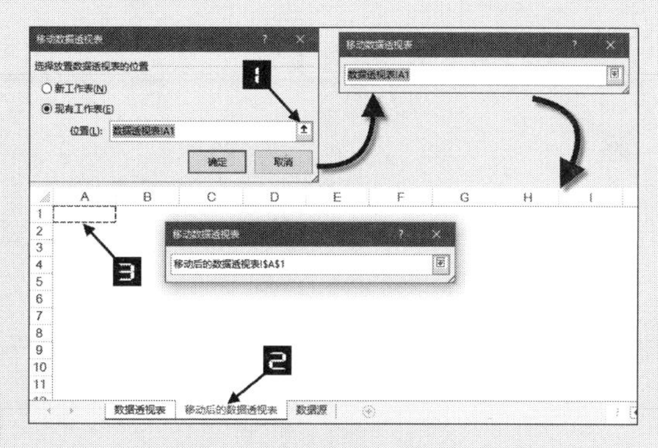

图 3-61　移动数据透视表

步骤③ 再次单击【移动数据透视表】对话框中的折叠按钮，单击【确定】按钮，数据透视表被移动到了“移动后的数据透视表”工作表中，如图 3-62 所示。

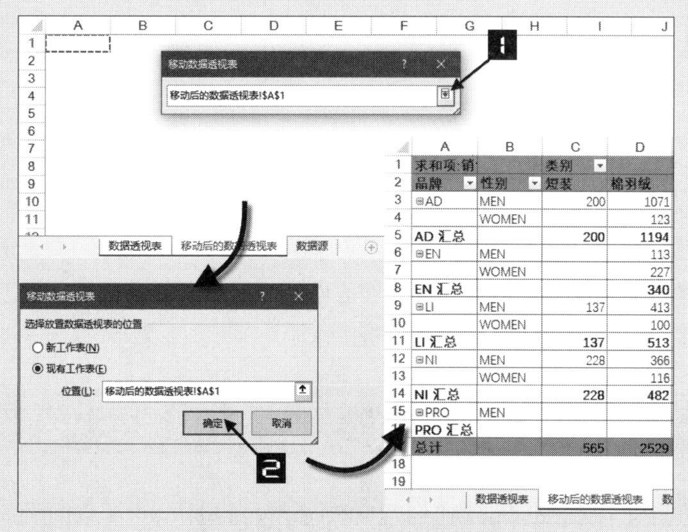

图 3-62　移动后的数据透视表

提示

如果要将数据透视表移动到新的工作表上，可以在【移动数据透视表】对话框中选择【新工作表】选项，单击【确定】按钮后，Excel将把数据透视表移动到一个新的工作表中。

3.8.3 删除数据透视表

如果要将如图 3-57 所示的数据透视表删除，可参照以下步骤。

步骤① 单击数据透视表中的任意单元格（如A3），在【数据透视表分析】选项卡中依次单击【选择】按钮→【整个数据透视表】命令选中整张数据透视表，如图 3-63 所示。

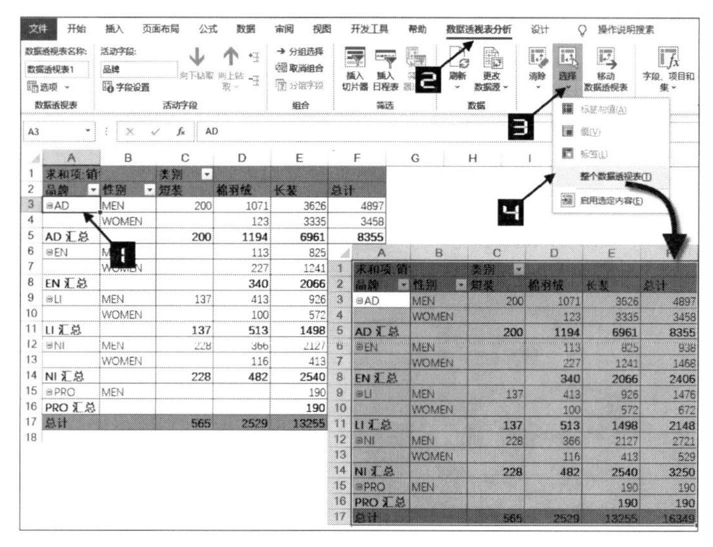

图 3-63 删除数据透视表

步骤② 按<Delete>键删除数据透视表。

提示

手动框选数据透视表所在区域后，按<Delete>键也可以将数据透视表删除。

3.9 影子数据透视表

数据透视表创建完成后，用户可以利用Excel内置的“照相机”功能对数据透视表进行拍照，生成一张数据透视表图片，该图片可以浮动于工作表中的任意位置并与数据透视表保持实时更新，甚至还可以更改图片的大小来满足用户不同的分析需求。

示例3-17 创建影子数据透视表

用户可以将【照相机】按钮先添加到【自定义快速访问工具栏】上，以便后续使用，方法如下。

步骤① 单击【文件】→【更多】→【选项】，调出【Excel选项】对话框，如图 3-64 所示。

步骤② 在【Excel选项】对话框中单击【快速访问工具栏】选项卡，在右侧区域的【从下列位置选择命令】的下拉列表中选择【不在功能区中的命令】，然后找到【照相机】图标并选中，单击【添加】按钮，最后单击【确定】按钮完成设置，【照相机】按钮就被添加到【自定义快速访问工具栏】上了，如图 3-65 所示。

图 3-64 【Excel选项】对话框

图 3-65 在【自定义快速访问工具栏】添加【照相机】按钮

步骤③ 选中数据透视表中的A1:D19 单元格区域，单击【自定义快速访问工具栏】中的【照相机】按钮，随后单击数据透视表外的任意单元格（如F1），得到如图 3-66 所示的A1:D19 单元格区域的图片。

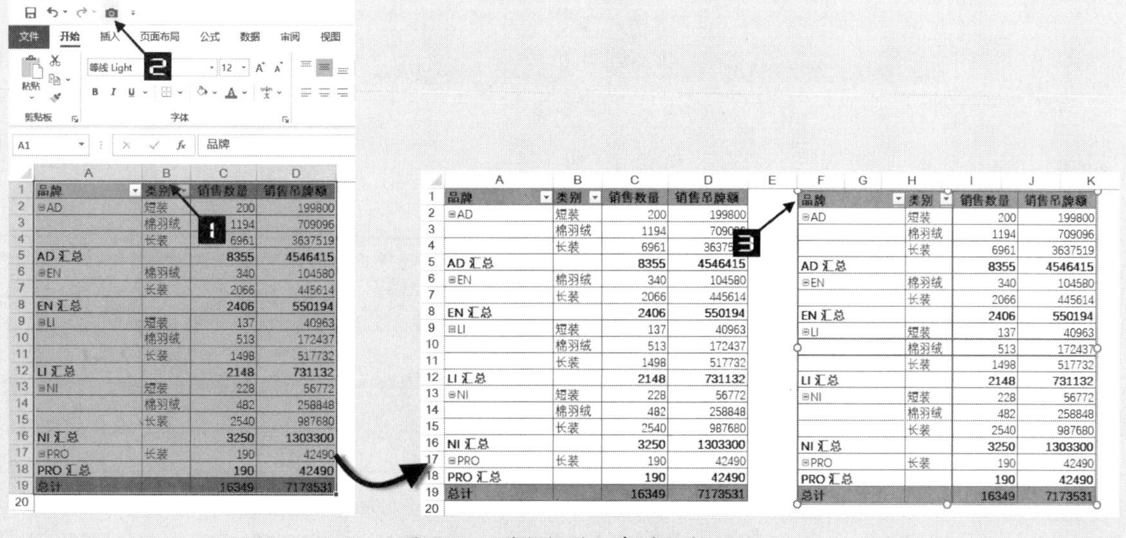

品牌	类别	销售数量	销售吊牌额
⊞AD	短装	200	199800
	棉羽绒	1194	709096
	长装	6961	3637519
AD 汇总		8355	4546415
⊞EN	棉羽绒	340	104580
	长装	2066	445614
EN 汇总		2406	550194
⊞LI	短装	137	40963
	棉羽绒	513	172437
	长装	1498	517732
LI 汇总		2148	731132
⊞NI	短装	228	56772
	棉羽绒	482	258848
	长装	2540	987680
NI 汇总		3250	1303300
⊞PRO	长装	190	42490
PRO 汇总		190	42490
总计		16349	7173531

图 3-66　对数据透视表进行拍照

当数据透视表中的数据发生变动后，图片也相应地同步变化，保持着与数据透视表的实时更新，如图 3-67 所示。

	A	B	C	D	E	F	G	H	I	J
1	品牌	类别	销售数量	销售吊牌额		品牌		类别	销售数量	销售吊牌额
2	⊟AD	短装	200	199800		⊟AD		短装	200	199800
3		棉羽绒	1194	709096				棉羽绒	1194	709096
4		长装	6961	3637519				长装	6961	3637519
5	AD 汇总		8355	4546415		AD 汇总			8355	4546415
6	⊟NI	短装	228	56772		⊟NI		短装	228	56772
7		棉羽绒	482	258848				棉羽绒	482	258848
8		长装	2540	987680				长装	2540	987680
9	NI 汇总		3250	1303300		NI 汇总			3250	1303300
10	总计		11605	5849715		总计			11605	5849715

图 3-67　图片与数据透视表保持实时更新

提示

影子数据透视表默认会有外边框，用户可将边框去掉，以使影子数据透视表的显示更加美观。选中影子数据透视表，单击【图片格式】选项卡→【图片边框】按钮，在弹出的下拉菜单中选择【无轮廓】命令即可，如图 3-68 所示。

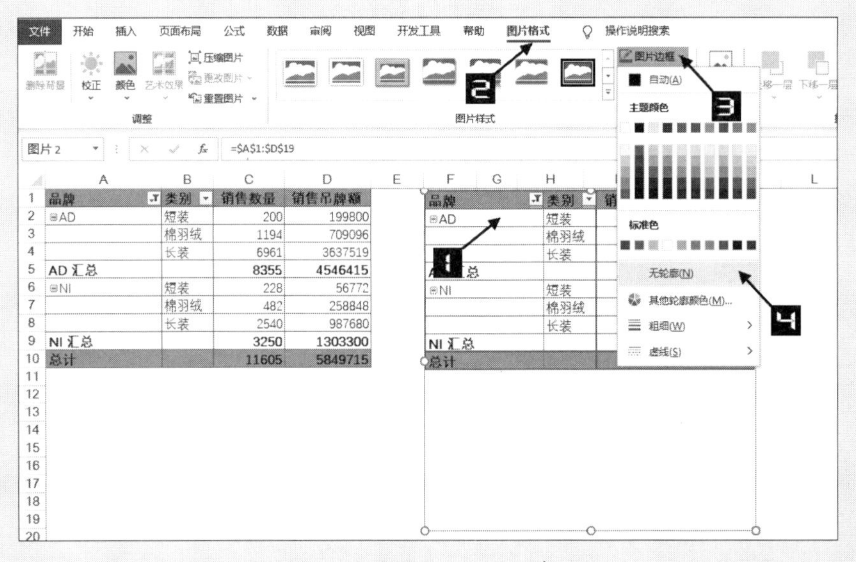

图 3-68　去除影子数据透视表边框

提示

复制数据透视表后，单击【文件】→【粘贴】下拉按钮→【其他粘贴选项】→【链接的图片】，也可以实现相同的效果。

根据本书前言的提示，可观看“创建影子数据透视表”的视频讲解。

3.10　获取数据透视表的数据源信息

3.10.1　显示数据透视表数据源的所有信息

示例3-18　显示数据透视表数据源的所有信息

数据透视表创建完成后，如果用户将数据源删除了，在需要的时候还可以通过以下方法将数据源找回。鼠标双击数据透视表的最后一个单元格（如D16），即可在新的工作表中重新生成原始的数据源，如图 3-69 所示。

用户如果在找回数据源的操作过程中遇到如图 3-70 所示的错误提示，需要先检查【启用显示明细数据】是否开启，方法如下。

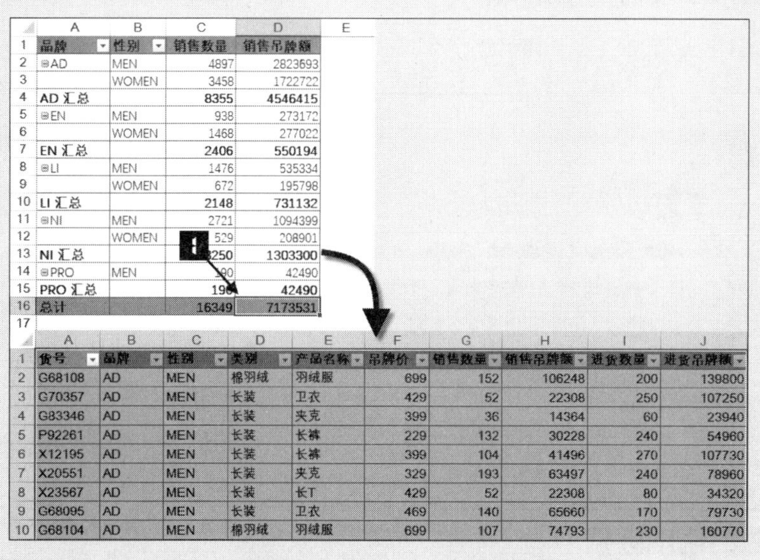

品牌	性别	销售数量	销售吊牌额
⊟AD	MEN	4897	2823693
	WOMEN	3458	1722722
AD 汇总		8355	4546415
⊟EN	MEN	938	273172
	WOMEN	1468	277022
EN 汇总		2406	550194
⊟LI	MEN	1476	535334
	WOMEN	672	195798
LI 汇总		2148	731132
⊟NI	MEN	2721	1094399
	WOMEN	529	208901
NI 汇总		[illegible]250	1303300
⊟PRO	MEN	[illegible]90	42490
PRO 汇总		19[illegible]	42490
总计		16349	7173531

货号	品牌	性别	类别	产品名称	吊牌价	销售数量	销售吊牌额	进货数量	进货吊牌额
G68108	AD	MEN	棉羽绒	羽绒服	699	152	106248	200	139800
G70357	AD	MEN	长装	卫衣	429	52	22308	250	107250
G83346	AD	MEN	长装	夹克	399	36	14364	60	23940
P92261	AD	MEN	长装	长裤	229	132	30228	240	54960
X12195	AD	MEN	长装	长裤	399	104	41496	270	107730
X20551	AD	MEN	长装	夹克	329	193	63497	240	78960
X23567	AD	MEN	长装	长T	429	52	22308	80	34320
G68095	AD	MEN	长装	卫衣	469	140	65660	170	79730
G68104	AD	MEN	棉羽绒	羽绒服	699	107	74793	230	160770

图 3-69　重新生成的数据源

图 3-70　数据透视表错误提示

步骤① 在数据透视表中的任意单元格上（如C3）单击鼠标右键，在弹出的快捷菜单中选择【数据透视表选项】命令，调出【数据透视表选项】对话框。

步骤② 单击【数据透视表选项】对话框中的【数据】选项卡，勾选【启用显示明细数据】复选框，如图 3-71 所示，单击【确定】按钮关闭对话框。

资源下载码：365019

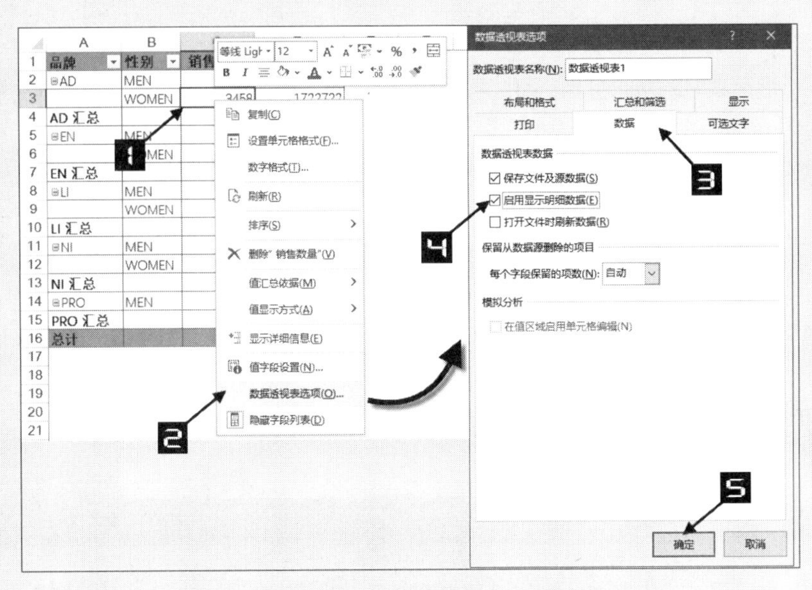

图 3-71　启用显示明细数据

提示

默认情况下，【启用显示明细数据】复选框处于勾选状态。

3.10.2　显示数据透视表某个项目的明细数据

用户还可以只显示数据透视表某个项目的明细数据，用于特定数据的查询。

仍以图 3-69 所示的数据透视表为例，如果希望查询品牌为“AD”的所有明细数据，只需用鼠标双击数据透视表中“AD 汇总”行的最后一个单元格D4 即可，如图 3-72 所示。

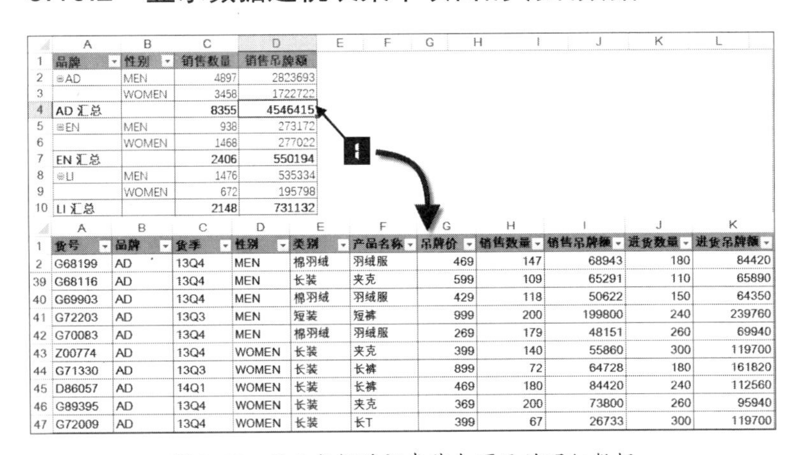

品牌	性别	销售数量	销售吊牌额
AD	MEN	4897	2823693
	WOMEN	3458	1722722
AD 汇总		8355	4546415
EN	MEN	938	273172
	WOMEN	1468	277022
EN 汇总		2406	550194
LI	MEN	1476	535334
	WOMEN	672	195798
LI 汇总		2148	731132

货号	品牌	货季	性别	类别	产品名称	吊牌价	销售数量	销售吊牌额	进货数量	进货吊牌额
G68199	AD	13Q4	MEN	棉羽绒	羽绒服	469	147	68943	180	84420
G68116	AD	13Q4	MEN	长装	夹克	599	109	65291	110	65890
G69903	AD	13Q4	MEN	棉羽绒	羽绒服	429	118	50622	150	64350
G72203	AD	13Q3	MEN	短装	短裤	999	200	199800	240	239760
G70083	AD	13Q4	MEN	棉羽绒	羽绒服	269	179	48151	260	69940
Z00774	AD	13Q4	WOMEN	长装	夹克	399	140	55860	300	119700
G71330	AD	13Q3	WOMEN	长装	长裤	899	72	64728	180	161820
D86057	AD	14Q1	WOMEN	长装	长裤	469	180	84420	240	112560
G89395	AD	13Q4	WOMEN	长装	夹克	369	200	73800	260	95940
G72009	AD	13Q4	WOMEN	长装	长T	399	67	26733	300	119700

图 3-72　显示数据透视表某个项目的明细数据

3.10.3　禁止显示数据源的明细数据

用户如果不希望显示数据源的任何明细数据，可以在【数据透视表选项】对话框的【数据】选项卡中取消对【启用显示明细数据】复选框的勾选。

【启用显示明细数据】命令被关闭后，当双击数据透视表以期获得任何明细数据时则会出现错误提示，如图 3-70 所示。

第 4 章　刷新数据透视表

用户创建数据透视表后，经常会遇到数据源发生变化的情况，如修改、删除和增加等，数据透视表在默认情况下并不会同步更新，此时原有的数据透视表已经不能如实地反映原始数据了。为解决这一问题，本章将介绍当数据源发生改变时，如何对数据透视表进行数据刷新，从而获得最新的数据信息。

本章学习要点

（1）手动或自动刷新数据透视表。
（2）刷新多张数据透视表。
（3）共享数据透视表缓存。

4.1　手动刷新数据透视表

当数据透视表的数据源发生变化时，用户可以选择手动刷新数据透视表，使数据透视表中的数据同步进行更新。手动刷新数据透视表有三种方法，具体操作步骤如下。

示例4-1　手动刷新数据透视表

方法 1：选中数据透视表中的任意一个单元格（如B3）并右击鼠标，在弹出的快捷菜单中选择【刷新】命令，如图 4-1 所示。

图 4-1　手动刷新数据透视表方法 1

方法 2：选中数据透视表中的任意一个单元格（如B3），在【数据透视表分析】选项卡中单击【刷新】按钮，如图 4-2 所示。

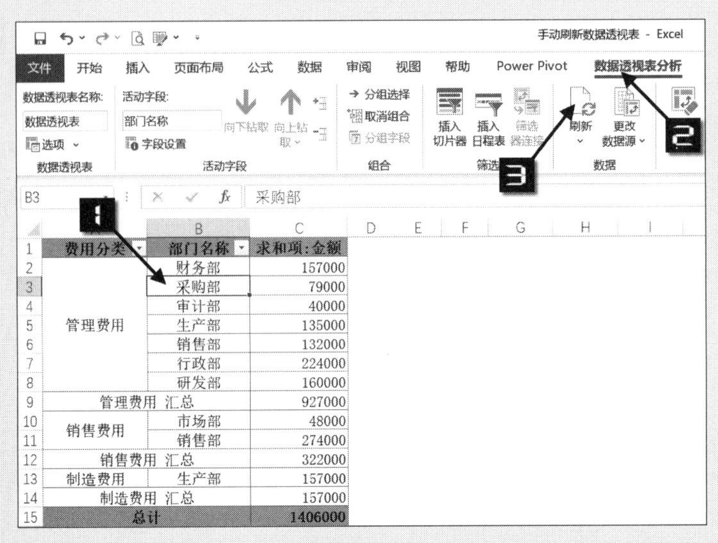

费用分类	部门名称	求和项:金额
管理费用	财务部	157000
	采购部	79000
	审计部	40000
	生产部	135000
	销售部	132000
	行政部	224000
	研发部	160000
管理费用 汇总		927000
销售费用	市场部	48000
	销售部	274000
销售费用 汇总		322000
制造费用	生产部	157000
制造费用 汇总		157000
总计		1406000

图 4-2　手动刷新数据透视表方法 2

方法3：选中数据透视表中的任意一个单元格（如B3），按<Alt+F5>组合键也可刷新数据透视表。

4.2　打开文件时自动刷新

用户还可以将数据透视表设置为自动刷新，当工作簿文件被打开时，就执行刷新操作，具体操作步骤如下。

示例4-2　打开文件时自动刷新

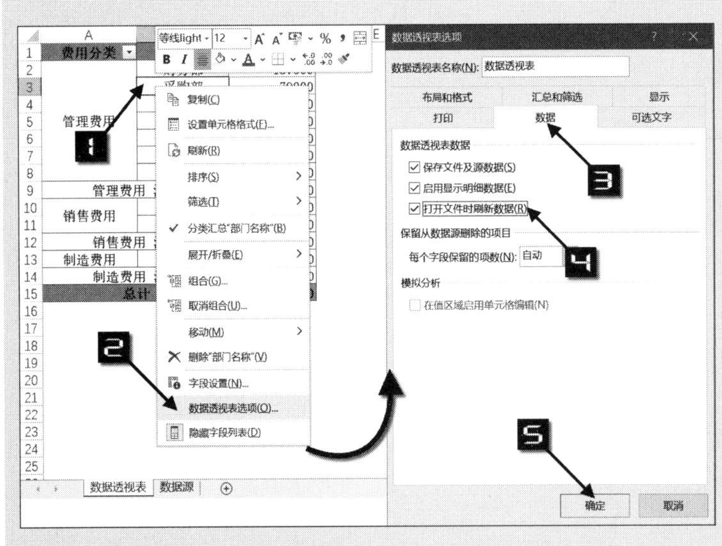

图 4-3　设置数据透视表打开时自动刷新

步骤① 选中数据透视表中的任意一个单元格（如B3）并右击鼠标，在弹出的快捷菜单中选择【数据透视表选项】命令。

步骤② 在弹出的【数据透视表选项】对话框中选择【数据】选项卡，勾选【打开文件时刷新数据】复选框，单击【确定】按钮完成设置，如图 4-3 所示。

此后，每当用户打开该数据透视表所在的工作簿时，数据透视表都会自动刷新。

4.3　刷新链接在一起的数据透视表

当数据透视表用作其他数据透视表的数据源时，各透视表间会形成动态链接关系，对其中任何一张数据透视表进行刷新时，都会对链接在一起的数据透视表进行刷新。

4.4　刷新引用外部数据源的数据透视表

如果数据透视表的数据源是基于对外部数据的查询，Excel 会在用户工作时在后台进行数据刷新。

示例4-3　刷新引用外部数据源的数据透视表

刷新引用外部数据源的数据透视表可以使用如下两种方法。

方法 1：

步骤① 选中数据透视表中的任意一个单元格（如B3），在【数据】选项卡下单击【属性】按钮，弹出【连接属性】对话框。

步骤② 在【连接属性】对话框中单击【使用状况】选项卡，勾选【允许后台刷新】复选框，单击【确定】按钮关闭【连接属性】对话框完成设置，如图 4-4 所示。

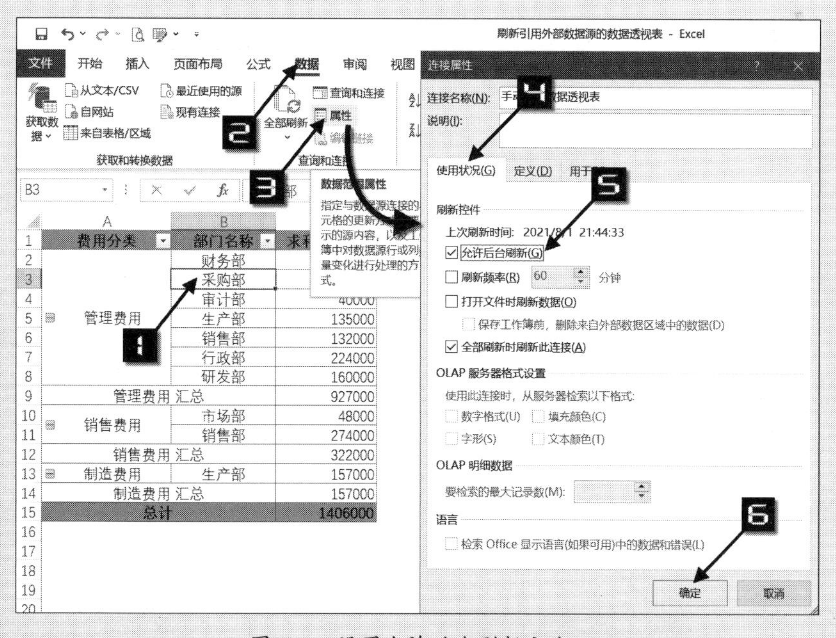

图 4-4　设置允许后台刷新方法 1

方法 2：

步骤① 选中数据透视表中的任意一个单元格（如B3），在【数据透视表分析】选项卡中依次单击【刷新】→【连接属性】命令。

步骤② 在【连接属性】对话框的【使用状况】选项卡中勾选【允许后台刷新】复选框，单击【确定】按钮关闭【连接属性】对话框完成设置，如图 4-5 所示。

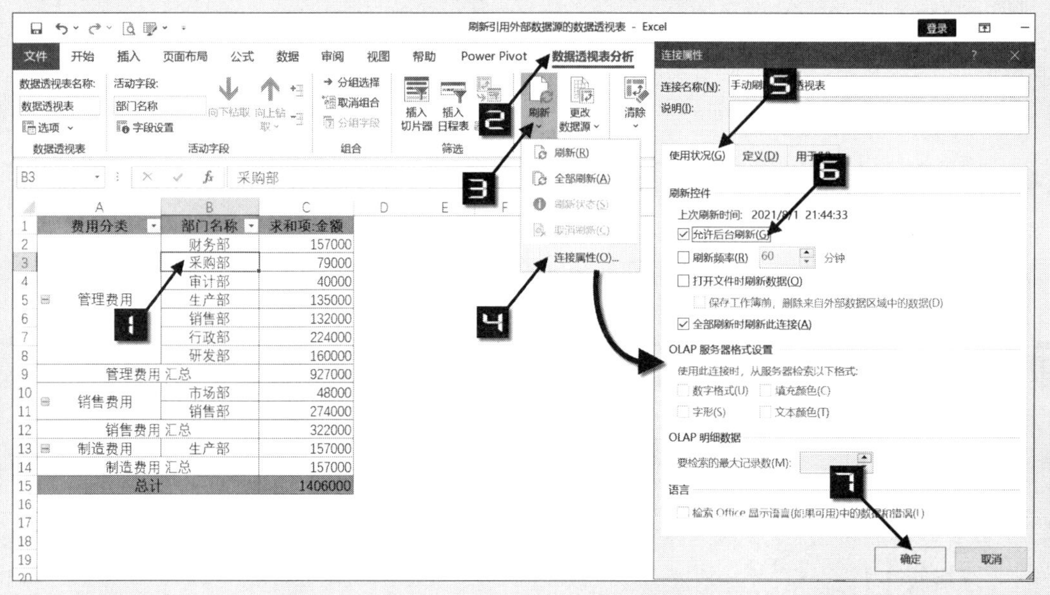

图 4-5 设置允许后台刷新方法 2

4.5 定时刷新

如果数据透视表的数据源来源于外部数据，还可以设置自动刷新频率，以达到固定时间间隔刷新的目的。

在【连接属性】对话框【使用状况】选项卡下的【刷新控件】选择区域中勾选【刷新频率】复选框，并在右侧的微调框内设置时间间隔，此时间间隔以分钟为单位，本例中设置的时间间隔为 30 分钟，单击【确定】按钮完成设置，如图 4-6 所示。

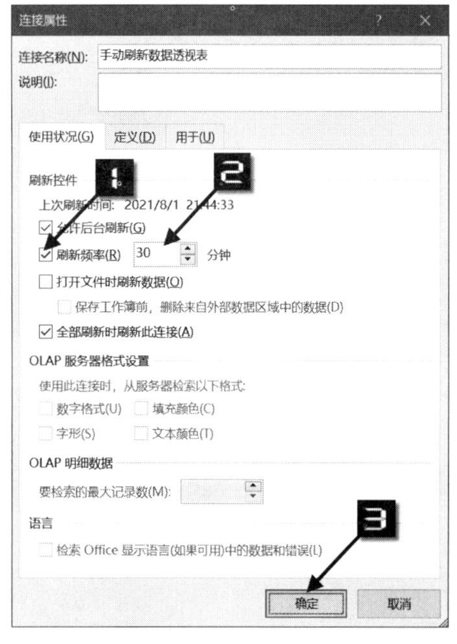

图 4-6 定时刷新

4.6　使用VBA代码设置自动刷新

用户可以使用VBA代码对数据透视表进行设置，让其自动刷新，具体步骤如下。

示例4-4　使用VBA代码刷新数据透视表

步骤① 在数据透视表所在的工作表标签上单击鼠标右键，在弹出的快捷菜单中选择【查看代码】命令进入VBA代码窗口，或者按<Alt+F11>组合键进入VBA代码窗口，如图 4-7 所示。

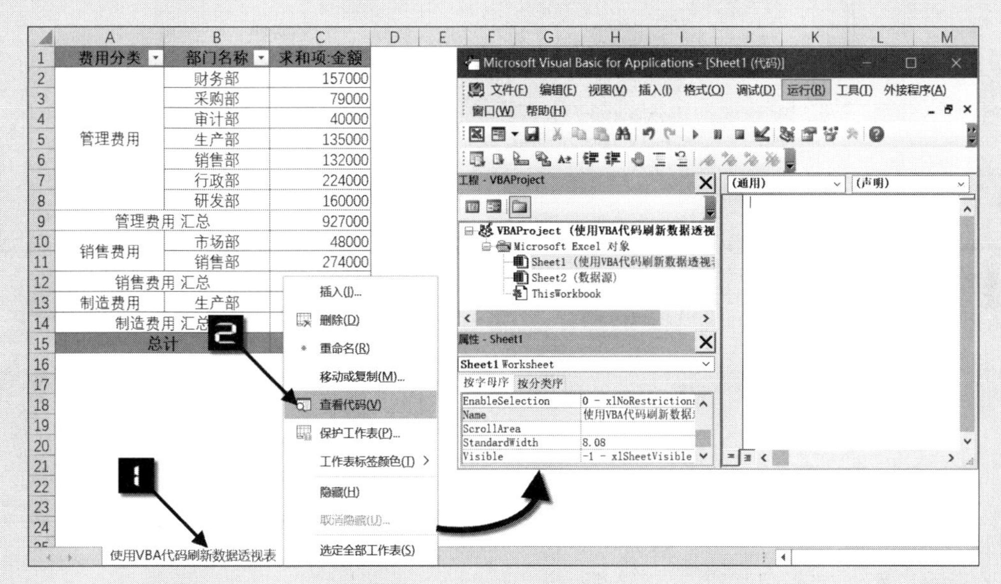

图 4-7　进入 VBA 代码窗口

步骤② 在VBA编辑窗口输入以下代码：

```
#001  Private Sub Worksheet_Activate()'注释：当激活当前代码所在的工作表时，运行下面的程序
#002  ActiveSheet.PivotTables("数据透视表").PivotCache.Refresh'注释：刷新名称为“数据透视表”的数据透视表
#003  End Sub'注释：代码过程结束
```

步骤③ 单击工具栏中的Excel图标切换到工作簿窗口，如图 4-8 所示。将当前工作簿另存为“保存类型”为“Excel 启用宏的工作簿”。

之后，只要激活“数据透视表”所在的工作表，从其他工作表切换回代码所在的工作表时，数据透视表就会自动刷新数据。

> **提示** 在步骤 2 输入 VBA 代码时，("数据透视表")括号中的名称必须根据实际的透视表名称做修改。

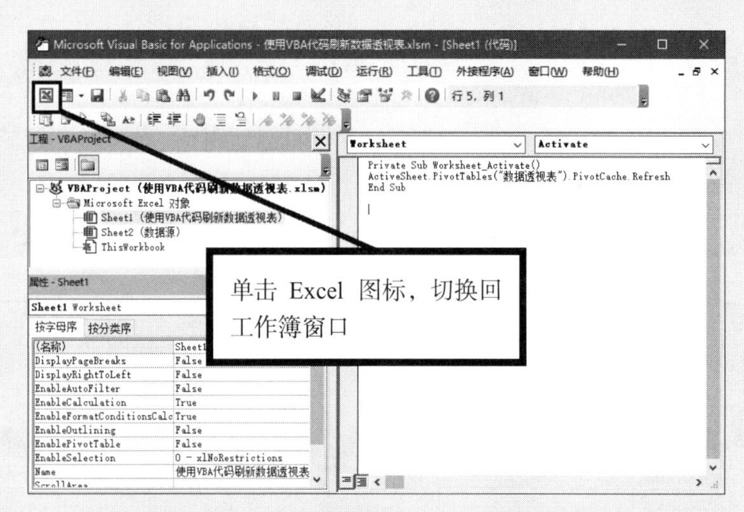

图 4-8　在 VBA 代码窗口输入代码后切换回工作簿窗口

如果用户不知道目标数据透视表的名称，可以通过以下两种方法查看。

方法 1：选中数据透视表中的任意一个单元格（如 B3），通过【数据透视表分析】选项卡中的【数据透视表名称：数据透视表】查看，如图 4-9 所示。

方法 2：在【数据透视表选项】对话框中也可以查看数据透视表的名称，如图 4-10 所示。

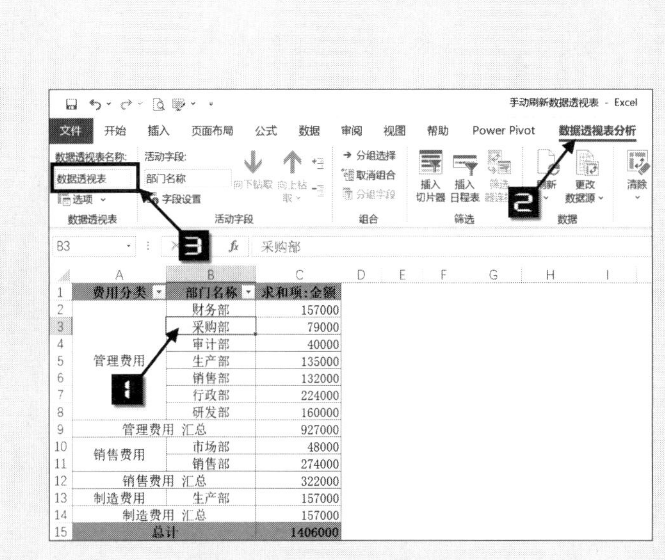

图 4-9　数据透视表名称查看方法 1

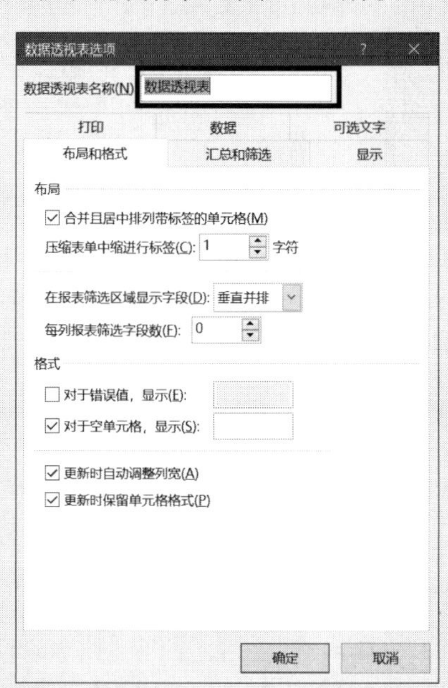

图 4-10　数据透视表名称查看方法 2

根据本书前言的提示，可观看“使用VBA代码刷新数据透视表”的视频讲解。

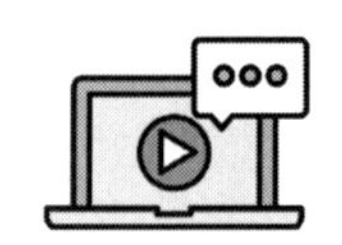

4.7 全部刷新数据透视表

如果要刷新的工作簿中包含多张数据透视表，可以通过以下方法实现批量全部刷新数据透视表。

方法 1：选中任意一张数据透视表的任意一个单元格（如 B3），在【数据透视表分析】选项卡中依次单击【刷新】→【全部刷新】命令，如图 4-11 所示。

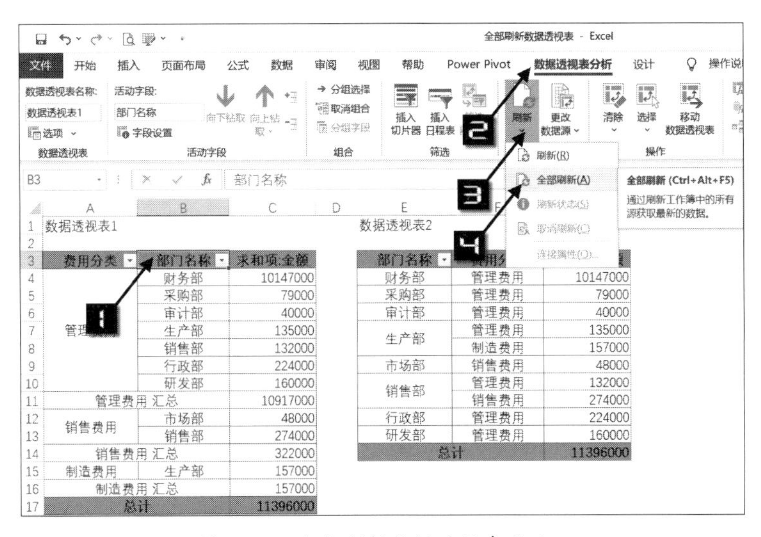

图 4-11 全部刷新数据透视表方法 1

方法 2：直接在【数据】选项卡中单击【全部刷新】按钮，如图 4-12 所示。

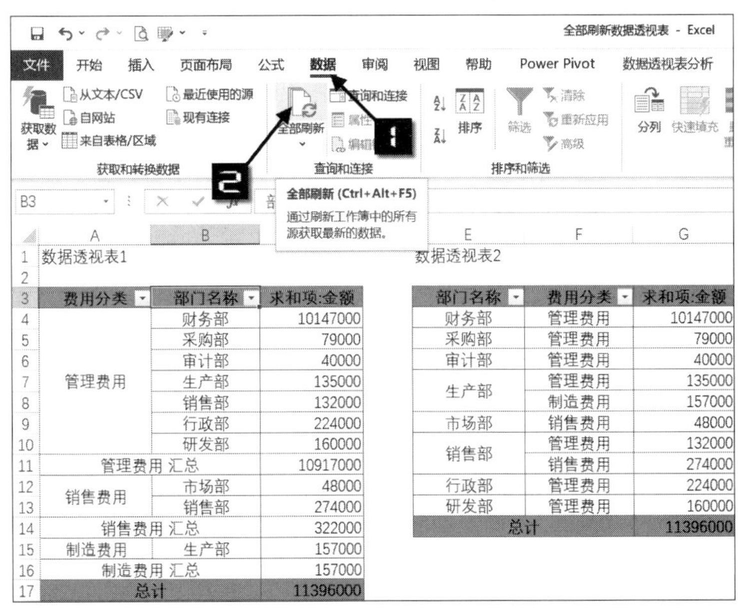

图 4-12 全部刷新数据透视表方法 2

此外，在当前工作簿任意位置按 <Ctrl+Alt+F5> 组合键也可全部刷新数据透视表。

注意

【数据透视表分析】选项卡的【全部刷新】按钮的刷新对象是数据透视表，只能对数据透视表进行刷新。而【数据】选项卡中的【全部刷新】按钮的刷新对象既可以是数据透视表，也可以是链接，既可以刷新数据透视表，也可以刷新由外部数据链接生成的表。

4.8 共享数据透视表缓存

数据透视表缓存是数据透视表的内存缓冲区，每个数据透视表在后台都有一个内存缓冲区，一个内存缓冲区支持多个数据透视表共享。

Excel 基于同一个数据源创建的多个数据透视表，默认情况下都是共享缓存的，共享缓存有如下特点。

- 减少工作簿大小。
- 同步刷新数据，刷新某一个数据透视表后，其他数据透视表都将被刷新。
- 在某一个数据透视表中添加了计算字段或计算项，在其他数据透视表中也会出现相应的字段或项。
- 在某一数据透视表中进行的组合或取消组合操作，其他数据透视表中的该字段也将被组合或取消组合。

基于以上特点，用户有时候并不希望所有的数据透表进行同步操作，或者并不希望所有的透视表都应用计算字段或计算项，再或者并不希望所有的数据透视表按同一种方式进行组合，这时就需要取消共享缓存来创建数据透视表。

在 Excel 中，当用户依次按下 <Alt><D><P> 键调用【数据透视表和数据透视图向导--步骤 1（共 3 步）】对话框创建数据透视表时，如果工作簿中已经创建了一个数据透视表，就会弹出【Microsoft Excel】提示对话框，单击【是】按钮可以节省内存并使工作表较小，即共享了数据透视表缓存；单击【否】按钮将使两个数据透视表各自独立，即非共享数据透视表缓存，如图 4-13 所示。

图 4-13　设置数据透视表缓存

如果用户希望取消多个数据透视表中已经共享的缓存，可以参照以下步骤。

示例4-5 取消共享数据透视表缓存

步骤① 激活数据源所在的工作表，选中任意一个有数据的单元格，如（B3），按下 <Ctrl+A> 组合键选定全部数据源数据，再按下 <Ctrl+F3> 组合键，弹出【名称管理器】对话框，单击【新建】

按钮，弹出【新建名称】对话框，输入名称（如“Data”），单击【确定】按钮关闭【新建名称】对话框，再单击【关闭】按钮关闭【名称管理器】对话框，如图 4-14 所示。

步骤② 选中需要取消共享缓存的数据透视表中的任意一个单元格（如F4），在【数据透视表分析】选项卡中单击【更改数据源】按钮，在弹出的【更改数据透视表数据源】对话框中的【选择一个表或区域】下的文本框中输入步骤 1 中定义的名称“Data”，单击【确定】按钮，即可完成取消共享缓存的设置，如图 4-15 所示。

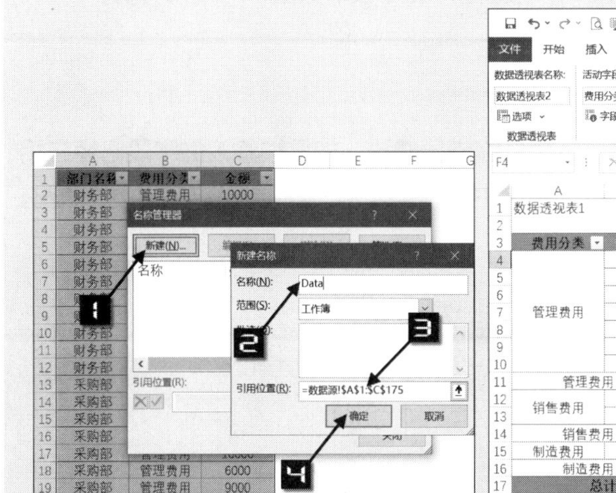

图 4-14 引用数据源区域创建名称

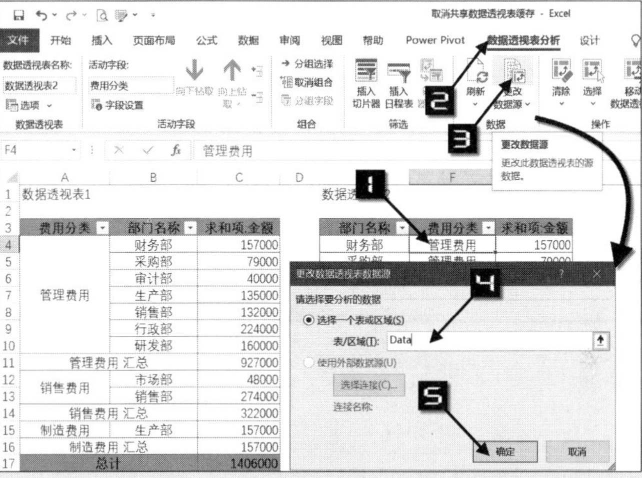

图 4-15 设置取消共享数据透视表缓存

4.9 延迟布局更新

当用户进行数据处理分析时，每一次向数据透视表中添加、删除或移动字段时，数据透视表都会更新一次，实时显示布局情况。如果数据量较大，每次进行更新的时候，用户都需要等待很长时间，会影响下一步的操作效率。此时用户可以使用“延迟布局更新”功能，来延迟数据透视表的更新，待所有字段布局完成后，再一并更新数据透视表。

在数据透视表中右击鼠标，选择【显示字段列表】，打开【数据透视表字段】窗格，勾选【延迟布局更新】复选框，即可启用“延迟布局更新”功能，待所需字段布局完毕后，单击【更新】按钮，即可刷新数据透视表，如图 4-16 所示。

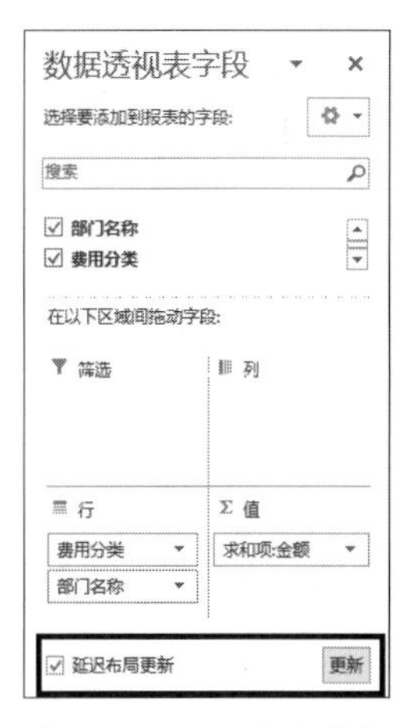

图 4-16 延迟布局更新

注意 数据透视表布局调整完成后，一定要取消选中【延迟布局更新】复选框，否则将无法在数据透视表中使用排序、筛选和组合等其他功能。

4.10 数据透视表的刷新注意事项

4.10.1 海量数据源限制数据透视表的刷新速度

一般情况下针对数据透视表的刷新可以在瞬间完成，但是基于海量数据源创建的数据透视表受计算机性能及内存的限制，刷新速度可能会变慢，数据透视表被刷新时鼠标指针状态会变为○“忙”，同时工作表的状态也会显示数据透视表的刷新状态及完成进度：“正在读取数据”→“更新字段”→“正计算数据透视表”。

4.10.2 数据透视表刷新数据丢失

由于业务需要，用户可能会对数据源中的字段标题名称进行修改，如果被修改的字段已经应用到数据透视表的【筛选】【行】【列】或【值】区域中，刷新数据透视表后，就会出现数据丢失的情况，如图 4-17 所示。

	A	B	C	D	E
1	求和项:金额	费用分类			
2	部门名称	管理费用	销售费用	制造费用	总计
3	财务部	157000			157000
4	采购部	79000			79000
5	审计部	40000			40000
6	生产部	135000		157000	292000
7	市场部		48000		48000
8	销售部	132000	274000		406000
9	行政部	224000			224000
10	研发部	160000			160000
11	总计	927000	322000	157000	1406000

	A	B	C	D	E
1		费用分类			
2	部门名称	管理费用	销售费用	制造费用	总计
3	财务部				
4	采购部				
5	审计部				
6	生产部				
7	市场部				
8	销售部				
9	行政部				
10	研发部				
11	总计				

图 4-17 数据透视表刷新后数据丢失

在本例中，为了使数据标识更加规范，将数据源中的“金额”修改为“费用金额”后，导致刷新数据透视表后【值】区域中的数据丢失了，此时需要用户将更改名称后的字段重新添加到【值】区域中，即可恢复数据，具体方法如下。

示例4-6 恢复刷新数据透视表后丢失的数据

选中数据透视表中的任意一个单元格（如B3），在【数据透视表字段】列表中勾选“费用金额”字段的复选框；或选择“费用金额”字段，按住鼠标左键不放，将其拖曳到【值】区域后松开鼠标，即可恢复数据，如图 4-18 所示。

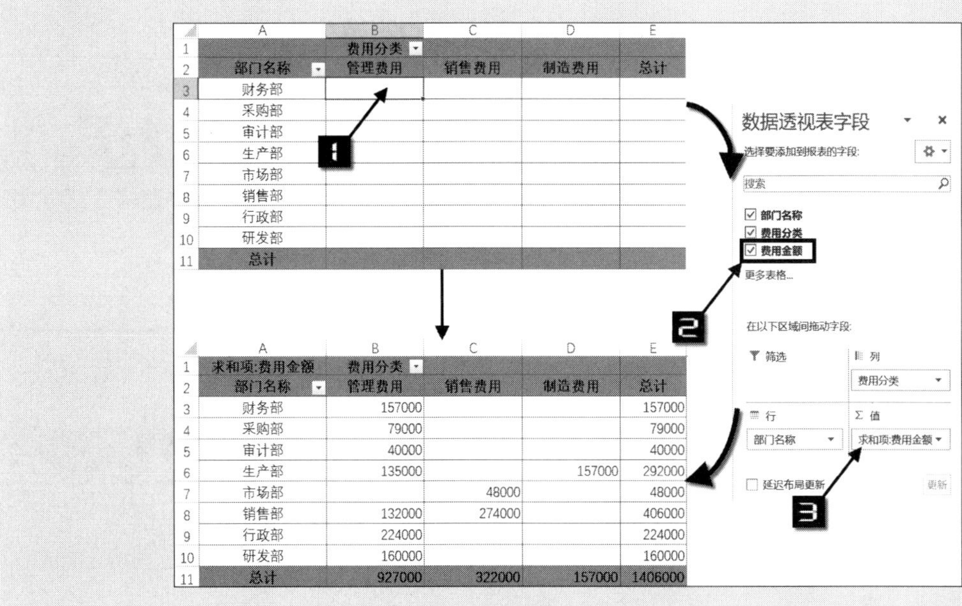

	A	B	C	D	E
1		费用分类			
2	部门名称	管理费用	销售费用	制造费用	总计
3	财务部				
4	采购部				
5	审计部				
6	生产部				
7	市场部				
8	销售部				
9	行政部				
10	研发部				
11	总计				

	A	B	C	D	E
1	求和项:费用金额	费用分类			
2	部门名称	管理费用	销售费用	制造费用	总计
3	财务部	157000			157000
4	采购部	79000			79000
5	审计部	40000			40000
6	生产部	135000		157000	292000
7	市场部		48000		48000
8	销售部	132000	274000		406000
9	行政部	224000			224000
10	研发部	160000			160000
11	总计	927000	322000	157000	1406000

图 4-18 恢复丢失的数据

第 5 章　数据透视表的格式设置

数据透视表不仅是有效的数据分析工具，也是完美的数据呈报形式。当需要将数据透视表作为报表呈现时，用户往往希望将数据透视表装扮得更整洁规范，或者更具有可读性。本章将介绍如何对数据透视表进行各种格式设置和美化，以帮助用户达到目标。

本章学习要点

（1）数据透视表的内置样式与自定义样式。

（2）数据透视表刷新后如何保持列宽。

（3）修改数据透视表中的数据格式。

（4）突出显示数据透视表的特定数据。

（5）数据透视表中的错误值、空白值处理。

（6）对数据透视表应用“数据条”“图标集”和“色阶”等条件格式。

5.1　设置数据透视表的格式

通常，用户在创建一张数据表后，可以对其进行一些常规设置，比如字体、单元格背景颜色和边框等各种各样的单元格格式设置。除此之外，对于数据透视表，Excel还提供了很多专用的格式设置选项供用户使用，下面逐一进行介绍。

5.1.1　自动套用数据透视表样式

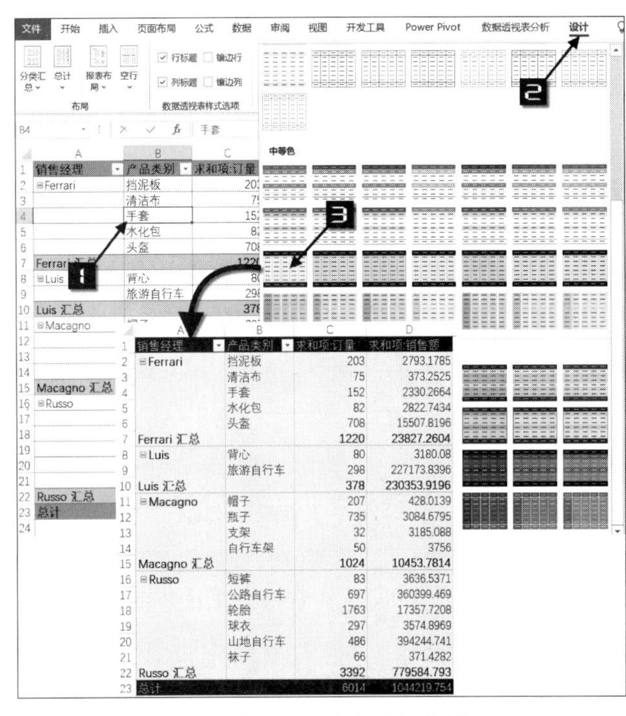

图 5-1　自动套用数据透视表样式

【数据透视表工具】的【设计】选项卡下【数据透视表样式】库中提供了 85 种可供用户套用的表格样式，包括浅色 29 种、中等深浅 28 种和深色 28 种，用户可以根据需要快速调用。

➲ Ⅰ　数据透视表样式

选中数据透视表中的任意一个单元格（如B4），在【数据透视表设计】选项卡中单击【数据透视表样式】下拉按钮，在展开的【数据透视表样式】库中选择任意一款样式（如白色，数据透视表样式中等深浅 15）应用于数据透视表中，如图 5-1 所示。

在【数据透视表样式选项】组中，提供了【行标题】【列标题】【镶边行】和【镶边列】4 种复选项。

（1）【行标题】为数据透视表行区域的所有行应用特殊格式。

（2）【列标题】为数据透视表列区域的所有列应用特殊格式。

（3）【镶边行】为数据透视表的奇数行和偶数行分别设置不同的格式，这种方式使得数据透视表更具有可读性。

（4）【镶边列】为数据透视表的奇数列和偶数列分别设置不同的格式，这种方式使得数据透视表更具有可读性。镶边行和镶边列的样式变换如图 5-2 所示。

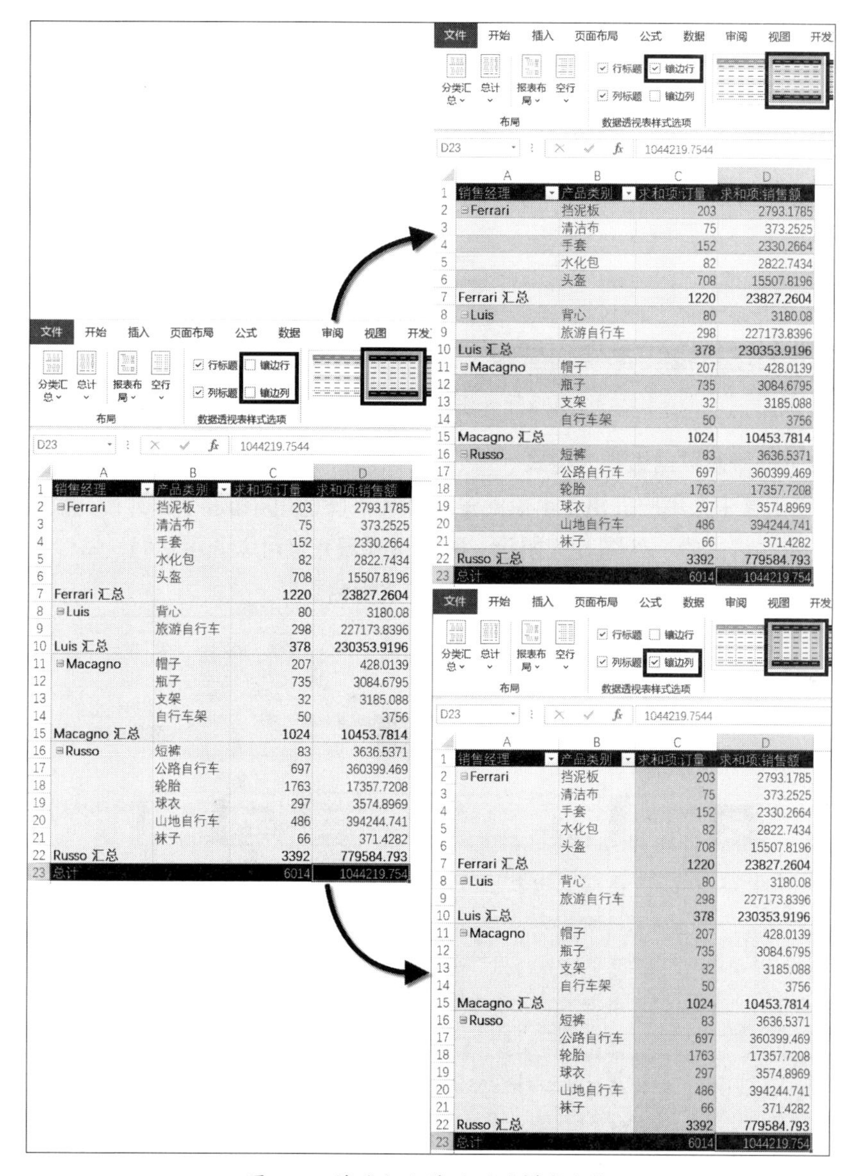

图 5-2　镶边行和镶边列的样式变换

此外，当选中数据透视表中的任意一个单元格（如B5），在【开始】选项卡中单击【套用表格格式】下拉按钮后，在展开的【表格样式】库中也可以选择任意一款样式应用于数据透视表中，如图5-3 所示。

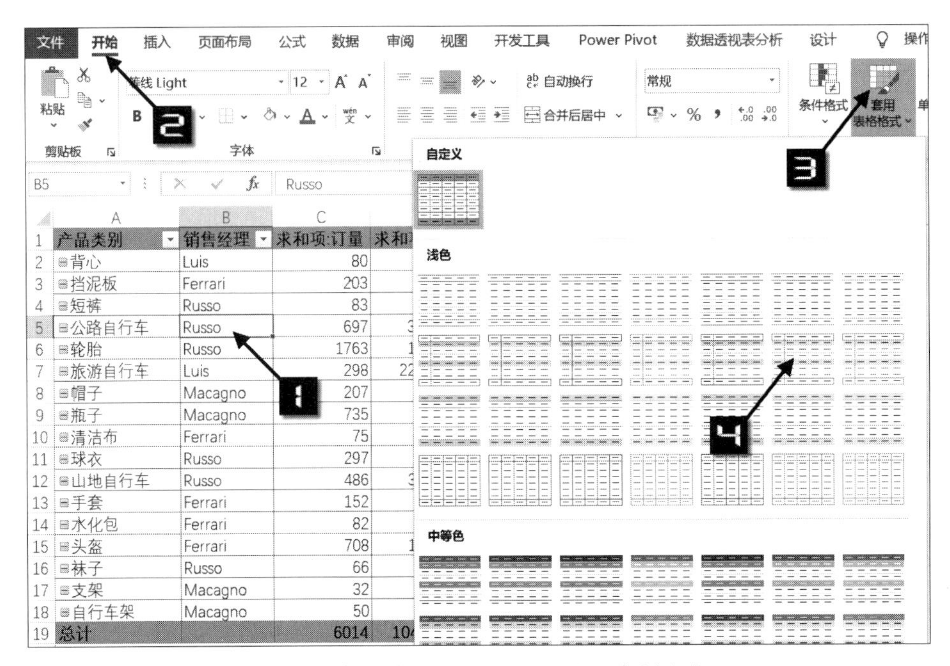

图 5-3 表格样式库转变为数据透视表样式库

➲ II 利用文档主题修改数据透视表样式

Excel的文档主题中为用户提供了丰富的主题样式，在【页面布局】选项卡中单击【主题】按钮，即可看到内置的主题样式库，如图 5-4 所示，数据透视表完全可以调用它们，每个主题又可以通过调整【颜色】【字体】和【效果】产生新的文档主题样式组合。

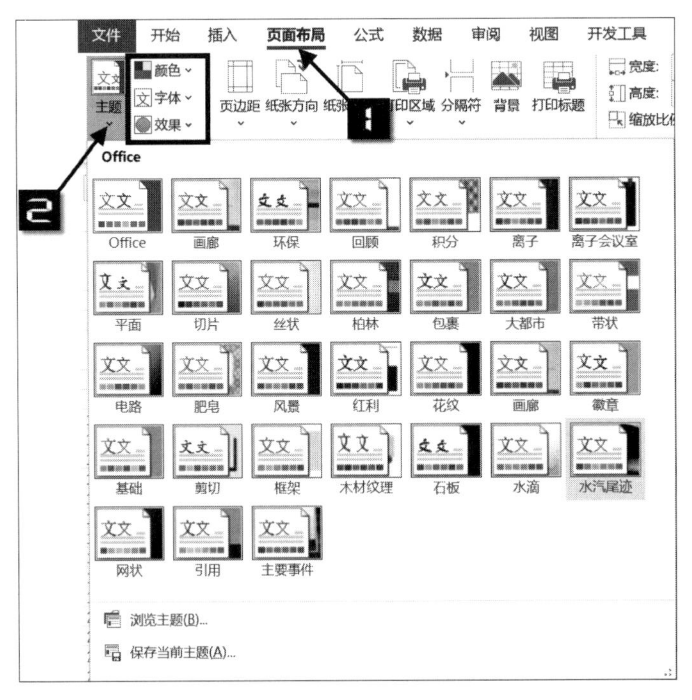

图 5-4 Excel 内置的文档主题库

激活数据透视表所在的工作表，在【页面布局】选项卡的【主题】下拉列表中选择任意一个主题（如【环保】），整个数据透视表的字体、填充色，甚至行号、列标都发生了变化，如图 5-5 所示。

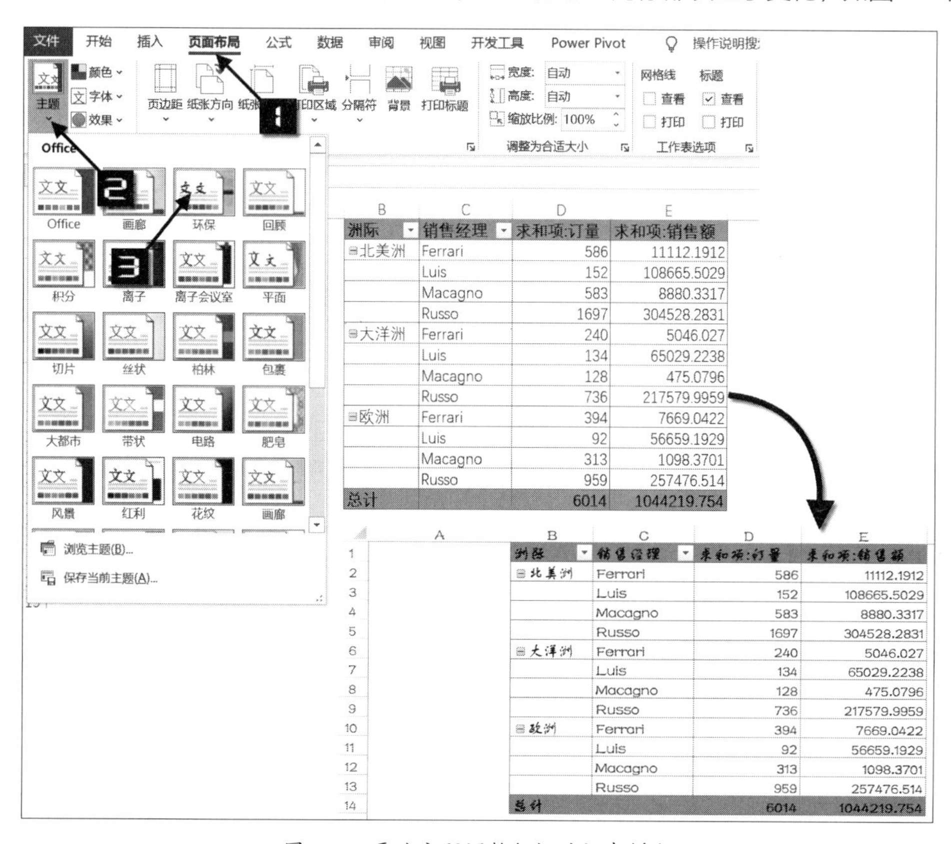

图 5-5 更改主题调整数据透视表样式

改变一个工作表的主题会使整个工作簿的主题都发生改变，数据透视表样式也不例外。

5.1.2 自定义数据透视表样式

虽然 Excel 提供了以上诸多默认样式，但是为满足更多个性化的需求，用户可以通过【新建数据透视表样式】对数据透视表格式进行自定义设置，一旦保存后便存放于【数据透视表样式】库中自定义的数据透视表样式中，可以随时调用。

【数据透视表样式】库中的 85 种预设样式均不能【修改】和【删除】，但可以通过【复制】自定义新的【数据透视表样式】。这是自定义【数据透视表样式】更便捷有效的途径。

示例5-1 自定义数据透视表样式

图 5-6 所示的数据透视表应用了默认的【冰蓝，数据透视表样式浅色 16】样式。

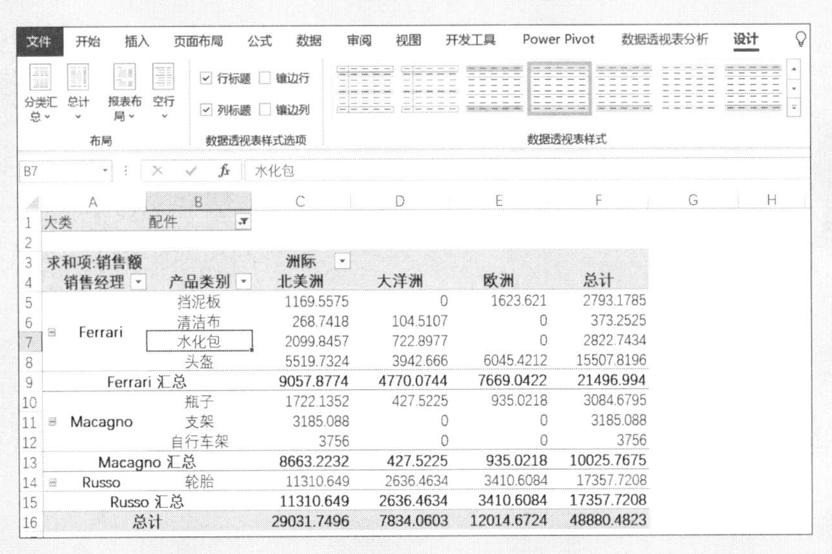

大类	配件				
求和项:销售额		洲际			
销售经理	产品类别	北美洲	大洋洲	欧洲	总计
Ferrari	挡泥板	1169.5575	0	1623.621	2793.1785
	清洁布	268.7418	104.5107	0	373.2525
	水化包	2099.8457	722.8977	0	2822.7434
	头盔	5519.7324	3942.666	6045.4212	15507.8196
Ferrari 汇总		9057.8774	4770.0744	7669.0422	21496.994
Macagno	瓶子	1722.1352	427.5225	935.0218	3084.6795
	支架	3185.088	0	0	3185.088
	自行车架	3756	0	0	3756
Macagno 汇总		8663.2232	427.5225	935.0218	10025.7675
Russo	轮胎	11310.649	2636.4634	3410.6084	17357.7208
Russo 汇总		11310.649	2636.4634	3410.6084	17357.7208
总计		29031.7496	7834.0603	12014.6724	48880.4823

图 5-6 应用默认样式的数据透视表

如果用户希望在这个样式的基础上为报表添加全部框线，汇总行填充颜色，以更清晰地显示数据，需要在预设的样式基础上修改并自定义自己的数据透视表样式。

步骤① 选中数据透视表中的任意一个单元格(如B1)，单击【设计】选项卡，在【数据透视表样式】库中已经应用的【冰蓝，数据透视表样式浅色 16】样式上单击鼠标右键，在弹出的快捷菜单中选择【复制】命令，进入【修改数据透视表样式】对话框，如图 5-7 所示。

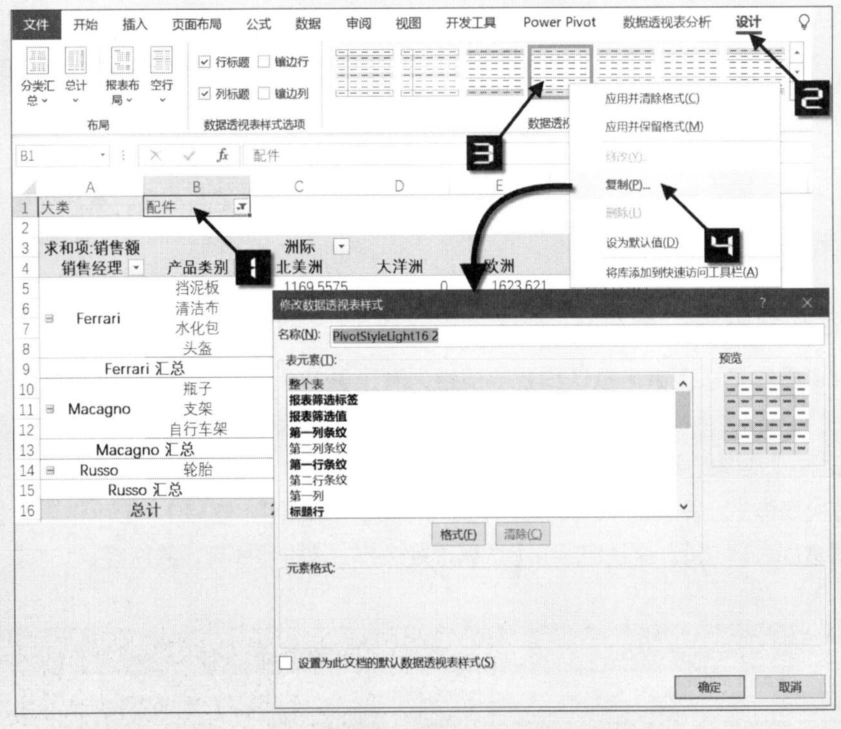

图 5-7 弹出【修改数据透视表样式】对话框

步骤② 在【名称】文本框中修改名称为“冰蓝浅色”。在【表元素】列表框中选择【整个表】，单击【格式】按钮，在弹出的【设置单元格格式】对话框中选择【边框】选项卡，单击【颜色】下方的下拉按钮，选择一个主题色“蓝色，个性色 1”，在右侧的【预置】选项按钮中依次单击【外边框】和【内部】按钮，单击【确定】按钮返回【修改数据透视表样式】对话框，如图 5-8 所示。

步骤③ 在【表元素】列表框中分别选择【报表筛选值】【第一列条纹】【第一行条纹】【分列汇总行 2】【行副标题 1】【行副标题 2】，单击【清除】按钮，清除原设置格式，如图 5-9 所示。

图 5-8　为整个表设置边框线

图 5-9　清除部分表元素的格式

步骤④ 在【表元素】列表框中选择【分类汇总行 1】，单击【格式】按钮，在弹出的【设置单元格格式】对话框中选择【边框】选项卡，单击右下方的【清除】按钮，清除原“边框”格式设置。再选择【填充】选项卡，选择主题色“蓝色，个性色 1，淡色 80%”，单击【确定】按钮回到【修改数据透视表样式】对话框，单击【确定】按钮，如图 5-10 所示。

图 5-10　为汇总行设置填充底纹

步骤⑤ 展开【数据透视表样式】库，可以看到在【自定义】组中已经出现了用户自定义的数据透视表样式“冰蓝浅色”，单击此样式，数据透视表就会应用这个自定义的样式，如图 5-11 所示。

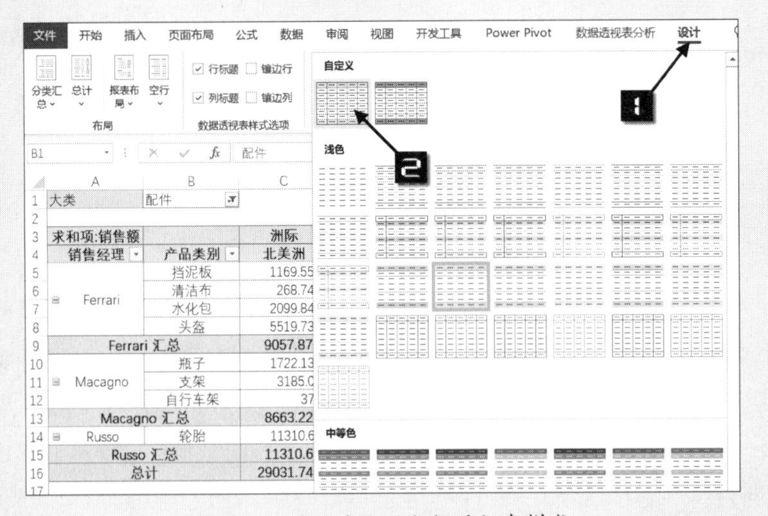

图 5-11　应用自定义数据透视表样式

5.1.3 自定义数据透视表样式的复制

自定义数据透视表样式只对当前工作簿有效，并不能在打开的其他工作簿的【数据透视表样式】库中直接使用。如果用户希望在其他工作簿应用设计好的自定义数据透视表样式，可以【移动或复制】应用了自定义数据透视表样式的工作表，自定义数据透视表样式会与工作表一并复制，具体操作步骤如下。

示例5-2 自定义数据透视表样式的复制

在“自定义数据透视表样式.xlsx”工作簿中，数据透视表已经应用了自定义数据透视表样式“冰蓝浅色”，现在需要将这个自定义样式复制到“自定义数据透视表样式的复制.xlsx”工作簿中进行应用，操作步骤如下。

步骤① 在“自定义数据透视表样式.xlsx”工作簿中，右击“透视表”工作表，选择【移动或复制】命令，在弹出的【移动或复制工作表】对话框中，单击【将选定工作表移至】下拉按钮，选择“自定义数据透视表样式的复制.xlsx”工作簿，勾选【建立副本】复选框，单击【确定】按钮，如图 5-12 所示。

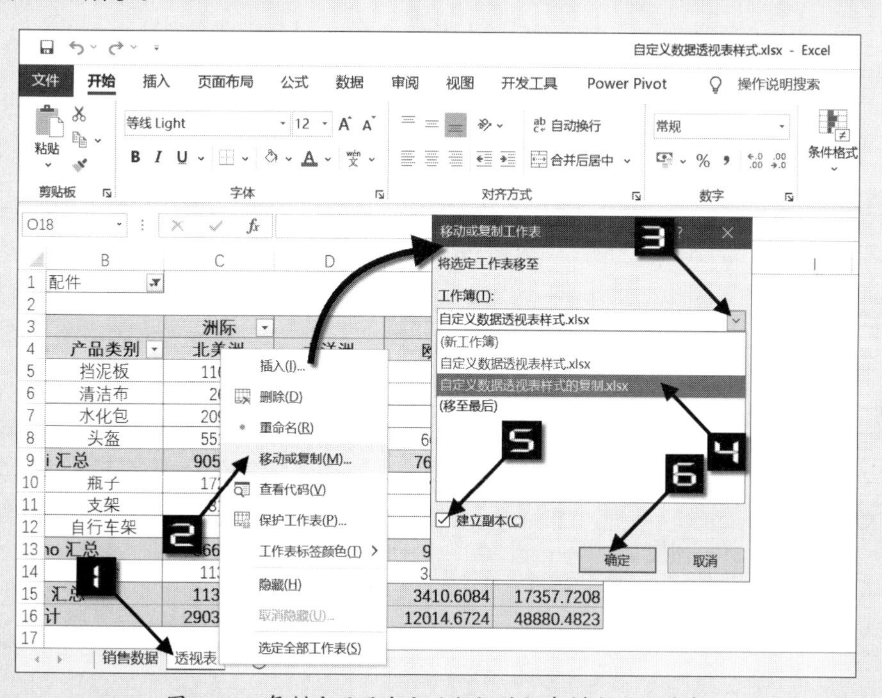

图 5-12 复制应用了自定义数据透视表样式的工作表

步骤② 在“自定义数据透视表样式的复制.xlsx”工作簿中，选中原数据透视表中的任意一个单元格（如A4），在展开的【数据透视表样式】库中已经出现了复制过来的自定义样式“冰蓝浅色”，单击此自定义样式应用即可，如图 5-13 所示。

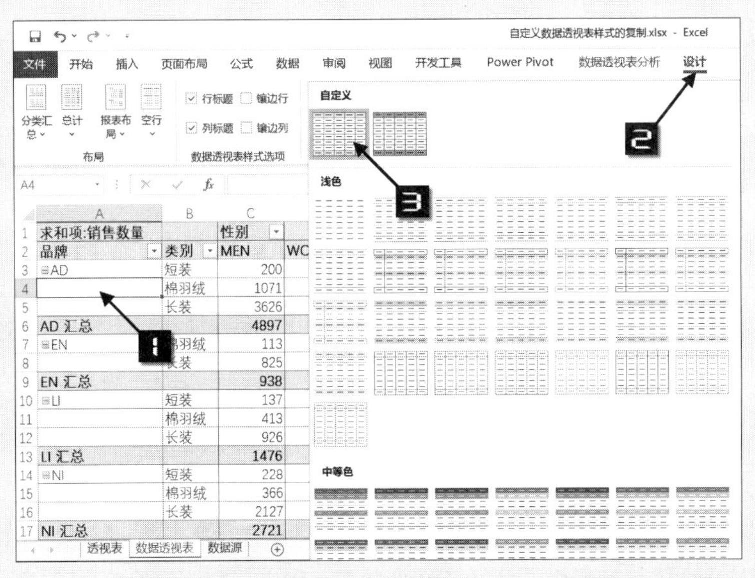

图 5-13　为目标工作簿中的数据透视表应用复制得来的自定义样式

步骤③ 完成上述操作后，用户即可删除复制过来的工作表。

注意

Excel部分早期版本，可以通过跨工作簿复制应用自定义样式的数据透视表，达到复制自定义数据透视表样式的目的。但Excel 365 和Excel 2019 不支持这一操作。

5.1.4　清除数据透视表中已经应用的样式

若要清除数据透视表中已经应用的样式，可以选中数据透视表中的任意一个单元格（如A4），在【设计】选项卡中单击【数据透视表样式】下拉按钮，在展开的样式库列表中选择【浅色】样式组中的第一种样式“无”，或者选择最下方的【清除】命令，如图 5-14 所示。

此外，在【数据透视表样式】库中的自定义样式上单击鼠标右键，选择【删除】命令，在弹出的“是否删除样式某某”询问对话框中单击【确定】按钮，即可删除自定义的数据透视表样式，如图 5-15 所示。

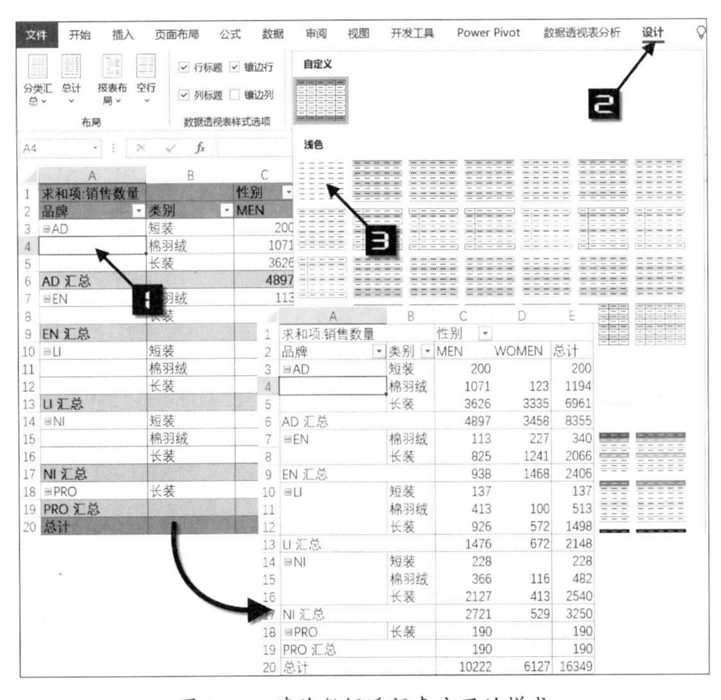

图 5-14　清除数据透视表应用的样式

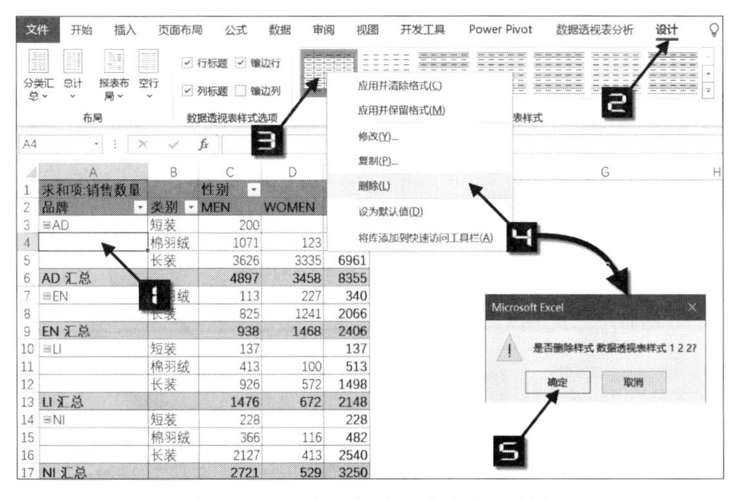

图 5-15　删除数据透视表自定义样式

注意

当工作簿中存在任何工作表保护时，自定义数据透视表样式都无法【修改】和【删除】。

5.1.5　数据透视表刷新后如何保持调整好的列宽

使用数据透视表的用户经常碰到这样的现象，对数据透视表设置好的列宽，刷新数据后又变回“最适合宽度”，无法保持刷新前设置好的列宽。

示例5-3　解决数据透视表刷新后无法保持设置的列宽问题

默认情况下，数据透视表刷新数据后，部分列宽会自动调整，刷新前用户设置的固定宽度可能失效。此时，可通过修改【数据透视表选项】来解决此问题，具体操作步骤如下。

步骤1　在数据透视表的任意单元格上（如A3）单击鼠标右键，在弹出的快捷菜单中选择【数据透视表选项】命令，在弹出的【数据透视表选项】对话框中选择【布局和格式】选项卡，取消勾选【更新时自动调整列宽】复选框，单击【确定】按钮，如图 5-16 所示。

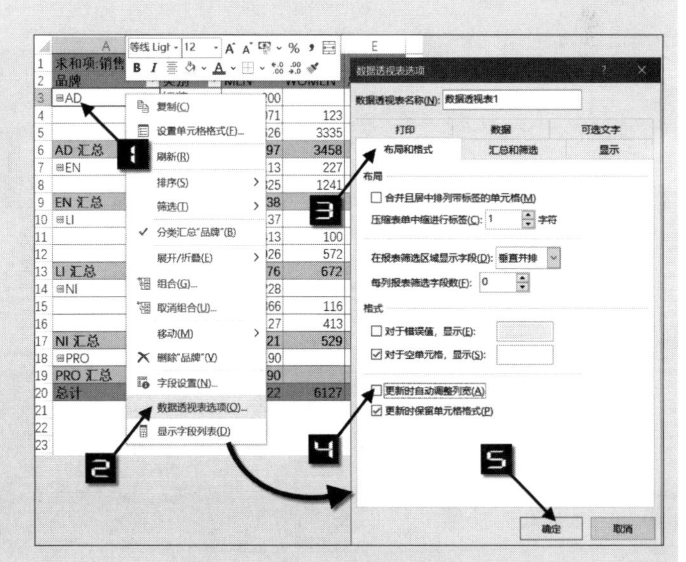

图 5-16　设置刷新后保持列宽

步骤2　完成设置后，再次对数据透视表调整列宽，刷新数据透视表，依然会保持设置好的固定列宽。

5.1.6 批量设置数据透视表中某类项目的格式

➲ Ⅰ 启用选定内容

借助【启用选定内容】功能，用户可以在数据透视表中为某类项目批量设置格式。开启该功能的方法是：选中数据透视表中的任意一个单元格（如B4），在【数据透视表分析】选项卡中依次单击【选择】→【启用选定内容】命令，如图 5-17 所示。

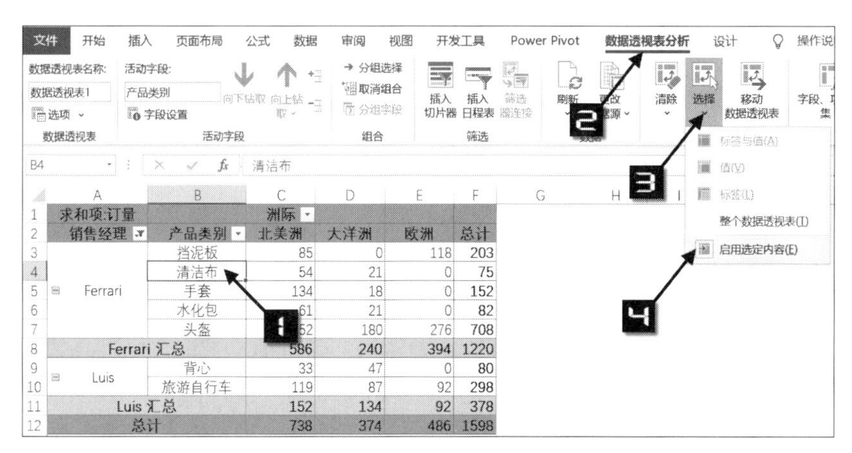

图 5-17 启用选定内容

开启【启用选定内容】后，当鼠标指针移动到数据透视表【列标题】单元格的上侧时，会由✢图标变为⬇图标，此时单击可以选定该标签及其所有项或值。当鼠标指针移动到数据透视表【行标题】单元格的左侧时，会由✢图标变为➡图标，此时单击可以选定该标签及其所有值。当鼠标指针移动到数据透视表【行标题】单元格的上侧时，会由✢图标变为⬇图标，此时单击可以选定该单元格所有同类项，如图 5-18 所示。

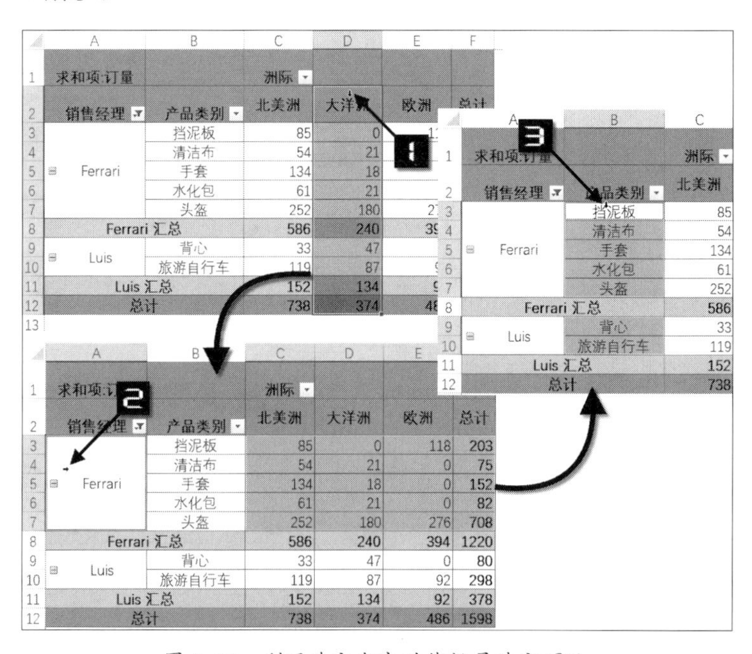

图 5-18 利用选定内容功能批量选定项目

选定的内容具体包括【行标题】【列标题】的【标签】和【值】，可以在选定内容后，在【数据透视表分析】选项卡中依次单击【选择】→【标签与值】【值】或【标签】来决定，如图 5-19 所示。

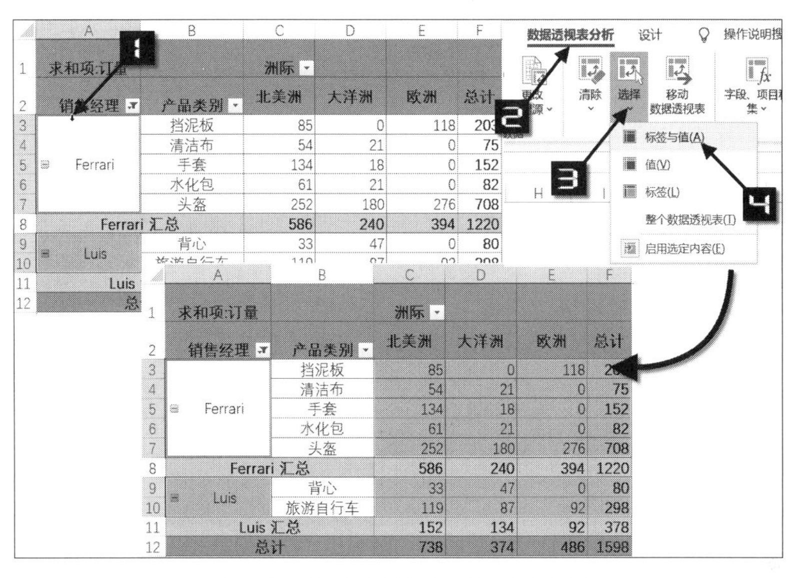

图 5-19　通过选择按钮调整选定内容

➲ II　批量设定数据透视表中某类项目的格式

示例5-4　快速设置汇总行的格式

如图 5-20 所示，数据透视表已经应用了数据透视表样式“天蓝，数据透视表样式浅色 20”，如果希望对汇总行突出显示，具体操作步骤如下。

启用【启用选定内容】功能后，将鼠标指针移动到汇总行所在的单元格（如 A8）左侧，当鼠标指针变为➡图标时单击，所有的汇总行都会被选定，然后单击【开始】选项卡中的【填充颜色】下拉按钮，在展开的【主题颜色】库中选择一种颜色（如“水绿色，个性色 5，淡色 80%”），如图 5-21 所示。

	A	B	C	D	E	F
1	求和项:订量		洲际			
2	销售经理	产品类别	北美洲	大洋洲	欧洲	总计
3	Ferrari	挡泥板	85	0	118	203
4		清洁布	54	21	0	75
5		手套	134	18	0	152
6		水化包	61	21	0	82
7		头盔	252	180	276	708
8	Ferrari 汇总		586	240	394	1220
9	Luis	背心	33	47	0	80
10		旅游自行车	119	87	92	298
11	Luis 汇总		152	134	92	378
12	Macagno	帽子	105	23	79	207
13		瓶子	396	105	234	735
14		支架	32	0	0	32
15		自行车架	50	0	0	50
16	Macagno 汇总		583	128	313	1024
17	Russo	短裤	49	26	8	83
18		公路自行车	278	199	220	697
19		轮胎	1034	282	447	1763
20		球衣	117	89	91	297
21		山地自行车	170	140	176	486
22		袜子	49	0	17	66
23	Russo 汇总		1697	736	959	3392
24	总计		3018	1238	1758	6014

图 5-20　需要快速设定某类项目格式的数据透视表

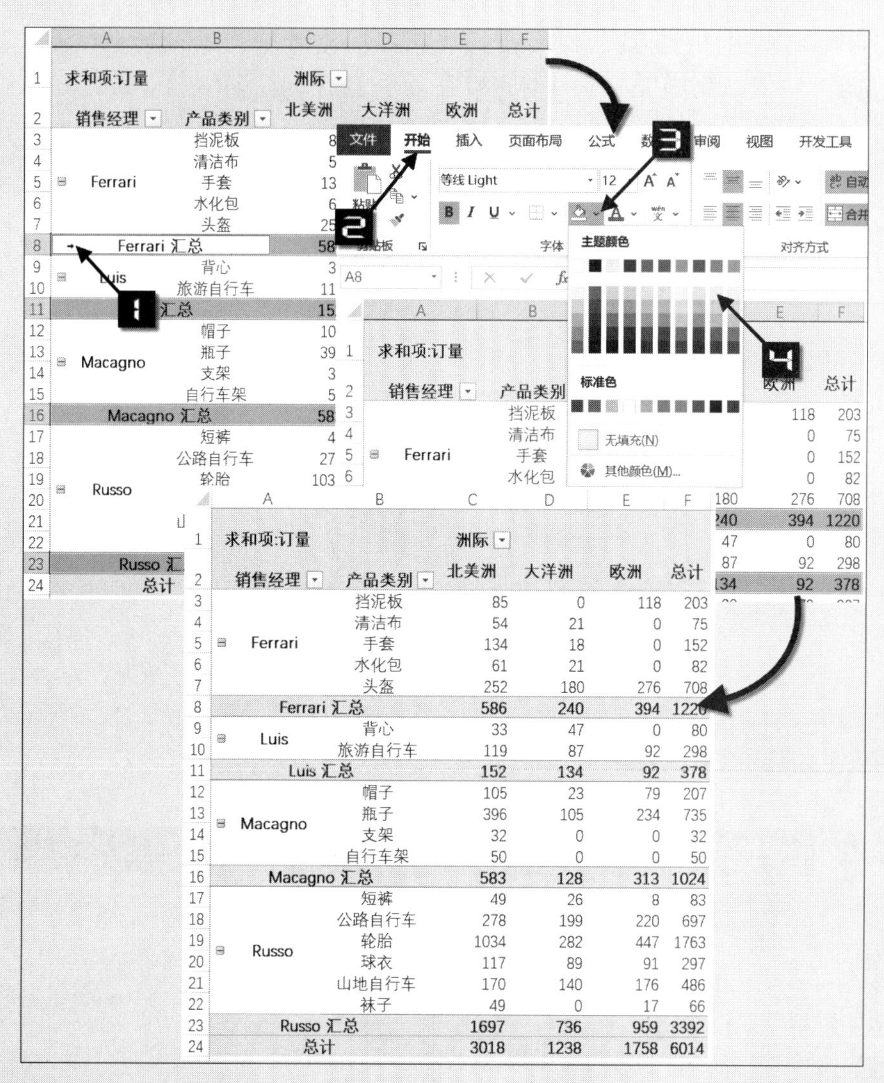

求和项:订量		洲际			
销售经理	产品类别	北美洲	大洋洲	欧洲	总计
Ferrari	挡泥板	85	0	118	203
	清洁布	54	21	0	75
	手套	134	18	0	152
	水化包	61	21	0	82
	头盔	252	180	276	708
Ferrari 汇总		586	240	394	1220
Luis	背心	33	47	0	80
	旅游自行车	119	87	92	298
Luis 汇总		152	134	92	378
Macagno	帽子	105	23	79	207
	瓶子	396	105	234	735
	支架	32	0	0	32
	自行车架	50	0	0	50
Macagno 汇总		583	128	313	1024
Russo	短裤	49	26	8	83
	公路自行车	278	199	220	697
	轮胎	1034	282	447	1763
	球衣	117	89	91	297
	山地自行车	170	140	176	486
	袜子	49	0	17	66
Russo 汇总		1697	736	959	3392
总计		3018	1238	1758	6014

图 5-21　利用选定内容为汇总行设置格式

5.1.7　修改数据透视表数据的数字格式

数据透视表的数据，除了行、列、筛选区域的日期字段外，默认的数字格式都是“常规”，用户可根据需要进行设置。

➲ Ⅰ　为值区域数据添加货币符号

值区域的数据都是统计项的值，Excel 为其设计了专门的【数字格式】设置通道。

示例5-5　为金额添加货币符号

图 5-22 所示的数据透视表中“销售额”字段的求和项，默认【数字格式】为“常规”，现在需要将其整列设置为货币格式，具体操作步骤如下。

步骤① 在数据透视表值区域“求和项：销售额”中的任意一个单元格上（如C2）单击鼠标右键，在弹出的快捷菜单中选择【数字格式】命令，如图 5-23 所示。

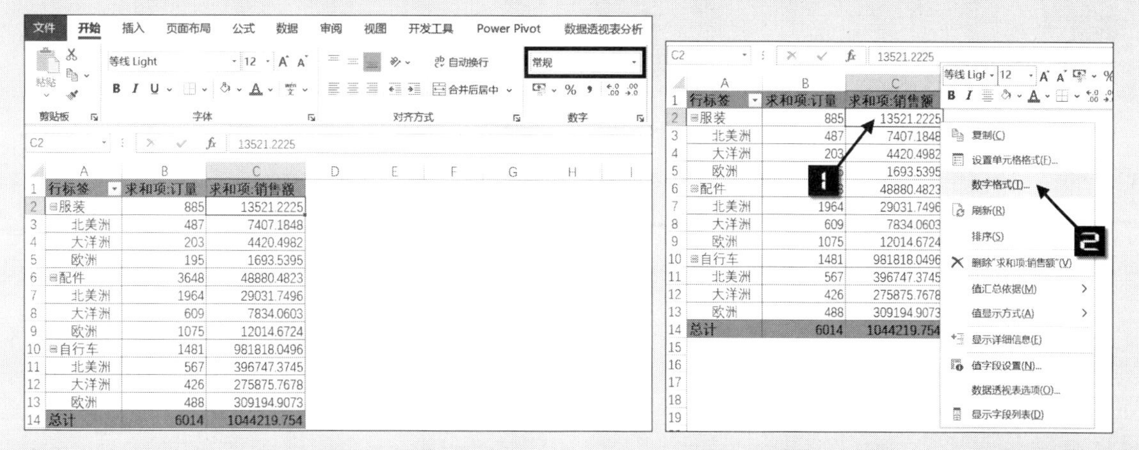

图 5-22　值区域默认为常规型数据　　　图 5-23　为值区域数据设置数字格式

步骤② 在弹出的【设置单元格格式】对话框中的【分类】列表框中选择【货币】选项，设置【小数位数】为“0”、【货币符号】为“¥”，单击【确定】按钮完成设置，如图 5-24 所示。

05章

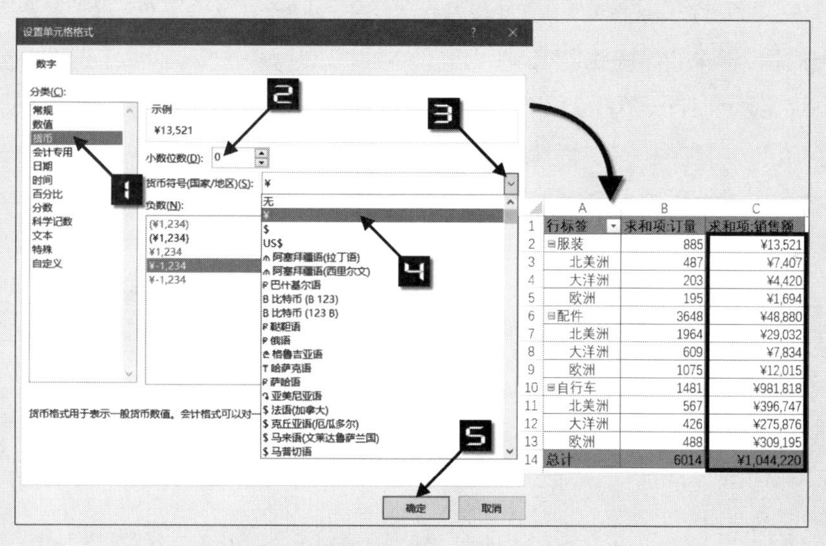

图 5-24　为值区域数据设置货币格式

➲ Ⅱ　为值区域数据设置时间格式

示例5-6　将数值设置为时间格式

图 5-25 所示的某项目巡检原始数据中，“巡检时长”字段已经设置为“时间”格式。但在数据透视表的值区域，该字段所有统计项默认均为“常规”格式，如果希望其仍显示为“时间”格式，具体操作步骤如下。

步骤① 在数据透视表【值区域】的任意一个单元格上（如 C4）单击鼠标右键，在弹出的快捷菜单中选择【数字格式】命令，如图 5-26 所示。

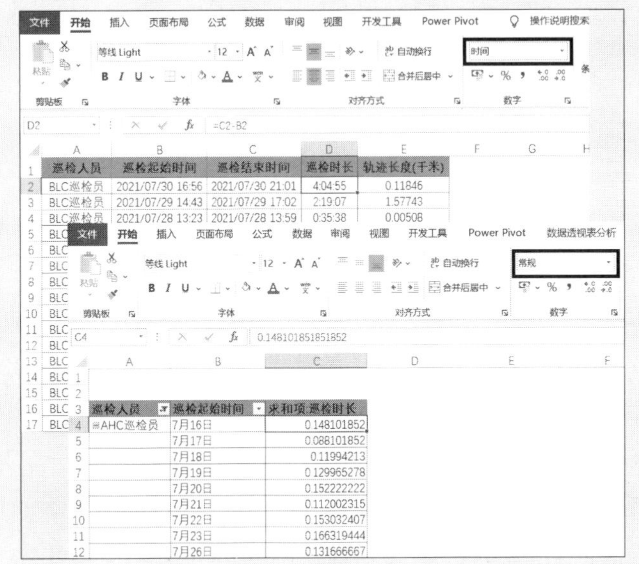

图 5-25　时间数据在值区域默认常规格式

图 5-26　为值区域巡检时长数据设置数字格式

步骤② 在弹出的【设置单元格格式】对话框中的【分类】列表框中选择【时间】选项，在【类型】列表框中选择需要的显示类型（如“13 时 30 分 55 秒”），单击【确定】按钮完成设置，如图 5-27 所示。

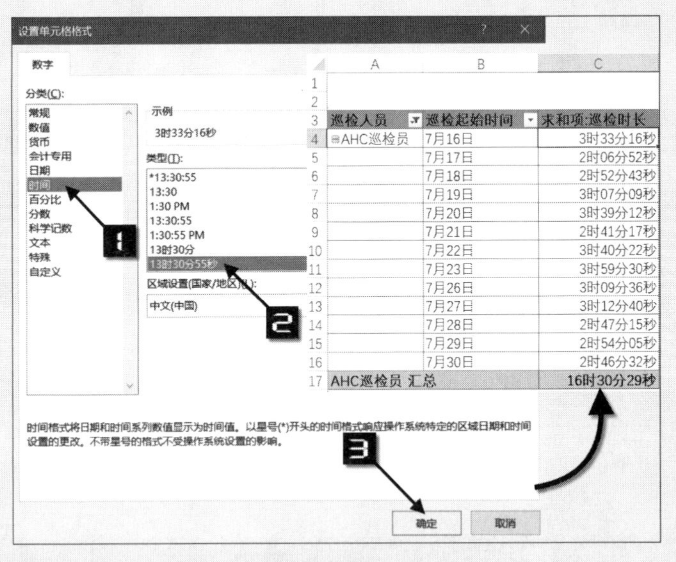

图 5-27　修改值区域数据为时间格式

如果巡检时长超过 24 小时，则需要在步骤 2 中应用【自定义】数字格式，否则会出现统计错误。

在【设置单元格格式】的【分类】列表框中选择【自定义】选项，在【类型】栏输入“[h]时mm分ss秒”，单击【确定】按钮完成设置，如图 5-28 所示。

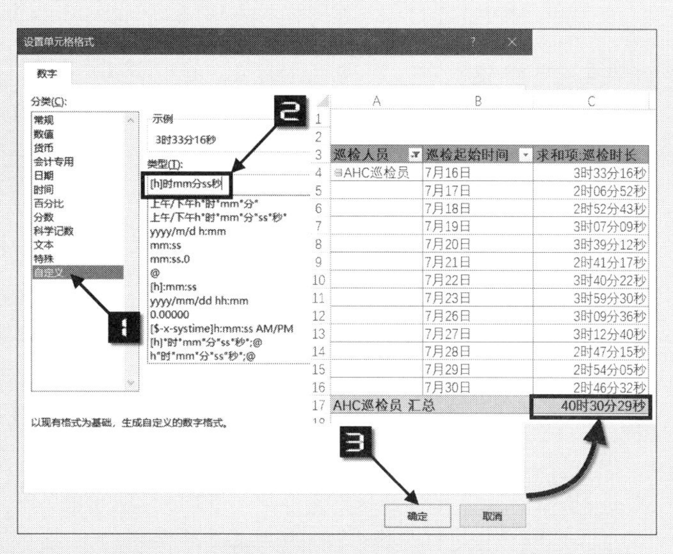

图 5-28 值区域超过 24 小时的时间格式设置

➲ Ⅲ 为行、列区域的数据添加前后缀

示例5-7 为文本和数值添加后缀

图 5-29 展示了某类产品在各月份男、女客户订单量的数据透视表。其中“月数”字段布局在行区域，需要添加后缀“月”。“性别”字段布局在列区域，需要添加后缀“性”，具体操作如下。

步骤① 在数据透视表行区域“月数”字段的任意一个单元格上（如A5）单击鼠标右键，在弹出的快捷菜单中选择【字段设置】命令，在弹出的【字段设置】对话框中单击【数字格式】按钮，如图 5-30 所示。

	A	B	C
1	大类	自行车	
2			
3	求和项:订量	性别	
4	月数	男	女
5	1	65	42
6	2	90	33
7	3	81	104
8	4	130	43
9	5	87	124
10	6	122	130
11	7	40	19
12	8	13	22
13	9	26	16
14	10	65	97
15	11	34	32
16	12	19	47
17	总计	772	709

图 5-29 需要为行列区域数据添加后缀的数据透视表

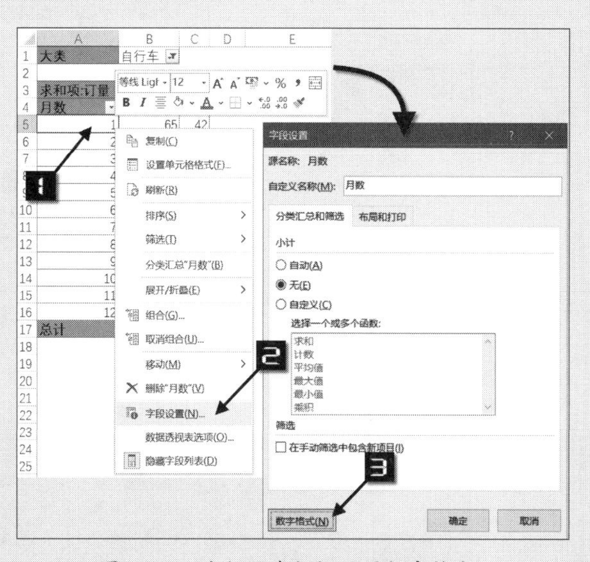

图 5-30 为行区域数据设置数字格式

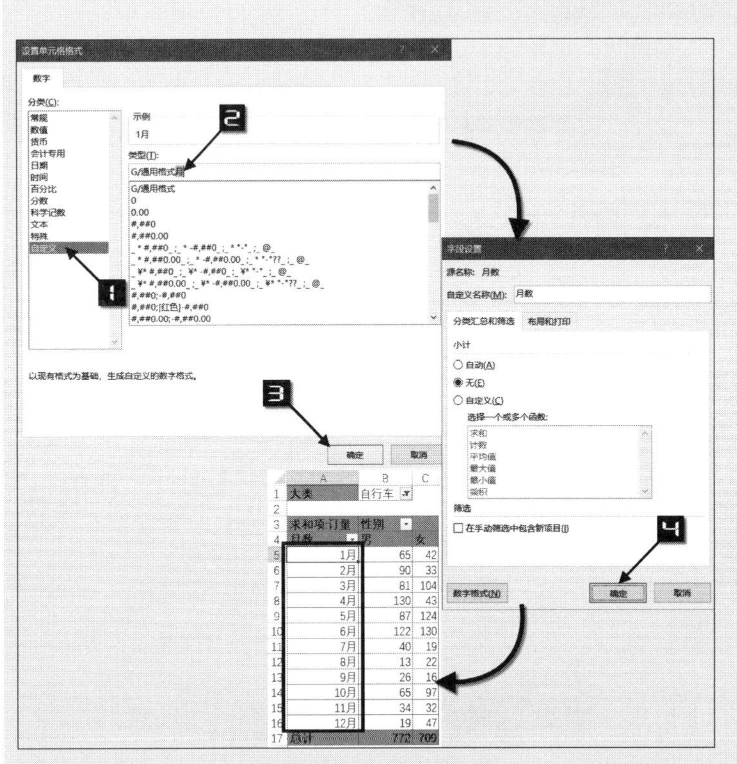

图 5-31　为行区域数据添加后缀

步骤② 在弹出的【设置单元格格式】对话框的【分类】列表框中选择【自定义】命令，在【类型】编辑框中的“G/通用格式”文字后输入文字“月”，单击【确定】按钮回到【字段设置】对话框，单击【确定】按钮完成设置，如图 5-31 所示。

步骤③ 选择数据透视表列区域“性别”字段的所有项（如 B4:C4），单击【开始】选项卡【数字】组的快速启动器按钮，打开【设置单元格格式】对话框，在【数字】选项卡的【分类】列表框中选择【自定义】，在右侧的【类型】编辑框中输入“@性”，单击【确定】按钮完成设置，如图 5-32 所示。

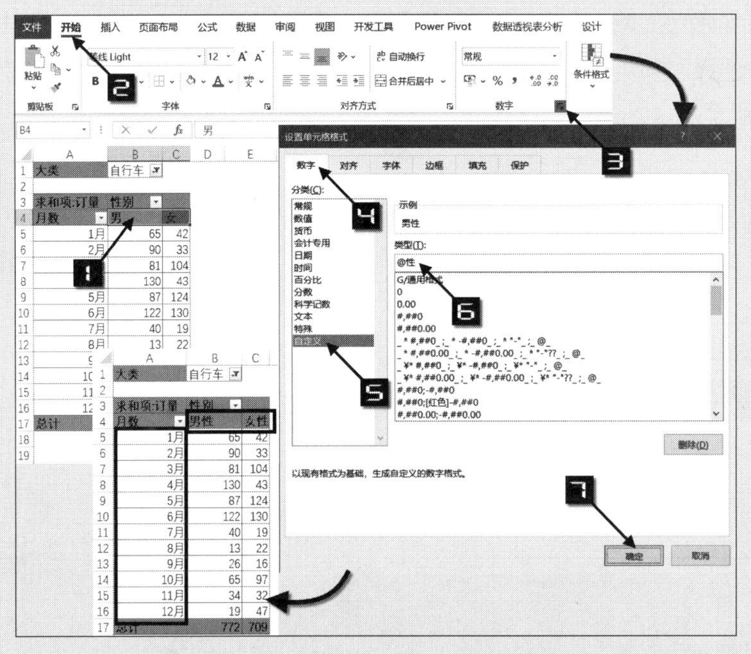

图 5-32　为列区域数据添加后缀

注意

行、列区域文本数据的数字格式只能通过【设置单元格格式】→【数字】进行设置，所以要全选字段的所有项。而数据透视表中数值数据的数字格式设置，实际上都是通过【字段设置】→【数字格式】进行的，没必要全选数据。

根据本书前言的提示，可观看“为文本和数值添加后缀”的视频讲解。

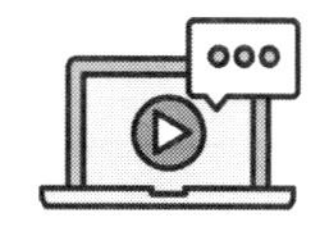

5.1.8　自定义数字格式

用户通过对【自定义】数字格式的应用，可以使数据透视表拥有更多的数据展现形式。

Ⅰ　自定义数字格式代码组成规则

示例5-8　用“√”显示数据透视表中的数据

图 5-28 所示的“巡检时长”以 3 小时为标准时长，可通过【计算字段】计算“超检时长=巡检时长-标准时长”。此差额有正值也有负值，可进一步通过自定义数字格式设置，将其显示为特定的符号，具体操作步骤如下。

在数据透视表【值区域】“超检时长”统计项的任意一个单元格上（如C3）单击鼠标右键，在弹出的快捷菜单中选择【数字格式】，进入【设置单元格格式】对话框。在【分类】列表框选择【自定义】选项，在【类型】文本框输入自定义格式代码“[绿色]√;[红色]×;;”，单击【确定】按钮完成设置，如图 5-33 所示。

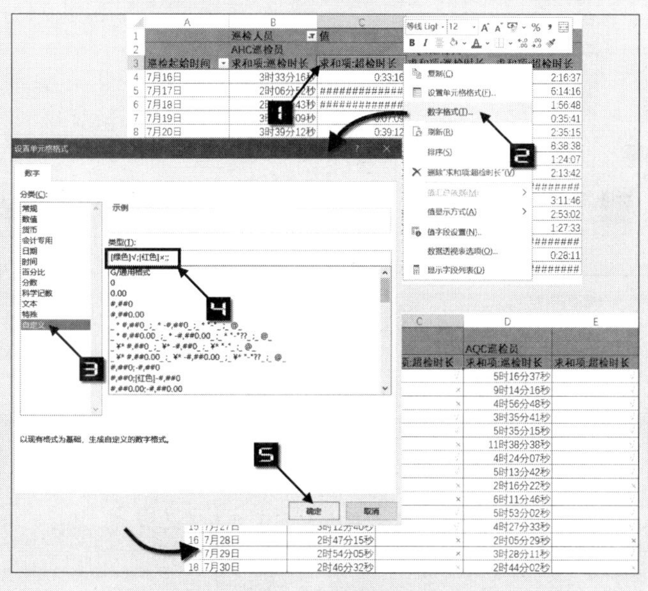

图 5-33　将值区域数据显示为特定符号

提示

自定义数字格式代码由三个半角分号“;”划分出四个控制区间，依次以代码控制“正数;负数;零值;文本”的显示方式。代码“[绿色]√;[红色]×;;”的含义是正数显示为绿色的“√”，负数显示为红色的“×”。零值和文本都没有代码，表示不显示零值和文本。

Ⅱ 条件区域的自定义数字格式代码

示例5-9 显示时长达标或不达标

如果需要对图 5-34 所示的“巡检时长”再细分，3 小时以上显示为“达标”，2.5~3 小时显示为“基本达标”，其余显示为“不达标”，具体操作步骤如下。

在数据透视表“巡检时长”字段项的任意一个单元格上（如B5）单击鼠标右键，在弹出的快捷菜单中选择【数字格式】，打开【设置单元格格式】对话框，在【类型】文本框中输入自定义格式代码，单击【确定】按钮完成设置，如图 5-34 所示。

```
[>0.125] 达标 ;[>0 5/48] 基本达标 ; 未达标
```

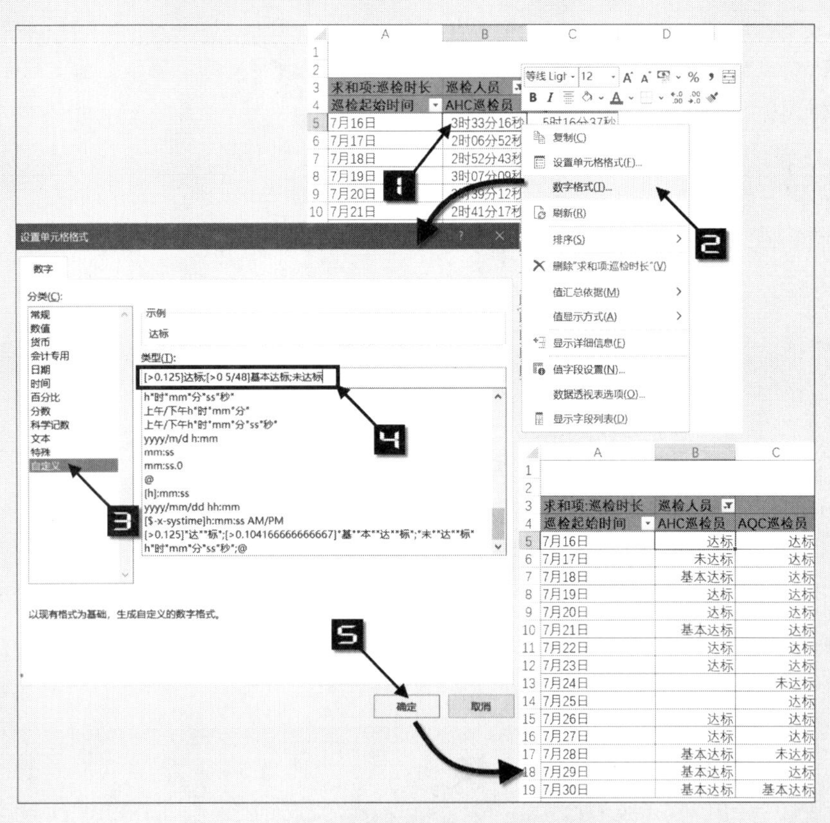

图 5-34 显示巡检时长达标或不达标

提示

自定义数字格式代码可以由两个半角分号“;”划分出三个条件控制区间，“条件”放在一对“[ ]”中。代码“[>0.125]达标;[>0 5/48]基本达标;未达标”的含义是大于 0.125 的数值显示为“达标”，大于 0 5/48 的数值显示为“基本达标”，其余数值显示为“不达标”。其中 0.125 是时间 03:00:00 的常规格式，0 5/48 是时间 02:30:00 的常规格式。

注意

与 IF 函数类似，自定义数字格式代码的条件也包含“否则”的隐性条件。如“[>0.125]达标”不仅表示大于 0.125 的数据显示为达标，同时有隐性条件“否则”，所以后面的条件区间首先确定是对小于 0.125 的数据进行格式设置。在此基础上才判断是否大于 0 5/48。因此，在为各区间设置条件时，要注意逻辑关系。

5.1.9　设置错误值的显示方式

示例5-10　设置错误值的显示方式

如果在数据透视表中添加了计算项或计算字段，有时会出现错误值，影响数据的显示效果，如图 5-35 所示。此时，用户可以对数据透视表中错误值的显示方式进行设置，具体操作步骤如下。

步骤① 在数据透视表的任意一个单元格上（如B2）单击鼠标右键，在弹出的快捷菜单中选择【数据透视表选项】命令，如图 5-36 所示。

	A	B	C	D
1	发布操作员	月份	求和项:提示数	求和项:进件数
2	⊟0016	8月	15	6
3		9月	12	6
4		增长率	-0.2	0
5	⊟0035	8月	2	2
6		增长率	-1	-1
7	⊟0089	8月	2	2
8		增长率	-1	-1
9	⊟0800	8月	22	4
10		9月	21	4
11		增长率	-0.045454545	0
12	⊟1008	8月	31	1
13		9月	7	1
14		增长率	-0.774193548	0
15	⊟3006	9月	22	8
16		增长率	#DIV/0!	#DIV/0!
17	⊟5008	8月	18	6
18		9月	4	1
19		增长率	-0.777777778	-0.833333333
20	总计		#DIV/0!	#DIV/0!

图 5-35　添加计算项后数据透视表的错误值

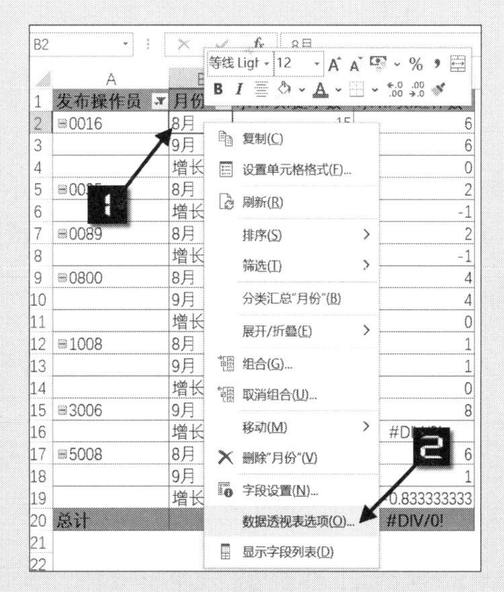

图 5-36　【数据透视表选项】命令

步骤② 在弹出的【数据透视表选项】对话框中选择【布局和格式】选项卡，勾选【对于错误值，显示】复选框，在右侧的文本框中输入“×”，单击【确定】按钮完成设置，如图 5-37 所示。

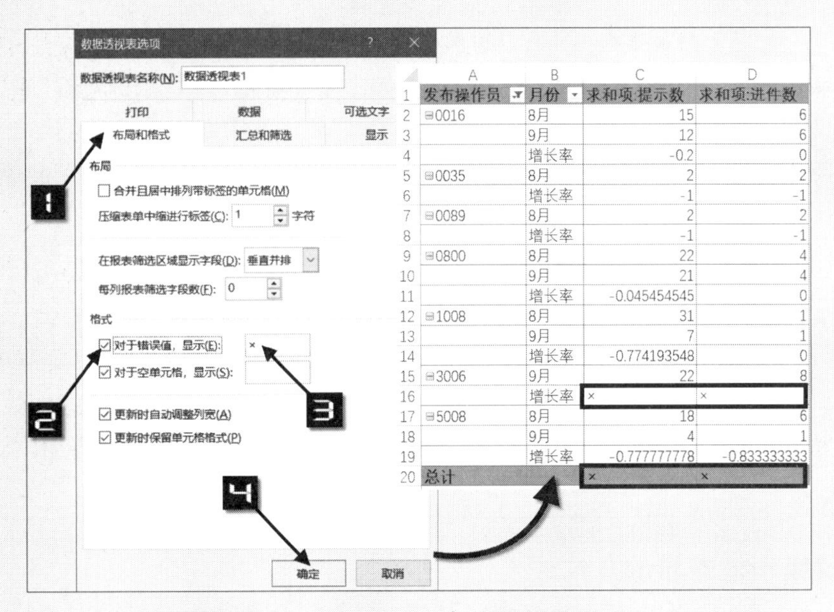

图 5-37 设置数据透视表错误值显示方式

在 Excel 中快速输入“×”的方法是：先按住<Alt>键，然后在数字小键盘区域依次按下<4><1><4><0><9>数字键，最后松开<Alt>键。其他符号对应的数字键，可以使用 CODE 函数得知。如=CODE("√")，结果为 41420。因此<Alt+41420>返回的就是"√"。另外，不同的输入法也都有相应的输入符号的方法，如用搜狗输入法，可以输入汉字“错”，即会出现相应的符号。

5.1.10 处理数据透视表中的空白数据项

如果数据源中存在空白的数据项，创建数据透视表后，处在数据透视表行区域、列区域和筛选区域的空白数据项就会默认显示为“（空白）”。处在数据透视表值区域的空白数据会显示为空值。

这种对空白数据项的默认显示方式使得数据透视表看起来不够美观整洁，影响可读性。

Ⅰ 处理行区域的空白项

示例5-11 处理数据透视表中的空白数据项

若要更改数据透视表中显示为“（空白）”字样的数据，可以直接选中其中一个“（空白）”所在的单元格，修改成目标数据即可。操作方法如下。

选中 B6 单元格，输入“无”，按<Enter>键，即可完成“型号规格”字段项全部“（空白）”内容的修改，如图 5-38 所示。

数据透视表字段名、数据项、统计项均可以修改为其他文字，但不得为空。

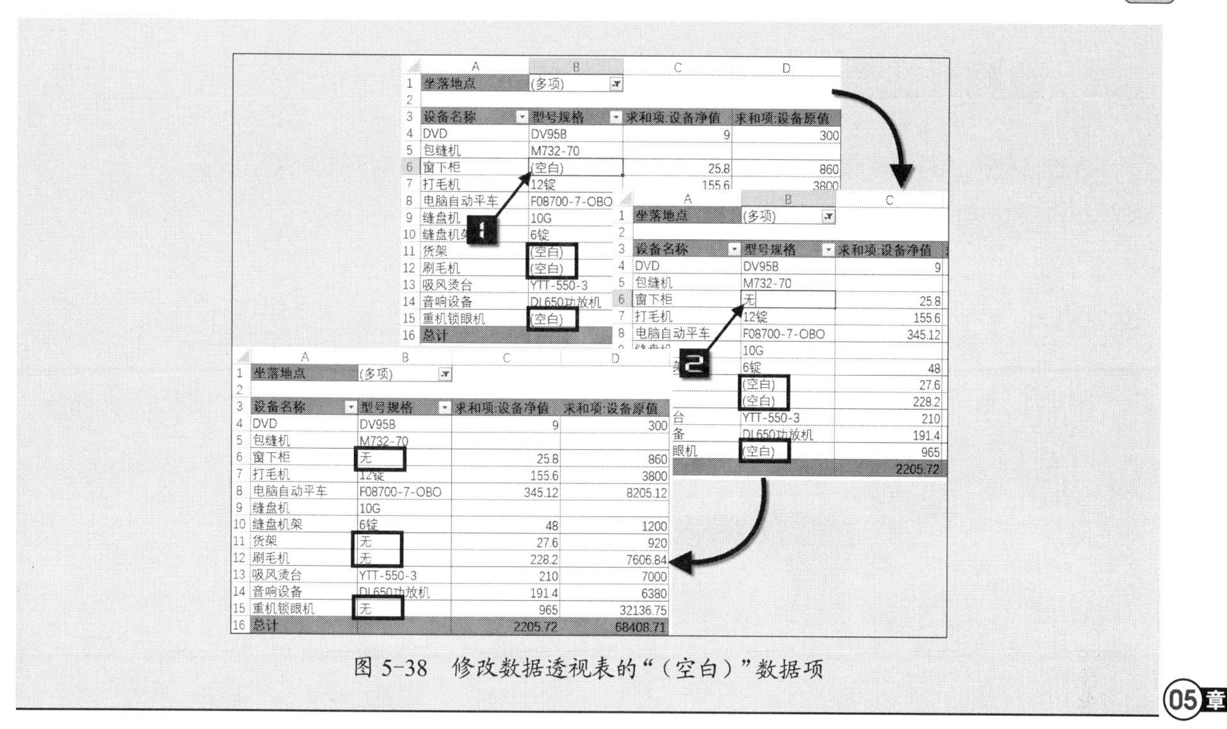

图 5-38　修改数据透视表的“（空白）”数据项

➲ II　将值区域的空白数据填充为指定内容

数据透视表值区域中的空白数据是统计项下的值，不能修改，但是可以在【数据透视表选项】中设置空白数据的显示方式。

调出【数据透视表选项】对话框，在【布局和格式】选项卡中，勾选【对于空单元格，显示】复选框，并在其右侧的文本框中输入指定内容（本例输入“/”），最后单击【确定】按钮完成设置，如图 5-39 所示。

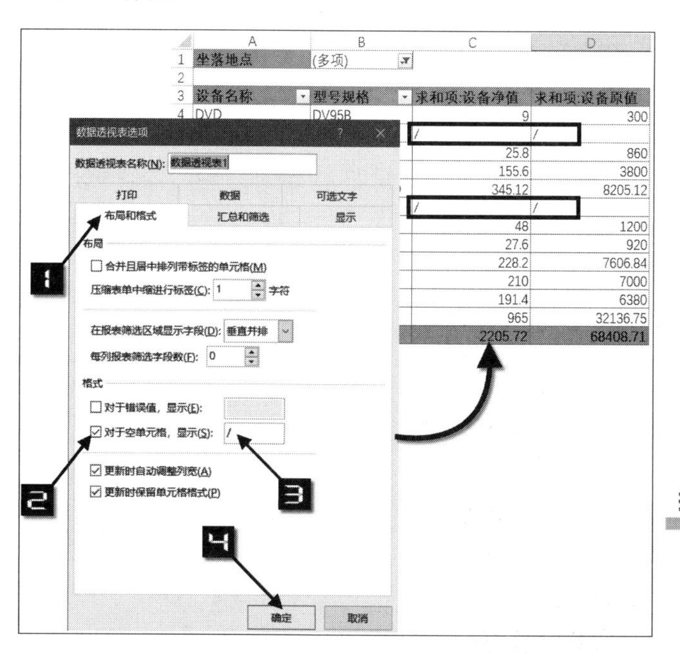

图 5-39　数据透视表值区域空白值显示为指定内容

提示

取消勾选【对于空单元格，显示】复选框，数据透视表值区域的空值显示为 0。

5.2 数据透视表与条件格式

通过条件格式可以将数据透视表中的重点数据快速标识出来，提高报表可读性。

5.2.1 突出显示数据透视表中的特定数据

示例5-12 突出显示作业达标人员

图 5-40 所示为一周内巡检人员作业时长的数据透视表。每天巡检时长超过 3 小时为达标作业，希望突出显示一周内达标天数超过 5 天的巡检人员，具体操作步骤如下。

求和项:巡检时长	巡检时间						
巡检人员	7月25日	7月26日	7月27日	7月28日	7月29日	7月30日	7月31日
AHC巡检员		3时09分	3时12分	2时47分	2时54分	2时46分	
BLC巡检员		2时07分	2时49分	2时43分	2时19分	4时04分	
BQC巡检员	6时20分	2时30分	8时09分	4时11分	5时17分	6时16分	2时23分
HJC巡检员	1时27分	1时23分	1时22分	1时45分	1时03分	1时12分	0时45分
HQC巡检员	18时11分	14时56分	2时26分	6时27分	15时24分	9时16分	
JFC巡检员			0时22分				
JJC巡检员				4时57分	8时27分	11时31分	7时13分
KQC巡检员		9时14分	6时06分	10时06分	9时37分	3时55分	
LCC巡检员	6时46分	8时44分	10时15分	14时43分	9时26分	15时01分	4时49分
LJC巡检员		4时29分	4时25分	2时51分		1时00分	2时39分
LQC巡检员		1时59分	9时29分	14时24分	5时39分	6时29分	
MCC巡检员	5时58分	17时42分	9时59分	3时14分	4时03分	4时44分	3时00分

图 5-40 巡检人员作业时长数据透视表

步骤1 选中“巡检人员”字段的所有数据项，在【开始】选项卡中依次单击【条件格式】→【新建规则】命令，如图 5-41 所示。

步骤2 在【新建格式规则】对话框的【选择规则类型】列表框中，选择【使用公式确定要设置格式的单元格】，在【为符合此公式的值设置格式】下方的编辑框中输入公式，单击【格式】按钮，如图 5-42 所示。

```
=COUNTIF($B3:$H3,">0.125")>=5
```

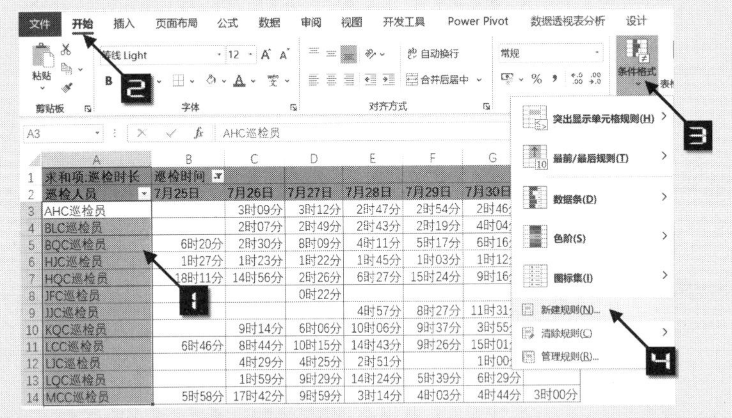

图 5-41 对数据透视表应用条件格式新建规则

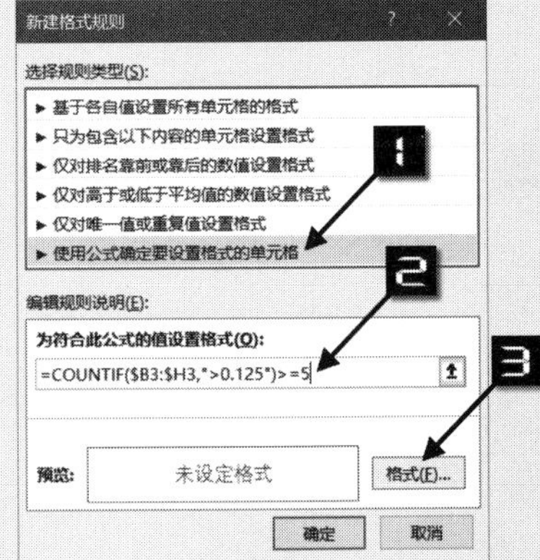

图 5-42 使用公式新建条件格式规则

步骤3 在弹出的【设置单元格格式】对话框中选择【填充】选项卡，在【背景色】颜色库中选择“蓝

色，个性色 1，淡色 40%”，单击【确定】按钮关闭【设置单元格格式】对话框，再次单击【确定】按钮完成设置，如图 5-43 所示。

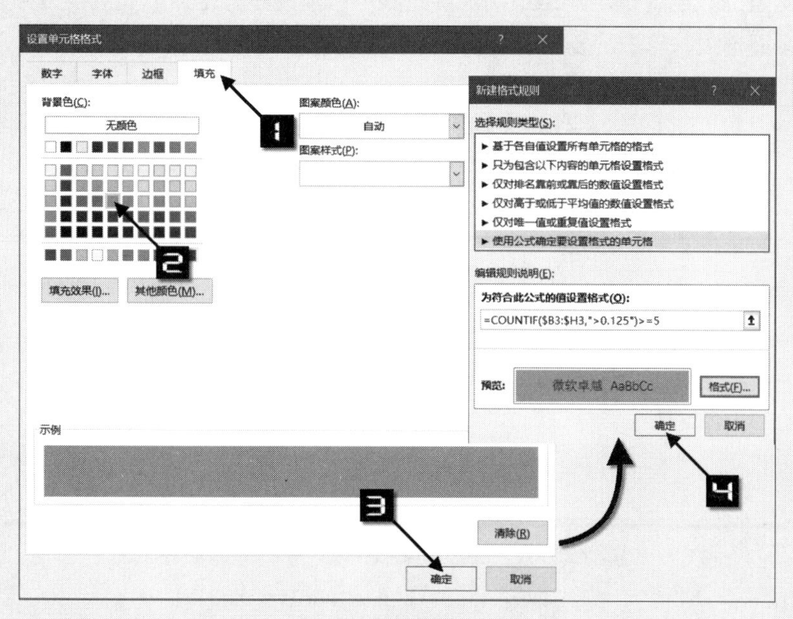

图 5-43　设置条件格式填充色

最后，可以参照示例 5-8 和示例 5-9，设置值区域数据的【数字格式】为“自定义格式”，完成的数据透视表如图 5-44 所示。

```
[红色][>0.125]达标;未达标
```

	A	B	C	D	E	F	G	H
1	求和项:巡检时长	巡检时间						
2	巡检人员	7月25日	7月26日	7月27日	7月28日	7月29日	7月30日	7月31日
3	AHC巡检员		达标	达标	未达标	未达标	未达标	
4	BLC巡检员		未达标	未达标	未达标	未达标	达标	
5	BQC巡检员	达标	未达标	达标	达标	达标	达标	未达标
6	HJC巡检员	未达标	未达标	未达标	未达标	未达标	未达标	未达标
7	HQC巡检员	达标	达标	未达标	达标	达标	达标	
8	JFC巡检员			未达标				
9	JJC巡检员				达标	达标	达标	达标
10	KQC巡检员		达标	达标	达标	达标	达标	
11	LCC巡检员	达标	达标	达标	达标	达标	达标	达标
12	LJC巡检员		达标	达标	未达标		未达标	未达标
13	LQC巡检员		达标	达标	达标	达标	达标	
14	MCC巡检员	达标	达标	达标	达标	达标	达标	达标

图 5-44　突出显示巡检天数符合要求的人员

注意

对数据透视表的行、列区域数据设置条件格式，与对普通数据区域设置条件格式一样，条件格式应用于固定区域，当数据增加时，条件格式的应用范围不会自动扩展。

根据本书前言的提示，可观看“突出显示作业达标人员”的视频讲解。

5.2.2　数据透视表与数据条

条件格式内置的数据条是用一组不同长度的颜色条填充单元格，以直观反映数据之间的大小。颜色条越长表示值越大，越短则表示值越小。

示例5-13　用数据条显示销售情况

图 5-45 是某公司各产品类别在两年内的订单量和销售额数据透视表。由于数据较多，不易观察数据规律，希望用数据条直观反映数据大小，具体操作步骤如下。

	A	B	C	D	E
1		年	值		
2		2017年		2018年	
3	产品类别	求和项:订量	求和项:销售额	求和项:订量	求和项:销售额
4	挡泥板	76	1045.722	127	1747.4565
5	公路自行车	148	76480.7494	400	155874.8909
6	轮胎	730	6629.816	1033	10727.9048
7	瓶子	222	974.5354	513	2110.1441
8	山地自行车	266	211753.6053	175	129371.0187
9	水化包	21	722.8977	61	2099.8457
10	支架			32	3185.088
11	自行车架	39	2929.68	11	826.32
12	总计	1502	300537.0058	2352	305942.6687

图 5-45　两年内各产品销售情况

利用【启用选定内容】选定所有年份的“求和项:订量”数据，依次单击【开始】→【条件格式】→【数据条】→【渐变填充】，选择【红色数据条】，如图 5-46 所示。

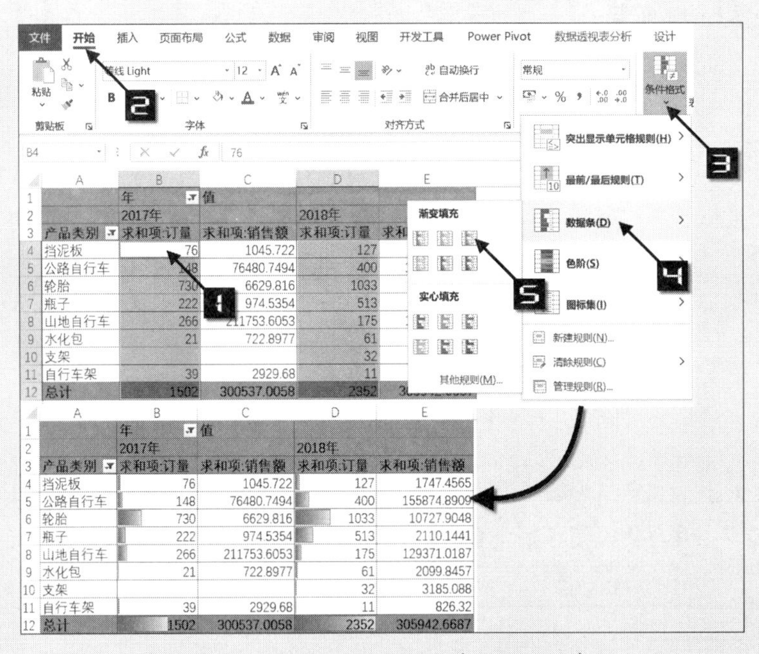

图 5-46　快速应用预设的红色渐变数据条

也可以在数据透视表中直接选择数据区域（如B4:B11,D4:D11），依次单击【开始】→【条件格式】→【数据条】→【渐变填充】，选择【红色数据条】完成设置。使用此种方法，当数据透视表数据增加时，需重新设置条件格式的应用范围。

还可以通过【开始】→【条件格式】→【数据条】→【其他规则】或【开始】→【条件格式】→【新建规则】进入【新建格式规则】对话框，在此对话框内自定义设置数据条的应用范围、颜色等内容，如图 5-47 所示。

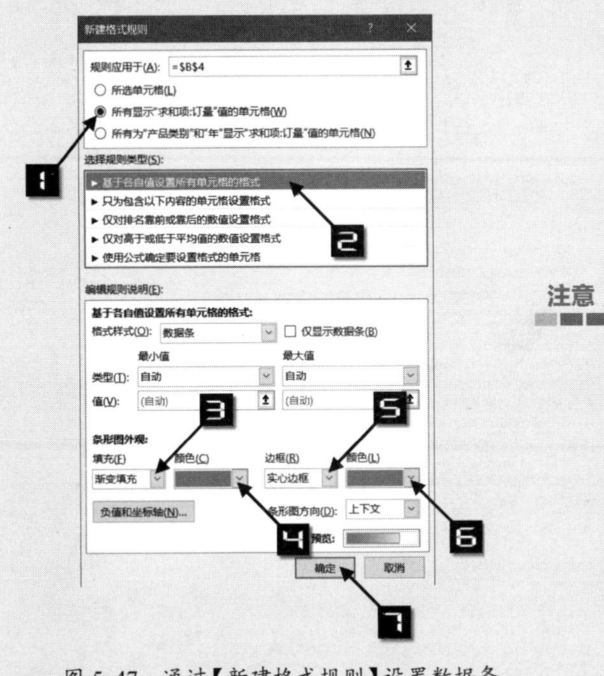

图 5-47 通过【新建格式规则】设置数据条

注意

对数据透视表值区域数据设置条件格式，可以在【新建格式规则】中选择条件格式的应用范围。如选择“所有显示某某值的单元格”或“所有为某某和某某显示某某值的单元格”，当数据项增加时，条件格式应用范围会自动扩展。二者的区别在于是否包含汇总值和总计值。

根据本书前言的提示，可观看“用数据条显示销售情况”的视频讲解。

5.2.3 数据透视表与图标集

条件格式的图标集是用一组内置的图标来标记不同的数据区间，以达到直观展示数据的目的。示例 5-8 曾采用自定义【数字格式】的方式，将数据显示为特定的符号。图标集使用起来则更简单便捷。

示例5-14 用图标集显示作业达标情况

图 5-48 是半个月内两名巡检人员每天的巡检时长数据透视表。巡检时长达到 3 小时以上为“达标”，2.5~3 小时为“基本达标”，其余为“未达标”，需要直观展示作业达标情况，具体操作步骤如下。

步骤① 选择数据透视表值区域中的任意一个单元格（如B3），在【开始】选项卡中单击【条件格式】按钮，选择【新建规则】命令，弹出【新建格式规则】对话框。

步骤② 在【新建格式规则】对话框中的【规则应用于】区域选中【所有显示“求和项:巡检时长”值的单元格】单选按钮，在【格式样式】下拉列表中选中【图标集】，在【图标样式】下拉列表中选择一组内置的图标样式（如三个样式“✖ ! ✔”），在【根据以下规则显示各个图标】区域，将第一个条件的【类型】由默认的“百分比”修改为“数字”，【值】为“0.125”；第二个条件的【类型】设置为“数字”，【值】为“0 5/48”，单击【确定】按钮完成设置，如图 5-49 所示。

	A	B	C
1	求和项:巡检时长	巡检人员	
2	巡检起始时间	AHC巡检员	BQC巡检员
3	7月16日	3时33分16秒	3时46分35秒
4	7月17日	2时06分52秒	3时42分16秒
5	7月18日	2时52分43秒	9时17分24秒
6	7月19日	3时07分09秒	7时00分54秒
7	7月20日	3时39分12秒	7时13分46秒
8	7月21日	2时41分17秒	8时26分40秒
9	7月22日	3时40分22秒	14时44分18秒
10	7月23日	3时59分30秒	5时39分09秒
11	7月24日		2时41分41秒
12	7月25日		6时20分41秒
13	7月26日	3时09分36秒	2时30分17秒
14	7月27日	3时12分40秒	8时09分20秒
15	7月28日	2时47分15秒	4时11分32秒
16	7月29日	2时54分05秒	5时17分06秒
17	7月30日	2时46分32秒	6时16分32秒
18	7月31日		2时23分39秒

图 5-48 准备应用图标集的数据透视表

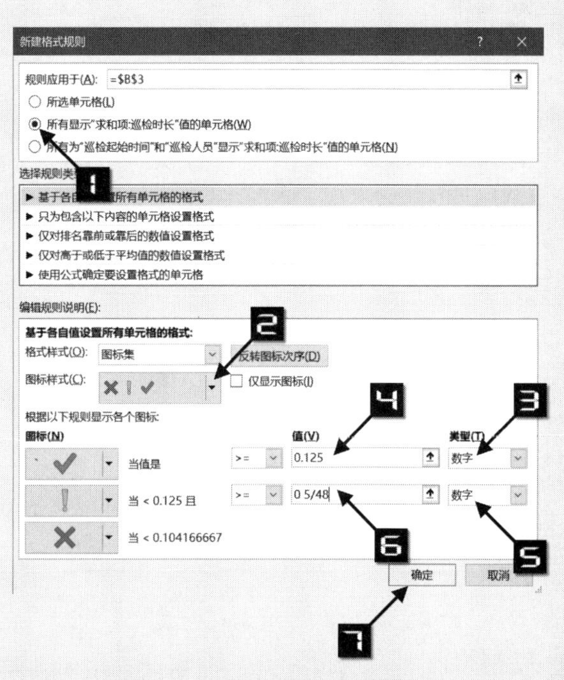

图 5-49 为图标集设置格式规则

最后，可以参考示例 5-9，设置“巡检时长”字段的【数字格式】，将值区域数据显示为“达标”“基本达标”和“不达标”。

在进行【图标集】条件设置时，应首先修改【类型】，再设置【值】。如果先设置【值】，再修改【类型】，已经设置的【值】会自动恢复默认值，需要重新设置。

5.2.4 数据透视表与色阶

条件格式的色阶是用一组不同的颜色过渡填充单元格区域，用不同的颜色反映数值大小，以直观展示数据分布和变化。图 5-50 所示的数据透视表应用了“红-黄-绿色阶”。在色阶中，红、黄、绿 3 种颜色的深浅渐变表示值的高低，值较高的单元格红色更深，中间值单元格颜色更偏黄色，而较小值的单元格则显示绿色。

选中数据透视表中需要应用色阶的单元格区域（本例为C5:C10），依次单击【开始】→【条件格式】→【色阶】，在展开的列表中选择“红-黄-绿色阶”，如图 5-51 所示。

	A	B	C
1	年	2018年	
2	大类	服装	
3			
4	国家	求和项:订量	求和项:销售额
5	澳大利亚	119	2333.421
6	德国	19	39.2863
7	法国	68	707.2416
8	加拿大	112	1971.5814
9	美国	145	1535.2249
10	英国	44	369.7388
11	总计	507	6956.494

图 5-50　设置色阶的数据透视表

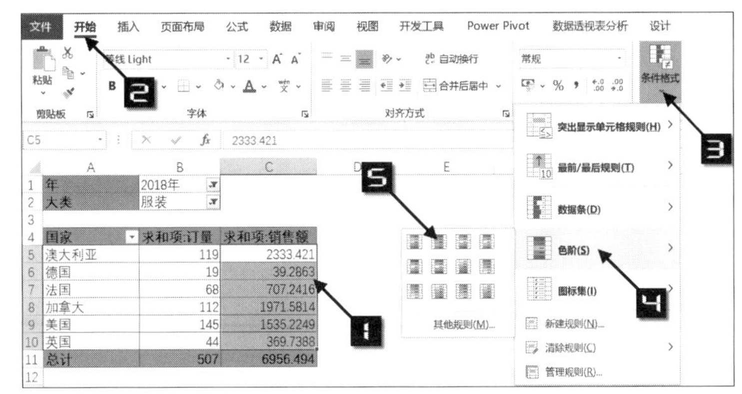

图 5-51　为数据透视表快速设置色阶

单击如图 5-52 所示的填充柄，可对条件格式应用的区域进行选择。

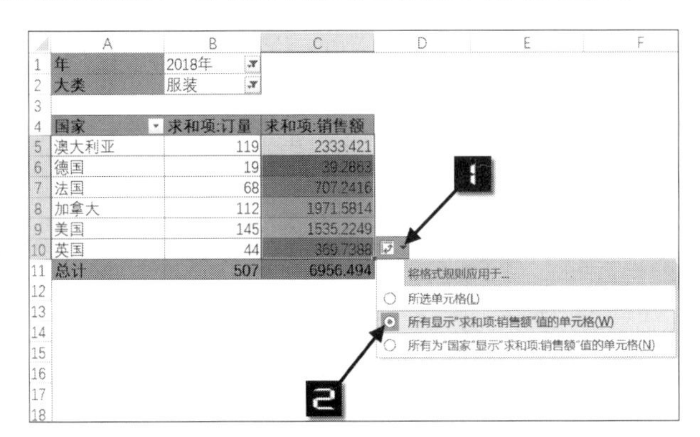

图 5-52　通过填充柄选择条件格式应用范围

5.2.5　修改数据透视表中应用的条件格式

如果用户希望对数据透视表中已经应用的条件格式进行修改，可以通过【条件格式规则管理器】进行，具体操作步骤如下。

步骤① 选择数据透视表中的任意一个单元格（如 A1），在【开始】→【条件格式】下拉列表中选择【管理规则】命令，如图 5-53 所示。

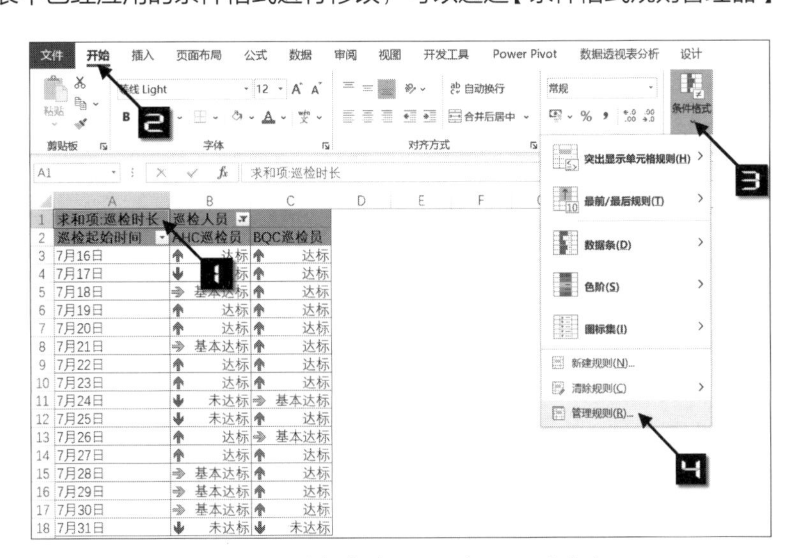

图 5-53　选择条件格式【管理规则】命令

步骤② 在弹出的【条件格式规则管理器】对话框中选择需要编辑的条件格式规则，单击【编辑规则】按钮，弹出【编辑格式规则】对话框，用户可以在对话框内对已经设置的条件格式进行修改，如图 5-54 所示。

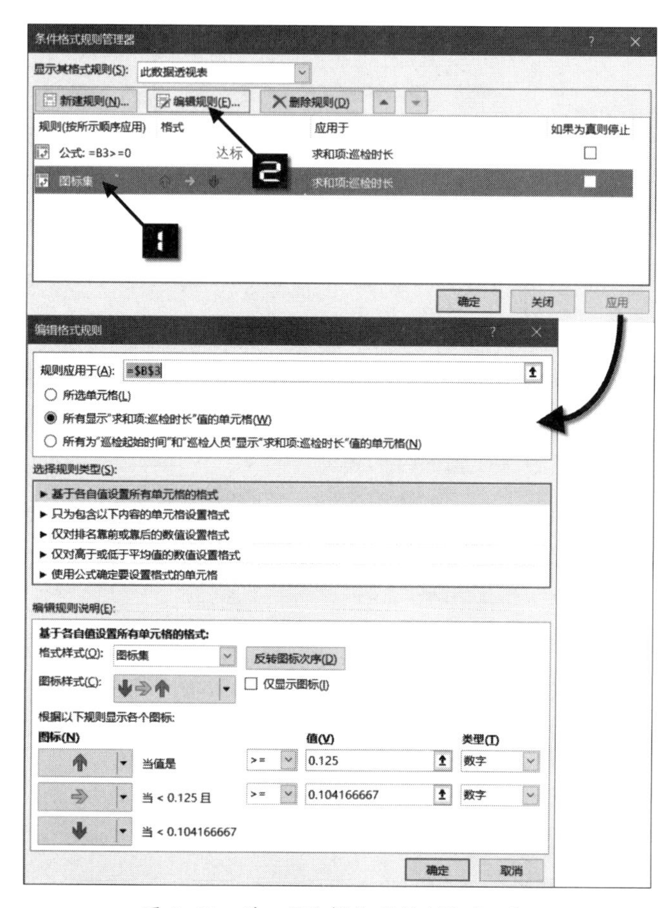

图 5-54 进入【编辑格式规则】对话框

若是同时在【条件格式规则管理器】中设有多个规则，可以通过【删除规则】按钮右侧的【上移】和【下移】按钮调整不同规则的优先级，如图 5-55 所示。

单击【删除规则】按钮，可以将当前已经选定的条件格式规则删除，如图 5-56 所示。

图 5-55 调整条件格式规则的优先级

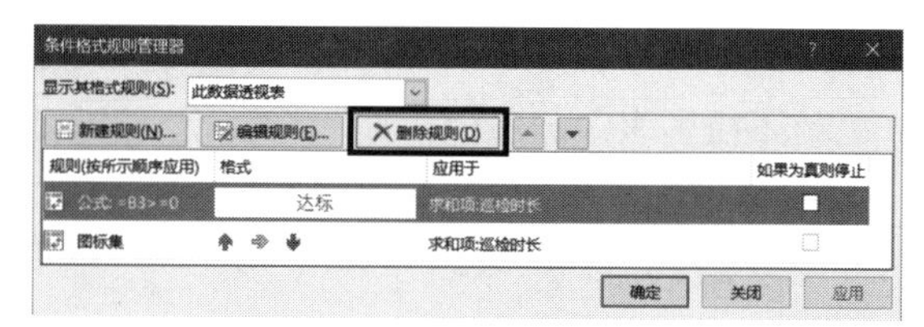

图 5-56 删除已经设定的条件格式规则

此外，也可以利用【开始】→【条件格式】→【清除规则】菜单中的各种选项来删除条件格式规则，如图 5-57 所示。

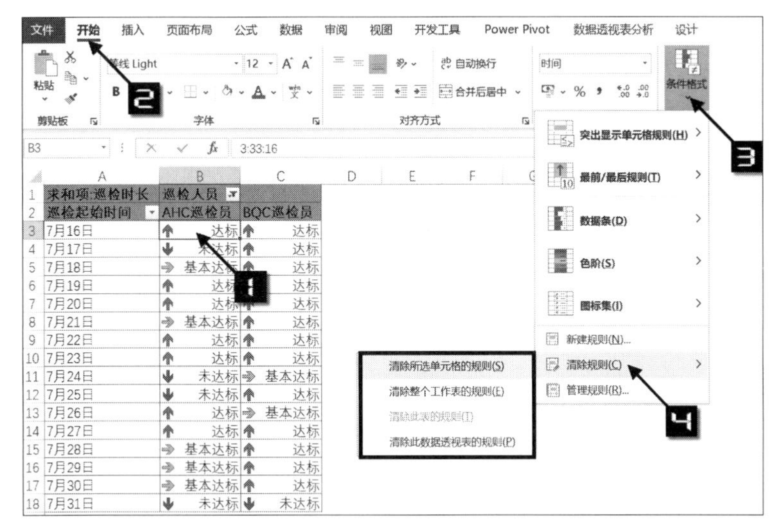

图 5-57 条件格式清除规则菜单

应用数据透视表样式库的【无】或【清除】命令，只能清除数据透视表样式，不会清除已经应用的条件格式。

第 6 章　在数据透视表中排序和筛选

数据的排序和筛选是数据分析必不可少的功能，数据透视表同样也可以对其进行排序和筛选，数据透视表和普通数据区域的排序规则相同、筛选原理相似，在普通数据区域中可以实现的效果，在大多的数据透视表中同样可以实现。

本章学习要点

（1）手动排序。
（2）自动排序。
（3）自定义排序。
（4）数据透视表中的筛选。

6.1　数据透视表排序

排序是数据分析的基本功能，杂乱无序的数据难以寻找规律。无论数据源是否经过排序，数据透视表的行、列区域都会默认排序。

6.1.1　默认排序

数据透视表中的数值型数据默认按数值大小升序排序，文本型数据默认按字母升序排序。但是，有【自定义序列】的文本型数据默认按【自定义序列】升序排序，如图 6-1 所示。

	A	B	C	D
1	业务方向	机构类别	计数项:查询时间	求和项:查询时长
2	个贷	甲	71	736
3		乙	52	587
4		丙	61	549
5		丁	52	602
6		戊	55	479
7	个贷 汇总		291	2953
8	国际业务	甲	71	800
9		乙	69	787
10		丙	56	592
11		丁	50	541
12		戊	39	403
13	国际业务 汇总		285	3123
14	普惠金融	甲	74	714
15		乙	40	353
16		丙	37	331
17		丁	32	379
18		戊	45	458
19	普惠金融 汇总		228	2235
20	信用卡	甲	54	631
21		乙	64	624
22		丙	44	377
23		丁	59	608
24		戊	41	506
25	信用卡 汇总		262	2746
26	总计		1066	11057

图 6-1　文本型数据的默认排序

6.1.2　手动排序

Excel 中的普通数据区域或表格都可以在按住 <Shift> 键的同时拖放数据进行手动排序。数据透

视表是动态的报表，无须按住 <Shift> 键，直接拖放数据即可手动排序。

➲ Ⅰ 利用拖曳数据项对字段排序

示例6-1 利用拖曳数据项对字段排序

在图 6-2 所示的数据透视表中，如果希望调整“业务方向”字段的显示顺序，将“普惠金融”显示在最上方，方法如下。

选中“业务方向”字段“普惠金融”数据项的任意一个单元格（如 A14），将鼠标指针悬停在其边框线上，当出现 4 个方向箭头形的鼠标指针时，按住鼠标左键不放，将其拖曳到“个贷”的上边框线上，松开鼠标即可完成对“普惠金融”数据项的排序，如图 6-3 所示。

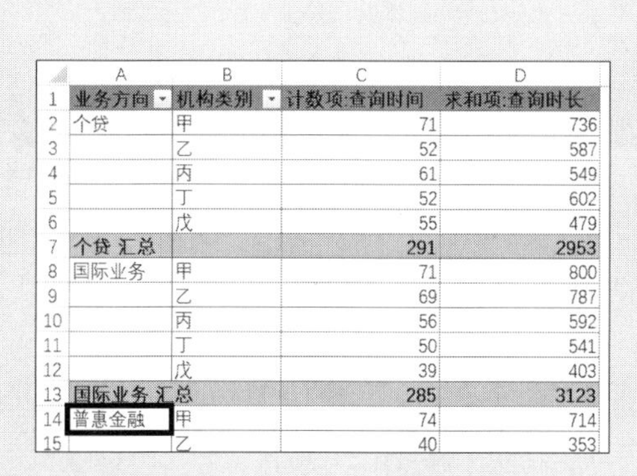

	A	B	C	D
1	业务方向	机构类别	计数项:查询时间	求和项:查询时长
2	个贷	甲	71	736
3		乙	52	587
4		丙	61	549
5		丁	52	602
6		戊	55	479
7	个贷 汇总		291	2953
8	国际业务	甲	71	800
9		乙	69	787
10		丙	56	592
11		丁	50	541
12		戊	39	403
13	国际业务 汇总		285	3123
14	普惠金融	甲	74	714
15		乙	40	353

图 6-2 手动排序前的数据透视表

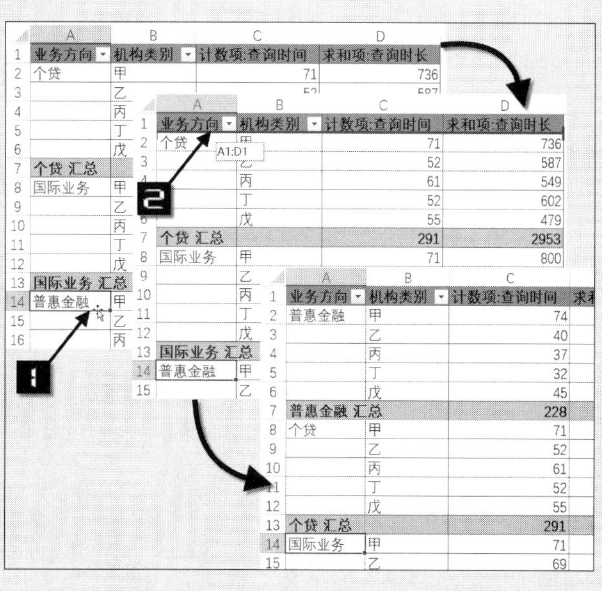

图 6-3 拖曳数据项进行手动排序

➲ Ⅱ 利用移动命令对字段排序

示例6-2 利用移动命令对字段排序

利用【移动】命令也可以对数据透视表进行手动排序，仍以示例 6-1 为例，如果希望继续将“业务方向”字段中的“国际业务”数据项排到“个贷”上方，方法如下。

选择“业务方向”字段中“国际业务”数据项的任意一个单元格（如 A14）并右击，在弹出的快捷菜单中执行【移动】→【将“国际业务”上移】命令，即可将“国际业务”数据项排在“个贷”数据项的上方，如图 6-4 所示。也可以在【移动】扩展菜单中选择更多的命令对数据透视表进行手动排序。

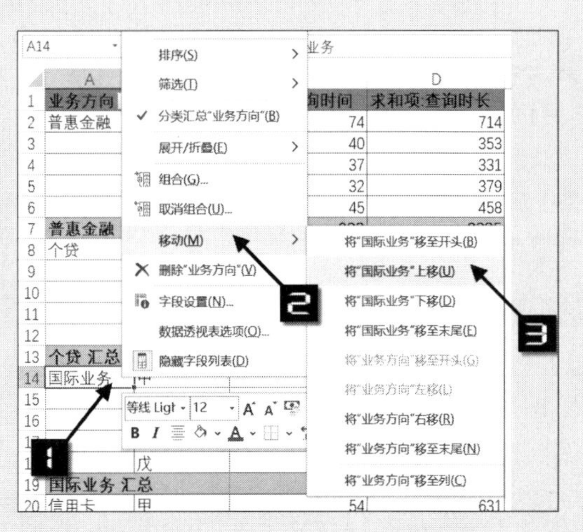

图 6-4　利用【移动】命令手动排序

6.1.3　自动排序

Excel提供了多种方式对数据透视表进行自动排序。

➲ Ⅰ　利用快捷菜单进行排序

示例6-3　自动排序

在图 6-5 所示的数据透视表中，如果希望对"业务方向"字段降序排序，方法如下。

在"业务方向"字段的任意单元格（如A3）上右击，在弹出的快捷菜单中选择【排序】→【降序】命令，如图 6-6 所示。

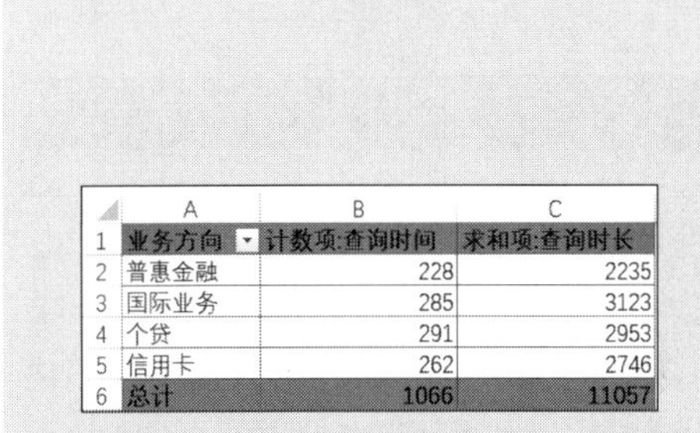

	A	B	C
1	业务方向	计数项:查询时间	求和项:查询时长
2	普惠金融	228	2235
3	国际业务	285	3123
4	个贷	291	2953
5	信用卡	262	2746
6	总计	1066	11057

图 6-5　自动排序前的数据透视表

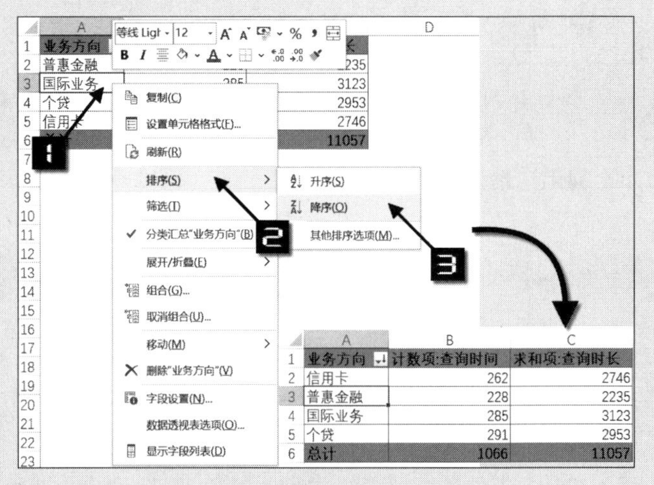

图 6-6　利用快捷菜单自动排序

➲ Ⅱ　利用字段筛选按钮进行排序

用户也可以单击字段的筛选下拉按钮，在弹出的下拉列表中选择【升序】或【降序】命令，如

图 6-7 所示。

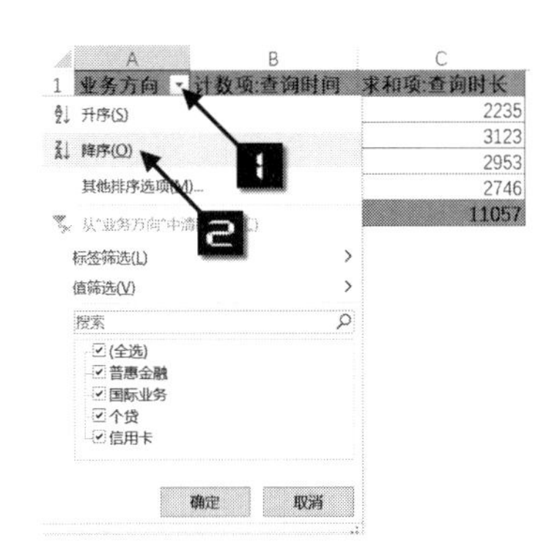

图 6-7　利用字段筛选按钮自动排序

➲ III　利用【数据透视表字段列表】进行排序

【数据透视表字段列表】中的每一个字段右侧都有一个下拉按钮，单击下拉按钮可以在弹出的下拉列表中选择【升序】或【降序】命令，如图 6-8 所示。

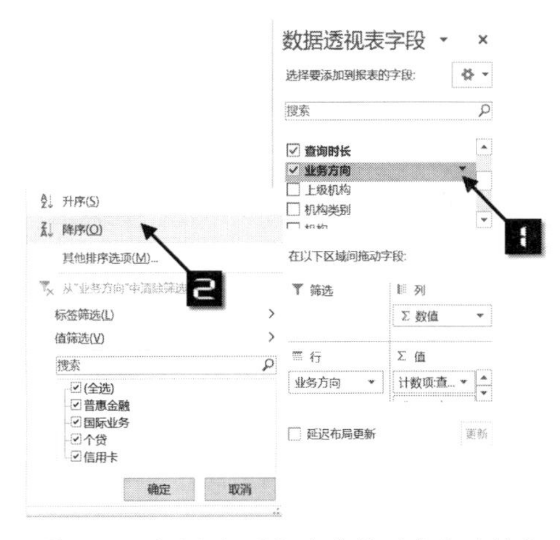

图 6-8　利用数据透视表字段列表自动排序

➲ IV　利用排序和筛选功能区按钮排序

用户甚至可以选择字段的任意一个单元格（如 A3），单击【数据】选项卡下的【升序】按钮或【降序】按钮进行自动排序，如图 6-9 所示。

图 6-9　利用排序和筛选功能区按钮自动排序

6.1.4 使用其他排序选项

与普通数据区域或表格不同，数据透视表的筛选列表不仅有【升序】和【降序】命令，还有一项【其他排序选项】命令。

➲ Ⅰ 以统计项对行字段排序

数据透视表行字段不仅可以依据字段本身的数据项进行升序或降序排序，还可以依据【值区域】的统计项进行排序。

示例6-4 行字段依据统计项的值大小排序

在图 6-1 所示的数据透视表中，如果希望对“业务方向”字段按“计数项:查询时间”的值进行降序排序，方法如下。

单击“业务方向”字段的筛选下拉按钮，在弹出的筛选列表中选择【其他排序选项】命令，在随后弹出的【排序(业务方向)】对话框中选中【降序排序(Z 到 A)依据】单选按钮，单击其下方的下拉按钮，在下拉列表中选择【计数项:查询时间】，单击【确定】按钮完成设置。“业务方向”字段将按“计数项:查询时间”的值从大到小依次排序，“个贷”查询次数为“291”排在第一位，“普惠金融”查询次数为“228”排在最后一位，如图 6-10 所示。

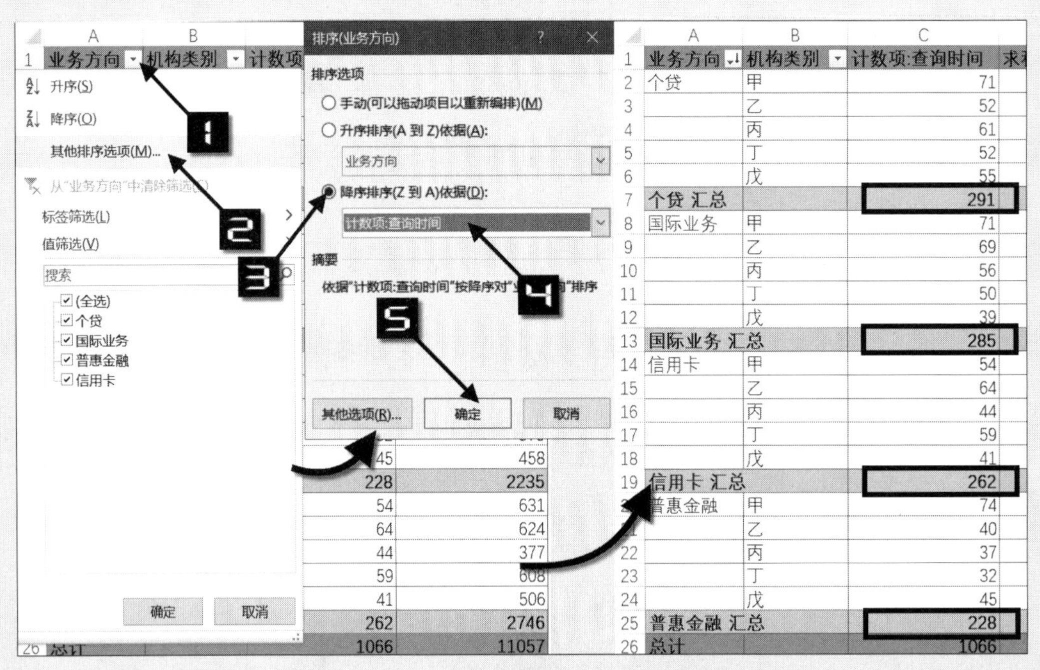

图 6-10 以统计项的值对行字段排序

在此例中，可以选中“计数项:查询时间”的任意一个汇总值单元格(如C7)并右击，在弹出的快捷菜单中执行【排序】→【降序】命令，也可完成排序，如图 6-11 所示。

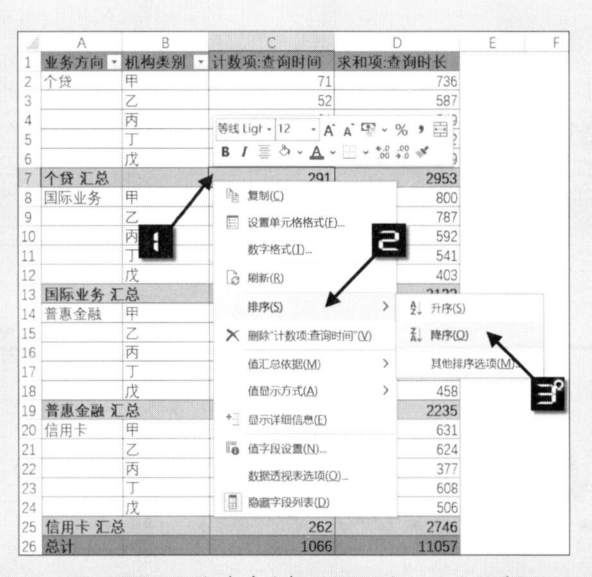

图 6-11　快捷菜单选择依据统计项的值排序

在此例中，也可以选中“计数项:查询时间”的任意一个汇总值单元格（如C7），单击【数据】选项卡下的【降序】按钮，也可完成排序。

➲ II　多条件排序

示例 6-4 已经将“业务方向”字段依据“计数项:查询时间”做了降序排序，如果希望进一步了解哪一个“机构类别”的“查询时长”最短，就需要将“机构类别”字段按“求和项:查询时长”做一次升序排序。

单击“机构类别”字段的筛选下拉按钮，在弹出的筛选列表中选择【其他排序选项】命令，在随后弹出的【排序(机构类别)】对话框中选中【升序排序(A到Z)依据】单选按钮，单击其下方的下拉按钮，在下拉列表中选择【求和项:查询时长】，单击【确定】按钮完成设置，如图 6-12 所示。

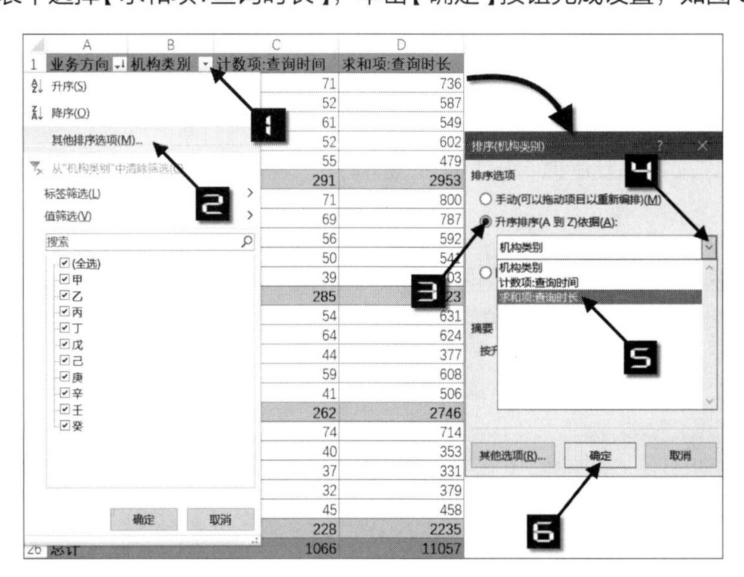

图 6-12　利用筛选下拉按钮多条件排序

在此例中，可以直接选中“求和项:查询时长”的任意一个值单元格(如D5)并右击，在弹出的快捷菜单中执行【排序】→【升序】命令。或在选中“求和项:查询时长”的任意一个值单元格(如D5)后，单击【数据】选项卡下的【升序】按钮，也可完成排序，如图6-13所示。

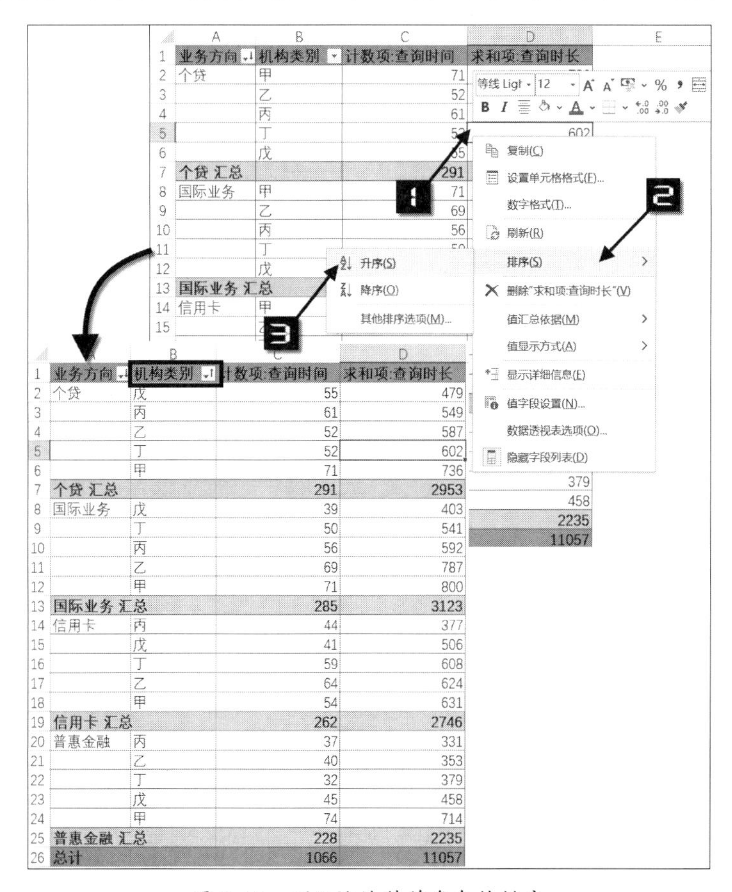

业务方向	机构类别	计数项:查询时间	求和项:查询时长
个贷	戊	55	479
	丙	61	549
	乙	52	587
	丁	52	602
	甲	71	736
个贷 汇总		291	2953
国际业务	戊	39	403
	丁	50	541
	丙	56	592
	乙	69	787
	甲	71	800
国际业务 汇总		285	3123
信用卡	丙	44	377
	戊	41	506
	丁	59	608
	乙	64	624
	甲	54	631
信用卡 汇总		262	2746
普惠金融	丙	37	331
	乙	40	353
	丁	32	379
	戊	45	458
	甲	74	714
普惠金融 汇总		228	2235
总计		1066	11057

图 6-13 利用快捷菜单多条件排序

III 以所选列的值进行排序

当列区域有字段时，数据透视表就是一个二维的数据报表。值区域统计项的值由行、列两个方向的字段定义。此时如果还要依据“统计项”的值排序，就必须选择以哪一列(行)的值为依据。

示例6-5 按所选列的统计值排序

在图6-14所示的数据透视表中，行区域字段为“机构类别”，列区域字段为“业务方向”，值区域为“计数项:查询时间”。如果希望依据“信用卡”的查询次数对“机构类别”字段降序排序，具体操作步骤如下。

步骤① 单击“机构类别”字段的筛选下拉按钮，在弹出的筛选列表中选择【其他排序选项】命令，在弹出的【排序(机构类别)】对话框中选中【降序排序(Z到A)依据】单选按钮，在其下方的下拉列表中选择【计数项:查询时间】选项，单击【其他选项】按钮，如图6-15所示。

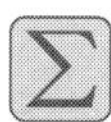

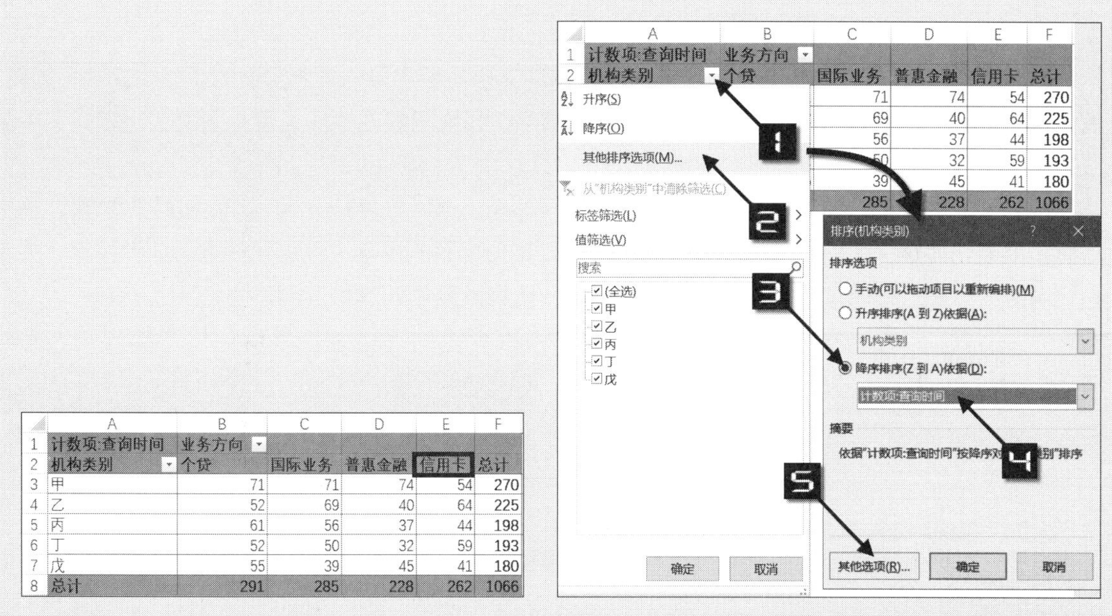

	A	B	C	D	E	F
1	计数项:查询时间	业务方向				
2	机构类别	个贷	国际业务	普惠金融	信用卡	总计
3	甲	71	71	74	54	270
4	乙	52	69	40	64	225
5	丙	61	56	37	44	198
6	丁	52	50	32	59	193
7	戊	55	39	45	41	180
8	总计	291	285	228	262	1066

图 6-14　按列值排序前的数据透视表　　　图 6-15　排序对话框的其他选项按钮

步骤② 在弹出的【其他排序选项(机构类别)】对话框中选中【所选列中的值】单选按钮，然后在数据透视表中选中“业务方向”字段“信用卡”数据项下的任意一个值单元格(如E3)，单击【确定】按钮返回【排序(机构类别)】对话框，再次单击【确定】按钮完成设置，如图 6-16 所示。

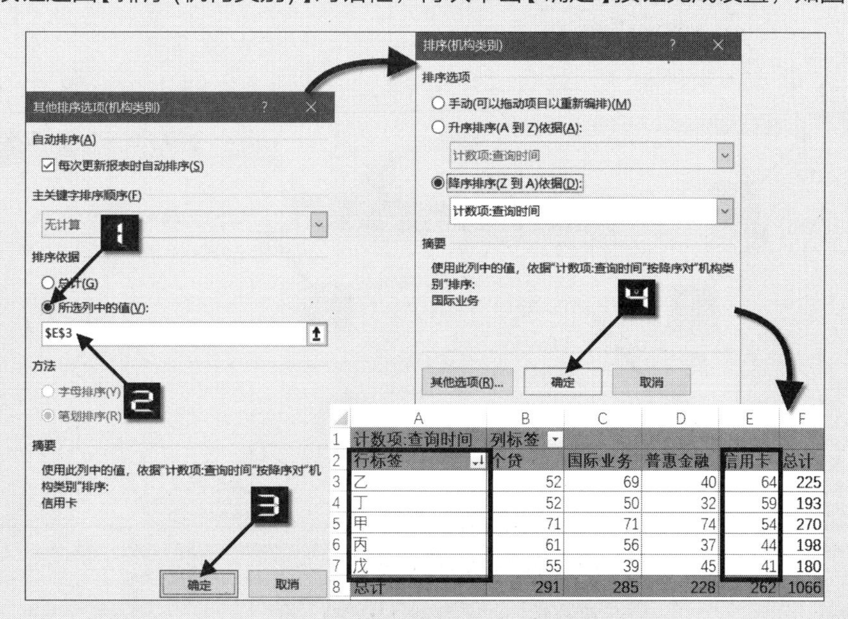

	A	B	C	D	E	F
1	计数项:查询时间	列标签				
2	行标签	个贷	国际业务	普惠金融	信用卡	总计
3	乙	52	69	40	64	225
4	丁	52	50	32	59	193
5	甲	71	71	74	54	270
6	丙	61	56	37	44	198
7	戊	55	39	45	41	180
8	总计	291	285	228	262	1066

图 6-16　按列值降序排序

此例也可以直接选择“信用卡”列中的任意一个值单元格(如E4)，单击【数据】选项卡下的【降序】按钮，或者单击鼠标右键，在弹出的快捷菜单中选择【排序】→【降序】命令。

同理，也可以依据某一行的值，对列字段进行排序。

➲ IV　按笔划排序

默认情况下，对于中文的排序，Excel是按照中文拼音首字母的顺序排序的。以中文姓名为例，首先根据姓氏的拼音首字母在 26 个英文字母中排序，如果同姓或姓氏同音，则再次比较姓名中第二个汉字的首字母拼音顺序，以此类推。

按中国人的习惯，时常需要按照“笔划”进行排名。这种顺序规则为：首先按姓氏的笔划多少排序，同笔划的姓氏则按起笔顺序排序，笔划数和笔形相同的汉字，则需要按字形结构排序，先左右，再上下，最后整体字。如果姓氏相同，再依次比较姓名中的其他汉字。

示例6-6　按笔划对数据透视表排序

在图 6-17 所示的数据透视表中，“查询人”字段默认是按拼音首字母顺序排序的，如果希望按照笔划顺序排序，具体操作如下。

	A	B	C
1	查询人	计数项:查询时间	求和项:查询时长
2	蔡高标	67	670
3	崔西武	180	1702
4	邓波	50	550
5	段帮今	66	675
6	方清峰	60	684
7	郝建奇	66	681
8	蒋师江	79	829
9	李吴乐	71	804
10	牛五白	83	907
11	秦伍科	284	2887
12	赵万实	60	668
13	总计	1066	11057

图 6-17　按笔划排序前的数据透视表

步骤① 单击“查询人”字段的筛选下拉按钮，在弹出的下拉列表中选择【其他排序选项】命令，在弹出的【排序(查询人)】对话框中选中【升序排序(A到Z)依据】单选按钮，然后单击【其他选项】按钮，在弹出的【其他排序选项(查询人)】对话框中取消选中【每次更新报表时自动排序】复选框，选中【笔划排序】单选按钮，如图 6-18 所示。

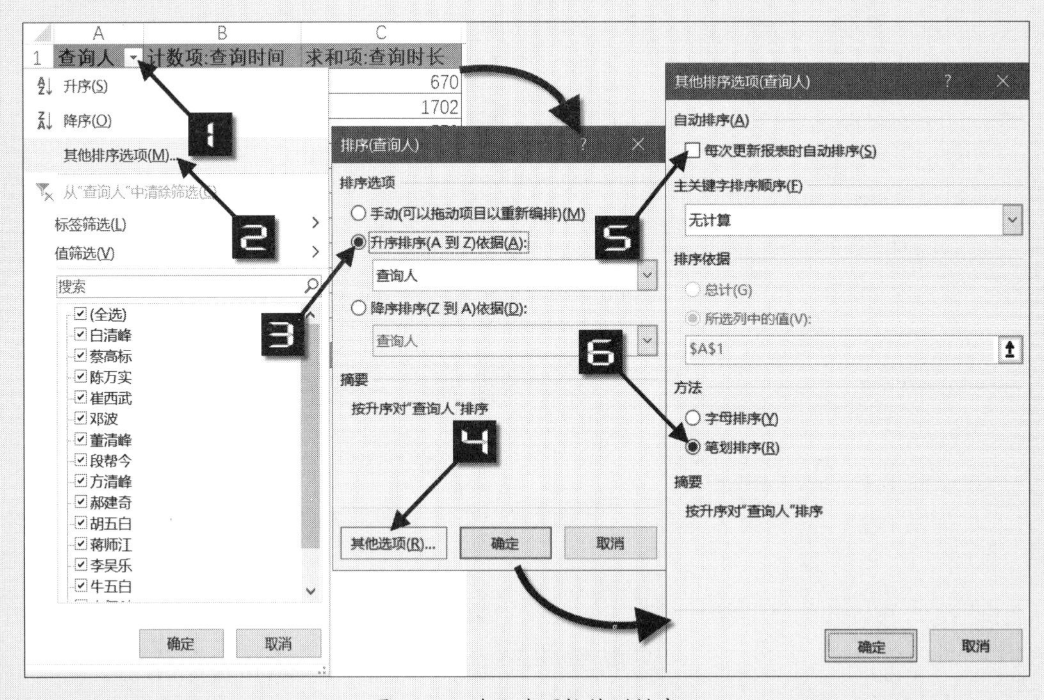

图 6-18　其他选项按笔划排序

步骤② 单击【其他排序选项(查询人)】对话框中的【确定】按钮，返回到【排序(查询人)】对话框，再次单击【确定】按钮完成对“查询人”字段按笔划的升序排序，如图 6-19 所示。

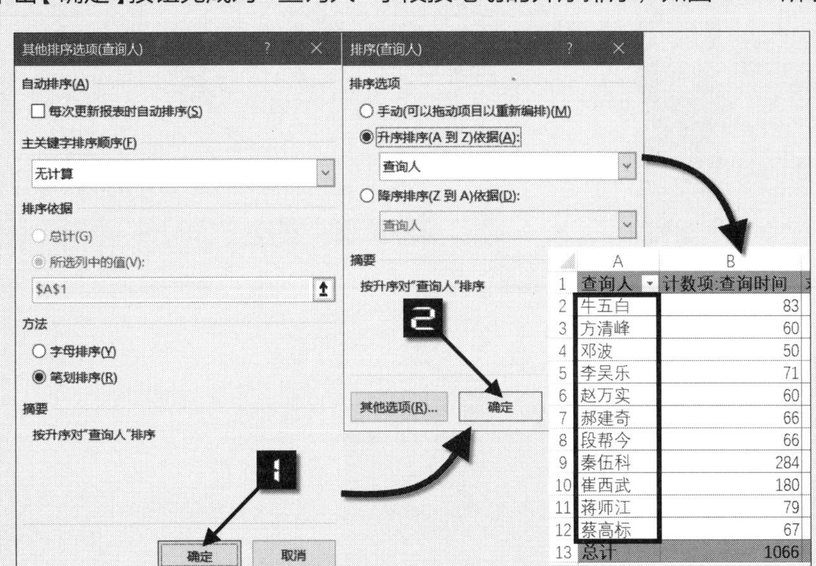

图 6-19　行字段按笔划升序排序

➲ V　自定义排序

Excel 内置了一些序列来帮助用户完成排序，如星期、月份、季度、天干、地支等，但是这些还不能满足用户的全部需求。日常工作中，用户往往需要以特定的规则进行排序，此时可以通过【编辑自定义列表】来创建一个序列，以此自定义序列进行排序。

示例6-7　对业务方向按自定义排序

在图 6-20 所示的数据透视表中，“业务方向”字段已经默认按字母排序，如果希望“业务方向”字段以特定的顺序（如“国际业务、信用卡、普惠金融、个贷”）排序，具体操作步骤如下。

	A	B	C
1	业务方向	计数项:查询时间	求和项:查询时长
2	个贷	291	2953
3	国际业务	285	3123
4	普惠金融	228	2235
5	信用卡	262	2746
6	总计	1066	11057

图 6-20　自定义排序前的数据透视表

步骤① 在排序前需要自定义一个序列，执行【文件】→【选项】命令，在弹出的【Excel 选项】对话框中选择【高级】选项卡，单击【编辑自定义列表】按钮，弹出【自定义序列】对话框，如图 6-21 所示。

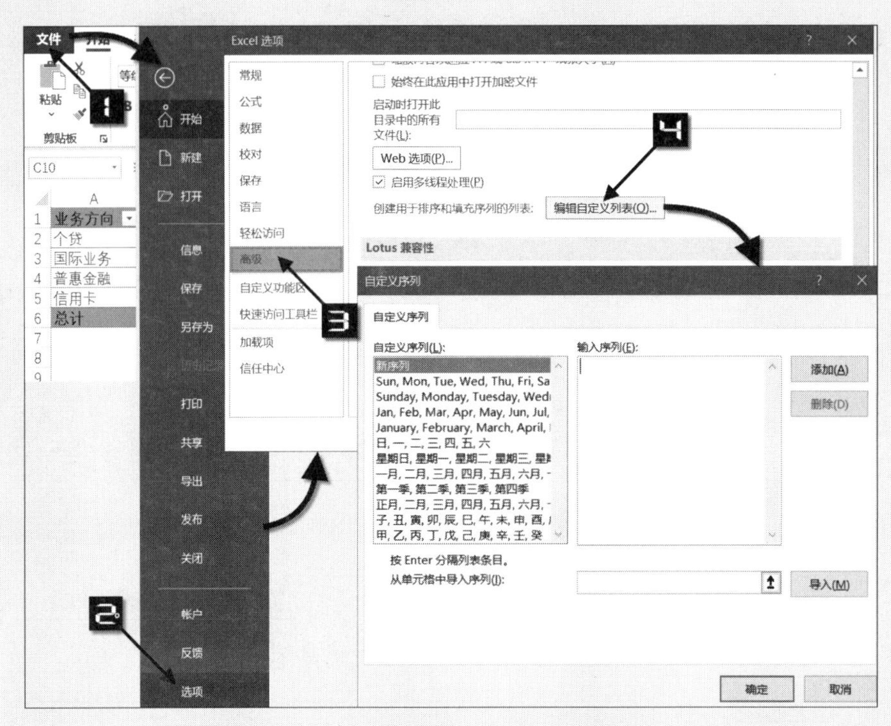

图 6-21　编辑自定义列表

步骤② 在【自定义序列】对话框右侧的【输入序列】文本框中，按顺序依次输入“国际业务”“信用卡”“普惠金融”“个贷”，每输入一个条目后按<Enter>键。全部条目输入完成后单击【添加】按钮，此时在【自定义序列】对话框左侧的列表里已经显示出用户自定义的序列内容了，最后单击【确定】按钮完成设置，如图 6-22 所示。

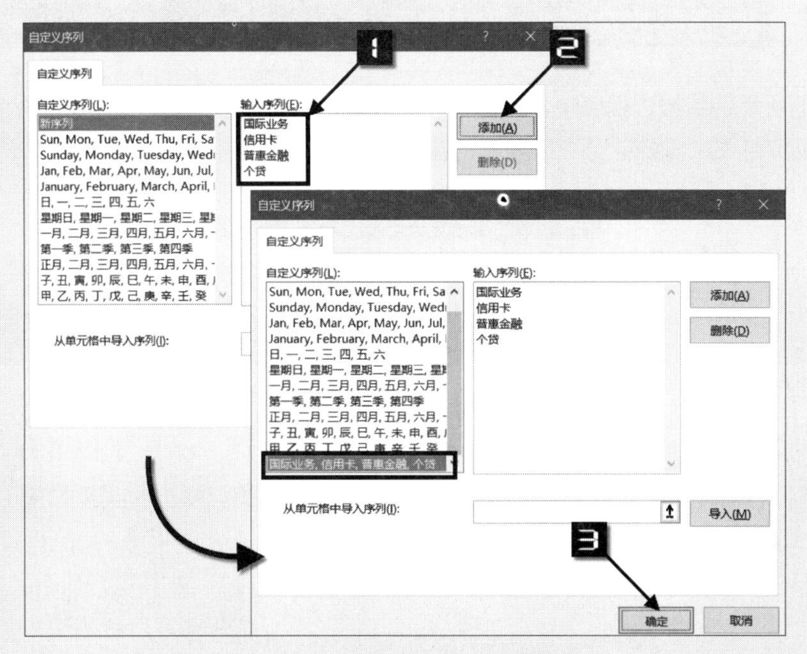

图 6-22　在自定义序列对话框添加自定义序列

步骤③ 选择“业务方向”字段下的任意数据项单元格（如A2）并右击，在弹出的快捷菜单中选择【排序】→【升序】命令即可，如图 6-23 所示。

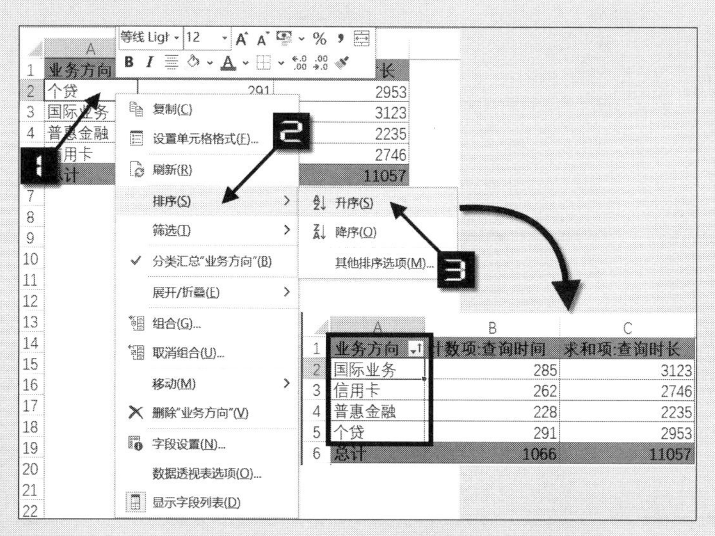

图 6-23　行字段按自定义排序

如果按以上操作步骤未能按照自定义序列排序，说明【排序时使用自定义列表】复选框未被选中。

选择数据透视表中的任意一个单元格并右击，在弹出的快捷菜单中选择【数据透视表选项】命令，在弹出的【数据透视表选项】对话框中选择【汇总和筛选】选项卡，选中【排序时使用自定义列表】复选框，单击【确定】按钮即可，如图 6-24 所示。

06章

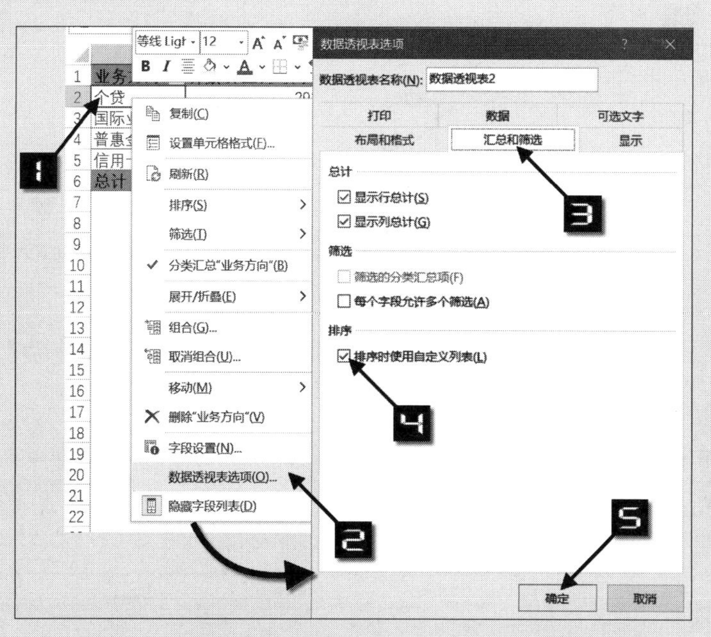

图 6-24　勾选【排序时使用自定义列表】复选框

此例中，如果不选中【排序时使用自定义列表】复选框，仍希望按“自定义序列”排序，则在步骤 3 弹出的快捷菜单中选择【排序】→【其他排序选项】命令，在弹出的【排序(业务方向)】对话框中选中【升序排序(A到Z)依据】单选按钮，单击【其他选项】按钮，如图 6-25 所示。

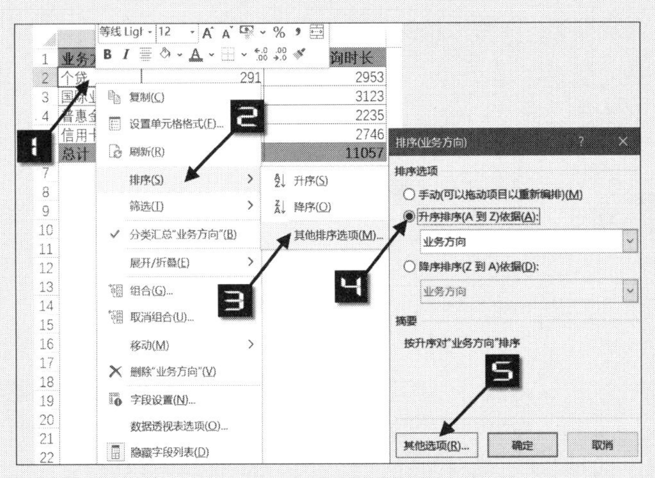

图 6-25　从快捷菜单进入其他选项对话框

步骤④ 在弹出的【其他排序选项(业务方向)】对话框中取消选中【每次更新报表时自动排序】复选框，单击【主关键字排序顺序】下的下拉按钮，在弹出的下拉列表中选择自定义的序列，单击【确定】按钮返回【排序(业务方向)】对话框，再次单击【确定】按钮完成设置，如图 6-26 所示。

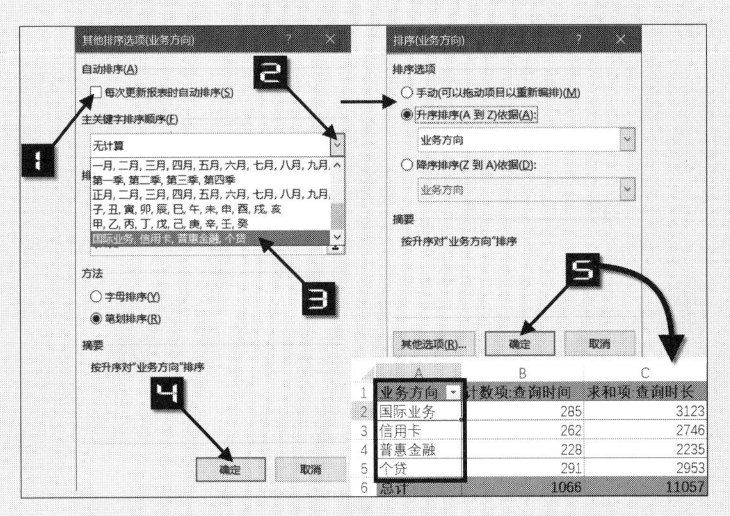

	A	B	C
1	业务方向	计数项:查询时间	求和项:查询时长
2	国际业务	285	3123
3	信用卡	262	2746
4	普惠金融	228	2235
5	个贷	291	2953
6	总计	1066	11057

图 6-26　从【其他选项】选择自定义排序

用【其他选项】对话框完成的自定义排序，字段筛选下拉列表中不会出现排序标记。而用【升序】命令完成的自定义排序，字段筛选下拉列表中会出现排序标记。

Ⅵ　关闭自动排序

自动排序后，筛选下拉按钮由 ▾ 变为 ▾↑ 或 ▾↓，无法恢复，除非关闭自动排序。可以打开相应字段的【排序】对话框，选中【排序选项】下的【手动(可以拖动项目以重新编排)】单选按钮，然后单击【确定】按钮，恢复手动排序，如图 6-27 所示。

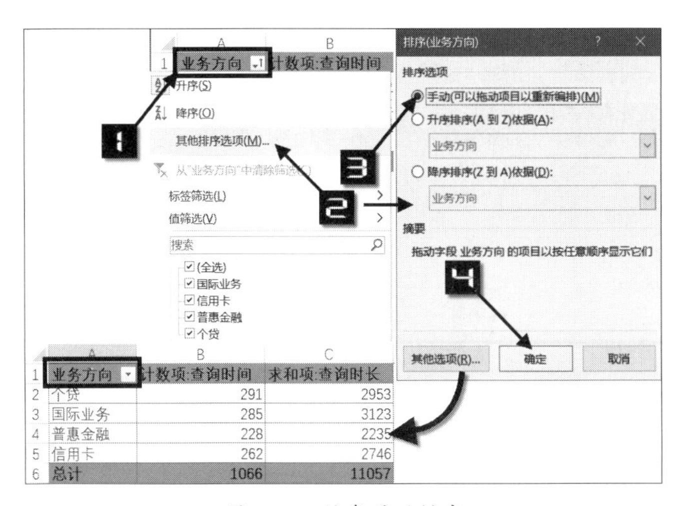

图 6-27　恢复手动排序

也可以手动拖曳任意一个数据项进行手动排序，再拖曳回原位置，即可恢复手动排序。

6.1.5　对【筛选区域】的字段排序

在数据透视表中，用户不能直接对【筛选区域】的字段进行排序，如果希望对其进行排序，则需要先将【筛选区域】的字段移动至【行区域】或【列区域】内进行排序，排序完成后再移动至【筛选区域】。

示例6-8　对筛选区域的字段进行排序

图 6-28 所示的数据透视表中，“机构类别”字段布局在【筛选区域】，默认按“自定义序列”排序。如果希望该字段按字母升序排序，具体操作步骤如下。

步骤① 在【数据透视表字段列表】中将“机构类别”字段由【筛选区域】移至【行区域】，生成如图 6-29 所示的数据透视表。

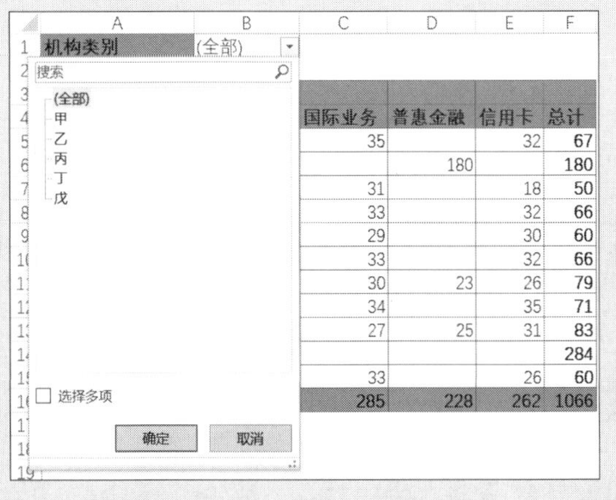

图 6-28　筛选区域字段默认排序

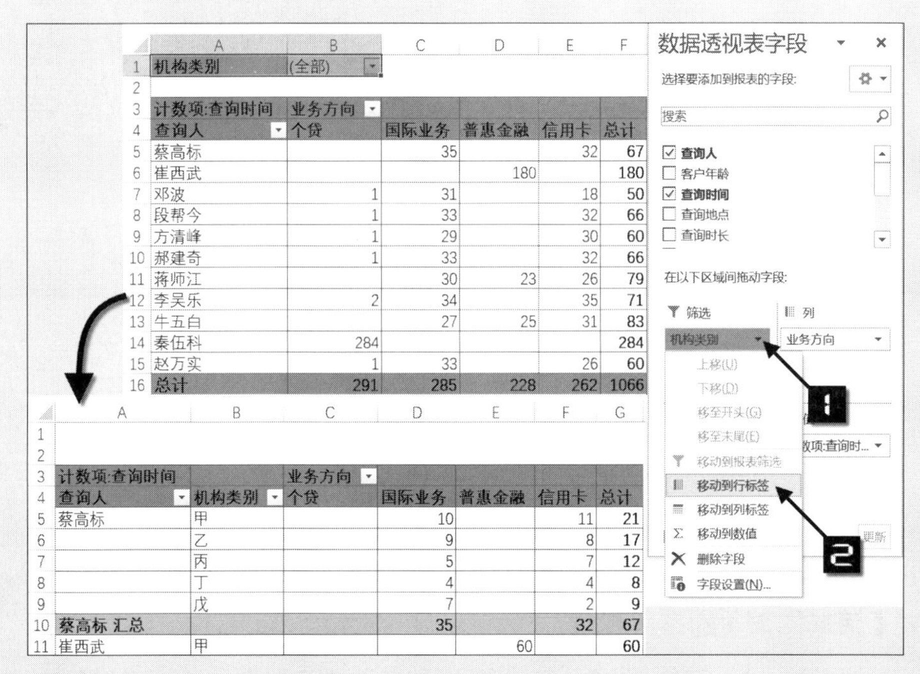

图 6-29　将【筛选区域】字段移至【行区域】

步骤② 在数据透视表中的任意一个单元格（如A3）上单击鼠标右键，在弹出的快捷菜单中选择【数据透视表选项】命令，在弹出的【数据透视表选项】对话框中单击【汇总和筛选】选项卡，取消勾选【排序时使用自定义列表】复选框，单击【确定】按钮，如图 6-30 所示。

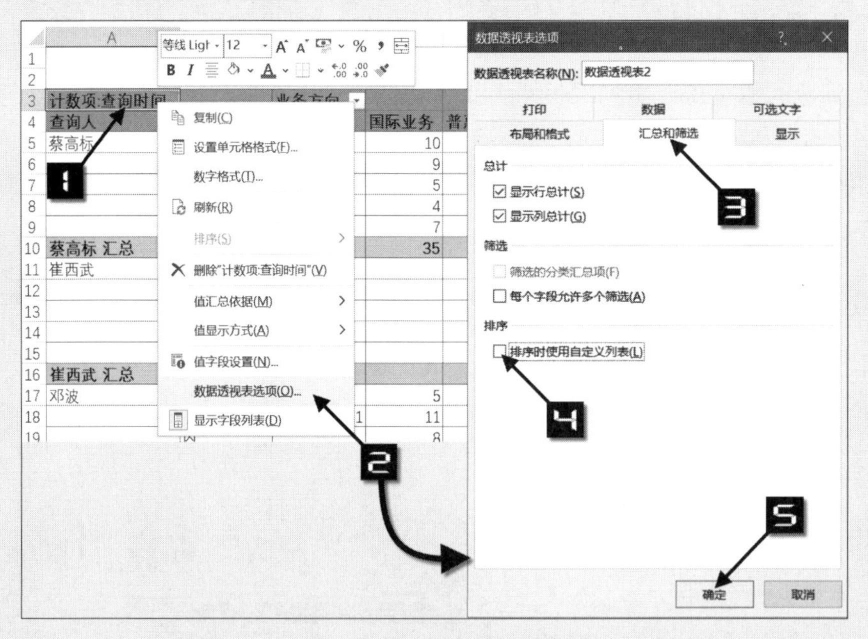

图 6-30　取消勾选【排序时使用自定义列表】复选框

步骤③ 在数据透视表“机构类别”字段下的任意一个单元格（如B6）上右击，在弹出的快捷菜单中选择【排序】→【升序】命令，如图 6-31 所示。

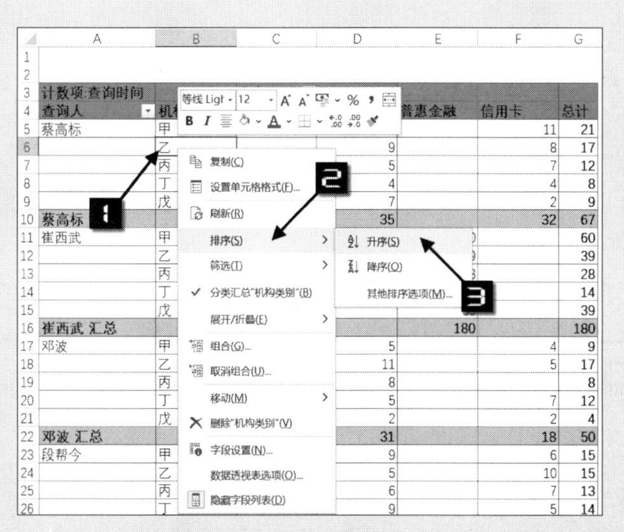

图 6-31　利用快捷菜单为【行区域】字段排序

步骤④ 在【数据透视表字段】列表中将【行区域】的“机构类别”字段拖回至【筛选区域】，如图 6-32 所示。

图 6-32　排序后的【行区域】字段拖回至【筛选区域】

6.2　数据透视表筛选

Excel 内置了丰富的筛选条件，用户可以在数据透视表中方便、高效地应用这些筛选功能。

6.2.1　利用字段筛选下拉列表进行筛选

示例6-9　利用字段筛选下拉列表查询特定数据

在图 6-33 所示的数据透视表中，如果希望查询除“BJDL”和“BYL”两个机构以外的其他机构的查询次数，其方法如下。

单击“机构”字段的筛选下拉按钮，在弹出的下拉列表中取消勾选【BJDL】和【BYL】复选框，然后单击【确定】按钮，完成对“机构”字段的筛选，如图 6-34 所示。

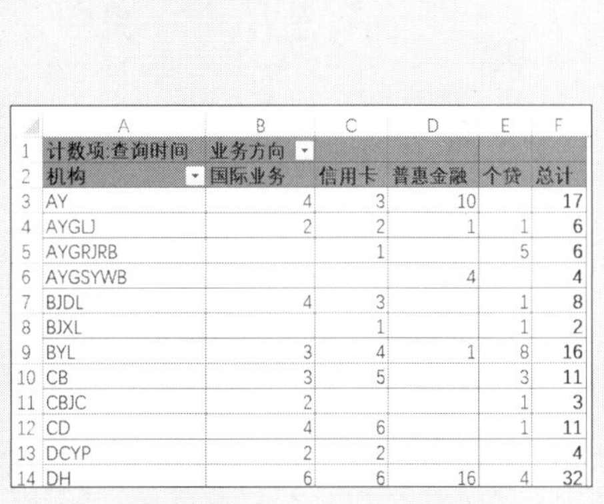

计数项:查询时间	业务方向				
机构	国际业务	信用卡	普惠金融	个贷	总计
AY	4	3	10		17
AYGLJ	2	2	1	1	6
AYGRJRB		1		5	6
AYGSYWB			4		4
BJDL	4	3		1	8
BJXL		1		1	2
BYL	3	4	1	8	16
CB	3	5		3	11
CBJC	2			1	3
CD	4	6		1	11
DCYP	2	2			4
DH	6	6	16	4	32

图 6-33　利用筛选列表查询前的数据透视表

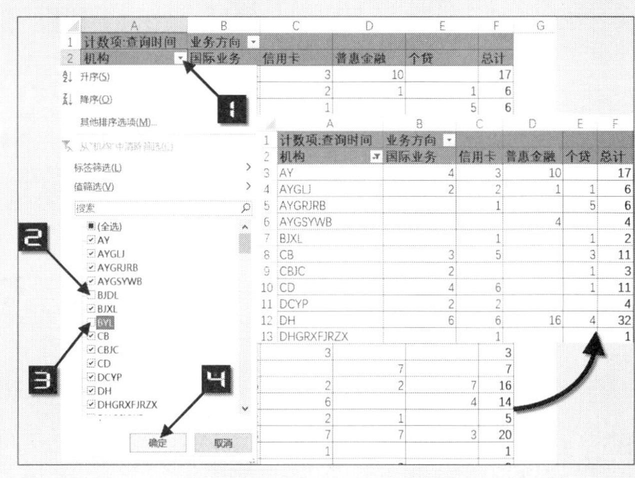

图 6-34　使用字段筛选列表筛选数据透视表

6.2.2　利用标签筛选命令进行筛选

示例6-10　利用标签筛选命令快速筛选数据项

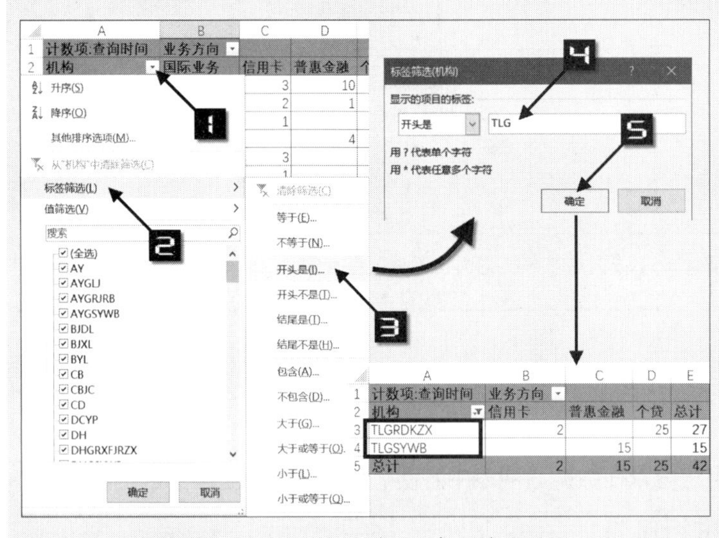

图 6-35　使用【标签筛选】命令筛选数据

仍以图 6-33 所示的数据透视表为例，如果希望查询“机构”字段中以“TLG”开头的机构数据，其方法如下。

单击“机构”字段的筛选下拉按钮，在弹出的下拉列表中执行【标签筛选】→【开头是】命令，在弹出的【标签筛选(机构)】对话框中的文本框中输入“TLG”，单击【确定】按钮，完成对数据透视表的筛选，如图 6-35 所示。

使用【标签筛选】时，可以配合使用通配符。“?”表示单个字符，“*”表示任意多个字符，当要筛选的关键词本身含有“?”或“*”时，需要在“?”或“*”前加转义符“~”，以表示此时“?”或

“*”只作为普通字符，如表 6-1 所示。

表 6-1　筛选时配合使用通配符举例

通配符	所筛选的内容为
GR*	筛选以“GR”开头的内容
*Z	筛选以“Z”结尾的内容
H??	筛选首字符为“H”的三个字符内容
H?*	筛选首字符为“H”的至少有两个字符的内容
?X	筛选结尾字符为“X”的两个字符内容
~*	筛选包含“*”的内容
~~	筛选包含“~”的内容

6.2.3　利用值筛选命令进行筛选

Ⅰ　筛选最大前 5 项数据

示例6-11　筛选累计查询次数前5名的人员

在图 6-36 所示的数据透视表中，如果希望筛选出累计查询次数前 5 名的人员，具体操作如下。

步骤① 单击“查询人”字段的筛选下拉按钮，在弹出的下拉列表中执行【值筛选】→【前 10 项】命令，弹出【前 10 个筛选(查询人)】对话框，如图 6-37 所示。

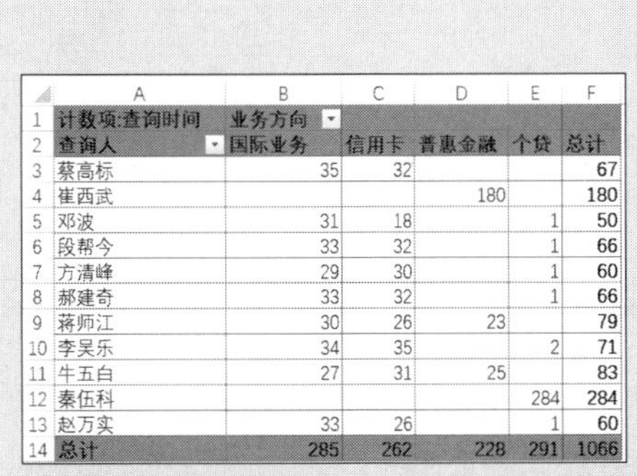

	A	B	C	D	E	F
1	计数项:查询时间	业务方向				
2	查询人	国际业务	信用卡	普惠金融	个贷	总计
3	蔡高标	35	32			67
4	崔西武			180		180
5	邓波	31	18		1	50
6	段帮今	33	32		1	66
7	方清峰	29	30		1	60
8	郝建奇	33	32		1	66
9	蒋师江	30	26	23		79
10	李昊乐	34	35		2	71
11	牛五白	27	31	25		83
12	秦伍科				284	284
13	赵万实	33	26		1	60
14	总计	285	262	228	291	1066

图 6-36　筛选最大项之前的数据透视表

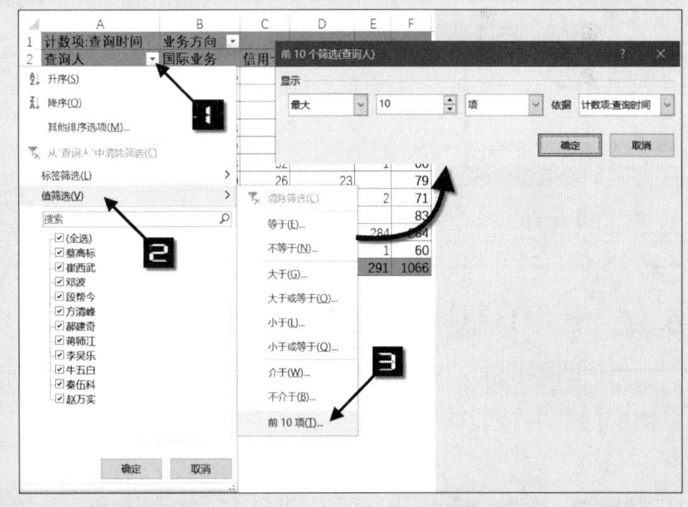

图 6-37　进入【前 10 个筛选】对话框

步骤② 在【前 10 个筛选(查询人)】对话框中将【显示】的默认值“10”更改为“5”，单击【确定】按钮完成设置，如图 6-38 所示。

此例中，可以在“查询人”字段的任意一个单元格(如A3)上右击，在弹出的快捷菜单中选择

【筛选】→【前 10 个】，一样可以进入【前 10 个筛选(查询人)】对话框，如图 6-39 所示。

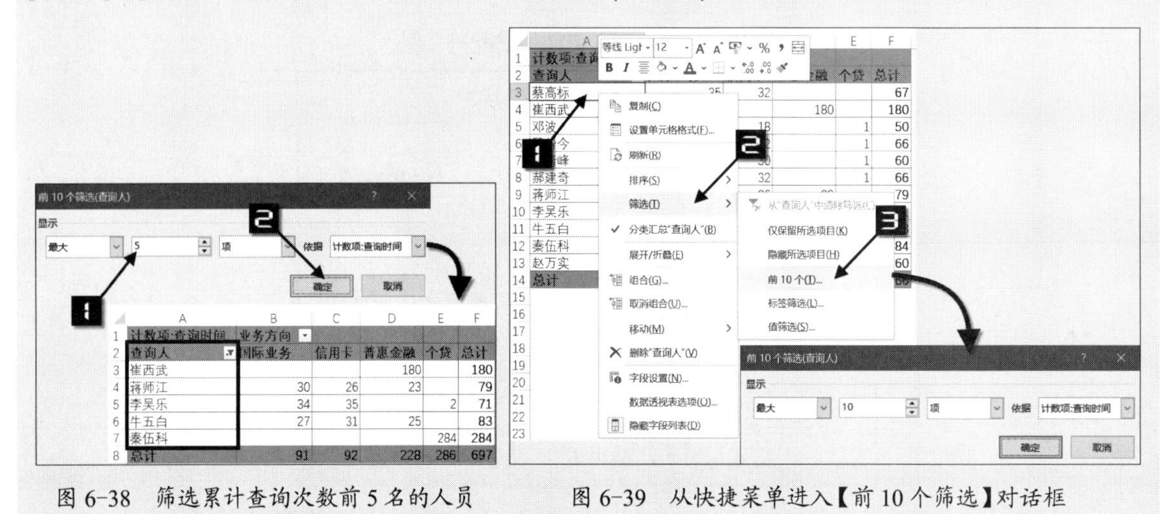

图 6-38　筛选累计查询次数前 5 名的人员　　　图 6-39　从快捷菜单进入【前 10 个筛选】对话框

➲ Ⅱ　筛选最小 30% 的数据

示例6-12　筛选最小30%的数据

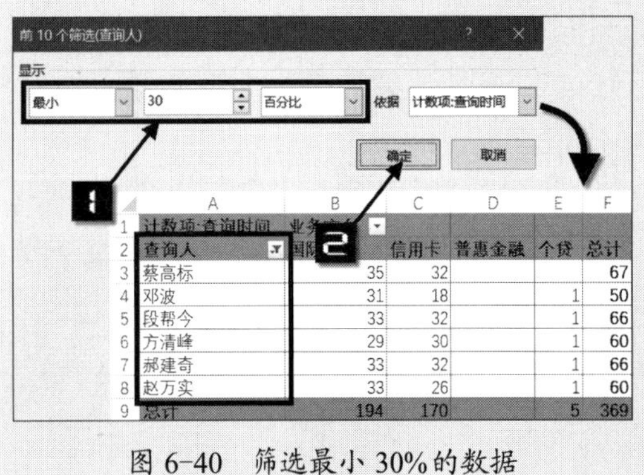

图 6-40　筛选最小 30% 的数据

仍以图 6-36 所示的数据透视表为例，如果希望查询累计查询次数最小 30% 的记录，具体操作步骤如下。

步骤① 重复示例 6-11 中的步骤 1 操作。

步骤② 在【前 10 个筛选(查询人)】对话框左侧的下拉列表中选择【最小】，在中间的文本框中输入“30”，在右侧下拉列表中选择“百分比”，单击【确定】按钮完成筛选，如图 6-40 所示。

6.2.4　使用日期筛选

当日期格式的字段布局到数据透视表的【行区域】或【列区域】时，字段筛选按钮的下拉列表就会出现【日期筛选】命令。

示例6-13　显示本周查询次数

在图 6-41 所示的数据透视表中，如果希望显示本周的查询次数，方法如下。

单击“查询时间”字段的筛选下拉按钮，在弹出的下拉列表中执行【日期筛选】→【本周】命令，如图 6-42 所示。

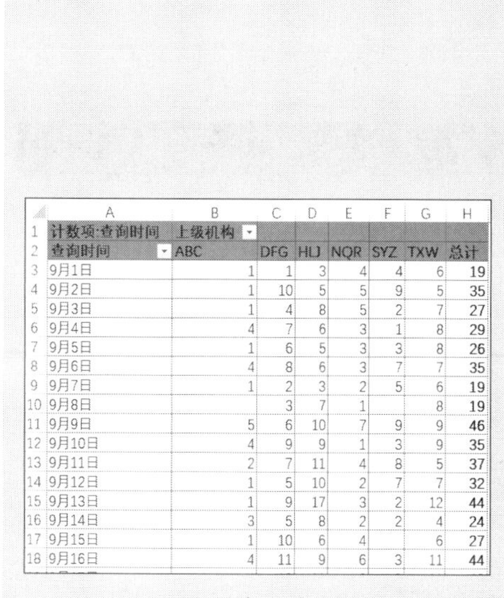

计数项:查询时间	上级机构						
查询时间	ABC	DFG	HIJ	NQR	SYZ	TXW	总计
9月1日	1	1	3	4	4	6	19
9月2日	1	10	5	5	9	5	35
9月3日	1	4	8	5	2	7	27
9月4日	4	7	6	3	1	8	29
9月5日	1	6	5	3	3	8	26
9月6日	4	8	6	3	7	7	35
9月7日	1	2	3	2	5	6	19
9月8日		3	7	1		8	19
9月9日	5	6	10	7	9	9	46
9月10日	4	9	9	1	3	9	35
9月11日	2	7	11	4	8	5	37
9月12日	1	5	10	2	7	7	32
9月13日	1	9	17	3	2	12	44
9月14日	3	5	8	2	2	4	24
9月15日	1	10	6	4		6	27
9月16日	4	11	9	6	3	11	44

图 6-41　日期筛选前的数据透视表

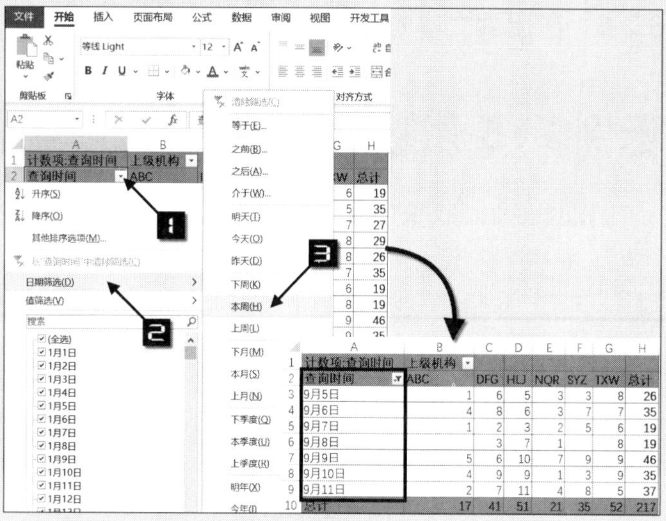

图 6-42　筛选本周查询次数

6.2.5　使用字段筛选列表的搜索框筛选

与普通数据区域的自定义筛选一样，数据透视表字段的筛选下拉列表也有方便用户查询的搜索框。筛选搜索框输入的文字，表示搜索包含该文字的数据项。筛选搜索框可以使用通配符。

示例6-14　筛选包含“GR”的机构

仍以图 6-33 所示的数据透视表为例，如果希望查询“机构”字段中包含字符“GR”的机构，方法如下。单击“机构”字段的筛选下拉按钮，在弹出的下拉列表的【搜索】文本框中输入“GR”，单击【确定】按钮完成筛选，如图 6-43 所示。

提示

在【搜索】文本框中输入“GR”，相当于使用通配符搜索“*GR*”。而在【搜索】文本框中输入“GR*”，则表示搜索以“GR”开头的数据项。

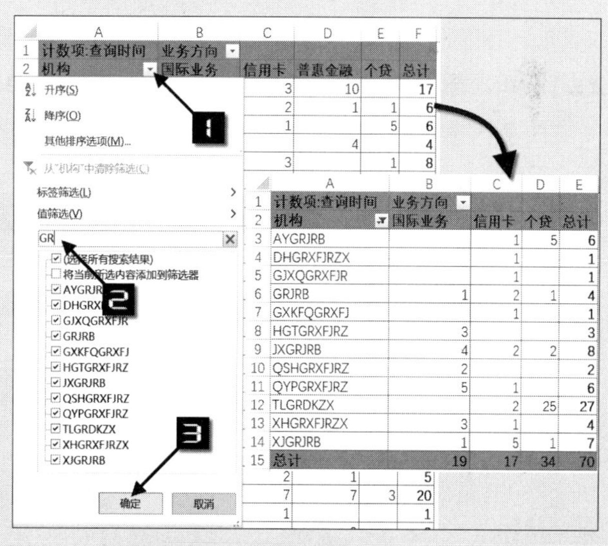

计数项:查询时间	业务方向			
机构	国际业务	信用卡	个贷	总计
AYGRJRB		1	5	6
DHGRXFJRZX		1		1
GJXQGRXFJR		1		1
GRJRB	1	2	1	4
GXKFQGRXFJ		1		1
HGTGRXFJRZ	3			3
JXGRJRB	4	2	2	8
QSHGRXFJRZ	2			2
QYPGRXFJRZ	5	1		6
TLGRDKZX		2	25	27
XHGRXFJRZX	3	1		4
XJGRJRB	1	5	1	7
总计	19	17	34	70

图 6-43　筛选包含“GR”的机构

注意

【标签筛选】和【搜索】文本框筛选，无数据的列不显示。

6.2.6　在搜索文本框中进行多关键词搜索

示例6-15　筛选两个关键词的机构

仍以图 6-33 所示的数据透视表为例，如果希望查询“机构”字段中以“GR”开头的机构和包含“KF”的机构，具体操作步骤如下。

步骤① 单击“机构”字段的筛选下拉按钮，在弹出的下拉列表的【搜索】文本框中输入“GR*”，单击【确定】按钮，完成对以“GR”开头的机构的查询，如图 6-44 所示。

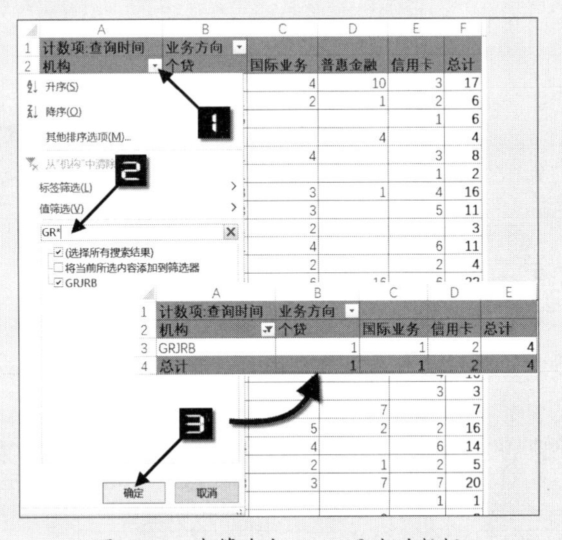

图 6-44　先筛选出以 GR 开头的数据

步骤② 再次单击“机构”字段的筛选下拉按钮，在弹出的下拉列表的【搜索】文本框中输入“KF”，同时选中【将当前所选内容添加到筛选器】复选框，单击【确定】按钮，如图 6-45 所示。

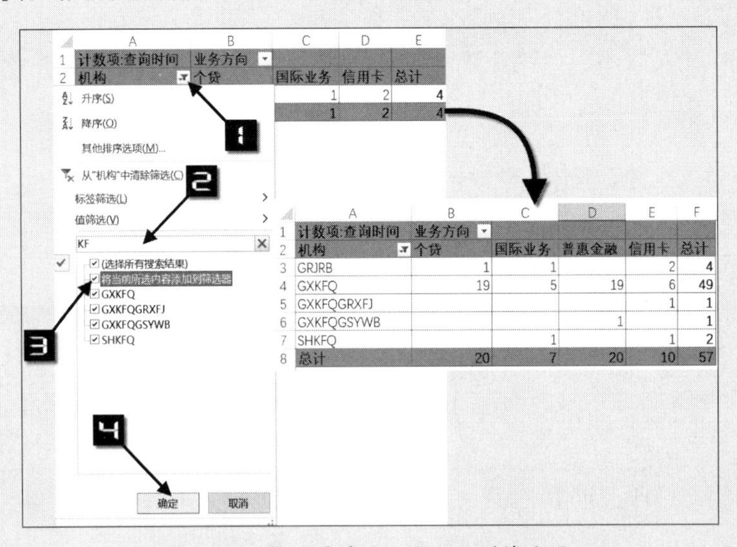

图 6-45　将当前筛选内容添加到筛选器

6.2.7 同时对标签和值筛选

示例6-16 对标签和值设定条件的筛选

以图 6-33 所示的数据透视表为例，如果希望筛选“机构”字段中包含“GR”，同时行总计值大于 4 的数据项，具体操作步骤如下。

步骤① 重复示例 6-14 的步骤，利用【搜索】文本框筛选包含“GR”的机构。

步骤② 选择数据透视表中的任意一个单元格（如A2），依次单击【数据透视表分析】选项卡→【选项】按钮，在弹出的【数据透视表选项】对话框中，单击【汇总和筛选】选项卡，选中【每个字段允许多个筛选】复选框，单击【确定】按钮，如图 6-46 所示。

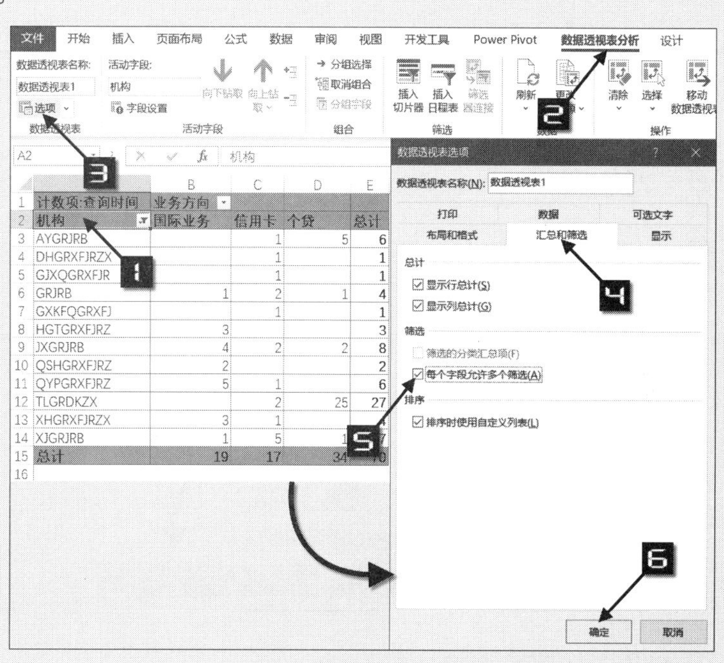

图 6-46 选中【每个字段允许多个筛选】复选框

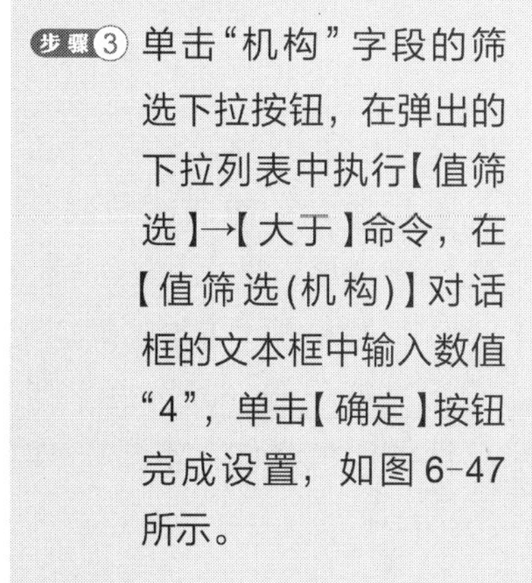

步骤③ 单击“机构”字段的筛选下拉按钮，在弹出的下拉列表中执行【值筛选】→【大于】命令，在【值筛选（机构）】对话框的文本框中输入数值“4”，单击【确定】按钮完成设置，如图 6-47 所示。

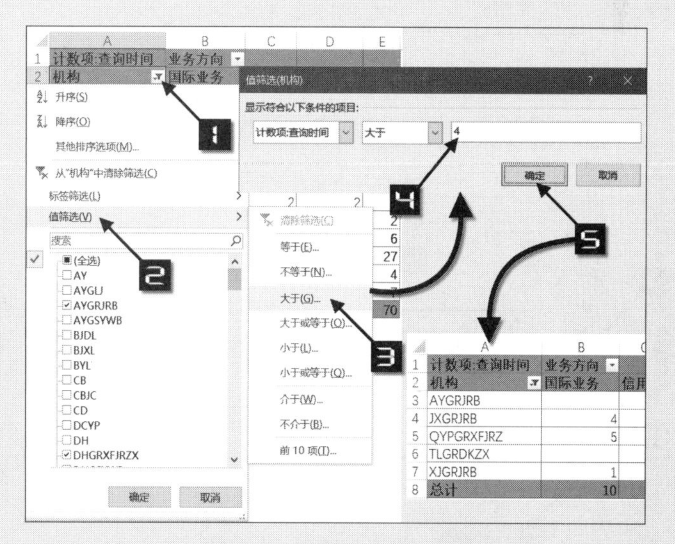

图 6-47 完成标签筛选和值筛选

根据本书前言的提示，可观看“对标签和值设定条件的筛选”的视频讲解。

6.2.8　筛选时保持总计值不变

在数据透视表中，当行列字段处于筛选状态时，总计值会随着可视值数据的变化而变化。如果希望在筛选时保持总计值不变，需要将数据源导入数据模型，以数据模型生成数据透视表。

示例6-17　筛选时保持汇总值不变

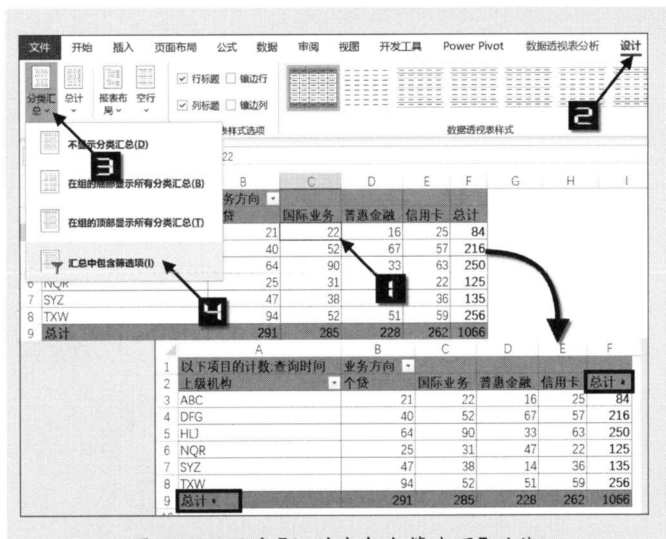

图 6-48　开启【汇总中包含筛选项】功能

步骤① 选择模型数据透视表的任意一个单元格(如C3),依次单击【数据透视表设计】选项卡→【分类汇总】按钮→【汇总中包含筛选项】命令，“总计”标签增加了一个“*”显示，如图 6-48 所示。

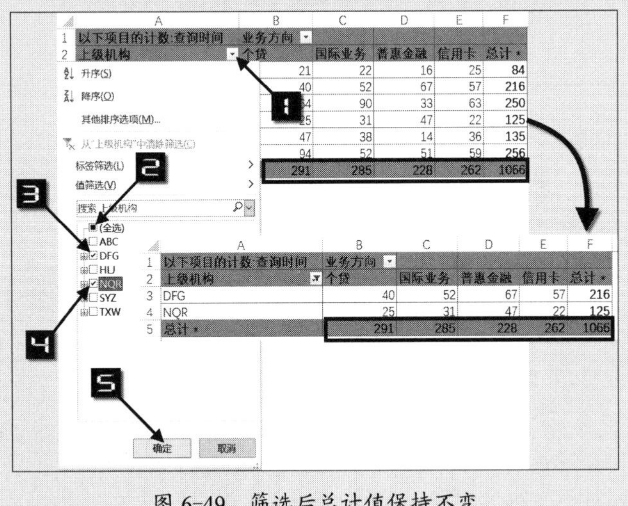

图 6-49　筛选后总计值保持不变

步骤② 单击“上级机构”字段的筛选下拉按钮，取消选中【(全选)】复选框，选中【DFG】和【NQR】复选框，单击【确定】按钮完成设置。筛选后，列总计值没有变化，如图 6-49 所示。

6.2.9 自动筛选

数据透视表的筛选与普通数据区域的自动筛选有着本质的不同。数据透视表筛选，不满足条件的记录不会进入数据透视表，而自动筛选，不满足条件的记录只是在原位置折叠隐藏，行号呈蓝色显示。

当数据透视表的【列区域】有字段时，【值筛选】命令都是对【行总计】或【列总计】的筛选，无法分别对各列筛选。此时可以将数据透视表视作普通数据区域，借助 Excel 的自动筛选功能达到目的。

示例6-18 筛选某一列符合条件的数据

仍以图 6-31 所示的数据透视表为例，如果希望得到“国际业务”列查询次数超过 5 次的记录，具体操作步骤如下。

步骤① 选中与数据透视表行总计标题（F2 单元格）相邻的单元格 G2，在【数据】选项卡中单击【筛选】按钮，如图 6-50 所示。

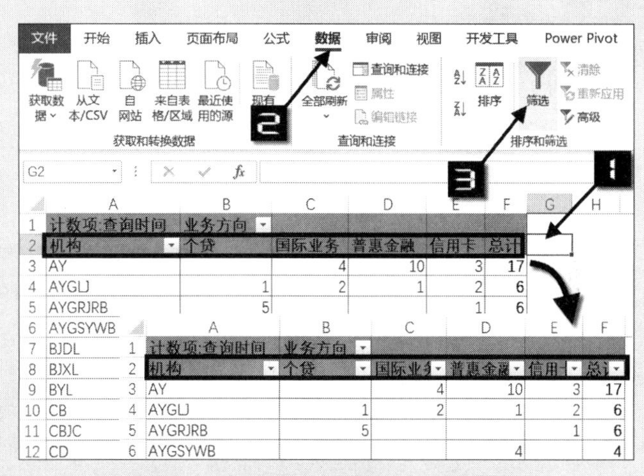

图 6-50 为数据透视表添加筛选按钮

步骤② 单击“国际业务”字段的筛选下拉按钮，在弹出的下拉列表中执行【数字筛选】→【大于】命令，在弹出的【自定义自动筛选方式】对话框的文本框中输入数值“5”，单击【确定】按钮完成筛选，如图 6-51 所示。

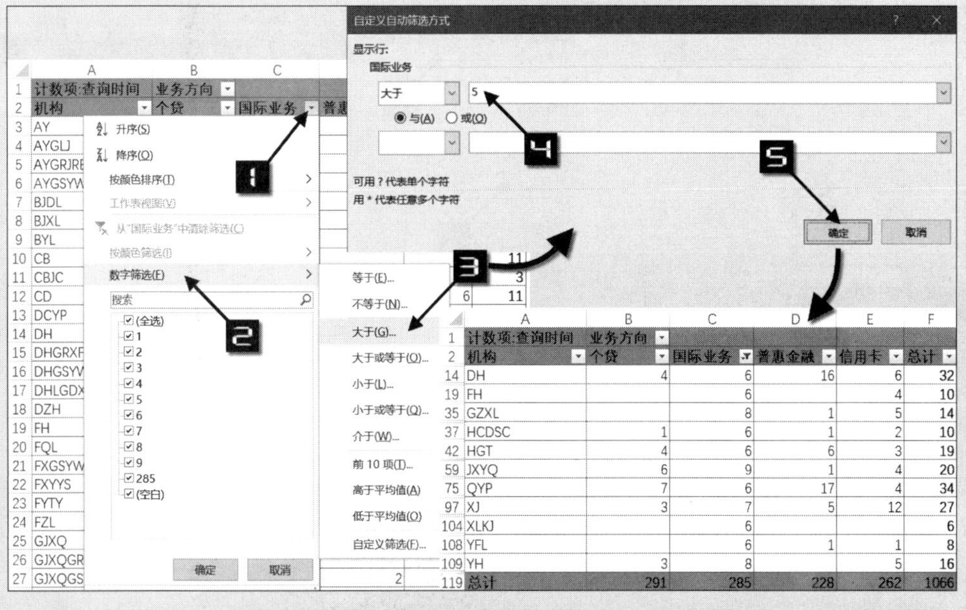

图 6-51 利用自动筛选显示某列符合条件的数据

将数据透视表看作普通数据区域使用自动筛选功能时，数据透视表的【列总计】作为数据区域的一部分参与筛选，总计值不会因筛选而改变。

根据本书前言的提示，可观看“筛选某一列符合条件的数据”的视频讲解。

6.2.10 自动筛选与值筛选的冲突

使用自动筛选时，数据透视表原有的筛选下拉按钮变成自动筛选下拉按钮，原有筛选功能不能通过筛选下拉按钮实现。

示例6-19 筛选总计和某列值符合条件的数据

在图 6-52 所示的数据透视表中，禁用了【行总计】，如果希望筛选出总查询次数大于 10 次，同时“国际业务”查询次数大于 5 次的记录，具体操作步骤如下。

步骤① 单击“机构”字段的筛选下拉按钮，在弹出的列表中执行【值筛选】→【大于】命令，在弹出的【值筛选(机构)】文本框中输入数值“10”，单击【确定】按钮，首先完成对数据透视表【值筛选】的操作，如图 6-53 所示。

计数项:查询时间	业务方向			
机构	个贷	国际业务	普惠金融	信用卡
AY		4	10	3
AYGLJ	1	2	1	2
AYGRJRB	5			1
AYGSYWB			4	
BJDL	1	4		3
BJXL	1			1
BYL	8	3	1	4
CB	3	3		5
CBJC	1	2		

图 6-52 值筛选与自动筛选组合使用前的数据透视表

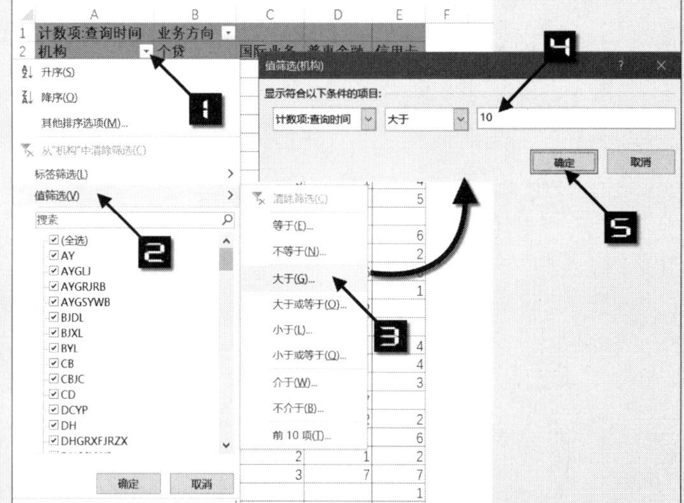

图 6-53 首先完成【值筛选】

步骤② 选择F2 单元格，依次单击【数据】选项卡→【筛选】按钮，如图 6-54 所示。

步骤③ 重复示例 6-19 中步骤 2 的操作，完成自动筛选，如图 6-55 所示。

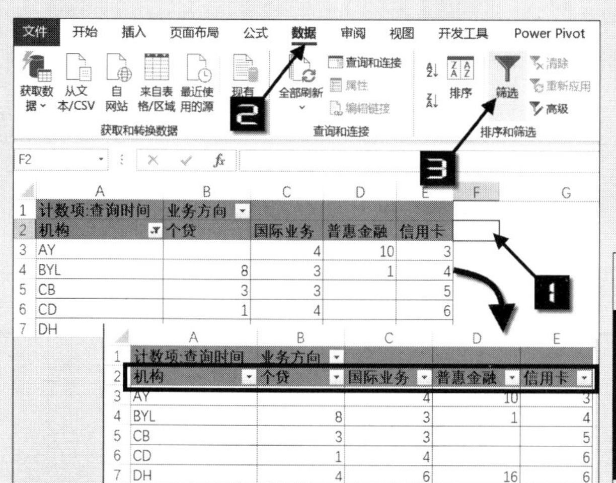

图 6-54　为完成值筛选的数据透视表添加自动筛选按钮

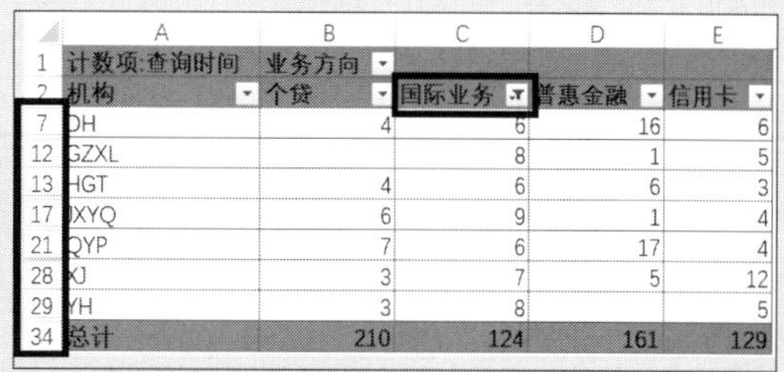

图 6-55　【值筛选】之后进行自动筛选

数据透视表的【值筛选】命令虽然是对总计值的筛选，但【行总计】或【列总计】可以禁用。

同样的数据透视表，如果用户希望筛选出“国际业务”查询次数大于所有机构查询次数的平均值，同时总查询次数大于 10 次的记录，具体操作步骤如下。

步骤① 选择数据透视表中的任意一个单元格（如C3），依次单击【数据透视表设计】选项卡→【总计】→【仅对行启用】命令，如图 6-56 所示。

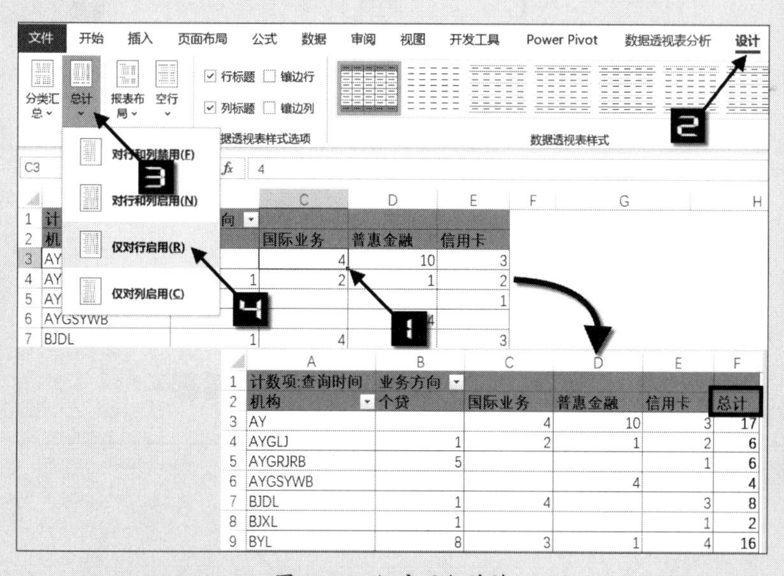

图 6-56　仅启用行总计

步骤② 重复示例 6-19 中步骤 1 的操作，启动自动筛选。

步骤③ 单击“国际业务”字段的筛选下拉按钮，在弹出的下拉列表中执行【数字筛选】→【高于平均值】命令，如图 6-57 所示。

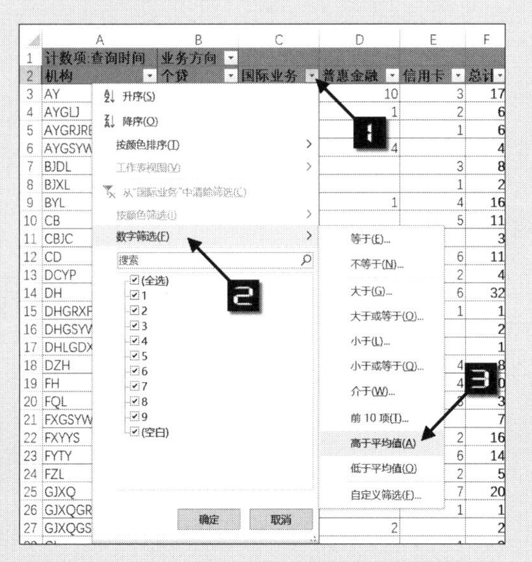

图 6-57　自动筛选高于平均值的数据

步骤④ 单击“总计”字段的筛选下拉按钮，在弹出的下拉列表中执行【数字筛选】→【大于】命令，在弹出的【自定义自动筛选方式】对话框的文本框中输入数值“10”，单击【确定】按钮，如图 6-58 所示。

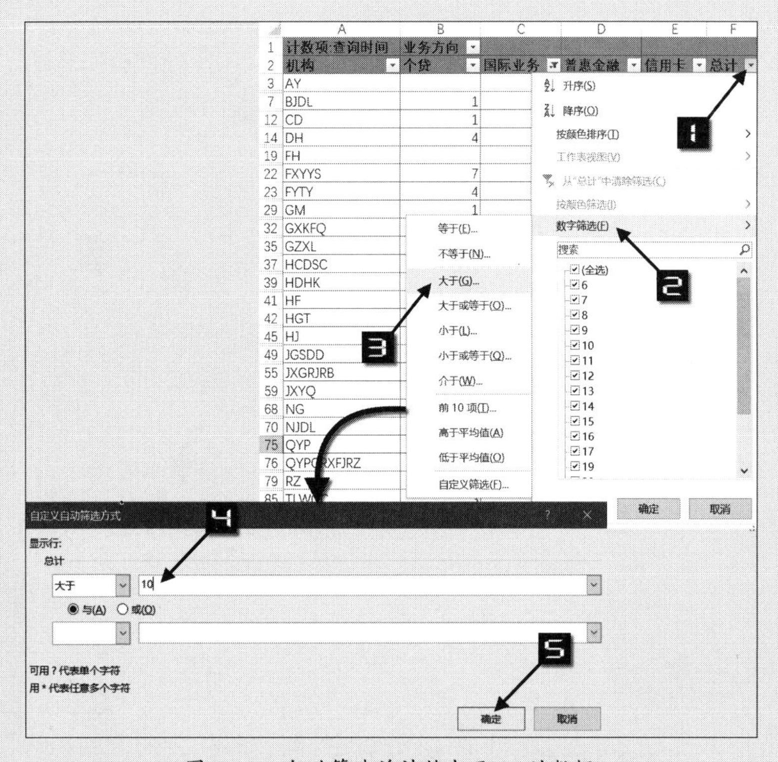

图 6-58　自动筛选总计值大于 10 的数据

步骤⑤ 选择数据透视表中的任意一个单元格（如 C3），依次单击【数据透视表设计】选项卡→【总计】→【仅对列启用】命令，如图 6-59 所示。

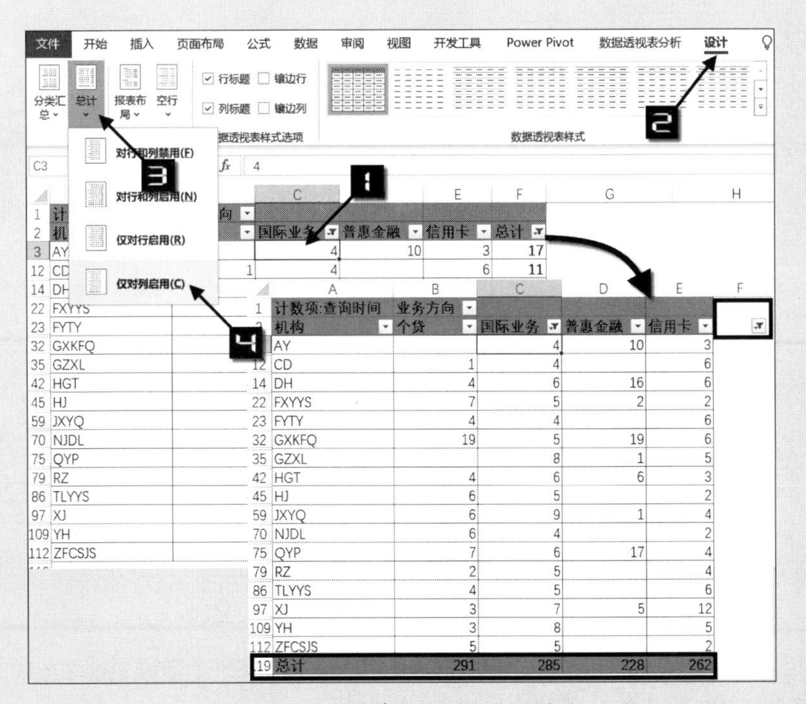

图 6-59　自动筛选后仅启用列总计

提示

自动筛选后无法通过字段筛选下拉按钮执行【值筛选】命令，虽然可以通过选择字段下的任意单元格并右击鼠标，在弹出的快捷菜单中执行【筛选】→【值筛选】命令，但筛选结果不正确。

6.2.11　清除数据透视表中的筛选

以示例 6-15 中筛选完成的数据透视表为例，清除数据透视表筛选的方法如下。

单击设置了筛选条件的字段的筛选下拉按钮，在本例中为“机构”字段，在弹出的下拉列表中选择【从“机构”中清除筛选】命令即可，如图 6-60 所示。

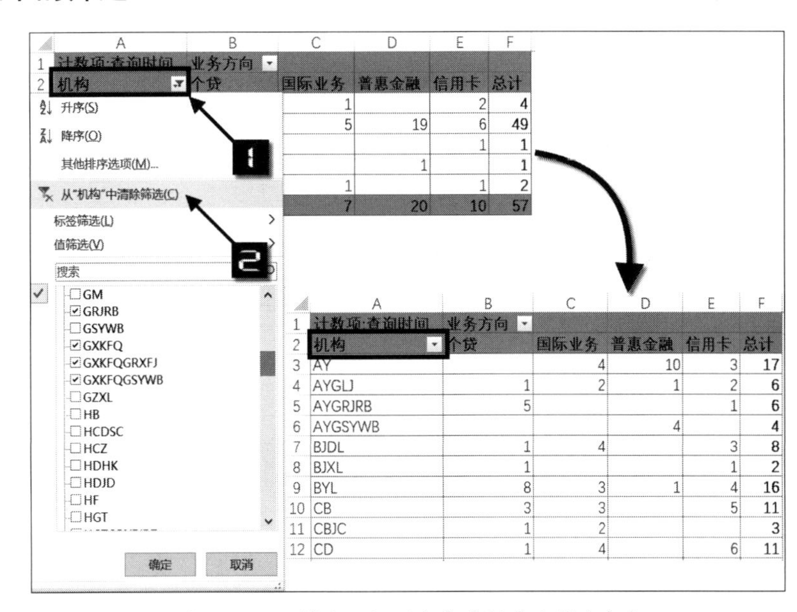

图 6-60　从筛选下拉列表中选择清除筛选命令

或在“机构”字段下的任意一个单元格（如 A4）上单击鼠标右键，在弹出的快捷菜单中执行【筛选】→【从“机构”中清除筛选】命令，如图 6-61 所示。

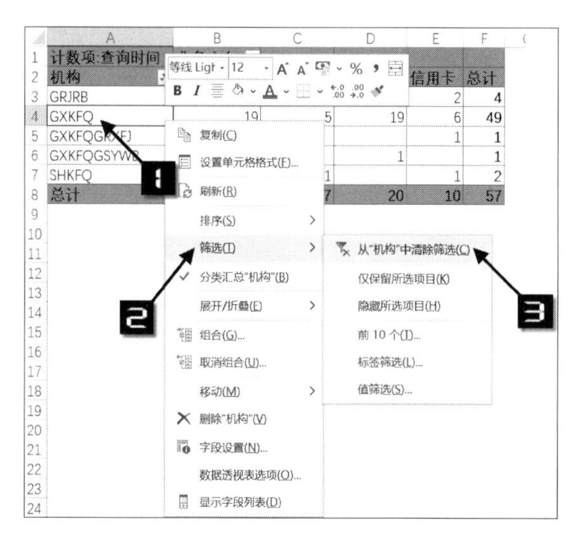

图 6-61　从快捷菜单中选择清除筛选命令

也可以选择数据透视表中的任意一个单元格（如 B3），依次单击【数据透视表分析】选项卡→【清除】按钮，选择【清除筛选】命令，如图 6-62 所示。

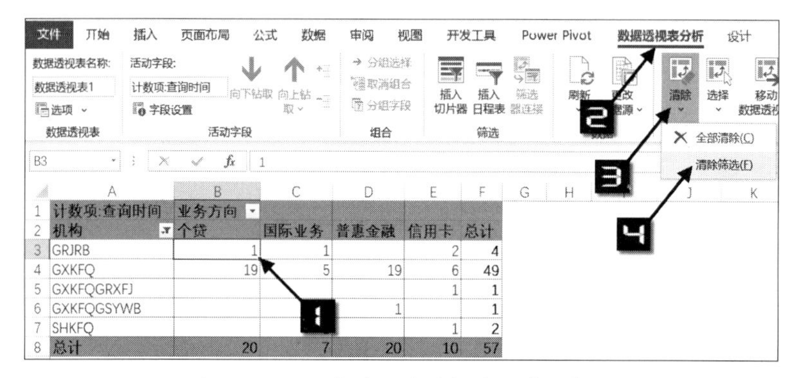

图 6-62　从分析选项卡选择清除筛选命令

第 7 章　数据透视表的切片器

“切片”的概念就是将物质切成极微小的横断面簿片，以观察其内部的组织结构，微软自 Excel 2010 版本开始新增了“切片器”功能，此功能不仅能够在数据表格中使用，还适用于数据透视表。

数据透视表的切片器实际上就是以一种图形化的筛选方式单独为数据透视表中的每个字段创建的一个选取器，浮于数据透视表之上，通过对选取器中字段项的筛选，实现了比字段下拉列表筛选按钮更加方便且灵活的筛选功能。

本章学习要点

（1）在数据透视表中插入切片器。

（2）共享切片器实现多个数据透视表联动。

（3）切片器字段项排序。

（4）设置切片器样式。

（5）隐藏切片器。

对数据透视表中的某些字段进行筛选后，数据透视表内显示的只是筛选后的结果，但如果需要看到对哪些数据项进行了筛选，只能到该字段的下拉列表中去查看，很不直观，尤其是当筛选内容有多个值的时候，如图 7-1 所示。

数据透视表应用切片器对字段进行筛选操作后，可以非常直观地查看该字段的所有数据项信息，如图 7-2 所示。

图 7-1　处于筛选状态下的数据透视表

图 7-2　数据透视表字段的下拉列表与切片器对比

7.1 切片器结构

共享后的切片器还可以应用到其他的数据透视表中，在多个数据透视表数据之间架起了一座桥梁，轻松地实现多个数据透视表联动。有关数据透视表的切片器结构如图 7-3 所示。

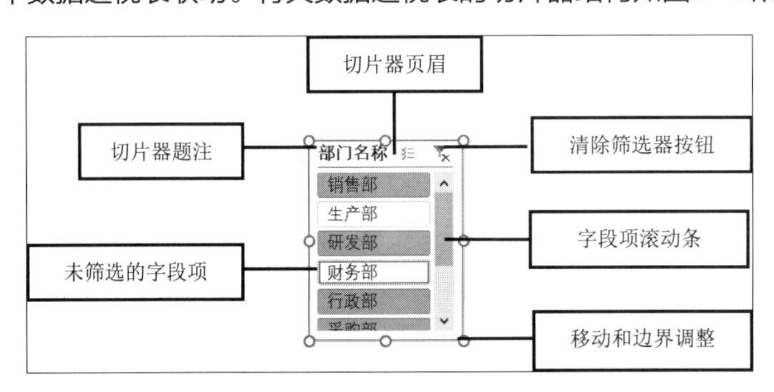

图 7-3　数据透视表的切片器结构

7.2 在数据透视表中插入切片器

	A	B	C	D
1	月份	(全部)		
2				
3	求和项:金额	费用分类		
4	部门名称	管理费用	销售费用	制造费用
5	财务部	157000		
6	采购部	79000		
7	审计部	40000		
8	生产部	135000		157000
9	市场部		48000	
10	销售部	132000	274000	
11	行政部	224000		
12	研发部	160000		
13	总计	927000	322000	157000

图 7-4　数据透视表

在数据透视表中批量插入切片器可以通过多种方式来实现。一种方式是利用【数据透视表分析】选项卡来插入切片器，另一种方式是通过【插入】选项卡插入切片器，或者通过【数据透视表字段】列表添加。数据透视表如图 7-4 所示。

示例7-1 为数据透视表插入第一个切片器

如果希望在图 7-4 所示的数据透视表中分别插入“部门名称”和“费用分类”字段的切片器，具体操作步骤如下。

方法一：

步骤① 选中数据透视表中的任意一个单元格（如A3），在【数据透视表分析】选项卡中单击【插入切片器】按钮，弹出【插入切片器】对话框，如图 7-5 所示。

步骤② 在【插入切片器】对话框中分别选中“部门名称”和“费用分类”复选框，单击【确定】按钮完成切片器的插入，如图 7-6 所示。

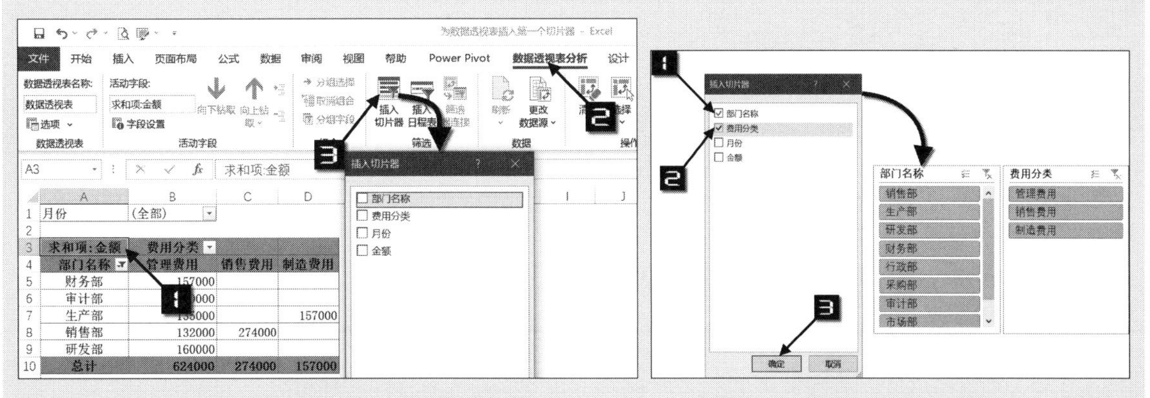

图 7-5　调出【插入切片器】对话框　　　　图 7-6　插入切片器

分别选择【部门名称】和【费用分类】切片器的字段项“生产部”和“制造费用”，数据透视表就会立即显示出筛选结果，如图 7-7 所示。

方法二：在【插入】选项卡中单击【切片器】按钮也可以调出【插入切片器】对话框，为数据透视表插入切片器，如图 7-8 所示。

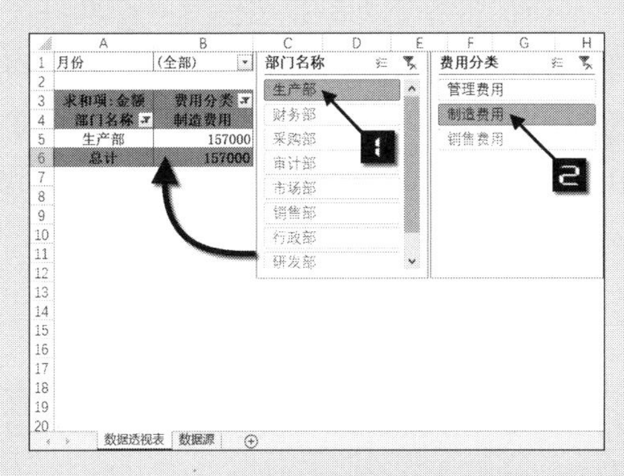

图 7-7　筛选切片器

图 7-8　利用【插入】选项卡调出【插入切片器】对话框

方法三：通过单击【数据透视表字段】，在需要添加为切片器的字段上右击鼠标，在弹出的快捷菜单中单击【添加为切片器】命令，可以将选中的字段添加为切片器。

图 7-9　利用【数据透视表字段】添加切片器

方法三与方法一、方法二的区别在于，方法一、方法二一次可以添加多个切片器，方法三一次只能添加一个切片器。

7.3 筛选多个字段项

在切片器筛选框内按住【Ctrl】键的同时可以使用鼠标选中多个字段项进行筛选，如图7-10所示。在切片器筛选框内，只要单击任意一个未被选中的项，即可取消多字段筛选。

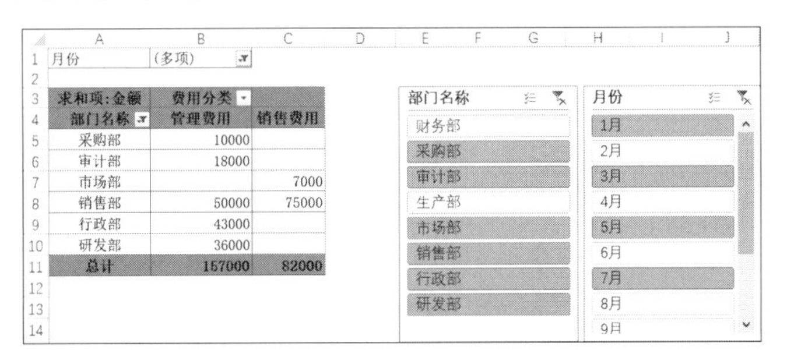

月份	(多项)	
求和项:金额	费用分类	
部门名称	管理费用	销售费用
采购部	10000	
审计部	18000	
市场部		7000
销售部	50000	75000
行政部	43000	
研发部	36000	
总计	157000	82000

图 7-10 切片器的多字段项筛选

7.3.1 共享切片器实现多个数据透视表联动

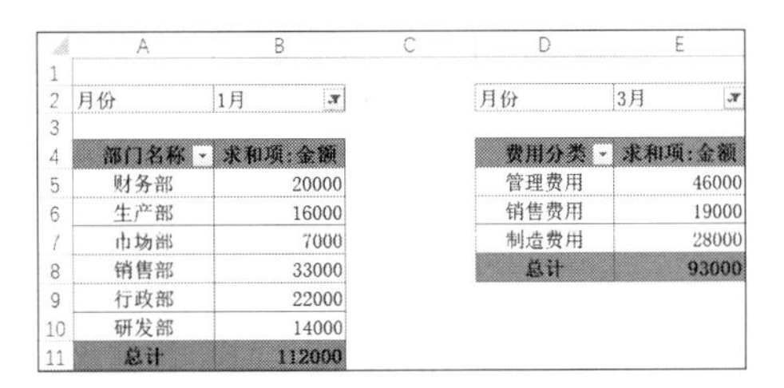

月份	1月
部门名称	求和项:金额
财务部	20000
生产部	16000
市场部	7000
销售部	33000
行政部	22000
研发部	14000
总计	112000

月份	3月
费用分类	求和项:金额
管理费用	46000
销售费用	19000
制造费用	28000
总计	93000

图 7-11 不同分析角度的数据透视表

图 7-11 所示的数据透视表是依据同一个数据源创建的不同分析角度的数据透视表，分别按部门名称和费用分类进行分析，对筛选器字段“月份”在各个数据透视表中分别进行不同的筛选后，数据透视表显示出不同的结果。

示例7-2 多个数据透视表联动

通过在切片器内设置数据透视表连接，使切片器实现共享，从而使多个数据透视表进行联动，每当筛选切片器内的某个字段时，多个数据透视表同时刷新，显示出同一个字段(如“月份”)下的不同角度的数据信息，具体操作步骤如下。

步骤① 在任意一个数据透视表中插入“月份”字段的切片器，如图 7-12 所示。

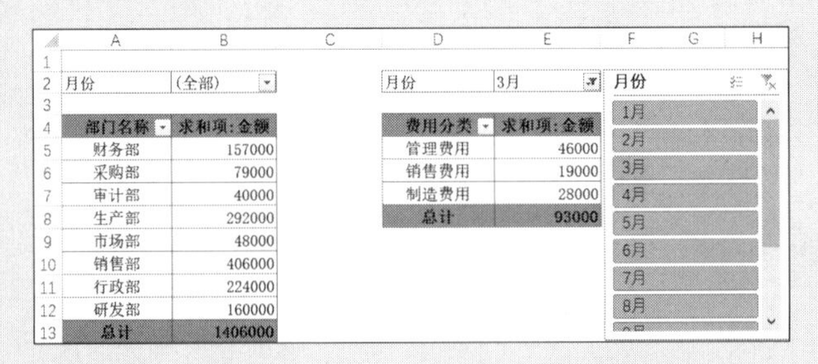

月份	(全部)
部门名称	求和项:金额
财务部	157000
采购部	79000
审计部	40000
生产部	292000
市场部	48000
销售部	406000
行政部	224000
研发部	160000
总计	1406000

月份	3月
费用分类	求和项:金额
管理费用	46000
销售费用	19000
制造费用	28000
总计	93000

图 7-12 在其中一个数据透视表中插入切片器

步骤② 在“月份”切片器的任意区域单击鼠标，在【切片器】选项卡中单击【报表连接】按钮调出【数据透视表连接(月份)】对话框，如图 7-13 所示。

此外，在“月份”切片器的任意区域右击鼠标，在弹出的快捷菜单中选择【报表连接】命令，也可调出【数据透视表连接(月份)】对话框，如图 7-14 所示。

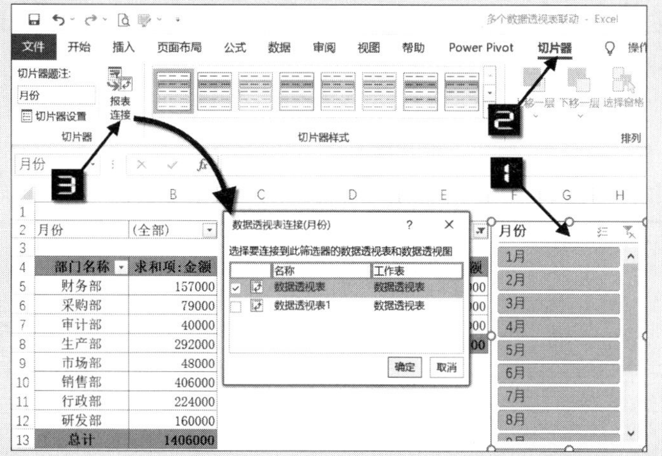

图 7-13　调出【数据透视表连接(月份)】对话框

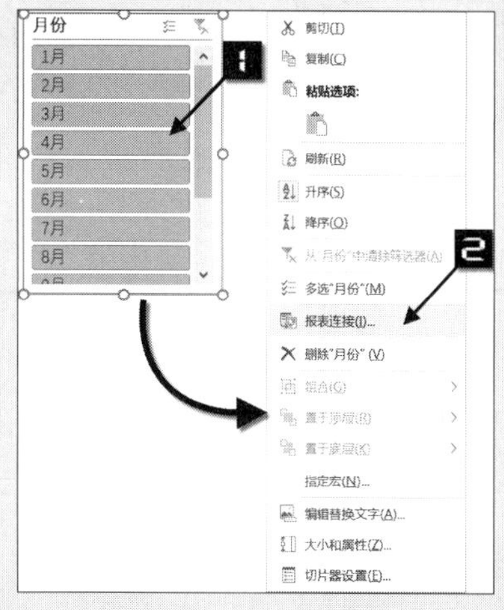

图 7-14　用快捷菜单调出【数据透视表连接(月份)】对话框

步骤③ 在【数据透视表连接(月份)】对话框中勾选【数据透视表 1】复选框，然后单击【确定】按钮完成设置，如图 7-15 所示。

在“月份”切片器内选择某一个字段项（如“5 月”）后，所有数据透视表都会同步显示出 5 月的数据，如图 7-16 所示。

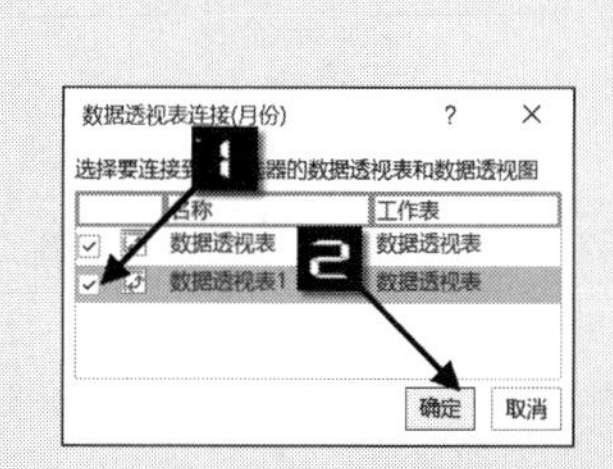

图 7-15　设置数据透视表连接

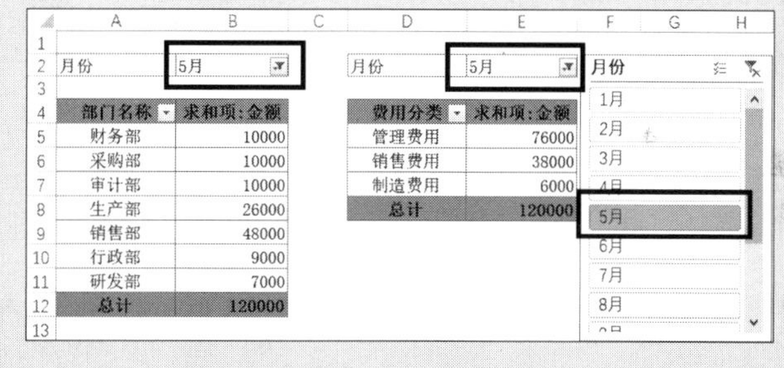

图 7-16　多个数据透视表联动

在切片器中进行项目筛选与通过透视表字段进行筛选是相互联动的，除了通过切片器筛选透视表的字段外，也可以通过直接对透视表的字段进行筛选来改变切片器中的项，尤其是需要筛选的内容较多时，可以通过透视表的字段筛选来提高切片器的选择效率。

根据本书前言的提示，可观看“多个数据透视表联动”的视频讲解。

7.3.2 清除切片器的筛选器

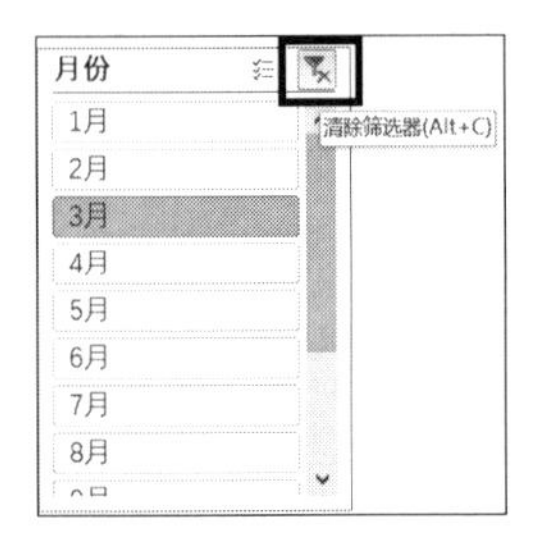

图 7-17 利用按钮清除筛选器

清除切片器筛选器的方法较多，比较快捷的就是直接单击切片器内右上方的【清除筛选器】按钮，如图 7-17 所示；或单击切片器，按<Alt+C>组合键也可快速清除筛选器。

还可单击切片器，再单击【数据】选项卡的【清除】按钮，如图 7-18 所示。

此外，在切片器内右击鼠标，在弹出的快捷菜单中选择【从“月份”中清除筛选器】命令也可以清除筛选器，如图 7-19 所示。

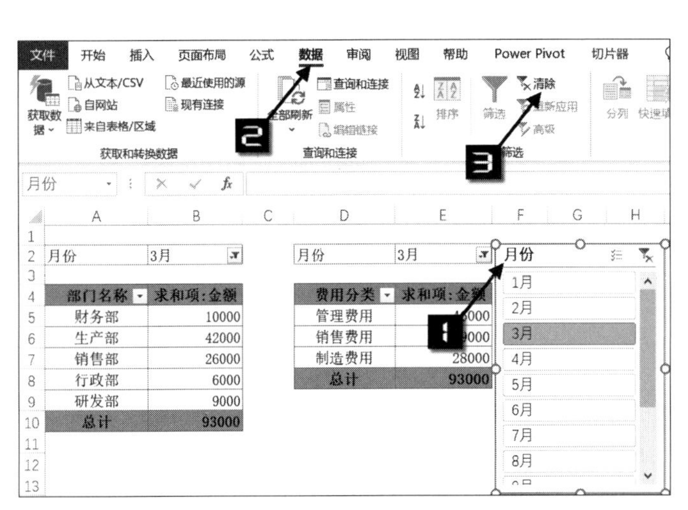

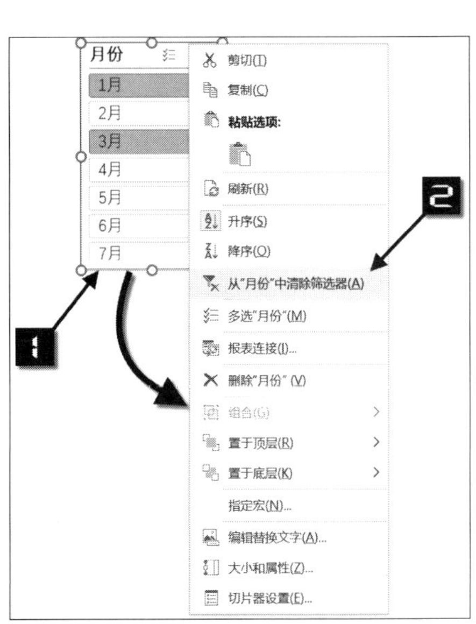

图 7-18 利用选项卡清除筛选器

图 7-19 利用快捷菜单清除筛选器

7.3.3 在加密的工作表中使用切片器

示例7-3 在加密的工作表中使用切片器

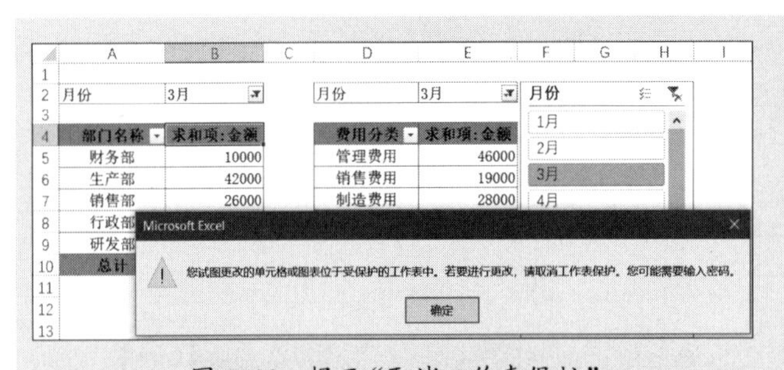

图 7-20 提示“取消工作表保护”

当数据透视表所在的工作表处于被保护状态时，切片器无法点选，双击数据透视表就会出现【Microsoft Excel】提示框，提示“取消工作表保护”，如图 7-20 所示。

如果用户需要在被保护的工作表中使用切片器，操作方法如下。

在【审阅】选项卡中单击【保护工作表】按钮，或在工作表标签上右击鼠标，在弹出的快捷菜单

中选择【保护工作表】。

在弹出的【保护工作表】对话框中分别选中【使用数据透视表和数据透视图】【编辑对象】复选框，输入密码后单击【确定】按钮，在【确认密码】对话框中再次输入密码，最后单击【确定】按钮完成设置，如图 7-21 所示。

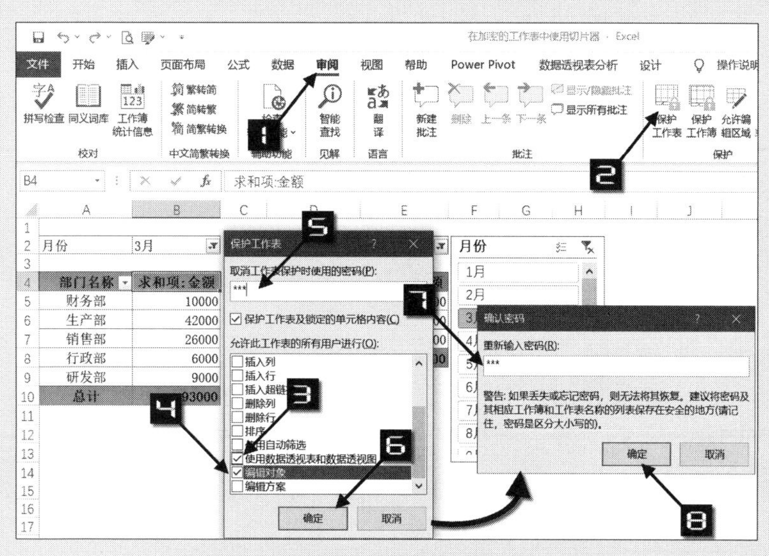

图 7-21　在加密的工作表中使用切片器

7.4　更改切片器的前后显示顺序

在数据透视表中插入两个或两个以上的切片器后，切片器会被堆放在一起，有时会相互遮盖，最后插入的切片器将会浮动在所有切片器之上，如图 7-22 所示。

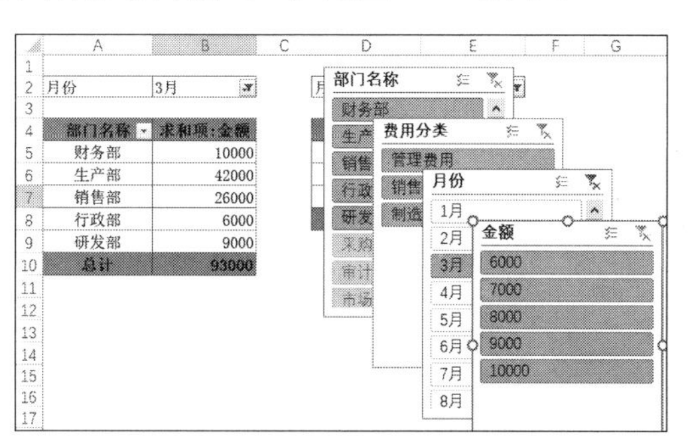

图 7-22　堆放在一起的切片器

示例7-4　更改切片器的前后显示顺序

如果希望将“费用分类”切片器显示在所有的切片器之上，操作方法如下。

选中“费用分类”切片器，在【切片器】选项卡中单击【上移一层】下拉按钮，选择【置于顶层】命令，即可实现“费用分类”切片器显示在其他切片器之上，如图 7-23 所示。单击一次【上移一层】命令，“费用分类”切片器就会上浮显示一层，多次单击后也可以实现“费用分类”切片器显示在所有切片器之上。

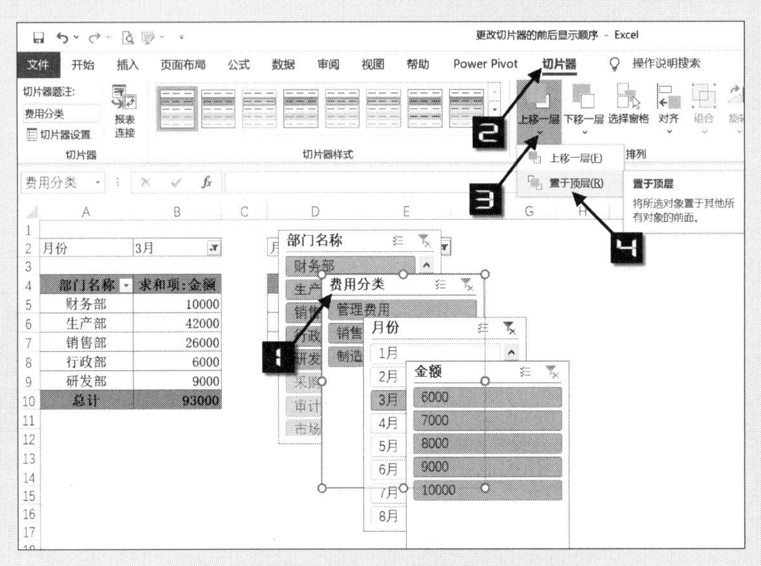

图 7-23　更改切片器的前后显示顺序方法 1

此外，在【切片器】选项卡中单击【选择窗格】按钮，在调出的【选择】窗格中选择“费用分类”字段项，按住鼠标左键，将“费用分类”字段项拖动至最上面，即可实现“费用分类”切片器显示在其他切片器之上，如图 7-24 所示。

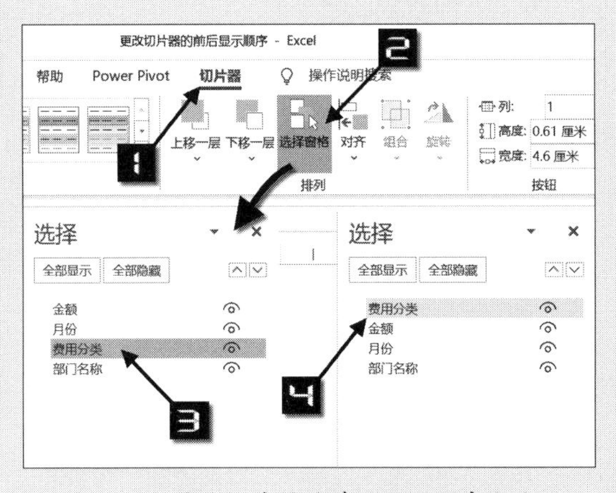

图 7-24　更改切片器的前后显示顺序方法 2

7.5　切片器字段项排序

在数据透视表中插入切片器后，用户还可以对切片器内的字段项进行排序，便于在切片器内查

看和筛选项目。

7.5.1　对切片器内的字段项进行升序或降序排列

图 7-25 所示的切片器字段项是按“金额”升序排列的，如果希望按“金额”进行降序排列，方法如下。在切片器内的任意区域上右击鼠标，在弹出的快捷菜单中选择【降序】命令，即可对切片器内的“金额”字段项进行降序排列，如图 7-26 所示。

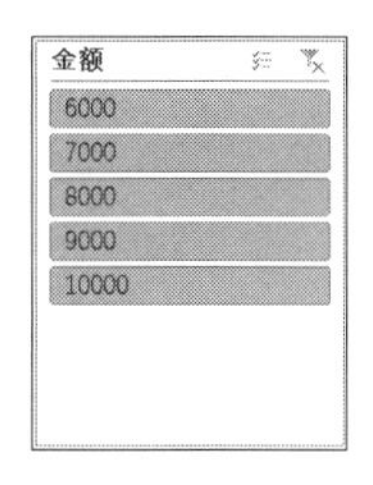

图 7-25　切片器内的字段项按金额升序排序

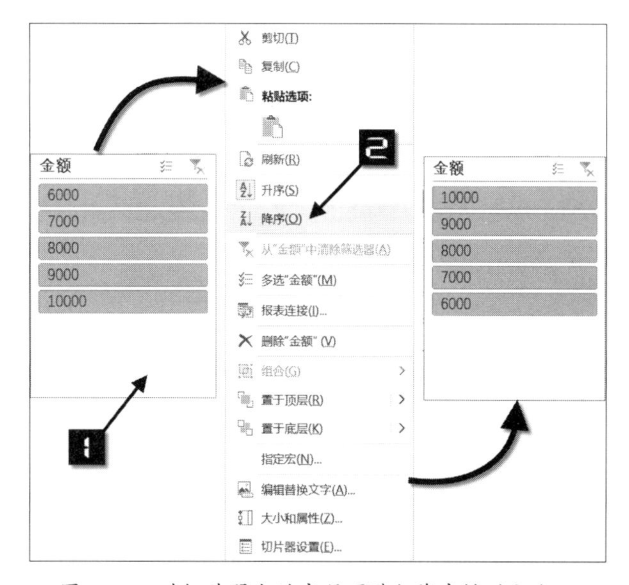

图 7-26　对切片器内的字段项进行降序排列方法 1

另外，在切片器内的任意区域上右击鼠标，在弹出的快捷菜单中选择【切片器设置】命令，在弹出的【切片器设置】对话框中选中【降序(最大到最小)】单选按钮，最后单击【确定】按钮，也可对切片器内的“金额”字段项进行降序排序，如图 7-27 所示。

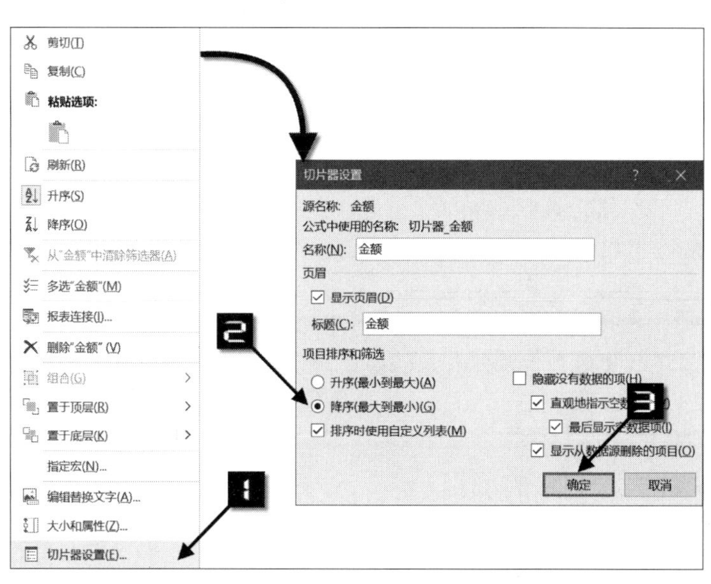

图 7-27　对切片器内的字段项进行降序排序方法 2

7.5.2 对切片器内的字段项进行自定义排序

图 7-28 自定义排序前的切片器

切片器内的字段项还可以按照用户设定好的自定义顺序进行排序。如图 7-28 所示，切片器“部门名称”如按照“销售部”“生产部”“研发部”“财务部”“行政部”“采购部”“审计部”“市场部”指定的顺序来排序，那么利用Excel默认的排序规则是无法完成的。

示例7-5 对切片器内的字段项进行自定义排序

通过“自定义序列”的方法来创建一个特殊的顺序，并要求Excel根据这个顺序进行排序，就可以对切片器内的字段项进行自定义排序了，具体操作步骤如下。

步骤① 在工作表中添加“销售部”“生产部”“研发部”“财务部”“行政部”“采购部”“审计部”“市场部”的部门名称自定义序列，如图 7-29 所示，添加方法请参阅 6.1.4 节。

步骤② 在切片器内的任意区域上右击鼠标，在弹出的快捷菜单中选择【升序】命令，即可对切片器内的“部门名称”字段项按指定的自定义顺序进行排序，如图 7-30 所示。

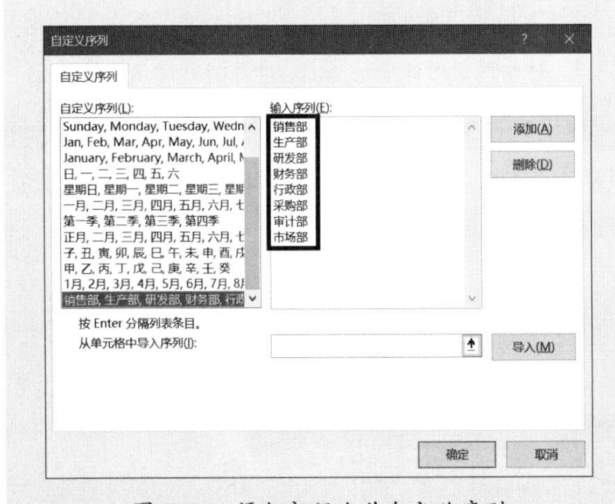

图 7-29 添加部门名称自定义序列

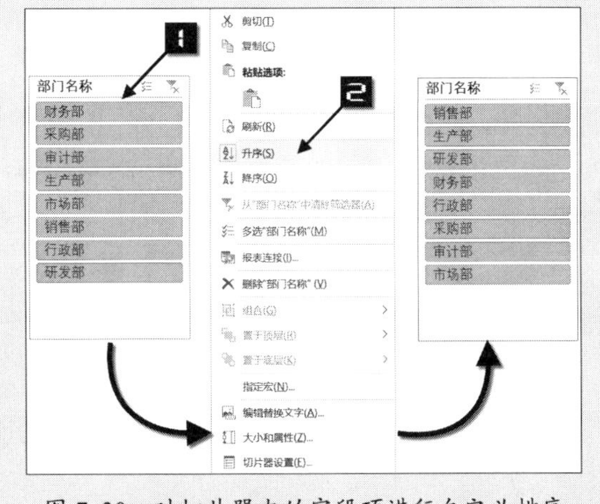

图 7-30 对切片器内的字段项进行自定义排序

注意

如果不能按照自定义顺序进行排序，请在切片器上右击鼠标，选中【切片器设置】，勾选【排序时使用自定义列表】复选框。

7.5.3 不显示从数据源删除的项目

数据透视表插入切片器后，如果删除了数据源中一些不再需要的数据，数据透视表刷新后，删除的数据也会从数据透视表中被清除，但是切片器中仍然存在被删除的数据项，这些字段项呈现灰色不可筛选状态，如图 7-31 所示。

	A	B	C	D	E	F	G
1						部门名称	
2	月份	(全部)				销售部	
3						生产部	
4	求和项:金额	费用分类				研发部	
5	部门名称	管理费用	销售费用	制造费用		财务部	
6	销售部	132000	274000			行政部	
7	生产部	135000		157000		采购部	
8	研发部	160000				审计部	
9	财务部	157000				市场部	
10	行政部	224000					
11	采购部	79000					
12	总计	887000	274000	157000			

图 7-31 数据源删除的项目在切片器中仍然显示

示例7-6 切片器中不显示从数据源删除的项目

当数据源频繁地进行添加、删除数据等变动时，切片器中的数据项会越来越多，不利于切片器的筛选，在切片器中不显示从数据源已经删除的项目的方法如下。

在切片器内右击鼠标，在弹出的快捷菜单中选择【切片器设置】命令，在弹出的【切片器设置】对话框中取消选中【显示从数据源删除的项目】复选框，最后单击【确定】按钮完成设置，如图 7-32 所示。

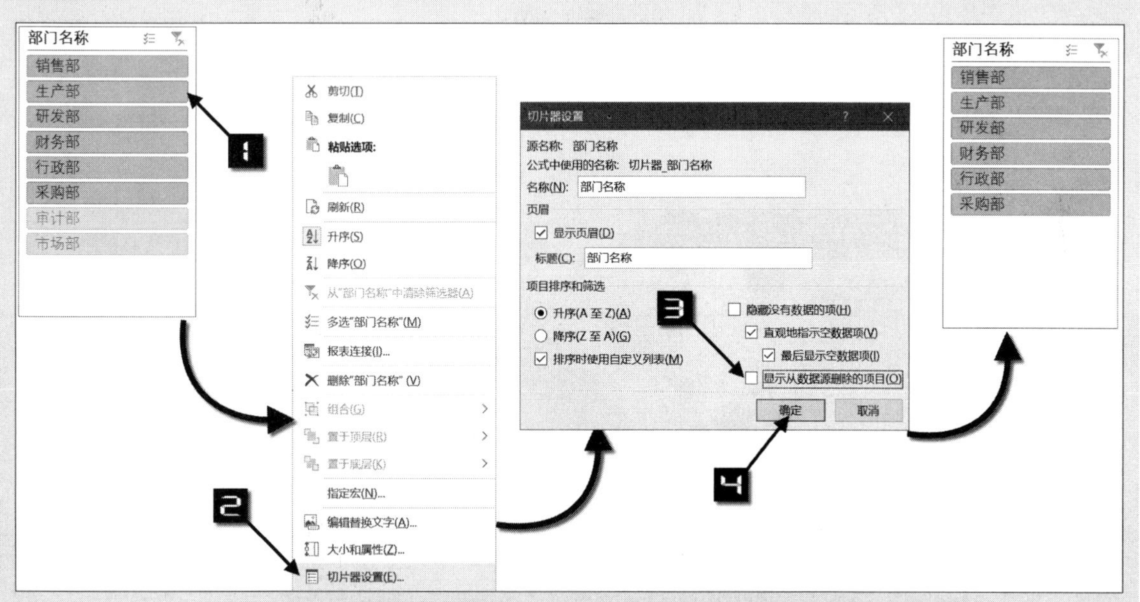

图 7-32 不显示从数据源删除的项目

此外，调出【数据透视表选项】对话框，在【数据】选项卡中单击【每个字段保留的项数】下拉按钮，选择【无】选项，单击【确定】按钮，如图 7-33 所示。设置完成后刷新数据透视表，在切片器中就不再显示从数据源删除的项目了。

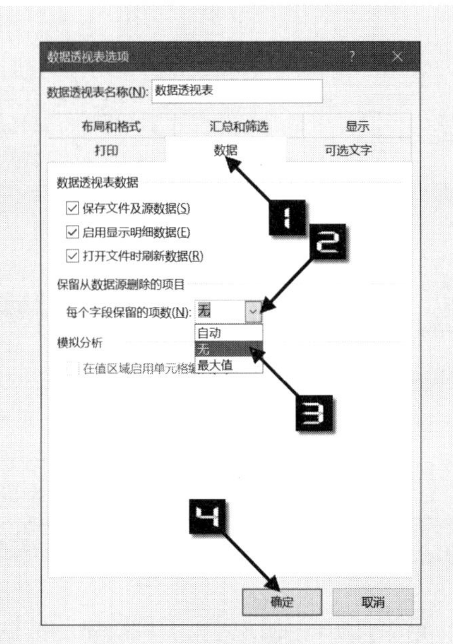

图 7-33 切片器中不显示从数据源删除的项目

7.5.4 隐藏没有数据的项

当对数据透视表通过切片器进行筛选操作后，对于一些没有数据的项，切片器仍会显示所有的数据项，当数据项比较多时，不利于进一步的操作。如图 7-34 所示，当对【费用分类】切片器进行【销售费用】筛选后，虽然一些部门并没有销售费用，但是【部门名称】切片器仍然会显示所有的部门。

金额笔数		费用分类
部门名称	金额	销售费用
销售部	6000	10
	7000	6
	8000	6
	9000	6
	10000	7
市场部	6000	1
	7000	2
	8000	1
	10000	2

费用分类：管理费用　销售费用　制造费用

部门名称：销售部　市场部　生产部　研发部　财务部　行政部　采购部　审计部

图 7-34 包含没有数据的项目的切片器

如果需要在【部门名称】切片器中隐藏没有数据的项，即只显示根据之前的操作筛选后有数据的项，如“销售费用”有数据的部门只有“销售部”“市场部”，则只显示“销售部”“市场部”，其他部门隐藏。

在切片器的任意位置右击鼠标，选择【切片器设置】命令，在弹出的【切片器设置】窗口中勾选【隐藏没有数据的项】复选框，单击【确定】按钮，如图 7-35 所示。

设置后的切片器将会隐藏没有数据的项，并且随着不同的筛选内容进行自动隐藏或显示切片器项，如图 7-36 所示。

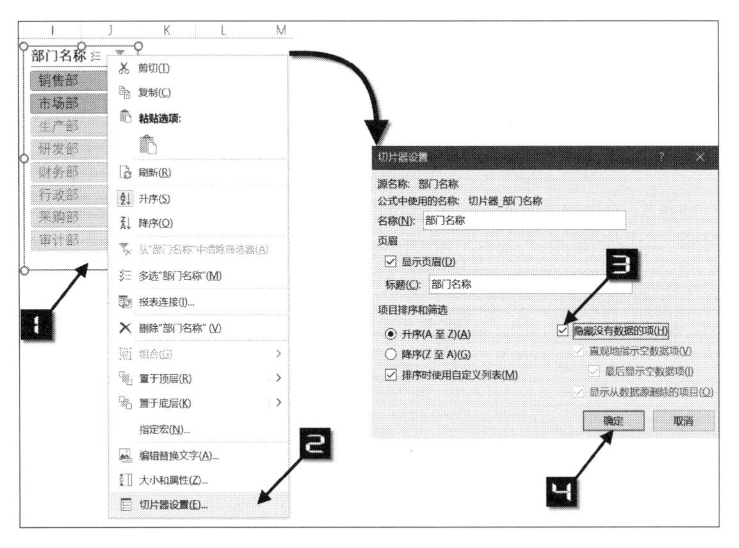

图 7-35　设置隐藏没有数据的项

图 7-36　设置隐藏没有数据的项后的切片器

7.6　设置切片器样式

7.6.1　多列显示切片器内的字段项

切片器内的字段项如果过多，筛选数据的时候必须借助切片器内的字段项滚动条来进行，这样不利于筛选，如图 7-37 所示。

此时，完全可以将字段项在切片器内进行多列显示，来增加字段的可选性。

选中切片器，在【切片器】选项卡中将【按钮】组中【列】的数值调整为“3”，切片器内的字段项即被排为 3 列，如图 7-38 所示。

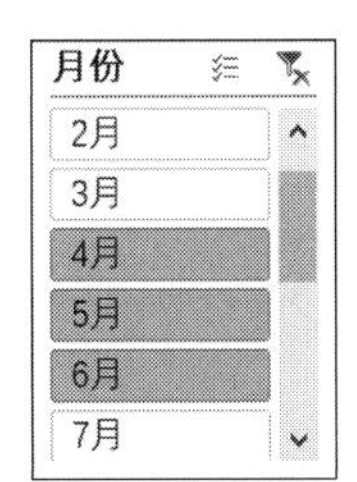

图 7-37　字段项很多的切片器

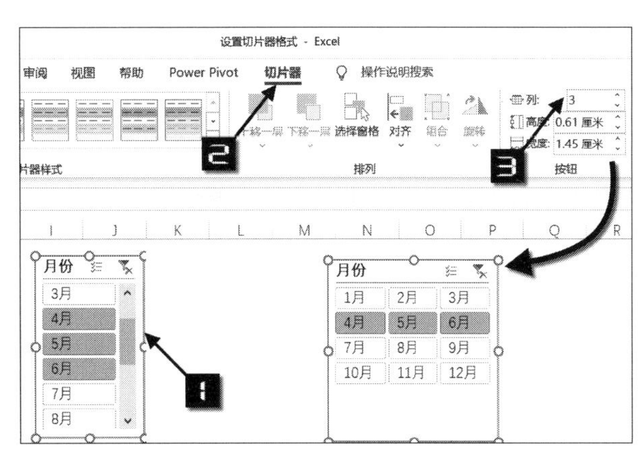

图 7-38　多列显示切片器内的字段项

7.6.2　更改切片器内字段项的大小

通过调整【按钮】组中的【高度】和【宽度】值，可以调整切片器内字段项高度和宽度的大小，如图 7-39 所示。

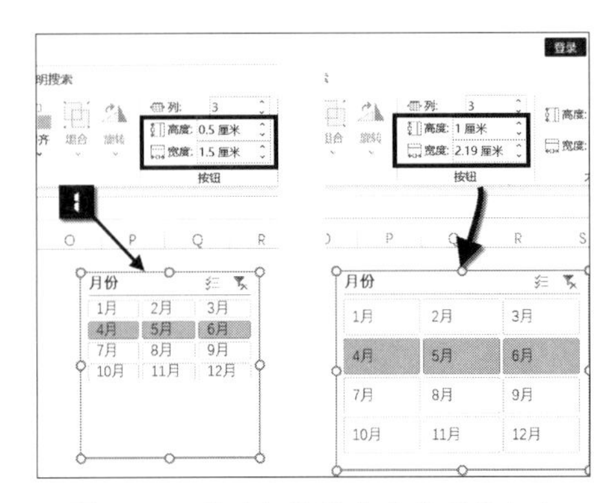

图 7-39 更改切片器内字段项的大小

7.6.3 更改切片器的大小

通过手动调整切片器边框上的控制柄可以增大或缩小切片器的边界轮廓，用于更改切片器的大小，如图 7-40 所示。

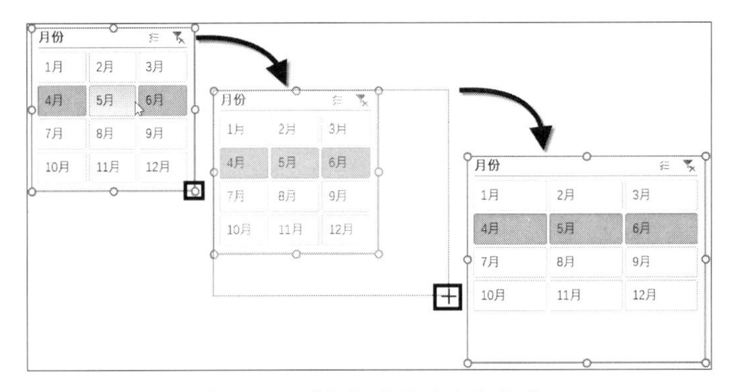

图 7-40 增大切片器的边界范围

通过调整【大小】组中的【高度】和【宽度】值，或单击【大小】组右下角的对话框启动按钮，启动【格式切片器】窗格，可以按数值精确调整切片器大小，或按百分比调整切片器大小，如图 7-41 所示。

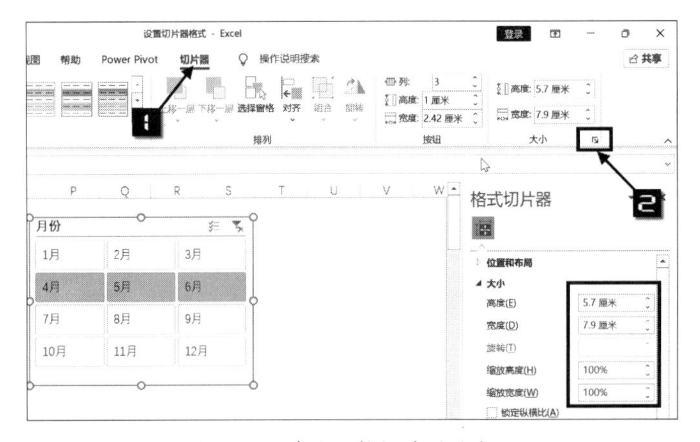

图 7-41 精确调整切片器的大小

7.6.4　切片器自动套用格式

【切片器】选项卡中的【切片器样式】样式库中提供了 14 种可供用户套用的切片器样式，其中浅色 8 种、深色 6 种，如图 7-42 所示。

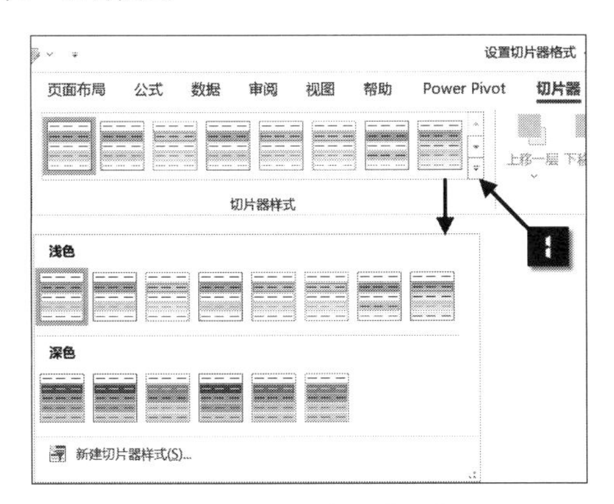

图 7-42　切片器样式库

选中切片器，在【切片器】选项卡中单击【切片器样式】下拉按钮，在弹出的下拉列表中选择“玫瑰红，切片器样式深色 2”样式，此时切片器就被套用了预设的深色 2 样式，如图 7-43 所示。

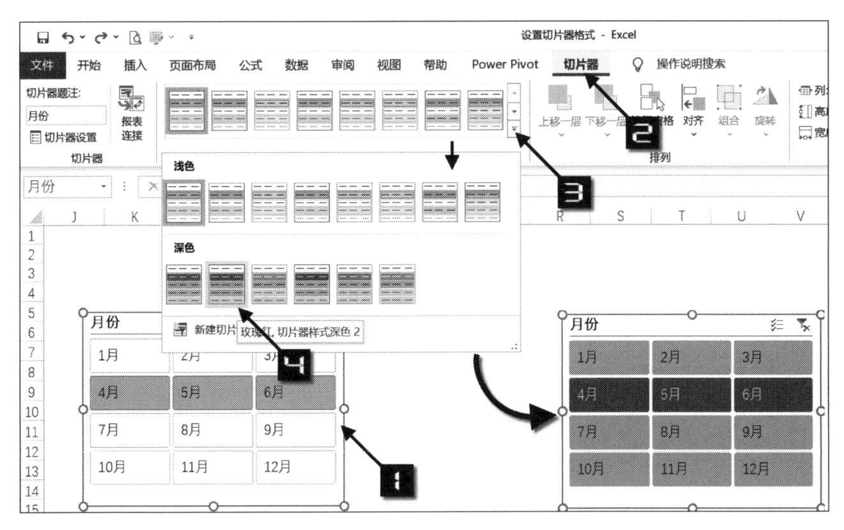

图 7-43　切片器自动套用样式

7.6.5　设置切片器的字体格式

切片器的字体格式、填充颜色等样式不能通过【开始】选项卡中的命令按钮设置，而必须在【切片器】选项卡中，通过【修改切片器样式】或【新建切片器样式】来实现。

示例7-7　设置切片器的字体格式

如果希望将切片器中的默认字体更改为“华文行楷”，具体操作步骤如下。

步骤① 在【切片器样式】中的任意一个样式上右击鼠标，在弹出的快捷菜单中选择【复制】命令，打开【修改切片器样式】对话框，如图 7-44 所示。

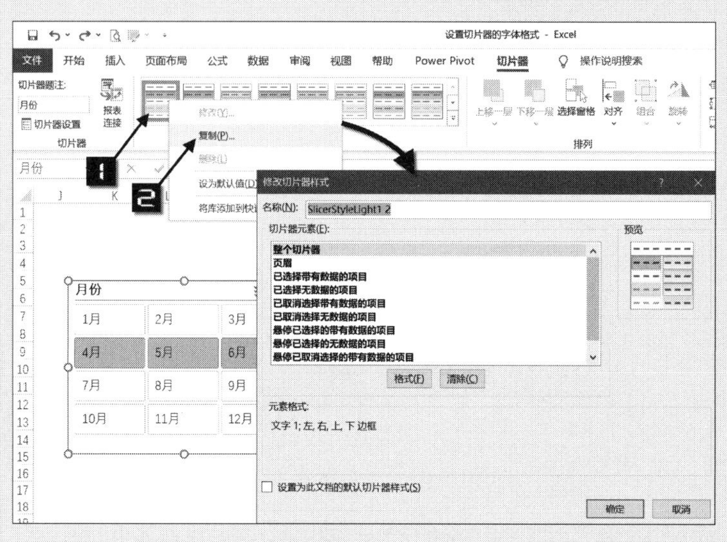

图 7-44 复制切片器样式

步骤② 将【修改切片器样式】的【名称】修改为容易识别的名称，如“我自己的样式”；在对话框的【切片器元素】列表中选择“整个切片器”选项，单击【格式】按钮，打开【格式切片器元素】对话框，选择【字体】选项卡，在【字体】的下拉列表中选择“华文行楷”，单击【确定】按钮完成“格式切片器元素”的设置，如图 7-45 所示。

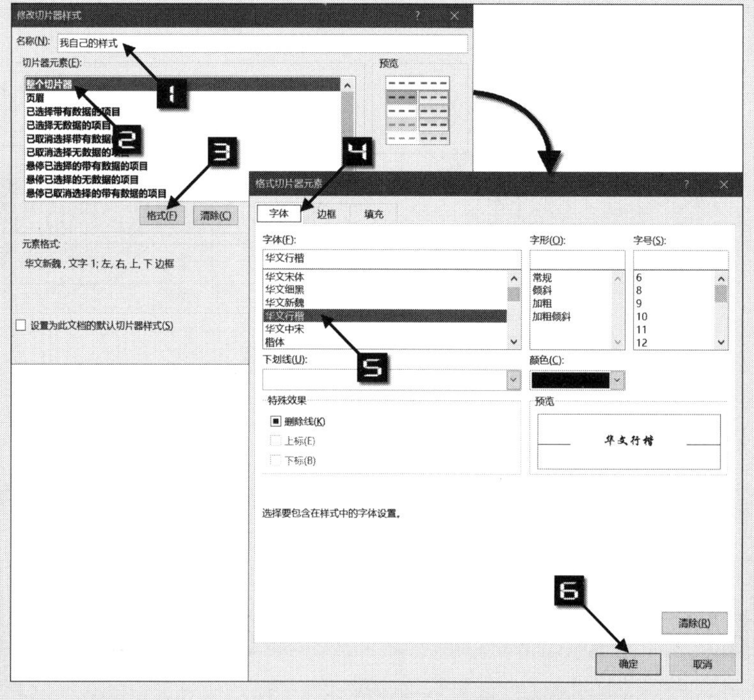

图 7-45 更改切片器中的默认字体为“华文行楷”

步骤③ 单击【确定】按钮关闭【修改切片器样式】对话框，完成切片器自定义格式的设置，如图 7-46 所示。

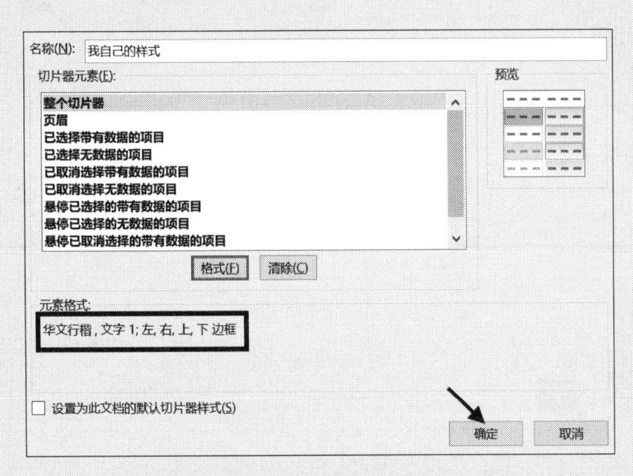

图 7-46 设置切片器字体格式

步骤④ 选中切片器，在【切片器】选项卡中单击【切片器样式】库中的【自定义】样式的【我自己的样式】，套用自定义的切片器字体格式，如图 7-47 所示。

另外，也可以通过【新建切片器样式】进行格式设置，实现同样的效果，如图 7-48 所示。

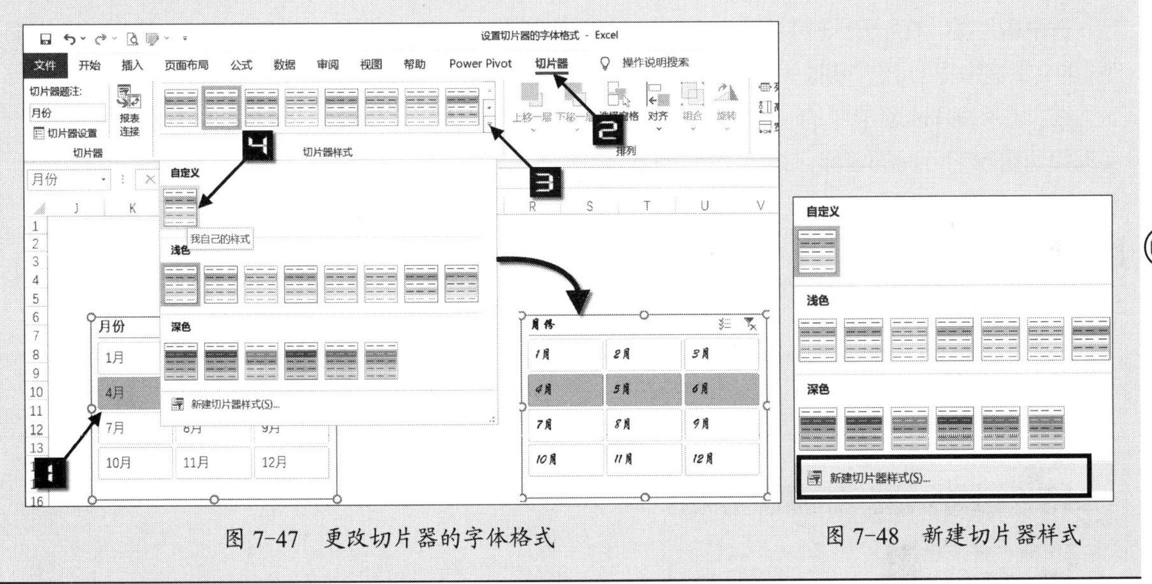

图 7-47 更改切片器的字体格式

图 7-48 新建切片器样式

7.6.6 格式切片器

在【切片器】选项卡中单击【大小】组中的对话框启动器按钮，如图 7-49 所示。

在【格式切片器】窗格中可以完成对切片器【位置和布局】【大小】【属性】的设置和调整。

此外，在切片器的任意区域右击鼠标，在弹出的快捷菜单中选择【大小和属性】命令也可以调出【格式切片器】窗格。

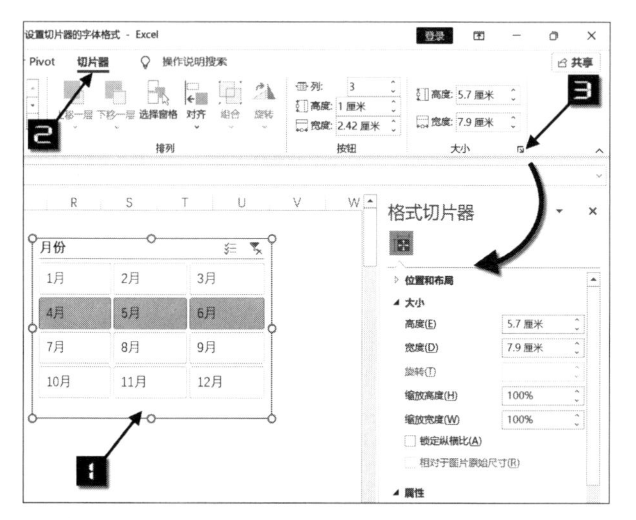

图 7-49　调出【格式切片器】窗格

7.7　更改切片器的标题

选中切片器，在【切片器】选项卡中单击【切片器设置】按钮，弹出【切片器设置】对话框，在【标题】的文本框中将“月份”更改为“销售月份”，即可更改切片器的名称为“销售月份”，如图 7-50 所示。

在【切片器】选项卡中的【切片器题注：】文本框中也可以直接将“月份”更改为“销售月份”，实现快速更改切片器的名称，如图 7-51 所示。

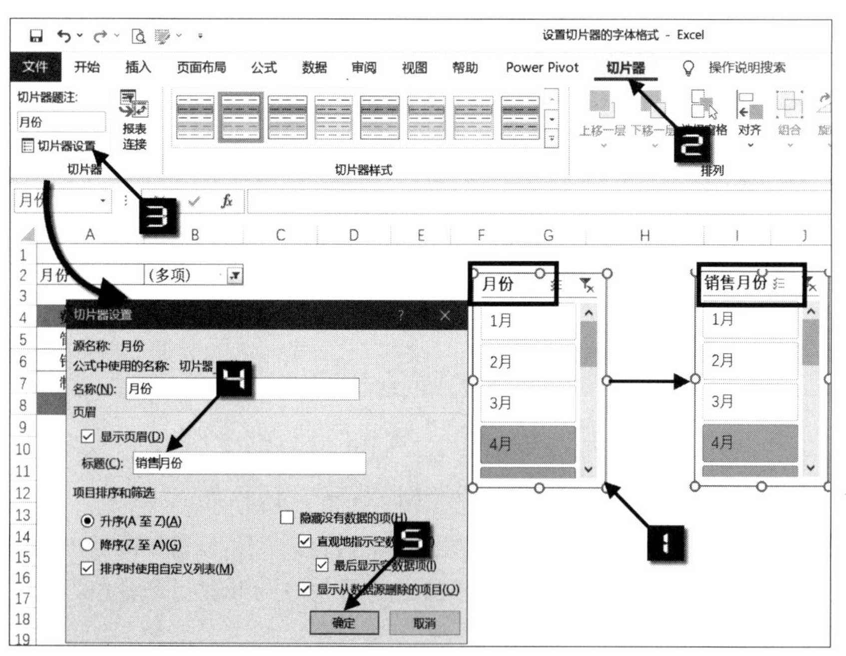

图 7-50　更改切片器的名称

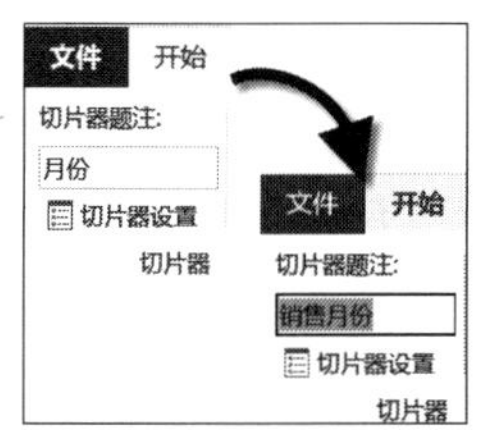

图 7-51　快速更改切片器名称

7.8　隐藏切片器

7.8.1　隐藏切片器的标题

在【切片器设置】对话框内取消选中【显示页眉】复选框，单击【确定】按钮即可隐藏切片器的标题，如图 7-52 所示。

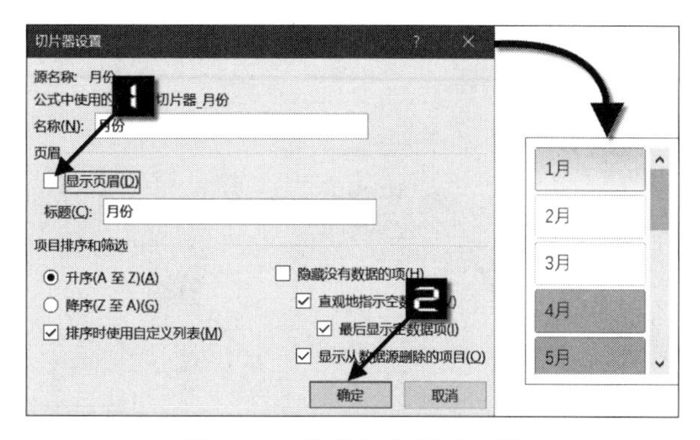

图 7-52　隐藏切片器的标题

如果要显示切片器的标题，在【切片器设置】对话框中选中【显示页眉】复选框即可。

7.8.2　隐藏切片器

当用户暂时不需要显示切片器的时候也可以将切片器隐藏，需要显示的时候再调出切片器，其方法如下。

选中任意一个切片器，激活【切片器】选项卡，单击【选择窗格】按钮，弹出【选择】窗格，在该窗格中单击【全部隐藏】按钮，此时切片器被隐藏，【选择】窗格中的“眼睛”图标变为关闭状态。

调出【选择】窗格后也可以直接单击相应的切片器后面的“眼睛”图标隐藏对应的切片器。

如果要显示切片器，在【选择】窗格中单击【全部显示】按钮或单击眼睛图标即可显示切片器，如图 7-53 所示。

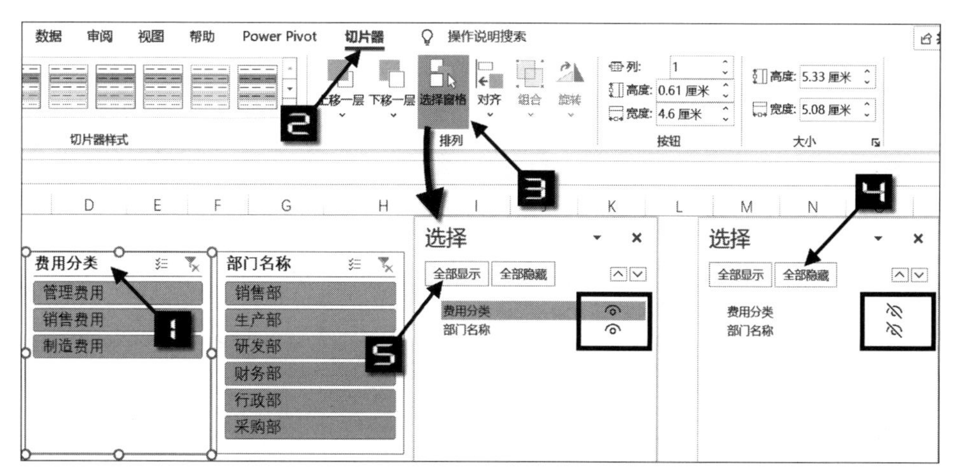

图 7-53　隐藏或显示切片器

7.9 删除切片器

在切片器内右击鼠标，在弹出的快捷菜单中选择【删除“费用分类”】命令即可删除切片器，如图 7-54 所示。

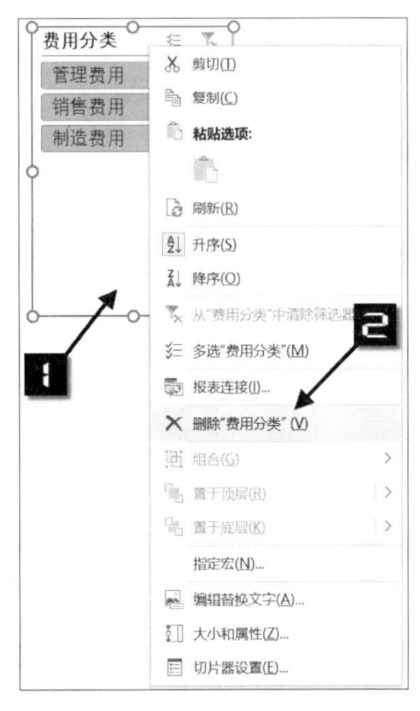

图 7-54　删除切片器

此外，选中切片器后按<Delete>键，也可快速删除切片器。

第 8 章　数据透视表的日程表

使用日程表控件可以对数据透视表进行交互式筛选。日程表是专门针对日期类型的字段进行筛选的控件，使数据透视表中对日期的筛选更轻松便捷。

本章学习要点

（1）在数据透视表中插入日程表并进行设置。

（2）日程表与数据透视表的联动。

8.1　插入日程表

示例8-1　通过日程表对数据透视表进行按月份筛选

图 8-1 所示的数据透视表为某公司对经营业绩按销售区域和品类进行的汇总统计，如果用户希望对数据透视表进行按月筛选，方法如下。

销售总额	品类			
区域	粮油	零食	饮料	总计
北城	1,309,981	1,314,856	1,328,038	3,952,875
东城	2,313,556	2,305,492	2,321,557	6,940,605
南城	775,154	777,486	767,741	2,320,381
西城	1,519,681	1,552,563	1,567,484	4,639,728
总计	5,918,372	5,950,397	5,984,820	17,853,589

图 8-1　销售数据汇总

步骤① 选中数据透视表中的任意一个单元格（如 A2），在【数据透视表工具】的【分析】选项卡中单击【插入日程表】按钮，弹出【插入日程表】对话框，如图 8-2 所示。

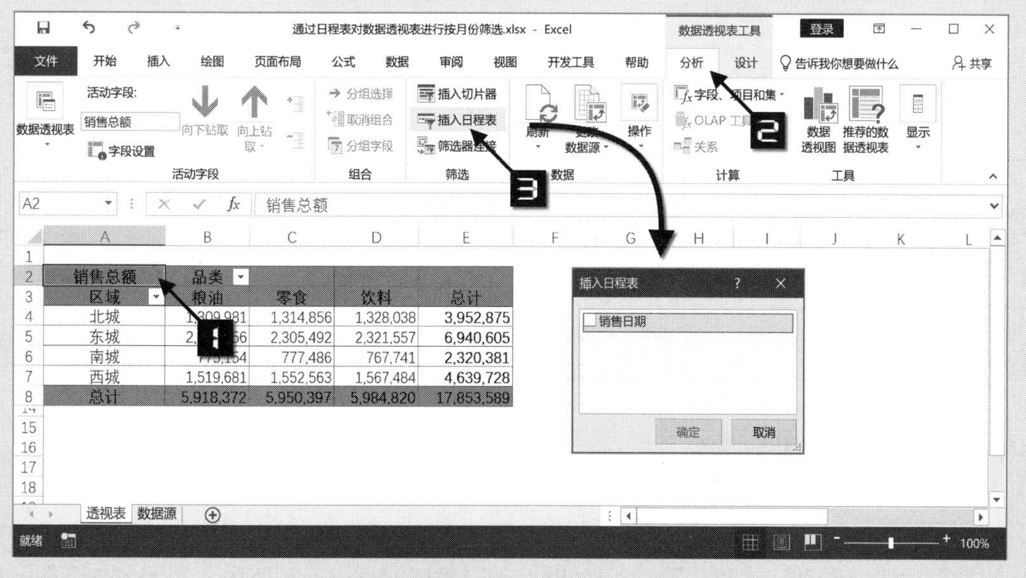

图 8-2　打开【插入日程表】对话框

步骤② 在【插入日程表】对话框中选中【销售日期】复选框，单击【确定】按钮，插入一个【销售日期】日程表，如图 8-3 所示。

销售总额	品类			
区域	粮油	零食	饮料	总计
北城	1,309,981	1,314,856	1,328,038	3,952,875
东城	2,313,556	2,305,492	2,321,557	6,940,605
南城	775,154	777,486	767,741	2,320,381
西城	1,519,681	1,552,563	1,567,484	4,639,728
总计	5,918,372	5,950,397	5,984,820	17,853,589

图 8-3　插入日程表

步骤③ 拖动该日程表下方的滚动条滑块，单击【1 月】按钮即可查看 2021 年 1 月份的销售数据，如图 8-4 所示。

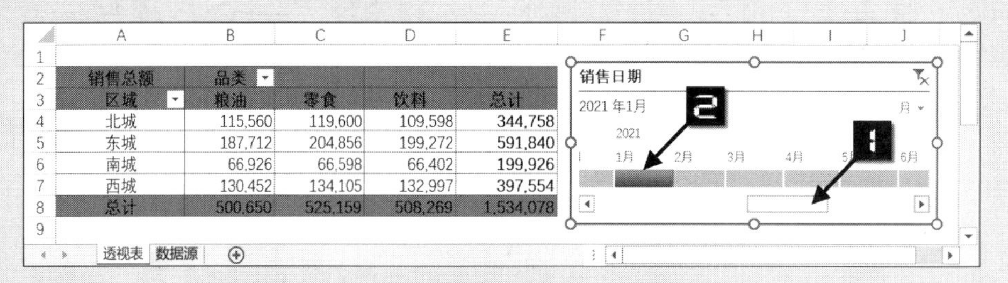

销售总额	品类			
区域	粮油	零食	饮料	总计
北城	115,560	119,600	109,598	344,758
东城	187,712	204,856	199,272	591,840
南城	66,926	66,598	66,402	199,926
西城	130,452	134,105	132,997	397,554
总计	500,650	525,159	508,269	1,534,078

图 8-4　按月份查看销售数据

8.2　利用日程表按季度进行筛选数据

示例8-2　通过日程表对数据透视表进行按季度筛选

仍以图 8-1 所示的数据透视表为例，用户希望对销售数据按季度进行筛选，方法如下。

步骤① 重复示例 8-1 中的步骤 1 和步骤 2，插入一个【日程表】。

步骤② 对【日程表】中显示的时间级别进行设置，单击【月】右侧的下拉按钮，在弹出的下拉菜单中选择【季度】选项，此时【日程表】的时间轴以季度分类显示时间段，如图 8-5 所示，单击相应的季度按钮（例如 2021 年第 1 季度）即可查看该季度的销售数据。

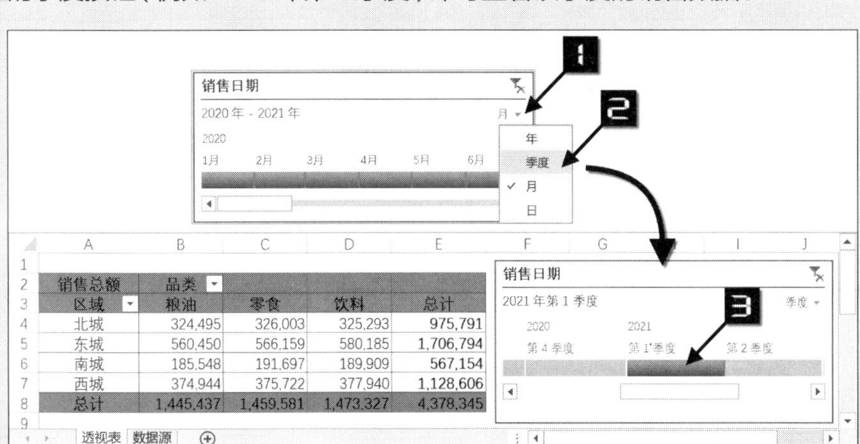

销售总额	品类			
区域	粮油	零食	饮料	总计
北城	324,495	326,003	325,293	975,791
东城	560,450	566,159	580,185	1,706,794
南城	185,548	191,697	189,909	567,154
西城	374,944	375,722	377,940	1,128,606
总计	1,445,437	1,459,581	1,473,327	4,378,345

图 8-5 按季度显示时间轴

提示

用户可以通过调整【日程表】中的时间级别来筛选数据，时间级别分为年、季度、月和日，默认情况下显示的时间级别为月。

8.3 为数据透视表插入两个时间级别的日程表

示例8-3 为数据透视表插入两个时间级别的日程表

图 8-6 展示了 2020 年 8 月至 2021 年 7 月的销售数据，由于用户是跨年使用日程表进行月份筛选，选中月份时不易辨别数据年份，所以还需要插入一个以“年”为时间级别的日程表，进行辅助筛选。方法如下。

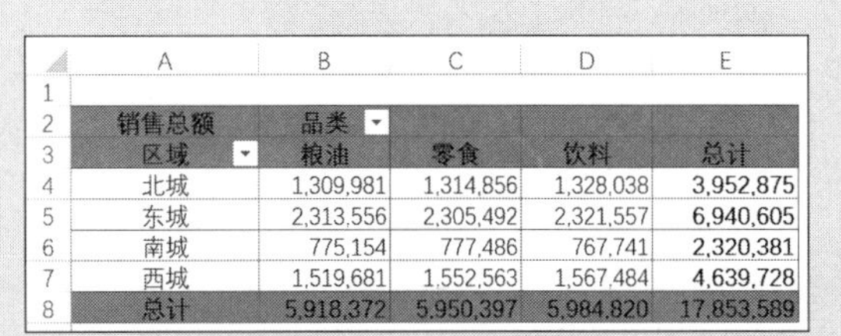

销售总额	品类			
区域	粮油	零食	饮料	总计
北城	1,309,981	1,314,856	1,328,038	3,952,875
东城	2,313,556	2,305,492	2,321,557	6,940,605
南城	775,154	777,486	767,741	2,320,381
西城	1,519,681	1,552,563	1,567,484	4,639,728
总计	5,918,372	5,950,397	5,984,820	17,853,589

图 8-6 销售数据汇总

步骤① 选中数据透视表中的任意一个单元格（如A2），在【数据透视表工具】的【分析】选项卡中单击【插入日程表】按钮，弹出【插入日程表】对话框，选中【销售日期】复选框，单击【确定】按钮，如图 8-7 所示。

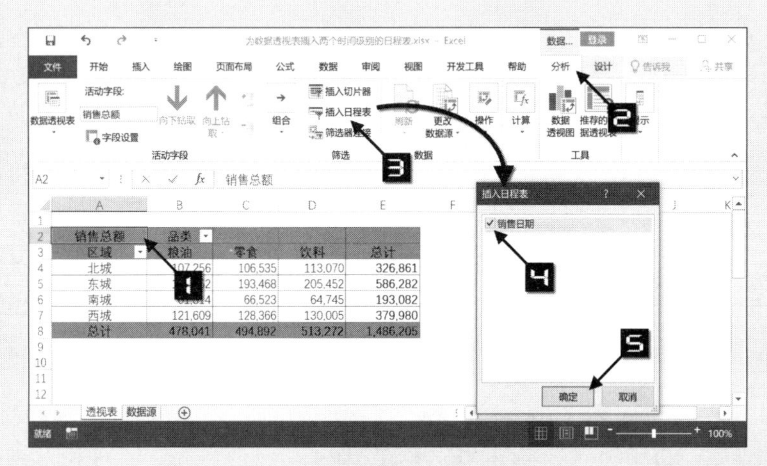

图 8-7　插入一个【日程表】

步骤② 重复步骤 1，再添加一个【日程表】，将【日程表】调整至合适的位置，如图 8-8 所示。

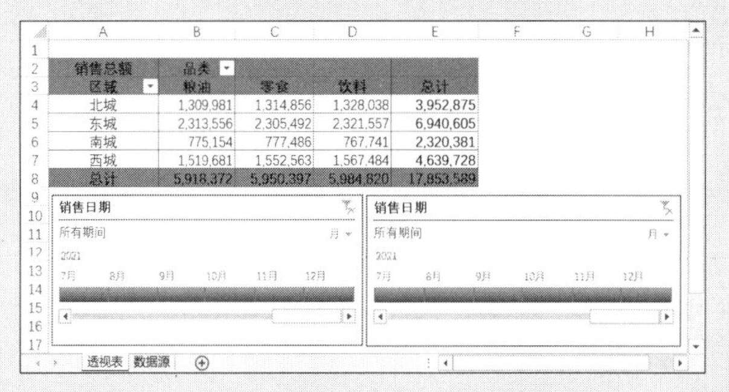

图 8-8　再插入一个【日程表】

步骤③ 将其中一个【日程表】的时间级别设置为“年”，对数据透视表进行筛选查看时，可以先选择年份，再选择月份，如图 8-9 所示。

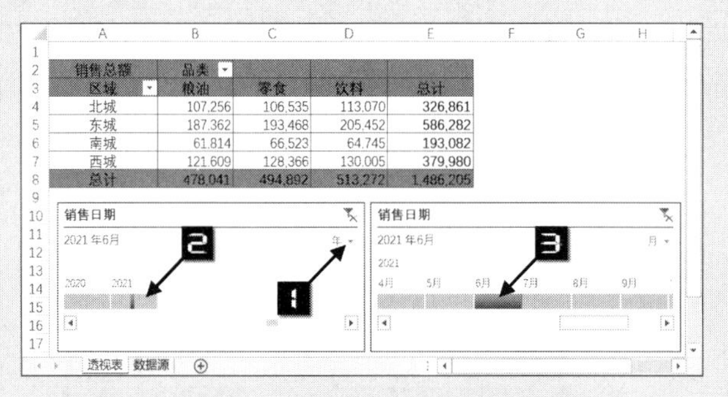

图 8-9　设置一个日程表的时间级别为“年”

根据本书前言的提示，可观看“为数据透视表插入两个时间级别的日程表”的视频讲解。

8.4　日程表的格式化

日程表与切片器类似，用户可以对日程表进行格式设置，设置方法参阅第 7 章。

选中日程表，在【日程表工具】的【选项】选项卡中通过取消选中【显示】组中不同项目的复选框，可以对【日程表】中的元素进行隐藏，其中包括对【标题】【滚动条】【选择标签】和【时间级别】的隐藏设置，各选项对应日程表中的元素如图 8-10 所示。

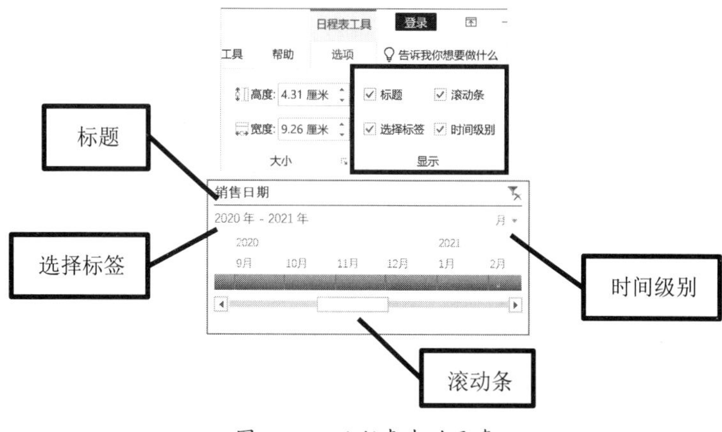

图 8-10　日程表中的元素

8.5　每个字段允许多个筛选

示例8-4　为数据透视表插入日程表和切片器

如图 8-11 所示，当用户使用切片器和日程表对数据透视表的同一字段进行筛选时，需要对数据透视表设置每个字段允许多个筛选操作，方法如下。

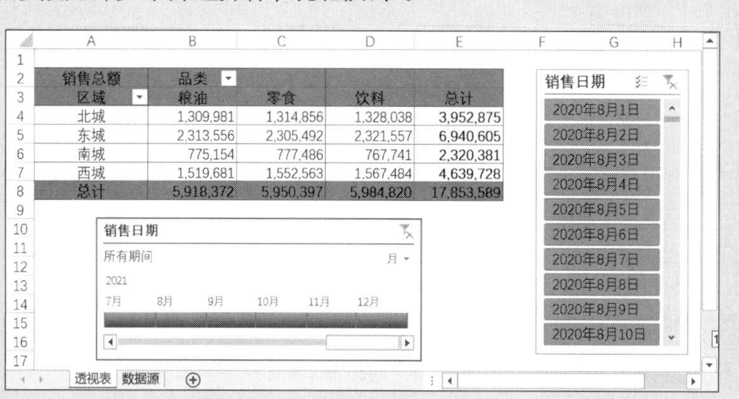

销售总额	品类			
区域	粮油	零食	饮料	总计
北城	1,309,981	1,314,856	1,328,038	3,952,875
东城	2,313,556	2,305,492	2,321,557	6,940,605
南城	775,154	777,486	767,741	2,320,381
西城	1,519,681	1,552,563	1,567,484	4,639,728
总计	5,918,372	5,950,397	5,984,820	17,853,589

图 8-11　待筛选的数据透视表

选中数据透视表中的任意一个单元格（如A2），在【数据透视表工具】的【分析】选项卡中单击

【选项】按钮，在弹出的【数据透视表选项】对话框中，切换到【汇总和筛选】选项卡，在【筛选】中选中【每个字段允许多个筛选】复选框，单击【确定】按钮关闭对话框，如图 8-12 所示。

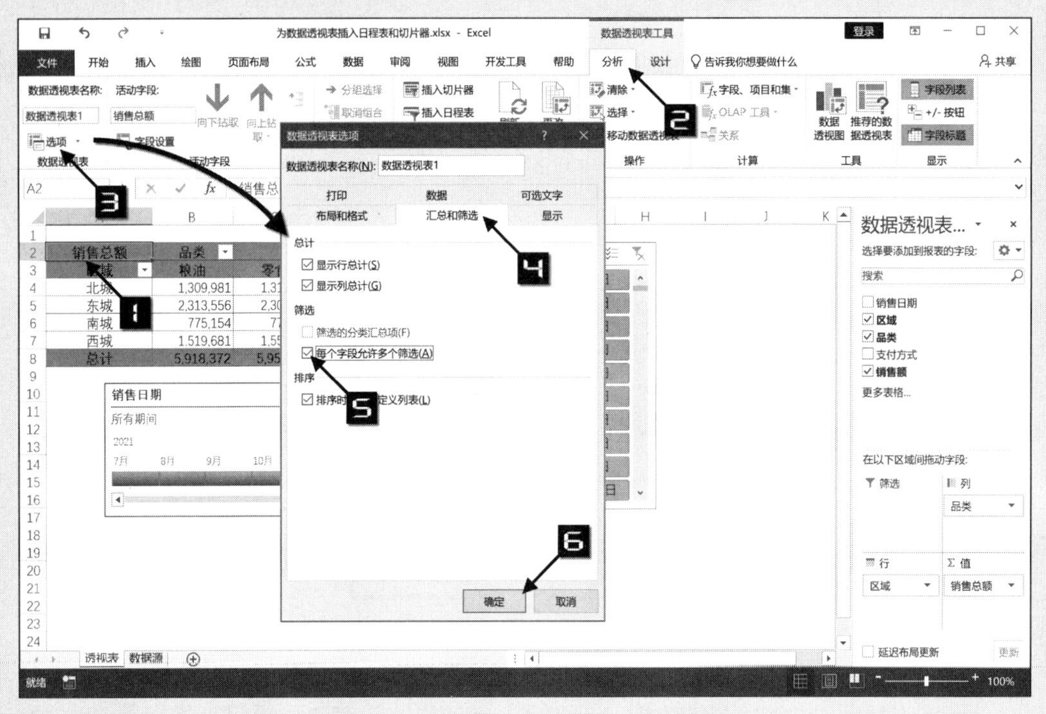

图 8-12 设置每个标签允许多个筛选

此时，切片器和日程表可以同时进行筛选，如图 8-13 所示。

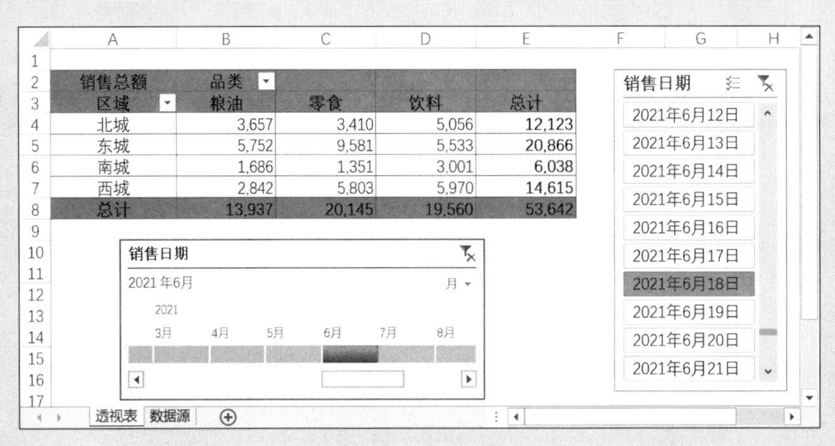

图 8-13 切片器和日程表可以同时进行筛选

根据本书前言的提示，可观看“为数据透视表插入日程表和切片器”的视频讲解。

8.6 共享日程表实现多个数据透视表联动

图 8-14 所示的数据透视表是由一个数据源创建的，体现了不同的分析维度，如果用户希望按月份查看统计结果，可以通过在日程表中设置数据透视表连接，使日程表共享，从而让多个数据透视表进行联动。每当在日程表中选择一个月份时，多个数据透视表同时刷新，显示出同一月份下不同分析维度的数据信息，方法如下。

销售总额	支付方式			
区域	普通	微信	支付宝	总计
北城	1,314,080	1,323,557	1,315,238	3,952,875
东城	2,301,999	2,337,918	2,300,688	6,940,605
南城	770,266	775,963	774,152	2,320,381
西城	1,532,194	1,553,817	1,553,717	4,639,728
总计	5,918,539	5,991,255	5,943,795	17,853,589

销售总额	支付方式			
品类	普通	微信	支付宝	总计
粮油	1,962,132	1,982,979	1,973,261	5,918,372
零食	1,968,860	2,000,407	1,981,130	5,950,397
饮料	1,987,547	2,007,869	1,989,404	5,984,820
总计	5,918,539	5,991,255	5,943,795	17,853,589

图 8-14 不同分析维度的数据透视表

示例8-5 共享日程表实现多个数据透视表联动

步骤① 在工作表中插入一个日程表，如图 8-15 所示。

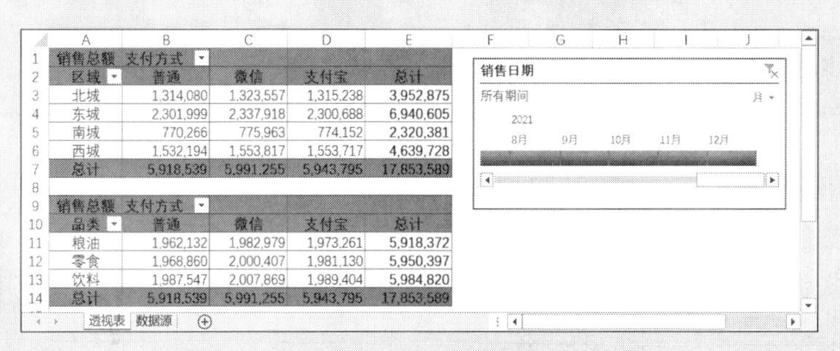

图 8-15 插入一个日程表

步骤② 选中日程表，在【日程表工具】的【选项】选项卡中单击【报表连接】按钮，弹出【数据透视表连接（销售日期）】对话框，如图 8-16 所示。

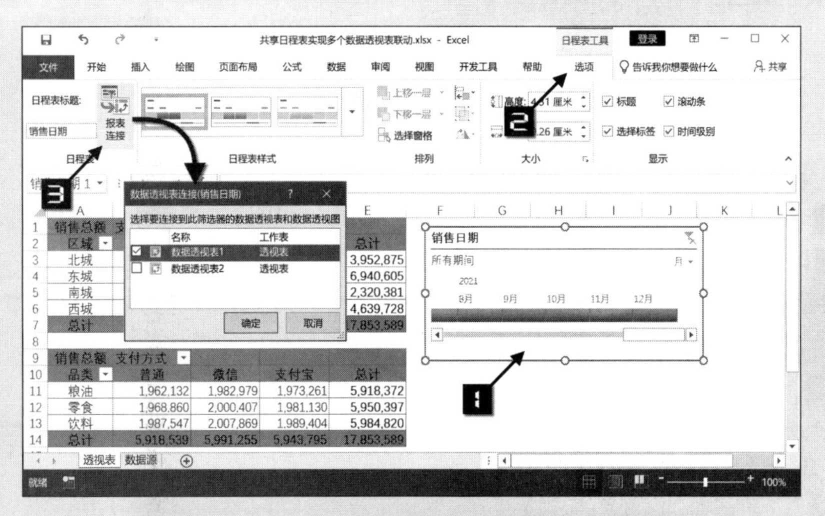

图 8-16 打开【数据透视表连接】对话框

此外，右击日程表，在弹出的快捷菜单中选择【报表连接】命令，也可打开【数据透视表连接

（销售日期）】对话框。

步骤③ 在【数据透视表连接（销售日期）】对话框中选中【数据透视表 2】复选框，单击【确定】按钮完成设置，如图 8-17 所示。

此时，在日程表中进行月份选择，设置后的所有数据透视表将同步刷新，如图 8-18 所示。

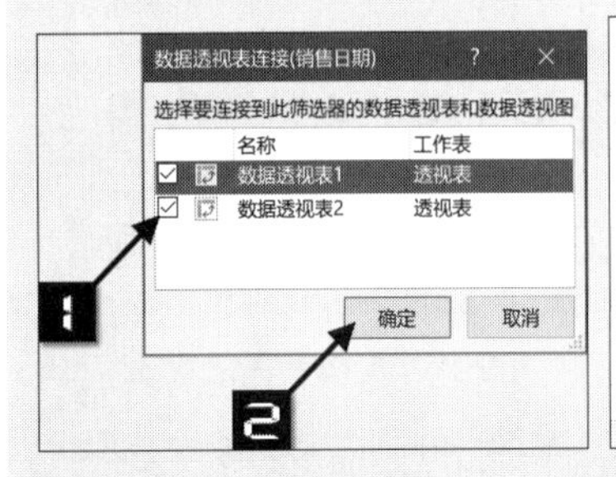

图 8-17 设置数据透视表连接

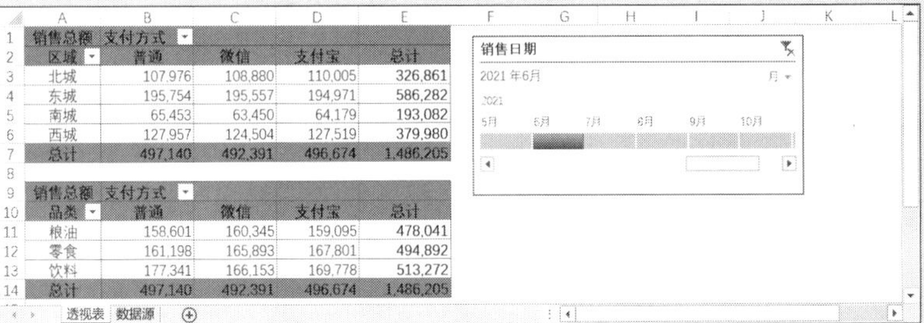

销售总额	支付方式			
区域	普通	微信	支付宝	总计
北城	107,976	108,880	110,005	326,861
东城	195,754	195,557	194,971	586,282
南城	65,453	63,450	64,179	193,082
西城	127,957	124,504	127,519	379,980
总计	497,140	492,391	496,674	1,486,205

销售总额	支付方式			
品类	普通	微信	支付宝	总计
粮油	158,601	160,345	159,095	478,041
零食	161,198	165,893	167,801	494,892
饮料	177,341	166,153	169,778	513,272
总计	497,140	492,391	496,674	1,486,205

图 8-18 多个数据透视表联动

提示：实现多个数据透视表联动时，数据透视表须由同一个数据源创建，并且使用共享透视表缓存方式。关于数据透视表共享缓存的讲解，请参阅 4.8 节。

根据本书前言的提示，可观看“共享日程表实现多个数据透视表联动”的视频讲解。

8.7 日程表与创建组的区别

日程表、为日期字段创建组，都可以对日期型字段进行筛选，但是两者之间是有区别的。

- 日程表的时间级别只有“年”“季度”“月”和“日”；当所要创建组的字段包含时间时，创建组可以按“小时”“分”“秒”时间进行组合。
- 日程表是一个控件按钮；创建组会产生新的字段，在【数据透视表字段】列表中显示。
- 创建组可以利用“日”按照任意指定天数对数据进行分组；日程表无法实现。
- 日程表中可以筛选一个时间段或一个连续的时间段，无法选择不连续的两个或多个时间段；创建组可以实现不连续的时间段筛选，如同时筛选出 3 月份和 5 月份的数据。

第 9 章　数据透视表的项目组合

虽然数据透视表提供了强大的分类汇总功能，但是日常工作中用户对于数据分析需求的多样性，使得数据透视表常规的分类汇总方式不能适用于所有的应用场景。为了应对这种情况，数据透视表还提供了一项非常有用的功能，即分组选择。可以通过对数字、日期和文本等不同类型的数据采取多种组合方式，快速提取满足分析需求的子集，大大增强了数据透视表分类汇总的适应性。

本章学习要点

（1）数据透视表的项目组合。
（2）在项目组合中运用函数辅助处理。
（3）影响自动组合的因素。

9.1　手动组合数据透视表内的数据项

手动组合可以灵活地根据数据透视表中数据项的内容，按照用户需求随意组合。

示例9-1　将销售汇总表按产品分类组合

图 9-1 所示为一张由数据透视表创建的销售汇总表，其中“产品”字段数据项的命名规则为产品分类+产品名称+识别号。如果希望根据“产品”字段的数据项命名规则生成以“产品分类”为分析角度的汇总，具体操作步骤如下。

步骤① 单击“产品”字段标题的下拉按钮，在弹出的下拉列表中执行【标签筛选】→【开头是】命令，在弹出的【标签筛选（产品）】对话框中输入“创新类”，然后单击【确定】按钮返回数据透视表，如图 9-2 所示。

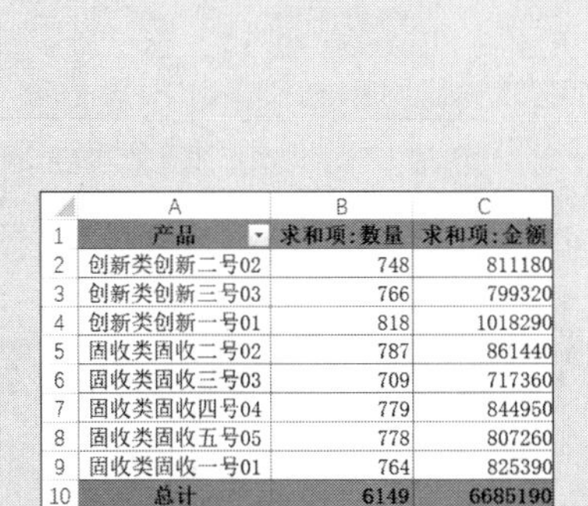

产品	求和项:数量	求和项:金额
创新类创新二号02	748	811180
创新类创新三号03	766	799320
创新类创新一号01	818	1018290
固收类固收二号02	787	861440
固收类固收三号03	709	717360
固收类固收四号04	779	844950
固收类固收五号05	778	807260
固收类固收一号01	764	825390
总计	6149	6685190

图 9-1　销售汇总表

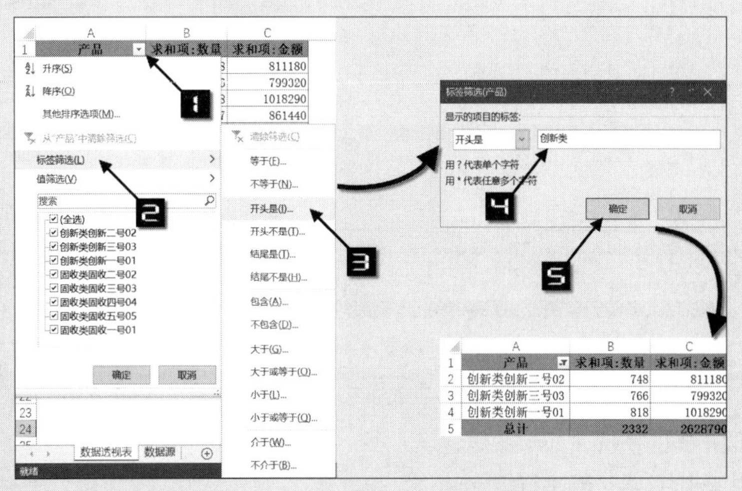

产品	求和项:数量	求和项:金额
创新类创新二号02	748	811180
创新类创新三号03	766	799320
创新类创新一号01	818	1018290
总计	2332	2628790

图 9-2　打开【标签筛选】对话框

步骤② 单击“产品”字段标题，在【数据透视表分析】选项卡中单击【选择】按钮，选择【启用选定内容】命令，选中整体“产品”字段项。接下来单击【分组选择】按钮生成“产品2”字段及“数据组 1”字段项目，如图 9-3 所示。

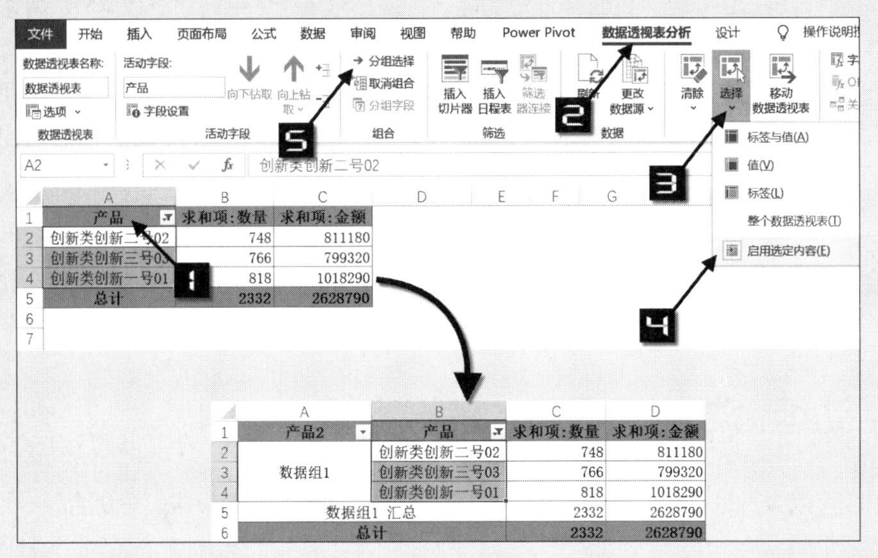

图 9-3　手动组合方法 1

步骤③ 将“产品 2”字段标题修改为“产品分类”，“数据组 1”字段项目名称修改为“创新类”。

步骤④ 重复步骤 1、步骤 2、步骤 3 的操作，对其余的数据项进行分组。最终完成的数据透视表如图 9-4 所示。

在步骤 2 中，也可通过鼠标选中需要进行分组的内容，然后右击鼠标，在弹出的快捷菜单中选择【组合】命令生成“产品 2”字段，在数据透视表中出现“数据组 1”，如图 9-5 所示。

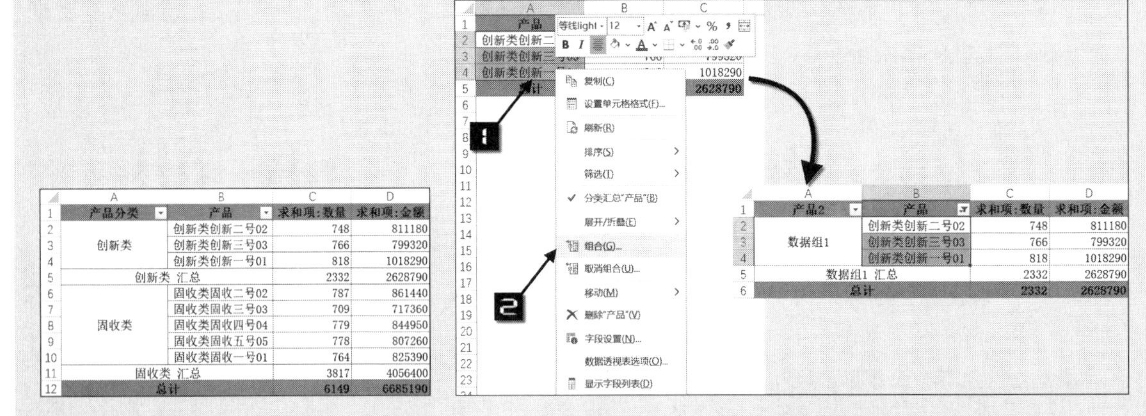

产品分类	产品	求和项:数量	求和项:金额
创新类	创新类创新二号02	748	811180
	创新类创新三号03	766	799320
	创新类创新一号01	818	1018290
创新类 汇总		2332	2628790
固收类	固收类固收二号02	787	861440
	固收类固收三号03	709	717360
	固收类固收四号04	779	844950
	固收类固收五号05	778	807260
	固收类固收一号01	764	825390
固收类 汇总		3817	4056400
总计		6149	6685190

图 9-4　完成分组的数据透视表　　　　图 9-5　手动组合方法 2

手动组合方式的优点在于比较灵活，适用于各种类型的数据项，手动组合主要适用于组合分类项不多的情况。如果数据记录太多，手动组合操作烦琐，一旦有新增数据项不在已创建的组合范围内，则需要重新进行组合。

9.2　自动组合数据透视表内的数值型数据项

如果字段组合有规律，使用数据透视表的自动组合往往比手动组合更快速、高效，适应性更强。例如，按单笔销售金额分段统计销售笔数等。

9.2.1　按等距步长组合数值型数据项

示例9-2　按单笔金额分段统计销售笔数

图 9-6 所示为一张按单笔销售金额统计销售笔数的数据透视表。如果希望对销售金额以 100 元为区间统计各金额的销售笔数，具体操作步骤如下。

步骤① 选中“金额”字段的字段标题或其任意一个字段项（如A25）并右击鼠标，在弹出的快捷菜单中选择【组合】命令，在弹出的【组合】对话框中保持【起始于】和【终止于】文本框的值不变，将【步长】值修改为“100”，单击【确定】按钮完成对“金额”字段的自动组合，如图 9-7 所示。

	A	B	C	D	E
1	计数项:金额	产品			
2	金额	创新类创新二号02	创新类创新三号03	创新类创新一号01	总计
24	770		1		1
25	780			3	3
26	840	1		2	3
27	860	1		1	2
28	870	1			1
29	880	1		1	2
30	900	1			1
31	920	2	1		3
32	940	1			1
33	950			1	1
34	960			1	1
35	990	1			1
36	1000		2		2
37	总计	20	13	19	52

图 9-6　待组合的数据透视表

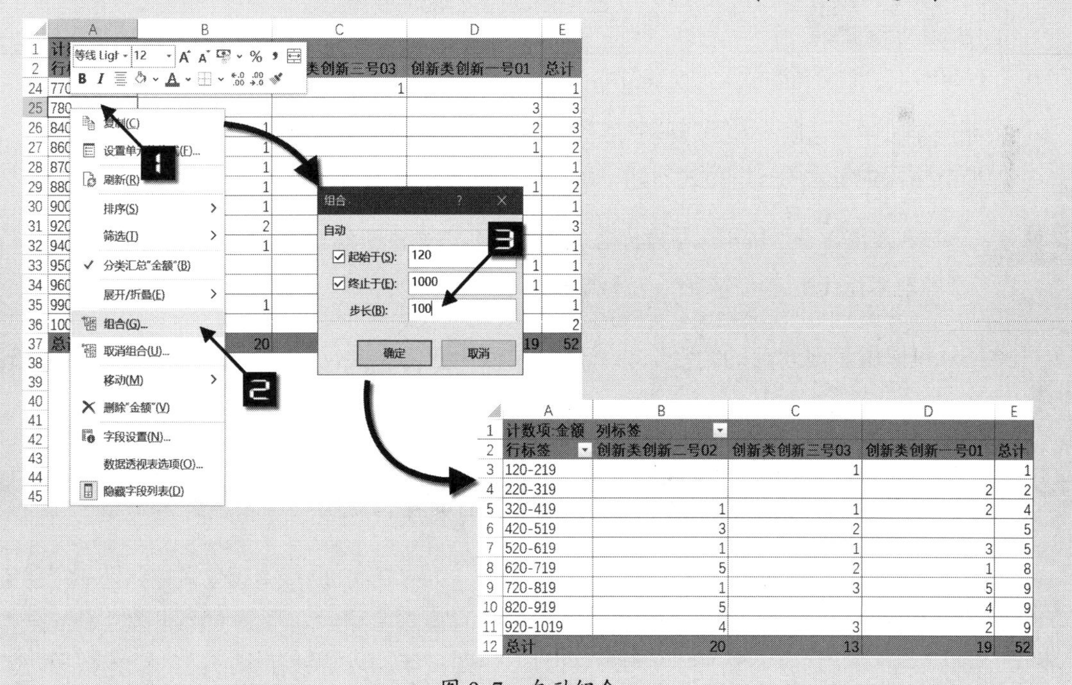

	A	B	C	D	E
1	计数项:金额	列标签			
2	行标签	创新类创新二号02	创新类创新三号03	创新类创新一号01	总计
3	120-219		1		1
4	220-319			2	2
5	320-419	1	1	2	4
6	420-519	3	2		5
7	520-619	1	1	3	5
8	620-719	5	2	1	8
9	720-819	1	3	5	9
10	820-919	5		4	9
11	920-1019	4	3	2	9
12	总计	20	13	19	52

图 9-7　自动组合

步骤② 修改“行标签”字段的字段标题为“金额区间”，最终完成的数据透视表如图 9-8 所示。

	A	B	C	D	E
1	计数项:金额	列标签			
2	金额区间	创新类创新二号02	创新类创新三号03	创新类创新一号01	总计
3	120-219		1		1
4	220-319			2	2
5	320-419	1	1	2	4
6	420-519	3	2		5
7	520-619	1	1	3	5
8	620-719	5	2	1	8
9	720-819	1	3	5	9
10	820-919	5		4	9
11	920-1019	4	3	2	9
12	总计	20	13	19	52

图 9-8　最终完成的数据透视表

对数值型数据进行组合时，【组合】对话框中的【起始于】和【终止于】文本框中的值默认为该字段中的最小值和最大值，用户可以根据实际分段的需求，修改【起始于】和【终止于】文本框中的值，以使分段更加规整。

9.2.2　组合数据透视表内的日期型数据项

对于日期型数据项，数据透视表提供了更多的自动组合选项，可以按日、月、季度和年等多种时间单位进行组合。

	A	B
1	行标签	求和项:金额
2	⊟2020年	3414480
3	⊟第一季	737600
4	1月	197640
5	2月	310750
6	3月	229210
7	⊞第二季	1019030
8	⊞第三季	875240
9	⊞第四季	782610
10	⊞2021年	3270710
11	总计	6685190

图 9-9　日期自动组合的数据透视表

自 Excel 2016 版本开始，新增了日期自动组合功能，当用户将某个日期型字段放入行标签或列标签时，日期自动组合功能生效。此时，系统会根据所选字段包含的日期跨度自动创建组合，如图 9-9 所示。

日期自动组合规则如下。

（1）所选字段中包含不同年份的日期，系统将自动按年、季度和月进行组合。

（2）所选字段中包含同一年且不同季度的日期，系统将自动按季度和月进行组合。

（3）所选字段中包含同一季度的日期，系统将自动按月份进行组合。

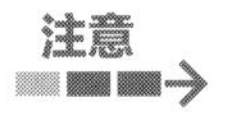

所选日期字段中不能存在日期类型以外的数据类型（如文本和数字，但空值除外），否则不能使用日期自动组合功能。

虽然Excel提供了日期自动组合功能，但如果有个性化需要，也可以手动设置日期字段的组合项。

示例9-3　按年和月汇总销售报表

	A	B	C	D	E
1	求和项:金额	列标签			
2	行标签	创新类创新二号02	创新类创新三号03	创新类创新一号01	总计
3	⊞2020年	399930	432920	474950	1307800
4	⊞2021年	411250	366400	543340	1320990
5	总计	811180	799320	1018290	2628790

图 9-10　默认组合日期的数据透视表

图 9-10 所示为某公司按日期和产品统计的销售金额，为了便于管理者查看数据，需要按年、月统计各个产品的销售数据，其方法如下。

步骤① 选中“日期”字段的任意一个单元格（如A3），然后右击鼠标，在弹出的快捷菜单中选择【组合】命令，在弹出的【组合】对话框中保持【起始于】和【终止于】文本框中的日期不变，在【步长】列表框中选择“月”和“年”选项，单击【确定】按钮完成“日期”字段的自动组合，如图 9-11 所示。

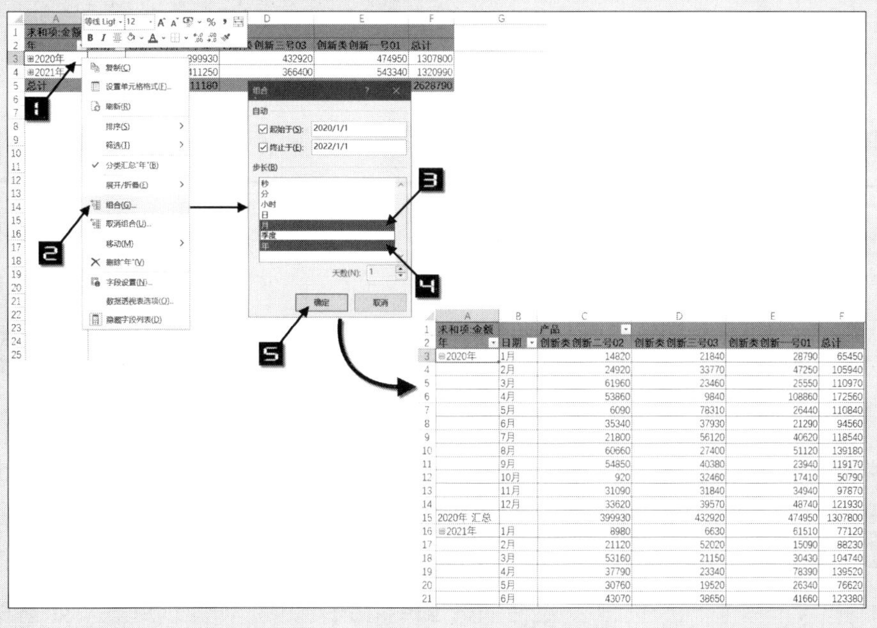

图 9-11　对日期型数据项重新组合

步骤② 在【设计】选项卡中依次单击【报表布局】→【以表格形式显示】命令，使【年】和【日期】分列显示，如图 9-12 所示。

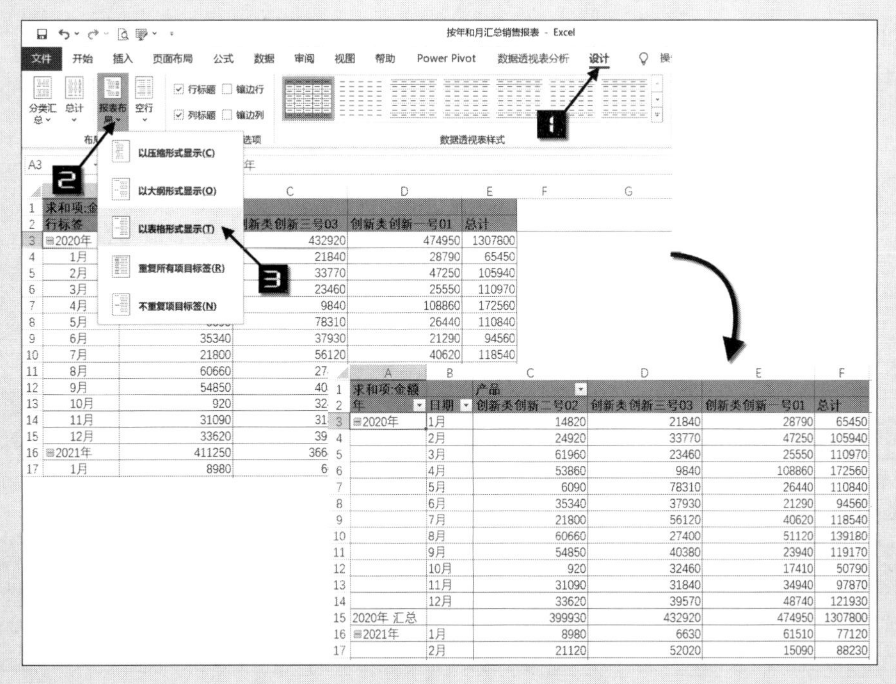

图 9-12　重新布局后的最终数据透视表

注意

自动组合之前必须保证所有要组合的字段的数据类型一致，如将日期字段进行组合，则组合字段中不能存在日期类型以外的数据类型（如文本和数字，但空值除外），否则【分组字段】按钮为灰色不可用状态。此外，自动组合和计算项不能一起使用。

9.3 取消项目的自动组合

9.3.1 取消项目的自动组合

示例9-4 取消数据透视表中的自动组合

	A	B	C
1	行标签	求和项:金额	求和项:数量
2	⊞2020年	1307800	1133
3	⊞2021年	1320990	1199
4	总计	2628790	2332

图 9-13 包含自动组合的数据透视表

图 9-13 所示的数据透视表中的日期项是通过自动组合创建的，通过以下两种方法可以取消对日期项的组合。

方法 1：选中数据透视表中的“行标签”字段的任意一个字段项（如A2），在【数据透视表分析】选项卡中单击【取消组合】按钮即可取消对日期项的自动组合，如图 9-14 所示。

提示

选中数据透视表中的“行标签”字段的任意一个字段项（如 A2），按<Shift+Alt+←>组合键可以取消组合。

方法 2：选中数据透视表中的“行标签”字段的任意一个字段项（如A3）并右击鼠标，在弹出的快捷菜单中选择【取消组合】命令，也可以取消对日期项的组合，如图 9-15 所示。

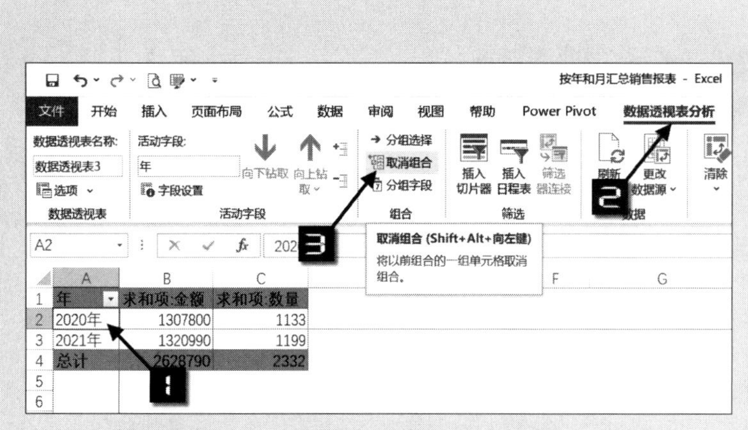

图 9-14 通过功能区按钮取消选定字段的自动组合

图 9-15 通过右键菜单取消选定字段的自动组合

9.3.2　取消手动组合

取消手动组合分为局部取消组合项和完全取消组合项，两种操作方法大致相同。

➲ 1. 局部取消手动组合项

图 9-16 所示的数据透视表对“产品分类”字段应用了手动组合。如果用户只希望取消“产品分类”字段中的“创新类”数据项的组合，方法如下。

选中“产品分类”字段中的“创新类”数据项区域（A2:A4）的任意一个单元格（如A3）并右击鼠标，在弹出的快捷菜单中选择【取消组合】命令，如图 9-17 所示。

	A	B	C	D
1	产品分类	产品	求和项:金额	求和项:数量
2	⊟创新类	创新类创新二号02	811180	748
3		创新类创新三号03	799320	766
4		创新类创新一号01	1018290	818
5	创新类 汇总		2628790	2332
6	⊟固收类	固收类固收三号03	717360	709
7		固收类固收二号02	861440	787
8		固收类固收五号05	807260	778
9		固收类固收四号04	844950	779
10		固收类固收一号01	825390	764
11	固收类 汇总		4056400	3817
12	总计		6685190	6149

图 9-16　包含手动组合的数据透视表

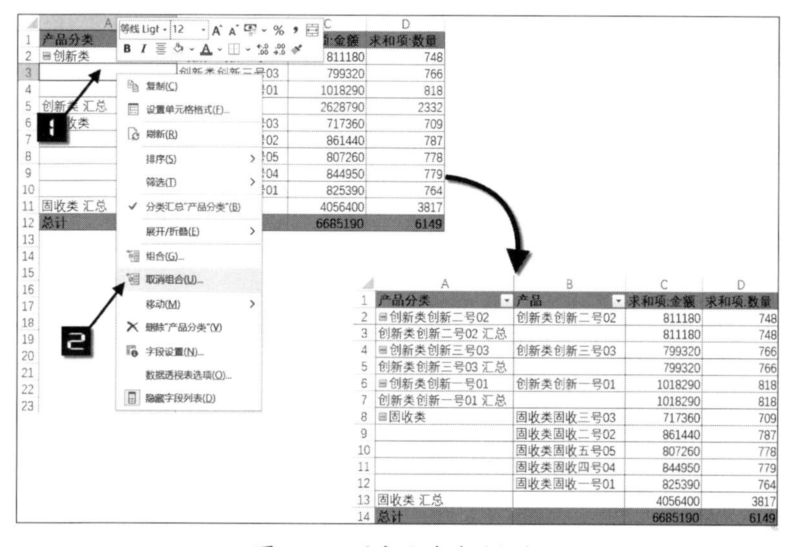

图 9-17　局部取消手动组合

➲ 2. 完全取消手动组合

若要完全取消手动组合，只需在应用组合的字段标题（如A1）上右击鼠标，在弹出的快捷菜单中选择【取消组合】命令即可，如图 9-18 所示。

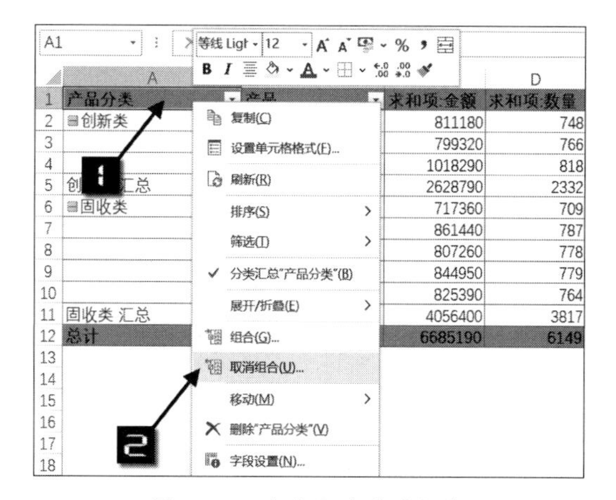

图 9-18　完全取消手动组合

9.3.3 启用与禁用自动日期组合

数据透视表默认对日期和时间类型的字段启用自动分组，如果不希望默认自动分组，可以通过更改Excel选项来禁用，方法如下。

依次单击【文件】→【选项】，在弹出的【Excel选项】对话框的【数据】选项卡中勾选【在自动透视表中禁用日期/时间列自动分组】复选框，如图 9-19 所示。

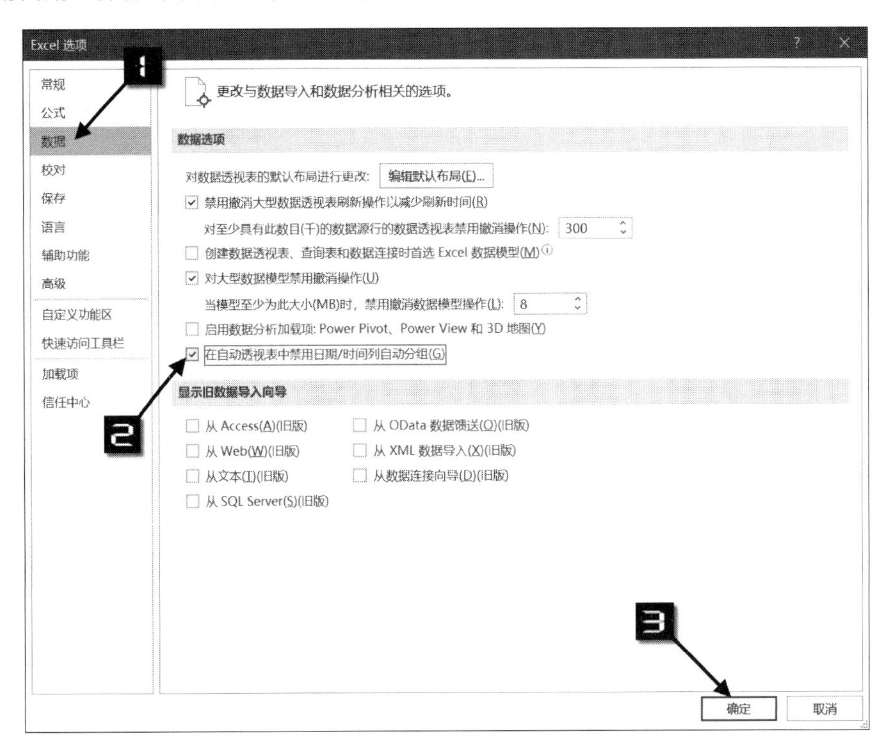

图 9-19 启用与禁用自动分组

9.4 在项目组合中运用函数辅助处理

使用分组功能对数据透视表中的数据项进行自动组合，存在诸多限制，有时不能按照用户的意愿进行组合，不利于对数据进行分析整理。如果结合函数对数据源进行辅助处理，则可以大大增强数据透视表组合的适用性，以满足用户的分析需求。

9.4.1 按不等距长自动组合数值型数据项

在数据透视表中对于不等距长的数值型数据项的组合，往往需要用手动组合的方式来完成，如果数据透视表中需要手动组合的数据量很多，操作起来会很烦琐。通过在数据源中添加函数辅助列的方式可以轻松解决这类问题。

示例9-5 按旬分段统计销售金额

图 9-20 所示为某公司销售情况统计表，若要按上、中、下旬分段统计每月销售情况，按旬进行分组，并不是一个等距的步长，如果利用手动组合完成则费时费力，此时需要在数据源中添加一个辅助列，辅助完成这样的分组，具体操作步骤如下。

日期	产品	单价	数量	金额
2021/8/14	创新类创新三号03	150	3	450
2021/11/3	创新类创新三号03	310	7	2170
2021/11/2	固收类固收三号03	1510	6	9060
2021/7/9	固收类固收二号02	390	2	780
2021/6/19	固收类固收五号05	950	4	3800
2021/10/5	固收类固收四号04	1730	3	5190
2021/8/25	固收类固收二号02	130	6	780
2021/11/3	固收类固收三号03	1860	5	9300
2021/7/31	创新类创新二号02	660	6	3960
2021/9/28	固收类固收五号05	690	1	690
2021/9/6	固收类固收四号04	180	4	720
2021/5/13	固收类固收五号05	1550	7	10850
2021/7/16	固收类固收五号05	830	4	3320
2021/2/21	固收类固收四号04	1030	9	9270

图 9-20　销售情况统计表

步骤① 在数据源中的 F1 单元格内输入“旬”，在 F2 单元格中输入以下公式，并双击 F2 单元格右下角将公式快速填充直到 F1110 单元格，如图 9-21 所示。

```
=IF(DAY(A2)<=10,"上旬",IF(DAY(A2)<=20,"中旬","下旬"))
```

公式解析：该公式利用 DAY 函数返回日期的天数，再用 IF 函数将天数与旬的段值比较，从而获得该日期所属的旬段。

步骤② 以添加“旬”辅助列后的工作表为数据源创建数据透视表，如图 9-22 所示。

F2　=IF(DAY(A2)<=10,"上旬",IF(DAY(A2)<=20,"中旬","下旬"))

日期	产品	单价	数量	金额	旬
2021/8/14	创新类创新三号03	150	3	450	中旬
2021/11/3	创新类创新三号03	310	7	2170	上旬
2021/11/2	固收类固收三号03	1510	6	9060	上旬
2021/7/9	固收类固收二号02	390	2	780	上旬
2021/6/19	固收类固收五号05	950	4	3800	中旬
2021/10/5	固收类固收四号04	1730	3	5190	上旬
2021/8/25	固收类固收二号02	130	6	780	下旬
2021/11/3	固收类固收三号03	1860	5	9300	上旬
2021/7/31	创新类创新二号02	660	6	3960	下旬
2021/9/28	固收类固收五号05	690	1	690	下旬
2021/9/6	固收类固收四号04	180	4	720	上旬
2021/5/13	固收类固收五号05	1550	7	10850	中旬
2021/7/16	固收类固收五号05	830	4	3320	中旬
2021/2/21	固收类固收四号04	1030	9	9270	下旬

图 9-21　在数据源中添加辅助列公式

求和项:金额	列标签		
行标签	上旬	下旬	中旬
⊞1月	103500	195730	219400
⊞2月	175610	143780	224300
⊞3月	137320	188540	171980
⊞4月	158400	143850	178130
⊞5月	170620	170730	169660
⊞6月	157570	163880	202040
⊞7月	161370	261870	279930
⊞8月	118920	253580	240720
⊞9月	135350	232100	111850
⊞10月	219820	211340	252040
⊞11月	172930	219700	170930
⊞12月	215230	161370	191100
总计	1926640	2346470	2412080

图 9-22　按旬创建数据透视表

9.4.2　按条件组合日期型数据项

在数据透视表中，日期字段可以按年、月、日等多个日期单位进行自动组合，但需要跨月交叉进行组合日期时，难以使用自动组合的方式来实现，对于这种情况，下面介绍一种快速实现的方法。

示例9-6 制作跨月结算汇总报表

图 9-23 所示为某公司销售情况统计表，该公司业绩结算方式为月结算，结算周期为每月 25 日至次月 25 日，结算日为每月 26 日，如果希望根据此月结方式来统计每月业绩报表，具体操作步骤如下。

	A	B	C	D	E
1	日期	产品	单价	数量	金额
2	2021/10/1	创新类创新三号03	250	4	1000
3	2021/10/1	创新类创新一号01	1850	8	14800
4	2021/10/1	固收类固收五号05	1680	2	3360
5	2021/10/1	固收类固收二号02	1090	5	5450
6	2021/10/1	固收类固收五号05	1110	10	11100
7	2021/10/1	创新类创新二号02	1680	2	3360
8	2021/10/1	创新类创新二号02	480	7	3360
9	2021/10/1	固收类固收五号05	1660	7	11620
10	2021/10/2	创新类创新三号03	1540	4	6160
11	2021/10/2	固收类固收三号03	280	7	1960
12	2021/10/2	创新类创新一号01	1310	10	13100
13	2021/10/2	创新类创新一号01	120	5	600
14	2021/10/2	创新类创新二号02	320	2	640
15	2021/10/2	固收类固收一号01	1520	8	12160

图 9-23　客户销售情况统计表

步骤① 在数据源中的F1单元格中输入“结算年月”，在F2单元格中输入以下公式，并填充至F1110单元格，如图9-24所示。

```
=IF(DAY(A2)<=25,TEXT(A2,"YYYYMM"),TEXT(EOMONTH(A2,1),"YYYYMM"))
```

公式解析：每个公式通过DAY函数返回日期的天数，如果“日期”中天的数值小于等于25时，返回本月，并用TEXT函数转换成YYYYMM格式；对于大于25的日期记录，使用EMONTH归纳到下一个月。

步骤② 以添加了“结算年月”辅助列的数据源工作表的A1:F1110单元格区域创建数据透视表，如图9-25所示。

F2　=IF(DAY(A2)<=25,TEXT(A2,"YYYYMM"),TEXT(EOMONTH(A2,1),"YYYYMM"))

	A	B	C	D	E	F
1	日期	产品	单价	数量	金额	结算年月
2	2021/10/1	创新类创新三号03	250	4	1000	202110
3	2021/10/1	创新类创新一号01	1850	8	14800	202110
4	2021/10/1	固收类固收五号05	1680	2	3360	202110
5	2021/10/1	固收类固收二号02	1090	5	5450	202110
6	2021/10/1	固收类固收五号05	1110	10	11100	202110
7	2021/10/1	创新类创新二号02	1680	2	3360	202110
8	2021/10/1	创新类创新二号02	480	7	3360	202110
9	2021/10/1	固收类固收五号05	1660	7	11620	202110
10	2021/10/2	创新类创新三号03	1540	4	6160	202110
11	2021/10/2	固收类固收三号03	280	7	1960	202110
12	2021/10/2	创新类创新一号01	1310	10	13100	202110
13	2021/10/2	创新类创新一号01	120	5	600	202110
14	2021/10/2	创新类创新二号02	320	2	640	202110
15	2021/10/2	固收类固收一号01	1520	8	12160	202110

图 9-24　添加结算年月辅助列

	A	B
1	结算年月	求和项:金额
2	202110	997130
3	202111	1494580
4	202112	1375330
5	202201	1374190
6	202202	1387500
7	202203	56460
8	总计	6685190

图 9-25　以结算年月创建数据透视表

根据本书前言的提示，可观看“制作跨月结算汇总报表”的视频讲解。

9.5　影响自动组合的因素

用户在对数值型、日期型数据项进行自动组合时，时常会受到如图9-26所示的“选定区域不能分组”的困扰。

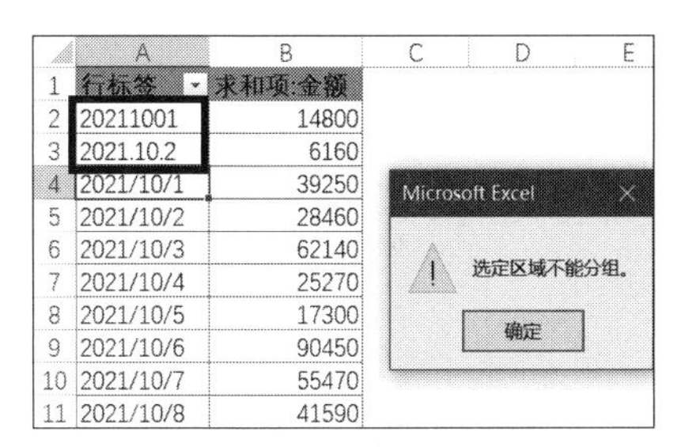

	A	B
1	行标签	求和项:金额
2	20211001	14800
3	2021.10.2	6160
4	2021/10/1	39250
5	2021/10/2	28460
6	2021/10/3	62140
7	2021/10/4	25270
8	2021/10/5	17300
9	2021/10/6	90450
10	2021/10/7	55470
11	2021/10/8	41590

图 9-26　选定区域不能分组

示例9-7　日期无法自动组合

在数据透视表中，影响自动组合的因素有很多，造成日期型字段无法自动组合的主要原因是该日期格式不正确，不能被Excel所识别。要想解决此问题，只需要将日期格式转化为Excel可识别的日期格式即可，具体步骤如下。

步骤① 在数据源中选中“日期”所在列（A列），单击【数据】选项卡中的【分列】按钮，在弹出的【文本分列向导-第 1 步，共 3 步】对话框中单击【下一步】按钮，如图 9-27 所示。

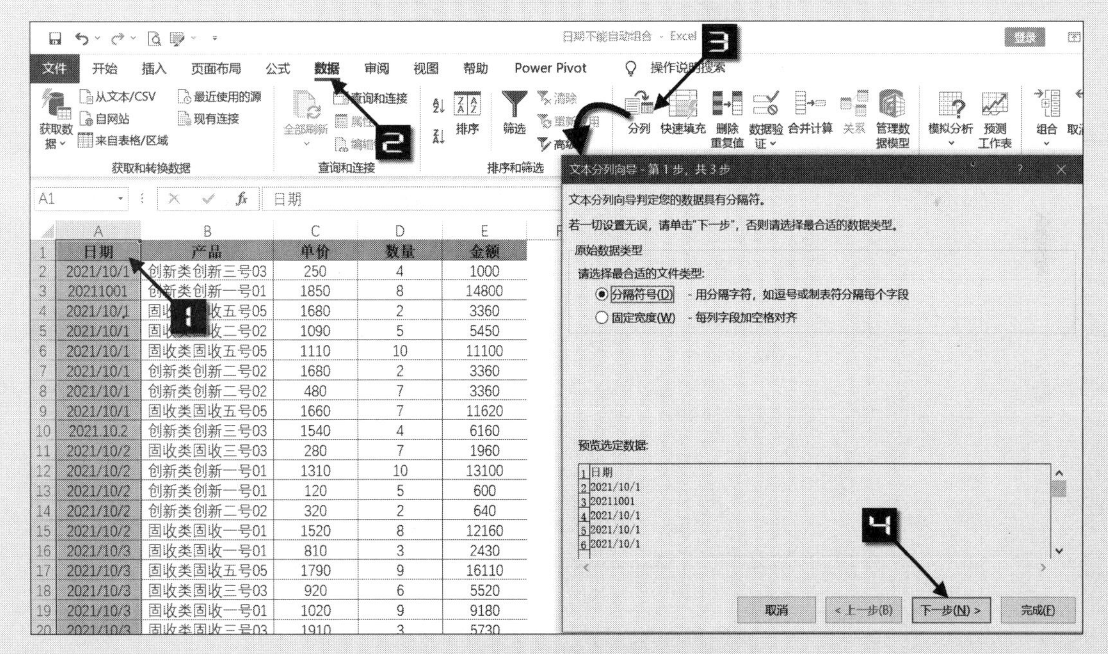

	A	B	C	D	E
1	日期	产品	单价	数量	金额
2	2021/10/1	创新类创新三号03	250	4	1000
3	20211001	创新类创新一号01	1850	8	14800
4	2021/10/1	固收类固收五号05	1680	2	3360
5	2021/10/1	固收类固收二号02	1090	5	5450
6	2021/10/1	固收类固收五号05	1110	10	11100
7	2021/10/1	创新类创新二号02	1680	2	3360
8	2021/10/1	创新类创新二号02	480	7	3360
9	2021/10/1	固收类固收五号05	1660	7	11620
10	2021.10.2	创新类创新三号03	1540	4	6160
11	2021/10/2	固收类固收三号03	280	7	1960
12	2021/10/2	创新类创新一号01	1310	10	13100
13	2021/10/2	创新类创新一号01	120	5	600
14	2021/10/2	创新类创新二号02	320	2	640
15	2021/10/2	固收类固收一号01	1520	8	12160
16	2021/10/3	固收类固收一号01	810	3	2430
17	2021/10/3	固收类固收五号05	1790	9	16110
18	2021/10/3	固收类固收三号03	920	6	5520
19	2021/10/3	固收类固收一号01	1020	9	9180
20	2021/10/3	固收类固收三号03	1910	3	5730

图 9-27　对格式错误的日期进行转换

步骤② 在【文本分列向导-第 3 步，共 3 步】对话框的【列数据格式】下选中【日期】单选按钮，最后单击【完成】按钮，完成分列操作，如图 9-28 所示。

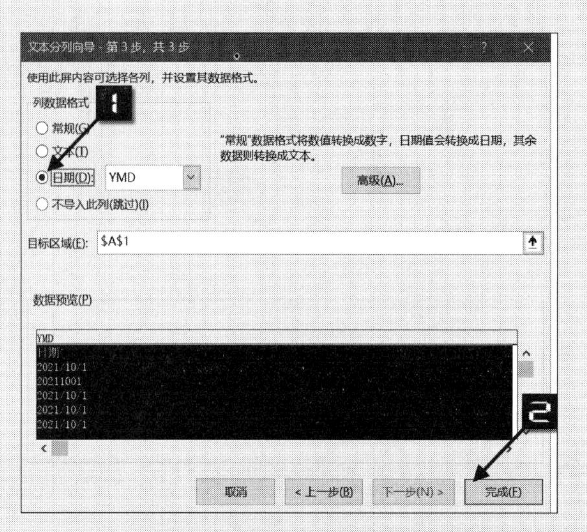

图 9-28　通过分列转换日期格式

步骤③ 选中数据透视表中的任意一个单元格（如A4）并右击鼠标，在弹出的快捷菜单中选择【刷新】命令，此后即可按“日期”字段进行自动组合，如图 9-29 所示。

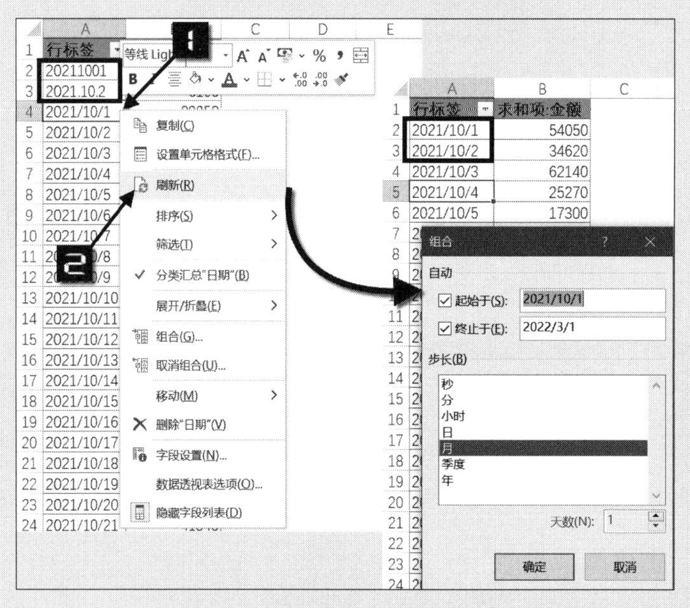

图 9-29　转换格式后可以自动组合

第 10 章　在数据透视表中执行计算

本章将介绍在不改变数据源的前提下，在数据透视表的值区域中设置不同的值显示方式。另外，通过对数据透视表现有字段进行重新组合形成新的计算字段和计算项，还可以进行计算平均单价、奖金提成、账龄分析、预算控制和存货管理等多种数据分析。

本章学习要点

（1）数据透视表值汇总依据。

（2）数据透视表值显示方式。

（3）数据透视表添加计算字段和计算项。

（4）改变数据透视表计算项求解次序。

（5）运用OLAP工具将数据透视表转换为公式。

（6）数据透视表函数综合应用。

10.1　对同一字段使用多种汇总方式

在默认状态下，数据透视表对值区域中的数值字段使用求和方式汇总，对非数值字段则使用计数方式汇总。

事实上，除了“求和”和“计数”以外，数据透视表还提供了多种汇总方式，包括“平均值”“最大值”“最小值”和“乘积”等。

如果要设置汇总方式，可在数据透视表值区域中的任意单元格上（如C4）右击，在弹出的快捷菜单中选择【值汇总依据】→【平均值】命令，如图 10-1 所示。

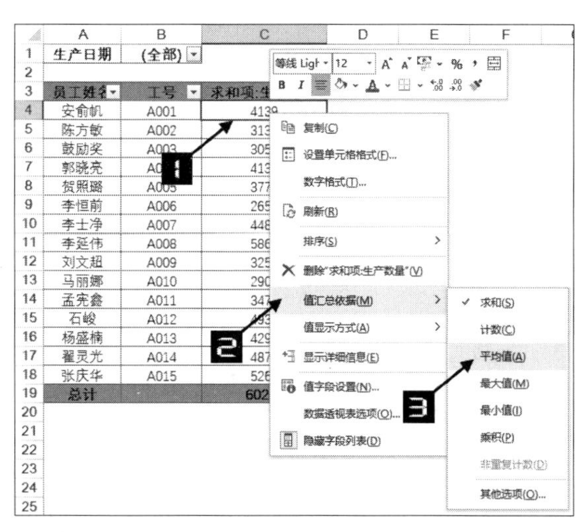

图 10-1　设置数据透视表值汇总方式为平均值

用户可以对值区域中的同一个字段同时使用多种汇总方式。要实现这种效果，只需在【数据透视表字段】列表框内将该字段多次添加到【值】区域中，并利用【值汇总依据】命令选择不同的汇总方式即可。

示例10-1 多种方式统计员工的生产数量

如果希望对如图 10-2 所示的数据透视表进行员工生产数量的统计，同时求出每个员工的产量总和、平均产量、最高和最低产量，可参照以下步骤。

步骤① 在数据透视表内的任意单元格上（如B4）右击，在弹出的快捷菜单中选择【显示字段列表】命令，如图 10-3 所示。

	A	B	C
1	生产日期	(全部)	
2			
3	员工姓名	工号	求和项:生产数量
4	安俞帆	A001	4139
5	陈方敏	A002	3139
6	鼓励奖	A003	3058
7	郭晓亮	A004	4138
8	贺照璐	A005	3772
9	李恒前	A006	2658
10	李士净	A007	4481
11	李延伟	A008	5861
12	刘文超	A009	3256
13	马丽娜	A010	2901
14	孟宪鑫	A011	3474
15	石峻	A012	4931
16	杨盛楠	A013	4290
17	翟灵光	A014	4877
18	张庆华	A015	5262
19	总计		60237

图 10-2　对同一字段应用多种汇总方式的数据透视表

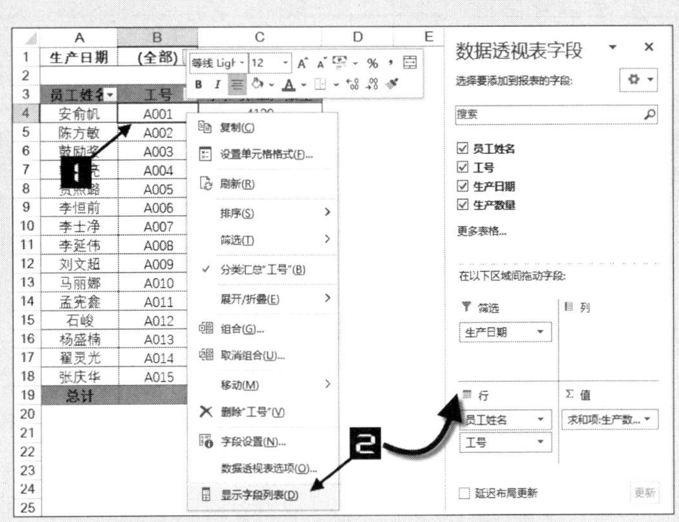

图 10-3　调出【数据透视表字段】列表框

步骤② 在【数据透视表字段】列表框内将“生产数量”字段连续 3 次拖入【值】区域中，数据透视表中将增加 3 个新的字段“求和项：生产数量 2”“求和项：生产数量 3”和“求和项：生产数量 4”，如图 10-4 所示。

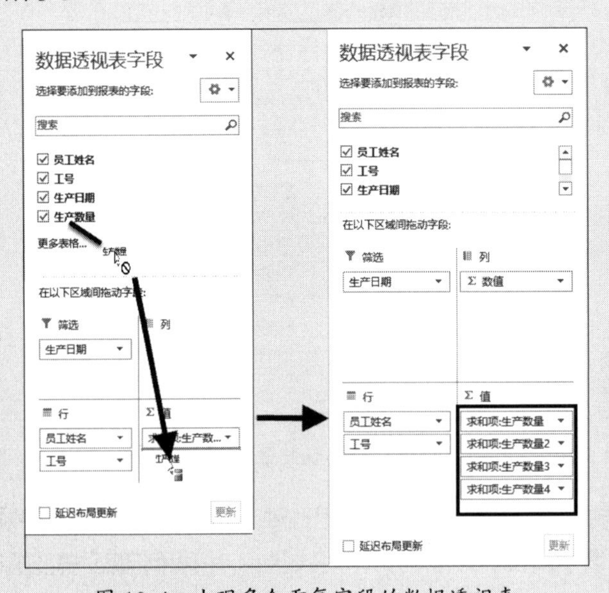

图 10-4　出现多个重复字段的数据透视表

步骤③ 在字段“求和项：生产数量 2”上右击，在弹出的快捷菜单中选择【值字段设置】命令，弹出【值字段设置】对话框，在【值汇总方式】选项卡中选中“平均值”作为值字段汇总方式，在【自定义名称】文本框中输入“平均产量”，单击【确定】按钮关闭【值字段设置】对话框，如图 10-5 所示。

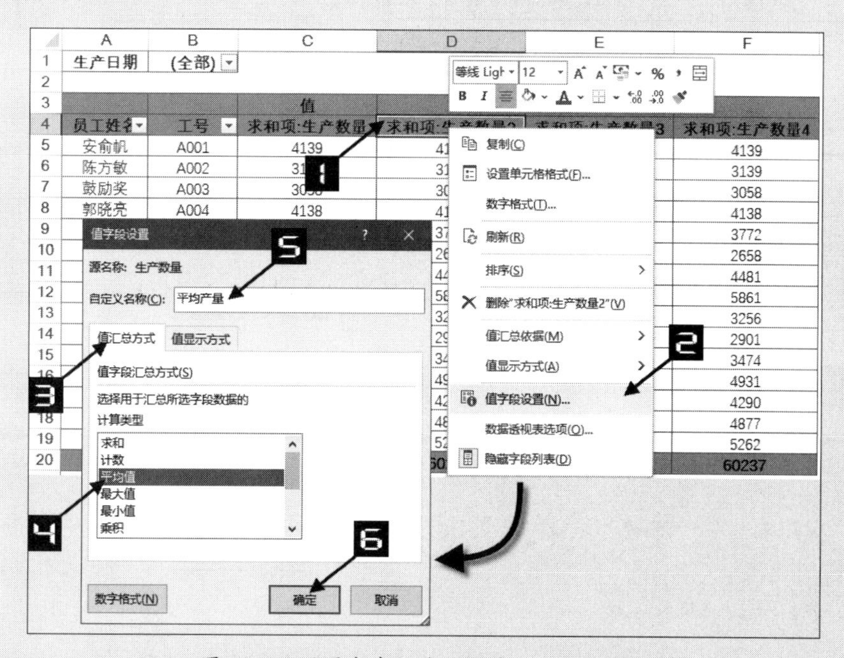

图 10-5 设置生产数量的汇总方式为平均值

步骤④ 值汇总方式变更后的数据透视表如图 10-6 所示。

	A	B	C	D	E	F
1	生产日期	(全部)				
2						
3			值			
4	员工姓名	工号	求和项:生产数量	平均产量	求和项:生产数量3	求和项:生产数量4
5	安俞帆	A001	4139	517.375	4139	4139
6	陈方敏	A002	3139	392.375	3139	3139
7	鼓励奖	A003	3058	382.25	3058	3058
8	郭晓亮	A004	4138	517.25	4138	4138
9	贺照璐	A005	3772	471.5	3772	3772
10	李恒前	A006	2658	332.25	2658	2658
11	李士净	A007	4481	560.125	4481	4481
12	李延伟	A008	5861	732.625	5861	5861
13	刘文超	A009	3256	407	3256	3256
14	马丽娜	A010	2901	362.625	2901	2901
15	孟宪鑫	A011	3474	434.25	3474	3474
16	石峻	A012	4931	616.375	4931	4931
17	杨盛楠	A013	4290	536.25	4290	4290
18	翟灵光	A014	4877	609.625	4877	4877
19	张庆华	A015	5262	657.75	5262	5262
20	总计		60237	501.975	60237	60237

图 10-6 数据透视表统计生产数量的平均值

步骤⑤ 重复步骤 4，依次将“求和项：生产数量 3”字段的值汇总方式设置为“最大值”，【自定义名称】更改为“最大产量”；将“求和项：生产数量 4”字段的值汇总方式设置为“最小值”，【自定义名称】更改为“最小产量”，如图 10-7 所示。

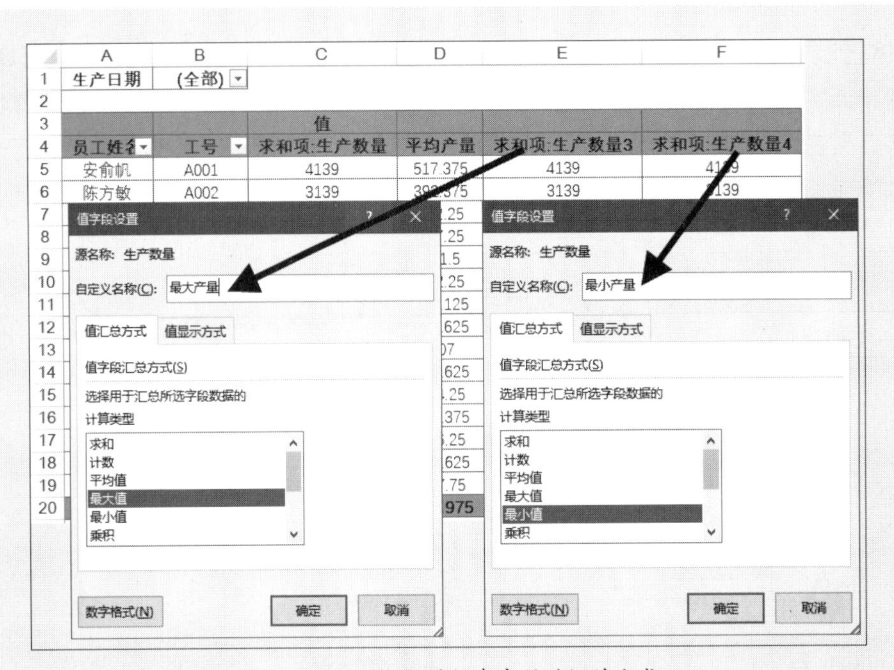

图 10-7 设置数据透视表字段的汇总方式

最后将“求和项: 生产数量”字段名称更改为“生产数量总和”，最终完成的数据透视表，如图 10-8 所示。

	A	B	C	D	E	F
1	生产日期	(全部)				
2						
3			值			
4	员工姓名	工号	生产数量总和	平均产量	最大产量	最小产量
5	安俞帆	A001	4139	517.375	955	38
6	陈方敏	A002	3139	392.375	681	2
7	鼓励奖	A003	3058	382.25	967	52
8	郭晓亮	A004	4138	517.25	906	193
9	贺照璐	A005	3772	471.5	851	48
10	李恒前	A006	2658	332.25	778	56
11	李士净	A007	4481	560.125	862	164
12	李延伟	A008	5861	732.625	991	28
13	刘文超	A009	3256	407	980	62
14	马丽娜	A010	2901	362.625	991	11
15	孟宪鑫	A011	3474	434.25	957	9
16	石峻	A012	4931	616.375	886	247
17	杨盛楠	A013	4290	536.25	950	116
18	翟灵光	A014	4877	609.625	875	154
19	张庆华	A015	5262	657.75	903	209
20	总计		60237	501.975	991	2

图 10-8 同一字段使用多种汇总方式

10.2 更改数据透视表默认的字段汇总方式

数据透视表字段汇总时，当数据列表中的某些字段存在文本型数值时，如果将该字段布局到数据透视表的值区域中，默认的汇总方式便为“计数”，如图 10-9 所示。

图 10-9　文本型数值字段

如果将汇总方式修改为“求和”仍然无法得到正确的计算结果，如图 10-10 所示，此时需要先对这类文本型数值进行处理，再创建数据透视表进行汇总。

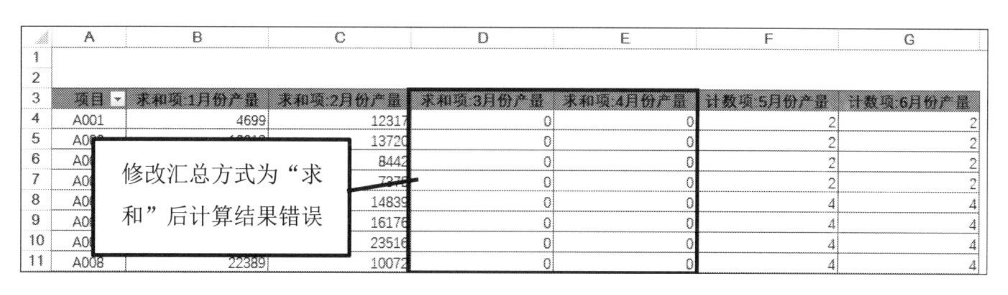

图 10-10　修改汇总方式后计算结果错误

示例10-2　更改数据透视表默认的字段汇总方式

图 10-9 所示的数据列表中包含许多文本型数值，数值是以文本方式存储的（单元格左上角有绿色三角标志），如果以此数据列表为数据源创建数据透视表，并且需要数据透视表值区域中字段的汇总方式默认为“求和”而非“计数”，可参照以下步骤。

步骤① 选中数据源外的任意单元格（如 H2），输入“1”，按<Ctrl+C>组合键，完成对 H2 单元格的复制，如图 10-11 所示。

	A	B	C	D	E	F	G	H	I
1	项目	1月份产量	2月份产量	3月份产量	4月份产量	5月份产量	6月份产量		
2	A001	1312	5764	9031	4235	654	3954	1	
3	A002	8294	7524	456	1002	1393	6937		
4	A003	8449	7788	8638	1774	2573	1239		
5	A004	9511	2761	6712	7704	6148	899		
6	A005	3186	1435	777	816	65	577		
7	A006	3387	6553	1894	7342	4937	65		
8	A007	3919	6196	8037	541	3354	541		
9	A008	8201	654	873	6119	2353	480		
10	A009	7484	4617	8790	7905	4697	37		

按<Ctrl+C>组合键

图 10-11　复制 H2 单元格

步骤② 选中D2:G50区域，右击鼠标，在弹出的快捷菜单中选择【选择性粘贴】命令，在弹出的【选择性粘贴】对话框中的【粘贴】选项下单击【数值】单选按钮，在【运算】选项下单击【乘】单选按钮，单击【确定】按钮，如图10-12所示。

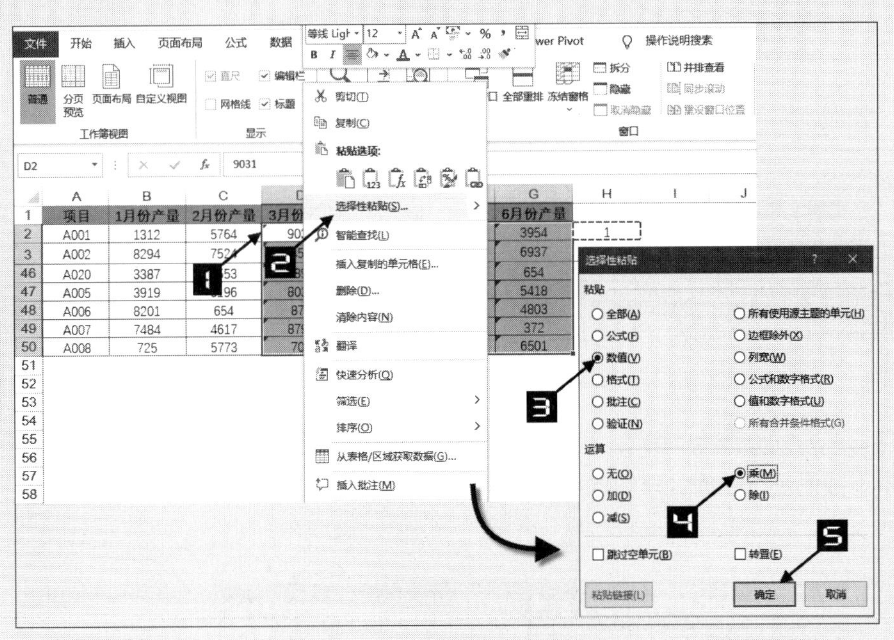

图 10-12 完成选择性“乘”操作

现在，数据源中的D到G列数据中不再包含文本型数值。

步骤③ 选定任意单元格（如A2），创建一张空白数据透视表，如图10-13所示

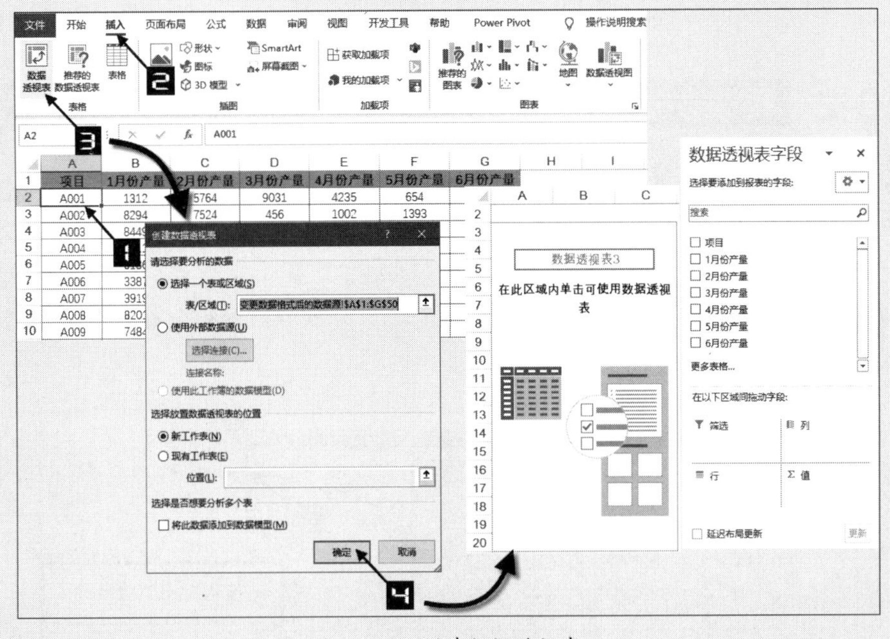

图 10-13 创建数据透视表

步骤④ 勾选【数据透视表字段】列表框内【选择要添加到报表的字段】中的所有字段的复选框，添加字段后的数据透视表如图 10-14 所示。

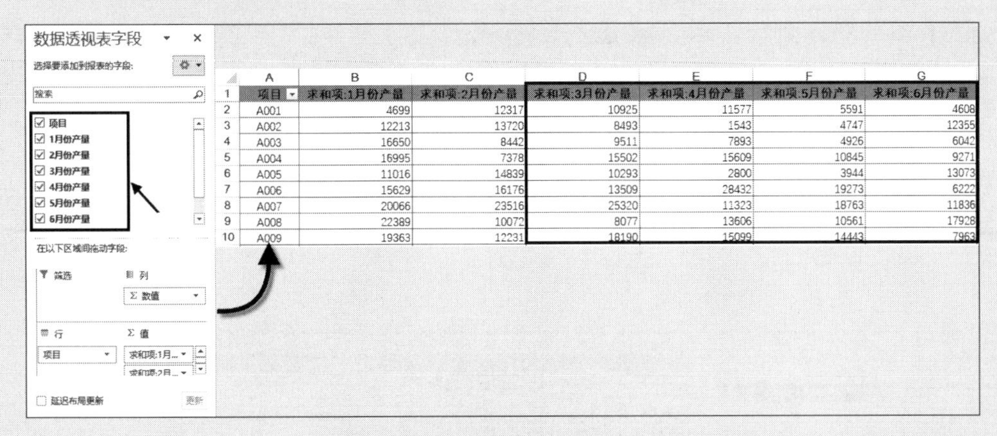

	A	B	C	D	E	F	G
1	项目	求和项:1月份产量	求和项:2月份产量	求和项:3月份产量	求和项:4月份产量	求和项:5月份产量	求和项:6月份产量
2	A001	4699	12317	10925	11577	5591	4608
3	A002	12213	13720	8493	1543	4747	12355
4	A003	16650	8442	9511	7893	4926	6042
5	A004	16995	7378	15502	15609	10845	9271
6	A005	11016	14839	10293	2800	3944	13073
7	A006	15629	16176	13509	28432	19273	6222
8	A007	20066	23516	25320	11323	18763	11836
9	A008	22389	10072	8077	13606	10561	17928
10	A009	19363	12231	18190	15099	14443	7963

图 10-14　向数据透视表中添加字段

在处理文本型数值字段时，利用【分列】功能，也可以将文本型数值转换为数值。本例中文本型数值字段较多，需要对每一列分别执行分列操作，故向读者介绍通过【选择性粘贴“乘”】的方法批量转换格式。

在 H2 单元格中输入“0”，在【选择性粘贴】对话框中的【粘贴】选项下选择【数值】，在【运算】选项下选择【加】，亦可完成格式转换。其原理是在保证单元格内数值不变的情况下，“粘贴”成为数值格式。

根据本书前言的提示，可观看“更改数据透视表默认的字段汇总方式”的视频讲解。

10.3　非重复计数的值汇总方式

自 Excel 2013 版本开始，数据透视表中增加了利用数据模型创建数据透视表的“非重复计数”的值汇总方式，如图 10-15 所示。

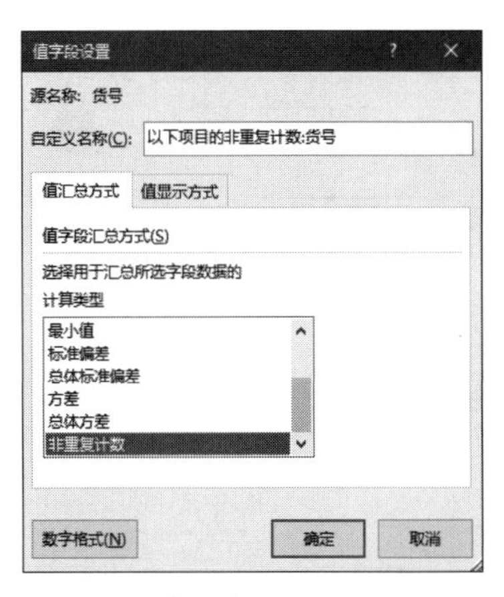

图 10-15　非重复计数的值汇总方式

示例10-3 统计零售行业参与销售的SKU数量

	A	B	C	D	E	F	G	H
1	销售日期	销售店铺	货号	品牌	性别	吊牌价	销售数量	销售吊牌额
5	2021/1/1	东百东街店	D82056	AD	MEN	399	1	399
6	2021/1/1	东百东街店	G85411	AD	WOMEN	569	1	569
7	2021/1/1	东百东街店	P92261	AD	MEN	229	1	229
8	2021/1/1	东百东街店	X21105	AD	MEN	399	1	399
9	2021/1/1	东百东街店	X20551	AD	MEN	329	1	329
10	2021/1/1	东百东街店	X23567	AD	MEN	429	1	429
11	2021/1/1	万达广场店	D82056	AD	MEN	469	1	469
12	2021/1/1	万达广场店	G68108	AD	MEN	699	1	699
13	2021/1/1	万达广场店	G68188	AD	MEN	1299	1	1299
14	2021/1/1	万达广场店	G69924	AD	MEN	599	1	599
15	2021/1/1	万达广场店	G70260	AD	MEN	329	1	329
16	2021/1/1	万达广场店	G72204	AD	MEN	999	1	999
17	2021/1/1	万达广场店	G81016	AD	WOMEN	469	1	469

图 10-16　销售明细

图 10-16 所示为某公司一段时期内的销售明细表，每一个货号为一个 SKU。

利用常规方法对各店铺所销售的 SKU 数进行统计，所有销售的货号都会被统计计数，有时会被重复统计，例如东百东街店，如图 10-17 所示。

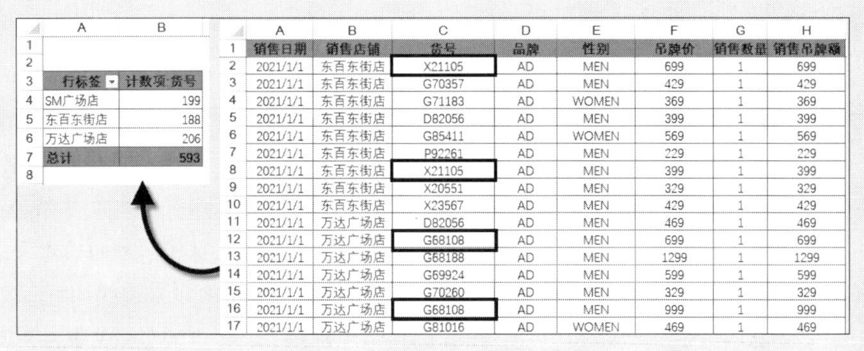

	A	B
3	行标签	计数项:货号
4	SM广场店	199
5	东百东街店	188
6	万达广场店	206
7	总计	593

	A	B	C	D	E	F	G	H
1	销售日期	销售店铺	货号	品牌	性别	吊牌价	销售数量	销售吊牌额
2	2021/1/1	东百东街店	X21105	AD	MEN	699	1	699
3	2021/1/1	东百东街店	G70357	AD	MEN	429	1	429
4	2021/1/1	东百东街店	G71183	AD	WOMEN	369	1	369
5	2021/1/1	东百东街店	D82056	AD	MEN	399	1	399
6	2021/1/1	东百东街店	G85411	AD	WOMEN	569	1	569
7	2021/1/1	东百东街店	P92261	AD	MEN	229	1	229
8	2021/1/1	东百东街店	X21105	AD	MEN	399	1	399
9	2021/1/1	东百东街店	X20551	AD	MEN	329	1	329
10	2021/1/1	东百东街店	X23567	AD	MEN	429	1	429
11	2021/1/1	万达广场店	D82056	AD	MEN	469	1	469
12	2021/1/1	万达广场店	G68108	AD	MEN	699	1	699
13	2021/1/1	万达广场店	G68188	AD	MEN	1299	1	1299
14	2021/1/1	万达广场店	G69924	AD	MEN	599	1	599
15	2021/1/1	万达广场店	G70260	AD	MEN	329	1	329
16	2021/1/1	万达广场店	G68108	AD	MEN	999	1	999
17	2021/1/1	万达广场店	G81016	AD	WOMEN	469	1	469

图 10-17　计数时货号被重复统计

利用“数据模型”创建数据透视表，进行“非重复计数”统计即可解决这个问题，具体步骤如下。

步骤① 选中数据源中的任意一个单元格（如A2），单击【插入】→【数据透视表】按钮，在弹出的【创建数据透视表】对话框中勾选【将此数据添加到数据模型】复选框，单击【确定】按钮，如图 10-18 所示。

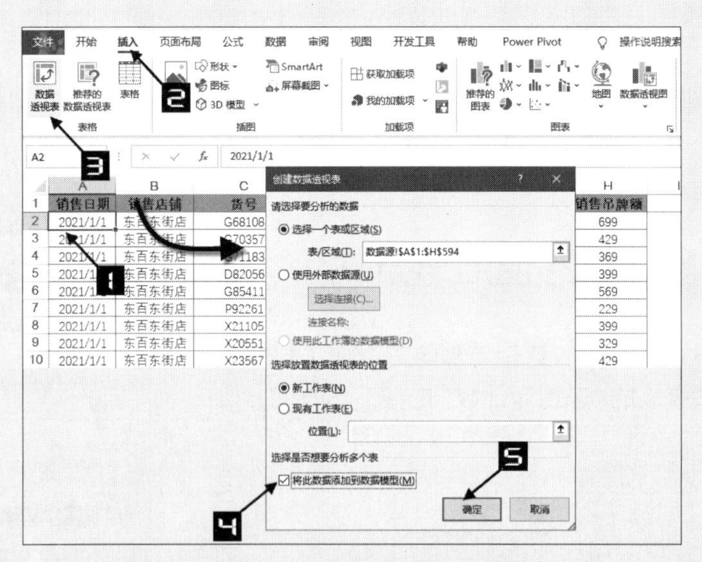

图 10-18　将数据源添加到数据模型

步骤② 在创建完成的透视表中完成如图 10-19 所示的布局。

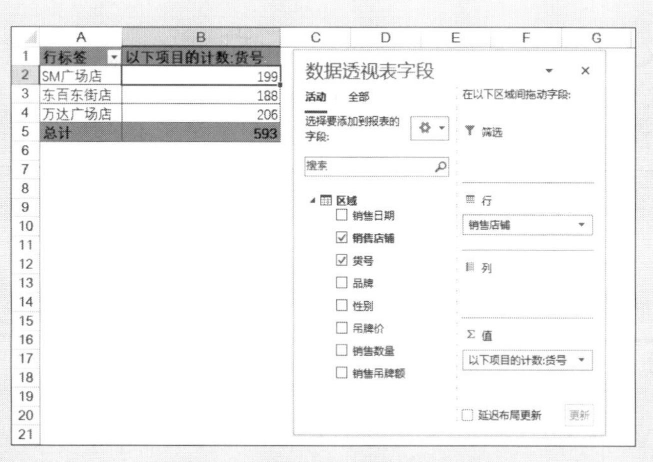

图 10-19 对创建好的数据透视表布局

步骤 3 在"以下项目的计数：货号"字段下选中任意单元格（如B2）并右击，在弹出的快捷菜单中选择【值字段设置】命令，在【值字段设置】对话框中选中【值汇总方式】→【非重复计数】，单击【确定】按钮完成设置，如图 10-20 所示。

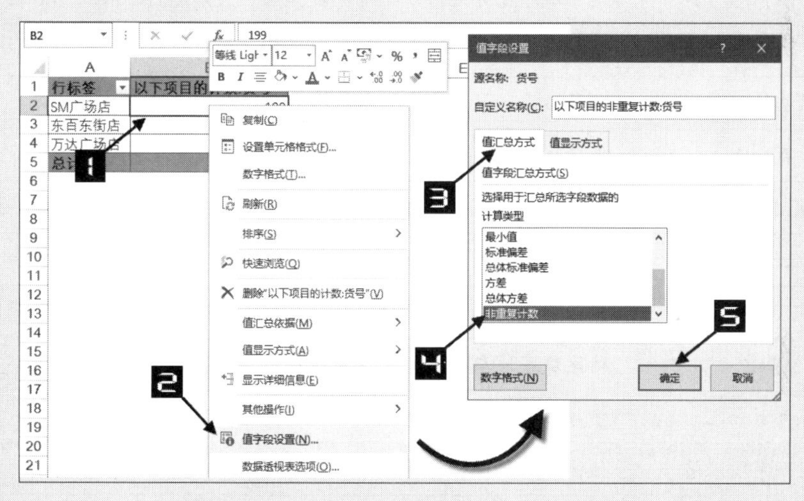

图 10-20 设置"非重复计数"的值汇总方式

在"非重复计数"的数据透视表中，东百东街店在售SKU只有 68 个，如图 10-21 所示。

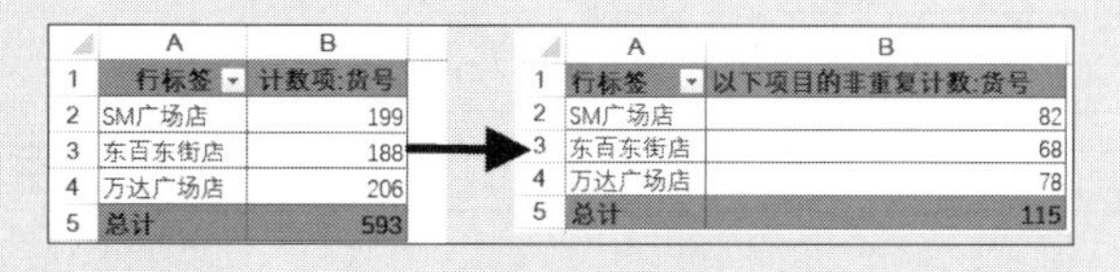

行标签	计数项:货号
SM广场店	199
东百东街店	188
万达广场店	206
总计	593

行标签	以下项目的非重复计数:货号
SM广场店	82
东百东街店	68
万达广场店	78
总计	115

图 10-21 "非重复计数"的数据透视表前后对比

根据本书前言的提示，可观看"统计零售行业参与销售的SKU数量"的视频讲解。

10.4 自定义数据透视表的值显示方式

如果【值字段设置】对话框内的值汇总方式仍然不能满足需求，Excel还支持更多的计算方式。利用此功能，可以显示数据透视表的值区域中每项占同行或同列数据总和的百分比，或显示每个数值占总和的百分比等。

在Excel据透视表中，“值显示方式”功能很易于查找和使用，指定要作为计算依据的字段或项目也很方便。

10.4.1 数据透视表自定义值显示方式描述

有关数据透视表自定义计算功能的简要说明，请参阅表 10-1。

表 10-1 自定义计算功能描述

选项	功能描述
无计算	值区域字段显示为数据透视表中的原始数据
总计的百分比	值区域字段分别显示为每个数据项占该列和行所有项总和的百分比
列汇总的百分比	值区域字段显示为每个数据项占该列所有项总和的百分比
行汇总的百分比	值区域字段显示为每个数据项占该行所有项总和的百分比
百分比	值区域显示为基本字段和基本项的百分比
父行汇总的百分比	值区域字段显示为每个数据项占该列父级项总和的百分比
父列汇总的百分比	值区域字段显示为每个数据项占该行父级项总和的百分比
父级汇总的百分比	值区域字段分别显示为每个数据项占该列和行父级项总和的百分比
差异	值区域字段与指定的基本字段和基本项的差值
差异百分比	值区域字段显示为与基本字段项的差异百分比
按某一字段汇总	值区域字段显示为基本字段项的汇总
按某一字段汇总的百分比	值区域字段显示为基本字段项的汇总百分比
升序排列	值区域字段显示为按升序排列的序号
降序排列	值区域字段显示为按降序排列的序号
指数	使用公式：((单元格的值)×(总体汇总之和))/((行汇总)×(列汇总))

10.4.2 “总计的百分比”值显示方式

利用“总计的百分比”值显示方式，可以得到数据透视表内每一个数据点所占总和比重的报表。

示例10-4 计算各地区、各产品占销售总额百分比

要对如图 10-22 所示的数据透视表进行各地区、各产品销售额占销售总额百分比的分析，可

参照以下步骤。

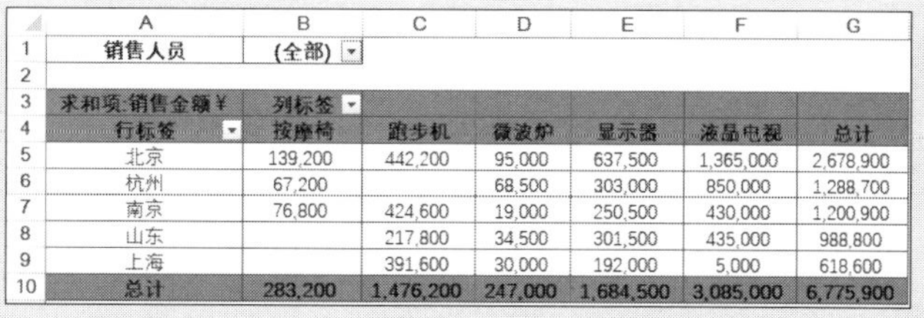

	A	B	C	D	E	F	G
1	销售人员	(全部)					
2							
3	求和项:销售金额¥	列标签					
4	行标签	按摩椅	跑步机	微波炉	显示器	液晶电视	总计
5	北京	139,200	442,200	95,000	637,500	1,365,000	2,678,900
6	杭州	67,200		68,500	303,000	850,000	1,288,700
7	南京	76,800	424,600	19,000	250,500	430,000	1,200,900
8	山东		217,800	34,500	301,500	435,000	988,800
9	上海		391,600	30,000	192,000	5,000	618,600
10	总计	283,200	1,476,200	247,000	1,684,500	3,085,000	6,775,900

图 10-22　将要进行销售指数分析的数据透视表

步骤① 在数据透视表“求和项：销售金额￥”字段右击，在弹出的快捷菜单中选择【值字段设置】命令，在弹出的【值字段设置】对话框中单击【值显示方式】选项卡，如图 10-23 所示。

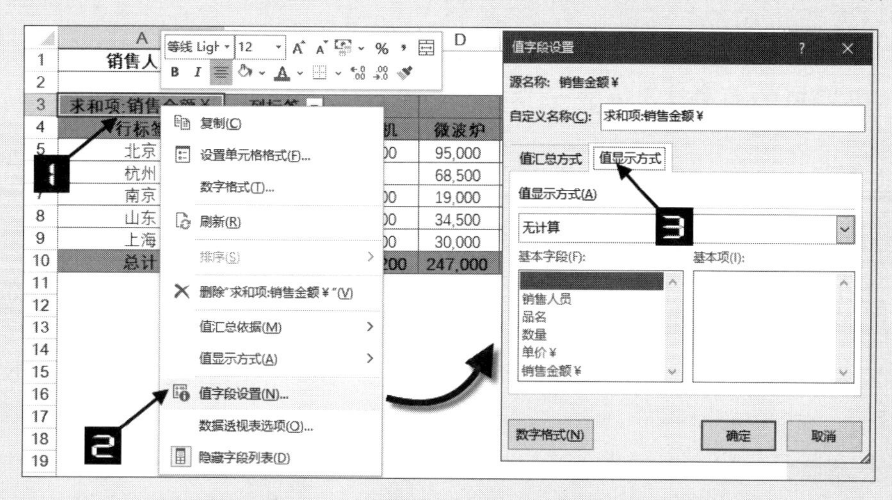

图 10-23　调出【值字段设置】对话框

步骤② 单击【值显示方式】的下拉按钮，在下拉列表中选择“总计的百分比”值显示方式，单击【确定】按钮关闭对话框，如图 10-24 所示。

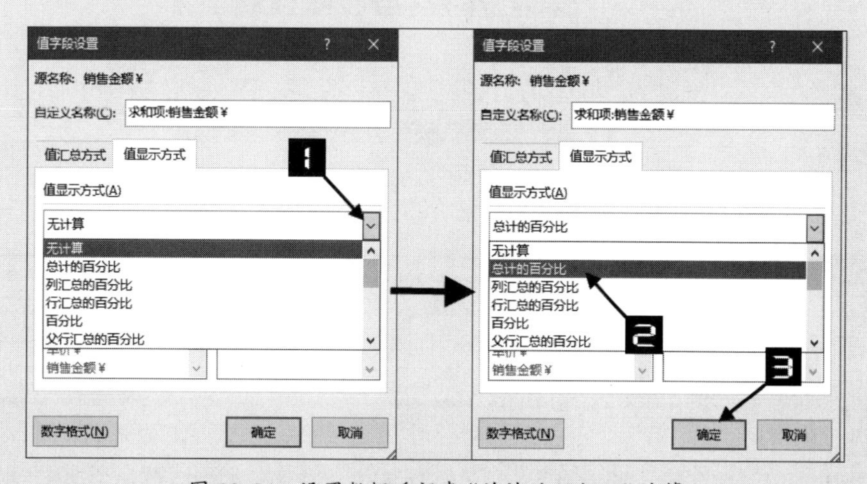

图 10-24　设置数据透视表“总计的百分比”计算

步骤③ 完成设置后如图 10-25 所示。

	A	B	C	D	E	F	G
1	销售人员	(全部)					
2							
3	求和项:销售金额￥	列标签					
4	行标签	按摩椅	跑步机	微波炉	显示器	液晶电视	总计
5	北京	2.05%	6.53%	1.40%	9.41%	20.14%	39.54%
6	杭州	0.99%	0.00%	1.01%	4.47%	12.54%	19.02%
7	南京	1.13%	6.27%	0.28%	3.70%	6.35%	17.72%
8	山东	0.00%	3.21%	0.51%	4.45%	6.42%	14.59%
9	上海	0.00%	5.78%	0.44%	2.83%	0.07%	9.13%
10	总计	4.18%	21.79%	3.65%	24.86%	45.53%	100.00%

图 10-25　各地区、各产品占销售总额百分比

提示

这样设置的目的就是将各个“品名”在各个销售地区的销售金额占所有“品名”和“销售地区”销售金额总计的比重显示出来。例如，“按摩椅”在“北京”销售比重（2.05%）=“按摩椅”在“北京”销售金额（139,200）/ 销售金额总计（6,775,900）。

10.4.3　“列汇总的百分比”值显示方式

利用“列汇总的百分比”值显示方式，可以在每列数据汇总的基础上得到各个数据项所占比重的报表。

示例10-5　计算各地区销售总额百分比

如果希望在如图 10-26 所示的数据透视表的基础上，计算各销售地区的销售构成比率，可参照以下步骤。

步骤① 将【数据透视表字段】列表框内的“销售金额￥”字段再次添加进【值】区域，同时，数据透视表内将会增加一个“求和项:销售金额￥2”字段，如图 10-27 所示。

	A	B
1		
2	行标签	求和项:销售金额￥
3	北京	2678900
4	杭州	1288700
5	南京	1200900
6	山东	988800
7	上海	618600
8	总计	6775900

图 10-26　销售统计表

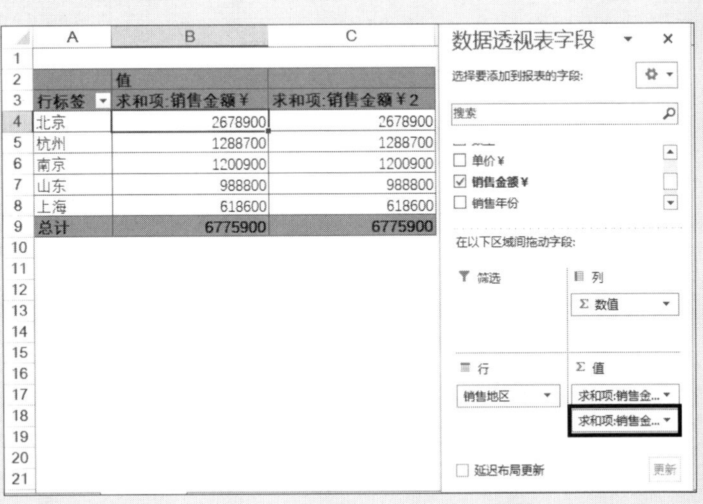

	A	B	C
1			
2		值	
3	行标签	求和项:销售金额￥	求和项:销售金额￥2
4	北京	2678900	2678900
5	杭州	1288700	1288700
6	南京	1200900	1200900
7	山东	988800	988800
8	上海	618600	618600
9	总计	6775900	6775900

图 10-27　向数据透视表内添加字段

步骤② 在数据透视表“求和项：销售金额￥2”字段上右击，在弹出的快捷菜单中选择【值字段设置】命令，在弹出的【值字段设置】对话框中单击【值显示方式】选项卡，如图 10-28 所示。

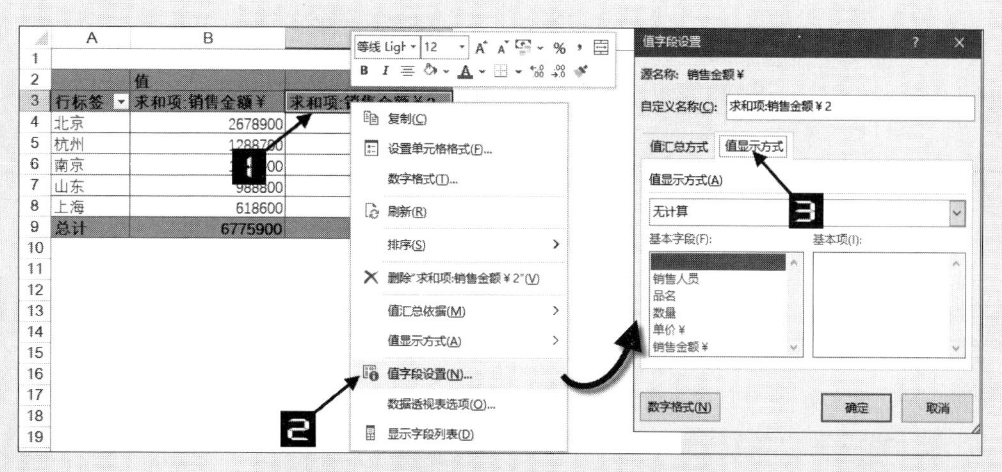

图 10-28　调出【值字段设置】对话框

步骤③ 单击【值显示方式】的下拉按钮，在下拉列表中选择“列汇总的百分比”值显示方式，单击【确定】按钮，关闭对话框，如图 10-29 所示。

步骤④ 将“求和项:销售金额￥2”字段名称更改为“销售构成比率%”，完成设置后如图 10-30 所示。

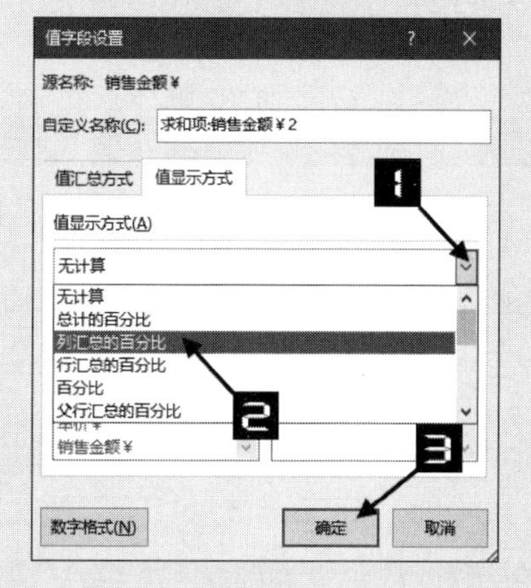

图 10-29　设置数据透视表“列汇总的百分比”计算

行标签	求和项:销售金额￥	销售构成比率%
北京	2,678,900.00	39.54%
杭州	1,288,700.00	19.02%
南京	1,200,900.00	17.72%
山东	988,800.00	14.59%
上海	618,600.00	9.13%
总计	6,775,900.00	100.00%

图 10-30　各地区销售总额百分比

这样设置的目的就是将各个销售地区的销售金额占所有销售地区的销售金额总计的百分比显示出来。例如，“北京”(39.54%)=2,678,900 / 6,775,900 。

10.4.4　“行汇总的百分比”值显示方式

利用“行汇总的百分比”值显示方式，可以得到组成每一行的各个数据占行总计的比率报表。

示例10-6　同一地区内不同产品的销售构成比率

如果希望在如图 10-31 所示的数据透视表的基础上，计算每个销售地区内不同品名产品的销售构成比率，可参照以下步骤。

	A	B	C	D	E	F	G
1	销售人员	(全部)					
2							
3	求和项:销售金额¥	列标签					
4	行标签	按摩椅	跑步机	微波炉	显示器	液晶电视	总计
5	北京	139,200	442,200	95,000	637,500	1,365,000	2,678,900
6	杭州	67,200		68,500	303,000	850,000	1,288,700
7	南京	76,800	424,600	19,000	250,500	430,000	1,200,900
8	山东		217,800	34,500	301,500	435,000	988,800
9	上海		391,600	30,000	192,000	5,000	618,600
10	总计	283,200	1,476,200	247,000	1,684,500	3,085,000	6,775,900

图 10-31　销售统计表

在数据透视表的“求和项：销售金额¥”字段上右击，在弹出的快捷菜单中选择【值显示方式】→【行汇总的百分比】值显示方式，如图 10-32 所示。

步骤③ 完成设置后，如图 10-33 所示。

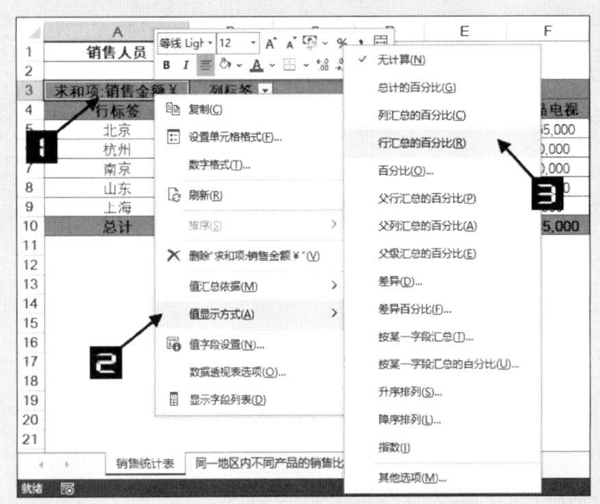

图 10-32　设置数据透视表“行汇总的百分比”

	A	B	C	D	E	F	G
3	求和项:销售金额¥	列标签					
4	行标签	按摩椅	跑步机	微波炉	显示器	液晶电视	总计
5	北京	5.20%	16.51%	3.55%	23.80%	50.95%	100.00%
6	杭州	5.21%	0.00%	5.32%	23.51%	65.96%	100.00%
7	南京	6.40%	35.36%	1.58%	20.86%	35.81%	100.00%
8	山东	0.00%	22.03%	3.49%	30.49%	43.99%	100.00%
9	上海	0.00%	63.30%	4.85%	31.04%	0.81%	100.00%
10	总计	4.18%	21.79%	3.65%	24.86%	45.53%	100.00%

图 10-33　同一地区内不同产品的销售比率统计

这样设置的目的就是将各个销售地区各个品名的销售金额所占该销售地区总体销售金额的百分比显示出来。例如，北京地区销售“按摩椅”的百分比（5.20%）= 北京地区“按摩椅”的销售金额（139,200）/ 北京地区所有产品的总销售金额（2,678,900）。

10.4.5 “百分比”值显示方式

通过“百分比”值显示方式对某一固定基本字段的基本项的对比，可以得到完成率报表。

示例10-7 利用百分比选项测定员工工时完成率

如果希望在如图 10-34 所示的数据透视表基础上，将每位员工的“工时数量”与所在小组的“定额工时”对比，进行员工工时完成率的统计，可参照以下步骤。

在数据透视表“求和项：工时数量”字段上右击，在弹出的快捷菜单中依次选择【值显示方式】→【百分比】命令，在弹出的【值显示方式（求各项：工时数量）】对话框中的【基本字段】中选择“员工姓名”，【基本项】中选择“定额工时”，单击【确定】按钮关闭对话框，如图 10-35 所示。

	A	B	C	D
1	求和项:工时数量	列标签		
2	行标签	第一小组	第二小组	第三小组
3	定额工时	11000	11000	11000
4	安俞帆	10844		
5	陈方敏	9176		
6	鼓励奖	9993		
7	郭晓亮	11711		
8	贺照璐	10924		
9	李恒前		10109	
10	李士净		9900	
11	李延伟		11005	
12	刘文超		11215	
13	马丽娜			12760
14	孟宪鑫			10709
15	石峻			12634
16	杨盛楠			12873
17	翟灵光			12759
18	张庆华			11679
19	总计	63648	53229	84414

图 10-34 员工工时统计表

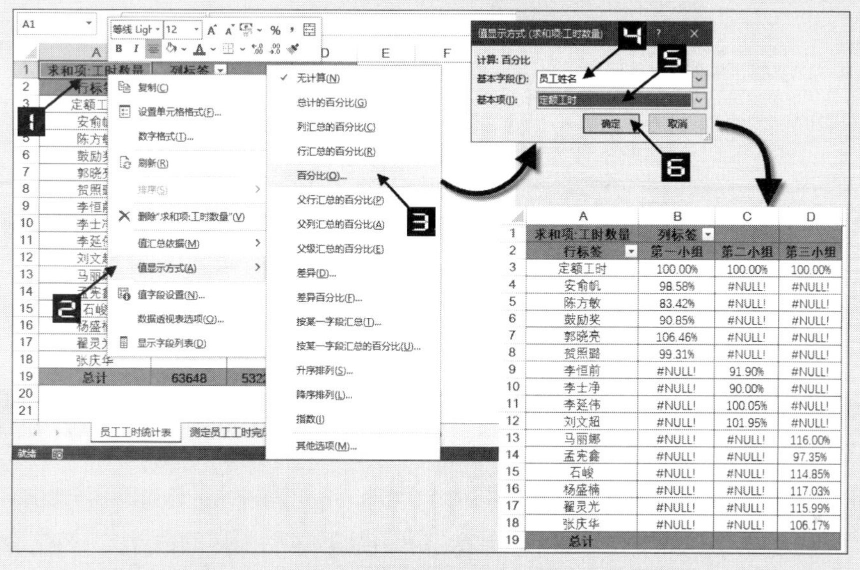

	A	B	C	D
1	求和项:工时数量	列标签		
2	行标签	第一小组	第二小组	第三小组
3	定额工时	100.00%	100.00%	100.00%
4	安俞帆	98.58%	#NULL!	#NULL!
5	陈方敏	83.42%	#NULL!	#NULL!
6	鼓励奖	90.85%	#NULL!	#NULL!
7	郭晓亮	106.46%	#NULL!	#NULL!
8	贺照璐	99.31%	#NULL!	#NULL!
9	李恒前	#NULL!	91.90%	#NULL!
10	李士净	#NULL!	90.00%	#NULL!
11	李延伟	#NULL!	100.05%	#NULL!
12	刘文超	#NULL!	101.95%	#NULL!
13	马丽娜	#NULL!	#NULL!	116.00%
14	孟宪鑫	#NULL!	#NULL!	97.35%
15	石峻	#NULL!	#NULL!	114.85%
16	杨盛楠	#NULL!	#NULL!	117.03%
17	翟灵光	#NULL!	#NULL!	115.99%
18	张庆华	#NULL!	#NULL!	106.17%
19	总计			

图 10-35 设置数据透视表"百分比"计算

将数据透视表中的错误值设置为0，具体操作方法请参阅5.1.9节。完成后的报表如图10-36所示。

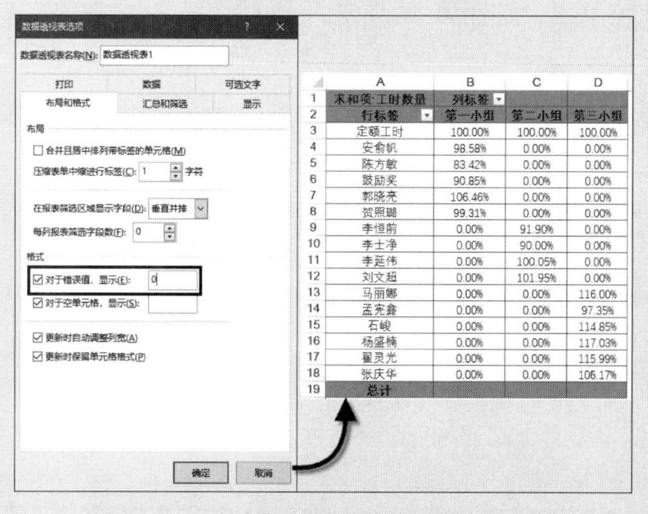

	A	B	C	D
1	求和项:工时数量	列标签		
2	行标签	第一小组	第二小组	第三小组
3	定额工时	100.00%	100.00%	100.00%
4	安俞帆	98.58%	0.00%	0.00%
5	陈方敏	83.42%	0.00%	0.00%
6	鼓励奖	90.85%	0.00%	0.00%
7	郭晓亮	106.46%	0.00%	0.00%
8	贺照璐	99.31%	0.00%	0.00%
9	李恒前	0.00%	91.90%	0.00%
10	李士净	0.00%	90.00%	0.00%
11	李延伟	0.00%	100.05%	0.00%
12	刘文超	0.00%	101.95%	0.00%
13	马丽娜	0.00%	0.00%	116.00%
14	孟宪鑫	0.00%	0.00%	97.35%
15	石峻	0.00%	0.00%	114.85%
16	杨盛楠	0.00%	0.00%	117.03%
17	翟灵光	0.00%	0.00%	115.99%
18	张庆华	0.00%	0.00%	106.17%
19	总计			

图 10-36 测定员工工时完成率的数据透视表

提示

这样设置的目的就是在字段“员工姓名”的数值区域内显示出每位员工的工时数量与“定额工时”的比率。例如，“安俞帆”(98.58%)=“安俞帆”工时数量(10844)/第一小组“定额工时”数量(11000)。

10.4.6 “父行汇总的百分比”数据显示方式

图 10-37 所示的数据透视表中展示了“2020~2021”销售年份，“北京”“杭州”“山东”和“上海”四个销售地区，每个销售地区又分别销售“按摩椅”“微波炉”“显示器”和“液晶电视”四种品名的商品，值显示方式为“列汇总的百分比”。

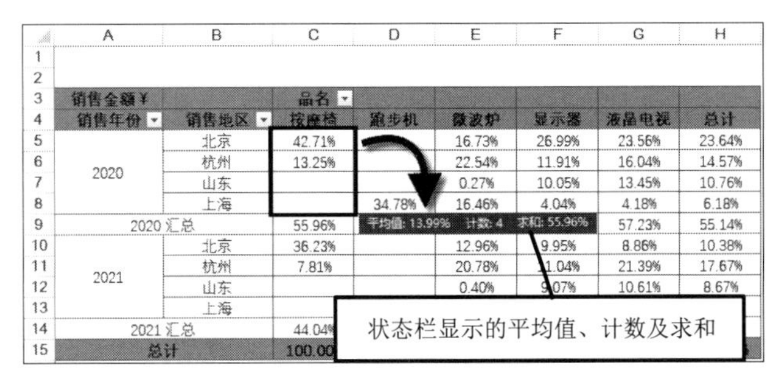

图 10-37 “列汇总的百分比”的数据显示方式

示例10-8 各商品占每个销售地区总量的百分比

如果用户希望得到各种品名的商品占不同销售年份、不同销售地区总量的百分比，如“按摩椅”在“2020”年占“北京”地区销售总量的百分比，需要借助“父行汇总的百分比”数据显示方式来实现，可参照以下步骤。

步骤① 在字段“销售金额￥”上右击，在弹出的快捷菜单中选择【值显示方式】命令→【父行汇总的百分比】数据显示方式，如图 10-38 所示。

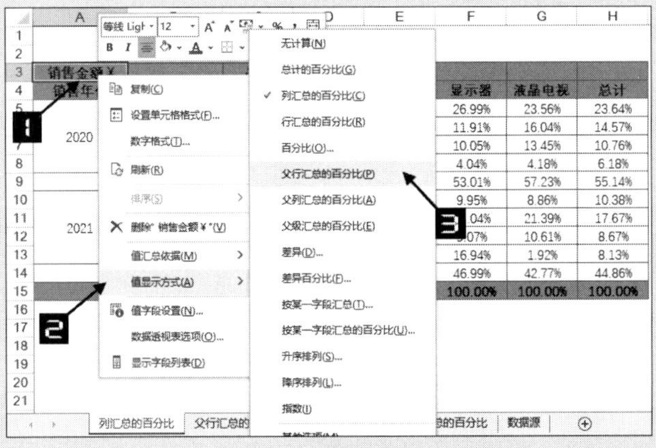

图 10-38 设置“父行汇总的百分比”数据显示方式

完成设置后的数据透视表如图 10-39 所示。

	A	B	C	D	E	F	G	H
1								
2								
3	销售金额 ¥		品名					
4	销售年份	销售地区	按摩椅	跑步机	微波炉	显示器	液晶电视	总计
5	2020	北京	76.32%		29.88%	50.93%	41.17%	42.86%
6		杭州	23.68%		40.24%	22.47%	28.03%	26.43%
7		山东			0.48%	18.97%	23.50%	19.50%
8		上海		100.00%	29.40%	7.63%	7.30%	11.21%
9	2020 汇总		55.96%	34.78%	56.01%	53.01%	57.23%	55.14%
10	2021	北京	82.27%	[illegible]	[illegible]	[illegible]	20.70%	23.15%
11		杭州	17.73%		47.24%	23.49%	50.00%	39.39%
12		山东			0.92%	19.30%	24.80%	19.33%
13		上海		[illegible]	[illegible]	[illegible]	[illegible]	[illegible]
14	2021 汇总		[illegible]	[illegible]	[illegible]	[illegible]	[illegible]	[illegible]
15	总计		[illegible]	[illegible]	[illegible]	[illegible]	[illegible]	[illegible]

平均值: 25.00%　计数: 4　求和: 100.00%

状态栏显示的平均值、计数及求和

图 10-39 “父行汇总的百分比”数据显示方式

如果数据透视表“销售年份”字段的位置发生改变，如图 10-40 所示，要实现各商品占每个销售地区不同销售年份总量百分比的显示效果，需要运用“父列汇总的百分比”数据显示方式，具体可参照以下步骤。

	A	B	C	D	E	F	G
1	销售金额 ¥	销售年份	品名				
2				2020			2020 汇总
3	销售地区	按摩椅	跑步机	微波炉	显示器	液晶电视	
4	北京	7.77%		2.08%	12.41%	47.22%	[illegible]
5	杭州	2.54%		2.95%	5.78%	33.92%	[illegible]
6	山东			0.06%	[illegible]	[illegible]	[illegible]
7	上海		14.01%	4.85%	[illegible]	[illegible]	[illegible]
8	总计	3.46%	2.01%	2.36%	8.29%	39.02%	55.14%

平均值: 13.90%　计数: 5　求和: 69.48%

图 10-40 “销售年份”字段位置变化后的数据透视表

在字段“销售金额”上右击，在弹出的快捷菜单中选择【值显示方式】→【父列汇总的百分比】显示方式，最终完成的效果如图 10-41 所示。

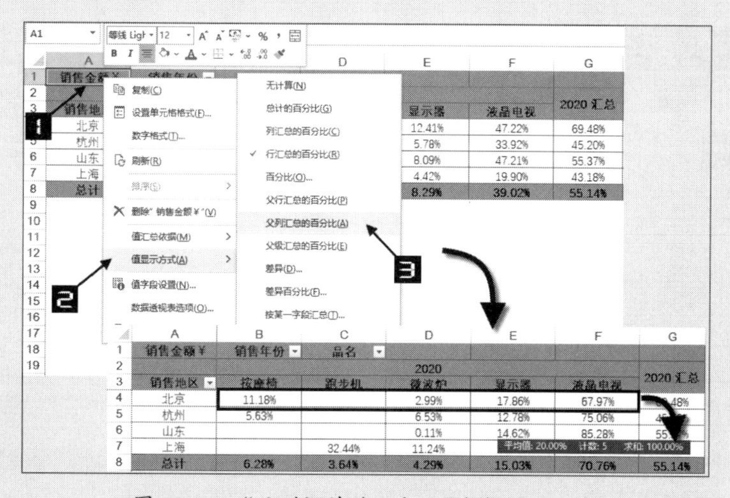

图 10-41 “父列汇总的百分比”数据显示方式

10.4.7 “父级汇总的百分比”数据显示方式

利用“父级汇总的百分比”数据显示方式，可以通过某一基本字段的基本项和该字段的父级汇总项的对比，得到构成率报表。

	A	B	C	D	E	F	G	H	I
3	求和项:销售金额￥		销售人员						
4	销售地区	品名	白露	苏珊	赵盟盟	贾春艳	杨敬业	林书平	总计
5	北京	按摩椅	432,000	48,000	192,000	258,000	444,000	384,000	1,758,000
6		跑步机	295,000	220,000	162,500	60,000	130,000	185,000	1,052,500
7		微波炉	35,000	45,000	36,000	75,000	39,500	11,000	241,500
8		显示器	52,000	10,000	3,000	72,000	127,000	27,000	291,000
9		液晶电视	440,000	155,000	180,000	720,000	185,000	480,000	2,160,000
10	北京 汇总		1,254,000	478,000	573,500	1,185,000	925,500	1,087,000	5,503,000
11	杭州	按摩椅	168,000	201,000	312,000	360,000	141,000	336,000	1,518,000
12		跑步机	212,500	15,000	110,000	202,500	337,500	160,000	1,037,500
13		微波炉	29,000	36,000	73,500	31,000	13,000	29,000	211,500
14		显示器	116,000	143,000	103,000	108,000	100,000	43,000	613,000
15		液晶电视	350,000	215,000	185,000	510,000	290,000	670,000	2,220,000
16	杭州 汇总		875,500	610,000	783,500	1,211,500	881,500	1,238,000	5,600,000
17	山东	按摩椅	237,000	369,000	414,000	312,000	186,000	15,000	1,533,000
18		跑步机	272,500	220,000	242,500	242,500	315,000	252,500	1,545,000
19		微波炉	49,000	1,000	52,000	43,000	29,500	70,000	244,500
20		显示器	41,000	68,000	34,000	69,000	73,000	20,000	305,000
21		液晶电视	495,000	355,000	640,000	340,000	570,000	530,000	2,930,000
22	山东 汇总		1,094,500	1,013,000	1,382,500	1,006,500	1,173,500	887,500	6,557,500
23	总计		3,224,000	2,101,000	2,739,500	3,403,000	2,980,500	3,212,500	17,660,500

图 10-42 销售报表

如果希望在如图 10-42 所示的销售报表基础上，得到每位销售人员在不同地区的销售商品的构成，可参照以下步骤。

示例10-9 销售人员在不同销售地区的业务构成

步骤① 在数据透视表“值”区域的任意单元格上（如C5）右击，在弹出的快捷菜单中依次选择【值显示方式】→【父级汇总的百分比】显示方式，弹出【值显示方式（求和值：销售金额￥）】对话框，如图 10-43 所示。

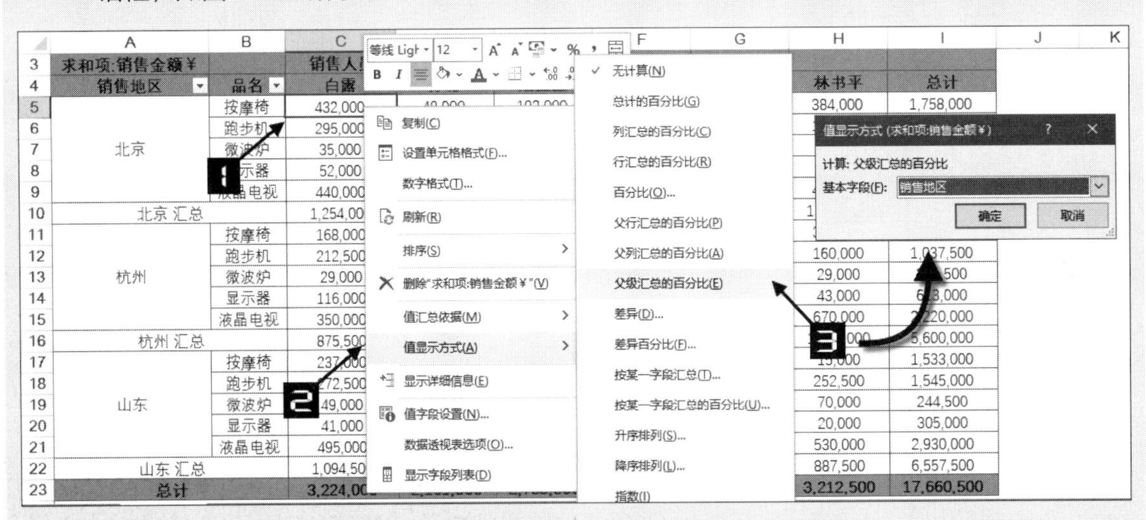

图 10-43 调出【值显示方式】对话框

步骤② 单击【值显示方式】对话框中【基本字段】的下拉按钮，在弹出的下拉列表中选择“销售地区”选项，最后单击【确定】按钮关闭对话框完成设置，如图 10-44 所示。

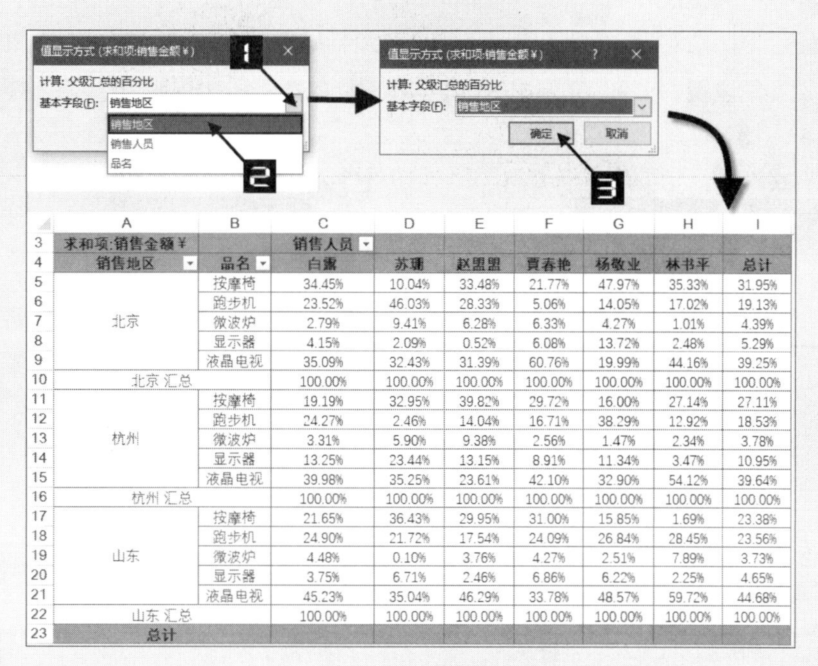

	A	B	C	D	E	F	G	H	I
3	求和项:销售金额¥		销售人员						
4	销售地区	品名	白露	苏珊	赵盟盟	贾春艳	杨敬业	林书平	总计
5	北京	按摩椅	34.45%	10.04%	33.48%	21.77%	47.97%	35.33%	31.95%
6		跑步机	23.52%	46.03%	28.33%	5.06%	14.05%	17.02%	19.13%
7		微波炉	2.79%	9.41%	6.28%	6.33%	4.27%	1.01%	4.39%
8		显示器	4.15%	2.09%	0.52%	6.08%	13.72%	2.48%	5.29%
9		液晶电视	35.09%	32.43%	31.39%	60.76%	19.99%	44.16%	39.25%
10	北京 汇总		100.00%	100.00%	100.00%	100.00%	100.00%	100.00%	100.00%
11	杭州	按摩椅	19.19%	32.95%	39.82%	29.72%	16.00%	27.14%	27.11%
12		跑步机	24.27%	2.46%	14.04%	16.71%	38.29%	12.92%	18.53%
13		微波炉	3.31%	5.90%	9.38%	2.56%	1.47%	2.34%	3.78%
14		显示器	13.25%	23.44%	13.15%	8.91%	11.34%	3.47%	10.95%
15		液晶电视	39.98%	35.25%	23.61%	42.10%	32.90%	54.12%	39.64%
16	杭州 汇总		100.00%	100.00%	100.00%	100.00%	100.00%	100.00%	100.00%
17	山东	按摩椅	21.65%	36.43%	29.95%	31.00%	15.85%	1.69%	23.38%
18		跑步机	24.90%	21.72%	17.54%	24.09%	26.84%	28.45%	23.56%
19		微波炉	4.48%	0.10%	3.76%	4.27%	2.51%	7.89%	3.73%
20		显示器	3.75%	6.71%	2.46%	6.86%	6.22%	2.25%	4.65%
21		液晶电视	45.23%	35.04%	46.29%	33.78%	48.57%	59.72%	44.68%
22	山东 汇总		100.00%	100.00%	100.00%	100.00%	100.00%	100.00%	100.00%
23	总计								

图 10-44 “父级汇总的百分比”数据显示方式

10.4.8 “差异”值显示方式

每当一个会计年度结束之后，各个公司都想知道制定的费用预算额与实际发生额的差距到底有多大，以便来年在费用预算中能够做出相应的调整。利用“差异”显示方式可以在数据透视表中的原数值区域快速显示出费用预算额或实际发生额的超支或节约水平。

示例10-10 显示费用预算和实际发生额的差异

如果希望对如图 10-45 所示的数据透视表进行差异计算，可参照以下步骤。

	A	B	H	I	J	K	L	M	N	O
1	求和项:金额									
2	费用属性	科目名称	06月	07月	08月	09月	10月	11月	12月	总计
3	预算额	办公用品		1,500	5,000	2,000	1,500	2,000	3,500	26,600
4		出差费	50,000	90,000	50,000	50,000	20,000	90,000	60,000	565,000
5		固定电话费			2,500		2,500		2,500	10,000
6		过桥过路费	2,000	3,000	3,000	2,500	1,000	5,000	2,000	29,500
7		计算机耗材			2,000		2,000	100	100	4,300
8		交通工具消耗	5,000	10,000	5,000	2,000	2,000	10,000	5,000	55,000
9		手机电话费	5,000	5,000	5,000	5,000	5,000	5,000	5,000	60,000
10	预算额 汇总		62,000	109,500	72,500	61,500	34,000	112,100	78,100	750,400
11	实际发生额	办公用品		1,502	4,727	1,826	1,826	2,605	3,813	27,332
12		出差费	44,967	90,282	56,243	50,915	19,596	90,574	63,431	577,968
13		固定电话费			2,748		2,917		2,431	10,472
14		过桥过路费	2,342	2,977	3,198	2,349	895	10,045	2,195	35,913
15		计算机耗材			1,608		1,409	211	567	3,830
16		交通工具消耗	4,676	9,322	5,201	3,711	1,810	12,917	6,275	61,133
17		手机电话费	10,001	5,502	6,494	6,717	6,750	6,315	6,591	66,294
18	实际发生额 汇总		61,986	109,585	80,218	65,518	35,202	122,667	85,304	782,943
19	总计		123,986	219,085	152,718	127,018	69,202	234,767	163,404	1,533,343

图 10-45 预算额与实际发生额汇总表

步骤① 在数据透视表“求和项：金额”字段下的任意单元格上（如H3）右击，在弹出的快捷菜单中选择【值字段设置】命令，在弹出的【值字段设置】对话框中单击【值显示方式】选项卡，如图 10-46 所示。

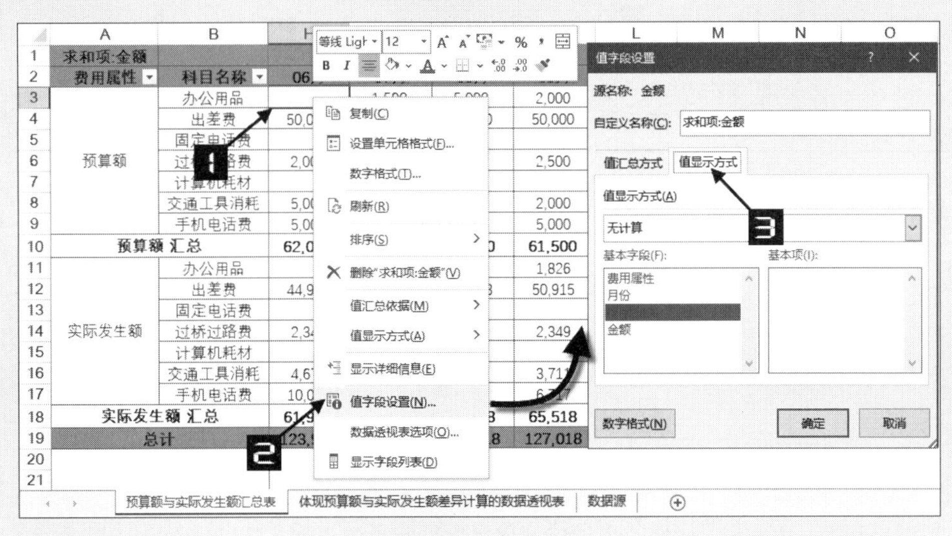

图 10-46　数据透视表的“值显示方式”

步骤② 单击【值显示方式】的下拉按钮，在下拉列表中选择【差异】值显示方式，【基本字段】选择“费用属性”，【基本项】中选择“实际发生额”，单击【确定】按钮关闭对话框，如图 10-47 所示。

图 10-47　设置数据透视表的“差异”计算

提示

【基本项】中选择“实际发生额”，差异计算就会在“预算额”字段值区域显示“预算额”-“实际发生额”的计算结果，体现预算额编制水平，例如，“07 月办公用品”（-2）=“预算额”（1500）-“实际发生额”（1502）。

步骤③ 完成设置后如图 10-48 所示。

	A	B	H	I	J	K	L	M	N	O
1	求和项:金额									
2	费用属性	科目名称	06月	07月	08月	09月	10月	11月	12月	总计
3	预算额	办公用品	0.00	-2.00	273.30	174.10	-325.50	-605.48	-313.42	-732.40
4		出差费	5,033.10	-281.92	-6,242.60	-915.40	404.50	-573.84	-3,431.14	-12,967.80
5		固定电话费	0.00	0.00	-247.77	0.00	-416.55	0.00	69.03	-472.28
6		过桥过路费	-342.00	23.00	-198.00	151.00	105.00	-5,045.00	-195.00	-6,412.50
7		计算机耗材	0.00	0.00	392.00	0.00	591.00	-110.70	-466.67	469.63
8		交通工具消耗	323.69	678.15	-200.95	-1,710.60	190.00	-2,916.59	-1,275.20	-6,133.44
9		手机电话费	-5,000.81	-502.01	-1,494.33	-1,717.07	-1,750.30	-1,315.14	-1,591.47	-6,294.02
10	预算额 汇总		13.98	-84.78	-7,718.35	-4,017.97	-1,201.85	-10,566.75	-7,203.87	-32,542.81
11	实际发生额	办公用品								
12		出差费								
13		固定电话费								
14		过桥过路费								
15		计算机耗材								
16		交通工具消耗								
17		手机电话费								
18	实际发生额 汇总									
19	总计									

图 10-48 体现预算额与实际发生额差异计算的数据透视表

如果步骤 2 中的【基本项】选择“预算额”，差异计算就会在“实际发生额”字段的数值区域显示“实际发生额”-“预算额”的计算结果，体现实际支出水平，如图 10-49 所示。

	A	B	H	I	J	K	L	M	N	O
1	求和项:金额									
2	费用属性	科目名称	06月	07月	08月	09月	10月	11月	12月	总计
3	预算额	办公用品								
4		出差费								
5		固定电话费								
6		过桥过路费								
7		计算机耗材								
8		交通工具消耗								
9		手机电话费								
10	预算额 汇总									
11	实际发生额	办公用品	0.00	2.00	-273.30	-174.10	325.50	605.48	313.42	732.40
12		出差费	-5,033.10	281.92	6,242.60	915.40	-404.50	573.84	3,431.14	12,967.80
13		固定电话费	0.00	0.00	247.77	0.00	416.55	0.00	-69.03	472.28
14		过桥过路费	342.00	-23.00	198.00	-151.00	-105.00	5,045.00	195.00	6,412.50
15		计算机耗材	0.00	0.00	-392.00	0.00	-591.00	110.70	466.67	-469.63
16		交通工具消耗	-323.69	-678.15	200.95	1,710.60	-190.00	2,916.59	1,275.20	6,133.44
17		手机电话费	5,000.81	502.01	1,494.33	1,717.07	1,750.30	1,315.14	1,591.47	6,294.02
18	实际发生额 汇总		-13.98	84.78	7,718.35	4,017.97	1,201.85	10,566.75	7,203.87	32,542.81
19	总计									

图 10-49 体现实际发生额与预算额差异计算的数据透视表

10.4.9 “差异百分比”值显示方式

利用“差异百分比”值显示方式，可以求得按照某年度为标准的逐年采购价格的变化趋势，从而得到价格变化信息及时调整采购策略。

示例10-11 利用差异百分比选项追踪采购价格变化趋势

如果希望对如图 10-50 所示的数据透视表进行差异百分比计算，可参照以下步骤。

	A	B	C	D	E	F	G	H	I
1									
2	求和项:单价	列标签							
3	行标签	储气罐	触摸屏	电子器件	无杆气缸	无油空压机	线路板	组合阀	总计
4	2018	920	1,000	1,300	1,600	320	200	400	5,740
5	2019	950	1,100	1,400	1,700	350	220	600	6,320
6	2020	980	1,150	1,500	2,000	500	320	580	7,030
7	2021	900	1,000	1,100	1,800	300	300	600	6,000
8	总计	3,750	4,250	5,300	7,100	1,470	1,040	2,180	25,090

图 10-50 历年采购价格统计表

步骤① 在数据透视表“求和项: 单价”字段上右击，在弹出的快捷菜单中选择【值字段设置】命令，在弹出的【值字段设置】对话框中单击【值显示方式】选项卡。

步骤② 单击【值显示方式】的下拉按钮，在下拉列表中选择“差异百分比”值显示方式，【基本字段】选择“采购年份”，【基本项】选择“2018”，单击【确定】按钮关闭对话框，如图 10-51 所示。

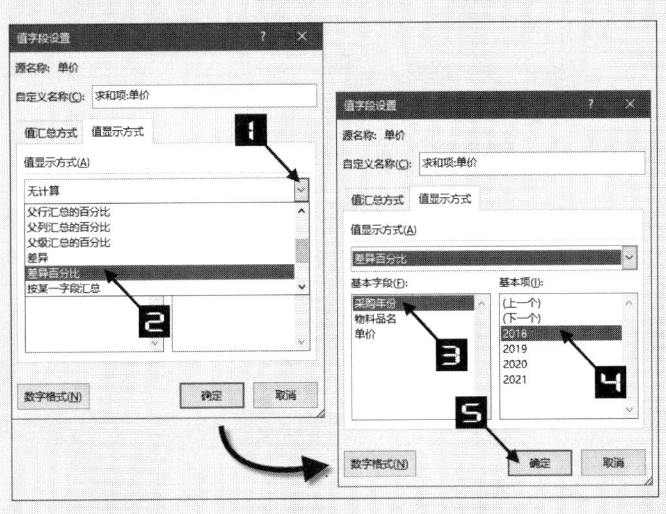

图 10-51　设置数据透视表“差异百分比”计算

步骤③ 完成设置后如图 10-52 所示。

	A	B	C	D	E	F	G	H	I
1									
2	求和项:单价	列标签							
3	行标签	储气罐	触摸屏	电子器件	无杆气缸	无油空压机	线路板	组合阀	总计
4	2018								
5	2019	3.26%	10.00%	7.69%	6.25%	9.38%	10.00%	50.00%	10.10%
6	2020	6.52%	15.00%	15.38%	25.00%	56.25%	60.00%	45.00%	22.47%
7	2021	-2.17%	0.00%	-15.38%	12.50%	-6.25%	50.00%	50.00%	4.53%
8	总计								

图 10-52　历年采购价格的变化趋势

这样设置的目的就是要在数值区域内显示出各个采购年份的采购单价与目标年度“2018”的采购单价之间的增减比率。例如，采购年份“2020”物料品名“储气罐”6.52%=（2020 年储气罐的单价“980”-2018 年储气罐的单价“920”）/2012 年储气罐的单价“920”。

10.4.10 “按某一字段汇总”数据显示方式

利用“按某一字段汇总”的数据显示方式，可以在现金流水账中对余额按照日期字段汇总。

示例10-12 制作现金流水账簿

如果希望对图 10-54 所示的数据透视表中的余额按照日期进行累计汇总，可以参照如下步骤。

	A	B	C	D
1	账户	帐户1		
2				
3		值		
4	行标签	求和项:收款金额	求和项:付款金额	求和项:余额
5	2021/1/1	148,368.74		148,368.74
6	2021/1/31	258.50	256.89	148,370.35
7	2021/2/5	18.00	5,674.89	142,713.46
8	2021/3/14	700.00	1,792.00	141,621.46
9	2021/3/21	112.00		141,733.46
10	2021/3/27	3,645.50	234.89	145,144.07
11	2021/3/28		34,556.56	110,587.51
12	2021/3/29	240.00		110,827.51
13	2021/4/19	1,982.40	225.00	112,584.91
14	2021/4/27	1,792.00		114,376.91
15	2021/5/9	55.00		114,431.91
16	2021/5/10		231.00	114,200.91
17	2021/5/28	2,230.00		116,430.91
18	总计	159,402.14	42,971.23	

图 10-53　现金流水账

步骤① 在数据透视表“求和项：余额”字段上右击，在弹出的快捷菜单中依次单击【值显示方式】→【按某一字段汇总】，弹出【值显示方式（求和项：余额）】对话框，如图 10-54 所示。

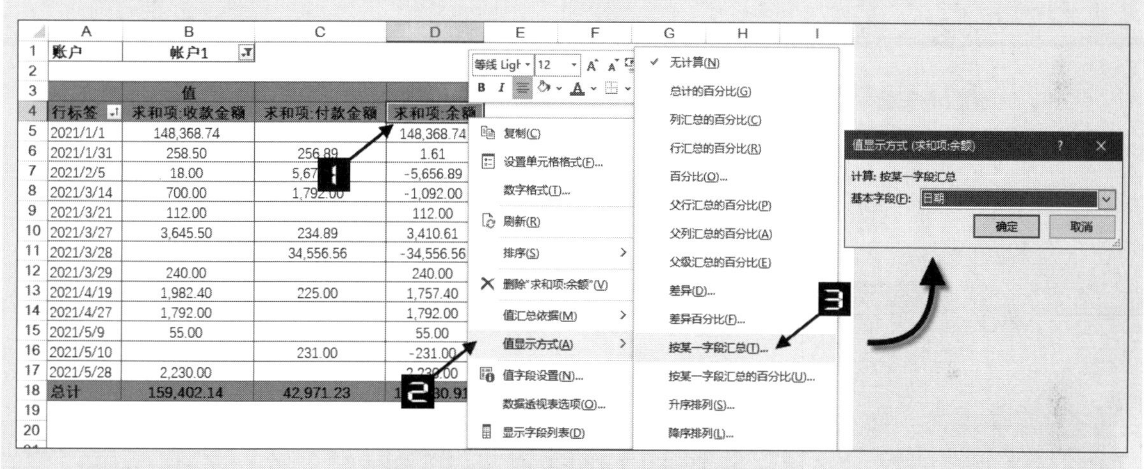

图 10-54　调出【值显示方式】对话框

步骤② 【值显示方式】对话框内的【基本字段】保持默认的“日期”字段不变，最后单击【确定】按钮完成设置，如所图 10-53 所示报表。

根据本书前言的提示，可观看“制作现金流水账簿”的视频讲解。

如果用户希望对汇总字段以百分比的形式显示，则可以使用“按某一字段汇总的百分比”的数据显示方式。

10.4.11　“升序排列”值显示方式

利用“升序排列”的数据显示方式，可以得到销售人员的业绩排名。

示例10-13 销售人员业绩排名

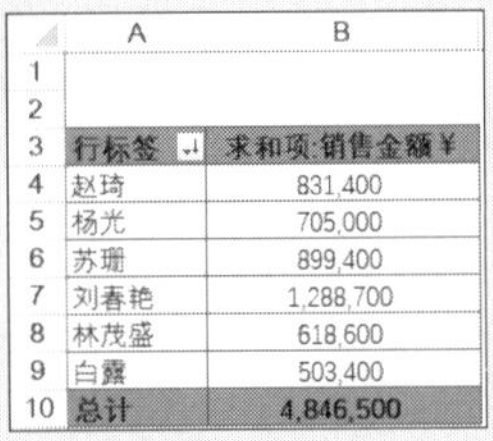

	A	B
1		
2		
3	行标签	求和项:销售金额￥
4	赵琦	831,400
5	杨光	705,000
6	苏珊	899,400
7	刘春艳	1,288,700
8	林茂盛	618,600
9	白露	503,400
10	总计	4,846,500

图 10-55 销售人员业绩统计表

如果希望对图 10-55 所示的数据透视表中的销售金额按照销售人员进行排名，可以参照如下步骤。

步骤1 在数据透视表的“求和项：销售金额￥”上右击，在弹出的快捷菜单中依次单击【值显示方式】→【升序排列】命令，弹出【值显示方式（求和项：销售金额）】对话框，如图 10-56 所示。

步骤2 【值显示方式】对话框内的【基本字段】保持默认的“销售人员”字段不变，最后单击【确定】按钮完成设置，如图 10-57 所示。

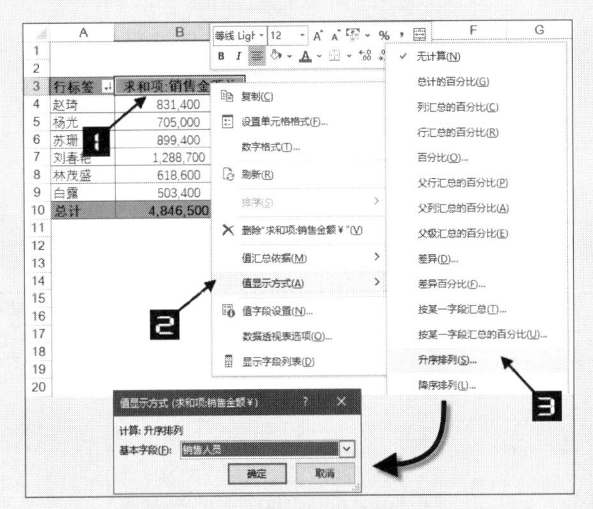

图 10-56 调出【值显示方式】对话框

	A	B
1		
2		
3	行标签	求和项:销售金额￥
4	赵琦	4
5	杨光	3
6	苏珊	5
7	刘春艳	6
8	林茂盛	2
9	白露	1
10	总计	

图 10-57 设置数据透视表“升序排列”计算

步骤3 单击B4 单元格，在【数据】选项卡中单击【升序】按钮，完成后的结果如图 10-58 所示。

此外，在B4 单元格上单击鼠标右键，在弹出的快捷菜单中依次单击【排序】→【升序】命令也可快速完成排序，如图 10-59 所示。

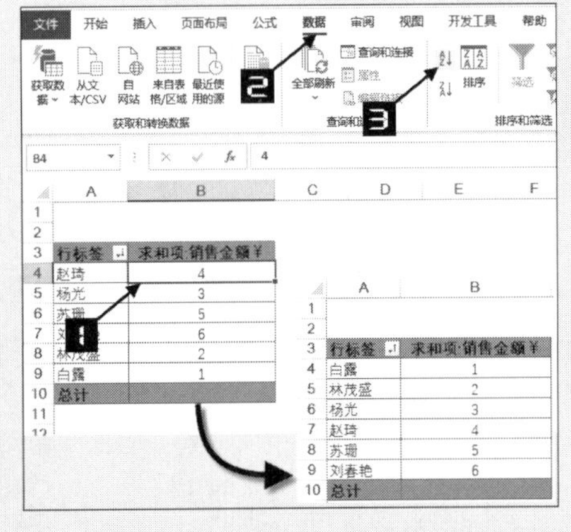

图 10-58 设置数据透视表“升序排列”计算

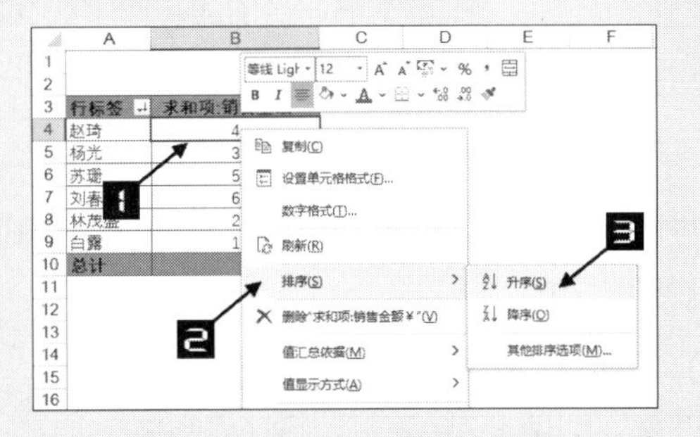

图 10-59 设置数据透视表“升序排列”计算

如果用户希望将得到的销售人员业绩排名进行降序排列显示，则可以使用“降序排列”的数据显示方式。

10.4.12 “指数”值显示方式

利用“指数”值显示方式，可以对数据透视表内某一列数据的相对重要性进行跟踪。

示例10-14 各销售地区的产品短缺影响程度分析

如果希望对图 10-60 所示的销售报表进行销售指数分析，确定何种产品在不同的销售地区中最具重要性，可参照以下步骤。

	A	B	C	D	E	F	G
1	求和项:销售金额 ¥	列标签					
2	行标签	北京	杭州	南京	山东	上海	总计
3	按摩椅	139,200	48,000	28,000			215,200
4	跑步机	442,200		261,800	217,800	391,600	1,313,400
5	微波炉	95,000	68,500	19,000	34,500	30,000	247,000
6	显示器	637,500	303,000	43,500	301,500	192,000	1,477,500
7	液晶电视	1,365,000	850,000	848,600	435,000	450,000	3,948,600
8	总计	2,678,900	1,269,500	1,200,900	988,800	1,063,600	7,201,700

图 10-60 将要进行销售指数分析的数据透视表

步骤① 在数据透视表的“求和项：销售金额 ¥ ”字段上右击，依次单击→【值字段设置】→【值显示方式】选项卡。

步骤② 单击【值显示方式】的下拉按钮，在下拉列表中选择“指数”值显示方式，单击【确定】按钮关闭对话框，如图 10-61 所示。

步骤③ 对数据透视表的值字段区域内的数值进行单元格格式设置，完成后如图 10-62 所示。

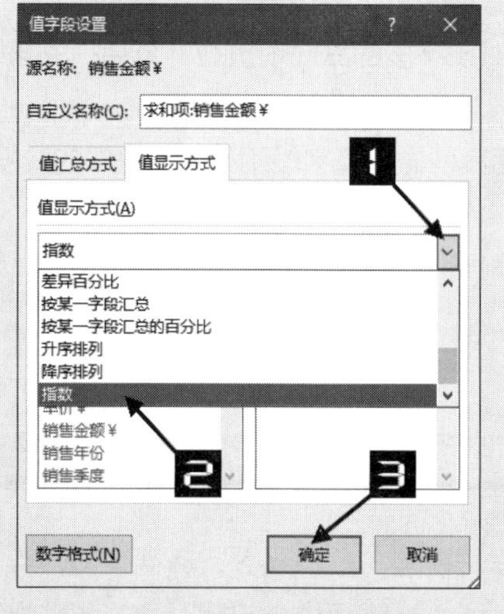

图 10-61 设置数据透视表“指数”计算

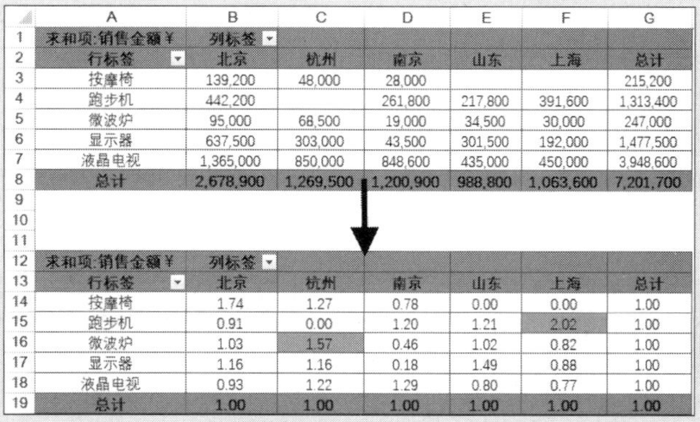

	A	B	C	D	E	F	G
1	求和项:销售金额 ¥	列标签					
2	行标签	北京	杭州	南京	山东	上海	总计
3	按摩椅	139,200	48,000	28,000			215,200
4	跑步机	442,200		261,800	217,800	391,600	1,313,400
5	微波炉	95,000	68,500	19,000	34,500	30,000	247,000
6	显示器	637,500	303,000	43,500	301,500	192,000	1,477,500
7	液晶电视	1,365,000	850,000	848,600	435,000	450,000	3,948,600
8	总计	2,678,900	1,269,500	1,200,900	988,800	1,063,600	7,201,700
9							
10							
11							
12	求和项:销售金额 ¥	列标签					
13	行标签	北京	杭州	南京	山东	上海	总计
14	按摩椅	1.74	1.27	0.78	0.00	0.00	1.00
15	跑步机	0.91	0.00	1.20	1.21	2.02	1.00
16	微波炉	1.03	1.57	0.46	1.02	0.82	1.00
17	显示器	1.16	1.16	0.18	1.49	0.88	1.00
18	液晶电视	0.93	1.22	1.29	0.80	0.77	1.00
19	总计	1.00	1.00	1.00	1.00	1.00	1.00

图 10-62 确定产品在销售地区中的相对重要性

提示

以上示例中，“微波炉销售指数”杭州地区 1.57 为最高，说明微波炉产品的销售在杭州地区的重要性很高，如果该产品在杭州地区发生短缺，将会影响到整个微波炉市场的销售。

杭州地区微波炉指数 1.57=((杭州地区微波炉销售金额 68,500)×(总体汇总之和 7,201,700))/((行汇总 247,000)×(列汇总 1,269,500))

“跑步机销售指数”上海地区 2.02 为最高，说明跑步机产品的销售在上海地区的重要性很高，如果该产品在上海地区发生短缺，将会影响到整个跑步机市场的销售。

上海地区跑步机指数 2.02=((上海地区跑步机销售金额 391,600)×(总体汇总之和 7,201,700))/((行汇总 1,313,400)×(列汇总 1,063,600))

10.4.13 修改和删除自定义数据显示方式

如果用户要修改已经设置好的自定义值显示方式，只需在【值显示方式】的下拉列表中选择其他的值显示方式即可。

如果在【值显示方式】下拉列表中选择了“无计算”值显示方式，将回到数据透视表默认的值显示状态，也就是删除已经设置的自定义值显示方式。

10.5 在数据透视表中使用计算字段和计算项

数据透视表创建完成后，不允许手工更改或移动数据透视表值区域中的任何数据，也不能在数据透视表中插入单元格或添加公式进行计算。如果需要在数据透视表中执行自定义计算，必须使用“添加计算字段”或“添加计算项”功能。在创建了自定义的字段或项之后，Excel就允许在数据透视表中使用它们，这些自定义的字段或项就像是在数据源中真实存在的数据一样。

计算字段是通过对数据透视表中现有的字段执行计算后得到的新字段。

计算项是在数据透视表的现有字段中插入新的项，通过对该字段的其他项执行计算后得到该项的值。

计算字段和计算项可以对数据透视表中的现有数据（包括其他的计算字段和计算项生成的数据）进行运算，但无法引用数据透视表之外的工作表数据。

10.5.1 创建计算字段

Ⅰ 在计算字段中对现有字段执行除运算

示例10-15 使用计算字段计算销售平均单价

图 10-63 中展示了一张根据现有数据列表所创建的数据透视表，在这张数据透视表的数值区域中，包含“销售数量”和“销售额”字段，但是没有“单价”字段。如果希望得到平均销售单价，可以通过添加计算字段的方法来完成，而无须对数据源做出调整后再重新创建数据透视表。

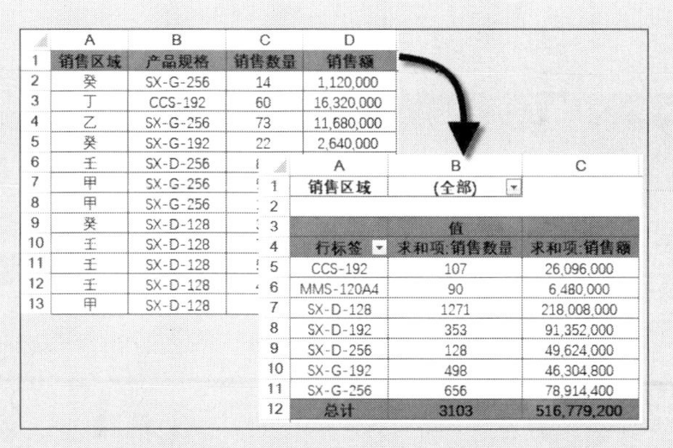

	A	B	C	D
1	销售区域	产品规格	销售数量	销售额
2	癸	SX-G-256	14	1,120,000
3	丁	CCS-192	60	16,320,000
4	乙	SX-G-256	73	11,680,000
5	癸	SX-G-192	22	2,640,000
6	壬	SX-D-256		
7	甲	SX-G-256		
8	甲	SX-G-256		
9	癸	SX-D-128		
10	壬	SX-D-128		
11	壬	SX-D-128		
12	壬	SX-D-128		
13	甲	SX-D-128		

	A	B	C
1	销售区域	(全部)	
2			
3		值	
4	行标签	求和项:销售数量	求和项:销售额
5	CCS-192	107	26,096,000
6	MMS-120A4	90	6,480,000
7	SX-D-128	1271	218,008,000
8	SX-D-192	353	91,352,000
9	SX-D-256	128	49,624,000
10	SX-G-192	498	46,304,800
11	SX-G-256	656	78,914,400
12	总计	3103	516,779,200

图 10-63 需要创建计算字段的数据透视表

步骤① 单击数据透视表中的列字段项单元格（如C4），在【数据透视表分析】选项卡中单击【字段、项目和集】的下拉按钮，在弹出的下拉菜单中选择【计算字段】命令，打开【插入计算字段】对话框，如图 10-64 所示。

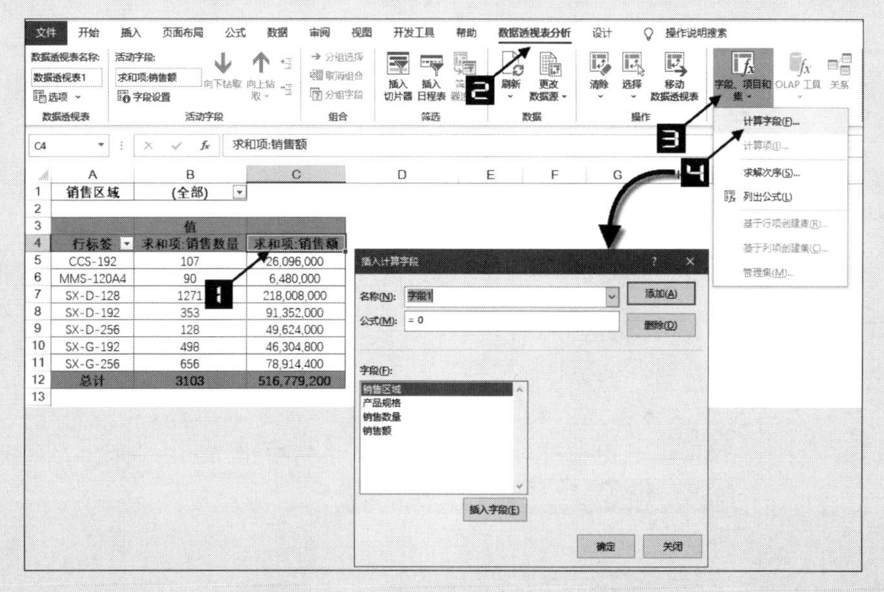

图 10-64 打开【插入计算字段】对话框

步骤② 在【插入计算字段】对话框的【名称】组合框内输入“销售单价”，将光标定位到【公式】文本框中，清除原有的数据“=0”；在【字段】列表框中双击“销售额”字段，输入“/”（除号），再双击“销售数量”字段，得到计算“销售单价”的公式，如图 10-65 所示。

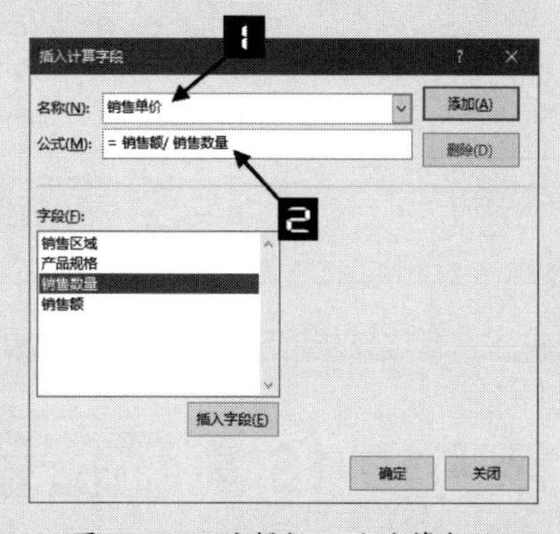

图 10-65 编辑插入的计算字段

步骤③ 单击【添加】按钮，将定义好的计算字段添加到数据透视表中，单击【确定】按钮完成设置，此时数据透视表中新增了一个字段“求和项：销售单价”，

如图 10-66 所示。

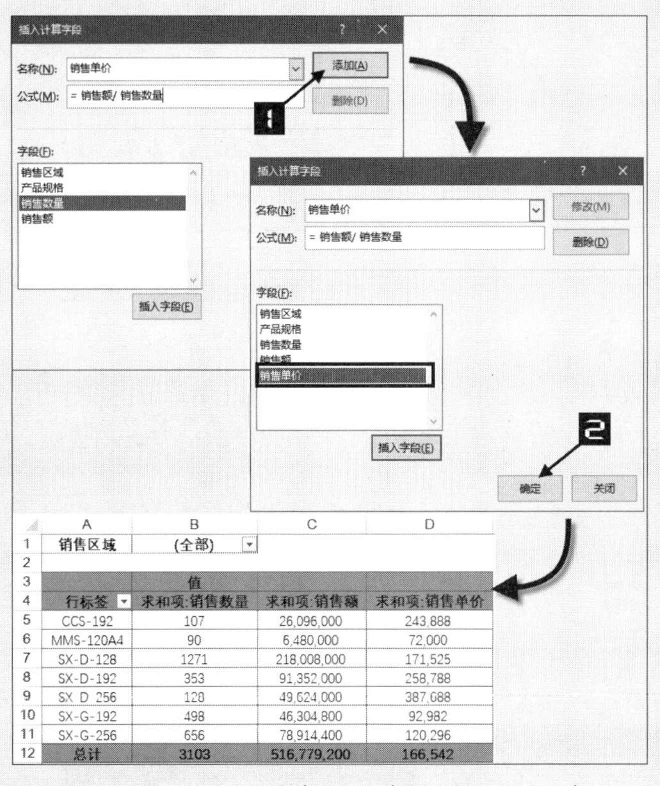

图 10-66 添加“销售单价”计算字段的数据透视表

新增的计算字段“求和项：销售单价”被添加到数据透视表以后，也会相应地出现在【数据透视表字段】列表对话框的窗口之中，就像真实存在于数据源表中的其他字段一样，如图 10-67 所示。

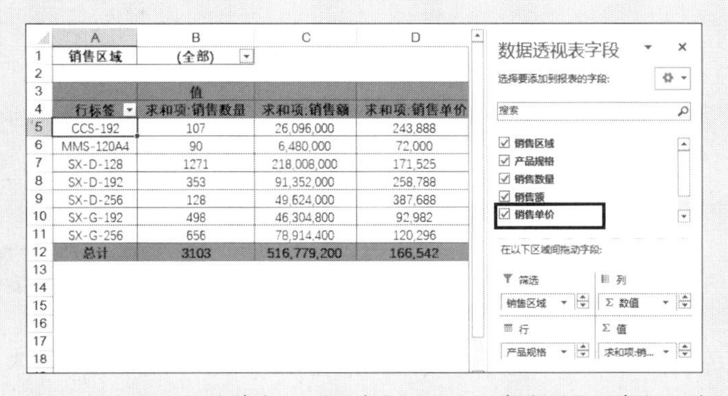

图 10-67 添加的计算字段出现在【数据透视表字段】列表框之中

➲ Ⅱ 在计算字段中使用常量与现有字段执行乘运算

示例10-16 使用计算字段计算奖金提成

图 10-68 展示了一张根据销售订单数据列表所创建的数据透视表，如果希望根据销售人员业

绩进行奖金提成的计算，可以通过添加计算字段的方法来完成，而无须对数据源做出调整后再重新创建数据透视表。

	A	B	C	D	E
1	销售途径	销售人员	订单金额	订单日期	订单 ID
2	国际业务	高军	440.00	2020/7/16	10248
3	国际业务	苏珊	1,863.40	2020/7/10	10249
4	国际业务	林茂	1,552.60	2020/7/12	10250
5	国际业务	何风	654.06	2020/7/15	10251
6	国际业务	林茂	3,597.90	2020/7/11	10252
7	国际业务	何风	1,444.80	2020/7/16	10253
8	国际业务	高军	556.62	2020/7/23	10254
9	国际业务	何风	2,490.50	2020/7/15	10255
10	国际业务	何风	517.80	2020/7/17	10256
11	国际业务	林茂	1,119.90	2020/7/22	10257
12	国际业务	杨光	1,614.88	2020/7/23	10258
13	国际业务	林茂	100.80	2020/7/25	10259
14	国际业务	林茂	1,504.65	2020/7/29	10260
15	国际业务	林茂	448.00	2020/7/30	10261

	A	B
1		
2	行标签	求和项:订单金额
3	林茂	225,763.68
4	苏珊	72,527.63
5	杨光	182,500.09
6	高军	68,792.25
7	何风	276,244.31
8	张波	123,032.67
9	毕娜	116,962.99
10	总计	1,065,823.62

图 10-68 需要创建计算字段的数据透视表

步骤① 单击数据透视表中的列字段项单元格（如B3），在【数据透视表分析】选项卡中单击【字段、项目和集】的下拉按钮，在弹出的下拉菜单中选择【计算字段】命令，打开【插入计算字段】对话框，如图 10-69 所示。

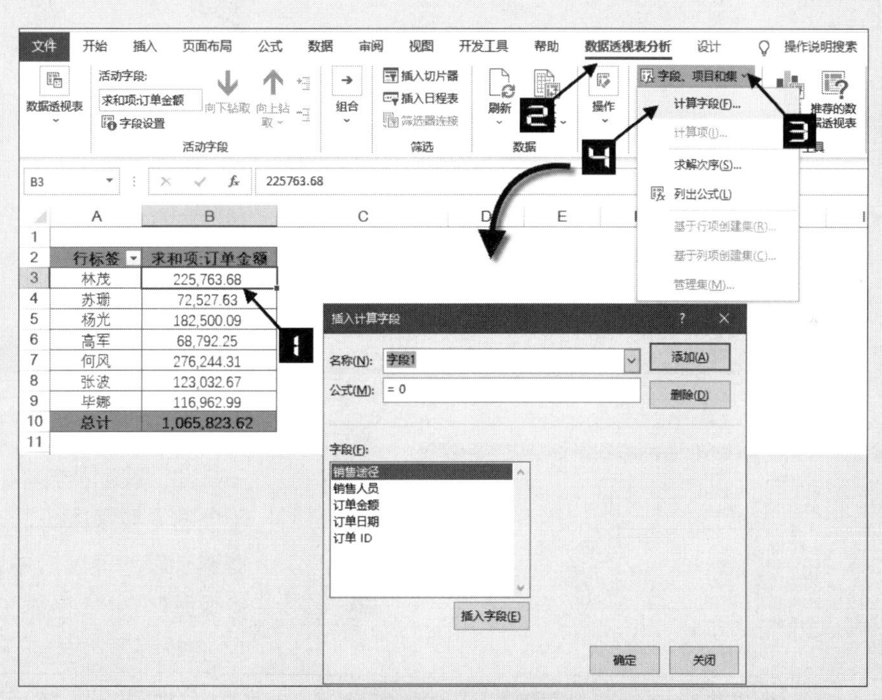

图 10-69 打开【插入计算字段】对话框

步骤② 在【插入计算字段】对话框的【名称】框内输入“销售人员提成”，将光标定位到【公式】框中，清除原有的数据“=0”，在【字段】列表框中双击“订单金额”字段，然后输入“*0.015”（销售人员的提成按 1.5% 计算），得到计算“销售人员提成”的计算公式，单击【添加】→【确定】按钮关闭对话框。此时，数据透视表中新增了一个“求和项：销售人员提成”字段，如图 10-70 所示。

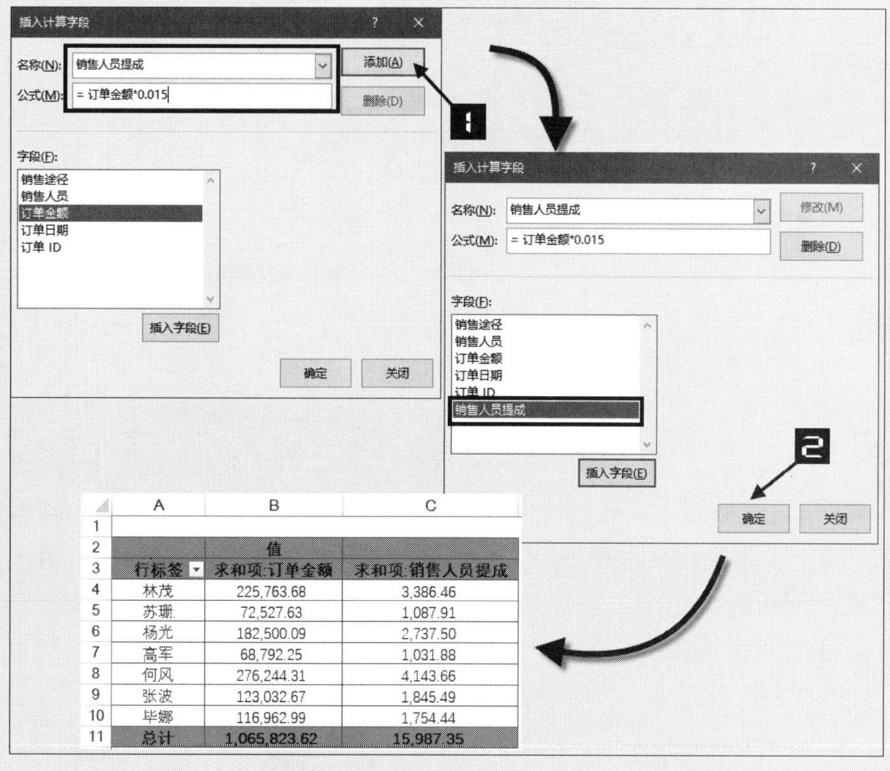

行标签	求和项:订单金额	求和项:销售人员提成
林茂	225,763.68	3,386.46
苏珊	72,527.63	1,087.91
杨光	182,500.09	2,737.50
高军	68,792.25	1,031.88
何风	276,244.31	4,143.66
张波	123,032.67	1,845.49
毕娜	116,962.99	1,754.44
总计	1,065,823.62	15,987.35

图 10-70 添加“销售人员提成”计算字段后的数据透视表

➲ Ⅲ 在计算字段中执行四则混和运算

示例10-17 使用计算字段计算主营业务毛利率

销售月份	产品规格	机器号	出库单号	销售数量	主营业务收入	主营业务成本
01月	A01	07112213	0584	81	207,964.60	57,017.47
01月	B02	07112405	0583	26	230,088.50	108,092.63
03月	C01	07091205	0587	83	79,646.02	61,977.79
01月	A01	07112214	0586	18	230,088.50	77,795.21
01月	B02	07112406	0585	50	300,884.96	108,092.63
04月	A03	07102209	0588	61	128,318.58	234,674.74
04月	G08	08030301	0590	5	176,991.15	256,870.72
04月	A03	08031101	0592	25	230,088.50	232,079.14
04月	C28	08030101	0593	61	86,725.66	139,420.39

行标签	求和项:销售数量	求和项:主营业务收入	求和项:主营业务成本
01月	175	969,026.55	350,997.94
03月	83	79,646.02	61,977.79
04月	374	1,272,566.37	1,764,912.10
05月	382	1,827,433.63	961,994.69
06月	791	2,438,053.10	1,994,258.04
07月	268	542,477.88	866,398.78
08月	955	2,557,522.12	2,250,534.70
09月	662	1,611,504.42	1,899,778.69
10月	310	1,485,840.71	594,189.39
总计	4000	12,784,070.80	10,745,042.10

图 10-71 销售、成本及利润报表

图 10-71 中展示了一张根据主营业务收入及成本的数据列表所创建的数据透视表，在这张数据透视表的值区域中，包含“销售数量”“主营业务收入”和“主营业务成本”字段，但是没有“主营业务利润率”字段。如果希望得到主营业务利润率，可以通过添加计算字段的方法来完成，而无须对数据源做出调整后再重新创建数据透视表。

步骤① 调出【插入计算字段】对话框。

步骤② 在【插入计算字段】对话框的【名称】框内输入“主营业务利润率%”，将光标定位到【公式】框中，清除原有的数据“=0”，然后输入“=(主营业务收入-主营业务成本)/主营业务收入”，单击【添加】按钮得到计算“主营业务利润率%”字段的公式，如图 10-72 所示。

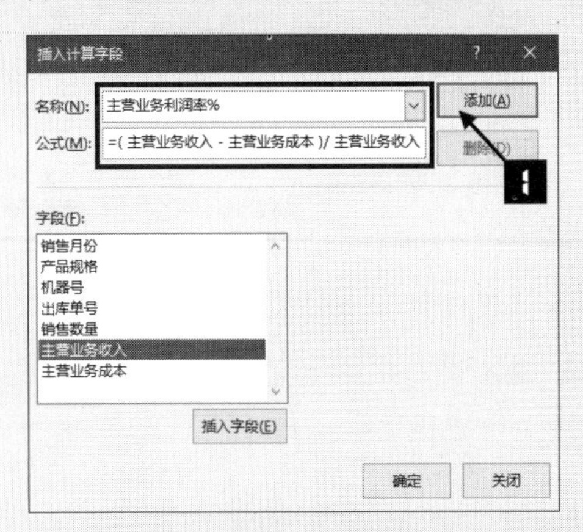

图 10-72　编辑插入的计算字段

步骤③ 最后单击【确定】按钮关闭对话框，此时数据透视表中新增了一个“求和项：主营业务利润率%”字段。将新增字段的数字格式设置为“百分比”，如图 10-73 所示。

	A	B	C	D	E
1					
2		值			
3	行标签	求和项:销售数量	求和项:主营业务收入	求和项:主营业务成本	求和项:主营业务利润率%
4	01月	175	969,026.55	350,997.94	63.78%
5	03月	83	79,646.02	61,977.79	22.18%
6	04月	374	1,272,566.37	1,764,912.10	-38.69%
7	05月	382	1,827,433.63	961,994.69	47.36%
8	06月	791	2,438,053.10	1,994,258.04	18.20%
9	07月	268	542,477.88	866,398.78	-59.71%
10	08月	955	2,557,522.12	2,250,534.70	12.00%
11	09月	662	1,611,504.42	1,899,778.69	-17.89%
12	10月	310	1,485,840.71	594,189.39	60.01%
13	总计	4000	12,784,070.80	10,745,042.10	15.95%

图 10-73　添加“主营业务利润率%”计算字段后的数据透视表

数据透视表字段数字格式设置的具体应用请参阅 5.1.7 节。

➲ IV　在计算字段中使用 Excel 函数来运算

在数据透视表中插入计算字段不仅可以进行加、减、乘、除等简单运算，还可以使用函数来进行更复杂的计算。但是，计算字段中使用Excel函数会有很多限制，因为在数据透视表内添加计算字段的公式计算实际上是利用了数据透视表缓存中存在的数据，公式中不能使用单元格引用或定义名称作为变量的工作表函数，只能使用SUM、IF、AND、NOT、OR、COUNT、AVERAGE和TEXT等函数。

示例10-18　使用计算字段进行应收账款账龄分析

图 10-74 展示了一张在 2021 年 9 月 1 日根据应收账款余额数据列表所创建的数据透视表，在

这张数据透视表的数值区域中只包含“应收账款余额”的汇总字段，如果希望对应收账款余额进行账龄分析，依次划分为“欠款 0-30 天”“欠款 31-60 天”“欠款 61-90 天”和“欠款 90 天以上”不同的账龄区间，可以通过添加计算字段的方法来完成，具体可参照以下步骤。

	A	B	C	D
1	客户代码	客户名称	应收款日期	应收账款余额
2	CP01	春和百货	2021/8/3	600000
3	CB01	仁和百货	2021/7/9	500000
4	MT01	众和百货	2021/6/1	400000
5	MC01	合和百货	2021/9/1	350000
6	MT01	宇宙集团	2021/1/4	300000
7	BM02	发发实业	2021/8/5	250000
8	MC01	天和集团	2021/4/11	200000
9	CB01	百盛商场	2021/5/10	150000
10	CP01	百货大楼	2021/6/9	120000
11	BM01	北京总部	2021/1/4	100000
12	MT01	俊业集团	2021/3/15	100000
13	MT02	福声百货	2021/8/31	78000
14	MT03	靓女专店	2021/5/15	5640
15	MT04	帅哥专店	2021/7/31	123560
16	MT05	李宁专店	2021/8/3	5000
17	MT06	老人专店	2021/7/2	88880

	A	B	C	D
1		报表日期:	2021年9月1日	
3	客户名称	客户代码	应收款日期	应收账款余额
4	百货大楼	CP01	2021/6/9	120,000
5	百盛商场	CB01	2021/5/10	150,000
6	北京总部	BM01	2021/1/4	100,000
7	春和百货	CP01	2021/8/3	600,000
8	发发实业	BM02	2021/8/5	250,000
9	福声百货	MT02	2021/8/31	78,000
10	合和百货	MC01	2021/9/1	350,000
11	靓女专店	MT03	2021/5/15	5,640
12	俊业集团	MT01	2021/3/15	100,000
13	老人专店	MT06	2021/7/2	88,880
14	李宁专店	MT05	2021/8/3	5,000
15	仁和百货	CB01	2021/7/9	500,000
16	帅哥专店	MT04	2021/7/31	123,560
17	天和集团	MC01	2021/4/11	200,000
18	宇宙集团	MT01	2021/1/4	300,000
19	众和百货		2021/6/1	400,000

图 10-74　应收账款余额统计表

步骤 1 调出【插入计算字段】对话框。

步骤 2 在【插入计算字段】对话框的【名称】框内输入“账龄 0-30 天”，将光标定位到【公式】框中，清除原有的数据“=0”，然后输入公式，单击【添加】按钮得到计算“账龄 0-30 天”的公式。

“账龄 0-30 天”公式如下：

```
=IF(AND(TEXT("2021-9-1","#")-应收款日期>0,TEXT("2021-9-1","#")-应收款日期<=30),应收账款余额,0)
```

将【名称】框内的“账龄 0-30 天”更改为“账龄 31-60 天”，清除【公式】框中原有的公式，然后输入公式，单击【添加】按钮得到计算“账龄 31-60 天”的公式。

“账龄 31-60 天”公式如下：

```
=IF(AND(TEXT("2021-9-1","#")-应收款日期>30,TEXT("2021-9-1","#")-应收款日期<=60),应收账款余额,0)
```

再次将【名称】框内的“账龄 31-60 天”更改为“账龄 61-90 天”，清除【公式】框中原有的公式，然后输入公式，单击【添加】按钮得到计算“账龄 61-90 天”的公式。

“账龄 61-90 天”公式如下：

```
=IF(AND(TEXT("2021-9-1","#")-应收款日期>60,TEXT("2021-9-1","#")-应收款日期<=90),应收账款余额,0)
```

最后将【名称】框内的“账龄 61-90 天”更改为“账龄大于 90 天”，清除【公式】框中原有的公式，然后输入公式，单击【添加】按钮得到计算“账龄大于 90 天”的公式。

“账龄大于 90 天”公式如下：

```
=IF(TEXT("2021-9-1","#")-应收款日期>90,应收账款余额,0))
```

此时，新创建的计算字段都出现在了【名称】和【字段】的下拉列表中，如图 10-75 所示。

步骤③ 单击【确定】按钮关闭对话框，完成后的报表如图 10-76 所示。

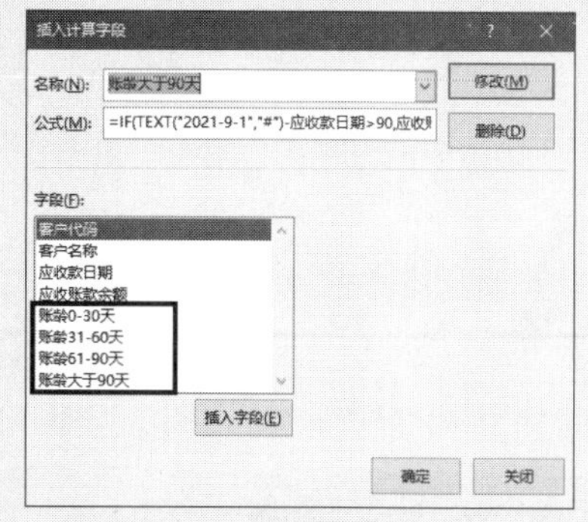

图 10-75 编辑插入的计算字段

	A	B	C	D	E	F	G	H
1		报表日期:	2021/9/1					
2								
3				值				
4	客户名称	客户代码	应收款日期	应收账款余额	账龄0-30天	账龄31-60天	账龄61-90天	账龄大于90天
5	百货大楼	CP01	2021/6/9	120,000	0	0	120,000	0
6	百盛商场	CB01	2021/5/10	150,000	0	0	0	150,000
7	北京总部	BM01	2021/1/4	100,000	0	0	0	100,000
8	春和百货	CP01	2021/8/3	600,000	600,000	0	0	0
9	发发实业	BM02	2021/8/5	250,000	250,000	0	0	0
10	福声百货	MT02	2021/8/31	78,000	78,000	0	0	0
11	合和百货	MC01	2021/9/1	350,000	0	0	0	0
12	靓女专店	MT03	2021/5/15	5,640	0	0	0	5,640
13	俊业集团	MT01	2021/3/15	100,000	0	0	0	100,000
14	老人专店	MT06	2021/7/2	88,880	0	0	88,880	0
15	李宁专店	MT05	2021/8/3	5,000	5,000	0	0	0
16	仁和百货	CB01	2021/7/9	500,000	0	500,000	0	0
17	帅哥专店	MT04	2021/7/31	123,560	0	123,560	0	0
18	天和集团	MC01	2021/4/11	200,000	0	0	0	200,000
19	宇宙集团	MT01	2021/1/4	300,000	0	0	0	300,000
20	众和百货		2021/6/1	400,000	0	0	0	400,000

图 10-76 应收账款账龄分析表

➲ V 使数据源中的空数据不参与数据透视表计算字段的计算

示例10-19 合理地进行目标完成率指标统计

图 10-77 中展示了某公司在一段时期内各地区销售目标完成情况的数据列表，其中数据列表中的“完成”列中有很多尚未实施的空白项，如果这些数据参与数据透视表计算字段的计算，就会造成目标完成率指标统计上的不合理，要解决这个问题，可参照以下步骤。

步骤① 根据图 10-77 所示的数据列表创建如图 10-78 所示的数据透视表。

	A	B	C
1	城市	目标	完成
2	佛山	90	60
3	佛山	60	60
4	广州	50	40
5	广州	20	
6	佛山	50	
7	广州	80	20
8	中山	80	50
9	中山	40	

图 10-77 某公司目标完成明细表

	A	B	C
1			
2			
3		值	
4	行标签	求和项:目标	求和项:完成
5	佛山	200	120
6	广州	150	60
7	中山	120	50
8	总计	470	230

图 10-78 创建数据透视表

步骤② 添加计算字段“完成率 %”，计算字段公式为“= 完成 / 目标”，如图 10-79 所示。

	A	B	C	D
1				
2				
3		值		
4	行标签	求和项:目标	求和项:完成	求和项:完成率%
5	佛山	200	120	60.00%
6	广州	150	60	40.00%
7	中山	120	50	41.67%
8	总计	470	230	48.94%

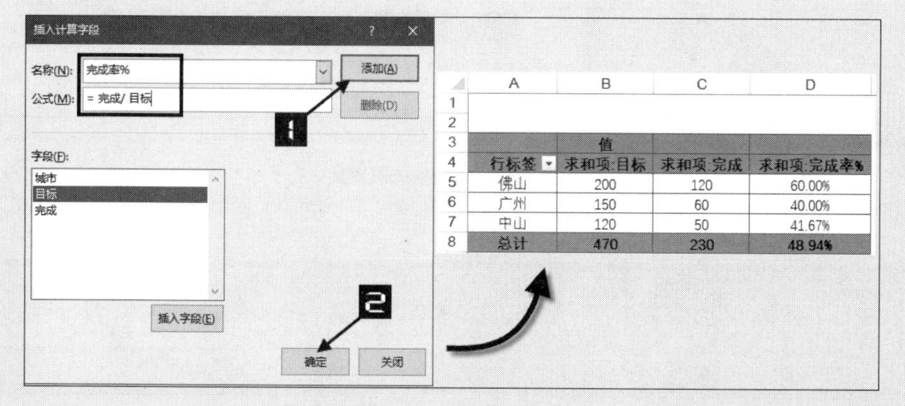

图 10-79 添加计算字段

步骤③ 将“完成”字段移动至【筛选】区域，单击【筛选】字段中“完成”字段的下拉按钮，在弹出的下拉菜单中选中【选择多项】复选框，同时取消选中“（空白）”项的复选框，单击【确定】按钮，如图 10-80 所示。

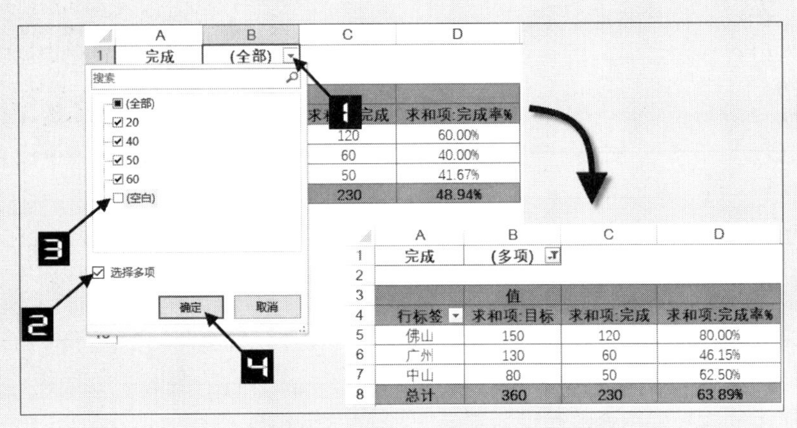

图 10-80 无效数据不参与完成率统计的数据透视表

10.5.2 修改数据透视表中的计算字段

对于数据透视表中已经添加的计算字段，用户还可以进行修改以满足变化的分析要求。以图 10-70 所示的数据透视表为例，要将销售人员提成比例提高为 2%，可参照以下步骤。

步骤① 单击【数据透视表分析】→【字段、项目和集】→【计算字段】命令，调出【插入计算字段】对话框，如图 10-81 所示。

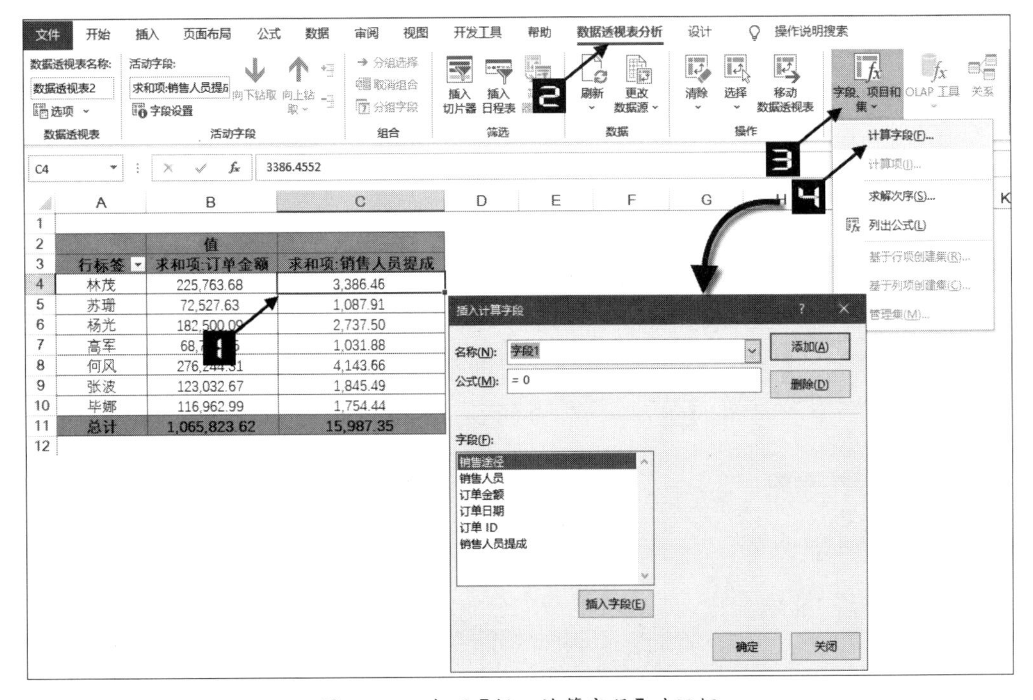

图 10-81 打开【插入计算字段】对话框

步骤② 单击【名称】框的下拉按钮，选择“销售人员提成”选项，在【公式】框中，将原有公式“=订单金额*0.015”修改为“=订单金额*0.02”（销售人员的提成按 2% 计算），单击【修改】按钮，最后单击【确定】按钮，如图 10-82 所示。

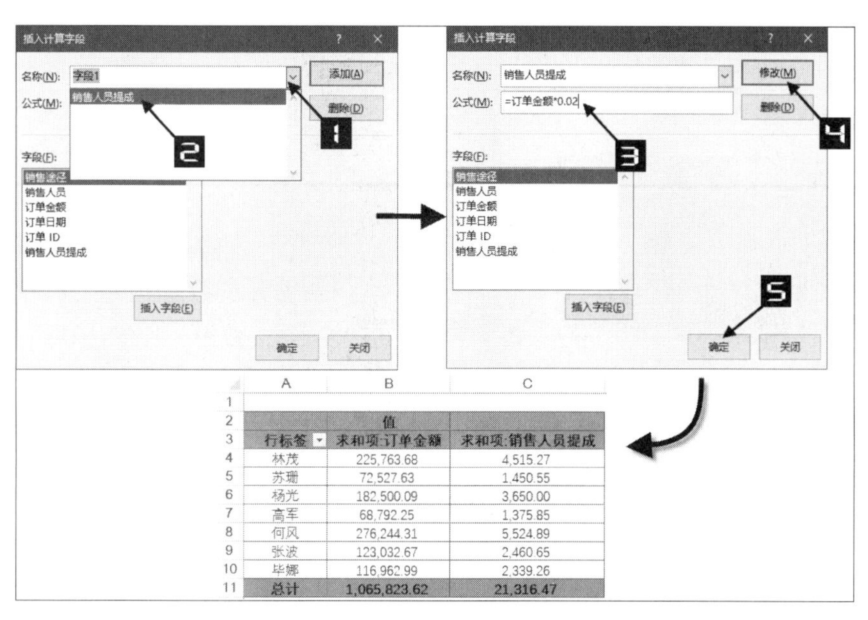

	A	B	C
1			
2		值	
3	行标签	求和项:订单金额	求和项:销售人员提成
4	林茂	225,763.68	4,515.27
5	苏珊	72,527.63	1,450.55
6	杨光	182,500.09	3,650.00
7	高军	68,792.25	1,375.85
8	何风	276,244.31	5,524.89
9	张波	123,032.67	2,460.65
10	毕娜	116,962.99	2,339.26
11	总计	1,065,823.62	21,316.47

图 10-82　修改已经存在的计算字段

10.5.3　删除数据透视表中的计算字段

对于数据透视表中已经添加好的计算字段，如果不再有分析价值，用户可以对计算字段进行删除。仍以图 10-70 所示的数据透视表为例，如果需要删除“销售人员提成”字段，可参照以下步骤。

调出【插入计算字段】对话框，单击【名称】框的下拉按钮，选择“销售人员提成”选项，单击【删除】按钮，再单击【确定】按钮关闭对话框，如图 10-83 所示。

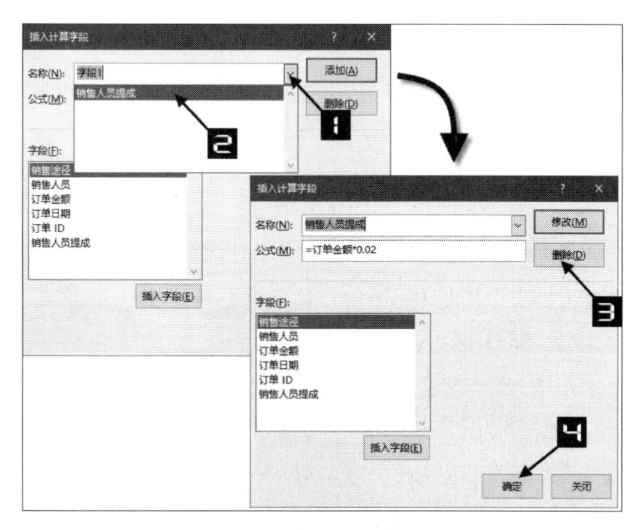

图 10-83　删除计算字段

10章

10.5.4　计算字段的局限性

数据透视表的计算字段不是按照值字段在数据透视表中所显示的数值进行计算，而是依据各个数值之和来计算。也就是说，数据透视表是使用各个值字段分类求和的结果来应用计算字段。即使数值字段的汇总方式被设置为“平均值”，计算字段时也会按照先“求和”再计算进行处理。

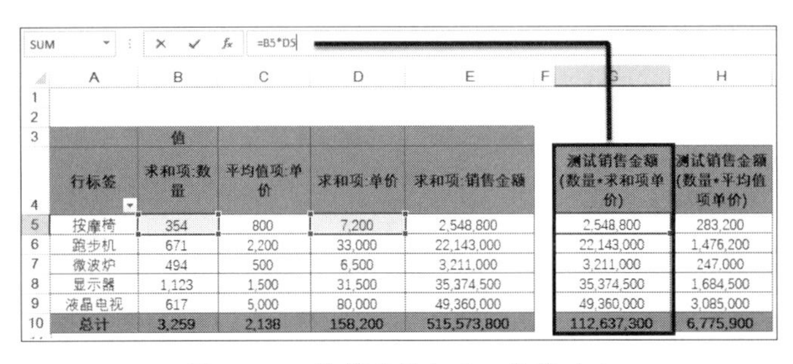

SUM　=B5*D5

行标签	求和项:数量	平均值项:单价	求和项:单价	求和项:销售金额	测试销售金额(数量*求和项单价)	测试销售金额(数量*平均值项单价)
按摩椅	354	800	7,200	2,548,800	2,548,800	283,200
跑步机	671	2,200	33,000	22,143,000	22,143,000	1,476,200
微波炉	494	500	6,500	3,211,000	3,211,000	247,000
显示器	1,123	1,500	31,500	35,374,500	35,374,500	1,684,500
液晶电视	617	5,000	80,000	49,360,000	49,360,000	3,085,000
总计	3,259	2,138	158,200	515,573,800	112,637,300	6,775,900

图 10-84　计算字段与手工计算对比

例如，在图 10-84 所示的数据透视表中，“求和项：销售金额”是一个计算字段，其公式为：“数量＊平均值项：单价”。

但是，它并未将数据透视表内所显示的数值直接相乘，而是将“求和项：数量”与“求和项：单价”相乘，即数量之总和与单价之总和的乘积。

数据透视表右侧区域中（H列）用作对比显示的数据，则是根据数据透视表内显示的“求和项：数量＊平均值项：单价”得来的。因此，以“按摩椅”为例，计算字段的结果为 354*7200=2548800，而不是 354*800=283200。解决这个问题的方法是，在数据源中添加一个辅助字段“销售金额”，内容为“单价＊数量”。

E11　=SUM(E4:E10)

行标签	求和项:订单金额	求和项:销售人员提成	正确总计的销售人员提成
林茂	225,763.68	4,515.27	4,515.27
苏珊	72,527.63	10,879.14	10,879.14
杨光	182,500.09	3,650.00	3,650.00
高军	68,792.25	10,318.84	10,318.84
何风	276,244.31	5,524.89	5,524.89
张波	123,032.67	2,460.65	2,460.65
毕娜	116,962.99	2,339.26	2,339.26
总计	1,065,823.62	21,316.47	39,688.06

图 10-85　添加计算字段后数据透视表“总计”出错

此外，添加计算字段后的数据透视表“总计”的结果有时也会出现错误。

如图 10-85 所示，员工提成计算规则为：订单超过 10 万提成 2%，否则提成 1.5%。每一名员工提成计算正确，但总计出现错误，正确的总计应为所有销售人员的提成的合计，即 39,688.06。

添加计算字段中的总计实际上仍然按照提成规划进行计算，“1,065,823.62>100000”的计算结果为“1,065,823.62*0.02=21,316.47”，而不是所有员工提成的总和。

10.5.5　创建计算项

➲ I　使用计算项进行差额计算

示例10-20　公司费用预算与实际支出的差额分析

图 10-86 中展示了一张由费用预算额与实际发生额明细表创建的数据透视表，在这张数据透视表的值区域中，只包含“实际发生额”和“预算额”字段。如果希望得到各个科目费用的“实际发生额”与“预算额”之间的差异，可以通过添加计算项的方法来完成。

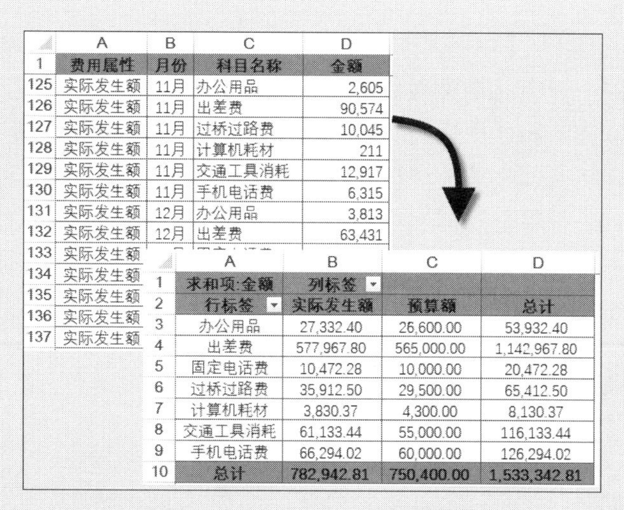

	A	B	C	D
1	费用属性	月份	科目名称	金额
125	实际发生额	11月	办公用品	2,605
126	实际发生额	11月	出差费	90,574
127	实际发生额	11月	过桥过路费	10,045
128	实际发生额	11月	计算机耗材	211
129	实际发生额	11月	交通工具消耗	12,917
130	实际发生额	11月	手机电话费	6,315
131	实际发生额	12月	办公用品	3,813
132	实际发生额	12月	出差费	63,431
133	实际发生额			
134	实际发生额			
135	实际发生额			
136	实际发生额			
137	实际发生额			

	A	B	C	D
1	求和项:金额	列标签		
2	行标签	实际发生额	预算额	总计
3	办公用品	27,332.40	26,600.00	53,932.40
4	出差费	577,967.80	565,000.00	1,142,967.80
5	固定电话费	10,472.28	10,000.00	20,472.28
6	过桥过路费	35,912.50	29,500.00	65,412.50
7	计算机耗材	3,830.37	4,300.00	8,130.37
8	交通工具消耗	61,133.44	55,000.00	116,133.44
9	手机电话费	66,294.02	60,000.00	126,294.02
10	总计	782,942.81	750,400.00	1,533,342.81

图 10-86　需要创建自定义计算项的数据透视表

步骤① 单击数据透视表中的列字段标题所在的单元格（如B2），选择【数据透视表分析】→【字段、项目和集】→【计算项】命令，打开【在“费用属性”中插入计算字段】对话框，如图 10-87 所示。

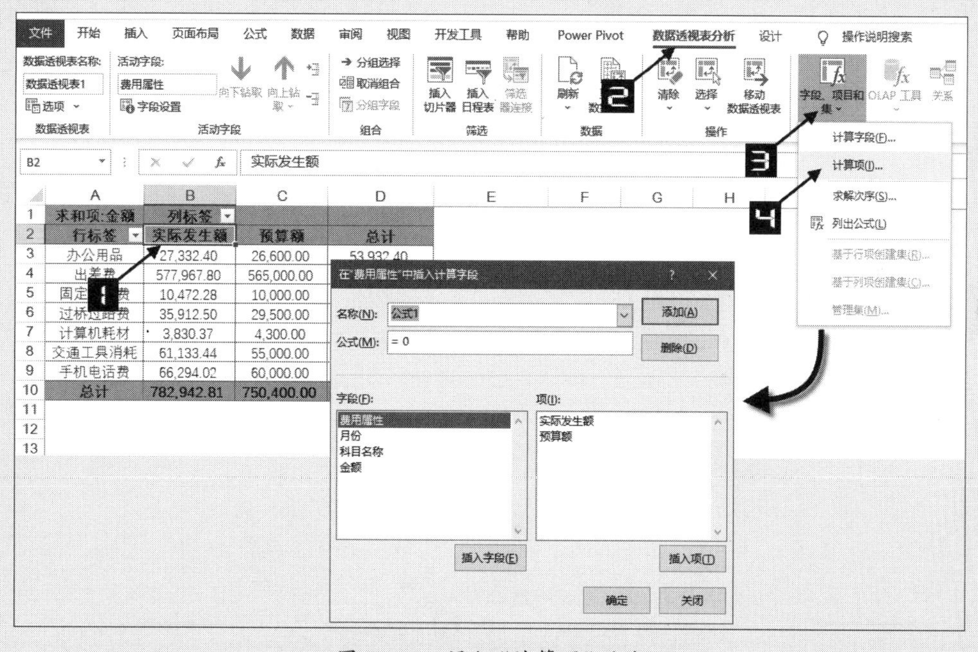

图 10-87　添加“计算项”功能

提示

必须单击数据透视表中的列字段标题所在的单元格，否则【计算项】命令为灰色不可用状态。

事实上，此处用于设置“计算项”的对话框名称并不是【在某字段中插入计算项】，而是【在某字段中插入计算字段】，这是Excel简体中文版中的一个已知错误。

步骤② 在弹出的【在“费用属性”中插入计算字段】对话框内的【名称】框中输入“差异”，把光标定位到【公式】框中，清除原有的数据“=0”，单击【字段】列表框中的“费用属性”选项，接着双击右侧【项】列表框中出现的“实际发生额”选项，然后输入减号“-”，再双击【项】列表框中的“预算额”选项，得到“差异”的计算公式，如图 10-88 所示。

步骤③ 单击【添加】按钮，再单击【确定】按钮关闭对话框。此时数据透视表的列字段区域中已经插入了一个新的项目“差异”，其数值就是“实际发生额”项的数据与“预算额”项的数据的差值，如图 10-89 所示。

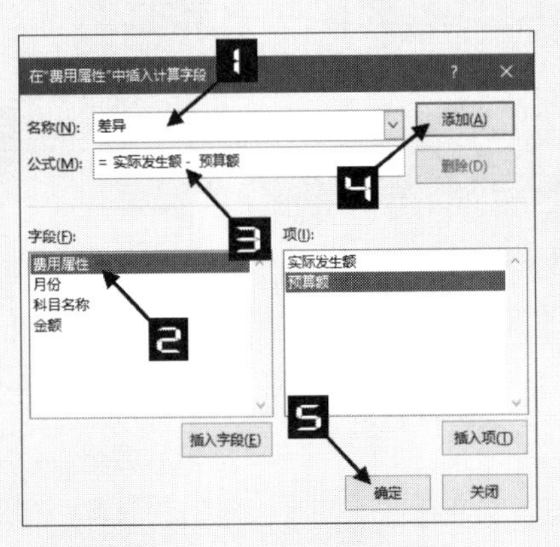

图 10-88 添加“差异”计算项

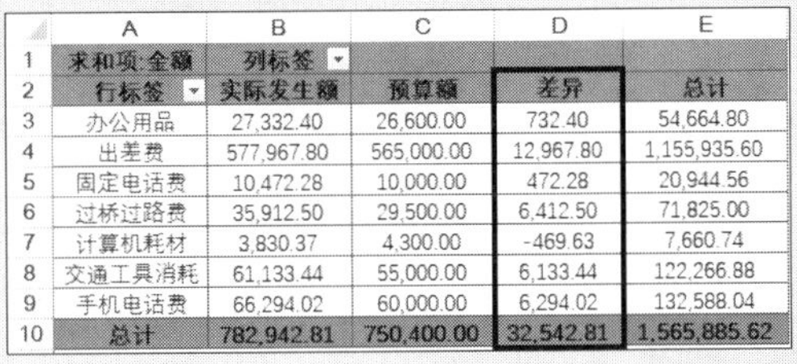

	A	B	C	D	E
1	求和项:金额	列标签			
2	行标签	实际发生额	预算额	差异	总计
3	办公用品	27,332.40	26,600.00	732.40	54,664.80
4	出差费	577,967.80	565,000.00	12,967.80	1,155,935.60
5	固定电话费	10,472.28	10,000.00	472.28	20,944.56
6	过桥过路费	35,912.50	29,500.00	6,412.50	71,825.00
7	计算机耗材	3,830.37	4,300.00	-469.63	7,660.74
8	交通工具消耗	61,133.44	55,000.00	6,133.44	122,266.88
9	手机电话费	66,294.02	60,000.00	6,294.02	132,588.04
10	总计	782,942.81	750,400.00	32,542.81	1,565,885.62

图 10-89 添加“差异”计算项后的数据透视表

提示

但是这里会出现一个问题，数据透视表中的行“总计”将汇总所有的行项目，包括新添加的“差额”项。因此其结果不再具有实际意义，需要通过修改相应设置去掉“总计”列。

步骤④ 在数据透视表的“总计”标题上（如 E2）右击，在弹出的快捷菜单中选择【删除总计】命令，如图 10-90 所示。

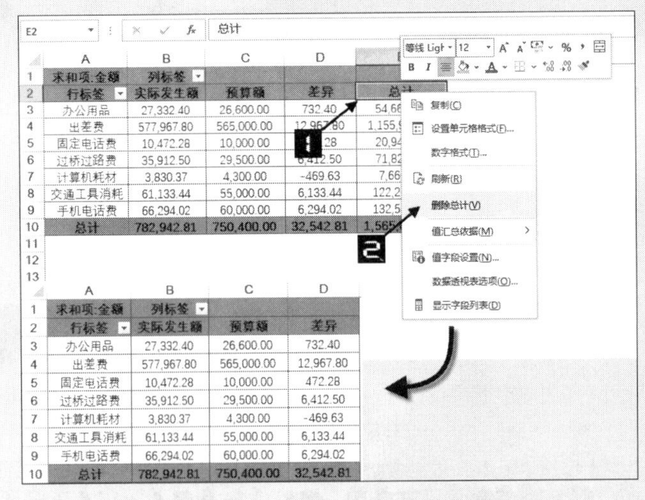

图 10-90 实现费用差额分析的数据透视表

➲ II　使用计算项进行增长率计算

示例10-21　采购报价增长率对比

图 10-91 中展示了一张根据某公司采购报价单数据列表创建的数据透视表，在这张数据透视表的值区域中，报价月份中包含“8 月”和“9 月”两个月，如果希望得到 9 月的报价增长率，可以通过添加计算项的方法来完成。

	A	B	C
1	商品货号	报价	报价月份
11	AA0011	70	8月
12	AA0012	56	8月
13	AA0013	80	8月
14	AA0014	110	8月
15	AX5533	102	8月
16	AX5534	144	8月
17	AX5535	143	8月
18	AX5536	142	8月
19	AX5537	63	8月
20	123456	100	8月
21	F9002	60	9月
22	F9003	58	9月
23	F9004	151	9月
24	F9005	143	9月
25	F9006	92	9月
26	F9007	95	9月

	A	B	C
1	求和项:报价	报价月份	
2	商品货号	8月	9月
3	123456	100	98
4	AA0011	70	70
5	AA0012	56	56
6	AA0013	80	88
7	AA0014	110	110
8	AX5533	102	102
9	AX5534	144	144
10	AX5535	143	143
11	AX5536	142	142
12	AX5537	63	85
13	F9002	60	60
14	F9003	58	58
15	F9004	147	151

图 10-91　需要创建自定义计算项的数据透视表

步骤① 单击数据透视表中的报价月份字段项“8 月”或“9 月”，调出【在“报价月份”中插入计算字段】对话框，在【名称】框中输入“采购报价增长率 %”，把光标定位到【公式】框中，清除原有的数据“=0”，输入“=('9 月'- '8 月')/ '8 月'”得到计算“采购报价增长率 %”的公式，如图 10-92 所示。

步骤② 单击【添加】按钮，再单击【确定】按钮关闭对话框。此时数据透视表中新增了一个字段“采购报价增长率 %”计算项，将新增字段设置为“百分比”样式，完成的数据透视表如图 10-93 所示。

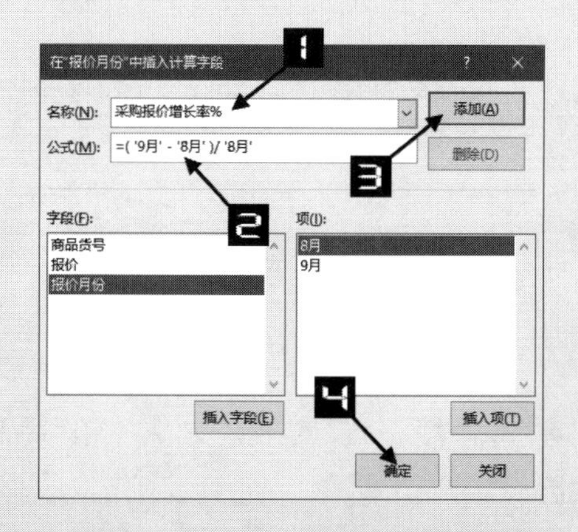

图 10-92　添加“采购报价增长率%”计算项

	A	B	C	D
1	求和项:报价	报价月份		
2	商品货号	8月	9月	采购报价增长率%
3	123456	100	98	-2.00%
4	AA0011	70	70	0.00%
5	AA0012	56	56	0.00%
6	AA0013	80	88	10.00%
7	AA0014	110	110	0.00%
8	AX5533	102	102	0.00%
9	AX5534	144	144	0.00%
10	AX5535	143	143	0.00%
11	AX5536	142	142	0.00%
12	AX5537	63	85	34.92%
13	F9002	60	60	0.00%
14	F9003	58	58	0.00%
15	F9004	147	151	2.72%
16	F9005	143	143	0.00%
17	F9006	92	92	0.00%
18	F9007	95	95	0.00%
19	F9008	77	65	-15.58%

图 10-93　添加“采购报价增长率 %”计算项后的数据透视表

通过插入计算项计算的增长率指标中有分类汇总和总计时，分类汇总和总计只是对各分项增长率的简单求和汇总，没有实际意义。如果需要对汇总项求得正确的增长率指标，需要利用 SQL 语句及 Power Pivot 功能，具体请参阅 13.3.3 节。

III 使用计算项进行企业盈利能力分析

示例10-22 反映企业盈利能力的财务指标分析

图 10-94 所示的数据透视表是通过阳光公司 2021 年度的利润表所创建的，下面通过添加计算项进行企业的盈利能力指标分析，如果希望向数据透视表中添加营业利润率、利润率和净利润率等财务分析指标，可参照以下步骤。

步骤① 单击“项　目”字段或其项下的字段项，如A3 单元格，调出【在“项　目”中插入计算字段】对话框。

步骤② 在弹出的【在“项　目”中插入计算字段】对话框内的【名称】文本框中输入“营业利润率％”，把光标定位到【公式】文本框中，清除原有的数据“=0”，单击【字段】列表框中的“项　目”选项，接着双击右侧【项】列表框中出现的“三、营业利润”选项，然后输入除号“/”，再双击【项】列表框中的“一、营业总收入”选项，得到计算“营业利润率％”的计算公式，如图 10-95 所示。

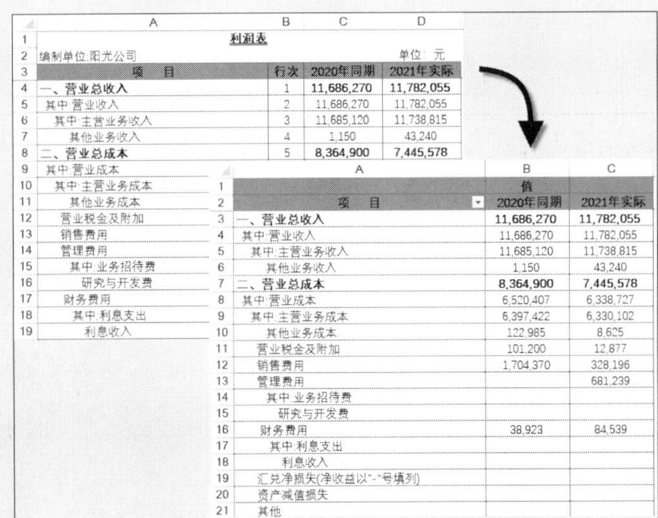

利润表

编制单位:阳光公司　　单位: 元

项　目	行次	2020年同期	2021年实际
一、营业总收入	1	11,686,270	11,782,055
其中:营业收入	2	11,686,270	11,782,055
其中:主营业务收入	3	11,685,120	11,738,815
其他业务收入	4	1,150	43,240
二、营业总成本	5	8,364,900	7,445,578
其中:营业成本			
其中:主营业务成本			
其他业务成本			
营业税金及附加			
销售费用			
管理费用			
其中:业务招待费			
研究与开发费			
财务费用			
其中:利息支出			
利息收入			

项　目	值 2020年同期	2021年实际
一、营业总收入	11,686,270	11,782,055
其中:营业收入	11,686,270	11,782,055
其中:主营业务收入	11,685,120	11,738,815
其他业务收入	1,150	43,240
二、营业总成本	8,364,900	7,445,578
其中:营业成本	6,520,407	6,338,727
其中:主营业务成本	6,397,422	6,330,102
其他业务成本	122,985	8,625
营业税金及附加	101,200	12,877
销售费用	1,704,370	328,196
管理费用		681,239
其中:业务招待费		
研究与开发费		
财务费用	38,923	84,539
其中:利息支出		
利息收入		
汇兑净损失(净收益以"-"号填列)		
资产减值损失		
其他		

图 10-94　利润表

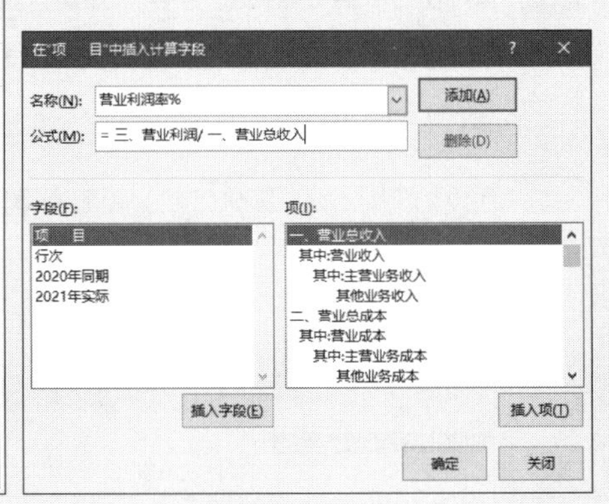

图 10-95　添加“营业利润率％”计算项

步骤③ 重复步骤 2，依次添加“利润率％”=(四、利润总额/一、营业总收入)和“净利润率％”=(五、净利润/一、营业总收入)等计算项。

步骤④ 添加完成反映盈利能力指标的计算项后，数据透视表如图 10-96 所示。

步骤⑤ 将添加的计算项指标移动到数据透视表中的相关位置，完成反映企业盈利能力的财务分析，如图 10-97 所示。

	A	B	C
1		值	
2	项　目	2020年同期	2021年实际
33	非货币性资产交换损失(非货币性交易损失)		
34	债务重组损失		
35	四、利润总额	3,266,289	4,336,477
36	减：所得税费用	4,440	2,414
37	加：*#未确认的投资损失		
38	五、净利润	3,261,849	4,334,064
39	减：*少数股东损益		
40	六、归属于母公司所有者的净利润	3,261,849	4,334,064
41	七、每股收益		
42	基本每股收益		
43	稀释每股收益		
44	八、单位从业人员平均人数（人）		
45	营业利润率%	28.42%	36.81%
46	利润率%	27.95%	36.81%
47	净利润率%	27.91%	36.79%

图 10-96　添加计算项后的数据透视表

	A	B	C
1		值	
2	项　目	2020年同期	2021年实际
3	一、营业总收入	11,686,270	11,782,055
4	其中:营业收入	11,686,270	11,782,055
5	其中:主营业务收入	11,685,120	11,738,815
6	其他业务收入	1,150	43,240
7	二、营业总成本	8,364,900	7,445,578
8	其中:营业成本	6,520,407	6,338,727
9	其中:主营业务成本	6,397,422	6,330,102
10	其他业务成本	122,985	8,625
11	营业税金及附加	101,200	12,877
12	销售费用	1,704,370	328,196
13	管理费用		681,239
16	财务费用	38,923	84,539
25	三、营业利润	3,321,370	4,336,477
26	营业利润率%	28.42%	36.81%
27	加：营业外收入	6,660	
32	减：营业外支出	61,740	
36	四、利润总额	3,266,289	4,336,477
37	利润率%	27.95%	36.81%
38	减：所得税费用	4,440	2,414
40	五、净利润	3,261,849	4,334,064
41	净利润率%	27.91%	36.79%
43	六、归属于母公司所有者的净利润	3,261,849	4,334,064

图 10-97　最终完成的数据透视表

➲ IV　隐藏数据透视表计算项为零的行

示例10-23　企业产成品进销存管理

数据透视表添加计算项后，有时会出现很多数值为“0”的数据，如图 10-98 所示，为了使数据透视表更具可读性和易于操作，可以运用Excel的筛选功能将数值为“0”的数据项隐藏。

具体操作步骤请参阅 6.2.9 节，完成后如图 10-99 所示。

	B	C	D	E	F	G
1						
2	求和项:数量		属性			
3	规格型号	机器号	出库单	期初库存	入库单	结存
151	SX-G-128	07102603				0
152	SX-G-128	07112213				0
153	SX-G-128	07121404				0
154	SX-G-128	07121405				0
155	SX-G-128	08013401				0
156	SX-G-128	08030101	6		200	194
157	SX-G-128	08030102	14		18	4
158	SX-G-128	08030103	7		50	43
159	SX-G-128	08030104	26		120	94
160	SX-G-128	08030105	13		120	107
161	SX-G-128	08030301				0
162	SX-G-128	08030303				0
163	SX-G-128	08030304				0
164	SX-G-128	08030305				0
165	SX-G-128	08031101				0
166	SX-G-192	07085408				0
167	SX-G-192	07085410				0
168	SX-G-192	07091205				0
169	SX-G-192	07102603				0
170	SX-G-192	07112213				0
171	SX-G-192	07121404				0

图 10-98　数据透视表中的“0”值计算项

	B	C	D	E	F	G
1						
2	求和项:数量		属性			
3	规格型号	机器号	出库单	期初库存	入库单	结存
22	CCS-192	07085408		1		1
43	CCS-256	07102603	0	1		1
81	MMS-168A4	07121404		1		1
82	MMS-168A4	07121405		1		1
111	SX-D-128	08031101	12		110	98
113	SX-D-192	07085410	23		150	127
133	SX-D-256	07102603	12		39	27
156	SX-G-128	08030101	6		200	194
157	SX-G-128	08030102	14		18	4
158	SX-G-128	08030103	7		50	43
159	SX-G-128	08030104	26		120	94
160	SX-G-128	08030105	13		120	107
173	SX-G-192	08013401	28		100	72
197	SX-G-256	08030301	7		48	41
198	SX-G-256	08030303	6		32	26
199	SX-G-256	08030304	6		23	17
202	总计		227	46	1035	854

图 10-99　隐藏“0”值计算项后的数据透视表

➲ V　在数据透视表中同时使用计算字段和计算项

根据不同的数据分析要求，在数据透视表中，计算字段或计算项既可以单独使用，也可以同时使用。

示例10-24 比较分析费用控制属性的占比和各年差异

图 10-100 所示的数据列表是某公司 2020 年和 2021 年的制造费用明细账，如果希望根据明细账创建数据透视表并同时添加计算字段和计算项，进行制造费用分析并计算出 2020 年与 2021 年发生费用的差额和可控费用与不可控费用分别占费用发生总额的占比，可参照以下步骤。

	A	B	C	D	E	F	G	H	I
1	月	日	凭证号数	科目编码	科目名称	摘要	2020年	2021年	费用属性
476	03	08	记-0007	41050401	出租车费	略	128		可控费用
477	03	16	记-0019	41050401	出租车费	略	34.5		可控费用
478	04	05	记-0007	41050401	出租车费	略	53		可控费用
479	04	07	记-0008	41050401	出租车费	略	159		可控费用
480	04	12	记-0015	41050401	出租车费	略	1213		可控费用
481	04	18	记-0025	41050401	出租车费	略	31		可控费用
482	04	21	记-0030	41050401	出租车费	略	589.3		可控费用
483	04	25	记-0033	41050401	出租车费	略	508.8		可控费用
484	05	10	记-0019	41050401	出租车费	略	79		可控费用
485	05	10	记-0019	41050401	出租车费	略	67		可控费用
486	05	10	记-0019	41050401	出租车费	略	84.3		可控费用
487	05	10	记-0019	41050401	出租车费	略	68		可控费用
488	05	10	记-0020	41050401	出租车费	略	75		可控费用
489	05	15	记-0025	41050401	出租车费	略	97		可控费用
490	06	01	记-0001	41050401	出租车费	略	61		可控费用
491	06	06	记-0006	41050401	出租车费	略	116		可控费用
492	06	08	记-0017	41050401	出租车费	略	229.5		可控费用
493	06	16	记-0028	41050401	出租车费	略	763		可控费用
494	06	22	记-0046	41050401	出租车费	略	95		可控费用
495	07	07	记-0008	41050401	出租车费	略	138.5		可控费用
496	07	13	记-0014	41050401	出租车费	略	97		可控费用
497	07	17	记-0023	41050401	出租车费	略	437.5		可控费用

图 10-100 费用明细账

步骤① 创建如图 10-101 所示的数据透视表。

步骤② 单击数据透视表中的列字段标题单元格（如 C3），调出【插入计算字段】对话框，在【名称】框内输入“差异”，将光标定位到【公式】框中，清除原有的数据“=0”，然后输入“='2021 年-'2020 年”，得到“差异”的计算公式，如图 10-102 所示。

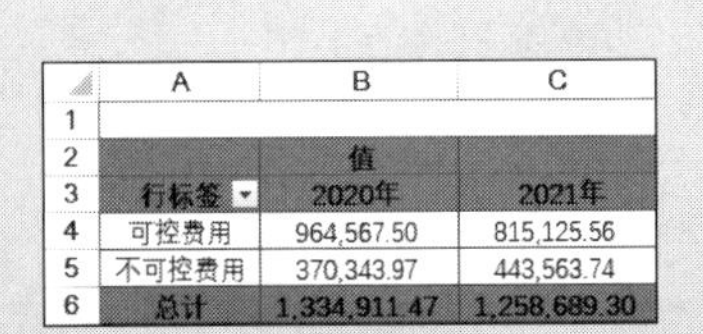

	A	B	C
1			
2		值	
3	行标签	2020年	2021年
4	可控费用	964,567.50	815,125.56
5	不可控费用	370,343.97	443,563.74
6	总计	1,334,911.47	1,258,689.30

图 10-101 创建数据透视表

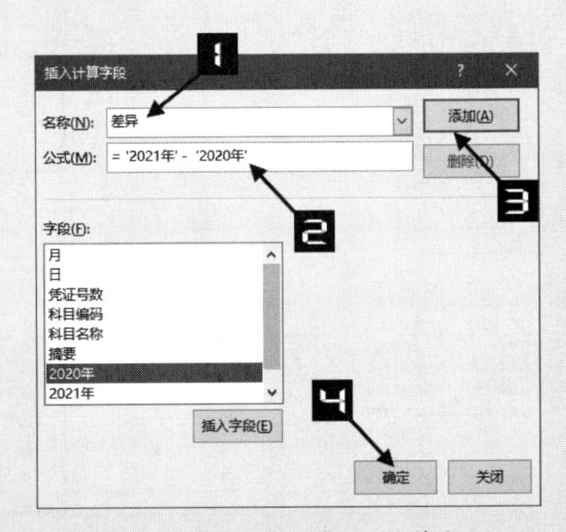

图 10-102 添加“差异”计算字段

步骤③ 单击【添加】按钮，再单击【确定】按钮关闭对话框。此时，数据透视表中已经新增了一个“求和项差异”字段，如图 10-103 所示。

步骤④ 单击数据透视表中“不可控费用”项的单元格（如 A4），在【数据透视表工具】的【分析】选项卡中单击【字段、项目和集】的下拉按钮，在弹出的下拉菜单中选择【计算项】命令，打开

【在“费用属性”中插入计算字段】对话框，如图 10-104 所示。

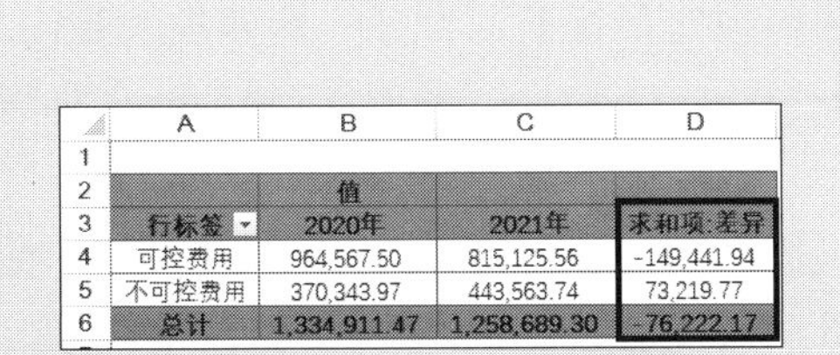

	A	B	C	D
1				
2		值		
3	行标签	2020年	2021年	求和项:差异
4	可控费用	964,567.50	815,125.56	-149,441.94
5	不可控费用	370,343.97	443,563.74	73,219.77
6	总计	1,334,911.47	1,258,689.30	-76,222.17

图 10-103　添加“差异”计算字段后的数据透视表

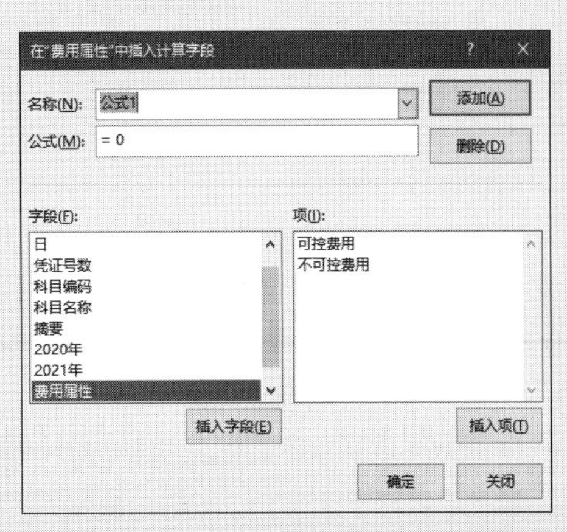

图 10-104　添加“计算项”功能

步骤⑤ 在弹出的【在“费用属性”中插入计算字段】对话框内的【名称】文本框中输入“可控费用占比”，把光标定位到【公式】文本框中，清除原有的数据“=0”，输入“=可控费用/(可控费用+不可控费用)”，得到“可控费用占比”的计算公式。

步骤⑥ 重复步骤 5，依次添加“不可控费用占比=不可控费用/(可控费用+不可控费用)”和“费用总计=可控费用+不可控费用”，如图 10-105 所示。

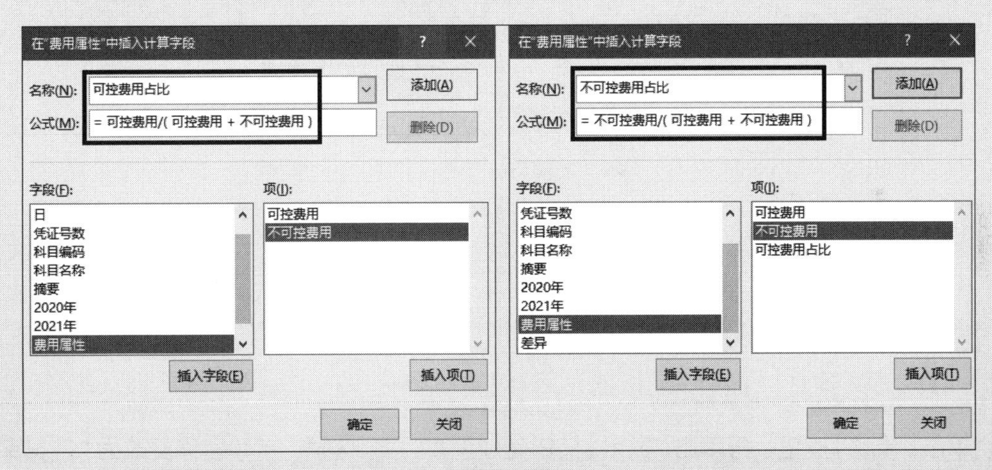

图 10-105　添加可控费用占比与不可控费用占比

步骤⑦ 将添加的计算项指标移动到数据透视表中的相关位置，去掉总计行，完成费用比较分析，如图 10-106 所示。

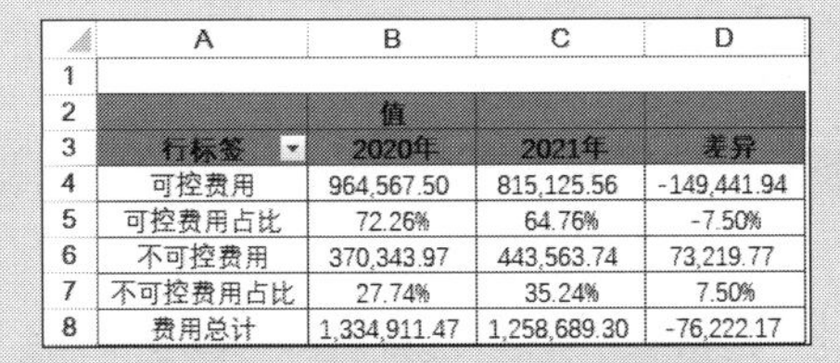

	A	B	C	D
1				
2		值		
3	行标签	2020年	2021年	差异
4	可控费用	964,567.50	815,125.56	-149,441.94
5	可控费用占比	72.26%	64.76%	-7.50%
6	不可控费用	370,343.97	443,563.74	73,219.77
7	不可控费用占比	27.74%	35.24%	7.50%
8	费用总计	1,334,911.47	1,258,689.30	-76,222.17

图 10-106　比较分析费用控制属性占比和各年差异的数据透视表

根据本书前言的提示，可观看“比较分析费用控制属性的占比和各年差异”的视频讲解。

➲ VI 改变数据透视表中的计算项

对于数据透视表中已经添加的计算项，用户还可以进行修改以满足分析要求的变化。以图 10-89 所示的数据透视表为例，如果希望将实际发生额与预算额的“差额”计算项更改为“差额率%”，可参照以下步骤。

步骤① 单击数据透视表中的列字段单元格（如C2），调出【在“费用属性”中插入计算字段】对话框，单击【名称】框的下拉按钮，选择“差异”选项，在【公式】框中将原有公式“=实际发生额-预算额”，修改为“=(实际发生额-预算额)/预算额”，如图 10-107 所示。

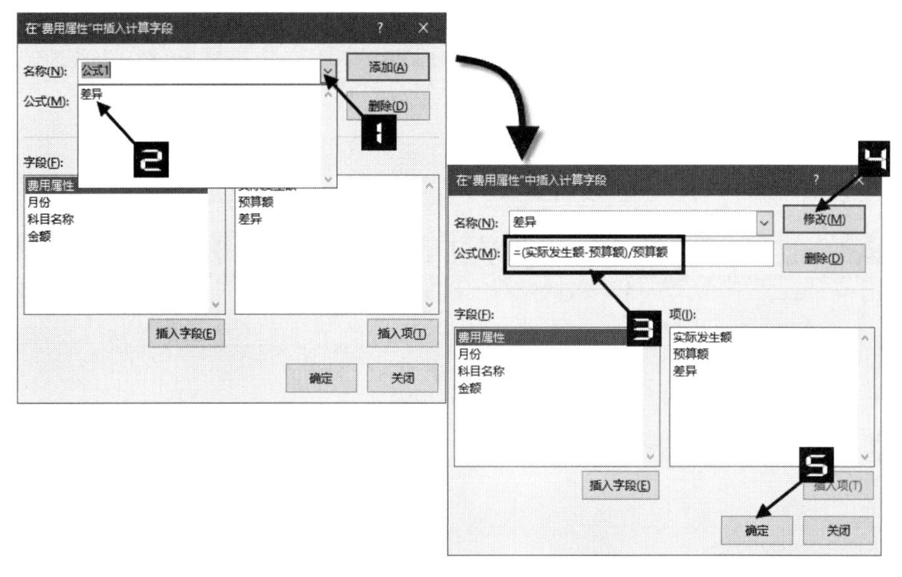

图 10-107 编辑已经插入的计算项

步骤② 单击【修改】按钮，再单击【确定】按钮完成设置，将“差异”字段名称更改为“差异率%”，数据列设置为“百分比”单元格样式，如图 10-108 所示。

	A	B	C	D
1	求和项:金额	列标签		
2	行标签	实际发生额	预算额	差异率%
3	办公用品	27,332.40	26,600.00	2.8%
4	出差费	577,967.80	565,000.00	2.3%
5	固定电话费	10,472.28	10,000.00	4.7%
6	过桥过路费	35,912.50	29,500.00	21.7%
7	计算机耗材	3,830.37	4,300.00	-10.9%
8	交通工具消耗	61,133.44	55,000.00	11.2%
9	手机电话费	66,294.02	60,000.00	10.5%
10	总计	782,942.81	750,400.00	42.2%

图 10-108 修改计算项后的数据透视表

➲ VII　删除数据透视表中的计算项

对于数据透视表中已经创建的计算项，如果不再有分析价值，用户可以将计算项删除。仍以图 10-89 所示的数据透视表为例，要删除“差异”计算项，可参照以下步骤。

单击数据透视表中列字段的单元格（如 C2），调出【在“费用属性”中插入计算字段】对话框，单击【名称】框的下拉按钮，选择“差异”选项，单击【删除】按钮，再单击【确定】按钮完成设置，如图 10-109 所示。

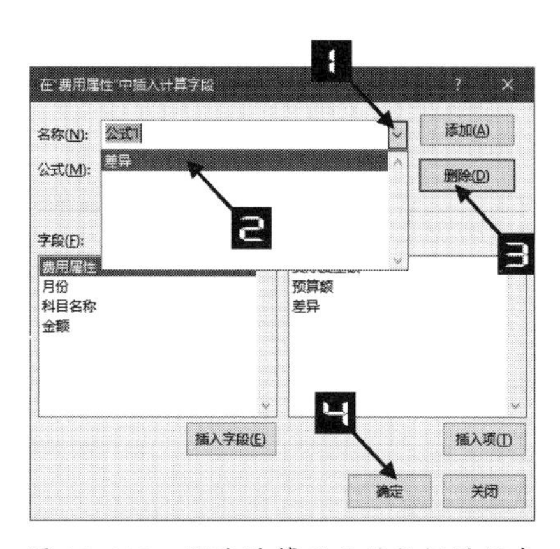

图 10-109　删除计算项后的数据透视表

10.5.6　改变计算项的求解次序

如果数据透视表中存在两个或两个以上的计算项，并且不同计算项的公式中存在相互引用，各个计算项的计算顺序会带来不同的计算结果，为了满足不同的数据分析要求，可以通过数据透视表工具栏中的“求解次序”选项来改变各个计算项的计算次序。

示例10-25　部门联赛PK升降级

图 10-110 展示了某公司各部门之间举办联赛 3 局的成绩表及根据成绩表创建的升降级数据透视表，得分依据为：胜利得 3 分、平局得 1 分、失败不得分。下面举例说明改变“求解次序”将会影响到计算结果。

	A	B	C	D
1	部门	第1局	第2局	第3局
2	财务部	胜利	胜利	胜利
3	企划部	平局	胜利	失败
4	招商部	胜利	失败	失败
5	咨讯部	失败	失败	胜利
6	电子商务部	胜利	失败	胜利
7	营运部	平局	胜利	平局
8	商品部	平局	胜利	平局
9	研发部	平局	胜利	平局
10	拓展部	胜利	平局	胜利
11	办公室	胜利	失败	平局
12	人资部	胜利	失败	平局
13	市场部	胜利	平局	平局

	A	B	C	D	E	F
1			局次			
2	部门	胜负	第1局	第2局	第3局	得分
3	财务部	胜利	1	1	1	9
4	财务部	平局				0
5	财务部	失败				0
6	财务部	综合评价				9
7	**财务部 总体评价**					晋级
8	电子商务部	胜利	1		1	6
9	电子商务部	平局				0
10	电子商务部	失败		1		0
11	电子商务部	综合评价				6
12	**电子商务部 总体评价**					晋级
13	拓展部	胜利	1		1	6
14	拓展部	平局		1		1
15	拓展部	失败				0
16	拓展部	综合评价				7
17	**拓展部 总体评价**					晋级

图 10-110　某公司部门间联赛成绩表

步骤① 单击数据透视表内的任意单元格（如A3），依次单击【数据透视表分析】→【字段、项目和集】→【求解次序】命令，打开【计算项求解顺序】对话框，如图 10-111 所示。

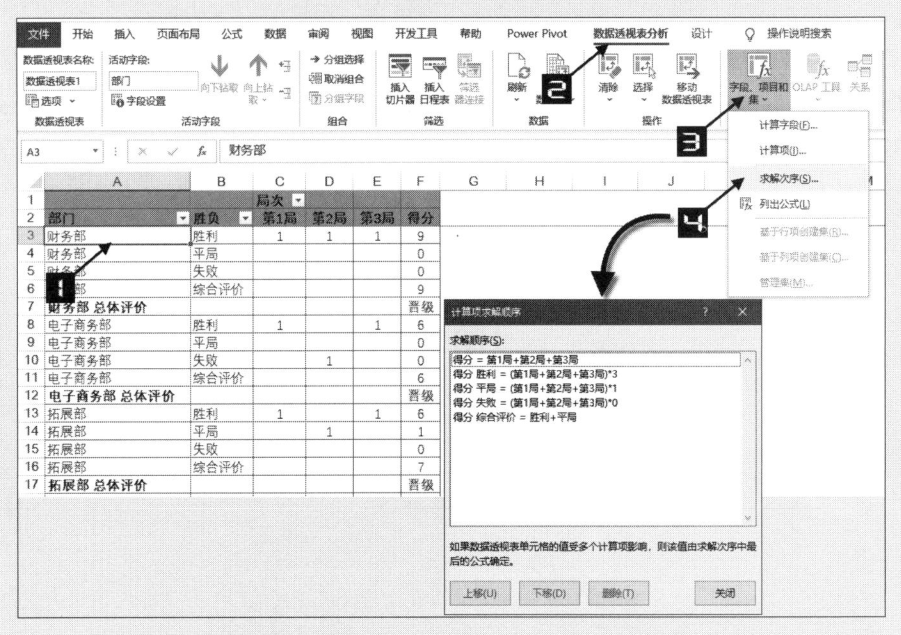

图 10-111 数据透视表的【求解次序】选项

步骤② 在【计算求解顺序】对话框中选中“得分 胜利=(第 1 局+第 2 局+第 3 局)*3”计算项，单击【上移】按钮，再单击【关闭】按钮完成求解次序的调整，数据透视表中的计算结果也相应地发生了改变，如图 10-112 所示。

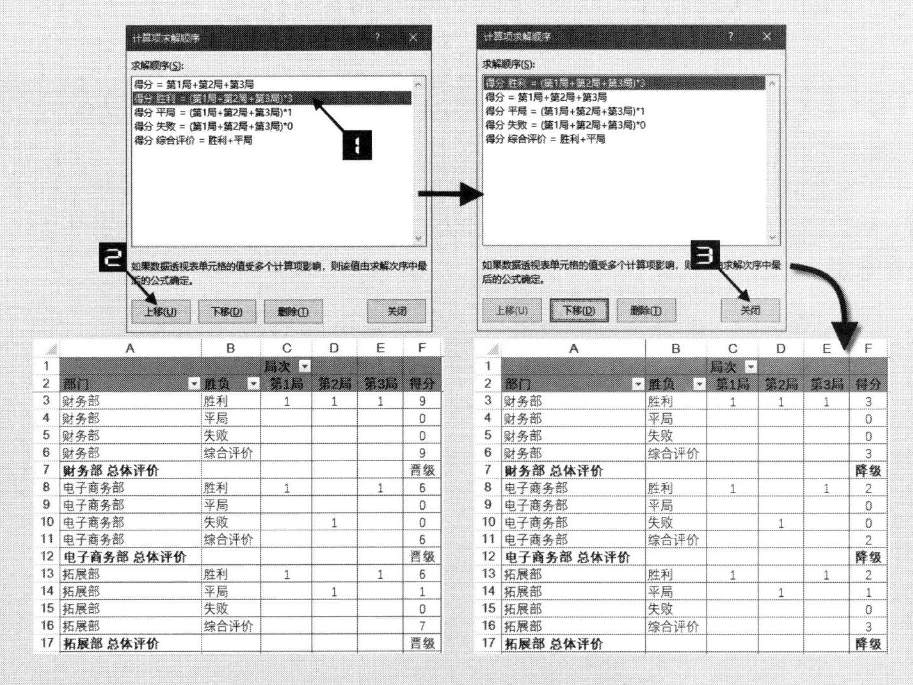

图 10-112 移动求解次序将会影响计算结果

用户在确定了正在处理的计算项后，可以通过对话框中的【上移】或【下移】按钮改变计算项的求解次序，也可以单击【删除】按钮将该计算项删除。

10.5.7　列示数据透视表计算字段和计算项的公式

在数据透视表中添加完成的计算字段和计算项公式还可以通过报表的形式反映出来，以图 10-110 所示的数据透视表为例。

单击数据透视表内的任意单元格（如 F3），在【数据透视表分析】选项卡中单击【字段、项目和集】的下拉按钮，然后在弹出的下拉菜单中选择【列出公式】命令，Excel 会自动生成一张新的工作表，列出在数据透视表中添加的所有计算字段和计算项的公式，如图 10-113 所示。

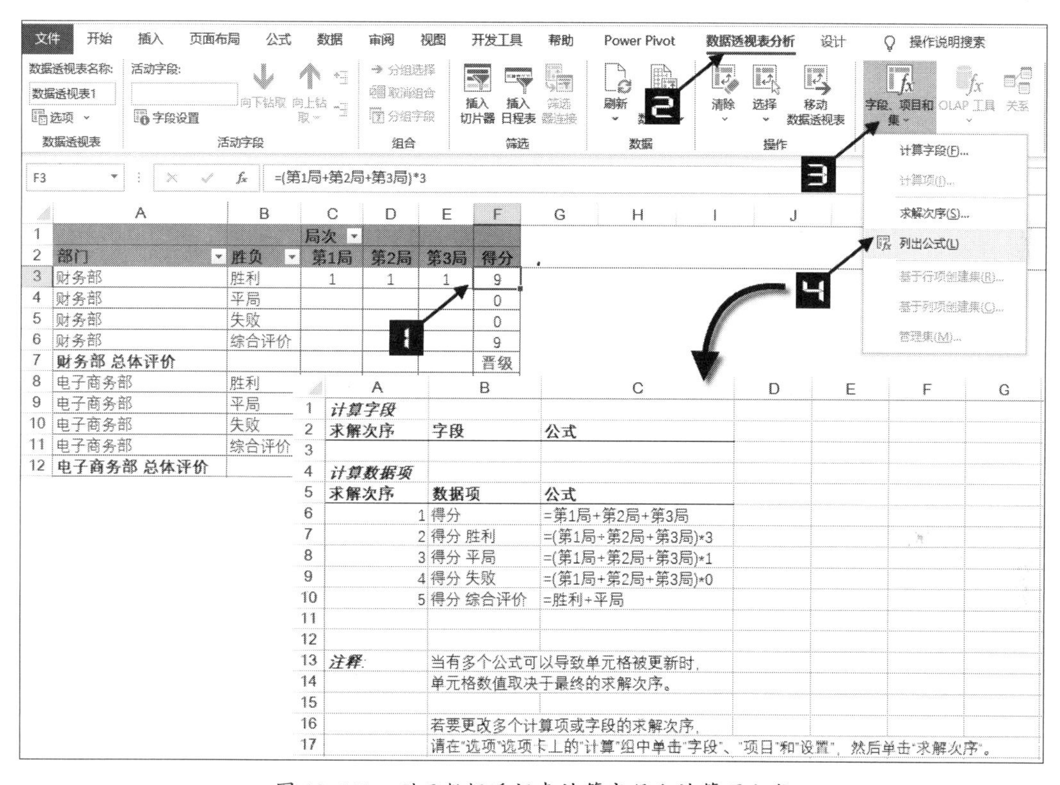

图 10-113　列示数据透视表计算字段和计算项公式

10.5.8　运用 OLAP 工具将数据透视表转换为公式

众所周知，创建完成的数据透视表中是不允许插入行列数据的，通过添加计算字段和计算项可以插入指定计算的数据，但是还是不够灵活，运用 OLAP 工具将数据透视表转换为公式可以灵活地解决这方面的问题。

示例10-26　利用CUBE多维数据集函数添加行列占比

步骤① 选中模型数据透视表中的任意一个单元格（如 A6），在【数据透视表分析】选项卡中依次单击【OLAP工具】→【转换为公式】命令，将数据透视表转换为多维数据集公式，如图 10-114 所示。

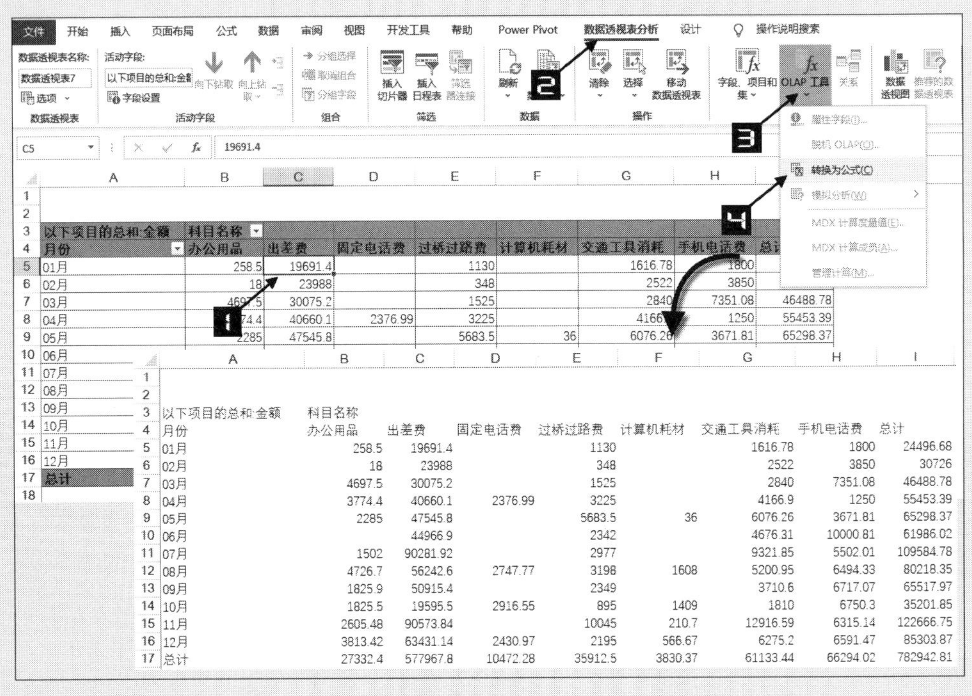

	A	B	C	D	E	F	G	H	I
1									
2									
3	以下项目的总和:金额	科目名称							
4	月份	办公用品	出差费	固定电话费	过桥过路费	计算机耗材	交通工具消耗	手机电话费	总计
5	01月	258.5	19691.4		1130		1616.78	1800	24496.68
6	02月	18	23988		348		2522	3850	30726
7	03月	4697.5	30075.2		1525		2840	7351.08	46488.78
8	04月	3774.4	40660.1	2376.99	3225		4166.9	1250	55453.39
9	05月	2285	47545.8		5683.5	36	6076.26	3671.81	65298.37
10	06月		44966.9		2342		4676.31	10000.81	61986.02
11	07月	1502	90281.92		2977		9321.85	5502.01	109584.78
12	08月	4726.7	56242.6	2747.77	3198	1608	5200.95	6494.33	80218.35
13	09月	1825.9	50915.4		2349		3710.6	6717.07	65517.97
14	10月	1825.5	19595.5	2916.55	895	1409	1810	6750.3	35201.85
15	11月	2605.48	90573.84		10045	210.7	12916.59	6315.14	122666.75
16	12月	3813.42	63431.14	2430.97	2195	566.67	6275.2	6591.47	85303.87
17	总计	27332.4	577967.8	10472.28	35912.5	3830.37	61133.44	66294.02	782942.81

图 10-114　将数据透视表转换为多维数据集公式

转换为公式后，数据值转换为 CUBEVALUE 函数，行列标签转换为 CUBEMEMBER 函数，如图 10-115 所示。

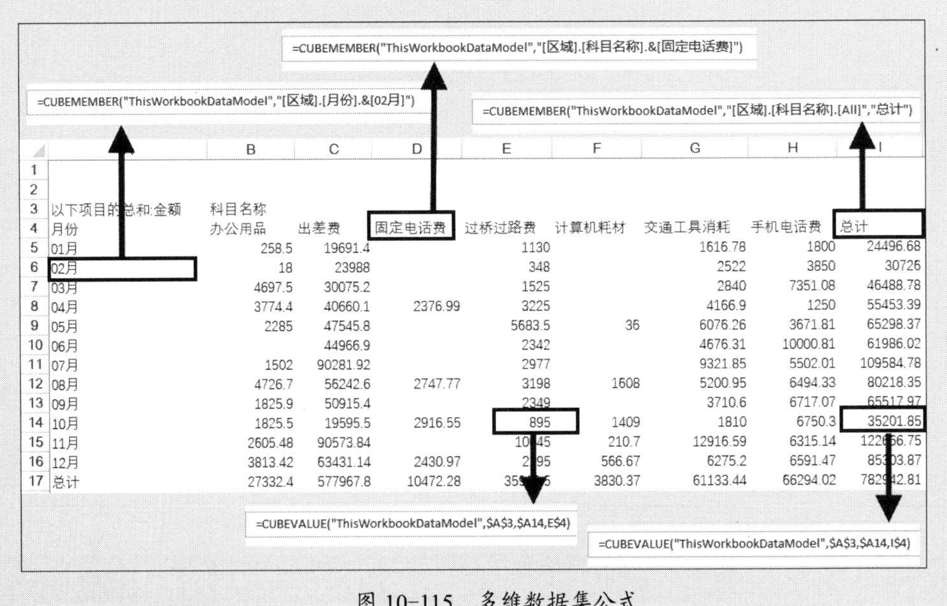

图 10-115　多维数据集公式

数据值公式：

```
=CUBEVALUE("ThisWorkbookDataModel",$A$3,$A14,E$4)
```

行列标签公式：

```
=CUBEMEMBER("ThisWorkbookDataModel","[区域].[月份].&[03月]")
```

总计标签公式：

```
=CUBEMEMBER("ThisWorkbookDataModel","[区域].[科目名称].[All]","总计")
```

步骤② 转换为公式后，用户就可以根据需求随意添加辅助呈现数据，这是普通数据透视表无法做到的。

在多维数据集公式表中的D列插入辅助列，命名为“出差费占比%”，在D5单元格中输入公式“=C5/J5”，向下填充至D17单元格，并将数据设置为百分比单元格格式，如图10-116所示。

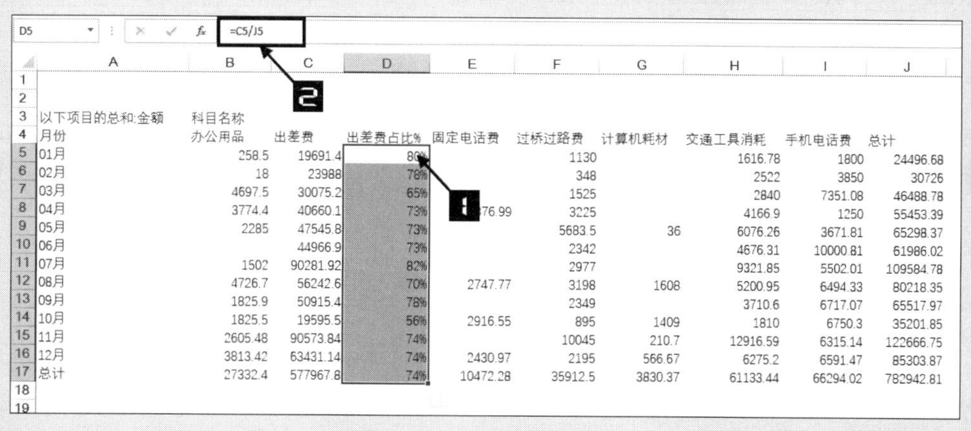

D5　=C5/J5

	A	B	C	D	E	F	G	H	I	J
1										
2										
3	以下项目的总和:金额	科目名称								
4	月份	办公用品	出差费	出差费占比%	固定电话费	过桥过路费	计算机耗材	交通工具消耗	手机电话费	总计
5	01月	258.5	19691.4	80%		1130		1616.78	1800	24496.68
6	02月	18	23988	78%		348		2522	3850	30726
7	03月	4697.5	30075.2	65%		1525		2840	7351.08	46488.78
8	04月	3774.4	40660.1	73%	[illegible]76.99	3225		4166.9	1250	55453.39
9	05月	2285	47545.8	73%		5683.5	36	6076.26	3671.81	65298.37
10	06月		44966.9	73%		2342		4676.31	10000.81	61986.02
11	07月	1502	90281.92	82%		2977		9321.85	5502.01	109584.78
12	08月	4726.7	56242.6	70%	2747.77	3198	1608	5200.95	6494.33	80218.35
13	09月	1825.9	50915.4	78%		2349		3710.6	6717.07	65517.97
14	10月	1825.5	19595.5	56%	2916.55	895	1409	1810	6750.3	35201.85
15	11月	2605.48	90573.84	74%		10045	210.7	12916.59	6315.14	122666.75
16	12月	3813.42	63431.14	74%	2430.97	2195	566.67	6275.2	6591.47	85303.87
17	总计	27332.4	577967.8	74%	10472.28	35912.5	3830.37	61133.44	66294.02	782942.81
18										
19										

图 10-116　插入占比辅助列

步骤③ 参照步骤2插入“上半年占比%”和“下半年占比%”辅助行，如图10-117所示。

	A	B	C	D	E	F	G	H	I	J
1										
2										
3	以下项目的总和:金额	科目名称								
4	月份	办公用品	出差费	出差费占比%	固定电话费	过桥过路费	计算机耗材	交通工具消耗	手机电话费	总计
5	01月	258.5	19691.4	80%		1130		1616.78	1800	24496.68
6	02月	18	23988	78%		348		2522	3850	30726
7	03月	4697.5	30075.2	65%		1525		2840	7351.08	46488.78
8	04月	3774.4	40660.1	73%	2376.99	3225		4166.9	1250	55453.39
9	05月	2285	47545.8	73%		5683.5	36	6076.26	3671.81	65298.37
10	06月		44966.9	73%		2342		4676.31	10000.81	61986.02
11	上半年占比%	40%	36%	599%	23%	40%	1%	36%	42%	36%
12	07月	1502	90281.92	82%		2977		9321.85	5502.01	109584.78
13	08月	4726.7	56242.6	70%	2747.77	3198	1608	5200.95	6494.33	80218.35
14	09月	1825.9	50915.4	78%		2349		3710.6	6717.07	65517.97
15	10月	1825.5	19595.5	56%	2916.55	895	1409	1810	6750.3	35201.85
16	11月	2605.48	90573.84	74%		10045	210.7	12916.59	6315.14	122666.75
17	12月	3813.42	63431.14	74%	2430.97	2195	566.67	6275.2	6591.47	85303.87
18	下半年占比%	60%	64%	588%	77%	60%	99%	64%	58%	64%
19	总计	27332.4	577967.8	74%	10472.28	35912.5	3830.37	61133.44	66294.02	782942.81

图 10-117　插入占比辅助行

上半年占比%（B11）公式如下：

```
=SUM(B5:B10)/B19
```

下半年占比%（B18）公式如下：

```
=SUM(B12:B17)/B19
```

步骤④ 修改D11及D18单元格公式，并对表格进行美化，如图10-118所示。

	A	B	C	D	E	F	G	H	I	J
1										
2										
3	以下项目的总和:金额	科目名称								
4	月份	办公用品	出差费	出差费占比%	固定电话费	过桥过路费	计算机耗材	交通工具消耗	手机电话费	总计
5	01月	258.5	19691.4	80%		1130		1616.78	1800	24496.68
6	02月	18	23988	78%		348		2522	3850	30726
7	03月	4697.5	30075.2	65%		1525		2840	7351.08	46488.78
8	04月	3774.4	40660.1	73%	2376.99	3225		4166.9	1250	55453.39
9	05月	2285	47545.8	73%		5683.5	36	6076.26	3671.81	65298.37
10	06月		44966.9	73%		2342		4676.31	10000.81	61986.02
11	上半年占比%	40%	36%	73%	23%	40%	1%	36%	42%	36%
12	07月	1502	90281.92	82%		2977		9321.85	5502.01	109584.78
13	08月	4726.7	56242.6	70%	2747.77	3198	1608	5200.95	6494.33	80218.35
14	09月	1825.9	50915.4	78%		2349		3710.6	6717.07	65517.97
15	10月	1825.5	19595.5	56%	2916.55	895	1409	1810	6750.3	35201.85
16	11月	2605.48	90573.84	74%		10045	210.7	12916.59	6315.14	122666.75
17	12月	3813.42	63431.14	74%	2430.97	2195	566.67	6275.2	6591.47	85303.87
18	下半年占比%	60%	64%	74%	77%	60%	99%	64%	58%	64%
19	总计	27332.4	577967.8	74%	10472.28	35912.5	3830.37	61133.44	66294.02	782942.81

图10-118 美化后的数据透视表

D11单元格公式如下：

```
=SUM(C5:C10)/SUM(J5:J10)
```

D18单元格公式如下：

```
=SUM(C12:C17)/SUM(J12:J17)
```

10.6 数据透视表函数应用

利用数据透视表GetPivotData函数可以灵活地对数据透视表进行数据读取，在进行模板搭建时可以起到一个桥梁的作用，通过对GetPivotData函数的使用方法和运用技巧的学习，可以设计出效率更高、更具个性化的报表。

数据透视表函数是为了获取数据透视表中的各种计算数据而设计的，最早出现在Excel 2000版本中，该函数的语法结构在Excel 2003版本中得到了进一步的改进和完善，一直沿用至今。

10.6.1 快速生成数据透视表函数公式

数据透视表函数的语法形式较多，参数也比较多，用户在使用上可能会遇到一定的困难。好在Excel提供了快速生成数据透视表函数公式的方法，用户可以利用Excel提供的工具，快速生成数据透视表函数公式，很方便地获取到数据透视表中相应的数据，具体操作步骤如下。

步骤① 选中数据透视表中的任意一个单元格（如B4），在【数据透视表分析】选项卡中单击【数据透视表】组中的【选项】下拉按钮。

步骤② 在【选项】下拉列表中，选择【生成GetPivotData】命令，打开自动生成透视表函数公式开关。此时，当用户引用数据透视表中“值”区域中的数据时，Excel就会自动生成数据透视表函数，如图 10-119 所示。

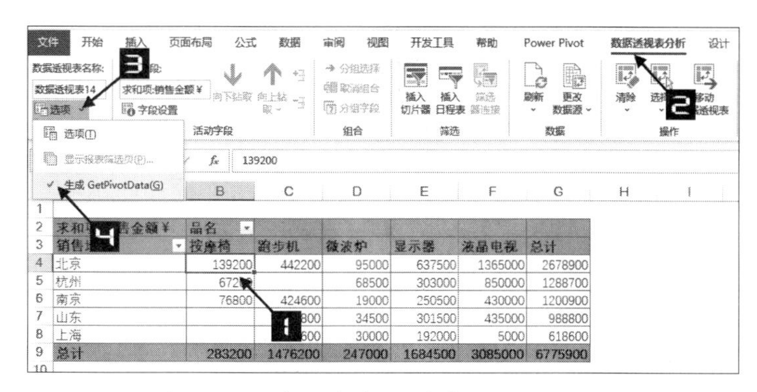

图 10-119　打开或关闭【生成 GetPivotData】

如果用户取消【生成GetPivotData】，在引用数据透视表“值”区域中的数据时，只能得到一个单元格引用。

注意　默认情况下，【生成GetPivotData】是选中状态。

此外，用户还可以通过重新设置Excel文档默认的设置来打开或关闭【生成GetPivotData】开关，具体操作步骤如下。

步骤① 单击【文件】→【选项】命令，打开【Excel选项】对话框。

步骤② 在【Excel选项】对话框中切换到【公式】选项卡，在右侧【使用公式】下选中或取消选中【使用GetPivotData函数获取数据透视表引用】复选框，即可打开或关闭【生成GetPivotData】开关，单击【确定】按钮关闭对话框，如图 10-120 所示。

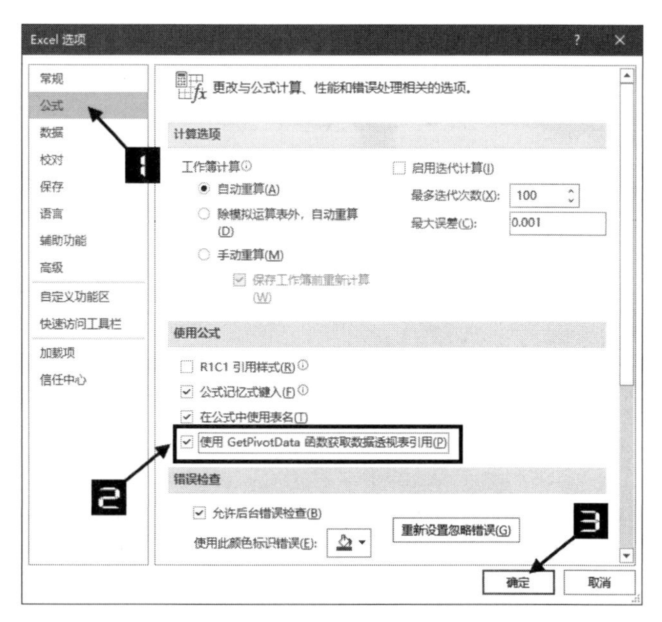

图 10-120　【使用 GetPivotData 函数获取数据透视表引用】复选框

10.6.2 从多个数据透视表中获取数据

当计算涉及多个分别创建在不同工作表中的数据透视表时，数据透视表函数还可以从多个数据透视表中同时获取数据进行计算。

示例10-27 从多个数据透视表中获取数据

图 10-121 所示为某公司 2021 年 1~3 月投资到期明细表，每个月包含了一张到期明细表及依据各月到期明细表创建的数据透视表。

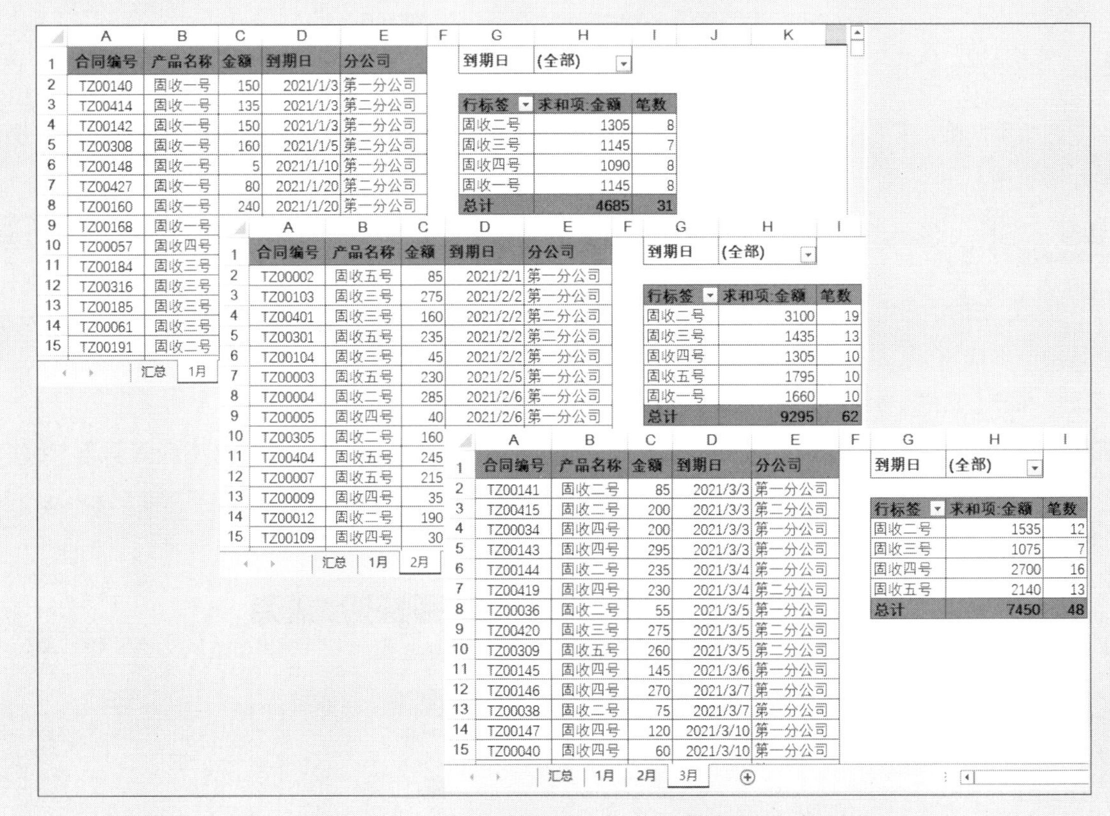

合同编号	产品名称	金额	到期日	分公司
TZ00140	固收一号	150	2021/1/3	第一分公司
TZ00414	固收一号	135	2021/1/3	第二分公司
TZ00142	固收一号	150	2021/1/3	第一分公司
TZ00308	固收一号	160	2021/1/5	第二分公司
TZ00148	固收一号	5	2021/1/10	第一分公司
TZ00427	固收一号	80	2021/1/20	第二分公司
TZ00160	固收一号	240	2021/1/20	第一分公司
TZ00168	固收一号			
TZ00057	固收四号			
TZ00184	固收三号			
TZ00316	固收三号			
TZ00185	固收三号			
TZ00061	固收三号			
TZ00191	固收二号			

到期日 (全部)

行标签	求和项:金额	笔数
固收二号	1305	8
固收三号	1145	7
固收四号	1090	8
固收一号	1145	8
总计	4685	31

合同编号	产品名称	金额	到期日	分公司
TZ00002	固收五号	85	2021/2/1	第一分公司
TZ00103	固收三号	275	2021/2/2	第一分公司
TZ00401	固收三号	160	2021/2/2	第二分公司
TZ00301	固收五号	235	2021/2/2	第二分公司
TZ00104	固收三号	45	2021/2/2	第一分公司
TZ00003	固收五号	230	2021/2/5	第一分公司
TZ00004	固收二号	285	2021/2/6	第一分公司
TZ00005	固收四号	40	2021/2/6	第一分公司
TZ00305	固收二号	160		
TZ00404	固收五号	245		
TZ00007	固收五号	215		
TZ00009	固收四号	35		
TZ00012	固收二号	190		
TZ00109	固收四号	30		

到期日 (全部)

行标签	求和项:金额	笔数
固收二号	3100	19
固收三号	1435	13
固收四号	1305	10
固收五号	1795	10
固收一号	1660	10
总计	9295	62

合同编号	产品名称	金额	到期日	分公司
TZ00141	固收二号	85	2021/3/3	第一分公司
TZ00415	固收二号	200	2021/3/3	第二分公司
TZ00034	固收四号	200	2021/3/3	第一分公司
TZ00143	固收四号	295	2021/3/3	第一分公司
TZ00144	固收二号	235	2021/3/4	第一分公司
TZ00419	固收四号	230	2021/3/4	第二分公司
TZ00036	固收二号	55	2021/3/5	第一分公司
TZ00420	固收三号	275	2021/3/5	第二分公司
TZ00309	固收五号	260	2021/3/5	第二分公司
TZ00145	固收四号	145	2021/3/6	第一分公司
TZ00146	固收四号	270	2021/3/7	第一分公司
TZ00038	固收二号	75	2021/3/7	第一分公司
TZ00147	固收四号	120	2021/3/10	第一分公司
TZ00040	固收四号	60	2021/3/10	第一分公司

到期日 (全部)

行标签	求和项:金额	笔数
固收二号	1535	12
固收三号	1075	7
固收四号	2700	16
固收五号	2140	13
总计	7450	48

汇总 1月 2月 3月

图 10-121 某公司 2021 年 1~3 月投资到期明细表

现需要在“汇总”工作表中动态地反映 1~3 月各月每个产品的到期金额、笔数的本月数及累计，完成如图 10-122 所示的到期汇总统计表。

到期汇总统计表

2021年1月

	笔数		金额	
产品	本月数	累计数	本月数	累计数
固收一号	8	8	1145	1145
固收二号	8	8	1305	1305
固收三号	7	7	1145	1145
固收四号	8	8	1090	1090
固收五号	0	0	0	0
总计	31	31	4685	4685

图 10-122 到期汇总统计表

由于要汇总的数据分别位于“1 月”“2 月”和“3 月”3 个工作表的不同数据透视表中，计算累计数就要求对多个数据透视表进行数据引用并计算汇总，具体操作如下。

步骤① 在B5 单元格输入如下公式，并将公式复制填充到B9 单元格，对A2 单元格进行日期选择，计算出各产品的本月数量。

```
=IFERROR(GETPIVOTDATA($B$3&"",INDIRECT(MONTH($A$2)&"月!G3"),"产品名称",$A5),0)
```

步骤② 在C5 单元格输入如下公式，并将公式复制填充到C9 单元格，用于计算各产品 2021 年 1 月到A2 单元格显示月份的累计到期笔数。

```
=SUM(IFERROR(GETPIVOTDATA($B$3&"",INDIRECT(ROW(INDIRECT("1:"&MONTH($A$2)))&"月!G3"),"产品名称",$A5),0))
```

思路分析如下。

（1）使用GETPIVOTDATA 函数计算累计数。

```
=GETPIVOTDATAISBS3SI,INDIRECTIROW(INDIRECTINI:LSMONTH(SAS2II月!G39),*
产品名称',SA5)
```

该公式的关键在于函数的第 2 个参数，这一参数用于指明引用哪个数据透视表，可以是单元格引用，也可以是数组。本例中，该参数根据 A2 单元格所选日期，使用了多个函数计算得到一个动态数组，其中

```
=ROW(INDIRECT('1:'SMONTH(SAS2)))
```

该公式动态形成一个数组，计算结果为{1;2;3}。

```
=ROW(INDIRECT('1:GMONTH(SAS2)))6'月!G3
```

用于分别引用“1 月”“2 月”“3 月”工作表中的 3 个数据透视表的G3 单元格，用以分别指定 3 个数据透视表，计算结果为{“1 月!G3”:"2 月!G3":"3 月! G3"}，最后用 INDIRECT 函数指定具体的引用值。

GETPIVOTDATA 函数计算结果为{8;19;12}，分别为 1 月、2 月和 3 月各产品到期笔数的月合计数。

（2）使用 IFERROR 函数去除计算过程中的错误值，再用 SUM 函数求和。

由于每月到期产品品种不同，有的月份会出现无产品到期的情况，这会导致 GETPIVOTDATA 函数取值出错，所以需要用IFERROR 函数进行排错，即当出现错误值时，取 0 值，最后用 SUM 函数求和。

注意

该公式为数组公式，需要按【Ctrl+Shift+Enter】组合键来结束输入。

步骤③ “金额”的计算公式及思路与“笔数”类似，只需要将 GETPIVOTDATA 函数的第一个参数引用的 B3 单元格值“笔数”改为 D3 单元格的值“金额”即可。

D5 单元格中的公式如下：

```
=IFERROR(GETPIVOTDATA(SDS3SN, INDIRECTIMONTH(SAS2)6* 月 1G3), : 产品名称 1,
SA51, 0)
```

E5 单元格中的公式如下：

```
=SUM(IFERRORIGETPIVOTDATA(SDS3EIINDIRECTIROW(INDIRECTC1:IAMONTH(
5A62)))。1 月 1G3, , 产品名称, , 5A51, 0))
```

10.6.3 应用数据透视表函数根据关键字汇总

数据透视表函数不能直接使用关键字作为参数，但利用其参数支持内存数组的特性，可以实现根据关键字检索数据透视表的目的。

示例10-28 应用数据透视表函数根据关键字汇总

	A	B
1	会计科目	求和项:金额
2	财务费用/利息支出	387049.82
3	财务费用/银行手续费	22729.75
4	管理费用/办公费	135345.85
5	管理费用/差旅费	7780.5
6	管理费用/车辆费	130631.8
7	管理费用/服务费	16138.1
8	管理费用/福利费	4356
9	管理费用/广告费	1405
10	管理费用/会务费	91760
11	管理费用/检测费	10073
12	管理费用/交通费	4845
13	管理费用/劳务费	250478.54
14	管理费用/培训费	6120
15	管理费用/其他费用	4204

图 10-123 费用汇总数据透视表

图 10-123 所示为根据数据源创建的费用汇总数据透视表。现要求使用数据透视表函数直接计算出“营业费用”“管理费用”和“财务费用”3 个总账科目的合计金额。

问题分析：数据透视表中的会计科目是由总账科目和明细科目组合而成的，常规的做法是在数据透视表的数据源中添加辅助列，将总账科目与明细科目分开后，再创建数据透视表，或者通过手动分组的方法，根据总账科目重新进行分组。

而数据透视表函数与其他函数组合使用，可以在对数据源和数据透视表都不进行任何变动的情况下，方便地计算出结果。

在 E2 单元格中输入如下数组公式，并按【Ctrl+Shift+Enter】组合键结束输入，再将公式复制并填充至 E4 单元格。

```
=SUM(IFERROR(GETPIVOTDATA( 金额 T, SAS1,SAS1,IF(FIND(SD2,SAS2:SAS40),
SAS2:SAS40)),0))
```

该公式使用了 GETPIVOTDATA 函数，函数的第 4 个参数使用了 FIND 函数在 A2:A40 单元格区域查找“费用科目”中 D2 单元格的关键字，再用 IF 函数将查找结果转为由具体会计科目及错误值组成的数组，计算结果如下：

```
{#VALUE!;#VALUE!;#VALUE!;#VALUE!;#VALUE!;#VALUE!;#VALUE!;#VALUE!;#VALUE!
;#VALUE!;#VALUE!;#VALUE!;#VALUE!;#VALUE!;#VALUE!;#VALUE!;#VALUE!;#VALUE!;#V
ALUE!;#VALUE!;#VALUE!;#VALUE!;#VALUE!;#VALUE!;#VALUE!;" 营业费用 / 安全评价费 ";"
营业费用 / 仓储费 ";" 营业费用 / 港务费 ";" 营业费用 / 宣传费 ";" 营业费用 / 运杂费 ";" 营业费
用 / 租赁费 ";#VALUE!;#VALUE!;#VALUE!;#VALUE!;#VALUE!;#VALUE!;#VALUE!;#VALUE!}
```

> 在用 FIND 函数查找关键字时，所引用的区域的行数应该大于等于数据透视表的区域行数，否则将会遗漏数据，造成计算结果不正确。

GETPIVOTDATA 函数根据这一参数计算的结果，进一步计算得到各种费用项目的金额，费用项目为错误值时，数据透视表函数返回相应的错误值，计算结果如下。

```
(#REF!:#REF!;#REF!:#REF!:#REF!;#REF!;#REF!;#REF!;#REF!;#REF!;#REF!;
#REF!:#REF!;#REF!;#REF!;#REF!:#REF!;#REF!;#REF!;#REF!;#REF!;#REF!;#REF!
;#REF!;#REF!:18000;265629.82;8361.5;5757;321873.47;15000;#REF!;#REF!;#R
EF!:#REF!:#REF!;#REF!;#REF!;#REF!)
```

再用 IFERROR 函数去除错误值，最后用 SUM 函数求和计算出合计金额，计算结果如图 10-124 所示。

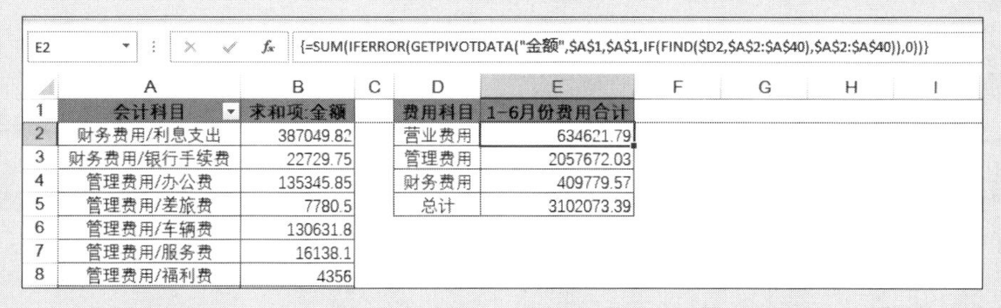

E2　{=SUM(IFERROR(GETPIVOTDATA("金额",$A$1,$A$1,IF(FIND($D2,$A$2:$A$40),$A$2:$A$40)),0))}

	A	B	C	D	E
1	会计科目	求和项:金额		费用科目	1-6月份费用合计
2	财务费用/利息支出	387049.82		营业费用	634621.79
3	财务费用/银行手续费	22729.75		管理费用	2057672.03
4	管理费用/办公费	135345.85		财务费用	409779.57
5	管理费用/差旅费	7780.5		总计	3102073.39
6	管理费用/车辆费	130631.8			
7	管理费用/服务费	16138.1			
8	管理费用/福利费	4356			

图 10-124　最后计算得到的各项费用总账科目的结果

第 11 章　利用多样的数据源创建数据透视表

用于创建数据透视表的原始数据统称为数据源，虽然Excel工作表是最常用、最便捷的一种数据源，但随着大数据、云计算、线上业务的兴起，Excel数据源很难满足当下数据分析的需求。因此，数据透视表必须要应用于多样的数据源场景。

本章学习要点

（1）使用文本数据源创建数据透视表。

（2）使用Microsoft Access数据库创建数据透视表。

（3）使用数据库创建数据透视表。

（4）使用Analysis Services OLAP数据库创建数据透视表。

（5）使用OData数据馈送创建数据透视表。

（6）使用Microsoft Query和导入外部数据创建透视表。

（7）运用SQL查询技术创建数据透视表。

11.1　使用文本数据源创建数据透视表

企业管理软件或业务系统所导出的数据文件类型通常是文本格式（*.TXT或*.CSV），利用Excel数据透视表功能进行数据分析时，常规方法是将数据先导入Excel工作表中，然后再创建数据透视表。其实Excel数据透视表完全支持文本文件作为可动态更新的外部数据源。

在实际工作中，基础数据可能被保存在多个文件中，例如业务部门会按自然月保存相关业务数据。如果需要对这些数据进行汇总统计，通过【数据】选项卡的【获取数据】→【自文件】→【从文本/CSV】可以逐个导入文件，但是如果文件数量比较多，例如分析过去5年的历史数据，则需要逐个导入60个文件（5×12月/年），这将耗费大量的时间。使用Excel提供的从文件夹批量导入多个文件功能，便可以轻松地解决这个难题。

示例11-1　自动汇总多个文本文件创建数据透视表

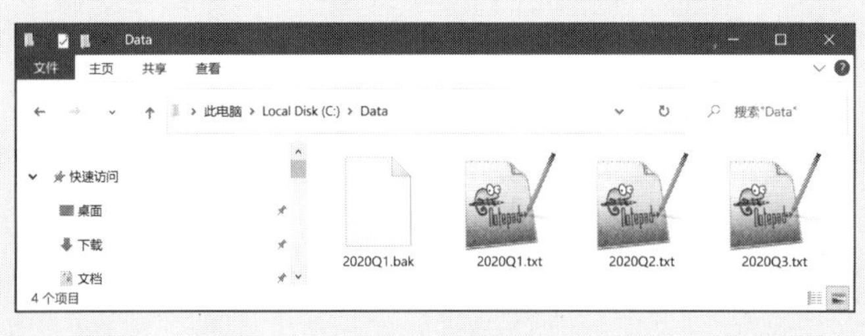

图 11-1　C:\Data 目录中的数据文件

在C:\Data目录中有4个数据文件，如图11-1所示。

“2020Q1.txt”“2020Q2.txt”和“2020Q3.txt”分别为2020年前3个季度的部门费用数据，现在需要将这3个文件导入Excel中进行汇总统计。“2020Q1.bak”为备份数据文件，其数据无须汇总统计到Excel中（仅用于演示如何在【Power Query编辑器】窗口中筛选数据文件）。

指定目录中4个数据文件的内容，如图11-2所示，部门列为“其他”的数据不参与汇总统计。

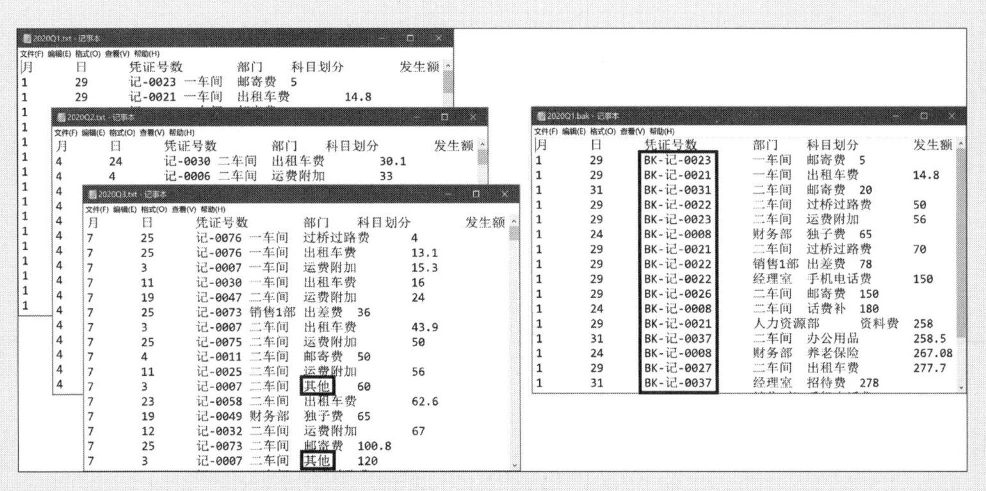

图 11-2　数据文件内容

步骤① 在Excel中依次单击【数据】选项卡→【获取数据】下拉按钮→【自文件】→【从文件夹】命令，在弹出的【文件夹】对话框中单击【浏览】按钮。

步骤② 在弹出的【浏览文件夹】对话框中选中C盘的Data目录，单击【确定】按钮关闭【浏览文件夹】对话框（也可以直接在【文件夹】对话框的【文件夹路径】文本框中直接输入“C:\Data”）。

如果“C:\Data”目录中包含子目录，那么Power Query将遍历查找子目录中的文件。

步骤③ 在【文件夹】对话框中单击【确定】按钮关闭对话框，如图 11-3 所示。

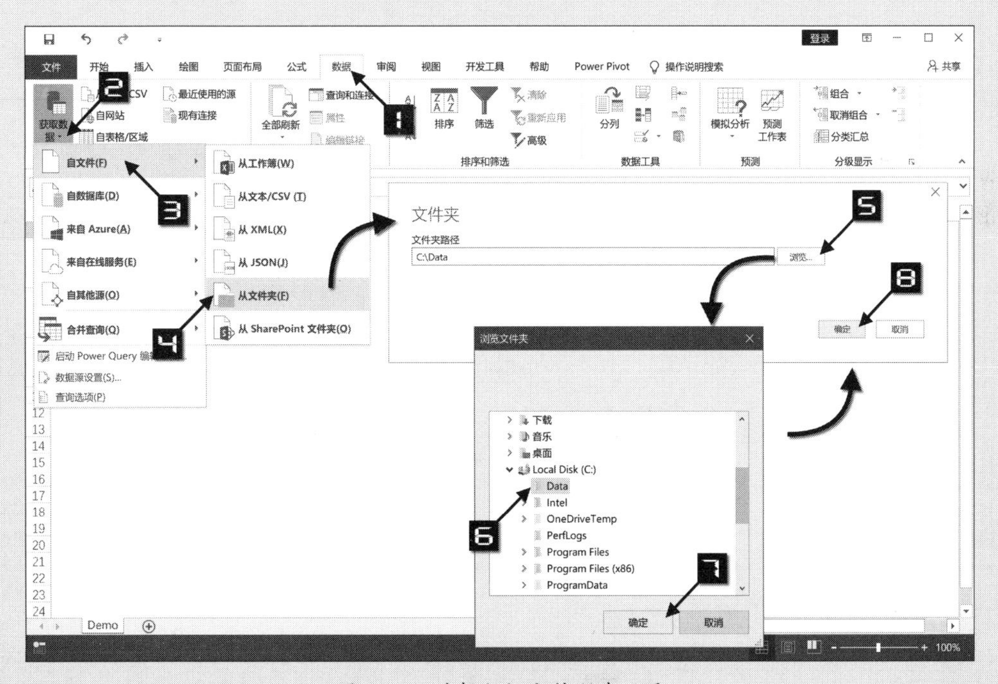

图 11-3　选择数据文件所在目录

步骤④ 在弹出的【C:\Data】对话框中可以查看该目录中数据文件的相关信息，单击【编辑】按钮关闭对话框，如图 11-4 所示。

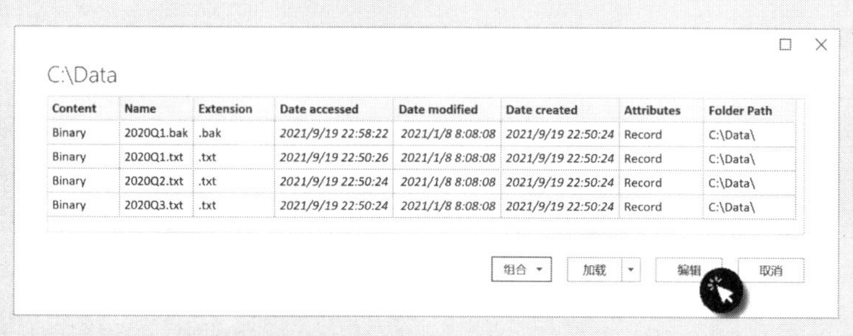

C:\Data

Content	Name	Extension	Date accessed	Date modified	Date created	Attributes	Folder Path
Binary	2020Q1.bak	.bak	2021/9/19 22:58:22	2021/1/8 8:08:08	2021/9/19 22:50:24	Record	C:\Data\
Binary	2020Q1.txt	.txt	2021/9/19 22:50:26	2021/1/8 8:08:08	2021/9/19 22:50:24	Record	C:\Data\
Binary	2020Q2.txt	.txt	2021/9/19 22:50:24	2021/1/8 8:08:08	2021/9/19 22:50:24	Record	C:\Data\
Binary	2020Q3.txt	.txt	2021/9/19 22:50:24	2021/1/8 8:08:08	2021/9/19 22:50:24	Record	C:\Data\

图 11-4　数据文件的相关信息

步骤⑤ 在【Data – Power Query 编辑器】窗口中单击“Extension”列标题选中整列，依次单击【转换】选项卡的【格式】下拉按钮→【小写】命令，将“Extension”列转换为小写格式，以便后续筛选数据文件，如图 11-5 所示。

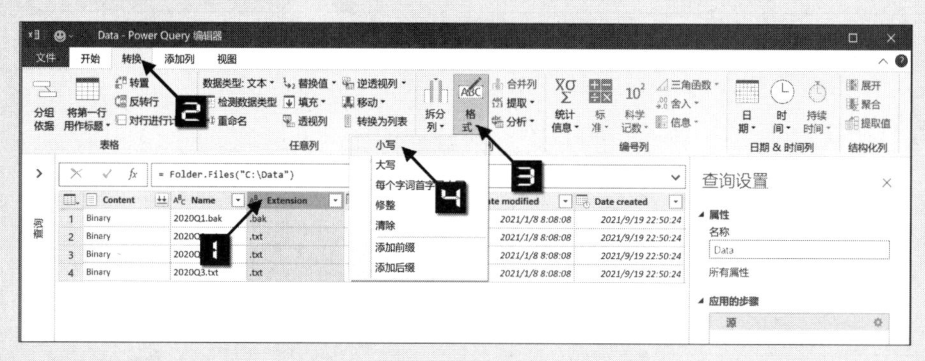

图 11-5　将“Extension”列转换为小写格式

步骤⑥ 单击“Extension”列标题右侧的下拉按钮，在弹出的下拉菜单中取消选中【.bak】复选框，单击【确定】按钮关闭下拉菜单，如图 11-6 所示。此步骤实现了从数据源中剔除备份数据文件“2020Q1.bak”。

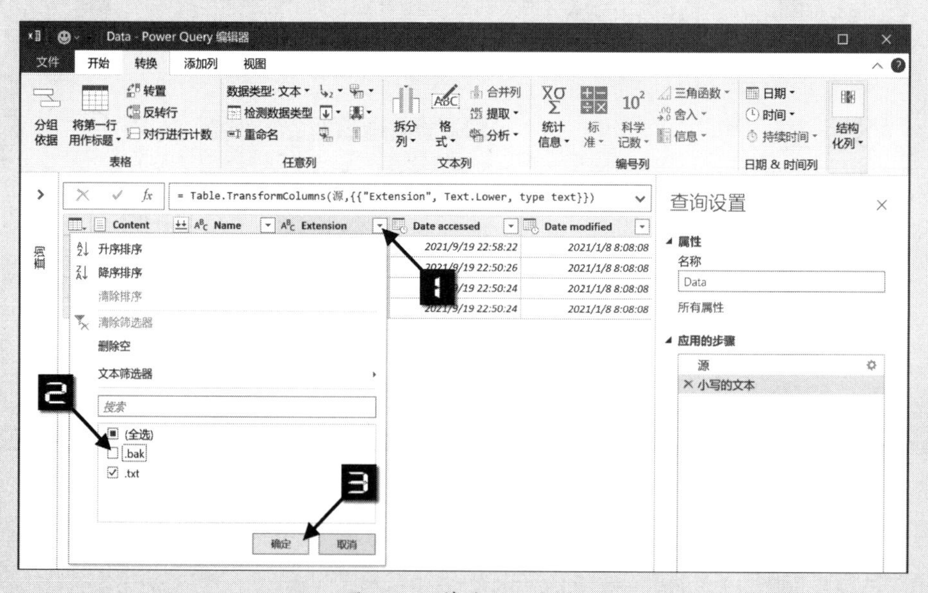

图 11-6　筛选数据文件

步骤⑦ 在【Data – Power Query 编辑器】窗口中单击“Content”列标题选中整列，依次单击【开始】选项卡的【删除列】下拉按钮→【删除其他列】命令，如图 11-7 所示。

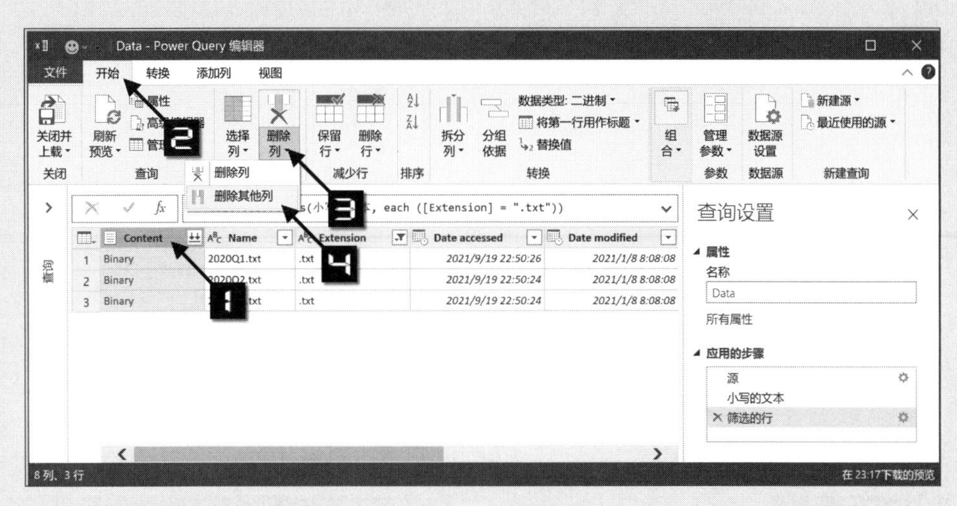

图 11-7　删除其他列

步骤⑧ 此时在【Data – Power Query 编辑器】窗口中只有“Content”列，单击“Content”列标题右侧的【合并文件】按钮，在弹出的【合并文件】对话框中，保持【文件原始格式】组合框和【分隔符】组合框的默认值，单击【确定】按钮关闭对话框，如图 11-8 所示。

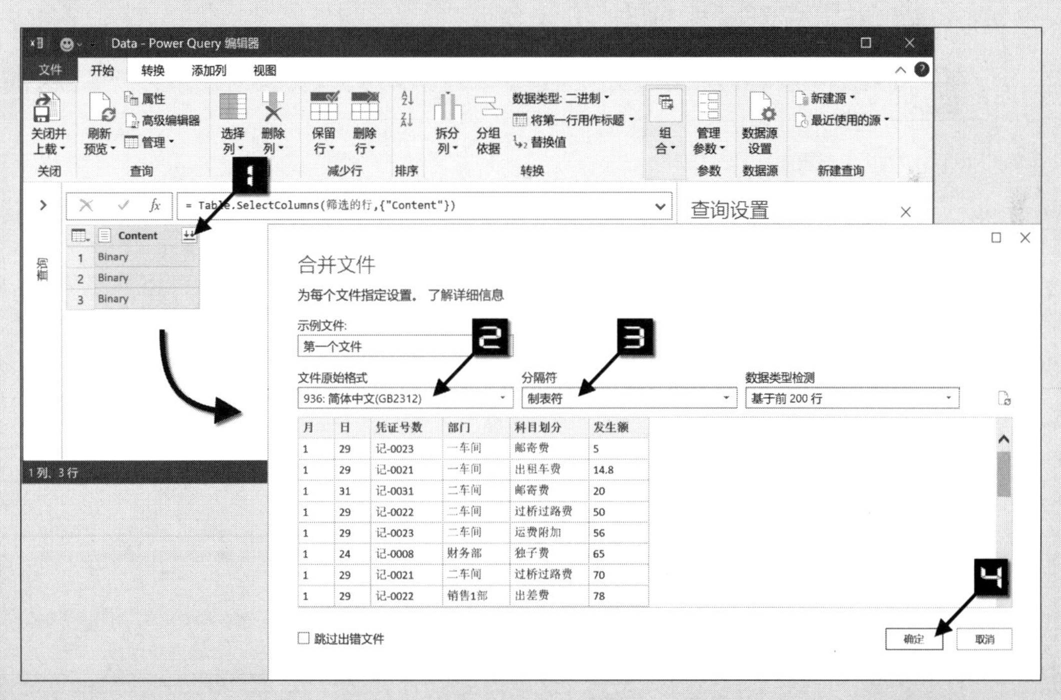

图 11-8　合并文件

步骤⑨ 单击“科目划分”列标题右侧的下拉按钮，在弹出的下拉菜单中取消选中【其他】复选框，单击【确定】按钮关闭下拉菜单，如图 11-9 所示。此步骤实现了按“科目划分”列的数据内容

筛选数据源，这个操作类似于Excel工作表中的数据筛选。

图 11-9　按“科目划分”列筛选数据源

步骤⑩ 在【Data – Power Query编辑器】窗口中，依次单击【开始】选项卡的【关闭并上载】下拉按钮→【关闭并上载至…】命令，在弹出的【导入数据】对话框中选中【数据透视表】单选按钮，单击【确定】按钮关闭对话框，如图 11-10 所示。

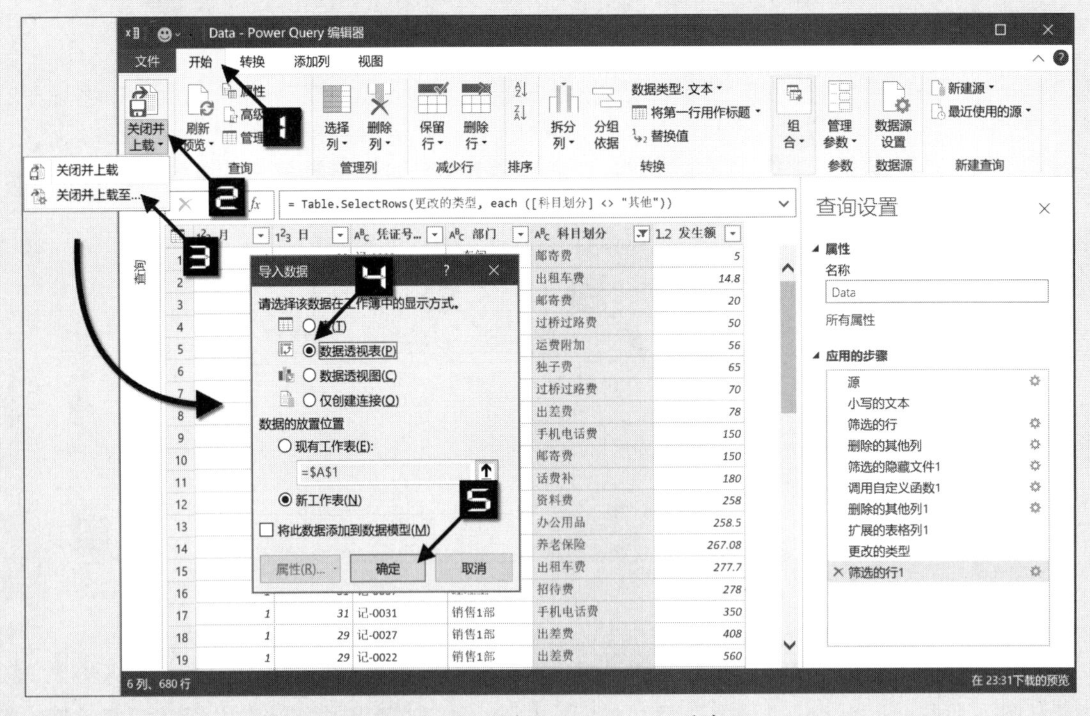

图 11-10　上载数据至Excel工作表

步骤⑪ 调整数据透视表布局和格式，如图 11-11 所示。

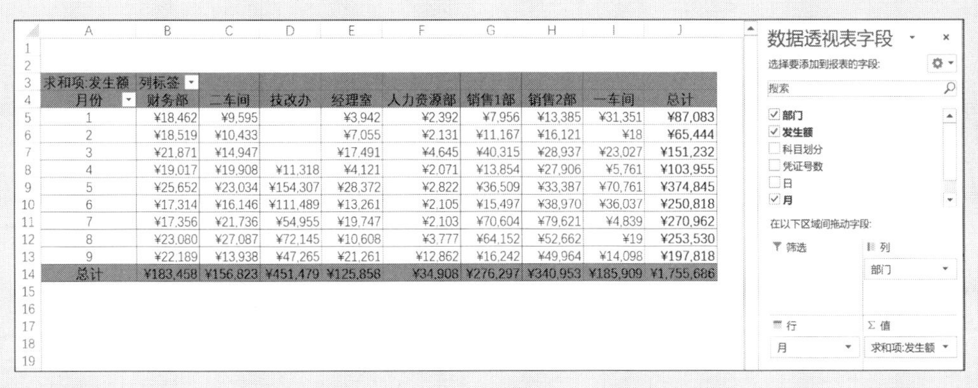

图 11-11　汇总多个文本文件创建的数据透视表

步骤⑫ 将 2020 年第 4 季度的数据文件“2020Q4.TXT”拷贝到 C:\Data 目录中，数据文件内容如图 11-12 所示。

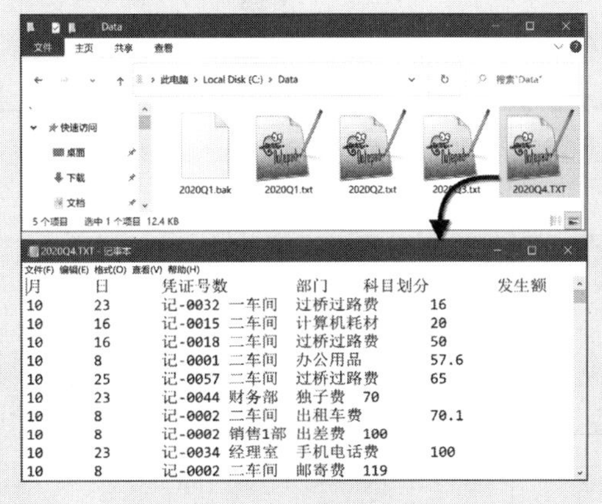

图 11-12　2020 第 4 季度数据

步骤⑬ 在数据透视表中选中任意单元格（如 A3），右击弹出快捷菜单，选择【刷新】命令，此时“2020Q4.TXT”中的第 4 季度数据将自动加载到数据透视表中，如图 11-13 所示。

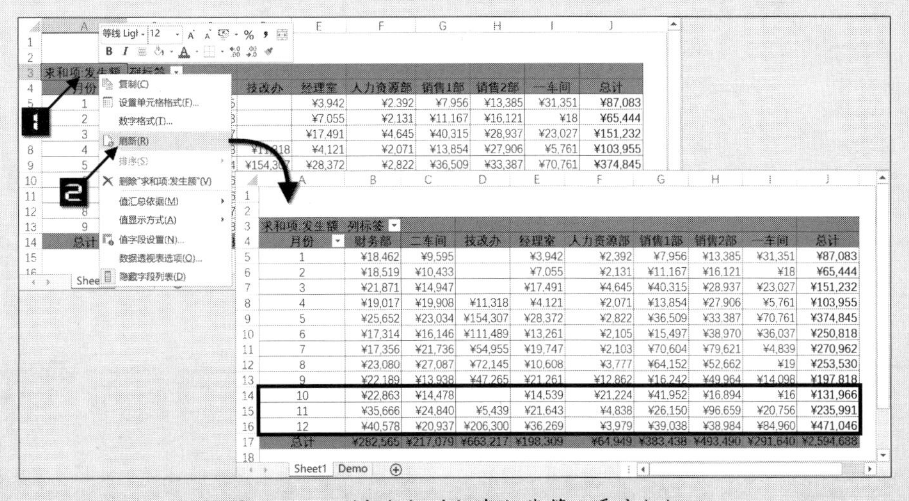

图 11-13　刷新数据透视表加载第 4 季度数据

由图 11-12 可知，2020 年第 4 季度数据文件的扩展名为大写字母“TXT”，如果缺少步骤 5 对于“Extension”列的转换，那么步骤 13 刷新数据时无法导入此文件。

根据本书前言的提示，可观看“自动汇总多个文本文件创建数据透视表”的视频讲解。

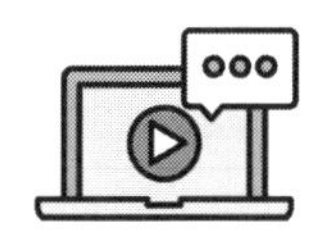

11.2 使用Access数据库创建数据透视表

作为Office组件之一的Access是一种桌面级关系型数据库管理系统软件，Access数据库同样可以直接作为外部数据源用于创建数据透视表。Access中提供了一个非常好的演示数据库——罗斯文商贸数据库，本节将以此数据库为数据源创建数据透视表。

示例11-2 使用Microsoft Access数据库创建数据透视表

步骤① 在Excel中依次单击【数据】选项卡→【获取数据】下拉按钮→【自数据库】→【从Microsoft Access数据库】命令，在弹出的【导入数据】对话框中浏览文件，选中“罗斯文示例数据库.accdb”文件，单击【导入】按钮关闭对话框，如图 11-14 所示。

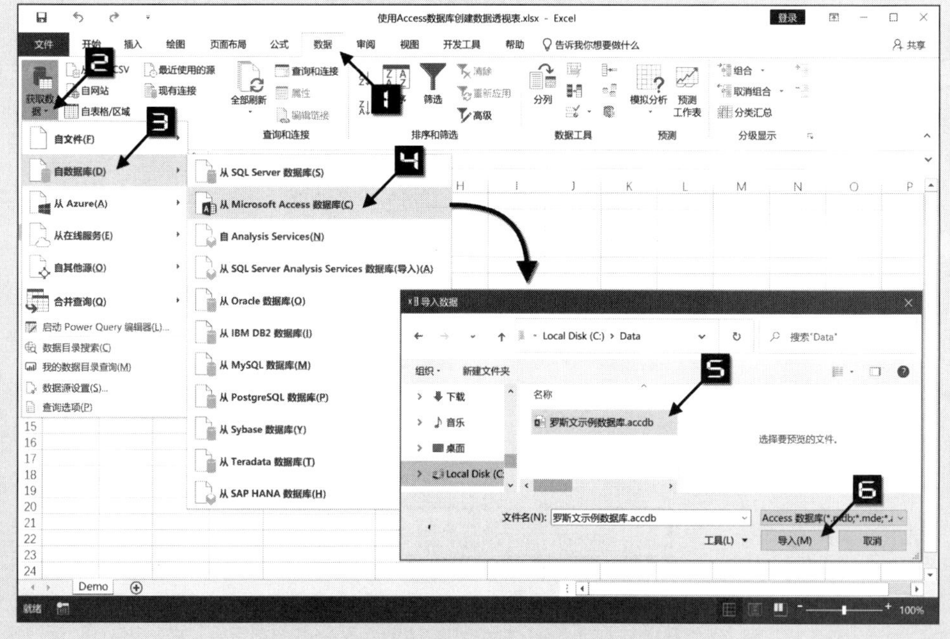

图 11-14 选取Access数据库作为数据源

步骤② 在弹出的【导航器】对话框中，选中列表框中的“按类别产品销售”，依次单击【加载】下拉按钮→【加载到…】命令，在弹出的【导入数据】对话框中选中【数据透视表】单选按钮，单击【确定】按钮关闭【导入数据】对话框，如图 11-15 所示。

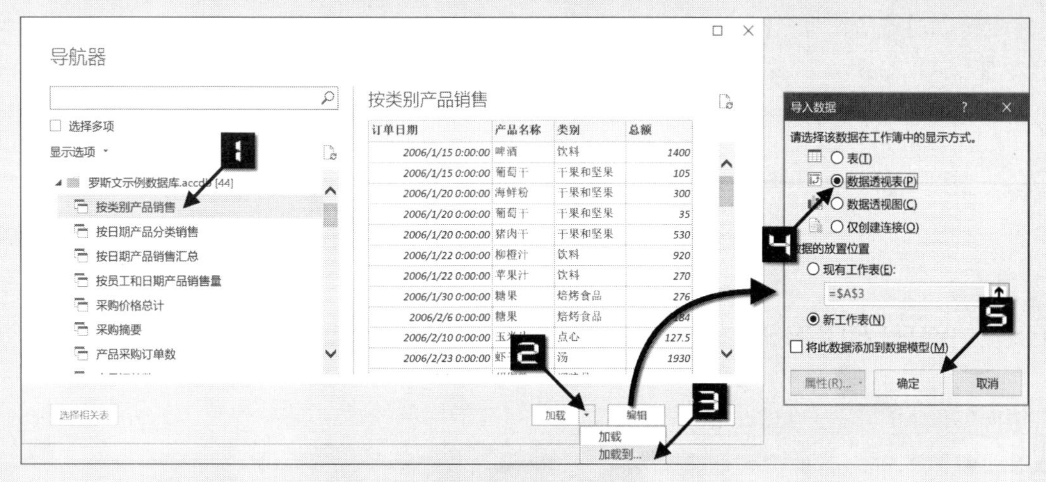

图 11-15　选择表格并导入数据

在活动工作表中创建的空白数据透视表如图 11-16 所示。

步骤④ 在【数据透视表字段】对话框中依次选中“类别”和“总额”字段复选框，这两个字段将分别添加到【行】区域和【值】区域，调整格式后的数据透视表如图 11-17 所示。

图 11-16　活动工作表中的空白数据透视表

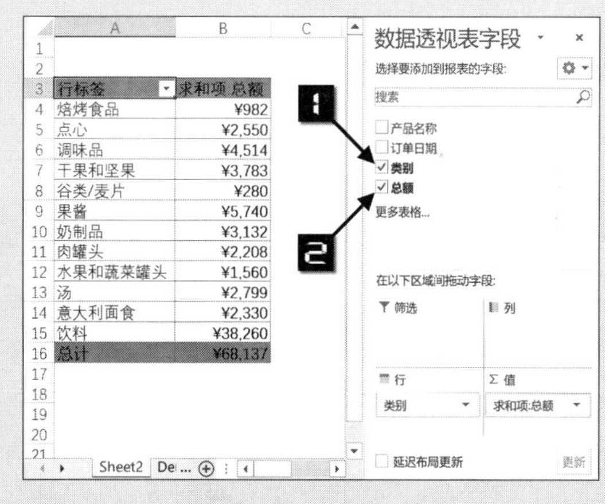

图 11-17　使用 Access 数据库创建的数据透视表

11.3　使用数据库创建数据透视表

Excel支持导入多种商用数据库并创建数据透视表，例如SQL Server、IBM DB2、Oracle和MySQL等。本节将使用Microsoft SQL Server示例数据库的“AdventureWorks”创建数据透视表。

最初的SQL Server（OS/2 版本）是由Microsoft、Sybase和Ashton-Tate三家公司共同开发的数据库管理系统，后来Microsoft将SQL Server移植到了Windows NT系统上。

示例11-3 使用SQL Server数据库创建分区销售统计数据透视表

步骤① 在Excel中依次单击【数据】选项卡→【获取数据】下拉按钮→【自数据库】→【从SQL Server数据库】命令，打开【SQL Server数据库】对话框。

步骤② 在【SQL Server数据库】对话框的【服务器】文本框中输入服务器IP地址“13.92.186.5”，单击【确定】按钮关闭对话框，如图 11-18 所示。

提示 上述步骤中既可以使用 SQL Server服务器IP地址，也可以使用其主机名称。

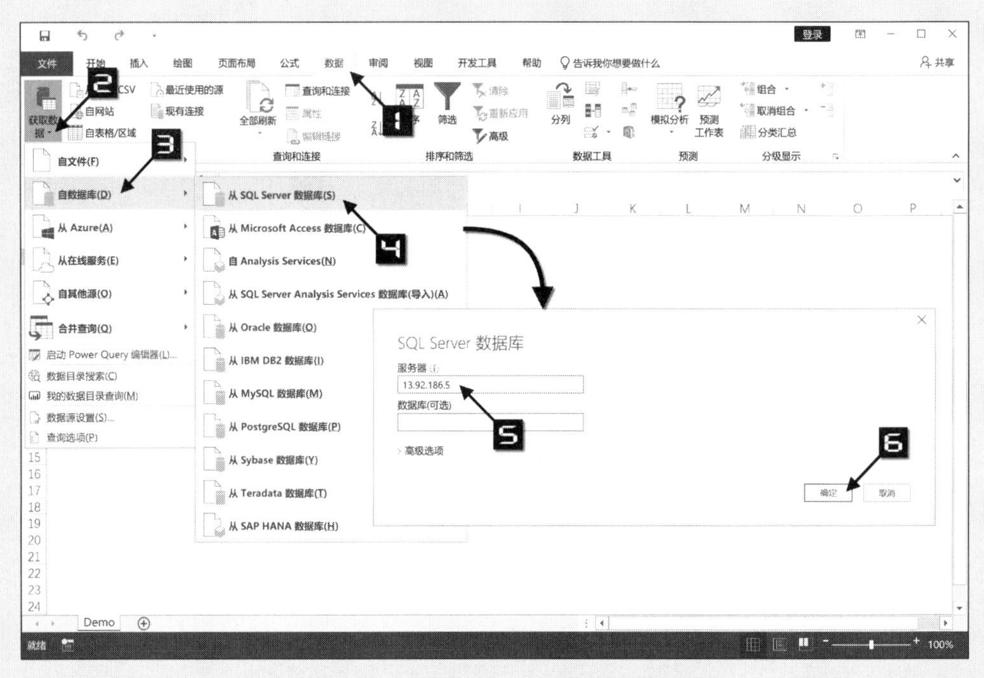

图 11-18 输入SQL Server服务器IP地址信息

步骤③ 在弹出的【SQL Server数据库】对话框中切换到【数据库】选项卡，在【用户名】和【密码】文本框中分别输入登录凭据，单击【连接】按钮，如图 11-19 所示。

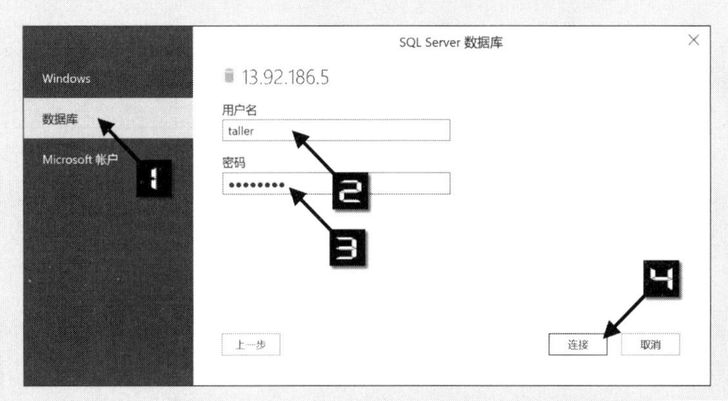

图 11-19 输入数据库登录凭证

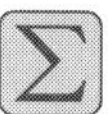

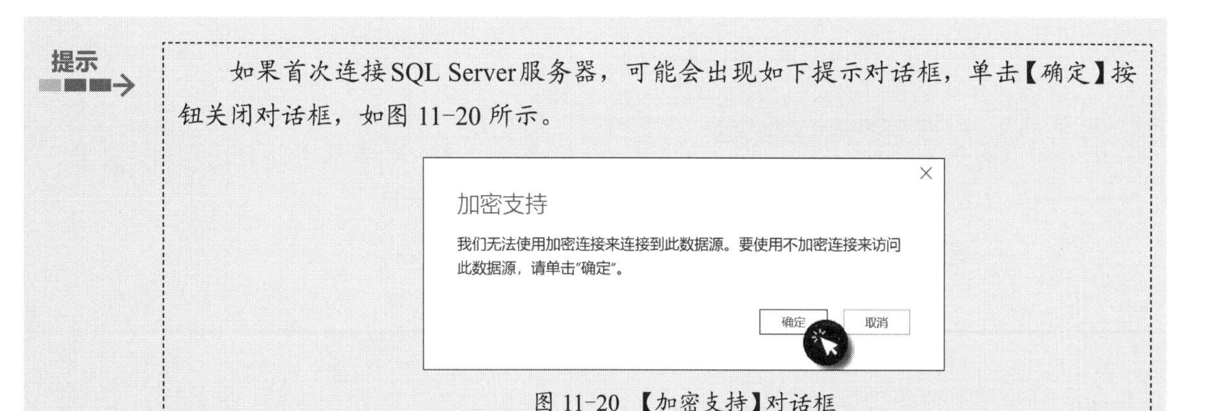

提示

如果首次连接SQL Server服务器，可能会出现如下提示对话框，单击【确定】按钮关闭对话框，如图 11-20 所示。

图 11-20 【加密支持】对话框

步骤④ 在弹出的【导航器】对话框的【显示选项】列表框中单击"AdventureWorks2017"左侧的箭头展开列表，在列表中选中"Sales.SalesTerritory"，依次单击【加载】下拉按钮→【加载到…】命令，如图 11-21 所示。

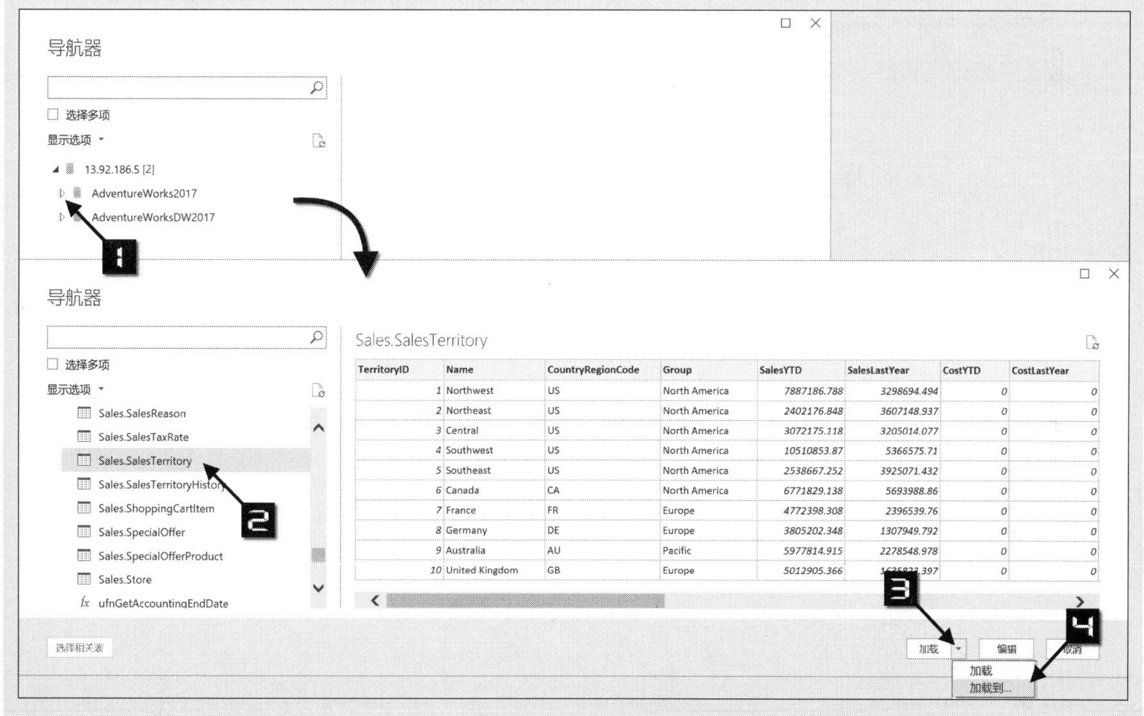

图 11-21　选择数据表

步骤⑤ 在弹出的【导入数据】对话框中，选中【数据透视表】单选按钮，单击【确定】按钮关闭【导入数据】对话框，在活动工作表中创建空白数据透视表，如图 11-22 所示。

图 11-22　导入数据并创建数据透视表

步骤⑥ 在【数据透视表字段】列表框中依次选中“Group”“Name”和“SalesYTD”字段复选框。“Group”和“Name”字段将被添加到【行】区域，“SalesYTD”字段将被添加到【值】区域，调整数据透视表格式，如图 11-23 所示。

图 11-23　分区销售统计数据透视表

11.4　使用SQL Server Analysis Services OLAP创建数据透视表

11.4.1　OLAP多维数据库简介

SQL Server Analysis Services（SQL Server分析服务，通常简称为SSAS）作为商业智能工具

之一，不仅可以用来对数据仓库中的大量数据进行装载、转换和分析，而且是OLAP分析和数据挖掘的基础。

OLAP英文全称为On-Line Analysis Processing，其中文名称是联机分析处理。使用OLAP 数据库的目的是提高检索数据的速度。因为在创建或更改报表时，OLAP服务器（而不是Microsoft Excel或其他客户端程序）计算报表中的汇总值，这样就只需要将较少的数据传送到Microsoft Excel中。相对于传统数据库形式，使用OLAP可以处理更多的数据，这是因为对于传统数据库，Excel必须先检索所有单个记录，然后再计算汇总值。

为了便于理解OLAP多维数据集，这里需要讲解一些OLAP中的基本概念。

- 维（英文名称为Dimension）：是数据的某一类共同属性，这些属性集合构成一个维（时间维、地理维等）。
- 维的层次（英文名称为Level）：对于某个特定维来说，可以存在多种不同的细节程度，这些细节程度称为维的层次，例如地理维可以包含国家、地区、城市和城区等不同层次。
- 维的成员（英文名称为Member）：维的某个具体值，是数据项在某维中所属位置的具体描述，例如“2008 年 8 月 8 日”可以是时间维的一个成员。
- 度量（英文名称为Measure）：多维数据集的取值。例如“2008 年 8 月 8 日，北京，奥林匹克运动会”，就可以看作一个三维数据集，包含了时间、地点和事件。

OLAP数据库按照明细数据级别（也就是维的层次）组织数据。例如，人口统计信息数据可以由多个字段组成，分别标识国家、地区、城市和区，在OLAP数据库中，该信息可以按明细数据级别分层次组织。采用这种分层的组织方法使得数据透视表和数据透视图更加容易显示较高级别的汇总数据。本节示例文件中将使用OLAP数据库（Adventure Works）作为数据源，OLAP数据库中Sales Territory维度的层级结构如图 11-24 所示，图中仅列出了部分成员。

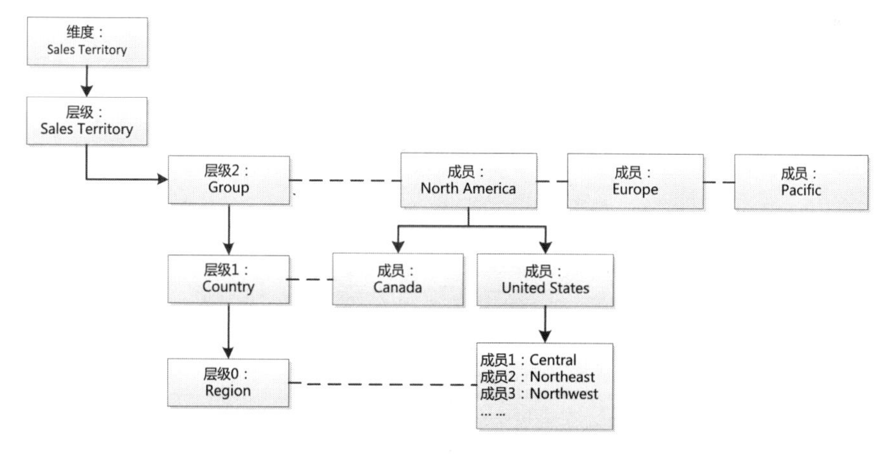

图 11-24　OLAP数据库层级结构

Sales Territory由下至上分为 3 个层级：Region、Country和Group。每个层级又有其所属的成员，例如Group层级有 3 个成员：North America、Europe和Pacific。不同层级的成员对应不同的数据粒度，层级 0 为数据的最细粒度，也就是通常所说的明细数据。

OLAP数据库的多维分析操作中最常用到的就是向下钻取（Drill-down）和向上钻取（Drill-up）。

注意 对于上述两种操作，在某些BI专业书籍中分别使用“钻取”和“上卷”两个术语。

向下钻取指的是在某个维度的不同层次间的变化，由上层到下一层的数据解析，或者说是将汇总数据拆分到下一级的明细数据。例如由North America的销售额数据向下钻取，查看Canada和United States的销售额数据；United States销售额可以继续向下钻取，获得Central、Northeast、Northwest等销售额数据。由于层级Region为OLAP的最底层数据，因此不能继续向下钻取。图 11-24 可以帮助读者理解OLAP数据钻取的路径。

顾名思义，向上钻取是向下钻取的逆过程，即从细粒度明细数据向高层级汇总，例如将Canada和United States的销售额数据汇总，以便于查看North America的销售额数据。

OLAP数据库一般由数据库管理员创建并维护，此部分内容已经超出了本书的讨论范围，请参阅其他数据库管理方面的资料。

11.4.2 基于OLAP创建数据透视表

示例11-4 使用SQL Server Analysis Services OLAP创建数据透视表

本示例将使用Microsoft SQL Server Analysis Services 中的OLAP多维数据集创建数据透视表。

步骤① 在Excel中依次单击【数据】选项卡→【获取数据】下拉按钮→【自数据库】→【自Analysis Services】命令，弹出【数据连接向导】对话框。

步骤② 在【数据连接向导】对话框的【服务器名称】文本框中输入“13.92.186.5”，选中【使用下列用户名和密码】单选按钮，在【用户名】和【密码】文本框中分别输入登录凭据信息，单击【下一步】按钮，如图 11-25 所示。

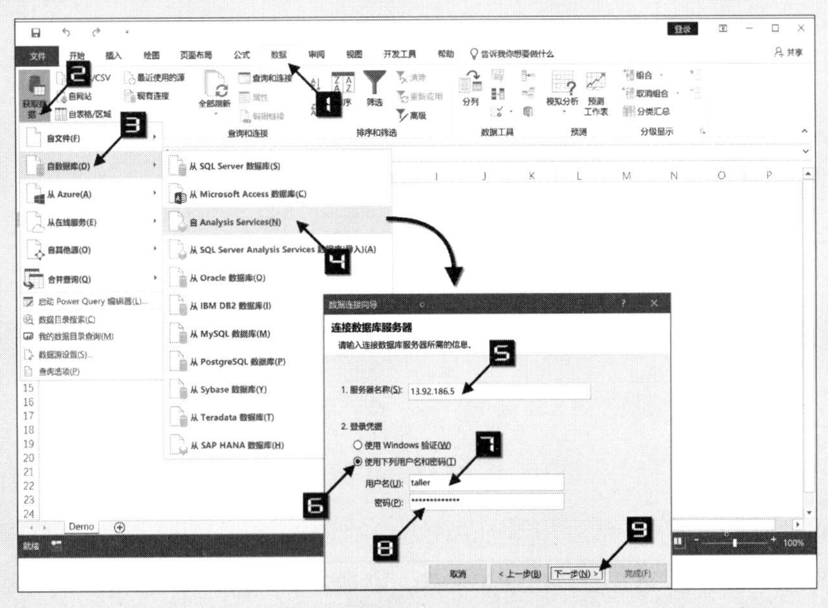

图 11-25 输入服务器IP和登录凭据

步骤③ 在【选择包含您所需的数据的数据库】组合框的下拉列表中选择OLAP数据库(例如:

AdventureWorksDW2014Multidimensional-EE），保持默认选中【连接到指定的多维数据集或表】复选框，在其下方的列表框中选中“Adventure Works”，单击【下一步】按钮，在弹出的对话框中单击【完成】按钮关闭对话框，如图 11-26 所示。

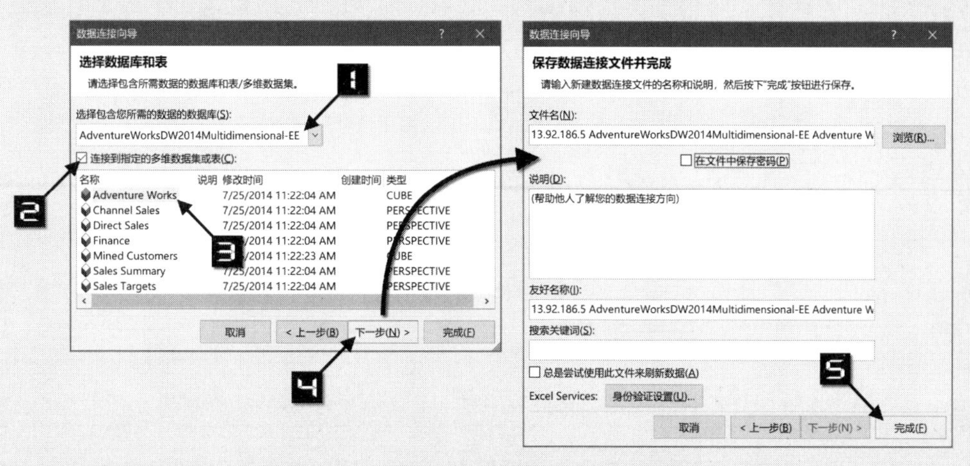

图 11-26　选择数据集并保存数据连接文件

步骤⑤ 在弹出的【导入数据】对话框中选中【数据透视表】单选按钮，单击【确定】按钮关闭【导入数据】对话框，在活动工作表中创建空白数据透视表，如图 11-27 所示。

图 11-27　在工作表中创建空白数据透视表

提示

【数据透视表字段】列表框的字段与普通数据透视表字段略有不同。字段列表顶部以“Σ”作为标志的是“度量”字段；其下部为“KPI”字段，在 Analysis Services 中，关键绩效指标（Key Performance Indicators）是一种用于评测业务绩效的目标式量化管理指标；最后是“维度”字段，如图 11-28 所示。

图 11-28 OLAP 数据透视表字段

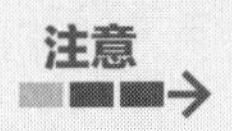
注意

在以 OLAP 为数据源的数据透视表中，维度字段只能添加到【行】【列】【筛选】区域或【切片器】中，度量字段和KPI字段只能添加到【值】区域中。

所有这些不同类型的字段都是在OLAP数据模型中预先创建的，完全理解和掌握其区别需要具备一定的OLAP基础知识，本示例的主要目的是为读者讲解以OLAP为数据源的数据透视表的创建和使用方法。因此后续章节中将统称为“字段”，不再对字段类型进行区分描述。

步骤6 在【数据透视表字段】对话框中依次选中“Sales Territory”“Gross Profit”“Gross Profit Margin”和“Order Quantity”字段复选框。“Sales Territory”字段将被添加到【行】区域，“Gross Profit”“Gross Profit Margin”和“Order Quantity”字段将被添加到【值】区域。

步骤7 在【数据透视表字段】对话框中选中“Product Categories”字段，按住鼠标左键将该字段拖放到【筛选】区域，如图 11-29 所示。

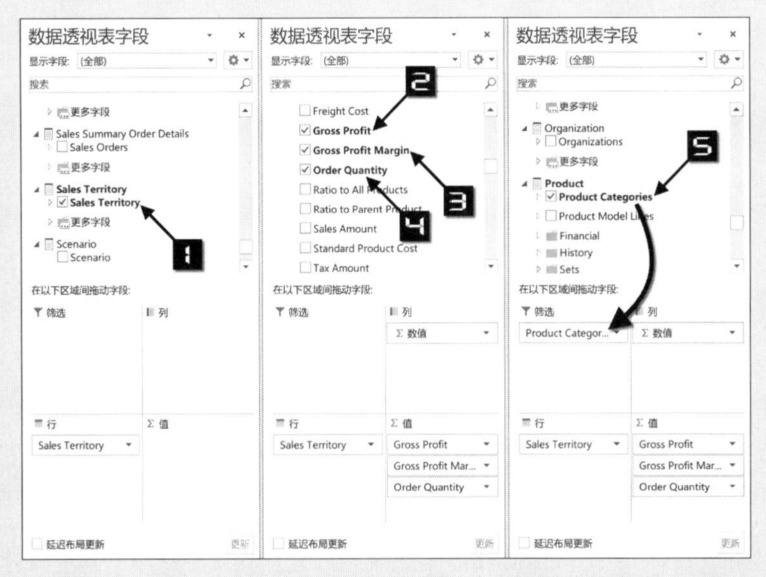

图 11-29 调整数据透视表布局

调整数据透视表的格式，如图 11-30 所示。

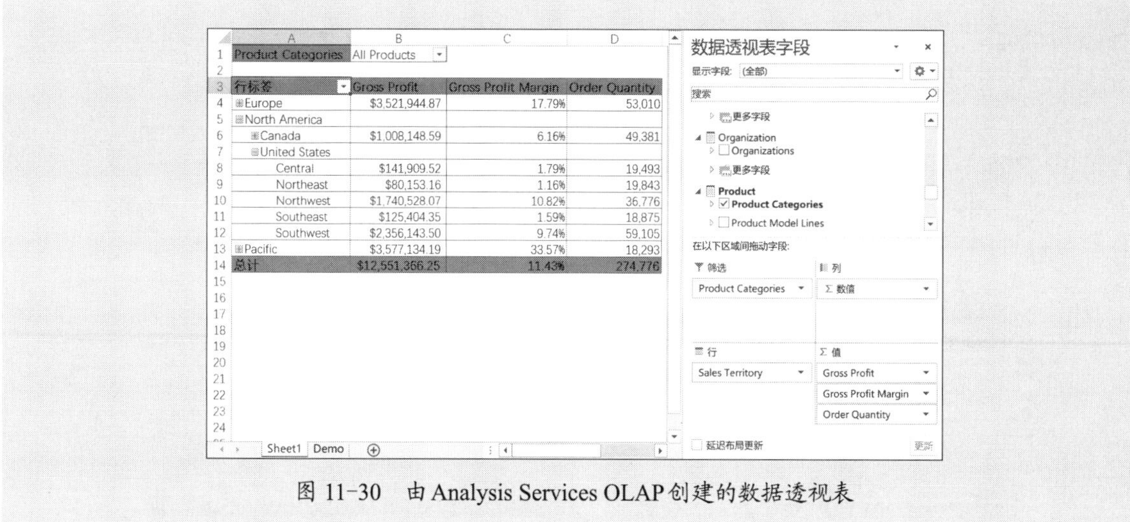

图 11-30　由 Analysis Services OLAP 创建的数据透视表

11.4.3　在数据透视表中进行数据钻取

OLAP 基于多维模型定义了一些常见的面向分析的操作类型，使数据分析操作显得更加直观，例如向上钻取和向下钻取。由于数据钻取的路径是在 OLAP 维度模型中已经创建完成的，因此基于 OLAP 数据库创建的数据透视表中同样支持数据钻取操作。

在数据透视表中选中任意维度的字段单元格（如 A7），此时【分析】选项卡中的数据钻取按钮变为可用状态，如图 11-31 所示。

图 11-31　功能区中的钻取按钮

【向下钻取】和【向上钻取】按钮的可用状态取决于当前选中的维度成员的层级，对于最低层级

Region的成员，只能进行向上钻取；与之对应的，对于最高层级Group的成员，只能进行向下钻取，如图 11-32 所示。

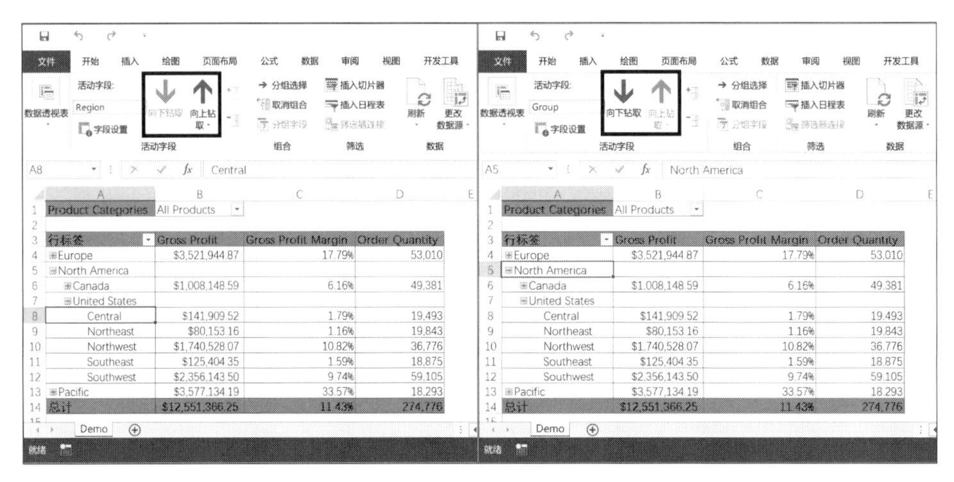

图 11-32　不同层级成员的数据钻取

图 11-33　使用右键快捷菜单进行数据钻取

向下钻取操作只能逐层进行（钻取路径为：Group → Country → Region）；但是向上钻取既可以逐层进行（钻取路径为：Region → Country → Group），也可以跨层进行（钻取路径为：Region → Group）。

在数据透视表中选中任意维度的字段单元格（例如A7），右击弹出快捷菜单，选择【向上钻取】或【向下钻取】命令，也可以进行数据钻取操作，如图 11-33 所示。

11.5　使用OData数据源创建数据透视表

开放数据协议（Open Data Protocol，缩写为OData）是一种描述如何创建和访问Restful服务的OASIS标准，它是一种用来查询和更新数据的Web协议。从Excel 2013 版本开始提供对于OData数据源的支持。本节将使用OData数据源创建数据透视表。

示例11-5　使用OData数据源创建数据透视表

步骤① 在Excel中依次单击【数据】选项卡→【获取数据】下拉按钮→【自其他源】→【从OData源】

命令，在弹出的【OData数据源】对话框的【URL】文本框中输入“http://services.odata.org/Northwind/Northwind.svc/”，单击【确定】按钮关闭对话框，如图 11-34 所示。

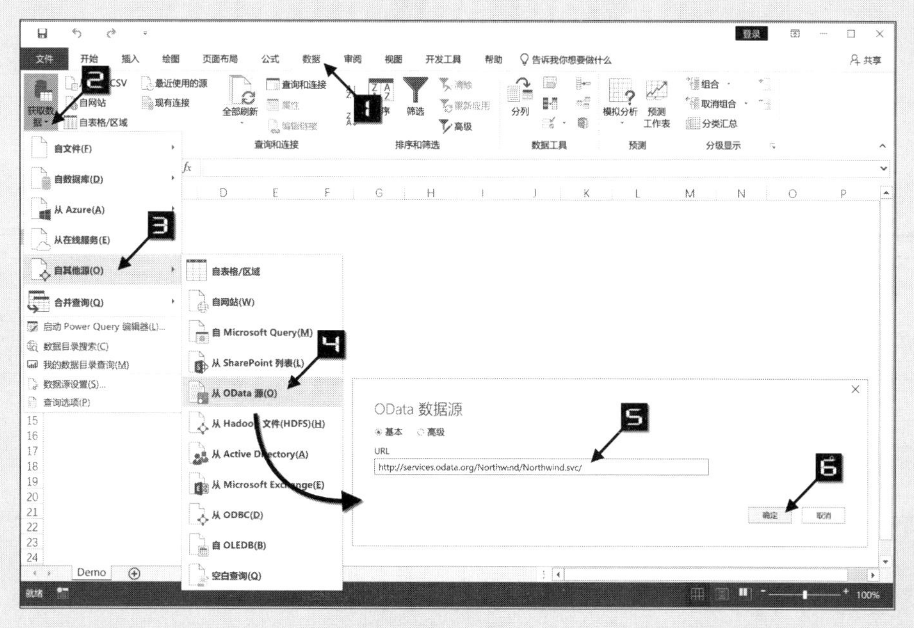

图 11-34　设置 OData 数据源

步骤② Excel查询数据之后，将弹出【导航器】对话框，选中【选择多项】复选框，在【显示选项】列表框中依次选中【Categories】【Order_Details】和【Products】复选框，依次单击【加载】下拉按钮→【加载到…】命令，如图 11-35 所示。

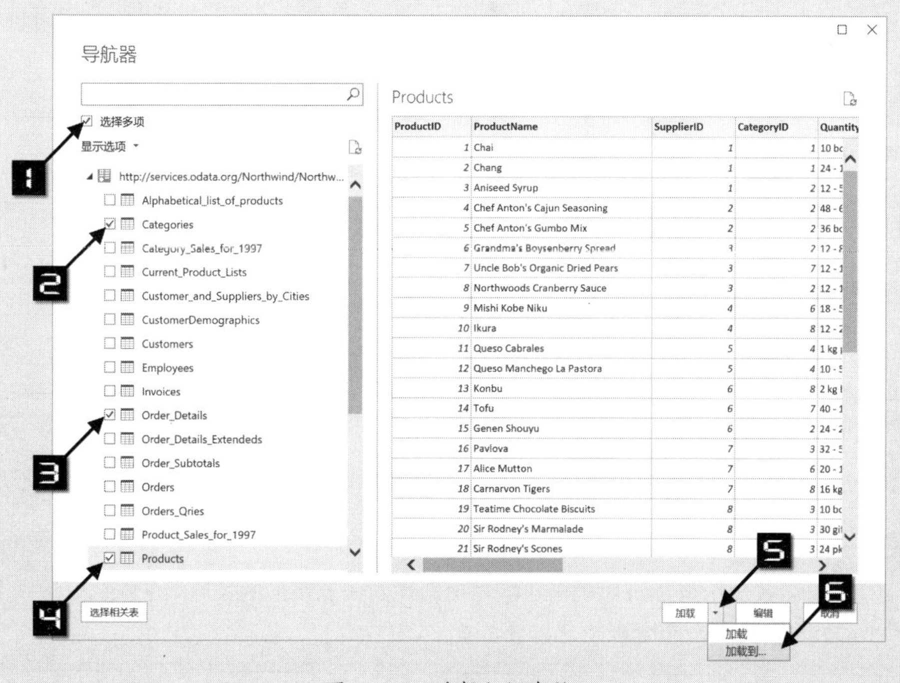

图 11-35　选择数据表格

步骤③ 在弹出的【导入数据】对话框中选中【数据透视表】单选按钮，单击【确定】按钮关闭【导入数据】对话框，在活动工作表中创建空白数据透视表，如图 11-36 所示。

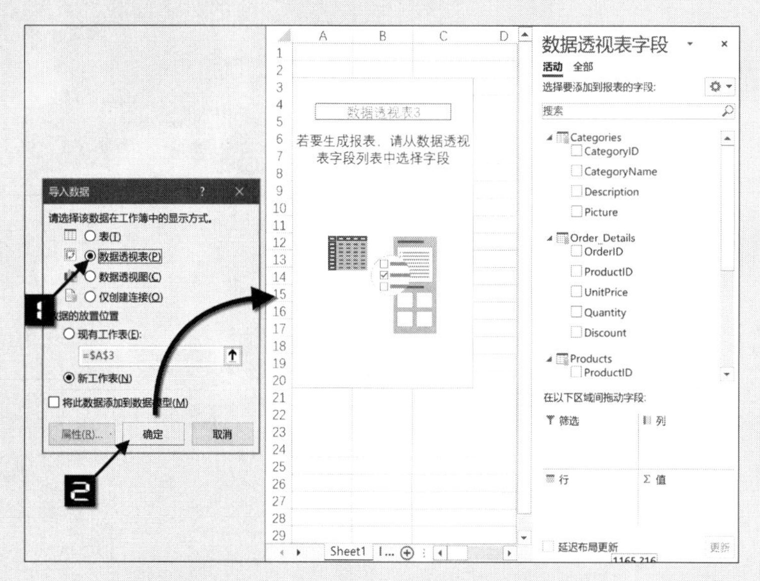

图 11-36 导入数据并创建数据透视表

步骤④ 在【数据透视表字段】列表框中，将“CategoryName”字段添加到【行】区域，“Quantity”字段添加到【值】区域，调整数据透视表格式，如图 11-37 所示。

“CategoryName”字段和“Quantity”字段分别属于两个不同的数据表(“Categories”和“Order_Details”)，并且两个数据表之间无法直接建立关联关系，由于步骤 2 中同时导入了“Products”数据表，因此Excel字段自动创建了 3 个表之间的关联关系。数据表模型的关联关系如图 11-38 所示。

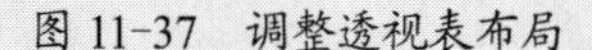

图 11-37 调整透视表布局

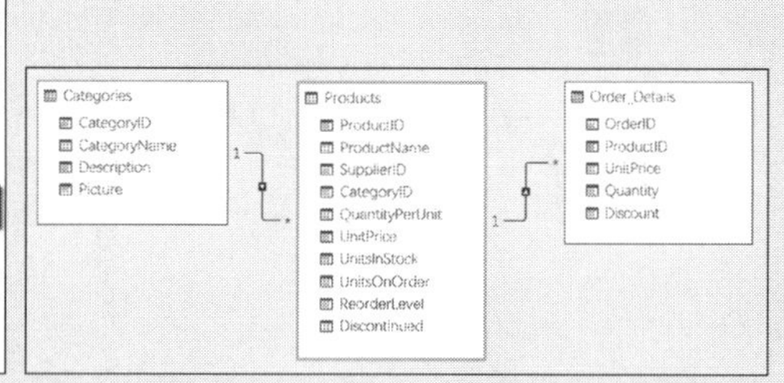

图 11-38 数据表逻辑模型

单击【分析】选项卡的【关系】按钮，弹出【管理关系】对话框，在此对话框中可以创建关系和编辑关系，如图 11-39 所示。

提示

Excel 365 和 Excel 2019 可以自动创建数据表之间的关系，Excel 2016 或更早的版本不具备此功能，需要手动创建关系。

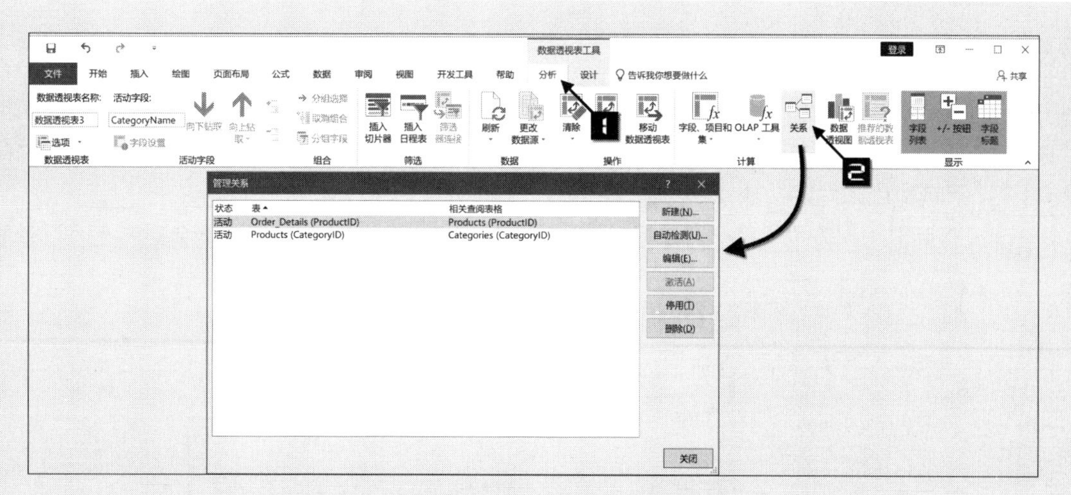

图 11-39 【管理关系】对话框

如果只导入“Categories”和“Order_Details”两个数据表，由于无法创建数据表之间的关系，那么数据透视表将无法正确地计算统计值，如图 11-40 所示。

图 11-40 无法创建数据表之间的关系

11.6 使用“Microsoft Query”和导入外部数据创建透视表

“Microsoft Query”是由Microsoft Office提供的一个查询工具。它使用SQL语言生成查询语句，并将这些语句传递给数据源，可以使用SQL的众多函数与查询特性，在不影响原有数据源的情况下，对数据源数据进行提取与组合、添加数据源中所没有的字段，从而实现灵活多变的操作。实际上，Microsoft Query承担了外部数据源与Excel之间的纽带作用，使数据共享变得更容易。

借助Microsoft Query数据查询及通过导入外部数据，将不同工作表，甚至不同工作簿中的多个Excel数据列表进行合并汇总，生成动态数据透视表，堪称数据透视表的又一经典用法。

11.6.1 汇总同一工作簿中的多个数据列表

图 11-41 展示了同一个工作簿中的两张数据列表，分别位于“入库”和“出库”两个工作表中，记录了某公司在某个业务周期按订单来统计的产成品出库、入库数据，该数据列表被保存在D盘根目录下的“产成品出入库明细表.xlsx”文件中。

在出、入库数据列表中，每个订单号只会出现一次，而同种规格的产品可能会对应多个订单号。

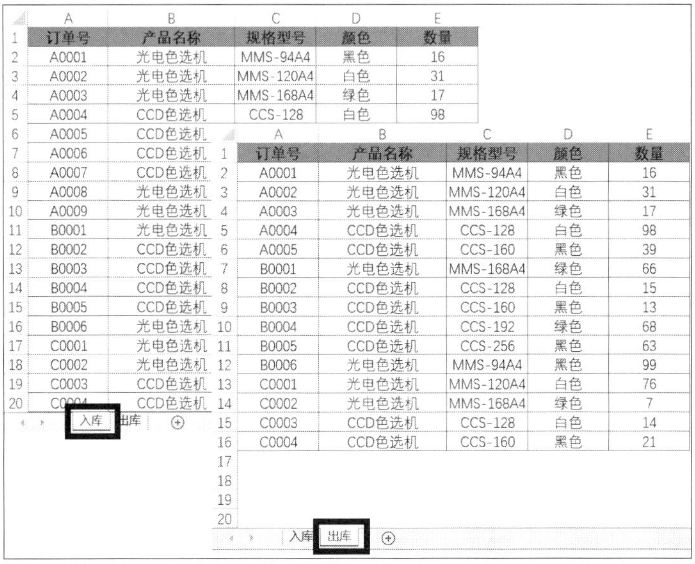

入库

	A	B	C	D	E
1	订单号	产品名称	规格型号	颜色	数量
2	A0001	光电色选机	MMS-94A4	黑色	16
3	A0002	光电色选机	MMS-120A4	白色	31
4	A0003	光电色选机	MMS-168A4	绿色	17
5	A0004	CCD色选机	CCS-128	白色	98
6	A0005	CCD色选机			
7	A0006	CCD色选机			
8	A0007	CCD色选机			
9	A0008	光电色选机			
10	A0009	光电色选机			
11	B0001	光电色选机			
12	B0002	CCD色选机			
13	B0003	CCD色选机			
14	B0004	CCD色选机			
15	B0005	CCD色选机			
16	B0006	光电色选机			
17	C0001	光电色选机			
18	C0002	光电色选机			
19	C0003	CCD色选机			
20	C0[illegible]	CCD色选机			

入库 出库

出库

	A	B	C	D	E
1	订单号	产品名称	规格型号	颜色	数量
2	A0001	光电色选机	MMS-94A4	黑色	16
3	A0002	光电色选机	MMS-120A4	白色	31
4	A0003	光电色选机	MMS-168A4	绿色	17
5	A0004	CCD色选机	CCS-128	白色	98
6	A0005	CCD色选机	CCS-160	黑色	39
7	B0001	光电色选机	MMS-168A4	绿色	66
8	B0002	CCD色选机	CCS-128	白色	15
9	B0003	CCD色选机	CCS-160	黑色	13
10	B0004	CCD色选机	CCS-192	绿色	68
11	B0005	CCD色选机	CCS-256	黑色	63
12	B0006	光电色选机	MMS-94A4	黑色	99
13	C0001	光电色选机	MMS-120A4	白色	76
14	C0002	光电色选机	MMS-168A4	绿色	7
15	C0003	CCD色选机	CCS-128	白色	14
16	C0004	CCD色选机	CCS-160	黑色	21
17					
18					
19					
20					

入库 出库

图 11-41 出、入库数据列表

示例11-6 制作产成品收发存汇总表

要对图 11-41 所示的“入库”和“出库”2 个数据列表使用Microsoft Query做数据查询并创建反映产品收发存汇总的数据透视表，可参照以下步骤。

步骤① 在D盘根目录下新建一个Excel工作簿，将其命名为“制作产成品收发存汇总表.xlsx”，打开该工作簿。将Sheet1 工作表改名为“汇总”。

步骤② 在【数据】选项卡中单击【获取数据】→【自其他源】→【自Microsoft Query】，在弹出的【选择数据源】对话框中单击【数据库】选项卡，在列表框中选中【Excel Files*】类型的数据源，并取消勾选【使用“查询向导”创建/编辑查询】复选框。

步骤③ 单击【确定】按钮，【Microsoft Query】自动启动，并弹出【选择工作簿】对话框，选择要导入的目标文件所在路径，双击“产成品出入库明细表. xlsx”，激活【添加表】对话框。

步骤④ 在【添加表】的【表】列表框中选中“入库$”，单击【添加】按钮，然后选中“出库$”，再次单击【添加】按钮，向【Microsoft Query】添加数据列表，如图 11-42 所示。

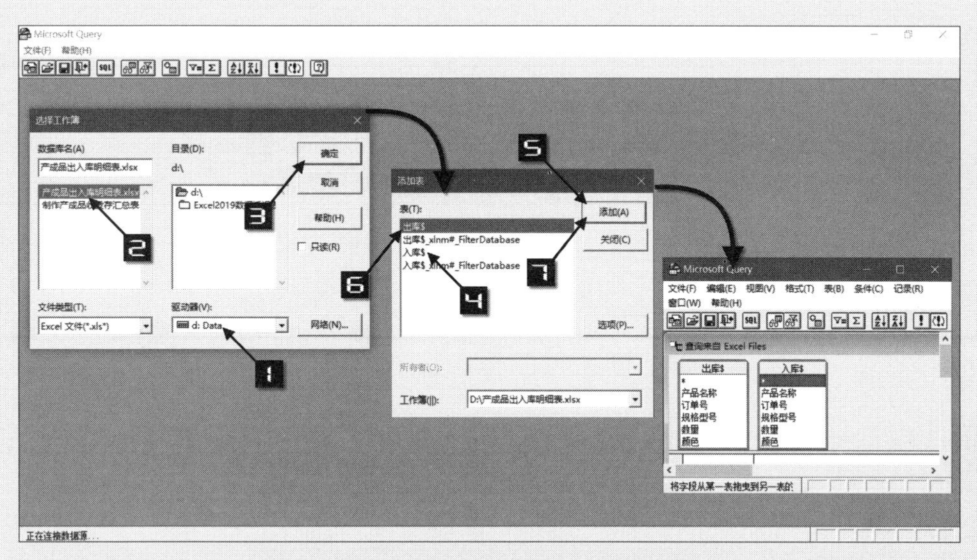

图 11-42　将数据表添加至【Microsoft Query】

步骤⑤ 单击【关闭】按钮关闭【添加表】对话框，在【查询来自Excel Files】窗口中，将“入库$”中的“订单号”字段拖至“出库$”中的“订单号”字段上，两表之间会出现一条连接线，如图 11-43 所示。

提示　因为两个表中只有“订单号”字段的数据是唯一的，所以本步骤中以“订单号”字段为主键，在“入库”和“出库”两个数据列表中建立关联。

步骤⑥ 双击连接线，弹出【连接】对话框，选择【连接内容】中的第2个单选按钮，如图 11-44 所示。

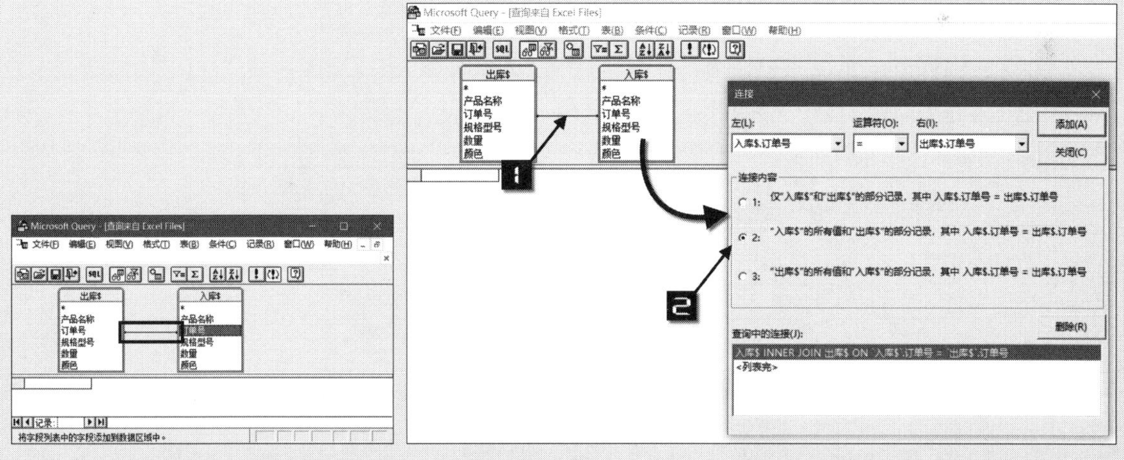

图 11-43　两表之间的连接线　　　　图 11-44　选择“连接内容”

提示　此操作的目的是设置两个数据列表的关联类型，即返回“入库$”列表的所有记录及“出库$”列表中与之关联的记录。

步骤⑦ 单击【添加】按钮，【查询中的连接】文本框中出现了用于连接的语句，单击【关闭】按钮关

闭【连接】对话框，如图 11-45 所示。

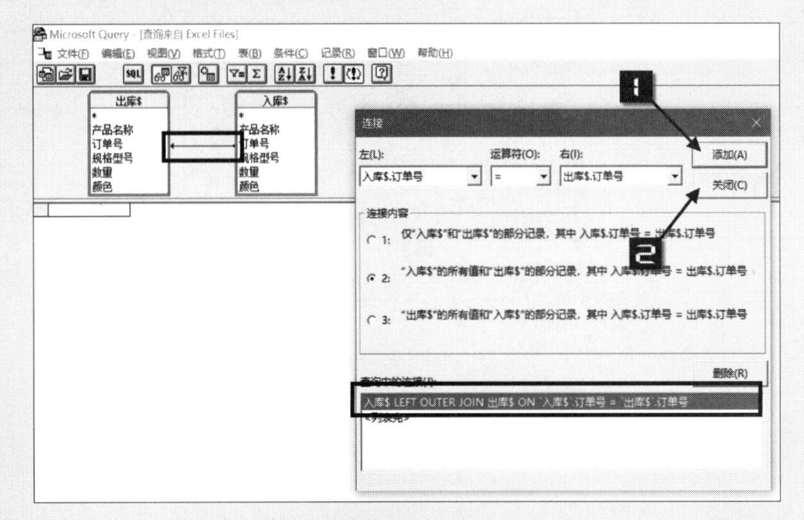

图 11-45 添加“连接”语句

单击【添加】按钮之后，【查询中的连接】的 SQL 语句由“入库 $ INNER JOIN 出库 $ ON '入库 $'. 订单号 = '出库 $'. 订单号”变为“入库 $ LEFT OUTER JOIN 出库 $ ON '入库 $'. 订单号 = '出库 $'. 订单号”。

同时连接线变成【入库 $】指向【出库 $】的箭头。

步骤⑧ 在【查询来自 Excel Files】窗口中的“入库 $”列表中依次双击“产品名称”“订单号”“规格型号”“颜色”和“数量”字段；在“出库 $”列表中双击“数量”字段。由于存在两个名为“数量”的字段，需要对其进行重命名以做区分。依次双击数据集中的两个“数量”列，在弹出的【编辑列】窗口中，在【列标】中分别输入“入库数量”和“出库数量”，单击【编辑列】对话框中的【确定】按钮关闭对话框，如图 11-46 所示。

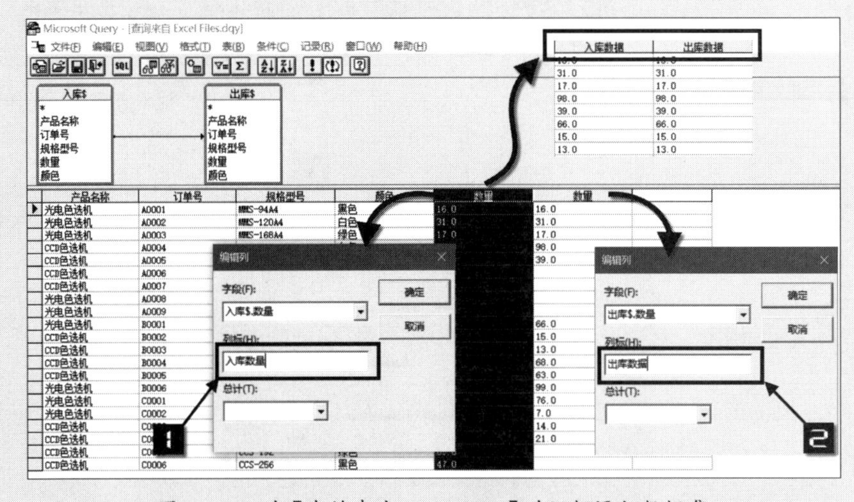

图 11-46 向【查询来自 Excel Files】对话框添加数据集

在向【查询来自 Excel Files】对话框添加数据集时，要添加数据最为齐全的表中的非数值字段，本例中添加的是“入库\$”表中的“产品名称”“订单号”“规格型号”“颜色”“数量”等字段，“出库\$”表中只添加了“数量”字段。

步骤⑨ 单击菜单【文件】→【将数据返回 Microsoft Excel】命令，弹出【导入数据】对话框，设置【数据的放置位置】，并单击【属性】按钮，在弹出的【连接属性】对话框的【使用状况】选项卡中设置【打开文件时刷新数据】，如图 11-47 所示。

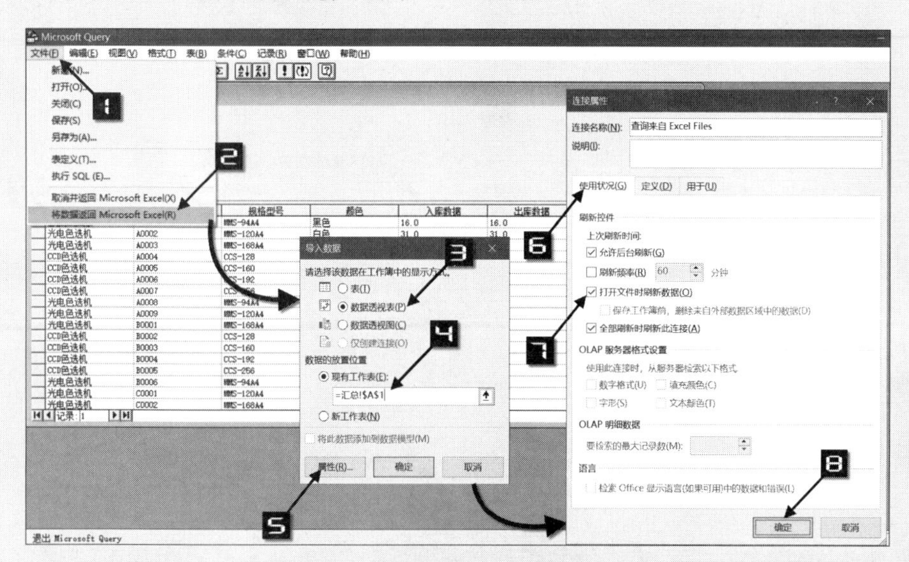

图 11-47 【导入数据】对话框

步骤⑩ 在【连接属性】对话框中单击【确定】按钮将返回【导入数据】对话框，再次单击【确定】按钮，将创建一张空白的数据透视表，调整数据透视表字段及报表布局，如图 11-48 所示。

	A	B	C	D	E	F
1	产品名称	订单号	规格型号	颜色	入库数据	出库数据
2	⊟CCD色选机	⊟A0004	⊟CCS-128	白色	98	98
3		⊟A0005	⊟CCS-160	黑色	39	39
4		⊟A0006	⊟CCS-192	绿色	39	
5		⊟A0007	⊟CCS-256	黑色	42	
6		⊟B0002	⊟CCS-128	白色	15	15
7		⊟B0003	⊟CCS-160	黑色	13	13
8		⊟B0004	⊟CCS-192	绿色	68	68
9		⊟B0005	⊟CCS-256	黑色	63	63
10		⊟C0003	⊟CCS-128	白色	14	14
11		⊟C0004	⊟CCS-160	黑色	21	21
12		⊟C0005	⊟CCS-192	绿色	69	
13		⊟C0006	⊟CCS-256	黑色	47	
14	CCD色选机 汇总				528	331
15	⊟光电色选机	⊟A0001	⊟MMS-94A4	黑色	16	16
16		⊟A0002	⊟MMS-120A4	白色	31	31
17		⊟A0003	⊟MMS-168A4	绿色	17	17
18		⊟A0008	⊟MMS-94A4	黑色	19	
19		⊟A0009	⊟MMS-120A4	白色	21	
20		⊟B0001	⊟MMS-168A4	绿色	66	66
21		⊟B0006	⊟MMS-94A4	黑色	99	99
22		⊟C0001	⊟MMS-120A4	白色	76	76
23		⊟C0002	⊟MMS-168A4	绿色	7	7
24	光电色选机 汇总				352	312

图 11-48　创建数据透视表

步骤⑪ 在数据透视表中插入“库存数量”计算字段，最终结果如图 11-49 所示。

库存数量 = ''' 入库数量 '''- ''' 出库数量 '''

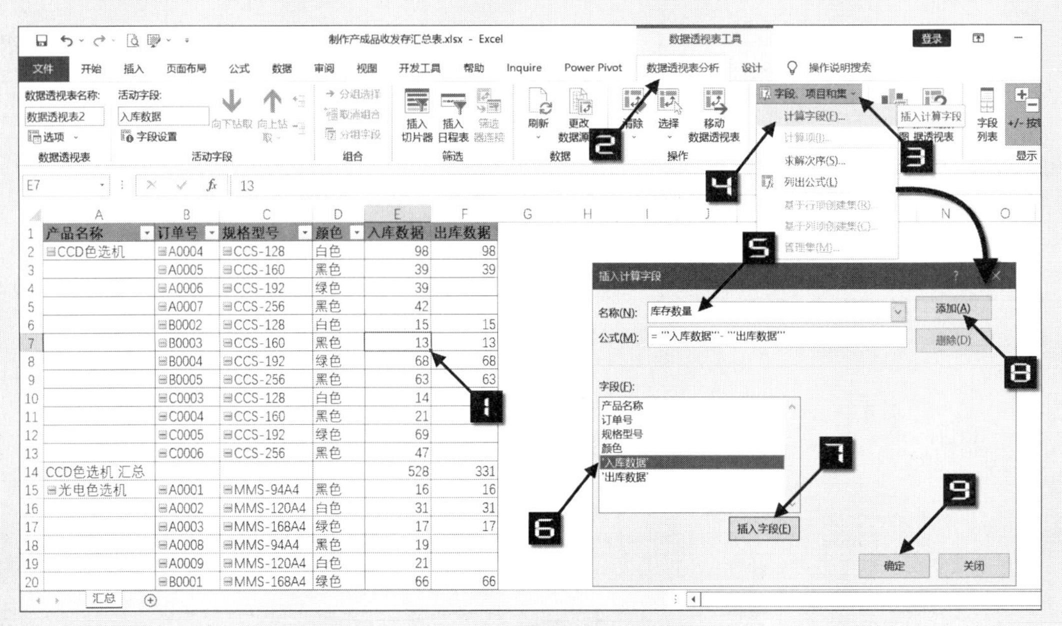

图 11-49　插入计算字段

步骤⑫ 修改字段标题，最终结果如图 11-50 所示。

	A	B	C	D	E	F	G
1	产品名称	订单号	规格型号	颜色	入库数据	出库数据	库存数量
2	⊟CCD色选机	⊟A0004	⊟CCS-128	白色	98	98	0
3		⊟A0005	⊟CCS-160	黑色	39	39	0
4		⊟A0006	⊟CCS-192	绿色	39		39
5		⊟A0007	⊟CCS-256	黑色	42		42
6		⊟B0002	⊟CCS-128	白色	15	15	0
7		⊟B0003	⊟CCS-160	黑色	13	13	0
8		⊟B0004	⊟CCS-192	绿色	68	68	0
9		⊟B0005	⊟CCS-256	黑色	63	63	0
10		⊟C0003	⊟CCS-128	白色	14	14	0
11		⊟C0004	⊟CCS-160	黑色	21	21	0
12		⊟C0005	⊟CCS-192	绿色	69		69
13		⊟C0006	⊟CCS-256	黑色	47		47
14	CCD色选机 汇总				528	331	197
15	⊟光电色选机	⊟A0001	⊟MMS-94A4	黑色	16	16	0
16		⊟A0002	⊟MMS-120A4	白色	31	31	0
17		⊟A0003	⊟MMS-168A4	绿色	17	17	0
18		⊟A0008	⊟MMS-94A4	黑色	19		19
19		⊟A0009	⊟MMS-120A4	白色	21		21
20		⊟B0001	⊟MMS-168A4	绿色	66	66	0
21		⊟B0006	⊟MMS-94A4	黑色	99	99	0
22		⊟C0001	⊟MMS-120A4	白色	76	76	0
23		⊟C0002	⊟MMS-168A4	绿色	7	7	0
24	光电色选机 汇总				352	312	40

图 11-50　利用“Microsoft Query SQL”创建的数据透视表

11.6.2　Microsoft Query 创建参数查询数据透视表

在工作中，有些数据随着时间的累积，数据量会越来越大，此时适合使用参数查询，即对数据源先进行过滤，再用过滤后的数据创建透视表。图 11-51 展示了一张某公司 2020—2021 年原料销售各部门与成品销售各部门的销售明细，该数据列表保存在 D 盘根目录下的“各部门销售统计.xlsx”文件中。

	A	B	C	D
1	销售部门	年月	销量	销售日期
10639	原料销售部一部	2112	170	2021/12/30
10640	原料销售部一部	2112	196	2021/12/30
10641	原料销售部二部	2112	176	2021/12/30
10642	成品销售部一部	2112	147	2021/12/30
10643	成品销售部三部	2112	141	2021/12/30
10644	原料销售部一部	2112	170	2021/12/30
10645	原料销售部二部	2112	140	2021/12/30
10646	原料销售部二部	2112	126	2021/12/30
10647	原料销售部二部	2112	186	2021/12/30
10648	原料销售部二部	2112	191	2021/12/31
10649	成品销售部三部	2112	149	2021/12/31
10650	原料销售部三部	2112	128	2021/12/31
10651	成品销售部一部	2112	169	2021/12/31
10652	成品销售部一部	2112	176	2021/12/31
10653	成品销售部一部	2112	140	2021/12/31
10654	成品销售部三部	2112	155	2021/12/31
10655	成品销售部二部	2112	177	2021/12/31
10656	原料销售部三部	2112	109	2021/12/31
10657	原料销售部一部	2112	108	2021/12/31

销售明细

图 11-51　某公司 2020—2021 年各部门销售明细

示例11-7　创建多个参数的精确与模糊查询

如果希望统计所有成品销售部门（以“成品”为开头的模糊查询）及指定若干个月份（精确查询）的销售数据，可参照以下步骤。

步骤① 在“报表”工作表的A1单元格输入“部门”，A2单元格输入参数“成品”。在B1单元格输入“销售月份”，B2单元格输入参数“2001”，B3单元格输入“2101”，B4单元格输入“2112”，如图 11-52 所示。

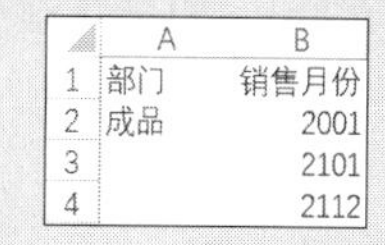

	A	B
1	部门	销售月份
2	成品	2001
3		2101
4		2112

图 11-52　参数区域输入参数

步骤② 选中任意单元格（如D1），单击【数据】选项卡下的【现有连接】按钮，在弹出的【现有连接】对话框中单击【浏览更多】按钮，选择数据源所在的文件并单击【打开】按钮，如图11-53所示。

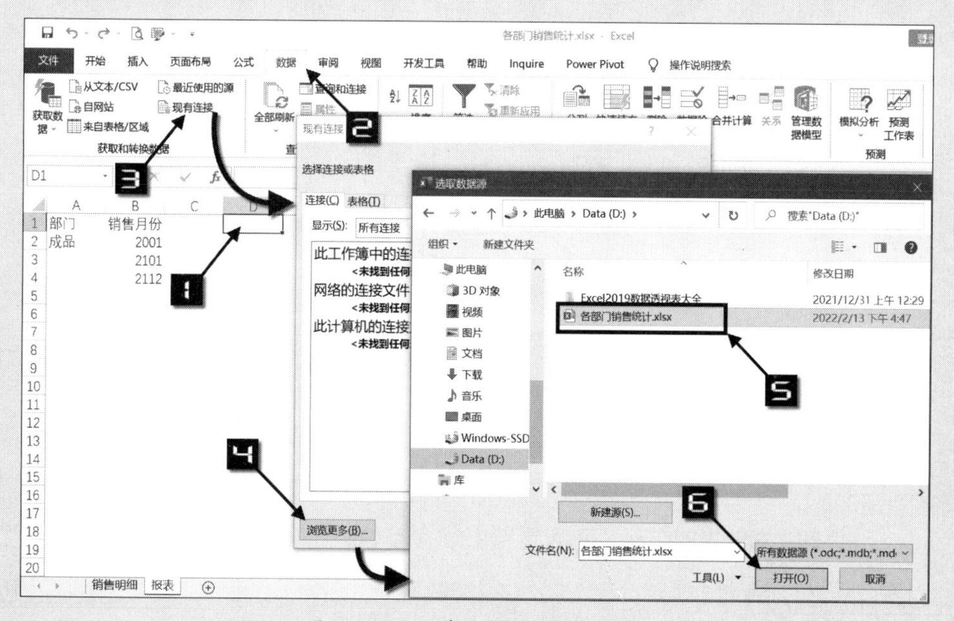

图 11-53　创建连接并选择数据源

步骤③ 在弹出的【选择表格】对话框中选择【销售明细$】，单击【确定】按钮。在弹出的【导入数据】对话框中选择【数据透视表】，单击【属性】按钮，如图 11-54 所示。

步骤④ 在弹出的【连接属性】对话框单击【定义】选项卡，清空【命令文本】文本框中的内容，输入以下SQL语句，单击【确定】创建透视表按钮，如图 11-55 所示。

```
SELECT * FROM [销售明细$] WHERE LEFT(销售部门,2) IN (SELECT 部门 FROM [报表$A:A]) AND 年月 IN (SELECT 销售月份 FROM [报表$B:B])
```

提示 使用 AND 同时匹配两个条件。分别对“销售部门”按【报表$A:A】区域的“部门”进行限定，对“年月”按【报表$B:B】区域的“销售月份”进行限定。

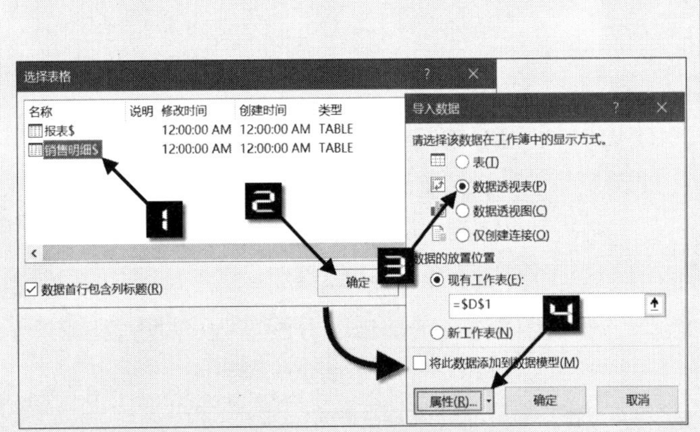

图 11-54 选择表格

图 11-55 输入 SQL 语句

步骤③ 完成数据透视表的创建、布局和美化，如图 11-56 所示。

	A	B	C	D	E	F	G	H
1	部门	销售月份		求和项:销量	销售部门			
2	成品	2001		年月	成品销售部二部	成品销售部三部	成品销售部一部	总计
3		2101		2001	11766	11717	12580	36063
4		2112		2101	13051	10379	13065	36495
5				2112	12097	10185	14078	36360
6				总计	36914	32281	39723	108918

图 11-56 完成后的数据透视表

根据本书前言的提示，可观看“创建多个参数的精确与模糊查询”的视频讲解。

提示

如果打开工作簿时弹出【ODBC Excel Driver 登录失败】对话框，如图 11-57 所示，可将提示对话框关闭，再将工作簿最小化后再重新最大化即可。

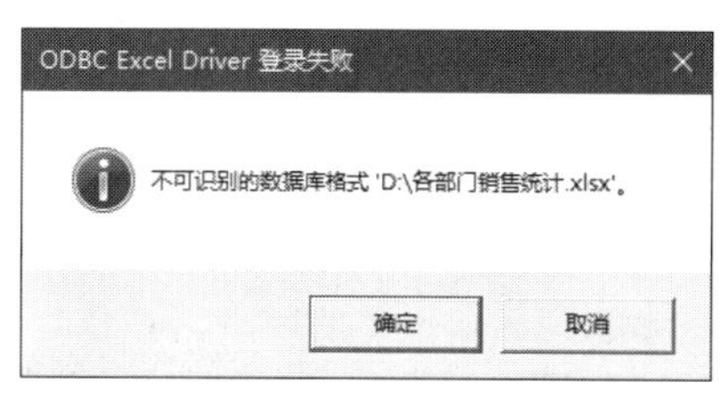

图 11-57 登录失败提示

11.7 运用SQL查询技术创建数据透视表

11.7.1 导入不重复记录创建数据透视表

对于通过外部数据创建的数据透视表，可以通过修改连接属性中的SQL语句，轻而易举地实现各种特殊目的，比如统计数据列表所有字段的不重复记录等。

图 11-58 展示了某公司出库商品盘点数据列表（其中第 3、4 行为重复），该数据列表保存在D盘根目录下的"库存盘点表.xlsx"文件中。

	A	B	C	D
1	商品名称	单位	数量	分类
2	WJD-690	台	26	成品
3	MT-300	只	35	部件
4	MT-300	只	35	部件
5	MT-300	只	10	成品
6	WJD-690	台	30	部件
7	WJD-690	台	20	成品
8	MT-300	只	25	部件
9	MT-300	只	20	部件
10	WJD-690	台	20	部件

图 11-58 商品库存盘点资料

示例11-8 统计库存商品不重复记录

如果希望对如图 11-58 所示的数据列表进行数据分析，统计出商品库存的不重复记录，可参照以下步骤。

步骤① 打开D盘根目录下的"库存盘点表.xlsx"文件，单击"库存统计"工作表标签，即为直接创建的未去除重复的透视表。

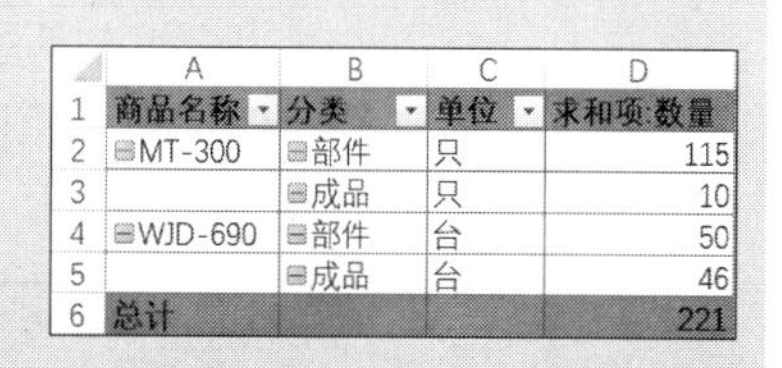

	A	B	C	D
1	商品名称	分类	单位	求和项:数量
2	MT-300	部件	只	115
3		成品	只	10
4	WJD-690	部件	台	50
5		成品	台	46
6	总计			221

图 11-59 未去除重复的透视表

步骤② 选中数据透视表的任意单元格（如D2），单击【数据】选项卡下的【属性】按钮，在弹出的【连接属性】对话框中选择【定义】选项卡，清空【命令文本】文本框中的内容，输入以下SQL语句：

```
SELECT DISTINCT * FROM [商品库存资料$]
```

更新后的数据透视表将去除重复项，即"MT-300"的"部件"数量将减少 35，如图 11-60 所示。

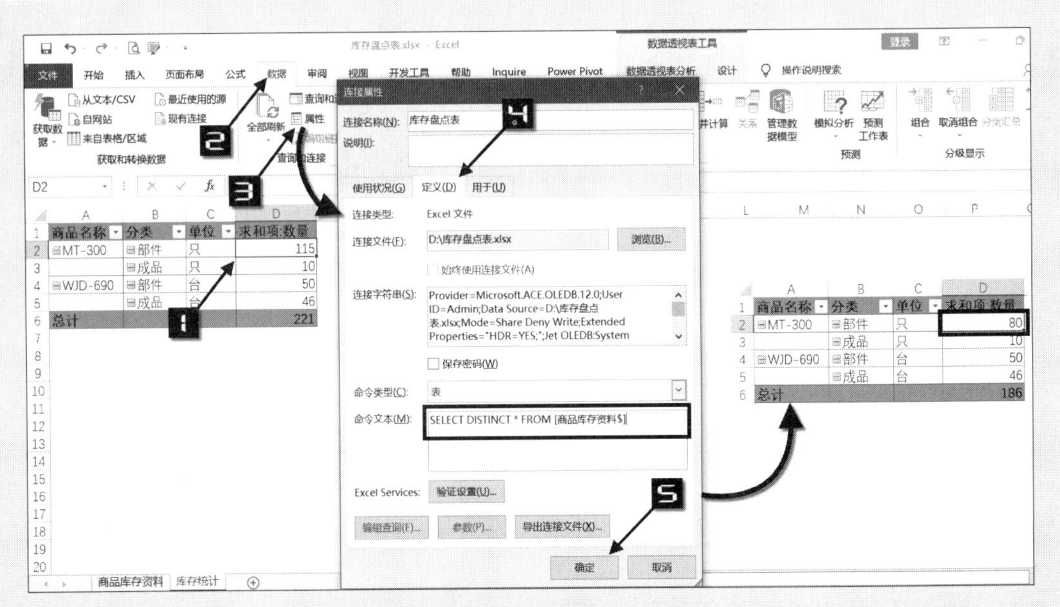

图 11-60　去除重复后的数据透视表

SQL语句意思是：忽略“商品库存资料”工作表中所有字段组成的重复记录，即重复出现的记录只返回其中的一条。

重复记录指的是当前行的所有列（字段）的值都相同，只要有一个字段不同就不成立。

11.7.2　汇总关联数据列表中符合关联条件的指定字段部分记录

图 11-61 展示了某班的“学生信息”数据列表和进入年级前 20 名的学生数据列表，此数据列表存放在D盘根目录下的“班级成绩表.xlsx”文件中。

	A	B	C
1	学生ID	学生	性别
43	NO:042	钱魄甜	女
44	NO:043	王建春	男
45	NO:044	李庭敏	
46	NO:045	岑建宇	
47	NO:046	章冬丽	
48	NO:047	岑晓甜	
49	NO:048	楚文骏	
50	NO:049	郑艾华	
51	NO:050	胡翠骏	
52	NO:051	孙志丽	
53	NO:052	郭庭华	
54	NO:053	黎小敏	
55	NO:054	郑晓豪	
56	NO:055	胡志晴	
57	NO:056	钱庭军	
58	NO:057	张小春	
59	NO:058	君慧羽	
60	NO:059	岑德芳	
61	NO:060	李慧晴	

学生信息　年级前20名　汇总

	A	B	C	D	E
1	考生ID	语文	数学	英语	总分
2	NO:095	94	96	97	287
3	NO:002	99	98	86	283
4	NO:061	97	86	98	281
5	NO:135	87	99	92	278
6	NO:034	94	84	97	275
7	NO:076	94	92	88	274
8	NO:088	85	97	91	273
9	NO:094	89	92	89	270
10	NO:056	80	93	96	269
11	NO:072	87	91	90	268
12	NO:120	89	93	85	267
13	NO:006	92	88	86	266
14	NO:110	93	91	81	265
15	NO:128	81	92	90	263
16	NO:097	83	94	85	262
17	NO:015	84	93	84	261
18	NO:082	99	81	81	261
19	NO:112	86	80	95	261
20	NO:063	87	91	82	260

学生信息　年级前20名　汇总

图 11-61　班级信息和年级前 20 名成绩数据列表

示例11-9 汇总某班级进入年级前20名的学生成绩

如果希望统计“学生信息”数据列表中，成绩进入“年级前 20 名”的学生情况，可参照以下 SQL语句。

步骤① 通过【数据】→【现有连接】创建数据透视表。具体步骤参见示例 11-7。

步骤② 更改【连接属性】的【定义】选项卡中的【命令文本】为如下SQL语句：

```
SELECT A.学生,A.性别,B.* FROM [学生信息$]A INNER JOIN [年级前20名$]B
ON A.学生ID=B.考生ID
```

提示

此语句的含义是：返回“学生信息”数据列表和“年级前 20 名数据列表”中，具有相同“学生 ID”的部分记录。

完成后的数据透视表如图 11-62 所示。

	A	B	C	D	E	F	G
1	考生ID	学生	性别	求和项:数学	求和项:英语	求和项:语文	求和项:总分
2	⊟NO:002	⊟钱卫晴	女	98	86	99	283
3	⊟NO:006	⊟何肖豪	男	88	86	92	266
4	⊟NO:015	⊟孙翠庆	男	93	84	84	261
5	⊟NO:034	⊟吴笑丽	女	84	97	94	275
6	⊟NO:056	⊟钱庭牢	男	93	96	80	269
7	总计			456	449	449	1354

图 11-62 完成后的数据透视表

第 12 章　利用 Power Query 进行数据清洗

Power BI是微软提供的商业智能工具的总称，自2016版本开始已经被整合到Excel中。Power Query是 Power BI在Excel的其中一个组件，简称PQ，是可以连接不同种类数据源的超级查询和数据转换工具，操作简单、实时动态刷新，并且突破了Excel的行数限制，轻松实现了在传统Excel中很难完成的各种数据处理。

本章学习要点

（1）利用Power Query处理单元格。
（2）利用Power Query处理重复记录。
（3）利用Power Query数据进行合并。
（4）利用Power Query进行一维、二维数据转换。

12.1　利用Power Query填充合并单元格

示例12-1　利用Power Query拆分并填充合并单元格

在第 2 章的示例 2-1 案例中，用常规方法对数据区域中的合并单元格进行了拆分，并且填充了数据，如图 12-1 所示。此案例也可使用Power Query编辑器进行处理，并且做到动态化，具体操作步骤如下。

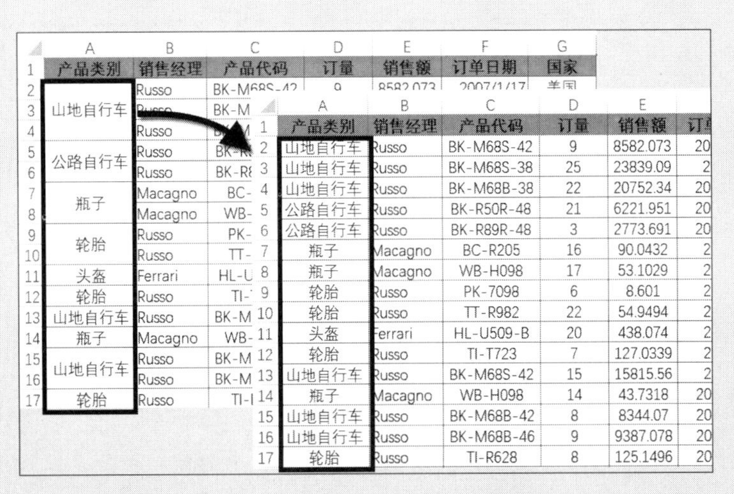

图 12-1　合并单元格拆分并填充

步骤① 依次单击【数据】选项卡→【获取数据】→【自文件】→【从工作簿】命令，找到数据所在的目标路径，单击【导入】按钮，如图 12-2 所示。

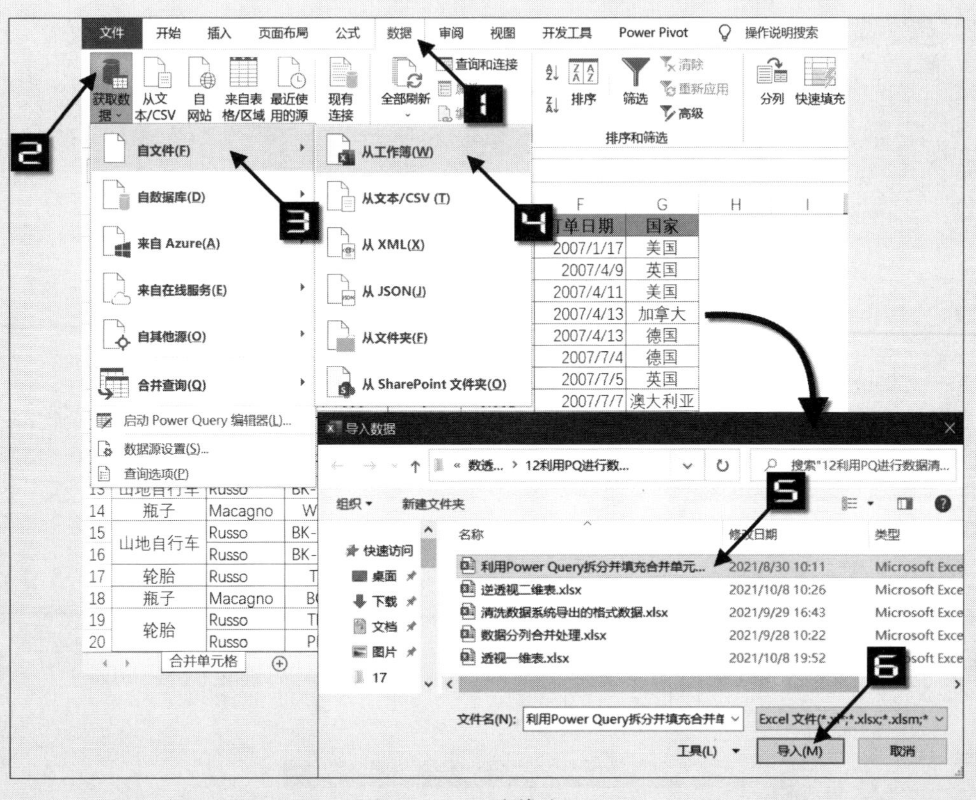

图 12-2 从工作簿获取数据

步骤② 在弹出的【导航器】对话框中选择数据所在的工作表，单击【转换数据】按钮进入【Power Query 编辑器】，如图 12-3 所示。

图 12-3 在导航器选择数据所在的工作表

步骤③ 导入到【Power Query 编辑器】的数据，合并单元格已经被拆分。选择需要填充数据的列（本例为“产品类别”列），单击【转换】选项卡→【填充】下拉按钮，选择【向下】，如图 12-4 所示。

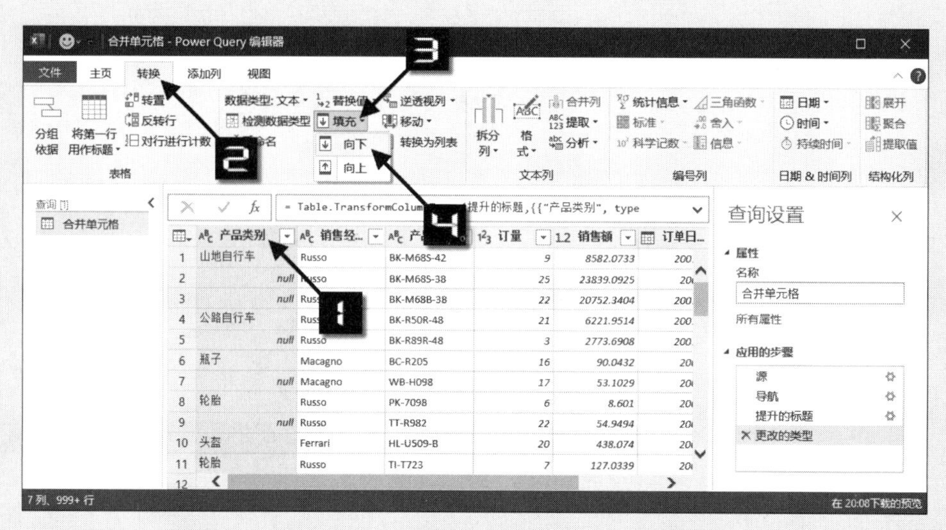

图 12-4 在【Power Query 编辑器】中向下填充数据

步骤④ 在【主页】选项卡中依次单击【关闭并上载】→【关闭并上载至】命令，在弹出的【导入数据】对话框中选择导出方式，【表】【数据透视表】【数据透视图】或【仅创建连接】，并且考虑是否需要勾选【将此数据添加到数据模型】复选框，最后单击【确定】按钮即可上载数据，如图 12-5 所示。

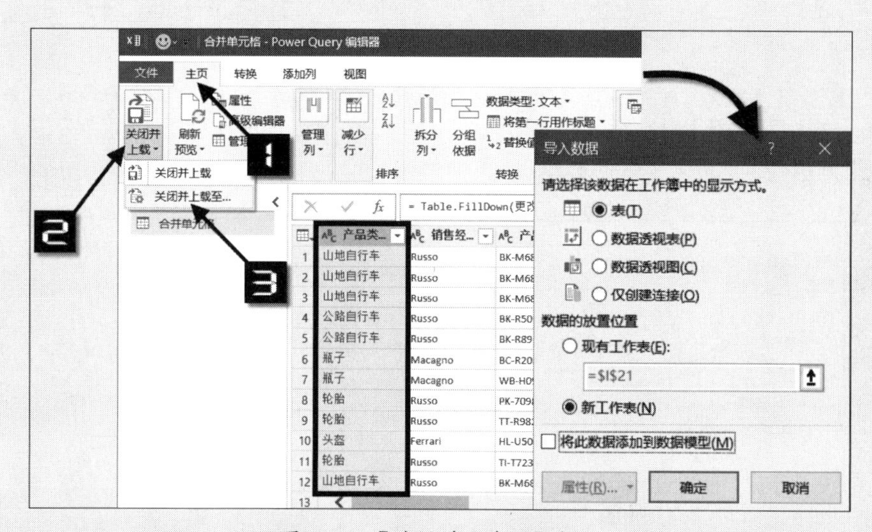

图 12-5 【关闭并上载至】选项

上载为【表】的数据如图 12-6 所示。

	A	B	C	D	E	F	G
1	产品类别	销售经理	产品代码	订量	销售额	订单日期	国家
2	山地自行车	Russo	BK-M68S-42	9	8582.0733	2007/1/17	美国
3	山地自行车	Russo	BK-M68S-38	25	23839.0925	2007/4/9	英国
4	山地自行车	Russo	BK-M68B-38	22	20752.3404	2007/4/11	美国
5	公路自行车	Russo	BK-R50R-48	21	6221.9514	2007/4/13	加拿大
6	公路自行车	Russo	BK-R89R-48	3	2773.6908	2007/4/13	德国
7	瓶子	Macagno	BC-R205	16	90.0432	2007/7/4	德国
8	瓶子	Macagno	WB-H098	17	53.1029	2007/7/5	英国
9	轮胎	Russo	PK-7098	6	8.601	2007/7/7	澳大利亚
10	轮胎	Russo	TT-R982	22	54.9494	2007/7/7	澳大利亚
11	头盔	Ferrari	HL-U509-B	20	438.074	2007/7/7	美国

图 12-6 Power Query 编辑器填充合并单元格后上载为表的数据

在【Power Query编辑器】中首次选择【关闭并上载】，将以默认【表】的显示方式将数据上载给Excel工作表，形成一个数据表格；再次选择【关闭并上载】时，将【Power Query编辑器】中的更改保存到已选择的显示方式中。【关闭并上载至】可以选择四种数据在工作簿中的显示方式。除默认的【表】外，还可以选择将数据直接上载给【数据透视表】或【数据透视图】，这三种方式都在Excel工作簿中加载了数据。如果选择【仅创建连接】，则数据并未加载到Excel工作簿，工作簿体积较小。用户可以使用已存在的“此工作簿中的连接”，随时生成数据透视表。勾选【将此数据添加到数据模型】复选框，无论选择以上哪种数据显示方式，都将在Excel工作簿中加载数据，同时也会将数据添加到【Power Pivot】数据模型。用户既可以使用【Power Query】建立的“查询”生成数据透视表，也可以使用【Power Pivot】数据模型生成“模型数据透视表”。

12.2　利用Power Query删除重复记录

示例12-2　利用Power Query删除重复记录

在第2章的示例2-3案例中，用常规方法对数据区域中的重复记录进行了删除。此案例在Power Query编辑器中也可以处理，具体操作步骤如下。

在【Power Query编辑器】中选择所有列，依次单击【主页】选项卡→【删除行】下拉按钮，选择【删除重复项】命令即可，如图12-7所示。

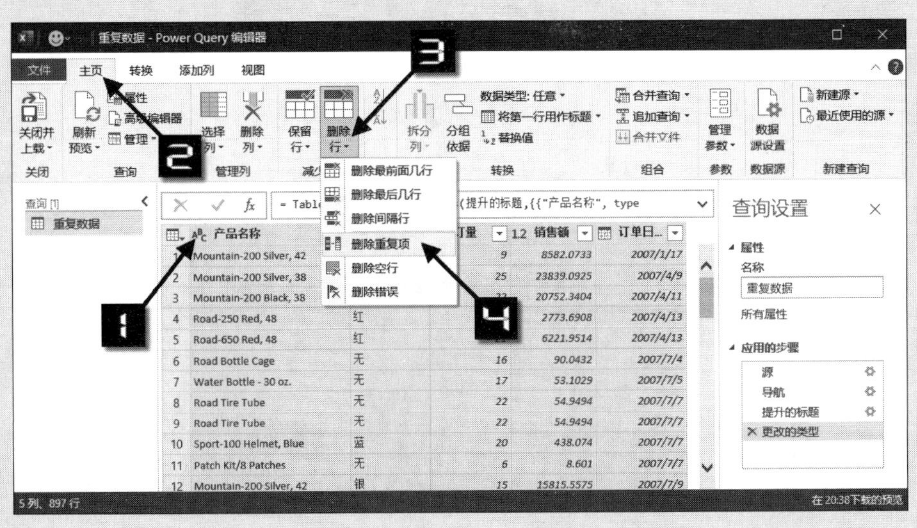

图12-7　在【Power Query编辑器】中删除重复项

12.3 利用Power Query导入并处理文本文件

有些数据系统只能导出文本文件数据，数据在文本文件中以一定的分隔符分隔。Excel能够打开和识别文本文件，甚至也能生成如“.txt”“.csv”后缀名的文本文件。但是用Excel直接打开文本文件，可能会遇到乱码或文本型数字识别错误等问题。利用Power Query导入文本文件可以轻松解决此类问题。

示例12-3 导入并处理CSV文件

如图12-8所示，用记事本打开的CSV文本文件，数据之间以逗号分隔。如果用Excel直接打开，“工号”字段前导“0”就会丢失。正确处理文本文件的方法如下。

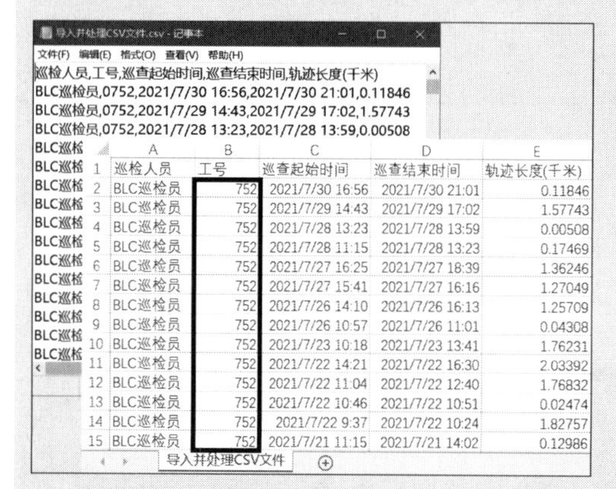

	A	B	C	D	E
1	巡检人员	工号	巡查起始时间	巡查结束时间	轨迹长度(千米)
2	BLC巡检员	752	2021/7/30 16:56	2021/7/30 21:01	0.11846
3	BLC巡检员	752	2021/7/29 14:43	2021/7/29 17:02	1.57743
4	BLC巡检员	752	2021/7/28 13:23	2021/7/28 13:59	0.00508
5	BLC巡检员	752	2021/7/28 11:15	2021/7/28 13:23	0.17469
6	BLC巡检员	752	2021/7/27 16:25	2021/7/27 18:39	1.36246
7	BLC巡检员	752	2021/7/27 15:41	2021/7/27 16:16	1.27049
8	BLC巡检员	752	2021/7/26 14:10	2021/7/26 16:13	1.25709
9	BLC巡检员	752	2021/7/26 10:57	2021/7/26 11:01	0.04308
10	BLC巡检员	752	2021/7/23 10:18	2021/7/23 13:41	1.76231
11	BLC巡检员	752	2021/7/22 14:21	2021/7/22 16:30	2.03392
12	BLC巡检员	752	2021/7/22 11:04	2021/7/22 12:40	1.76832
13	BLC巡检员	752	2021/7/22 10:46	2021/7/22 10:51	0.02474
14	BLC巡检员	752	2021/7/22 9:37	2021/7/22 10:24	1.82757
15	BLC巡检员	752	2021/7/21 11:15	2021/7/21 14:02	0.12986

图 12-8 用Excel打开的文本文件

步骤① 在任意工作表中单击【数据】选项卡，在【获取和转换数据】工作组中单击【从文本/CSV】按钮，找到“导入并处理CSV文件.csv”文件，单击【导入】按钮，在弹出的对话框中没有出现乱码，说明【文件原始格式】识别正确，可以直接单击【转换数据】按钮进入【Power Query编辑器】，如图12-9所示。

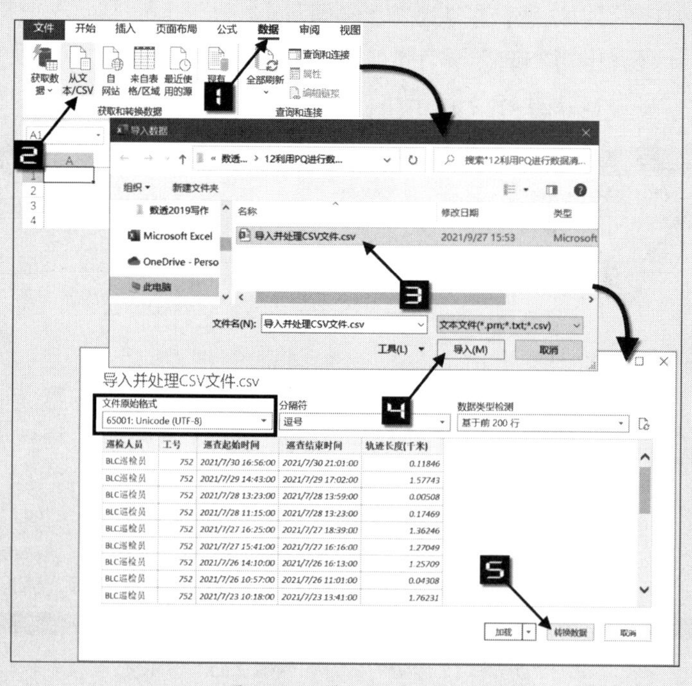

图 12-9 导入文本文件

步骤② 在【Power Query编辑器】中，“巡查起始时间”“巡查结束时间”和“轨迹长度(千米)”列都已正确识别数据类型。选择“工号”列，依次单击【主页】选项卡→【数据类型】下拉按钮→选择【文本】命令，在弹出的【更改列类型】对话框中，单击【替换当前转换】按钮完成CSV文件的处理，如图 12-10 所示。

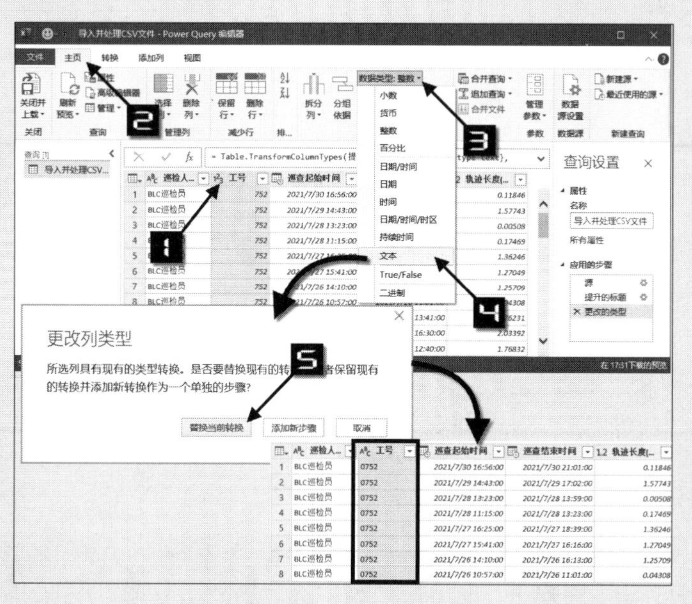

图 12-10　更改数据类型

12.4　利用Power Query分列、合并数据

Power Query有丰富的文本分列、提取和合并功能，遇到较为复杂的文本拆分、合并需求，可以利用Power Query清洗、整理数据。

示例12-4　数据分列、合并处理

图 12-11 展示了某公司从ERP系统中导出的产品销售目录，“产品名称”字段包含产品细类和颜色信息，由于用户希望分析不同细类产品、不同颜色的销售情况，因此需要将该字段进行拆分和提取，具体操作步骤如下。

	A	B	C	D	E	F
1	产品类别	产品名称	订量	销售额	订单日期	国家
2	Bicycle	Mountain100-Silver,38	13	19341.8628	2005/7/22	美国
3	Bicycle	Road550W-Red,48	9	12662.7822	2005/8/4	美国
4	Bicycle	Road150-Red,62	8	11255.8064	2005/12/21	加拿大
5	Bicycle	Road150-Red,62	2	2813.9516	2005/12/21	美国
6	Bicycle	Road150-Red,48	3	4220.9274	2005/12/22	加拿大
7	Bicycle	Mountain100-Silver,38	11	16366.1916	2006/5/13	美国
8	Bicycle	Road150-Red,48	20	28139.516	2006/5/17	美国
9	Bicycle	Road150-Red,62	3	4220.9274	2006/1/14	美国
10	Bicycle	Road150-Red,62	10	14069.758	2005/10/4	澳大利亚
11	Bicycle	Road150-Red,62	8	11255.8064	2005/10/7	英国
12	Bicycle	Road150-Red,48	22	30953.4676	2005/10/21	美国
13	Bicycle	Road150-Red,62	2	2813.9516	2005/11/7	美国
14	Bicycle	Road150-Red,44	13	18290.6854	2005/8/21	澳大利亚

Sheet1

图 12-11　多种信息处在同一单元格的原始数据

步骤① 选中数据区域的任意一个单元格（如B3），在【数据】选项卡的【获取和转换数据】组中单击【来自表格/区域】按钮，在弹出的【创建表】对话框中选中【表包含标题】复选框，单击【确定】按钮，进入【Power Query编辑器】，如图 12-12 所示。

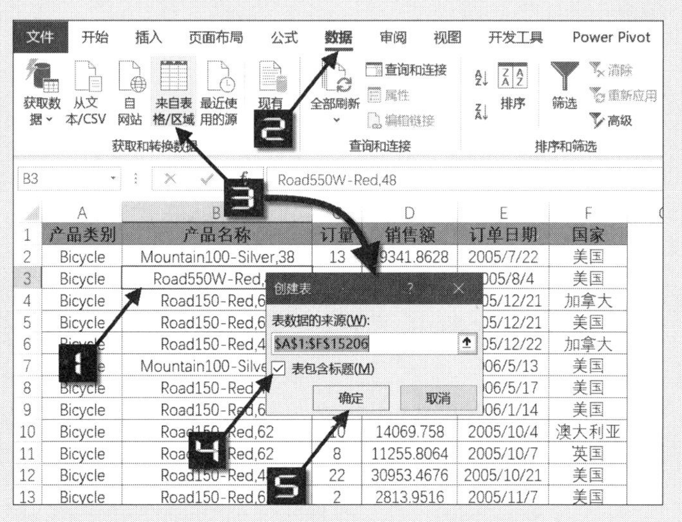

图 12-12　来自表格获取数据

步骤② 在【Power Query编辑器】中，单击“产品名称”字段标签选中此列，依次单击【主页】选项卡→【拆分列】下拉按钮，在下拉列表中选择【按照从非数字到数字的转换】命令，如图 12-13 所示。

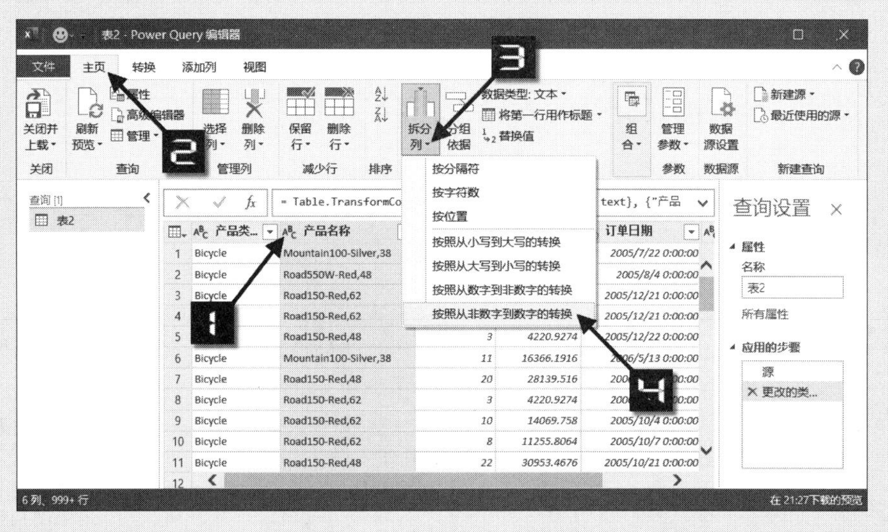

图 12-13　从非数字到数字拆分列

步骤③ 选择“产品名称.2”列，依次单击【转换】选项卡→【提取】下拉按钮，在下拉列表中选择【分隔符之间的文本】命令，在弹出的【分隔符之间的文本】对话框中，在【开始分隔符】文本框中输入“-”，在【结束分隔符】文本框中输入“，”，单击【确定】按钮，如图 12-14 所示。

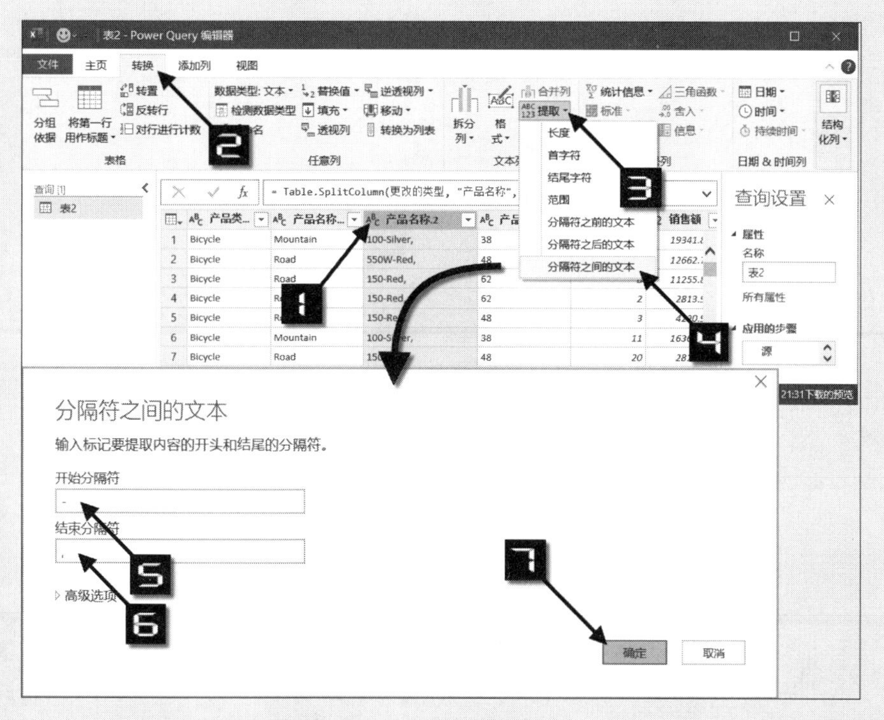

图 12-14　提取分隔符之间的文本

步骤 4 选择“产品名称.1”列，按住<Ctrl>键选择“产品类别”列，依次单击【转换】选项卡→【合并列】按钮，弹出【合并列】对话框，在【分隔符】下拉列表框中选择【空格】，在【新列名(可选)】文本框中输入“产品”，单击【确定】按钮，如图 12-15 所示。

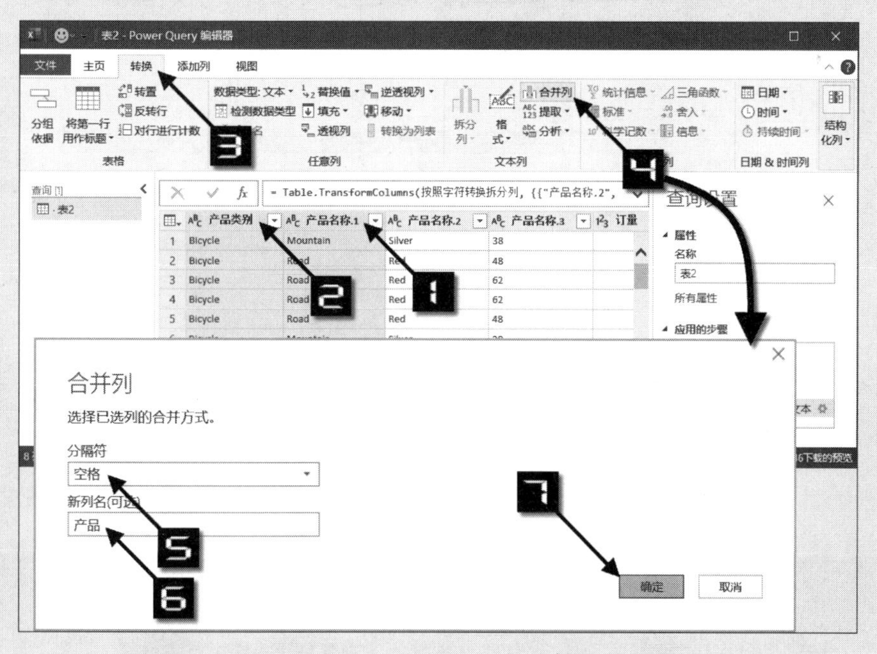

图 12-15　设置分隔符合并列

步骤 5 选择“产品名称.3”列，依次单击【主页】选项卡→【删除列】按钮，如图 12-16 所示。

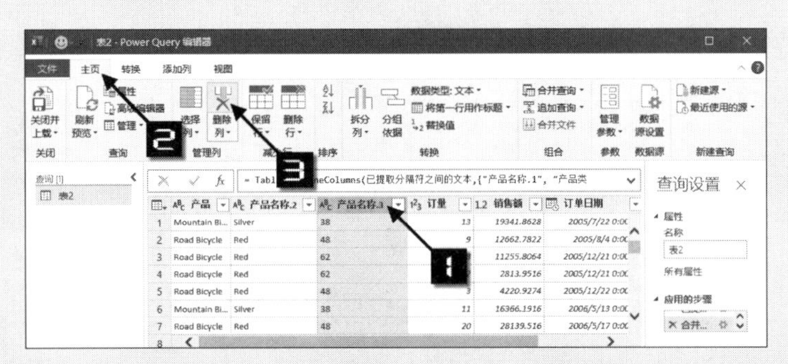

图 12-16　删除列

步骤⑥ 双击“产品名称.2”列标签，名称修改为“颜色”，完成数据清理工作，如图 12-17 所示。

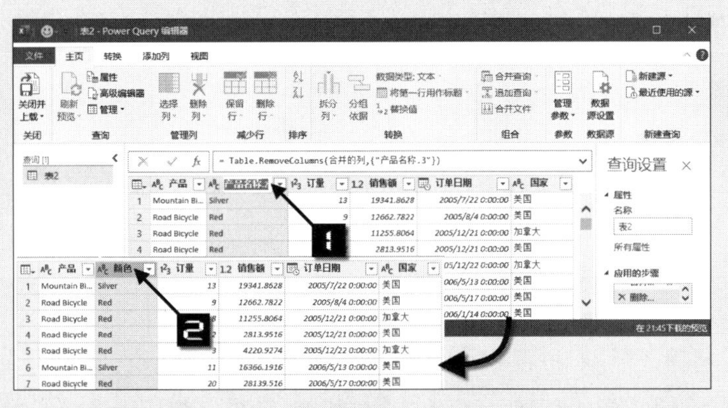

图 12-17　更改列标签

步骤⑦ 依次单击【主页】选项卡→【关闭并上载】下拉按钮→【关闭关上载至】命令，在弹出的【导入数据】对话框中选择【数据透视表】单选按钮，单击【确定】按钮，创建数据透视表，如图 12-18 所示。

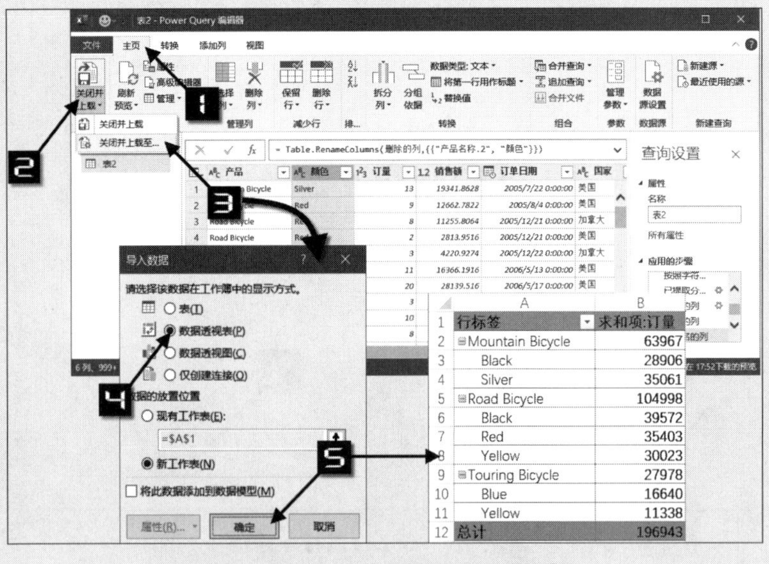

图 12-18　关闭并上载至数据透视表

12.5　利用Power Query逆透视二维表

示例12-5　逆透视二维表

图 12-19 展示了一个二维数据区域，行方向有“产品类别”和“国家”两个字段的项对“订单”和“销售”数据进行描述。列方向有“2017 年”和“2018 年”对“订单”和“销售”数据进行描述。现在需要将其快速转换为一维数据区域，具体操作步骤如下。

	A	B	C	D	E	F
1	产品类别	国家	2017年订单	2017年销售	2018年订单	2018年销售
2	背心	澳大利亚	54	2146.554	89	3537.839
3	背心	德国	25	993.775	51	2027.301
4	背心	加拿大	37	1470.787	89	3537.839
5	背心	美国	53	2106.803	165	6558.915
6	背心	英国	5	198.755	71	2822.321
7	挡泥板	澳大利亚	210	2889.495	193	2655.5835
8	挡泥板	德国	53	729.2535	93	1279.6335
9	挡泥板	法国	20	275.19	59	811.8105
10	挡泥板	加拿大	52	715.494	357	4912.1415
11	挡泥板	美国	304	4182.888	571	7856.6745
12	挡泥板	英国	22	302.709	93	1279.6335
13	短裤	法国	20	876.274	61	2672.6357
14	短裤	加拿大	27	1182.9699	267	11698.2579

逆透视

图 12-19　需要转换的二维数据区域

步骤① 将数据区域导入【Power Query编辑器】，如图 12-20 所示。

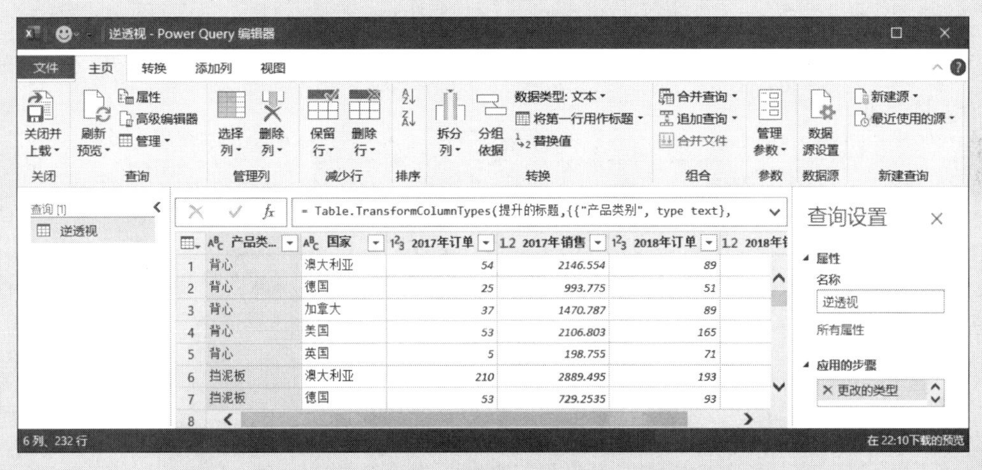

图 12-20　导入【Power Query 编辑器】的二维数据

步骤② 选择“2017 年订单”列，按住<Ctrl>键再选择“2018 年订单”列，依次单击【转换】选项卡→【逆透视列】按钮，如图 12-21 所示。

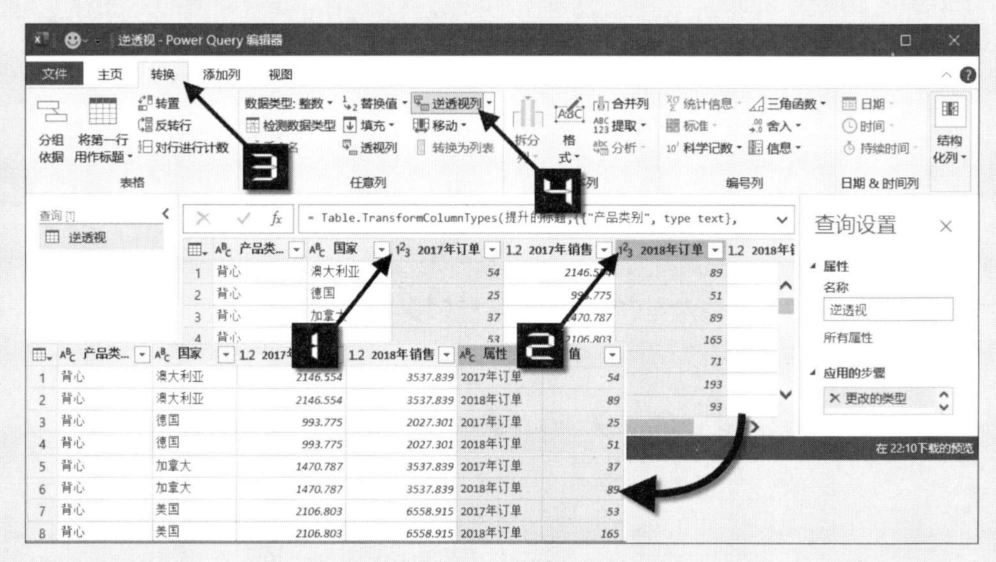

图 12-21　逆透视订单列

提示

【逆透视列】是将数据原字段降为某一新字段的数据项的过程。如本例选中的两个字段“2017 年订单”和“2018 年订单”，逆透视后，两个字段成为一个新字段“属性”的两个项。

步骤③ 选择“2017 年销售”和“2018 年销售”两列，依次单击【转换】选项卡→【逆透视列】按钮，如图 12-22 所示。

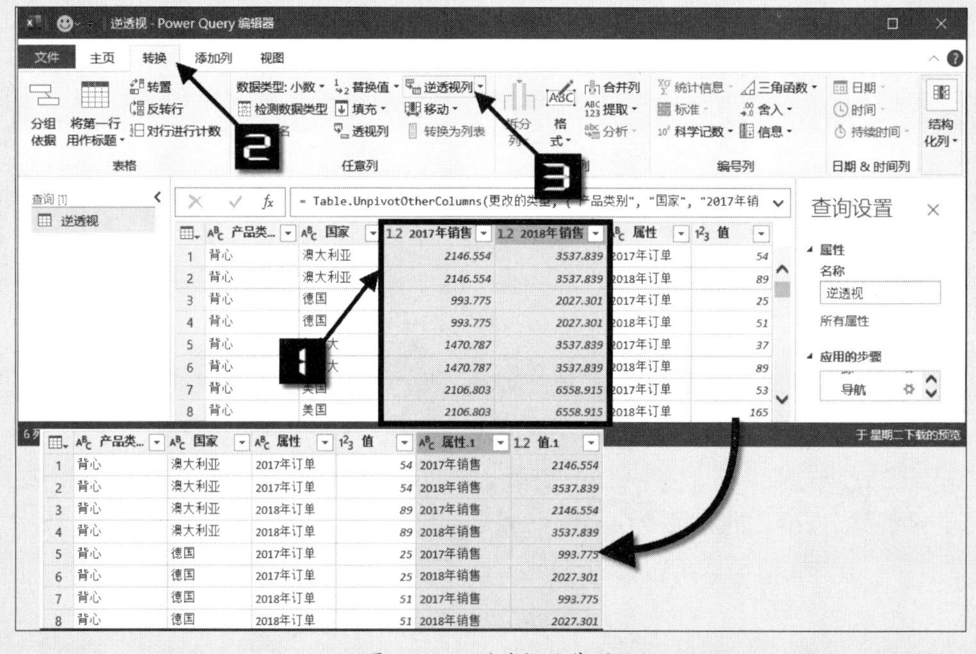

图 12-22　逆透视销售列

步骤④ 双击“值”列标题，修改为“订单量”；双击“值.1”列标题，修改为“销售额”；双击“属性”

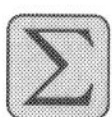

列标题，修改为“年份”，如图 12-23 所示。

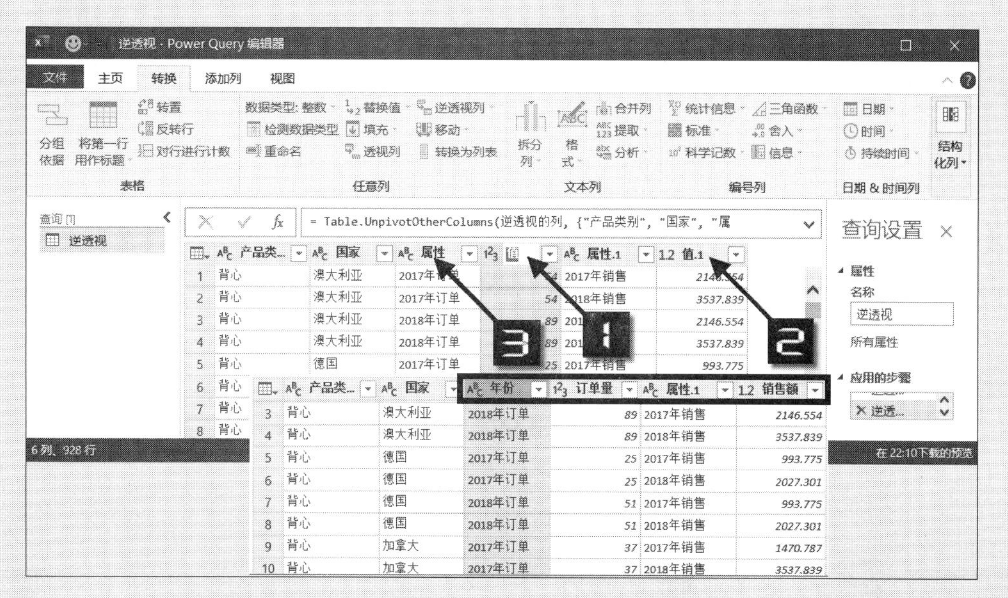

图 12-23　修改字段名

步骤⑤ 选择“年份”列，依次单击【转换】选项卡→【替换值】按钮，在【替换值】对话框的【要查找的值】文本框中输入“年订单”，【替换为】文本框留空，单击【确定】按钮，如图 12-24 所示。

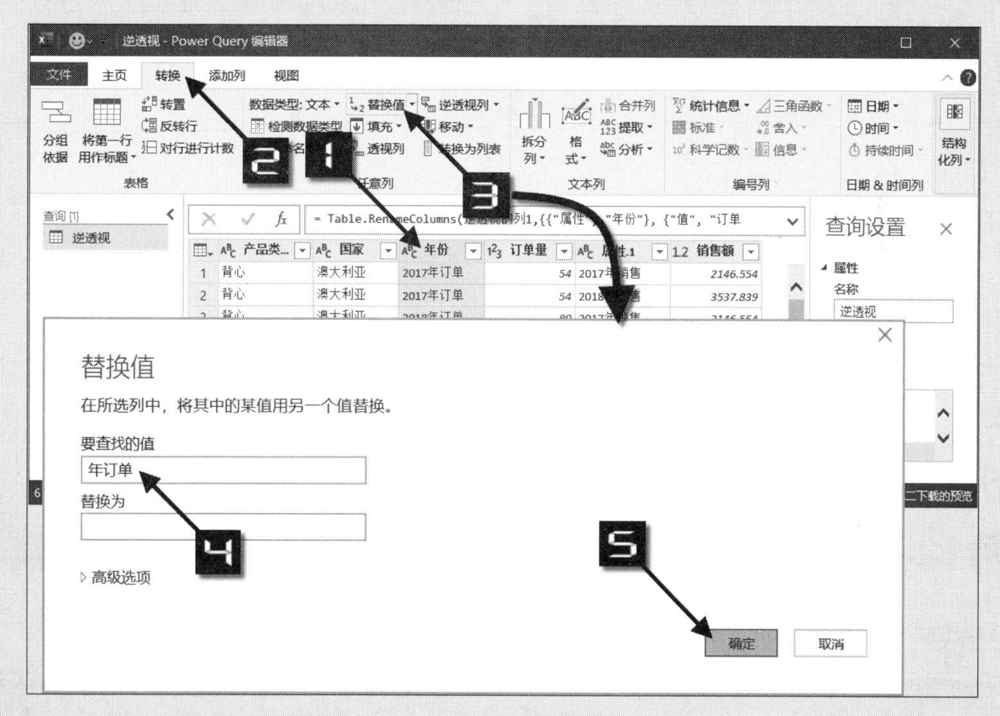

图 12-24　替换数据

步骤⑥ 选择“属性.1”列，依次单击【主页】选项卡→【删除列】按钮，如图 12-25 所示。

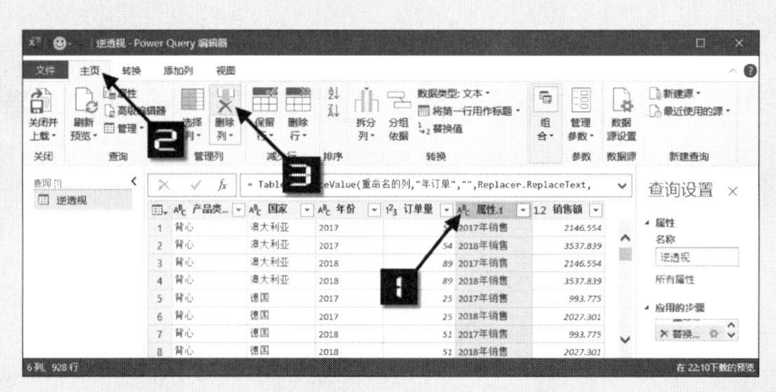

图 12-25　删除多余列

最后将数据【关闭并上载】即可，如图 12-26 所示。

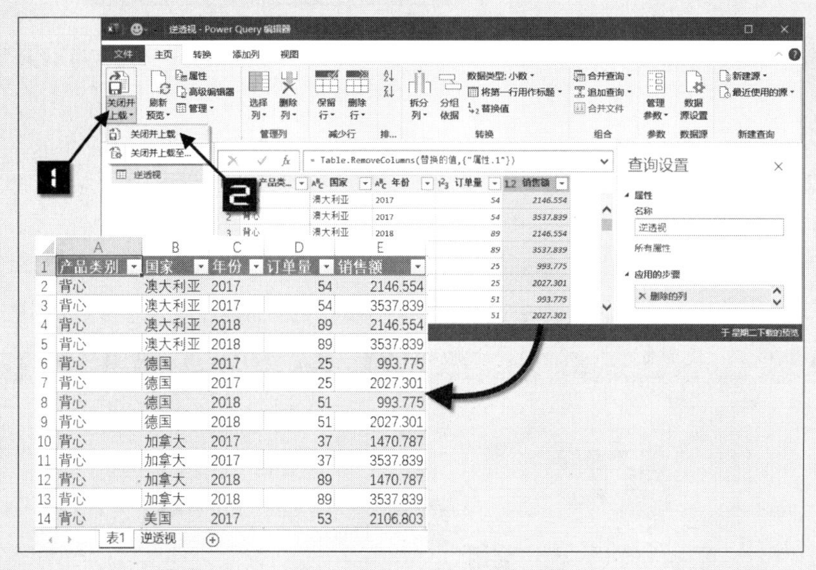

图 12-26　关闭并上载数据

12.6　利用 Power Query 透视一维数据

示例12-6　透视一维表

巡检员	作业	时间	轨迹长度_米
BLC巡检员	巡查起始	2021/7/30 16:56	118.46
BLC巡检员	巡查结束	2021/7/30 21:01	118.46
BLC巡检员	巡查起始	2021/7/29 14:43	1577.43
BLC巡检员	巡查结束	2021/7/29 17:02	1577.43
BLC巡检员	巡查起始	2021/7/28 13:23	5.08
BLC巡检员	巡查结束	2021/7/28 13:59	5.08
BLC巡检员	巡查起始	2021/7/28 11:15	174.69
BLC巡检员	巡查结束	2021/7/28 13:23	174.69
BLC巡检员	巡查起始	2021/7/27 16:25	1362.46

图 12-27　需要转换的一维数据区域

图 12-27 所示为一维数据区域，“巡查起始”和“巡查结束”都是时间属性。如果需要了解每位巡检员每天的巡检时长、轨迹长度、巡检速率等情况，就有必要将该数据“作业”字段的两个项透视为两个字段，具体步骤如下。

步骤① 在源数据A列前插入“序号”辅助列，录入公式“=ROUNDUP(ROW(B1)/2,0)”，如图 12-28 所示。

步骤② 将一维数据区域导入【Power Query编辑器】，如图 12-29 所示。

A2　=ROUNDUP(ROW(B1)/2,0)

	A	B	C	D	E
1	序号	巡检员	作业	时间	轨迹长度 米
2	1	BLC巡检员	巡查起始	2021/7/30 16:56	118.46
3	1	BLC巡检员	巡查结束	2021/7/30 21:01	118.46
4	2	BLC巡检员	巡查起始	2021/7/29 14:43	1577.43
5	2	BLC巡检员	巡查结束	2021/7/29 17:02	1577.43
6	3	BLC巡检员	巡查起始	2021/7/28 13:23	5.08
7	3	BLC巡检员	巡查结束	2021/7/28 13:59	5.08
8	4	BLC巡检员	巡查起始	2021/7/28 11:15	174.69
9	4	BLC巡检员	巡查结束	2021/7/28 13:23	174.69
10	5	BLC巡检员	巡查起始	2021/7/27 16:25	1362.46
11	5	BLC巡检员	巡查结束	2021/7/27 18:39	1362.46

图 12-28　添加序号辅助列

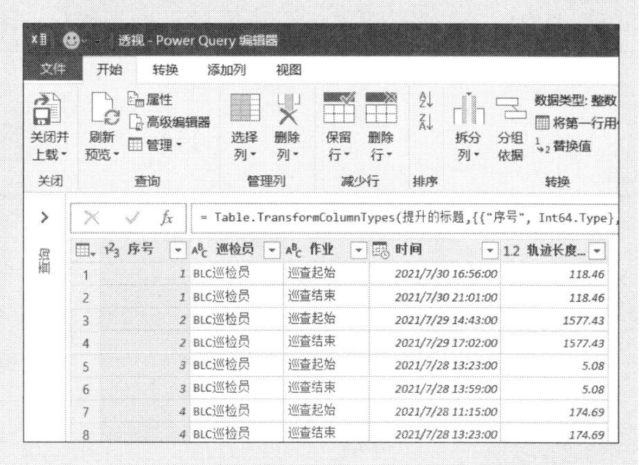

图 12-29　导入【Power Query编辑器】的一维数据

步骤③ 选择“作业”列，依次单击【转换】选项卡→【透视列】按钮，如图 12-30 所示。

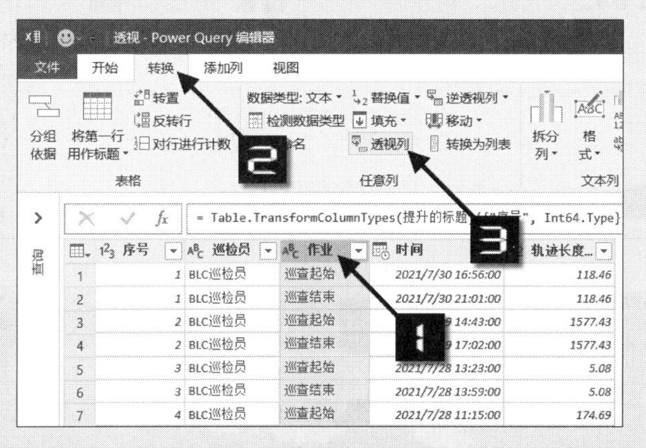

图 12-30　透视列

【透视列】是将数据原字段的不重复项提升为字段。如本例原“作业”字段下有两个不重复项“巡查起始”和“巡查结束”，【透视列】将这两个数据项提升为两个字段。

步骤④ 在弹出的【透视列】对话框中，【值列】选择“时间”列，单击【高级选项】折叠按钮，在展开的【聚合值函数】列表框中选择“不要聚合”，单击【确定】按钮，如图 12-31 所示。

透视时，未被透视的列如果有重复数据，选用“不要聚合”会出现错误值。本例中“巡检员”字段为“EFC巡检员”，“轨迹长度”字段为“20.02”的数据有两个，作为【值列】的“时间”数据，“不要聚合”会出现错误值。所以在源数据前增加“序号”列，以避免数据重复。

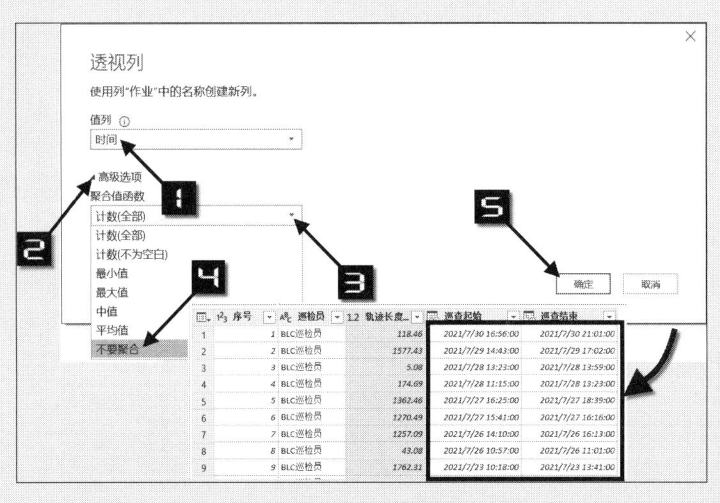

图 12-31 【透视列】对话框的设置

根据本书前言的提示，可观看“透视一维表”的视频讲解。

12.7 利用Power Query清洗数据

示例12-7 清洗数据系统导出的格式数据

图 12-32 是某商业银行数据系统导出的数据，存在大量合并单元格和多余的表头、表尾，其中“较上月增幅”和“较年初增幅”是计算得来的数据，可以删除。每个分行的合计数据应当删除，具体操作步骤如下。

	A	B	C	D	E	F	G	H
1	**风险管理资产质量逾期结构表**							
2	报告日期：2021-08-30							
3			**未逾期**			**逾期1-30天**		
4	**分行**	**贷款余额**	**较上月增幅**	**较年初增幅**	**余额**	**较上月增幅**	**较年初增幅**	**余额**
5	789001950	7,156.54	4.79%	-0.48%	6,965.58	-55.10%	-75.09%	19.38
6	**789001950 - 合计**	**7,156.54**	**4.79%**	**-0.48%**	**6,965.58**	**-55.10%**	**-75.09%**	**19.38**
7	789001951	0.57	-14.59%	-61.76%	0.57			0.00
8	**789001951 - 合计**	**0.57**	**-14.59%**	**-61.76%**	**0.57**			**0.00**
9	789100368	1,516.18	-3.45%	-10.00%	1,508.34	305.75%	-18.71%	3.51
10	**789100368 - 合计**	**1,516.18**	**-3.45%**	**-10.00%**	**1,508.34**	**305.75%**	**-18.71%**	**3.51**
11	789100386	3,591.94	5.60%	5.72%	3,506.31	-58.19%	-49.50%	15.19
411	**整体 - 合计**	**308,716.39**	**3.06%**	**3.19%**	**399,788.39**	**7.75%**	**19.56%**	**3,077.93**
412	2021-9-19							

图 12-32 需要清洗的系统导出数据

步骤① 将数据导入Power Query编辑器。

步骤② 依次单击【转换】选项卡→【转置】按钮，如图 12-33 所示。

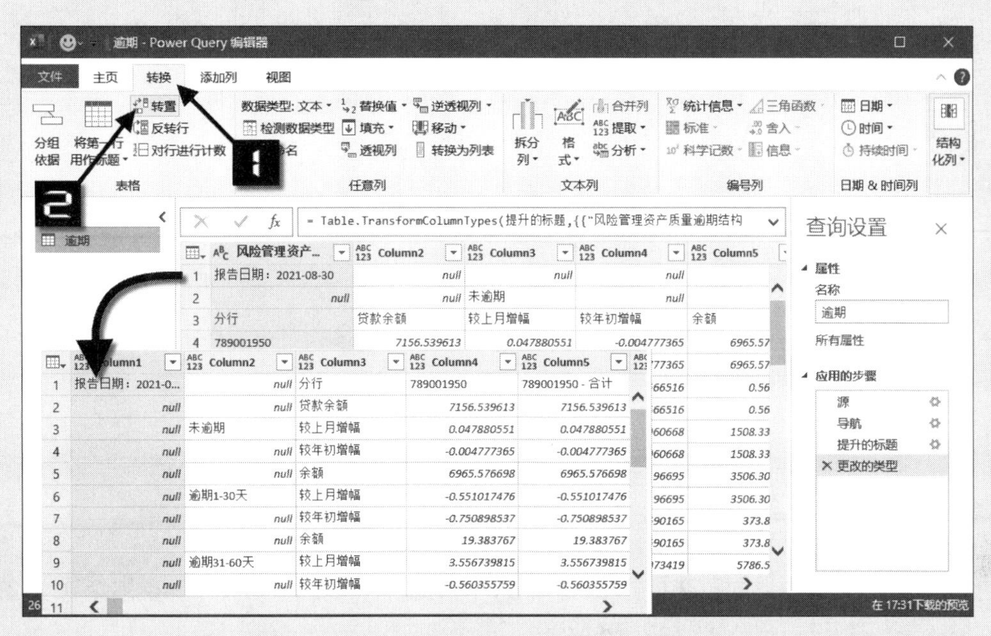

图 12-33 转置数据使目标行转置为列

步骤③ 选择“Column2”列，依次单击【转换】选项卡→【填充】→【向下】命令，如图 12-34 所示。

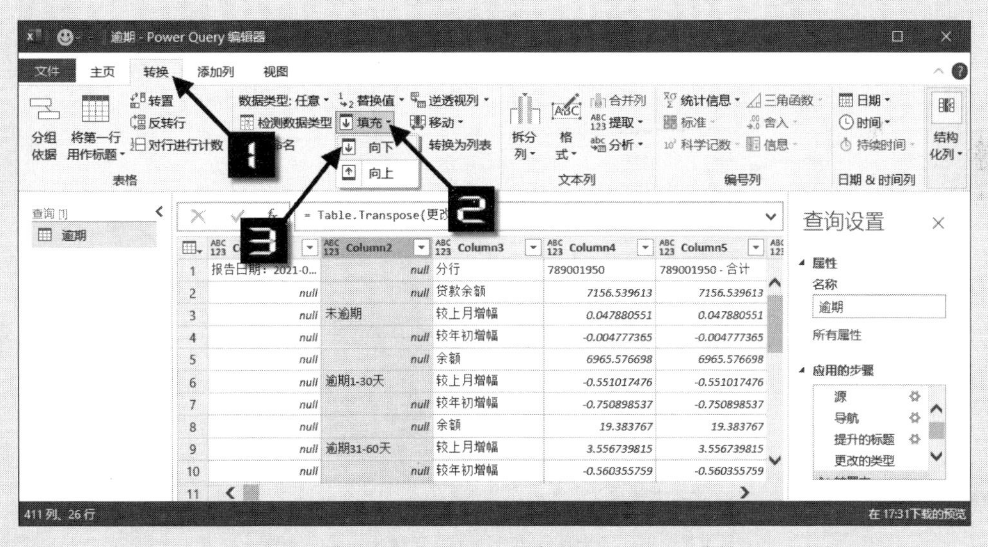

图 12-34 向下填充数据

步骤④ 按住<Ctrl>键再选择“Column3”列，依次单击【转换】选项卡→【合并列】按钮，在弹出的【合并列】对话框中直接单击【确定】按钮，如图 12-35 所示。

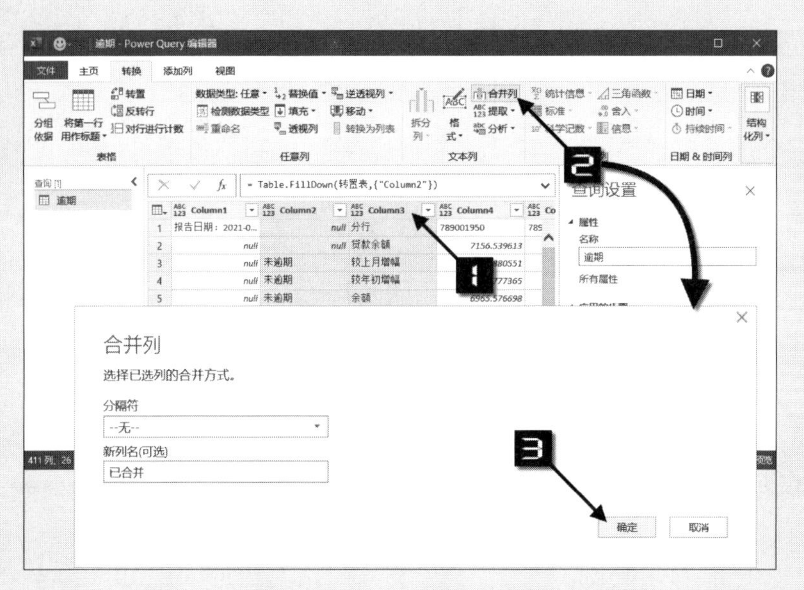

图 12-35　无分隔符合并列

步骤⑤ 单击“已合并”列标签右侧的筛选下拉按钮，取消选中“(全选)”复选框，在下拉列表中选择“分行”复选框，同时在【搜索】框中输入“余额”，勾选“(选择所有搜索结果)”复选框并单击【确定】按钮，如图 12-36 所示。

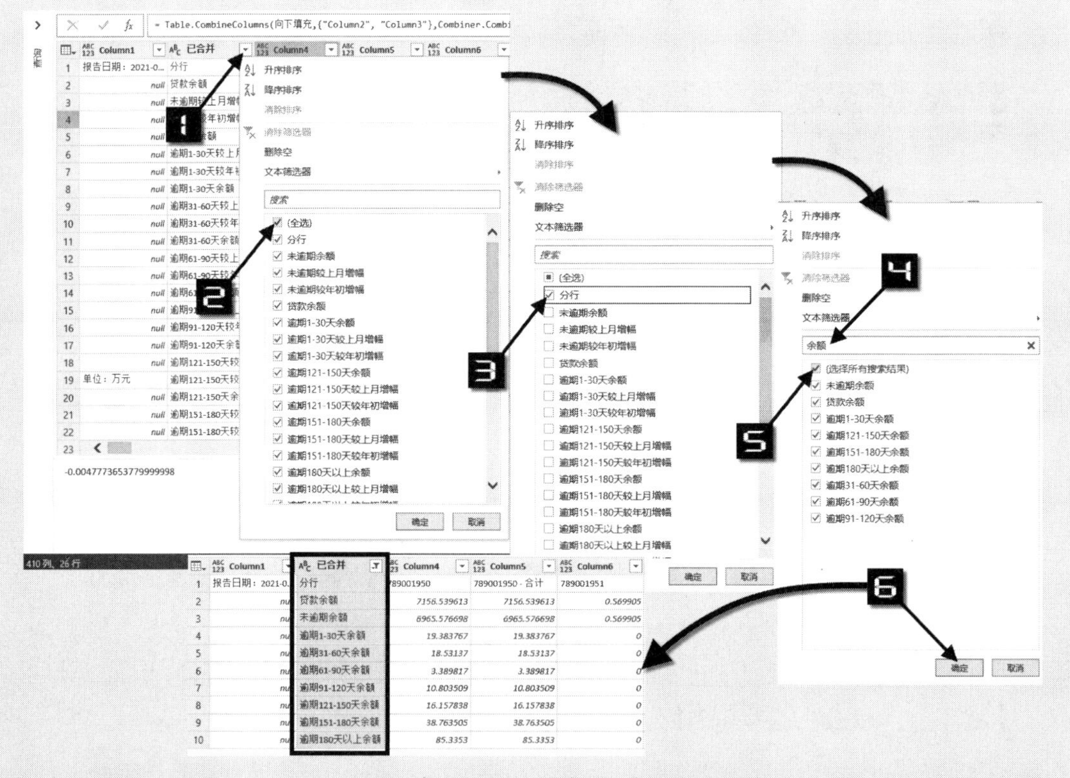

图 12-36　筛选“分行”和包含“余额”的数据

步骤⑥ 选择“Column1”列，依次单击【主页】选项卡→【删除列】按钮，如图 12-37 所示。

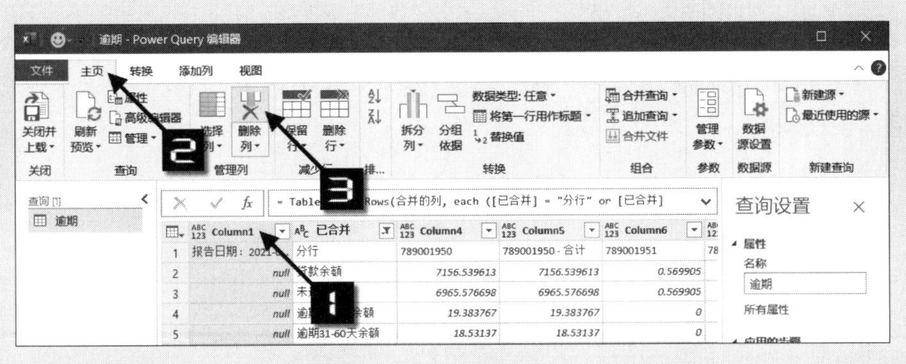

图 12-37　删除当前列

步骤⑦ 单击【转换】选项卡→【转置】按钮，如图 12-38 所示。

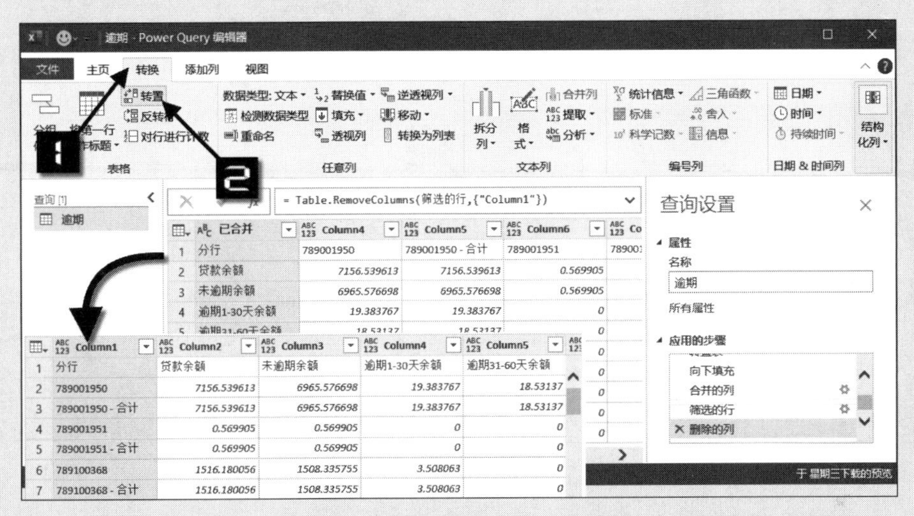

图 12-38　转置数据使目标列转置为行

步骤⑧ 单击【转换】选项卡→【将第一行用作标题】按钮，如图 12-39 所示。

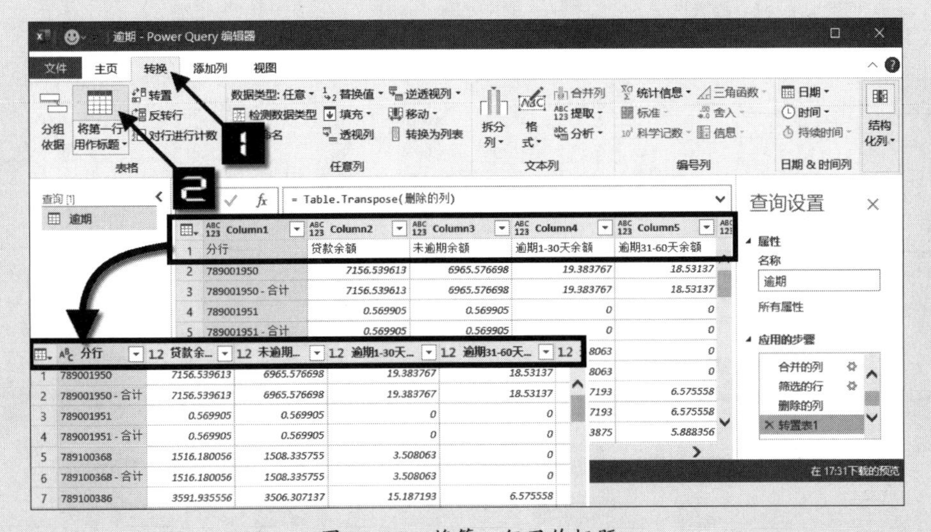

图 12-39　将第一行用作标题

步骤⑨ 单击“分行”列标签右侧的筛选下拉按钮，在下拉列表中选择【文本筛选器】→【不包含】命令，弹出【筛选行】对话框，在“不包含”右侧的文本框中输入“合计”，单击【确定】按钮，如图 12-40 所示。

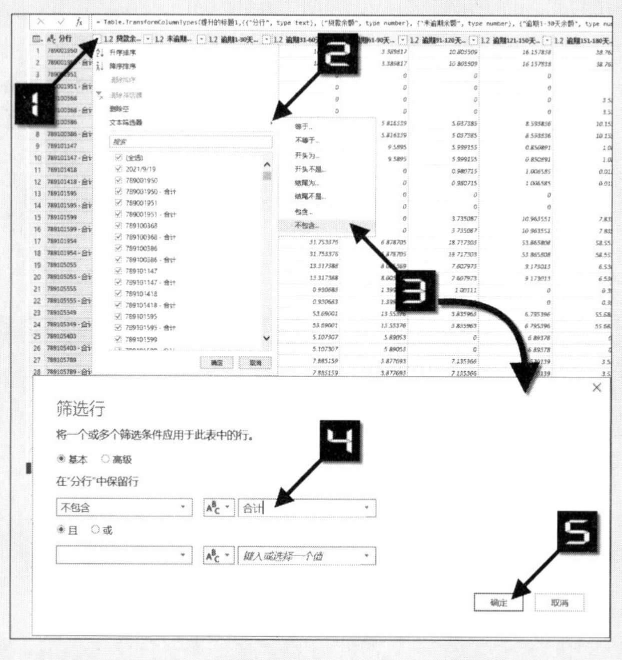

图 12-40　筛选不包含“合计”的数据

步骤⑩ 依次单击【主页】选项卡→【删除行】→【删除最后几行】命令，在文本框中输入“1”，单击【确定】按钮完成数据清洗，如图 12-41 所示。

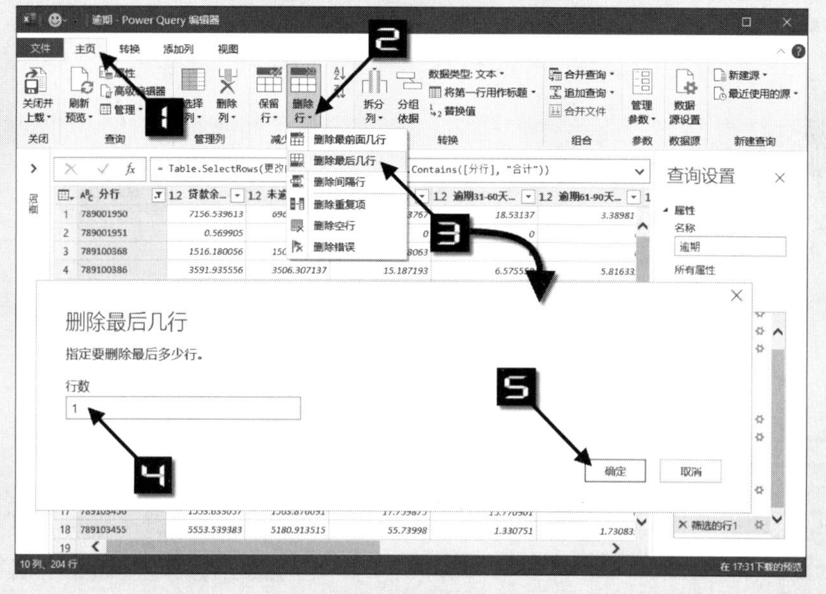

图 12-41　删除最后一行数据

第 13 章　用 Power Pivot 建立数据模型

Power Pivot也是 Power BI在Excel中的一个组件，简称PP，可以简单地理解为数据透视表的升级。Power Pivot能在Excel中建立快速强大的内存数据库，突破了Excel的行数限制，能定制各种数据模型，支持DAX编程语言。数据建模是Power Pivot数据呈现的基础，因此，Power Pivot也被称为Power BI组件的灵魂和核心。

本章学习要点

（1）创建模型数据透视表。
（2）创建Power Pivot数据透视表。
（3）在Power Pivot中使用DAX语言。
（4）在Power Pivot中使用层次结构。
（5）创建关键绩效指标（KPI）报告。
（6）使用链接回表。

13.1　模型数据透视表

Excel版本的数据透视表支持多表分析，通过勾选“将此数据添加到数据模型”复选框，在创建数据透视表之初，用户就可以选择是否要进行多表分析。多表分析无须运用SQL语句或进入Power Pivot界面，极大地提高了复杂数据透视表的易用度。

13.1.1　利用模型数据透视表进行多表关联

示例13-1　在销售明细表中引入参数进行汇总分析

图 13-1 展示了某公司一段时期内的销售明细表及需要引入的参数表，如果希望在销售表中依照店铺名称引入参数表中的店铺属性，可参照以下步骤。

	A	B	C
1	月	店铺名称	金额
2	01	中华1店	1,809,943
3	01	中华2店	942,982
4	01	中华3店	1,046,989
5	01	中华3店	485,431
6	01	中华4店	901,281
7	01	中华4店	390,225
8	01	中华5店	884,316
9	01	中华5店	293,147
10	01	中华6店	437,687
11	01	中华6店	307,356
12	01	中华7店	182,890
13	01	中华7店	55,313
14	01	中华8店	98,785
15	01	中华8店	29,966
16	01	中华9店	261,530
17	01	中华9店	132,799
18	01	中华10店	227,366
19	01	中华10店	89,485
20	01	中华11店	199,473

销售明细表　参数表

	A	B
1	店铺名称	店铺属性
2	中华1店	可对比门店
3	中华2店	可对比门店
4	中华3店	可对比门店
5	中华4店	可对比门店
6	中华5店	可对比门店
7	中华6店	可对比门店
8	中华7店	不可对比门店
9	中华8店	不可对比门店
10	中华9店	可对比门店
11	中华10店	可对比门店
12	中华11店	不可对比门店
13	中华12店	可对比门店
14	中华13店	可对比门店
15	中华14店	可对比门店
16	中华15店	可对比门店
17	中华16店	不可对比门店
18	中华17店	可对比门店
19	中华18店	可对比门店
20	中华19店	可对比门店

销售明细表　参数表

图 13-1　销售明细表及需要引入的参数表

步骤① 在销售明细表中单击任意单元格（如B7），在【插入】选项卡中单击【表格】按钮或按下<Ctrl+T>组合键，在弹出的【创建表】对话框中单击【确定】按钮，完成对“表格”的创建，如图 13-2 所示。

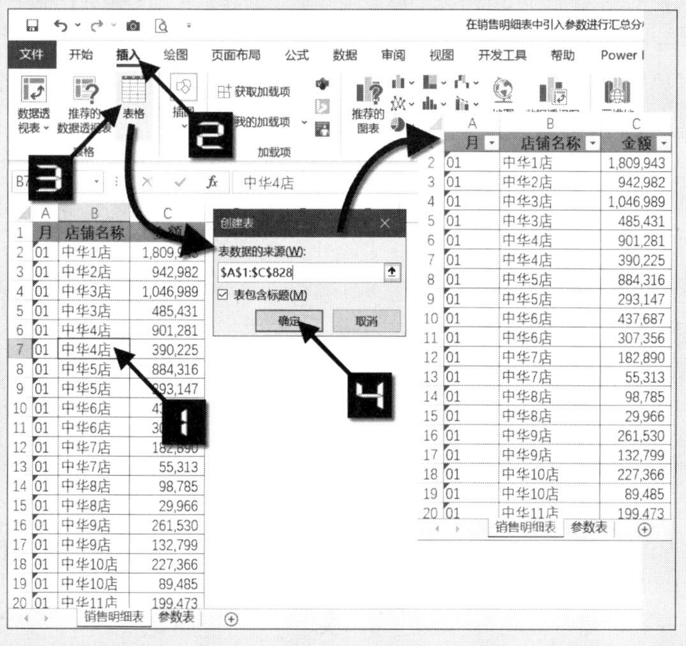

图 13-2　创建“表格”

步骤② 重复操作步骤 1，将“参数表”也设置为“表格”，命名为“区域”。

步骤③ 选择“销售明细表”数据，创建数据透视表并勾选【将此数据添加到数据模型】复选框，在【数据透视表字段】列表框内单击【全部】选项卡，依次单击“表 1”和“区域”的折叠按钮展开字段，如图 13-3 所示。

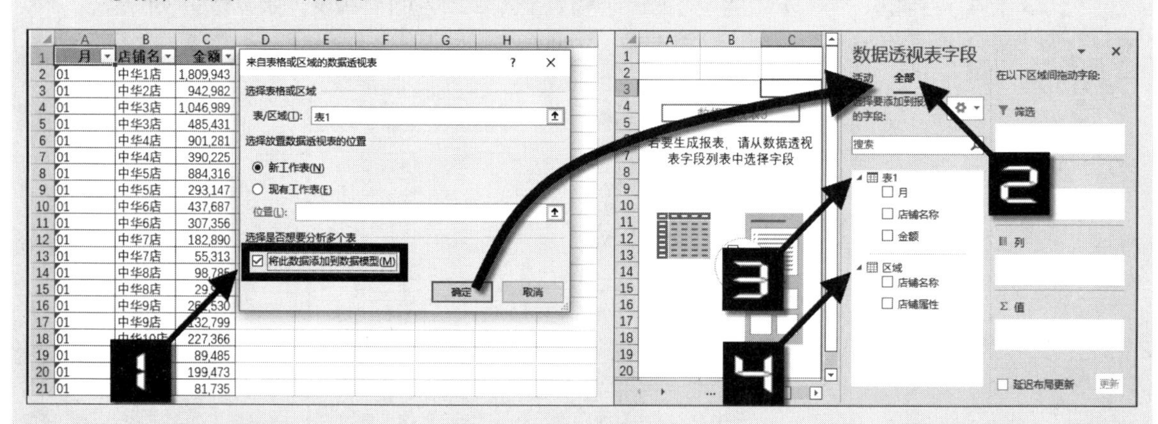

图 13-3　创建模型数据透视表

步骤④ 将模型数据透视表按照图 13-4 进行布局。

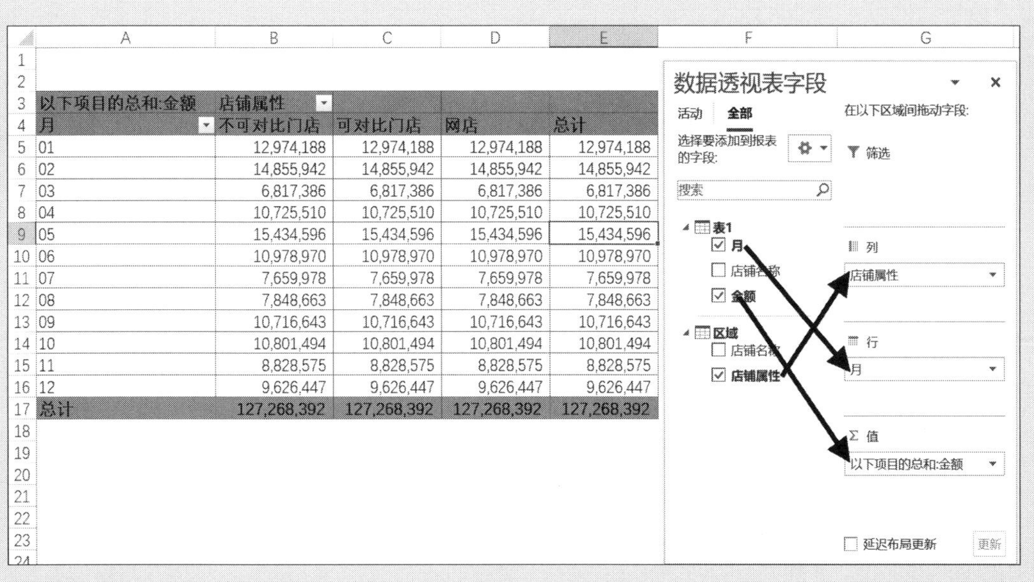

以下项目的总和:金额	店铺属性			
月	不可对比门店	可对比门店	网店	总计
01	12,974,188	12,974,188	12,974,188	12,974,188
02	14,855,942	14,855,942	14,855,942	14,855,942
03	6,817,386	6,817,386	6,817,386	6,817,386
04	10,725,510	10,725,510	10,725,510	10,725,510
05	15,434,596	15,434,596	15,434,596	15,434,596
06	10,978,970	10,978,970	10,978,970	10,978,970
07	7,659,978	7,659,978	7,659,978	7,659,978
08	7,848,663	7,848,663	7,848,663	7,848,663
09	10,716,643	10,716,643	10,716,643	10,716,643
10	10,801,494	10,801,494	10,801,494	10,801,494
11	8,828,575	8,828,575	8,828,575	8,828,575
12	9,626,447	9,626,447	9,626,447	9,626,447
总计	127,268,392	127,268,392	127,268,392	127,268,392

图 13-4 布局数据透视表

13 章

步骤⑤ 选中数据透视表，在【数据透视表分析】选项卡中单击【关系】按钮，在弹出的【管理关系】对话框中单击【新建】按钮，在弹出的【创建关系】对话框内将“数据模型表：表 1”的“店铺名称”列对应“数据模型表：区域”的“店铺名称”列，单击【确定】按钮，再单击【关闭】按钮完成设置，如图 13-5 所示。

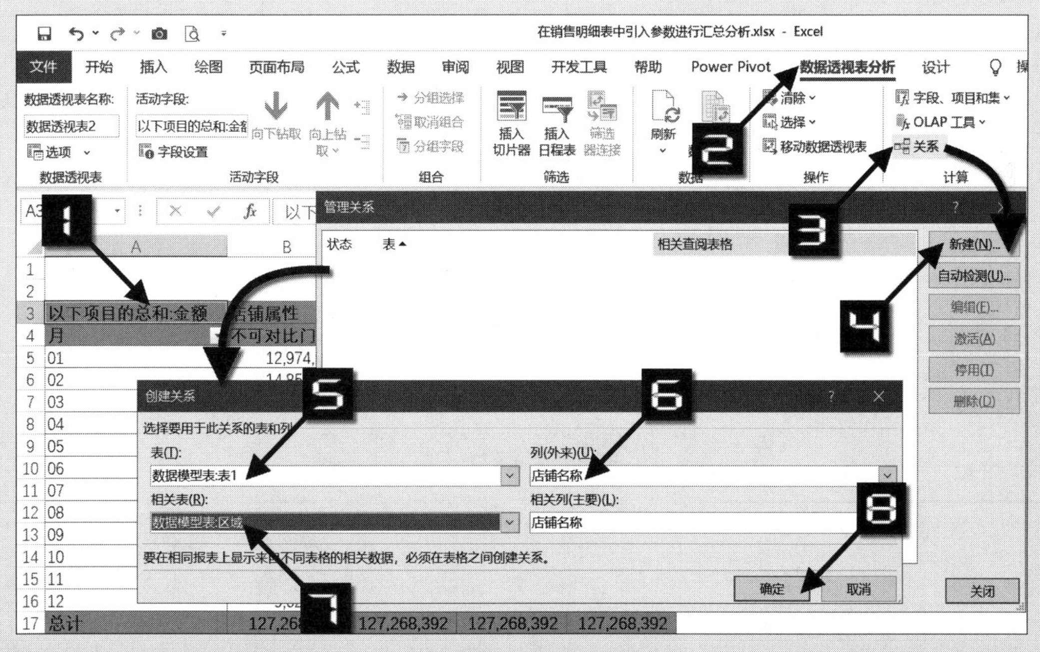

图 13-5 创建关系

此时，Power Pivot for Excel界面窗口的【关系图视图】中，“区域”表和“表 1”表已经建立了关联，如图 13-6 所示。

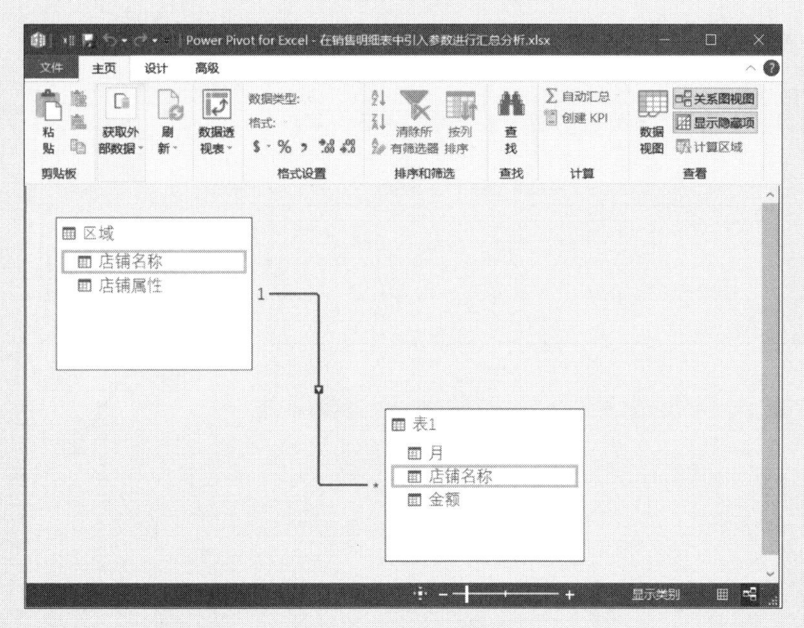

图 13-6 关系图视图

注意

"表 1"的列对应名称与"区域"的列对应名称可以不一样，但两表中至少要有一个表的选定列不能包含重复值，否则【确定】按钮呈灰色不可用状态，如图 13-7 所示。

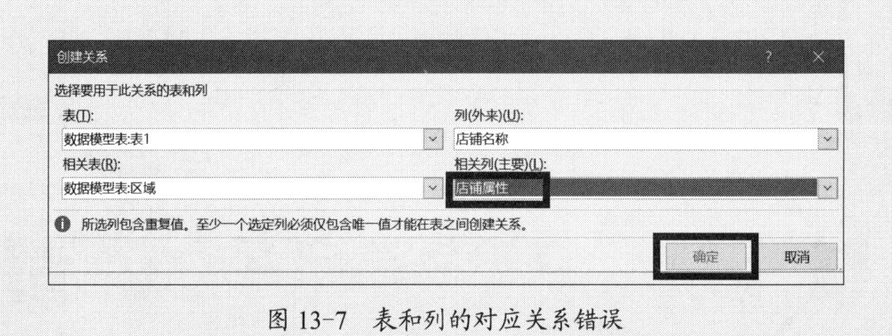

图 13-7 表和列的对应关系错误

最后完成的关联数据透视表如图 13-8 所示。

	A	B	C	D	E
1					
2					
3	以下项目的总和:金额	店铺属性			
4	月	不可对比门店	可对比门店	网店	总计
5	01	1,068,982	11,617,933	287,273	12,974,188
6	02	1,375,583	13,449,526	30,833	14,855,942
7	03	637,345	6,180,041		6,817,386
8	04	1,013,215	9,549,417	162,878	10,725,510
9	05	1,537,580	13,683,924	213,092	15,434,596
10	06	1,190,689	9,601,721	186,560	10,978,970
11	07	791,036	6,769,103	99,839	7,659,978
12	08	925,989	6,833,583	89,091	7,848,663
13	09	1,245,320	9,386,176	85,147	10,716,643
14	10	1,157,168	9,536,762	107,564	10,801,494
15	11	992,243	7,557,048	279,284	8,828,575
16	12	1,077,282	8,332,011	217,154	9,626,447
17	总计	13,012,432	112,497,245	1,758,715	127,268,392

图 13-8 数据透视表多表关联

根据本书前言的提示，可观看“在销售明细表中引入参数进行汇总分析”的视频讲解。

13.2　Power Pivot与数据透视表

Microsoft Power Pivot for Excel用于增强Excel的数据分析功能，在Excel 365 和Excel 2019中已经完全集成。用户可以利用【Power Pivot】选项卡和【数据】选项卡的【管理数据模型】功能，进入Power Pivot界面，并从不同的数据源导入数据，查询和更新该数据模型中的数据。可以使用数据透视表和数据透视图，还可以使用DAX公式语言，让Excel完成更高级和更复杂的计算与分析。

Power Pivot最显著的特性如下。

- ❖ 运用数据透视表工具以模型方式组织表格。
- ❖ Power Pivot能在内存中存储数千万行甚至亿万行数据，轻松突破Excel中 1048576 行的极限。
- ❖ 高效的数据压缩，庞大的数据加载到Power Pivot后只保留原来数据文件体积的大约 1/10。
- ❖ 运用DAX编程语言，可在关系型数据库上定义复杂的表达式，完成令人惊叹的功能。
- ❖ 能够整合不同的数据来源，几乎支持所有类型的数据。

13.2.1　加载Microsoft Power Pivot for Excel

默认情况下，Microsoft Power Pivot for Excel加载项不被加载，用户需要进行手动设置，具体参照以下步骤。

步骤① 调出【Excel选项】对话框，单击【数据】选项卡，勾选【启用数据分析加载项:Power Pivot、Power View和 3D地图】复选框，单击【确定】按钮，如图 13-9 所示。

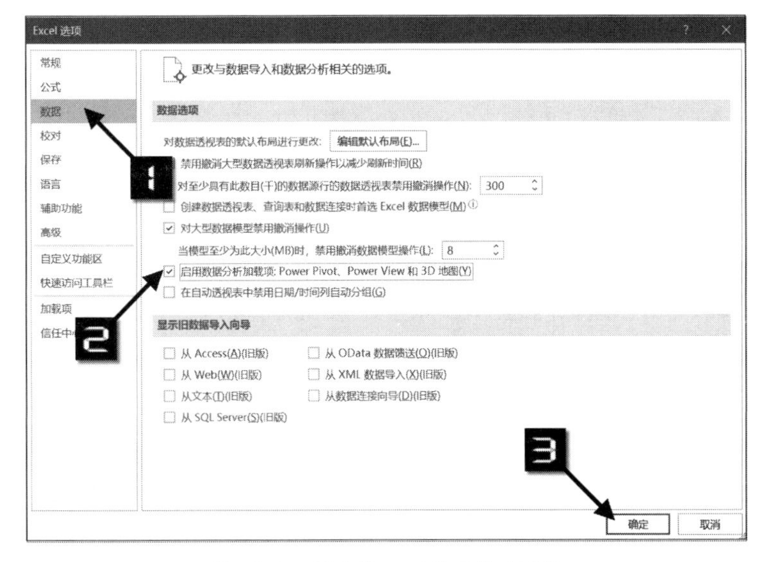

图 13-9　调出【Excel选项】对话框

步骤② 在【COM加载项】对话框中勾选【Microsoft Power Pivot for Excel】复选框，单击【确定】按钮完成加载，功能区出现了【Power Pivot】选项卡，如图 13-10 所示。

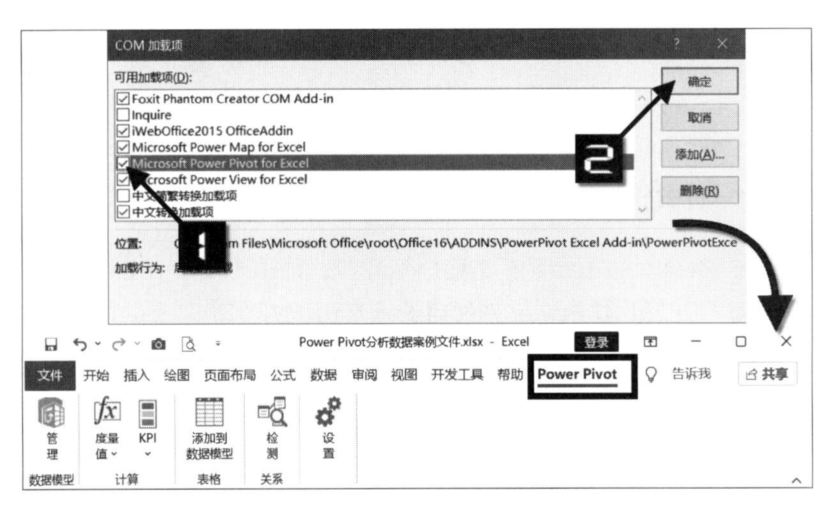

图 13-10 加载 Power Pivot for Excel

13.2.2 为Power Pivot准备数据

加载了Power Pivot加载项后，当用户在【Power Pivot】选项卡中单击【管理】按钮调出【Power Pivot for Excel】窗口时会发现，【数据透视表】按钮呈现灰色不可用状态，不能创建Power Pivot数据透视表，如图 13-11 所示。

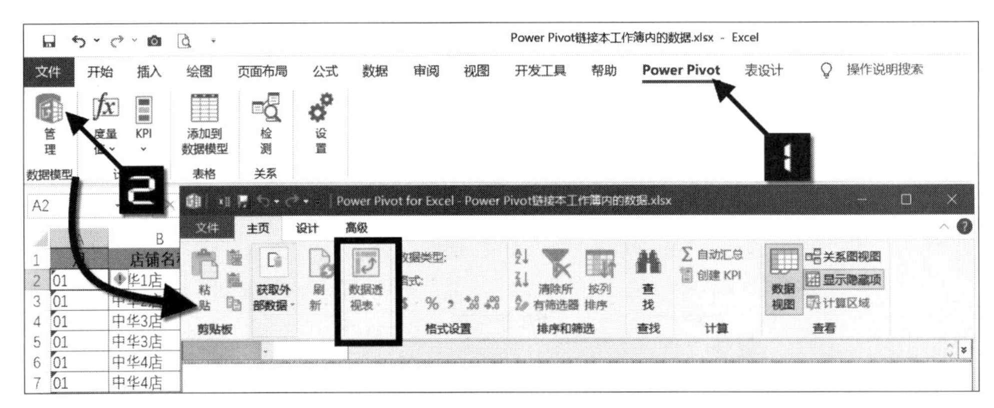

图 13-11 Power Pivot【数据透视表】按钮呈现灰色不可用状态

要想利用Power Pivot创建数据透视表，用户必须先添加数据到数据模型，为Power Pivot准备数据。

示例13-2 Power Pivot链接本工作簿内的数据

如果Excel工作簿内存在数据，利用已经存在的数据源和Power Pivot进行链接是比较简单的方法，具体步骤如下。

步骤① 打开Excel工作簿，单击数据源表中数据区的任意单元格（如A2），在【Power Pivot】选项卡中单击【添加到数据模型】按钮，弹出【创建表】对话框，勾选【我的表具有标题】复选框，如图 13-12 所示。

步骤② 在【创建表】对话框中单击【确定】按钮，经过几秒钟的链接配置后，【Power Pivot for Excel】窗口会自动弹出并出现已经配置好的数据表“表 1”，此时【数据透视表】按钮呈可用状态，如图 13-13 所示。

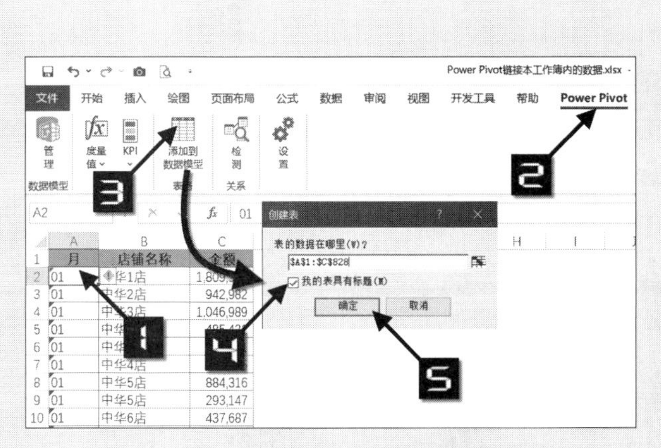

图 13-12　添加到数据模型

图 13-13　Power Pivot数据表“表 1”

此外，可以通过在数据源表中选中全部数据，按下<Ctrl+C>组合键复制，在【Power Pivot】选项卡中单击【管理】按钮，调出【Power Pivot for Excel】窗口，单击【粘贴】按钮，在【粘贴预览】对话框中更改表名称为“销售表”，单击【确定】按钮，将以粘贴的方式将数据添加到Power Pivot中，如图 13-14 所示。

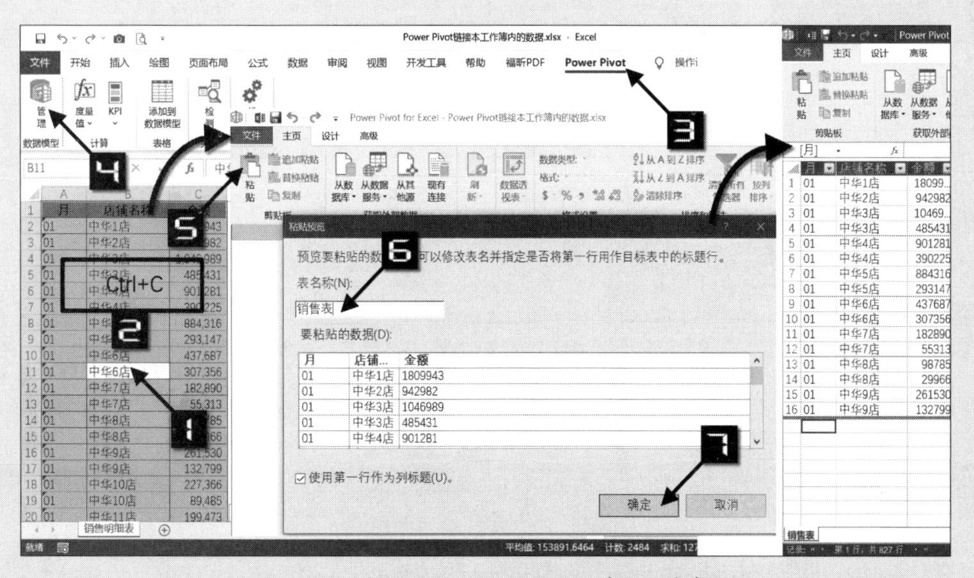

图 13-14　粘贴的Power Pivot数据表“销售表”

示例13-3 Power Pivot获取外部链接数据

步骤① 新建一个Excel工作簿并打开，在【Power Pivot】选项卡中单击【管理】按钮，在弹出的【Power Pivot for Excel】窗口中单击【从其他源】按钮，在【表导入向导】对话框中拖动右侧的滚动条，选择“Excel文件”，单击【下一步】按钮，如图13-15所示。

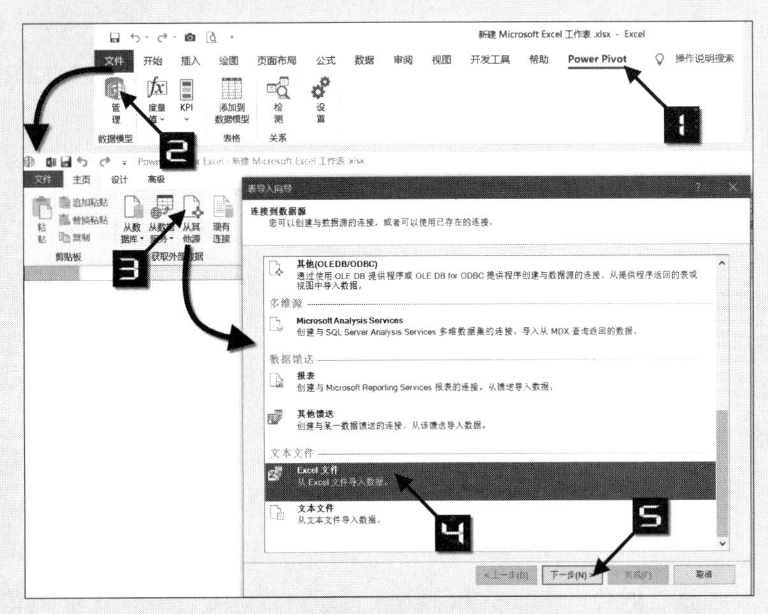

图 13-15 【Power Pivot for Excel】窗口

步骤② 单击【浏览】按钮，在【打开】对话框中选择要导入的数据源为“Power Pivot获取外部链接数据”，单击【打开】按钮，如图13-16所示。

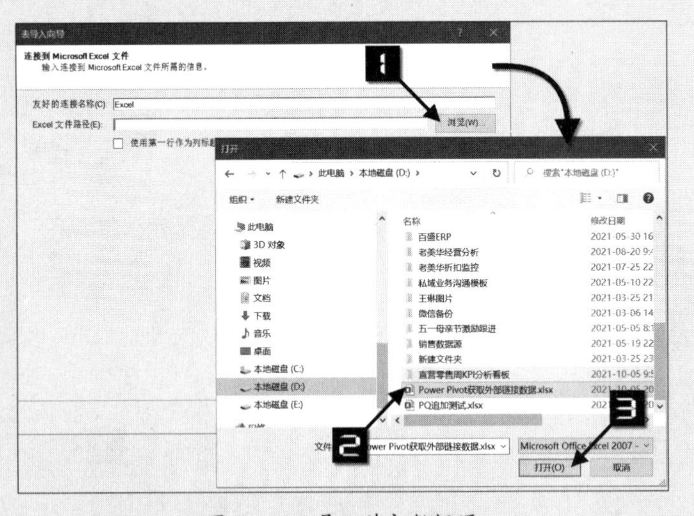

图 13-16 导入外部数据源

步骤③ 在【表导入向导】对话框中勾选【使用第一行为列标题】复选框，单击【下一步】按钮，再单击【完成】按钮，连接成功后单击【关闭】按钮，【Power Pivot for Excel】窗口会自动弹出并出现已经配置好的数据表“数据源”，如图 13-17 所示。

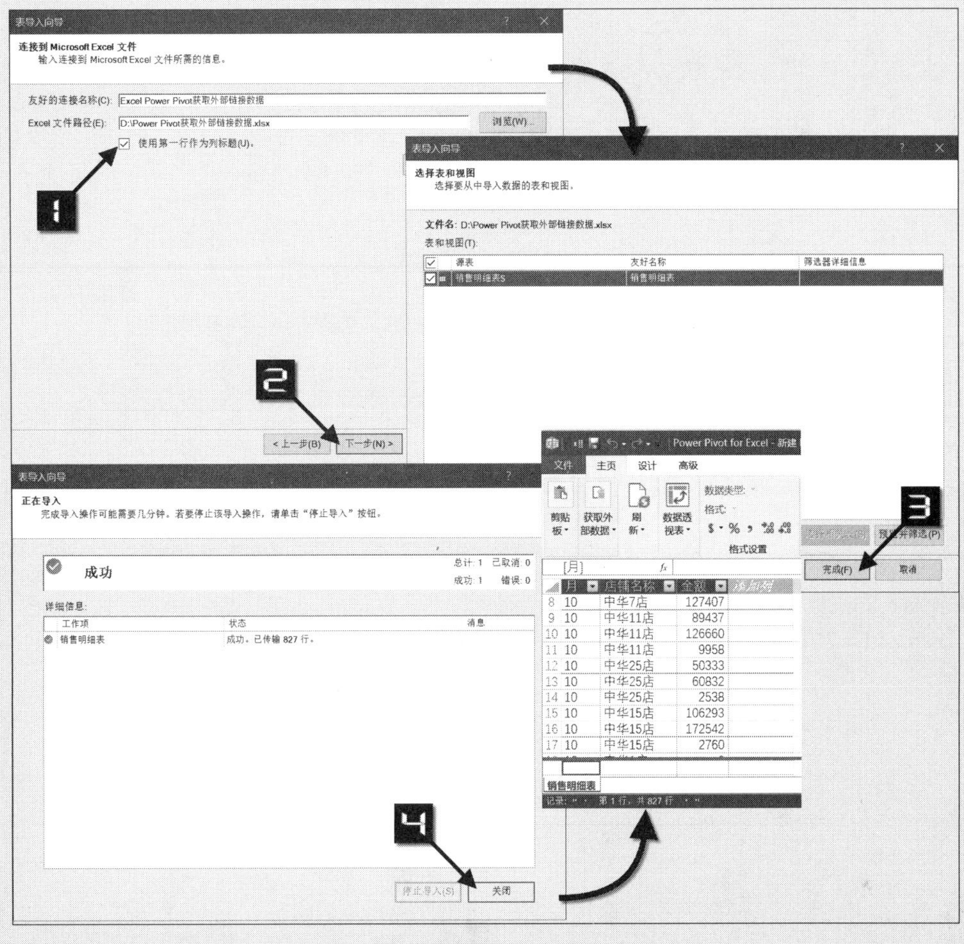

图 13-17　Power Pivot 数据表“数据源”

13.2.3　利用 Power Pivot 创建数据透视表

示例13-4　用Power Pivot创建数据透视表

为Power Pivot添加数据模型后，用户就可以利用Power Pivot来创建数据透视表了，具体步骤如下。

步骤① 进入【Power Pivot for Excel】窗口，单击【数据透视表】的下拉按钮，在弹出的下拉菜单中选择【扁平的数据透视表】命令，弹出【创建扁平的数据透视表】对话框，如图 13-18 所示。

提示

【创建扁平的数据透视表】与【数据透视表】命令在创建数据透视表的方法上相同，只是“扁平的数据透视表”在格式上具有“平面表”的外观，类似于以普通方法创建的“以表格形式显示”的数据透视表。

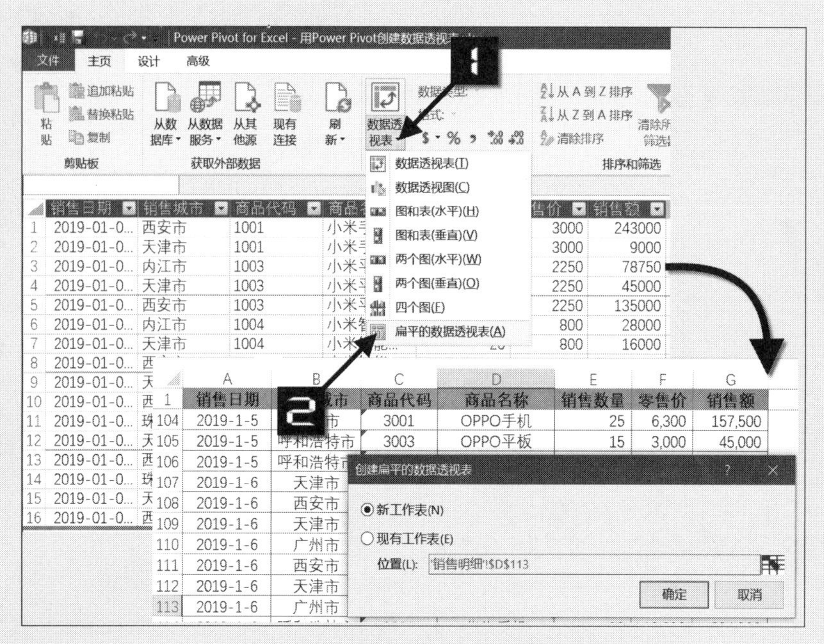

图 13-18　创建扁平的数据透视表

步骤② 保持【新工作表】的选项不变，单击【确定】按钮，创建一张空白的数据透视表，如图 13-19 所示。

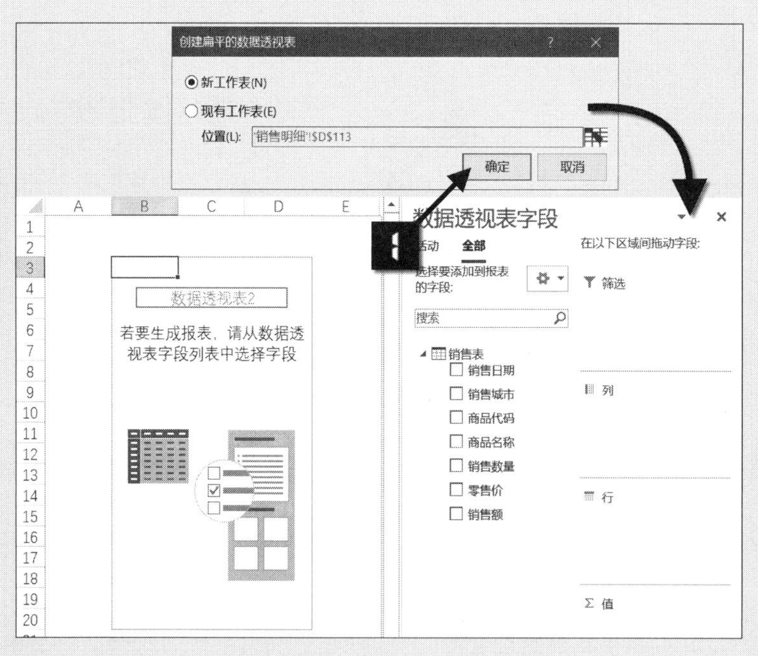

图 13-19　创建一张空白的数据透视表

步骤③ 利用【数据透视表字段】列表对字段进行调整，完成后的数据透视表如图 13-20 所示。

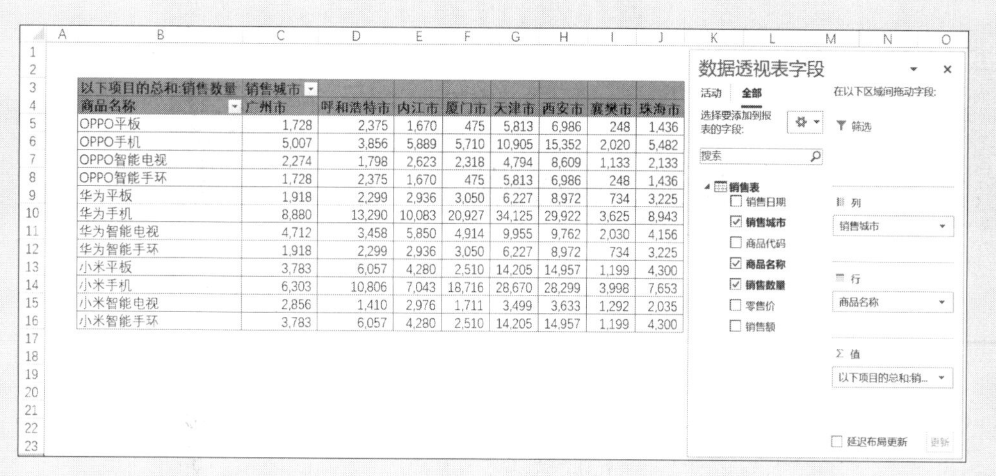

图 13-20　利用 Power Pivot 创建的数据透视表

13.2.4　利用 Power Pivot 创建数据透视图

示例13-5　用Power Pivot创建数据透视图

为Power Pivot添加数据模型后，用户还可以利用Power Pivot创建数据透视图，具体步骤如下。

步骤① 进入【Power Pivot for Excel】窗口，单击【数据透视表】的下拉按钮，在弹出的下拉菜单中选择【数据透视图】命令，弹出【创建数据透视图】对话框，如图 13-21 所示。

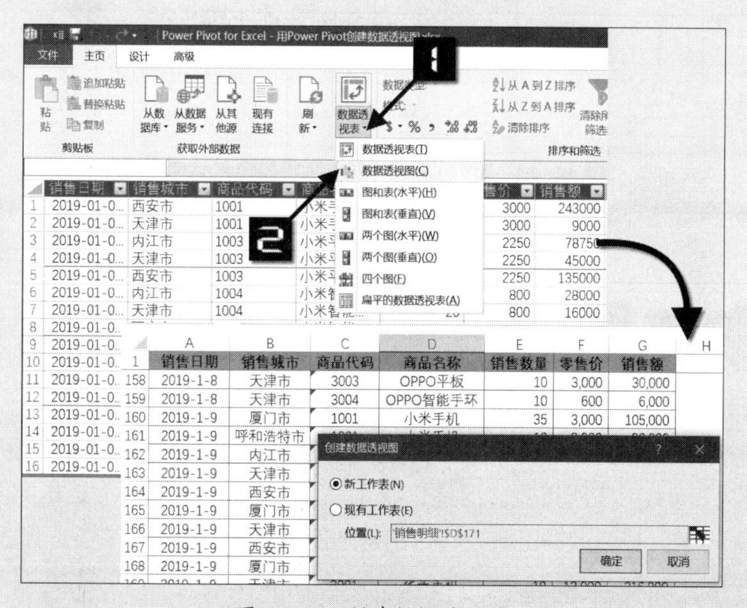

图 13-21　创建数据透视图

步骤② 保持【新工作表】的选项不变，单击【确定】按钮，创建一张空白的数据透视图，如图 13-22 所示。

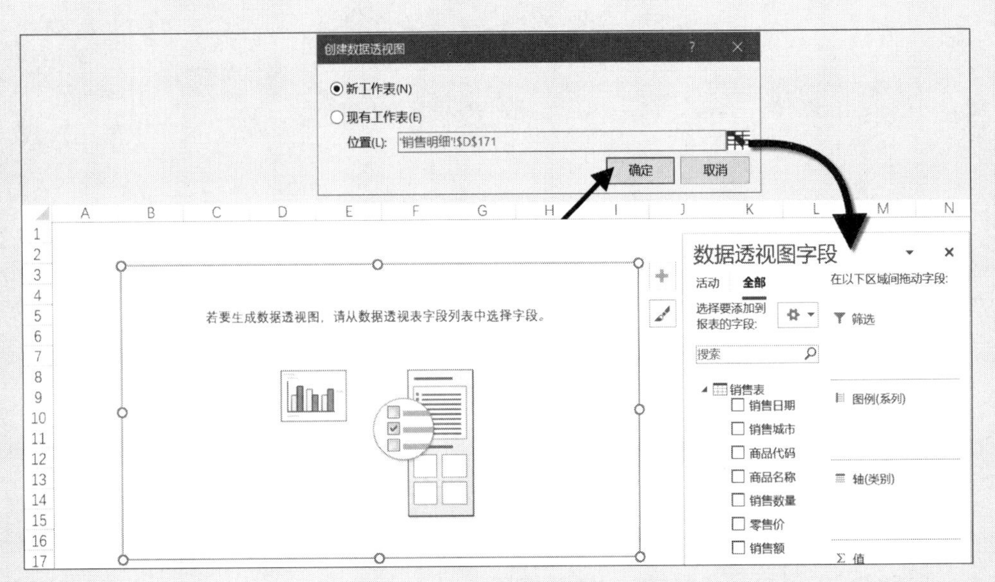

图 13-22　创建一张空白的数据透视图

步骤③ 利用【数据透视图字段】列表对字段进行调整，美化后的数据透视图如图 13-23 所示。

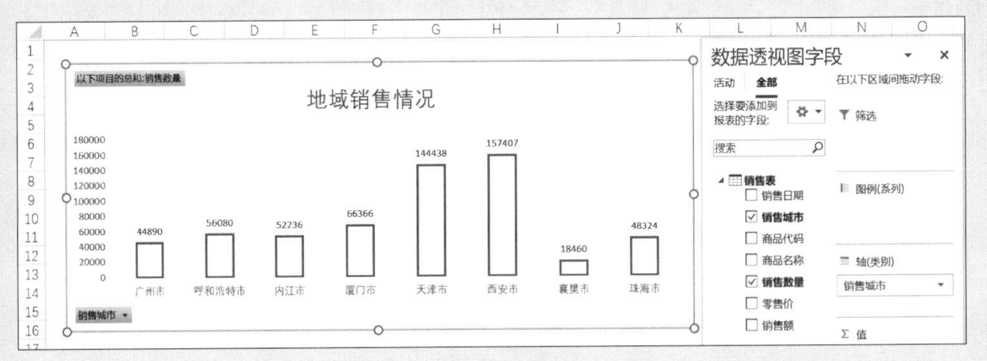

图 13-23　利用 Power Pivot 创建的数据透视图

13.3　在 Power Pivot 中使用 DAX 语言

DAX 是数据分析表达式的缩写，广泛应用于 Power Pivot 和 SQL Sever 中，在 Excel 365 和 Excel 2019 版本中得到进一步的加强。DAX 有很多函数与 Excel 工作表函数具有相同的名称和功能，因此 DAX 更容易为 Excel 用户所接受。但是 DAX 语言与 Excel 的数据处理结构完全不同，Excel 处理数据的范围只限于单元格或数据区域，DAX 语言则使用字段名和表名来指定数据。

13.3.1　使用 DAX 创建计算列

DAX 中最简单的使用方法就是创建一个计算列，计算列是存储于数据模型表中的列。在 Power Pivot 中通常使用【添加列】功能创建。

示例13-6 使用DAX度量值计算主营业务毛利

图 13-24 展示了一张根据收入及成本的明细数据创建的模型数据透视表，如果希望在Power Pivot中用添加DAX计算列的方法求得主营业务毛利，可参照以下步骤。

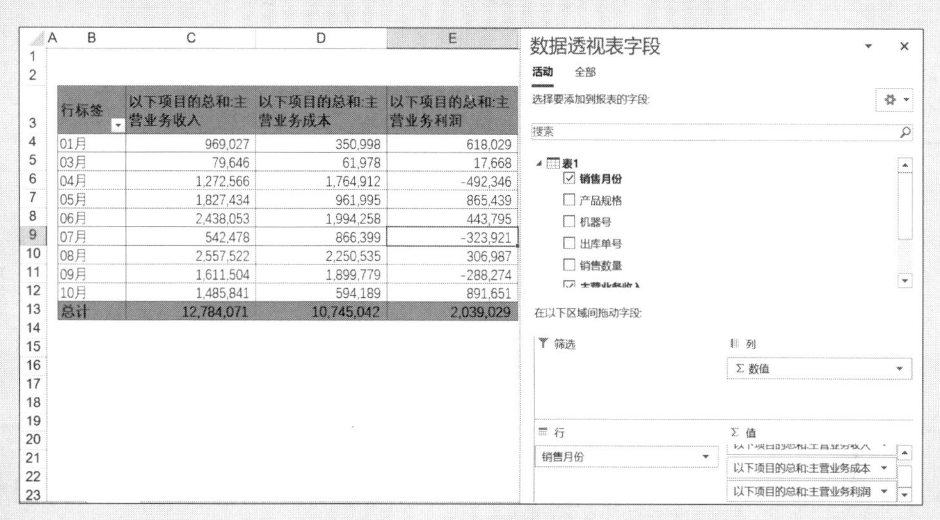

行标签	以下项目的总和:主营业务收入	以下项目的总和:主营业务成本	以下项目的总和:主营业务利润
01月	969,027	350,998	618,029
03月	79,646	61,978	17,668
04月	1,272,566	1,764,912	-492,346
05月	1,827,434	961,995	865,439
06月	2,438,053	1,994,258	443,795
07月	542,478	866,399	-323,921
08月	2,557,522	2,250,535	306,987
09月	1,611,504	1,899,779	-288,274
10月	1,485,841	594,189	891,651
总计	12,784,071	10,745,042	2,039,029

图 13-24　模型数据透视表

步骤① 将数据添加到数据模型后进入【Power Pivot for Excel】窗口，在【设计】选项卡中单击【添加】按钮，在公式编辑栏中添加公式“=[主营业务收入]-[主营业务成本]”，按下<Enter>键，得到DAX计算列“Calculated Column 1”，如图 13-25 所示。

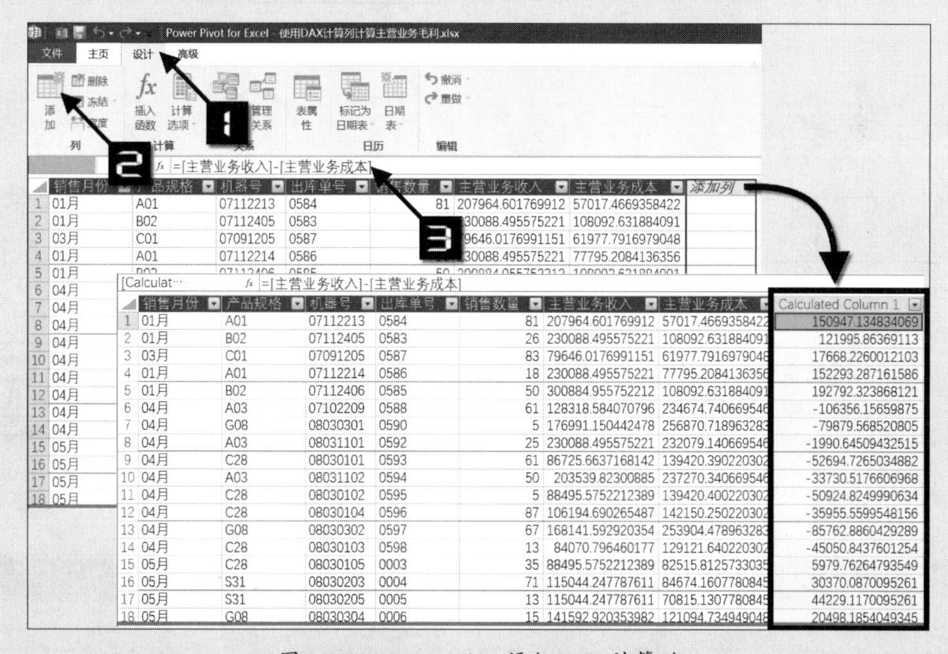

	销售月份	产品规格	机器号	出库单号	销售数量	主营业务收入	主营业务成本	Calculated Column 1
1	01月	A01	07112213	0584	81	207964.601769912	57017.4669358422	150947.134834069
2	01月	B02	07112405	0583	26	230088.495575221	108092.631884091	121995.86369113
3	03月	C01	07091205	0587	83	79646.0176991151	61977.7916979048	17668.2260012103
4	01月	A01	07112214	0586	18	230088.495575221	77795.2084136356	152293.287161586
5	01月	B02	07112406	0585	50	300884.955752212	108092.631884091	192792.323868121
6	04月	A03	07102209	0588	61	128318.584070796	234674.740669546	-106356.15659875
7	04月	G08	08030301	0590	5	176991.150442478	256870.718963283	-79879.568520805
8	04月	A03	08031101	0592	25	230088.495575221	232079.140669546	-1990.64509432515
9	04月	C28	08030101	0593	61	86725.6637168142	139420.390220302	-52694.7265034882
10	04月	A03	08031102	0594	50	203539.82300885	237270.340669546	-33730.5176606968
11	04月	C28	08030102	0595	5	88495.5752212389	139420.400220302	-50924.8249990634
12	04月	C28	08030104	0596	87	106194.690265487	142150.250220302	-35955.5599548156
13	04月	G08	08030302	0597	67	168141.592920354	253904.478963283	-85762.8860429289
14	04月	C28	08030103	0598	13	84070.796460177	129121.640220302	-45050.8437601254
15	05月	C28	08030105	0003	35	88495.5752212389	82515.8125733035	5979.76264793549
16	05月	S31	08030203	0004	71	115044.247787611	84674.1607780845	30370.0870095261
17	05月	S31	08030205	0005	13	115044.247787611	70815.1307780845	44229.1170095261
18	05月	G08	08030304	0006	15	141592.920353982	121094.734949045	20498.1854049345

图 13-25　Power Pivot添加DAX计算列

步骤② 鼠标右击列标题“Calculated Column 1”，在出现的拓展菜单中选择【重命名列】命令，修

改列名为“主营业务毛利”，如图 13-26 所示。

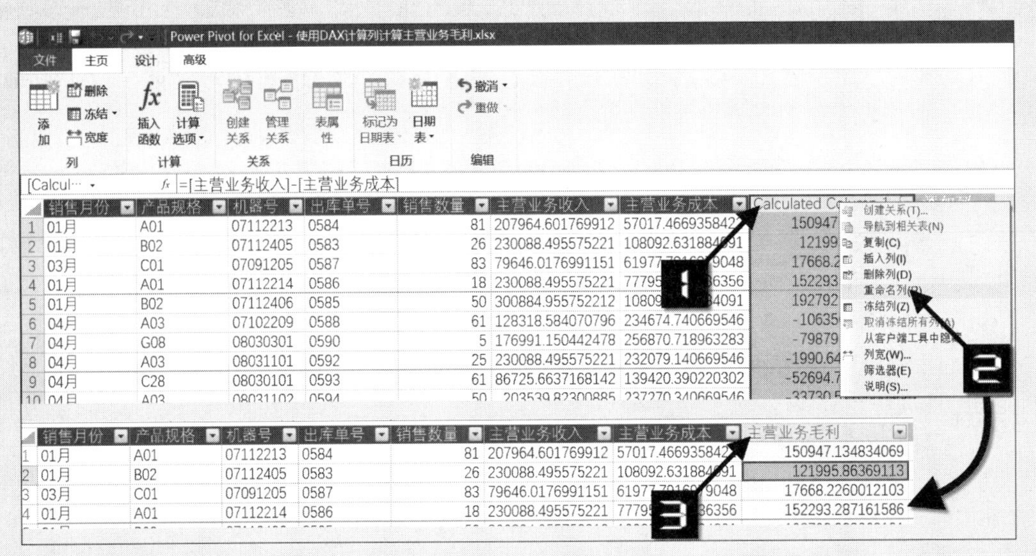

图 13-26　重命名DAX计算列

步骤③ 此时，新增的DAX计算列出现在【数据透视表字段】列表框中，用户只需将该字段移动至【值】区域即可完成设置，如图 13-27 所示。

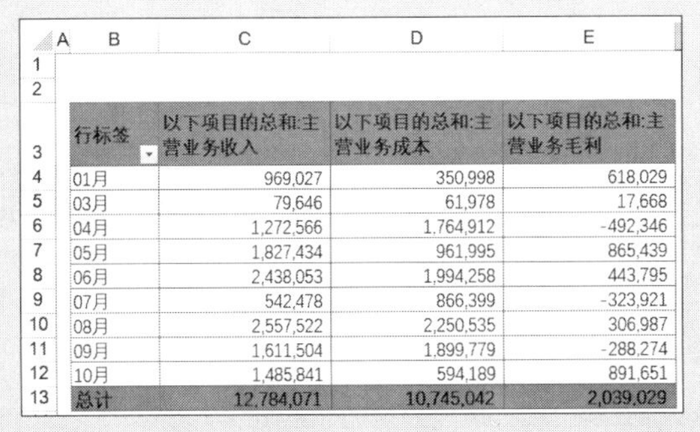

行标签	以下项目的总和:主营业务收入	以下项目的总和:主营业务成本	以下项目的总和:主营业务毛利
01月	969,027	350,998	618,029
03月	79,646	61,978	17,668
04月	1,272,566	1,764,912	-492,346
05月	1,827,434	961,995	865,439
06月	2,438,053	1,994,258	443,795
07月	542,478	866,399	-323,921
08月	2,557,522	2,250,535	306,987
09月	1,611,504	1,899,779	-288,274
10月	1,485,841	594,189	891,651
总计	12,784,071	10,745,042	2,039,029

图 13-27　新增DAX计算列添加到值区域

根据本书前言的提示，可观看“使用DAX度量值计算主营业务毛利”的视频讲解。

示例13-7 计算7日销售移动平均

图 13-28 展示了某公司 2021 年全年的销售数据，现在需要对这些数据进行前 7 天的移动平均，并通过图表呈现其走势用于数据分析，可参照以下步骤。

	A	B	C	D
1	销售日期	月份	销售数量	销售金额
2	2021-1-1	1	393	1801800
3	2021-1-2	1	577	2559000
4	2021-1-3	1	267	1530000
5	2021-1-4	1	669	3031200
6	2021-1-5	1	218	790800
7	2021-1-6	1	322	1558250
8	2021-1-7	1	471	1722000
9	2021-1-8	1	405	1647000
10	2021-1-9	1	270	1892700
11	2021-1-10	1	277	1288200
12	2021-1-11	1	606	6219000
13	2021-1-12	1	334	3131700
14	2021-1-13	1	258	1012500
15	2021-1-14	1	279	903600
16	2021-1-15	1	414	1890000
17	2021-1-16	1	373	1212600
18	2021-1-17	1	528	3818250
19	2021-1-18	1	402	3114000
20	2021-1-19	1	262	2344500

图 13-28　连续日期的销售数据表

步骤① 将数据添加到数据模型后进入【Power Pivot for Excel】窗口，在【设计】选项卡中单击【添加】按钮，在公式编辑栏中添加以下公式，按下<Enter>键，得到DAX计算列“Calculated Column 1”，并更名为“7 日移动平均”如图 13-29 所示。

```
7 日移动平均 =if('销售'[销售日期]>Calculate(LastnonBlank('销售'[销售日期],1),TopN(7,'销售')), Averagex(Filter('销售','销售'[销售日期]<Earlier('销售'[销售日期]) &&'销售'[销售日期]>=Earlier('销售'[销售日期])-7),'销售'[销售金额]),Blank())
```

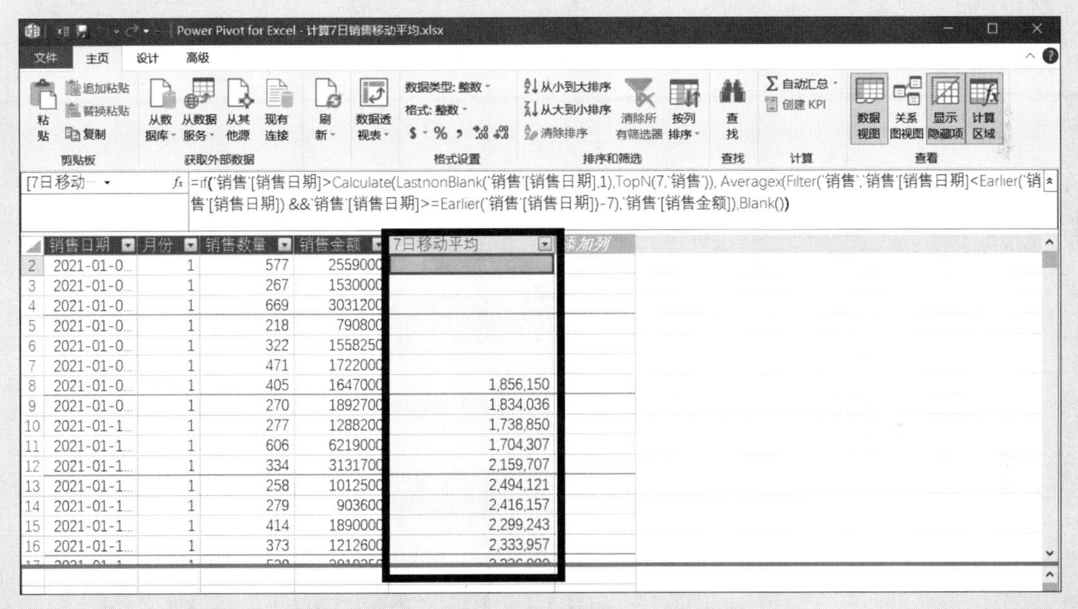

图 13-29　Power Pivot 添加 DAX 计算列

> **注意** 日期列必须为连续不间断日期。

解题思路：因为日期是连续的，所以

起始日应该是当天往前推第 7 天，'销售'[销售日期]>=Earlier('销售'[销售日期])-7);

结束日期应该就是当前日期，'销售'[销售日期]<Earlier('销售'[销售日期]);

要计算 7 日均线，就必须要有 7 日的数据才可以用于计算，先筛选出最前的 7 行，然后取最后一天的日期，Calculate(LastnonBlank('销售'[销售日期],1),TopN(7,'销售'));

DAX 函数合并，7 日移动平均 =if('销售'[销售日期]>Calculate(LastnonBlank('销售'[销售日期],1),TopN(7,'销售')), Averagex(Filter('销售','销售'[销售日期]<Earlier('销售'[销售日期]) &&'

销售'[销售日期]>=Earlier('销售'[销售日期])-7),'销售'[销售金额]),Blank())。

步骤② 创建如图 13-30 所示的数据透视表。

步骤③ 在 E9 单元格输入公式 =AVERAGE(B2:B8) 进行数据验证，结果和 DAX 计算列得出的一致，如图 13-31 所示。

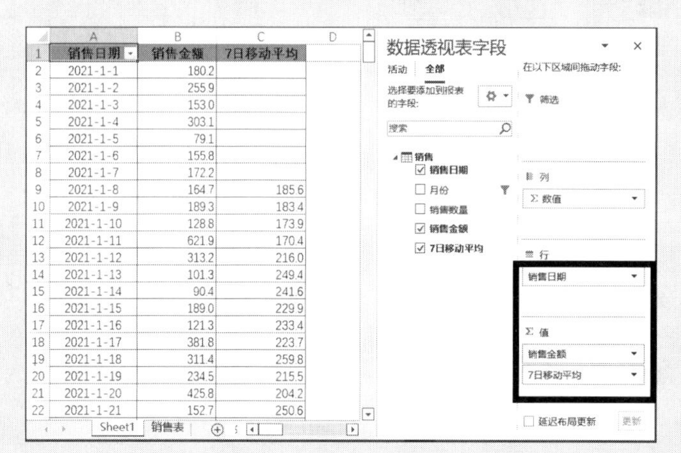

销售日期	销售金额	7日移动平均
2021-1-1	180.2	
2021-1-2	255.9	
2021-1-3	153.0	
2021-1-4	303.1	
2021-1-5	79.1	
2021-1-6	155.8	
2021-1-7	172.2	
2021-1-8	164.7	185.6
2021-1-9	189.3	183.4
2021-1-10	128.8	173.9
2021-1-11	621.9	170.4
2021-1-12	313.2	216.0
2021-1-13	101.3	249.4
2021-1-14	90.4	241.6
2021-1-15	189.0	229.9
2021-1-16	121.3	233.4
2021-1-17	381.8	223.7
2021-1-18	311.4	259.8
2021-1-19	234.5	215.5
2021-1-20	425.8	204.2
2021-1-21	152.7	250.6

图 13-30　创建数据透视表

E9　=AVERAGE(B2:B8)

销售日期	销售金额	7日移动平均		数据验证
2021-1-1	180.2			
2021-1-2	255.9			
2021-1-3	153.0			
2021-1-4	303.1			
2021-1-5	79.1			
2021-1-6	155.8			
2021-1-7	172.2			
2021-1-8	164.7	185.6		185.6
2021-1-9	189.3	183.4		183.4
2021-1-10	128.8	173.9		173.9
2021-1-11	621.9	170.4		170.4
2021-1-12	313.2	216.0		216.0
2021-1-13	101.3	249.4		249.4
2021-1-14	90.4	241.6		241.6
2021-1-15	189.0	229.9		229.9
2021-1-16	121.3	233.4		233.4
2021-1-17	381.8	223.7		223.7

图 13-31　数据验证

步骤④ 插入“月份”切片器，“月份”选择“1”，并创建如图 13-32 所示的数据透视图。

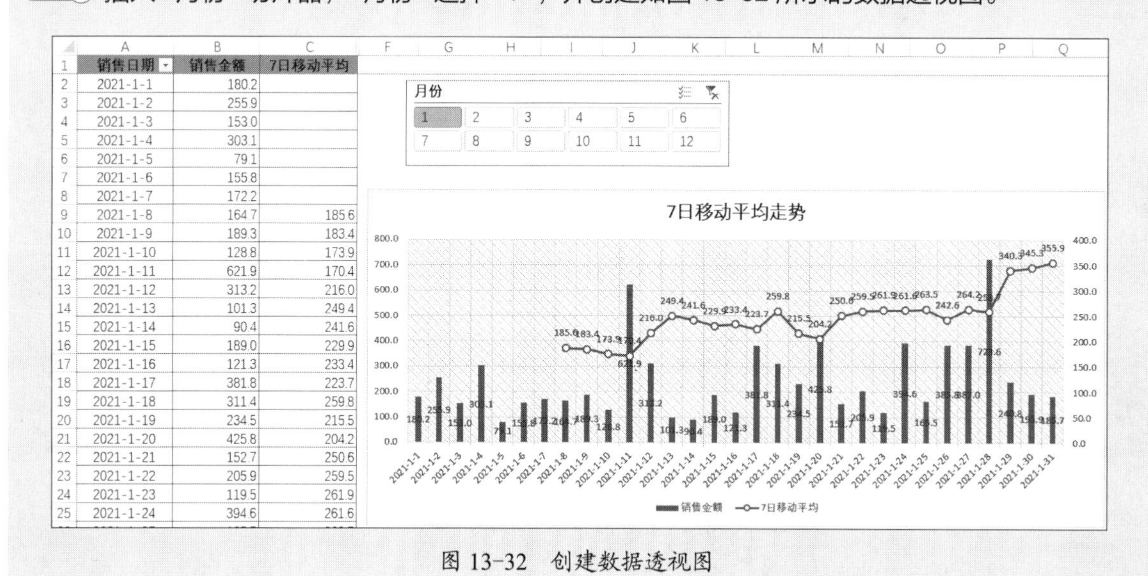

销售日期	销售金额	7日移动平均
2021-1-1	180.2	
2021-1-2	255.9	
2021-1-3	153.0	
2021-1-4	303.1	
2021-1-5	79.1	
2021-1-6	155.8	
2021-1-7	172.2	
2021-1-8	164.7	185.6
2021-1-9	189.3	183.4
2021-1-10	128.8	173.9
2021-1-11	621.9	170.4
2021-1-12	313.2	216.0
2021-1-13	101.3	249.4
2021-1-14	90.4	241.6
2021-1-15	189.0	229.9
2021-1-16	121.3	233.4
2021-1-17	381.8	223.7
2021-1-18	311.4	259.8
2021-1-19	234.5	215.5
2021-1-20	425.8	204.2
2021-1-21	152.7	250.6
2021-1-22	205.9	259.5
2021-1-23	119.5	261.9
2021-1-24	394.6	261.6

图 13-32　创建数据透视图

13.3.2　使用 DAX 创建度量值

DAX 计算列在表格的逐行计算上非常快捷、有价值，如通过“[主营业务收入]-[主营业务成本]”得到主营业务毛利，但是如果用户需要添加“毛利率 %”计算列，DAX 计算列只会将逐行的主营业务毛利率相加后呈现在数据透视表中，这显然得不到正确的结果，如图 13-33 所示。

行标签	以下项目的总和:主营业务收入	以下项目的总和:主营业务成本	以下项目的总和:主营业务利润	以下项目的总和:计算列 1(毛利率%)	正确的毛利率%
01月	969,027	350,998	618,029	256%	63.78%
03月	79,646	61,978	17,668	22%	22.18%
04月	1,272,566	1,764,912	-492,346	-402%	-38.69%
05月	1,827,434	961,995	865,439	387%	47.36%
06月	2,438,053	1,994,258	443,795	199%	18.20%
07月	542,478	866,399	-323,921	-297%	-59.71%
08月	2,557,522	2,250,535	306,987	80%	12.00%
09月	1,611,504	1,899,779	-288,274	-322%	-17.89%
10月	1,485,841	594,189	891,651	308%	60.01%
总计	12,784,071	10,745,042	2,039,029	229%	15.95%

图 13-33 DAX计算列在聚合层面得不到正确的结果

此时，DAX度量值可以轻松解决这个问题，度量值是一个DAX表达式，它不是逐行计算，而是在聚合层面上进行计算。

示例13-8 使用DAX度量值计算主营业务毛利率

如果希望对图 13-33 所示的数据透视表添加正确的主营业务毛利率，可参照以下步骤。

步骤① 在【Power Pivot】选项卡中依次单击【度量值】→【新建度量值】命令，弹出【度量值】对话框，如图 13-34 所示。

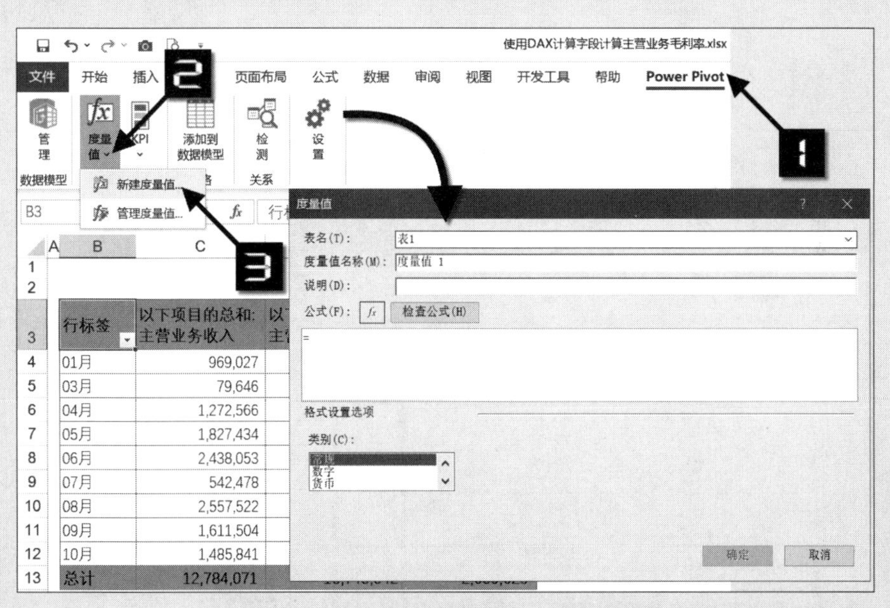

图 13-34 插入DAX度量值

步骤② 在【度量值】对话框的公式编辑框内输入“SUM(”，此时将弹出字段列表可供选择，双击选择“[主营业务利润]”字段，接下来输入完整公式：=SUM([主营业务利润])/SUM([主营业务收入])，在【度量值名称】框中输入“毛利率%”，完成DAX度量值公式的输入，如图 13-35 所示。

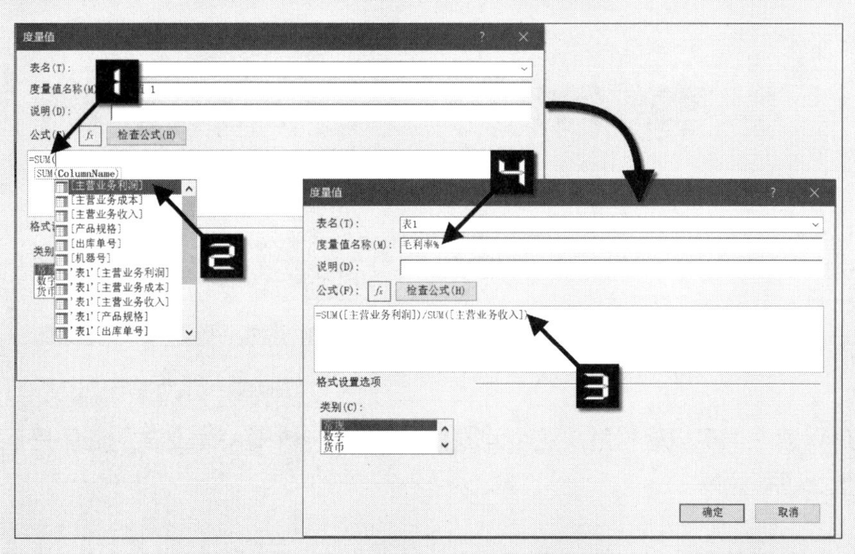

图 13-35　输入度量值公式

步骤③ 在【类别】中选择“数字”，【格式】选择“百分比”，单击【确定】按钮完成设置，得到正确的毛利率，如图 13-36 所示。

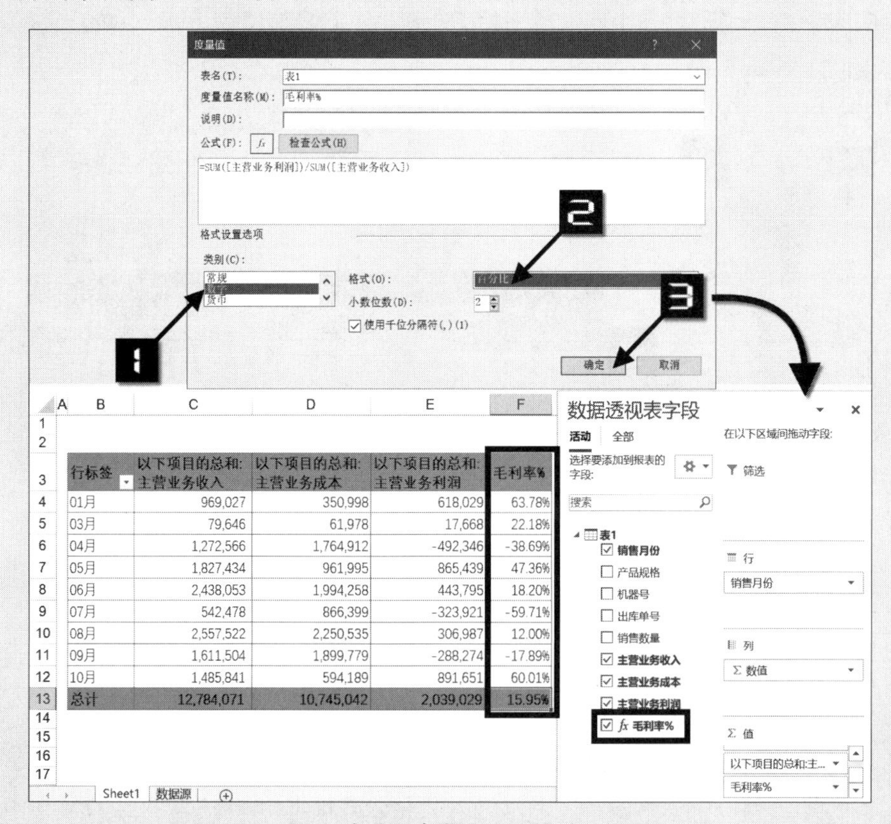

图 13-36　DAX 度量值在聚合层面得到了正确的结果

DAX 语言具有的智能感知功能可以简化输入，下面的技巧需要将输入法调整至半角英文状态，如图 13-37 所示。

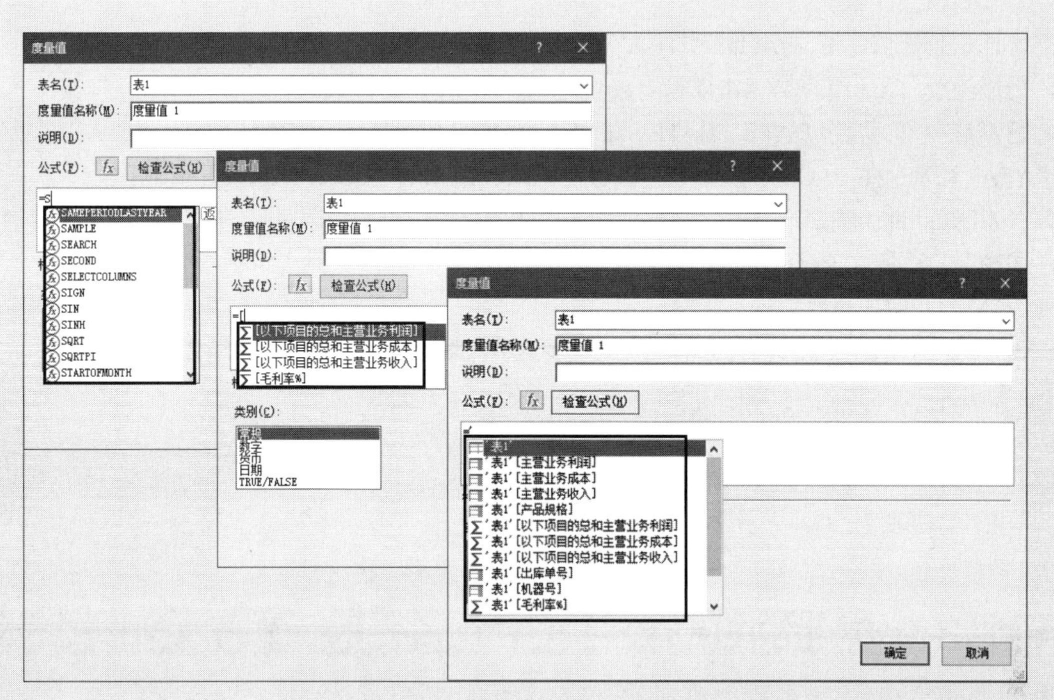

图 13-37　DAX输入时的智能感知使用技巧

输入函数：当输入函数的首字母时，会自动列示出以该字母开头的所有函数列表，供用户选择使用。

输入“[”（中括号左半部）：会自动弹出Power Pivot工作簿中所有的列字段、数据透视表所有字段及度量值不带表名称的列表。

输入“'”（撇号）：会自动弹出Power Pivot工作簿中所有的表名、列字段名称及数据透视表所有字段及度量值带有表名称的列表。

13.3.3　常用DAX函数应用

常用的DAX函数包括：聚合函数、逻辑函数、信息函数、数学函数、文本函数、转换函数、日期和时间函数与关系函数等。

- 聚合函数：SUM、AVERAGE、MIN和MAX等函数。这些函数与Excel工作表函数相同，在Power Pivot中列数据格式为数值或日期格式时才能应用聚合函数，运算中的任何非数值数据都将被忽略。
- 逻辑函数：AND、FALSE、IF、IFERROR、SWITCH、NOT、TRUE和OR等函数。应用于依据Power Pivot不同列值进行逻辑比较等计算。
- 信息函数：ISERROR、ISBLANK、ISLOGICAL、ISNONTEXT、ISNUMBER和ISTEXT等函数。这些函数返回TRUE/FALSE值，用于分析表达式的类型判断。
- 数学函数：ABS、EXP、FCAT、LN、LOG、LOG10、MOD、PI、POWER、QUOTIENT、SIGN和SQRT等函数。这些函数与Excel数学函数的语法和功能基本相同。
- 文本函数：CONCATENATE、EXACT、FIND、FIXED、FORMAT、LEFT、LEN、LOWER、

MID、SUBTITUTE、VALUE和TRIM等函数。这些函数与在Excel中的用法非常相似。

❖ 转换函数：CURRENCY和INT等函数。这些函数可用于转换数据的类型。

❖ 日期和时间函数：DATE、DATEVALUE、DAY、MONTH、SECOND、TIME、WEEKDAY、YEAR和YEARFRAC等函数。这些函数在Power Pivot中主要用于处理时间和日期。

❖ 关系函数：RELATED和RELATEDTABLE等函数。这些函数可以在Power Pivot中跨表引用相关数据。

➲ Ⅰ CALCULATE 函数

CALCULATE函数能够在筛选器修改的上下文中对表达式进行求值，语法如下。

```
CALCULATE(Expression,[Filter1],[Filter2]…)
```

Expression 是要计值的表达式，是一个强制性参数。

[Filter1],[Filter2] 用于定义筛选器，CALCULATE 只接受布尔类型的条件和以表格形式呈现的值列表两类筛选器。

示例13-9 使用CALCULATE函数计算综合毛利率

图 13-38 展示了一张由Power Pivot创建的数据透视表，表中已经通过DAX度量值计算出了毛利率%，但是毛利率高的产品由于形成销售的主营业务收入并不是最高，因此需要将毛利率结合销售规模综合考量，得出综合毛利率才能在现实中指导公司决策，否则没有任何意义。

通过运用CALCULATE函数得出每种规格产品收入占总体收入的比重，即销售规模，再与毛利率相乘可以得到综合毛利率，具体方法如下。

步骤① 在【Power Pivot】选项卡中依次单击【度量值】→【新建度量值】，调出【度量值】对话框。

步骤② 在【度量值】对话框的公式编辑框内输入DAX公式，在【度量值名称】框中输入“销售规模”，并设置为“百分比”的数字格式，单击【确定】按钮完成设置，如图 13-39 所示。

销售规模 DAX 公式： = SUM('销售表'[主营业务收入]) /CALCULATE(SUM('销售表'[主营业务收入]),ALL('销售表'))

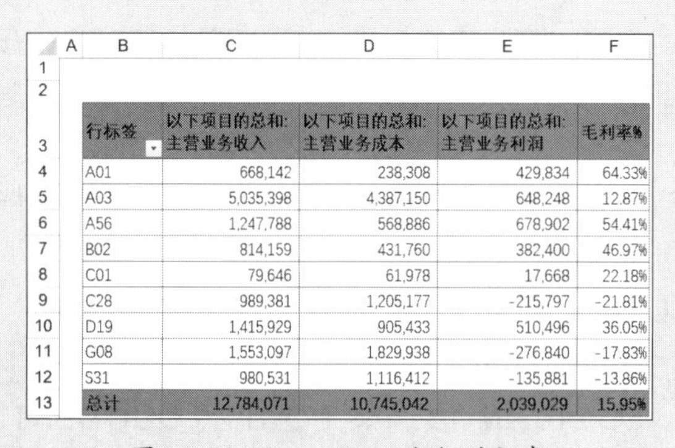

行标签	以下项目的总和:主营业务收入	以下项目的总和:主营业务成本	以下项目的总和:主营业务利润	毛利率%
A01	668,142	238,308	429,834	64.33%
A03	5,035,398	4,387,150	648,248	12.87%
A56	1,247,788	568,886	678,902	54.41%
B02	814,159	431,760	382,400	46.97%
C01	79,646	61,978	17,668	22.18%
C28	989,381	1,205,177	-215,797	-21.81%
D19	1,415,929	905,433	510,496	36.05%
G08	1,553,097	1,829,938	-276,840	-17.83%
S31	980,531	1,116,412	-135,881	-13.86%
总计	12,784,071	10,745,042	2,039,029	15.95%

图 13-38 Power Pivot数据透视表

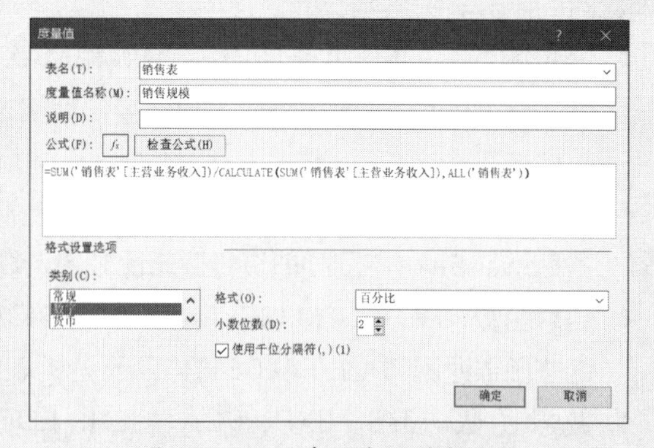

图 13-39 创建销售规模度量值

步骤③ 继续新建度量值“综合毛利率%”，如图 13-40 所示。产品A01 毛利率最高为 64.33%，但

由于销售规模不大，最终的综合毛利率仅为 3.36%。

```
综合毛利率 %: =[ 销售规模 ]*[ 毛利率 %]
```

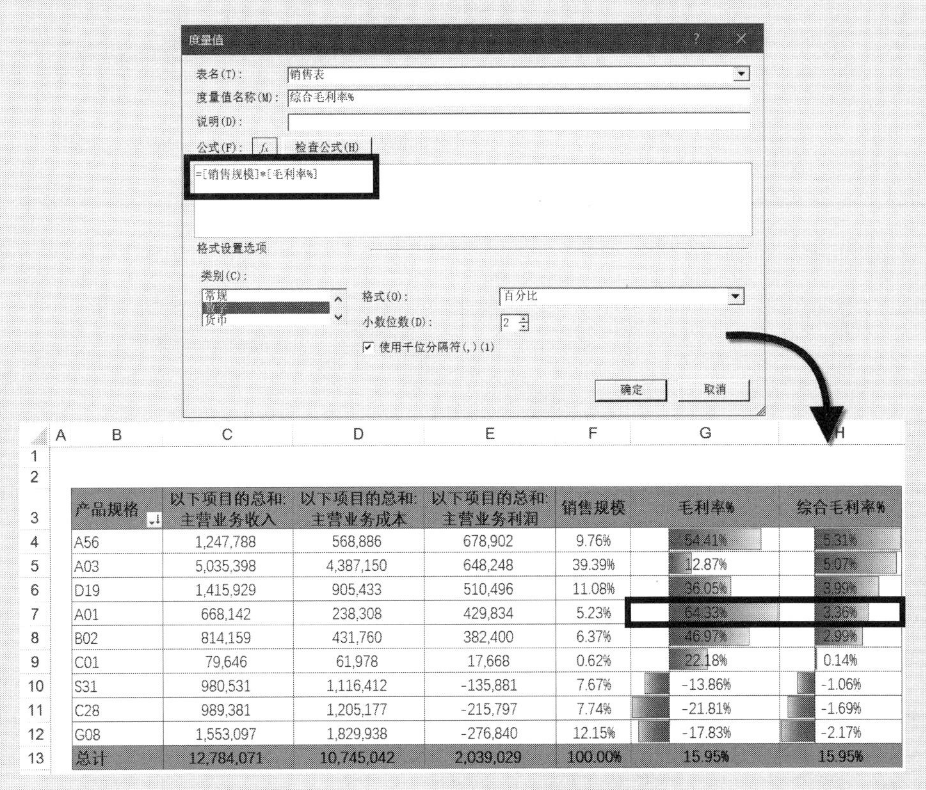

产品规格	以下项目的总和:主营业务收入	以下项目的总和:主营业务成本	以下项目的总和:主营业务利润	销售规模	毛利率%	综合毛利率%
A56	1,247,788	568,886	678,902	9.76%	54.41%	5.31%
A03	5,035,398	4,387,150	648,248	39.39%	12.87%	5.07%
D19	1,415,929	905,433	510,496	11.08%	36.05%	3.99%
A01	668,142	238,308	429,834	5.23%	64.33%	3.36%
B02	814,159	431,760	382,400	6.37%	46.97%	2.99%
C01	79,646	61,978	17,668	0.62%	22.18%	0.14%
S31	980,531	1,116,412	-135,881	7.67%	-13.86%	-1.06%
C28	989,381	1,205,177	-215,797	7.74%	-21.81%	-1.69%
G08	1,553,097	1,829,938	-276,840	12.15%	-17.83%	-2.17%
总计	12,784,071	10,745,042	2,039,029	100.00%	15.95%	15.95%

图 13-40　反映综合毛利率的数据透视表

II　ALLEXCEPT 函数

ALLEXCEPT 函数可以返回表中除受指定的列筛选器影响的那些行之外的所有行，通俗地讲就是可以删除表中除已经应用于指定列的筛选器之外的所有行，语法如下。

```
ALLEXCEPT(Tablename,Columnname1,[Columnname2]…)
Tablename：要删除其所有上下文筛选器的表。
Columnname：需要保留上下文的列。
```

示例13-10　解决进行前10项筛选父级汇总百分比动态变化的问题

图 13-41 展示了对商品名称依据数量进行前 3 项最大值筛选的前后对比，筛选后商品名称的数量父级汇总百分比随着筛选发生了动态变化，变成前 3 项最大值的百分比，有时候这并不是用户期待的结果。

	A	B	C	D
1	性别名称	商品名称	数量	占比%
2	男	白布套	9	34.62%
3		特色真丝男棉套	7	26.92%
4		特色中山装	4	15.38%
5		万寿团男棉套	6	23.08%
6	男 汇总		26	100.00%
7	女	粉布套	6	26.09%
8		如意女棉套	3	13.04%
9		丝绒棉披风	1	4.35%
10		特色真丝葫芦女棉套	2	8.70%
11		特色真丝如意女棉套	1	4.35%
12		真丝连帽棉披风	3	13.04%
13		真丝女夹套	1	4.35%
14		真丝裙子	2	8.70%
15		织锦缎女棉套	4	17.39%
16	女 汇总		23	100.00%
17	其他	高档双铺双盖	2	3.77%
18		红包袱皮	25	47.17%
19		平枕脚枕	4	7.55%
20		手绢	17	32.08%
21		特色双铺双盖	3	5.66%
22		头枕脚枕	2	3.77%
23	其他 汇总		53	100.00%
24	总计		102	

	A	B	C	D
1	性别名称	商品名称	数量	占比%
2	男	白布套	9	40.91%
3		特色真丝男棉套	7	31.82%
4		万寿团男棉套	6	27.27%
5	男 汇总		22	100.00%
6	女	粉布套	6	37.50%
7		如意女棉套	3	18.75%
8		真丝连帽棉披风	3	18.75%
9		织锦缎女棉套	4	25.00%
10	女 汇总		16	100.00%
11	其他	红包袱皮	25	54.35%
12		平枕脚枕	4	8.70%
13		手绢	17	36.96%
14	其他 汇总		46	100.00%
15	总计		84	

图 13-41　前 3 项筛选父级汇总百分比动态变化

利用ALLEXCEPT函数先计算分类汇总的结果，再计算占比，可以轻松解决这个问题，步骤如下。

步骤① 将“数据源”添加到数据模型，把Power Pivot表名称由“表 1”更改为“零售表”并创建如图 13-42 所示的数据透视表。

步骤② 在【Power Pivot】选项卡中依次单击【度量值】→【新建度量值】，弹出【度量值】对话框，【度量值名称】更改为“数量占比%”，在【公式】编辑框内输入公式，如图 13-43 所示。

```
数量占比 %= SUM('零售表'[数量]) /CALCULATE(SUM('零售表'[数
量]),ALLEXCEPT('零售表','零售表'[性别名称]))
```

	A	B	C
1	性别名称	商品名称	数量
2	男	白布套	9
3		特色真丝男棉套	7
4		特色中山装	4
5		万寿团男棉套	6
6	男 汇总		26
7	女	粉布套	6
8		如意女棉套	3
9		丝绒棉披风	1
10		特色真丝葫芦女棉套	2
11		特色真丝如意女棉套	1
12		真丝连帽棉披风	3
13		真丝女夹套	1
14		真丝裙子	2
15		织锦缎女棉套	4
16	女 汇总		23
17	其他	高档双铺双盖	2
18		红包袱皮	25
19		平枕脚枕	4
20		手绢	17
21		特色双铺双盖	3
22		头枕脚枕	2
23	其他 汇总		53
24	总计		102

图 13-42　创建数据透视表

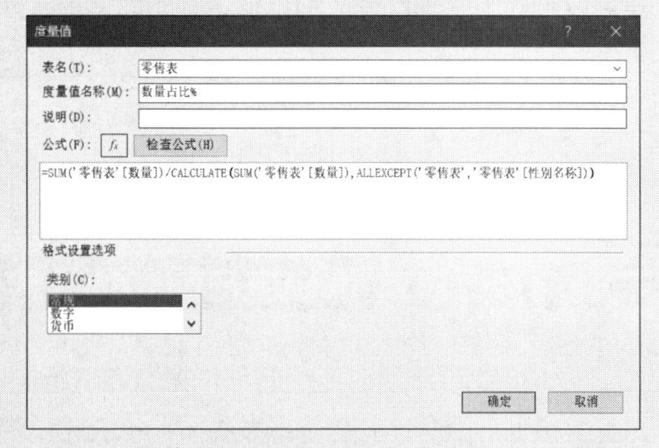

图 13-43　插入度量值

步骤③ 插入度量值后，对数据透视表的“商品名称”字段进行前 3 个最大项筛选，如图 13-44 所示。

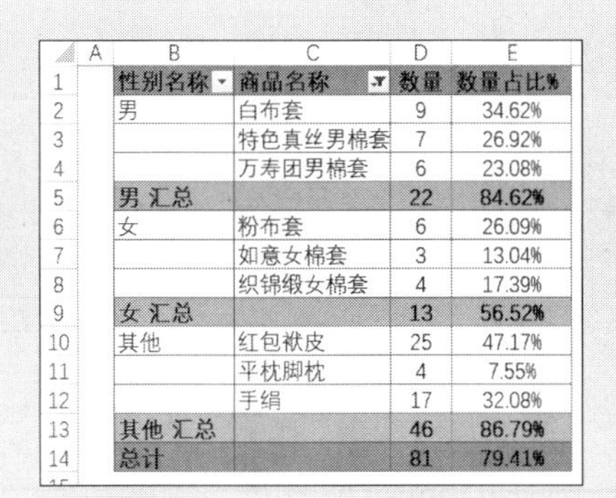

性别名称	商品名称	数量	数量占比%
男	白布套	9	34.62%
	特色真丝男棉套	7	26.92%
	万寿团男棉套	6	23.08%
男 汇总		22	84.62%
女	粉布套	6	26.09%
	如意女棉套	3	13.04%
	织锦缎女棉套	4	17.39%
女 汇总		13	56.52%
其他	红包袱皮	25	47.17%
	平枕脚枕	4	7.55%
	手绢	17	32.08%
其他 汇总		46	86.79%
总计		81	79.41%

图 13-44　实现前 3 项筛选父级汇总百分比正确统计

III　SWITCH 函数

SWITCH 函数能够根据表达式的值返回不同结果，类似于 IF 嵌套函数，但更加简洁易懂，不易出错，语法如下。

SWITCH(表达式,[值1],[结果1],[值2],[结果2]…[False])

表达式：需要进一步进行逻辑判断的对象。

[值1],[结果1]：相对于表达式中的值 1，得出判断的结果 1。

[False]：其他的含义，相对于表达式中的值，得不到判断的结果，就返回其他。

示例13-11　依据销售和产品年份判断新旧品

图 13-45 展示了某零售公司一段时期内的销售数据，现需要根据“销售年份|商品年份”来判断所售产品的新旧，利用 SWITCH 函数可以达到这一目标，可参照以下步骤。

销售年份|商品年份	品类	大类	季节	性别	款式	商品	颜色	数量
2020|2019	鞋	棉布鞋	冬	男	骆驼鞍	11千十字棉安	棕色	1
2020|2019	鞋	棉布鞋	冬	男	骆驼鞍	11千十字棉安	紫色	2
2020|2019	鞋	棉布鞋	冬	男	骆驼鞍	11千十字棉安	深紫红	13
2020|2019	鞋	棉布鞋	冬	男	骆驼鞍	11千十字棉安	紫色	5
2020|2019	鞋	棉布鞋	冬	男	骆驼鞍	11千十字棉安	深紫红	13
2020|2019	鞋	棉布鞋	冬	男	骆驼鞍	11千十字棉安	紫色	3
2020|2019	鞋	棉布鞋	冬	男	骆驼鞍	11千十字棉安	深紫红	11
2020|2019	鞋	棉布鞋	冬	男	骆驼鞍	11千		
2020|2019	鞋	棉布鞋	冬	男	骆驼鞍	11千		
2020|2019	鞋	棉布鞋	冬	男	骆驼鞍	11千		
2020|2019	鞋	棉布鞋	冬	男	骆驼鞍	11千		
2020|2019	鞋	棉布鞋	冬	男	骆驼鞍	11千		
2020|2020	鞋	棉布鞋	冬	男	骆驼鞍	胶粘		
2020|2019	鞋	棉布鞋	冬	男	骆驼鞍	11千		
2020|2019	鞋	棉布鞋	冬	男	骆驼鞍	11千		
2018|2017	鞋	布单鞋	春	男	杭元	6PM		
2018|2017	鞋	布单鞋	春	男	杭元	6PM		
2018|2017	鞋	布单鞋	春	男	杭元	6PM		
2018|2017	鞋	布单鞋	春	男	杭元	6PM		

销售年份|商品年份	新旧判断
2020|2019	旧
2020|2020	新
2018|2017	旧
2018|2018	新
2019|2017	旧
2019|2019	新

数据透视表　数据源　新旧判断

图 13-45　数据源及判断标准

步骤① 将数据源表添加到数据模型，进入【Power Pivot for Excel】窗口，如图 13-46 所示。

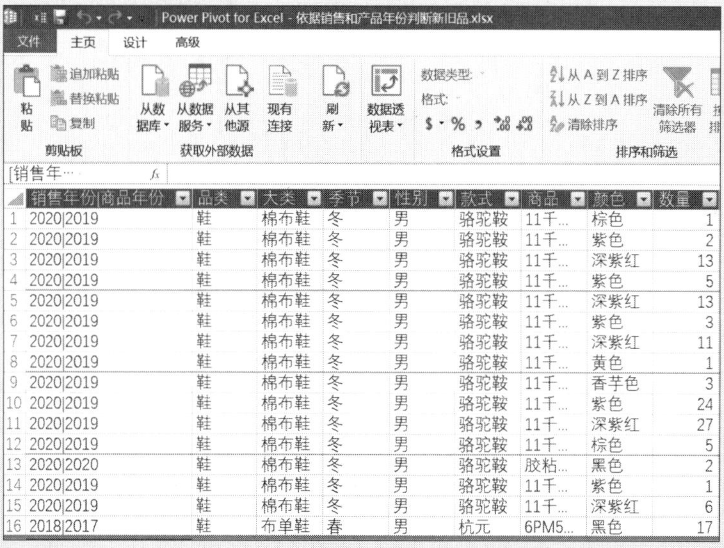

	销售年份|商品年份	品类	大类	季节	性别	款式	商品	颜色	数量
1	2020|2019	鞋	棉布鞋	冬	男	骆驼鞍	11千...	棕色	1
2	2020|2019	鞋	棉布鞋	冬	男	骆驼鞍	11千...	紫色	2
3	2020|2019	鞋	棉布鞋	冬	男	骆驼鞍	11千...	深紫红	13
4	2020|2019	鞋	棉布鞋	冬	男	骆驼鞍	11千...	紫色	5
5	2020|2019	鞋	棉布鞋	冬	男	骆驼鞍	11千...	深紫红	13
6	2020|2019	鞋	棉布鞋	冬	男	骆驼鞍	11千...	紫色	3
7	2020|2019	鞋	棉布鞋	冬	男	骆驼鞍	11千...	深紫红	11
8	2020|2019	鞋	棉布鞋	冬	男	骆驼鞍	11千...	黄色	1
9	2020|2019	鞋	棉布鞋	冬	男	骆驼鞍	11千...	香芋色	3
10	2020|2019	鞋	棉布鞋	冬	男	骆驼鞍	11千...	紫色	24
11	2020|2019	鞋	棉布鞋	冬	男	骆驼鞍	11千...	深紫红	27
12	2020|2019	鞋	棉布鞋	冬	男	骆驼鞍	11千...	棕色	5
13	2020|2020	鞋	棉布鞋	冬	男	骆驼鞍	胶粘...	黑色	2
14	2020|2019	鞋	棉布鞋	冬	男	骆驼鞍	11千...	紫色	1
15	2020|2019	鞋	棉布鞋	冬	男	骆驼鞍	11千...	深紫红	6
16	2018|2017	鞋	布单鞋	春	男	杭元	6PM5...	黑色	17

图 13-46　将数据源表添加到数据模型

步骤② 在【设计】选项卡中单击【插入函数】按钮，弹出【插入函数】对话框，单击【选择类别】下拉按钮，选择“逻辑”函数SWITCH，单击【确定】按钮，如图 13-47 所示。

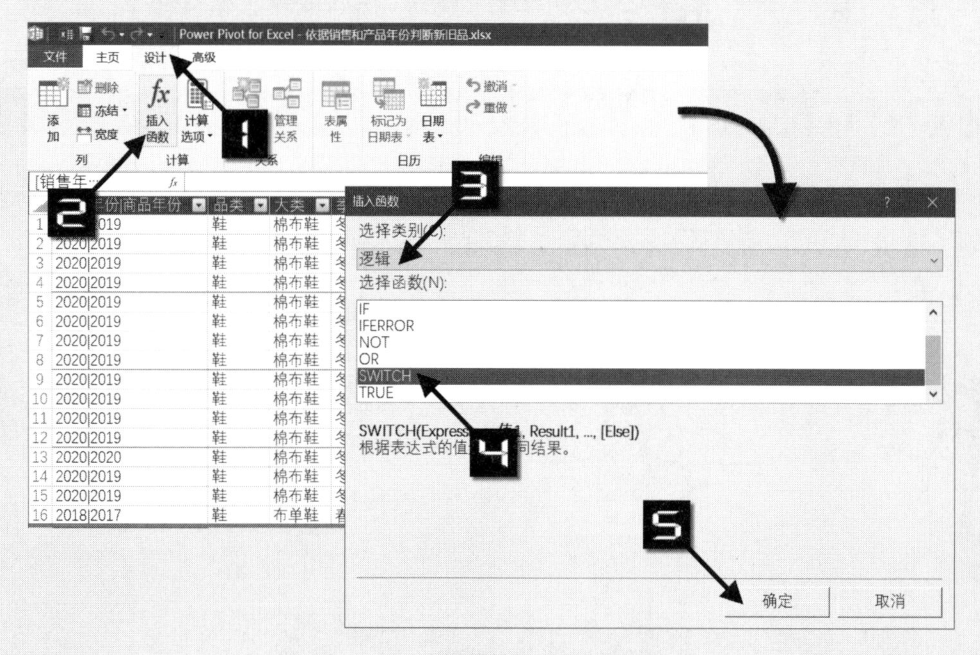

图 13-47　打开【插入函数】对话框

步骤③ 在公式编辑栏中输入公式。按<Enter>键后，添加一个辅助列并重命名为“判断新旧品”，如图 13-48 所示。

判断新旧品 =SWITCH([销售年份 | 商品年输入函数份],"2020|2019"," 旧 ","2020|2020"," 新 ","2018|2017"," 旧 ","2018|2018"," 新 ","2019|2017"," 旧 ","2019|2019"," 新 "," 错误年份 ")

图 13-48 输入函数

步骤④ 在【主页】选项卡中依次单击【数据透视表】按钮→【数据透视表】，创建一张空白数据透视表，按照图 13-49 所示进行数据透视表布局，完成对新旧品的数量统计。

以下项目的总和:数量		判断新旧品			
大类	款式	新	旧	错误年份	总计
布单鞋	方口		9	4	13
布单鞋	杭元		566		566
布单鞋	酒鞋	261			261
布单鞋	相巾	258	7		265
布单鞋	休闲鞋		121		121
布单鞋 汇总		519	703	4	1226
单皮鞋	木兰		4		4
单皮鞋	酒鞋	23			23
单皮鞋	相巾		5		5
单皮鞋 汇总		23	9		32
棉布鞋	骆驼鞍	2	115		117
棉布鞋 汇总		2	115		117
皮凉鞋	凉鞋			1	1
皮凉鞋 汇总				1	1
总计		544	827	5	1376

数据透视表 | 数据源 | 新旧判断

图 13-49 对新旧品进行数量统计的数据透视表

根据本书前言的提示，可观看“依据销售和产品年份判断新旧品”的视频讲解。

➲ IV IF 函数

DAX 语言中的 IF 函数和 Excel 中的 IF 函数在用法上基本一致，常用于检查指定的条件是否成立，并根据检查结果返回不同的值，IF 函数的语法和参数含义如下。

```
IF(<logical_test>, <value_if_true>[, <value_if_false>])
logical_test: 计算结果可以是 TRUE 或 FALSE 的任何值或表达式。
value_if_true: 逻辑测试为 TRUE 时返回的值。
value_if_false:（可选）逻辑测试为 FALSE 时返回的值。如果省略，则返回空白。
```

仍以示例 13-11 为例，步骤 3 在公式编辑栏中输入公式。按<Enter>键后，添加一个辅助列并重命名为“IF判断新旧品”，如图 13-50 所示。

```
IF 判断新旧品 =IF([ 销售年份 | 商品年份 ]="2020|2019"," 旧 ",IF([ 销售年份 | 商品年份 ]="2020|2020"," 新 ",IF([ 销售年份 | 商品年份 ]="2018|2017"," 旧 ",IF([ 销售年份 | 商品年份 ]="2018|2018"," 新 ",IF([ 销售年份 | 商品年份 ]="2019|2017"," 旧 ",IF([ 销售年份 | 商品年份 ]="2019|2019"," 新 "," 错误年份 "))))))
```


	手份	品类	大类	季节	性别	款式	商品	颜色	数量	判断新旧品	IF判断新旧品
1		鞋	棉布鞋	冬	男	骆驼鞍	11千十...	棕色	1	旧	旧
2		鞋	棉布鞋	冬	男	骆驼鞍	11千十...	紫色	2	旧	旧
3		鞋	棉布鞋	冬	男	骆驼鞍	11千十...	深紫红	13	旧	旧
4		鞋	棉布鞋	冬	男	骆驼鞍	11千十...	紫色	5	旧	旧
5		鞋	棉布鞋	冬	男	骆驼鞍	11千十...	深紫红	13	旧	旧
6		鞋	棉布鞋	冬	男	骆驼鞍	11千十...	紫色	3	旧	旧
7		鞋	棉布鞋	冬	男	骆驼鞍	11千十...	深紫红	11	旧	旧
8		鞋	棉布鞋	冬	男	骆驼鞍	11千十...	黄色	1	旧	旧
9		鞋	棉布鞋	冬	男	骆驼鞍	11千十...	香芋色	3	旧	旧
10		鞋	棉布鞋	冬	男	骆驼鞍	11千十...	紫色	24	旧	旧
11		鞋	棉布鞋	冬	男	骆驼鞍	11千十...	深紫红	27	旧	旧
12		鞋	棉布鞋	冬	男	骆驼鞍	11千十...	棕色	5	旧	旧

图 13-50　输入函数

在【主页】选项卡中依次单击【数据透视表】按钮→【数据透视表】，创建一张空白数据透视表，按照图 13-51 所示进行数据透视表布局，完成对新旧品的数量统计。

以下项目的总和:数量		判断新旧品			
大类	款式	新	旧	错误年份	总计
布单鞋	方口		9	4	13
布单鞋	杭元		566		566
布单鞋	酒鞋	261			261
布单鞋	相巾	258	7		265
布单鞋	休闲鞋		121		121
布单鞋 汇总		519	703	4	1226
单皮鞋	木兰		4		4
单皮鞋	酒鞋	23			23
单皮鞋	相巾		5		5
单皮鞋 汇总		23	9		32
棉布鞋	骆驼鞍	2	115		117
棉布鞋 汇总		2	115		117
皮凉鞋	凉鞋			1	1
皮凉鞋 汇总				1	1
总计		544	827	5	1376

以下项目		IF判断新旧品			
大类	款式	新	旧	错误年份	总计
布单鞋	方口		9	4	13
布单鞋	杭元		566		566
布单鞋	酒鞋	261			261
布单鞋	相巾	258	7		265
布单鞋	休闲鞋		121		121
布单鞋 汇总		519	703	4	1226
单皮鞋	木兰		4		4
单皮鞋	酒鞋	23			23
单皮鞋	相巾		5		5
单皮鞋 汇总		23	9		32
棉布鞋	骆驼鞍	2	115		117
棉布鞋 汇总		2	115		117
皮凉鞋	凉鞋			1	1
皮凉鞋 汇总				1	1
总计		544	827	5	1376

图 13-51　对新旧品进行数量统计的数据透视表

对比 IF 和 SWITCH 函数可以看出，使用 SWITCH 函数可以让公式层次更加清晰，当判断标准比较多时，使用 IF 函数书写公式就会很累赘，此时，SWITCH 函数的优势就体现出来了。

➲ V　COUNTROWS、VALUES 函数

COUNTROWS 函数可以计算指定表或计算表示自定义表中的数据行数（不包括标题行），就是对表中的行数进行计数，语法如下。

```
COUNTROWS(Table)
Table：需要计算行数的表或自定义表达式。
```

VALUES 函数返回由一列组成的表或列中包含唯一值的表，语法如下。

```
VALUES(TableName Or ColumnName)
TableName：要返回唯一值的列或表达式名称。
```

示例13-12　数据透视表值区域显示授课教师名单

一般情况下，数据透视表中的值区域只能显示数字，文本数据进入数据透视表值区域只能被计数统计而无法显示文本的信息，利用 COUNTROWS 结合 VALUES 函数可以解决这个普通数据透视表无法解决的难题，达到如图 13-52 所示的效果。

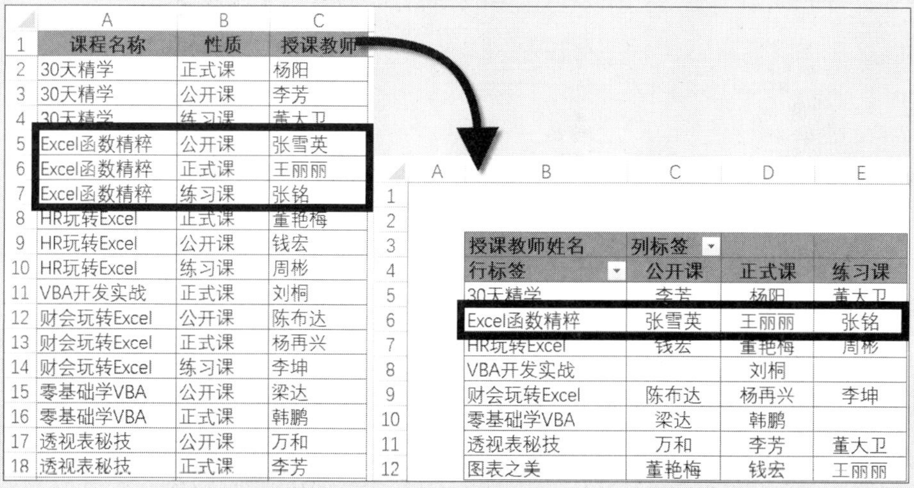

	A	B	C
1	课程名称	性质	授课教师
2	30天精学	正式课	杨阳
3	30天精学	公开课	李芳
4	30天精学	练习课	董大卫
5	Excel函数精粹	公开课	张雪英
6	Excel函数精粹	正式课	王丽丽
7	Excel函数精粹	练习课	张铭
8	HR玩转Excel	正式课	董艳梅
9	HR玩转Excel	公开课	钱宏
10	HR玩转Excel	练习课	周彬
11	VBA开发实战	正式课	刘桐
12	财会玩转Excel	公开课	陈布达
13	财会玩转Excel	正式课	杨再兴
14	财会玩转Excel	练习课	李坤
15	零基础学VBA	公开课	梁达
16	零基础学VBA	正式课	韩鹏
17	透视表秘技	公开课	万和
18	透视表秘技	正式课	李芳

	A	B	C	D	E
1					
2					
3		授课教师姓名	列标签		
4		行标签	公开课	正式课	练习课
5		30天精学	李芳	杨阳	董大卫
6		Excel函数精粹	张雪英	王丽丽	张铭
7		HR玩转Excel	钱宏	董艳梅	周彬
8		VBA开发实战		刘桐	
9		财会玩转Excel	陈布达	杨再兴	李坤
10		零基础学VBA	梁达	韩鹏	
11		透视表秘技	万和	李芳	董大卫
12		图表之美	董艳梅	钱宏	王丽丽

图 13-52　在数据透视表值区域显示文本信息

步骤① 将“数据源”添加到数据模型，把 Power Pivot 表名称由“表 1”更改为“授课表”并创建如图 13-53 所示的数据透视表。

步骤② 在【Power Pivot】选项卡中依次单击【度量值】→【新建度量值】，弹出【度量值】对话框，将【度量值名称】更改为“授课教师姓名”，在【公式】编辑框内输入公式，如图 13-54 所示。

```
授课教师姓名 =IF(COUNTROWS(VALUES('授课表'[授课教师]))=1,VALUES('授课表'[授课教师]))
```

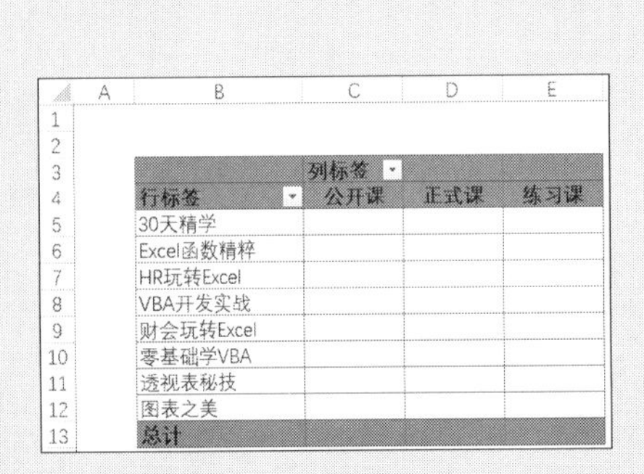

图 13-53 创建数据透视表

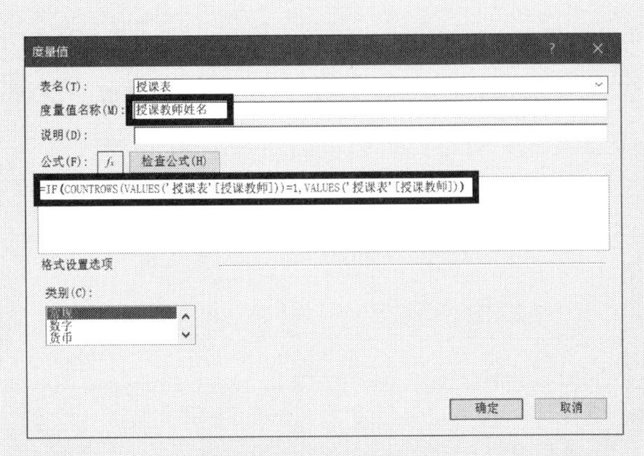

图 13-54 插入计算字段

步骤3 单击【确定】按钮关闭【度量值】对话框，"授课教师姓名"自动进入数据透视表值区域完成设置，如图 13-55 所示。

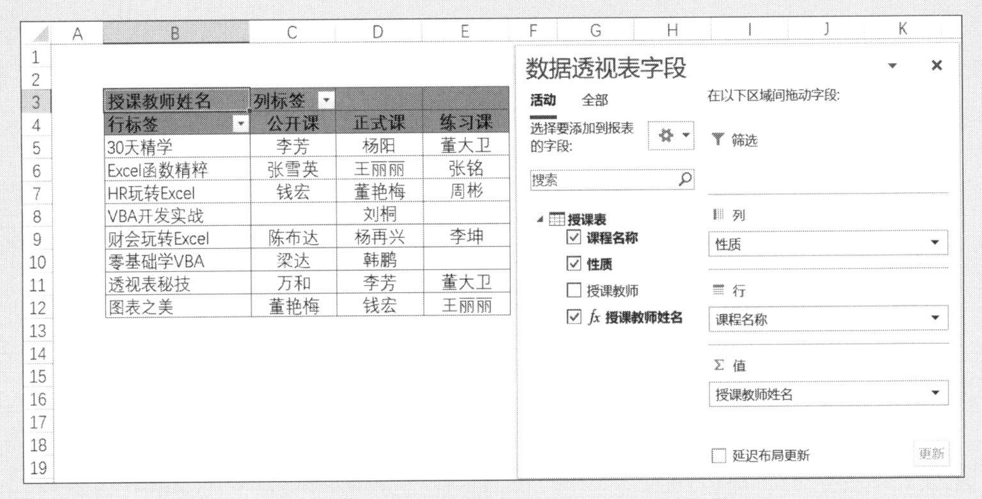

授课教师姓名	列标签		
行标签	公开课	正式课	练习课
30天精学	李芳	杨阳	董大卫
Excel函数精粹	张雪英	王丽丽	张铭
HR玩转Excel	钱宏	董艳梅	周彬
VBA开发实战		刘桐	
财会玩转Excel	陈布达	杨再兴	李坤
零基础学VBA	梁达	韩鹏	
透视表秘技	万和	李芳	董大卫
图表之美	董艳梅	钱宏	王丽丽

图 13-55 数据透视表值区域显示文本信息

VI CONCATENATEX

示例13-13 使用CONCATENATEX函数实现数据透视表值区域显示授课教师名单

除了利用COUNTROWS结合VALUES函数构建度量值，上面的案例也可以使用新增的DAX函数CONCATENATEX达到同样的效果。

步骤1 将"销售明细表"添加到数据模型，把Power Pivot表名称由"表 1"更改为"授课表"并创建如图 13-56 所示的数据透视表。

步骤2 在【Power Pivot】选项卡中依次单击【度量值】→【新建度量值】，弹出【度量值】对话框，将【度量值名称】更改为"授课教师姓名"，在【公式】编辑框内输入公式，如图 13-57 所示。

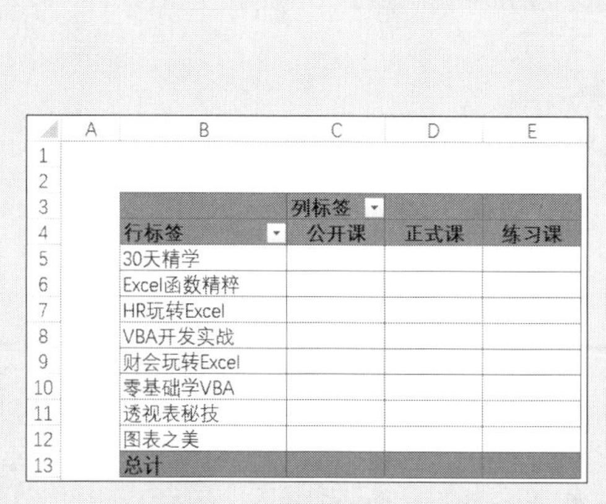

列标签			
行标签	公开课	正式课	练习课
30天精学			
Excel函数精粹			
HR玩转Excel			
VBA开发实战			
财会玩转Excel			
零基础学VBA			
透视表秘技			
图表之美			
总计			

图 13-56　创建模型透视表

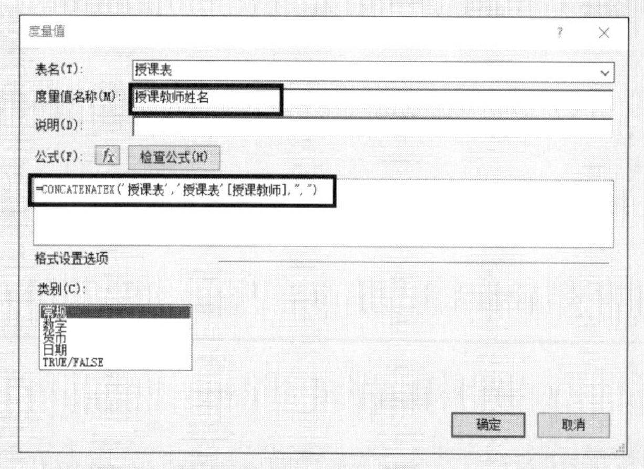

图 13-57　创建使用 CONCATENATEX 的度量值

授课教师姓名 =CONCATENATEX('授课表','授课表'[授课教师],",")

步骤③ 单击【确定】按钮关闭【度量值】对话框，"授课教师姓名"自动进入数据透视表值区域完成设置，如图 13-58 所示。

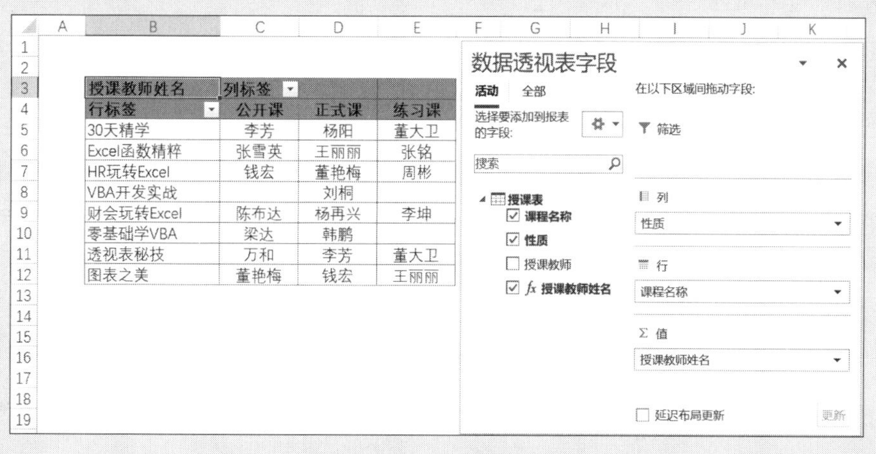

授课教师姓名	列标签		
行标签	公开课	正式课	练习课
30天精学	李芳	杨阳	董大卫
Excel函数精粹	张雪英	王丽丽	张铭
HR玩转Excel	钱宏	董艳梅	周彬
VBA开发实战		刘桐	
财会玩转Excel	陈布达	杨再兴	李坤
零基础学VBA	梁达	韩鹏	
透视表秘技	万和	李芳	董大卫
图表之美	董艳梅	钱宏	王丽丽

图 13-58　新度量值的数据透视表呈现效果

Ⅶ　DIVIDE 函数

DIVIDE 函数可以向数据模型中加入新的度量指标，还能处理数据被零除的情况，语法如下：

```
DIVIDE(分子,分母,[AlternateResult])
```

示例13-14　计算实际与预算的差异额和差异率

图 13-59 展示了某公司某部门一段时期的预算额和实际发生额的明细数据，如果期望在两表之间建立关联，同时计算出实际和预算的差异额与差异率，可参照以下步骤。

	A	B	C
1	月份	科目名称	金额
44	09月	过桥过路费	2,500.00
45	09月	交通工具消耗	2,000.00
46	09月	手机电话费	5,000.00
47	10月	办公用品	1,500.00
48	10月	出差费	20,000.00
49	10月	过桥过路费	1,000.00
50	10月	交通工具消耗	2,000.00
51	10月	手机电话费	5,000.00
52	11月	办公用品	2,000.00
53	11月	出差费	90,000.00
54	11月	过桥过路费	5,000.00
55	11月	交通工具消耗	10,000.00
56	11月	手机电话费	5,000.00
57	12月	办公用品	3,500.00
58	12月	出差费	60,000.00
59	12月	过桥过路费	2,000.00
60	12月	交通工具消耗	5,000.00
61	12月	手机电话费	5,000.00
62			

差异分析 | 预算额 | 实际发生额

	A	B	C
1	月份	科目名称	金额
44	09月	过桥过路费	2,349.00
45	09月	交通工具消耗	3,710.60
46	09月	手机电话费	6,717.07
47	10月	办公用品	1,825.50
48	10月	出差费	19,595.50
49	10月	过桥过路费	895.00
50	10月	交通工具消耗	1,810.00
51	10月	手机电话费	6,750.30
52	11月	办公用品	2,605.48
53	11月	出差费	90,573.84
54	11月	过桥过路费	10,045.00
55	11月	交通工具消耗	12,916.59
56	11月	手机电话费	6,315.14
57	12月	办公用品	3,813.42
58	12月	出差费	63,431.14
59	12月	过桥过路费	2,195.00
60	12月	交通工具消耗	6,275.20
61	12月	手机电话费	6,591.47
62			

差异分析 | 预算额 | 实际发生额

图 13-59　预算额与实际发生额数据

步骤① 将“预算额”与“实际发生额”数据表添加到数据模型，把Power Pivot表名称改为“预算”和“实际”，添加辅助计算列“关联ID”，如图 13-60 所示。

关联 ID =[月份]&[科目名称]

[关联ID]　fx　=[月份]&[科目名称]

	月份	科...	金...	关联ID
1	01月	办公...	500	01月办公用品
2	01月	出差费	200...	01月出差费
3	01月	过桥...	1000	01月过桥过路费
4	01月	交通...	2000	01月交通工具消耗
5	01月	手机...	5000	01月手机电话费
6	02月	办公...	100	02月办公用品
7	02月	出差费	150...	02月出差费
8	02月	过桥...	500	02月过桥过路费
9	02月	交通...	2000	02月交通工具消耗
10	02月	手机...	5000	02月手机电话费
11	03月	办公...	5000	03月办公用品
12	03月	出差费	300...	03月出差费
13	03月	过桥...	1500	03月过桥过路费
14	03月	交通...	2000	03月交通工具消耗
15	03月	手机...	5000	03月手机电话费
16	04月	办公...	3500	04月办公用品
17	04月	出差费	400...	04月出差费
18	04月	过桥...	3000	04月过桥过路费
19	04月	交通...	5000	04月交通工具消耗
20	04月	手机...	5000	04月手机电话费
21	05月	办公...	2000	05月办公用品

预算 | 实际

[关联ID]　fx　=[月份]&[科目名称]

	月...	科目名称	金额	关联ID
1	01月	办公用品	258.5	01月办公用品
2	01月	出差费	19691.4	01月出差费
3	01月	过桥过路费	1130	01月过桥过路费
4	01月	交通工具消耗	1616.78	01月交通工具消耗
5	01月	手机电话费	1800	01月手机电话费
6	02月	办公用品	18	02月办公用品
7	02月	出差费	23988	02月出差费
8	02月	过桥过路费	348	02月过桥过路费
9	02月	交通工具消耗	2522	02月交通工具消耗
10	02月	手机电话费	3850	02月手机电话费
11	03月	办公用品	4697.5	03月办公用品
12	03月	出差费	30075.2	03月出差费
13	03月	过桥过路费	1525	03月过桥过路费
14	03月	交通工具消耗	2840	03月交通工具消耗
15	03月	手机电话费	7351.08	03月手机电话费
16	04月	办公用品	3774.4	04月办公用品
17	04月	出差费	40660.1	04月出差费
18	04月	过桥过路费	3225	04月过桥过路费
19	04月	交通工具消耗	4166.9	04月交通工具消耗
20	04月	手机电话费	1250	04月手机电话费

预算 | 实际

图 13-60　将数据表添加到数据模型

创建“关联ID”辅助列的目的就是创建预算表的唯一值标识符，便于在多表之间创建关系。

步骤② 在【Power Pivot for Excel】窗口中的【主页】选项卡中单击【关系图视图】按钮，在弹出的布局界面中，将【实际】表的“关联ID”字段拖动到【预算】表的“关联ID”字段上面，通过“关联ID”字段建立两表之间的关系，如图 13-61 所示。

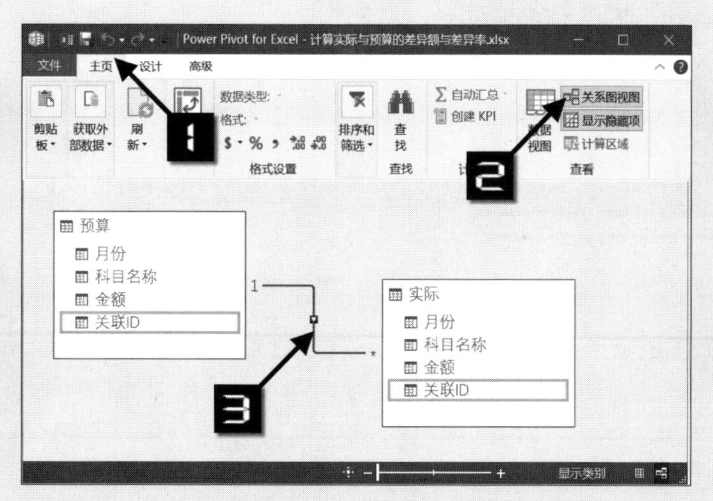

图 13-61 创建"预算"和"实际"两表的关系

步骤③ 创建如图 13-62 所示的数据透视表。

步骤④ 在【Power Pivot】选项卡中依次单击【度量值】→【新建度量值】，弹出【度量值】对话框，依次插入"实际金额""预算金额""差异额"和"差异率%"四个度量值，如图 13-63 所示。

列标签						
行标签	办公用品	出差费	过桥过	交通工	手机电话	总计
01月						
02月						
03月						
04月						
05月						
06月						
07月						
08月						
09月						
10月						
11月						
12月						
总计						

图 13-62 创建数据透视表

管理度量值

新建 编辑 删除

度量值	公式
实际金额	SUM('实际'[金额])
差异率%	DIVIDE([差异额],[预算金额])
差异额	[实际金额]-[预算金额]
预算金额	SUM('预算'[金额])

关闭

图 13-63 相关的度量值公式

```
实际金额 =sum ( '实际'[ 金额 ] )
预算金额 =sum ( '预算'[ 金额 ] )
差异额 =[ 实际金额 ]-[ 预算金额 ]
差异率 %=DIVIDE ( [ 差异额 ],[ 预算金额 ] )
```

步骤⑤ 最后完成的数据透视表如图 13-64 所示，同时还能处理"06 月"，"办公用品"预算金额为零值的情况。

月份	办公用品 实际金额	预算金额	差异额	差异率%	手机电话费 实际金额	预算金	差异额	差异率%	实际金额汇总	预算金额汇总	差异额汇总	差异率%汇总
01月	258.5	500	-241.5	-48.30%	1800	5000	-3200	-64.00%	24496.68	28500	-4003.32	-14.05%
02月	18	100	-82	-82.00%	3850	5000	-1150	-23.00%	30726	22600	8126	35.96%
03月	4697.5	5000	-302.5	-6.05%	7351.08	5000	2351.08	47.02%	46488.78	43500	2988.78	6.87%
04月	3774.4	3500	274.4	7.84%	1250	5000	-3750	-75.00%	53076.4	56500	-3423.6	-6.06%
05月	2285	2000	285	14.25%	3671.81	5000	-1328.19	-26.56%	65262.37	67000	-1737.63	-2.59%
06月	200	0	200		10000.81	5000	5000.81	100.02%	62186.02	62000	186.02	0.30%
07月	1502	1500	2	0.13%	5502.01	5000	502.01	10.04%	109584.78	109500	84.78	0.08%
08月	4726.7	5000	-273.3	-5.47%	6494.33	5000	1494.33	29.89%	75862.58	68000	7862.58	11.56%
09月	1825.9	2000	-174.1	-8.71%	6717.07	5000	1717.07	34.34%	65517.97	61500	4017.97	6.53%
10月	1825.5	1500	325.5	21.70%	6750.3	5000	1750.3	35.01%	30876.3	29500	1376.3	4.67%
11月	2605.48	2000	605.48	30.27%	6315.14	5000	1315.14	26.30%	122456.05	112000	10456.05	9.34%
12月	3813.42	3500	313.42	8.95%	6591.47	5000	1591.47	31.83%	82306.23	75500	6806.23	9.01%
总计	27532.4	26600	932.4	3.51%	66294.02	60000	6294.02	10.49%	768840.16	736100	32740.16	4.45%

图 13-64 预算和实际差异分析表

➲ VIII ALLSELECTED 计算占比函数

ALLSELECTED函数是ALL函数的衍生函数，通常用来计算个体占总体的比例。

```
ALLSELECTED([<tableName>|<columnName>[,<columnName>[,<ColumnName>[,…]]]] )
```

TableName：使用标准 DAX 语法的现有表的名称。此参数不能是表达式。此参数可选。

ColumnName：使用标准 DAX 语法的现有列的名称，通常是完全限定的名称。不能是表达式。此参数可选。

示例13-15 计算不同品牌产品占总体或品牌的比例

图 13-65 展示了某商业集团不同门店在一段时间内的销售记录，现在需要求得：不同商品销售额占总体销售额比例、不同商品销售额占总品牌销售额比例、商品经过切片筛选后仍要保持品牌的100%比例，可参照以下步骤。

销售日期	销售门店	商品代码	商品名称	销售数量	零售价	销售额
2021-1-1	珠海航天店	2003	HW平板	70	4,500	31,500
2021-1-1	珠海航天店	2004	HW智能手环	70	900	6,300
2021-1-3	珠海航天店	3003	OP平板	4	3,000	1,200
2021-1-3	珠海航天店	3004	OP智能手环	4	600	240
2021-1-4	珠海航天店	2002	HW智能电视	20	15,000	30,000
2021-1-4	珠海航天店	3001	OP手机	30	6,300	18,900
2021-1-4	珠海航天店	2001	HW手机	10	12,000	12,000
2021-1-5	珠海航天店	1001	XM手机	2	3,000	600
2021-1-6	珠海航天店	2002	HW智能电视	40	15,000	60,000
2021-1-6	珠海航天店	2001	HW手机	12	12,000	14,400
2021-1-7	珠海航天店	2001	HW手机	40	12,000	48,000
2021-1-7	珠海航天店	1001	XM手机	16	3,000	4,800
2021-1-11	珠海航天店	1003	XM平板	24	2,250	5,400
2021-1-11	珠海航天店	1004	XM智能手环	24	800	1,920
2021-1-12	珠海航天店	3001	OP手机	63	6,300	39,690
2021-1-12	珠海航天店	2001	HW手机	21	12,000	25,200
2021-1-12	珠海航天店	3003	OP平板	24	3,000	7,200
2021-1-12	珠海航天店	3004	OP智能手环	24	600	1,440
2021-1-14	珠海航天店	3001	OP手机	42	6,300	26,460

品牌	商品名称
XM	XM智能手环
XM	XM智能电视
XM	XM手机
XM	XM平板
OP	OP智能手环
OP	OP智能电视
OP	OP手机
OP	OP平板
HW	HW智能手环
HW	HW智能电视
HW	HW手机
HW	HW平板

图 13-65 销售数据表

步骤① 首先将“销售明细”和“品牌”表添加到数据模型，并建立关联，如图 13-66 所示。

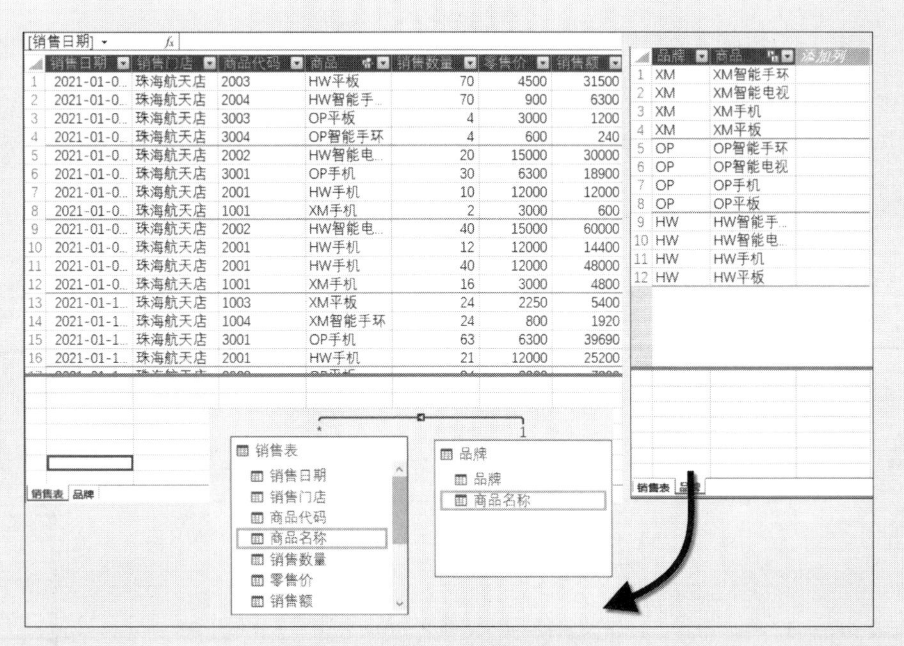

	销售日期	销售门店	商品代码	商品	销售数量	零售价	销售额
1	2021-01-0...	珠海航天店	2003	HW平板	70	4500	31500
2	2021-01-0...	珠海航天店	2004	HW智能手...	70	900	6300
3	2021-01-0...	珠海航天店	3003	OP平板	4	3000	1200
4	2021-01-0...	珠海航天店	3004	OP智能手环	4	600	240
5	2021-01-0...	珠海航天店	2002	HW智能电...	20	15000	30000
6	2021-01-0...	珠海航天店	3001	OP手机	30	6300	18900
7	2021-01-0...	珠海航天店	2001	HW手机	10	12000	12000
8	2021-01-0...	珠海航天店	1001	XM手机	2	3000	600
9	2021-01-0...	珠海航天店	2002	HW智能电...	40	15000	60000
10	2021-01-0...	珠海航天店	2001	HW手机	12	12000	14400
11	2021-01-0...	珠海航天店	2001	HW手机	40	12000	48000
12	2021-01-0...	珠海航天店	1001	XM手机	16	3000	4800
13	2021-01-1...	珠海航天店	1003	XM平板	24	2250	5400
14	2021-01-1...	珠海航天店	1004	XM智能手环	24	800	1920
15	2021-01-1...	珠海航天店	3001	OP手机	63	6300	39690
16	2021-01-1...	珠海航天店	2001	HW手机	21	12000	25200

	品牌	商品
1	XM	XM智能手环
2	XM	XM智能电视
3	XM	XM手机
4	XM	XM平板
5	OP	OP智能手环
6	OP	OP智能电视
7	OP	OP手机
8	OP	OP平板
9	HW	HW智能手...
10	HW	HW智能电...
11	HW	HW手机
12	HW	HW平板

图 13-66 建立表间关联

步骤② 求不同商品销售额占总体销售额比例：创建如下度量值和图 13-67 所示的数据透视表。

商品名称：HW平板、HW手机、HW智能电视、HW智能手环、OP平板、OP手机、OP智能电视、OP智能手环、XM平板、XM手机、XM智能电视、XM智能手环

品牌	商品名称	销售总额	销售总额合计	销售总额占比
HW	HW平板	1321.2	36012.8	4%
HW	HW手机	15575.4	36012.8	43%
HW	HW智能电视	6725.6	36012.8	19%
HW	HW智能手环	264.2	36012.8	1%
HW 汇总		**23886.4**	**36012.8**	**66%**
OP	OP平板	621.9	36012.8	2%
OP	OP手机	3415.9	36012.8	9%
OP	OP智能电视	1540.9	36012.8	4%
OP	OP智能手环	124.4	36012.8	0%
OP 汇总		**5703.2**	**36012.8**	**16%**
XM	XM平板	1154.0	36012.8	3%
XM	XM手机	3344.6	36012.8	9%
XM	XM智能电视	1514.1	36012.8	4%
XM	XM智能手环	410.3	36012.8	1%
XM 汇总		**6423.2**	**36012.8**	**18%**
总计		**36012.8**	**36012.8**	**100%**

图 13-67 创建数据透视表

```
销售总额 =SUM('销售明细表'[销售额])
销售总额合计 =CALCULATE([销售总额],ALL('品牌表'))
销售总额占比 =DIVIDE([销售总额],[销售总额合计])
```

销售总额和销售总额合计自定义格式代码：0!.0,

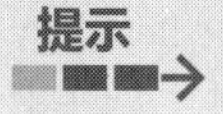

提示

“销售总额合计”字段的值每一行均为同一值，是为了让读者看明白“销售总额占比”的计算过程，在实际的报表呈现中没有任何意义，不需要插入到数据透视表中。

步骤③ 求不同商品销售额占总品牌销售额比例：创建如下度量值和图 13-68 所示的数据透视表。

```
销售总额分类合计 =CALCULATE([ 销售总额 ],ALL(' 品牌表 '[ 商品名称 ]))
销售分类占比 =DIVIDE([ 销售总额 ],[ 销售总额分类合计 ])
```

商品名称

HW平板 | HW手机 | HW智能电视 | HW智能手环
OP平板 | OP手机 | OP智能电视 | OP智能手环
XM平板 | XM手机 | XM智能电视 | XM智能手环

品牌	商品名称	销售总额	销售总额合计	销售总额占比	销售总额分类合计	销售分类占比
HW	HW平板	1321.2	36012.8	4%	23886.4	6%
HW	HW手机	15575.4	36012.8	43%	23886.4	65%
HW	HW智能电视	6725.6	36012.8	19%	23886.4	28%
HW	HW智能手环	264.2	36012.8	1%	23886.4	1%
HW 汇总		23886.4	36012.8	66%	23886.4	100%
OP	OP平板	621.9	36012.8	2%	5703.2	11%
OP	OP手机	3415.9	36012.8	9%	5703.2	60%
OP	OP智能电视	1540.9	36012.8	4%	5703.2	27%
OP	OP智能手环	124.4	36012.8	0%	5703.2	2%
OP 汇总		5703.2	36012.8	16%	5703.2	100%
XM	XM平板	1154.0	36012.8	3%	6423.2	18%
XM	XM手机	3344.6	36012.8	9%	6423.2	52%
XM	XM智能电视	1514.1	36012.8	4%	6423.2	24%
XM	XM智能手环	410.3	36012.8	1%	6423.2	6%
XM 汇总		6423.2	36012.8	18%	6423.2	100%
总计		36012.8	36012.8	100%	36012.8	100%

图 13-68 添加销售分类占比度量值

当在切片器中选择平板类和智能电视类商品后，数据透视表中每个商品名称的“销售分类占比”并没有发生变化，品牌合计也只是对销售分类占比进行简单加总，“销售分类占比”的总计值也不是 100%，这显然不是我们想要的结果，如图 13-69 所示。

商品名称

HW平板 | HW手机 | HW智能电视 | HW智能手环
OP平板 | OP手机 | OP智能电视 | OP智能手环
XM平板 | XM手机 | XM智能电视 | XM智能手环

品牌	商品名称	销售总额	销售总额合计	销售总额占比	销售总额分类合计	销售分类占比
HW	HW平板	1321.2	36012.8	4%	23886.4	6%
HW	HW智能电视	6725.6	36012.8	19%	23886.4	28%
HW 汇总		8046.8	36012.8	22%	23886.4	34%
OP	OP平板	621.9	36012.8	2%	5703.2	11%
OP	OP智能电视	1540.9	36012.8	4%	5703.2	27%
OP 汇总		2162.9	36012.8	6%	5703.2	38%
XM	XM平板	1154.0	36012.8	3%	6423.2	18%
XM	XM智能电视	1514.1	36012.8	4%	6423.2	24%
XM 汇总		2668.2	36012.8	7%	6423.2	42%
总计		12877.8	36012.8	36%	36012.8	36%

图 13-69 筛选后的销售分类占比

步骤④ 求商品经过切片筛选后仍要保持品牌的 100% 占比：创建如下度量值和图 13-70 所示的数据透视表。

```
筛选后的销售总额合计 =CALCULATE([ 销售总额 ],ALLSELECTED(' 品牌表 '))
筛选后的总体销售占比 =DIVIDE([ 销售总额 ],[ 筛选后的销售总额合计 ])
```

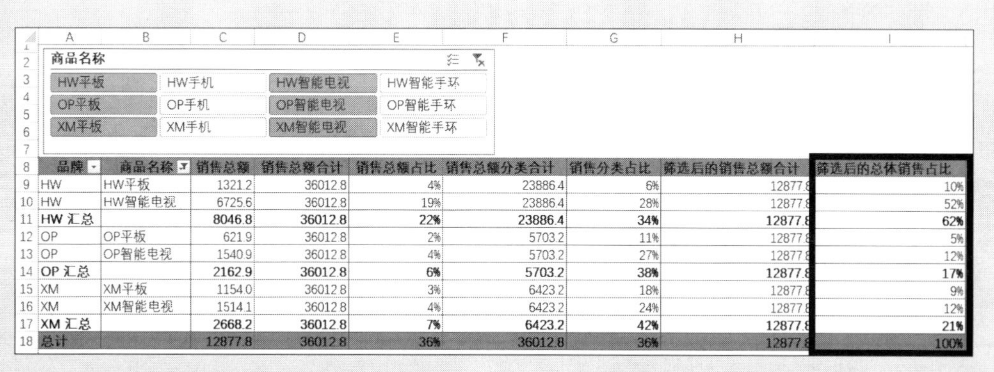

商品名称

HW平板 HW手机 HW智能电视 HW智能手环
OP平板 OP手机 OP智能电视 OP智能手环
XM平板 XM手机 XM智能电视 XM智能手环

品牌	商品名称	销售总额	销售总额合计	销售总额占比	销售总额分类合计	销售分类占比	筛选后的销售总额合计	筛选后的总体销售占比
HW	HW平板	1321.2	36012.8	4%	23886.4	6%	12877.8	10%
HW	HW智能电视	6725.6	36012.8	19%	23886.4	28%	12877.8	52%
HW 汇总		8046.8	36012.8	22%	23886.4	34%	12877.8	62%
OP	OP平板	621.9	36012.8	2%	5703.2	11%	12877.8	5%
OP	OP智能电视	1540.9	36012.8	4%	5703.2	27%	12877.8	12%
OP 汇总		2162.9	36012.8	6%	5703.2	38%	12877.8	17%
XM	XM平板	1154.0	36012.8	3%	6423.2	18%	12877.8	9%
XM	XM智能电视	1514.1	36012.8	4%	6423.2	24%	12877.8	12%
XM 汇总		2668.2	36012.8	7%	6423.2	42%	12877.8	21%
总计		12877.8	36012.8	36%	36012.8	36%	12877.8	100%

图 13-70 筛选后的销售分类占比

此时，“筛选后的销售总额合计”和“销售总额”总计值相同，“筛选后的总体销售占比”也是按照筛选后的不同品牌汇总结果进行分类占比，不管切片器如何筛选，“筛选后的总体销售占比”的总计值一直保持 100%。

IX TOTALMTD、TOTALQTD、TOTALYTD 时间智能函数

TOTALMTD函数用于计算月初至今的累计值，TOTALQTD函数用于计算季初至今的累计值，TOTALYTD函数用于计算年初至今的累计值，语法基本相同。

```
TOTALMTD(<expression>,<dates>[,<filter>])
TOTALQTD(<expression>,<dates>[,<filter>])
TOTALYTD(<expression>,<dates>[,<filter>][,<year_end_date>])
```

在应用制定的筛选器后，针对从月份、季度和年度的第一天开始到指定日期列中的最后日期结束的间隔，对指定的表达式求值。

示例13-16 利用时间智能函数进行销售额累计统计

图 13-71 展示了某公司 2019—2020 年的每日销售数据，利用时间智能函数得到月初至今、季初至今和年初至今累计数据呈现的方法如下。

销售日期	销售城市	商品代码	商品名称	销售数量	零售价	销售额
2019-1-1	西安市	1001	小米手机	81	3000	243000
2019-1-1	天津市	1001	小米手机	3	3000	9000
2019-1-1	内江市	1003	小米平板	35	2250	78750
2019-1-1	天津市	1003	小米平板	20	2250	45000
2019-1-1	西安市	1003	小米平板	60	2250	135000
2019-1-1	内江市	1004	小米智能手环	35	800	28000
2019-1-1	天津市	1004	小米智能手环	20	800	16000
2019-1-1	西安市	1004	小米智能手环	60	800	48000
2019-1-1	天津市	2001	华为手机	45	12000	540000
2019-1-1	西安市	2001	华为手机	54	12000	648000
2019-1-1	珠海市	2003	华为平板	70	4500	315000
2019-1-1	天津市	2003	华为平板	10	4500	45000
2019-1-1	西安市	2003	华为平板	48	4500	216000
2019-1-1	珠海市	2004	华为智能手环	70	900	63000
2019-1-1	天津市	2004	华为智能手环	10	900	9000
2019-1-1	西安市	2004	华为智能手环	48	900	43200
2019-1-1	天津市	3001	OPPO手机	6	6300	37800

图 13-71 销售数据

步骤① 将“每日销售数据”数据表添加到数据模型，把Power Pivot表名称改为“销售”。

步骤② 在【Power Pivot for Excel】窗口中的【设计】选项卡中依次单击【日期表】下拉按钮→【新建】按钮，Power Pivot会新建一张名为“Calendar”的日期表，如图13-72所示。

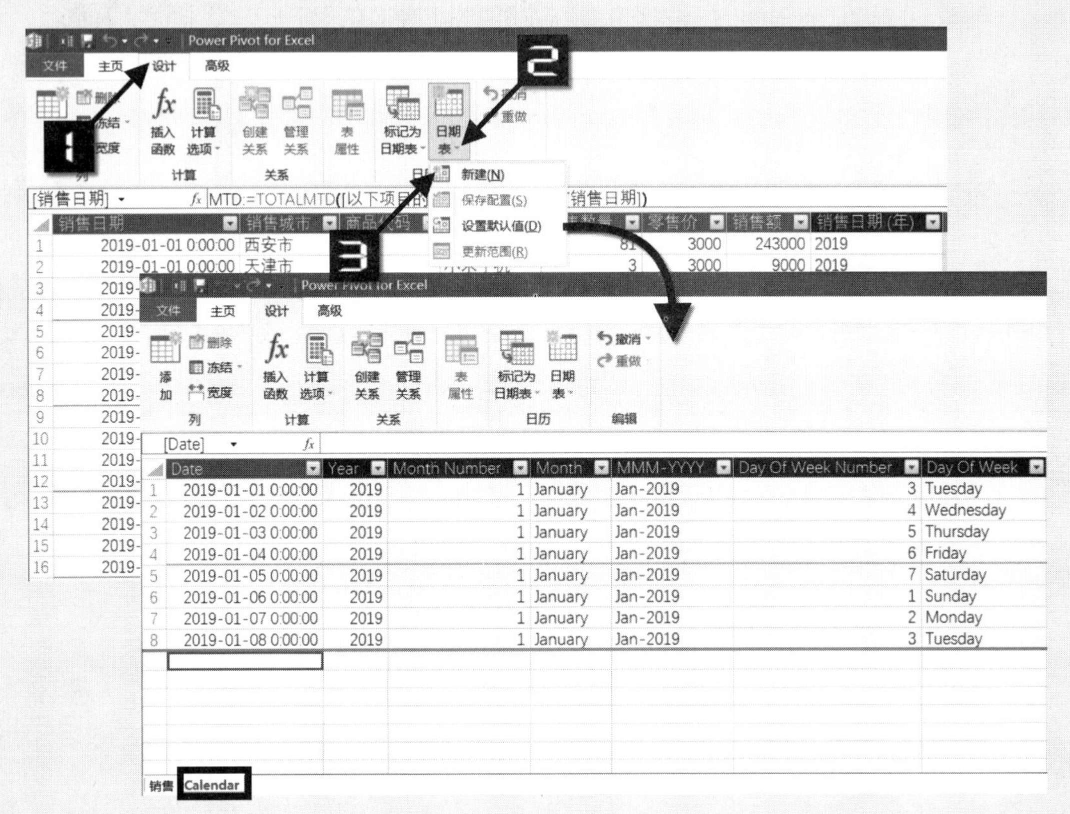

图 13-72　设定日期表

提示

使用时间智能函数均需要在Power Pivot中新建或标记一个日期表，否则添加度量值后的数据透视表中MTD、QTD和YTD字段每月数据都显示出相同的值，所有时间智能函数都将得不到正确的结果。

注意

用作标记为日期表的数据列必须为日期类型数据并且该列数据必须是唯一值列表，否则标记为日期表将会报错，如图13-73所示。

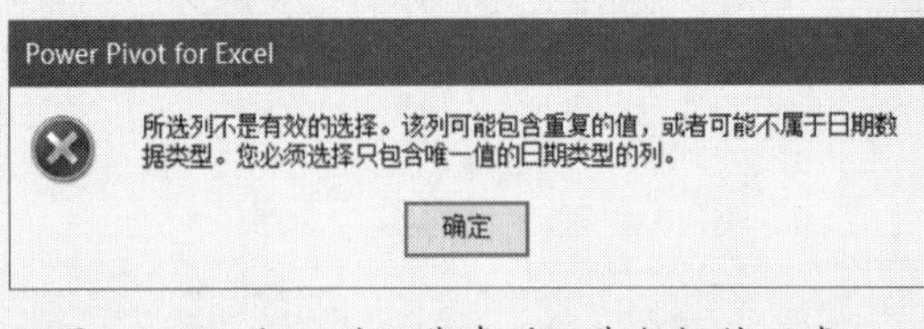

图 13-73　标记为日期表的日期数据值不唯一

步骤③ 在【Power Pivot for Excel】窗口中的【主页】选项卡中单击【关系图视图】按钮，将Calendar表中的“Date”字段和销售表中的“销售日期”字段建立关联，如图13-74所示。

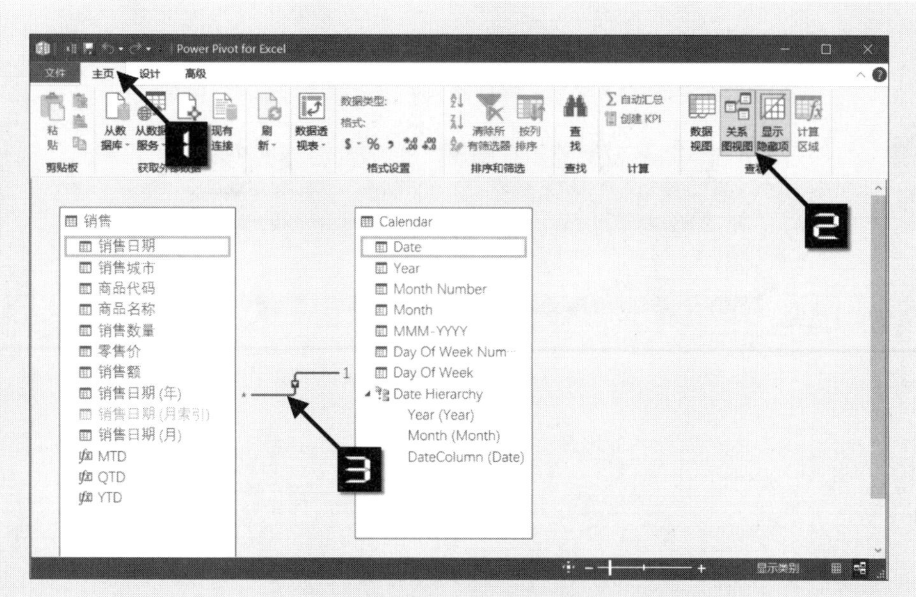

图 13-74　建立日期关联

步骤④ 在【Power Pivot for Excel】窗口中创建如图 13-75 所示的数据透视表。

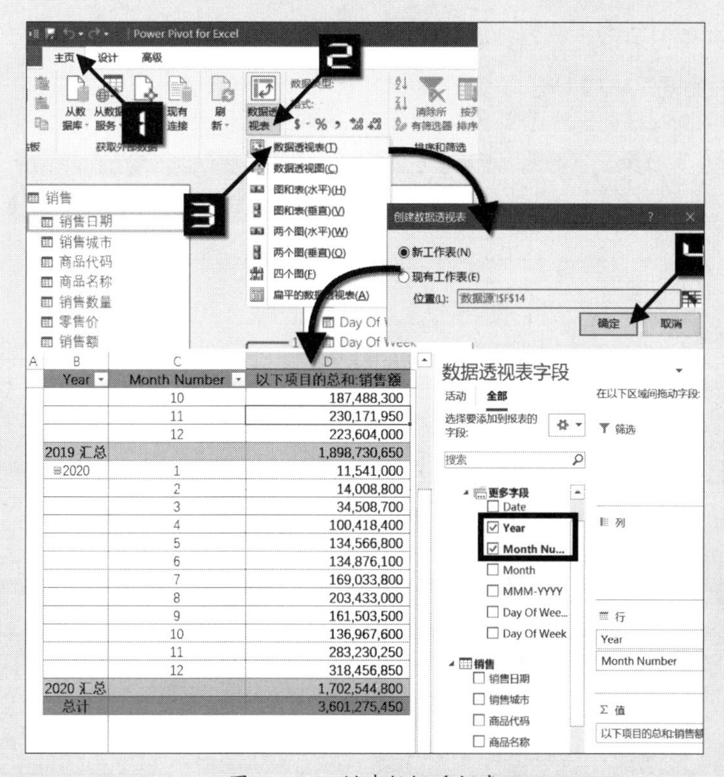

Year	Month Number	以下项目的总和:销售额
	10	187,488,300
	11	230,171,950
	12	223,604,000
2019 汇总		1,898,730,650
2020	1	11,541,000
	2	14,008,800
	3	34,508,700
	4	100,418,400
	5	134,566,800
	6	134,876,100
	7	169,033,800
	8	203,433,000
	9	161,503,500
	10	136,967,600
	11	283,230,250
	12	318,456,850
2020 汇总		1,702,544,800
总计		3,601,275,450

图 13-75　创建数据透视表

步骤⑤ 在【Power Pivot】选项卡中依次单击【度量值】→【新建度量值】，弹出【度量值】对话框，依次插入“MTD”“QTD”和“YTD”度量值，如图 13-76 所示。

```
MTD=TOTALMTD([以下项目的总和：销售额],'Calendar'[Date])
```

```
QTD=TOTALQTD([ 以下项目的总和 : 销售额 ],'Calendar'[Date])
YTD=TOTALYTD([ 以下项目的总和 : 销售额 ],'Calendar'[Date])
```


Year	Month Number	以下项目的总和:销售额	MTD	QTD	YTD
	10	187,488,300	187,488,300	187,488,300	1,444,954,700
	11	230,171,950	230,171,950	417,660,250	1,675,126,650
	12	223,604,000	223,604,000	641,264,250	1,898,730,650
2019 汇总		1,898,730,650	223,604,000	641,264,250	1,898,730,650
⊟2020	1	11,541,000	11,541,000	11,541,000	11,541,000
	2	14,008,800	14,008,800	25,549,800	25,549,800
	3	34,508,700	34,508,700	60,058,500	60,058,500
	4	100,418,400	100,418,400	100,418,400	160,476,900
	5	134,566,800	134,566,800	234,985,200	295,043,700
	6	134,876,100	134,876,100	369,861,300	429,919,800
	7	169,033,800	169,033,800	169,033,800	598,953,600
	8	203,433,000	203,433,000	372,466,800	802,386,600
	9	161,503,500	161,503,500	533,970,300	963,890,100
	10	136,967,600	136,967,600	136,967,600	1,100,857,700
	11	283,230,250	283,230,250	420,197,850	1,384,087,950
	12	318,456,850	318,456,850	738,654,700	1,702,544,800
2020 汇总		1,702,544,800	318,456,850	738,654,700	1,702,544,800
总计		3,601,275,450	318,456,850	738,654,700	1,702,544,800

图 13-76　创建的模型透视表及相关度量值

步骤⑥ MTD只有在每日级别上查看数据才会有意义，将“Date”字段放置到【行】区域后得出有意义的结果，如图 13-77 所示。

Year	Month Number	Date	以下项目的总和:销售额	MTD
⊟2019	⊟1	2019-1-1	2,609,750	2,609,750
		2019-1-2	1,125,150	3,734,900
		2019-1-3	2,148,600	5,883,500
		2019-1-4	4,112,250	9,995,750
		2019-1-5	2,026,200	12,021,950
		2019-1-6	3,838,300	15,860,250
		2019-1-7	2,982,200	18,842,450
		2019-1-8	1,452,400	20,294,850
		2019-1-9	2,391,450	22,686,300
		2019-1-10	2,339,550	25,025,850

图 13-77　在每日级别上查看 MTD 数据

步骤⑦ 对数据透视表进行美化，给MTD、QTD、YTD字段更名并运用数据条条件格式，对各种累计数据进行清晰的展现，如图 13-78 所示。

Year	Month Number	Date	当日值	MTD(月初至今累计值)
2019	1	2019-1-1	2,609,750	2,609,750
		2019-1-2	1,125,150	3,734,900
		2019-1-3	2,148,600	5,883,500
		2019-1-4	4,112,250	9,995,750
		2019-1-5	2,026,200	12,021,950
		2019-1-6	3,838,300	15,860,250
		2019-1-7	2,982,200	18,842,450
		2019-1-8	1,452,400	20,294,850
		2019-1-9	2,391,450	22,686,300
		2019-1-10	2,339,550	25,025,850
		2019-1-11	4,222,850	29,248,700
		2019-1-12	3,428,000	32,676,700
		2019-1-13	2,640,950	35,317,650
		2019-1-14	3,593,800	38,911,450
		2019-1-15	3,508,250	42,419,700
		2019-1-16	3,658,650	46,078,350
		2019-1-17	4,238,200	50,316,550
		2019-1-18	3,528,100	53,844,650

Year	Month Number	当月值	QTD(季初至今累计值)	YTD(年初至今累计值)
	10	187,488,300	187,488,300	1,444,954,700
	11	230,171,950	417,660,250	1,675,126,650
	12	223,604,000	641,264,250	1,898,730,650
2019 汇总		1,898,730,650	641,264,250	1,898,730,650
⊟2020	1	11,541,000	11,541,000	11,541,000
	2	14,008,800	25,549,800	25,549,800
	3	34,508,700	60,058,500	60,058,500
	4	100,418,400	100,418,400	160,476,900
	5	134,566,800	234,985,200	295,043,700
	6	134,876,100	369,861,300	429,919,800
	7	169,033,800	169,033,800	598,953,600
	8	203,433,000	372,466,800	802,386,600
	9	161,503,500	533,970,300	963,890,100
	10	136,967,600	136,967,600	1,100,857,700
	11	283,230,250	420,197,850	1,384,087,950
	12	318,456,850	738,654,700	1,702,544,800
2020 汇总		1,702,544,800	738,654,700	1,702,544,800
总计		3,601,275,450	738,654,700	1,702,544,800

图 13-78　美化后的数据透视表

根据本书前言的提示，可观看“利用时间智能函数进行销售额累计统计”的视频讲解。

➲ X　RELATED 跨表引用函数

```
RELATED (ColumanName)
```

从其他表返回相关值。

示例13-17　Power Pivot跨表格引用数据列

图 13-79 展示了某品牌服装一段时期的销售记录及用于分类和价格带设置的参数表，如果希望在Power Pivot中完成类似Excel中VLOOKUP函数将“分类”表中的“中类名称”和“价格带”表中的“价格带”字段带入“销售数据”中，可参照以下步骤。

	A	B	C	D	E	F	G	H	I
1	日期	品牌名称	性别名称	季节名称	商品年份	商品代码	数量	单价	销售额
2	2020-1-1	服装	其他	常年	2011	119566007	2	20	40
3	2020-1-1	服装	其他	常年	2011	119566008	1	128	128
4	2020-1-1	服装	其他	常年	2011	119566031	1	2980	2980
5	2020-1-1	服装				9566007	1	20	20
6	2020-1-1	服装				9566003	1	230	230
7	2020-1-1	服装				9566006	1	750	750
8	2020-1-1	服装				9566014	1	1050	1050
9	2020-1-1	服装							
10	2020-1-1	服装							
11	2020-1-2	服装							
12	2020-1-2	服装							
13	2020-1-2	服装							
14	2020-1-3	服装							
15	2020-1-3	服装							
16	2020-1-3	服装							
17	2020-1-3	服装							
18	2020-1-3	服装							
19	2020-1-3	服装							
20	2020-1-3	服装							

透视表　销售数据

	A	B	C
1	中类名称	商品代码	
2	服配	119566007	
3	服配	119566008	
4	服配	119566031	
5	套服	119566003	
6	披风	119566006	
7	套服	119566014	
8	套服	119566034	
9	披风	129566002	
10	服配	129566010	
11	披风	119566035	
12	棉服	139566008	
13	服配	119566010	
14	大衣	126530001	
15	披风	129566001	
16	大衣	106224006	
17	服配	119566016	
18	大衣	106224010	
19	披风	119566025	
20	套服	119566026	

透视表　销售数据　分类

	A	B	C
1	价格带判断	价格带	
2	0	1-100	
3	0.1	1-100	
4	1	1-100	
5	10	1-100	
6	11	1-100	
7	12	1-100	
8	13	1-100	
9	13.8	1-100	
10	14	1-100	
11	14.8	1-100	
12	15	1-100	
13	16	1-100	
14	17	1-100	
15	18	1-100	
16	18.8	1-100	
17	19	1-100	
18	20	1-100	
19	21	1-100	
20	22	1-100	

透视表　销售数据　分类　价格带

图 13-79　销售与参数数据表

步骤① 将“销售数据”“分类”和“价格带”数据表添加到数据模型，把Power Pivot表名称改为“销售”“分类”和“价格带”，如图 13-80 所示。

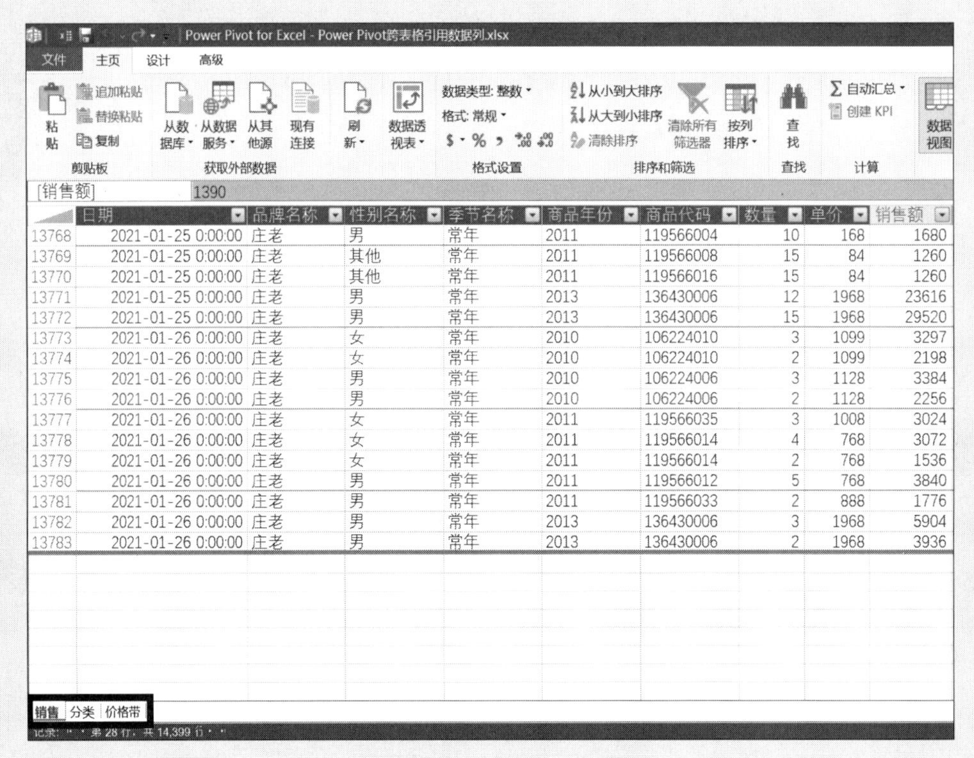

图 13-80 将数据表添加到数据模型

步骤② 在【Power Pivot for Excel】窗口中的【主页】选项卡中单击【关系图视图】按钮，在弹出的布局界面中将【分类】表的“商品代码”字段拖动到【销售】表的“商品代码”字段上面；将【价格带】表的“价格带判断”字段拖动到【销售】表的“单价”字段上面建立三表之间的关系，如图 13-81 所示。

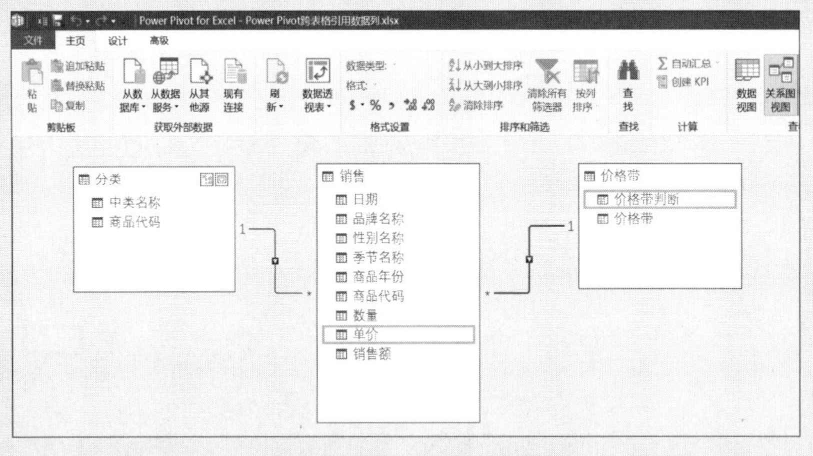

图 13-81 创建表之间的关系

步骤③ 单击【数据视图】按钮，在【设计】选项卡中单击【插入函数】按钮，在弹出的【插入函数】对话框中选择“筛选器”类别的函数 RELATED，单击【确定】按钮，如图 13-82 所示。

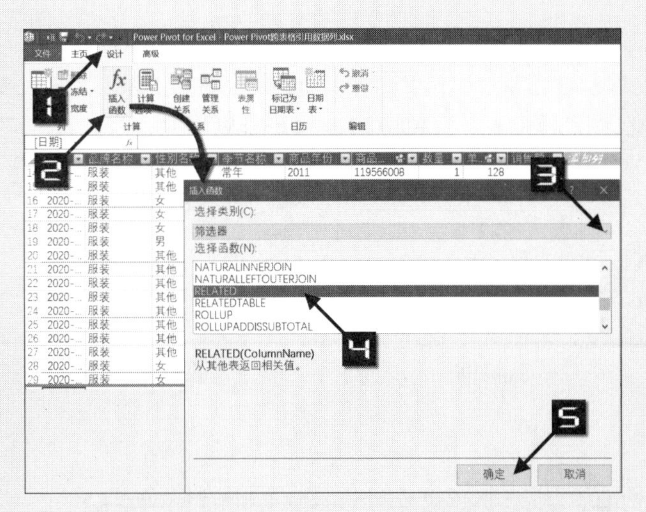

图 13-82　在【Power Pivot for Excel】中添加函数

步骤④ 在公式编辑栏中输入公式并重新命名列，完成跨Power Pivot表格引用，如图 13-83 所示。

[中类]　fx =RELATED('分类'[中类名称])

	日期	品牌名称	性别名称	季节名称	商品年份	商品...	数量	单...	销售额	中类	价格带
1	2020-...	服装	其他	常年	2011	119566007	2	20	40	服配	1-100
2	2020-...	服装	其他	常年	2011	119566008	1	128	128	服配	101-200
3	2020-...	服装	其他	常年	2011	119566031	1	2980	2980	服配	2001-3000
4	2020-...	服装	其他	常年	2011	119566007	1	20	20	服配	1-100
5	2020-...	服装	女	常年	2011	119566003	1	230	230	套服	201-300
6	2020-...	服装	女	常年	2011	119566006	1	750	750	披风	601-800
7	2020-...	服装	女	常年	2011	119566014	1	1050	1050	套服	1001-1500
8	2020-...	服装	女	常年	2011	119566034	1	1280	1280	套服	1001-1500
9	2020-...	服装	女	常年	2012	129566002	1	1800	1800	披风	1501-2000
10	2020-...	服装	其他	常年	2011	119566008	1	128	128	服配	101-200
11	2020-...	服装	其他	常年	2012	129566010	2	10	20	服配	1-100
12	2020-...	服装	女	常年	2011	119566035	1	1500	1500	披风	1001-1500
13	2020-...	服装	其他	常年	2011	119566007	1	20	20	服配	1-100
14	2020-...	服装	其他	常年	2011	119566008	1	128	128	服配	101-200
15	2020-...	服装	其他	常年	2011	119566010	1	2030	2030	服配	2001-3000
16	2020-...	服装	女	常年	2012	126530001	1	1198	1198	大衣	1001-1500

图 13-83　向 Power Pivot for Excel 中添加计算列

```
中类 =RELATED('分类'[中类名称])
价格带 =RELATED('价格带'[价格带判断])
```

步骤⑤ 创建如图 13-84 所示的数据透视表。

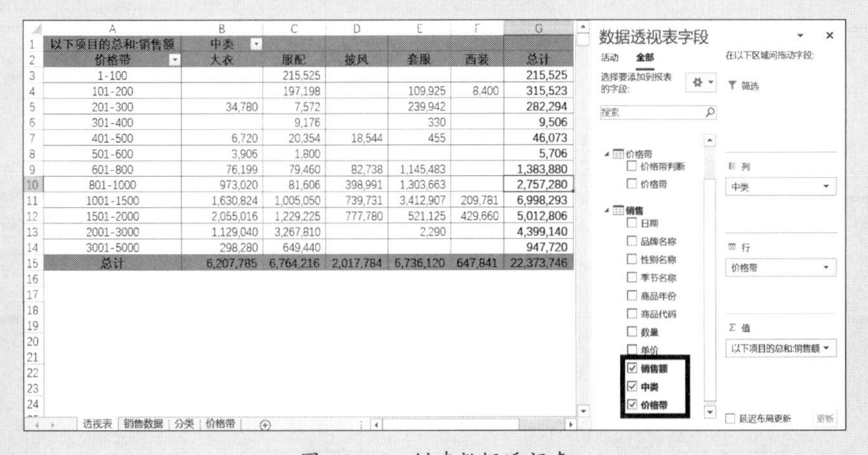

以下项目的总和:销售额	中类					
价格带	大衣	服配	披风	套服	西装	总计
1-100		215,525				215,525
101-200		197,198		109,925	8,400	315,523
201-300	34,780	7,572		239,942		282,294
301-400		9,176		330		9,506
401-500	6,720	20,354	18,544	455		46,073
501-600	3,906	1,800				5,706
601-800	76,199	79,460	82,738	1,145,483		1,383,880
801-1000	973,020	81,606	398,991	1,303,663		2,757,280
1001-1500	1,630,824	1,005,050	739,731	3,412,907	209,781	6,998,293
1501-2000	2,055,016	1,229,225	777,780	521,125	429,660	5,012,806
2001-3000	1,129,040	3,267,810		2,290		4,399,140
3001-5000	298,280	649,440				947,720
总计	6,207,785	6,764,216	2,017,784	6,736,120	647,841	22,373,746

图 13-84　创建数据透视表

➲ XI　LOOKUPVALUE 多条件数据匹配函数

RELATED函数是单条件查找，LOOKUPVALUE函数则为多条件查找函数，RELATED函数能做到的，LOOKUPVALUE都能做到，LOOKUPVALUE能做到的，RELATED不一定能做到。

LOOKUPVALUE （ <结果列>, <查找列>, <查找值>, [<查找列>, <查找值> …], [<备选结果>] ）

结果列：要返回的值所在的列名。

查找列：执行查找的现有列的名称。

查找值：量表达式，要搜索的值。

备选结果：可选，当第 1 参数结果为空或多个不重复值时的替代结果，如果省略此参数，为空时返回 BLANK。

示例13-18　LOOKUPVALUE跨表多条件引用数据

图 13-85 展示了某公司 2019—2020 年销售数量的销售数据和产品信息的参数表，现在需要将参数表中的销售单价引入销售数据表中，其中不同品牌的产品类别商品销售单价不同，因此需要考虑品牌名称和产品类别多条件引用，具体方法如下。

步骤① 将“销售数据”和“参数表”分别添加进数据模型，如图 13-86 所示。

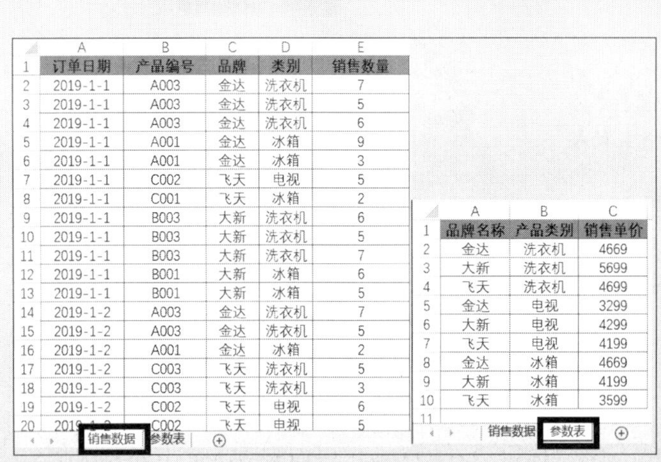

订单日期	产品编号	品牌	类别	销售数量
2019-1-1	A003	金达	洗衣机	7
2019-1-1	A003	金达	洗衣机	5
2019-1-1	A003	金达	洗衣机	6
2019-1-1	A001	金达	冰箱	9
2019-1-1	A001	金达	冰箱	3
2019-1-1	C002	飞天	电视	5
2019-1-1	C001	飞天	冰箱	2
2019-1-1	B003	大新	洗衣机	6
2019-1-1	B003	大新	洗衣机	5
2019-1-1	B003	大新	洗衣机	7
2019-1-1	B001	大新	冰箱	6
2019-1-1	B001	大新	冰箱	5
2019-1-2	A003	金达	洗衣机	7
2019-1-2	A003	金达	洗衣机	5
2019-1-2	A001	金达	冰箱	2
2019-1-2	C003	飞天	洗衣机	5
2019-1-2	C003	飞天	洗衣机	3
2019-1-2	C002	飞天	电视	6
2019-1-2	C002	飞天	电视	5

销售数据 参数表

品牌名称	产品类别	销售单价
金达	洗衣机	4669
大新	洗衣机	5699
飞天	洗衣机	4699
金达	电视	3299
大新	电视	4299
飞天	电视	4199
金达	冰箱	4669
大新	冰箱	4199
飞天	冰箱	3599

销售数据 参数表

图 13-85　信息表

Power Pivot for Excel - LOOKUPVALUE跨表多条件引用数据.xlsx

订单日期	产品编号	品牌	类别	销售数量
2019-01-0...	A003	金达	洗衣机	7
2019-01-0...	A003	金达	洗衣机	5
2019-01-0...	A003	金达	洗衣机	6
2019-01-0...	A001	金达	冰箱	9
2019-01-0...	A001	金达	冰箱	3
2019-01-0...	C002	飞天	电视	5
2019-01-0...	C001	飞天	冰箱	2
2019-01-0...	B003	大新	洗衣机	6
2019-01-0...	B003	大新	洗衣机	5
2019-01-0...	B003	大新	洗衣机	7
2019-01-0...	B001	大新	冰箱	6
2019-01-0...	B001	大新	冰箱	5
2019-01-0...	A003	金达	洗衣机	7
2019-01-0...	A003	金达	洗衣机	5
2019-01-0...	A001	金达	冰箱	2
2019-01-0...	C003	飞天	洗衣机	5

销售表 参数表

图 13-86　添加数据模型

步骤② 在公式编辑栏中输入公式并重命名列，完成跨Power Pivot表格引用，如图 13-87 所示。

```
销售单价 =LOOKUPVALUE('参数表'[销售单价],
'参数表'[品牌名称],'销售表'[品牌],
```

'参数表'[产品类别],'销售表'[类别])

图 13-87　向【Power Pivot for Excel】中添加列

步骤③ 继续添加销售额计算列，创建数据透视表进行分析，如图 13-88 所示。

销售额 ='销售表'[销售数量]*'销售表'[销售单价]

品牌	产品编号	以下项目的总和:销售数量	以下项目的总和:销售额
大新	B001	23,002	96,585,398
	B002	10,120	43,505,880
	B003	6,355	36,217,145
飞天	C001	11,021	39,664,579
	C002	5,056	21,230,144
	C003	4,283	20,125,817
金达	A001	21,335	99,613,115
	A002	4,753	15,680,147
	A003	9,565	44,658,985
总计		95,490	417,281,210

图 13-88　创建分析表

➲ XII　FILTER 函数

FILTER函数属于“筛选”类函数，隶属于“表”函数，返回的一张表单独使用该函数创建度量值或计算列时可能会报错，该函数可以结合其他函数嵌套使用来筛选数据，通常用来解决CALCULATE函数解决不了的难题。因此，FILTER函数的使用频率较高。

```
FILTER(<table>,<filter>)
Table：要筛选的表，也可以是生成表的表达式。
Filter：过滤条件。
```

示例13-19 筛选出销量超过5万的商品销量

图 13-89 展示了某商业集团的不同门店在一段时间内的销售记录，现在需要将不同商品销售总量超过 5 万的销售量筛选出来汇总呈现，可参照以下步骤。

销售日期	销售门店	商品代码	商品名称	销售数量	零售价	销售额
2021-1-1	珠海航天店	2003	HW平板	70	4,500	31,500
2021-1-1	珠海航天店	2004	HW智能手环	70	900	6,300
2021-1-3	珠海航天店	3003	OP平板	4	3,000	1,200
2021-1-3	珠海航天店	3004	OP智能手环	4	600	240
2021-1-4	珠海航天店	2002	HW智能电视	20	15,000	30,000
2021-1-4	珠海航天店	3001	OP手机	30	6,300	18,900
2021-1-4	珠海航天店	2001	HW手机	10	12,000	12,000
2021-1-5	珠海航天店	1001	XM手机	2	3,000	600
2021-1-6	珠海航天店	2002	HW智能电视	40	15,000	60,000
2021-1-6	珠海航天店	2001	HW手机	12	12,000	14,400
2021-1-7	珠海航天店	2001	HW手机	40	12,000	48,000
2021-1-7	珠海航天店	1001	XM手机	16	3,000	4,800
2021-1-11	珠海航天店	1003	XM平板	24	2,250	5,400
2021-1-11	珠海航天店	1004	XM智能手环	24	800	1,920
2021-1-12	珠海航天店	3001	OP手机	63	6,300	39,690
2021-1-12	珠海航天店	2001	HW手机	21	12,000	25,200
2021-1-12	珠海航天店	3003	OP平板	24	3,000	7,200
2021-1-12	珠海航天店	3004	OP智能手环	24	600	1,440
2021-1-14	珠海航天店	3001	OP手机	42	6,300	26,460

销售明细 品牌

品牌	商品名称
XM	XM智能手环
XM	XM智能电视
XM	XM手机
XM	XM平板
OP	OP智能手环
OP	OP智能电视
OP	OP手机
OP	OP平板
HW	HW智能手环
HW	HW智能电视
HW	HW手机
HW	HW平板

销售明细 品牌

图 13-89 销售数据表

步骤① 首先将“销售明细”和“品牌”表添加到数据模型，并建立关联，如图 13-90 所示。

销售日期	销售门店	商品代码	商品	销售数量	零售价	销售额
2021-01-0...	珠海航天店	2003	HW平板	70	4500	31500
2021-01-0...	珠海航天店	2004	HW智能手...	70	900	6300
2021-01-0...	珠海航天店	3003	OP平板	4	3000	1200
2021-01-0...	珠海航天店	3004	OP智能手环	4	600	240
2021-01-0...	珠海航天店	2002	HW智能电...	20	15000	30000
2021-01-0...	珠海航天店	3001	OP手机	30	6300	18900
2021-01-0...	珠海航天店	2001	HW手机	10	12000	12000
2021-01-0...	珠海航天店	1001	XM手机	2	3000	600
2021-01-0...	珠海航天店	2002	HW智能电...	40	15000	60000
2021-01-0...	珠海航天店	2001	HW手机	12	12000	14400
2021-01-0...	珠海航天店	2001	HW手机	40	12000	48000
2021-01-0...	珠海航天店	1001	XM手机	16	3000	4800
2021-01-1...	珠海航天店	1003	XM平板	24	2250	5400
2021-01-1...	珠海航天店	1004	XM智能手环	24	800	1920
2021-01-1...	珠海航天店	3001	OP手机	63	6300	39690
2021-01-1...	珠海航天店	2001	HW手机	21	12000	25200

品牌	商品	添加列
XM	XM智能手环	
XM	XM智能电视	
XM	XM手机	
XM	XM平板	
OP	OP智能手环	
OP	OP智能电视	
OP	OP手机	
OP	OP平板	
HW	HW智能手...	
HW	HW智能电...	
HW	HW手机	
HW	HW平板	

图 13-90 建立表间关联

步骤② 创建如下度量值和图 13-91 所示的数据透视表。

```
销售量度量值 =SUM('销售表'[销售数量])
品牌 HW 销量 =CALCULATE([销售量度量值],'品牌'[品牌]="HW")
```

接下来继续插入FILTER函数的度量值，创建如图 13-92 所示的数据透视表。

HW 筛选销量 =CALCULATE([销售量度量值],FILTER(ALL(' 品牌 '[品牌]),' 品牌 '[品牌]="HW"))

商品名称	销售量度量值	品牌HW销量
HW平板	29,361	29,361
HW手机	129,795	129,795
HW智能电视	44,837	44,837
HW智能手环	29,361	29,361
OP平板	20,731	
OP手机	54,221	
OP智能电视	25,682	
OP智能手环	20,731	
XM平板	51,291	
XM手机	111,488	
XM智能电视	19,412	
XM智能手环	51,291	
总计	588,201	233,354

图 13-91　创建数据透视表

商品名称	销售量度量值	品牌HW销量	HW筛选销量
HW平板	29,361	29,361	29,361
HW手机	129,795	129,795	129,795
HW智能电视	44,837	44,837	44,837
HW智能手环	29,361	29,361	29,361
OP平板	20,731		
OP手机	54,221		
OP智能电视	25,682		
OP智能手环	20,731		
XM平板	51,291		
XM手机	111,488		
XM智能电视	19,412		
XM智能手环	51,291		
总计	588,201	233,354	233,354

图 13-92　添加筛选函数度量值

提示

从这两个度量值的结果来看是一样的，也就是说CALCULATE函数可以解决这样的简单筛选问题，不能展现FILTER函数的优势。但要将不同商品销售总量超过5万的数据筛选出来汇总呈现，CALCULATE函数可能无法完成筛选和计算，此时就需要使用FILTER函数。

步骤③ 插入FILTER函数的度量值，创建如图 13-93 所示的数据透视表。

大于 5 万销量 =CALCULATE([销售量度量值],FILTER(ALL(' 品牌 '[商品名称]),[销售量度量值]>50000))

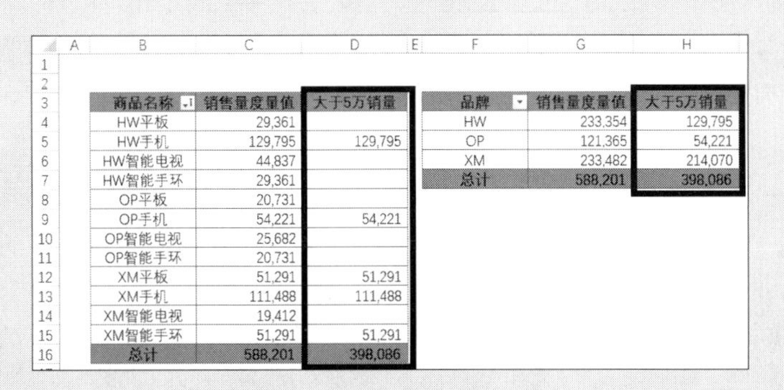

商品名称	销售量度量值	大于5万销量
HW平板	29,361	
HW手机	129,795	129,795
HW智能电视	44,837	
HW智能手环	29,361	
OP平板	20,731	
OP手机	54,221	54,221
OP智能电视	25,682	
OP智能手环	20,731	
XM平板	51,291	51,291
XM手机	111,488	111,488
XM智能电视	19,412	
XM智能手环	51,291	51,291
总计	588,201	398,086

品牌	销售量度量值	大于5万销量
HW	233,354	129,795
OP	121,365	54,221
XM	233,482	214,070
总计	588,201	398,086

图 13-93　添加筛选函数度量值

步骤④ 如果还需要筛选 3 月份之前“天津滨海店”的总销量，可参考以下度量值。

天津滨海店 3 月份之前销量 =CALCULATE([销售量度量值],FILTER(' 销售表 ',MONTH(' 销售表 '[销售日期])<3&&' 销售表 '[销售门店]=" 天津滨海店 "))

天津滨海 3 月前销量 -2 =CALCULATE([销售量度量值],FILTER(' 销售表 ',AND(MONTH(' 销售表 '[销售日期])<3,' 销售表 '[销售门店]=" 天津滨海店 ")))

天津滨海 3 月前销量 -3 =CALCULATE([销售量度量值],FILTER(FILTER(' 销售表 ',

```
(MONTH('销售表'[销售日期])<3)),'销售表'[销售门店]="天津滨海店"))
```

从结果上看，三个度量值呈现的数据是一样的，但FILTER函数双层嵌套使用在性能上优于前两者。最后的结果如图 13-94 所示。

	A	B	C	D	E	F
1	销售门店	销售日期 (月)	销售量度量值	天津滨海店3月份之前销量	天津滨海3月前销量-2	天津滨海3月前销量-3
2	天津滨海店	1 月	4,890	4890	4890	4890
3	天津滨海店	2 月	3,086	3086	3086	3086
4	天津滨海店	3 月	6,863			
5	天津滨海店	4 月	7,141			
6	天津滨海店	5 月	10,838			
7	天津滨海店	6 月	12,102			
8	天津滨海店	7 月	14,729			
9	天津滨海店	8 月	16,254			
10	天津滨海店	9 月	15,596			
11	天津滨海店	10 月	13,600			
12	天津滨海店	11 月	19,821			
13	天津滨海店	12 月	19,518			
14	天津滨海店 汇总		144,438	7976	7976	7976
15	广州永安店	1 月	1,635			
16	广州永安店	2 月	517			
17	广州永安店	3 月	2,464			

图 13-94 添加筛选函数度量值

根据本书前言的提示，可观看“LOOKUPVALUE 跨表多条件引用数据”的视频讲解。

➲ XIII RANKX 排名统计函数

RANKX排名统计函数，在实际报表呈现时，有时会需要对某些指标进行排名，如销售额、各店业绩对比、班级学分等。RANKX是非常灵活且强大的迭代函数，可以根据指定的计算逻辑，返回当前成员在整个列表中的排名。

```
RANKX(<table>, <expression>[, <value>[, <order>[, <ties>]]])
```

table：表或任何返回的 DAX 表达式。

expression：任何返回单个标量值的 DAX 表达式。此表达式将针对 table 的每一行进行计算，以生成所有用于排名的可能值。

value：（可选）任何返回单个要查找其排名的标量值的 DAX 表达式。忽略 value 参数时，将改用当前行的表达式值。

order：（可选）指定如何对 value 进行排名的值，0 或 False 及省略，按降序进行排名；1 或 True 按升序进行排名。

ties：（可选）定义存在等同值时如何确定排名的枚举。

示例13-20 使用RANKX函数进行销售排名

图 13-95 展示了某商业集团 2020—2021 年全国的销售数据，现在需要根据销售额按“商品名

称”和“销售城市”的不同维度统计销售排名，可参照以下步骤。

	A	B	C	D	E	F	G
1	销售日期	销售城市	商品代码	商品名称	销售数量	零售价	销售额
2	2021-1-1	西安市	1001	XM手机	81	3000	243000
3	2021-1-1	天津市	1001	XM手机	3	3000	9000
4	2021-1-1	内江市	1003	XM平板	35	2250	78750
5	2021-1-1	天津市	1003	XM平板	20	2250	45000
6	2021-1-1	西安市	1003	XM平板	60	2250	135000
7	2021-1-1	内江市	1004	XM智能手环	35	800	28000
8	2021-1-1	天津市	1004	XM智能手环	20	800	16000
9	2021-1-1	西安市	1004	XM智能手环	60	800	48000
10	2021-1-1	天津市	2001	HW手机	45	12000	540000
11	2021-1-1	西安市	2001	HW手机	54	12000	648000
12	2021-1-1	珠海市	2003	HW平板	70	4500	315000
13	2021-1-1	天津市	2003	HW平板	10	4500	45000
14	2021-1-1	西安市	2003	HW平板	48	4500	216000
15	2021-1-1	珠海市	2004	HW智能手环	70	900	63000
16	2021-1-1	天津市	2004	HW智能手环	10	900	9000
17	2021-1-1	西安市	2004	HW智能手环	48	900	43200
18	2021-1-1	天津市	3001	OP手机	6	6300	37800

图 13-95　销售数据表

步骤① 将“数据源”数据表添加到数据模型，把Power Pivot表名称改为“销售表”，如图 13-96 所示。

	销售日期	销售城市	商品代码	商品名称	销售数量	零售价	销售额	添加列
1	2021-01-0...	西安市	1001	XM手机	81	3000	243000	
2	2021-01-0...	天津市	1001	XM手机	3	3000	9000	
3	2021-01-0...	内江市	1003	XM平板	35	2250	78750	
4	2021-01-0...	天津市	1003	XM平板	20	2250	45000	
5	2021-01-0...	西安市	1003	XM平板	60	2250	135000	
6	2021-01-0...	内江市	1004	XM智能手环	35	800	28000	
7	2021-01-0...	天津市	1004	XM智能手环	20	800	16000	
8	2021-01-0...	西安市	1004	XM智能手环	60	800	48000	
9	2021-01-0...	天津市	2001	HW手机	45	12000	540000	
10	2021-01-0...	西安市	2001	HW手机	54	12000	648000	
11	2021-01-0...	珠海市	2003	HW平板	70	4500	315000	
12	2021-01-0...	天津市	2003	HW平板	10	4500	45000	
13	2021-01-0...	西安市	2003	HW平板	48	4500	216000	
14	2021-01-0...	珠海市	2004	HW智能手...	70	900	63000	
15	2021-01-0...	天津市	2004	HW智能手...	10	900	9000	
16	2021-01-0...	西安市	2004	HW智能手...	48	900	43200	

销售表

图 13-96　添加数据模型

步骤② 在【Power Pivot】选项卡中依次单击【度量值】→【新建度量值】，弹出【度量值】对话框，依次插入“销售度量”“商品销售排名”和“城市销售排名”度量值。

```
销售度量 =SUM('销售表'[销售额])
```

在【Power Pivot】选项卡中依次单击【度量值】→【新建度量值】，弹出【度量值】对话框，依次插入“销售度量”“商品销售排名”和“城市销售排名”度量值，如图 13-97 所示。

```
商品销售排名 =RANKX(ALL('销售表'[商品名称]),[销售度量值])
```

城市销售排名 =RANKX(ALL('销售表'[销售城市]),[销售度量值])

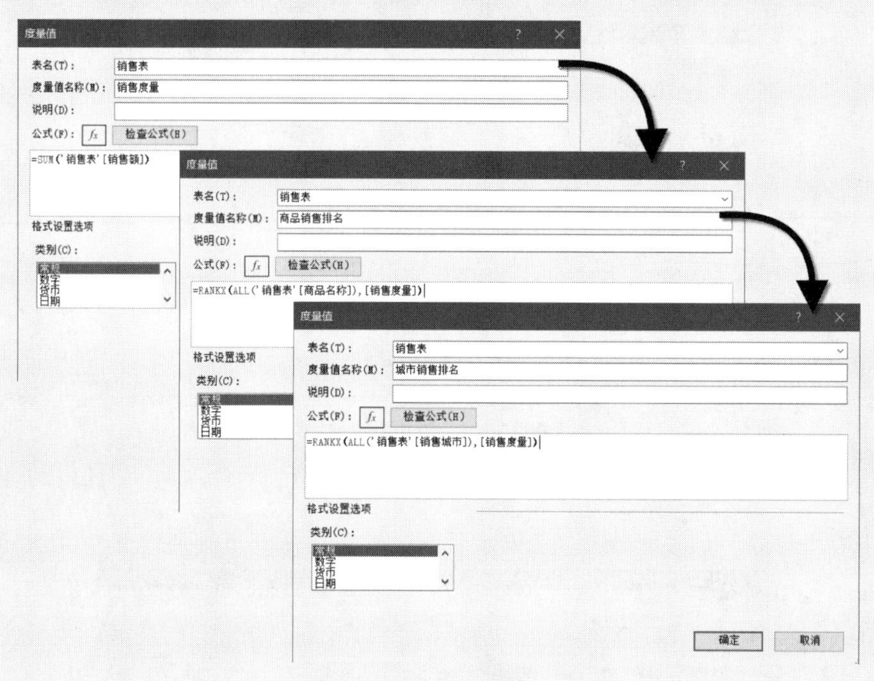

图 13-97 插入度量值

步骤③ 创建如图 13-98 所示的数据透视表。

图 13-98 创建数据透视表

步骤④ 将“城市销售排名”字段升序排列，将“以下项目的总和:销售额”字段设置为万元显示，操作步骤如图 13-99 所示。

自定义格式代码如下：

```
0!.0,
```

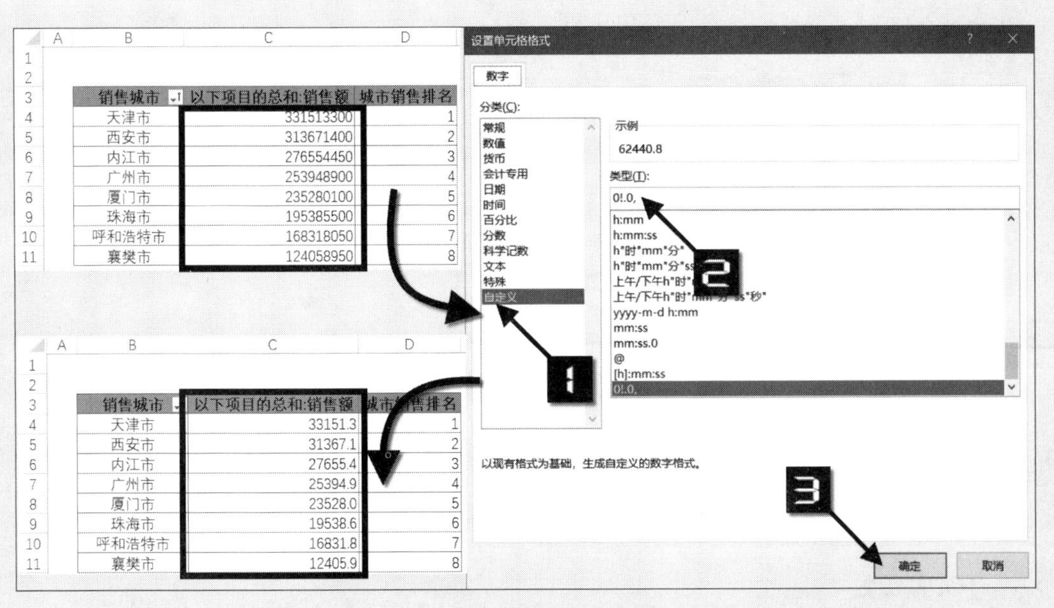

销售城市	以下项目的总和:销售额	城市销售排名
天津市	331513300	1
西安市	313671400	2
内江市	276554450	3
广州市	253948900	4
厦门市	235280100	5
珠海市	195385500	6
呼和浩特市	168318050	7
襄樊市	124058950	8

销售城市	以下项目的总和:销售额	城市销售排名
天津市	33151.3	1
西安市	31367.1	2
内江市	27655.4	3
广州市	25394.9	4
厦门市	23528.0	5
珠海市	19538.6	6
呼和浩特市	16831.8	7
襄樊市	12405.9	8

图 13-99　设置数据透视表

步骤⑤ 将“销售表”的“销售日期”字段插入到日程表中，并将“销售日期”设置为按年显示，选择日程表中的不同年份可以得到“销售城市”销售额不同年份的排名，如图 13-100 所示。

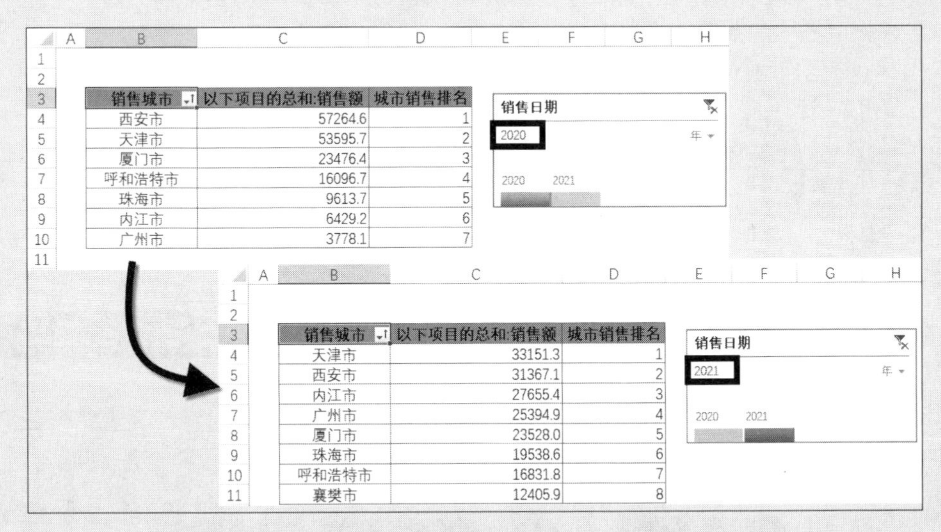

销售城市	以下项目的总和:销售额	城市销售排名
西安市	57264.6	1
天津市	53595.7	2
厦门市	23476.4	3
呼和浩特市	16096.7	4
珠海市	9613.7	5
内江市	6429.2	6
广州市	3778.1	7

销售城市	以下项目的总和:销售额	城市销售排名
天津市	33151.3	1
西安市	31367.1	2
内江市	27655.4	3
广州市	25394.9	4
厦门市	23528.0	5
珠海市	19538.6	6
呼和浩特市	16831.8	7
襄樊市	12405.9	8

图 13-100　依照不同年份查看不同城市销售额排名

步骤⑥ 创建以商品名称显示销售额的数据透视表，带入“商品销售排名”度量值，得到不同商品销售额排名，如图 13-101 所示。

销售排名度量值中，如果将 RANKX(ALL('销售表'[销售城市]),[销售度量值]) 中的“[销售度量值]”直接以“SUM([销售额])”聚合函数替代，变为 RANKX(ALL('销售表'[商品名称]),SUM([销售额]))，行上下文将不会自动转换为筛选上下文，所有类别的排名都将是 1，得不到正确的结果。

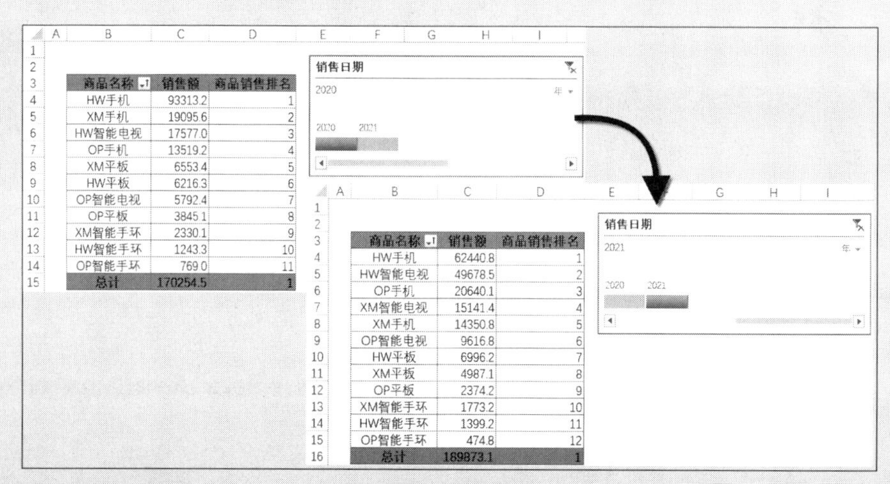

商品名称	销售额	商品销售排名
HW手机	93313.2	1
XM手机	19095.6	2
HW智能电视	17577.0	3
OP手机	13519.2	4
XM平板	6553.4	5
HW平板	6216.3	6
OP智能电视	5792.4	7
OP平板	3845.1	8
XM智能手环	2330.1	9
HW智能手环	1243.3	10
OP智能手环	769.0	11
总计	170254.5	1

商品名称	销售额	商品销售排名
HW手机	62440.8	1
HW智能电视	49678.5	2
OP手机	20640.1	3
XM智能电视	15141.4	4
XM手机	14350.8	5
OP智能电视	9616.8	6
HW平板	6996.2	7
XM平板	4987.1	8
OP平板	2374.2	9
XM智能手环	1773.2	10
HW智能手环	1399.2	11
OP智能手环	474.8	12
总计	189873.1	1

图 13-101　依照不同年份查看不同商品销售额排名

XIV　TOPN 函数

RANKX 函数适合计算明细数据的名次统计，TOPN 则可以批量返回结果，从一张表中返回所有满足条件的前 N 行记录。

```
TOPN(<n_value>, <table>, <orderBy_expression>, [<order>[, <orderBy_expression>, [<order>]]…])
```

n_value：要返回的行数。

table：用来返回行记录的表。

orderBy_expression：排序的依据。

order：可选参数，0、FALSE 降序排序；1、TRUE 升序序排序，当省略 order 参数时，默认降序排列。

示例13-21　查看各店销售前3大商品销售总额占总体销售额趋势

图 13-102 展示了某公司 2019—2020 年间各个门店的销售明细记录，现在需要将各个门店销售前 3 名的商品进行汇总，然后计算在所有门店中的占比趋势，可参照以下步骤。

销售日期	销售门店	商品代码	商品名称	销售数量	零售价	销售额
2019-1-1	珠海航天店	2003	HW平板	70	4,500	315,000
2019-1-1	珠海航天店	2004	HW智能手环	70	900	63,000
2019-1-3	珠海航天店	3003	OP平板	4	3,000	12,000
2019-1-3	珠海航天店	3004	OP智能手环	4	600	2,400
2019-1-4	珠海航天店	2002	HW智能电视	20	15,000	300,000
2019-1-4	珠海航天店	3001	OP手机	30	6,300	189,000
2019-1-4	珠海航天店	2001	HW手机	10	12,000	120,000
2019-1-5	珠海航天店	1001	XM手机	2	3,000	6,000
2019-1-6	珠海航天店	2002	HW智能电视	40	15,000	600,000
2019-1-6	珠海航天店	2001	HW手机	12	12,000	144,000
2019-1-7	珠海航天店	2001	HW手机	40	12,000	480,000
2019-1-7	珠海航天店	1001	XM手机	16	3,000	48,000
2019-1-11	珠海航天店	1003	XM平板	24	2,250	54,000
2019-1-11	珠海航天店	1004	XM智能手环	24	800	19,200
2019-1-12	珠海航天店	3001	OP手机	63	6,300	396,900
2019-1-12	珠海航天店	2001	HW手机	21	12,000	252,000
2019-1-12	珠海航天店	3003	OP平板	24	3,000	72,000

图 13-102　销售数据表

步骤① 首先将“销售明细”数据表添加到数据模型，把Power Pivot表名称改为“销售表”，如图 13-103 所示。

图 13-103　添加数据模型

步骤② 在【Power Pivot for Excel】窗口中依次单击【设计】→【日期表】→【新建】命令，创建如图 13-104 所示的日期表。

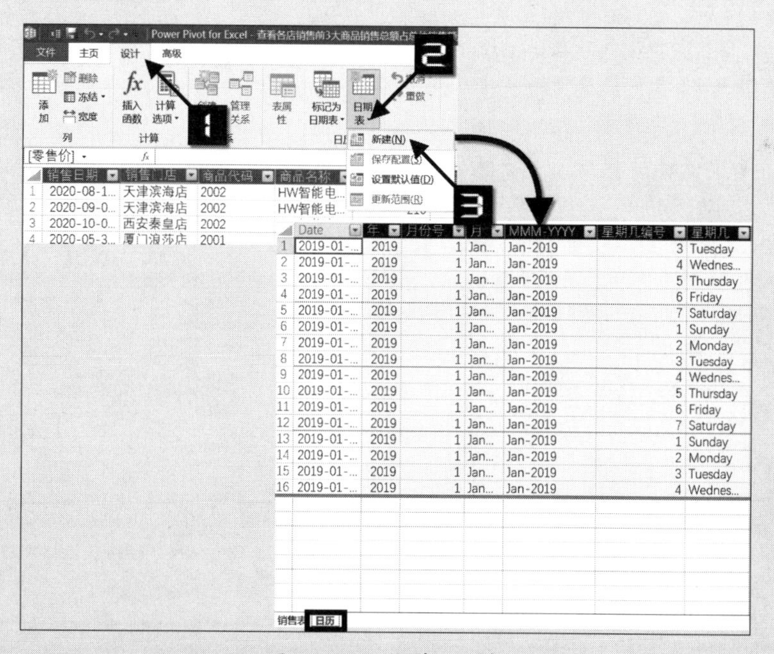

图 13-104　新建日期表

步骤③ 在【Power Pivot】选项卡中依次单击【度量值】→【新建度量值】，弹出【度量值】对话框，依次插入“销售度量值”“前 3 大商品销售额”和“各店前 3 大商品占总销售比重”度量值，如图 13-105 所示。

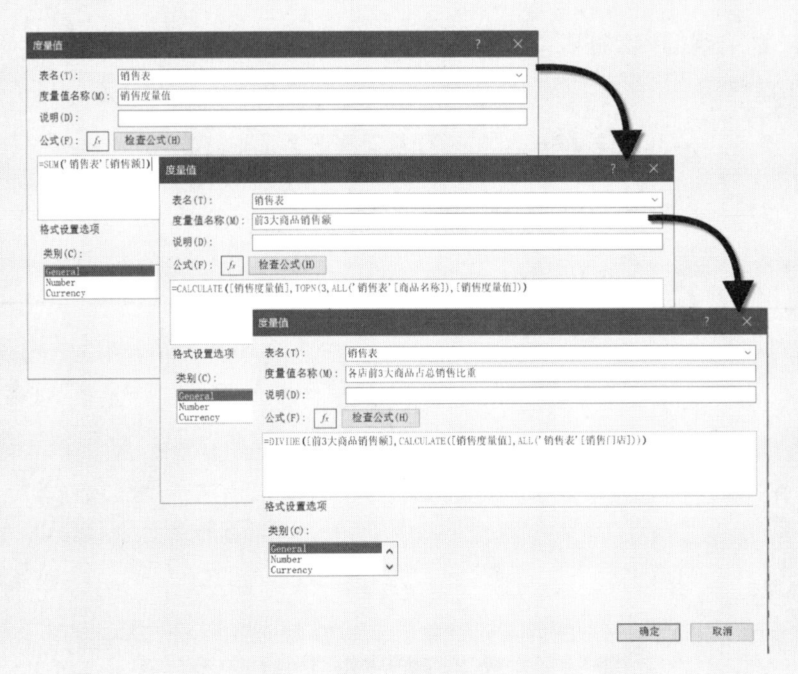

图 13-105　插入度量值

销售度量值 = SUM('销售表'[销售额])
前3大商品销售额 =CALCULATE([销售度量值],TOPN(3,ALL('销售表'[商品名称]),[销售度量值]))
各店前3大商品占总销售比重 =DIVIDE([前3大商品销售额],CALCULATE([销售度量值],ALL('销售表'[销售门店])))

提示

如果需要计算前5大商品的销售额，只需将TOPN(3,…)改为TOPN(5,…)即可。

步骤 4 创建如图 13-106 所示的数据透视表。

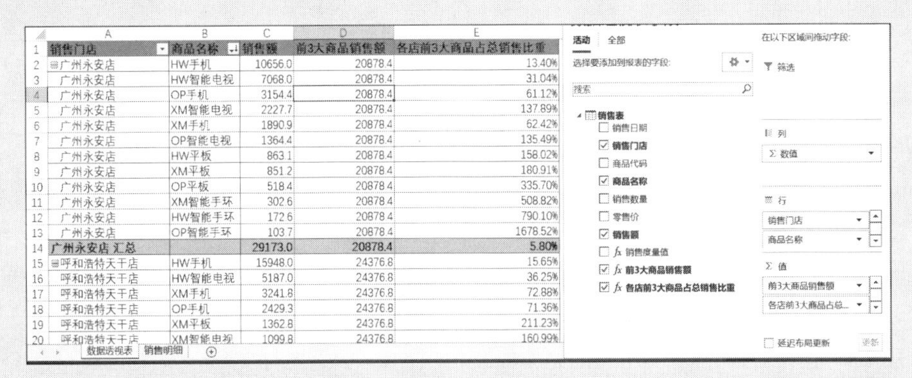

图 13-106　创建数据透视表

步骤 5 此时，选中C2:C4 单元格，在状态栏显示"求和：20878.4"，与DAX函数计算出的"广州永安店"前3大商品销售额一致，如图 13-107 所示。

步骤 6 在【Power Pivot for Excel】窗口中的【主页】选项卡中单击【关系图视图】按钮，在弹出的布局界面中，将【日历】表的"Date"字段拖动到【销售表】表的"销售日期"字段上面，建立两表之间的关系，如图 13-108 所示。

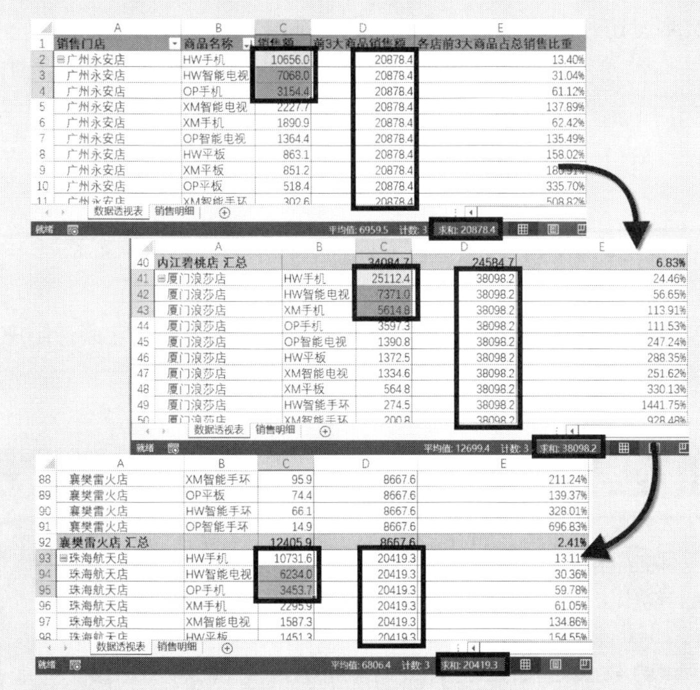

图 13-107　前 3 大商品销售额数据验证

图 13-108　建立日期关联

步骤 7 插入"日历"表中的"年"字段作为切片器，创建如图 13-109 所示的数据透视表和数据透视图，选择切片器中的不同年份即可展示出各店前 3 大产品在全局中的销售占比。

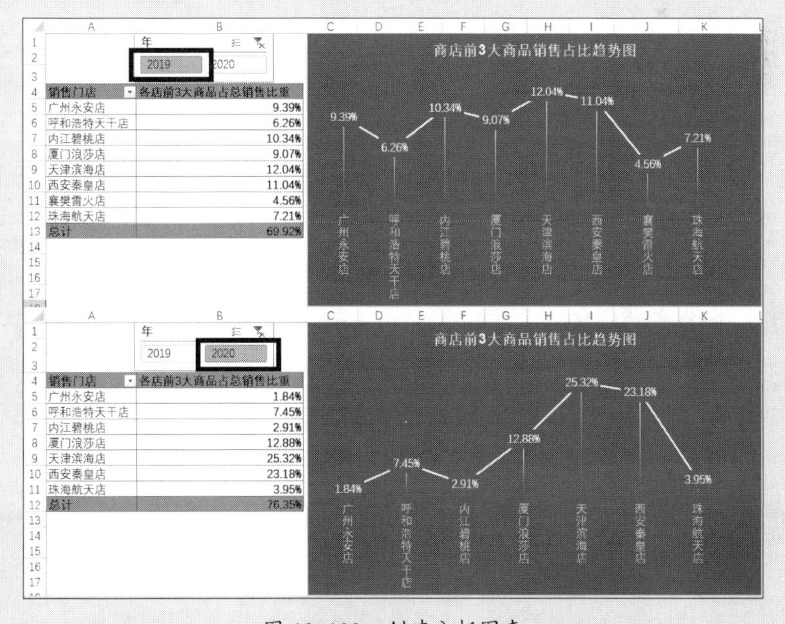

图 13-109　创建分析图表

13.4 在Power Pivot中使用层次结构

层次结构就是预先在Power Pivot中设定，创建数据透视表后只需在数据透视表字段列表中一键选择即可显示全面的分析路径，之后只需双击某个数据项到达某个层级，直至得到用户所需的明细级别。因此使用层次结构能够帮助用户迅速找到想要的字段，极大地提高用户的工作效率。

常用的层次结构包括：年份→季度→月份→日期的层次结构、国家→省份→城市→邮编→客户的层次结构、产品品牌→大类→风格→款式→产品的层次结构等。

层次结构的级别设置要适度，单一级别的层次结构无任何异议，层次结构级别过多，超过 10 个以上的也会因为过于复杂而给用户带来麻烦。

层次结构的缺点是，一旦用户定义了层次结构且隐藏了基本字段，将无法越级显示字段，用户不能将层次结构中的字段布局到数据透视表的不同区域。

示例13-22 使用层级结构对品牌产品进行分析

图 13-110 展示了一张不同品牌产品的进货和销售明细数据，如需建立“品牌→大类→风格→款式→大色系→ SKU”的层次结构，可参照以下步骤。

	A	B	C	D	E	F	G	H	I	J	K	L
1	品牌	大类	性别	面料	款式	SKU	风格	色系	价格带	大色系	进货数量	销售数量
2	服装	T恤	男	化纤	单衣	057-L1179D12绿色	现代	绿色系	201-300	流行色	7	
3	服装	T恤	男	棉	单衣	057-H1107D12紫点	现代	紫色系	201-300	流行色	7	
4	服装	T恤	男	棉	单衣	057-L1107D12兰色	现代	蓝色系	201-300	流行色	3	1
5	服装	T恤	男	棉	单衣	057-L1107D12绿色	现代	绿色系	201-300	流行色	2	
6	服装	T恤	男	棉	单衣	057-L1117D12黑色	现代	黑色系	201-300	基础色	13	3
7	服装	半袖衬衫	男	化纤	单衣	077-211D12白色	现代	白色系	101-200	基础色	9	2
8	服装	半袖衬衫	男	化纤	单衣	077-211D12浅灰	现代	灰色系	101-200	基础色	12	7
9	服装	半袖衬衫	男	化纤	单衣	男龙半袖白色	现代	白色系	101-200	基础色	24	12
10	服装	半袖衬衫	男	棉	单衣	057-J1138D12黑色	现代	黑色系	101-200	基础色	7	2
11	服装	半袖衬衫	男	桑蚕丝	单衣	男烤纱半袖棕色	现代	棕色系	401-500	流行色	10	6
12	服装	半袖衬衫	男	桑蚕丝	单衣	香云纱两用领男半袖黑色	中式传统	黑色系	401-500	基础色	22	17
13	服装	半袖衬衫	男	桑蚕丝	单衣	真丝杭罗白色	现代	白色系	401-500	基础色	12	7
14	服装	半袖衬衫	女	化纤	单衣	00112-147D12黄色	现代	黄色系	101-200	流行色	8	3
15	服装	半袖衬衫	女	化纤	单衣	00112-172D121号色	现代	其他	101-200	流行色	17	3
16	服装	半袖衬衫	女	化纤	单衣	00112-174D121号色	现代	其他	101-200	流行色	33	19
17	服装	半袖衬衫	女	化纤	单衣	00112-174D122号色	现代	其他	101-200	流行色	18	9
18	服装	半袖衬衫	女	化纤	单衣	00112-79D122号色	现代	其他	101-200	流行色	18	12
19	服装	半袖衬衫	女	化纤	单衣	00112-95D121号色	现代	其他	101-200	流行色	7	6
20	服装	半袖衬衫	女	化纤	单衣	00112-95D122号色	现代	其他	101-200	流行色	13	11

数据透视表 数据源

图 13-110 数据源表

步骤① 将“数据源”添加到数据模型，在【Power Pivot for Excel】窗口中的【主页】选项卡中单击【关系图视图】按钮进入关系图视图界面，如图 13-111 所示。

步骤② 按住<Ctrl>键，将“品牌”“大类”“风格”“款式”“大色系”“SKU”字段同时选中，单击鼠标右键→【创建层次结构】，在系统命名的层次结构名称上单击鼠标右键→【重命名】，将名称改为“产品品牌分析”，如图 13-112 所示。

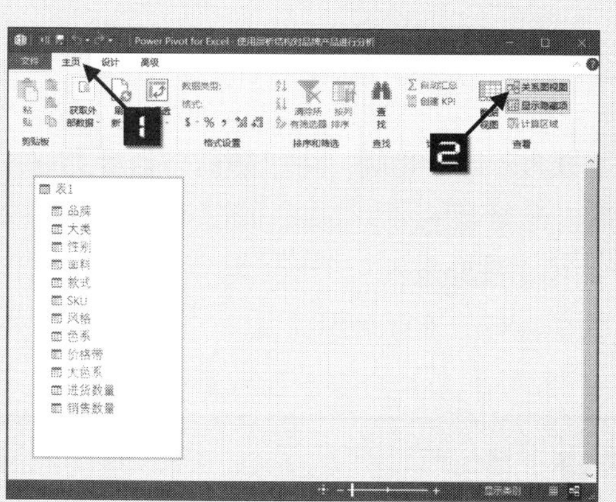

图 13-111　进入【Power Pivot for Excel】关系图视图

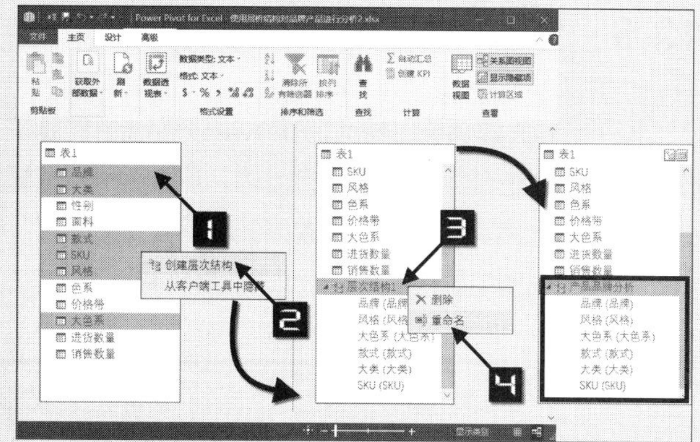

图 13-112　创建层次结构

步骤③ 层次结构创建后显示的级别顺序可能和用户期望的不一致，此时，只需在需要调整的字段上单击鼠标右键，在出现的扩展列表中选择【上移】【下移】命令，即可调整层次结构中字段的排列顺序，如图 13-113 所示。

步骤④ 创建数据透视表时，在【数据透视表字段】列表框中出现了设定好的层次结构“产品品牌分析”字段，勾选该字段的复选框后即可将数据展现在数据透视表中，如图 13-114 所示。

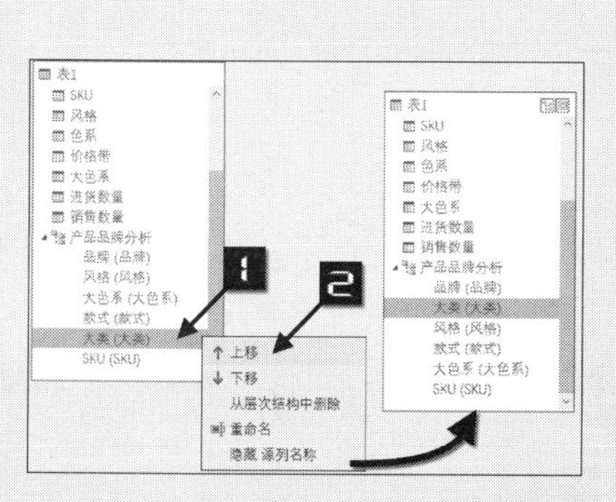

图 13-113　调整层次结构的排列顺序

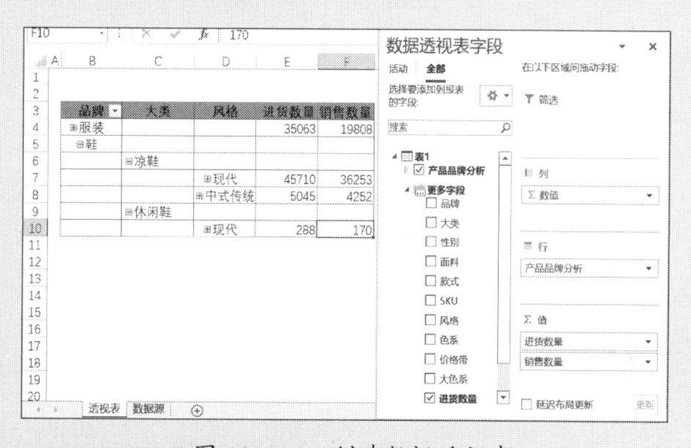

图 13-114　创建数据透视表

步骤⑤ 单击行标签字段中的“+”可以逐层展开层次结构进行数据分析，如图 13-115 所示。

品牌	大类	风格	款式	大色系	SKU	进货数量	销售数量
服装							
	T恤					1333	380
	半袖衬衫						
		现代					
			单衣				
				基础色			
					022-B12118D12白色	76	30
					057-22CY001D12灰色	70	14
				流行色		17437	10603
鞋							
	凉鞋						
		现代					
			布单鞋				
				基础色		10818	8951
				流行色		22884	19336
			单皮鞋			12008	7966
		中式传统				5045	4252
	休闲鞋						
		现代				288	170
总计						86106	60483

图 13-115　逐层展开层次结构分析数据

13.5 创建KPI关键绩效指标

KPI是指关键绩效指标。在Power Pivot中创建交互式KPI报告功能，可以执行以目标为导向的分析，KPI是一个非常有用的功能，是Excel数据模型中最重要的分析工具。用户只需确定一个目标，即可利用KPI考核实际数据偏离目标的状态，一般用于战略层面的分析，特别是KPI报告可以在数据透视表中使用图标集，以视觉化展现数据中的重要指标，使报表更易读。

示例13-23 创建KPI业绩完成比报告

图 13-116 展示了某零售公司各门店的预算和实际完成数据，如果期望利用此数据创建KPI业务完成此报告，业绩完成率 100% 及以上视为完成，80% 以下视为未完成，可参考以下步骤。

	A	B	C	D	E	F
1	部门	核算科目	月份	科目编码	2021年预算	2021年实际
2	滨海一店	主营业务收入	01月	5001	767,775	1,080,000
3	滨海一店	主营业务收入	02月	5001	852,143	600,000
4	滨海一店	主营业务收入	03月	5001	370,960	480,000
5	滨海一店	主营业务收入	04月	5001	628,346	695,000
6	滨海一店	主营业务收入	05月	5001	1,013,406	1,110,000
7	滨海一店	主营业务收入	06月	5001	714,152	785,000
8	滨海一店	主营业务收入	07月	5001	268,280	307,000
9	滨海一店	主营业务收入	08月	5001	456,553	520,000
10	滨海一店	主营业务收入	09月	5001	651,778	735,000
11	滨海一店	主营业务收入	10月	5001	693,141	787,000
12	滨海一店	主营业务收入	11月	5001	570,328	650,000
13	滨海一店	主营业务收入	12月	5001	701,610	771,000
14	白堤路店	主营业务收入	01月	5001	373,275	518,000
15	白堤路店	主营业务收入	02月	5001	493,228	288,000
16	白堤路店	主营业务收入	03月	5001	206,338	230,000
17	白堤路店	主营业务收入	04月	5001	293,146	327,000
18	白堤路店	主营业务收入	05月	5001	444,992	492,000
19	白堤路店	主营业务收入	06月	5001	346,872	383,000
20	白堤路店	主营业务收入	07月	5001	225,618	259,000

KPI报告 数据源

图 13-116 预算和实际完成数据

步骤① 将“数据源”表添加到数据模型并创建数据透视表。

步骤② 在【Power Pivot】选项卡中依次单击【度量值】→【新建度量值】，弹出【度量值】对话框，插入“业绩完成比%”度量值，如图 13-117 所示。

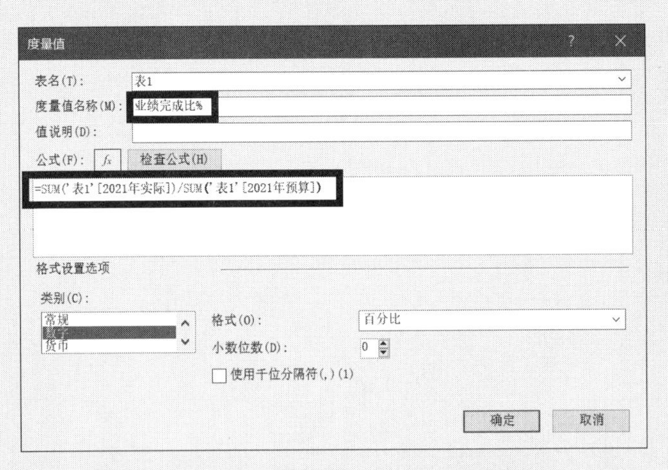

图 13-117 插入计算字段

业绩完成比 %=SUM('表1'[2015 年实际])/SUM('表1'[2015 年预算])

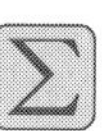

步骤③ 在【Power Pivot】选项卡中依次单击【KPI】→【新建KPI】，弹出【关键绩效指标(KPI)】对话框，单击【KPI基本字段】下拉按钮，选择“业绩完成比%”，单击【定义目标值】中的【绝对值】单选按钮，在右侧的编辑框中输入“1”(相当于需要100%完成业绩目标)，在【定义状态阈值】区域移动标尺上的滑块设置阈值上限为1、下限为0.8，阈值颜色方案选择1，图标样式选择“三个符号”，最后单击【确定】按钮完成设置，如图13-118所示。

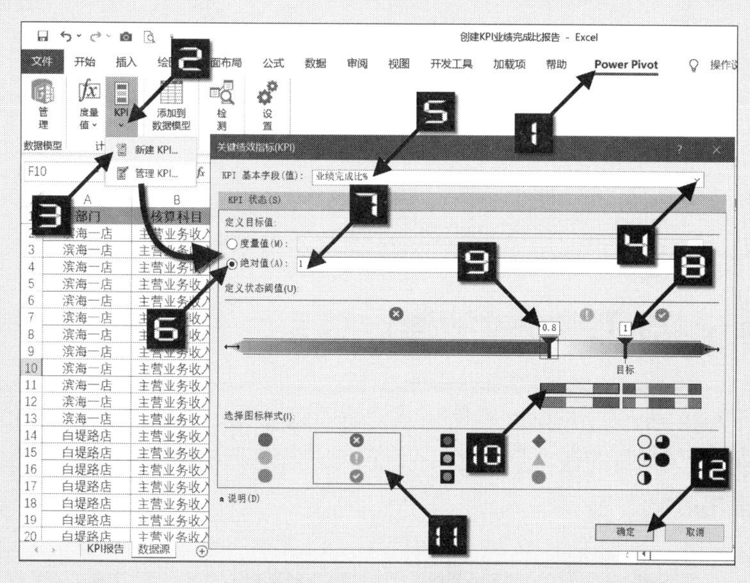

图 13-118　新建KPI

步骤④ 数据透视表中多了一列“业绩完成比%状态”，同时【数据透视表字段】列表中也多出来一个带有特殊标记的字段，如图13-119所示。

部门	月份	业绩完成比% 目标	业绩完成比%	业绩完成比% 状态
八一店	01月	100%	43.55%	
	02月	100%	88.15%	
	03月	100%	105.80%	
	04月	100%	107.34%	
	05月	100%	41.51%	
	06月	100%	106.57%	
	07月	100%	111.03%	
	08月	100%	111.06%	
	09月	100%	109.59%	
	10月	100%	110.38%	
	11月	100%	110.67%	
	12月	100%	109.89%	
八一店 汇总		100%	77.52%	
总计		100%	77.52%	

图 13-119　完成KPI报告

步骤⑤ 加入月份字段后，能更加清晰地反映出各个门店每个月份的业绩完成比状态，“八一店”虽然只有1月份和5月份没有完成预算销售指标，其他月份均已完成，但总体仍然呈未达业绩目标状态，数据展示很清晰，一目了然，如图 13-120 所示。

部门	月份	业绩完成比% 目标	业绩完成比%	业绩完成比% 状态
八一店	01月	100%	43.55%	⊗
	02月	100%	88.15%	!
	03月	100%	105.80%	✓
	04月	100%	107.34%	✓
	05月	100%	41.51%	⊗
	06月	100%	106.57%	✓
	07月	100%	111.03%	✓
	08月	100%	111.06%	✓
	09月	100%	109.59%	✓
	10月	100%	110.38%	✓
	11月	100%	110.67%	✓
	12月	100%	109.89%	✓
八一店 汇总		100%	77.52%	⊗
总计		100%	77.52%	⊗

图 13-120　按照月份差看单店业绩完成比状态

13.6　使用链接回表方式创建计算表

链接回表是Power Pivot常用的一种DAX查询模型数据表的信息的方式，并把查询到的信息载入Excel工作表中，更为神奇的是，查询出来的表还可以当作工作表中的表再次引入Excel数据模型，与原有模型内的表格搭配使用。

示例13-24　使用链接回表创建考勤底表

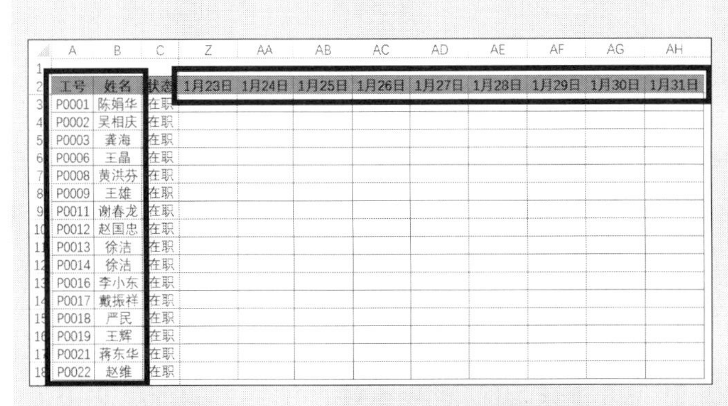

工号	姓名	状态	1月23日	1月24日	1月25日	1月26日	1月27日	1月28日	1月29日	1月30日	1月31日
P0001	陈娟华	在职									
P0002	吴相庆	在职									
P0003	龚海	在职									
P0006	王晶	在职									
P0008	黄洪芬	在职									
P0009	王雄	在职									
P0011	谢春龙	在职									
P0012	赵国忠	在职									
P0013	徐洁	在职									
P0014	徐洁	在职									
P0016	李小东	在职									
P0017	戴振祥	在职									
P0018	严民	在职									
P0019	王辉	在职									
P0021	蒋东华	在职									
P0022	赵维	在职									

图 13-121　传统考勤表统计布局

统计员工考勤是一种常见的管理需求，考勤统计中的主要难点在于考勤数据记录中缺勤记录的不确定。一般情况下，当纳入考勤统计的人员花名册确定时，需要结合考勤周期(通常是自然月)的天数，先绘制一张以人员工号和姓名为行数，日期为列数的二维统计表，然后把结果逐项填入，确保统计完整，如图 13-121 所示。

众所周知，这种表格数据结构不符合数据透视表的数据源结构，且效率很低，也不能和考勤机的原始数据进行快速匹配。我们往往希望能够获得一张以人数结合天数为总行数，并且包含所有人员工号与日期组合的一维表来作为统计基本考勤信息的底表，并通过数据透视表来获得最终的统计效果，如图 13-122 所示。

在传统Excel处理方式中，要想取得如图 13-122 所示的考勤底表属于一个难点。下面介绍使用链接回表的方式来实现快速生成考勤底表。

步骤① 将准备好的日期表添加到数据模型，如图 13-123 所示。

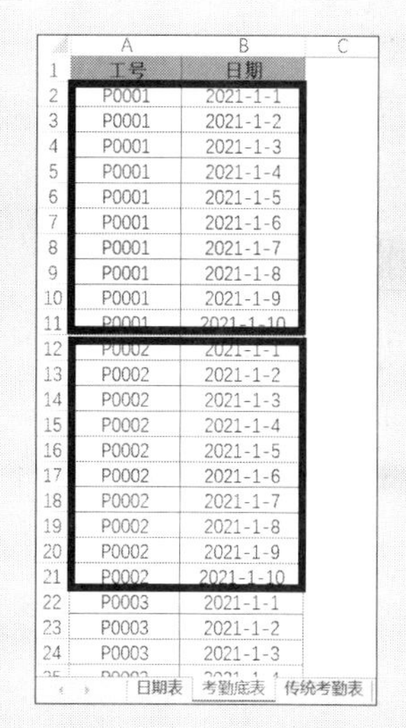

图 13-122　每一个工号根据天数获得相应行数的底表记录

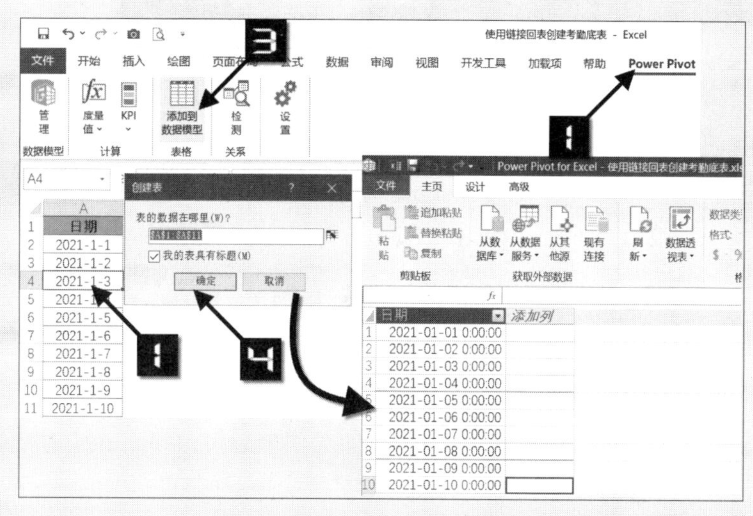

图 13-123　将日期表添加到数据模型

步骤② 在【Power Pivot for Excel】窗口中，单击【主页】→【从其他源】，在弹出的【表导入向导】对话框中选中“Excel文件”，单击【下一步】按钮，在【友好的连接名称】文本框中输入“花名册”，选择目标文件“使用链接回表创建考勤底表的花名册”所在路径，将“花名册”工作表中的信息添加到数据模型，如图 13-124 所示。

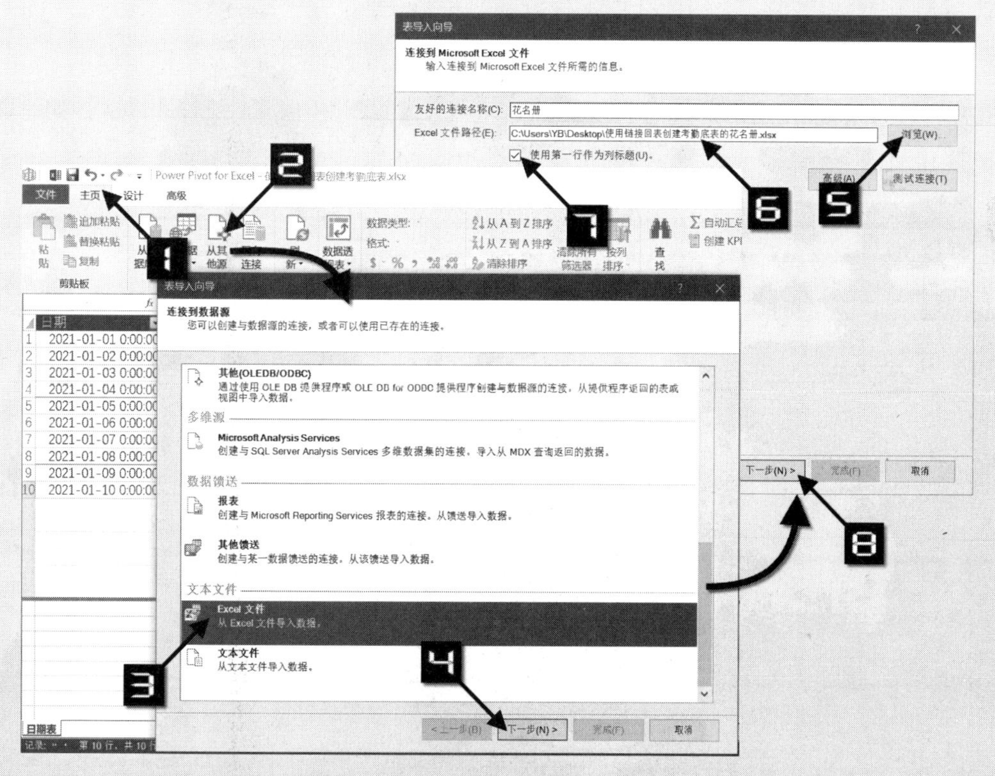

图 13-124　外部获取花名册信息

步骤③ 在【表导入向导】对话框中单击【预览并筛选】按钮，在【预览所选表】中单击【状态】下拉按钮，取消勾选“离职”复选框，单击【确定】按钮，在此处使用【预览并筛选】功能既能减少数据的载入，提升效率，又能过滤【花名册】中【状态】为离职的人员信息，最后单击【完成】按钮，如图 13-125 所示。

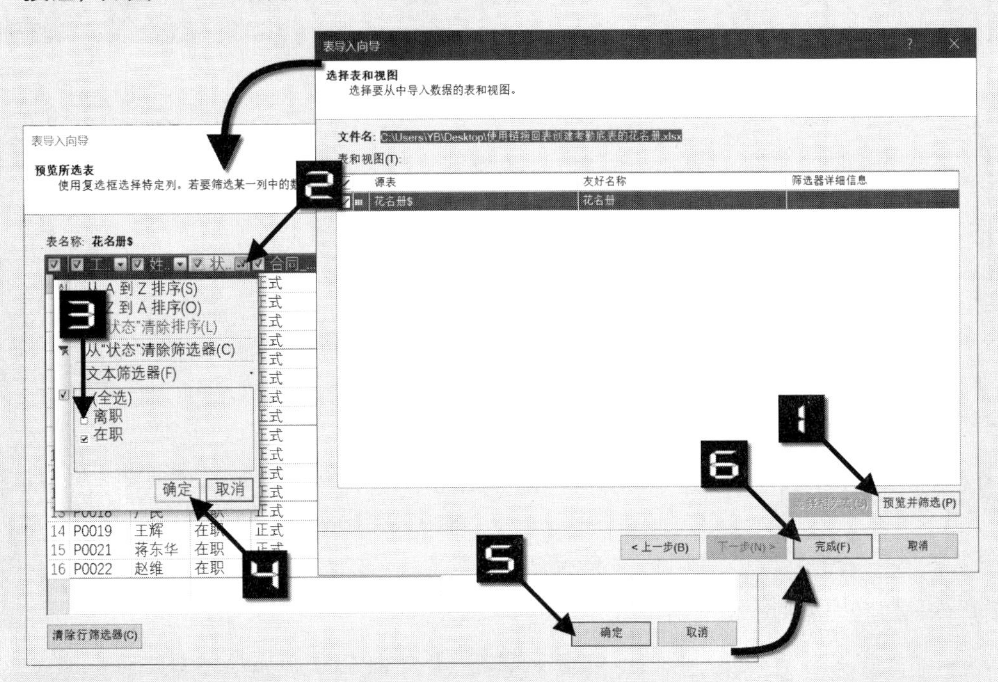

图 13-125 【预览并筛选】功能

步骤 4 数据导入成功后，单击【关闭】按钮向 Power Pivot 载入“花名册”工作表中的数据信息，如图 13-126 所示。

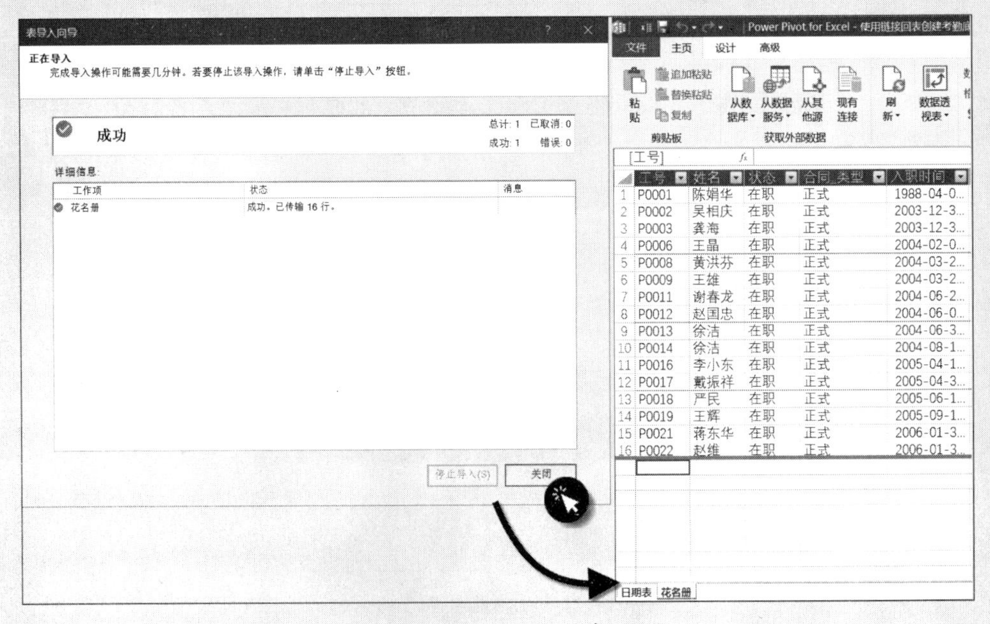

图 13-126 向 Power Pivot 载入数据

步骤⑤ 新建一张Excel工作表，单击【数据】选项卡→【现有连接】，在弹出的【现有连接】对话框中单击【表格】选项卡，浏览模型内的表，选择【花名册】表，单击【打开】按钮，在弹出的【导入数据】对话框中直接单击【确定】按钮，将模型中的表以链接表的形式载入工作表中，如图 13-127 所示。

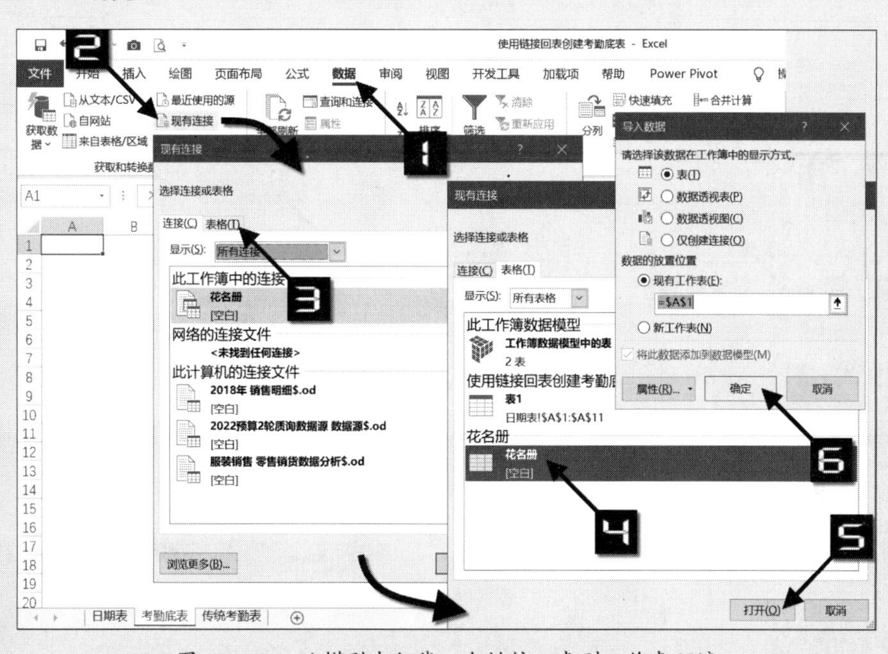

图 13-127　从模型中加载一个链接回表到工作表环境

完成后获得一个花名册的链接表副本，如图 13-128 所示。

	A	B	C	D	E
1	工号	姓名	状态	合同_类型	入职时间
2	P0001	陈娟华	在职	正式	1988-4-5
3	P0002	吴相庆	在职	正式	2003-12-31
4	P0003	龚海	在职	正式	2003-12-31
5	P0006	王晶	在职	正式	2004-2-5
6	P0008	黄洪芬	在职	正式	2004-3-29
7	P0009	王雄	在职	正式	2004-3-29
8	P0011	谢春龙	在职	正式	2004-6-22
9	P0012	赵国忠	在职	正式	2004-6-8
10	P0013	徐洁	在职	正式	2004-6-30
11	P0014	徐洁	在职	正式	2004-8-14
12	P0016	李小东	在职	正式	2005-4-17
13	P0017	戴振祥	在职	正式	2005-4-30
14	P0018	严民	在职	正式	2005-6-14
15	P0019	王辉	在职	正式	2005-9-12
16	P0021	蒋东华	在职	正式	2006-1-30
17	P0022	赵维	在职	正式	2006-1-31

图 13-128　创建初始链接回表

步骤⑥ 此时载入的花名册虽然还不是目标的考勤底表，却具有一项很特殊的功能，就是可以通过编辑DAX语言来调整内容的返回，这是链接回表最重要的步骤。鼠标右击当前表格的任意单元格（如D5），在弹出的扩展菜单中依次单击【表格】→【编辑DAX】，在弹出的【编辑DAX】对话框中单击【命令类型】下拉按钮，选择DAX，并在【表达式】文本框中输入：

```
Evaluate
```

```
GENERATE(SUMMARIZE('花名册',[工号]),'日期表')
```

单击【确定】获得所需要的考勤底表，如图 13-129 所示。

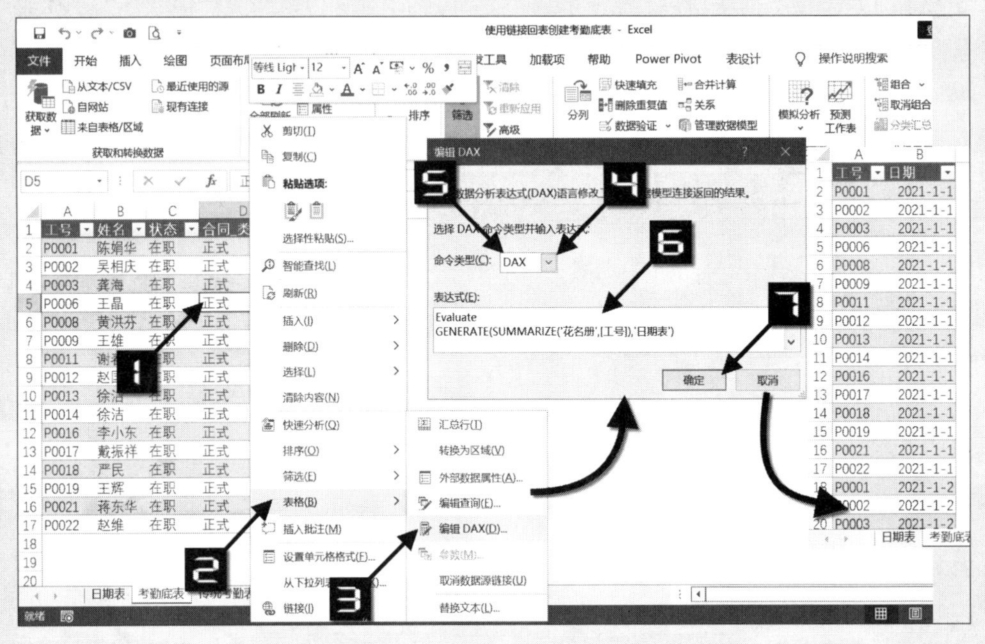

图 13-129　对链接回表进行DAX编辑

表达式解析：

Evaluate是必需的声明语句，可以换行或用空格将具体的DAX表达隔开。

GENERATE 语法如下：

```
GENERATE(table1,table2)
```

将两个列表进行组合运算，返回两个表的交叉联接表。

SUMMARIZE语法如下：

```
SUMMARIZE(Table,[GroupBy ColumnName1],…,[Name1],[Expression])
```

创建按指定列分组的输入表的摘要。此处花名册的信息较多，而且可能存在工号重复出现的情况，因此将【花名册】表按照【工号】汇总来获得单独的工号列表，以便参与交叉联接计算。

提示　这种将两个列表信息进行交叉联接的计算方式也被称为笛卡尔积运算。

步骤⑦ 此时，在“使用链接回表创建考勤底表的花名册”工作部簿的“花名册”表中增加一条新的数据信息，工号“P0023”的“杨昊天”的入职信息，在“考勤底表”中选中任意单元格(如B152)并单击鼠标右键，在弹出的扩展菜单中选择【刷新】命令，即可在“考勤底表”中出现工号“P0023”的 2021-1-1~2021-1-10 链接回表数据信息，如图 13-130 所示。

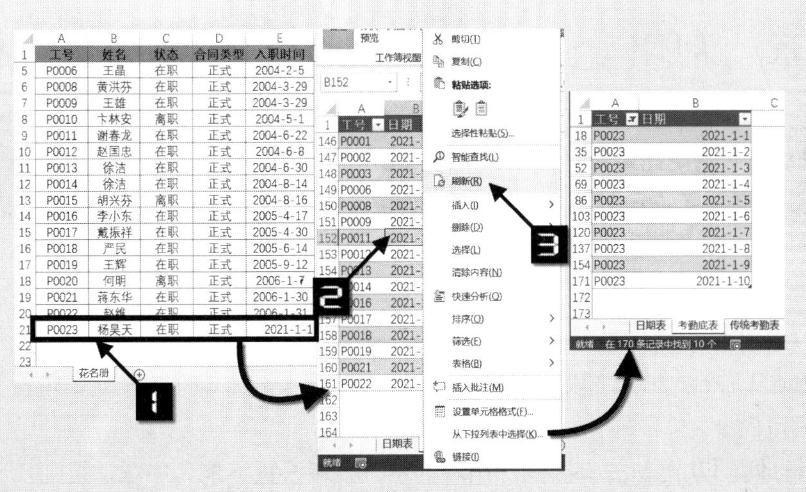

图 13-130　增加新的数据信息

步骤⑧ 同时，在“日期表”中增加 2021-1-11~2021-1-31 的日期信息，在“考勤底表”中刷新数据后，即可在“考勤底表”中出现工号“P0023”的 2021-1-11~2021-1-31 新增的日期信息，如图 13-131 所示。

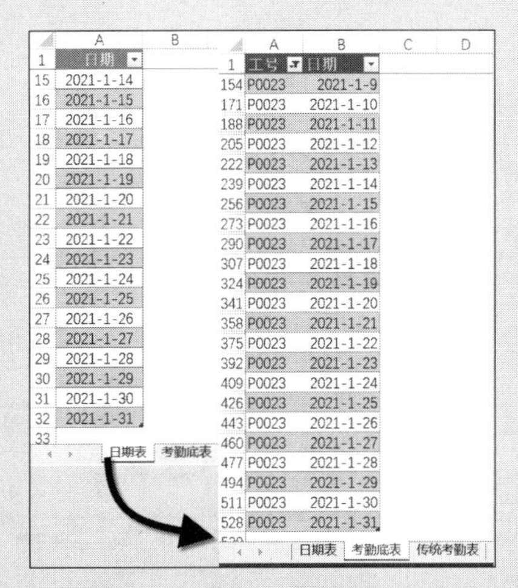

图 13-131　增加新的数据信息

由此可得与考勤机的原始数据相匹配的，可用于数据透视表分析的数据源结构。

第 14 章　利用 Power Map 创建 3D 地图可视化数据

Power Map最早的全称为Power Map Preview for Excel 2013，是Excel Power BI的一个可视化地图展现工具，支持用户绘制可视化的地理和时态数据，并用3D方式进行分析。

本章学习要点

（1）三维地图区域设置。

（2）创建3D可视化地图。

Power Map从Excel 2016起的版本中已经整合到内置功能，其现在的功能位置在【插入】选项卡的【三维地图】命令。

使用【三维地图】功能首先需要确保用户的系统区域设置不能为中国，否则会出现如图14-1所示的错误提示。用户可以修改设置并重启系统来打开Power Map功能，如图14-2所示。

图 14-1　错误提示

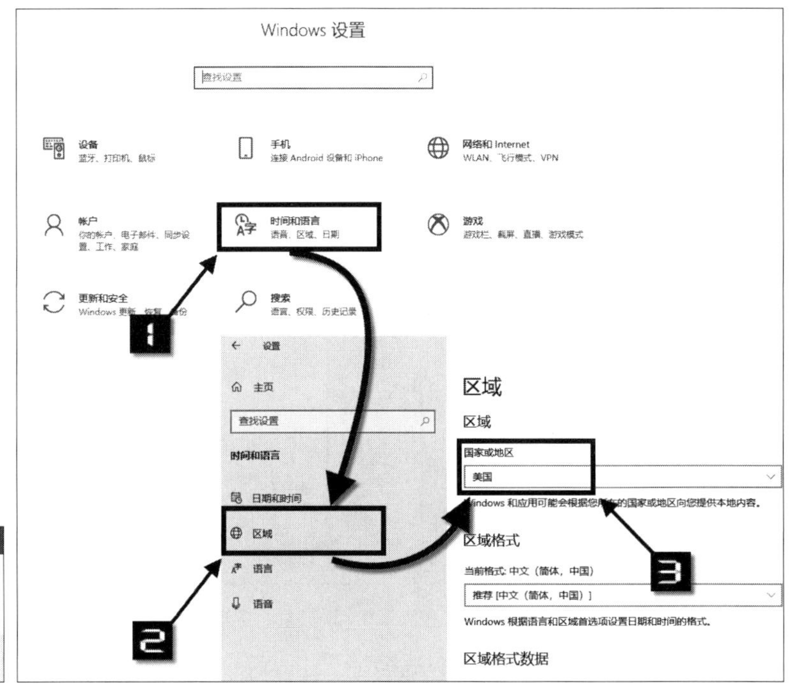

图 14-2　修改系统区域设置，以便于启用Power Map

根据本书前言的提示，可观看"利用Power Map创建3D可视化地图数据"的视频讲解。

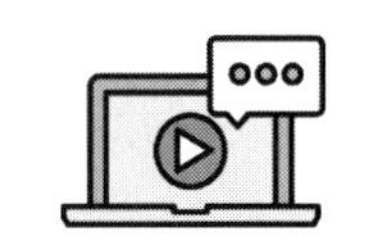

第 15 章　Power BI Desktop 入门

Power BI Desktop是微软整合Power BI服务推出的桌面应用程序，也称为Power BI 桌面版程序，是专为数据分析人员设计的商业分析报告工具。 Power BI Desktop集成了交互式可视化设计画布及可视化组件，还有内置的Power Query查询和数据建模能力，可以创建完整的PowerBI 报告并发布到Power BI 服务中。本章主要介绍Power BI Desktop的基础功能。

本章学习要点

（1）安装Power BI Desktop。
（2）向Power BI Desktop导入数据。
（3）在Power BI中创建关系。
（4）在Power BI中创建可视化报告。
（5）在Power BI中设置交互。
（6）Power BI报告分享。

15.1　安装Power BI Desktop应用程序

安装Power BI Desktop有两种方式，一种是通过下载安装程序来安装应用，还有一种是通过应用商店来安装应用。

图 15-1 展示了使用Edge浏览器打开Power BI Desktop下载页面的情况。

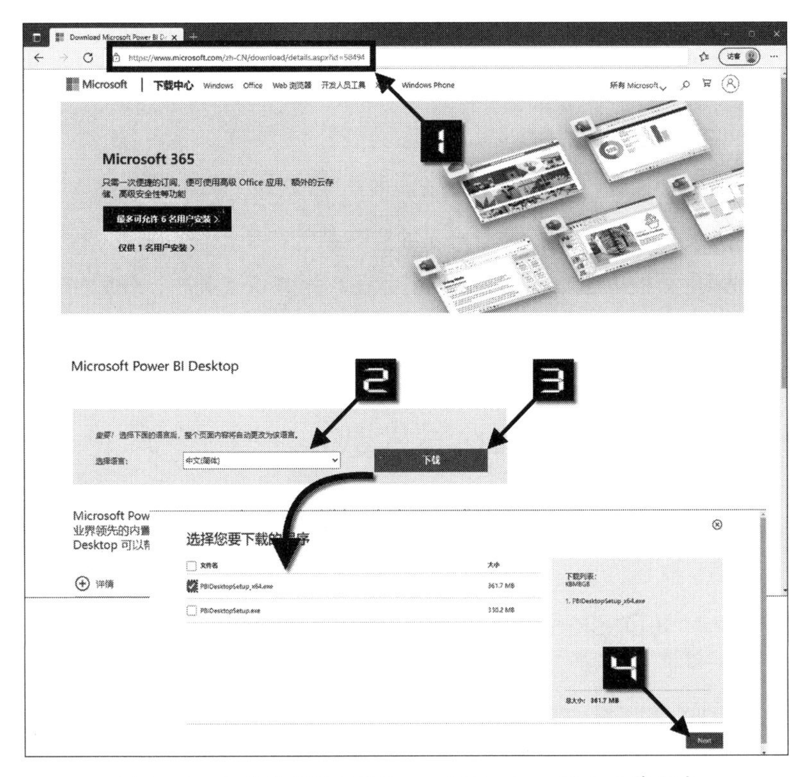

图 15-1　从微软官网下载Power BI Desktop 独立安装程序

步骤① 在地址栏中输入https://www.microsoft.com/zh-CN/download/details.aspx?id=58494，并跳转到下载网页。

步骤② 选择需要安装的语言版本。

步骤③ 单击红色的【下载】按钮来打开下载弹窗，根据自己的操作系统选择合适的程序并按【Next】按钮来获取安装包。

Windows 10 的用户还可以如图 15-2 所示，在微软的应用商店程序 Microsoft Store 中选择安装 Power BI Desktop 商店版程序。

图 15-2　从 Microsoft Store 中安装 Power BI Desktop 程序

商店版程序和独立安装版程序的区别在于：独立安装版在每月微软发布新版程序后，需要手动下载更新的安装程序来更新程序版本；商店版则是会在收到微软推送后，在后台自动更新程序功能，两者在使用功能上并无不同。

15.2　向 Power BI Desktop 导入数据

Excel 的【获取与转换】命令组（Power Query）中的大多数操作均可以在 Power BI Desktop 中实现，且方法基本一致。相较而言，Power BI Desktop 的 Power Query 查询功能更加强大。

15.2.1　使用 Power BI Desktop 获取网页上的汇率数据

示例15-1　使用Power Query功能抓取汇率信息

使用 Power BI Desktop 打开新浪财经外汇网站来抓取汇率数据，使用的链接是

https://finance.sina.com.cn/forex/，操作步骤如下。

步骤① 在【主页】选项卡中依次单击【获取数据】→【Web】按钮，如图 15-3 所示。

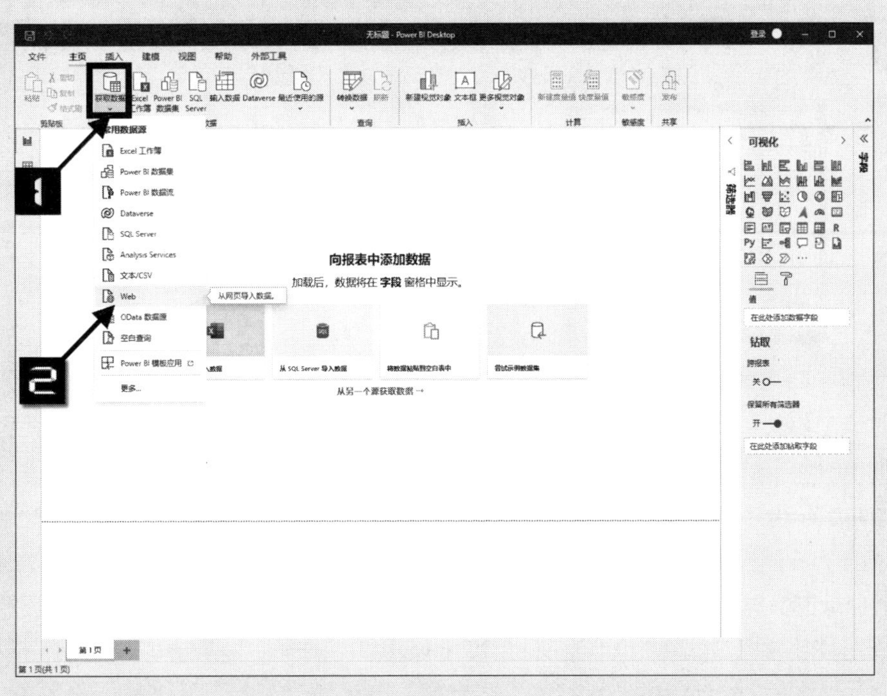

图 15-3 使用 Power Query 的 Web 链接查询器

步骤② Excel的【获取与转换】中的Web连接器功能只能抓取网页中的表内容，但是Power BI Desktop的Power Query功能则可以使用额外的增强功能【使用示例添加表】，如图 15-4 所示。

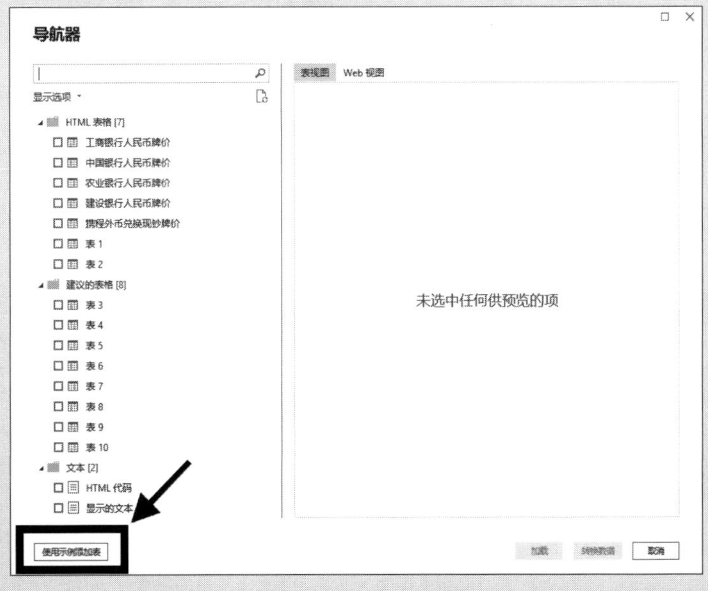

图 15-4 使用示例添加表的高级功能

虽然【导航器】窗口中显示的内容很多，但是并未包含实际页面中的全部数据，比如图 15-5 所示的最新直盘行情数据。

图 15-5 新浪财经的直盘数据

步骤 3 此时单击【使用示例添加表】按钮，在【使用示例添加表】窗口中的预览里面找到需要的网页区块数据，然后对照数据，将需要抓取的货币、最新价和首行数据输入“美元人民币”和“6.3750”(由于网页数据实时更新，因此键入 6.3 之后，提示的数据为 6.3750，比预览的 6.3475 有不同，并不是功能差异，而是网页端的时间不同步)。此时即告诉了 Power Query 需要抓取的数据，同时第二行开始的浅色数据是自动识别和完成的效果。此时我们可以单击【确定】按钮来完成此处的功能，如图 15-6 所示。

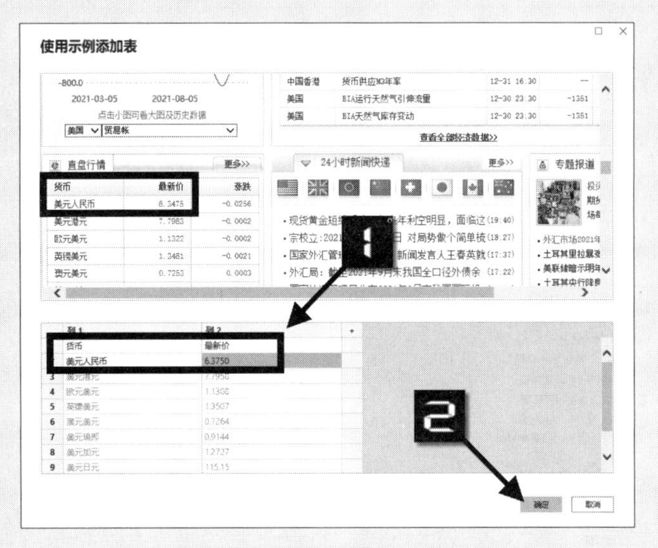

图 15-6 对照页面的信息，在示例中输入示范数据

步骤 4 勾选【自定义表】的【表 13】复选框，单击【转换数据】按钮进入【Power Query 编辑器】，关闭并应用后上载到Power BI。通过设置【使用示例添加表】，Power BI Desktop 就能快速根据用户的需求去抓取网页上的非表数据，Power BI 文件每次刷新时就能获得最新的直盘行情数据，如图 15-7 所示。

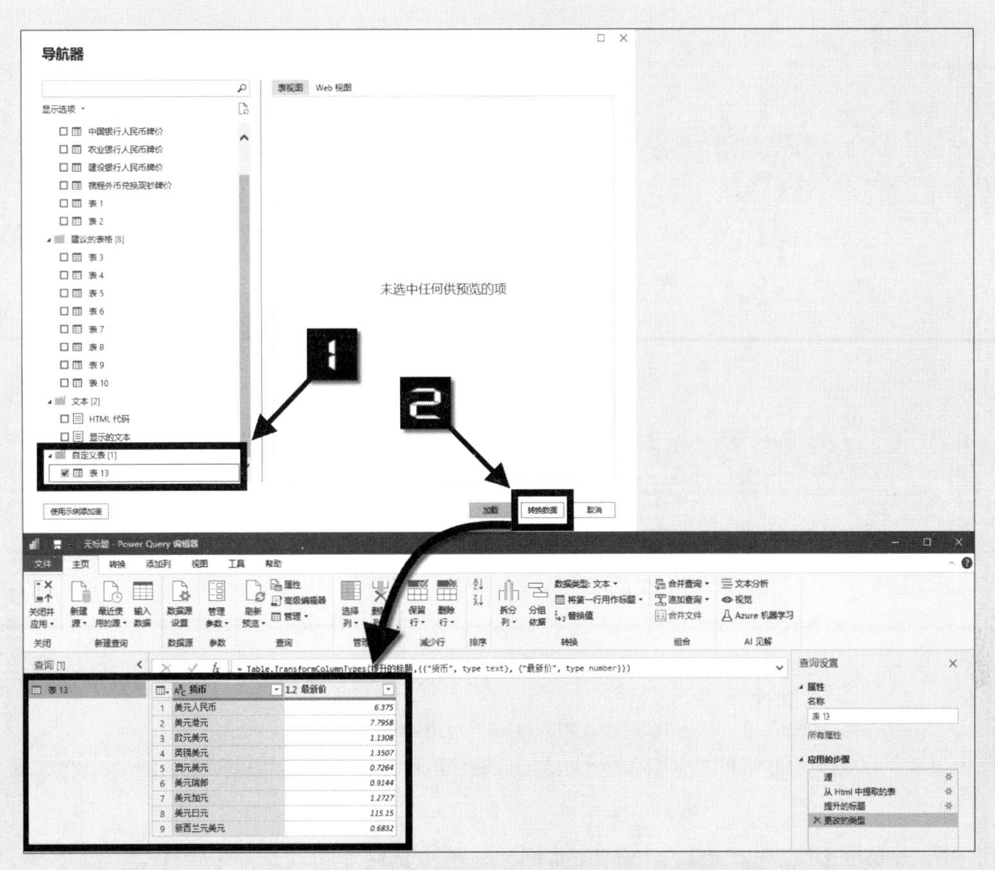

图 15-7 通过【使用示例添加表】构建一个新的表 13 来获取网页中所需的数据

15章

根据本书前言的提示，可观看“使用Power Query功能抓取汇率信息”的视频讲解。

15.2.2 导入包含Power Query和Power Pivot的工作簿

Power BI Desktop不仅可以常规地获取外部数据，还可以将已经使用【获取与转化】功能创建查询的Excel工作簿及构建了Power Pivot数据模型的工作簿内容直接导入Power BI Desktop中，快速将Excel中已做的数据整理和分析的成果转换到Power BI Desktop应用中。

示例15-2 导入包含Power Query和Power Pivot的工作簿

图 15-8 是一个包含了Power Query查询，且已经进行Power Pivot数据模型构建的一个完整的工作簿。将其导入到Power BI Desktop，步骤如下。

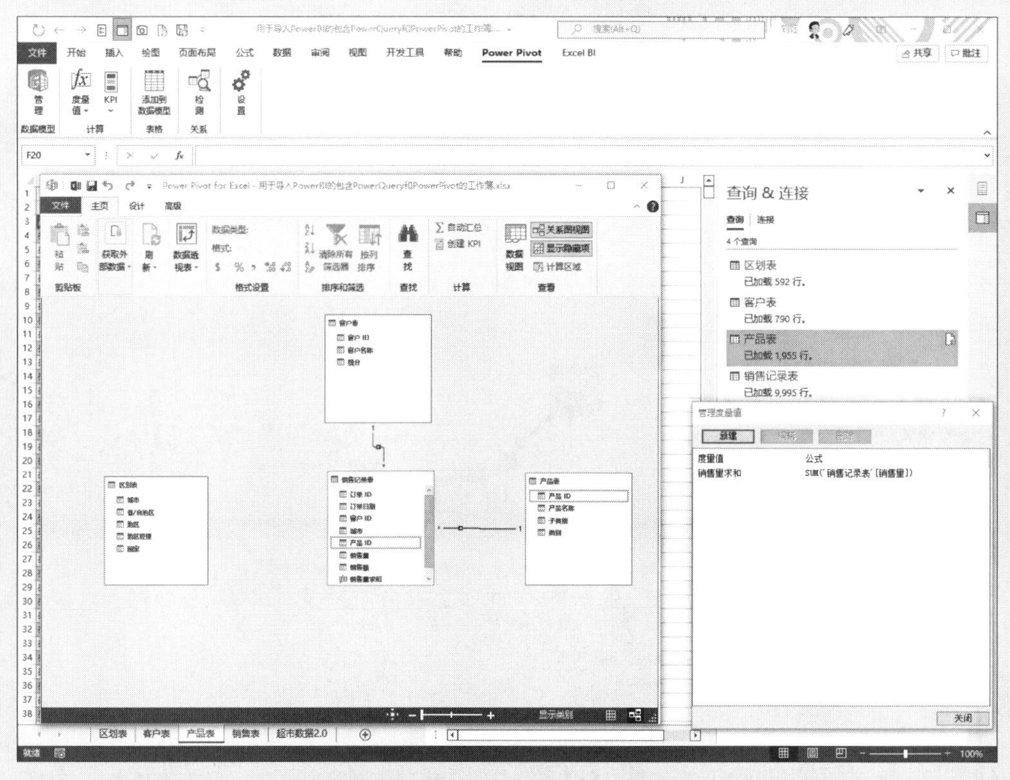

图 15-8　一个包含了 Power Query 和 Power Pivot 数据模型的的工作簿

步骤① 打开Power BI Desktop，如图 15-1 所示，在【文件】选项卡下找到【导入】功能，选择【Power Query、Power Pivot、Power View】，即可定位前面预备的文件，进行导入操作。

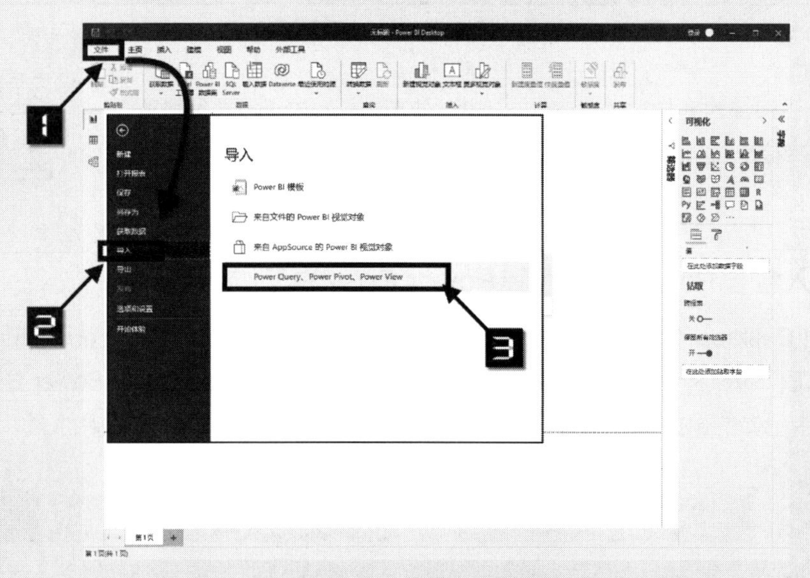

图 15-9　开启 Power BI Desktop 的导入功能

在导入时，会有一些询问提示，读者可以依据自己的需要选择对应的操作，最后单击【关闭】按钮，图 15-10 所示为完成的情况。

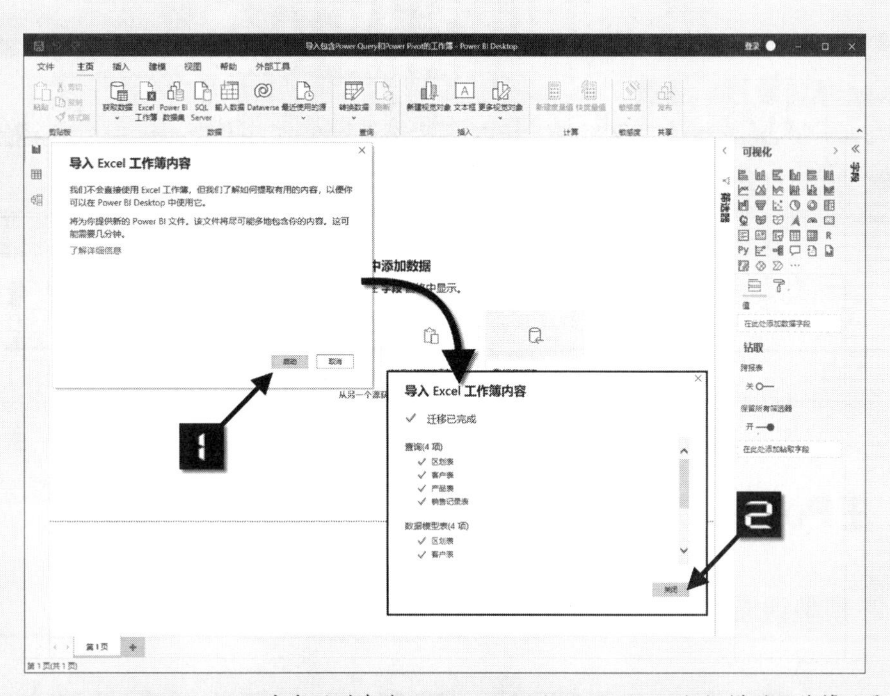

图 15-10　Power BI Desktop 完成了对包含 Power Query 和 Power Pivot 数据模型工作簿的导入

在已经导入了Power Query和Power Pivot内容的Power BI Desktop 文档中，属于Power Pivot的数据模型内容都被成功地导入到了新的应用中，如图 15-11 所示，其中包含以下内容。

❖ 数据模型的表内容：产品表、客户表、区划表、销售记录表。

❖ 原先在Power Pivot中已经定义的表间关系：产品表-销售记录表；销售记录表-客户表。

❖ 原先在Power Pivot中定义的度量值：[销售量求和]。

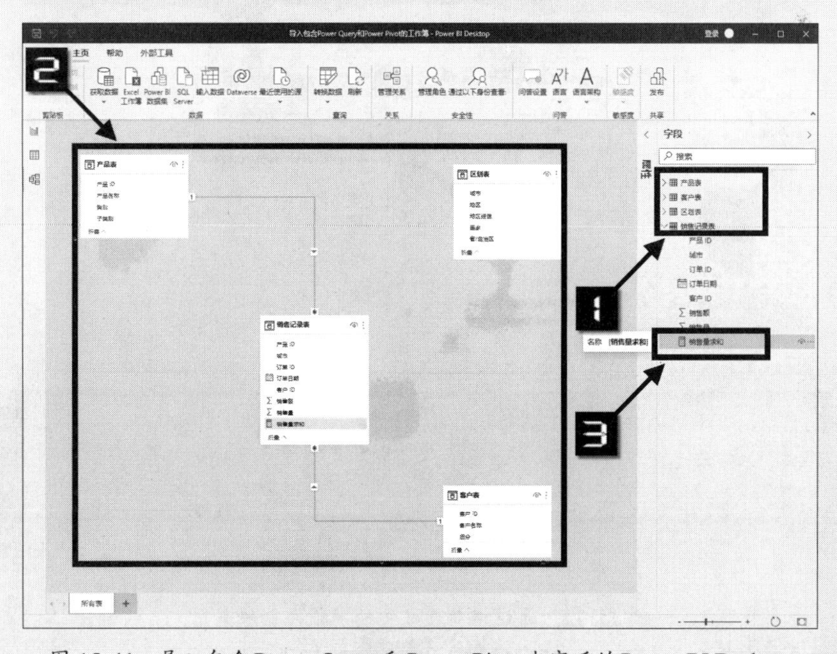

图 15-11　导入包含 Power Query 和 Power Pivot 内容后的 Power BI Desktop

其实原先的Power Query查询也一并导入了，这个可以在单击【转换数据】按钮后，打开【Power Query编辑器】窗口查看。

使用Power BI Desktop的导入功能，可以很好地将已经在Excel Power Pivot构建的数据导入到Power BI Desktop进行再次加工。

注意

> 此种导入操作后，Power BI Desktop的内容和原先Excel工作簿中的Power Pivot数据模型是两个完全独立的内容。编辑和调整Excel工作簿中的数据模型和查询等，不会在Power BI Desktop的文件中体现修改。

15.3 在Power BI中创建关系

15.3.1 在模型视图中创建表之间的关系

示例15-3 在模型视图中创建表间关系

在模型视图中，一般采用拖曳表之间相互关联的字段的方式来创建表之间的关系。如图 15-12 所示，在切换到模型视图之后，单击销售记录表中的“城市”字段，拖曳至区划表的“城市”字段上方，并松开鼠标左键。此时，Power BI Desktop 就会自动识别两个字段，并创建合适的关系。

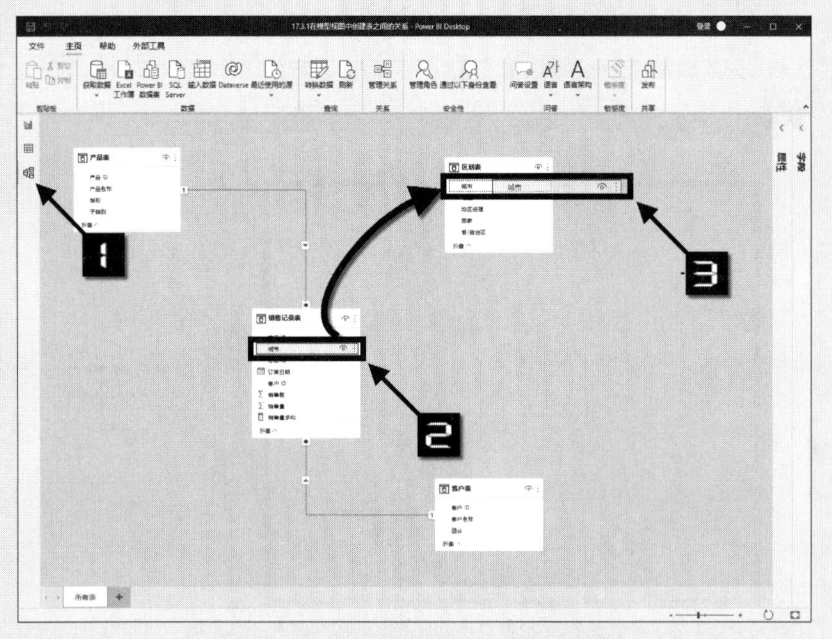

图 15-12 通过拖曳表之间的字段来创建关系

15.3.2 使用【管理关系】功能来创建和管理关系

示例15-4 使用【管理关系】功能来创建和管理关系

除了用拖曳字段的操作来实现关系的创建，还可以通过选项卡上的【管理关系】功能来创建和管理关系，如图 15-13 所示。

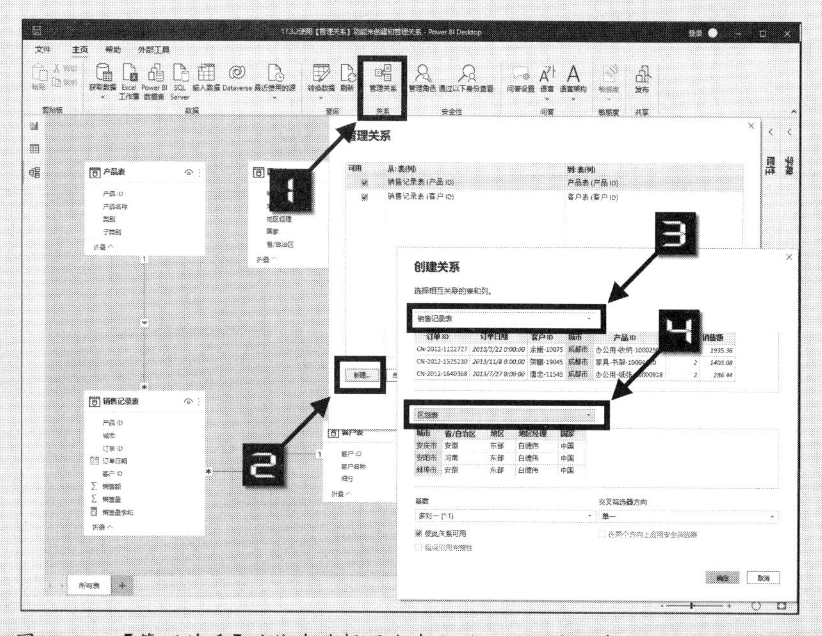

图 15-13 【管理关系】功能在选择两个表之后，可以自动尝试识别合适的关系

通过单击【管理关系】，在弹窗中单击【新建】按钮则会进入关系创建页面。进一步选择需要创建关系的两张表，如果表间的关系命名合理，Power BI Desktop 会自动尝试识别关系，如果正确，则直接单击【确定】即可。

根据本书前言的提示，可观看“使用【管理关系】功能来创建和管理关系”的视频讲解。

15.3.3 表与表之间的关系类型和作用

创建表与表之间的关系，不仅可以描述不同表所存储的内容之间的逻辑联系，还可以使得内容之间可以进行筛选统计并增加数据分析的能力。在上面创建关系的对话框中，我们可以看到有基数的描述，这个就是关系的类型。Excel 的 Power Pivot 数据模型只支持 1 对多（也叫多对 1）模式。Power BI Desktop 则支持更为丰富的基数类型。

❖ 多对一 (*:1)：多对一关系是最常见的默认关系类型。这意味着一个给定表中的列可具有一个值的多个实例，而另一个相关表(通常称为查找表)仅具有一个值的一个实例。

❖ 一对一(1:1)：在一对一关系中，一个表中的列仅具有特定值的一个实例，而另一个相关表也是如此。

❖ 一对多(1:*)：在一对多关系中，一个表中的列仅具有特定值的一个实例，而另一个相关表可具有一个值的多个实例。

❖ 多对多(*:*): 借助复合模型，可以在表之间建立多对多关系，从而消除了表中对唯一值的要求。它还删除了旧解决办法，如为建立关系而仅引入新表。

在表之间的关系连线的两端的 1 和*(星号)就表示上述的 1 和多。线段中间的三角则是筛选方向的描述。当鼠标悬停在关系连线上时，Power BI Desktop 还会高亮显示两张表之间发生关系的两个对应字段。

虽然 Power BI Desktop 支持更为多样的关系类型，但是我们一般推荐读者以 1 对多为主要的建模关系类型，以避免在解释和构建模型时其他关系带来的复杂性。

示例15-5 对模型字段进行隐藏优化

一般创建完成关系之后，由于多数情况下表与表之间构建关系的字段名字相同或相似，且关系具有筛选传递作用。为了在可视化和分析阶段对于字段管理窗格的字段内容和数量进行优化，减少字段过多的干扰，我们会选择将关系中多端的字段进行隐藏显示来优化模型的阅读性能。

如图 15-14 所示，可以单击眼睛图标，将对于分析不必要的字段进行快速隐藏设置。

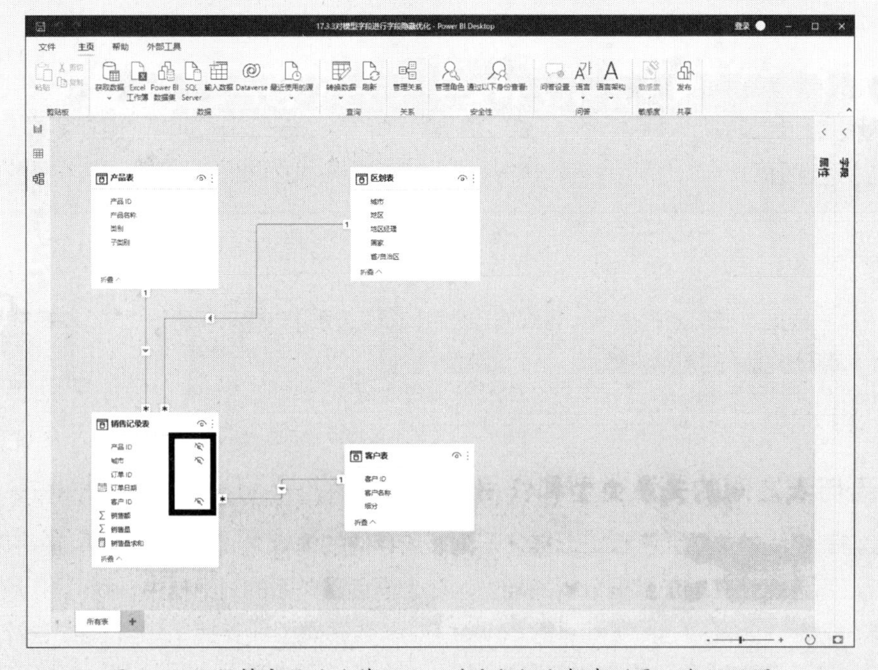

图 15-14 保持字段的隐藏优化，对应数据分析来说是一个好习惯

15.4　在 Power BI 中创建可视化报告

将外部数据导入 Power BI Desktop 并且构建合理的关系，使表之间形成合理的数据模型之后，则可基于数据模型来进行可视化报告的创建和设计。要想开始可视化报告的设计，首先需要在 Power BI Desktop 中切换到报表视图，然后来看如图 15-15 所示的报表视图的相关功能区。

15.4.1　报表视图的结构与功能

图 15-15　切换到报表视图后的主要功能区划分

单击 Power BI Desktop 最左侧边栏上面的【报表】图标后，我们就能切换到报表视图了。在报表视图中，Power BI Desktop 的整体被划分成 4 个大板块，分别如下。

- ❖ 画布区：画布区是可视化内容的创作区域，边缘的虚线是画布的边界，底部则类似 Excel 可以创建多页。
- ❖ 筛选器窗格：筛选器窗格是控制筛选功能的窗格。当选中某个可视化图表对象时，可以设置可视化图表对象的筛选器；当未选择可视化图表对象时，可以设置当前页面的筛选器或整个报告所有页面的筛选器。
- ❖ 可视化窗格：此窗格包含上部的可视化图表类型选择和下部的左右两个面板。在上部选择可视化图表类型后可以在左侧画布区创建一个空白的对应类型图表，或者在选中某个可视化图表对象后，单击图表类型来更换其他的可视化图表类型。下面的两个面板则是分别配置可视化图表的字段属性和格式属性。
- ❖ 字段窗格：字段窗格主要展现当前报告内所有的表及对应存储的字段和度量值等内容，是构建可视化内容的数据素材的列表。

15.4.2　在报告中创建可视化图表

创建一个新的可视化图表有两种创建方式。如图 15-16 所示，可以将字段窗格中的字段（比如从Power Pivot导入的度量值“销售量求和”)拖曳到画布区，并释放鼠标。Power BI Desktop 会自动识别内容，并选择一个可视化图表类型，此处生产了一个簇状柱形图。

示例15-6 拖曳字段到画布来创建可视化图表

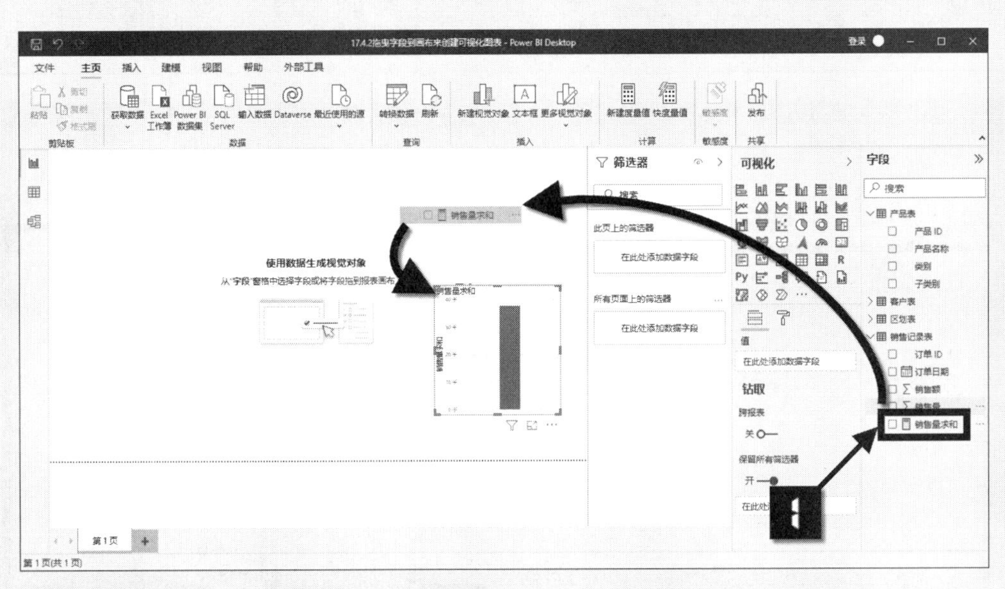

图 15-16 拖曳字段到画布区来生成可视化图表

这种方式生产的可视化图表只有一个值字段，通常不足以进行分类分析和展示。因此可以在选中这个可视化图表的基础上添加轴字段，来扩展展现内容。如图 15-17 所示，设置完毕之后，就能获得一个相对完整的按照地区划分销售量求和的簇状柱形图。

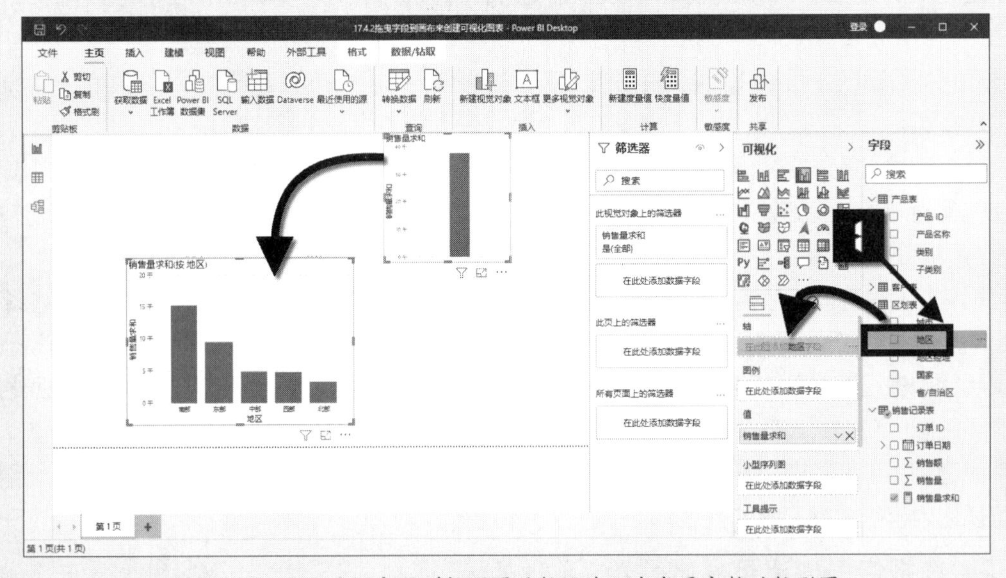

图 15-17 添加地区字段到柱形图的轴区域，生成更完整的柱形图

根据本书前言的提示，可观看“拖曳字段到画布来创建可视化图表”的视频讲解。

示例15-7 单击图表按钮来创建可视化图表

除了上述创建方式，还可以在未选择任何其他可视化图表对象的时候，单击可视化窗格中的可视化按钮来创建新的可视化图表，如图 15-18 所示。

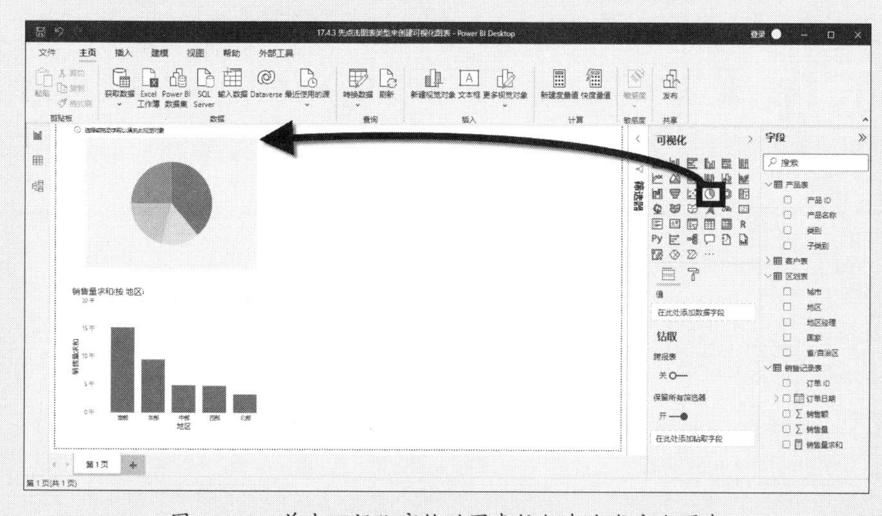

图 15-18 单击可视化窗格的图表按钮来生成空白图表

选中新生成的灰色图表，在右侧字段窗格中，拖曳相应的字段来设置该饼图的字段属性，如图 15-19 所示。

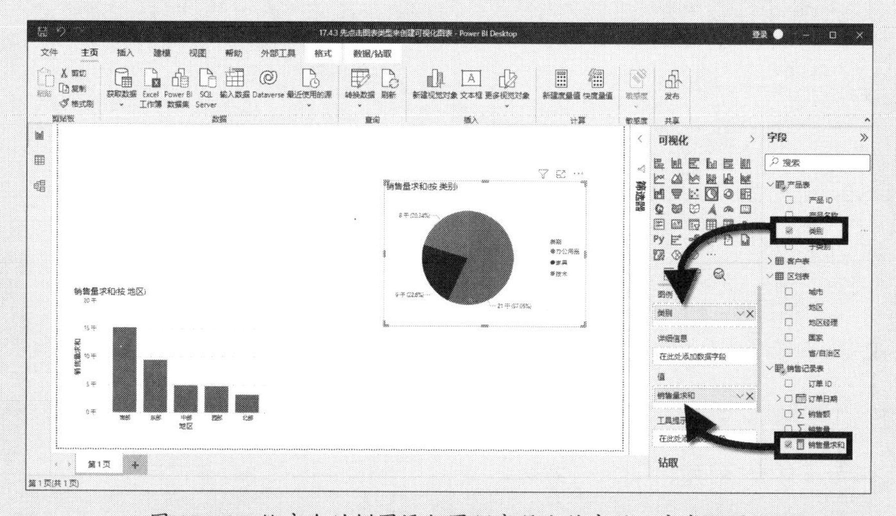

图 15-19 给空白的饼图添加图例字段和值字段，完成配置

15.5 在Power BI中设置交互层次结构

当一页画布上面拥有两个及以上的可视化图表对象的时候，可以单击其中一个可视化图表的数据系列来产生一个筛选条件，这个筛选会通过模型的多表间关系等逻辑传递到当前画布上的其他可视化画布对象。

15.5.1 可视化之间的交互效果

示例15-8 触发可视化之间的交互效果

单击柱形图的第一根柱体，可以在当前页面产生地区等于南部的筛选交互效果，对应的饼图里面则会突出显示南部所属的各个类别的扇形大小，如图 15-20 所示。这种效果称为交互效果。

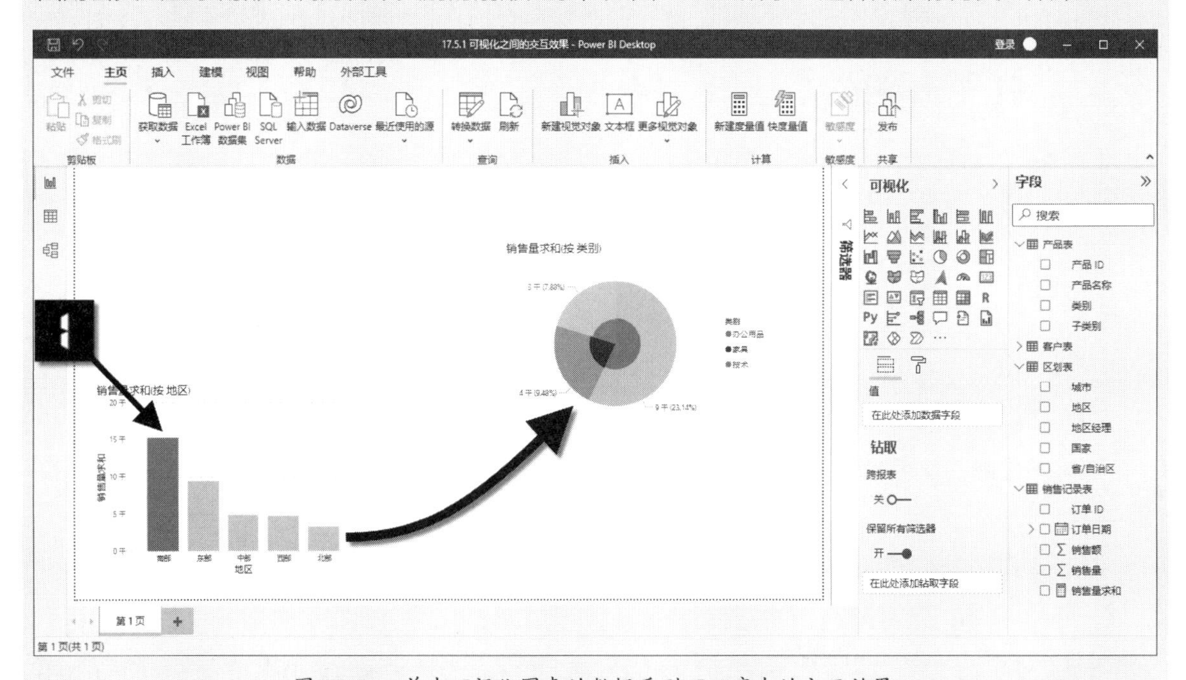

图 15-20 单击可视化图表的数据系列可以产生的交互效果

根据本书前言的提示，可观看“触发可视化之间的交互效果”的视频讲解。

15.5.2 调整可视化图表的交互效果

可视化图表之间的交互样式并不只有突出显示一种，还可以设置其他的样式。

示例15-9 调整柱形图对其他图表的交互效果样式

如图 15-21 所示，先选择柱形图，再在【格式】选项卡中找到并单击【编辑交互】按钮，此时除柱形图外的其他可视化图表的右上角便会出现交互选项按钮。

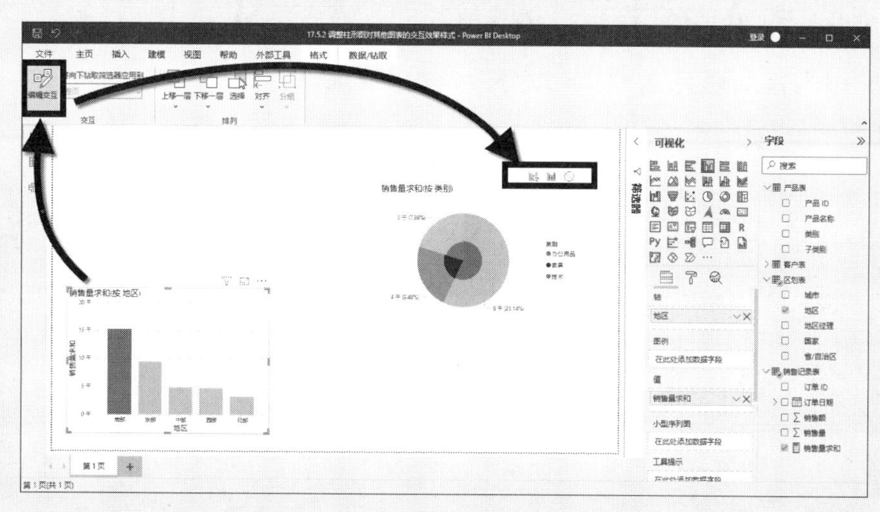

图 15-21　开启【编辑交互】设置

【编辑交互】按钮从左向右的功能如下。

❖ 筛选交互：选择后，柱形图传递给饼图的是筛选效果。

❖ 突出显示交互：选择后，柱形图传递给饼图的是突出显示效果，即当前的效果。

❖ 无交互：选择后，柱形图不再传递交互效果。

【编辑交互】按钮通常是 3 个，也会因可视化图表类型的不同而有变化。

在构建分析仪表盘布局的时候，可以灵活地使用编辑交互的设置来实现各种设置效果。如图 15-22 所示，是将从柱形图到饼图的交互方式改成筛选交互之后的效果。

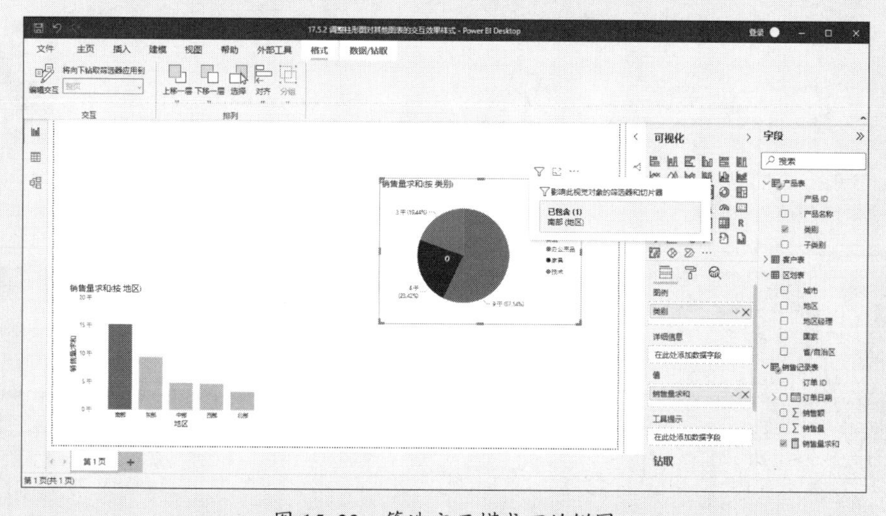

图 15-22　筛选交互模式下的饼图

15.6 在Power BI中导入自定义可视化图表

虽然可视化窗格中内置了近40个可视化图表对象可供选用，但是在日常的实际数据统计工作中，也许还需要一些特殊的展现效果。可以通过内置的可视化商店导入自定义可视化效果，或者导入可视化文件来给当前的报告添加自定义可视化效果。

15.6.1 使用内置商店导入获取自定义可视化效果

从微软官方的可视化商店添加自定义可视化的操作步骤如下。

示例15-10 从内置商店导入自定义可视化图表

如图15-23所示，在可视化窗格的上半部分，单击可视化对象最末尾的按钮，然后选择【获取更多视觉对象】命令，此时会弹出【Power BI 视觉对象】窗口，可以在这里搜索并浏览需要的可视化图标对象，并选择加载到我们的报告中来。

提示 此项功能需要先用Power BI账号登陆到Power BI Desktop中。

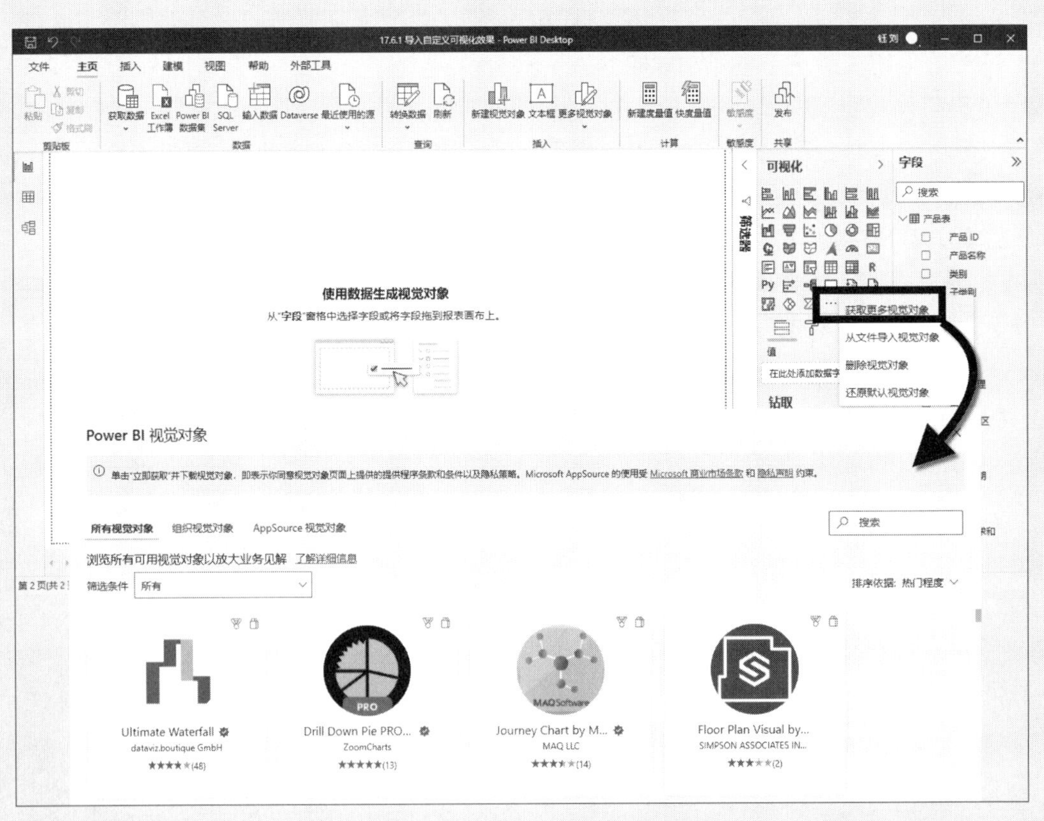

图15-23 开启官方的可视化图表商店

搜索关键字"Word Cloud"，单击搜索结果，在该对象的详情窗口中单击【添加】按钮，稍等

一会儿即可看到【已成功导入】的弹窗提示。操作成功之后，就会在可视化窗格上多出一个Word Cloud（文字云）的自定义可视化对象，如图 15-24 所示。

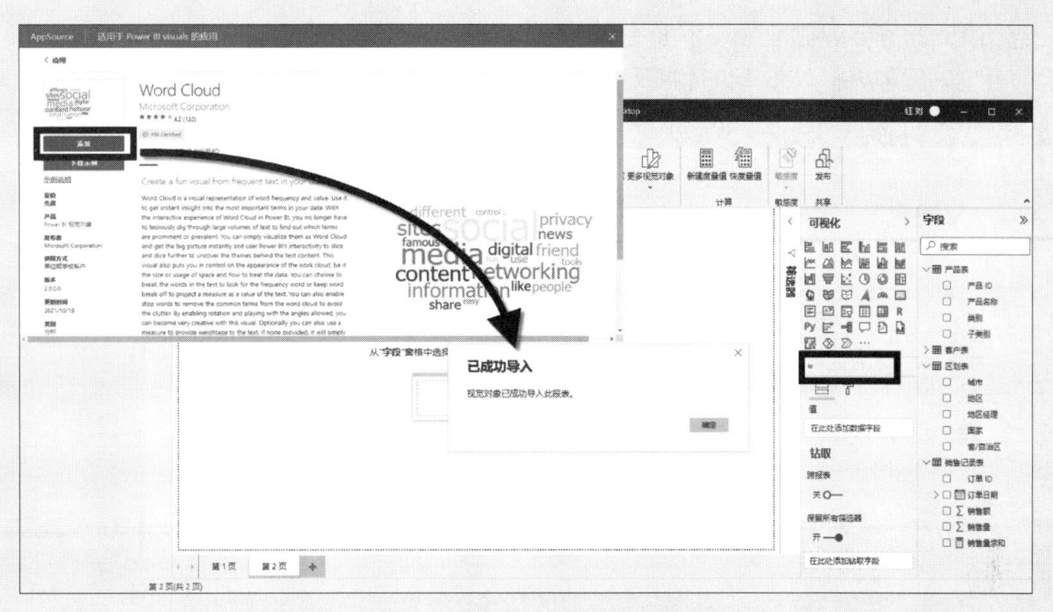

图 15-24 添加文字云自定义可视化图表

文字云是一种常见的可视化效果，如图 15-25 所示。

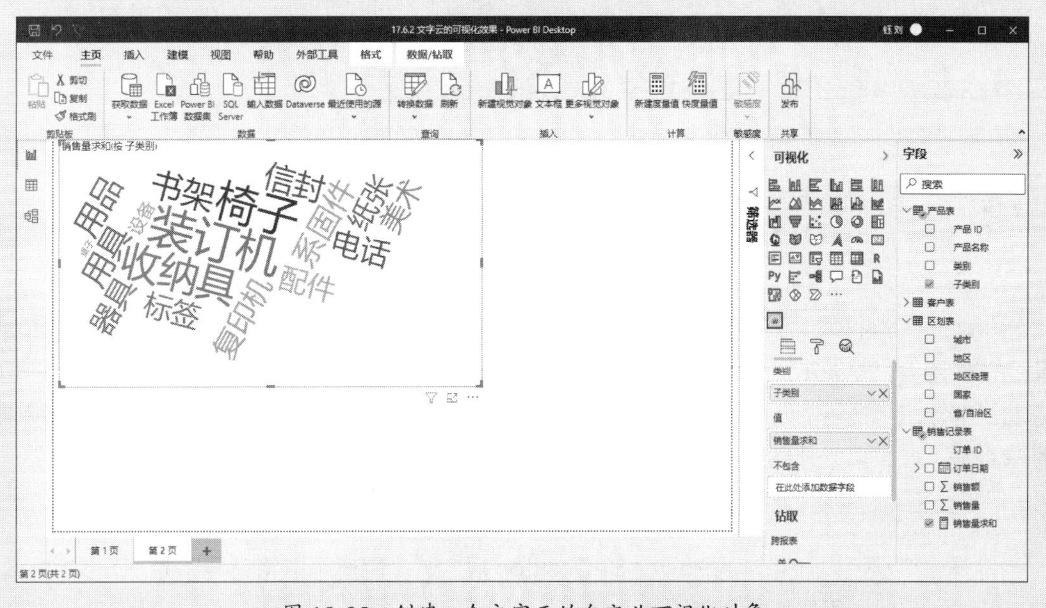

图 15-25 创建一个文字云的自定义可视化对象

15.6.2 导入自定义可视化文件

如果已经下载了以pbiviz为扩展名的自定义可视化文件，则可以选择从文件导入自定义可视化图表。

示例15-11 从文件导入自定义可视化图表

如图 15-26 所示，在可视化窗格的上半部分，单击可视化对象最末尾的按钮，然后选择【从文件导入视觉对象】按钮，在出现的【打开】窗口中定位目标文件，单击【打开】按钮即可。

图 15-26 从文件导入自定义可视化图表

这样不但获得了数据，并且拥有了新的可视化图表类型。

15.7 Power BI 报告的常见分享形式

Power BI Desktop 产生的文件是以 PBIX 为扩展名的一种文档文件，如果按传统方式直接分享给报告的使用者，就要求对方也要安装 Power BI Desktop 应用程序才能打开。一个完整的 PBIX 文件包含了构建这个报告的所有导入过程、关系结构和设计要素等，同时还有构建报告时缓存入报告的所有数据，如果直接分享文件可能有安全隐患。下面推荐两类常见的分享形式。

15.7.1 将 Power BI 报告导出为 PDF 分享

当打开一个已经设计完毕的 Power BI Desktop 报告时，用户可以将它导出为 PDF 文件，取消其交互特性，仅以结果的形式分享给他人。

示例15-12 从文件导入自定义可视化图表

如图 15-27 所示，单击【文件】→【导出】→【导出为 PDF】按钮，之后 Power BI Desktop 会自

动执行导出PDF功能，导出成功后就会打开此份报告。

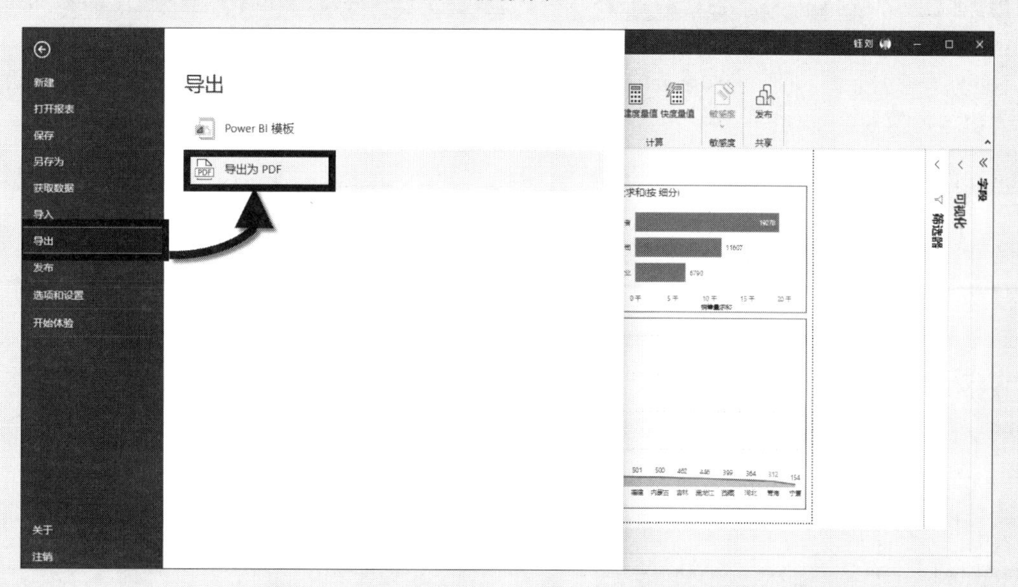

图 15-27　使用 Power BI Desktop 的【导出为 PDF】功能

通常，导出的PDF会存放在系统的某个文件夹中，用户可以通过搜索或如图 15-28 所示的Edge浏览器一样，从地址栏的地址中找到该份PDF文件。

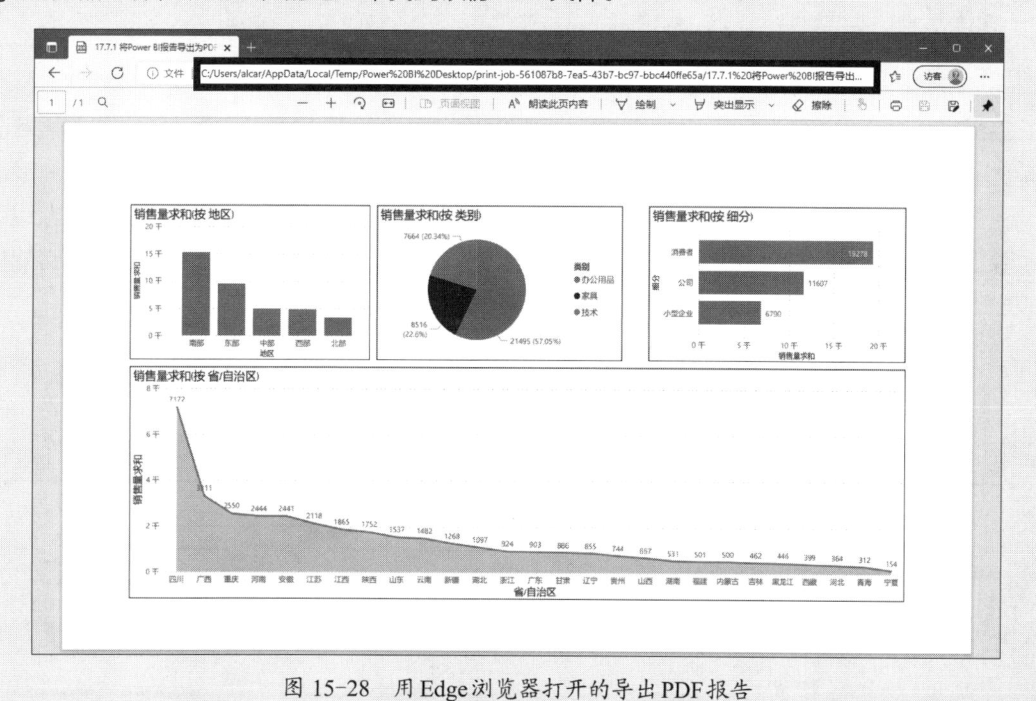

图 15-28　用 Edge 浏览器打开的导出 PDF 报告

15.7.2　使用 Power BI 云服务分享报告

除去文件型的分享方式之外，Power BI Desktop 还支持通过微软云服务来分享报告。

示例15-13 使用Power BI云服务分享报告

如图 15-29 所示，在【主页】选项卡下找到【发布】按钮，即可在弹出的发布对话框中选择需要发布的工作区进行文件云发布。

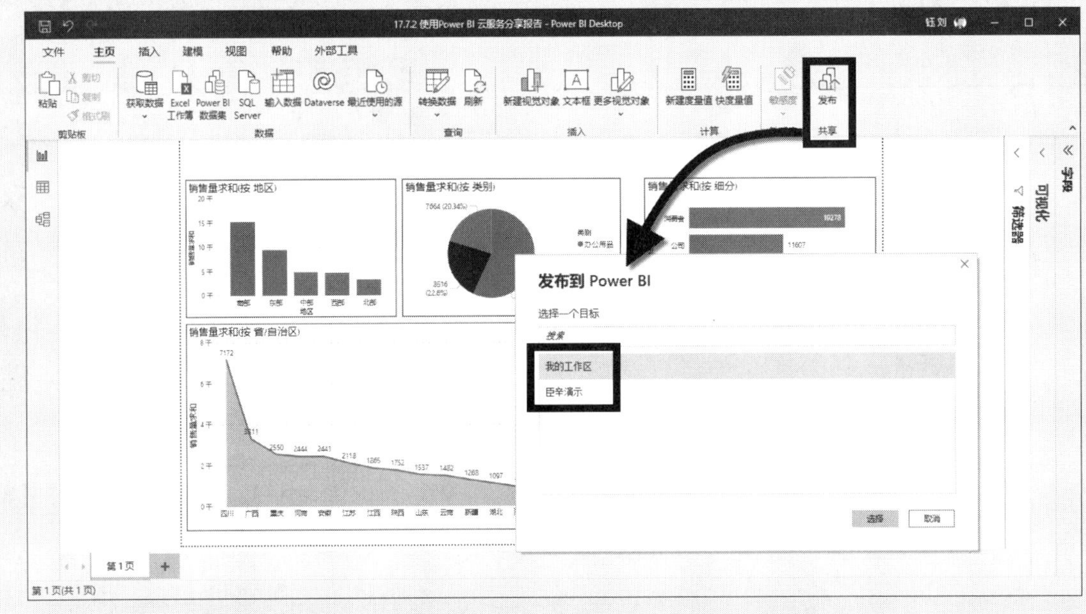

图 15-29 将报告使用【发布】功能发布到 Power BI 云服务

其中，【我的工作区】是每一个Power BI云服务用户私人的报告发布区域，所上传的报告在没有其他分享设置时，是不会被其他人查看到的。

除了【我的工作区】之外的其他名称的工作区，则是该Power BI云服务用户所加入企业组织内的共享工作区，如果将报告发布到共享工作区，成员就能在Power BI云端看到并查看报告的具体内容。

发布在共享工作区的报告在查看时通常需要Power BI Pro级别的付费云服务许可证才可以打开。

根据本书前言的提示，可观看“使用Power BI云服务分享报告”的视频讲解。

第 16 章　数据透视表与 VBA

VBA全称为Visual Basic for Applications，是Microsoft Visual Basic的应用程序版本。Excel VBA作为功能强大的工具，使Excel形成了相对独立的编程环境。很多Excel实际应用中的复杂操作都可以利用VBA得到简化，因此VBA得到了越来越广泛的应用。不同于其他多数编程语言，VBA代码只能“寄生”于Excel文件之中，并且不能被编译为可执行文件。本章将介绍如何利用VBA代码处理和操作数据透视表。限于篇幅，本章对于VBA编程的基本概念不再进行讲述，相关的基础知识请参考《Excel 2019 应用大全》或《别怕，Excel VBA其实很简单》。

16.1　数据透视表对象模型

VBA是集成于宿主应用程序（如Excel、Word等）中的编程语言，在VBA代码中，对于Excel的操作都需要借助于Excel中的对象来实现。因此，理解和运用Excel对象模型是Excel VBA编程技术的核心。

Excel的对象模型是按照层次结构有逻辑地组织在一起的，其中某些对象可以是其他对象的容器，也就是说可以包含其他对象。位于对象模型顶端的是Application对象，即Excel应用程序本身，该对象包含Excel中所有的其他对象。

只有充分了解某个对象在对象模型层次结构中的具体位置，才可以使用VBA代码方便地引用该对象，进而对该对象进行相关操作，使得Excel能够根据代码自动完成某些工作任务。在VBA帮助或VBE（全称为Visual Basic Editor，即VBA集成编辑器）的对象浏览器中可以查阅Excel对象模型。表 16-1 中列出了Excel中常用的数据透视表对象。

表 16-1　数据透视表常用对象列表

对象/对象集合	描述
CalculatedMember	代表数据透视表的计算字段和计算项，该数据透视表以联机分析处理（OLAP）为数据源
CalculatedMembers	代表指定的数据透视表中所有CalculatedMember对象的集合
CalculatedFields	PivotField对象的集合，该集合代表指定数据透视表中的所有计算字段
CalculatedItems	PivotItem对象的集合，该集合代表指定数据透视表中的所有计算项
Chart	代表一个数据透视图
CubeField	代表OLAP中的分级结构或度量字段
CubeFields	代表基于OLAP的数据透视表中所有CubeField对象的集合
PivotCache	代表一个数据透视表的内存缓冲区
PivotCaches	代表工作簿中数据透视表内存缓冲区的集合
PivotCell	代表数据透视表中的一个单元格
PivotField	代表数据透视表中的一个字段
PivotFields	代表数据透视表中所有PivotField对象的集合，该集合包含数据透视表中所有的字段，也包括隐藏字段

续表

对象/对象集合	描述
PivotFormula	代表在数据透视表中用于计算的公式
PivotFormulas	代表数据透视表的所有公式的集合
PivotItem	代表数据透视表字段中的一个项，该项是字段类别中的一个独立的数据条目
PivotItems	代表数据透视表字段中所有 PivotItem 对象的集合
PivotItemList	代表指定的数据透视表中所有 PivotItem 对象的集合
PivotLayout	代表数据透视图报表中字段的位置
PivotTable	代表工作表中的一个数据透视表
PivotTables	代表指定工作表中所有 PivotTable 对象的集合
Range	代表数据透视表中的一个或多个单元格
Slicer	代表工作簿中的一个切片器
Slicers	代表 Slicer 对象的集合
SlicerCache	代表切片器的当前筛选状态
SlicerCaches	代表与指定工作簿关联的切片器缓存的集合

Excel 中数据透视表相关的主要对象模型如图 16-1 所示，从中可以看出对象之间的逻辑层级关系。

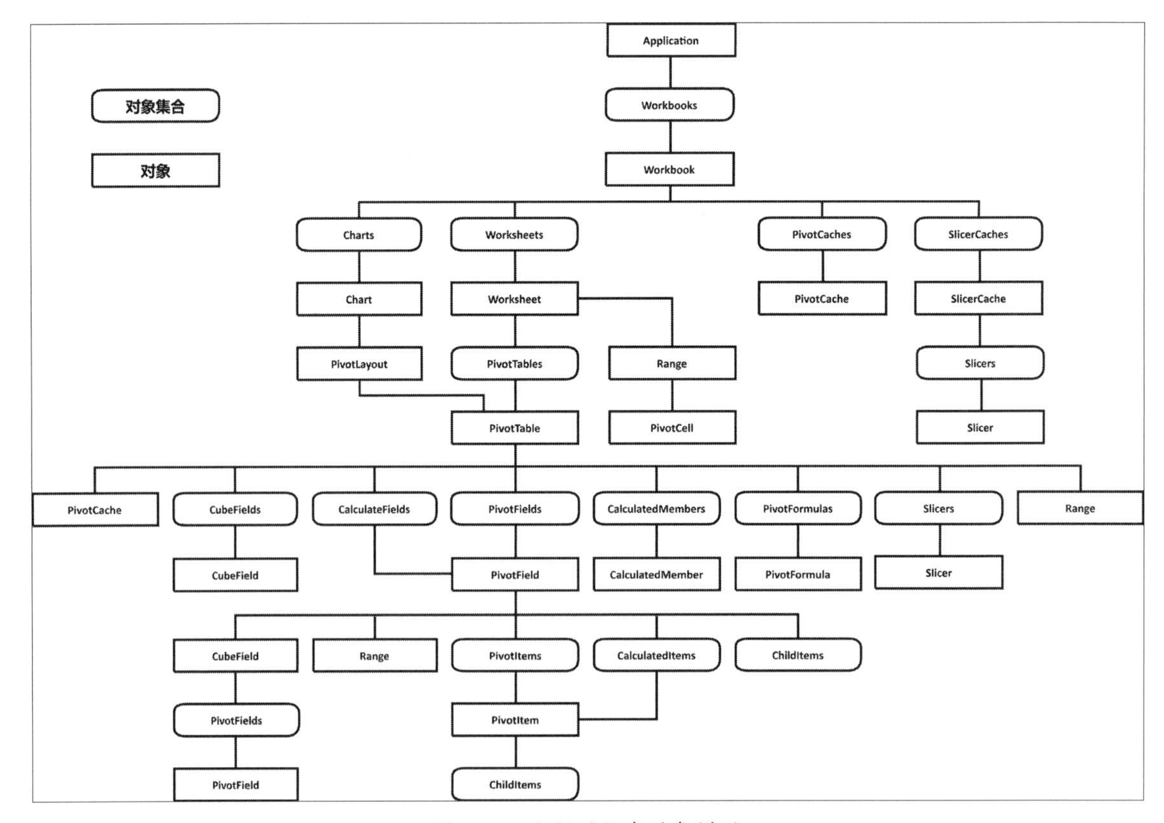

图 16-1　数据透视表对象模型

16.2　在Excel功能区中显示【开发工具】选项卡

利用【开发工具】选项卡提供的相关功能，可以非常方便地使用与宏相关的功能。然而在Excel的默认设置中，功能区中并不显示【开发工具】选项卡。

在功能区中显示【开发工具】选项卡的步骤如下。

步骤① 单击【文件】选项卡中的【选项】命令打开【Excel选项】对话框。

步骤② 在打开的【Excel选项】对话框中单击【自定义功能区】选项卡。

步骤③ 在右侧列表框中选中【开发工具】复选框，单击【确定】按钮，关闭【Excel选项】对话框。

步骤④ 单击Excel窗口功能区中的【开发工具】选项卡，如图 16-2 所示。

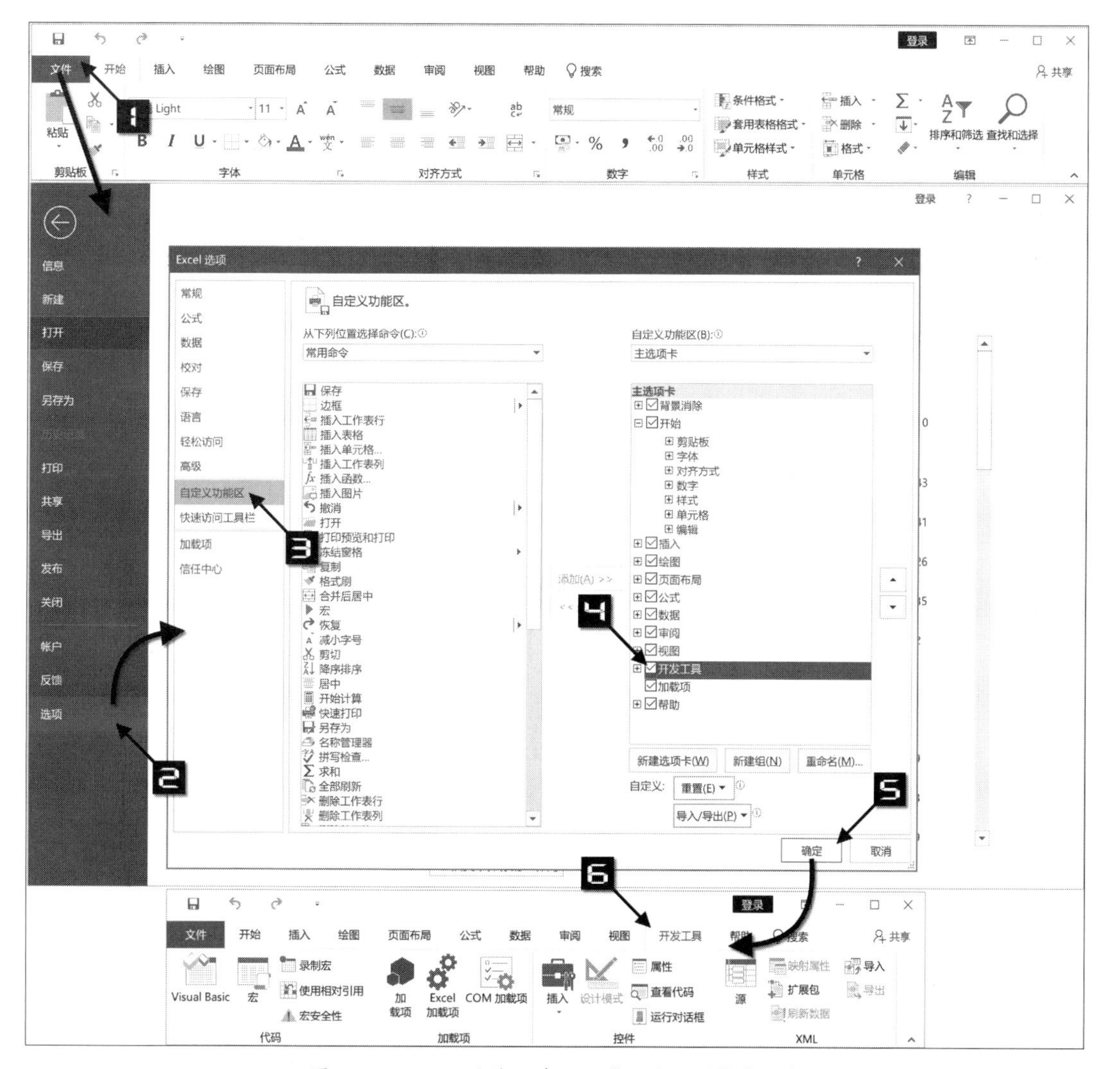

图 16-2　Excel功能区中显示【开发工具】选项卡

与宏相关的组合键在Excel 365 和Excel 2019 中仍然可以继续使用。例如：按<Alt+F8>组合键显示【宏】对话框，按<Alt+F11>组合键打开VBA编辑器窗口等。

16.3 如何快速获得创建数据透视表的代码

对于没有任何编程经验的VBA学习者来说，如何利用代码操作相关对象实现自己的目的是一个非常棘手的问题。幸运的是，Excel提供了“宏录制器”来帮助用户学习和使用VBA。宏录制器是一个非常实用的工具，可以用来获得VBA代码。

宏录制器与日常生活中使用的录音机很相似。录音机可以记录声音和重复播放所记录的声音，宏录制器则可以记录Excel中的绝大多数操作，并在需要的时候重复执行这些操作。对于一些简单的操作，宏录制器产生的代码就足以实现Excel操作的自动化。

示例16-1 录制创建数据透视表的宏

步骤① 打开示例文件“录制创建数据透视表的宏.xlsm”，在Excel窗口中单击【开发工具】选项卡的【录制宏】按钮，在弹出的【录制宏】对话框中，修改【宏名】为“CreateFirstPivotTable”，修改快捷键为<Ctrl+Shift+Q>，单击【确定】按钮关闭【录制宏】对话框，如图 16-3 所示。

> **注意** 请勿使用Excel的系统快捷键作为宏代码的快捷键，例如<Ctrl+C>，否则该快捷键将被关联到当前代码过程，导致原有的功能失效。

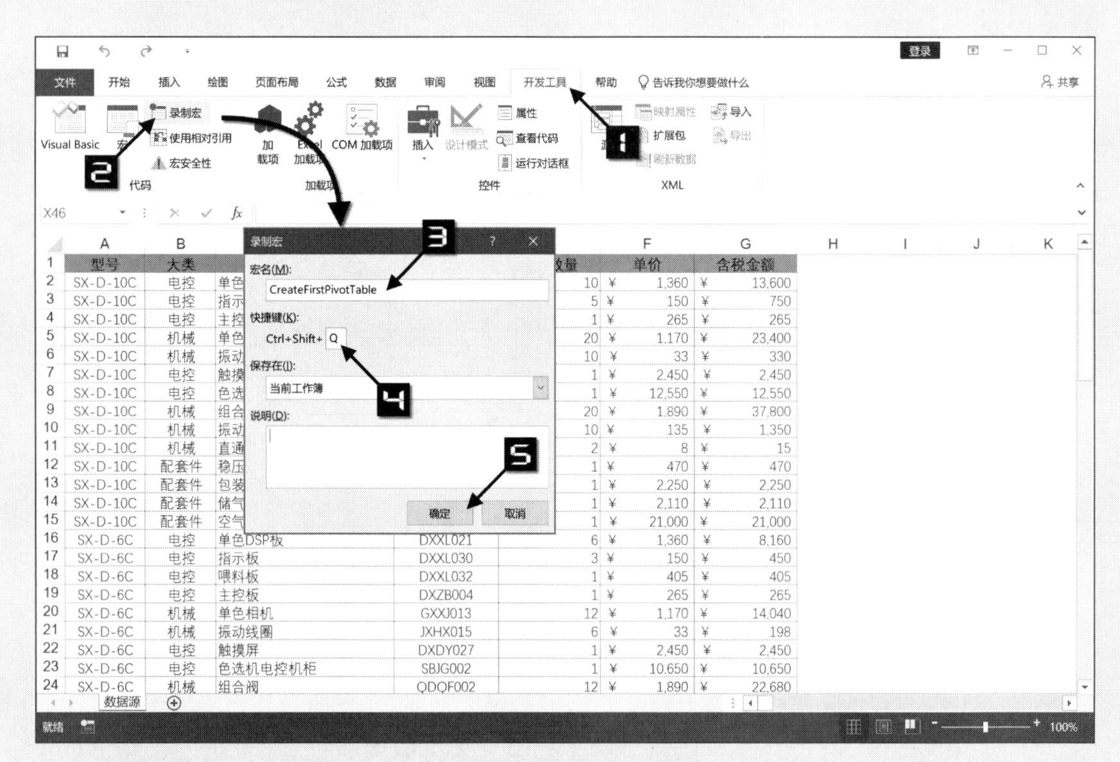

图 16-3 开始录制宏

步骤② 选中数据区域中的任意单元格（如A2），单击【插入】选项卡的【数据透视表】按钮，在弹出

的【创建数据透视表】对话框中，保持默认选中的【新工作表】单选按钮，单击【确定】按钮关闭【创建数据透视表】对话框，如图 16-4 所示。

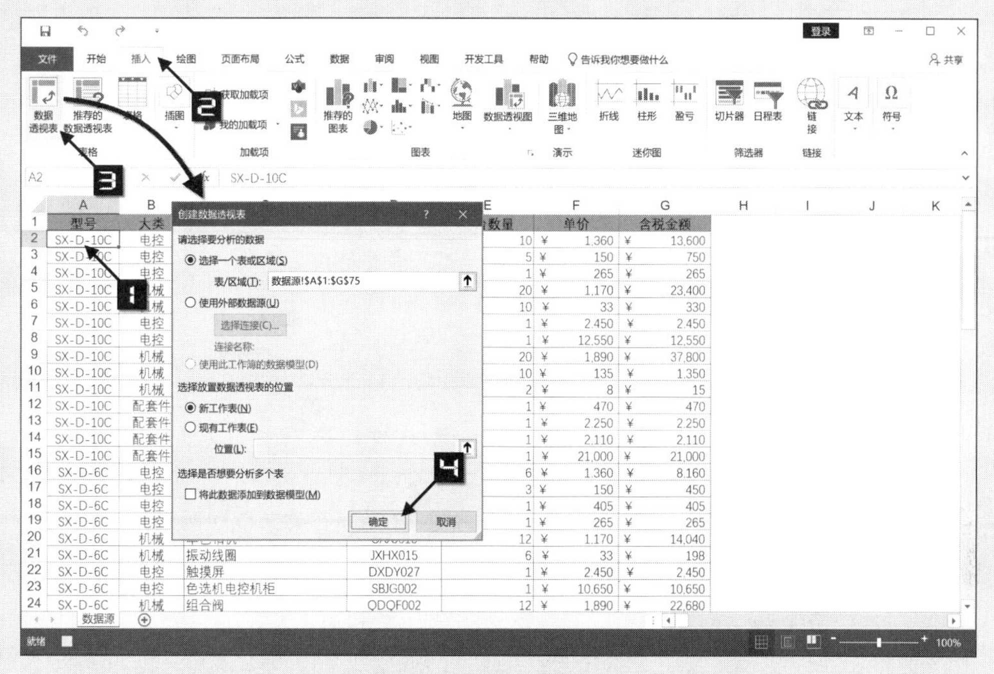

图 16-4　创建数据透视表

活动工作表中新创建的空数据透视表如图 16-5 所示。

步骤③ 在【数据透视表字段】窗格中依次选中“大类”“单台数量”和“含税金额”字段的复选框。“大类”字段将被添加到【行】区域，“单台数量”和“含税金额”字段被添加到【值】区域。将鼠标移至“型号”字段之上，按住鼠标左键将其拖动到【筛选】区域，创建的数据透视表如图 16-6 所示。

图 16-5　新创建的空数据透视表

图 16-6　调整数据透视表布局

步骤④ 在【开发工具】选项卡中单击【停止录制】按钮，结束当前宏的录制，如图 16-7 所示。

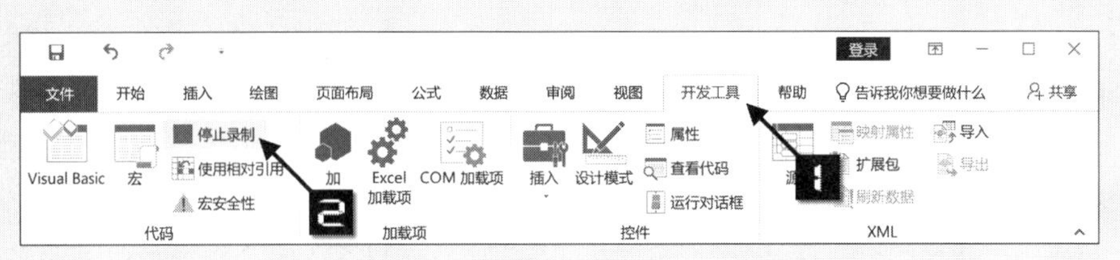

图 16-7 【停止录制】按钮

步骤⑤ 单击【开发工具】选项卡的【宏】按钮，在弹出的【宏】对话框中保持默认选中的“CreateFirstPivotTable”，单击【编辑】按钮关闭对话框，在弹出的Microsoft Visual Basic编辑界面(简称VBE窗口)的【代码】窗口中将显示录制的宏代码，如图 16-8 所示。

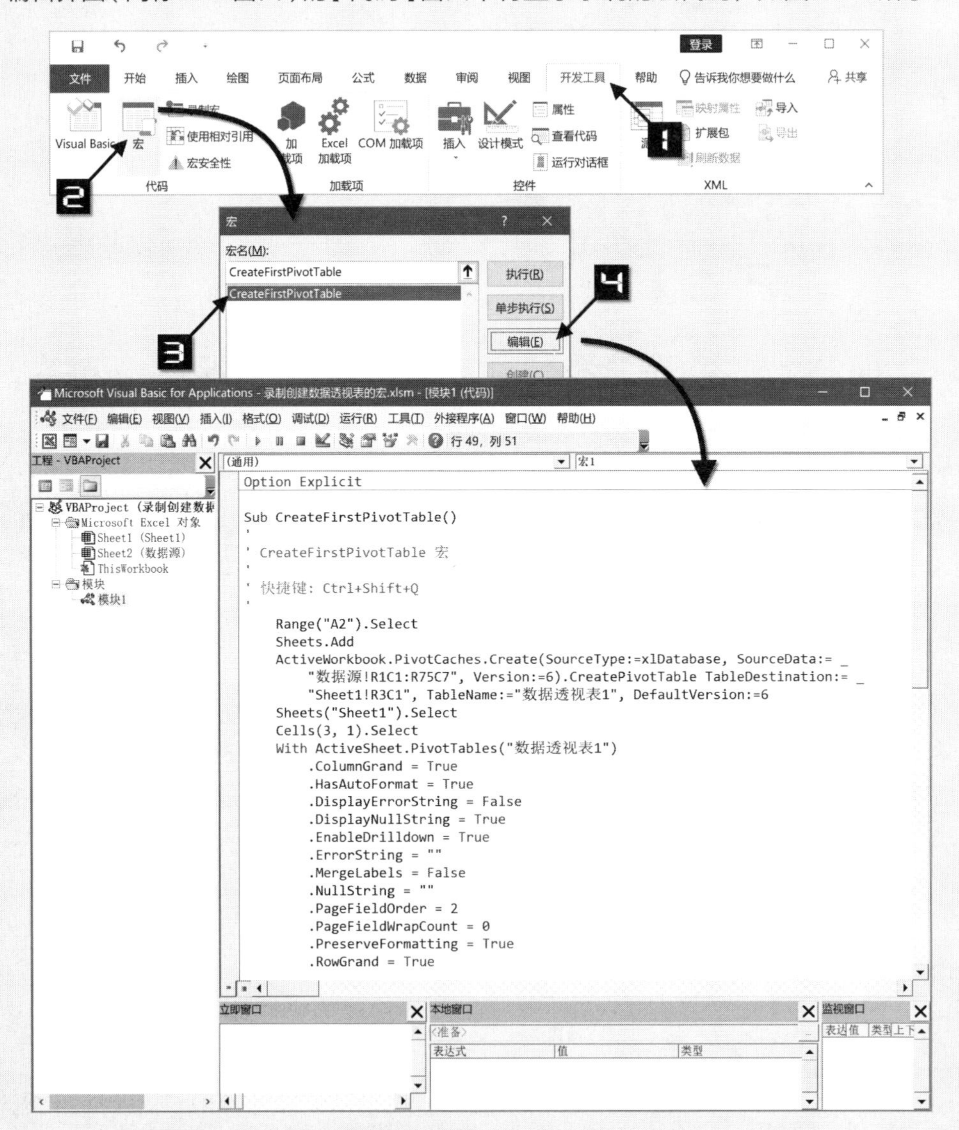

图 16-8 【代码】窗口中的 VBA 代码

【代码】窗口中的代码如下。

```
#001  Sub CreateFirstPivotTable()
      ' CreateFirstPivotTable 宏
      ' 快捷键：Ctrl+Shift+Q
#002      Range("A2").Select
#003      Sheets.Add
#004      ActiveWorkbook.PivotCaches.Create(SourceType:=xlDatabase,
SourceData:= _
              "数据源!R1C1:R75C7", Version:=6).CreatePivotTable
TableDestination:= _
              "Sheet1!R3C1", TableName:="数据透视表 1", DefaultVersion:=6
#005      Sheets("Sheet1").Select
#006      Cells(3, 1).Select
#007      With ActiveSheet.PivotTables("数据透视表 1")
#008          .ColumnGrand = True
#009          .HasAutoFormat = True
#010          .DisplayErrorString = False
#011          .DisplayNullString = True
#012          .EnableDrilldown = True
#013          .ErrorString = ""
#014          .MergeLabels = False
#015          .NullString = ""
#016          .PageFieldOrder = 2
#017          .PageFieldWrapCount = 0
#018          .PreserveFormatting = True
#019          .RowGrand = True
#020          .SaveData = True
#021          .PrintTitles = False
#022          .RepeatItemsOnEachPrintedPage = True
#023          .TotalsAnnotation = False
#024          .CompactRowIndent = 1
#025          .InGridDropZones = False
#026          .DisplayFieldCaptions = True
#027          .DisplayMemberPropertyTooltips = False
#028          .DisplayContextTooltips = True
#029          .ShowDrillIndicators = True
#030          .PrintDrillIndicators = False
#031          .AllowMultipleFilters = False
#032          .SortUsingCustomLists = True
#033          .FieldListSortAscending = False
#034          .ShowValuesRow = False
#035          .CalculatedMembersInFilters = False
#036          .RowAxisLayout xlCompactRow
#037      End With
```

```
#038       With ActiveSheet.PivotTables("数据透视表1").PivotCache
#039           .RefreshOnFileOpen = False
#040           .MissingItemsLimit = xlMissingItemsDefault
#041       End With
#042       ActiveSheet.PivotTables("数据透视表1").RepeatAllLabels
xlRepeatLabels
#043       With ActiveSheet.PivotTables("数据透视表1").PivotFields("大类")
#044           .Orientation = xlRowField
#045           .Position = 1
#046       End With
#047       ActiveSheet.PivotTables("数据透视表1").AddDataField
ActiveSheet.PivotTables("数据透视表1" _
            ).PivotFields("单台数量"), "求和项:单台数量", xlSum
#048       ActiveSheet.PivotTables("数据透视表1").AddDataField
ActiveSheet.PivotTables("数据透视表1" _
            ).PivotFields("含税金额"), "求和项:含税金额", xlSum
#049       With ActiveSheet.PivotTables("数据透视表1").PivotFields("型号")
#050           .Orientation = xlPageField
#051           .Position = 1
#052       End With
#053   End Sub
```

代码解析：

第 3 行代码新建工作表。

第 4 行代码利用PivotCache对象的CreatePivotTable方法创建数据透视表。

第 7~42 行代码用于设置透视表相关参数。

第 43~52 行代码用于调整数据透视表布局，在数据透视表中添加相应字段。对于此部分代码的详细讲解请参阅本章后续内容。

使用宏录制器产生的代码不一定完全等同于用户的操作，也就是说在录制宏的过程中，某些Excel操作并不产生相应的代码，这是该工具的局限性。但在大多数情况下，它工作得很出色，是各位读者学习VBA代码的好帮手。

示例16-2 运行录制的宏代码

运行录制宏生成的代码，将在工作簿中新建一个工作表，并在其中创建数据透视表。

步骤① 打开示例 16-1 的示例文件“录制创建数据透视表的宏.xlsm”，删除示例文件中的数据透视表。

步骤② 单击【开发工具】选项卡的【宏】按钮，在弹出的【宏】对话框中保持默认选中的“CreateFirstPivotTable”，单击【执行】按钮关闭【宏】对话框，如图 16-9 所示。

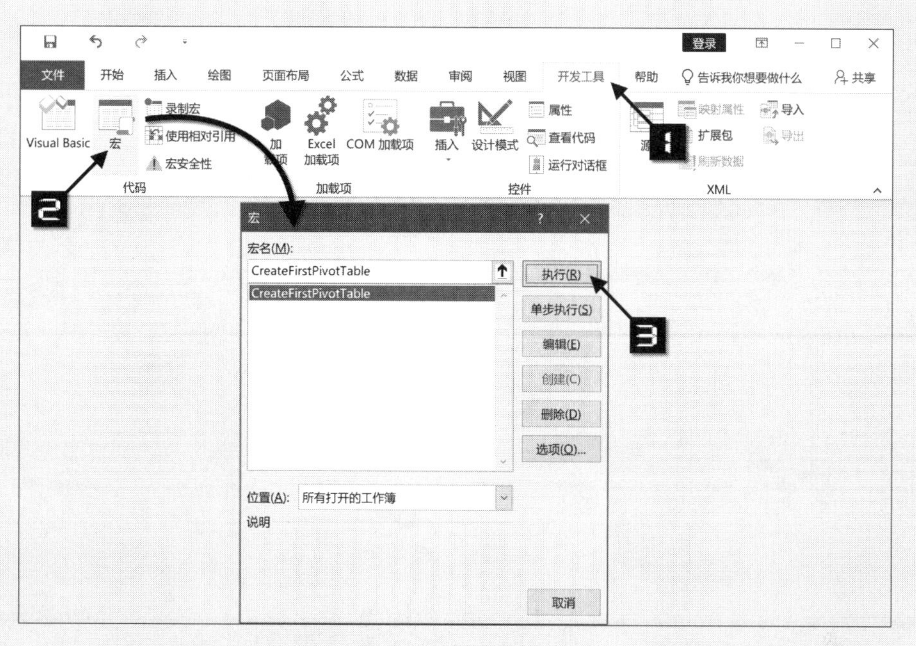

图 16-9　执行宏代码

“CreateFirstPivotTable”过程将创建一个数据透视表，如图 16-10 所示。此数据透视表与图 16-6 所示的手工创建的数据透视表完全相同。

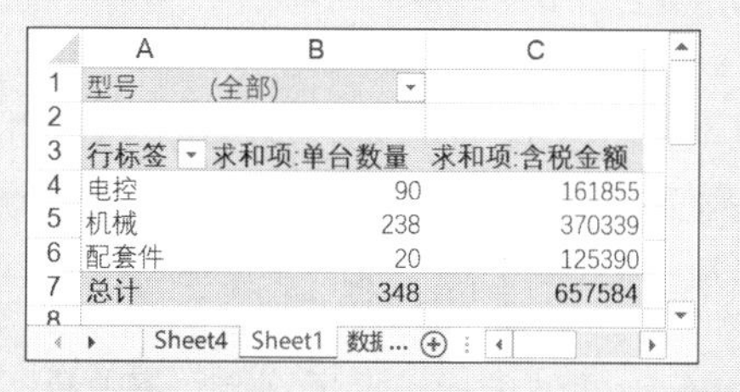

	A	B	C
1	型号	(全部)	
2			
3	行标签	求和项:单台数量	求和项:含税金额
4	电控	90	161855
5	机械	238	370339
6	配套件	20	125390
7	总计	348	657584

图 16-10　运行宏代码创建的数据透视表

示例16-3　修改执行宏代码的快捷键

利用快捷键可以快速地执行代码过程，在 Excel 中按<Ctrl+Shfit+Q>组合键，将运行 CreateFirstPivotTable 过程，创建数据透视表。如果录制宏时用户没有设置快捷键或希望修改快捷键的设定，可按照如下步骤进行操作。

步骤① 单击【开发工具】选项卡的【宏】按钮，在弹出的【宏】对话框中保持默认选中的“CreateFirstPivotTable”，单击【选项】按钮。

步骤② 在弹出的【宏选项】对话框中，用户可以在【快捷键】文本框中进行设置和修改(例如输入“R”)，单击【确定】按钮关闭【宏选项】对话框。

步骤③ 返回到【宏】对话框，单击【取消】按钮关闭【宏】对话框，如图 16-11 所示。

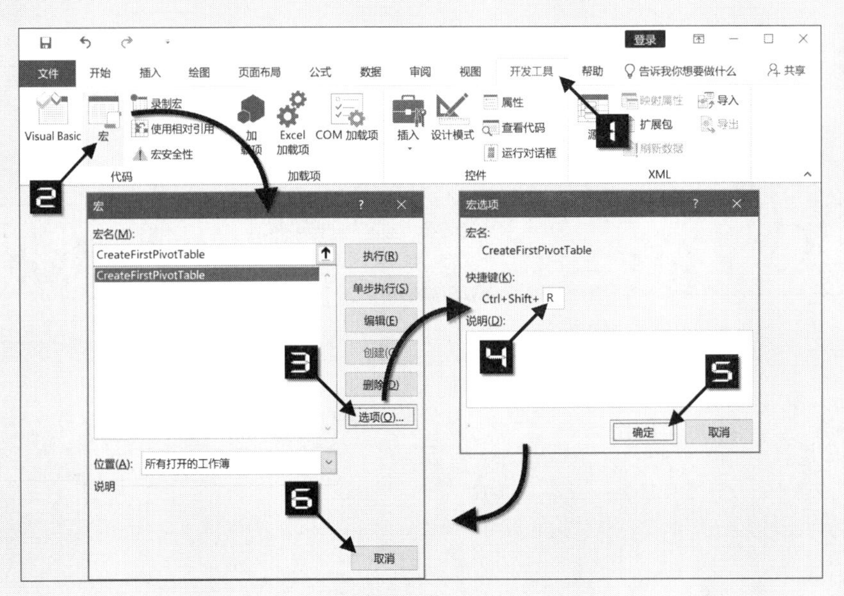

图 16-11　修改调用宏代码的快捷键

16.4　自动生成数据透视表

使用宏录制功能得到的代码通常灵活性比较差，难以满足实际工作中多种多样的需求。本节将介绍如何通过VBA来创建数据透视表，通过学习这些知识可以更好地使用VBA灵活操作数据透视表。

16.4.1　使用PivotTableWizard方法创建数据透视表

在代码中使用PivotTableWizard方法创建数据透视表是最方便简洁的方法，虽然这个方法名称的字面含义为“数据透视表向导”，但是运行代码时并不会显示Excel的数据透视表向导。

注意

PivotTableWizard方法对OLE DB数据源无效，也就是说，如果需要创建基于OLE DB数据源的数据透视表，只能使用16.4.2节介绍的方法。

示例16-4　使用PivotTableWizard方法创建数据透视表

```
#001  Sub PivotTableWizardDemo()
#002      Dim objPvtTbl As PivotTable
#003      With Sheets("数据透视表")
#004          .Activate
#005          .Cells.Clear
#006          Set objPvtTbl = .PivotTableWizard( _
                  SourceType:=xlDatabase, _
                  SourceData:= Sheets("数据源").Range("A1:G75"), _
```

```
                    TableDestination:=.Range("A3"))
#007        End With
#008        With objPvtTbl
#009            .AddFields RowFields:="大类", PageFields:="型号"
#010            .AddDataField Field:=.PivotFields("单台数量"), _
                        Caption:="总数量", Function:=xlSum
#011            .AddDataField Field:=.PivotFields("含税金额"), _
                        Caption:="总含税金额", Function:=xlSum
#012            .DataPivotField.Orientation = xlColumnField
#013        End With
#014        Set objPvtTbl = Nothing
#015    End Sub
```

运行PivotTableWizardDemo过程将在“数据透视表”工作表中创建如图 16-12 所示的数据透视表。

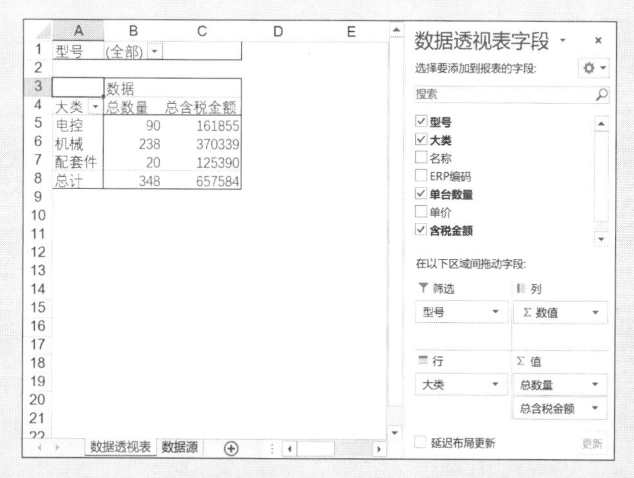

图 16-12　PivotTableWizard方法创建数据透视表

代码解析：

第 4 行代码使“数据透视表”工作表成为活动工作表。

第 5 行代码用于清空“数据透视表”工作表。

第 6 行代码使用 PivotTableWizard 方法创建数据透视表，执行完此行代码后，“数据透视表”工作表中将创建如图 16-13 所示的空数据透视表。

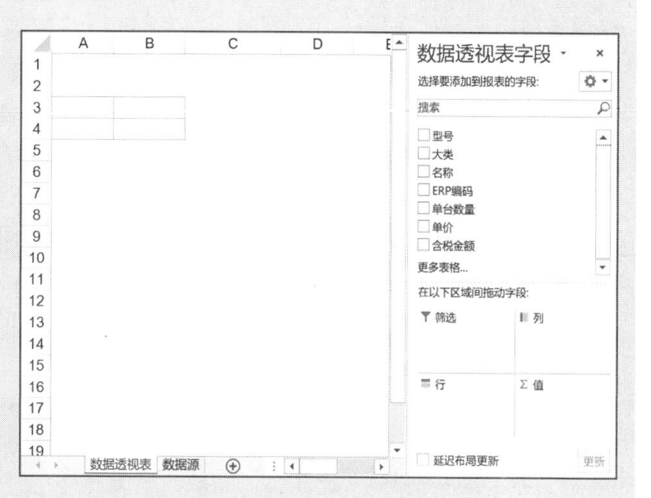

图 16-13　VBA 代码创建的空数据透视表

PivotTableWizard 方法拥有很多可选参数，在此仅对几个常用参数进行讲解，如果希望学习其他参数的使用方法，请大家参考 Excel VBA 在线帮助文档。

PivotTableWizard方法的语法格式如下：

```
expression.PivotTableWizard(SourceType, SourceData, TableDestination,
TableName, RowGrand, ColumnGrand, SaveData, HasAutoFormat,
AutoPage, Reserved, BackgroundQuery, OptimizeCache, PageFieldOrder,
PageFieldWrapCount, ReadData, Connection)
```

Ⅰ SourceType 参数

SourceType为可选参数，代表数据源的类型。其取值为表16-2中列出的XlPivotTableSourceType类型的常量之一。

表 16-2 XlPivotTableSourceType常量

常量名称	值	含义
xlConsolidation	3	多重合并计算数据区
xlDatabase	1	Microsoft Excel 列表或数据库（缺省值）
xlExternal	2	其他应用程序的数据
xlPivotTable	-4148	与另一数据透视表报表相同的数据源
xlScenario	4	使用方案管理器创建的方案数据

如果指定了SourceType参数，那么必须同时指定SourceData参数。如果同时省略了SourceType参数和SourceData参数，Microsoft Excel将假定数据源类型为xlDatabase，并假定源数据来自名称为“Database”的命名区域。此时，如果工作簿中不存在该命名区域，并且选定区域所在的当前区域（Application.Selection.CurrentRegion对象所代表的单元格区域）中包含数据的单元格超过10个时，Excel就使用该数据区域作为创建数据透视表的数据源，否则此方法将失败。

Ⅱ SourceData 参数

SourceData为可选参数，代表用于创建数据透视表的数据源。该参数可以是Range对象、一个区域数组或是代表另一个数据透视表名称的一个文本常量。

如果使用外部数据库作为数据源，SourceData是一个包含SQL查询字符串的字符串数组，其中每个元素最长为255个字符。对于这种数据源，可以使用Connection参数指定ODBC连接字符串。

为了和早期的Excel版本兼容，SourceData可以是一个二元素数组。第一个元素是指定ODBC数据源的连接字符串，第二个元素是用来取得数据的SQL查询字符串。

如果代码中指定了SourceData参数，就必须同时指定SourceType参数。

Ⅲ TableDestination 参数

TableDestination为可选参数，用于指定数据透视表在工作表中位置的Range对象。如果省略本参数，则数据透视表将被创建于活动单元格中。

> 如果活动单元格在SourceData区域内，则必须同时指定TableDestination参数，否则Excel将在工作簿中添加新的工作表，数据透视表将被创建于新工作表的A1单元格所在的左上角区域中。

➲ IV　TableName 参数

TableName 为可选参数，用于指定数据透视表的名称，省略此参数时，Excel 将使用“数据透视表 1”“数据透视表 2”等顺序编号的方式进行命名。

在本示例中以“数据源”工作表中的数据区域（A1：G75）为源数据创建数据透视表。

第 9 行代码使用 PivotTable 对象的 AddFields 方法添加行字段“大类”和筛选字段“型号”，此方法还可以用于向数据透视表中添加列字段。

```
expression.AddFields(RowFields, ColumnFields, PageFields, AddToTable)
```

第 10~11 行代码使用 PivotTable 对象的 AddDataField 方法将值字段“单台数量”和“含税金额”添加到数据透视表中。

```
expression.AddDataField(Field, Caption, Function)
```

如果源数据为非 OLAP 数据，使用 AddDataField 方法时则需要指定某个数据透视表字段为 Field 参数。与 AddFields 方法添加字段略有不同，此处需要指定 PivotField 对象作为 Field 参数，如第 10 行代码中的 objPvtTbl.PivotFields("单台数量") 返回一个 PivotField 对象。

➲ I　Caption 参数

Caption 为可选参数，指定数据透视表中使用的标志，用于识别该值字段。

➲ II　Function 参数

Function 为可选参数，其指定的函数将用于已添加字段。在示例中参数值为 xlSum，即求和。

第 12 行代码用于调整数据透视表布局，将值字段显示在列字段区域，其效果如图 16-14 所示。

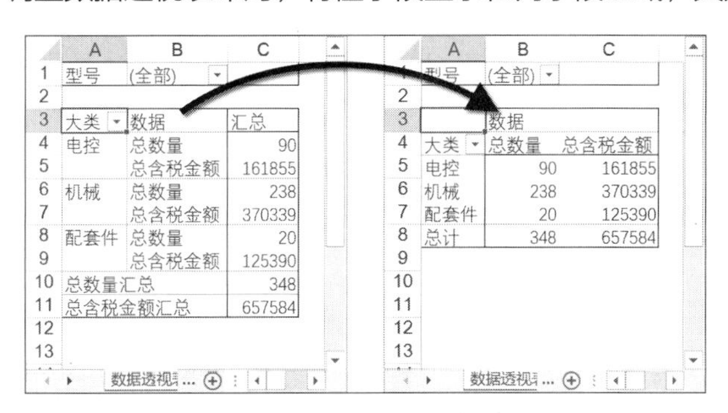

图 16-14　值字段横置

第 14 行代码用于释放对象变量所占用的系统资源。

16.4.2　利用 PivotCache 对象创建数据透视表

无论是在 Excel 中手动创建数据透视表，还是使用 PivotTableWizard 方法自动生成数据透视表，都会用到数据透视表缓存，即 PivotCache 对象，只不过一般情况下用户察觉不到 Excel 是如何处理 PivotCache 对象的。在 VBA 中可以直接使用 PivotCache 对象创建数据透视表。

PivotCache 对象代表数据透视表的内存缓冲区，每个数据透视表都有一个缓存，一个工作簿中的多个数据透视表可以共用同一个数据透视表缓存，也可以分别使用不同的数据透视表缓存。

示例16-5 利用PivotCache对象创建数据透视表

```
#001  Sub PvtCacheDemo()
#002      Dim objPvtTbl As PivotTable
#003      Dim objPvtCache As PivotCache
#004      With Sheets("数据透视表")
#005          .Cells.Clear
#006          .Activate
#007          Set objPvtCache = ActiveWorkbook.PivotCaches.Create( _
                  SourceType:=xlDatabase, _
                  SourceData:=Sheets("数据源").Range("A1:G75"))
#008          Set objPvtTbl = objPvtCache.CreatePivotTable _
                  (TableDestination:=.Range("A3"))
#009      End With
#010      With objPvtTbl
#011          .InGridDropZones = True
#012          .RowAxisLayout xlTabularRow
#013          .AddFields RowFields:="大类", PageFields:="型号"
#014          .AddDataField Field:=.PivotFields("单台数量"), _
                        Caption:="总数量", Function:=xlSum
#015          .AddDataField Field:=.PivotFields("含税金额"), _
                        Caption:="总含税金额", Function:=xlSum
#016      End With
#017      Set objPvtTbl = Nothing
#018      Set objPvtCache = Nothing
#019  End Sub
```

运行过程中，PvtCacheDemo将创建如图 16-15 所示的数据透视表。

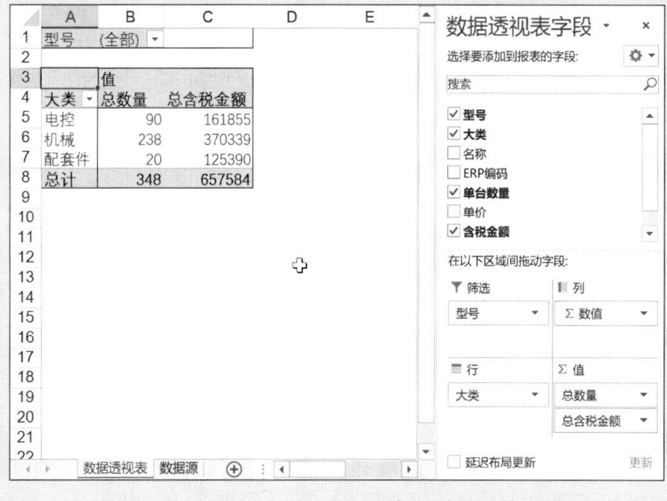

图 16-15　利用 PivotCache 对象创建数据透视表

代码解析：

第 7 行代码在当前工作簿中创建一个 PivotCache 对象。Create 方法的语法格式如下：

```
expression.Create(SourceType, SourceData, Version)
```

Ⅰ SourceType 参数

SourceType 为 XlPivotTableSourceType 类型的必需参数，用于指定数据透视表缓存数据源的类型，可以为以下常量之一：xlConsolidation、xlDatabase 或 xlExternal。

使用 PivotCaches.Create 方法创建 PivotCache 时，不支持 xlPivotTable 和 xlScenario 常量作为 SourceType 参数。

Ⅱ SoureData 参数

SoureData 代表新建数据透视表缓存中的数据。当 SourceType 不是 xlExternal 时，此参数为必需参数。SourceData 参数可以是一个 Range 对象（当 SourceType 为 xlConsolidation 或 xlDatabase 时），或者是 Excel 工作簿连接对象（当 SourceType 为 xlExternal 时）。

本示例中指定“数据源”工作表中的单元格区域 A1:G75 为数据源。关于单元格的引用方式，此处既可以使用示例中的 A1 样式，也可以使用 RC 引用样式“R1C1:R75C7”。

Ⅲ Version 参数

Version 参数指定数据透视表的版本，如果省略参数，则使用默认值 3（xlPivotTableVersion12）。

PivotCaches.Create 方法是 Excel 2007 中新增的方法，Excel 2003 中需要使用 PivotCaches.Add 方法创建 PivotCache 对象。

第 8 行代码中使用 CreatePivotTable 方法创建一个基于 PivotCache 对象的数据透视表。

CreatePivotTable 方法的语法格式如下：

```
expression.CreatePivotTable(TableDestination, TableName, ReadData,
DefaultVersion)
```

其中 TableDestination 为必选参数，代表数据透视表所在区域左上角的单元格，此单元格必须位于 PivotCache 所属的工作簿中。如果希望在新的工作表中创建数据透视表，那么可以将此参数设置为空字符串。

如果指定了 TableDestination 参数，并且已经成功运行，即已经在指定单元格创建了数据透视表，当再次运行此代码时，由于指定单元格位置已经存在了一个数据透视表，因此将产生错误号为 1004 的运行错误。

第 11~12 行代码设置显示为经典数据透视表布局。

第 13~15 行代码调整数据透视表布局，请参阅示例 16-4 的讲解。

第 17~18 行代码释放对象变量所占用的系统资源。

16.5 在代码中引用数据透视表

实际工作中经常需要运用VBA代码处理工作簿中已经创建的数据透视表，这就需要引用指定的数据透视表，然后进行相关操作。对于代码中新创建的数据透视表，可以使用Set语句将数据透视表对象赋值给一个对象变量，以便于后续代码的引用。

Excel中的PivotTables集合代表指定工作表中所有PivotTable对象组成的集合，从图16-1可以看出PivotTables对象集合是Worksheet对象的子对象，而不是隶属于Workbook对象。

与Excel中的其他对象集合类似，数据透视表对象也可以通过名称或序号进行引用。如果数据透视表的名称是固定的，在代码中就可以使用其名称引用数据透视表。

示例16-6 数据透视表的多种引用方法

打开示例文件，“数据透视表”工作表为该工作簿中的第一个工作表，并且其中只有一个数据透视表，其名称为“PvtOnSheet1”，如图16-16所示。

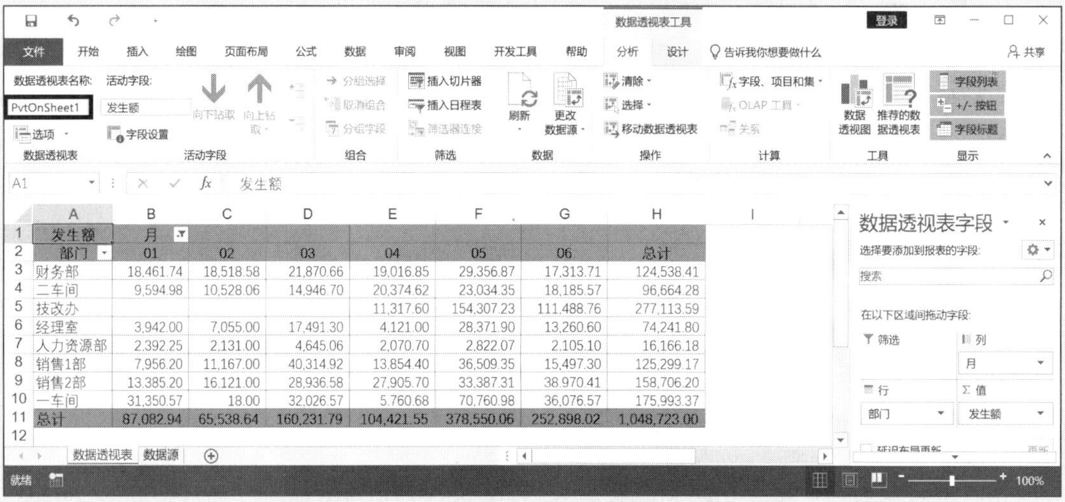

发生额	月						
部门	01	02	03	04	05	06	总计
财务部	18,461.74	18,518.58	21,870.66	19,016.85	29,356.87	17,313.71	124,538.41
二车间	9,594.98	10,528.06	14,946.70	20,374.62	23,034.35	18,185.57	96,664.28
技改办				11,317.60	154,307.23	111,488.76	277,113.59
经理室	3,942.00	7,055.00	17,491.30	4,121.00	28,371.90	13,260.60	74,241.80
人力资源部	2,392.25	2,131.00	4,645.06	2,070.70	2,822.07	2,105.10	16,166.18
销售1部	7,956.20	11,167.00	40,314.92	13,854.40	36,509.35	15,497.30	125,299.17
销售2部	13,385.20	16,121.00	28,936.58	27,905.70	33,387.31	38,970.41	158,706.20
一车间	31,350.57	18.00	32,026.57	5,760.68	70,760.98	36,076.57	175,993.37
总计	87,082.94	65,538.64	160,231.79	104,421.55	378,550.06	252,898.02	1,048,723.00

图16-16 工作表中的数据透视表区域

那么下面的4个引用方式是完全相同的：

```
Sheets(" 数据透视表 ").PivotTables("PvtOnSheet1")
Sheets(1).PivotTables("PvtOnSheet1")
Sheets(" 数据透视表 ").PivotTables(1)
Sheets(1).PivotTables(1)
```

使用数据透视表区域内任意Range对象的PivotTable属性都可以引用该数据透视表，本例中的数据透视表区域为A1：H11。

```
Sheets("Sheet1").Cells(1, "A").PivotTable
Sheets("Sheet1").Range("H1").PivotTable
```

```
Sheets("Sheet1").Cells(11,"H").PivotTable
```

注意

图 16-16 所示工作表中的 C1:H1 单元格区域虽然是空白区域，但是这些单元格仍然属于数据透视表区域，因此可以使用其 PivotTable 属性引用数据透视表。

示例16-7 遍历工作簿中的数据透视表

在示例文件中已经创建了 4 个季度的数据透视表，分别位于 4 个不同的工作表中，如图 16-17 所示。

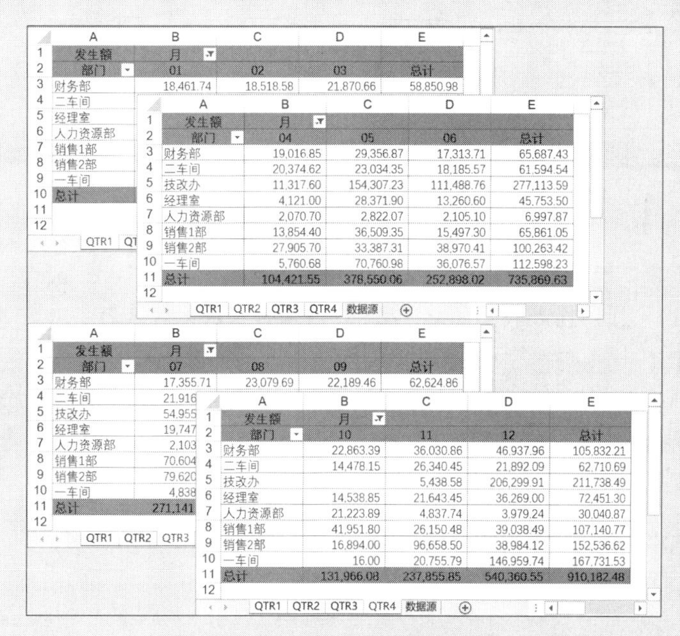

发生额	月			
部门	04	05	06	总计
财务部	19,016.85	29,356.87	17,313.71	65,687.43
二车间	20,374.62	23,034.35	18,185.57	61,594.54
技改办	11,317.60	154,307.23	111,488.76	277,113.59
经理室	4,121.00	28,371.90	13,260.60	45,753.50
人力资源部	2,070.70	2,822.07	2,105.10	6,997.87
销售1部	13,854.40	36,509.35	15,497.30	65,861.05
销售2部	27,905.70	33,387.31	38,970.41	100,263.42
一车间	5,760.68	70,760.98	36,076.57	112,598.23
总计	104,421.55	378,550.06	252,898.02	735,869.63

发生额	月			
部门	10	11	12	总计
财务部	22,863.39	36,030.86	46,937.96	105,832.21
二车间	14,478.15	26,340.45	21,892.09	62,710.69
技改办		5,438.58	206,299.91	211,738.49
经理室	14,538.85	21,643.45	36,269.00	72,451.30
人力资源部	21,223.89	4,837.74	3,979.24	30,040.87
销售1部	41,951.80	26,150.48	39,038.49	107,140.77
销售2部	16,894.00	96,658.50	38,984.12	152,536.62
一车间	16.00	20,755.79	146,959.74	167,731.53
总计	131,966.08	237,855.85	540,360.55	910,182.48

图 16-17　分季度数据透视表

如果不知道这些数据透视表的名称，那么在代码中可以使用 For…Next 循环结构遍历 PivotTables 集合中的所有 PivotTable 对象。

```
#001  Sub AllPivotTables()
#002      Dim objPvtTbl As PivotTable
#003      Dim strMsg As String
#004      Dim objSht As Worksheet
#005      strMsg = "透视表名称" & vbTab & "工作表名称"
#006      For Each objSht In ThisWorkbook.Worksheets
#007          For Each objPvtTbl In objSht.PivotTables
#008              With objPvtTbl
#009                  strMsg = strMsg & vbCrLf & .Name & _
                          vbTab & vbTab & .Parent.Name
```

```
#010                End With
#011            Next objPvtTbl
#012        Next objSht
#013        MsgBox strMsg, vbInformation, "AllPivotTable"
#014        Set objPvtTbl = Nothing
#015        Set objSht = Nothing
#016    End Sub
```

示例代码将遍历当前工作簿中的所有数据透视表，并显示其名称和所在工作表的名称，运行AllPivotTables过程的结果如图 16-18 所示。

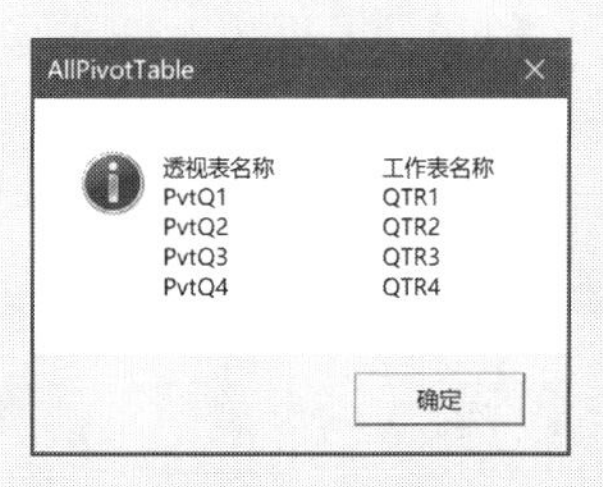

图 16-18 遍历数据透视表

代码解析：

第 5 行代码利用字符串连接符“&”生成消息框中的标题行，其中vbTab代表制表符。

第 6~12 行代码为双层For…Each嵌套循环。其中外层For循环用于遍历当前工作簿中的全部工作表，内层For循环用于遍历指定工作表中的PivotTable对象。

第 9 行代码生成消息框的显示内容。其中第一个Name属性返回数据透视表的名称，“.Parent.Name”返回工作表的名称，vbCrLf代表回车换行符常量。

第 13 行代码指定消息框的显示类型为vbInformation，其标题为“AllPivotTable”，显示的内容为字符串变量strMsg的值。

第 14~15 行代码释放对象变量所占用的系统资源。

16.6 更改数据透视表中默认的字段汇总方式

在创建数据透视表时，Excel可以根据数据源字段的类型和数据特征来决定数据透视表值字段的汇总方式。但是Excel的这种智能判断并不完美，有时候这种默认的字段汇总方式并不一定是用户希望得到的结果。

示例16-8 使用Excel默认的字段汇总方式创建数据透视表

打开示例文件，在“数据源”工作表中有如图 16-19 所示的某校 3 个班级的学生成绩数据。

	A	B	C	D	E	F	G	H
1	姓名	班级	语文	数学	英语	政治	物理	历史
2	杨公	Y17-01	67	65	85	61	59	66
3	王圆	Y17-01	85	65	82	72	90	78
4	高飞	Y17-01	88	99	82	75	91	89
5	张燕	Y17-01	80	63	73	65	89	89
6	陈晓	Y17-01	84	64	80	73	84	69
7	宋荣	Y17-01	98	68	92	98	88	100
8	任文	Y17-01	94	94	63	64	78	91
9	张建	Y17-01	67	74	100	94	84	59
10	赵晓	Y17-01	71	94	77	86	80	82
11	宋晓	Y17-01	70	68	87	79	92	72
12	李婷	Y17-01	74	79	64	72	75	83

数据透视表　数据源

图 16-19　学生成绩单

```
#001  Sub CreatePvtDefaultFunction()
#002      Dim objPvtTbl As PivotTable
#003      Dim objPvtTblCa As PivotCache
#004      Dim arrSubject, sSubject
#005      arrSubject = Sheets("数据源").Range("C1:H1").Value
#006      With Sheets("数据透视表")
#007          For Each objPvtTbl In .PivotTables
#008              objPvtTbl.TableRange2.Clear
#009          Next
#010          Set objPvtTblCa = ActiveWorkbook.PivotCaches.Add( _
                      SourceType:=xlDatabase, _
                      SourceData:=Sheets("数据源").[A1].CurrentRegion)
#011          Set objPvtTbl = objPvtTblCa.CreatePivotTable( _
                            TableDestination:=.Range("A3"))
#012          With objPvtTbl
#013              .AddFields RowFields:="班级"
#014              For Each sSubject In arrSubject
#015                  .AddDataField Field:= _
                          objPvtTbl.PivotFields(sSubject), _
                          Caption:=sSubject & " "
#016              Next
#017              With .DataPivotField
#018                  .Orientation = xlColumnField
#019                  .Caption = "总成绩"
#020              End With
#021              .TableStyle2 = "数据透视表样式 1"
#022          End With
#023      End With
#024      ActiveWorkbook.ShowPivotTableFieldList = False
#025      Set objPvtTbl = Nothing
#026      Set objPvtTblCa = Nothing
#027  End Sub
```

运行CreatePvtDefaultFunction过程创建的数据透视表如图16-20所示。Excel创建数据透视表时，对于数值字段，默认采用“求和”方式进行汇总。

	A	B	C	D	E	F	G
1							
2							
3		总成绩					
4	班级	语文	数学	英语	政治	物理	历史
5	Y17-01	3112	3092	3091	3104	3225	3069
6	Y17-02	3200	3109	3047	3289	3098	3260
7	Y17-03	3482	3478	3328	3568	3389	3323
8	总计	9794	9679	9466	9961	9712	9652

数据透视表 数据源

图 16-20 使用Excel默认的字段汇总方式

代码解析：

第7~9行代码使用For…Each循环结构，删除“数据透视表”工作表中的全部数据透视表。

第10行代码创建一个新的PivotCache对象。

第11行代码创建一个数据透视表。

第13行代码添加行字段“班级”。

第14~16行代码添加值字段。

第18行代码调整值字段的Orientation属性，使值字段显示在列字段区域。

第19行代码修改值字段标题修为“总成绩”。

第21行代码设置数据透视表样式。

示例16-9 修改数据透视表的字段汇总方式

对于数值字段，经常需要统计其平均值。如果数据透视表中的值字段非常多，手工调整字段的汇总方式将花费大量时间，使用代码可以很容易地调整相关字段的汇总方式。

```
#001  Sub ModifyFieldFunction()
#002      Dim objPvtTbl As PivotTable
#003      Dim objPvtTblFd As PivotField
#004      Dim iMonth As Integer
#005      Application.ScreenUpdating = False
#006      With Sheets("数据透视表").PivotTables(1)
#007          .ManualUpdate = True
#008          For Each objPvtTblFd In .DataFields
#009              objPvtTblFd.Function = xlAverage
#010          Next
#011          .DataPivotField.Caption = "平均成绩"
#012          .TableRange1.NumberFormatLocal = "0.00"
#013          .ManualUpdate = False
#014      End With
#015      With Rows(4)
#016          .Replace What:="平均值项:", Replacement:=" ",
```

```
LookAt:=xlPart, _
                 SearchOrder:=xlByRows, MatchCase:=False, _
                 SearchFormat:=False, ReplaceFormat:=False
   #017          .VerticalAlignment = xlCenter
   #018      End With
   #019      Set objPvtTblFd = Nothing
   #020      Set objPvtTbl = Nothing
   #021      Application.ScreenUpdating = True
   #022  End Sub
```

运行ModifyFieldFunction过程，数据透视表中值字段的所有汇总方式都将被更改为“平均值”汇总方式，其效果如图 16-21 所示。

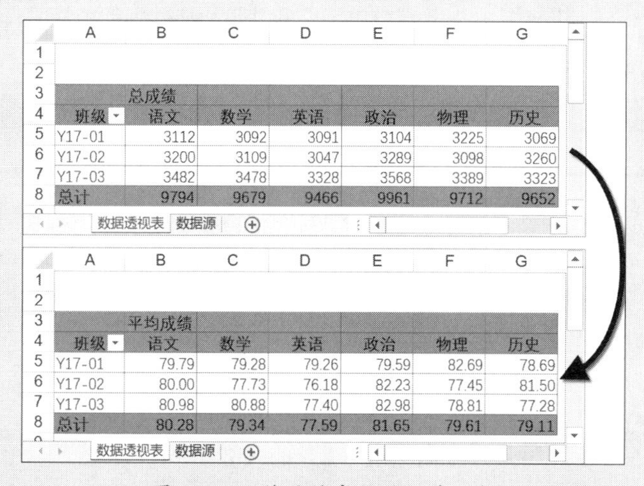

图 16-21　修改值字段的汇总方式

代码解析：

第 5 行代码关闭屏幕更新，加快代码的执行速度。

第 7 行代码设置数据透视表为手动更新方式，避免在修改透视表设置的过程中，因系统自动更新数据透视表而产生冲突。

第 8~10 行代码使用For…Each循环结构遍历数据透视表中的值字段，并修改其Function属性为xlAverage。

Function属性用于设置或返回数据透视表值字段汇总时所使用的函数，其取值为XlConsolidationFunction常量之一，见表 16-3。

表 16-3　XlConsolidationFunction 常量

常量	数值	含义
xlAverage	-4106	平均值
xlCount	-4112	计数
xlCountNums	-4113	数值计数
xlMax	-4136	最大值

续表

常量	数值	含义
xlMin	-4139	最小值
xlProduct	-4149	乘
xlStDev	-4155	基于样本的标准偏差
xlStDevP	-4156	基于全体数据的标准偏差
xlSum	-4157	总计
xlUnknown	1000	未指定任何分类汇总函数
xlVar	-4164	基于样本的方差
xlVarP	-4165	基于全体数据的方差

第 8 行代码中使用DataFields集合遍历数据透视表中的值字段对象。在对象模型中除了PivotFields集合外，还有几个常用的PivotField对象集合，见表 16-4。正确选择使用对象集合可以提高代码的运行效率。

表 16-4　常用PivotField对象集合

对象集合	含义
RowFields	行字段集合
ColumnFields	列字段集合
DataFields	值字段集合
PageFields	筛选字段集合
HiddenFields	隐藏字段集合
VisibleFields	可见字段集合

第 9 行代码修改值字段的汇总方式为“平均值”。

第 11 行代码修改值字段将标题修改为“平均成绩”。

第 12 行代码设置数值显示格式。

第 16 行代码删除列标题中的“平均值项:”。

第 17 行代码设置列标题行为垂直居中对齐。

第 19~20 行代码释放对象变量所占用的系统资源。

第 21 行代码恢复系统屏幕的更新功能。

16.7　调整值字段的位置

除了在创建数据透视表时直接指定值字段的位置以外，还可以通过修改PivotField对象的Orientation属性来调整指定字段在现有数据透视表中的位置。

示例16-10 调整数据透视表值字段项的位置

打开示例文件，运行DataFieldPosition过程将创建两个数据透视表，如图 16-22 所示，左侧数据透视表的值字段项显示在列字段位置，右侧数据透视表的值字段项显示在行字段位置。

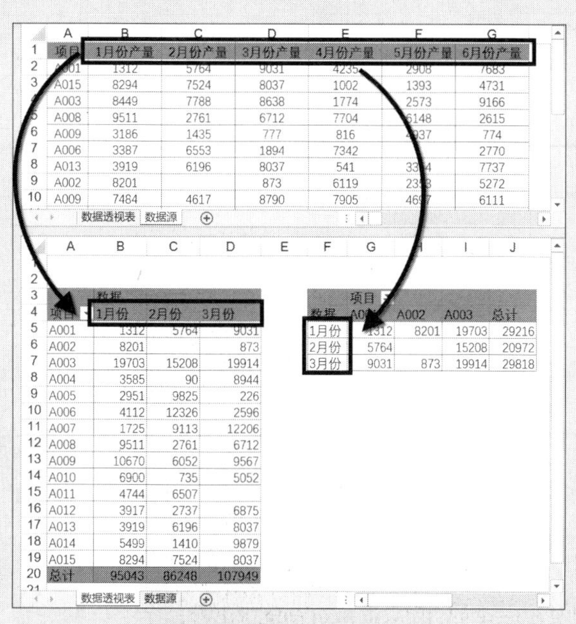

项目	1月份产量	2月份产量	3月份产量	4月份产量	5月份产量	6月份产量
A001	1312	5764	9031	4235	2908	7683
A015	8294	7524	8037	1002	1393	4731
A003	8449	7788	8638	1774	2573	9166
A008	9511	2761	6712	7704	6148	2615
A009	3186	1435	777	816	[illegible]	774
A006	3387	6553	1894	7342		2770
A013	3919	6196	8037	541	[illegible]	7737
A002	8201		873	6119	[illegible]	5272
A009	7484	4617	8790	7905	[illegible]	6111

数据透视表 数据源

	数据		
项目	1月份	2月份	3月份
A001	1312	5764	9031
A002	8201		873
A003	19703	15208	19914
A004	3585	90	8944
A005	2951	9825	226
A006	4112	12326	2596
A007	1725	9113	12206
A008	9511	2761	6712
A009	10670	6052	9567
A010	6900	735	5052
A011	4744	6507	
A012	3917	2737	6875
A013	3919	6196	8037
A014	5499	1410	9879
A015	8294	7524	8037
总计	95043	86248	107949

	项目			
数据	A0[illegible]	A002	A003	总计
1月份	1312	8201	19703	29216
2月份	5764		15208	20972
3月份	9031	873	19914	29818

数据透视表 数据源

图 16-22 调整值字段的位置

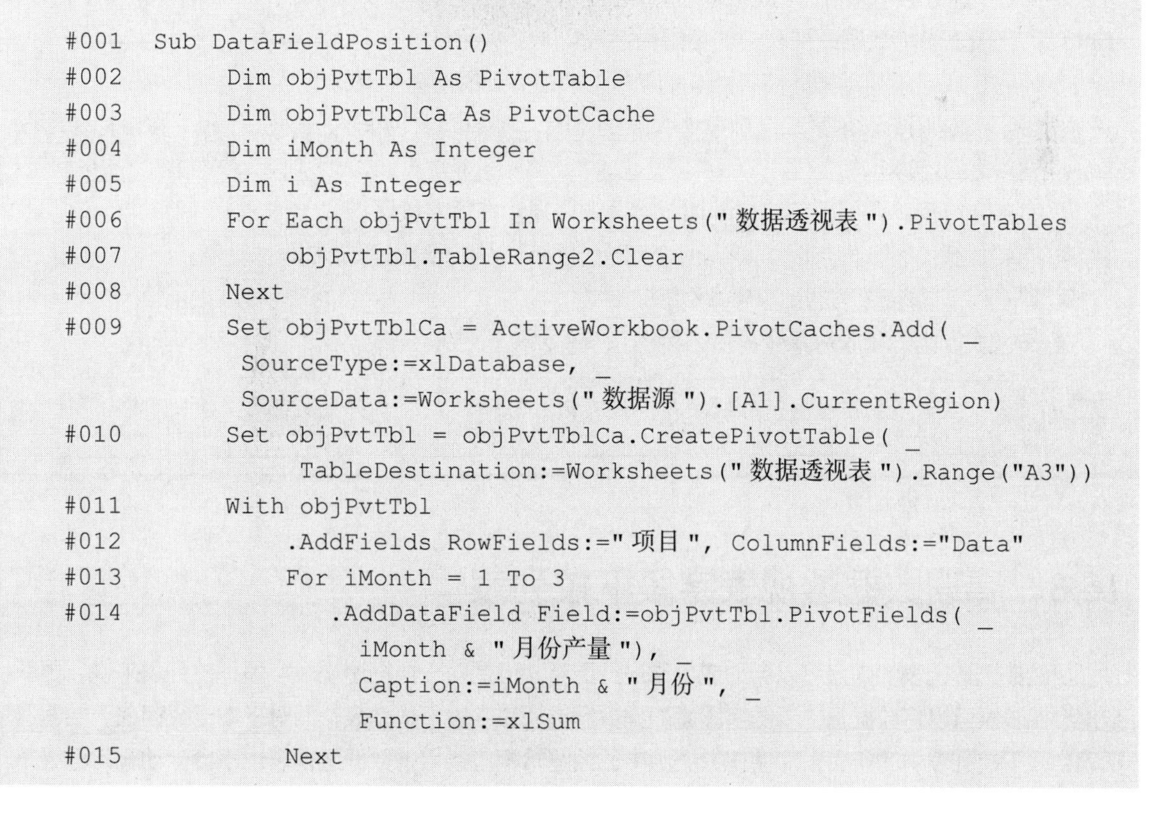

```
#001 Sub DataFieldPosition()
#002     Dim objPvtTbl As PivotTable
#003     Dim objPvtTblCa As PivotCache
#004     Dim iMonth As Integer
#005     Dim i As Integer
#006     For Each objPvtTbl In Worksheets("数据透视表").PivotTables
#007         objPvtTbl.TableRange2.Clear
#008     Next
#009     Set objPvtTblCa = ActiveWorkbook.PivotCaches.Add( _
          SourceType:=xlDatabase, _
          SourceData:=Worksheets("数据源").[A1].CurrentRegion)
#010     Set objPvtTbl = objPvtTblCa.CreatePivotTable( _
              TableDestination:=Worksheets("数据透视表").Range("A3"))
#011     With objPvtTbl
#012         .AddFields RowFields:="项目", ColumnFields:="Data"
#013         For iMonth = 1 To 3
#014             .AddDataField Field:=objPvtTbl.PivotFields( _
                   iMonth & "月份产量"), _
                   Caption:=iMonth & "月份", _
                   Function:=xlSum
#015         Next
```

```
#016        End With
#017        Set objPvtTbl = objPvtTblCa.CreatePivotTable( _
                 TableDestination:=Worksheets(" 数据透视表 ").Range("F3"))
#018        With objPvtTbl
#019            .AddFields RowFields:="Data", ColumnFields:=" 项目 "
#020            For iMonth = 1 To 3
#021                .AddDataField Field:=objPvtTbl.PivotFields( _
                     iMonth & " 月份产量 "), _
                     Caption:=iMonth & " 月份 ", _
                     Function:=xlSum
#022            Next
#023            For i = 4 To 15
#024                .PivotFields(" 项目 ").PivotItems _
                         ("A0" & VBA.Format(i, "00")).Visible = False
#025            Next
#026        End With
#027        ActiveWorkbook.ShowPivotTableFieldList = False
#028        Set objPvtTbl = Nothing
#029        Set objPvtTblCa = Nothing
#030    End Sub
```

代码解析：

第 12 行代码用于设置第一个数据透视表的布局，将“项目”字段设置为行字段，将“Data”设置为列字段。这里的“Data”只是一个“虚拟值字段”，在数据源中并没有任何一个单元格的内容为“Data”，它代表当前数据透视表中的全部值字段。

第 13~15 行代码利用循环结构添加值字段，并显示在列字段区域。

第 19 行代码用于设置第二个数据透视表的布局，将“项目”字段设置为列字段，将虚拟值字段“Data”设置为行字段。

第 20~22 行代码利用循环结构添加值字段，并显示在行字段区域。

第 23~25 行代码隐藏“项目”字段中的部分条目，以便于对比两个数据透视表。

第 27 行代码隐藏数据透视表字段列表对话框。

第 28~29 行代码释放对象变量所占用的系统资源。

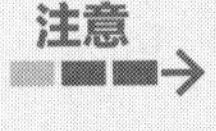

如果数据源的行标题或列标题中包括“Data”，那么在代码中无法使用虚拟值字段。

16.8 清理数据透视表字段下拉列表

虽然数据透视表的内容可以自动或手动进行更新，但是对于数据透视表字段下拉列表来说，更新数据透视表仅可以将数据源中新的字段添加到数据透视表字段下拉列表，而对于本已经存在于数据透视表字段下拉列表中的条目，即使在数据源中已经删除相应条目，数据透视表也不会自动删除已经不存在的条目。如果数据源经过多次修改，那么数据透视表字段下拉列表中就可能存在大量的“垃圾条目”。

示例16-11　清理数据透视表字段下拉列表

打开示例文件，在“数据透视表”工作表中已经创建了如图 16-23 所示的数据透视表，其中行字段为“型号”。

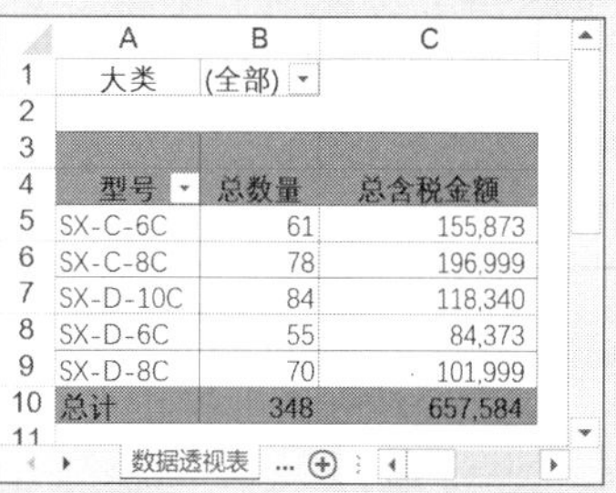

图 16-23　修改前的数据透视表

由于产品更新换代，需要将产品型号进行升级，“SX-C-6C”和“SX-C-8C”分别升级为“SX-C-6D”和“SX-C-8D”，运行UpdateSourceData过程修改数据源。

```
#001  Sub UpdateSourceData()
#002      With Sheets("数据源").Columns(1)
#003          .Replace "SX-C-6C", "SX-C-6D"
#004          .Replace "SX-C-8C", "SX-C-8D"
#005      End With
#006      Sheets("数据透视表").PivotTables(1).RefreshTable
#007  End Sub
```

代码解析：

第 3~4 行代码将数据源中的“SX-C-6C”和“SX-C-8C”分别替换为“SX-C-6D”和“SX-C-8D”。

第 6 行代码更新数据透视表。

在更新后的数据透视表中，A列“型号”数据中的“SX-C-6C”和“SX-C-8C”，分别更新为“SX-C-6D”和“SX-C-8D”，如图 16-24 所示。

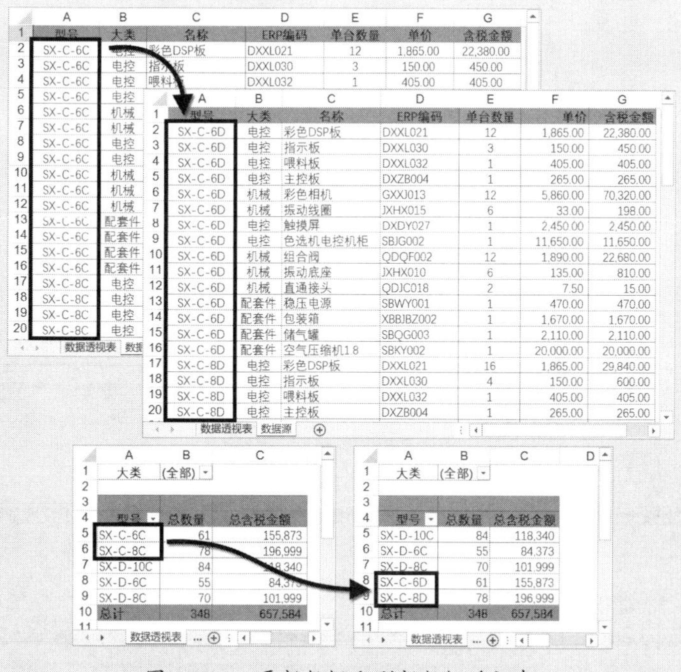

图 16-24　更新数据和刷新数据透视表

单击行字段“型号”右侧的下拉按钮，在下拉列表中已经出现更新后的新型号“SX-C-6D”和“SX-C-8D”，但是原型号“SX-C-6C”和“SX-C-8C”仍然存在，并没有随着数据的改变而消失，如图 16-25 所示。

通过修改数据透视表缓存对象的属性，在更新数据透视表时将自动删除下拉列表的“垃圾条目”。

```
#001  Sub ClearMissingItems()
#002      Dim objPvtTblCache As PivotCache
#003      For Each objPvtTblCache In ThisWorkbook.PivotCaches
#004          With objPvtTblCache
#005              .MissingItemsLimit = xlMissingItemsNone
#006              .Refresh
#007          End With
#008      Next objPvtTblCache
#009  End Sub
```

运行 ClearMissingItems 过程之后，单击行字段“型号”右侧的下拉按钮，下拉列表中的“SX-C-6C”和“SX-C-8C”已经被删除，如图 16-26 所示。

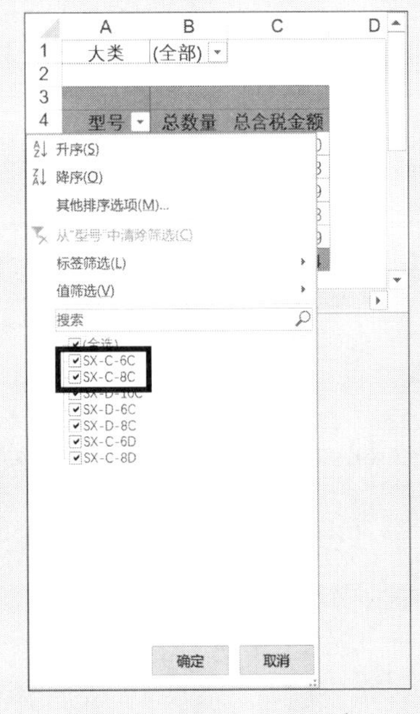

图 16-25　字段下拉列表条目中包含已删除数据

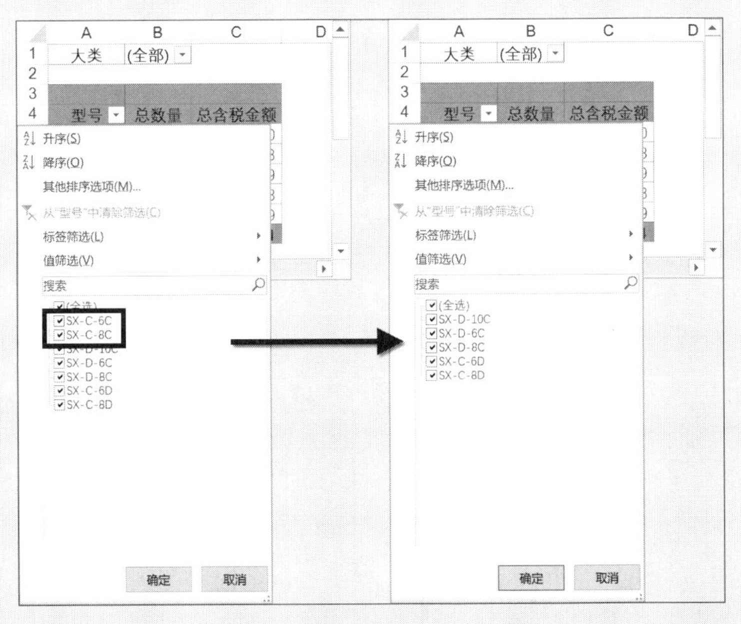

图 16-26　更新后的字段下拉列表

代码解析：

第 3 行代码循环遍历当前工作簿中的全部 PivotCache 对象。

第 5 行代码修改数据透视表缓存的 MissingItemsLimit 属性为 xlMissingItemsNone，即不保留据透视表字段的唯一项。

第 6 行代码用于更新数据透视表缓存。

此外，也可以参阅 3.7 节讲述的方法，手工操作修改数据透视表设置来清理这些多余的条目。

16.9　利用数据透视表快速汇总多个工作簿

如果数据源保存在多个工作簿中，并且每个工作簿中又包含多个工作表，手工汇总这些数据时，需要逐个打开工作簿，将所有的原始数据汇总到一个新的工作表中，然后以此工作表为数据源创建数据表。保存原始数据的工作簿中的任何数据变更之后，都需要重复上面的烦琐步骤来汇总新数据。

本示例利用数据透视表的外部连接数据源，可以实现方便快捷的汇总和数据更新。

示例16-12　利用数据透视表快速汇总多个工作簿

在示例文件所在的目录中有 4 个季度的明细数据工作簿（Q1.xlsx、Q2.xlsx、Q3.xlsx和Q4.xlsx），每个工作簿中包含该季度 3 个月份的明细数据工作表，这些工作表中的数据表结构完全相同，如图 16-27 所示。

月	日	凭证号数	部门	科目划分	发生额
1	29	记-0023	一车间	邮寄费	5
1	29	记-0021	一车间	出租车费	14.8
1	31	记-0031	二车间	邮寄费	20
1	29	记-0022	二车间	过桥过路费	50
1	29	记-0023	二车间	运费附加	56
1	24	记-0008	财务部	独子费	65
1	29	记-0021	二车间	过桥过路费	70
1	29	记-0022	销售1部	出差费	78
1	29	记-0022	经理室	手机电话费	150

M1　M2　M3

月	日	凭证号数	部门	科目划分	发生额
4	24	记-0030	二车间	出租车费	30.1
4	4	记-0006	二车间	运费附加	33
4	6	记-0003	销售1部	出差费	36
4	6	记-0008	二车间	其他	40
4	27	记-0037	二车间	出租车费	43.9
4	28	记-0045	财务部	独子费	55
4	27	记-0037	二车间	运费附加	60
4	4	记-0002	二车间	出租车费	85.6
4	4	记-0002	二车间	过桥过路费	147

M4　M5　M6

月	日	凭证号数	部门	科目划分	发生额
7	25	记-0076	一车间	过桥过路费	4
7	25	记-0076	一车间	出租车费	13.1
7	3	记-0007	一车间	运费附加	15.3
7	11	记-0030	一车间	出租车费	16
7	19	记-0047	二车间	运费附加	24
7	25	记-0073	销售1部	出差费	36
7	3	记-0007	二车间	出租车费	43.9
7	25	记-0075	二车间	运费附加	50
7	4	记-0011	二车间	邮寄费	50

M7　M8　M9

月	日	凭证号数	部门	科目划分	发生额
10	23	记-0032	一车间	过桥过路费	16
10	16	记-0015	二车间	计算机耗材	20
10	16	记-0018	二车间	过桥过路费	50
10	8	记-0001	二车间	办公用品	57.6
10	25	记-0057	二车间	过桥过路费	65
10	23	记-0044	财务部	独子费	70
10	8	记-0002	二车间	出租车费	70.1
10	8	记-0002	销售1部	出差费	100
10	23	记-0034	经理室	手机电话费	100

M10　M11　M12

图 16-27　数据源保存在 4 个工作簿中

打开示例文件，运行其中的MultiWKPivotTable过程，在“数据透视表”工作表中将创建如图 16-28 所示的数据透视表。任何工作簿中的数据变更之后，只需要刷新数据透视表就能获得最新的汇总结果。

科目划分　(全部)

发生总额	月								
部门	1	2	4	5	7	8	10	11	总计
财务部	18461.74	18518.58	19016.85	29356.87	17355.71	23079.69	22863.39	36030.86	184683.69
二车间	9594.98	10528.06	20374.62	23034.35	21916.07	27112.05	14478.15	26340.45	153378.73
技改办			11317.6	154307.23	54955.4	72145		5438.58	298163.81
经理室	3942	7055	4121	28371.9	19747.2	10608.38	14538.85	21643.45	110027.78
人力资源部	2392.25	2131	2070.7	2822.07	2103.08	3776.68	21223.89	4837.74	41357.41
销售1部	7956.2	11167	13854.4	36509.35	70604.39	64152.12	41951.8	26150.48	272345.74
销售2部	13385.2	16121	27905.7	33387.31	79620.91	52661.83	16894	96658.5	336634.45
一车间	31350.57	18	5760.68	70760.98	4838.9	19	16	20755.79	133519.92
总计	87082.94	65538.64	104421.55	378550.06	271141.66	253554.75	131966.08	237855.85	1530111.53

数据透视表

图 16-28　汇总多个工作簿生成的数据透视表

```
#001  Sub MultiWKPivotTable()
#002      Dim strPath As String
```

```
#003        Dim strFullName As String
#004        Dim objPvtCache As PivotCache
#005        Dim objPvtTbl As PivotTable
#006        Dim i As Integer
#007        Application.ScreenUpdating = False
#008        For Each objPvtTbl In Sheets("数据透视表").PivotTables
#009            objPvtTbl.TableRange2.Clear
#010        Next objPvtTbl
#011        strPath = ThisWorkbook.Path
#012        strFullName = ThisWorkbook.FullName
#013        Set objPvtCache = ActiveWorkbook.PivotCaches.Add _
                        (SourceType:=xlExternal)
#014        With objPvtCache
'     ODBC Connection
#015            .Connection = Array("ODBC;DSN=Excel Files;DBQ=" & _
                    strFullName& ";DefaultDir=" & strPath)
'     OLEDB Connection
#016            '.Connection = _
'             Array("OLEDB;Provider=Microsoft.ACE.OLEDB.12.0;" & _
'                 "Data Source=" & strFullName & _
'                 ";Extended Properties=""Excel 12.0;HDR=Yes"";")
#017            .CommandType = xlCmdSql
#018            .CommandText = Array("SELECT * FROM `" & strPath & _
              "\Q1.XLSX`.`M1$` UNION ALL SELECT * FROM `" & strPath & _
              "\Q1.XLSX`.`M2$` UNION ALL SELECT * FROM `" & strPath & _
              "\Q1.XLSX`.`M3$`", _
              "UNION ALL SELECT * FROM `" & strPath & _
              "\Q2.XLSX`.`M4$` UNION ALL SELECT * FROM `" & strPath & _
              "\Q2.XLSX`.`M5$` UNION ALL SELECT * FROM `" & strPath & _
              "\Q2.XLSX`.`M6$`", _
              "UNION ALL SELECT * FROM `" & strPath & _
              "\Q3.XLSX`.`M7$` UNION ALL SELECT * FROM `" & strPath & _
              "\Q3.XLSX`.`M8$` UNION ALL SELECT * FROM `" & strPath & _
              "\Q3.XLSX`.`M9$`", _
              "UNION ALL SELECT * FROM `" & strPath & _
              "\Q4.XLSX`.`M10$` UNION ALL SELECT * FROM `" & strPath & _
              "\Q4.XLSX`.`M11$` UNION ALL SELECT * FROM `" & strPath & _
              "\Q4.XLSX`.`M12$`")
#019        End With
#020        Set objPvtTbl = objPvtCache.CreatePivotTable( _
                TableDestination:=Sheets("数据透视表").Cells(3, 1), _
                TableName:="MultiWKobjPvtTbl")
```

```
#021        With objPvtTbl
#022            .ManualUpdate = True
#023            .AddFields RowFields:="部门", ColumnFields:="月", _
                    PageFields:="科目划分"
#024            .AddDataField Field:=objPvtTbl.PivotFields("发生额"), _
                        Caption:="发生总额", Function:=xlSum
#025            For i = 1 To 4
#026                .PivotFields("月").PivotItems(i * 3).Visible = False
#027            Next i
#028            .ManualUpdate = False
#029        End With
#030        Application.ScreenUpdating = True
#031        Set objPvtTbl = Nothing
#032        Set objPvtCache = Nothing
#033    End Sub
```

代码解析：

第 7 行代码禁止屏幕更新，提高代码运行效率。

第 8~10 行代码清除“数据透视表”工作表中的数据透视表。

第 11 行代码获取示例文件所在的目录名称。

第 12 行代码获取示例文件目录名称和文件名。

第 13~19 行代码指定 ODBC 为数据透视表缓存的外部数据源。此部分代码涉及 SQL 查询和 ODBC 数据源等相关知识，限于篇幅无法进行详细讲解，读者如果希望了解这些语句的具体含义，请参考相关书籍。

第 15 行代码设置 ODBC 连接属性。

第 16 行代码设置 OLE DB 连接属性。

> **注意** 本示例中既可以使用 ODBC 连接外部数据源，也可以使用 OLEDB 连接外部数据源，但是两者的连接参数并不相同。

第 17 行代码设置 CommandType 属性为 xlCmdSql，即使用一个 SQL 查询语句返回的数据集作为创建数据透视表的数据源。

第 18 行代码创建 SQL 查询语句。

第 20 行代码在“数据透视表”工作表中创建名称为“MultiWKobjPvtTbl”的数据透视表。

第 22 行代码设置数据透视表为手动更新方式。

第 23 行代码添加数据透视表的行字段、列字段和筛选字段。

第 24 行代码添加值字段“发生额”，并设定其汇总方式为“求和”，字段标题为“发生总额”。

第 25~27 行代码隐藏“月”字段的部分条目。

第 28 行代码恢复数据透视表的自动更新方式。

第 30 行代码恢复屏幕更新。

第 31~32 行代码释放对象变量所占用的系统资源。

16.10 数据透视表缓存

数据透视表缓存即PivotCache对象，是一个非常重要的“幕后英雄”，这一点在 16.4.2 节已经提到过，下面将更深入地介绍有关该对象的用法。

16.10.1 显示数据透视表的缓存索引和内存使用量

Excel应用程序使用索引编号来标识工作簿中的数据透视表缓存，每个数据透视表缓存都拥有一个唯一的索引号，在创建数据透视表时，系统将自动为新产生的数据透视表缓存分配索引号。

示例16-13 显示数据透视表的缓存索引和内存使用量

打开示例文件，在名称为“数据透视表”的工作表中已经创建了 4 个数据透视表，如图 16-29 所示。

示例文件代码将在“结果”工作表中输出所有的数据透视表缓存信息，如图 16-30 所示。由结果可以看出，4 个数据透视表分别使用不同的数据透视表缓存（索引号不同），每个缓存都占用了 65,596 字节的内存。

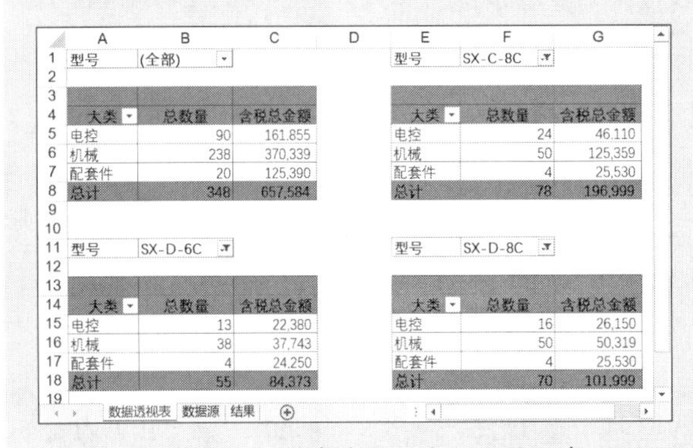

型号 (全部)

大类	总数量	含税总金额
电控	90	161,855
机械	238	370,339
配套件	20	125,390
总计	348	657,584

型号 SX-C-8C

大类	总数量	含税总金额
电控	24	46,110
机械	50	125,359
配套件	4	25,530
总计	78	196,999

型号 SX-D-6C

大类	总数量	含税总金额
电控	13	22,380
机械	38	37,743
配套件	4	24,250
总计	55	84,373

型号 SX-D-8C

大类	总数量	含税总金额
电控	16	26,150
机械	50	50,319
配套件	4	25,530
总计	70	101,999

数据透视表 数据源 结果

图 16-29 工作表中的 4 个数据透视表

数据透视表名称	数据透视表缓存序号	内存使用量（字节）
数据透视表3	2	65596
数据透视表2	3	65596
数据透视表1	4	65596
数据透视表4	1	65596

图 16-30 数据透视表缓存索引号与内存使用量

```
#001   Sub ListPvtCaches()
#002       Dim objPvtTbl As PivotTable
#003       Dim lRow As Long
#004       Dim objSht As Worksheet
#005       On Error Resume Next
#006       Application.DisplayAlerts = False
#007       Err.Clear
#008       Set objSht = Sheets("结果")
#009       If Err.Number = 9 Then
```

```
#010            Set objSht = Sheets.Add
#011            objSht.Name = "结果"
#012            Else
#013            objSht.Cells.ClearContents
#014        End If
#015        Application.DisplayAlerts = True
#016        On Error GoTo 0
#017        With objSht
#018            .Range("A1:C1").Value = Array("数据透视表名称", _
                  "数据透视表缓存序号", "内存使用量（字节）")
#019            lRow = 2
#020            For Each objPvtTbl In Worksheets("数据透视表").PivotTables
#021                .Cells(lRow, 1) = objPvtTbl.Name
#022                .Cells(lRow, 2) = objPvtTbl.CacheIndex
#023                .Cells(lRow, 3) = objPvtTbl.PivotCache.MemoryUsed
#024                lRow = lRow + 1
#025            Next
#026            .Activate
#027        End With
#028    End Sub
```

代码解析：

第 5 行代码用于忽略运行时错误，发生运行时错误时程序将继续执行。

第 6 行代码禁止系统显示错误提示信息。

第 7 行代码清除系统错误信息，这样可以确保第 9 行代码捕获的错误是由本过程产生的。

第 8 行代码为 objSht 变量赋值，如果工作簿中没有名称为“结果”的工作表，那么将产生错误号为 9 的运行时错误。

第 9 行代码判断是否产生了错误号为 9 的运行时错误。

第 10 行代码在当前工作簿中添加一个新的工作表，用于保存代码执行的结果。

第 11 行代码修改新建工作表的名称为“结果”，如果工作簿中已经存在“结果”工作表，第 13 行代码将清空该工作表中的内容。

第 15 行代码恢复系统错误提示功能。

第 16 行代码恢复系统错误处理机制。

第 18 行代码用于设置结果的标题行。

第 20~25 行代码循环遍历“数据透视表”工作表中的数据透视表。

第 21 行代码将数据透视表的 Name 属性写入“结果”工作表的第 1 列。

第 22 行代码将数据透视表的 CacheIndex 属性写入“结果”工作表的第 2 列。

第 23 行代码将数据透视表的 MemoryUsed 属性写入“结果”工作表的第 3 列。

第 26 行代码激活“结果”工作表。

16.10.2　合并数据透视表缓存

默认情况下，系统会为每个数据透视表分配单独的数据透视表缓存，也就是每个数据透视表独占一个数据透视表缓存。当工作簿中的数据透视表数目比较多时，将耗费大量的系统内存，甚至影响整个电脑的运行效率。在Excel中，多个数据透视表可以共享同一个数据透视表缓存，这样将会大大节省系统资源。

示例16-14　合并数据透视表缓存

```
#001 Sub MergePvtCaches()
#002     Dim objPvt As PivotTable
#003     With ThisWorkbook
#004         For Each objPvtTbl In Worksheets("数据透视表").PivotTables
#005             objPvtTbl.CacheIndex = .PivotCaches(1).Index
#006         Next objPvtTbl
#007         Call ListPvtCaches
#008         MsgBox "工作簿中共有" & .PivotCaches.Count & _
                 "个数据透视表缓存", vbInformation
#009     End With
#010 End Sub
```

打开示例文件“合并数据透视表缓存.xlsm”，在名称为“数据透视表”的工作表中有4个数据透视表。这4个数据透视表分别使用不同的数据透视表缓存，其序号为1到4。运行MergePvtCaches过程，将4个数据透视表全部关联到索引号为1的数据透视表缓存，此时整个工作簿中只有一个数据透视表缓存，应用程序释放了其余3个数据透视表缓存所占用的系统资源，如图16-31所示。

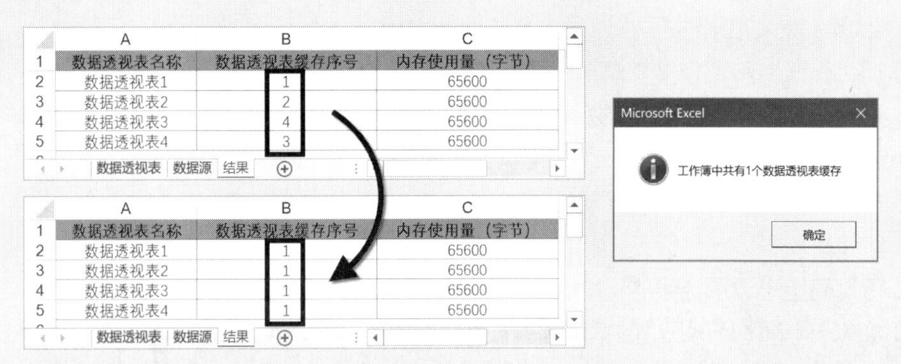

图16-31　释放数据透视表缓存

代码解析：

第4~6行代码循环遍历工作表中的数据透视表，并修改其CacheIndex属性。

第5行代码中利用PivotCaches(1).Index获得第一个数据透视表缓存的索引号。

第8行代码使用消息框显示当前工作簿中所包含的数据透视表缓存的个数。

在VBA代码中既可以用PivotTable对象.PivotCache.Index获得数据透视表缓存索引号，也可以直接查询数据PivotTable对象的CacheIndex属性，但是修改数据透视表所归属的数据透视表缓存时，只能使用CacheIndex属性。

深入了解

合并数据透视表缓存除了可以节约系统资源外，也让数据透视表的更新操作更方便。使用PivotCache对象的Refresh方法刷新数据透视表缓存时，所有归属于此PivotCache对象的数据透视表将同时被刷新。

在合并数据透视表缓存时，需要注意合理选择目标数据透视表缓存，即最终被多个数据透视表使用的数据透视表缓存。

假设需要将数据透视表A和数据透视表B所使用的数据透视表缓存进行合并，如果数据透视表A和数据透视表B中包含完全相同的字段，那么可以选择任何一个数据透视表缓存作为目标数据透视表缓存。如果数据透视表A中的字段是数据透视表B中字段的有效子集，也就是说数据透视表B中的部分字段在数据透视表A中并不存在，此时只能选择数据透视表B所归属的数据透视表缓存作为目标数据透视表缓存，否则数据透视表B所拥有的不存在于数据透视表A中的字段将无法显示。

16.11 保护数据透视表

众所周知，Excel的“保护工作表”功能可以防止用户修改工作表内容，包括工作表中的数据透视表。如果用户希望仅保护数据透视表，而不保护数据透视表以外的单元格区域，那么可以利用代码对数据透视表进行多种不同的保护。

16.11.1 限制数据透视表字段的下拉选择

一般情况下，数据透视表的行字段、列字段和筛选字段都会提供下拉按钮，利用这个按钮可以编辑该字段中各项的显示状态。如果不希望用户修改这些字段项的显示状态，可以利用代码在用户界面中禁止使用下拉按钮的功能。

示例16-15 限制数据透视表字段的下拉选择

```
#001  Sub DisableFilter()
#002      Dim objPvtTbl As PivotTable
#003      Dim objPvtFd As PivotField
#004      Set objPvtTbl = ActiveSheet.PivotTables(1)
#005      For Each objPvtFd In objPvtTbl.PivotFields
#006          objPvtFd.EnableItemSelection = False
#007      Next objPvtFd
```

```
#008  End Sub
```

打开示例文件，工作表中有如图 16-32 所示的数据透视表，行字段“部门”和列字段“月”所在单元格的右侧都显示下拉按钮。运行DisableFilter过程后，数据透视表中行字段和列字段的下拉按钮都被隐藏了。

发生额	月			
部门	01	02	03	总计
财务部	18,461.74	18,518.58	21,870.66	58,850.98
二车间	9,594.98	10,528.06	14,946.70	35,069.74
经理室	3,942.00	7,055.00	17,491.30	28,488.30
人力资源部	2,392.25	2,131.00	4,645.06	9,168.31
销售1部	7,956.20	11,167.00	40,314.92	59,438.12
销售2部	13,385.20	16,121.00	28,936.58	58,442.78
一车间	31,350.57	18.00	32,026.57	63,395.14
总计	87,082.94	65,538.64	160,231.79	312,853.37

图 16-32　禁用数据透视表字段的下拉按钮

代码解析：

第 5~7 行代码循环遍历数据透视表中的字段。

第 6 行代码设置数据透视表字段的EnableItemSelection属性为False，在用户界面中禁止使用下拉按钮的功能。

运行示例文件中的EnableFilter过程，可以恢复数据透视表的下拉按钮功能。

```
#001  Sub EnableFilter()
#002      Dim objPvtTbl As PivotTable
#003      Dim objPvtFd As PivotField
#004      Set objPvtTbl = ActiveSheet.PivotTables(1)
#005      For Each objPvtFd In objPvtTbl.PivotFields
#006          objPvtFd.EnableItemSelection = True
#007      Next objPvtFd
#008  End Sub
```

16.11.2　限制更改数据透视表布局

Excel数据透视表的布局调整虽然可以在【数据透视表字段】窗格内通过鼠标拖放来实现，但是在提供了方便性的同时，也使得数据透视表布局很容易被用户的意外操作所破坏。为了保护数据透视表的完整性，可以禁止用户更改数据透视表布局。

示例16-16 限制更改数据透视表布局

```
#001  Sub ProtectPivotTable()
#002      Dim myPvtFd As PivotField
#003      With Sheets("数据透视表").PivotTables(1)
#004          For Each myPvtFd In .PivotFields
#005              With myPvtFd
#006                  .DragToRow = False
#007                  .DragToColumn = False
#008                  .DragToData = False
#009                  .DragToPage = False
#010                  .DragToHide = False
#011              End With
#012          Next myPvtFd
#013          .EnableFieldList = False
#014      End With
#015  End Sub
```


打开示例文件，在数据透视表中的任意单元格（如B5）上右击，在弹出的快捷菜单中可以使用【显示字段列表】命令或【隐藏字段列表】命令来控制【数据透视表字段】窗格的显示状态。在【数据透视表字段】窗格中，用户可以非常容易地调整当前数据透视表的布局，如图 16-33 所示。

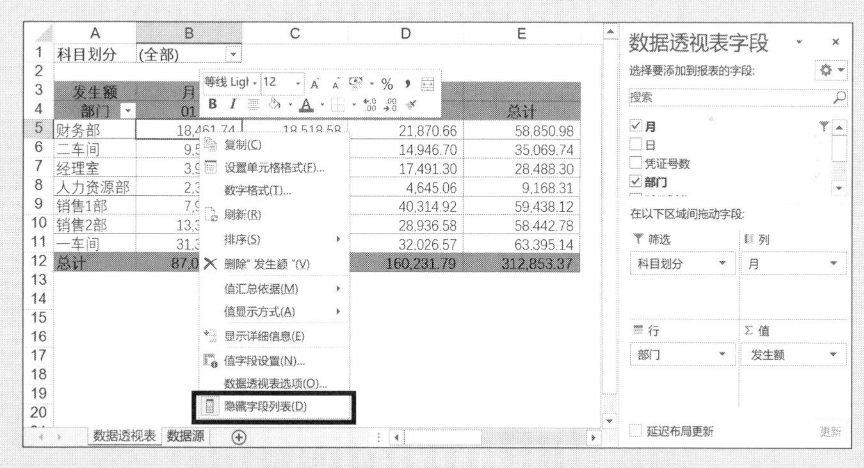

图 16-33　数据透视表和【数据透视表字段】窗格

运行ProtectPivotTable过程将禁用数据透视表的布局调整功能，Excel窗口中不再显示【数据透视表字段】窗格。在数据透视表中的任意单元格（如B5）上右击，弹出的快捷菜单中【显示字段列表】命令已被禁用，如图 16-34 所示。

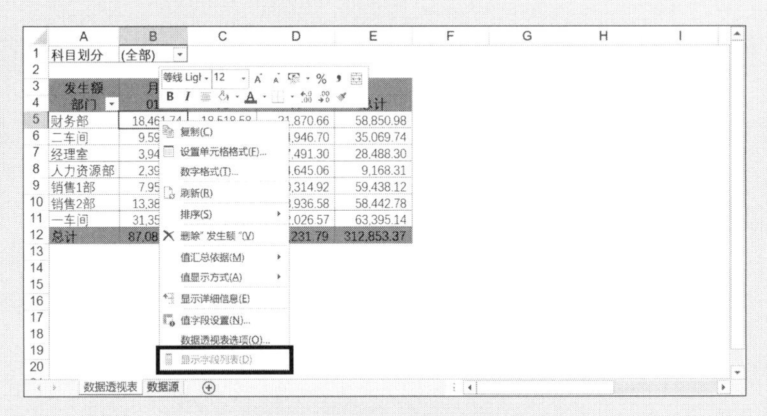

图 16-34 禁用【显示字段列表】命令

代码解析：

第 4~12 行代码循环遍历数据透视表中的全部字段，分别设置其属性。

第 6 行代码禁止将该字段拖动到【行】区域。

第 7 行代码禁止将该字段拖动到【列】区域。

第 8 行代码禁止将该字段拖动到【值】区域。

第 9 行代码禁止将该字段拖动到【筛选】区域。

第 10 行代码禁止将该字段拖离数据透视表而隐藏该字段。

第 13 行代码禁止显示数据透视表字段列表。

运行示例文件中的unProtectPivotTable过程，将恢复上述被禁用的数据透视表功能。

```
#001  Sub unProtectPivotTable()
#002      Dim myPvtFd As PivotField
#003      With Sheets("数据透视表").PivotTables(1)
#004          For Each myPvtFd In .PivotFields
#005              With myPvtFd
#006                  .DragToRow = True
#007                  .DragToColumn = True
#008                  .DragToData = True
#009                  .DragToPage = True
#010                  .DragToHide = True
#011              End With
#012          Next myPvtFd
#013          .EnableFieldList = True
#014      End With
#015  End Sub
```

16.11.3 禁用数据透视表的显示明细数据功能

在工作表中双击数据透视表中的任意单元格，将在工作簿中添加一个新的工作表显示该数据透视表的明细数据，具体操作步骤请参阅 3.10 节。如果构建数据透视表的源数据意外丢失，可以利用这个功能重建数据源。

这个功能为用户带来方便的同时，也带来一个非常棘手的问题，就是在发布数据透视表时如何保护源数据，使得用户无法随意查看数据透视表的源数据。利用 3.10.3 节讲述的方法，通过修改数据透视表的相关属性，可以暂时禁用“显示明细数据”功能，但是对于熟悉数据透视表的用户，可以非常容易地修改这个属性，进而获得源数据。

示例16-17　禁用数据透视表的显示明细数据功能

利用工作表的系统事件可以实现禁用数据透视表的显示明细数据功能，即使用户修改数据透视表的相关属性，也无法通过双击数据透视表单元格获得源数据。

“数据透视表”工作表中已经创建了如图 16-35 所示的数据透视表，鼠标双击 E12 单元格，Excel 将在当前工作簿中添加一个新的工作表，并在其中显示数据透视表的全部源数据。

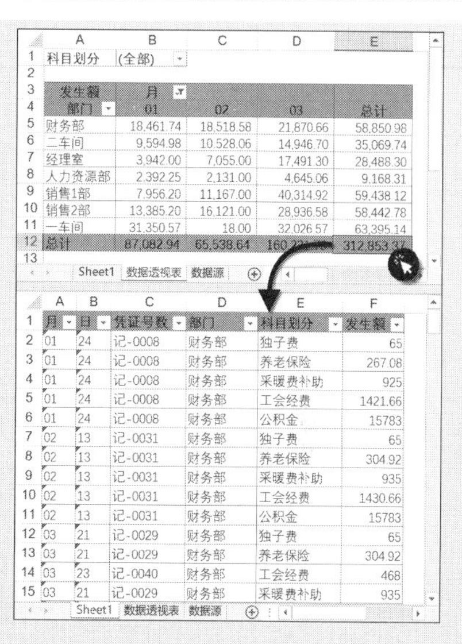

图 16-35　双击数据透视表单元格显示明细数据

步骤 1　打开示例文件“禁用数据透视表的显示明细数据功能.xlsm”，单击【安全警告】消息栏上的【启用内容】按钮，如图 16-36 所示。

步骤 2　双击数据透视表的 E12 单元格，将显示如图 16-37 所示的警告信息。单击【确定】按钮关闭警告信息对话框。

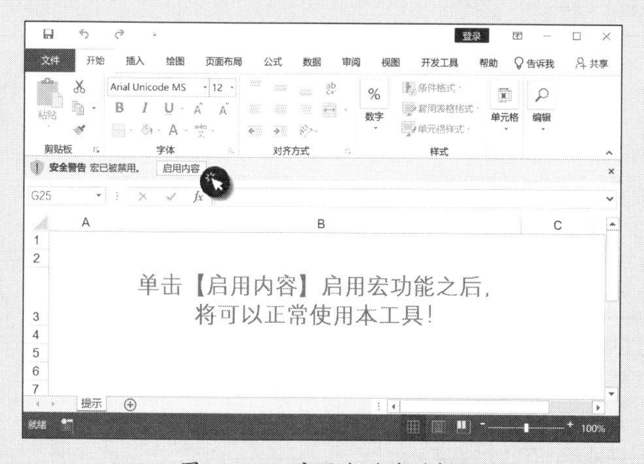

图 16-36　启用宏功能的提示

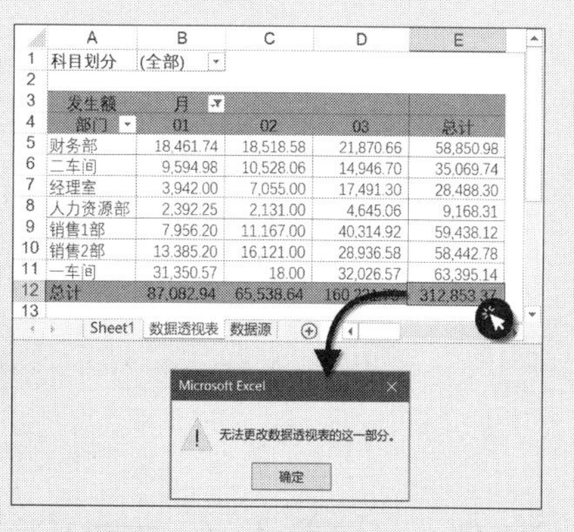

图 16-37　数据透视表警告信息框

注意：如果在步骤 1 中未单击【启用内容】按钮，那么示例文件工作簿将只显示“提示”工作表，用户无法查看数据透视表。

```
'=== 以下代码位于 ThisWorkbook 模块中 ===
#001  Private Sub Workbook_Open()
#002      Dim objPvtTbl As PivotTable
#003      Sheets("数据源").Visible = xlSheetVisible
#004      Sheets("数据透视表").Visible = xlSheetVisible
#005      Sheets("提示").Visible = xlVeryHidden
#006      For Each objPvtTbl In Sheets("数据透视表").PivotTables
#007          objPvtTbl.EnableDrilldown = False
#008      Next
#009  End Sub
#010  Private Sub Workbook_BeforeClose(Cancel As Boolean)
#011      Sheets("提示").Visible = xlSheetVisible
#012      Sheets("数据源").Visible = xlVeryHidden
#013      Sheets("数据透视表").Visible = xlVeryHidden
#014      Me.Save
#015  End Sub
```

代码解析：

第 1~9 行代码为工作簿的 Open 事件代码。

第 3~4 行代码显示“数据源”工作表和“数据透视表”工作表。

第 5 行代码隐藏“提示”工作表。

第 6~8 行代码遍历“数据透视表”工作表中的数据透视表。

第 7 行代码修改数据透视表的 EnableDrilldown 属性，禁用显示明细数据功能。

第 10~15 行代码为工作簿的 BeforeClose 事件代码。

第 11 行代码显示“提示”工作表。

第 12~13 行代码隐藏“数据源”工作表和“数据透视表”工作表。

运行示例文件中的 EnablePvtDrilldown 过程，可以恢复数据透视表的显示明细数据功能。

```
#001  Sub EnablePvtDrilldown()
#002      Dim objPvtTbl As PivotTable
#003      For Each objPvtTbl In Sheets("数据透视表").PivotTables
#004          objPvtTbl.EnableDrilldown = True
#005      Next
#006  End Sub
```

16.12 选定工作表中的数据透视表区域

如果工作表中存在多个数据透视表，只有使用鼠标进行多次操作，才能选中全部数据透视表区域。利用代码可以快捷而准确地完成这个任务。

示例16-18　选定工作表中的数据透视表区域

打开示例文件，在“数据透视表”工作表中已经创建了两个数据透视表。运行SelectPvtRange过程，工作表中高亮显示的单元格区域被选中，如图 16-38 所示。不难发现，代码并没有选中全部的数据透视表区域，左侧数据透视表的筛选字段区域没有被选中。

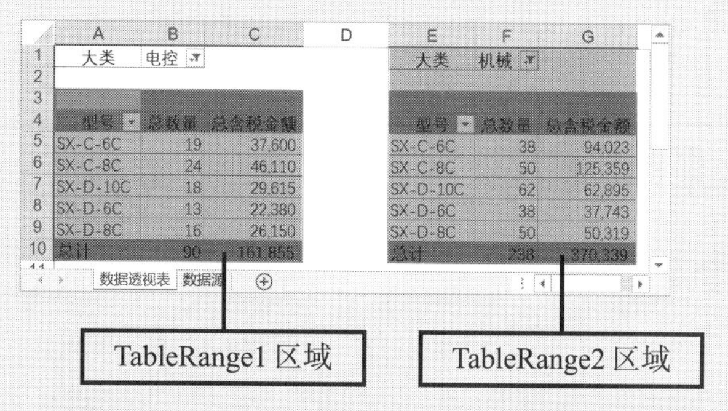

图 16-38　TableRange1 区域和 TableRange2 区域


```
#001  Sub SelectPvtRange()
#002      Dim objRng As Range
#003      With Worksheets("数据透视表")
#004          Set objRng = .PivotTables(1).TableRange1
#005          Set objRng = Application.Union(objRng, _
                         .PivotTables(2).TableRange2)
#006      End With
#007      objRng.Select
#008  End Sub
```

代码解析：

第 4 行代码用于获取左侧数据透视表的TableRange1 区域，并赋值给对象变量objRng。

第 5 行代码利用Union方法将右侧数据透视表的TableRange2 区域合并到Range类型变量objRng中。

第 7 行代码选中objRng所代表的单元格区域。

数据透视表对象的TableRange1 属性和TableRange2 属性的区别在于：TableRange1 属性用于返回不包含筛选字段区域在内的数据透视表表格所在区域，而TableRange2 属性用于返回包含筛选字段区域在内的全部数据透视表区域。知道了这两个属性的区别，在代码中就可以根据不同需要来决定使用哪个属性返回数据透视表的相应区域。

16.13　多个数据透视表联动

在实际应用中，如果需要在一个工作簿内保存多个具有相同布局的数据透视表，为了保持位于不同工作表中的数据透视表的一致性，用户不得不逐个修改数据透视表的布局或显示内容。利用数据透视表对象的系统事件代码，可以实现在一个数据透视表更新时，相应更新其他的多个数据透视表，进而保持所有数据透视表的一致性。

示例16-19 多个数据透视表联动

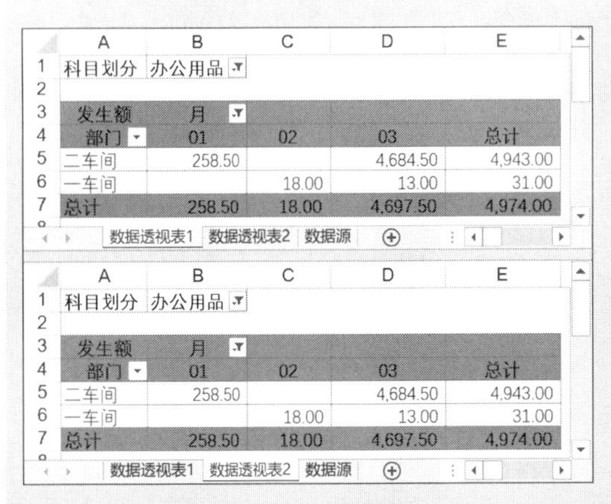

科目划分	办公用品			
发生额	月			
部门	01	02	03	总计
二车间	258.50		4,684.50	4,943.00
一车间		18.00	13.00	31.00
总计	258.50	18.00	4,697.50	4,974.00

科目划分	办公用品			
发生额	月			
部门	01	02	03	总计
二车间	258.50		4,684.50	4,943.00
一车间		18.00	13.00	31.00
总计	258.50	18.00	4,697.50	4,974.00

图 16-39 两个数据透视表保持同步

打开示例文件，在“数据透视表 1”和“数据透视表 2”工作表中有如图 16-39 所示的数据透视表，两个数据透视表的布局和显示的内容完全相同。

步骤① 单击工作表“数据透视表 1”中数据透视表筛选字段的下拉按钮，在弹出的“科目划分”下拉列表框中选中“出差费”，单击【确定】按钮关闭下拉列表。

步骤② 单击行“月”字段的下拉按钮，取消选中“01”项复选框，单击【确定】按钮关闭下拉列表，如图 16-40 所示。

步骤③ 单击工作表标签，选中“数据透视表 2”工作表，其中的数据透视表也已经进行了同步更新，如图 16-41 所示。

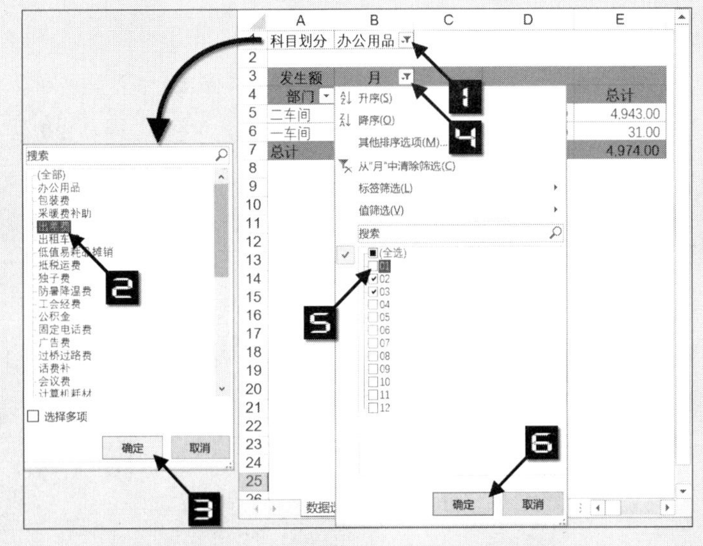

图 16-40 调整数据透视表筛选字段和列字段

科目划分	出差费		
发生额	月		
部门	02	03	总计
销售1部	11,167.00	7,039.70	18,206.70
销售2部	12,821.00	23,035.50	35,856.50
总计	23,988.00	30,075.20	54,063.20

科目划分	出差费		
发生额	月		
部门	02	03	总计
销售1部	11,167.00	7,039.70	18,206.70
销售2部	12,821.00	23,035.50	35,856.50
总计	23,988.00	30,075.20	54,063.20

图 16-41 两个数据透视表同步更新

本示例的事件代码如下：

```
'=== 以下代码位于 ThisWorkbook 模块中 ===
#001   Private Sub Workbook_SheetPivotTableUpdate( _
```

```
                              ByVal Sh As Object, _
                              ByVal Target As PivotTable)
#002         Dim objSht As Worksheet
#003         Dim objPvtTbl As PivotTable
#004         Dim strPvtTblName As String
#005         Application.ScreenUpdating = False
#006         Application.EnableEvents = False
#007         For Each objSht In Worksheets
#008             If objSht.Name <> Sh.Name And objSht.Name <> "数据源" Then
#009                 With objSht.PivotTables(1)
#010                     strPvtTblName = .Name
#011                     .TableRange2.Clear
#012                 End With
#013                 Target.TableRange2.Copy objSht.Range("A1")
#014                 objSht.PivotTables(1).Name = strPvtTblName
#015             End If
#016         Next objSht
#017         Set objPvtTbl = Nothing
#018         Set objSht = Nothing
#019         Application.EnableEvents = True
#020         Application.ScreenUpdating = True
#021     End Sub
```

本示例代码利用工作簿对象的数据透视表更新事件保持两个数据透视表的同步更新，工作簿中的任意透视表被更新时都会触发此事件，执行预先设置的事件代码。

代码解析：

第 1 行代码用于声明工作簿对象的SheetPivotTableUpdate事件过程，其中Sh参数代表数据透视表所在的工作表对象，Target参数代表被更新的数据透视表对象。

第 5 行代码禁止屏幕更新，提高代码的执行效率。

第 6 行代码禁止系统事件激活，防止系统事件被重复触发导致死循环。

第 7 行代码循环遍历工作簿中的全部工作表。

第 8 行代码判断objSht变量代表的工作表是否为“数据源”或数据透视表所在的工作表。

第 10 行代码保存工作表中透视表的名称。

第 11 行代码清除数据透视表区域，在本行代码中需要使用TableRange2 属性而不是TableRange1 属性。

第 13 行代码将透视表拷贝到objSht变量代表的工作表中。

第 14 行代码恢复数据透视表的名称，以保证原有代码中对于该数据透视表的名称引用仍然有效。

第 17~18 行代码释放对象变量所占用的系统资源。

第 19 行代码恢复系统事件响应机制。

第 20 行代码恢复屏幕更新。

注意

事件代码必须放置于指定模块中才可正常运行，例如本示例的代码是 Workbook 对象的 SheetPivotTableUpdate 事件，那么就必须保存于“ThisWorkbook”模块中，如图 16-42 所示。

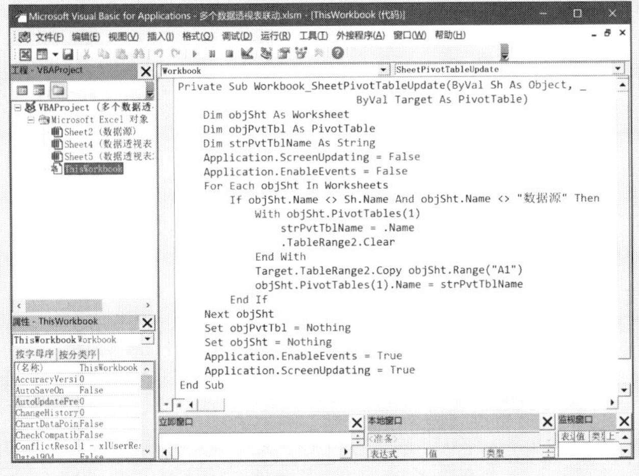

图 16-42 ThisWorkbook 模块中的事件代码

16.14 快速打印数据透视表

16.14.1 快速分项打印单筛选字段数据透视表

本书 19.3 节将讲解如何手工操作实现单个筛选字段数据透视表的数据项打印功能，使用VBA 代码可以快速地实现类似效果。

示例16-20 快速分项打印单筛选字段数据透视表

打开示例文件，在“数据透视表”工作表中已经创建了如图 16-43 所示的数据透视表，其筛选字段为“规格型号”，其中共有 7 个字段项。

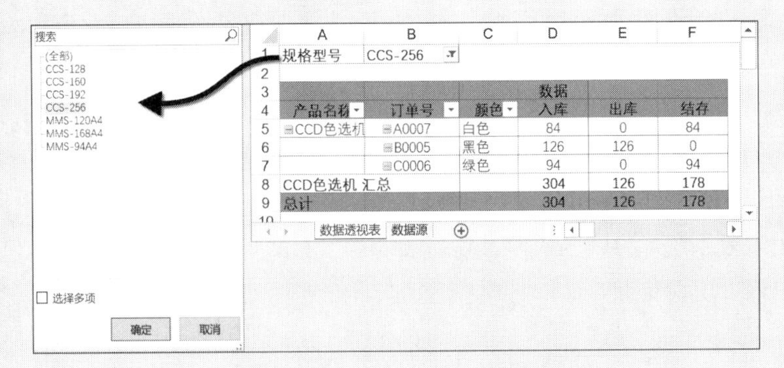

图 16-43 单个筛选字段数据透视表

按筛选字段逐项打印数据透视表的代码如下：

```
#001  Sub PrintPvtTblByPageFields()
#002      Dim objPvtTbl As PivotTable
#003      Dim objPvtTblIm As PivotItem
#004      Dim sCurrentPvtFld As String
#005      Set objPvtTbl = Sheets("数据透视表").PivotTables(1)
#006      With objPvtTbl
#007          sCurrentPvtFld = .PageFields(1).CurrentPage
#008          For Each objPvtTblIm In .PageFields(1).PivotItems
#009              .PageFields(1).CurrentPage = objPvtTblIm.Name
#010             Sheets("数据透视表").PrintOut
'                Sheets("数据透视表").PrintPreview
#011          Next objPvtTblIm
#012          .PageFields(1).CurrentPage = sCurrentPvtFld
#013      End With
#014      Set objPvtTblIm = Nothing
#015      Set objPvtTbl = Nothing
#016  End Sub
```

代码解析：

第 7 行代码保存筛选字段的当前值，由于本示例中的数据透视表只有一个筛选字段，所以可以直接使用 objPvtTbl.PageFields(1) 引用数据透视表中的筛选字段，CurrentPage 属性将返回数据透视表的当前页名称，这个属性仅对筛选字段有效；

第 8~11 行代码循环遍历筛选字段中的 PivotItem 对象。

第 9 行代码修改筛选字段的 CurrentPage 属性。

第 10 行代码打印“数据透视表”工作表。

第 12 行代码恢复筛选字段的当前页设置。

运行 PrintPvtTblByPageFields 过程将按照筛选字段中条目的顺序依次打印 7 个数据透视表。

如果读者的计算机中没有安装任何打印机，PrintOut 方法会出现运行时错误。读者可以将代码中的 PrintOut 方法改为 PrintPreview，这样可以利用 Excel 的打印预览功能查看代码的运行效果。

16.14.2 快速分项打印多筛选字段数据透视表

在复杂的数据透视表中往往会存在多个筛选字段，此时不同筛选字段之间的数据项组合将按照几何级数增长。如果需要对数据透视表进行分项打印，手工操作会非常烦琐，而借助 VBA 程序可以非常轻松地实现这个要求。

示例16-21 快速分项打印多筛选字段数据透视表

打开示例文件，在“数据透视表”工作表中存在如图 16-44 所示的数据透视表，其中有 3 个筛选字段，分别是“规格型号”“颜色”和“版本号”。

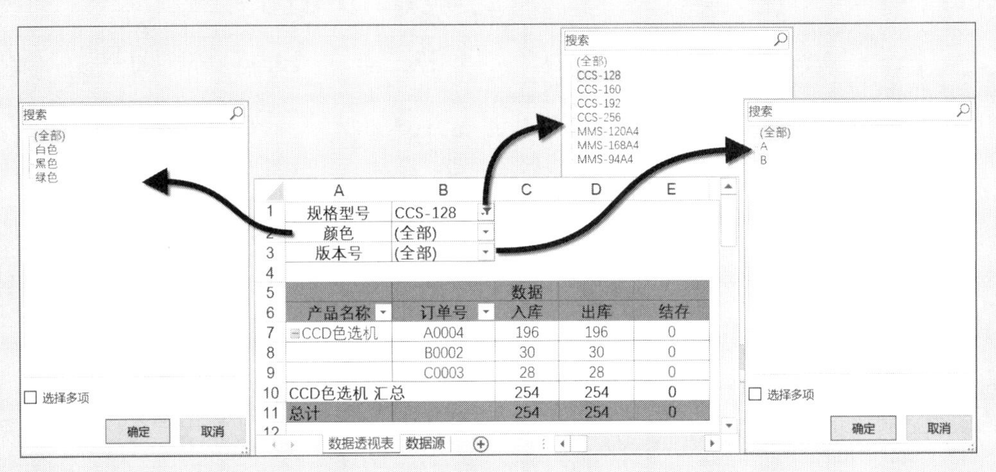

图 16-44 多筛选字段数据透视表

按筛选字段的不同组合来打印数据透视表的代码如下：

```
#001  Sub PrintPvtTblblByMultiPageFlds()
#002      Dim objPvtTbl As PivotTable
#003      Dim objPvtTblFld As PivotField
#004      Dim objPvtTblIm As PivotItem
#005      Dim i As Integer
#006      Dim astrCurrentPageFld() As String
#007      Set objPvtTbl = Sheets("数据透视表").PivotTables(1)
#008      With objPvtTbl
#009          If .PageFields.Count = 0 Then
#010              MsgBox "当前数据透视表中没有筛选字段！", _
                         vbInformation, "提示"
#011              Exit Sub
#012          End If
#013          ReDim astrCurrentPageFld(1 To .PageFields.Count)
#014          For i = 1 To .PageFields.Count
#015              astrCurrentPageFld(i) = .PageFields(i).CurrentPage
#016          Next
#017          For Each objPvtTblIm In .PageFields(1).PivotItems
#018              .PageFields(1).CurrentPage = objPvtTblIm.Name
#019              If .PageFields.Count = 1 Then
#020                  .Parent.PrintOut
'                     .Parent.PrintPreview
#021              Else
#022                  Call PrintPvtTbl(objPvtTbl, 2)
```

```
#023                End If
#024            Next
#025            For i = 1 To UBound(astrCurrentPageFld)
#026                .PageFields(i).CurrentPage = astrCurrentPageFld(i)
#027            Next
#028        End With
#029    End Sub
#030    Sub PrintPvtTbl(ByVal objPvtTbl As PivotTable, _
                                ByVal iPageFldIndex As Integer)
#031        Dim objPvtTblIm As PivotItem
#032        With objPvtTbl
#033        If iPageFldIndex = .PageFields.Count Then
#034            For Each objPvtTblIm In _
                                        .PageFields(iPageFldIndex).PivotItems
#035                .PageFields(iPageFldIndex).CurrentPage = objPvtTblIm.Name
#036                .Parent.PrintOut
'                   .Parent.PrintPreview
#037            Next
#038            Exit Sub
#039        Else
#040            For Each objPvtTblIm In _
                                        .PageFields(iPageFldIndex).PivotItems
#041                .PageFields(iPageFldIndex).CurrentPage = _
                                                            objPvtTblIm.Name
#042                Call PrintPvtTbl(objPvtTbl, iPageFldIndex + 1)
#043            Next
#044        End If
#045        End With
#046    End Sub
```

代码解析：

第 9 行代码判断数据透视表中是否有筛选字段，如果当前数据透视表中没有筛选字段，第 10 行代码将显示图 16-45 所示的提示消息框，第 11 行代码将结束打印程序的运行。

图 16-45 提示消息框

第 13 行代码为动态数组 astrCurrentPageFld 分配存储空间，用于保存数据透视表筛选字段的当前值。

第 14~16 行代码循环遍历数据透视表中的筛选字段。

第 15 行代码将数据透视表筛选字段的当前值保存到数组 astrCurrentPageFld 中。

第 17~24 行代码循环遍历数据透视表中第一个筛选字段的PivotItem对象。

第 18 行代码修改筛选字段的当前值，即CurrentPage属性。

第 19 行代码判断数据透视表中筛选字段的数量，如果仅有一个筛选字段，第 20 行代码将打印数据透视表所在的工作表，否则第 22 行代码将调用PrintPvtTbl过程。

第 25~27 行代码用于恢复数据透视表筛选字段的当前值。

第 30~46 行代码为 PrintPvtTbl过程，该过程有两个参数，objPvtTbl参数是PivotTable对象，iPageFldIndex参数是Integer变量，用于保存当前正在处理的筛选字段序号。

第 33 行代码中如果 IPageFldIndex 等于数据透视表中筛选字段的数量，那么当前正在处理的筛选字段为数据透视表中的最后一个筛选字段。

第 34~37 行代码循环遍历筛选字段中的PivotItem对象。

第 35 行代码修改筛选字段的当前值，即CurrentPage属性。

第 36 行代码将打印数据透视表所在的工作表。

第 38 行代码循环遍历结束后将结束当前调用过程。

如果当前正在处理的筛选字段并不是数据透视表中的最后一个筛选字段，第 40 行代码将遍历该筛选字段中的PivotItem对象，第 42 行代码再次调用PrintPvt过程实现递归调用。

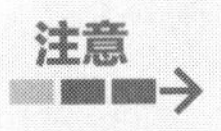

PrintPvtTbl过程是一个递归调用过程，递归是编程中一种特殊的嵌套调用，过程中包含再次调用自身的代码。因此第 38 行代码只是结束当前的调用过程，并不一定结束整个程序的执行。

运行PrintAllPvtPages过程，将根据数据透视表中筛选字段的全部数据项组合打印数据透视表，本示例将打印 42 个（7×3×2）不同的数据透视表。

16.15 快速创建PowerPivot和添加切片器

PowerPivot与普通的数据透视表相比具有多方面的优势。

- 数据模型整合多种数据源进行数据统计与分析。
- 借助其强大的数据引擎，轻松处理大型的数据集。
- 灵活的DAX公式几乎无所不能。

示例16-22 快速创建PowerPivot和添加切片器

数据分析中有时需要使用“非重复计数”，但是普通的数据透视表并不支持这种汇总方式，然而PowerPivot可以轻松实现此功能。示例数据文件为某连锁店铺信息，其中“门店”列为店铺编号，如图 16-46 所示。

现需要统计每个直辖市在任意时间段内的活跃店铺数量，不难看出，统计多个月份的数据时，

同一店铺将可能有多行数据。例如统计重庆市 20210101~20210801 期间的店铺数量，店铺（编号为jpn34o80）有 8 条记录，按照非重复计数的规则只算作一个店铺，此时需要使用PowerPivot的“非重复计数”功能，如图 16-47 所示。

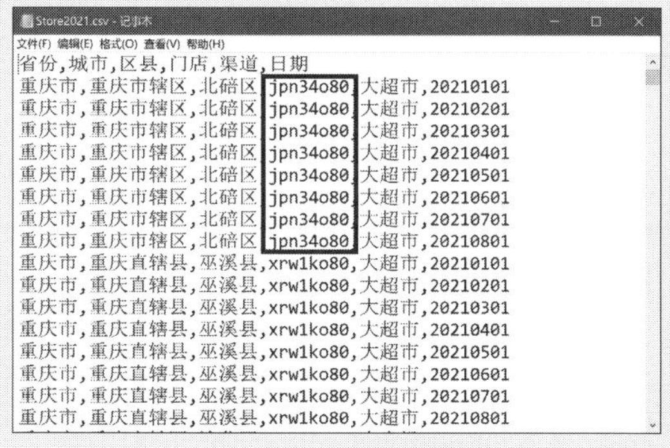

```
省份,城市,区县,门店,渠道,日期
重庆市,重庆市辖区,北碚区,jpn34o80,大超市,20210101
重庆市,重庆市辖区,北碚区,jpn34o80,大超市,20210201
重庆市,重庆市辖区,北碚区,jpn34o80,大超市,20210301
重庆市,重庆市辖区,北碚区,jpn34o80,大超市,20210401
重庆市,重庆市辖区,北碚区,jpn34o80,大超市,20210501
重庆市,重庆市辖区,北碚区,jpn34o80,大超市,20210601
重庆市,重庆市辖区,北碚区,jpn34o80,大超市,20210701
重庆市,重庆市辖区,北碚区,jpn34o80,大超市,20210801
重庆市,重庆直辖县,巫溪县,xrw1ko80,大超市,20210101
重庆市,重庆直辖县,巫溪县,xrw1ko80,大超市,20210201
重庆市,重庆直辖县,巫溪县,xrw1ko80,大超市,20210301
重庆市,重庆直辖县,巫溪县,xrw1ko80,大超市,20210401
重庆市,重庆直辖县,巫溪县,xrw1ko80,大超市,20210501
重庆市,重庆直辖县,巫溪县,xrw1ko80,大超市,20210601
重庆市,重庆直辖县,巫溪县,xrw1ko80,大超市,20210701
重庆市,重庆直辖县,巫溪县,xrw1ko80,大超市,20210801
```

图 16-46 店铺信息

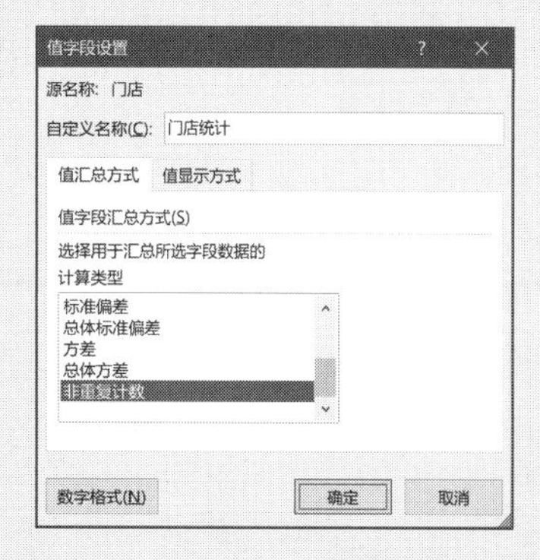

图 16-47 PowerPivot 非重复计数功能

实现非重复计数功能的透视表和切片器如图 16-48 所示。

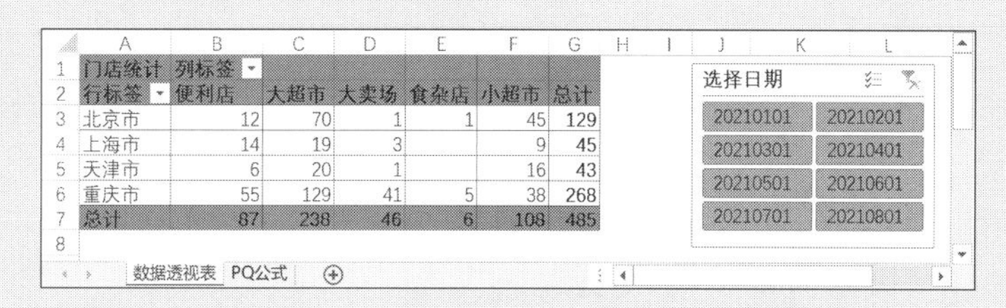

门店统计	列标签					
行标签	便利店	大超市	大卖场	食杂店	小超市	总计
北京市	12	70	1	1	45	129
上海市	14	19	3		9	45
天津市	6	20	1		16	43
重庆市	55	129	41	5	38	268
总计	87	238	46	6	108	485

图 16-48 “非重复计数”透视表和切片器

示例文件的代码如下：

```
#001  Sub Clear_Sheet()
#002      Dim objObject As Object
#003      With ActiveSheet
#004          .Cells.Clear
#005          .Range("A1").Select
#006      End With
#007      With ThisWorkbook
#008          If .SlicerCaches.Count > 0 Then
#009              For Each objObject In .SlicerCaches(1).Slicers
#010                  objObject.Delete
#011              Next
#012              For Each objObject In .SlicerCaches
#013                  objObject.Delete
#014              Next
#015          End If
#016          If .Connections.Count > 0 Then
#017              For Each objObject In .Connections
#018                  If objObject.Name <> "ThisWorkbookDataModel" _
```

```
                 Then objObject.Delete
#019             Next
#020         End If
#021         If .Queries.Count > 0 Then
#022             For Each objObject In .Queries
#023                 objObject.Delete
#024             Next
#025         End If
#026     End With
#027     Set objObject = Nothing
#028 End Sub
#029 Sub CreatePP()
#030     Dim objWK As Workbook
#031     Dim objPvt As PivotTable
#032     Dim objFld As CubeField
#033     Dim objConn As WorkbookConnection
#034     Dim objSlicer As Slicer
#035     Dim strConn As String
#036     Dim strQry As String
#037     Dim strFldCaption As String
#038     Dim strFileCSV As String
#039     Dim strName As String
#040     Set objWK = ThisWorkbook
#041     strFileCSV = objWK.Path & "\Store2021.csv"
#042     strConn = "QueryDemo"
#043     strQry = "StoreFact"
#044     strFldCaption = "以下项目的非重复计数：门店"
#045     Call Clear_Sheet
#046     objWK.Queries.Add Name:=strQry, Formula:= _
             Replace(Range("PQ_Formula"), "$FILE$", strFileCSV)
#047     Set objConn = objWK.Connections.Add2(strConn, strConn, _
             "OLEDB;Provider=Microsoft.Mashup.OleDb.1;" & _
             "Data Source=$Workbook$;Location=" & strQry & _
             ";Extended Properties=", strQry, 6, True, False)
#048     Set objPvt = objWK.PivotCaches.Create( _
             SourceType:=xlExternal, SourceData:=objConn). _
             CreatePivotTable(TableDestination:=ActiveCell)
#049     With objPvt
#050         strName = "[" & strQry & "].[省份]"
#051         .CubeFields(strName).Orientation = xlRowField
#052         strName = "[" & strQry & "].[渠道]"
```

```
#053            .CubeFields(strName).Orientation = xlColumnField
#054            strName = "[" & strQry & "].[门店]"
#055            .CubeFields.GetMeasure strName, xlDistinctCount
#056            strName = "[Measures].[" & strFldCaption & "]"
#057            Set objFld = .CubeFields(strName)
#058            .AddDataField objFld, "门店统计"
#059        End With
#060        strName = "[" & strQry & "].[日期]"
#061        Set objSlicer = objWK.SlicerCaches.Add2(objPvt, strName) _
            .Slicers.Add(ActiveSheet, strName & ".[日期]", _
            "日期", "选择日期", [J1].Top + 5, [J1].Left, 150, 110)
#062        objSlicer.NumberOfColumns = 2
#063        Set objSlicer = Nothing
#064        Set objQryConn = Nothing
#065        Set objPvt = Nothing
#066        Set objFld = Nothing
#067        Set objConn = Nothing
#068        Set objWK = Nothing
#069    End Sub
```


代码解析：

第 1~28 行代码为 Clear_Sheet 过程，用于清理工作簿文件中的相关内容。

第 4 行代码清除活动工作表中的全部数据和格式。

第 5 行代码选中活动工作表中的 A1 单元格。

第 9~11 行代码清除工作簿中的切片器。

第 12~14 行代码清除工作簿中的切片器缓存。

第 17~19 行代码清除工作簿中的数据连接。

第 22~24 行代码清除工作簿中的数据查询。

第 29~69 行代码为 CreatePPSlicer 过程，用于创建 PowerPivot 和添加切片器。

第 41 行代码指定数据文件的目录和文件名。

第 45 行代码调用 Clear_Sheet 过程。

第 46 行代码创建一个查询，其中 Replace 函数用于替换 Power Query 公式中的数据文件目录和文件名。

第 47 行代码创建一个数据连接。

第 48 行代码创建 PowerPivot 透视表。

第 49~59 行代码调整透视表布局。

第 51 行代码将“省份”字段添加到行区域。

第 53 行代码将“渠道”字段添加到列区域。

第 55 行代码设置“门店”字段的汇总方式为“非重复计数”（即：xlDistinctCount）。

第 58 行代码将“门店”字段添加到值区域，并设置字段标题为“门店统计”。

由于 PowerPivot 是基于数据模型创建的，因此其字段的引用方式和普通透视表略有不同，需要使用 CubeFields(…) 引用相关字段，而不是 PivotFields(…)。

第 61 行代码创建一个切片器缓存，并指定切片器在工作表中的位置和尺寸。

第 62 行代码修改切换器每列显示两个选项。

第 17 章　智能数据分析可视化看板

随着互联网思维的深化，财务、市场、会员运营、销售等越来越多的岗位，都开始重视并自发地开始了解并学习数据分析，来引导决策。真正的数据分析，应该完全面向业务，响应业务人员各种脑洞大开的思路，任由其随心所欲地探索数据价值。智能数据分析可视化看板可筛选、过滤需要对比的数据与图表，集中展现，直观对比分析，助力企业管理者通过精准的数据分析，做出科学决策，完成从数据到故事的进化。

本章学习要点

（1）渠道销售综合分析。
（2）销量综合分析数据。
（3）人事数据分析。
（4）商品促销达成跟进模板。
（5）公司预算达成率跟踪看板。
（6）动态TOP X零售分析。

本章节看板案例所引用的示例文件均需指定相应的文件路径，请读者仔细阅读案例中的文件路径引用范围，以免造成看板案例不能正常刷新。

17.1　销售渠道分析看板

示例17-1　销售渠道分析看板

图 17-1 展示了某公司一段时期的销售情况，依据这些数据进行综合分析，制作成如图 17-2 所示的销售渠道分析看板，可参照以下步骤。

	A	B	C	D	E	F	G	H	I
1	销售日期	年	月份	季度	销售门店	品牌	商品代码	商品名称	销售数量
2	2018-2-22	2018年	2月	1季度	厦门浪莎店	XM	1001	XM手机	24135
3	2019-7-26	2019年	7月	3季度	西安秦皇店	XM	1004	XM智能手环	1216
4	2021-7-31	2021年	7月	3季度	西安秦皇店	HW	2001	HW手机	99892
5	2019-8-1	2019年	8月	3季度	厦门浪莎店	XM	1001	XM手机	14
6	2021-12-5	2021年	12月	4季度	西安秦皇店	HW	2004	HW智能手环	14
7	2018-8-31	2018年	8月	3季度	厦门浪莎店	HW	2001	HW手机	2
8	2018-5-14	2018年	5月	2季度	西安秦皇店	OP	3001	OP手机	16
9	2018-12-10	2018年	12月	4季度	西安秦皇店	XM	1003	XM平板	2
10	2021-7-29	2021年	7月	3季度	广州永安店	HW	2004	HW智能手环	547
11	2021-10-28	2021年	10月	4季度	西安秦皇店	XM	1001	XM手机	2
12	2018-7-11	2018年	7月	3季度	西安秦皇店	XM	1003	XM平板	4
13	2018-4-19	2018年	4月	2季度	厦门浪莎店	HW	2001	HW手机	2
14	2021-1-11	2021年	1月	1季度	西安秦皇店	XM	1004	XM智能手环	10
15	2018-10-13	2018年	10月	4季度	西安秦皇店	HW	2004	HW智能手环	2
16	2021-4-28	2021年	4月	2季度	西安秦皇店	XM	1001	XM手机	10
17	2019-11-2	2019年	11月	4季度	西安秦皇店	OP	3002	OP智能电视	1987
18	2019-5-5	2019年	5月	2季度	西安秦皇店	XM	1001	XM手机	867

图 17-1　销售数据

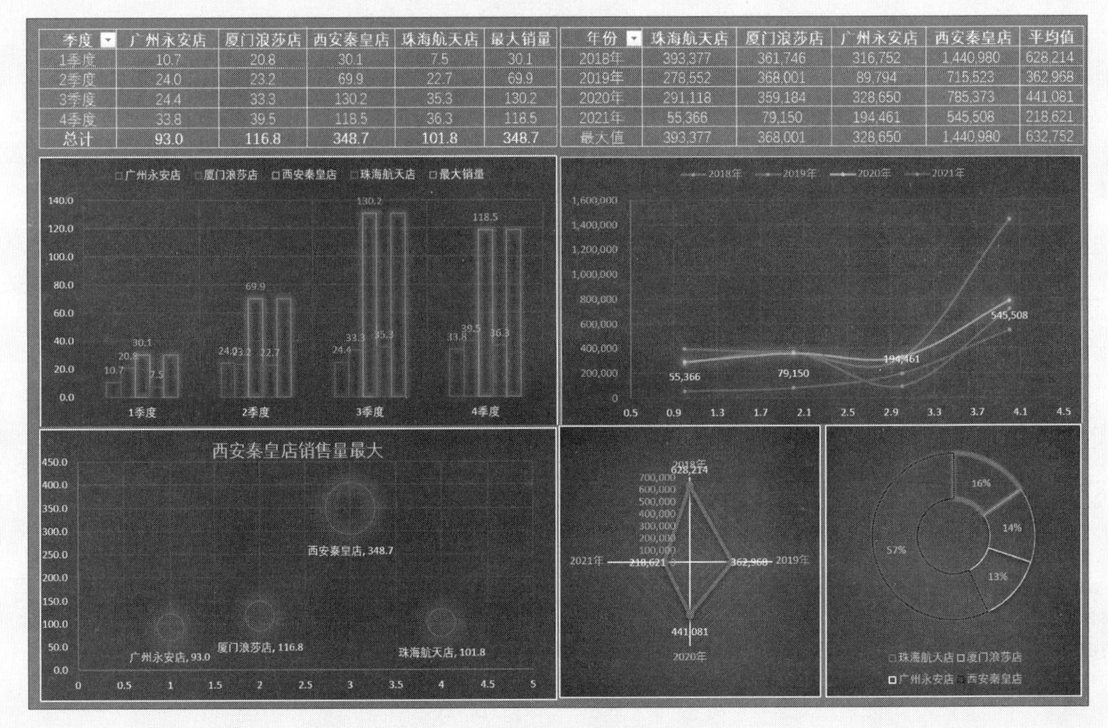

季度	广州永安店	厦门浪莎店	西安秦皇店	珠海航天店	最大销量
1季度	10.7	20.8	30.1	7.5	30.1
2季度	24.0	23.2	69.9	22.7	69.9
3季度	24.4	33.3	130.2	35.3	130.2
4季度	33.8	39.5	118.5	36.3	118.5
总计	93.0	116.8	348.7	101.8	348.7

年份	珠海航天店	厦门浪莎店	广州永安店	西安秦皇店	平均值
2018年	393,377	361,746	316,752	1,440,980	628,214
2019年	278,552	368,001	89,794	715,523	362,968
2020年	291,118	359,184	328,650	785,373	441,061
2021年	55,366	79,150	194,461	545,508	218,621
最大值	393,377	368,001	328,650	1,440,980	632,752

图 17-2　销售渠道分析看板

步骤① 创建图 17-3 如所示的数据透视表，以万元格式显示销售数量。

销售数量自定义单元格格式代码： `0!.0,`

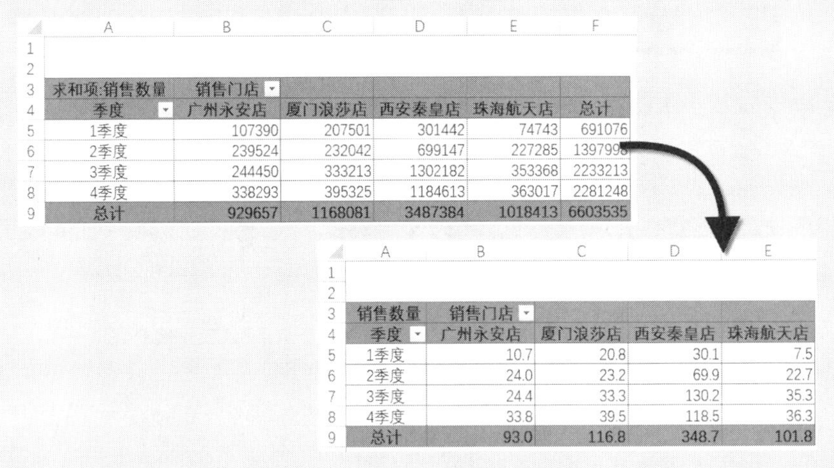

求和项:销售数量	销售门店				
季度	广州永安店	厦门浪莎店	西安秦皇店	珠海航天店	总计
1季度	107390	207501	301442	74743	691076
2季度	239524	232042	699147	227285	1397998
3季度	244450	333213	1302182	353368	2233213
4季度	338293	395325	1184613	363017	2281248
总计	929657	1168081	3487384	1018413	6603535

销售数量	销售门店			
季度	广州永安店	厦门浪莎店	西安秦皇店	珠海航天店
1季度	10.7	20.8	30.1	7.5
2季度	24.0	23.2	69.9	22.7
3季度	24.4	33.3	130.2	35.3
4季度	33.8	39.5	118.5	36.3
总计	93.0	116.8	348.7	101.8

图 17-3　创建数据透视表

步骤② 单击数据透视表的“销售门店”字段项（如B4），在【数据透视表工具】【数据透视表分析】选项卡中依次单击【字段、项目和集】→【计算项】，插入“最大销量”计算项，如图 17-4 所示。

最大销量 =MAX（广州永安店，厦门浪莎店，西安秦皇店，珠海航天店）

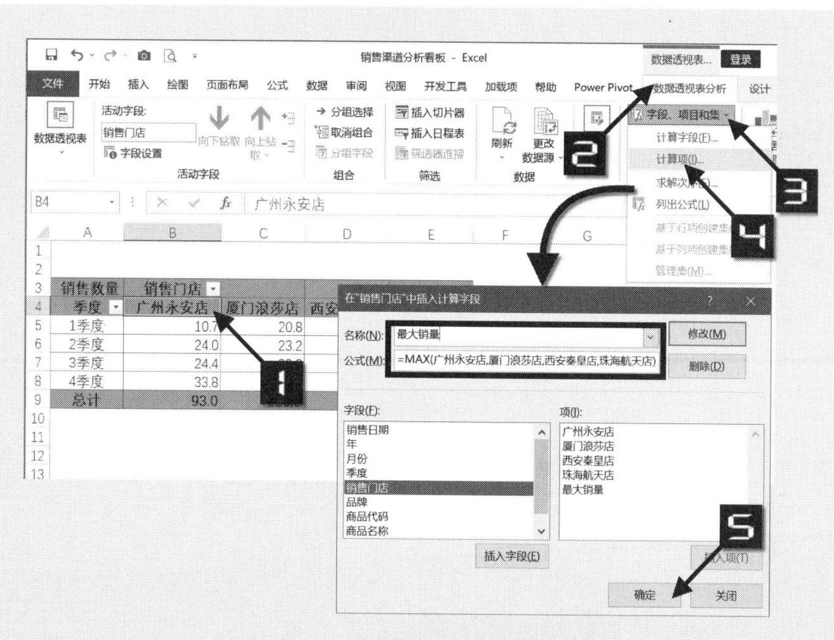

图 17-4 插入“最大销量”计算项

步骤③ 单击数据透视表的任意单元格（如B5），在【插入】选项卡中单击【数据透视图】按钮，在弹出的【插入图表】对话框中保持默认选项，直接单击【确定】按钮，插入一张簇状柱形图，如图 17-5 所示。

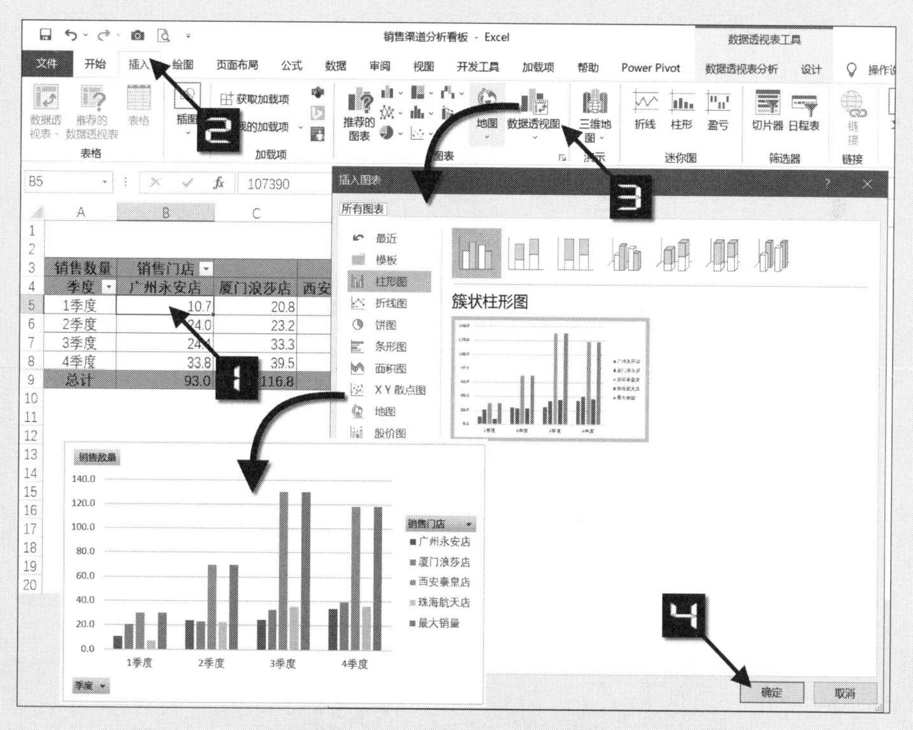

图 17-5 插入簇状柱形图

步骤④ 在【插入】选项卡中依次单击【插入散点图（X、Y）或气泡图】→【气泡图】，插入一张空白的气泡图，如图 17-6 所示。

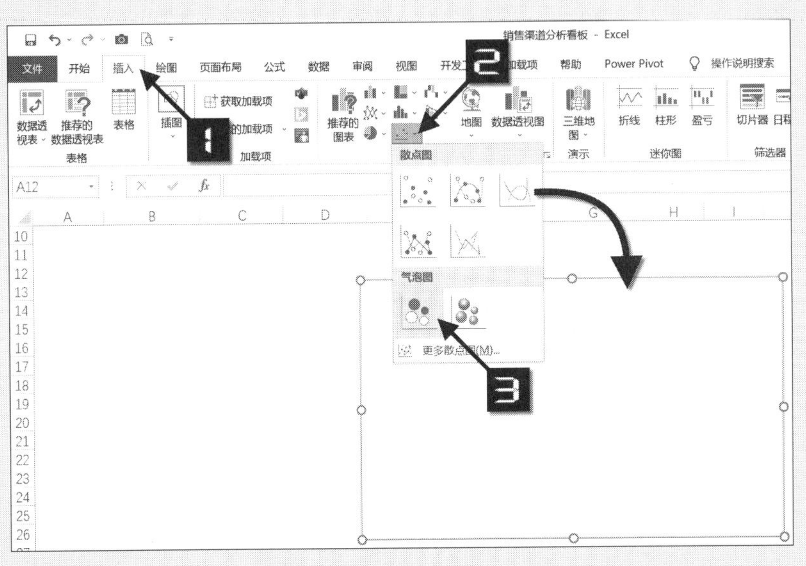

图 17-6　插入一张空白气泡图

步骤⑤ 在空白气泡图上右击鼠标，在弹出的扩展菜单中选择【选择数据】命令，在【选择数据源】对话框中单击【添加】按钮，在【编辑数据系列】对话框中的“系列名称”编辑框中直接单击数据透视表的“销售数量”A3 单元格；“X轴系列值”选择数据透视表的B4:E4 区域；“Y轴系列值”选择数据透视表的B9:E9 区域；“系列气泡大小”选择数据透视表的B9:E9 区域，如图 17-7 所示。

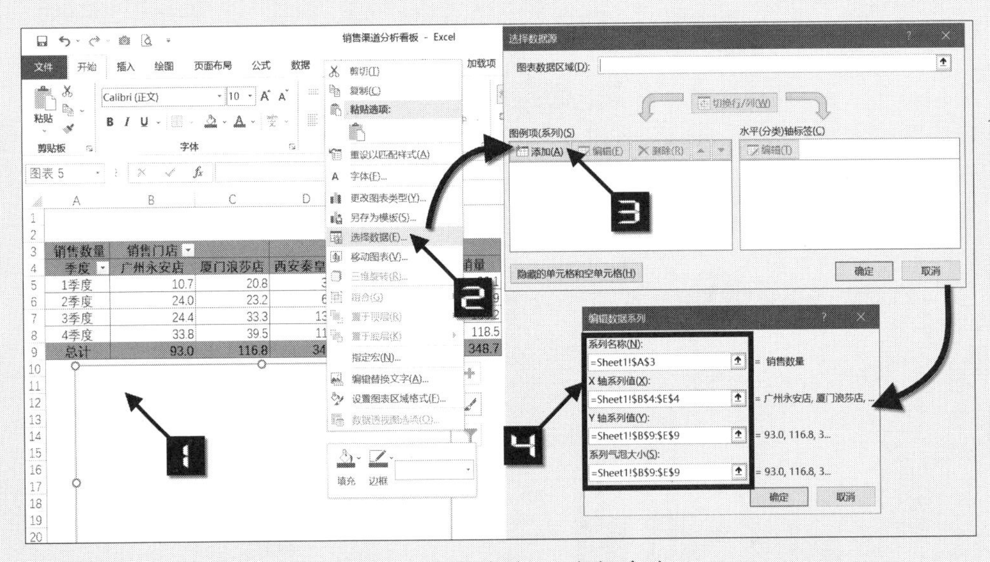

图 17-7　为气泡图添加数据系列

步骤⑥ 单击【确定】按钮关闭【编辑数据系列】对话框，单击【确定】按钮关闭【选择数据源】对话框，创建一张如图 17-8 所示的气泡图。

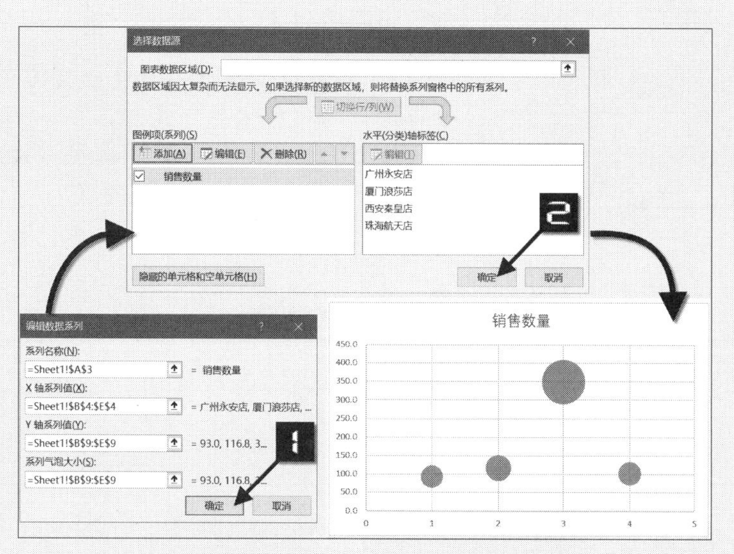

图 17-8　创建气泡图

步骤⑦ 同时按下<Ctrl>和<F3>键调出【名称管理器】对话框，单击【新建】按钮，在【新建名称】对话框中的【名称】编辑框中输入“销售明细”，【引用位置】编辑框中直接选中“销售明细”表中的全部数据，单击【确定】按钮，最后单击【关闭】按钮完成对数据源的重新定义，如图 17-9 所示。

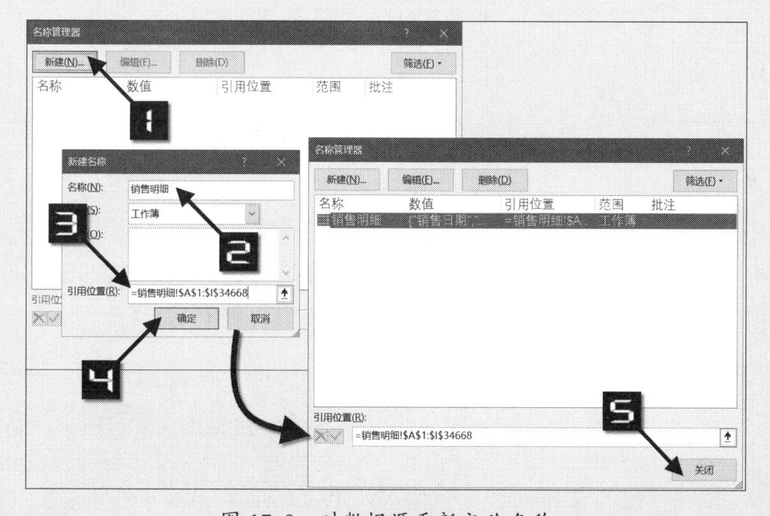

图 17-9　对数据源重新定义名称

当使用同一个数据源创建不同的数据透视表时，如果一个数据透视表添加了计算字段或计算项，另外一个数据透视表也会自动添加，这样会影响数据看板的分析维度。当不同的数据透视表应用了重新定义的数据源后，其所创建的计算字段或计算项互不影响。

步骤⑧ 以定义的名称“销售明细”为数据源创建如图 17-10 所示的数据透视表，存放于H3 单元格。

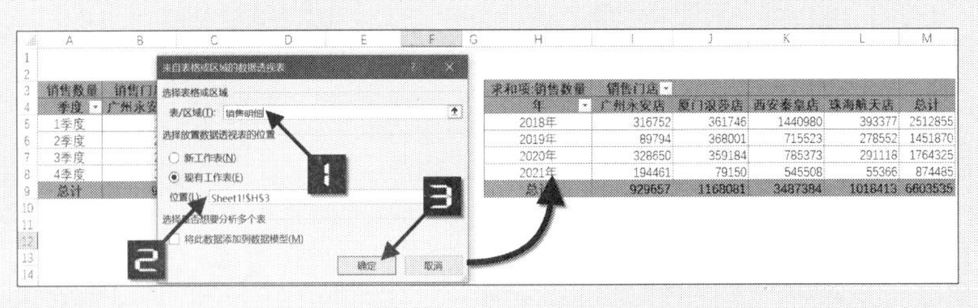

图 17-10　创建数据透视表

步骤⑨ 在如图 17-10 所示的数据透视表中添加年份销量最大值和销售门店销量平均值计算项，如图 17-11 所示。

最大值 =MAX('2018 年','2019 年','2020 年','2021 年')
平均值 =AVERAGE(广州永安店，厦门浪莎店，西安秦皇店，珠海航天店)

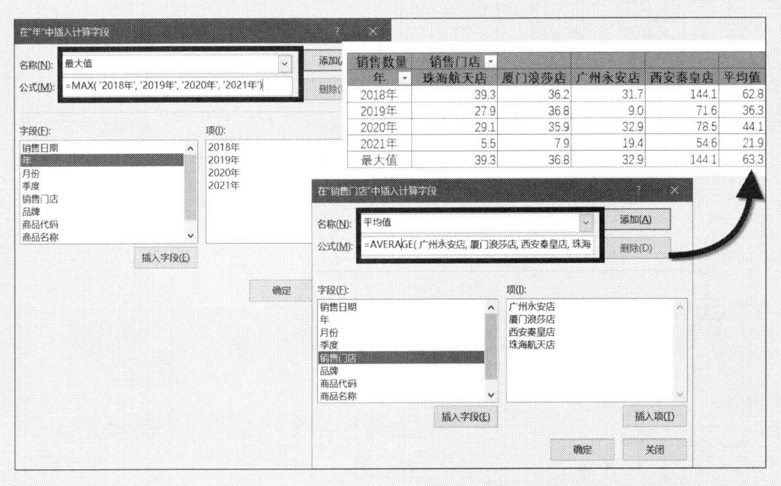

图 17-11　添加计算项

步骤⑩ 重复操作步骤 4~6，以图 17-10 所示的数据透视表数据为源，依次添加 2018—2021 年的数据系列，创建带平滑线和数据标记的散点图，如图 17-12 所示。

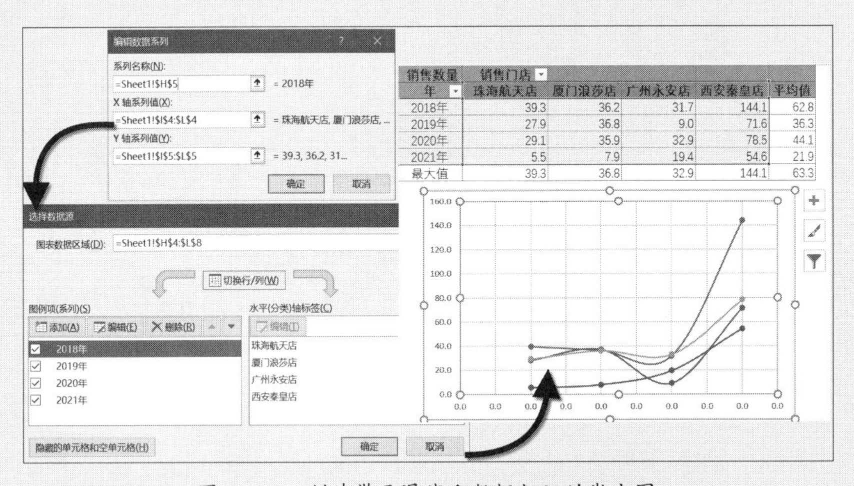

图 17-12　创建带平滑线和数据标记的散点图

步骤⑪ 插入一张空白柱形图，在图表上右击鼠标，在弹出的扩展菜单中选择【更改图表类型】命令，将图表类型更改为带数据标记的雷达图，如图 17-13 所示。

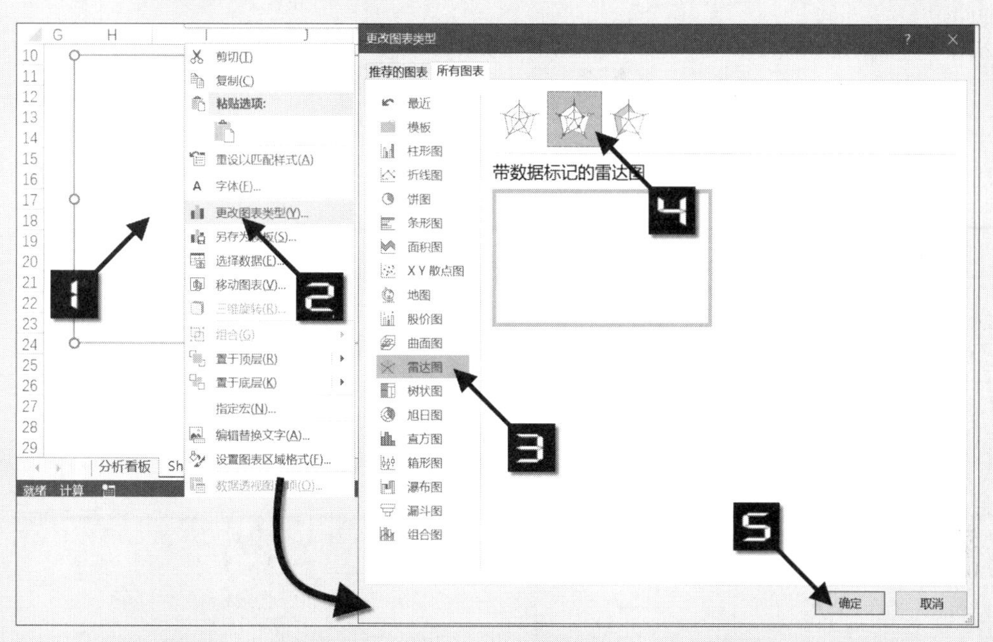

图 17-13　更改图表类型

步骤⑫ 如图 17-14 所示添加图表数据系列，完成带数据标记的雷达图的创建。

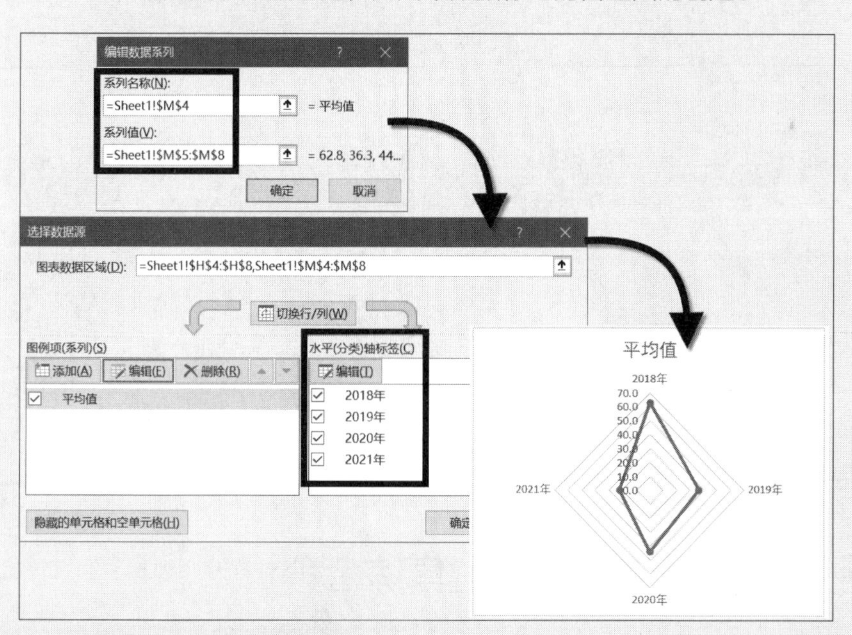

图 17-14　创建带数据标记的雷达图

步骤⑬ 插入一张空白的圆环图，如图 17-15 所示添加图表数据系列，完成圆环图的创建。

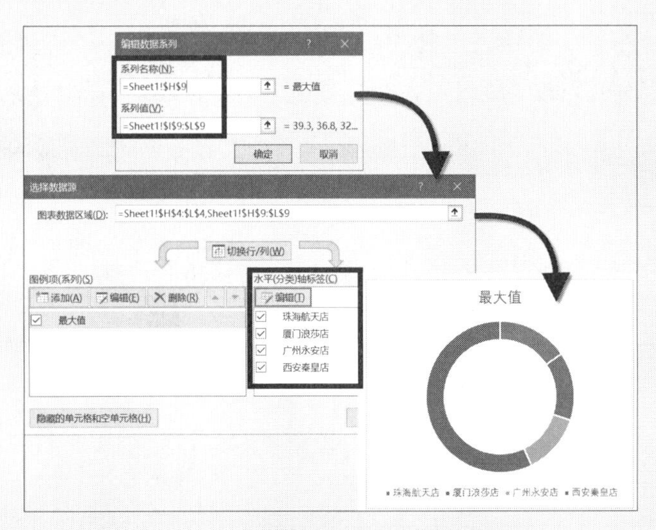

图 17-15 创建圆环图

步骤⑭ 依次对数据透视表、数据透视图（簇状柱形图）、气泡图、带平滑线和数据标记的散点图、带数据标记的雷达图和圆环图进行格式优化和美化，如图 17-16 所示。

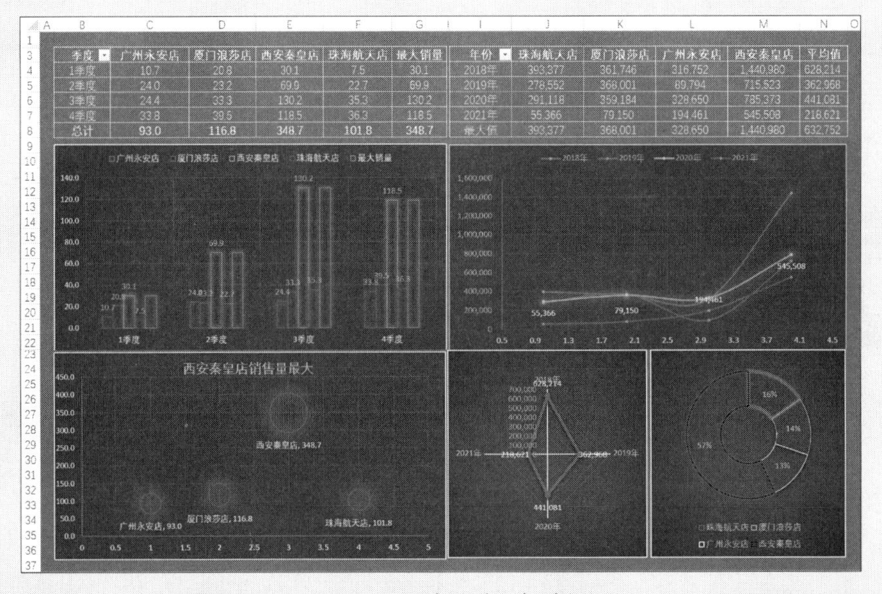

季度	广州永安店	厦门浪莎店	西安秦皇店	珠海航天店	最大销量
1季度	10.7	20.8	30.1	7.5	30.1
2季度	24.0	23.2	69.9	22.7	69.9
3季度	24.4	33.3	130.2	35.3	130.2
4季度	33.8	39.5	118.5	36.3	118.5
总计	93.0	116.8	348.7	101.8	348.7

年份	珠海航天店	厦门浪莎店	广州永安店	西安秦皇店	平均值
2018年	393,377	361,746	316,752	1,440,980	628,214
2019年	278,552	368,001	89,794	715,523	362,968
2020年	291,118	359,184	328,650	785,373	441,081
2021年	55,366	79,150	194,461	545,508	218,621
最大值	393,377	368,001	328,650	1,440,980	632,752

图 17-16 销售渠道分析看板

17.2 利用数据透视图进行销售综合分析

示例17-2 多维度销售分析看板

图 17-17 展示的“销售数据”工作表中记录了某公司一段时期内的销售及成本明细数据，此工

作表存放于D盘根目录。

	商店名称	风格名称	品牌名称	商品代码	商品年份	季节名称	大类名称	性别名称	颜色名称	数量	销售金额	成本金额
2	溢水店	中式改良	鞋	151302300	2015	秋	布鞋	女	兰色	1	235	388.8
3	溢水店	休闲	鞋	140113024	2015	春	皮鞋	女	土黄	1	440	824.4
4	溢水店	休闲	鞋	181101071	2018	春	布鞋	男	黑色	1	537	297
5	溢水店	时尚	服装	175458265	2017	冬	下装	女	黑色	1	702	525.6
6	溢水店	休闲	服装	164450037	2016	冬	上装	女	绿色	1	959	1600.2
7	溢水店	休闲	鞋	161301019	2016	秋	布鞋	男	兰色	1	851	574.2
8	溢水店	休闲	鞋	171301030	2017	秋	布鞋	女	黑色	1	678	423
9	溢水店	休闲	鞋	181101065	2018	春	布鞋	女	红色	2	1026	565.2
10	溢水店	时尚	服装	174142055	2017	春	上装	女	玫红	1	1707	928.8
11	溢水店	中式	服装	174453263	2017	冬	上装	女	酒红	1	1870	1764
12	溢水店	中式	服装	174342053	2017	秋	上装	女	红色	1	1938	1090.8
13	溢水店	中式	服装	174342240	2017	秋	上装	女	紫红	1	1797	1004.4
14	溢水店	休闲	服装	174442023	2017	冬	上装	女	咖色	1	2036	1114.2
15	溢水店	休闲	服装	174442069	2017	冬	上装	女	1号色	1	1635	1638
16	溢水店	休闲	服装	184144401	2018	春	上装	女	兰色	1	1160	493.2
17	溢水店	休闲	服装	174442003	2017	冬	上装	女	2号色	1	1290	1089
18	溢水店	正装	鞋	150113178	2015	春	皮鞋	男	黑色	1	716	1179

图 17-17　销售数据明细表

面对这样一个庞大而且经常增加记录的数据列表进行数据分析，首先需要创建动态的数据透视表并通过对数据透视表的重新布局得到按“商品年份”“商店名称”和“季节名称”等不同角度的分类汇总分析表，再通过不同的数据透视表生成相应的数据透视图得到一系列的分析报表，具体可参照以下步骤。

步骤① 新建一个Excel工作簿，将其命名为“多维度销售分析看板.xlsx”，打开该工作簿，将Sheet1 工作表改名为“销售分析”。

步骤② 在【数据】选项卡中单击【现有连接】按钮，在弹出的【现有连接】对话框中单击【浏览更多】按钮，打开【选取数据源】对话框，选择要导入的目标文件的所在路径，双击“销售分析数据源.xlsx”，打开【选择表格】对话框，如图 17-18 所示。

17章

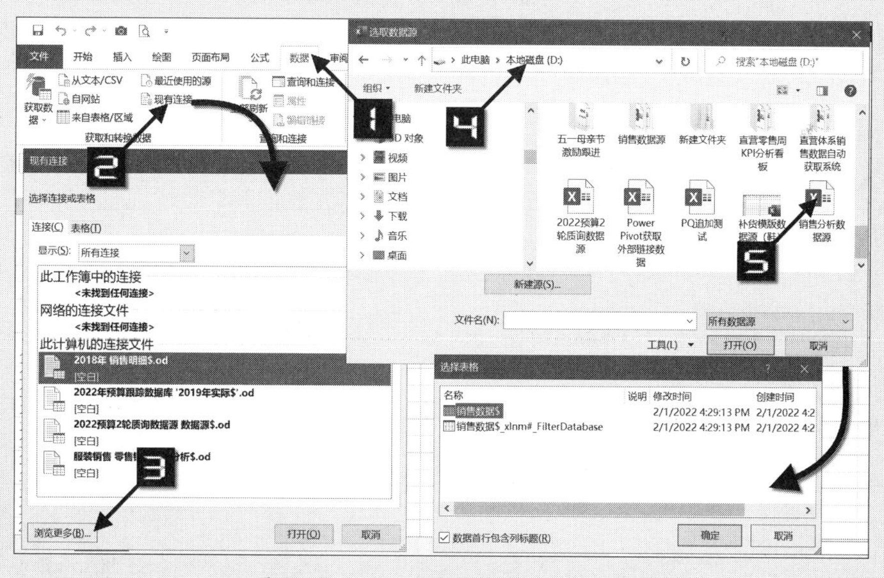

图 17-18　激活【选取数据源】对话框

步骤③ 保持【选择表格】对话框中对名称的默认选择，单击【确定】按钮，激活【导入数据】对话框，单击【数据透视表】单选按钮，指定【数据的放置位置】为现有工作表的“$A$1”，单击【确定】按钮生成一张空白的数据透视表，如图 17-19 所示。

步骤④ 向数据透视表中添加相关字段，并在数据透视表中插入计算字段“毛利”，计算公式为“毛利 = 销售金额 - 成本金额”，如图 17-20 所示。

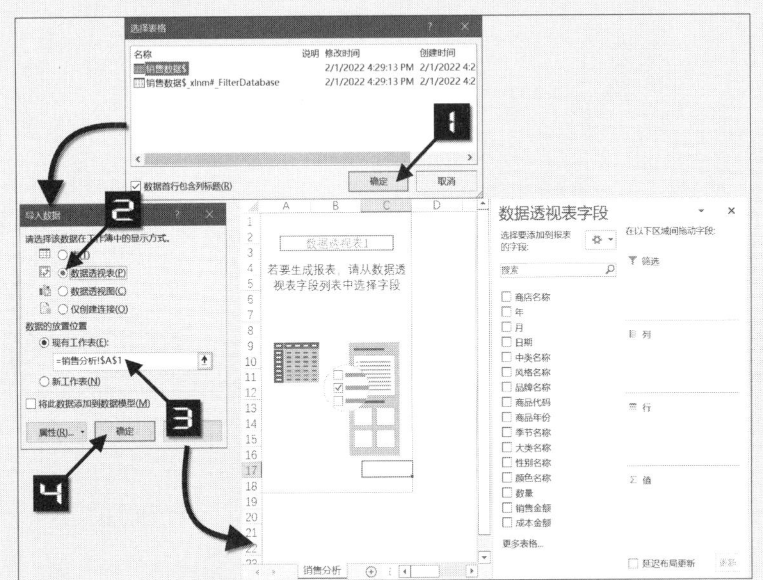

图 17-19 生成空白的数据透视表

商品年份	销售金额	成本金额	毛利
2013	951,412	608,684	342,728
2014	788,877	326,425	462,452
2015	1,715,271	1,924,952	-209,681
2016	1,867,699	2,158,717	-291,018
2017	6,018,527	3,840,709	2,177,818
2018	6,899,051	3,755,137	3,143,914
总计	18,240,837	12,614,623	5,626,214

图 17-20 按销售月份汇总的数据透视表

步骤⑤ 单击数据透视表中的任意单元格（如 A2），在【插入】选项卡中单击【数据透视图】按钮，在弹出的【插入图表】对话框中依次选择【插入折线图或面积图】→【二维折线图】中的“折线图”图表类型，如图 17-21 所示。

步骤⑥ 对数据透视图进行格式美化后如图 17-22 所示。

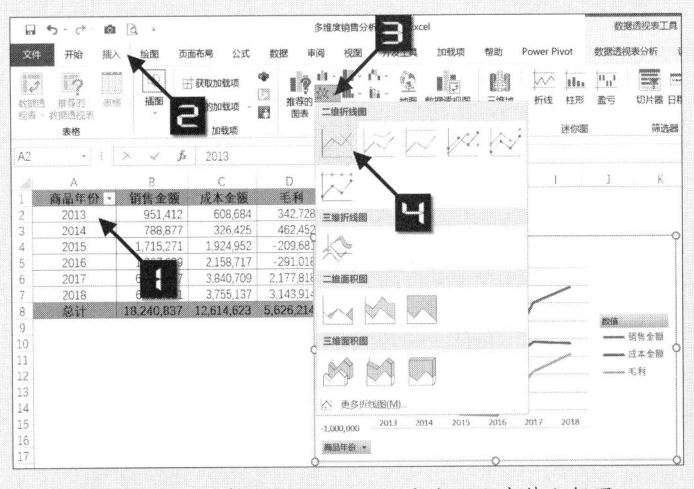

图 17-21 按商品年份的收入及成本利润走势分析图

图 17-22 美化数据透视图

步骤⑦ 复制图 17-20 所示的数据透视表，对数据透视表重新布局，创建数据透视图，图表类型选择“圆环图”，得到不同季节的销售金额汇总表和销售占比图，如图 17-23 所示。

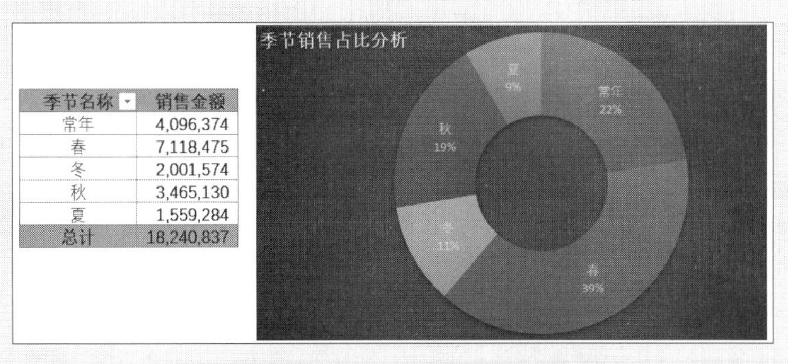

季节名称	销售金额
常年	4,096,374
春	7,118,475
冬	2,001,574
秋	3,465,130
夏	1,559,284
总计	18,240,837

图 17-23 销售人员完成销售占比分析图

步骤⑧ 再次复制图 17-20 所示的数据透视表，对数据透视表重新布局，创建数据透视图，图表类型选择“堆积柱形图”，得到按销售部门反映的收入及成本利润汇总表和不同部门的对比分析图，如图 17-24 所示。

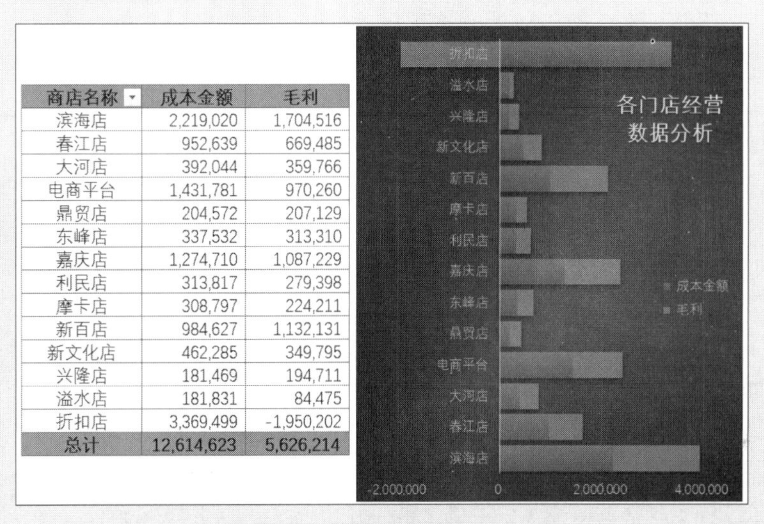

商店名称	成本金额	毛利
滨海店	2,219,020	1,704,516
春江店	952,639	669,485
大河店	392,044	359,766
电商平台	1,431,781	970,260
鼎贸店	204,572	207,129
东峰店	337,532	313,310
嘉庆店	1,274,710	1,087,229
利民店	313,817	279,398
摩卡店	308,797	224,211
新百店	984,627	1,132,131
新文化店	462,285	349,795
兴隆店	181,469	194,711
溢水店	181,831	84,475
折扣店	3,369,499	-1,950,202
总计	12,614,623	5,626,214

图 17-24 门店销售分析图

步骤⑨ 再次复制图 17-20 所示的数据透视表，对数据透视表重新布局，创建数据透视图，图表类型选择“组合图”，得到按大类名称反映的销售金额及毛利率关系的对比分析图，如图 17-25 所示。

大类名称	销售金额	毛利率%
布鞋	5,062,551	34%
内衣	4,022	-24%
配饰	313,066	60%
皮鞋	2,622,541	19%
裙装	1,092,297	34%
上装	7,085,263	27%
套装	1,247,810	63%
下装	813,287	20%
总计	18,240,837	31%

大类商品销售额与毛利率关系

图 17-25 大类商品销售金额及毛利率

步骤⑩ 插入“品牌名称”切片器，自定义切片器样式，设置切片器的报表连接，如图 17-26 所示。

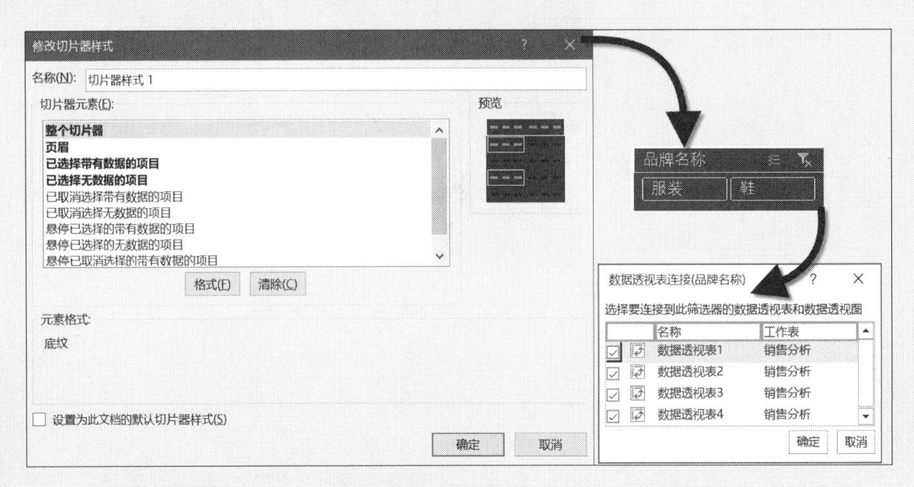

图 17-26　设置切片器

步骤⑪ 插入一个文本框，输入“兰格公司多维度销售分析看板”并设置样式，最后将数据透视图进行组合排放，如图 17-27 所示。

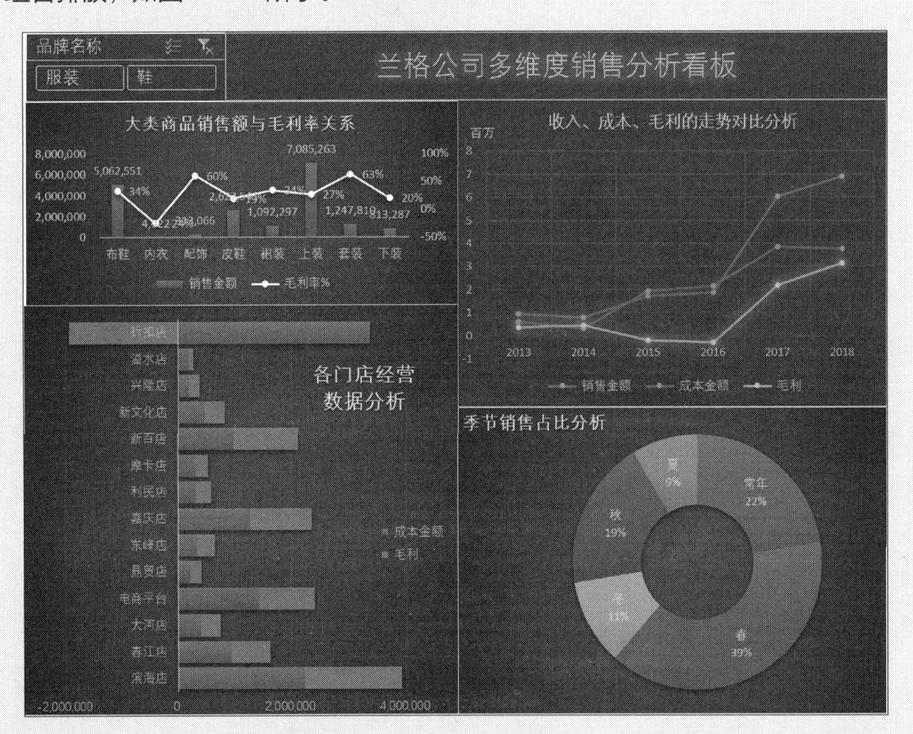

图 17-27　多维度销售分析看板

通过对切片器“品牌名称”的选择，还可以针对每种品牌的产品进行门店销售分析，如图 17-28 所示。

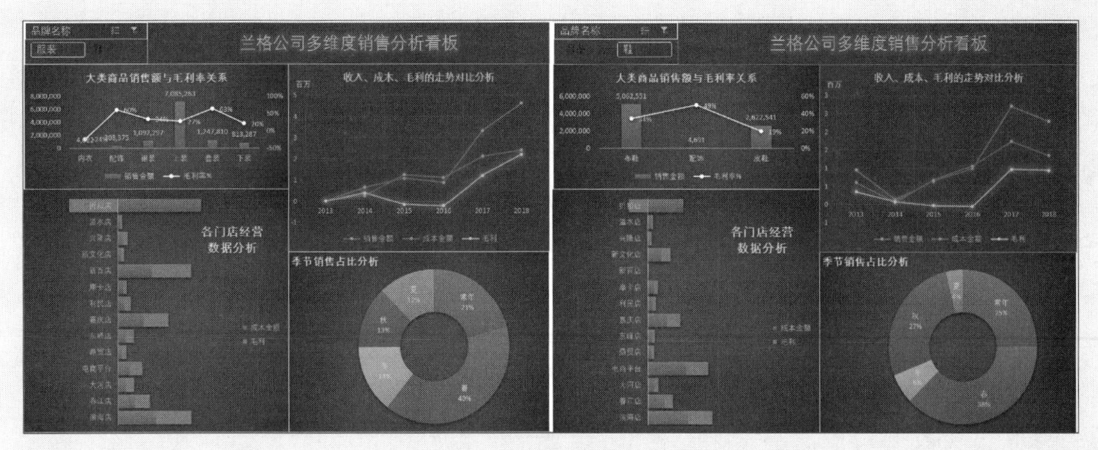

图 17-28　多维度销售分析看板

本例通过对同一个数据透视表的不同布局得到各种不同角度的销售分析汇总表，并通过创建数据透视图来进行销售走势、销售占比和门店对比等各种图表分析，完成图文并茂的多角度销售分析报表，可以满足不同用户的分析要求。

17.3　利用PowerPivot for Excel综合分析数据

PowerPivot早已在Excel 2013中就成为Excel的内置功能，无须安装任何加载项即可使用。运用PowerPivot，用户可以从多个不同类型的数据源将数据导入Excel的数据模型中并创建关系。数据模型中的数据可供数据透视表等其他数据分析工具所用。

示例17-3　利用PowerPivot for Excel制作销量综合分析看板

图 17-29 展示了某公司一段时期内的“销售数量”和“产品信息”数据列表，如果用户希望利用PowerPivot功能将这两张数据列表进行关联，生成图文并茂的综合分析表，可以参照以下步骤。

	A	B	C	D	E	F	G
1	批号	1月销量	2月销量	3月销量	4月销量	5月销量	6月销量
59	Z12-014	1,652	1,226	1,554	992	84	925
60	Z12-013	419	1,216	1,073	357	1,906	921
61	Z12-012	1,738	1,366	611	450	2,350	1,569
62	Z12-011	1,874	438	279	482	187	405
63	Z12-010	985	3,926	112	881	2,472	1,757
64	Z11-016	847	2,140	398	695	2,042	778
65	Z11-015	289	2,224	665	1,892	1,452	315
66	Z11-014	573	102	923	1,324	1,198	1,918
67	Z12-038	952	1,344	1,558	1,129	2,782	1,176
68	C12-204	1,460	2,426	863	1,306	958	1,735
69	C12-203	1,749	432	133	1,185	180	1,481
70	C12-202	1,352	2,946	502	1,220	290	1,781
71	C12-071	1,421	1,630	886	1,657	4,690	797
72	C12-070	1,953	56	1,279	997	4,658	247
73	C12-069	667	1,408	1,997	947	4,337	1,470
74	C12-064	458	3,332	858	1,838	1,286	1,521
75	C12-063	270	2,352	517	517	4,284	717
76	C12-062	682	2,850	179	54	2,407	1,747
77	C11-[illegible]	[illegible]	396	1,690	360	3,809	455

销售数量　产品信息

	A	B	C	D
1	批号	货位	产品码	款号
2	B01-158	FG-2	睡袋	076-0705-4
3	B03-047	FG-1	睡袋	076-0733-6
4	B03-049	FG-1	睡袋	076-0705-4
5	B12-116	FG-3	睡袋	076-0733-6
6	B12-118	FG-3	睡袋	076-0837-0
7	B12-119	FG-3	睡袋	076-0786-0
8	B12-120	FG-3	睡袋	076-0734-4
9	B12-121	FG-3	睡袋	076-0837-0
10	B12-122	FG-3	睡袋	076-0732-8
11	C01-048	FG-3	服装	SJM9700
12	C01-049	FG-3	服装	SJM9700
13	C01-067	FG-3	服装	SJM9700
14	C01-072	FG-3	服装	SJM9700
15	C01-103	FG-3	宠物垫	38007002
16	C01-104	FG-3	宠物垫	38007002
17	C01-105	FG-3	宠物垫	38007002
18	C01-148	FG-3	宠物垫	38007002
19	c01-205	FG-1	服装	SJM9700
20	C01-207	FG-1	[illegible]	FB99000F 002

销售数量　产品信息

图 17-29　“销售数量”和“产品信息”数据列表

步骤① 单击“销售数量”工作表中的任意单元格（如A2），在【PowerPivot】选项卡中单击【添加到数据模型】按钮，弹出【创建表】对话框，保持默认选项不变，单击【确定】按钮关闭对话框，弹出【PowerPivot for Excel】窗口，显示已经创建了“销售数量”工作表对应的PowerPivot链接表“表1”，如图17-30所示。

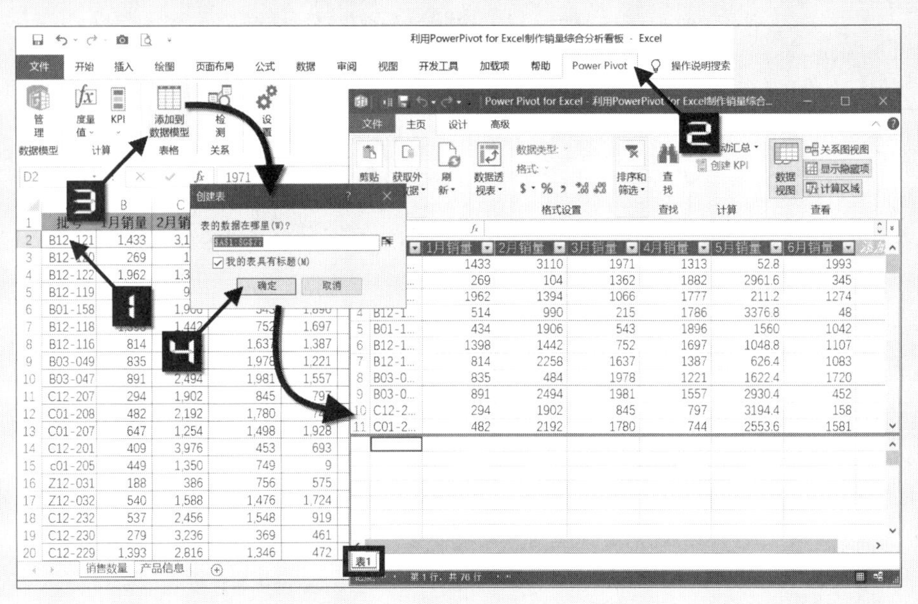

图 17-30 创建PowerPivot链接表“表1”

步骤② 重复操作步骤1，为“产品信息”工作表创建对应的PowerPivot链接表“表2”。

步骤③ 在【PowerPivot for Excel】窗口的【主页】选项卡中单击【关系图视图】按钮，调出【关系图视图】界面，将【表2】列表框中的“批号”字段移动至【表1】列表框中的“批号”字段上，完成PowerPivot“表1”和“表2”以“批号”为基准关系的创建，如图17-31所示。

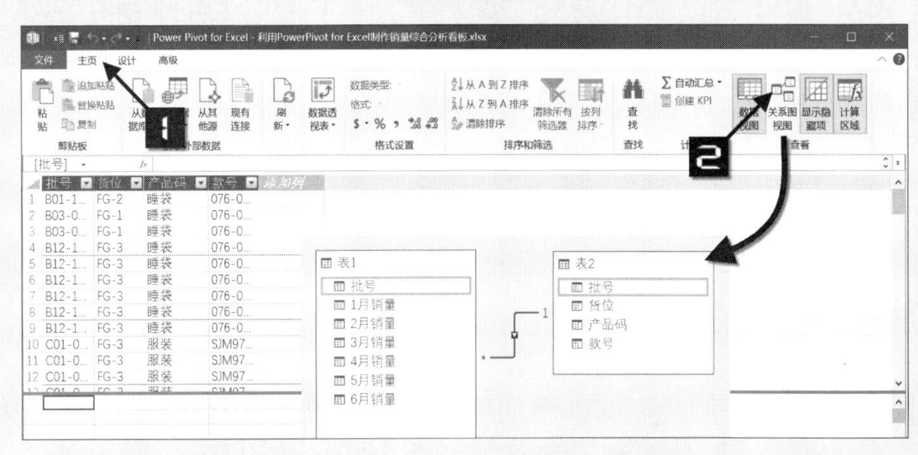

图 17-31 PowerPivot“表1”和“表2”创建关系

步骤④ 在【主页】选项卡中依次单击【数据透视表】→【图和表（垂直）】命令，弹出【创建数据透视图和数据透视表（垂直）】对话框，如图17-32所示。

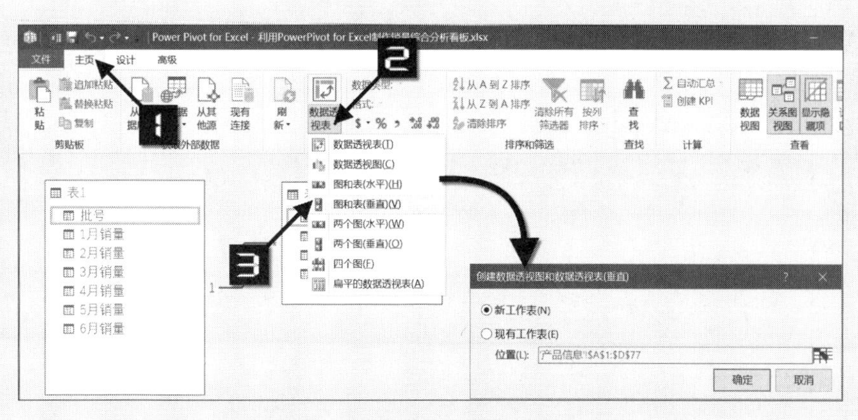

图 17-32　创建数据透视图和数据透视表

步骤⑤ 单击【确定】按钮后，Excel 中创建了一张空白的数据透视表和数据透视图，如图 17-33 所示。

图 17-33　创建一张空白的数据透视表和数据透视图

步骤⑥ 单击【图表 1】区域，在【数据透视图字段】列表对话框中依次勾选“表 1”项下的“1 月销量”~“6 月销量”复选框，创建系统默认的“簇状柱形图”，如图 17-34 所示。

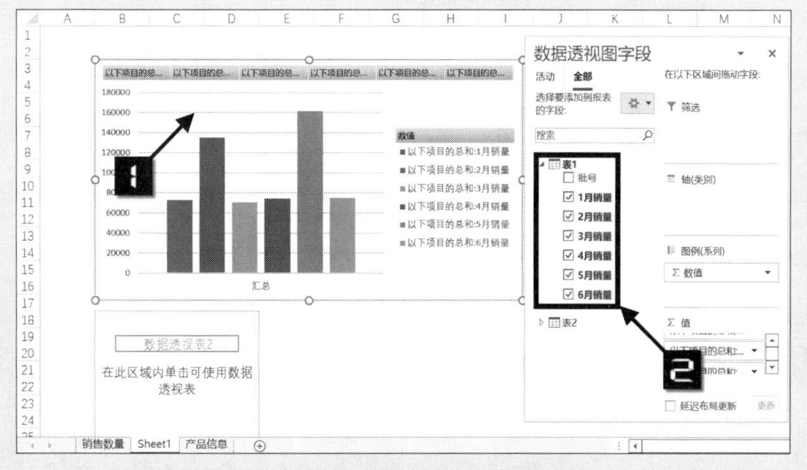

图 17-34　设置数据透视图

步骤⑦ 单击数据透视表，在【数据透视表字段】对话框中调整数据透视表的字段，创建如图 17-35 所示的数据透视表。

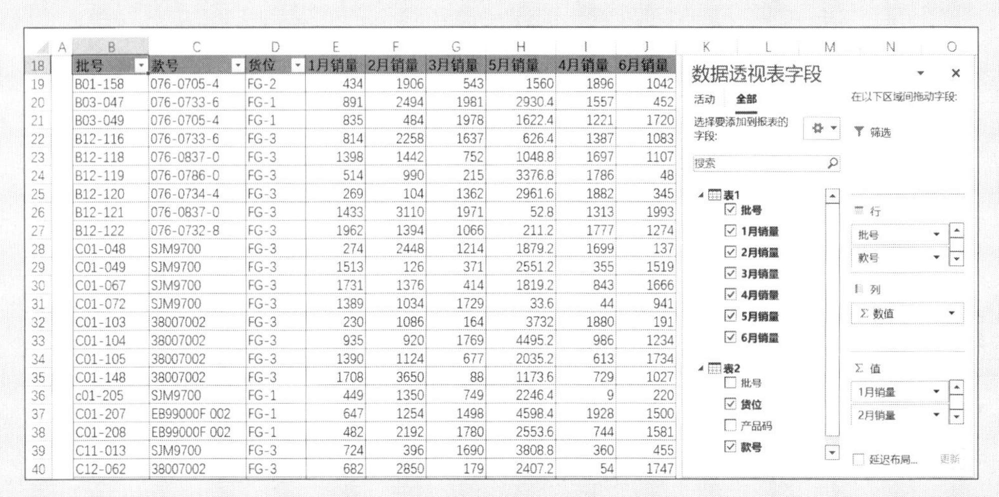

批号	款号	货位	1月销量	2月销量	3月销量	5月销量	4月销量	6月销量
B01-158	076-0705-4	FG-2	434	1906	543	1560	1896	1042
B03-047	076-0733-6	FG-1	891	2494	1981	2930.4	1557	452
B03-049	076-0705-4	FG-1	835	484	1978	1622.4	1221	1720
B12-116	076-0733-6	FG-3	814	2258	1637	626.4	1387	1083
B12-118	076-0837-0	FG-3	1398	1442	752	1048.8	1697	1107
B12-119	076-0786-0	FG-3	514	990	215	3376.8	1786	48
B12-120	076-0734-4	FG-3	269	104	1362	2961.6	1882	345
B12-121	076-0837-0	FG-3	1433	3110	1971	52.8	1313	1993
B12-122	076-0732-8	FG-3	1962	1394	1066	211.2	1777	1274
C01-048	SJM9700	FG-3	274	2448	1214	1879.2	1699	137
C01-049	SJM9700	FG-3	1513	126	371	2551.2	355	1519
C01-067	SJM9700	FG-3	1731	1376	414	1819.2	843	1666
C01-072	SJM9700	FG-3	1389	1034	1729	33.6	44	941
C01-103	38007002	FG-3	230	1086	164	3732	1880	191
C01-104	38007002	FG-3	935	920	1769	4495.2	986	1234
C01-105	38007002	FG-3	1390	1124	677	2035.2	613	1734
C01-148	38007002	FG-3	1708	3650	88	1173.6	729	1027
c01-205	SJM9700	FG-1	449	1350	749	2246.4	9	220
C01-207	EB99000F 002	FG-1	647	1254	1498	4598.4	1928	1500
C01-208	EB99000F 002	FG-1	482	2192	1780	2553.6	744	1581
C11-013	SJM9700	FG-3	724	396	1690	3808.8	360	455
C12-062	38007002	FG-3	682	2850	179	2407.2	54	1747

图 17-35 设置数据透视表

步骤⑧ 单击数据透视表中的任意单元格（如B20），在【插入】选项卡中单击【切片器】按钮，弹出【插入切片器】对话框，勾选“表 2”中的“产品码”复选框，创建【产品码】切片器，如图 17-36 所示。

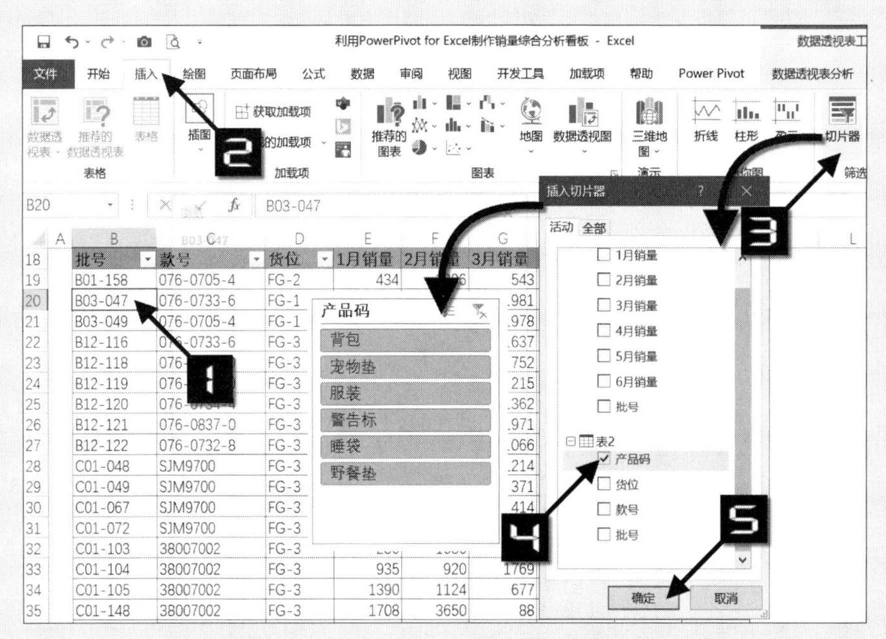

图 17-36 在数据透视表中插入切片器

步骤⑨ 单击切片器，在【切片器工具】的【切片器】选项卡中单击【报表连接】按钮，在弹出的【数据透视表连接（产品码）】对话框中勾选【图表 1】复选框，单击【确定】按钮，如图 17-37 所示。

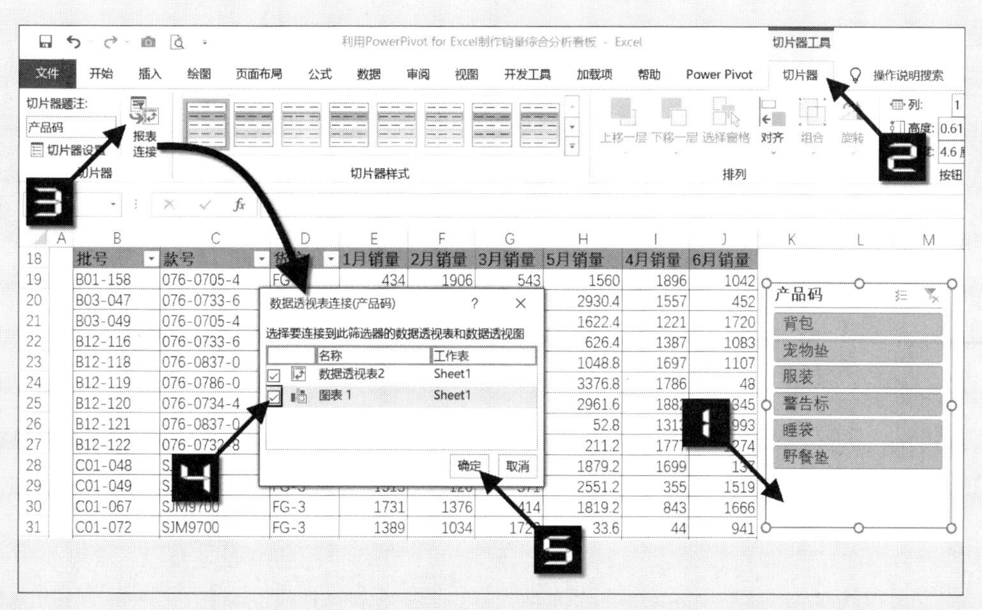

图 17-37 设置切片器的连接

步骤⑩ 在【PowerPivot】选项卡中依次单击【度量值】→【新建度量值】创建度量值“销售总量”“平均销量”“销售走势”，其中的“销售走势”度量值是为插入迷你图预留空间，如图 17-38 所示。

销售总量 =SUM('表1'[1月销量])+SUM('表1'[2月销量])+SUM('表1'[3月销量])+SUM('表1'[4月销量])+SUM('表1'[5月销量])+SUM('表1'[6月销量])

平均销量 =([以下项目的总和:1月销量]+[以下项目的总和:2月销量]+[以下项目的总和:3月销量]+[以下项目的总和:4月销量]+[以下项目的总和:5月销量]+[以下项目的总和:6月销量])/6

销售走势 =[以下项目的总和:1月销量]*0

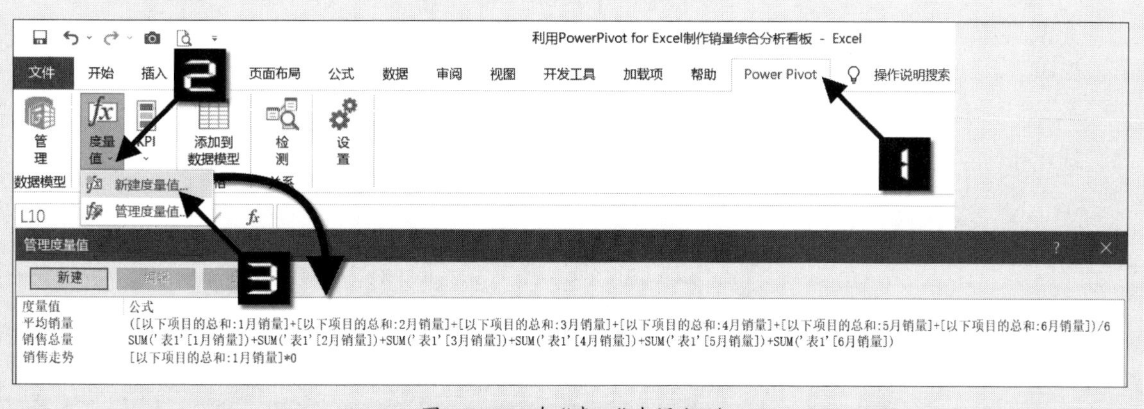

图 17-38 在“表 1”中添加列

步骤⑪ 将“销售总量”“平均销量”“销售走势”字段添加到数据透视表中，如图 17-39 所示。

	批号	款号	货位	销售走势	销售总量	平均销量	1月销量	2月销量	3月销量	5月销量	4月销量	6月销量
19	B01-158	076-0705-4	FG-2	0	7,381	1,230	434	1906	543	1560	1896	1042
20	B03-047	076-0733-6	FG-1	0	10,305	1,718	891	2494	1981	2930.4	1557	452
21	B03-049	076-0705-4	FG-1	0	7,860	1,310	835	484	1978	1622.4	1221	1720
22	B12-116	076-0733-6	FG-3	0	7,805	1,301	814	2258	1637	626.4	1387	1083
23	B12-118	076-0837-0	FG-3	0	7,445	1,241	1398	1442	752	1048.8	1697	1107
24	B12-119	076-0786-0	FG-3	0	6,930	1,155	514	990	215	3376.8	1786	48
25	B12-120	076-0734-4	FG-3	0	6,924	1,154	269	104	1362	2961.6	1882	345
26	B12-121	076-0837-0	FG-3	0	9,873	1,645	1433	3110	1971	52.8	1313	1993
27	B12-122	076-0732-8	FG-3	0	7,684	1,281	1962	1394	1066	211.2	1777	1274
28	C01-048	SJM9700	FG-3	0	7,651	1,275	274	2448	1214	1879.2	1699	137
29	C01-049	SJM9700	FG-3	0	6,435	1,073	1513	126	371	2551.2	355	1519
30	C01-067	SJM9700	FG-3	0	7,849	1,308	1731	1376	414	1819.2	843	1666
31	C01-072	SJM9700	FG-3	0	5,171	862	1389	1034	1729	33.6	44	941
32	C01-103	38007002	FG-3	0	7,283	1,214	230	1086	164	3732	1880	191
33	C01-104	38007002	FG-3	0	10,339	1,723	935	920	1769	4495.2	986	1234
34	C01-105	38007002	FG-3	0	7,573	1,262	1390	1124	677	2035.2	613	1734
35	C01-148	38007002	FG-3	0	8,376	1,396	1708	3650	88	1173.6	729	1027
36	c01-205	SJM9700	FG-1	0	5,023	837	449	1350	749	2246.4	9	220

图 17-39　向数据透视表添加字段

步骤12 对整张工作表设置单元格零值不显示，在【插入】选项卡中单击【柱形】按钮，在弹出的【创建迷你图】对话框中，设置“数据范围”和“位置范围”，单击【确定】按钮，如图 17-40 所示。

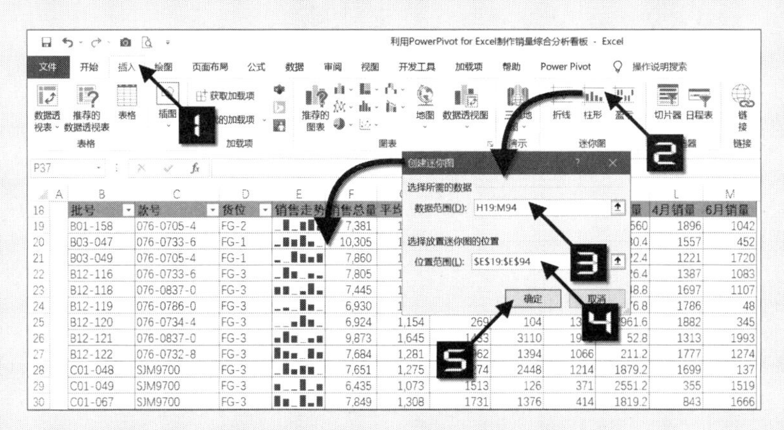

图 17-40　在数据透视表中插入迷你图

步骤13 单击数据透视表中迷你图的任意单元格（如E19），依次单击【迷你图工具】的【迷你图】→【标记颜色】→【首点】→【主题颜色】选为“红色”，如图 17-41 所示。

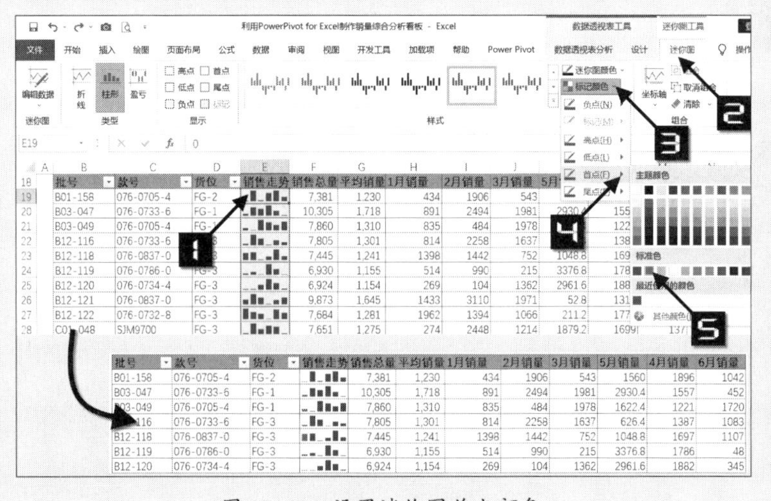

图 17-41　设置迷你图首点颜色

步骤⑭ 对步骤 6 中创建的数据透视图的数据进行行列切换，更改图表类型为“带数据标记的折线图”，同时在【数据透视表字段】列表中通过【值字段设置】更改图表坐标轴字段名称，如图 17-42 所示。

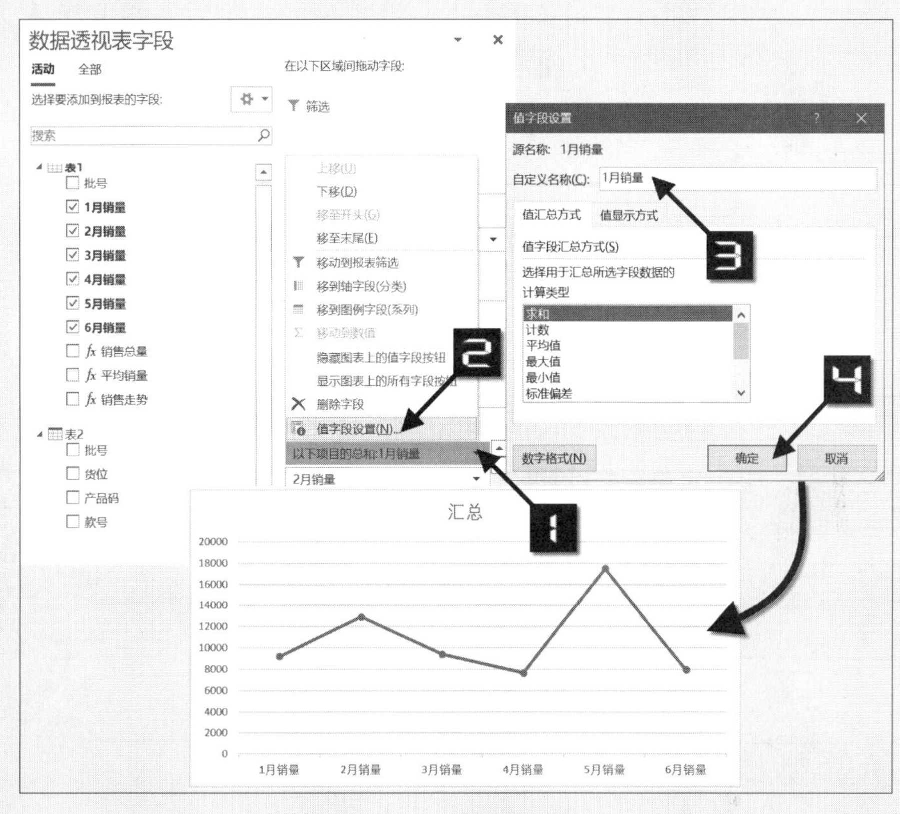

图 17-42　设置数据透视图

步骤⑮ 复制、粘贴数据透视表图并设置为“饼图”，最后进行数据透视图美化，如图 17-43 所示。

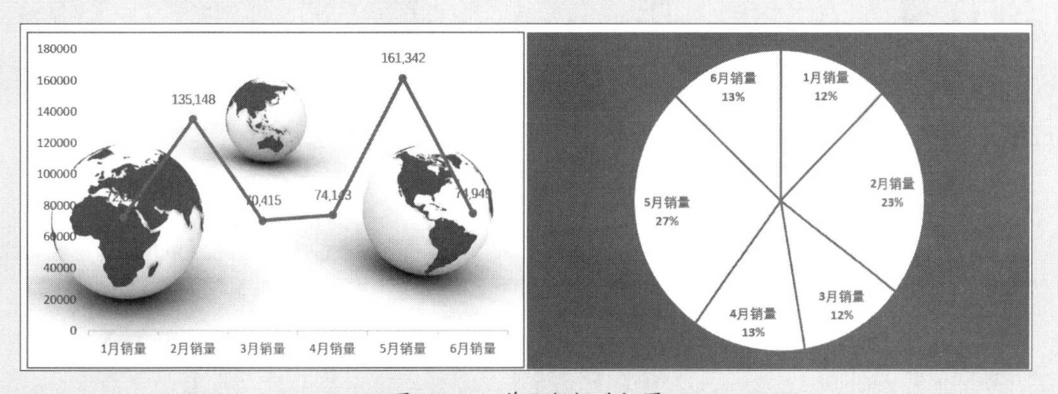

图 17-43　美化数据透视图

步骤⑯ 将数据透视图和切片器进行组合，进一步美化和调整数据透视表，最终完成的综合分析看板如图 17-44 所示。

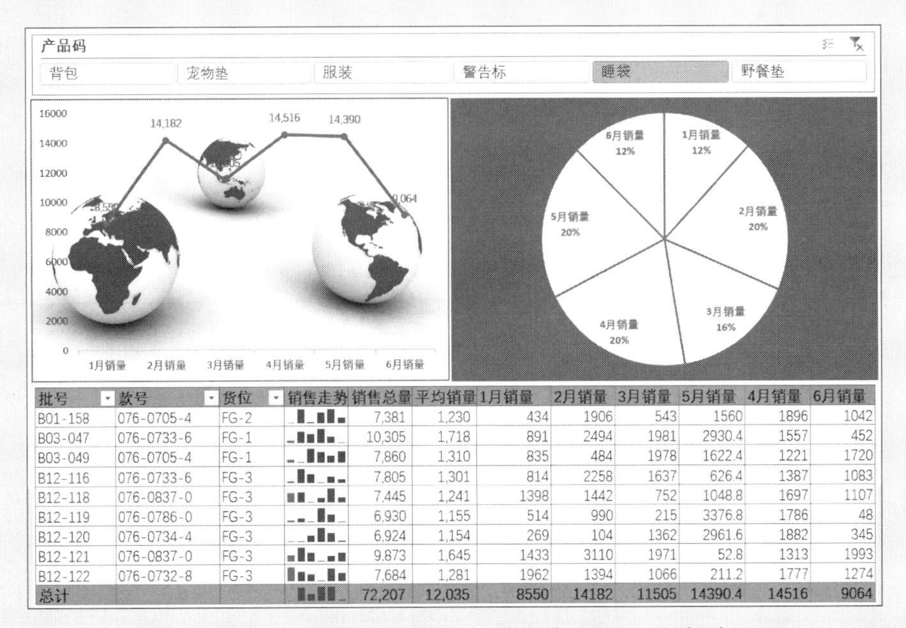

批号	款号	货位	销售走势	销售总量	平均销量	1月销量	2月销量	3月销量	5月销量	4月销量	6月销量
B01-158	076-0705-4	FG-2		7,381	1,230	434	1906	543	1560	1896	1042
B03-047	076-0733-6	FG-1		10,305	1,718	891	2494	1981	2930.4	1557	452
B03-049	076-0705-4	FG-1		7,860	1,310	835	484	1978	1622.4	1221	1720
B12-116	076-0733-6	FG-3		7,805	1,301	814	2258	1637	626.4	1387	1083
B12-118	076-0837-0	FG-3		7,445	1,241	1398	1442	752	1048.8	1697	1107
B12-119	076-0786-0	FG-3		6,930	1,155	514	990	215	3376.8	1786	48
B12-120	076-0734-4	FG-3		6,924	1,154	269	104	1362	2961.6	1882	345
B12-121	076-0837-0	FG-3		9,873	1,645	1433	3110	1971	52.8	1313	1993
B12-122	076-0732-8	FG-3		7,684	1,281	1962	1394	1066	211.2	1777	1274
总计				72,207	12,035	8550	14182	11505	14390.4	14516	9064

图 17-44　利用 PowerPivot for Excel 制作销量综合分析看板

本例利用PowerPivot for Excel对数据源中的两张数据列表进行关联后创建动态的数据透视表和数据透视图，并通过插入切片器和在数据透视表中添加迷你图完成了比较高级和复杂的综合计算和分析。

17.4　人事数据看板

示例17-4　人事数据分析可视化看板

图 17-45 展示了某公司的人事数据，为方便人事管理、人员查看和分析数据，需要对人事数据进行多角度的分析和展示。

	A	B	C	D	E	F	G	H	I	J	K
1	部门	员工姓名	年龄	司龄	婚姻	性别	学历	职务	国籍	工种	健康状况
2	子公司	Terry Rai	30	10	未婚	男	大学	经理	中国	正式工	健康
3	子公司	Latasha Rowe	33	5	已婚	女	高中	业务员	中国	招聘工	健康
4	子公司	Laura Wu	21	2	未婚	女	大专	经理	澳大利亚	正式工	健康
5	子公司	Antonio Perry	27	1	未婚	男	大专	业务员	中国	正式工	健康
6	总公司	Barry Rana	56	26	已婚	男	大学	工程师	英国	招聘工	健康
7	总公司	Tabitha Jimenez	23	5	已婚	女	大专	业务员	德国	正式工	健康
8	子公司	Kayla Long	35	3	未婚	女	研究生	经理	中国	招聘工	健康
9	子公司	Ricardo Xie	40	13	已婚	男	研究生	经理	澳大利亚	正式工	健康
10	子公司	Pedro Rodriguez	43	22	已婚	男	高中	业务员	澳大利亚	招聘工	健康
11	子公司	Latoya Nara	45	27	已婚	女	大学	业务员	澳大利亚	正式工	健康
12	总公司	Bethany Chande	29	7	未婚	女	大学	业务员	英国	正式工	健康
13	子公司	Gary Romero	40	11	已婚	男	研究生	业务员	中国	正式工	健康
14	子公司	Jose Alexander	26	5	未婚	男	大专	工程师	澳大利亚	正式工	健康

图 17-45　人事数据

主要解决思路如下。

（1）利用数据透视图，多角度分析人事数据。

（2）利用绘图工具，完成部分数据显示。

（3）利用数据透视表的组合功能，凸显重要数据占比情况。

（4）利用Power Query逆透视数据透视表形成的中间数据，产生新的数据透视图。

具体操作步骤如下。

步骤① 插入圆角矩形，更改形状填充为白色，形状轮廓为灰色，作为第一个看板。在看板左侧分别插入文本框，输入文本“公司总人数：”“其中固定员工人数占比：”，将文本框轮廓颜色设置为“无轮廓”，如图 17-46 所示。

步骤② 依据图 17-45 所示源数据，生成数据透视表，将“工种”字段拖入行区域，“员工姓名”字段拖入值区域，【值字段汇总方式】改为“计数”，对行区域的“工种”字段手动分组，“短期工”和“劳务派遣”组合为“临时员工”，“招聘工”和“正式工”组合为“固定员工”，如图 17-47 所示。

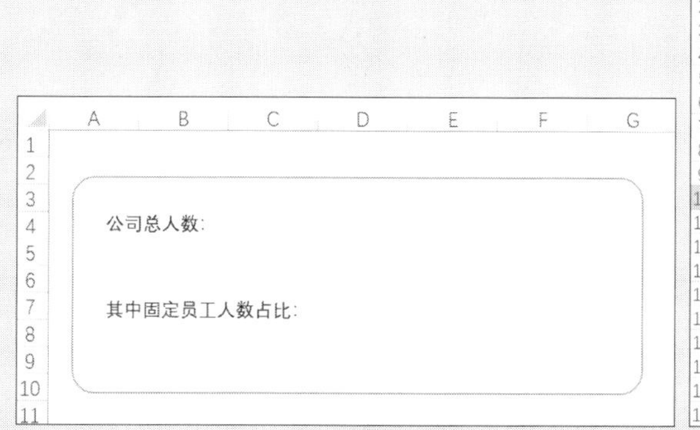

图 17-46　插入形状制作看板和标签

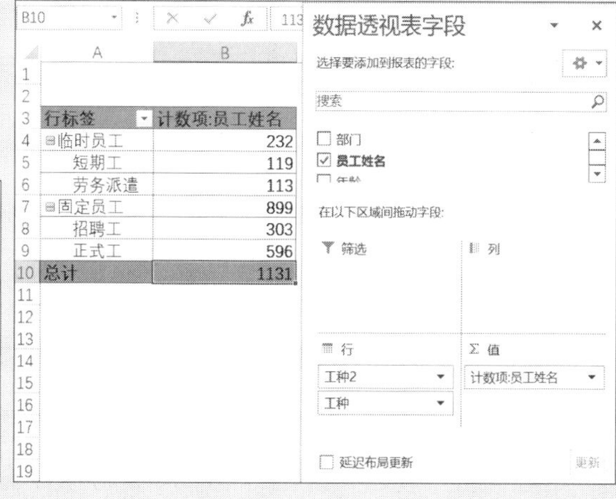

行标签	计数项:员工姓名
⊟临时员工	232
短期工	119
劳务派遣	113
⊟固定员工	899
招聘工	303
正式工	596
总计	1131

图 17-47　对工种进行透视和组合

步骤③ 在看板中的两个文本标签下方插入两个矩形，形状填充和形状轮廓设置为“无”，在【编辑栏】分别设置公式“=B10”和“=B7”，将“文本填充”设置为“黑色”并加粗显示，如图 17-48 所示。

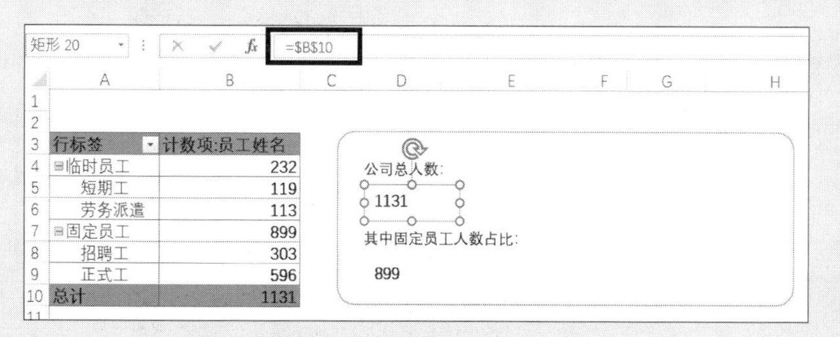

行标签	计数项:员工姓名
⊟临时员工	232
短期工	119
劳务派遣	113
⊟固定员工	899
招聘工	303
正式工	596
总计	1131

图 17-48　设置形状显示数据

步骤④ 将已有数据透视表复制两份，分别更改透视字段为“部门”和“学历”，将“学历”字段拖至列区域，手动组合“学历”字段，在【数据透视表字段】列表中拖出原“学历”字段，保留组合后的“学历 2”字段。依据数据透视表，分别插入条形图和堆积条形图，设置图表填充色和数据标签，如图 17-49 所示。

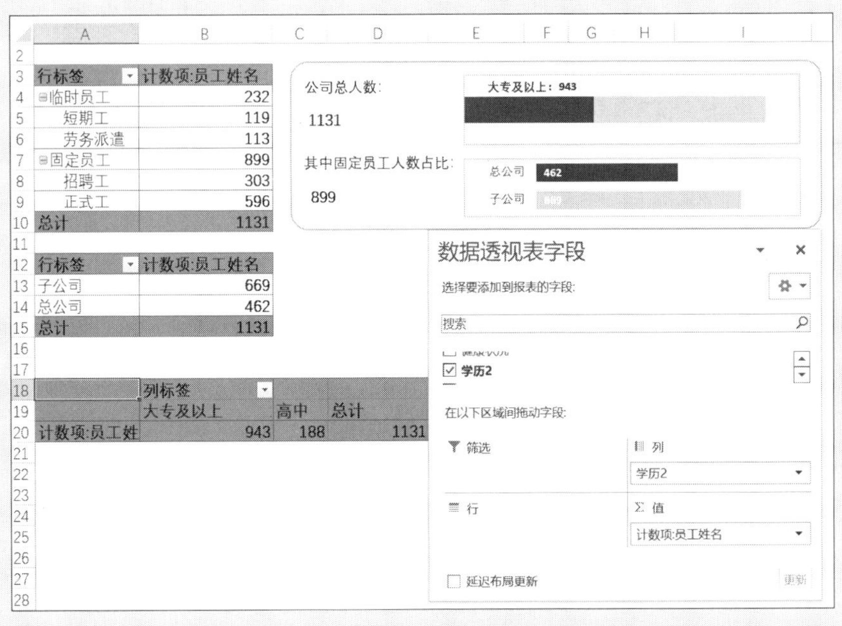

图 17-49 复制透视表并生成数据透视图

步骤⑤ 复制第一个数据透视表，在【数据透视表字段】列表中，将行区域的组合字段“工种 2”拖出，依据新的数据透视表生成圆环图，圆环图各扇区填充自定义颜色，并调整【第一扇区起始角度】为 190°和【圆环图圆环大小】为 50%，如图 17-50 所示。

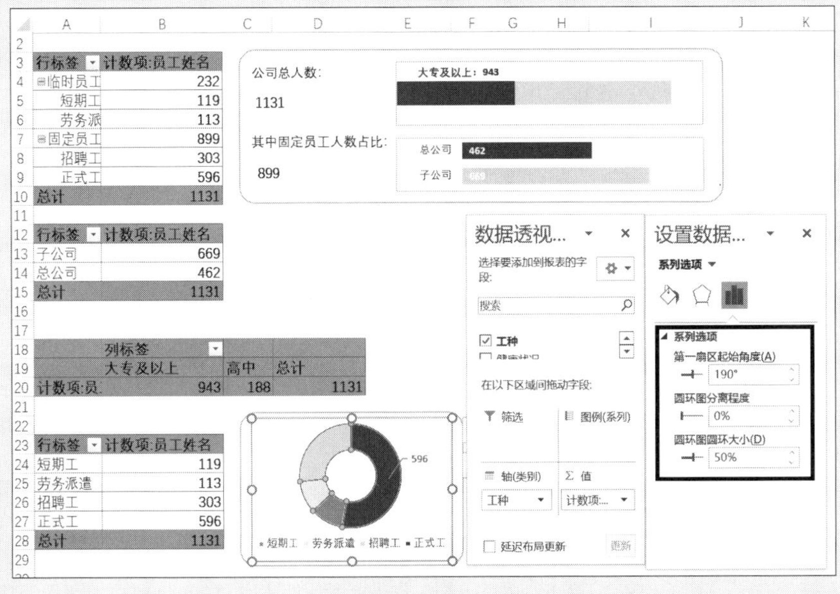

图 17-50 依据数据透视表生成圆环图

步骤⑥ 用同样的方法，分别生成4个数据透视表，透视“性别”“国籍”“部门”和“健康状况”字段。“国籍”字段手动组合为“中国”和“其他国籍”两个数据项，保留组合后的字段，拖出原“国籍”字段。“健康状况”字段组合为“健康”和“其他”，保留组合后的字段，拖出原“健康状况”字段。4 个数据透视表的【值字段设置】→【值显示方式】调整为“总计的百分比”，依据数据透视表生成 4 个圆环图，如图 17-51 所示。

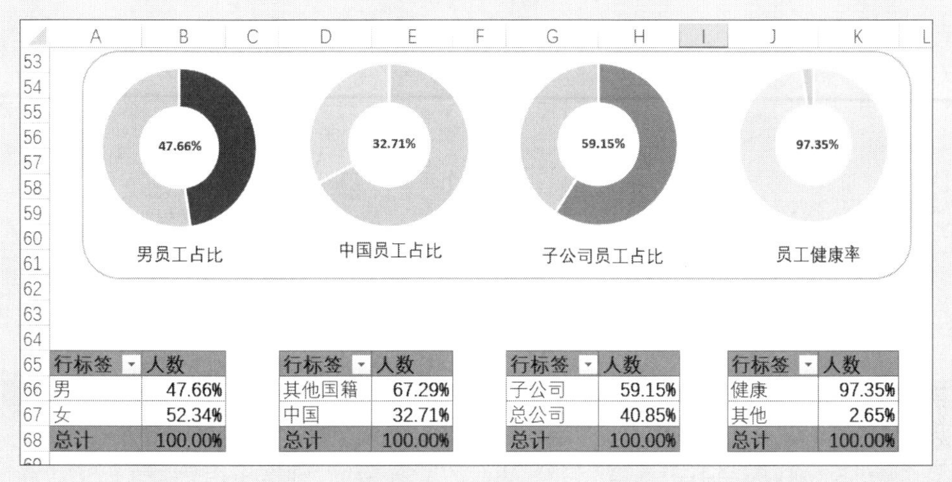

图 17-51　分别按性别、国籍、部门和健康状况透视数据

步骤⑦ 同样的方法生成数据透视表，行区域字段更改为“工种”“司龄”“年龄”字段，将“司龄”字段按【步长值】为5自动分组，将“年龄”字段按【步长值】为10自动分组，如图17-52所示。

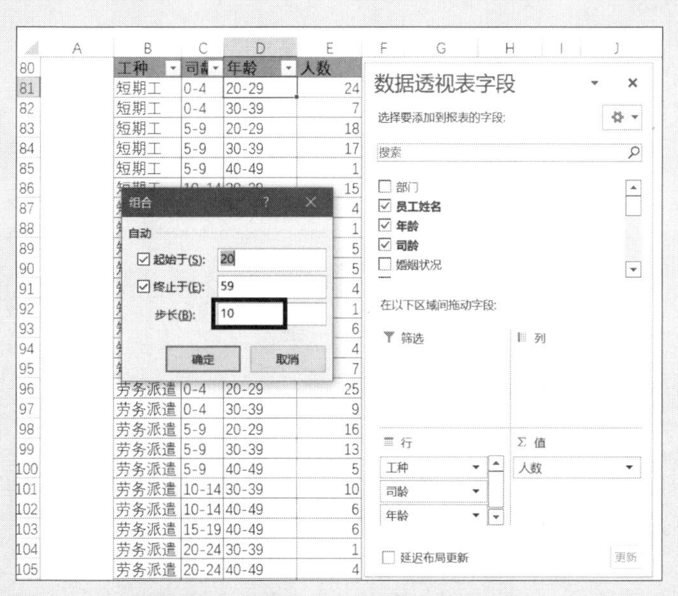

图 17-52　自动分别司龄和年龄字段

步骤⑧ 选择数据透视表的任意单元格（如B84），按<Ctrl+A>组合键全选数据透视表，在【名称框】输入名称“Table1”，按回车键。然后依次单击【数据】→【来自表格/区域】，将数据透视表数据导入到Power Query编辑器，如图 17-53 所示。

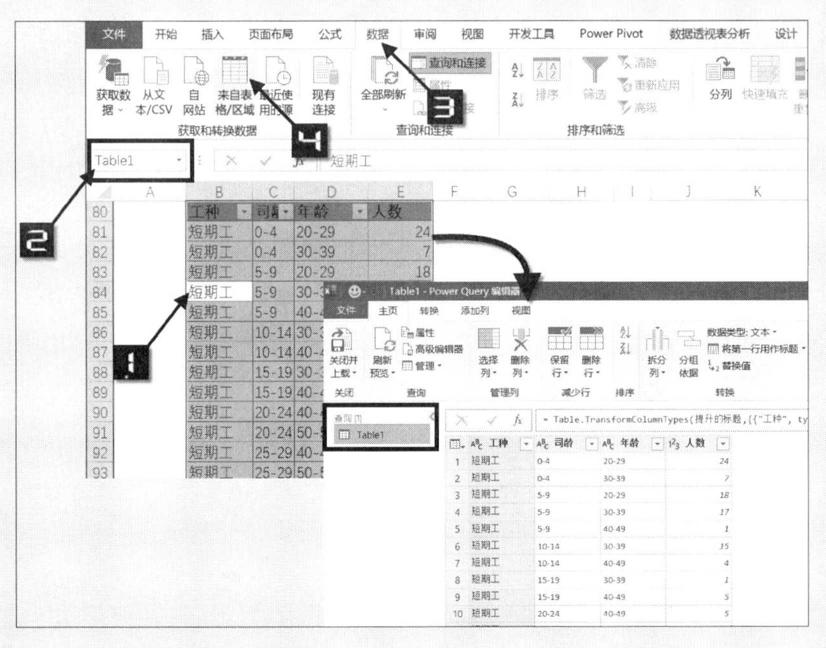

图 17-53　将数据透视表数据导入Power Query编辑器

步骤⑨ 在Power Query编辑器中选择“司龄”和“年龄”字段，依次单击【转换】→【逆透视列】→【主页】→【关闭并上载】→【关闭并上载至】→【数据透视表】，最后单击【确定】按钮，如图 17-54 所示。

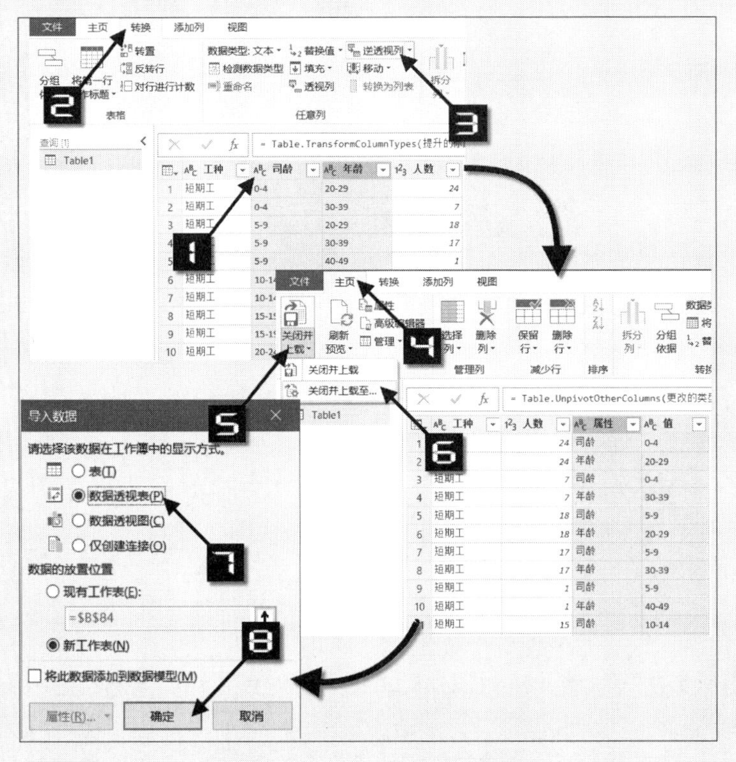

图 17-54　逆透视司龄和年龄字段

步骤⑩ 将“属性”和“值”字段拖至数据透视表的行区域，“人数”字段拖至值区域，“工种”字段拖至筛选区域，手动调整数据排序，依据数据透视表生成柱形图，如图 17-55 所示。

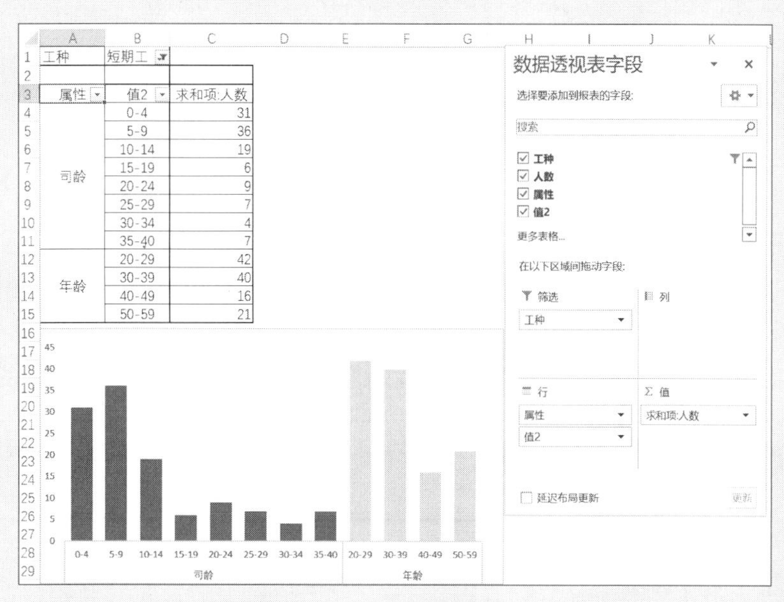

图 17-55　由 Power Query 上载数据的透视表

最后调整和美化看板，如图 17-56 所示。

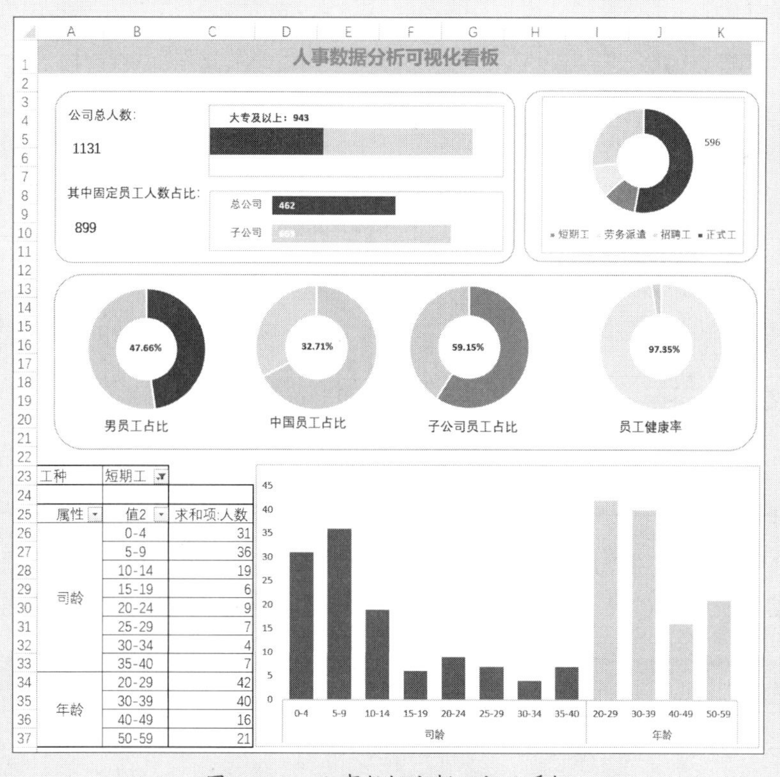

图 17-56　人事数据分析可视化看板

17.5 指定店铺指定商品促销达成跟进模板

示例17-5 指定店铺指定商品促销达成跟进模板

在市场营销活动中，由于不同商圈的租佣金、回款率、顾客群体、消费能力等因素的影响，店铺之间的促销活动各有差异，商品的售罄率、折扣率、新旧货占比等指标也有影响，而且每次参与促销活动的商品也有所不同。某公司经常会针对指定商品在特定渠道进行促销活动，完成销售目标将停止促销，如何对达成情况进行高效跟进，才是库存清理和毛利平衡的关键。

图 17-57 所示为某公司的“POS销售明细”报表，以及参与本次促销活动的“参加店铺”清单和“促销货品明细”表，通过这 3 张报表快速完成如图 17-58 的达成率报表，具体步骤如下。

POS销售明细

	A	B	C	D	E	F	G	H
1	销售日期	店铺代码	店铺名称	货号	零售价	数量	零售额	销售额
2	2021-11-15	DP00050	福州A店	DO2349	399	1	399	399
3	2021-11-15	DP00050	福州A店	DD8726	469	1	469	422
4	2021-11-15	DP00050	福州A店	DO2348	469	1	469	422
5	2021-11-15	DP00050	福州A店	DB1561	669	1	669	669
6	2021-11-15	DP00050	福州A店	BA5927	349	1	349	314
7	2021-11-15	DP00050	福州A店	DO5197	999	1	999	899
8	2021-11-15	DP005734	福州B店	DJ3546	349	1	349	174
9	2021-11-15	DP005734	福州B店	HA5844	269	1	269	134
10	2021-11-15	DP005734	福州B店	CU8924	569	1	569	284
11	2021-11-15	DP000282	厦门A店	BA5927	349	1	349	314
12	2021-11-15	DP000572	泉州A店	DA5381	329	1	329	296

参加店铺

	A	B	C
1	店铺代码	店铺名称	是否参加
2	DP002952	福州C店	Y
3	DP002811	泉州C店	Y
4	DP00050	福州A店	Y
5	DP000605	福州J店	Y
6	DP000507	福州W店	Y
7	DP000608	厦门K店	Y
8	DP008627	福州H店	Y
9	DP005585	厦门I店	Y
10	DP002182	福州R店	Y
11			

促销货品明细

	A	B
1	货号	是否参加
2	DD6796	Y
3	CU4958	Y
4	DD6789	Y
5	CW4293	Y
6	DA0020	Y
7	CU4496	Y
8	CU4954	Y
9	CU4502	Y
10	BV2667	Y
11	DD6092	Y
12	DD8223	Y
13	DA6705	Y
14	DD520[illegible]	Y

图 17-57 POS销售明细、参加店铺明细及促销货品明细

	A	B	C	D	E	F
1	销售日期	All			目标	100000
2	促销货品明细.是否参加	Y			达成率	36%
3	参加店铺.是否参加	Y				
4						
5	店铺代码	店铺名称	以下项目的总和:销售额			
6	DP00050	福州A店	1721			
7	DP000507	福州W店	8909			
8	DP000605	福州J店	7879			
9	DP000608	厦门K店	6937.73			
10	DP002182	福州R店	2471			
11	DP002811	泉州C店	4004.93			
12	DP002952	福州C店	4219.09			
13	总计		36141.75			

图 17-58 已经完成的达成率报表

步骤① 新建Excel工作簿并将其重新命名为“指定店铺指定商品促销达成跟进模板”，打开工作簿，将sheet1 工作表改名为“POS销售明细”，依次单击【数据】选项卡→【获取数据】→【启动Power Query编辑器(L)…】命令，打开【Power Query编辑器】，如图 17-59 所示。

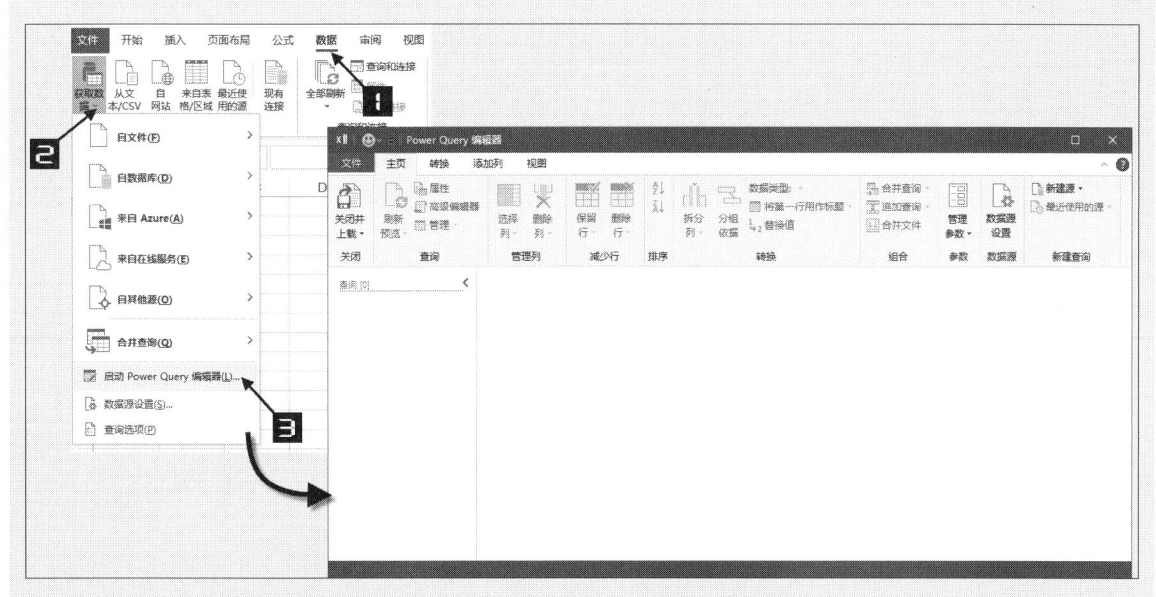

图 17-59　打开【Power Query 编辑器】

步骤② 在【Power Query编辑器】中的【主页】选项卡下依次单击【新建源】→【文件】→【Excel工作簿】，弹出【导入数据】对话框，在目标文件存放的目录下选中文件“POS销售明细”，单击【导入】按钮，如图 17-60 所示。

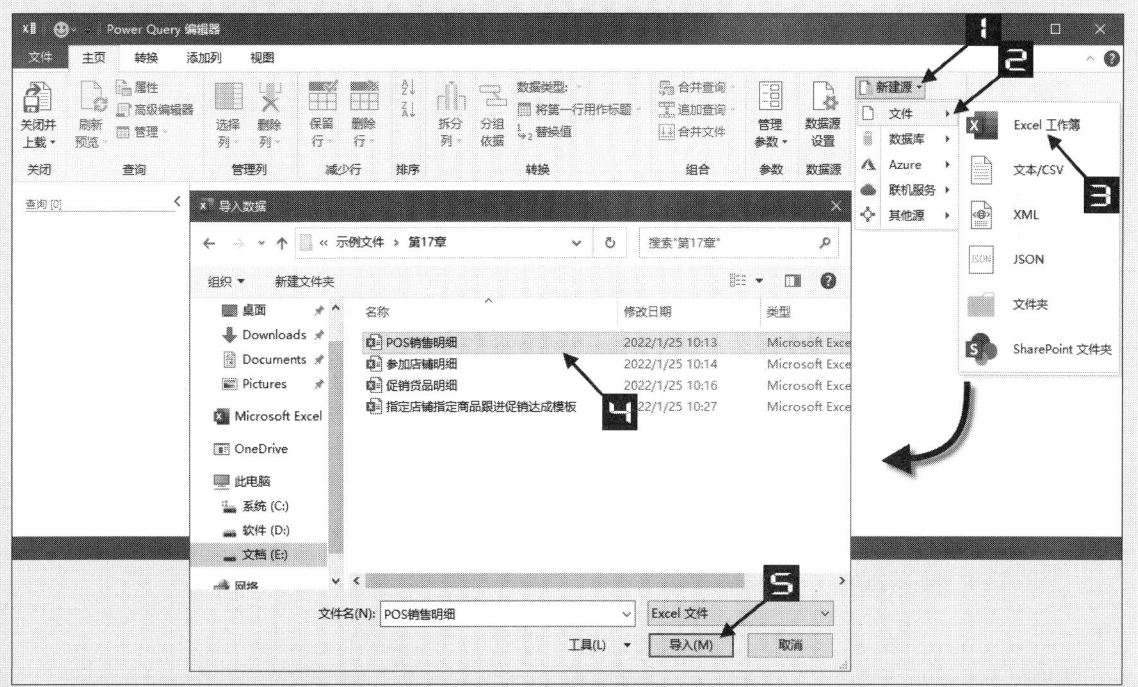

图 17-60　导入“POS销售明细”文件

步骤③ 在【导航器】窗格中选中【POS销售明细】，单击【确定】按钮，如图 17-61 所示。

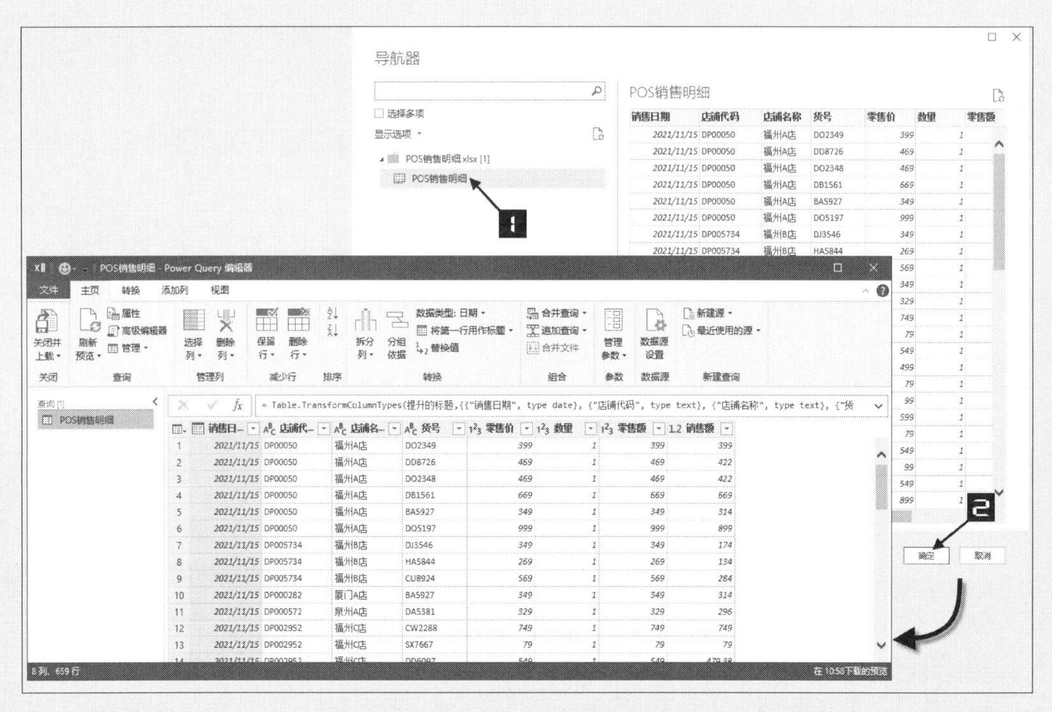

图 17-61　导入“POS 销售明细”

步骤④ 重复步骤 1~3，导入“参加店铺明细”，单击【转换】选项卡→【将第一行用作标题】命令，如图 17-62 所示。

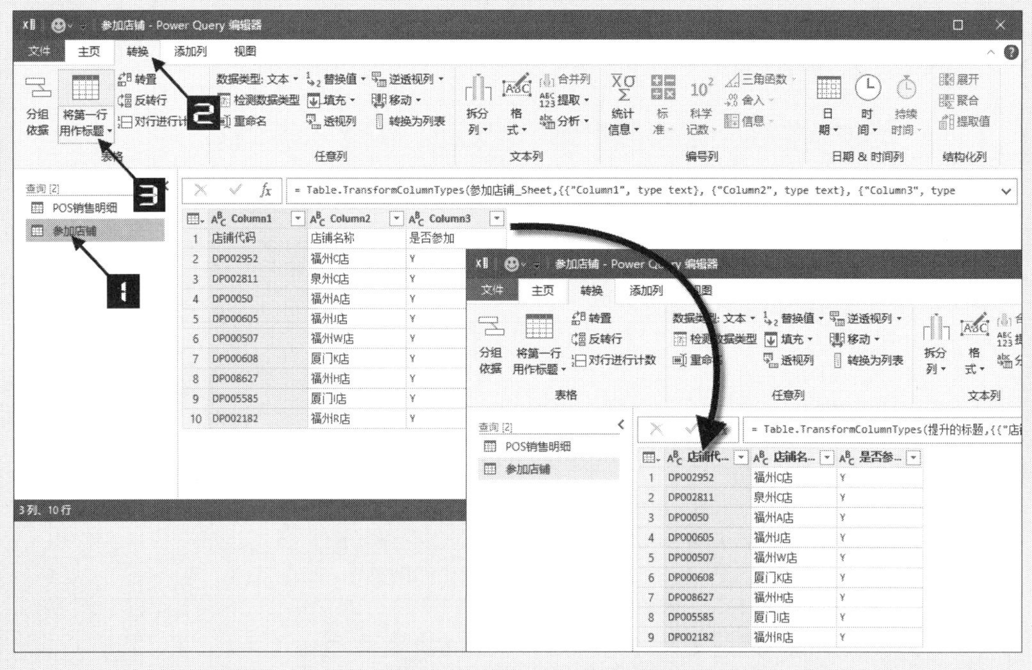

图 17-62　导入“参加店铺明细”并提升标题

步骤⑤ 重复步骤 1~4，导入“促销货品明细”并提升标题，如图 17-63 所示。

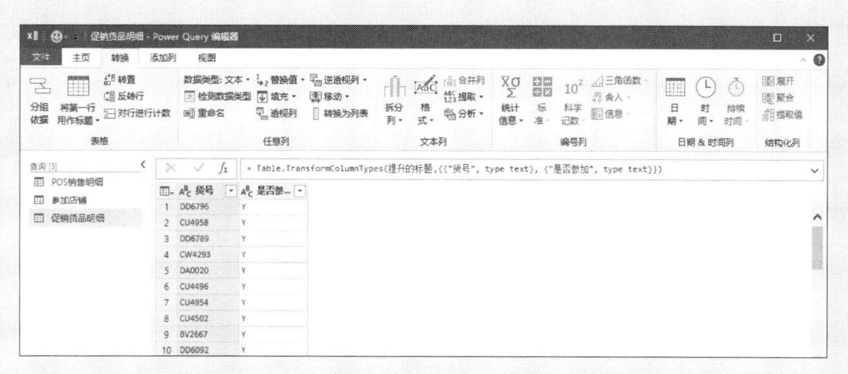

图 17-63　导入“促销品明细”并提升标题

步骤⑥ 选中【POS销售明细】表，单击【主页】→【合并查询】→【合并查询】命令，在【合并】窗格中选中需要进行匹配的表格，即“促销货品明细”表。判定促销货品的依据是“货号”，故在“POS销售明细”表和“促销货品明细”上单击【货号】字段，使其保持选中状态，【联接种类】保持默认的【左外部（第一个中的所有行，第二个中的匹配行）】联接方式不变，单击【确定】按钮，如图 17-64 所示。

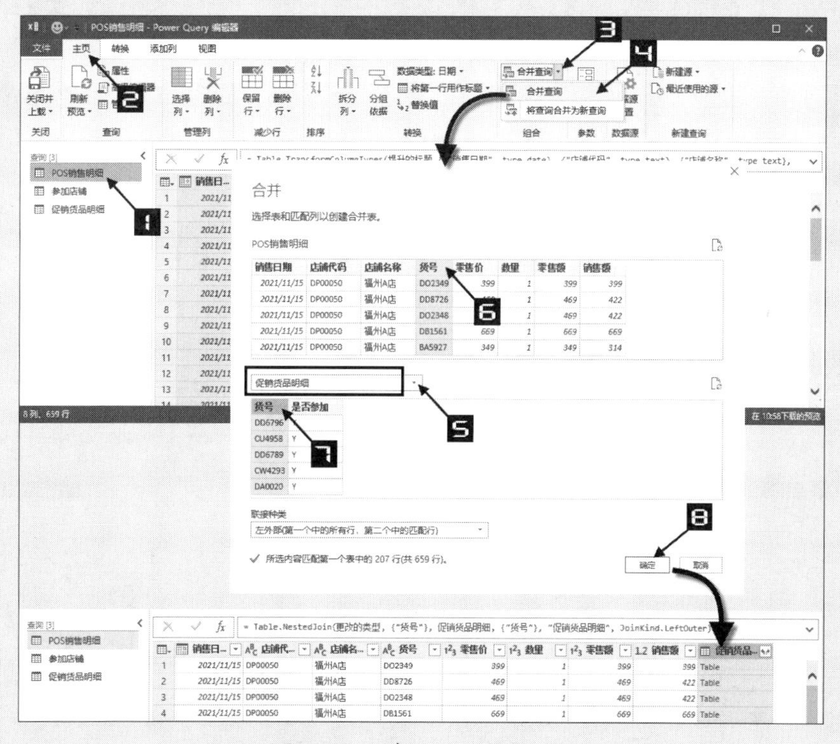

图 17-64　建立促销货号联接

步骤⑦ 单击【促销货品明细】字段的扩展按钮，选中【展开】单选按钮，取消勾选【货号】复选框，单击【确定】按钮，如图 17-65 所示。

此合并相当于利用 VLOOKUP 函数在“POS销售明细”表中匹配参加促销的货品明细。

图 17-65　展开“促销货品明细”字段

步骤⑧ 选中【POS销售明细】表，单击【主页】→【合并查询】命令，在【合并】窗格中的“POS销售明细”表中选中【店铺代码】字段，选择“参加店铺”表，选中【店铺代码】字段，保持【联接种类】默认的【左外部（第一个中的所有行，第二个中的匹配行）】联接方式不变，单击【确定】按钮，单击【参加店铺】字段的扩展按钮，选中【展开】单选按钮，取消勾选【店铺代码】和【店铺名称】复选框，单击【确定】按钮，如图 17-66 所示。

图 17-66　建立参加店铺联接并展开“参加店铺”字段

步骤⑨ 单击【主页】→【关闭并上载】下拉按钮，选择【关闭并上载至…】命令，弹出【导入数据】对话框，单击【数据透视表】单选按钮，单击【确定】按钮，创建数据透视表，如图 17-67 所示。

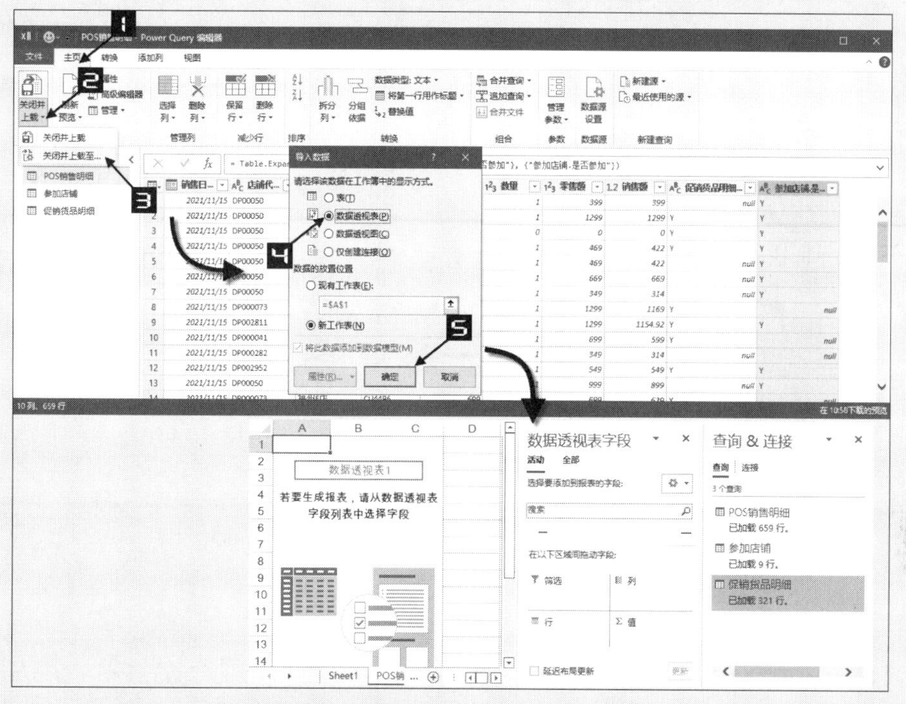

图 17-67　关闭并上载数据创建数据透表

步骤⑩ 进入【Power Pivot for Excel】窗口，在【主页】选项卡中单击【关系图视图】按钮，将【参加店铺】表中的“店铺代码”字段拖曳到【POS销售明细】表中的“店铺代码”字段上，将【促销货品明细】表中的“货号”字段拖曳到【POS销售明细】表中的“货号”字段上，使三表建立关联关系，如图 17-68 所示。

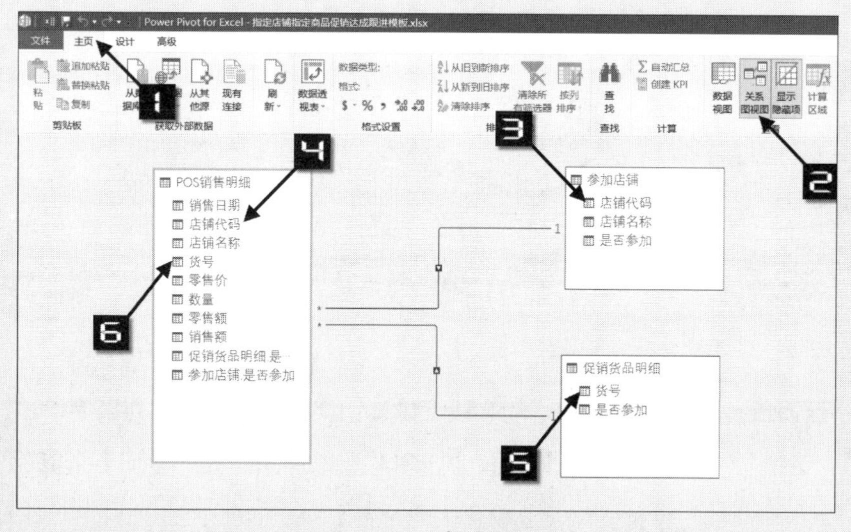

图 17-68　建立关联

步骤⑪ 将【销售日期】【促销货品明细.是否参加】和【参加店铺.是否参加】添加到【筛选】区域，【店铺代码】和【店铺名称】添加到【行】区域，【销售额】添加到【值】区域，如图 17-69 所示。

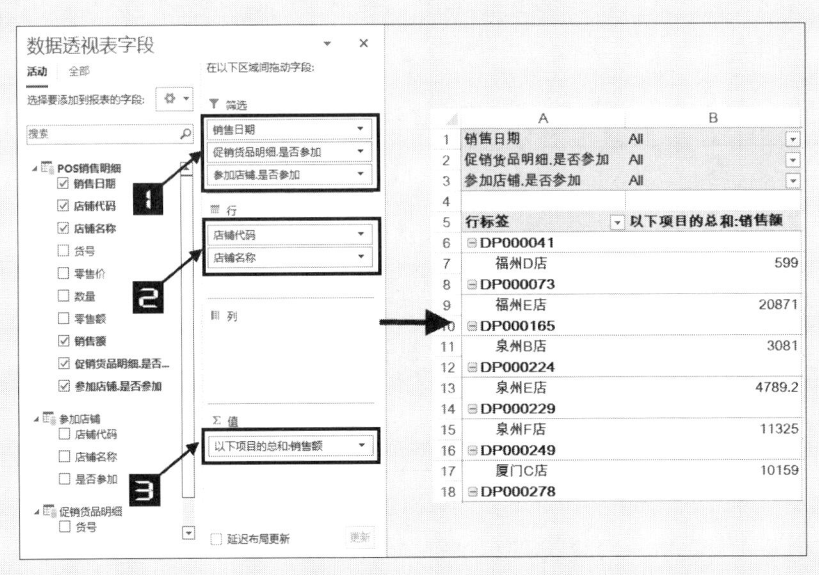

图 17-69　向透视表中添加字段

步骤⑫ 选中数据透视表，单击【设计】→【报表布局】→【以表格形式显示】，套用一个数据透视表样式，如图 17-70 所示。

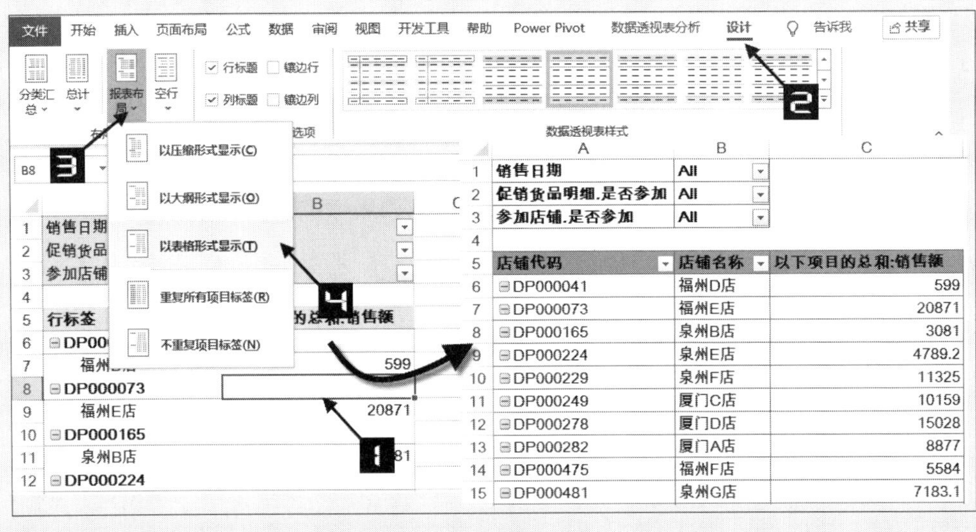

图 17-70　对数据透视表进行格式设置

步骤⑬ 选中【促销货品明细.是否参加】的字段下拉按钮，在弹出的下拉列表中单击【All】前面的“⊞”，选中“Y”，单击【确定】按钮，再次选中【参加店铺.是否参加】字段的下拉按钮，单击【All】前面的“⊞”，选中“Y”，单击【确定】按钮，完成对参加促销店铺及促销货品的选择，如图 17-71 所示。

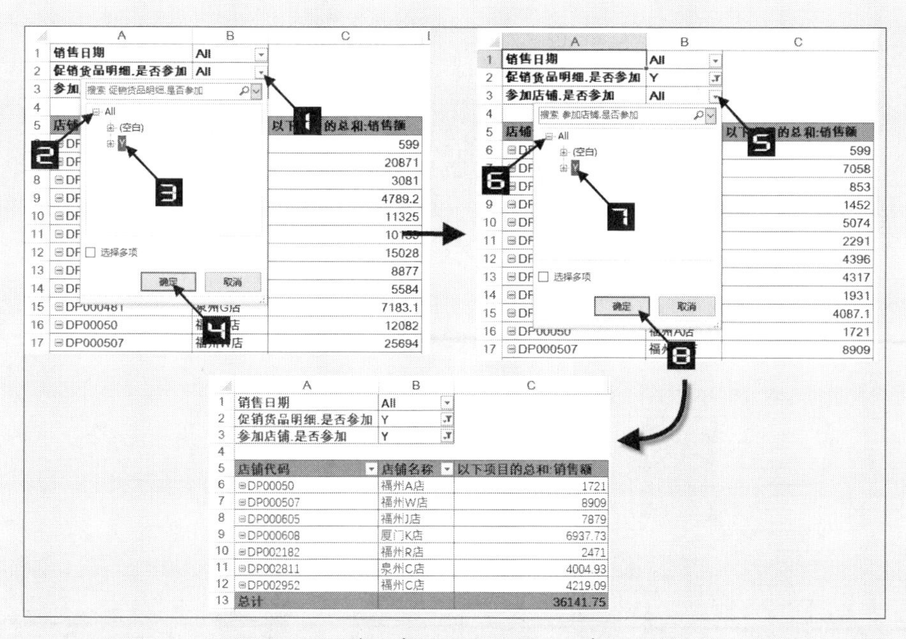

图 17-71　筛选参加促销的货品和参加店铺

步骤⑭ 在 F2 单元格上设置达成率，如图 17-72 所示。

```
=GETPIVOTDATA("[Measures].[以下项目的总和：销售额]",$A$5)/F1
```

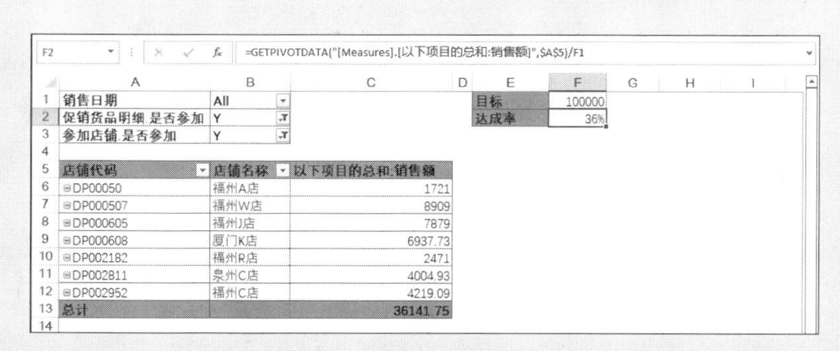

图 17-72　设置达成率

更新数据时，只需在“POS 销售明细”表中添加销售流水，然后刷新数据透视表即可。如果促销商品变更或参与促销的店铺发生变化，更新对应的报表即可。

17.6　店铺销售分析看板

示例17-6　店铺销售分析看板

图 17-73 为某公司店铺销售分析看板，利用切片器选择不同的店铺，可以快速查看该店铺的

各项KPI指标，以数据透视表作为桥梁搭建看板，读者更容易上手，具体步骤如下。

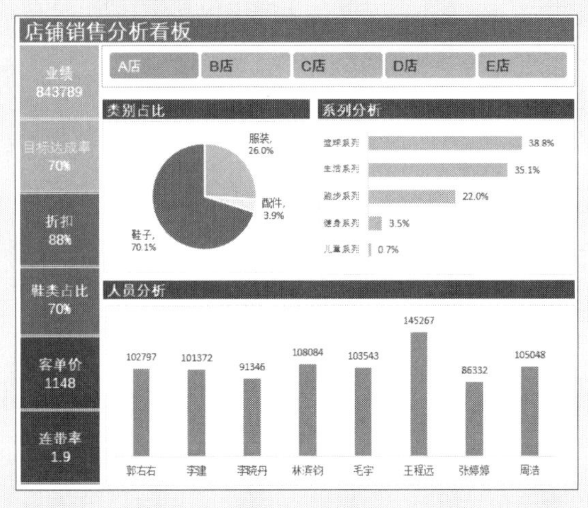

图 17-73　店铺销售分析看板

步骤① 选中数据源中的任意单元格（如B6），单击【插入】→【数据透视表】命令，在弹出的【创建数据透视表】对话框中保持默认状态，单击【确定】按钮，如图 17-74 所示。

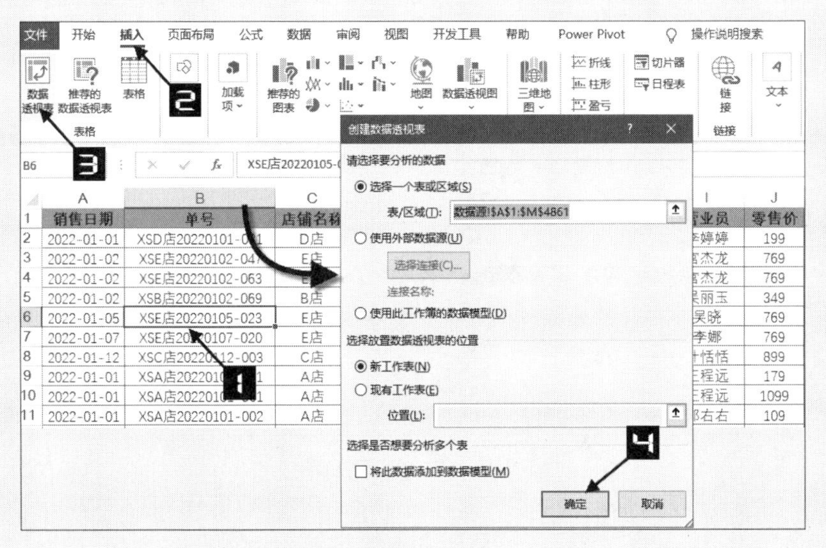

图 17-74　利用数据源创建数据透视表

步骤② 将【店铺名称】字段添加到数据透视表的【行】区域，【销售数量】【销售金额】和【零售额】字段添加到数据透视表的【值】区域，如图 17-75 所示。

行标签	求和项:销售数量	求和项:销售金额	求和项:零售额
A店	1399	843789	954351
B店	745	589480	620005
C店	839	497545	545791
D店	790	462185	521400
E店	1270	694907.74	772430
总计	5043	3087906.74	3413977

图 17-75　向数据透视表中添加字段

步骤③ 选中数据透视表，单击【数据透视表分析】→【插入切片器】命令，在弹出的【插入切片器】对话框中勾选【店铺名称】复选框，单击【确定】按钮，如图 17-76 所示。

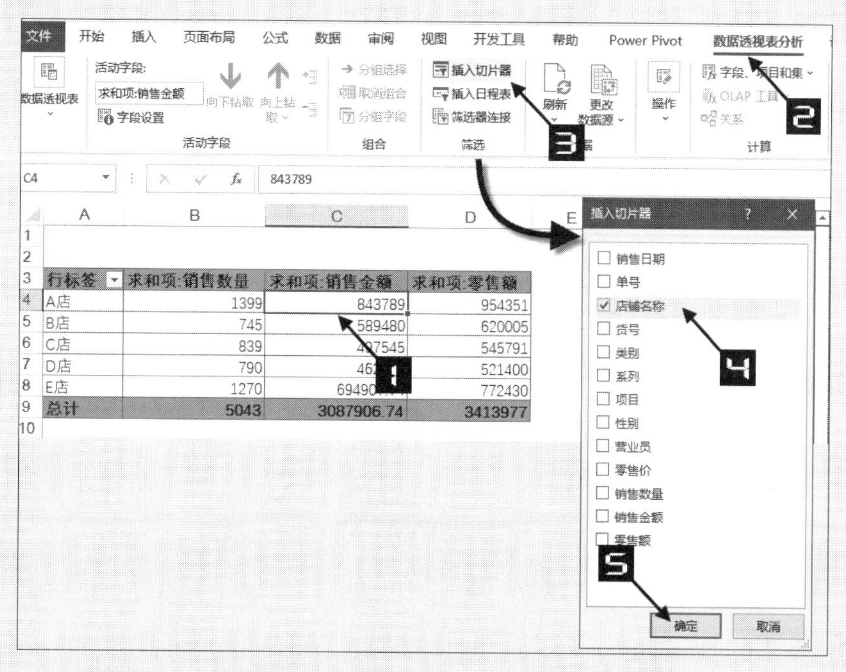

图 17-76　插入【店铺名称】切片器

步骤④ 选中切片器，按<Ctrl+X>组合键，在新建的工作表中按<Ctrl+V>组合键，将切片器移动到新的工作表中，单击【切片器】选项卡，将【列】设置为“5”，此时切片器内的字段变成横向显示，单击【切片器设置】命令，在弹出的【切片器设置】对话框中取消勾选【显示页眉】复选框，单击【确定】按钮，如图 17-77 所示。

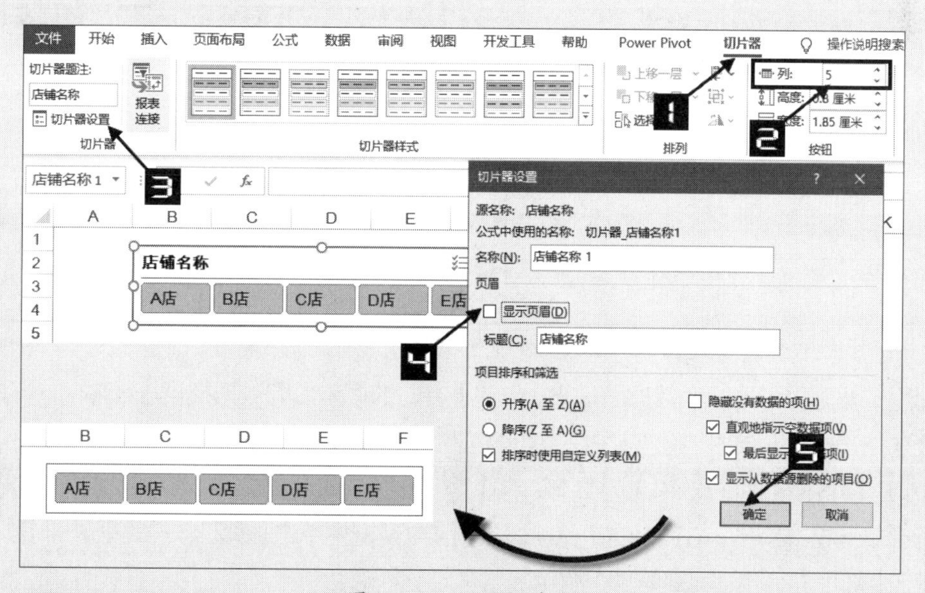

图 17-77　设置切片器

步骤⑤ 选中切片器中的任意一个店铺（如A店），对看板左侧区域进行布局规划，如图 17-78 所示。

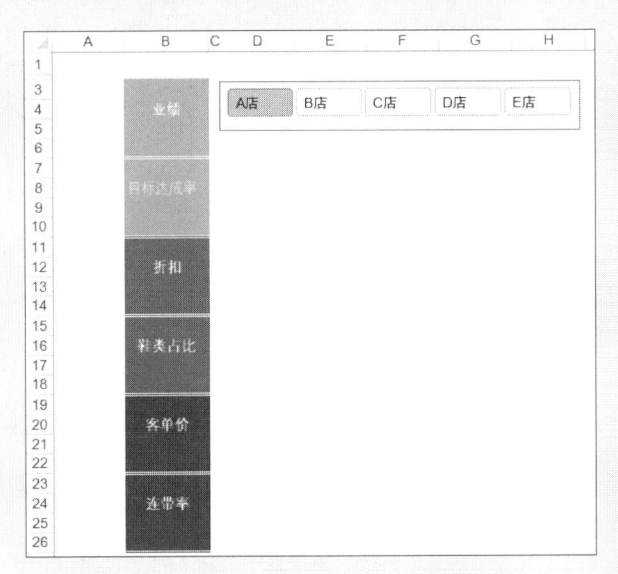

图 17-78　规划看板左侧区域

步骤⑥ 在创建好的透视表后面添加辅助列“目标”“达成率”和“折扣”，并设置公式，如图 17-79 所示。

```
F4 =VLOOKUP(A4,目标!A:B,2,0)
G4 =C4/F4
H4 =C4/D4
```

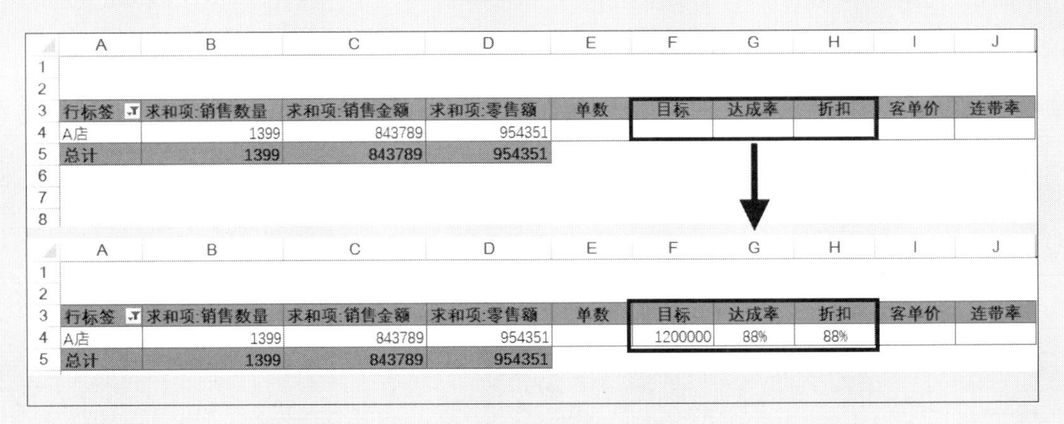

行标签	求和项:销售数量	求和项:销售金额	求和项:零售额	单数	目标	达成率	折扣	客单价	连带率
A店	1399	843789	954351						
总计	1399	843789	954351						

行标签	求和项:销售数量	求和项:销售金额	求和项:零售额	单数	目标	达成率	折扣	客单价	连带率
A店	1399	843789	954351		1200000	88%	88%		
总计	1399	843789	954351						

图 17-79　设置“目标”“达成率”和“折扣”公式

步骤⑦ 利用数据源再创建一个数据透视表，勾选【将此数据添加到数据模型】复选框，将透视表存放在指定位置，单击【确定】按钮，如图 17-80 所示。

步骤⑧ 将【店铺名称】字段放至【行】区域，将【单号】字段放至【值】区域，鼠标选中值区域中的任意单元格并右击，在弹出的【值字段设置】对话框中单击【值汇总方式】→【非重复计数】，单击【确定】按钮，如图 17-81 所示。

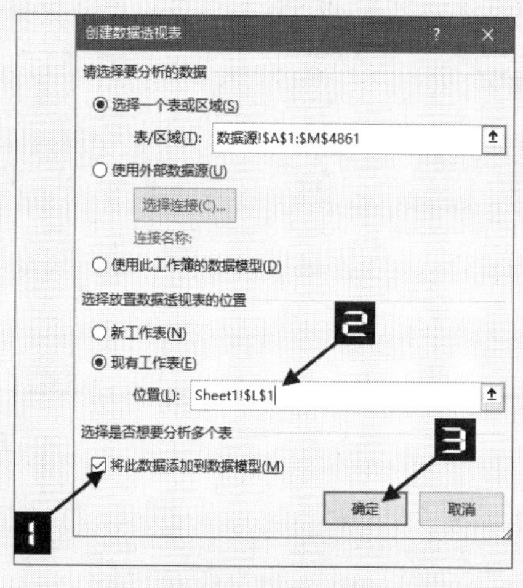

图 17-80 创建模型数据透视表

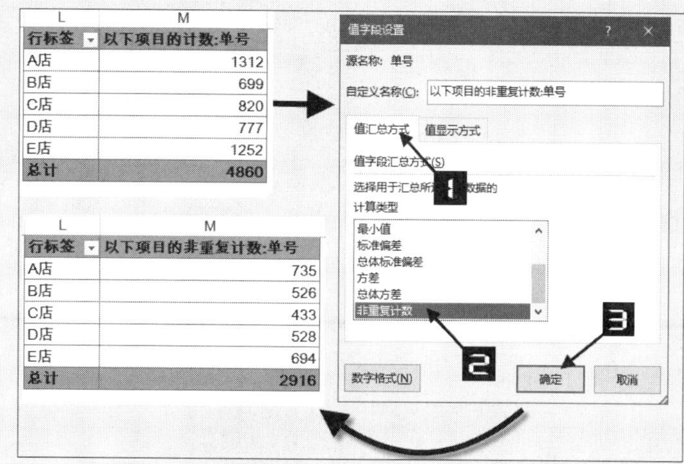

图 17-81 对“单号”字段进行非重复计数

步骤⑨ 设置“单数”“客单价”和“连带率”的计算公式，如图 17-82 所示。

```
E4 =VLOOKUP(A4,L:M,2,0)
I4 =C4/E4
J4 =B4/E4
```

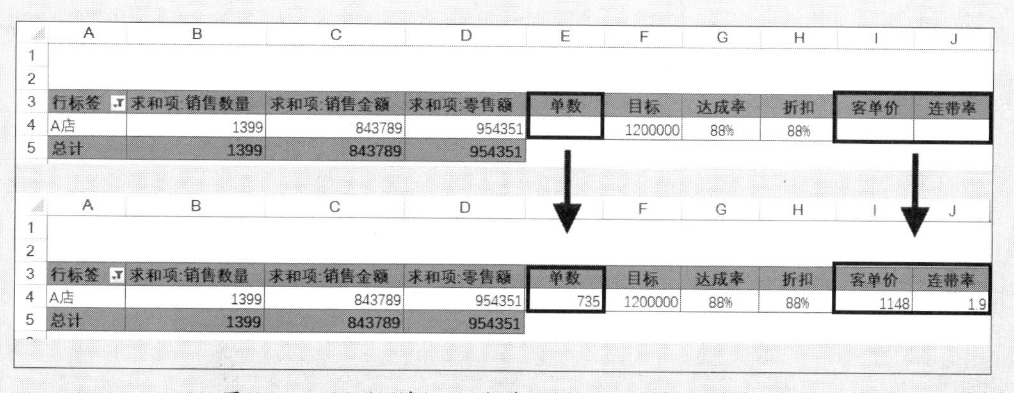

图 17-82 设置“单数”“客单价”和“连带率”计算公式

步骤⑩ 复制创建好的数据透视表，对数据透视表重新布局，对【求和项：销售金额】字段设置【值显示方式】→【总计的百分比（G）】，如图 17-83 所示。

步骤⑪ 对看板左侧的各 KPI 值设置公式，如图 17-84 所示。

```
B6 = 数据透视表 !C4
B10 = 数据透视表 !G4
B14 = 数据透视表 !H4
B18 = 数据透视表 !B13
B22 = 数据透视表 !I4
B26 = 数据透视表 !J4
```

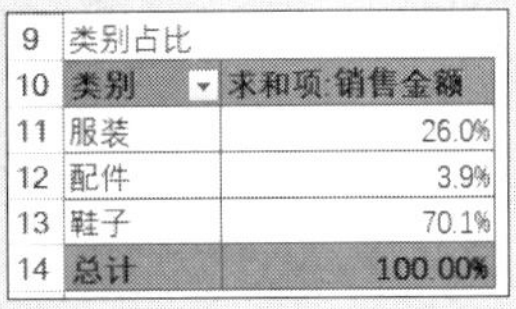

9	类别占比	
10	类别	求和项:销售金额
11	服装	26.0%
12	配件	3.9%
13	鞋子	70.1%
14	总计	100.00%

图 17-83　设置类别占比数据透视表

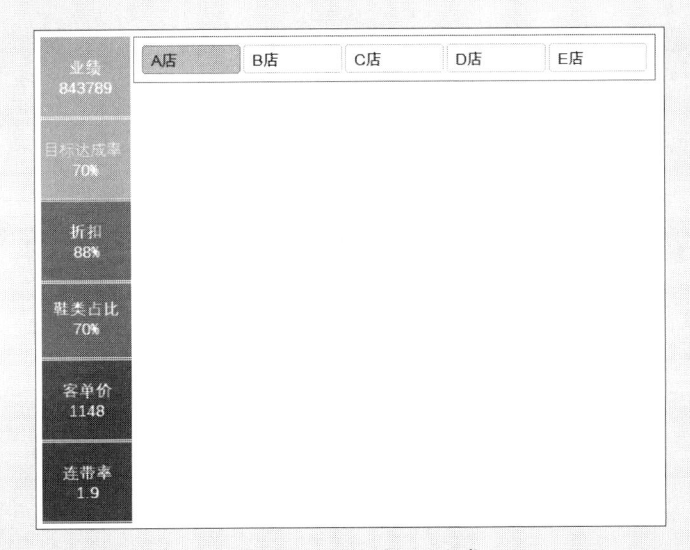

图 17-84　设置KPI公式

提示

切片器控制数据透视表进行筛选，看板中的数据引用数据透视表变化后的结果，使看板智能化动态呈现。

步骤⑫ 选中类别占比透视表，单击【数据透视表分析】→【数据透视图】命令，在弹出的【插入图表】对话框中单击【饼图】，单击【确定】按钮，如图 17-85 所示。

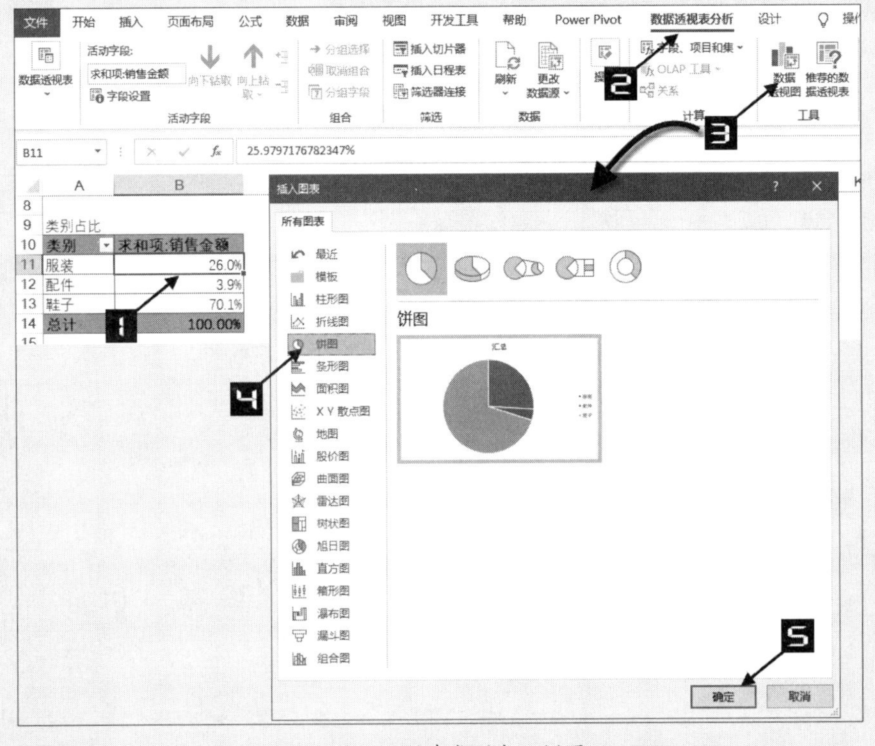

图 17-85　创建类别占比饼图

步骤⑬ 美化饼图，选中图表，单击【数据透视图分析】→【字段按钮】→【全部隐藏】，选中【图例】和【图表标题】后按<Delete>键执行删除，添加【数据标签】，按【类别名称】【值】显示，【标签位置】设置为【数据标签外(O)】，如图 17-86 所示。

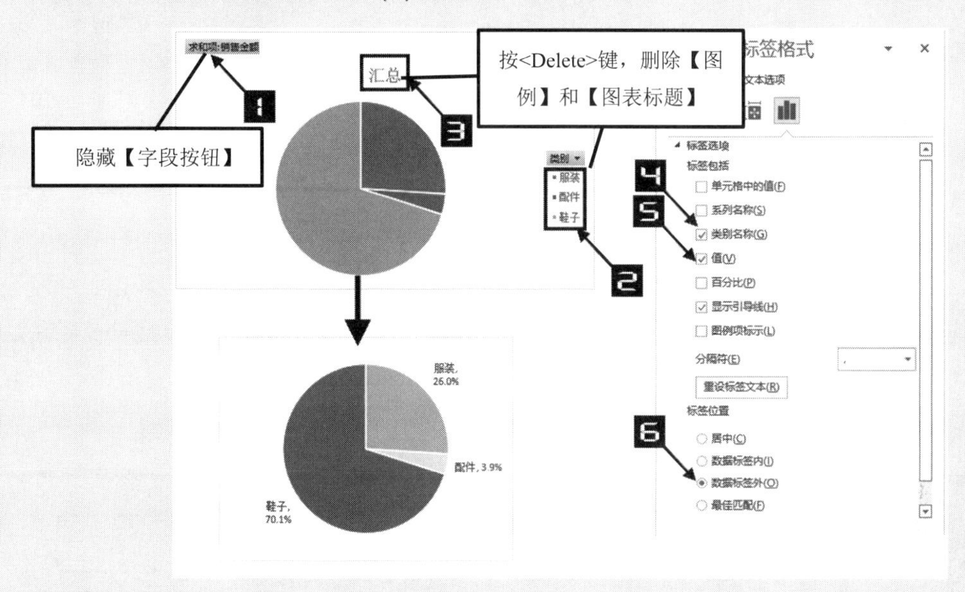

图 17-86　美化饼图

步骤⑭ 复制创建好的数据透视表，重新对数据透视表布局，如图 17-87 所示。

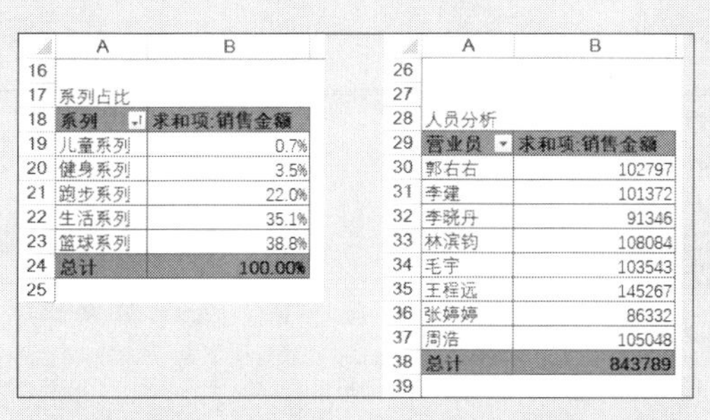

	A	B
16		
17	系列占比	
18	系列	求和项:销售金额
19	儿童系列	0.7%
20	健身系列	3.5%
21	跑步系列	22.0%
22	生活系列	35.1%
23	篮球系列	38.8%
24	总计	100.00%
25		

	A	B
26		
27		
28	人员分析	
29	营业员	求和项:销售金额
30	郭右右	102797
31	李建	101372
32	李晓丹	91346
33	林滨钧	108084
34	毛宇	103543
35	王程远	145267
36	张婷婷	86332
37	周浩	105048
38	总计	843789
39		

图 17-87　创建系列占比和人员分析数据透视表

步骤⑮ 选中系列占比数据透视表的【销售金额】字段，单击【升序】按钮，插入【数据透视图】→【条形图】，美化图表，如图 17-88 所示。

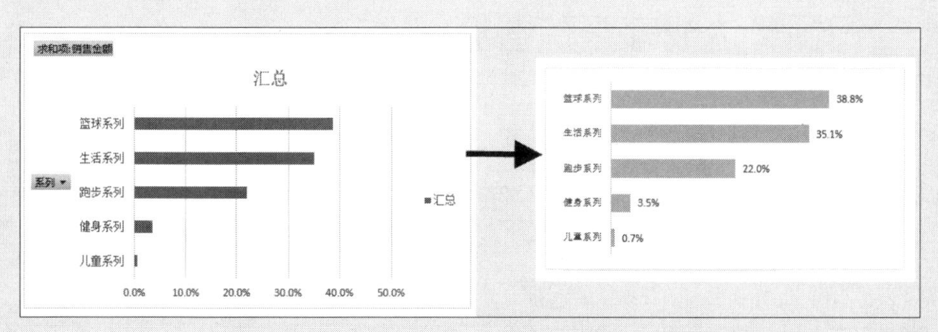

图 17-88　创建系列占比的条形图并美化图表

步骤16 选中人员分析数据透视表，插入【数据透视图】→【柱形图】，美化图表，如图 17-89 所示。

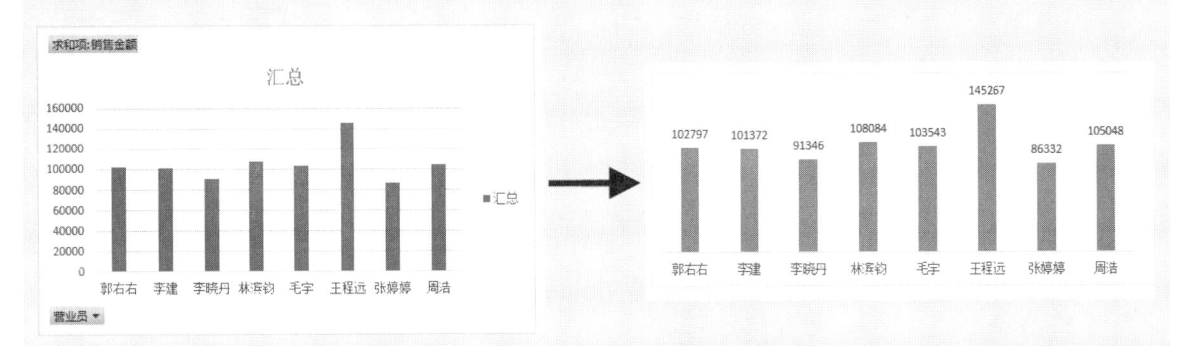

图 17-89 创建人员分析的柱形图并美化图表

步骤17 将图片剪切到看板工作表，利用单元格填充、调整行高和列宽等进行排版美化，如图 17-90 所示。

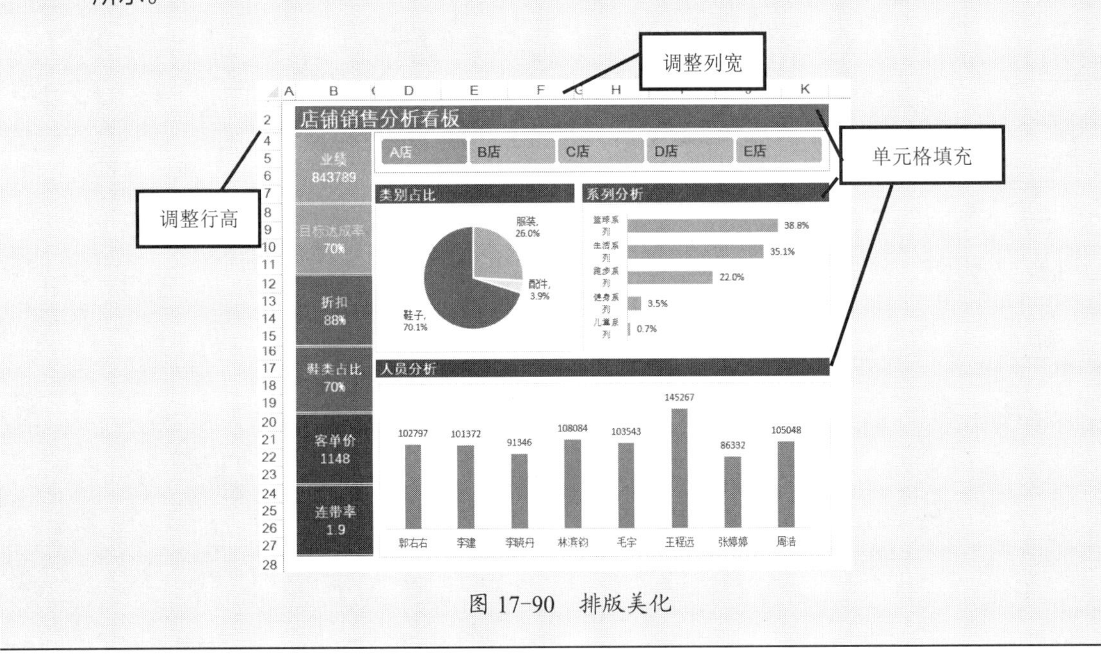

图 17-90 排版美化

17.7 公司预算达成率跟踪看板

示例17-7 公司预算达成率跟踪看板

图 17-91 所示的是某公司的“预算数据”“实际数据”“员工姓名表”和“产品名称对照表”。利用这些数据表创建“公司预算达成率跟踪看板”，可参照以下步骤。

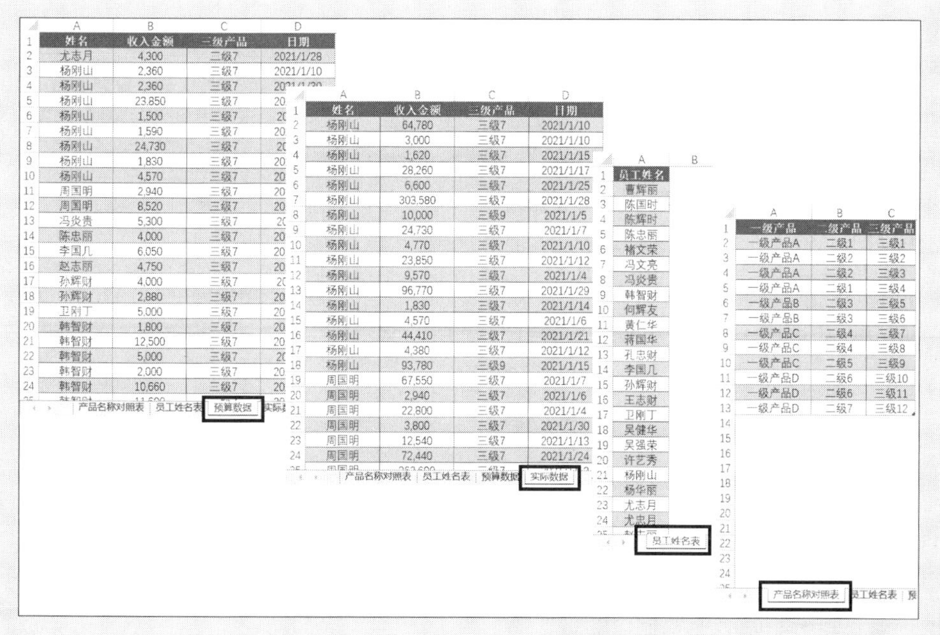

图 17-91 预实对比数据列表

步骤① 为便于后期使用，将各表重命名为一个有意义的名称。选中表中任意一个单元格（如A1），单击【表设计】，在【表名称】下方的文本框中输入需要的名称（如将“实际数据”表重命名为“tbl实际”），如图 17-92 所示，并分别将“预算数据”重命名为“tbl预算”“产品名称对照表”重命名为“tbl产品名称”、“员工姓名表”重命名为“tbl员工姓名”。

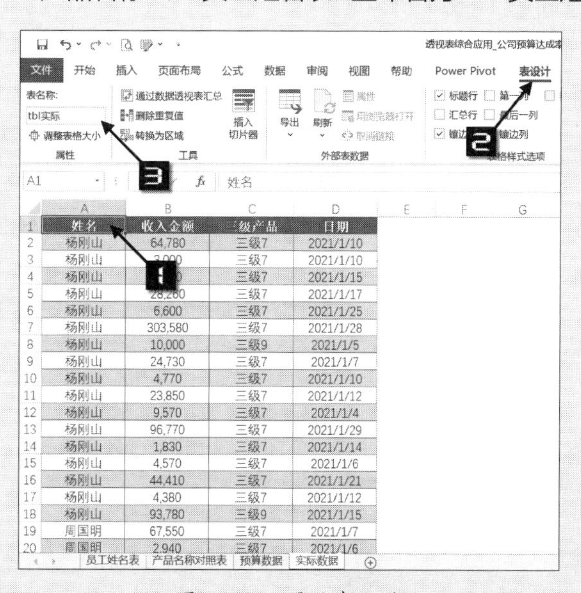

图 17-92 更改表名称

步骤② 分别将【tbl实际】【tbl预算】【tbl员工姓名】和【tbl产品名称】添加到数据模型。选中数据源表中的任意一个单元格（如A1），单击【Power Pivot】→【添加到数据模型】，如图 17-93 所示。

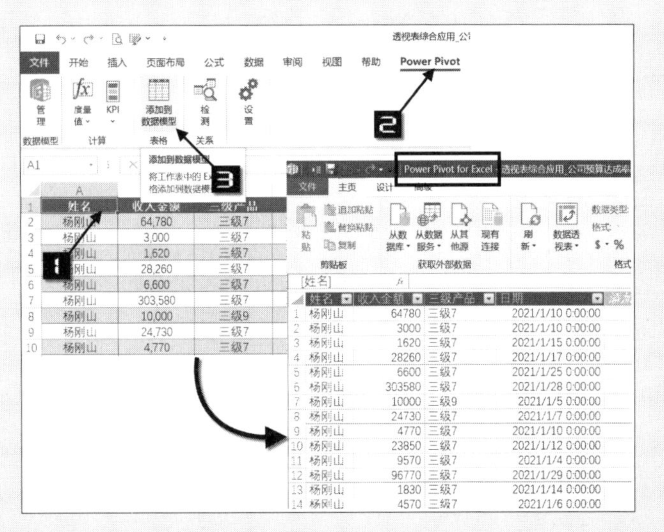

图 17-93　将表添加到数据模型

为了在后期实现不同日期维度（如按年、按月、按周、同比、环比、YTD、QTD、MTD等）的数据分析，需要在数据模型中添加日期表。

步骤③ 在【Power Pivot for Excel】窗口中单击【设计】→【日期表】→【新建】，Power Pivot将自动创建一个包含当前数据所有日期在内的连续日期的日期表，如图 17-94 所示。

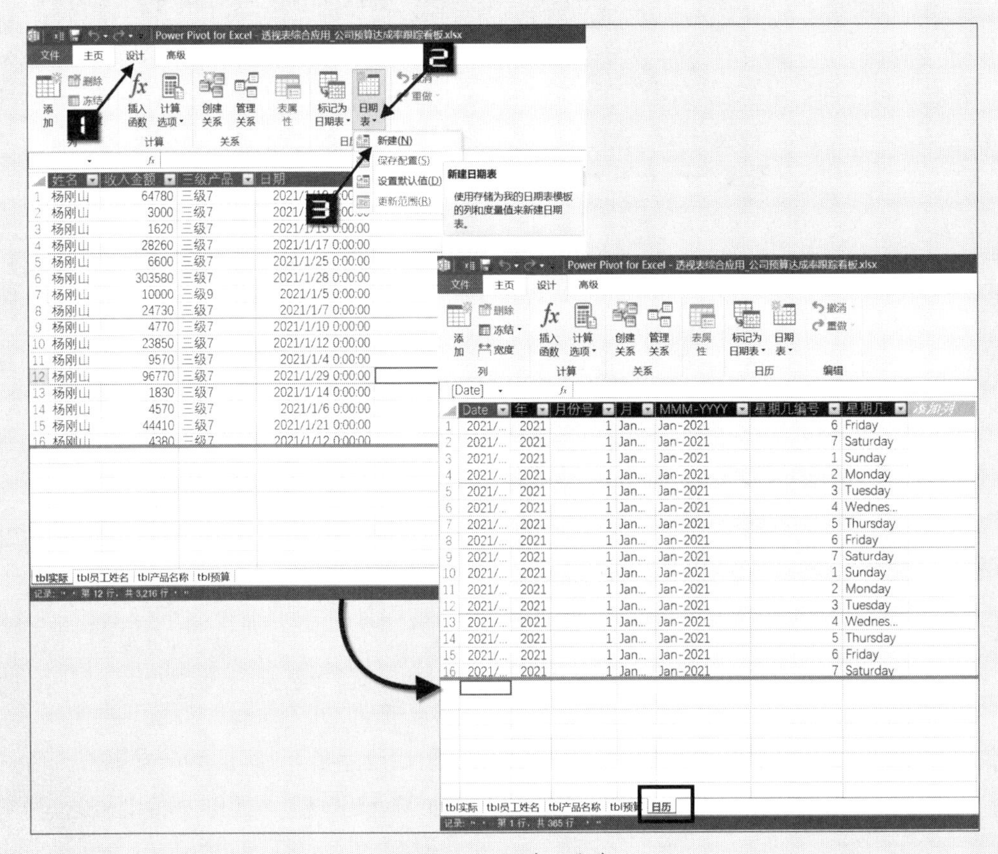

图 17-94　新建日期表

提示

如果关闭了【Power Pivot for Excel】窗口，可以通过在Excel界面单击【数据】选项卡下的【管理数据模型】，或单击【Power Pivot】选项卡下的【管理】，重新进入【Power Pivot for Excel】管理界面。

步骤④ 为各表建立关系，相当于将所有表当作一个相互联动的大表进行处理。单击【主页】→【关系视图】，再单击【日历】的【Date】，并按住不放拖动到【tbl实际】的【日期】，然后松开鼠标，就可以为两者建立关系了。

同样，将【日历】的【Date】与【tbl预算】的【日期】建立关系；将【tbl产品名称】的【三级产品】与【tbl实际】和【tbl预算】的【三级产品】建立关系；将【tbl员工姓名】的【员工姓名】与【tbl实际】和【tbl预算】的【姓名】建立关系，如图 17-95 所示。

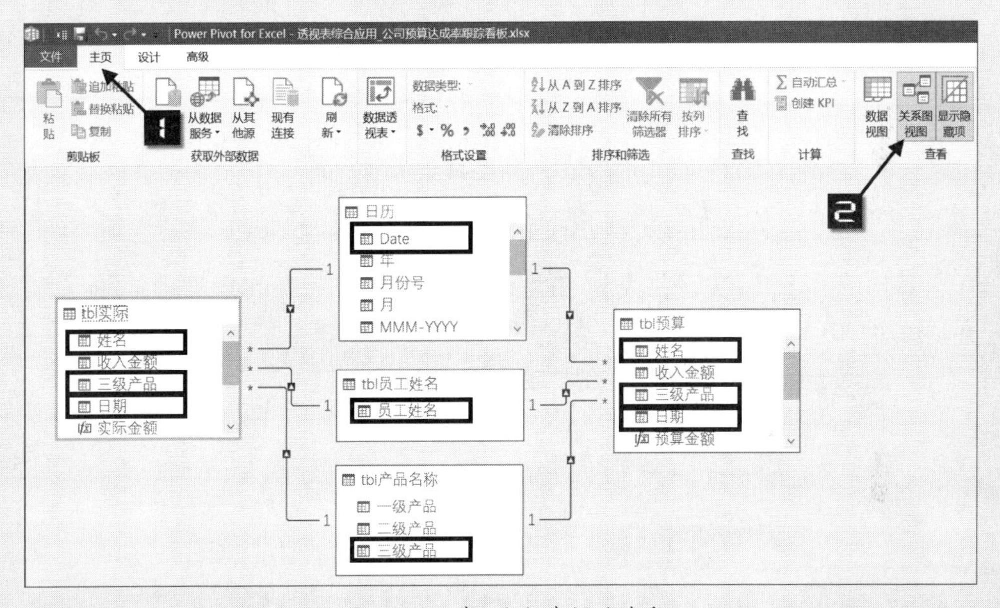

图 17-95　建立数据表间的关系

步骤⑤ 在【Power Pivot for Excel】中创建如下度量值，并对度量值设置相应格式，如“实际金额”设置千分位，“预实达成率”设置百分位，如图 17-96 所示。

```
实际金额 :=SUM([收入金额])
YTD 实际金额 :=YTD 实际金额 :=TOTALYTD([实际金额],'日历'[Date])
预实达成率 :=DIVIDE([实际金额],[预算金额])
预实差额 :=[实际金额]-[预算金额]
预算金额 :=SUM([收入金额])
YTD 预算金额 :=TOTALYTD([预算金额],'日历'[Date])
全年预算 :=CALCULATE([预算金额],ALLEXCEPT('日历','日历'[Date]))
全年预算完成进度 :=DIVIDE([YTD 实际金额],[全年预算])
```

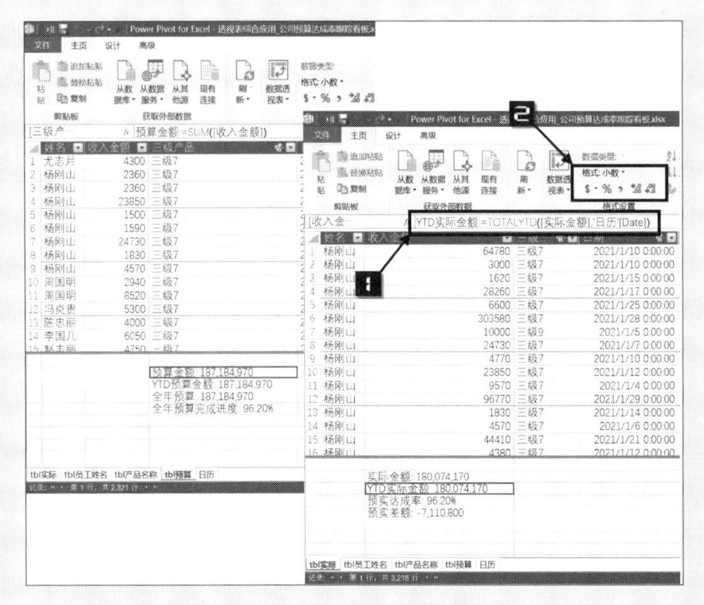

图 17-96 创建度量值

提示

在【Power Pivot for Excel】中创建度量值后，也可以在Excel界面单击【Power Pivot】选项卡下的【度量值】→【管理度量值】对度量值进行集中管理。

步骤⑥ 依次单击【主页】→【数据透视表】，在弹出的【创建数据透视表】对话框中，选择【新工作表】单选按钮，单击【确定】按钮，将创建一个空白数据透视表，如图 17-97 所示。

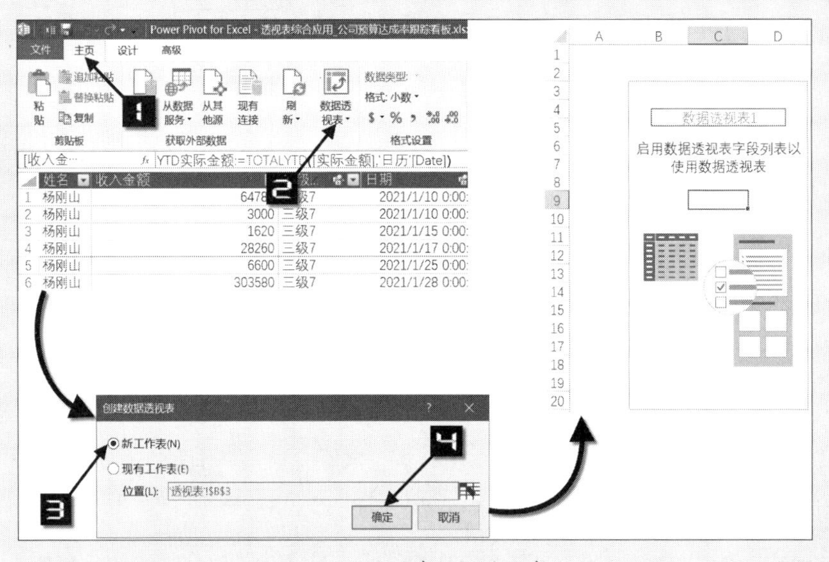

图 17-97 创建数据透视表

步骤⑦ 对数据透视表进行布局，在【数据透视表字段】将【日历】的【月份号】拖到【行】区域，将【tbl预算】的【预算金额】、【tbl实际】的【实际金额】和【预实达成率】拖到【值】区域，最终布局结果如图 17-98 所示。

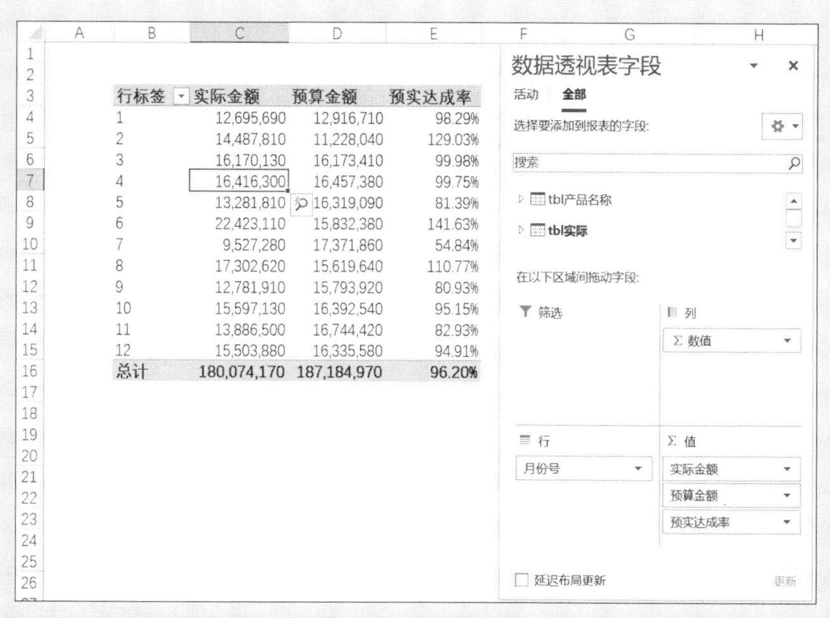

行标签	实际金额	预算金额	预实达成率
1	12,695,690	12,916,710	98.29%
2	14,487,810	11,228,040	129.03%
3	16,170,130	16,173,410	99.98%
4	16,416,300	16,457,380	99.75%
5	13,281,810	16,319,090	81.39%
6	22,423,110	15,832,380	141.63%
7	9,527,280	17,371,860	54.84%
8	17,302,620	15,619,640	110.77%
9	12,781,910	15,793,920	80.93%
10	15,597,130	16,392,540	95.15%
11	13,886,500	16,744,420	82.93%
12	15,503,880	16,335,580	94.91%
总计	180,074,170	187,184,970	96.20%

图 17-98 布局数据透视表

提示

经过在【Power Pivot for Excel】中创建关系，以及新建度量值之后，各个不同表的字段或度量值都可以用于同一个透视表。这是使用Power Pivot创建数据透视表的最大优势之一。

步骤 8 参照图 17-98 所示的步骤分别创建以下透视表:“全年预算完成进度”；按“一级产品”分类的“实际金额”“实际金额占比”；按“三级产品”分类的“实际金额”“实际金额占比”；按“姓名”分类的“实际金额”“实际金额排名”。全部布局完成后的数据透视表如图 17-99 所示。

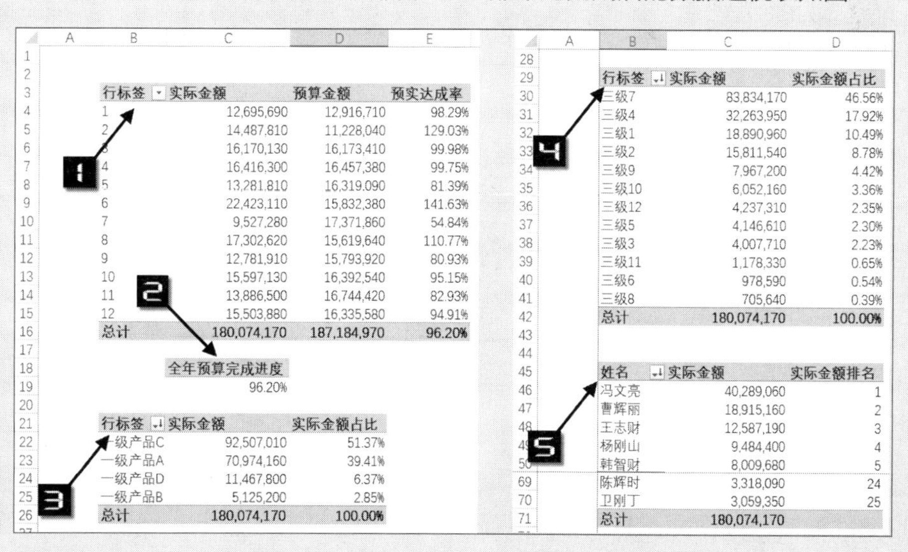

行标签	实际金额	预算金额	预实达成率
1	12,695,690	12,916,710	98.29%
2	14,487,810	11,228,040	129.03%
3	16,170,130	16,173,410	99.98%
4	16,416,300	16,457,380	99.75%
5	13,281,810	16,319,090	81.39%
6	22,423,110	15,832,380	141.63%
7	9,527,280	17,371,860	54.84%
8	17,302,620	15,619,640	110.77%
9	12,781,910	15,793,920	80.93%
10	15,597,130	16,392,540	95.15%
11	13,886,500	16,744,420	82.93%
12	15,503,880	16,335,580	94.91%
总计	180,074,170	187,184,970	96.20%

全年预算完成进度
96.20%

行标签	实际金额	实际金额占比
一级产品C	92,507,010	51.37%
一级产品A	70,974,160	39.41%
一级产品D	11,467,800	6.37%
一级产品B	5,125,200	2.85%
总计	180,074,170	100.00%

行标签	实际金额	实际金额占比
三级7	83,834,170	46.56%
三级4	32,263,950	17.92%
三级1	18,890,960	10.49%
三级2	15,811,540	8.78%
三级9	7,967,200	4.42%
三级10	6,052,160	3.36%
三级12	4,237,310	2.35%
三级5	4,146,610	2.30%
三级3	4,007,710	2.23%
三级11	1,178,330	0.65%
三级6	978,590	0.54%
三级8	705,640	0.39%
总计	180,074,170	100.00%

姓名	实际金额	实际金额排名
冯文亮	40,289,060	1
曹辉丽	18,915,160	2
王志财	12,587,190	3
杨刚山	9,484,400	4
韩智财	8,009,680	5
陈辉时	3,318,090	24
卫刚丁	3,059,350	25
总计	180,074,170	

图 17-99 全部布局完成后的数据透视表

步骤 9 选中【数据透视表 1】的任意一个单元格（如C4），依次单击【插入】→【图表】→【簇状柱形图】，创建一个数据透视图，如图 17-100 所示。

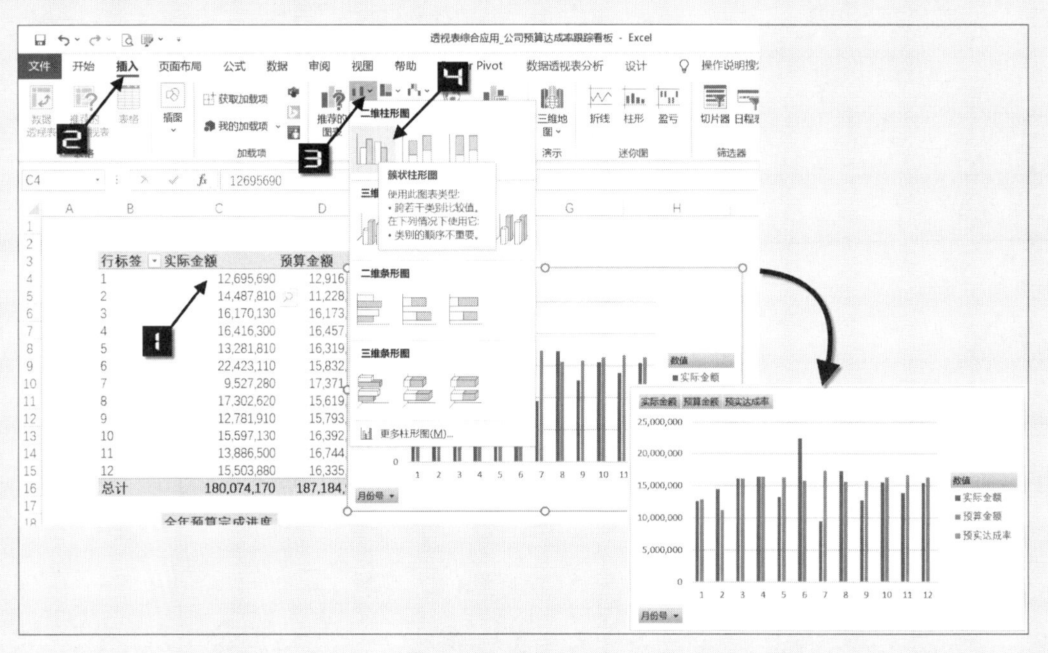

图 17-100　创建数据透视图

步骤⑩ 对生成的数据透视图进行美化，步骤如下。

更改系列图表类型，将【预实达成率】的图表类型选为【折线图】，并在【次坐标轴】显示。

设置【坐标轴选项】，将【标签】→【标签位置】选择【无】。

设置【系列选项】，将【系列重叠】设置为【0%】，【间隙宽度】设置为【75%】。

选中【预实达成率】，设置【系列选项】，勾选【平滑线】复选框。

隐藏图表上所有字段按钮，删除网格线等，设置完成后的最终效果如图 17-101 所示。

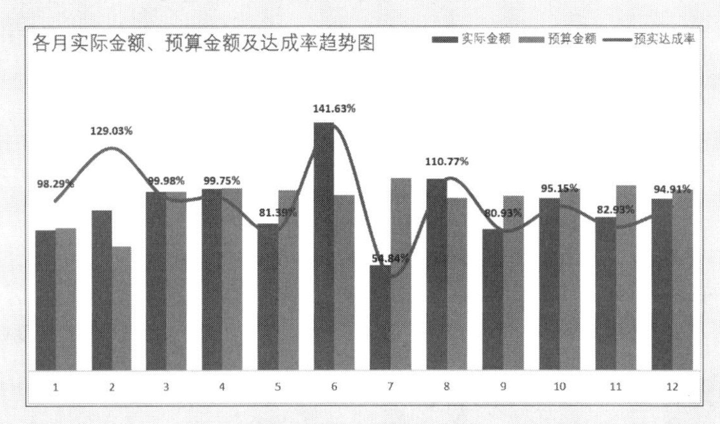

图 17-101　各月实际金额、预算金额及达成率趋势图

步骤⑪ 参照图 17-101 创建其他数据图，并将所有创建后的图表放置到同一个工作表【透视图仪表盘】中，并插入切片器【月份号】，以实现通过选择不同的“月份号”使仪盘表动态显示。最终的仪表盘效果如图 17-102 所示。

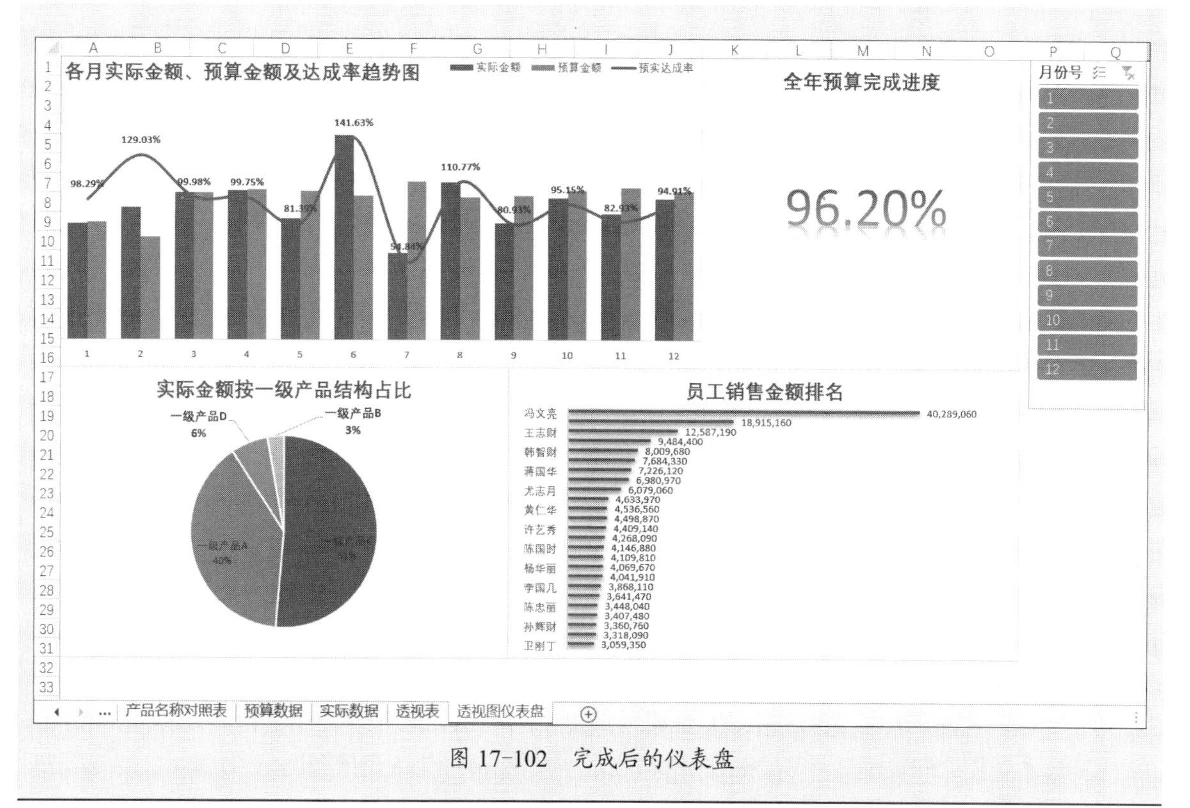

图 17-102　完成后的仪表盘

17.8　切片器控制动态 TOP X 零售分析

示例17-8　切片器控制动态TOP X零售分析

某啤酒经销商 2021 年的月度销量数据如图 17-103 所示。

	A	B	C	D	E
1	省份	月份	门店业态	商品名称	销量
2	河南省	202101	大卖场	乌苏啤酒300ml	111
3	河南省	202101	大卖场	乌苏啤酒330ml*24	3
4	河南省	202101	大卖场	乌苏啤酒冠军500ml*12	2
5	河南省	202101	大卖场	乌苏啤酒罐装330ml	54
4122	河北省	202111	便利店	乌苏啤酒冠军500ml*12	192
4123	河北省	202111	便利店	乌苏啤酒瓶装11度620ml*12	11
4124	河北省	202111	便利店	乌苏啤酒听装500ml	441
4125	河北省	202111	便利店	乌苏啤酒夺命红乌苏620ml	33

Sales

图 17-103　月度销量数据

按照如下步骤创建透视表，完成销量排名统计分析。

步骤① 选中数据区域中的任意单元格（如A2），依次单击【插入】→【数据透视表】按钮创建透视表，如图 17-104 所示。

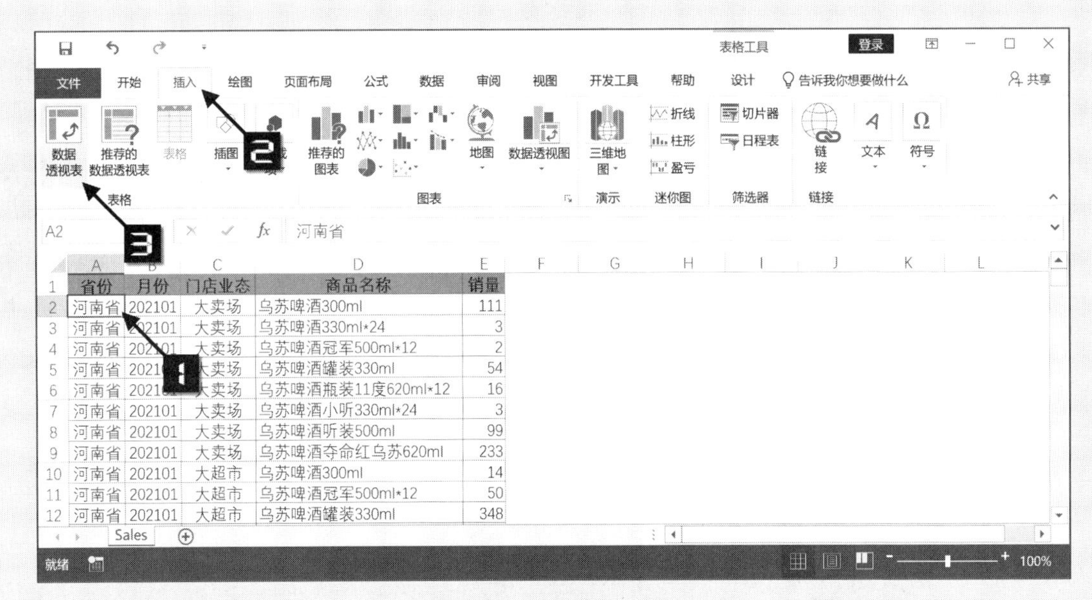

省份	月份	门店业态	商品名称	销量
河南省	202101	大卖场	乌苏啤酒300ml	111
河南省	202101	大卖场	乌苏啤酒330ml*24	3
河南省	202101	大卖场	乌苏啤酒冠军500ml*12	2
河南省	202101	大卖场	乌苏啤酒罐装330ml	54
河南省	202101	大卖场	乌苏啤酒瓶装11度620ml*12	16
河南省	202101	大卖场	乌苏啤酒小听330ml*24	3
河南省	202101	大卖场	乌苏啤酒听装500ml	99
河南省	202101	大卖场	乌苏啤酒夺命红乌苏620ml	233
河南省	202101	大超市	乌苏啤酒300ml	14
河南省	202101	大超市	乌苏啤酒冠军500ml*12	50
河南省	202101	大超市	乌苏啤酒罐装330ml	348

图 17-104　创建透视表

步骤② 将“商品名称”字段添加到【行】区域，将“销量”字段两次添加到【值】区域，修改第 2 个“销量”字段的【值显示方式】为“列汇总的百分比”。

步骤③ 修改数据透视表格式，并设置按照“求和项：销量”降序排列，如图 17-105 所示。

行标签	求和项:销量	求和项:销量2
乌苏啤酒夺命红乌苏620ml	468,103	56.43%
乌苏啤酒听装500ml	263,678	31.79%
乌苏啤酒罐装330ml	28,110	3.39%
乌苏啤酒冠军500ml*12	21,131	2.55%
乌苏啤酒瓶装11度620ml*12	18,293	2.21%
乌苏啤酒300ml	12,431	1.50%
乌苏啤酒500ml*3	5,878	0.71%
乌苏大绿罐啤酒500ml	4,478	0.54%
乌苏啤酒绿乌苏9度620ml	3,857	0.46%
乌苏小提啤酒620ml*6	867	0.10%
乌苏小麦白啤酒465ml	708	0.09%
乌苏啤酒罐装11度500ml*6	474	0.06%
乌苏啤酒易拉罐330ml*6	447	0.05%
乌苏啤酒小听330ml*24	251	0.03%
乌苏小黑啤啤酒330ml	222	0.03%
乌苏黑啤啤酒520ml	203	0.02%
乌苏夺命啤酒瓶装330ml	150	0.02%
乌苏啤酒330ml*24	93	0.01%
乌苏啤酒红330ml*12	65	0.01%
乌苏啤酒易拉罐330ml	40	0.00%
总计	829,479	100.00%

图 17-105　销量与占比统计

步骤④ 依次单击【行标签】下拉按钮→【值筛选】→【前 10 项】命令，在弹出的【前 10 个筛选(商品名称)】对话框中修改筛选个数为 3，单击【确定】按钮关闭对话框，如图 17-106 所示。

创建销量 TOP 3 统计的数据透视表，如图 17-107 所示。

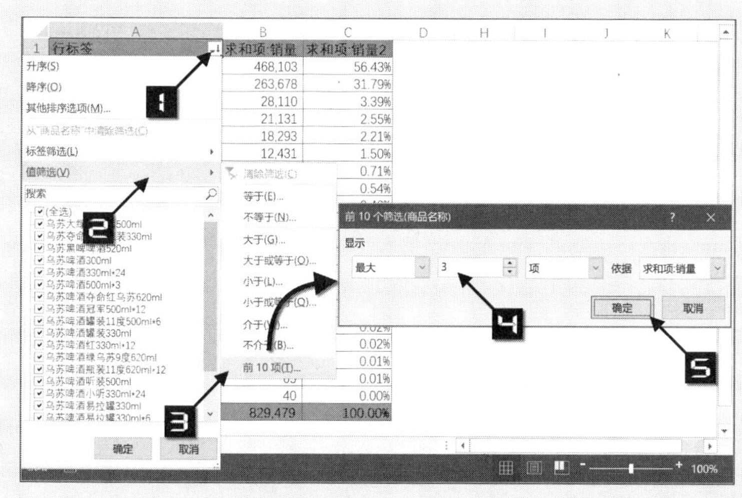

图 17-106　TOP 3 销量统计

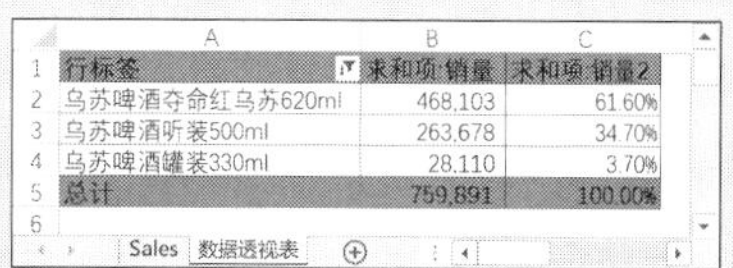

图 17-107　销量TOP 3 统计

对比图 17-105，可以看出完成TOP 3 筛选之后，每个商品的销量占比数值（C列）发生了变化，原因在于该列使用了“列汇总的百分比”的值显示方式，筛选后透视表中只显示 3 个商品，“列汇总的百分比”将这 3 个商品的总销量作为列汇总值。

除此之外，由于日常业务分析过程中所关注的销量排行头部商品个数经常会发生变化，本次分析关注TOP 3 商品，下次分析可能需要考察TOP 10 商品，只能重复步骤 4 的操作，非常不方便。

按照如下步骤操作，使用Power Pivot可以实现切片器控制动态TOP x零售分析。

步骤① 在Excel窗口中依次单击【数据】→【获取数据】→【自其他源】→【空白查询】，打开【Power Query编辑器】，如图 17-108 所示。

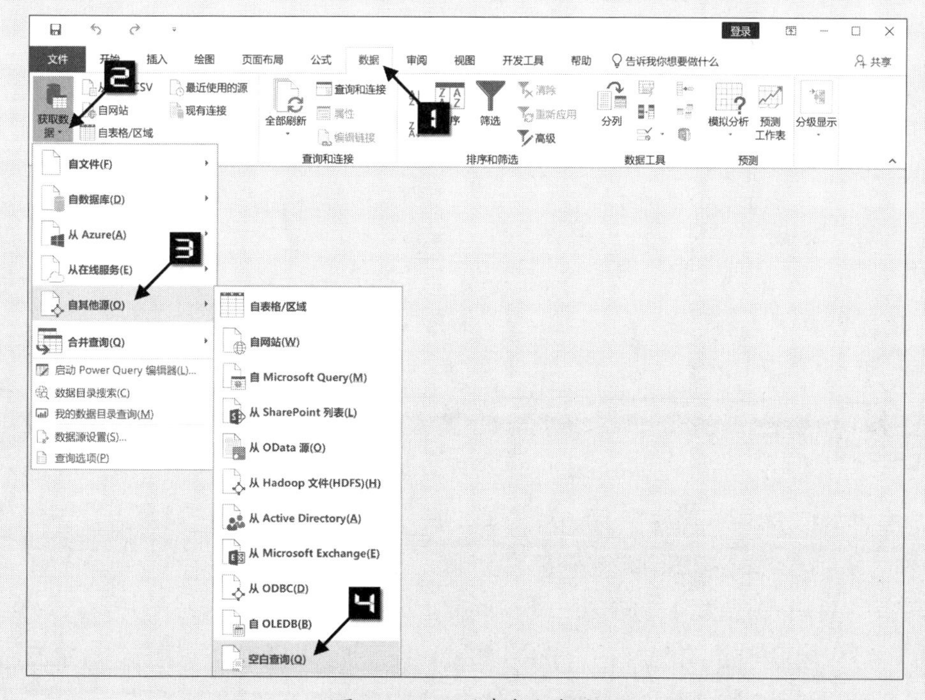

图 17-108　创建空白查询

步骤② 在【查询1 - Power Query编辑器】窗口中，依次单击【开始】→【高级编辑器】按钮，打开【高级编辑器】对话框。在【查询1】文本框中输入如下公式，单击【完成】按钮，如图17-109所示。

Power Query公式如下。

```
let
    源 = {3..10},
    转换为表 = Table.FromList(源, Splitter.SplitByNothing(), null, null,
             ExtraValues.Error),
    重命名的列 = Table.RenameColumns(转换为表,{{"Column1", "TOPx"}}),
    更改的类型 = Table.TransformColumnTypes(重命名的列,{{"TOPx",
              Int64.Type}})
in
    更改的类型
```

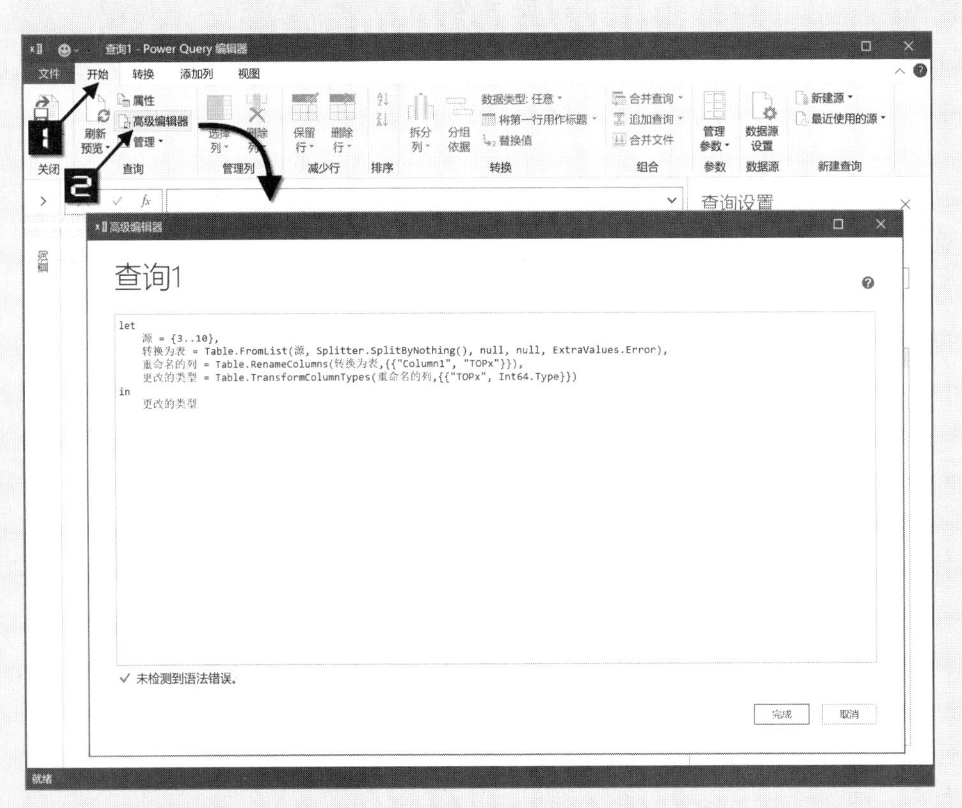

图 17-109 编辑Power Query公式

步骤③ 在【查询属性】窗格的【属性】部分，修改【名称】文本框为“TopTable”，其中“TOPx”列将作为切片器字段，实现对动态筛选的控制。

步骤④ 依次单击【关闭并上载】下拉按钮→【关闭并上载至…】命令，在打开的【导入数据】对话框中选中【仅创建连接】单选按钮，选中【将此数据添加到数据模型】复选框，单击【确定】按钮关闭对话框，如图17-110所示。

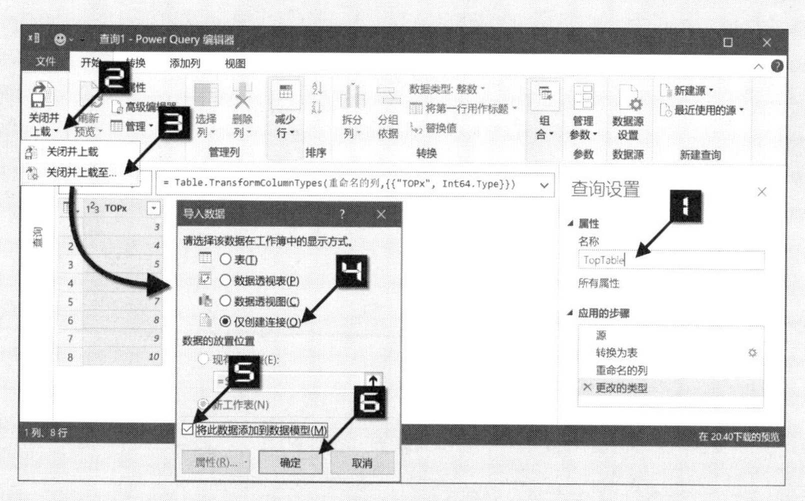

图 17-110　加载数据至数据模型

步骤⑤ 选中数据区域中的任意单元格（如A2），依次单击【Power Pivot】→【添加到数据模型】按钮，打开【Power Pivot for Excel】窗口，如图 17-111 所示。

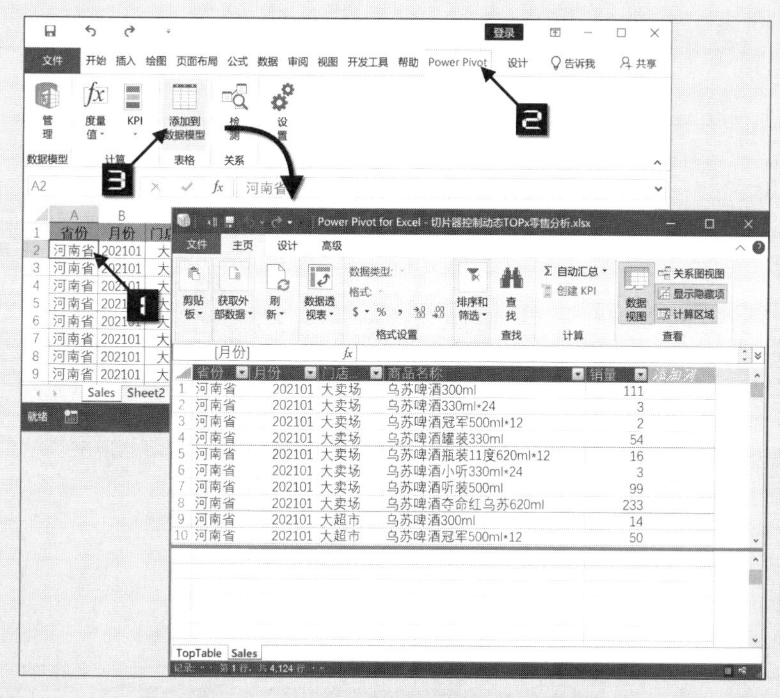

图 17-111　将销量数据添加到数据模型

步骤⑥ 在【Power Pivot for Excel】窗口的【计算区域】窗格中依次创建表 17-1 所示的度量值。

表 17-1　创建度量值

表	度量值名称	公式	说明
TopTable	SelectedX	=MIN(TopTable[TOPx])	获取切片器中被选中的项目
Sales	总销量	=SUM(Sales[销量])	计算总销量

续表

表	度量值名称	公式	说明
Sales	占比	=DIVIDE([总销量],CALCULATE([总销量],ALL(Sales)))	计算销量占比
Sales	排名	=IF(HASONEVALUE(Sales[商品名称]), RANKX(ALLSELECTED(Sales[商品名称]), CALCULATE([总销量]),,DESC,DENSE))	根据"总销量"进行排名
Sales	标识	=IF(HASONEVALUE(Sales[商品名称]),IF([排名]>[SelectedX],0,1),0)	行数据显示与否的控制标识

步骤 7 依次单击【数据透视表】下拉按钮→【数据透视表】命令，在弹出的【创建数据透视表】对话框中单击【确定】按钮，如图 17-112 所示。

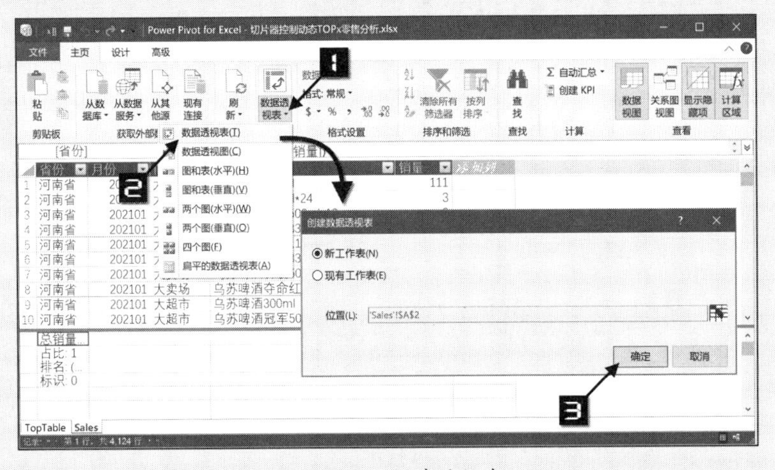

图 17-112　创建透视表

步骤 8 在【数据透视表字段】窗格中，将"商品名称"添加到【行】区域，依次将度量值"总销量""占比"和"排名"添加到【值】区域，透视表布局如图 17-113 所示。

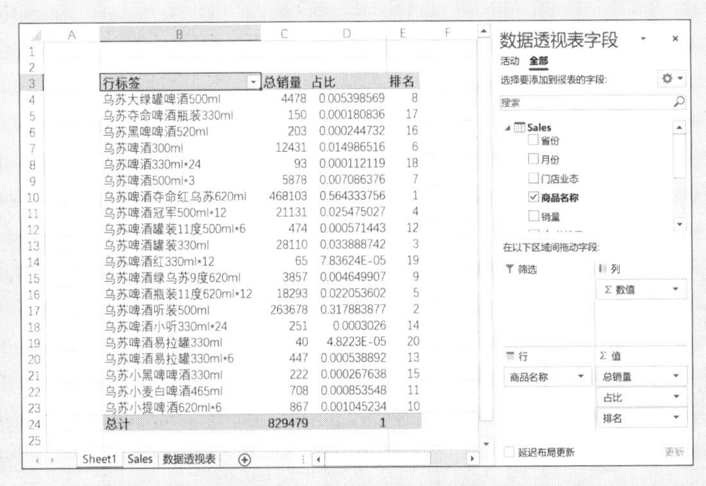

图 17-113　Power Pivot 透视表

步骤⑨ 添加“省份”“门店业态”和“TOPx”切片器，调整字段显示格式，并设置“总销量”字段按降序排列，如图 17-114 所示。

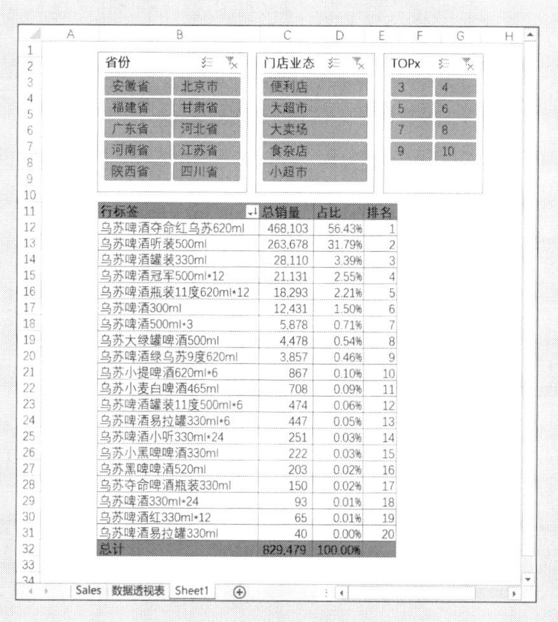

行标签	总销量	占比	排名
乌苏啤酒夺命红乌苏620ml	468,103	56.43%	1
乌苏啤酒听装500ml	263,678	31.79%	2
乌苏啤酒罐装330ml	28,110	3.39%	3
乌苏啤酒冠军500ml*12	21,131	2.55%	4
乌苏啤酒瓶装11度620ml*12	18,293	2.21%	5
乌苏啤酒300ml	12,431	1.50%	6
乌苏啤酒500ml*3	5,878	0.71%	7
乌苏大绿罐啤酒500ml	4,478	0.54%	8
乌苏啤酒绿乌苏9度620ml	3,857	0.46%	9
乌苏小提啤酒620ml*6	867	0.10%	10
乌苏小麦白啤酒465ml	708	0.09%	11
乌苏啤酒罐装11度500ml*6	474	0.06%	12
乌苏啤酒易拉罐330ml*6	447	0.05%	13
乌苏啤酒小听330ml*24	251	0.03%	14
乌苏小黑啤啤酒330ml	222	0.03%	15
乌苏黑啤啤酒520ml	203	0.02%	16
乌苏夺命啤酒瓶装330ml	150	0.02%	17
乌苏啤酒330ml*24	93	0.01%	18
乌苏啤酒红330ml*12	65	0.01%	19
乌苏啤酒易拉罐330ml	40	0.00%	20
总计	829,479	100.00%	

图 17-114　添加切片器

步骤⑩ 依次单击【行标签】下拉按钮→【值筛选】→【不等于】命令，在弹出的【值筛选(商品名称)】对话框中，修改字段组合框为“标识”，在文本框中输入“0”，单击【确定】按钮关闭对话框，如图 17-115 所示。

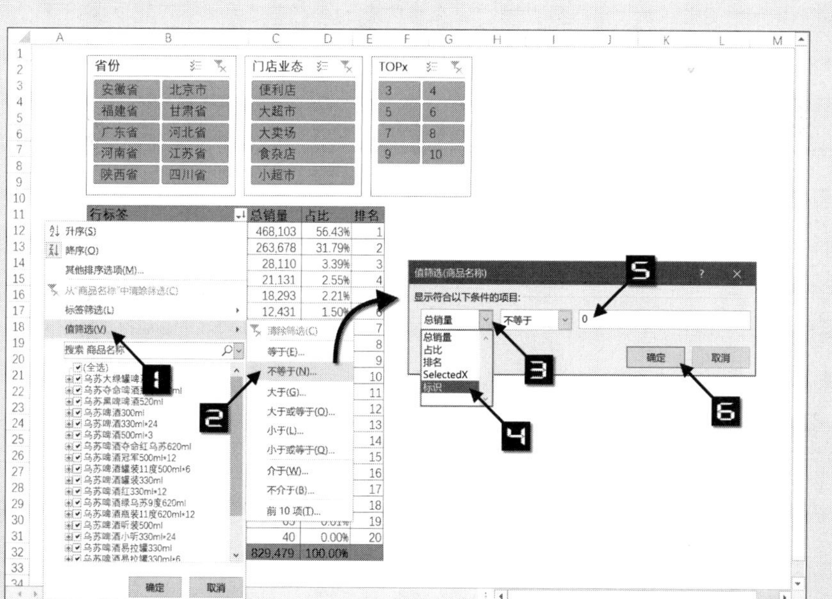

图 17-115　设置值筛选

使用“TOPx”切片器可以实现快速筛选，例如筛选 TOP 5，如图 17-116 所示，“占比”列的统计结果与图 17-105 统计的各个商品占比率一致。

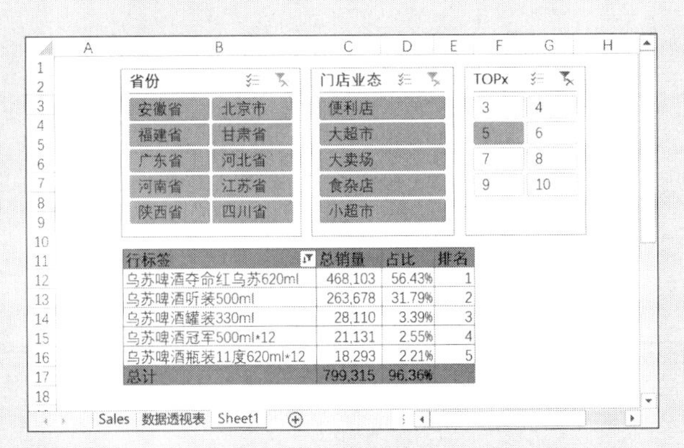

行标签	总销量	占比	排名
乌苏啤酒夺命红乌苏620ml	468,103	56.43%	1
乌苏啤酒听装500ml	263,678	31.79%	2
乌苏啤酒罐装330ml	28,110	3.39%	3
乌苏啤酒冠军500ml*12	21,131	2.55%	4
乌苏啤酒瓶装11度620ml*12	18,293	2.21%	5
总计	799,315	96.36%	

图 17-116　TOP 5 筛选统计

同时应用 3 个切片器来筛选不同数据项的数据透视表，结果如图 17-117 所示。

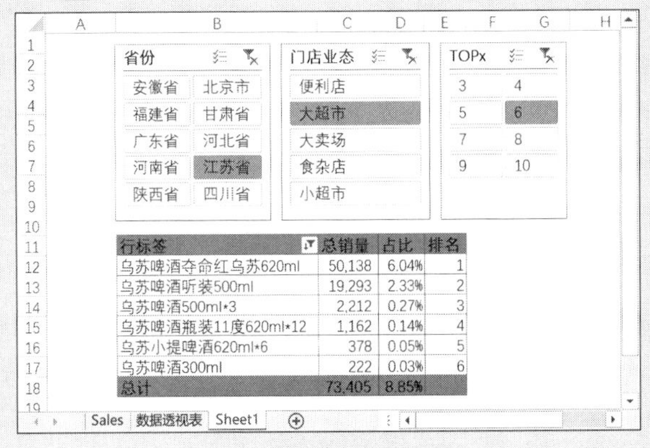

行标签	总销量	占比	排名
乌苏啤酒夺命红乌苏620ml	50,138	6.04%	1
乌苏啤酒听装500ml	19,293	2.33%	2
乌苏啤酒500ml*3	2,212	0.27%	3
乌苏啤酒瓶装11度620ml*12	1,162	0.14%	4
乌苏小提啤酒620ml*6	378	0.05%	5
乌苏啤酒300ml	222	0.03%	6
总计	73,405	8.85%	

图 17-117　应用 3 个切片器筛选

第 18 章　数据透视表常见问题答疑解惑

本章针对用户在创建数据透视表过程中最容易出现的问题，列举应用案例进行分析和解答。通过对本章的学习，用户可以快速地解决在创建数据透视表过程中遇到的各种常见问题。

本章学习要点

（1）数据透视表字段处理常见问题。
（2）数据透视表版本切换。
（3）数据透视表添加批注。
（4）数据透视表格式处理常见问题。
（5）数据透视表钻取。

18.1　为什么创建数据透视表时提示“数据透视表字段名无效”？

当用户创建数据透视表时，有时会弹出“Microsoft Excel”的提示框，提示“数据透视表字段名无效”，无法继续创建数据透视表，如图 18-1 所示。

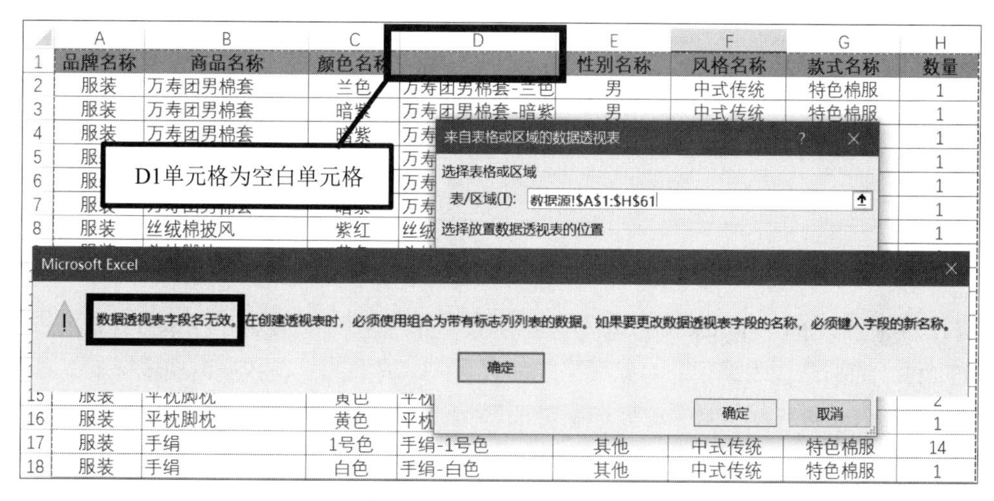

图 18-1　弹出“数据透视表字段名无效”对话框

解答：此问题是由于数据源中存在字段名为空的情况所导致的。即数据源中的标题行不能存在空白单元格或合并单元格，如图 18-1 中将单元格 D1 中的字段标题补充完整即可成功创建数据透视表。

18.2　为什么在早期版本的 Excl 中无法正常显示 Excel 365 和 Excel 2019 版本创建的数据透视表？

用 Excel 365 和 Excel 2019 版本创建的数据透视表日程表，为什么在 Excel 2003、Excel 2007

和Execl 2010 版本软件中无法正常显示？如图 18-2 所示。

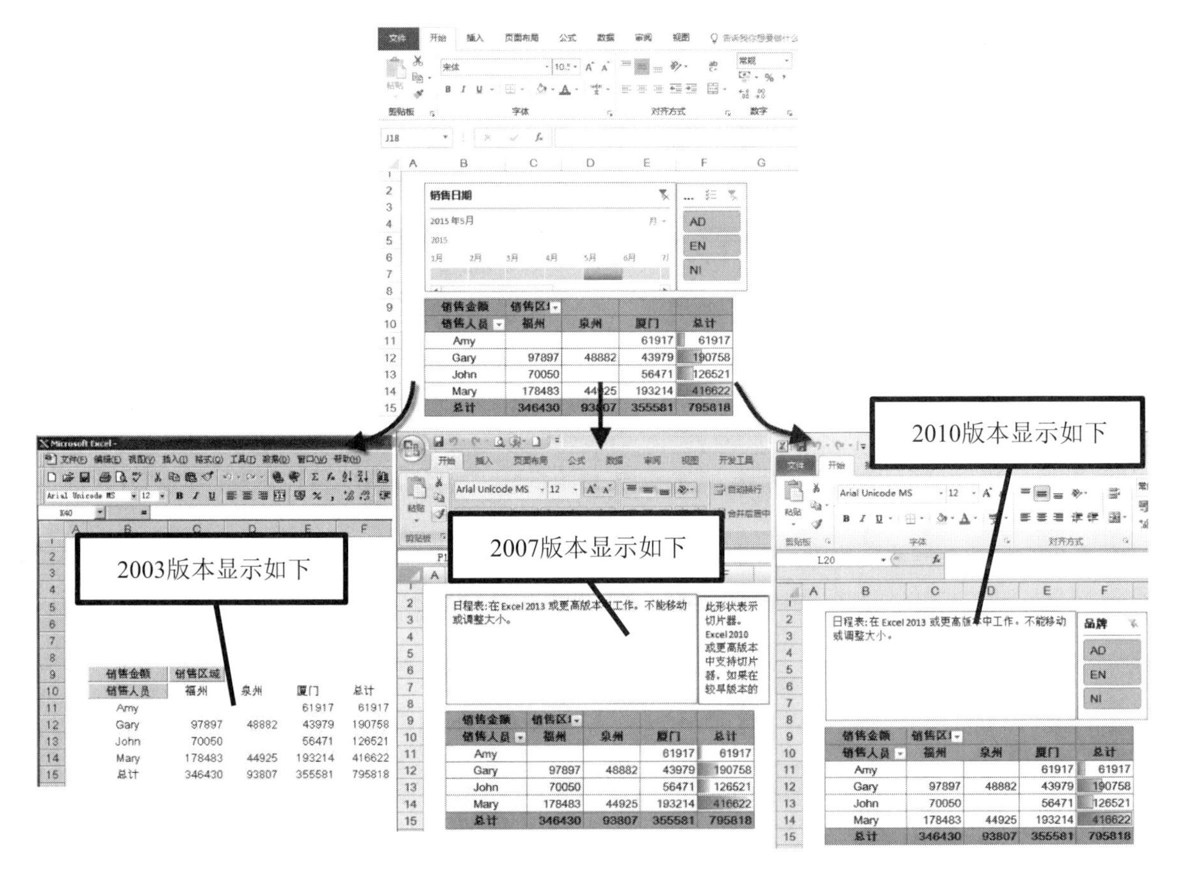

图 18-2 早期版本打开 Excel 2019 版本应用新功能的数据透视表

解答：此问题是由于不同Excel版本不兼容所致。如果用Excel 2003 版本打开Excel 2019 版本创建的文件，数据透视表缓存、对象和格式都会丢失，得到的只是数据透视表样式的基础数据。同时，Excel 2019 中的“切片器”功能也不能在Excel 2007 版本中显示；“日程表”功能也不能在Excel 2010 版本中显示。高版本可以向下兼容正常显示Excel数据透视表，在低版本中打开用高版本创建的Excel数据透视表，新增的功能应用是无法正常显示的。

18.3 为什么Excel 365 和Excel 2019 中的切片器、日程表等功能不可用，按钮呈灰色状态？

有时用户会发现，【切片器】和【日程表】按钮为灰色不可用状态，无法在数据透视表中应用，如图 18-3 所示。

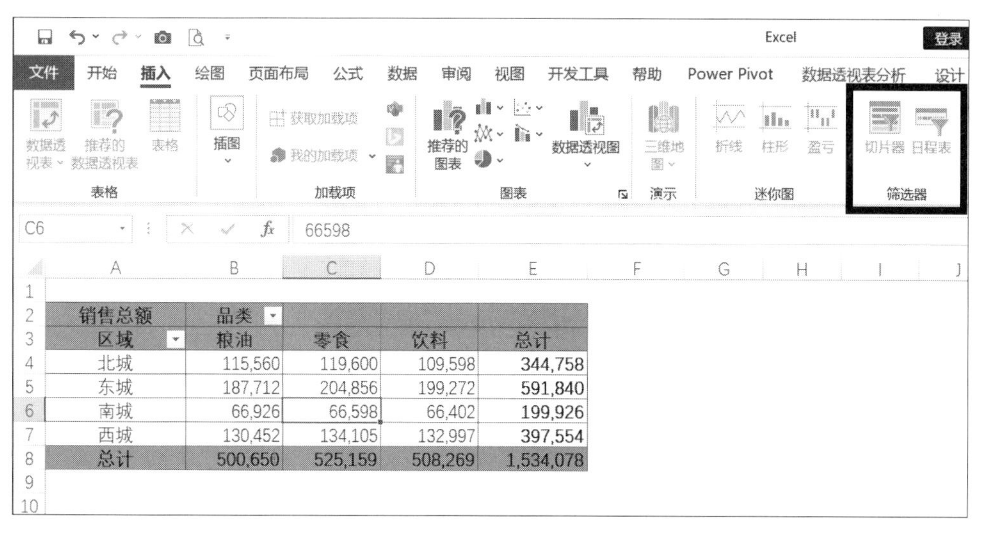

销售总额	品类			
区域	粮油	零食	饮料	总计
北城	115,560	119,600	109,598	344,758
东城	187,712	204,856	199,272	591,840
南城	66,926	66,598	66,402	199,926
西城	130,452	134,105	132,997	397,554
总计	500,650	525,159	508,269	1,534,078

图 18-3　切片器、日程表按钮呈灰色状态

解答：此Excel文件是“Excel 97 － 2003 工作簿”类型的文件，由低版本的Excel所创建，Excel文件后缀名为“.xls”格式，虽然在Excel 365 和Excel 2019 的兼容模式下可以打开，如图 18-4 所示，但是无法使用高版本中的新增功能，这些功能按钮均为灰色不可用状态。用户如果想使用高版本中的新增功能，需将此文件另存为“Excel 工作簿”类型的文件，文件后缀名为“.xlsx”格式，即可应用新增功能。

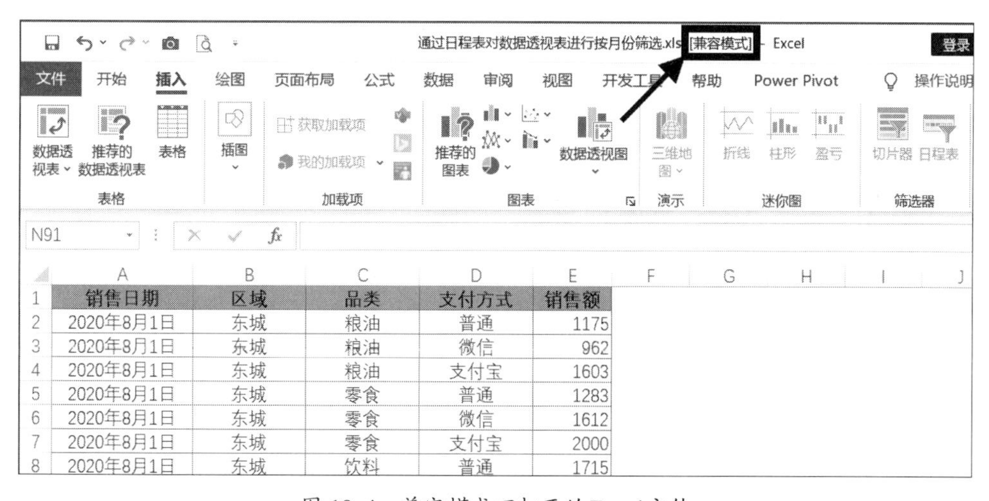

销售日期	区域	品类	支付方式	销售额
2020年8月1日	东城	粮油	普通	1175
2020年8月1日	东城	粮油	微信	962
2020年8月1日	东城	粮油	支付宝	1603
2020年8月1日	东城	零食	普通	1283
2020年8月1日	东城	零食	微信	1612
2020年8月1日	东城	零食	支付宝	2000
2020年8月1日	东城	饮料	普通	1715

图 18-4　兼容模式下打开的Excel文件

18.4　如何对数据透视表值区域的数据实现筛选?

众所周知，在数据透视表中，行、列区域是可以实现筛选的，但是要对值区域中的数据实现筛选，如图 18-5 所示，要如何做呢？

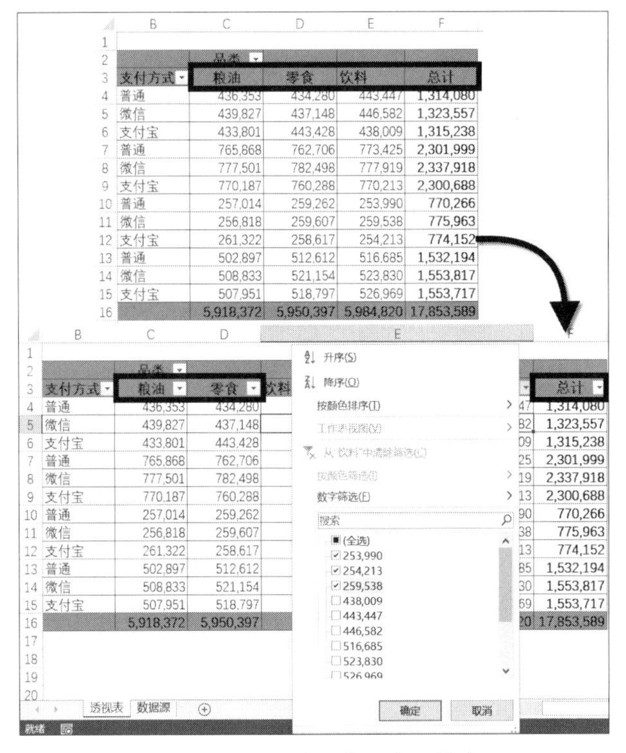

图 18-5 值区域数字项实现筛选

解答：单击数据透视表列字段“总计”标题右方相邻的单元格G3，在【数据】选项卡中单击【筛选】按钮，如图 18-6 所示，即可对值区域中的数据实现筛选。

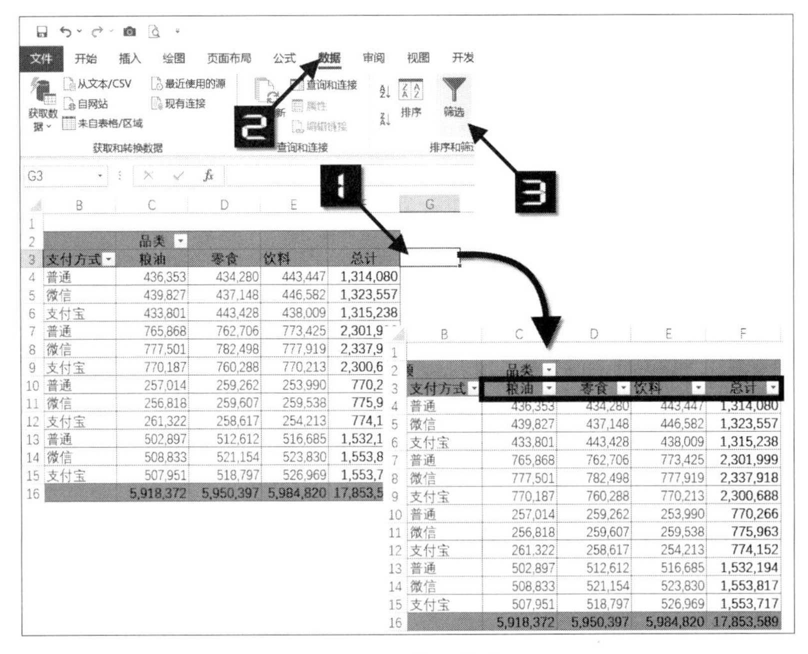

图 18-6 实现筛选

18.5 为什么刷新数据透视表时会提示“数据透视表不能覆盖另一个数据透视表”？

当用户刷新数据透视表或向数据透视表中添加字段时，有时会提示“数据透视表不能覆盖另一个数据透视表”的错误提示，导致数据透视表无法更新或更新不彻底，如图 18-7 所示。

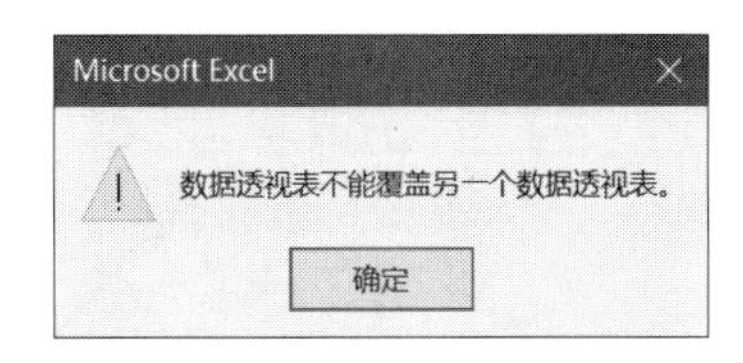

图 18-7 “数据透视表不能覆盖另一个数据透视表”的错误提示

解答：此数据透视表的存放空间不够，在此例中，数据透视表下方还存在另外一个数据透视表，当向上方数据透视表添加字段时，数据透视表需要更多的行显示内容，此时需要插入足够多的行给上方的数据透视表存放，或者将下方的数据透视表移动到其他位置。

18.6 如何将值区域中的数据汇总项目由纵向变为横向显示?

向数据透视表的值区域中添加多个数据项时，数据一般默认在列字段区域横向显示，有的时候这并不是用户所期望的结果，如何将数据汇总项目纵向显示在行字段区域呢？如图 18-8 所示。

	A	B	C	D	E
1	区域	支付方式	粮油	零食	饮料
2	北城	普通	436,353	434,280	443,447
3		微信	439,827	437,148	446,582
4		支付宝	433,801	443,428	438,009
5	东城	普通	765,868	762,706	773,425
6		微信	777,501	782,498	777,919
7		支付宝	770,187	760,288	770,213
8	南城	普通	257,014	259,262	253,990
9		微信	256,818	259,607	259,538
10		支付宝	261,322	258,617	254,213
11	西城	普通	502,897	512,612	516,685
12		微信	508,833	521,154	523,830
13		支付宝	507,951	518,797	526,969
14	总计		5,918,372	5,950,397	5,984,820

	A	B	C	D
1	区域	支付方式	值	
18			零食	760,288
19			饮料	770,213
20	南城	普通	粮油	257,014
21			零食	259,262
22			饮料	253,990
23		微信	粮油	256,818
24			零食	259,607
25			饮料	259,538
26		支付宝	粮油	261,322
27			零食	258,617
28			饮料	254,213
29	西城	普通	粮油	502,897
30			零食	512,612
31			饮料	516,685
32		微信	粮油	508,833
33			零食	521,154
34			饮料	523,830
35		支付宝	粮油	507,951
36			零食	518,797
37			饮料	526,969
38	粮油汇总			5,918,372
39	零食汇总			5,950,397
40	饮料汇总			5,984,820

图 18-8 值区域汇总项目纵向显示

解答：在【数据透视表字段】列表中，单击【数值】的下拉按钮，在弹出的快捷菜单中单击【移动到行标签】命令，即可将值区域汇总项目纵向显示，如图 18-9 所示。

图 18-9　设置值区域汇总项目纵向显示

18.7　如何像引用普通表格数据一样引用数据透视表中的数据?

很多时候，用户在引用数据透视表中的数据时，总是出现数据透视表函数 GETPIVOTDATA，而且下拉公式得到的都是相同的结果，如图 18-10 所示。如何像引用普通表格数据那样引用数据透视表中的数据?

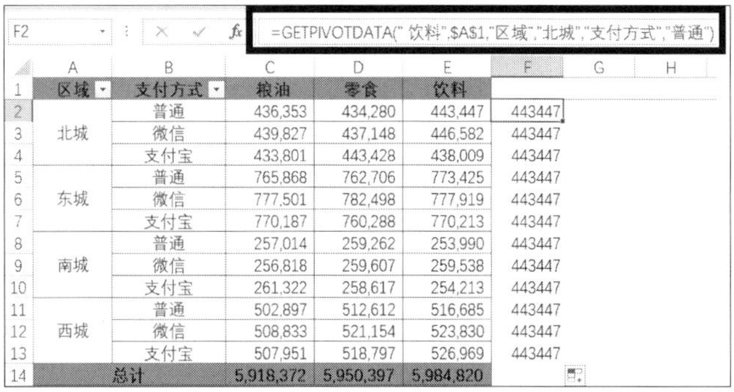

F2　=GETPIVOTDATA(" 饮料",$A$1,"区域","北城","支付方式","普通")

	A	B	C	D	E	F	G	H
1	区域	支付方式	粮油	零食	饮料			
2	北城	普通	436,353	434,280	443,447	443447		
3		微信	439,827	437,148	446,582	443447		
4		支付宝	433,801	443,428	438,009	443447		
5	东城	普通	765,868	762,706	773,425	443447		
6		微信	777,501	782,498	777,919	443447		
7		支付宝	770,187	760,288	770,213	443447		
8	南城	普通	257,014	259,262	253,990	443447		
9		微信	256,818	259,607	259,538	443447		
10		支付宝	261,322	258,617	254,213	443447		
11	西城	普通	502,897	512,612	516,685	443447		
12		微信	508,833	521,154	523,830	443447		
13		支付宝	507,951	518,797	526,969	443447		
14	总计		5,918,372	5,950,397	5,984,820			

图 18-10　引用数据透视表中的数据

解答: 选中数据透视表中的任意一个单元格(如 A2)，在【数据透视表分析】的选项卡中单击【选项】的下拉按钮，在弹出的下拉菜单中单击【生成 GetPivotData】命令，关闭生成数据透视表函数，如图 18-11 所示。

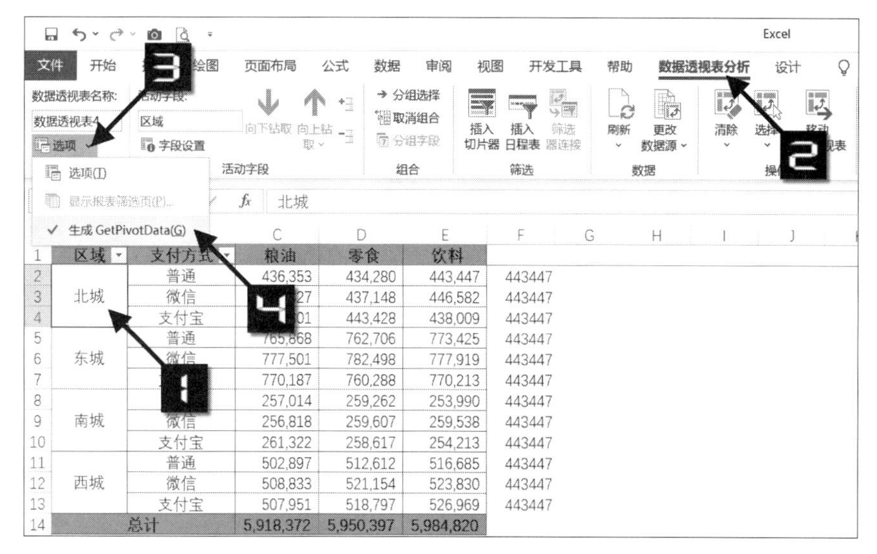

图 18-11　关闭【生成 GetPivotData】

18.8　如何像在 Excel 2003 版本中一样使用数据透视表的字段拖曳功能?

用户使用 Excel 365 和 Excel 2019 创建数据透视表后，向数据透视表中添加字段只能通过在【数据透视表字段】列表中进行操作，如图 18-12 所示。如何像在 Excel 2003 中一样，直接通过鼠标拖曳将字段放到数据透视表中?

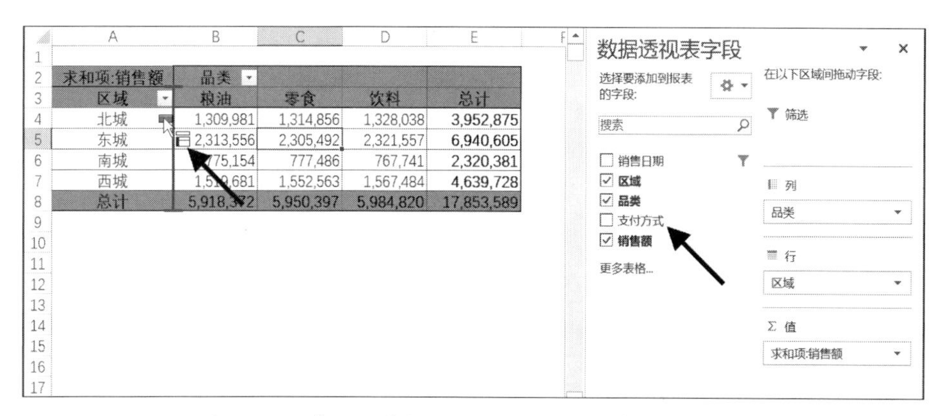

图 18-12　禁止用拖曳的方法向数据透视表中添加字段

解答: 在数据透视表中的任意一个单元格上右击，在弹出的快捷菜单中选择【数据透视表选项】命令，在弹出的【数据透视表选项】对话框中单击【显示】选项卡，勾选【经典数据透视表布局(启用网格中的字段拖放)】复选框，单击【确定】按钮完成设置，如图 18-13 所示。

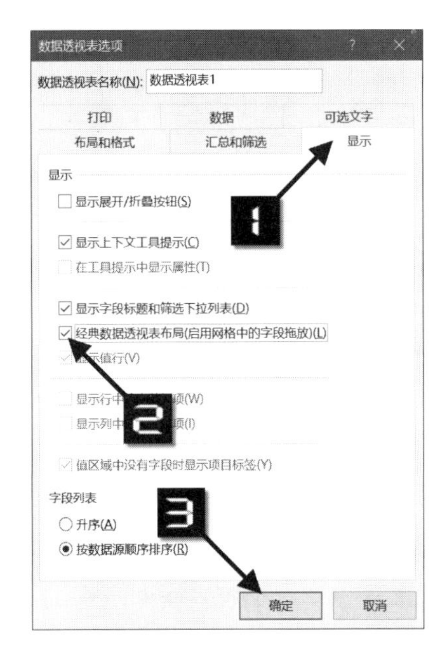

图 18-13　设置【经典数据透视表布局（启用网格中的字段拖放）】功能

18.9　如何使数据透视表中的月份字段显示 1 月 ~ 12 月的顺序

用户通常希望将数据透视表中的月份字段按照 1 月 ~12 月的顺序显示，实际上，数据透视表默认的显示情况不尽人意，如图 18-14 所示，10 月、11 月和 12 月显示在 1 月 ~9 月前。

	A	B	C	D	E
1	销售额	品类			
2	月	粮油	零食	饮料	总计
3	10月	525,380	491,882	523,466	1,540,728
4	11月	479,933	486,644	459,157	1,425,734
5	12月	484,951	513,371	505,506	1,503,828
6	1月	500,650	525,159	508,269	1,534,078
7	2月	460,427	444,256	451,628	1,356,311
8	3月	484,360	490,166	513,430	1,487,956
9	4月	496,515	488,523	490,769	1,475,807
10	5月	495,097	492,850	514,514	1,502,461
11	6月	478,041	494,892	513,272	1,486,205
12	7月	507,749	533,136	532,175	1,573,060
13	8月	509,263	490,761	507,820	1,507,844
14	9月	496,006	498,757	464,814	1,459,577
15	总计	5,918,372	5,950,397	5,984,820	17,853,589

图 18-14　非常规顺序显示月份字段的数据透视表

解答：在Excel默认的支持序列中，并没有 1 月 ~12 月这样的序列，所以字段在显示时按照文本排序规则进行了默认的升序显示。要解决此问题，可将 1 月 ~12 月进行自定义序列设置，使该月份字段按自定义序列进行排序。

调出【Excel选项】对话框，单击【高级】→【编辑自定义列表】按钮，在弹出的【选项】对话框的【输入序列】编辑框中依次输入 1 月 ~12 月，单击【添加】→【确定】→【确定】按钮，完成设置，如图 18-15 所示。

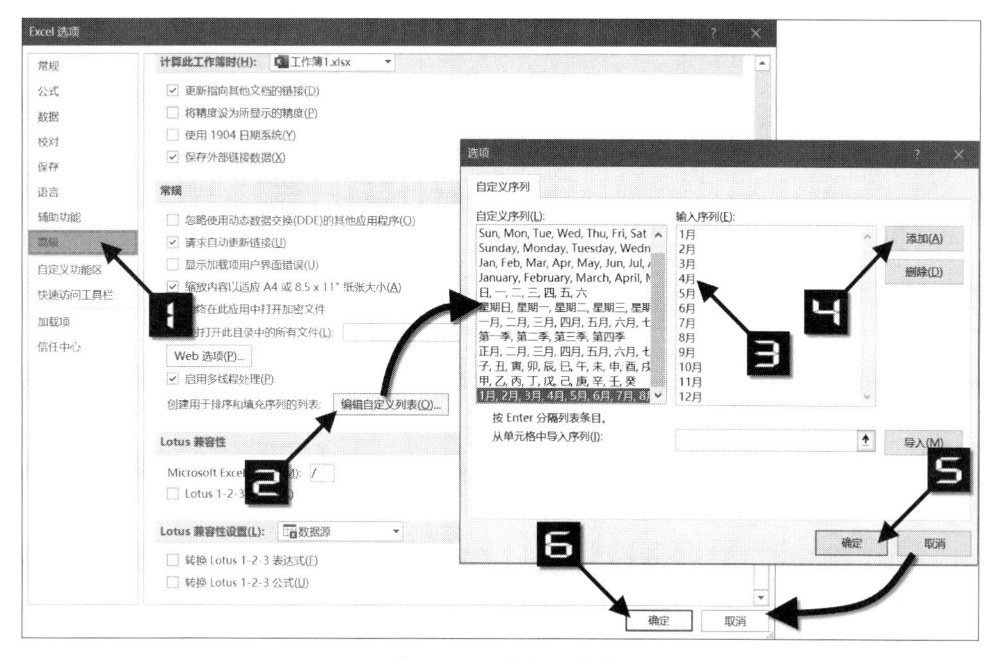

图 18-15　自定义序列

18.10　为什么【计算项】功能命令为灰色不可用状态?

当用户在数据透视表中插入计算项时，时常会遇到【计算项】命令呈灰色不可用的情况，如图 18-16 所示。

求和项:订单金额	列标签					
行标签	国际业务	国内市场	送货上门	网络销售	邮购业务	总计
林茂	18,298.72	30,401.68	143,187.25	26,466.40	7,409.63	225,763.68
苏珊	8,794.74	4,235.40	51,456.10	7,753.39	288.00	72,527.63
杨光	8,623.68	16,609.97	124,045.36	26,794.78	6,426.30	182,500.09
高军	3,058.82	1,423.00	47,129.65	16,664.78	516.00	68,792.25
何风	10,779.60	23,681.12	173,558.39	61,067.99	7,157.21	276,244.31
张波	14,445.30	6,597.34	92,711.21	9,038.42	240.40	123,032.67
毕娜	1,597.20	7,840.91	86,232.20	19,989.48	1,303.20	116,962.99
总计	65,598.06	90,789.42	718,320.16	167,775.24	23,340.74	1,065,823.62

图 18-16　【计算项】为灰色不可用状态

解答: 插入计算项是数据透视表一个字段中的项与项之间发生的运算。在插入计算项前，数据透视表中所选中的活动单元格位置非常关键，哪一个字段要进行插入计算项的操作，鼠标应该选中该字段中的项，在本例中应该选中“国际业务”或“国内市场”等字段项所在单元格，如图 18-17 所示。

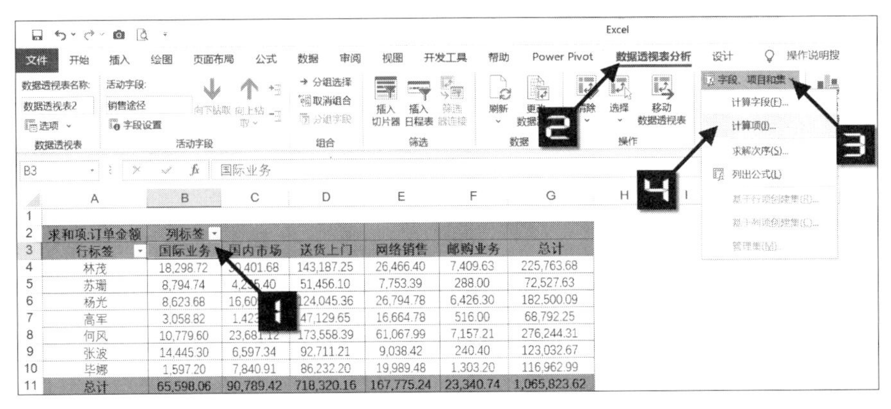

图 18-17　选中“实际发生额”后的【计算项】可使用

18.11　为什么批量选中分类汇总项时失效？

在数据透视表中，无法如图 18-18 所示一样批量选中分类汇总行。

解答：查看【启用选定内容】命令是否被关闭。选中数据透视表中的任意一个单元格（如 B3），在【数据透视表分析】选项卡中依次单击【选择】→【启用选定内容】命令，如图 18-19 所示。

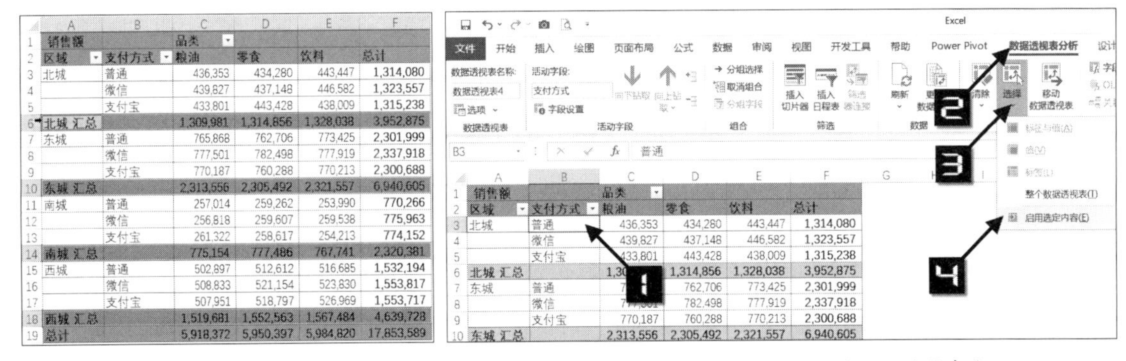

图 18-18　批量选中分类汇总　　　　图 18-19　开启【启用选定内容】命令

18.12　如何利用现有数据透视表得到原始数据源？

数据透视表创建完成后，当数据源被删除，如何通过现有的数据透视表得到原始的数据源？如图 18-20 所示。

解答：可以通过双击数据透视表中的某个单元格，得到相对应的明细数据。如果想得到原始数据源，只需要双击数据透视表中的最后一个单元格即可，在本例中，双击 F19 单元格即可得到原始明细数据源，如图 18-21 所示。

	A	B	C	D	E	F
1	销售额		品类			
2	区域	支付方式	粮油	零食	饮料	总计
3	北城	普通	436,353	434,280	443,447	1,314,080
4		微信	439,827	437,148	446,582	1,323,557
5		支付宝	433,801	443,428	438,009	1,315,238
6	北城 汇总		1,309,981	1,314,856	1,328,038	3,952,875
7	东城	普通	765,868	762,706	773,425	2,301,999
8		微信	777,501	782,498	777,919	2,337,918
9		支付宝	770,187	760,288	770,213	2,300,688
10	东城 汇总		2,313,556	2,305,492	2,321,557	6,940,605
11	南城	普通	257,014	259,262	253,990	770,266
12		微信	256,818	259,607	259,538	775,963
13		支付宝	261,322	258,617	254,213	774,152
14	南城 汇总		775,154	777,486	767,741	2,320,381
15	西城	普通	502,897	512,612	516,685	1,532,194
16		微信	508,833	521,154	523,830	1,553,817
17		支付宝	507,951	518,797	526,969	1,553,717
18	西城 汇总		1,519,681	1,552,563	1,567,484	4,639,728
19	总计		5,918,372	5,950,397	5,984,820	17,853,589

图 18-20　工作簿中仅有数据透视表

	A	B	C	D	E	F
1	销售日期	月	区域	品类	支付方式	销售额
2	2020-8-1	8月	北城	粮油	普通	1382
3	2020-8-2	8月	北城	粮油	普通	822
4	2020-8-3	8月	北城	粮油	普通	1241
5	2020-8-4	8月	北城	粮油	普通	1360
6	2020-8-5	8月	北城	粮油	普通	939
7	2020-8-6	8月	北城	粮油	普通	1113
8	2020-8-7	8月	北城	粮油	普通	1146
9	2020-8-8	8月	北城	粮油	普通	1179
10	2020-8-9	8月	北城	粮油	普通	1477
11	2020-8-10	8月	北城	粮油	普通	1579
12	2020-8-11	8月	北城	粮油	普通	956
13	2020-8-12	8月	北城	粮油	普通	1051
14	2020-8-13	8月	北城	粮油	普通	1871
15	2020-8-14	8月	北城	粮油	普通	934
16	2020-8-15	8月	北城	粮油	普通	1566
17	2020-8-16	8月	北城	粮油	普通	1152
18	2020-8-17	8月	北城	粮油	普通	1031

图 18-21　原始数据源

18.13　如何在数据透视表中插入批注?

解答: 数据透视表不支持对选中的单元格通过右击打开快捷菜单插入批注。如果希望在数据透视表内的单元格中插入批注，可以单击数据透视表中要插入批注的单元格(如A3)，在【审阅】选项卡中单击【新建批注】按钮，如图 18-22 所示。

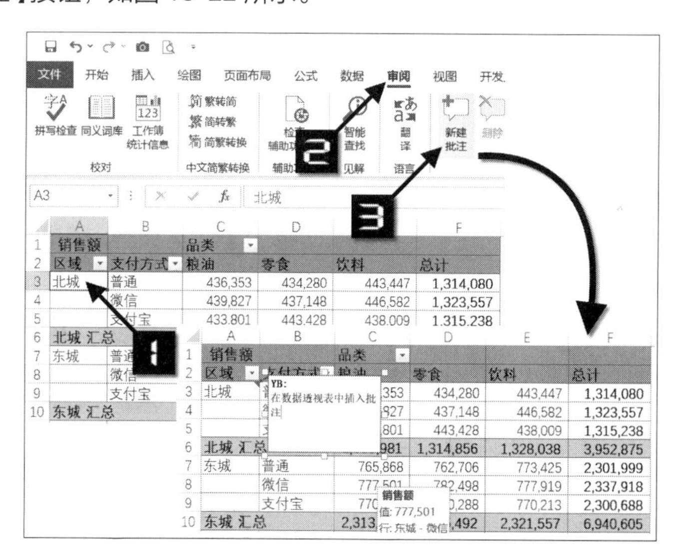

图 18-22　在数据透视表中插入批注

18.14　为什么在数据透视表中无法显示插入的图片批注?

在数据透视表中插入图片批注后，有时鼠标移动到批注标记上也无法显示图片批注，如图 18-23 所示。

品牌	货号	销售数量	销售吊牌额
AD	DZ-119-忆萝	225	114,885
	DZ-119-映月	168	82,432
	DZ-119-浅夏	210	81,130
	DZ-119-清平乐	221	132,819
	DZ-119-绛绒	168	68,632
AD 汇总		992	479,898
LI	DZ-119-墨绒	243	128,137
	DZ-119-寂雅	291	142,539
LI 汇总		534	270,676
NI	DZ-119-兰绒	178	65,172
	DZ-119-在水一方	258	137,042
NI 汇总		436	202,214
总计		1962	952,788

图 18-23 数据透视表中无法显示图片批注

解答：单击数据透视表的任意单元格（如B4），在【数据透视表分析】选项卡中依次单击【选择】→【启用选定内容】，鼠标滑向需要显示图片批注的单元格右上方的批注标记即可显示图片批注，如图 18-24 所示。

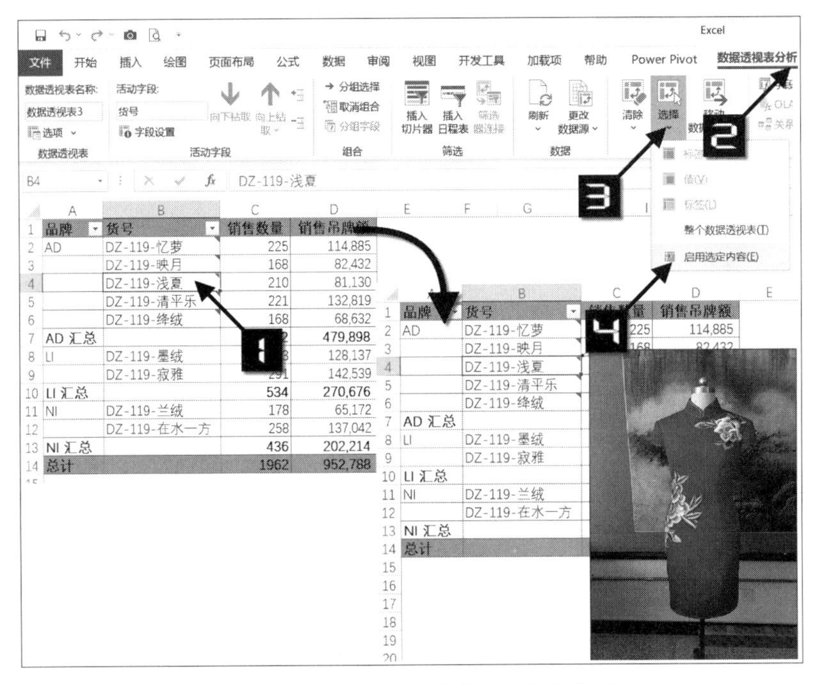

图 18-24 在数据透视表中显示图片批注

18.15 如何不显示数据透视表中的零值？

数据透视表创建完成后，数据源中的零值数据会在数据透视表中显示为“0”，空白的数据在数据透视表中显示为空白，如图 18-25 所示。在数据透视表中显示“0”会混淆数据的视觉展现，有时会给用户带来困扰。那么，如何使“0”不在数据透视表中显示呢？

解答：调出【Excel选项】对话框，单击【高级】选项卡，取消勾选【在具有零值的单元格中显示零】复选框，单击【确定】按钮，即可使数据透视表中不再显示“0”，如图 18-26 所示。

	A	B	C	D	E	F	G
1	货号	220	225	230	235	240	245
2	143050051	0	8	15	21	16	9
3	143050161	0	1	5	9	3	6
4	143050191	0	2	6	18	5	5
5	143050381	0	6	9	15	12	5
6	143050401	0	14	19	18	11	14
7	143050461	10	50	53	52	29	17
8	143050751	0	14	22	33	22	16
9	143052201	0	3	1	4	2	2
10	143054021	0	11	15	12	8	6
11	总计	10	109	145	182	108	80

图 18-25　数据透视表中的零值

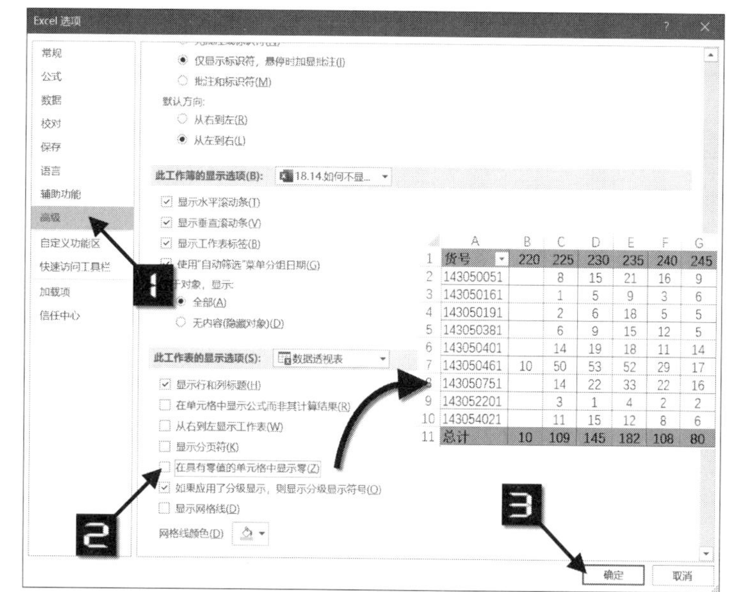

图 18-26　取消勾选【在具有零值的单元格中显示零】复选框

18.16　同一数据源创建的多个数据透视表，一个应用组合，其他也同步应用，如何解决？

自 Excel 2007 版本开始，同一个数据源通过【插入】选项卡创建多个数据透视表时，都是共享同一个缓存的。共享缓存后，当用户对其中一个数据透视表进行分组选择时，其他数据透视表可以直接应用这个分组选择。

当用户利用数据透视表进行多角度分析时，往往会将其中的数据透视表进行复制粘贴后再按分析要求重新布局，如果数据透视表进行了组合，复制粘贴后的数据透视表会出现同步现象，同时，一个数据透视表取消分组，另一个也会取消分组，这显然不是用户所期望的。

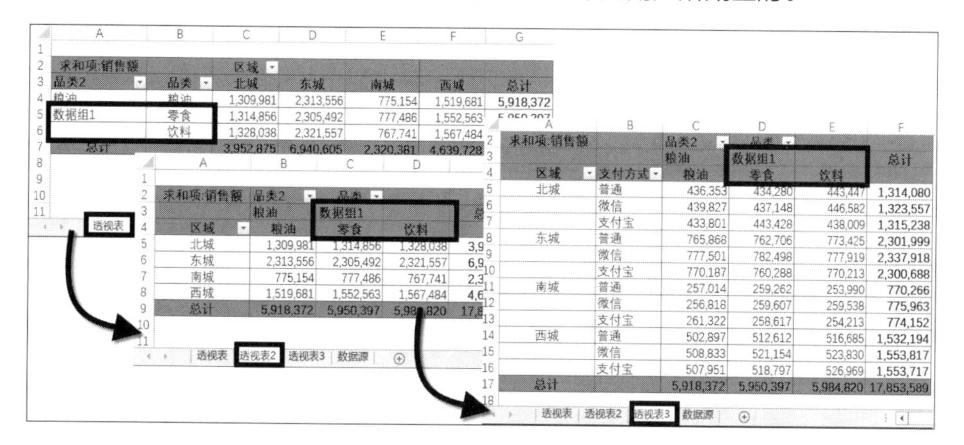

图 18-27　数据透视表同步分组

解答： 这是由于这三个数据透视表共享缓存所致，单击数据透视表的任意单元格（如C6，在【数据透视表分析】选项卡中依次单击【更改数据源】→【更改数据源】，在弹出的【更改数据透视表数据源】对话框中将原数据透视表数据源名称“数据源!$A$1:$E$13138”（原始数据区域）更改为“data”（定义的名称），单击【确定】按钮完成设置，即可解决数据透视表同步问题，如图 18-28 所示。

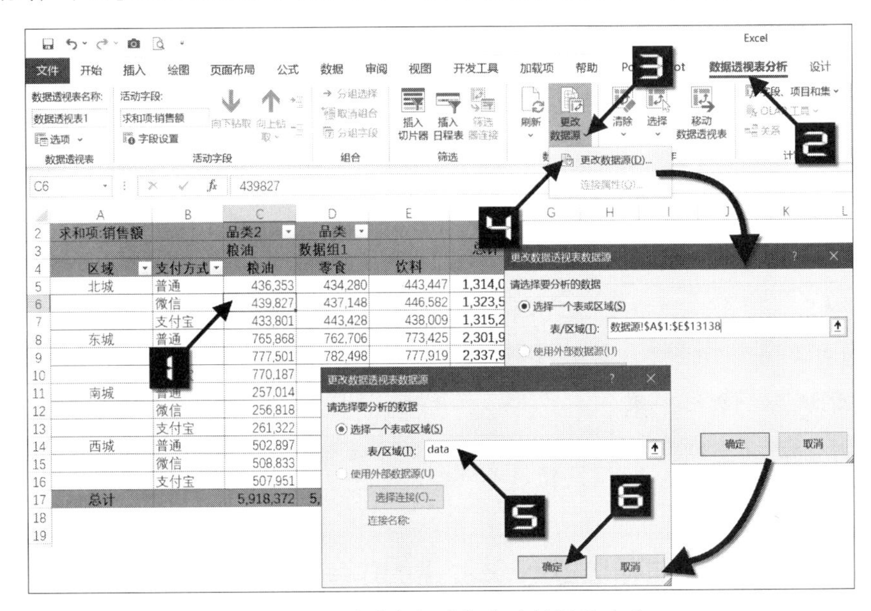

图 18-28　更改数据透视表的数据源名称

如果早先创建的数据透视表没有定义名称，本例也可以将粘贴后数据透视表的数据源以定义名称的方式进行修改。关于定义名称的具体操作请参阅 1.11.1 节。

18.17　如何快速在普通数据透视表中应用非重复计数的值汇总方式？

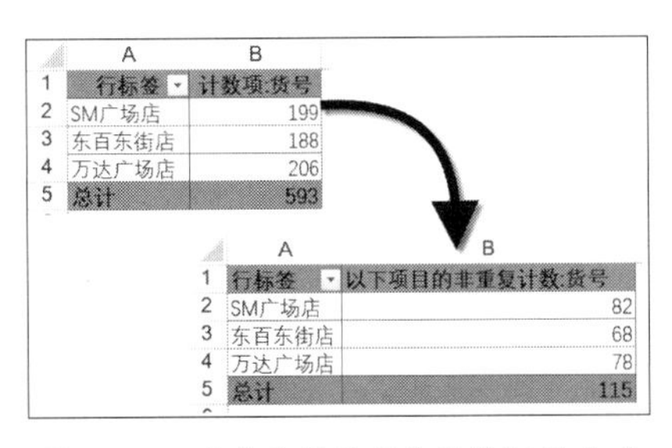

图 18-29　“非重复计数”的值汇总方式

很多时候，用户在使用常规数据透视表的时候，突然想对某个字段应用非重复计数统计，如图 18-29 所示。非重复计数的值汇总方式是自 Excel 2013 版本开始，数据透视表增加的一种值汇总方式，前提是利用数据模型创建数据透视表。

解答： 重新创建模型数据透视表费时费力，用户只需在原有的普通数据透视表上修改即可，方法如下。

选中原有数据透视表的任意单元格，在【数据透视表字段】列表框内单击【更多表格】按钮，在弹出的【创建新的数据透视表】对话框中单击【是】按钮自动创建一张新的模型数据透视表，如图 18-30 所示。

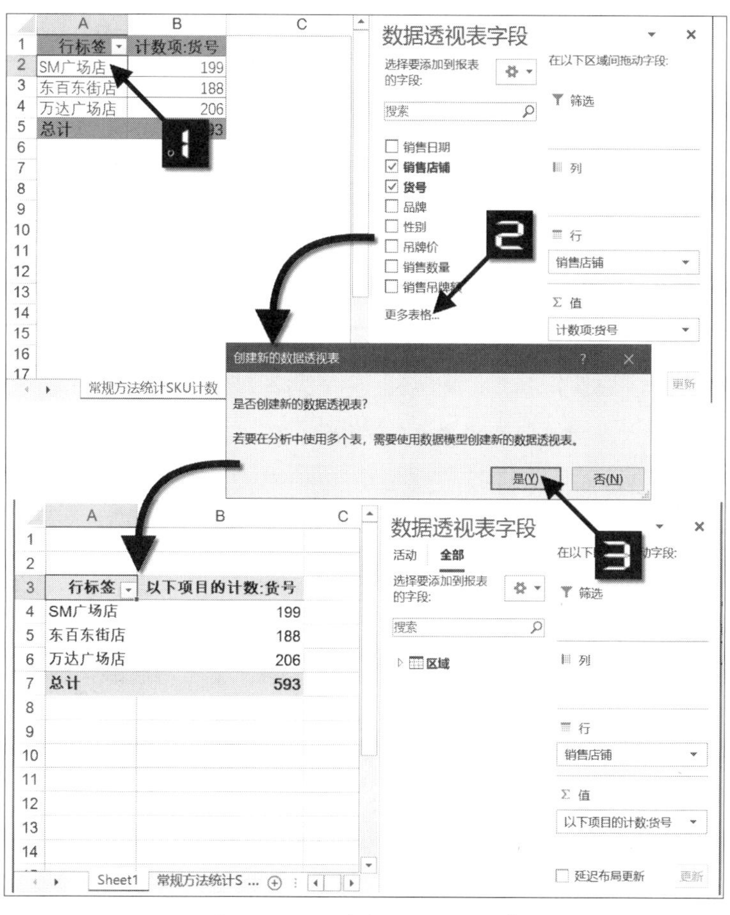

图 18-30 创建新的数据透视表

在“以下项目的计数：货品”字段上右击，依次选择【值汇总依据】→【非重复计数】，最终的结果如图 18-31 所示。

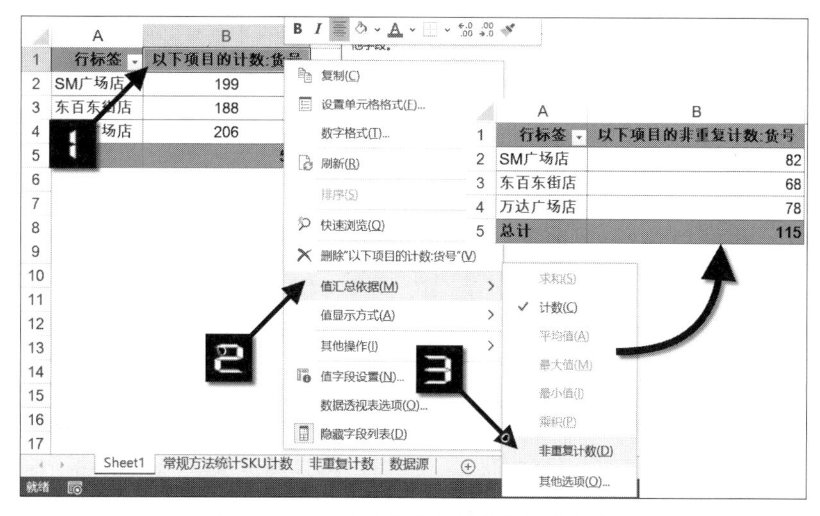

图 18-31 “非重复计数”的值汇总方式

18.18 如何在数据透视表的左侧显示列字段的分类汇总?

一般情况下，数据透视表列字段的分类汇总默认在数据信息的右侧显示，如图 18-32 所示的模型数据透视表。如果用户希望在数据透视表的左侧显示列字段的分类汇总，又该如何做到呢?

	A	B	C	D	E	F	G	H	I	J
3	以下项目的总和:销售额	品类	支付方式							
4		粮油			粮油 汇总	零食			零食 汇总	总计
5	区域	普通	微信	支付宝		普通	微信	支付宝		
6	北城	436,353	439,827	433,801	1,309,981	434,280	437,148	443,428	1,314,856	2,624,837
7	东城	765,868	777,501	770,187	2,313,556	762,706	782,498	760,288	2,305,492	4,619,048
8	南城	257,014	256,818	261,322	775,154	259,262	259,607	258,617	777,486	1,552,640
9	西城	502,897	508,833	507,951	1,519,681	512,612	521,154	518,797	1,552,563	3,072,244
10	总计	1,962,132	1,982,979	1,973,261	5,918,372	1,968,860	2,000,407	1,981,130	5,950,397	11,868,769

图 18-32　数据透视表列字段分类汇总在右侧显示

解答: 通过调整“基于列项创建集”的行显示顺序可以实现。

步骤① 选中数据透视表，在【数据透视表分析】选项卡中依次单击【字段、项目和集】→【基于列项创建集】，弹出【新建集合】对话框，如图 18-33 所示。

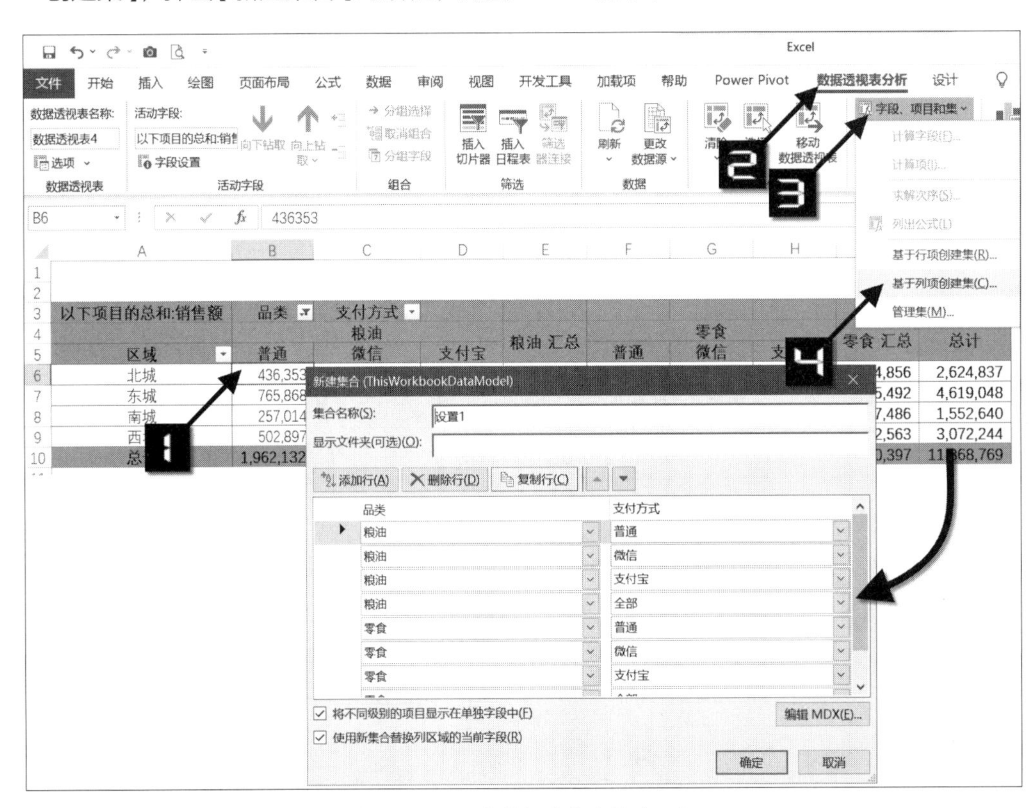

图 18-33　调出【新建集合】对话框

步骤② 在【新建集合】对话框中单击【品类】为“粮油”、【支付方式】为“全部”的行，然后单击【向上调整】按钮，将其上移到分类的顶端，同理，将其他地区的“全部”行上移到各自分类的顶端，最后单击【确定】按钮完成设置，如图 18-34 所示。

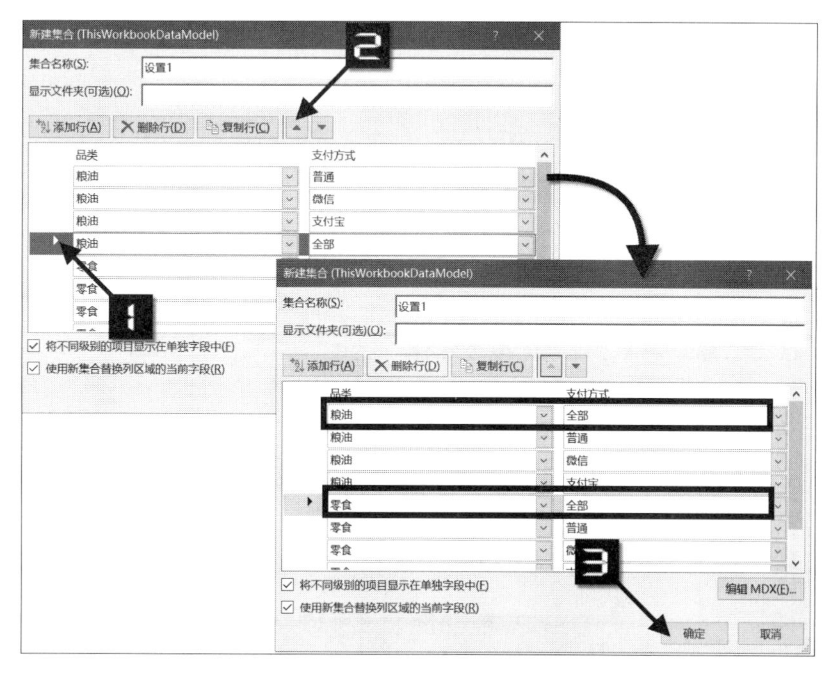

图 18-34　调整列字段汇总显示位置

最后完成的数据透视表如图 18-35 所示。

以下项目的总和:销售额	品类	支付方式							
		粮油				零食			
区域	粮油 汇总	普通	微信	支付宝	零食 汇总	普通	微信	支付宝	总计
北城	1,309,981	436,353	439,827	433,801	1,314,856	434,280	437,148	443,428	3,952,875
东城	2,313,556	765,868	777,501	770,187	2,305,492	762,706	782,498	760,288	6,940,605
南城	775,154	257,014	256,818	261,322	777,486	259,262	259,607	258,617	2,320,381
西城	1,519,681	502,897	508,833	507,951	1,552,563	512,612	521,154	518,797	4,639,728
总计	5,918,372	1,962,132	1,982,979	1,973,261	5,950,397	1,968,860	2,000,407	1,981,130	17,853,589

图 18-35　在数据透视表的左侧显示列字段的分类汇总

18.19　如何解决数据透视表添加计算字段后总计值出现的错误?

在图 18-36 所示的数据透视表中，“求和项：销售金额”是一个计算字段，其公式为“数量*单价”。

但是，它并未按照数据透视表内所显示的数值直接进行相乘，而是将“求和项：数量”与“求和项：单价”相乘，即数量之总和与单价之总和的乘积，这显然是错误的。此外，数据透视表“总计”的计算结果也出现了错误。

F5 =B5*C5

品名	值 求和项:数量	平均值项:单价	求和项:销售金额		正确销售金额(数量*单价)
按摩椅	354	800	2,548,800		283,200
跑步机	671	2,200	22,143,000		1,476,200
微波炉	494	500	3,211,000		247,000
显示器	1,123	1,500	35,374,500		1,684,500
液晶电视	617	5,000	49,360,000		3,085,000
总计	3,259	2,138	515,573,800		6,775,900

图 18-36　计算字段与手工计算对比

解答： 传统方法通过SQL语句来解决，略显复杂，这里介绍更加简洁的Power Pivot解决方案。

步骤① 将数据源添加到数据模型，具体操作方法请参阅 13.1 节。

步骤② 在【Power Pivot for Excel】窗口中添加计算列“销售金额”，然后创建如图 18-37 所示的数据透视表。

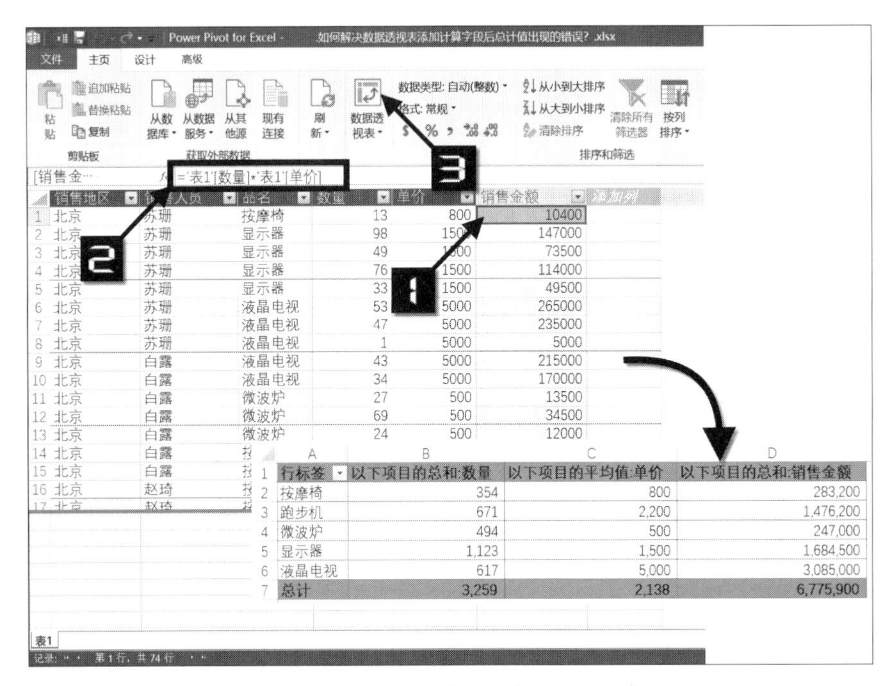

图 18-37 添加计算列创建数据透视表

18.20 如何对数据透视表实施快速钻取?

图 18-38 展示了一张模型数据透视表，如何在原有数据透视表的基础上快速实现对“管理部门”各月费用的钻取?

以下项目的总和:金额	部门				
科目名称	不可对比门店	管理部门	可对比门店	网店	总计
办公费	36,961	797,920	284,012	22,246	1,141,139
包装费		468,149		8,736	476,885
保险费	15,000	108,119	2,395		125,515
福利费	116,303	2,386,021	1,171,699	30,220	3,704,243
广告费	932	878,960	6,502		886,394
交通费	1,066	1,308,146	13,129	1,558	1,323,899
教育经费		728,078			728,078
零星购置	10,692	36,975	73,300	720	121,687
商品维修费	255	230	4,145		4,630
水电费	90,028	525,197	883,498	968	1,499,691
通讯费	13,930	178,912	143,320	217,706	553,868
销售费用		1,350			1,350
修理费	393,942	192,635	814,346	14,964	1,415,886
员工活动费		297,277		483	297,760
折旧		3,016,352	2,600		3,018,952
总计	679,108	10,924,320	3,398,947	297,600	15,299,975

图 18-38 模型数据透视表

解答： 在数据透视表中单击“管理部门”字段标题，单击快速浏览按钮，在弹出的扩展菜单中单击【钻取到月】按钮，快速改变数据透视表的统计视角，实现对“管理部门”各月费用的钻取，如图 18-39 所示。

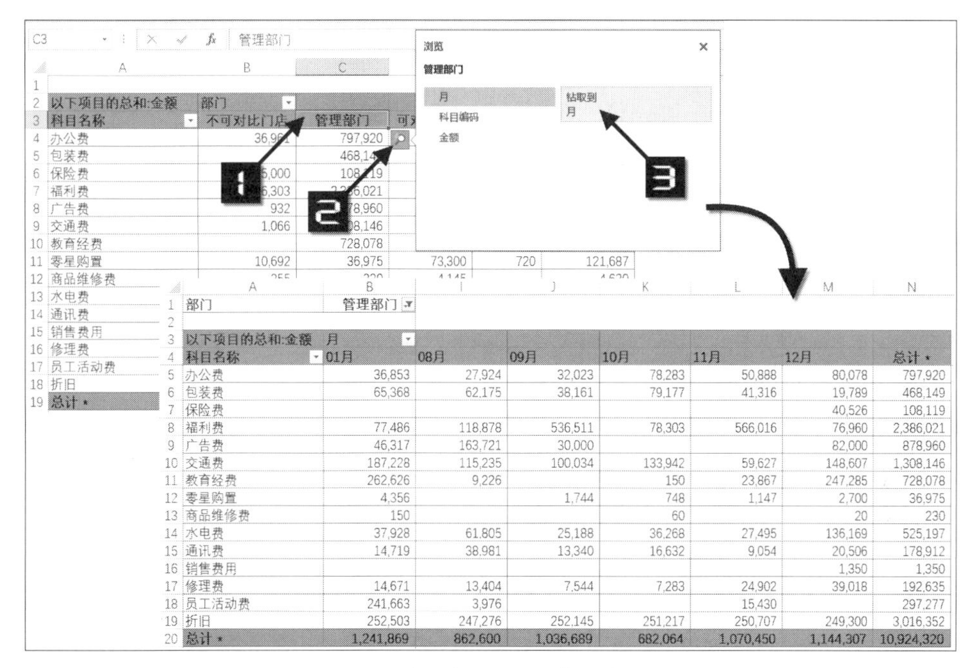

部门	管理部门						
以下项目的总和:金额	月						
科目名称	01月	08月	09月	10月	11月	12月	总计
办公费	36,853	27,924	32,023	78,283	50,888	80,078	797,920
包装费	65,368	62,175	38,161	79,177	41,316	19,789	468,149
保险费						40,526	108,119
福利费	77,486	118,878	536,511	78,303	566,016	76,960	2,386,021
广告费	46,317	163,721	30,000			82,000	878,960
交通费	187,228	115,235	100,034	133,942	59,627	148,607	1,308,146
教育经费	262,626	9,226		150	23,867	247,285	728,078
零星购置	4,356		1,744	748	1,147	2,700	36,975
商品维修费	150			60		20	230
水电费	37,928	61,805	25,188	36,268	27,495	136,169	525,197
通讯费	14,719	38,981	13,340	16,632	9,054	20,506	178,912
销售费用						1,350	1,350
修理费	14,671	13,404	7,544	7,283	24,902	39,018	192,635
员工活动费	241,663	3,976			15,430		297,277
折旧	252,503	247,276	252,145	251,217	250,707	249,300	3,016,352
总计	1,241,869	862,600	1,036,689	682,064	1,070,450	1,144,307	10,924,320

图 18-39　对“管理部门”费用进行钻取

第 19 章　数据透视表打印技术

在日常工作中，数据透视表并不都是以电子表格的方式存在的，通常需要将制作的数据透视表打印出来，以纸质报表的形式供上级部门审阅或进行资料存档，本章将介绍数据透视表的打印。

本章学习要点

（1）设置数据透视表打印标题。

（2）数据透视表分类项目打印。

19.1　设置数据透视表的打印标题

当一张数据透视表的打印区域过大时，很难在一页中全部打印完整。因此需要打印多页，但是在多页打印的页面中可能会出现表头缺失的情况，下面就来探讨如何解决这个问题。

19.1.1　利用数据透视表选项设置打印表头

示例19-1　打印各分公司业绩统计表

图 19-1 所示的是一张由数据透视表创建的某公司各分公司的销售业绩报表，在对这张数据透视表进行打印时，可以让数据透视表的行列标题成为每页固定的打印标题，具体操作步骤如下。

	A	B	C	D	E	F	G	H	I	J
1						各分公司销售业绩统计表				
2	求和项:金额			日期						
3	分公司	营业部	营业员	1月	2月	3月	4月	5月	6月	7月
4	第二分公司	二分第二营业部	陈裕友	17710	24290	28750	46850	38200	26360	38020
5			金炎秀	5160	49040	38850	17520	55740	28990	21450
6			钱炎当	29570	45030	10760	35570	15580	46470	34760
7			许仁当	26960	31720	440	25990	44060	24010	19060
8			孟军贵	23760	15500	12450	29930	37130	37320	14990
9			郑健当	44510	41500	61090	19620	26060	27990	8080
10		二分第二营业部 汇总		147670	207080	152340	175480	216770	191140	136360
11		二分第一营业部	陈健当	26130	57490	41280	15670	52140	44840	39280
12			顾华亮	47980	61530	36150	33590	41360	20630	58000
13			吕德秀	57810	45700	91010	16510	49530	17590	33350
14			朱民金	14820	22980	65110	48030	31450	55780	15460
15			张国财					780		
16		二分第一营业部 汇总		146740	187700	233550	113800	175260	138840	146090
17	第二分公司 汇总			294410	394780	385890	289280	392030	329980	282450
18			冯刚几	18250	15470	6840	14310	2170	19470	10190
19			顾辉华	13000	30490	22280	7020	4080	11900	3180

图 19-1　某公司各分公司的销售业绩表

选中数据透视表中的任意一个单元格（如B3），右击，在弹出的快捷菜单中选择【数据透视表选项】命令，在【数据透视表选项】对话框中选择【打印】选项卡，选中【设置打印标题】复选框，最后单击【确定】按钮完成设置，如图 19-2 所示。

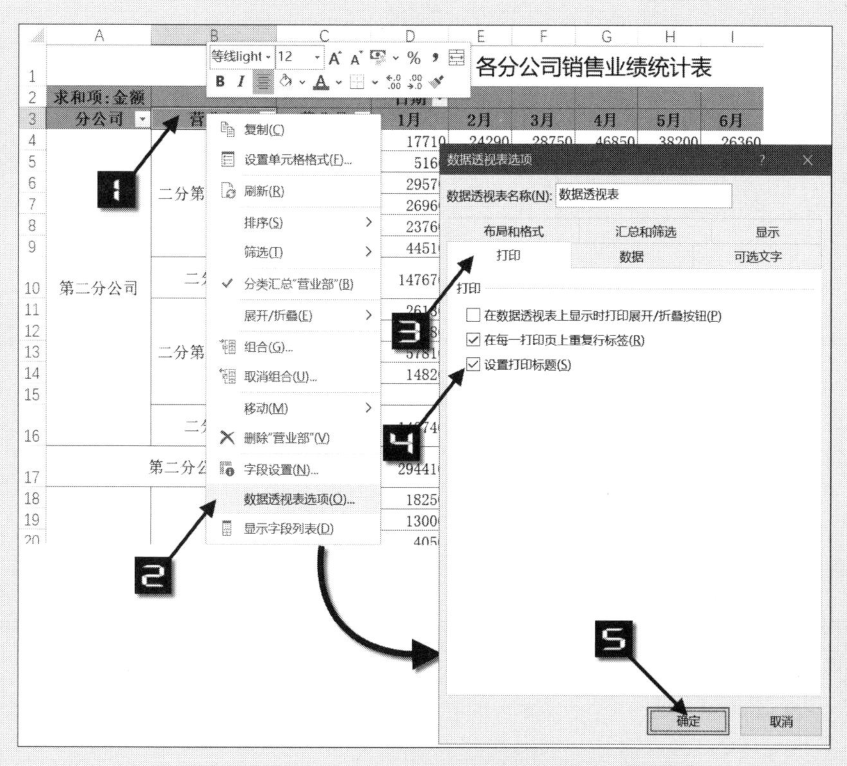

图 19-2　设置打印标题

打印预览的效果如图 19-3 所示。

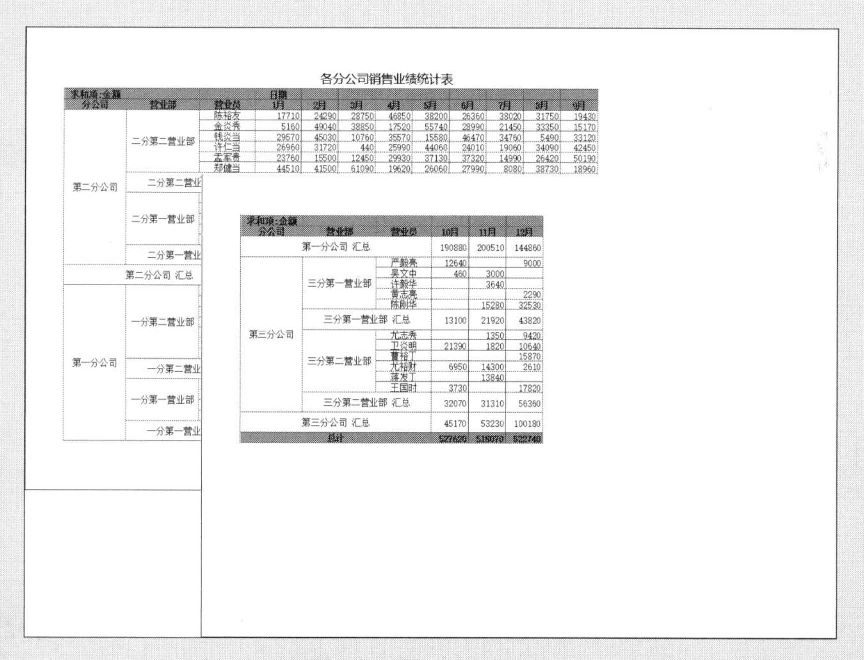

图 19-3　打印预览效果

此时，在【页面布局】选项卡中单击【打印标题】按钮，则会看到在【页面设置】对话框中自动设置了【顶端标题行】和【从左侧重复的列数】，如图 19-4 所示。

页面设置
页面 页边距 页眉/页脚 工作表
打印区域(A):
打印标题
顶端标题行(R): $2:$3
从左侧重复的列数(C): $A:$C
打印
网格线(G)
单色打印(B)
草稿质量(Q)
行和列标题(L)
注释(M): (无)
错误单元格打印为(E): 显示值
打印顺序
先列后行(D)
先行后列(V)
打印(P)... 打印预览(W) 选项(O)...
确定 取消

图 19-4 【页面设置】对话框

19.1.2 “在每一打印页上重复行标签”的应用

当数据透视表中的某行字段较长并形成跨页时，这个行字段的标签默认并不能在每个页面上都打印出来，如图 19-5 所示。

如果希望行字段的标签能够在每个页面上都打印出来，具体操作步骤如下。

选中数据透视表中的任意一个单元格（如 B3），右击，在弹出的快捷菜单中选择【数据透视表选项】命令，在弹出的【数据透视表选项】对话框中选择【打印】选项卡，选中【在每一打印页上重复行标签】复选框，最后单击【确定】按钮完成设置，如图 19-6 所示。

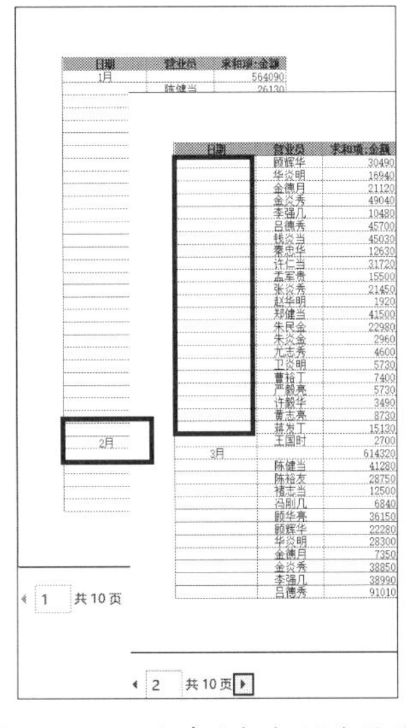

图 19-5 设置前的打印预览效果

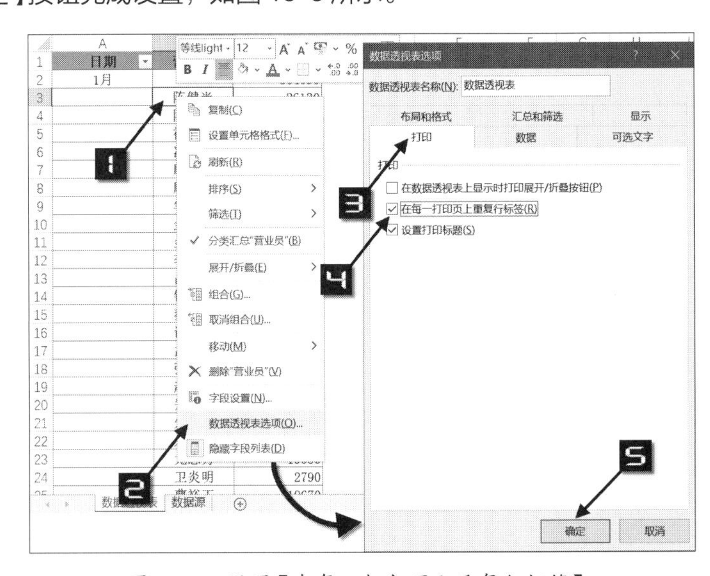

图 19-6 设置【在每一打印页上重复行标签】

设置后的数据透视表打印预览效果如图 19-7 所示。

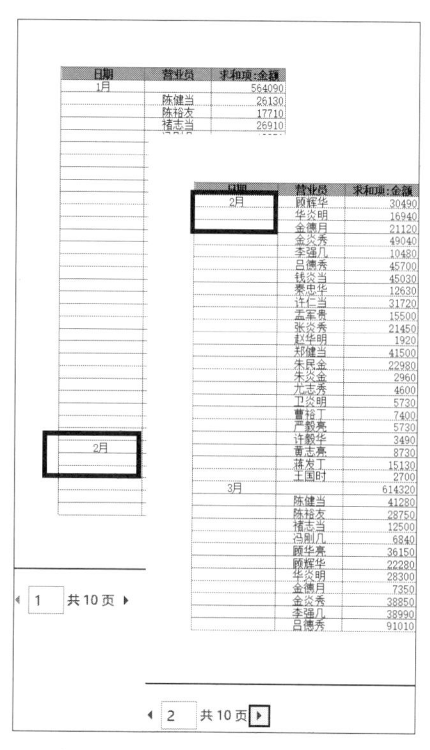

图 19-7　设置后的打印预览效果

19.1.3　利用页面设置指定打印标题

以示例 19-1 为例，将数据透视表以外的行、列也包含在每页打印的标题中（如：手工插入的标题“各分公司销售业绩统计表”），可以将【顶端标题行】设置为【$1:$3】，【从左侧重复的列数】设置为【$A:$C】，如图 19-8 所示。

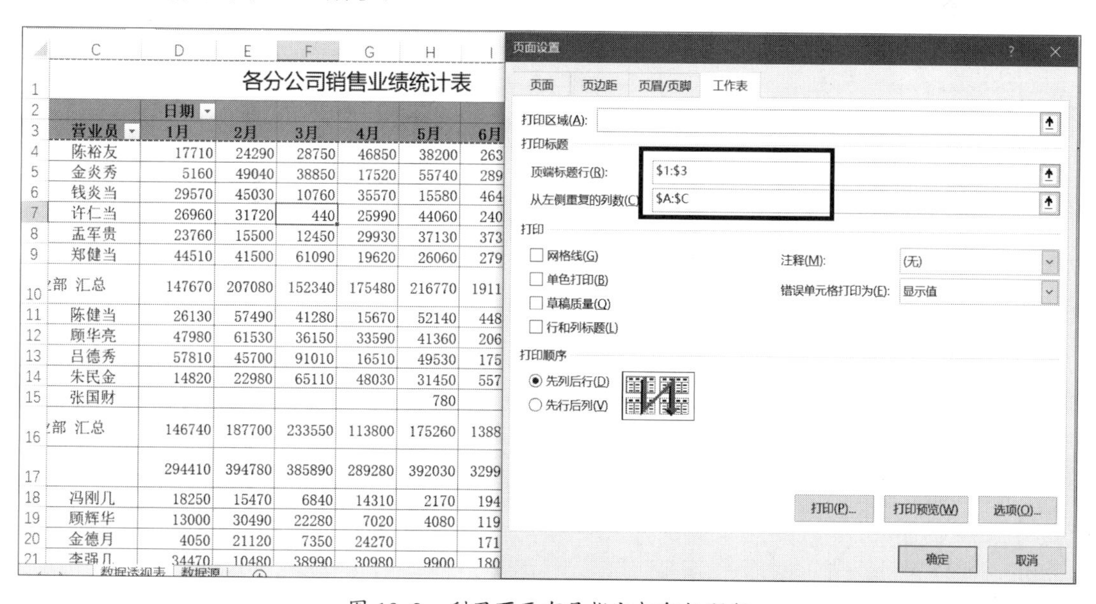

图 19-8　利用页面布局指定打印标题行

打印预览效果如图 19-9 所示。

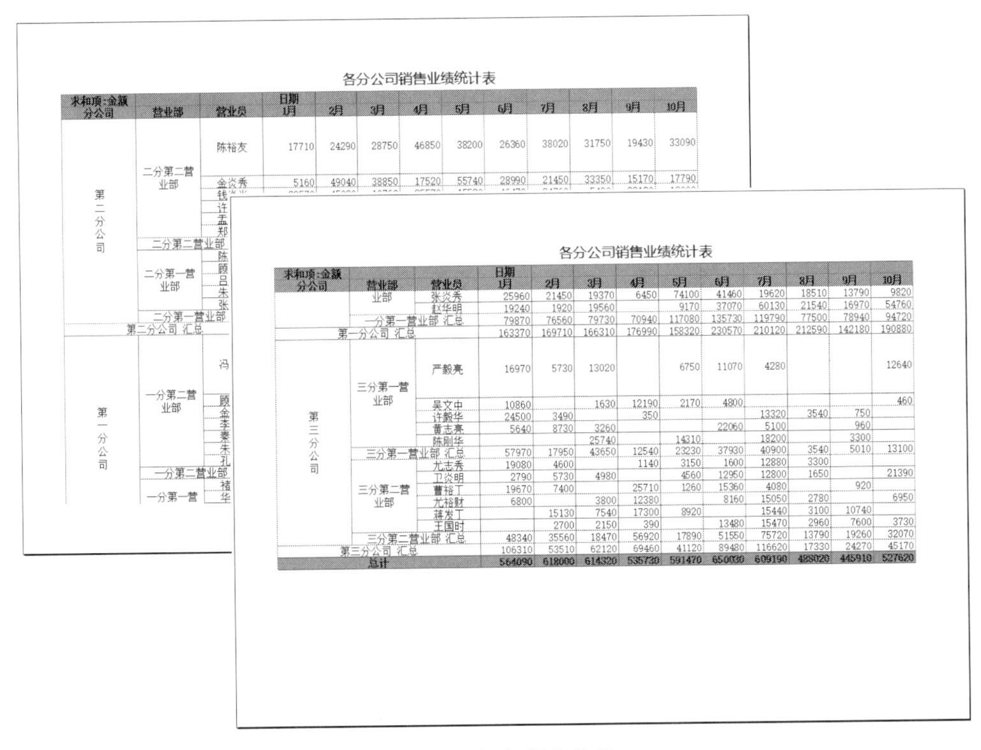

图 19-9　打印预览效果

19.2　为数据透视表的每一分类项目分页打印

数据透视表可以为每一分类项目分页打印，使每一分类项目可以单独打印成一份报表。以示例中的数据为例，将数据透视表中的每一个分公司分开打印，具体操作步骤如下。

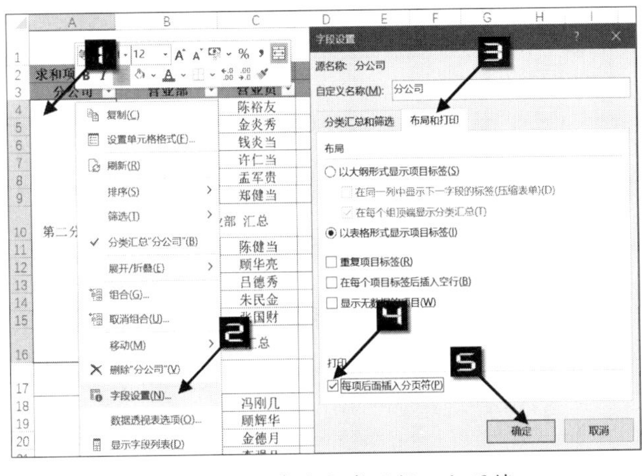

图 19-10　为每个分类项插入分页符

步骤① 选中“分公司”字段并右击，在弹出的快捷菜单中选择【字段设置】命令，弹出【字段设置】对话框，选择【布局和打印】选项卡，选中【每项后面插入分页符】复选框，单击【确定】按钮完成设置，如图 19-10 所示。

步骤② 参照 19.1.3 节设置打印标题。

打印预览效果如图 19-11 所示。

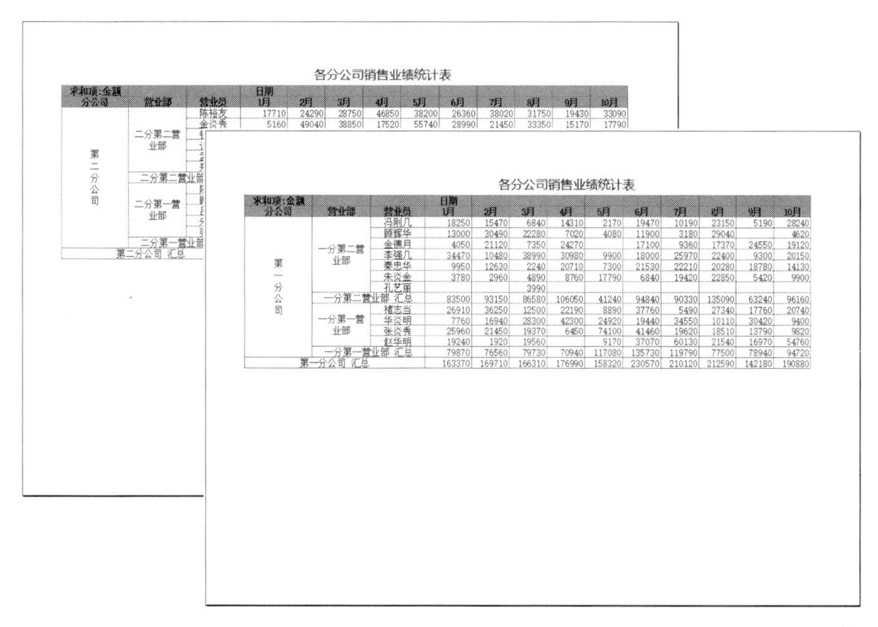

各分公司销售业绩统计表

求和项:金额 分公司	营业部	营业员	日期 1月	2月	3月	4月	5月	6月	7月	8月	9月	10月
		陈裕友	17710	24290	28750	46850	38200	26360	38020	31750	19430	33090
		金资秀	5160	49040	38850	17520	55740	28990	21450	33350	15170	17790

各分公司销售业绩统计表

求和项:金额 分公司	营业部	营业员	日期 1月	2月	3月	4月	5月	6月	7月	8月	9月	10月
第一分公司	一分第二营业部	冯刚几	18250	15470	6840	14310	2170	19470	10190	23150	5190	28240
		顾辉华	13000	30490	22280	7020	4080	11900	3180	29040		4620
		金德月	4050	21120	7350	24270		17100	9360	17370	24550	19120
		李强几	34470	10480	38990	30980	9900	18000	25970	22400	9300	20150
		秦忠华	9950	12630	2240	20710	7300	21530	22210	20280	18780	14130
		朱炎金	3780	2960	4890	8760	17790	6840	19420	22850	5420	9900
		孔艺丽			3990							
	一分第二营业部 汇总		83500	93150	86580	106050	41240	94840	90330	135090	63240	96160
	一分第一营业部	褚志当	26910	36250	12500	22190	8890	37760	5490	27340	17760	20740
		华炎明	7760	16940	28300	42300	24920	19440	34550	10110	30420	9400
		张炎秀	25960	21450	19370	6450	74100	41460	19620	18510	13790	9820
		赵华明	19240	1920	19560		9170	37070	60130	21540	16970	54760
	一分第一营业部 汇总		79870	76560	79730	70940	117080	135730	119790	77500	78940	94720
第一分公司 汇总			163370	169710	166310	176990	158320	230570	210120	212590	142180	190880

图 19-11　打印预览效果

19.3　根据报表筛选字段数据项快速分页打印

图 19-12 展示了一张分公司数据透视表，如果按照不同分公司将数据透视表进行分页打印，具体步骤如下。

	A	B	C	D	E	F	G
1	分公司	(全部)					
			日期				
			1月	2月	3月	4月	5月
			17710	24290	28750	46850	38200
			5160	49040	38850	17520	55740
			29570	45030	10760	35570	15580
			26960	31720	440	25990	44060
			23760	15500	12450	29930	37130
			44510	41500	61090	19620	26060
			147670	207080	152340	175480	216770
			26130	57490	41280	15670	52140
			47980	61530	36150	33590	41360
			57810	45700	91010	16510	49530
			14820	22980	65110	48030	31450
16		张国财					780
17	二分第一营业部 汇总		146740	187700	233550	113800	175260
18		冯刚几	18250	15470	6840	14310	2170

搜索
(全部)
第二分公司
第一分公司
第三分公司
选择多项
确定
取消

图 19-12　设置了"报表筛选"字段的产品销售排行榜

选中数据透视表中的任意一个单元格（如B5），在【数据透视表分析】选项卡中依次单击【选项】→【显示报表筛选页】命令，在弹出的【显示报表筛选页】对话框中，选择一个需要分页的字段，本例选择"分公司"字段，单击【确定】按钮完成设置，如图 19-13 所示。

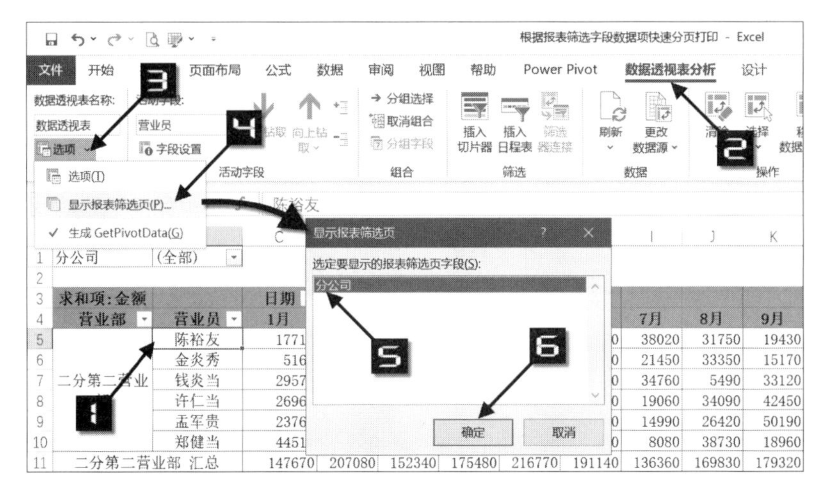

图 19-13 设置数据透视表【显示报表筛选页】

Excel将为“分公司”字段的每一个项目分别生成一张单独的工作表，如图 19-14 所示。

	A	B	C	D	E	F	G
1	分公司	第二分公司					
2							
3	求和项:金额		日期				
4	营业部	营业员	1月	2月	3月	4月	5月
5	二分第二营业部	陈裕友	17710	24290	28750	46850	38200
6		金炎秀	5160	49040	38850	17520	55740
7		钱炎当	29570	45030	10760	35570	15580
8		许仁当	26960	31720	440	25990	44060
9		孟军贵	23760	15500	12450	29930	37130
10		郑健当	44510	41500	61090	19620	26060
11	二分第二营业部 汇总		147670	207080	152340	175480	216770
12	二分第一营业部	陈健当	26130	57490	41280	15670	52140
13		顾华亮	47980	61530	36150	33590	41360
14		吕德秀	57810	45700	91010	16510	49530
15		朱民金	14820	22980	65110	48030	31450
16		张国财					780
17	二分第一营业部 汇总		146740	187700	233550	113800	175260
18	总计		294410	394780	385890	289280	392030

图 19-14 分别生成单独工作表

根据本书前言的提示，可观看“根据报表筛选字段数据项快速分页打印”的视频讲解。

附录

附录A　Excel常用SQL语句解释

A.1　SELECT查询

图A-1 展示了某公司的员工信息数据列表。

部门	工号	姓名	职称	性别	婚姻状况	基本工资	住房津贴
财务室	1001	王晓全	主管	男	已婚	2460	300
财务室	1002	钱紫宏	财务	男	未婚	1100	142
财务室	1003	罗福华	财务	女	未婚	1080	143
财务室	1004	陈丰芙	财务	女	未婚	1620	
财务室	1005	何可友	财务	女	已婚	1130	105
财务室	1006	李克权	财务	男	未婚	1460	264
人事部	2001	孙娇雪	主管	女	已婚	2460	300
人事部	2002	陈风刚	人事	男	已婚	2310	
人事部	2003	邓艳全	人事	男	已婚	2310	122
人事部	2004	黄大刚	人事	男	未婚	1780	282
人事部	2005	刘风权	人事	男	已婚	1080	230
人事部	2006	罗丰露	人事	女	未婚	1020	
宣传策划	3001	郭克雪	主管	女	已婚	2460	300
宣传策划	3002	何晓峰	宣传	男	未婚	1650	135
宣传策划	3003	刘晓文	宣传	女	已婚	2460	
宣传策划	3004	张子竹	宣传	男	未婚	2440	
业务部	4001	钱贵竹	主任	男	未婚	1620	320
业务部	4002	黄风翠	业务员	女	未婚	1810	227
业务部	4003	黄风芙	业务员	女	已婚	2460	245
业务部	4004	孙福文	业务员	女	未婚	1020	
业务部	4005	罗翠	业务员	女	已婚	2450	
业务部	4006	Anday	业务员	男	未婚	2460	268
业务部	4007	李克全	业务员	男	未婚	2310	264

员工信息

图A-1　公司员工信息数据列表

含义：从指定的表中返回符合条件的指定字段的记录。

语法：

```
SELECT {谓词} 字段 AS 别名 FROM 表
{WHERE 分组前条件}
{GROUP BY 分组依据}
{HAVING 分组后条件}
{ORDER BY 指定排序}
```

SELECT查询语句各部分的说明如表A-1 所示。

表A-1　SELECT查询语句各部分的说明

部分	说明
SELECT	查询
FROM	从……返回
谓词	可选，包含ALL、DISTINCT、TOP等谓词。如缺省，则默认为ALL，即返回所有记录

续表

部分	说明
字段	包含要查询的记录的列标题，若要查询多个字段，则需要在字段之间使用英文输入状态下的逗号分隔，若要查询全部字段，可以使用“*”表示
AS	别名标志，使用AS可以对字段名称进行重命名
表	工作表或查询。在Excel中使用SQL需要在表名后加“$”
WHERE	限制查询返回分组前的记录，使查询只返回符合分组前条件的记录
GROUP BY	分组依据，指明记录如何进行分组和合并
HAVING	限制查询返回分组后的记录，使查询只返回符合分组后的条件的记录
ORDER BY	对结果进行排序，其中ASC为升序，DESC为降序。如缺省，默认为升序

A.1.1 SELECT查询的基本语句

在图A-1所示的“员工信息”数据列表中，查询所有字段的数据记录，可以使用以下SQL语句。

```
SELECT * FROM [员工信息$]
```

在图A-1所示的“员工信息”数据列表中，查询每个员工所在的部门及其婚姻状况的数据记录，可以使用以下SQL语句。

```
SELECT 部门,姓名,婚姻状况 FROM [员工信息$]
```

A.1.2 WHERE子句

在图A-1所示的“员工信息”数据列表中，查询员工性别为男的数据记录，可以使用以下SQL语句。

```
SELECT * FROM [员工信息$] WHERE 性别='男'
```

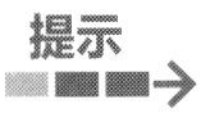

条件的标识符，文本类型用英文单引号区分，日期型用#区分（在VBA中则使用"），数值型不需要添加标识符。

A.1.3 BETWEEN…AND运算符

BETWEEN…AND运算符用于确定指定字段的记录是否在指定值范围之内。

在图A-1所示的“员工信息”数据列表中，查询基本工资在1500~2000元（含1500元和2000元）的数据记录，可以使用以下SQL语句。

```
SELECT * FROM [员工信息$] WHERE 基本工资 BETWEEN 1500 AND 2000
```

A.1.4 NOT运算符

NOT运算符表示取相反的条件。

在图A-1所示的“员工信息”数据列表中，查询基本工资不在1500~2000（即基本工资小于1500或大于2000）的所有记录，可以使用以下SQL语句。

```
SELECT * FROM [员工信息$] WHERE NOT 基本工资 BETWEEN 1500 AND 2000
```

A.1.5 AND、OR运算符

当查询条件在两个或两个以上时，需要使用AND或OR等运算符将不同的条件连接。其中，使用AND运算符表示连接的条件，只有同时成立才返回记录；使用OR运算符表示连接的条件中，只要有一个条件成立，即可返回记录。需要注意的是，AND运算符执行次序比OR运算符优先，如果用户需要更改运算符的运算次序，请用小括号将需要优先执行的条件括起来。

在图A-1所示的“员工信息”数据列表中，查询“财务室”部门员工的基本工资高于2000的数据记录，可以使用以下语句。

```
SELECT * FROM [员工信息$] WHERE 部门='财务室' AND 基本工资>2000
```

在图A-1所示的“员工信息”数据列表中，查询“财务室”或“业务部”两个部门的数据记录，可以使用以下语句。

```
SELECT * FROM [员工信息$] WHERE 部门='财务室' OR 部门='业务部'
```

A.1.6 IN运算符

IN运算符用于确定字段的记录是否在指定的集合之中。

在图A-1所示的“员工信息”数据列表中，查询“陈丰笑”“孙娇雪”和“刘风权”3位员工的数据记录，可以使用以下SQL语句。

```
SELECT * FROM [员工信息$] WHERE 姓名 IN ('陈丰笑','孙娇雪','刘风权')
```

使用NOT IN，可以返回字段记录在指定集合之外的记录。

在图A-1所示的“员工信息”数据列表中，查询除“陈丰笑”“孙娇雪”和“刘风权”3位员工外的数据记录，可以使用以下SQL语句。

```
SELECT * FROM [员工信息$] WHERE 姓名 NOT IN ('陈丰笑','孙娇雪','刘风权')
```

IN对同一个字段运用多个条件时，可以替换或简化OR语法。

例如，查询“财务室”或“业务部”两个部门的数据记录，都是对同一个字段“部门”进行多个条件查找，可以使用以下SQL语句。

```
SELECT * FROM [员工信息$] WHERE 部门 IN ('财务室','业务部')
```

等效于

```
SELECT * FROM [员工信息$] WHERE 部门='财务室' OR 部门='业务部'
```

A.1.7 LIKE运算符

LIKE运算符用于返回与指定模式匹配的记录，若需要返回与指定模式匹配相反的记录，请使用NOT LIKE，LIKE运算符支持使用通配符。

LIKE使用的通配符如表A-2所示。

表A-2 通配符说明

通配符	说明
%	零个或多个字符
_	任意单个字符
#	任意单个数字（0-9）
[字符列表]	匹配字符列表中的任意单个字符
[!字符列表]	不在字符列表中的任意单个字符

提示

常用的字符列表包括数字字符列表[0-9]、大写字母字符列表[A-Z]和小写字母字符列表[a-z]。

在图A-1所示的“员工信息”数据列表中，查询姓名以“陈”开头的数据记录，可以使用以下语句。

```
SELECT * FROM [员工信息$] WHERE 姓名 LIKE '陈%'
```

在图A-1所示的“员工信息”数据列表中，查询姓名不以“陈”开头的数据记录，可以使用以下语句。

```
SELECT * FROM [员工信息$] WHERE 姓名 LIKE '[!陈]%'
```

也可使用以下语句。

```
SELECT * FROM [员工信息$] WHERE 姓名 NOT LIKE '陈%'
```

在图A-1所示的“员工信息”数据列表中，查询姓名以“翠”结尾且姓名长度为2的数据记录，可以使用以下语句。

```
SELECT * FROM [员工信息$] WHERE 姓名 LIKE '_翠'
```

在图A-1所示的“员工信息”数据列表中，查询姓名包含字母的数据记录，可以使用以下语句。

```
SELECT * FROM [员工信息$] WHERE 姓名 LIKE '%[a-zA-Z]%'
```

在Excel 2010保存的工作薄中，使用SQL语句返回的记录不区分大小写，但以兼容形式另存为Excel 2010版本以下的工作簿时（如Excel 97-2003版本），记录区分大小写。

A.1.8 常量NULL

常量NULL表示未知值或结果未知。判断记录是否为空，可以用IS NULL或IS NOT NULL。

在图A-1所示的“员工信息”数据列表中，查询没有领取住房津贴的数据记录，可以使用以下语句。

```
SELECT * FROM [员工信息$] WHERE 住房津贴 IS NULL
```

在图A-1所示的“员工信息”数据列表中，查询有领取住房津贴的数据记录，可以使用以下语句。

```
SELECT * FROM [员工信息$] WHERE 住房津贴 IS NOT NULL
```

已知员工的实际收入等于基本工资加上住房津贴，在图A-1所示的“员工信息”数据列表中，统计每个部门的员工的实际收入，可以使用以下SQL语句。

```
SELECT 部门,姓名,基本工资+IIF(住房津贴 IS NULL,0,住房津贴) AS 实际收入
FROM [员工信息$]
```

NULL表示未知值或结果未知，如何与NULL进行的运算，其结果也是未知的，返回NULL。所以，这里需要使用IIF函数，将住房津贴为NULL的值返回0，否则返回住房津贴，然后再与基本工资相加，从而得到实际收入。

A.1.9 GROUP BY子句

GROUP BY语句用于结合聚合函数，根据一个或多个列对结果集进行分组。

在图A-1所示的“员工信息”数据列表中，统计每个部门的员工人数，可以使用以下SQL语句。

```
SELECT 部门,COUNT(姓名) AS 员工人数 FROM [员工信息$] GROUP BY 部门
```

A.1.10 HAVING子句

HAVING用于对结果集进行过滤，作用类似于WHERE，但是当条件列为有聚合函数时必须用HAVING，而不能用WHERE。

在图A-1所示的“员工信息”数据列表中，查询员工人数超过7人（含7人）的部门记录，可以使用以下SQL语句。

```
SELECT 部门 FROM [员工信息$]GROUP BY 部门 HAVING COUNT(姓名)>=7
```

HAVING子句必须结合GROUP BY子句使用。

A.1.11 聚合函数

聚合函数的说明如表A-3所示。

表A-3 聚合函数

部分	说明	部分	说明
SUM()	求和	FIRST()	首次出现的记录
COUNT()	计数	LAST()	最后一条记录
AVG()	平均值	MID()	从文本字段中提取字符
MAX()	最大值	LEN()	返回文本字段中值的长度
MIN()	最小值		

提示

> 使用表C-2所示的聚合函数时，除FIRST和LAST函数外，其余函数均忽略空值（NULL）。

在如图A-1所示的“员工信息”数据列表中，查询每个部门最高可领取的住房津贴的数据记录，可以使用以下SQL语句。

```
SELECT 部门,MAX(住房津贴) AS 最高住房津贴 FROM [员工信息$] GROUP BY 部门
```

A.1.12 DISTINCT谓词

使用DISTINCT谓词，将忽略指定字段返回的重复记录，即重复的记录只保留其中一条。

在图A-1所示的“员工信息”数据列表中，查询部门的不重复记录，可以使用以下SQL语句。

```
SELECT DISTINCT 部门 FROM [员工信息$]
```

A.1.13 ORDER BY子句

使用ORDER BY子句，可以使结果根据一个或多个字段的指定排序方式进行排序。如果指定的字段没有指定排序模式，则默认为按此字段升序排序。

提示

> 在数据透视表中，字段的排序结果最终取决于数据透视表的字段排序方式。

A.1.14 TOP谓词

使用TOP谓词，可以返回ORDER BY子句所指定范围内靠前或靠后的某些记录。

如果不指定排序方式，则返回此TOP谓词所对应的表或查询的靠前的指定记录。

在图A-1所示的“员工信息”数据列表中，查询前10条记录，可以使用以下SQL语句。

```
SELECT TOP 10 * FROM [员工信息$]
```

在图A-1所示的“员工信息”数据列表中，查询基本工资在前10位的数据记录，可以使用以下SQL语句。

```
SELECT TOP 10 * FROM [员工信息$] ORDER BY 基本工资 DESC
```

结合使用PERCENT保留字可以返回ORDER BY子句所指定的范围内靠前或靠后的一定百分比的记录。

在图A-1所示的“员工信息”数据列表中，查询基本工资前30%的数据记录，可以使用以下语句。

```
SELECT TOP 30 PERCENT * FROM [员工信息$] ORDER BY 基本工资 DESC
```

提示

> 如果使用ORDER BY子句，那么在指定范围内最后一条记录中有多个相同的值时，这些值对应的记录也会被返回。如果没有OREDR BY子句，那么在指定范围内最后一条记录中即使有多个相同的值，也只会返回在指定范围内靠前的记录。

A.2 联合查询

图A-2展示了某连锁集团“三角头”“江南”和“东山”三间分店的销售数据列表。

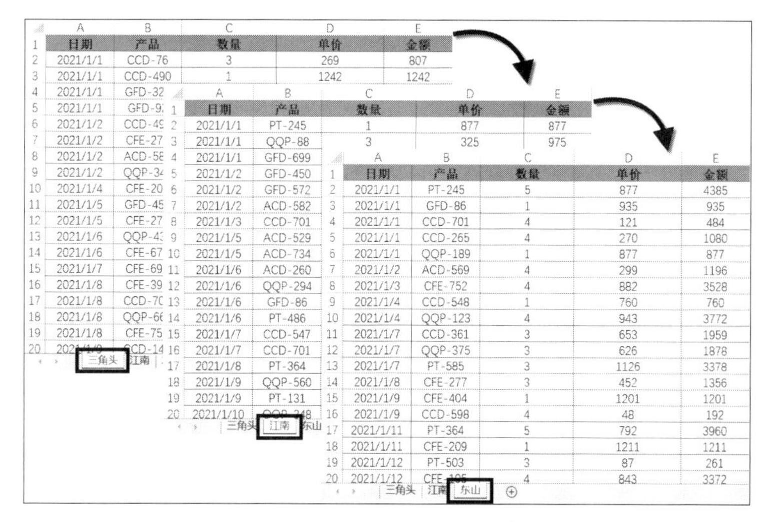

	A	B	C	D	E
1	日期	产品	数量	单价	金额
2	2021/1/1	CCD-76	3	269	807
3	2021/1/1	CCD-490	1	1242	1242
4	2021/1/1	GFD-32			
5	2021/1/1	GFD-9:			
6	2021/1/2	CCD-49			
7	2021/1/2	CFE-27			
8	2021/1/2	ACD-58			
9	2021/1/2	QQP-34			
10	2021/1/4	CFE-20			
11	2021/1/5	GFD-45			
12	2021/1/5	CFE-27			
13	2021/1/6	QQP-43			
14	2021/1/6	CFE-67			
15	2021/1/7	CFE-69			
16	2021/1/8	CFE-39			
17	2021/1/8	CCD-70			
18	2021/1/8	QQP-66			
19	2021/1/8	CFE-75			
20	202[illegible]	CCD-14			

三角头 江南

	A	B	C	D	E
1	日期	产品	数量	单价	金额
2	2021/1/1	PT-245	1	877	877
3	2021/1/1	QQP-88	3	325	975
4	2021/1/1	GFD-699			
5	2021/1/2	GFD-450			
6	2021/1/2	GFD-572			
7	2021/1/2	ACD-582			
8	2021/1/3	CCD-701			
9	2021/1/5	ACD-529			
10	2021/1/5	ACD-734			
11	2021/1/6	ACD-260			
12	2021/1/6	QQP-294			
13	2021/1/6	GFD-86			
14	2021/1/6	PT-486			
15	2021/1/7	CCD-547			
16	2021/1/7	CCD-701			
17	2021/1/8	PT-364			
18	2021/1/9	QQP-560			
19	2021/1/9	PT-131			
20	2021/1/10	QQP-[illegible]48			

三角头 江南 东山

	A	B	C	D	E
1	日期	产品	数量	单价	金额
2	2021/1/1	PT-245	5	877	4385
3	2021/1/1	GFD-86	1	935	935
4	2021/1/1	CCD-701	4	121	484
5	2021/1/1	CCD-265	4	270	1080
6	2021/1/1	QQP-189	1	877	877
7	2021/1/2	ACD-569	4	299	1196
8	2021/1/3	CFE-752	4	882	3528
9	2021/1/4	CCD-548	1	760	760
10	2021/1/4	QQP-123	4	943	3772
11	2021/1/7	CCD-361	3	653	1959
12	2021/1/7	QQP-375	3	626	1878
13	2021/1/7	PT-585	3	1126	3378
14	2021/1/8	CFE-277	3	452	1356
15	2021/1/9	CFE-404	1	1201	1201
16	2021/1/9	CCD-598	4	48	192
17	2021/1/11	PT-364	5	792	3960
18	2021/1/11	CFE-209	1	1211	1211
19	2021/1/12	PT-503	3	87	261
20	2021/1/12	CFE-[illegible]	4	843	3372

三角头 江南 东山

图A-2　分店销售数据列表

含义：合并多个查询的结果集，这些查询具有相同的字段数目且包含相同或可以兼容的数据类型。

语法：

```
SELECT 字段 FROM 表1 UNION {ALL}
……
SELECT 字段 FROM 表x
```

联合查询的特点如下。

（1）使用联合查询，需要确保查询的字段数目相同且顺序相同，并包含相同或兼容的数据类型（不同表中没有相同的字段时，可以使用AS字段名强制添加字段。一般用NULL AS字段名，或0 AS字段名）。

（2）在联合查询中，最终返回记录的字段名称以第一个查询的字段名称为准，其余进行联合查询的查询，使用的字段别名将被忽略。

（3）UNION和UNION ALL的区别在于，UNION会将所有进行联合查询的表的记录进行汇总，并返回不重复记录（即重复记录只返回其中一条记录），同时对记录进行升序排序。而UNION ALL只将所有进行联合查询的表的记录进行汇总，不管记录是否重复，也不对记录进行排序。

提示

“数字”和“文本”在联合查询中，是可以兼容的数据类型。

在图A-2所示的“三角头”“江南”和“东山”三间分店销售数据列表中，各分店所有产品不重复个数，可以使用以下SQL语句。

```
SELECT '三角头' AS 分店,产品 FROM [三角头$]UNION
SELECT '江南',产品 FROM [江南$]UNION
```

```
SELECT '东山',产品 FROM [东山$]
```

将图A-2 所示的“三角头”“江南”和“东山”三间分店销售数据列表进行汇总，可以使用以下SQL语句。

```
SELECT '三角头' AS 分店,* FROM [三角头$] UNION ALL
SELECT '江南',* FROM [江南$] UNION ALL
SELECT '东山',* FROM [东山$]
```

A.3 多表查询

图A-3 展示了某班级“学生信息”“科目”和“成绩表”三张数据列表。

含义：根据约束条件，返回查询指定字段记录所有可能的组合。

语法：

```
SELECT{表名称}.字段 FROM 表1,表2,……表x
{WHERE 约束条件}
```

多表查询的特点如下。

❖ 在同一语句中，若需要查询的字段名称存在于多张表中，那么，此字段名称需要声明来源表，否则该字段可省略声明来源表。

❖ 当查询涉及多张表关联时，需要注意使用约束条件，没有约束条件或约束条件设置不当，将可能出现笛卡尔积，从而导致数据虚增。

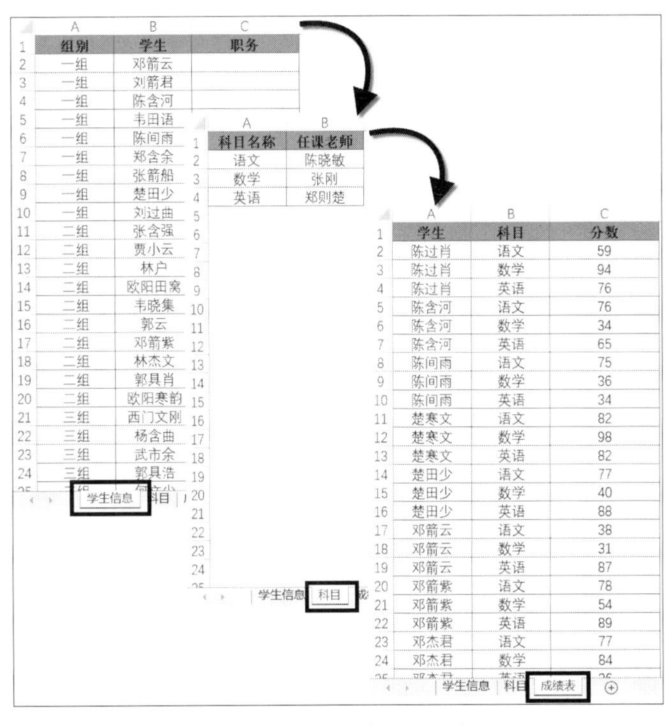

学生信息:

组别	学生	职务
一组	邓箭云	
一组	刘箭君	
一组	陈含河	
一组	韦田语	
一组	陈间雨	
一组	郑含余	
一组	张箭船	
一组	楚田少	
一组	刘过曲	
二组	张含强	
二组	贾小云	
二组	林户	
二组	欧阳田窝	
二组	韦晓集	
二组	郭云	
二组	邓箭紫	
二组	林杰文	
二组	郭具肖	
二组	欧阳寒韵	
三组	西门文刚	
三组	杨含曲	
三组	武市余	
三组	郭具浩	

科目:

科目名称	任课老师
语文	陈晓敏
数学	张刚
英语	郑则楚

成绩表:

学生	科目	分数
陈过肖	语文	59
陈过肖	数学	94
陈过肖	英语	76
陈含河	语文	76
陈含河	数学	34
陈含河	英语	65
陈间雨	语文	75
陈间雨	数学	36
陈间雨	英语	34
楚寒文	语文	82
楚寒文	数学	98
楚寒文	英语	82
楚田少	语文	77
楚田少	数学	40
楚田少	英语	88
邓箭云	语文	38
邓箭云	数学	31
邓箭云	英语	87
邓箭紫	语文	78
邓箭紫	数学	54
邓箭紫	英语	89
邓杰君	语文	77
邓杰君	数学	84

图 A-3 班级成绩数据列表

在图A-3 所示的“科目”和“成绩表”数据列表中，查询各科目的平均成绩及各科目任课老师的数据记录，可以使用以下SQL语句。

```
SELECT A.科目名称,A.任课老师,AVG(B.分数)AS 平均分 FROM [科目$]A,[成绩表$]
B WHERE A.科目名称=B.科目 GROUP BY A.科目名称,A.任课老师
```

设置“平均分”字段的数字格式为【数值】,【小数位数】为 0，最终生成的数据透视表如图A-4所示。

	A	B	C
1	任课老师	科目名称	求和项:平均分
2	⊟陈晓敏	语文	69
3	⊟张刚	数学	63
4	⊟郑则楚	英语	65

图 A-4　科目任课老师和科目平均分数据列表

A.4　内部联接

含义：对于不同结构的表或查询，如果这些表或查询具有关联的字段，那么可以将这些表或查询指定字段的记录按关联的字段整合在一起。

1. 使用单个内部联接的语法

```
SELECT {表名称.}字段 FROM 表1{别名} INNER JOIN 表2{别名} ON 关联字段
```

在图A-3所示的“学生信息”和“成绩表”数据列表中，查询参加考试的学生的各科目成绩及其担任职务的数据记录，可以使用以下SQL语句。

```
SELECT A.学生,A.科目,A.分数,B.职务 FROM [成绩表$]A INNER JOIN [学生信息$]
B ON A.学生=B.学生 WHERE B.职务 IS NOT NULL
```

最终生成的数据透视表如图A-5所示。

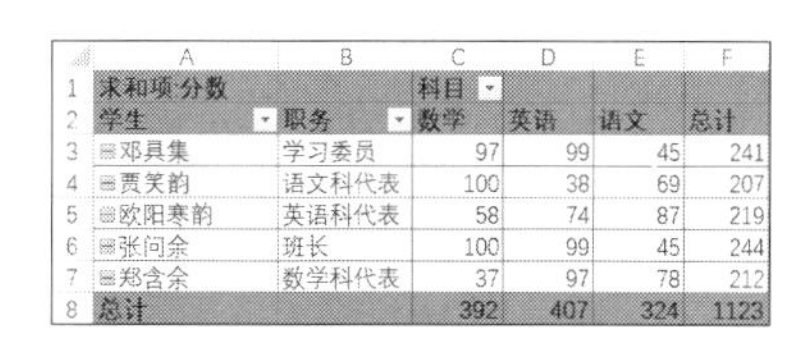

	A	B	C	D	E	F
1	求和项:分数		科目			
2	学生	职务	数学	英语	语文	总计
3	⊟邓具集	学习委员	97	99	45	241
4	⊟贾芙韵	语文科代表	100	38	69	207
5	⊟欧阳寒韵	英语科代表	58	74	87	219
6	⊟张问余	班长	100	99	45	244
7	⊟郑含余	数学科代表	37	97	78	212
8	总计		392	407	324	1123

图 A-5　担任职务的学生成绩数据列表

2. 使用多个内部联接的语法

```
SELECT {表名称.}字段 FROM (……(表1 INNER JOIN 表2 ON 关联字段)INNER
JOIN 表3 ON 关联字段……)INNER JOIN 表x ON 关联字段
```

在图A-3所示的“学生信息”“科目”和“成绩表”数据列表中，查询参加考试的学生担任的职务、各科目的成绩和各科目任课老师的数据记录，可以使用以下SQL语句。

```
SELECT A.学生,A.科目,A.分数,B.职务,C.任课老师 FROM ([成绩表$]A INNER
JOIN [学生信息$]B ON A.学生=B.学生)INNER JOIN [科目$]C ON A.科目=C.科目名称
WHERE B.职务 IS NOT NULL
```

最终生成的数据透视表如图A-6所示。

	A	B	C	D	E	F
1	求和项:分数		科目 / 任课老师			
2			⊟数学	⊟英语	⊟语文	总计
3	学生	职务	张刚	郑则楚	陈晓敏	
4	⊟邓具集	学习委员	97	99	45	241
5	⊟贾芙韵	语文科代表	100	38	69	207
6	⊟欧阳寒韵	英语科代表	58	74	87	219
7	⊟张问余	班长	100	99	45	244
8	⊟郑含余	数学科代表	37	97	78	212
9	总计		392	407	324	1123

图 A-6　学生职务、科目成绩和科目任课老师数据列表

A.5 左外部联接和右外部联接

含义：左外部联接返回左表所有记录和右表符合关联条件的部分记录，右外部联接刚好与左外部联接相反，右外部联接返回的是右表所有记录和左表符合关联条件的部分记录。

单个左外部联接/右外部联接：

```
SELECT {表名称.}字段 FROM 表1 LEFT JOIN/RIGHT JION 表2 ON 关联条件
```

在图A-3 所示的“学生信息”和“成绩表”数据列表中，查询所有科目都缺考的学生的信息，可以使用以下SQL语句。

```
SELECT A.* FROM [学生信息$]A LEFT JOIN [成绩表$]B ON A.学生=B.学生 WHERE B.分数 IS NULL
```

或使用以下SQL语句。

```
SELECT B.* FROM [成绩表$]A RIGHT JOIN [学生信息$]B ON A.学生=B.学生 WHERE A.分数 IS NULL
```

最终生成的数据透视表如图A-7 所示。

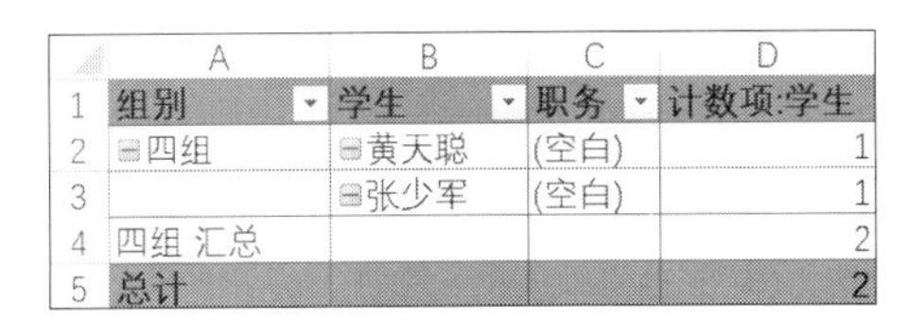

	A	B	C	D
1	组别	学生	职务	计数项:学生
2	⊟四组	⊟黄天聪	(空白)	1
3		⊟张少军	(空白)	1
4	四组 汇总			2
5	总计			2

图A-7　所有科目都缺考的学生信息数据列表

多个左外部联接/右外部联接的语法请参考多个内部联接。

A.6 子查询

3 种常用子查询语法：

```
SELECT (子查询){AS 字段} FROM 表
SELECT 字段 FROM 表 WHERE 字段运算符 {谓词} (子查询)
SELECT 字段 FROM 表 WHERE {NOT} EXISTS (子查询)
```

在图A-3 所示的“成绩表”数据列表中，对参加考试的学生的总成绩进行排名，可以使用以下SQL语句。

```
SELECT *,(SELECT COUNT(学生)FROM (SELECT 学生,SUM(分数)AS 总分 FROM [成绩表$] GROUP BY 学生)A WHERE A.总分>B.总分)+1 AS 排名 FROM (SELECT 学生,SUM(分数)AS 总分 FROM [成绩表$] GROUP BY 学生)B
```

最终生成的数据透视表如图A-8 所示。

	A	B	C
1	学生	求和项:排名	求和项:总分
2	楚寒文	1	262
3	张问余	2	244
4	邓具集	3	241
5	杨鱼语	3	241
6	郑市船	5	236
7	黄小河	6	231
8	陈过肖	7	229
9	杨含曲	8	226
10	西门间雨	9	223
11	邓箭紫	10	221
32	林杰文	31	172
33	林户	32	171
34	西门小少	33	168
35	林鱼刚	34	167
36	郭云	35	157
37	邓箭云	36	156
38	郭具肖	37	153
39	陈间雨	38	145
40	韦晓集	38	145

图 A-8　学生总分排名数据列表

在图A-3 所示的“成绩表”数据列表中，查询各科目分数最高的学生成绩数据记录，可以使用以下SQL语句。

```
SELECT * FROM [成绩表$]A WHERE 分数=(SELECT MAX(分数)FROM [成绩表$]B WHERE A.科目=B.科目 GROUP BY B.科目)
```

也可使用以下SQL语句。

```
SELECT * FROM [成绩表$]A WHERE 分数 IN (SELECT MAX(分数)FROM [成绩表$]B WHERE A.科目=B.科目 GROUP BY B.科目)
```

还可以使用以下SQL语句。

```
SELECT * FROM [成绩表$]A WHERE EXISTS (SELECT 最高分 FROM (SELECT 科目,MAX(分数)AS 最高分 FROM [成绩表$] GROUP BY 科目)B WHERE A.科目=B.科目 AND A.分数=B.最高分)
```

最终生成的数据透视表如图A-9 所示。

	A	B	C	D	E
1	求和项:分数	科目			
2	学生	数学	英语	语文	总计
3	邓具集		99		99
4	贾笑韵	100			100
5	西门间雨	100			100
6	杨含曲			100	100
7	张问余	100	99		199
8	总计	300	198	100	598

图 A-9　各科目分数最高的学生数据列表

A.7　常用函数

图A-10 展示了一份客户的账户信息。为了更直观地显示效果，以下函数的应用都需要在Microsoft Query环境中进行操作。

	A	B	C	D
1	客户名称	日期	金额	开户行
2	张三	2021/3/28	482.13	中国银行
3	李四	2021/1/6	444.28	工商银行
4	王五	2021/10/10	386.16	
5	赵六	2021/1/22	360.81	建设银行
6	钱七	2021/9/4	546.17	
7	孙八	2021/3/14	965.20	农业银行

图 A-10　账户信息

1. ISNULL

含义：如果指定的字段为空，则返回 -1，如果指定的字段为非空，则返回 0。

语法：ISNULL（COLUMN_NAME）

对开户行信息为空的客户进行区分，可以使用以下SQL语句。

```
SELECT 客户名称,日期,金额,ISNULL(开户行)AS 开户行 FROM 'D:\账户信息.xlsx'.'
账户信息$'
```

最终生成的结果如图A-11 所示。

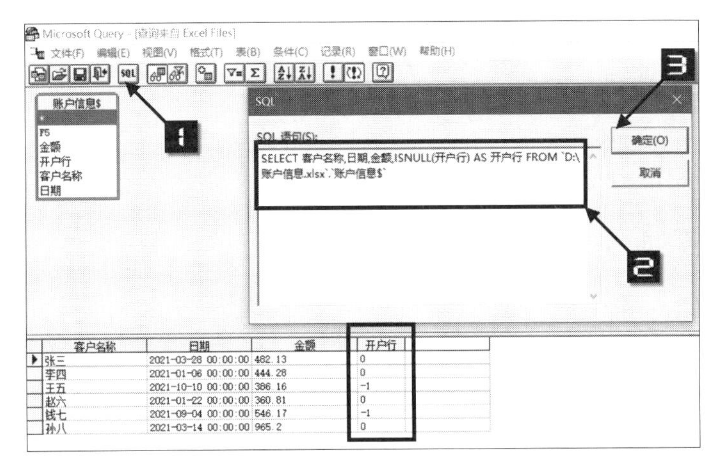

图 A-11　ISNULL运行结果

注意

与常量IS NULL的区别。常量IS NULL常用于WHERE语句之后，ISNULL（开户行）=-1 等效于 WHERE 开户行 IS NULL。

2. IIF

含义：返回由逻辑测试确定的两个数值或字符串值之一，此函数类似于Excel工作表中的IF函数。

语法：IIF（LOGICAL_TEST,VALUE_IF_TRUE,[VALUE_IF_FALSE]）

如果LOGICAL_TEST的值为TRUE，则此函数返回VALUE_IF_TRUE，否则，返回VALUE_IF_FALSE。

将图A-10 中开户行有信息的，直接显示原开户行信息，没有信息的显示“无账户信息”，可以使用以下SQL语句。

SELECT 客户名称，日期，金额，IIF(ISNULL(开户行)=0,开户行,'无账户信息')AS '开户行' FROM `D:\账户信息.xlsx`.`账户信息$`

最终生成的结果如图A-12所示。

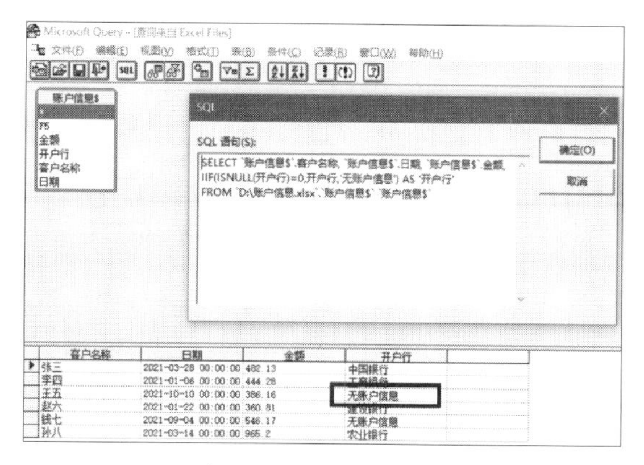

图A-12　IIF运行结果

3. FORMAT

FORMAT函数用于对字段的显示进行格式化，此函数类似于Excel工作表中的TEXT函数。

语法：FORMAT(COLUMN_NAME,FORMAT)

对账户信息中的日期格式化显示为"YYYYMMDD"，可以使用以下SQL语句。

SELECT 客户名称,FORMAT(日期,'YYYYMMDD')AS 日期,金额,开户行 FROM `D:\账户信息.xlsx`.`账户信息$`

最终生成的结果如图A-13所示。

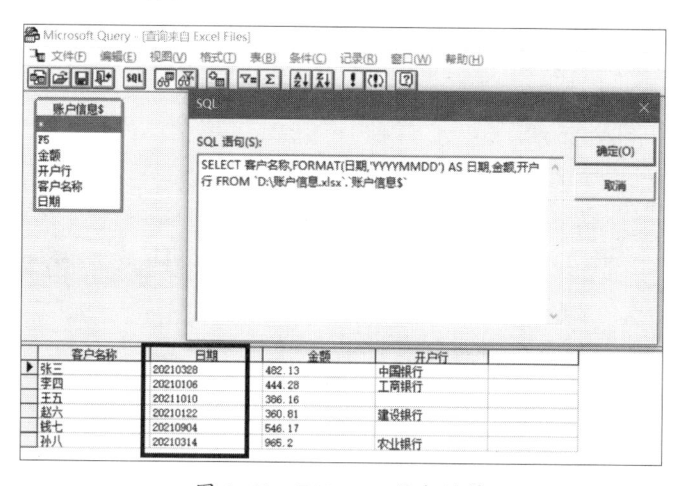

图A-13　FORMAT运行结果

4. ROUND

含义：ROUND函数用于把数值四舍五入为指定的小数位数，此函数类似于Excel工作表中的ROUND函数。

语法：ROUND(COLUMN_NAME,DECIMALS)

将账户信息中的金额四舍五入为整数，可以使用以下SQL语句。

SELECT 客户名称,FORMAT(日期,'YYYYMMDD')AS 日期,ROUND(金额,0)AS 金额,开户行 FROM `D:\账户信息.xlsx`.`账户信息$`

最终生成的结果如图A-14所示。

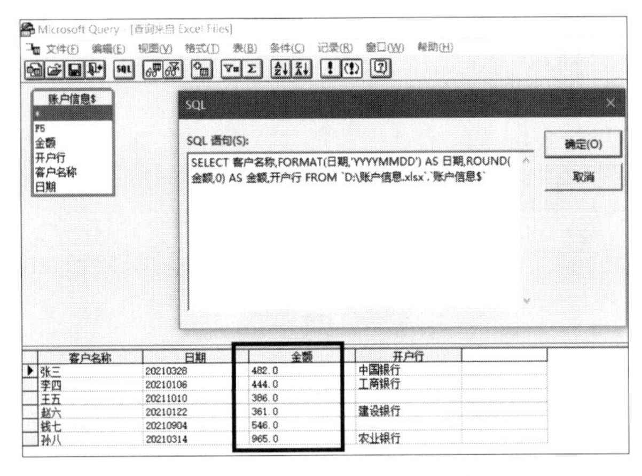

图A-14　ROUND运行结果

5. FIRST

含义：返回指定的字段中第一个记录的值。

语法：FIRST(COLUMN_NAME)

返回第一条记录的客户名称，可以使用以下SQL语句。

SELECT FIRST(客户名称)AS 客户名称 FROM 'D:\账户信息.xlsx'.'账户信息$'

最终生成的结果如图A-15所示。

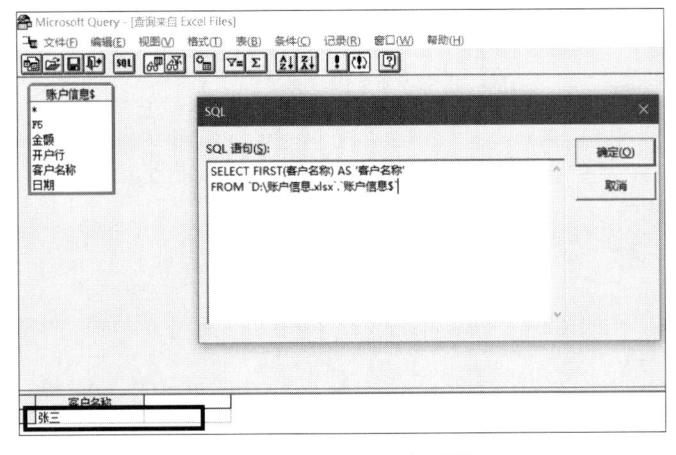

图A-15　FIRST运行结果

附录B 高效办公必备工具——Excel易用宝

尽管Excel的功能无比强大，但是在很多常见的数据处理和分析工作中，需要灵活地组合使用函数、VBA等高级功能才能完成任务，这对于很多人而言是个艰难的学习和使用过程。

因此，Excel Home为广大Excel用户度身定做了一款Excel功能扩展工具软件，中文名为“Excel易用宝”，以提升Excel的操作效率为宗旨。针对Excel用户在数据处理与分析过程中的多项常用需求，Excel易用宝集成了数十个功能模块，从而让繁琐或难以实现的操作变得简单可行，甚至能够一键完成。

Excel易用宝永久免费，适用于Windows各平台。经典版（V1.1）支持32位的Excel 2003，最新版（V2.2）支持32位及64位的Excel 2007/2010/2013/2016/2019、Office 365和WPS。

经过简单的安装操作后，Excel易用宝会显示在Excel功能区独立的选项卡上，如下图所示。

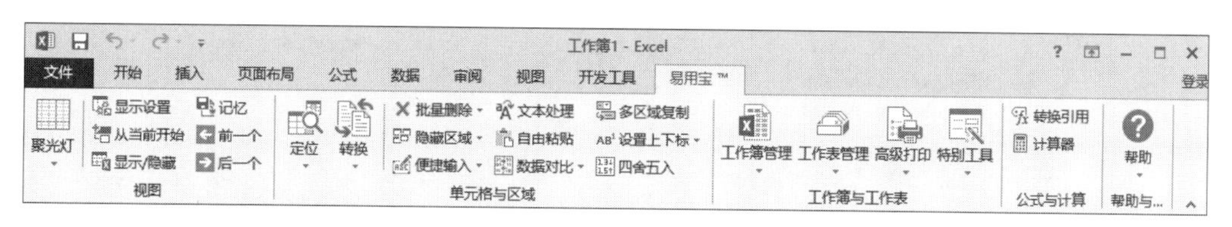

比如，在浏览超出屏幕范围的大数据表时，如何准确无误地查看对应的行表头和列表头，一直是许多Excel用户所烦恼的事情。这时候，只要单击一下Excel易用宝的【聚光灯】按钮，就可以用自己喜欢的颜色高亮显示选中的单元格/区域所在的行和列，效果如下图所示。

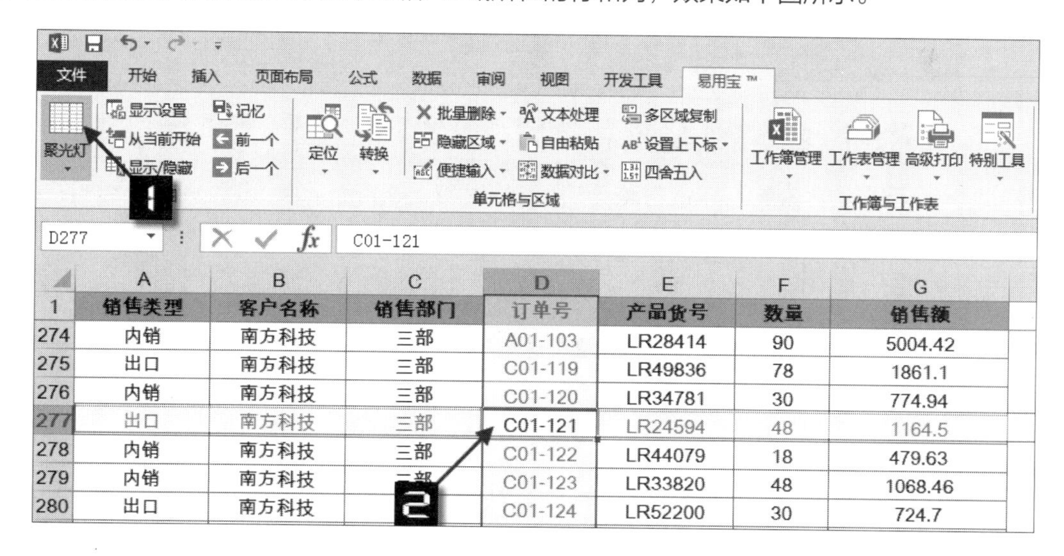

	A	B	C	D	E	F	G
1	销售类型	客户名称	销售部门	订单号	产品货号	数量	销售额
274	内销	南方科技	三部	A01-103	LR28414	90	5004.42
275	出口	南方科技	三部	C01-119	LR49836	78	1861.1
276	内销	南方科技	三部	C01-120	LR34781	30	774.94
277	出口	南方科技	三部	C01-121	LR24594	48	1164.5
278	内销	南方科技	三部	C01-122	LR44079	18	479.63
279	内销	南方科技	三部	C01-123	LR33820	48	1068.46
280	出口	南方科技		C01-124	LR52200	30	724.7

再比如，工作表合并也是日常工作中常见的需要，但如果不懂得编程的话，这一定是一项“不可能完成”的任务。Excel易用宝可以让这项工作显得轻而易举，它能批量合并某个文件夹中任意

多个文件中的数据，如下图所示。

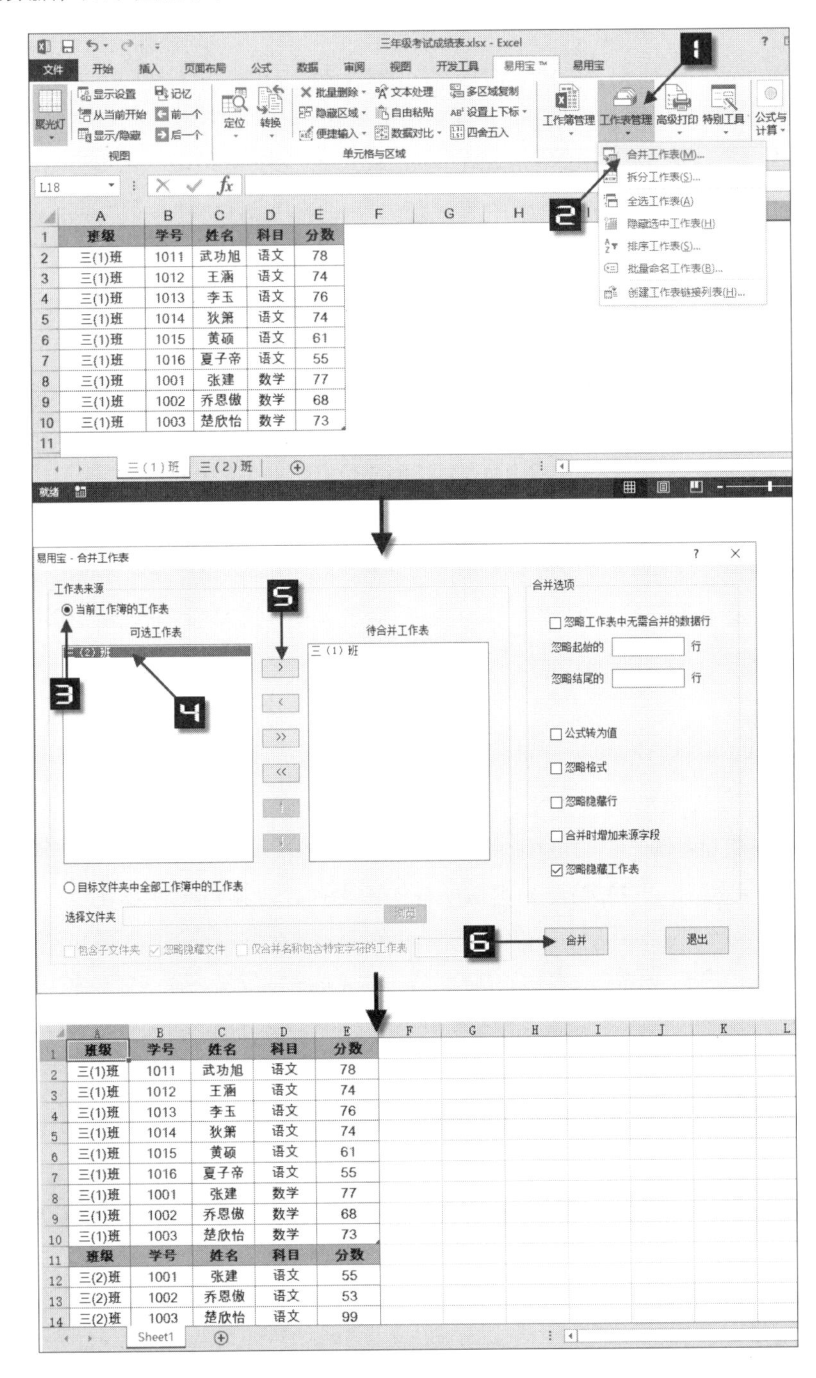

更多实用功能，欢迎您亲身体验，https://yyb.excelhome.net/。

如果您有非常好的功能需求，可以通过软件内置的联系方式提交给我们，可能很快就能在新版本中看到了哦！